碳酸盐岩台地与生物礁演化的控制作用

[美] Jeff Lukasik J. A.（Toni）Simo 主编
胡素云 刘 伟 翟秀芬 姜 华 石书缘 江青春 徐兆辉 译

石油工业出版社

内 容 提 要

本书从全球不同地区碳酸盐岩台地和生物礁演化的研究实例出发，介绍了地质构造、沉积、海洋、气候、营养物质、温度等地质和环境条件对碳酸盐岩台地和生物礁演化的控制作用，并论述了碳酸盐岩沉积体系和生物礁在油气勘探中的意义及应用现代技术方法进行表征，对我国碳酸盐岩油气勘探有重要借鉴意义。

本书可供从事碳酸盐岩研究的石油地质人员、开发人员、工程人员及相关院校师生参考阅读。

图书在版编目（CIP）数据

碳酸盐岩台地与生物礁演化的控制作用 /（美）杰夫·卢卡西克（Jeff Lukasik），（美）托尼·西姆（J. A.（Toni） Simo）主编；胡素云，刘伟等译. —北京：石油工业出版社，2015.12

书名原文：Controls on Carbonate Platform and Reef Development

ISBN 978-7-5183-1002-9

Ⅰ. 碳…
Ⅱ. ①卢… ②西… ③胡… ④刘…
Ⅲ. 碳酸盐岩台地 - 生物礁 - 地质演化
Ⅳ. P736.1

中国版本图书馆 CIP 数据核字（2015）第 286569 号

Controls on carbonate platform and reef development edited by Jeff Lukasik & J.A. (Toni) Simo

ISBN: 978-1-56576-130-8

出版发行：石油工业出版社有限公司
（北京安定门外安华里 2 区 1 号 100011）
网　址：www.petropub.com
编辑部：（010）64523544
图书营销中心：（010）64523633
经　销：全国新华书店
印　刷：北京中石油彩色印刷有限责任公司

2015 年 12 月第 1 版　2015 年 12 月第 1 次印刷
787 毫米 × 1092 毫米　开本：1/16　印张：26.25
字数：800 千字

定价：180 元
（如发现印装质量问题，我社图书营销中心负责调换）

致　谢

SEPM和本书作者感谢以下公司为本书出版提供资助，正是他们的资助，降低了本书的价格，从而让更多的读者购买，使本书的价值得到更好的体现：

ConocoPhillips　ExxonMobil
Chevron　Maersk Oil
StatoilHydro

本书主要思想和概念的提出，最早是在2005年5月于卡尔加里召开的AAPG—SEPM会议之SEPM特别会议——“碳酸盐岩台地与生物礁演化的控制作用”。

我们衷心感谢所有作者的热心参与以及他们对稿件的耐心审查和编辑。我们也要感谢所有的审稿人花费大量的时间和精力对稿件进行审核，从而确保能够清晰表达作者的观点和论述。没有你们的帮助，本书很难完成。

Steve Bachtel	Bob Goldstein	Jeff Pietras	Kelly Steffen
Eric Blanc	Mark Harris	Peir Pufahl	Finn Surlyk
Dan Bosence	Mitch Harris	Amy Ruf	Conxita Taberner
Brian Coffey	Heiko Hillgartner	Art Saller	Elizabeth Turner
Mario Coniglio	Tina Hughcs	Rick Sarg	Georg Warrlich
Peter Droz	Dan Lehrmann	Beverly Saylor	Greg Wahlman
Bob Erlich	Bill Martindale	Wolfgang Schlager	Alun Williams
Evan Franseen	Maria Mutti	Ian Sharp	Brian Witzke
Kate Giles	Bill Morgan	Taury Smith	

感谢StatoilHydro，Chevron，ExxonMobil，Maersk和ConocoPhillips公司的资助以及允许他们的技术人员分享自己的研究成果。

感谢SEPM，尤其是SEPM办公室人员Howard Harper和Theresa Scotthe 以及出版编辑Don McNeill，感谢他们对本书的建议。要感谢的人还有很多，在这里特别感谢John Southard和Bob Clarke，正是他们的细心编辑和通宵达旦的工作，确保本书能够高质量的出版。

目　录

概　述

碳酸盐岩台地演化的全球展望

碳酸盐岩台地演化的构造控制

碳酸盐岩台地演化的环境控制

碳酸盐岩台地和生物礁的表征

概　述

显生宇碳酸盐岩台地和生物礁演化的控制作用

——概述与综合分析

Jeff Lukasik[1]　J.A.（Toni）Simo[2]

（1. 挪威StatoiHydro；2. 埃克森美孚上游研究公司）

一、沉积控制与沉积响应

碳酸盐岩台地和生物礁的出现、生长、死亡是受构造活动、海洋、气候、生态环境和海平面变化驱使的内部机制和外部机制的联合响应。这些机制或者说是控制因素，形成了大量能说明碳酸盐沉积响应的物理的、生物的和化学的印记，而这又形成了现代和古代复杂的碳酸盐岩体系。如果想完全了解这些碳酸盐岩体系，关键要明确是什么最终控制了碳酸盐岩台地和生物礁的“生命旋回”，以及这些响应是如何被记录和保存下来的。区域性和全球规模的控制因素叠加，形成了纷杂的物理信息和生物信息，从这些信息中破解哪些能够主导沉积作用，是达到这一目的的关键。基于以上认识，就有可能认识相同时空背景下受特定机制控制的独特沉积，并最终用于预测。在过去几十年里，大量针对碳酸盐岩台地和生物礁的系统工作，为碳酸盐岩研究上升到一个新的高度奠定了基础。借助快速发展的计算机软件和跨学科联合研究，碳酸盐岩研究从简单的描述和形态学分析转变为一门学科，更专注于对过程和成因关系的评价。出版本书的目的，就是阐述近年来利用显生宇实例从不同视角和尺度来说明这种演化。本书反映了当前关于碳酸盐岩台地和生物礁演化控制作用的认识，并在将来引领这一领域的研究方向。

二、碳酸盐岩台地和生物礁的演化——从形态到成因

过去的30年中，在碳酸盐岩台地分类、复杂性分析方面取得了长足进步。最早是不同类型碳酸盐岩台地差异性分析（Ahr，1973；Ginsburg和James，1974），接着是Wilson（1974，1975）综合论述了碳酸盐岩台地和台地边缘演化。Wilson认为，随着时间变化，台地和台地边缘演化是构造沉降、水动力学（洋流、波浪能量）和气候条件（干旱、沉积物供给和盐度）相互作用的结果。碳酸盐岩台地分类——缓坡型（等斜缓坡和远端变陡缓坡）、镶边型、孤立台地和淹没台地（Read，1982，1985）——提供了一个能描述多数碳酸盐岩台地的形态学和术语框架。海平面变化认识的进步和相关原理（Vail等，1977）的应用，将前述的静态模型带入到动态实例中，了解不同类型的碳酸盐岩台地和生物礁如何响应相对海平面变化（Kendall和Schlager，1981），以及它们在层序地层格架内的地层组成（Loucks和Sarg，1993）。

尽管后来的分类主要关注和改进这些受环境因素影响的模型（Burchette和Wright，1992；Lukasik等，2000），但是形态差异仍然是用来描述碳酸盐岩体系沉积特性的最普遍方式，序列、尺度和时间等因素却被忽略。碳酸盐岩台地形态学分类有其局限性，它将台地视为一张“快照”，静态地解释生态和相的联系，而忽略了那些对台地和生物礁的起源、生长、消亡有控制作用的机制。由于缺少了与台地定义、演化和特征相联系的继承过程，碳酸盐岩台地的分类就可能是有疑问的。

在过去的20年中，大量针对碳酸盐岩台地和生物礁的研究关注对不同类型台地及台地边缘形态多

样性的大尺度控制因素的解释，以及与这些碳酸盐岩体系形态有关的时间发展的详细论述（Scholle等，1983；Crevello等，1989；Tucker等，1990；Simo等，1993；Wright和Burchette，1998；Homewood和Eberli，2000；Insalaco等，2000；Pedley和Carannante，2006）。对区分和理解碳酸盐岩台地及生物礁演化过程的需求和渴望，促成了碳酸盐岩认识的一系列重大飞跃。而且，每一个进展都帮助加深对碳酸盐岩台地和生物礁系统的认识，并对其形成、生长和消亡提出更具建设性的问题。最值得注意的几个方面包括：

（1）全球气候相对变化造成海洋中主要矿物组成和生物群落分类的改变，进而导致冰期与间冰期碳酸盐岩台地构成上的差异，这种差异是可测得的（Wilkinson，1979；Sandberg，1983；Read，1995；Kiessling等，2003）。

（2）利用层序地层学概念，识别和预测不同类型碳酸盐岩台地系统内的沉积相类型和叠置样式（Sarg，1988；Goldhammer等，1990；Handford和Loucks，1993）。

（3）识别显生宙碳酸盐沉积中海水温度与营养物质之间的相互影响（Hallock，1987；James，1997），从而确定热带和非热带环境碳酸盐岩体系与它们所处的纬度位置没有必然联系，这与之前的认识截然不同。

（4）构造活动对局部碳酸盐岩台地的影响这一领域得到持续关注，从而有可能开创一个潜在的具有独特复杂台内结构的台地几何形态新领域。

（5）地震资料保真度和卫星成像技术的进步，使得在比以往更高的分辨率下描述古代和现代碳酸盐岩体系成为可能，并且能够建立沉积体与海洋环境变化的三维关系（Eberli等，2004）。

三、碳酸盐岩体系的控制因素

碳酸盐岩台地和生物礁系统的复杂性反映了自然环境在物质组成、生物和地球化学组成等方面的繁杂。从最简单的层面来说，产生碳酸盐的生物几乎可以在所有的环境中生长，从热带到两极、从多泥砂环境到清水环境、从高能环境到低能环境，但是只有当特定的沉积过程以及相关的控制因素均适宜碳酸盐核心的形成和生长时，才形成碳酸盐岩台地和生物礁建造。在有助于碳酸盐生产的环境下，台地和生物礁的规模、形状、生命周期和内部结构受控于沉积物供给和堆积速率，它们的定义如下所示：

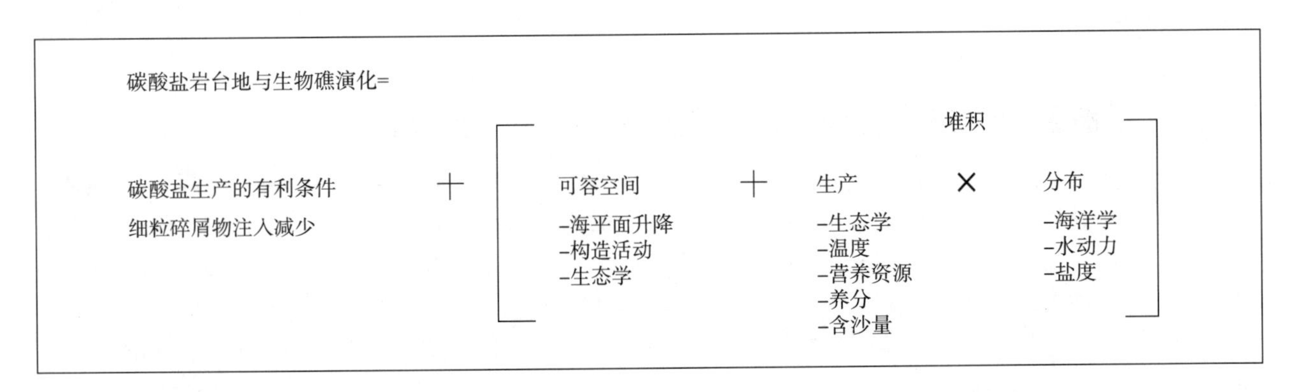

尽管叙述简单，但是该公式描述了碳酸盐岩台地和生物礁演化的控制因素之间复杂且相互关联的网络体系。多种控制因素（构造活动、海平面变化、气候、海洋环境、营养物质和水温等）直接或间接地（通过反馈）影响碳酸盐岩台地和生物礁演化的各个阶段（图1）。不同控制因素影响的程度，取决于碳酸盐岩体系所处的地理位置（例如多数现代生物礁位于大洋的西侧）和时间（例如短暂的形成和死亡阶段与相对长期的生长阶段）特征。每一种因素都可以在不同尺度上影响台地和生物礁的演化，但在不同阶段所起的作用不同（表1，表2）。例如，构造活动（包括沉降）和海平面相对变化造成的沉积物供给变化，直接影响了海洋环境、气候条件和水动力环境，而这些因素又直接影响了碳酸盐岩台地和生物礁演化过程中的堆积速率、堆积方式和沉积相展布。

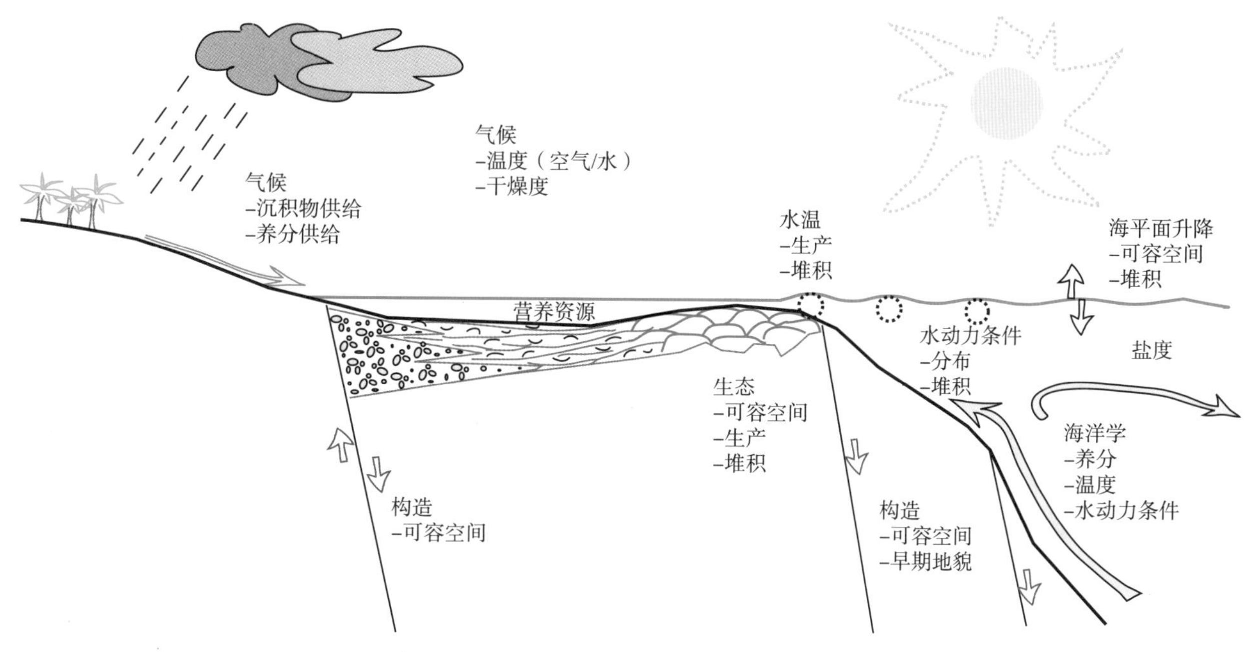

图1　碳酸盐岩台地和生物礁演化的控制作用

如果忽略它们所处的时代，在碳酸盐岩台地和生物礁演化的整个过程中，这些同时存在的相互作用形成了嵌套式的层次结构（表2）。全球范围内海平面波动、板块构造活动、矿物成分和生物群落的长期变化，以及与之相关的以冰期和间冰期为特征的生态趋势，强烈地影响着碳酸盐的生长环境、供给速率变化和沉积速率。在区域（半球—大陆）—盆地尺度，控制碳酸盐生产的机制也包括气候变化、大规模海洋环境模式的变化，这种变化是由内陆抬升和构造运动驱动的大洋开合所引起的。

表1　碳酸盐岩台地与生物礁生命周期内的相对控制作用

	海平面升降	构造	气候	海洋学（洋流，上升流）	营养资源	温度
形成	●	●	○	○	○	○
生长	●	●	●	●	●	●
消亡	●	●	●	●	●	○

●主要　　○次要

表2　碳酸盐岩台地与生物礁演化的控制作用及其相对作用尺度

	海平面升降	构造	气候	海洋学（洋流、上升流）	营养资源	温度
全球规模	●	●	○	○	○	○
区域上	●	●	●	●	○	○
盆地级	●	●	●	●	●	●
台地级	●	●	●	●	●	●

●主要　　○次要

海平面波动在不同尺度下都是清晰的，这要归功于不同级别海平面变化造成不同的地层响应。气候和海洋环境通过控制水体混浊度（陆源碎屑沉积物注入）、温度和盐度来影响碳酸盐工厂的生态环境和类型。气候还能通过改变碳酸盐生产速率（受气候和营养物质水平影响）这种更加细微的方式来改变台地和生物礁的演化与地层特征（Mallinson等，2003；Lukasik和James，2006）。在更微观的层次上，环境（包括水温、盐度和营养物质）成为影响碳酸盐岩台地和生物礁生长层序中小尺度沉积结构的主要因素。

控制因素的等级体系与它们的地理响应范围是单向的，因为构造运动和海平面变化对影响沉积体系的气候、海洋环境和其他环境因素有很强的控制作用，反之则不然。目前的观点认为，构造运动、海平面变化和气候条件通常是长期控制因素，这反映了它们源自全球变化机制；而环境变化是主要的短期控制因素，是海洋系统中局部扰动造成的。

为了说明控制因素的这种等级关系，本书17篇文章按照如下的体系分为四个部分，分别是：

（1）全球视角的碳酸盐岩台地与生物礁演化研究；

（2）构造控制作用；

（3）环境控制作用（海洋环境、气候和营养物质）；

（4）改进的碳酸盐岩台地和生物礁表征。

四、碳酸盐岩台地与生物礁演化的全球视角

地质历史上，许多过程和因素都对碳酸盐岩台地和生物礁的形成有贡献。尽管深入研究碳酸盐岩体系的细节、明确不同因素的影响程度是重要的，但是退一步，从历史的角度来看碳酸盐岩，板块构造、海平面升降、气候和海洋模式，都对台地和生物礁从沉积到成岩改造的过程有直接的控制作用。从全球视角评估这些碳酸盐岩体系，使研究的规模更为宏观，超越了与局部变化相关的细节研究。这种方法可以提供一个新颖的、令人兴奋的视角来研究碳酸盐岩台地和生物礁系统，从而引发人们的深思。

Markello、Koepnick、Waite和Collins的研究采用了大尺度的方法。基于20世纪90年代在美孚勘探生产中心的研究工作，他们总结了前期在显生宇台地碳酸盐生产过程（生物进化和矿物学变化）和地球演化（构造、气候、海平面升降、海洋化学和海洋环流）方面的工作，包括超过8300个碳酸盐岩油气藏的信息，并将它们划分为29个时间段，从而建立了碳酸盐岩体系特定时间段的预测模型。这些不同时间碳酸盐岩的对比，可以用来预测世界上显生宇碳酸盐岩台地的形成、组成和地层特征以及储层情况。在编绘这些图件时，他们已经对所有已知的碳酸盐岩，以及引起碳酸盐沉积的地球过程进行了系统的对比分析。这一研究成果在本书中以一系列预测性的古地理图和显生宇油气田图版的形式展示。再加上更新的显生宇碳酸盐岩趋势图，它们对从事显生宇碳酸盐岩台地模式和发展趋势研究的人员有很好的参考价值。

并非所有的全球控制因素都源自构造运动或海平面变化。Wrigth和Cherns的成果引发了深刻的讨论——同沉积期—浅埋藏期文石溶蚀及其对台地碳酸盐岩体系保存潜力和沉积解释的意义。早期文石溶蚀是一个相对较新的概念，它对了解碳酸盐沉积过程有重要的意义（Walter和Burton，1990；Cherns和Wright，2000；James等，2005），因为它能够选择性地改变主要的沉积记录，从而导致保留下来的是不具有代表性的生物骨架和矿物记录。由于沉积物是区分沉积环境、解释相模式和沉积形态的唯一途径，因此这一早期成岩过程可能直接影响对营养物质、碳酸盐工厂的营养资源、动物群落的营养水平、碳酸盐产率（以及未来碳酸盐岩体系正演模拟）、沉积速率、成岩作用可能性、埋藏保真度和成岩层理的古环境评估。

五、构造控制

通过岩石记录判断构造因素和非构造因素的相对优势，并不总是一帆风顺的。在区分它们对碳酸盐岩台地和生物礁演化的相对影响中，尽管观察上的偏见和研究的深度起着决定性的作用，但另一个

可能的解释是它们所表述的尺度。总之，构造活动和构造背景是决定碳酸盐岩台地三维形态、宏观地层结构和沉积层序的主要因素，而环境因素（包括气候、海洋学和水动力）主要决定生物和沉积的响应，包括台地内颗粒类型及分布。人们普遍认为环境因素比构造因素更重要，并且通常用它来解释小尺度的地层单元，特别是在被动大陆边缘（Wilson，1975；Read，1985）。虽然尺度和因素之间的这种关系看起来似乎是合理的，但是在解释地层响应的合理因素时（即便是最小尺度旋回），保持开放的思想仍是非常重要的（Benedictus等，2007）。

台地形成和生长过程中，地层总体结构和台地形态主要受构造作用控制，那么这些印记是如何以及在何时被环境（海平面波动）响应所模糊和遮盖掉的呢？因为环境特征主要被记录在沉积细节和小尺度地层旋回中，并叠加在大尺度的构造响应之上，所以识别主导因素的变化需要在所有尺度上对台地和生物礁进行研究。因此，对主导因素的解释，可能会明显受到正在研究的地层尺度的影响，认识到这一点是重要的。

着眼于构造是控制碳酸盐岩台地演化的主要因素，Dorobek对同裂谷期碳酸盐岩台地作了全面回顾，包括它们的地层叠置、沉积相展布对同裂谷期构造变形的响应。地层模式主要由断层几何形态、断距、长度和活动史所决定，次要因素包括水体能量、海洋环境和气候。内部地层的复杂性，强调了全面了解这些背景下台地的演化历史，需要碳酸盐岩岩相分析和局部断层系统与区域构造史的细致研究。

关于同裂谷期和后裂谷期碳酸盐岩台地演化，Cross和Bosence指出裂谷盆地中热带碳酸盐岩台地几何形态是断块旋转的响应，并展示了与断层移动相关重复出现的构造沉积特征如何造成同裂谷期和后裂谷期台地的岩石记录差异。同裂谷期碳酸盐岩台地的地层特征主要与构造活动相关，而后裂谷期台地则反映了前期裂谷地貌和可容空间的影响。在转换带形成与幕式断层活动相关的复杂地层模式和台地形态。

Giles、Druke、Mercer和Hunnicutt-Malk调查了马斯特里赫特阶（Maastrichtian）的孤立台地，它们发育在由盐底辟抬升形成的海底高点之上。这些台地的形成和发展，受控于各种底辟周围的短期条件和区域的长期因素，包括构造运动、海平面变化和沉积物供给。通过这些影响沉积物的因素的复杂相互作用，形成了可识别、可预测的地层特征。使这些台地更有特色的是它们由显著的异构碳酸盐组成，尽管从亚热带到热带水域都能形成碳酸盐堆积。这可能是一个构造因素通过海洋营养化（与上升底辟周围甲烷泄露有关）直接影响沉积物组成的例子。

Watney、Franseen、Byrnes和Nissen的工作高度强调了基底构造对碳酸盐岩台地演化、油气分布和产出的影响。利用钻（测）井资料、三维地震资料和美国大陆中部石炭系碳酸盐岩油气藏的岩石特征测量数据，他们发现同沉积和沉积后构造活动表现为幕式特征，但持续地影响可容空间、沉积模式、古地貌、成岩作用和油气侵入。前寒武纪构造的活化，导致大多数构造—地层储层和圈闭具有复杂的分布样式——广阔的沉积台地分裂为镶嵌式的千米尺度的断块，每个都有不同的内部地层生长样式，并被局部环境所改造。

Batt、Pope、Isaacson、Montañez和Abplanalp综合盆地年代地层和米级地层叠置样式分析，来区分区域构造和全球海平面变化对美国西部鹿角前陆盆地密西西比系碳酸盐岩缓坡的影响。构造活动是影响台地形成的主要因素，从而将广阔的陆棚分为三个明显的区域。每个区域形成独特的沉积相组合和地层叠置关系，这是由不同构造载荷和断层活化—再生所导致的不同沉降速率和水深所决定的。通过布兰卡海岸渐新统陆棚—前缘斜坡—盆地地层的对比，Stoklosa和Simo认为断层活动和与大尺度伸展背景有关的沉降增加通过形成厚层地层序列（叠加了海平面下降的影响）控制了整个台地的形态。穿过开放的巴伦西亚海槽，碳酸盐工厂内从原生生物占主导（珊瑚）到多生生物占主导（红藻）的变化，也受构造控制，它将更深、更冷、可能营养更丰富的海水带到陆棚上。

六、环境控制（海洋学、气候、营养物、气温）

生物群落和碳酸盐胶结物形成了建造台地的基础，也是一系列影响沉积作用的环境因素（包含水温、盐度、营养、氧化作用、水动力条件和基底刚性等）的综合作用结果。形成地层的沉积物及地层叠置造成碳酸盐岩台地和生物礁具有各自的特征和复杂性。这种特点常常独立于构造因素，特别是在构造稳定期，这时生物群落和碳酸盐沉积保留了明显的环境印记，以至于台地的沉积、地层叠置样式和最终的大尺度台地形态似乎主要取决于环境因素。正是在这些时期，开始在许多细节上解决碳酸盐沉积的相对环境控制作用。

区分碳酸盐沉积的环境控制作用，在任何碳酸盐岩台地的研究中都是关键的。知道哪些因素在最小尺度上驱动沉积作用，将能对最终保存在地层记录中多样的印记进行彻底的鉴别。基于Pomar（2001a，2001b）建立的概念，Pomar和Kendall倡导对从新到老的沉积物通过分析的、逐步的、连续的逐层回剥的方法研究碳酸盐岩台地，然后再把这些模式重新组合以确定可容空间变化产物——层序地层单元（层序、准层序等）的继承特征和几何形态。他们主张，可容空间受生态因素（生态可容空间）的强烈控制，因为它们取决于与物理过程伴生的各种环境控制因素的联合作用。海洋变化能强烈地影响生物群落的生态演化，以至于它对地层模式和沉积相特征，能产生比海平面变化本身更大的影响。

可容空间对碳酸盐岩叠置样式（千米—分米级别）的形成和保存，起着重要的作用。Peterhänsel和Egenoff专注于利用可容空间解释意大利三叠系Latemàr台地浅水相中复杂的相结构和高频叠置样式在横向上的变化。他们提出一个有趣的难题，它与“具有相对较高可容空间的台地区域应该记录更多数量的沉积旋回”的观点相反，指出在具有相对较小可容空间的地势较高地区，似乎记录了高频低振幅的海平面波动，而这在深水潟湖中被忽视。这一研究描述了在高级别海平面波动尺度上（靠非常细致的观察来识别）可容空间与沉积物堆积之间微妙的平衡。

全球海平面波动和气候标记与区域—局部环境控制作用相叠加，能够显著影响台地序列沉积物组成、不连续表面的形成和地层解释，正如James和Bone在南澳大利亚两个（始新统和渐新统）混积台地对比研究中所描述的。尽管复合台地形成于相似的拉张盆地入海口环境，但是它们具有明显的沉积差异。这些差异并非是前人所认为的由海平面波动造成的，而是局部沉积控制因素变化的结果，特别是大陆气候、水体能量和营养物质水平（可能与南澳大利亚边缘北移有关）。

类似的对碳酸盐岩台地演化的控制作用，也体现在Carannante、Cherchi、Graziano、Ruberti和Simone对土伦期（Turonian）后、特提斯期前厚壳蛤灰岩的研究中。他们认为古海洋和古气候条件在纬度上有明显的分区，这导致了特提斯台地中部和北部的沉积与形态差异，而并非是土伦期后大范围气候变化的直接结果。

在碳酸盐岩台地和生物礁演化中，水体中养分有效性和营养物质水平是非常重要的但常常被低估的因素（Hallock和Schlager，1986）。MacNeil和Jones提供了位于加拿大北部晚泥盆世亚历山大礁复合体的例子，概述了水体中养分和营养物质水平的增加如何导致从层孔虫礁（贫营养物质）向富含层孔虫和微生物礁（中等营养物质）的转变。在海平面低位期，对营养能量比的响应包括台地形态和海洋环境的变化。这种情况下，海平面变化强烈控制了水体中养分的传递，进而造成生物礁的生态变化。

碳酸盐岩在地层数据和地层对比方面的进展，能够说明碳酸盐沉积和台地演化控制因素的类型和规模。Whalen和Day使用一种包含数项高分辨率技术（磁化率、层序地层和高频生物地层学）的地层研究方法，记录和改进海平面波动、气候、生态变化对上泥盆统孤立台地—盆地系统影响的时间及确定性。他们发现磁化率技术能够记录下用于区域对比的全球构造和气候标识。

七、改进的碳酸盐岩台地和生物礁表征技术

随着技术的进步和对碳酸盐岩沉积体系、沉积过程了解的深入，我们有能力并且愿意去对自然地质环境进行量化和建模。详细的、前瞻性的地层模型的开发和使用，正在推进对地下碳酸盐岩精细沉积体系、沉积相展布预测和储集体几何形态确定方面的认识。在油气工业中，对不同控制因素下的沉积相趋势和叠置样式的预测至关重要，准确地确定储层、油源和盖层能够确保勘探成功。因此，油气工业推动碳酸盐岩体系建模，并与学术研究机构一起致力于发展和完善这项技术就不足为奇了。

高分辨率卫星图像的使用，储层建模认识和功能的逐步完善，以及将来可预测模型软件的研发，都在改变和改进地质学家研究碳酸盐岩体系及其地下属性的方法。计算机辅助地质建模工具，例如CARB3D+（Smart等，2005）和Dionisos（Granjeon和Joseph，1999），在验证现有沉积模型、建立用于勘探和油藏预测的替代模型、提升对地质过程和地层对沉积控制因素响应的理解都是有用的。然而，对任何模型而言，准确的数据输入是至关重要的，它可以减少地质模型的不确定性，增加其整体效用。本书提供了一些油气工业和学术界地质学家间的科学互动实例，以实现台地和储层表征的目标。

基于Harris和Kowalik（1994）提出的卫星图像数据库，Rankey和Harris利用最新的卫星图像技术开发了现代碳酸盐岩环境遥感数据库，描绘了滨岸和浅海中地貌模式的宽频谱。每个类似物都进行成像并依照以下几个方面来描述：沉积环境（礁、滩和潮坪）、沉积相展布和与演化相关的环境控制作用。这些图像提供了：①各类非均质性的例子，它们可能存在于古代类似沉积体中；②真实尺度的实例；③一个可用于动态的互动教学的数据库。

为了建立切合实际情况的地质模型，Harris和Vlaswinkel利用陆地卫星影像测量了现代孤立台地的多个相属性（大小、形状、走向和分布），以评估它们之间的定量关系。通过分析，确定了地貌和生物礁相带属性的几个趋势，这对地质学家综合测井和地震数据建立逼真的孤立台地储层地质模型有特别的价值。

比二维地质模型再进一步，未来的地层模型可以用来分析和预测相带的时空展布。Bassant和Harris在一个行业协会的资助下，使用法国石油研究院（IFP）研制的Dionisos软件，对一个孤立台地颗粒灰岩的展布进行建模，这个台地在冰期和间冰期受到了不同海平面升降幅度和波浪能量波动的影响。这些模型展示了台地形态与储层孔隙网络之间的关系（与类似的油气藏一致），并且说明了用前瞻性的地层模型来验证关于影响因素最终控制碳酸盐岩台地和生物礁演化的不同方面并使之特征化的假设。

八、下一步研究方向：研究尺度的重要性和成因关系的发展

在大尺度上，不同构造系统中生物进化一直在进行，全球海平面也在不停地波动。每个系统都产生大量的构造、气候和海洋学响应，最终影响不同尺度的碳酸盐沉积。本书的重要研究结果表明，碳酸盐岩体系对每种影响因素的响应不同，导致了碳酸盐岩台地各种各样的形态和多样化的特征，这些特征可能并不能直接反映地质历史上某一时刻的单个主控因素。对沉积过程的了解以及对这些沉积过程所形成的地层特征的认识，决定了能否通过碳酸盐岩台地的物理特征来推测其控制因素。

规模尺度的问题是所有研究中涉及的一个共性主题。一个沉积体系外部和内部形成的各种机制对它的影响可以形成各种各样的沉积响应。影响可容空间的主要控制因素包括构造、海平面变化和生物进化，它们在所有尺度上（从全球的到局部的）影响碳酸盐岩台地或生物礁复合体的几何形态和特征。可容空间的控制因素可能也会影响气候和海洋的变化，也可能不会；而气候和海洋的变化在区域和局部规模（陆缘、盆地或局部）都会强烈地影响碳酸盐岩台地的发育。这些变化受到营养物质资源量和水动力条件的改造，都是可以显著改变碳酸盐岩台地沉积模式的因素。这些影响因素都有其对应的变化频率范围，在碳酸盐岩台地和生物礁发育体系中它们有不同的表达方式，表明每种控制因素都在层组、层序、超层序和台地规模上有其沉积响应。

一般认为，碳酸盐岩台地和生物礁发育的全球模式受到真正的全球机制的影响（Markello等），而规模较小的地层特征更可能被解释为受区域或局部沉积控制因素的影响（James和Bone）。然而，个别情况下，以最精细的水平详细研究碳酸盐岩台地和生物礁时，可以通过各种尺度控制因素间的相互作用关系，解释沉积过程的发生及其地层表现形式（Peterhasel和Egenoff）。因此，研究尺度的不同可能会显著影响判断，甚至引起严重偏差，尤其是在解释碳酸盐岩台地和生物礁发育的不同阶段哪种控制因素发挥主导作用的时候。看起来，研究越侧重细节，控制因素越是具体明确，作用范围越局限。

越来越多的研究致力于从一个整体的观点评价碳酸盐岩台地和生物礁系统，以试图理解台地或生物礁形成、生长形态、地层特征和死亡等各阶段所涉及的过程和各种相关成因关系。应用这种方法的

一个实例，就是对碳酸盐岩台地及其分类认识的发展，这是经典的难题。因为，尽管在显生宙各种构造环境中都有台地发育，海平面升降、生物、气候和海洋学演化的过程各不相同，但是统一只根据其形态轮廓分类。是否将不同的自然系统分类到人工定义的框架里，妨碍了对碳酸盐岩台地和生物礁生长所涉及的各种关系（整体的或成因上）的认识？还是因为碳酸盐岩台地和生物礁发育所涉及的各种不同尺度机制间的相互作用关系过于复杂，不能对其精确度量，从而导致其作用结果过于整体化，实在无法分开研究？另一方面看，可能科学发展史（缓慢）反而成为一个限制因素。

碳酸盐岩台地最初的研究体现在相类型、沉积相带分布以及从现代到古代的台地形态，以评价整个碳酸盐岩体系中形成的形态学模式。本书采用了当代的地形学关键知识以增强对台地的认识和分类。这种方法虽然在从一般意义上描述台地的各种形状和刻画台地类型方面很有用，但是由于仅把台地类型分为斜坡、开放陆架、镶嵌陆架和孤立台地（及其所有亚类），使得不能对某一特定时期的一个静态的形态学类型作出全面评价，而对其所涉及的特征和尺度问题也不能获得更多信息。随着碳酸盐岩研究的不断系统化、全面化和精细化，对其外在和内在的控制因素以及沉积和地层表现形式之间关系的理解也会越来越深刻。

碳酸盐岩台地和生物礁演化的科学认识正处于一个转折点。评价研究的尺度越来越细致、越详细。同样地，也需要从更全面的视角出发，更准确地厘清和量化这些自然系统，以期能建立起现实且通用的模型，这些模型是能够跨越时间和空间的界限的。鉴于此，现在必须从成因的角度研究碳酸盐岩台地和礁，从而能够形成详细的解释成果，这对解释碳酸盐岩台地发育过程中的时间趋势，为地下勘探提供准确的预测模型是非常必要的。这些模型是如何形成、验证和应用的，将成为碳酸盐岩体系科学研究的下一个重大进步。

致谢

本书阐明了最初在AAPG—SEPM会议（2005，卡尔加里）的专题会议“碳酸盐岩台地与生物礁演化的控制作用：纪念Wolfgang Schlager博士”上提出的观点和概念。感谢每一个审稿人为审阅初稿所付出的时间和精力，他们确保了作者观点和解释的清楚表述。非常感谢Noel James审阅了本书的概述和总结部分。

参考文献

Ahr, W.M., 1973, The carbonate ramp: an alternative to the shelf model: Gulf Coast Association of Geological Societies, Transactions, v. 23, p. 221−225.

Bosence, D., 2005, A genetic classification of carbonate platforms based on their basinal and tectonic settings in the Cenozoic: Sedimentary Geology, v. 175, p. 49−72.

Burchette, T.P., and Wright, V.P., 1992, Carbonate ramp depositional systems: Sedimentary Geology, v. 79, p. 3−57.

Cherns, L., and Wright, V.P., 2000, Missing molluscs as evidence of largescale, early aragonite dissolution in a Silurian sea: Geology, v. 28, p. 791−794.

Crevello, P.D., Wilson, J.L., Sarg, J.F., and Read, J.F., 1989, Controls on Carbonate Platform and Basin Development: SEPM, Special Publication 44, 415 p.

De Benedictus, D., Bosence, D., and Waltham, D., 2007, Tectonic control on peritidal carbonate parasequence formation: an investigation using forward tectono−stratigraphic modelling: Sedimentology: v. 54, p. 508−605.

Eberli, G., Masaferro, J.L., and Sarg, J.F., 2004, Seismic Imaging of Carbonate Reservoirs and Systems: American Association of Petroleum Geologists, Memoir 81, 376 p.

Ginsburg, R.N., and James, N.P., 1974, Holocene carbonate sediments of continental shelves, *in* Burke, C.A., and Drake, C.L., eds., The Geology of Continental Margins: New York, Springer−Verlag, p. 137−155.

Goldhammer, R.K., Dunn, P.A., and Hardie, L.A., 1990, Depositional cycles, composite sea−level changes, cycle stacking patterns, and the hierarchy of stratigraphic forcing: Examples from Alpine Triassic platform carbonates: Geological Society of America, Bulletin, v. 102, p. 535–562.

Granjeon, D., and Joseph, P., 1999, Concepts and applications of a 3–D multiple lithology, diffusive model in stratigraphic modelling, *in* Harbaugh, J.W., Watney, L., Rankey, E.C., Slingerland, R., Goldstein, R.H., and Franseen, E., eds., Numerical Experiments in Stratigraphy: Recent Advances in Stratigraphic and Sedimentologic Computer Simulations: SEPM, Special Publication 62, p. 197–210.

Hallock, P., 1987, Fluctuations in the trophic resource continuum: A factor in global diversity cycles?: Paleoceanography, v. 2, p. 457–471.

Hallock, P., and Schlager, W., 1986, Nutrient excess and the demise of coral reefs and carbonate platforms: Palaios, v. 1, p. 389–398.

Handford, C.R., and Loucks, R.G., 1993, Carbonate depositional sequences and systems tracts—responses of carbonate platforms to relative sea–level changes, *in* Loucks, R.G., and Sarg, J.F., eds., Carbonate Sequence Stratigraphy: American Association of Petroleum Geologists, Memoir 57, p. 3–42.

Harris, P.M., and Kowalik, W.S., 1994, Satellite Images of Carbonate Depositional Settings: American Association of Petroleum Geologists, Methods in Exploration Series, 10, 147 p.

Homewood, P.W., and Eberli, G.P., 2000, Genetic Stratigraphy on the Exploration and Production Scales—Case Studies from the Pennsylvanian of the Paradox Basin and the Upper Devonian of Alberta: Bulletin Centre Recherche, Elf Exploration and Production, Memoir 24, 290 p.

Insalaco, E., Skelton, P.W., and Palmer, T.J., 2000, Carbonate Platform Systems: Components and Interactions: Geological Society of London, Special Publication 178, 231 p.

James, N.P., 1997, The cool–water carbonate depositional realm, *in* James N.P., and Clarke, J.A.D., eds., Cool–Water Carbonates: SEPM, Special Publication 56, p. 1–22.

James, N.P., Bone, Y., and Kyser, T.K., 2005, Where has all the aragonite gone? Mineralogy of Holocene neritic cool–water carbonates, southern Australia: Journal of Sedimentary Research, v. 75, p. 454–463.

Kendall, C.G.St.C., and Schlager, W., 1981, Carbonates and relative changes in sea level: Marine Geology, v. 44, p. 181–212.

Kiessling, W., Flügel, E., and Golonka, J., 2003, Patterns of Phanerozoic carbonate platform sedimentation: Lethaia, v. 36, p. 195–226.

Loucks, R.G., and Sarg, J.F., 1993, Carbonate Sequence Stratigraphy: Recent Developments and Applications: American Association of Petroleum Geologists, Memoir 57, 545 p.

Lukasik, J., and James, N.P., 2006, Carbonate sedimentation, climate change, and stratigraphic completeness on a Miocene cool–water epeiric ramp, Murray Basin, South Australia, *in* Pedley, H.M., and Carannante, G., eds., Cool–Water Carbonates: Depositional Systems and Palaeoenvironmental Controls: Geological Society of London, Special Publication 255, p. 217–244.

Lukasik, J.J., James, N.P., McGowran, B., and Bone, Y., 2000, An epeiric ramp: low–energy, cool–water carbonate facies in a Tertiary inland sea, Murray Basin, South Australia: Sedimentology, v. 47, p. 851–881.

Mallinson, D.J., Hine, A.C., Hallock, P., Locker, S.D., Shinn, E.A., Naar, D.F., Donahue, B.T., and Weaver, D., 2003, Development of small carbonate banks on the South Florida platform margins: response to sea level and climate change: Marine Geology, v. 199, p. 45–63.

Pedley, H.M., and Carannante, G., 2006, Cool–Water Carbonates: Depositional Systems and Palaeoenvironmental Controls: Geological Society of London, Special Publication 255, 373 p.

Pomar, L., 2001a, Ecological control of sedimentary accommodation: evolution from a carbonate ramp to rimmed shelf, Upper Miocene, Balearic Islands: Palaeogeography, Palaeoclimatology, Palaeoecology, v. 175, p. 249–272.

Pomar, L., 2001b, Types of carbonate platforms, a genetic approach: Basin Research, v. 13, p. 313–334.

Read, J.F., 1982, Carbonate platforms of passive (extensional) continental margins: types, characteristics and evolution: Tectonophysics, v. 81, p. 195–212.

Read, J.F, 1985, Carbonate platform facies models: American Association of Petroleum Geologists, Bulletin, v. 69, p. 1–21.

Read, J.F., 1995, Overview of carbonate platform sequences, cycle stratigraphy and reservoirs in greenhouse and icehouse worlds, *in* Read, J.F., Kerans, C., and Weber, L.J., eds., Milankovitch Sea Level Changes, Cycles and Reservoirs on Carbonate Platforms in Greenhouse and Ice–House Worlds: SEPM, Short Course 35, p. 1–102.

Sandberg, P.A., 1983, An oscillating trend in Phanerozoic non–skeletal carbonate mineralogy: Nature, v. 305, p. 19–22.

Sarg, J.F., 1988, Carbonate sequence stratigraphy, *in* Wilgus, C.K., Hastings, B.S., Posamentier, H., Van Wagoner, J., and Kendall, C.G.St. C., eds., Sea–Level Changes: An Integrated Approach: SEPM, Special Publication 42, p. 155–182.

Scholle, P.A., Bebout, D.G., and Moore, R.C., 1983, Carbonate Depositional Environments: American Association of Petroleum Geologists, Memoir 33, 708 p.

Simo, J.A.T., Scott, R.W., and Masse, J.–P., 1993, Cretaceous Carbonate Platforms: American Association of Petroleum Geologists, Memoir 56, 479 p.

Smart. P.L., Waltham, D., Felce, D., and Whitaker, F.F., 2005, CARB3D+: a new forward simulation model for sedimentary architecture and near–surface diagenesis in isolated carbonate platforms (abstract): American Association of Petroleum Geologists International Meeting, Abstracts, Paris.

Tucker, M.E., Wilson, J.L., Crevello, P.D., Sarg, J.F., and Read, J.F., 1990, Carbonate Platforms: Facies, Sequences and Evolution: International Association of Sedimentologists, Special Publication 9, 328 p.

Vail, P.R., Mitchum, R.M., Jr., Todd, R.G., Widmier, J.M., Thompson, S., III, Sangree, J.B., Bubb, J.N., and Hatlelid, W.G., 1977, Seismic stratigraphy and global changes of sea level, *in* Payton, C.E., ed., Seismic Stratigraphy—Applications to Hydrocarbon Exploration: American Association of Petroleum Geologists, Memoir 26, p. 49–212.

Walter, L.M., and Burton, E.A., 1990, Dissolution of platform carbonate sediments in marine pore fluids: American Journal of Science, v. 290, p. 601–643.

Wilkinson, B.H., 1979, Biomineralization, paleoceanography, and the evolution of calcareous marine organisms: Geology, v. 7, p. 524–527.

Wilson, J.L., 1974, characteristics of carbonate–platform margins: American Association of Petroleum Geologists, Bulletin, v. 58, p. 810–824.

Wilson, J.L., 1975, Carbonate Facies in Geologic History: New York, Springer–Verlag, 470 p.

Wright, V.P., and Burchette, T.P., 1998, Carbonate Ramps: Geological Society of London, Special Publication 149, 165 p

碳酸盐岩台地演化的全球展望

碳酸盐时间类比（CATT）猜想和全球碳酸盐岩油气田分布图

——对显生宇碳酸盐岩体系的系统性和预测性观点

James R. Markello[1]　Richard B.Koepnick[2]　Lowell E.Waite[3]　Joel F.Collins[4]

（1. 埃克森美孚上游研究公司；2. Koepnick地质咨询有限公司；

3. 美国先锋自然资源有限公司；4. 埃克森美孚开发公司）

摘要：碳酸盐时间类比的猜想认为“通过总结任一地质时期的地球作用过程和碳酸盐沉积过程的周围环境，可以得到针对碳酸盐岩体系和油气藏产状、组成、地层特征和油气藏特征的、可信度高的特定年代的预测模型”，将这些模型称为“对时间敏感的模式或特征”。该猜想的基础是关于碳酸盐沉积过程和地球作用过程在显生宙变化特征的知识积累，其中碳酸盐沉积过程包括生物演化和矿物变化，地球作用过程包括构造、气候、海平面变化、海洋化学和海洋环流。从时间上确定年代预测模型时，使用了地层等级和Sloss层序的概念。年代基础上的地层特征对应于二级超层序，而这在地质历史时期已经是确定的（Ma）。据此得出两个成果：显生宇碳酸盐岩分布趋势图和全球碳酸盐岩油气田分布图。

碳酸盐时间类比的猜想为创建体系评价和预测模型提供了一种方法，模型中提供的显生宇碳酸盐岩体系和油气田信息可用于勘探开发和生产领域。勘探地质家们应用了许多概念、工具和数据以建立油气田和油气藏的分布与品质的预测模型。然而，随着勘探成功率下降，需要方法来更新勘探思路。本文提出的CATT猜想和方法即是为勘探碳酸盐岩油气藏提供替代方法的基础。该猜想针对已知碳酸盐岩油气藏的分布提出了一个令人深思的观点，并提出另外一种不同的预测待发现的碳酸盐岩油气藏的方法。

油藏工程师需要详细的以地质资料为基础的油藏参数，以模拟油藏（油田）动态。此类模拟是油气田开发（枯竭）方案的基础，并为大量资本和运营费用提供参考。因此，当务之急是如何为油气藏模拟提供最好的输入参数，以确保投资最优化。通常，该参数或者直接来自正在开发中的油田，或者取自模拟油田。因此，选择最合适的类比参数是最关键的步骤。CATT方法为选择最合适的类比参数来进行以开发生产为基础的油气藏模拟提供了概念基础，并且，该方法还为人们在职业生涯中系统地组织和评价概念、事实和碳酸盐岩油气藏实例研究时提供知识结构或背景。

碳酸盐时间类比项目于1991—1999年期间在美孚勘探与生产技术中心进行。其成果包括了：①中心思想是提出一个假说；②在此想法的基础上，找到一种方法的多种应用，包括模拟选择、体系对比分析和预测概念；③总结性的数据库，包括地质数据、事实和概念，整合成的具体成果为显生宇碳酸盐岩分布趋势图和全球碳酸盐岩油气田分布图。本项目工作的主要目标即为在已有的地球历史、构造和沉积地质学的知识基础上，发展碳酸盐岩—油气藏—细节的概念和原理，既解释又预测了碳酸盐岩油气藏的特征。这些特征包括空间分布、内部地层结构、沉积相分布与形态、成岩改造作用和储集物性。

在含油气区带、前景带和油气藏评价中，往往缺乏合适的或者最优的碳酸盐岩油气田和油气藏类比分析。根据对目前碳酸盐岩体系的了解，为了反映适当的年代、地层和相特征，必须要使用类比模拟的方法；因为对于不同时代、构造环境、岩相古地理、地层格架、地层形态、相、生物种类和成岩作用，碳酸盐岩体系的变化很大。碳酸盐岩体系预测概念的核心是其“时间敏感性的模式和特点”，这是由碳酸盐沉积过程与地球作用过程之间的相互作用导致的，其中地球作用过程包括了板块构造运动、气候、海平面和海洋学，而碳酸盐沉积过程包括台地类型（孤立台地和与大陆相连的台地）、沉积剖面（缓坡型和陆棚边缘型）、生物组成与演化（包括生物种类的灭绝与放射）、矿物学、碳酸盐化学和成岩作用。人们很早就认识到，这些地球作用过程和碳酸盐沉积过程都会随地质时代而不断地变化（Wilson，1975；Tucker和Wright，1990；Veevers，1990；Schlager，2005）。有些情况下是独立地变化，而其他时间则是两种过程相互影响地变化。不管怎样，对于任一地质时期，这些过程中所有状态的总的结果就是一种对时间敏感的模式或特征。因此，目标在于选择一些时间段，对此期间的预测是可以约束的，以此确定每一特定时间段内碳酸盐岩体系的主要特征，并且明确其因果关系，以使这些预测概念、模型和（或）特征可以得到有效地应用。

一、碳酸盐时间类比

（一）猜想的提出

CATT猜想提出“通过总结任一地质时期的地球作用过程和碳酸盐沉积过程的周围环境，可以得到：①古代碳酸盐岩体系；②碳酸盐岩油气藏的产状、组成、地层属性和油气藏特征的、可信度高的特定年代的预测模型和概念。该成果称为“对时间敏感的模式或特征”。该猜想表示如下：

地质年代	+	碳酸盐沉积过程	+	地球作用过程	=	时间敏感模式（特征）
时间切片定义		生物进化		构造		产状及位置
		矿物学		气候		礁、颗粒灰岩、泥岩
				海平面		台地类型/剖面形态
				海洋循环		地层格架
				海洋化学		成岩潜力
						类比案例

该猜想的基础是在证明显生宙碳酸盐沉积过程和地球作用过程都发生了不同变化方面累积了很多认识。其中碳酸盐沉积过程和地球作用过程包括：①生态的、海洋地形的和沉积的过程等对碳酸盐工厂发育的控制作用；②地层和可容空间等对碳酸盐岩地层结构的控制作用；③生物进化、颗粒矿物成分、构造、气候、海平面变化、海洋环流和海洋化学的长期趋势；④地层格架和显生宇I级和II级层序的限制（Sloss层序；Sloss，1963）。这些过程在地质时期（Ma）都是固定的。

碳酸盐时间类比的猜想为发展各种应用的方法提供支持，这些应用包括构建碳酸盐岩体系和油气藏的预测概念。用这种方法来预测碳酸盐岩体系的显著特点在于，每个预测是针对特定年代的。该方法包含了两个观点：首先，反对使用一个概括性的碳酸盐岩体系或油气藏模型来描述和预测显生宙所有碳酸盐岩体系的所有特征的观点；第二，反对显生宙的每一个碳酸盐岩体系都是独一无二的，因此需要无数个模式才能预测所有特征的观点。反之，通过建立有限的一些模式，就能把显生宙碳酸盐岩体系内可识别的变化范围包括在内。Wilson（1975）曾首次提出广泛使用的对时间敏感的碳酸盐岩体系的特征。其他人综合碳酸盐岩体系总结的预测模型是基于：①沉积几何特征的标准，如缓坡型与镶边陆棚、和大陆相连的与孤立的台地（Ahr，1973；Wilson，1974；Read，1985）；②几何特征和层序地层相结合的标准（Sarg，1988；Handford和Loucks，1993）；③构造特征的标准（Read，1982；Dorobek，1995；Pomar，2001；Bosence，2005）；④全球气候变化的标准，如温室期与冰期（Wright，1992；Read，1995，1998）；⑤生物群落和局部—区域气候的标准（Kiessling等，1999，2002）。

建立碳酸盐时间类比的模式是为了捕捉和预测碳酸盐岩体系中在地质年代基础上的不同变化。该猜想提供了一种可以整合碳酸盐岩体系特征的形态、构造、气候和其他显著控制因素，并将这些特征与特定地质时期的预测模型相结合的方法。地质年代提供了约束条件和背景，因此限制了模型的数量。

（二）全球碳酸盐岩储层地图集——重要的成果和产品

1. 显生宇碳酸盐岩分布趋势图

能反映地球作用过程和碳酸盐沉积过程长期变化性的成果之一即为显生宇碳酸盐岩分布趋势图（图1）。该图中包含了大量持续变化的数据，其来源众多，并包含了所有地质年代尺度的曲线，这些曲线是图版的主体骨架（表1）。该成果中不含新的或者原创的数据。该成果可以视为对前人数据成果的一种整合总结，是一个非独创性的成果。

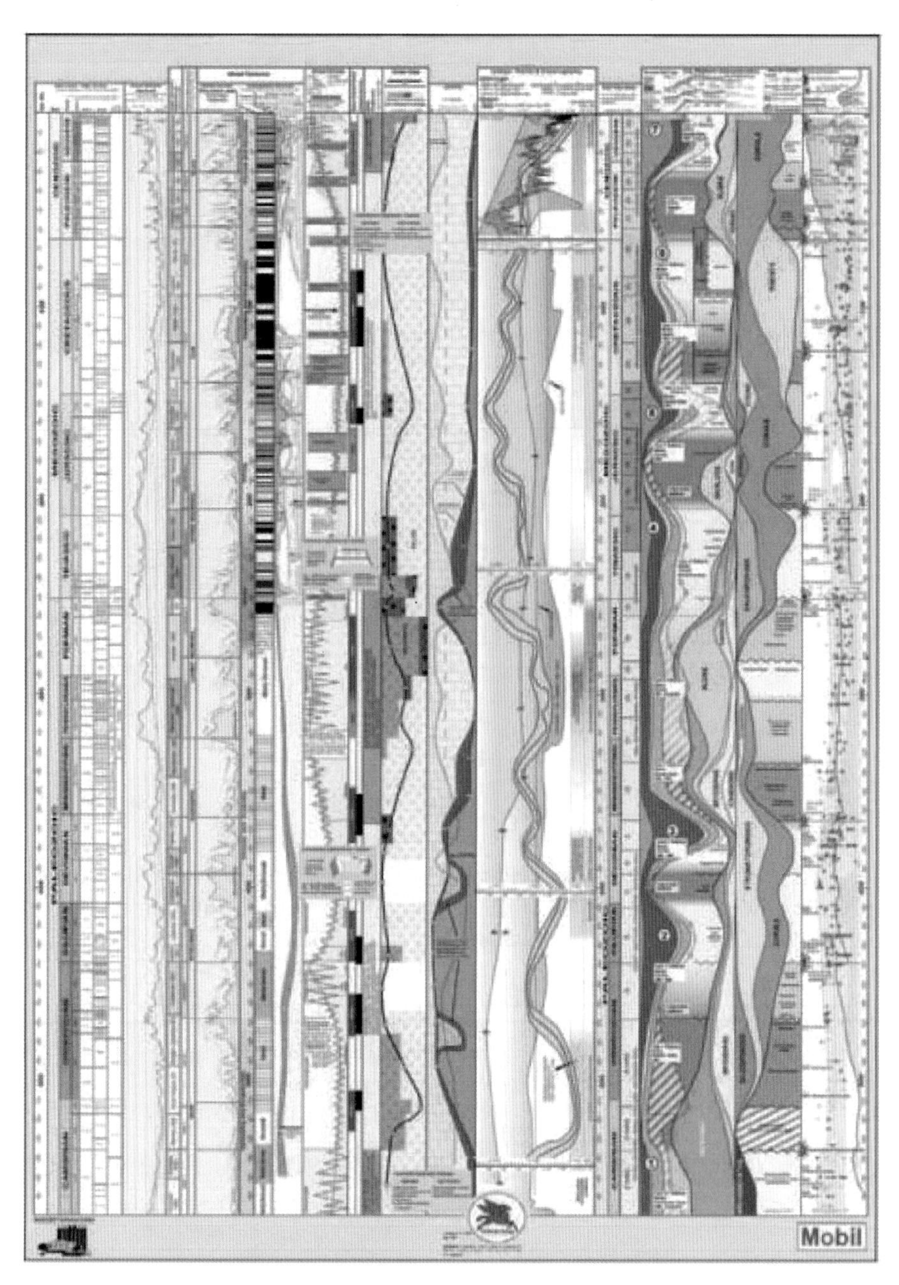

图1　显生宇碳酸盐岩分布趋势图

该图由Joel Collins编著（1996—1998）。表头和数据参考来源见表1。该图结合了各种来源的多种类型数据。为了尽可能准确地把数据点对应到时间尺度上尽了最大努力，但是仍然可能有误差存在。在插值点较稀疏、或者具有连续变化特征的柱子中，很多地方的过渡和变化都描绘成渐变的形式，而不是突变（如海平面、全球气候、骨架礁生长期和生物进化）。这可能并非是岩石中记录的真实特性，但是还是选择用这种方式体现其特征。一些离散事件和阶段以及突变的现象，均如实描述（如海底磁性条带、火山爆发事件、生物的首次出现和灭绝）。只有通过系统和持续地研究，才能完全理解该图表

表1　显生宇碳酸盐岩分布趋势图（图1）的组成部分

栏目表头	数据来源的作者
地质年代表	Harland等，1990；Ross和Ross，1994
全球相对海平面变化	Greenlee和Lehmann，1993；Ross和Ross，1988； Haq等，1987
全球时间切片和古地理地图的时间段	Heritage-Mobil全球主题项目，1993； Golonka等，1997
克拉通超层序	Sloss，1963，1988
残余海平面，Wilson构造期次和关键超层序	修改自Waite等，1994；Wilson，1988；Haq等，1987
古地磁反转	Harland等，1990；Ogg，1995；Cande和Kent，1992
全球气候； 中生界大火成岩省； 古近—新近系二级旋回； 上古生界二级旋回	修改自Veevers，1990； Rampino和Stothers，1988； Renne和Basu，1991； Mahoney和Coffin，1997； Davies等，1989； Wright，1988；Martindale和Boreen，1997
主要烃源岩的时代 海洋缺氧事件	Heritage-Mobil全球主题项目，1993
早期成岩作用	James和Choquette，1990b
鲕粒岩产状	Wilkinson等，1985
白云岩分布趋势（生物礁） 白云岩分布趋势（油气田）	Kiessling等，1999 In-house Mobil和PetroConsultants数据库
同位素分布趋势和海洋学； 碳—氧 海洋胶结物 锶 海洋学趋势	Mountain，1991；Abreu和Anderson，1998； James和Choquette，1990a；Martin，1996 Burke等，1982；Keopnick等，1985； Martin，1996
地质年代尺度和礁时间切片	Kiessling等，1999
生物演化趋势； 碳酸盐岩台地特征； 类比特征	James，1983；Kiessling等，1999 Wilson，1974；1975
古生物学：首次与末次出现，灭绝事件； 总生物多样性； 礁分布的古纬度	Jablonski，1999； Kiessling等，1999

注：表中列出了图中每一栏的表头，并列出了每一栏数据对应的资料来源。该表也是全球碳酸盐岩油气田分布图的重要组成部分。

显生宇碳酸盐岩分布趋势图最主要的应用是帮助解决CATT方程问题。因为每一种变化趋势都与地质年代有关，这样就可以更直接地从图版中读出任一地质时期，并得出该时期地球作用过程和碳酸盐沉积过程的周围环境的总和。该总和即为“对时间敏感的模式或特征”的基础。

2. 用于全球古地理图开发中的时间切片的定义

碳酸盐时间类比项目中用到的最基础的成果是全球碳酸盐岩油气田分布图。该地图包含了29幅全球古地理图，跨越整个显生宙。每幅地图包含了一段地质时间，定位为一个时间切片，每幅图中描绘的古地理状态是该时间增量或时间切片上概括的和具有代表性的古地理特征的解释与判断。每幅图中的时间增量并不完全相同。确定每幅图的时间增量是最关键的思想。此处用到两种基本的标准：①地层的有效性与时间增量的性质；②地图数量的可行性。假如时间增量太大，比如说50Ma，那么需要10张图就可以涵盖整个显生宙，并且每张图中的沉积环境与这50Ma之内的任何特定的周期较小的沉积环境之间相关性很小；假如每张图的时间增量太小，比如仅有0.1Ma，那么，要涵盖整个显生宙需要5000张图。但是考虑到一个项目的时间框架、资源分配和预算等各方面，要完成全球规模的5000张古地理图是不可能的。

为了完成全球古地理图，选择二级超层序（Haq等，1988；Vail等，1991；Sarg，Markello等，1999）作为时间增量的框架（图2）。有三方面原因：第一，显生宙中的绝大多数二级超层序都已经定义好，其层序边界或不整合面已经在地质年代表上刻画出（Haq等，1988；Ross和Ross，1988；Greenlee和Lehmann，1993）。在项目立项之初（1993年）就估算出整个显生宙大概由41～45个二级超层序组成，其不确定性主要来自对于奥陶纪和寒武纪内部二级超层序的划分情况的估计（表2）。第二，人们已经认识到，尽管二级超层序的尺度包括了重要的地质年代，仍然可以画出全球规模的古地理分布，它代表了盆地内各区域中大规模且长时间存在的沉积体系。在该项目内创建这些数量（25～35）的全球规模的古地理图，被认为是可行的。第三，一些地球和碳酸盐沉积过程中的显著变化，影响了碳酸盐岩体系和油气藏中以年代为基础的特征，这些变化有板块运动、板块位置、盆地沉降、古气候、海洋化学、矿物学和主要生物群落等，大概都发生在二级超层序的时间范围内（图1）。最终，制图的数量定为29（表2）。

在该工作结束之后，又对地质年代表进行了细化校正。Golonka和Kiessling（2002）总结了这些修改，并为给古地理图命名提出一个更新的地质年代表以用于定义时间切片的年代（Kiessling等，2002）。

级别	持续时间（Ma）		地层术语	
	范围	模式		
1st	350～500	450	巨层序组	
	50～100＋	80	巨层序	
2nd	20～50＋	30	超层序组	
	5～20＋	10	超层序	
3rd	0.5～5	1	温室期　层序	冰期　复合层序
4th	0.05～0.5	0.1；0.45	准层序组 准层序	层序
5th	0.01～0.05	0.02；0.04	准层序 层组	准层序组 准层序
＞6th	＜0.01		层 纹层	层组；层；纹层

图2　地层等级表（据Sarg等，1999，修改）

在绘制全球古地理图时使用了地层等级的概念（Haq等，1987；Tucker和Wright，1990；Vail等，1991；Sarg等，1999）以确定最合适的时间增量及其有效性。显生宇沉积岩记录由结构清晰的、可识别的和互相叠置的不同尺度的沉积旋回构成，这是支撑地层等级的基础概念。前人的研究中已经定义好了不同的尺度（Haq等，1987；Tucker和Wright，1990；Vail等，1991），其定义的依据是时间，而非沉积或地层厚度。每一个沉积旋回，不管尺度多大，其上下界面都是不整合面或层序界面，其变化范围包括了从大型的构造驱动的一级盆地充填（Wilson，1966，1988）和克拉通水淹泄水层序（Sloss，1963），到气候驱动的、小规模的五级米兰科维奇准层序（Goldhammer等，1987；Vail等，1991；Drummond和Wilkinson，1993）。在该地层等级的每一种尺度内，次一级的地层定义都是连续的。每一套地层顶部的不整合或层序界面都是其上覆一套地层的底。在任一给定的等级规模内，不存在地层组成旋回的间断或重复

3. 古地理：非常需要注意的一点

众所周知，古地理图应该描述地质历史时期某一时刻地球的地文学和沉积体系。但是，要想鉴定全球范围的同一地质年代（某一短时间范围）内足够多的岩石和地层是不可能的，只能制作可以代表某一时间段内地球地文学和沉积体系的古地理图。显然，该时间间隔持续越短，古地理图越准确。例

如，在全球冰期，当高频且变化幅度大的层序形成时，其古地理的层序组成、低位体系域、高位体系域和进积体系域之间可能会有极大的不同。精确的古地理制图要求分别画出每个体系域，而不是把一个冰期的高频层序的多种可能性都放到一张图里。最好的方法应该是把所有的亚层序级别都制作成图。但是由于项目本身的限制（各种资源和时间限制），决定将古地理制图的时间间隔延伸到地层学中的二级超层序级别，并努力将该尺度内全球地文学和沉积体系的特征尽量详细地展示在图中。

4. 全球古地理底图的改进与开发

如上所述，“全球碳酸盐岩油气田分布图”是本项目的一项基础成果。而改进后的全球古地理分布图作为发展以时间为基础的碳酸盐岩体系预测模型的基础，其数据量丰富，为已知的碳酸盐岩体系和碳酸盐岩油气田（储层）的经验制图提供体系框架，既包括时间的，又包括了空间的框架。制作改进的全球古地理底图的方法包含多个步骤，且需要耗费大量劳力，大概需要20～30人/年来完成。其步骤包括：

（1）确定每个制图的时间切片的地质年龄（Ma）（表2）。

（2）为每个时间切片命名（通常使用该年代内地质阶段来命名；表2）。

（3）根据各大洲中一个或者多个盆地的资料确定某一时间切片中的典型地层剖面。

（4）找出每个时间切面中大陆架和克拉通内部最大海泛面的时间（地质年代）。

（5）使用J.Golonka修改的C.R.Scotese理论开始进行基本板块重建，描绘出：①深海；②浅水陆棚；③陆地；④山脉。

（6）把所有时间切片和地图分配到个人或各小组以进行更详细的分析研究并开始古地理制图。

表2　每个时间间隔和古地理图中的名称和年代定义

1993年“全球主题”项目二级超层序和古地理图图名	1993年“全球主题”项目二级超层序和时间切片定义	1999年全球碳酸盐岩油气田分布图二级超层序和古地理图图名	1999年全球碳酸盐岩油气田分布图二级超层序和时间切片定义
Messinian	0～10Ma	Messinian（6Ma）	0～10Ma
Serravallian	10～20Ma	Serravallian（14Ma）	10～20Ma
Aquitanian	20～30Ma	Aquitanian（22Ma）	20～30Ma
Rupelian	30～39Ma	Rupelian（36Ma）	30～40Ma
Lutetian	39～49Ma	Lutetian（45Ma）	40～50Ma
Ypresian	49～58Ma	Ypresian（53Ma）	50～59Ma
Danian	58～66Ma	Danian—Campanian（65Ma）	59～85Ma
Campanian	66～85Ma		
Turonian	85～94Ma	Turonian（90Ma）	85～94Ma
Albian	94～112Ma	Albian—上Aptian（112Ma）	94～118Ma
Aptian	112～122Ma		
Barremian—Hauterivian	122～140Ma	Barremian（130Ma）	118～137Ma
Berriasian	140～146Ma		
Kimmeridgian—Oxfordian—Callovian	146～163Ma	Callovian—Oxfordian（155Ma）和Kimmeridgian—Berriasian（140Ma）	137～163Ma
Bathonian—Bajocian	163～176Ma	Bathonian—Bajocian（166Ma）	163～176Ma

续表

1993年“全球主题”项目二级超层序和古地理图图名	1993年“全球主题”项目二级超层序和时间切片定义	1999年全球碳酸盐岩油气田分布图二级超层序和古地理图图名	1999年全球碳酸盐岩油气田分布图二级超层序和时间切片定义
Toarcian	176～187Ma	Toarcian—Pliensbachian（195Ma）	176～205Ma
Pliensbachian	187～205Ma		
Norian	205～224Ma	Norian（225Ma）	205～225Ma
Carnian	224～235Ma		
Ladinian—Anisian—Scythian	235～245Ma	Carnian—Scythian（237）	225～250Ma
Guadalupian	245～256Ma	Guadalupian（255Ma）	250～259Ma
Artinskian	256～272Ma		
Sakmarian	272～281Ma		
Asselian	281～293Ma	Asselian（285Ma）包括Sakmarian和Artinskian	259～293Ma
Kasimovian	293～311Ma	Moscovian—Kasimovian（302）包括Bashkirian	293～323Ma
Bashkirian	311～323Ma		
Serpukhovian	323～334Ma		
Visean	334～343Ma		
Tournaisian	343～364Ma	Mississippian（348Ma）包括Serpukhovian、Visean和Tournaisian	323～64Ma
Frasnian	364～380Ma	Frasnian（370Ma）	364～380Ma
Emsian	380～393Ma	Emsian（388Ma）	380～393Ma
Lochkovian	393～409Ma	Lochkovian（401Ma）	409～439Ma
Ludlovian	409～430Ma		
Llandoverian	430～439Ma	Llandoverian（435Ma）包括Ludlovian	409～439Ma
Caradocian	439～466Ma	Caradocian	439～466Ma
Llandeilian	466～476Ma	Llandeilian—Arenigian（472Ma）	466～493Ma
Arenigian	476～493Ma		
Tremodocian	493～510Ma		
Croixian	510～517Ma	Croixian—Tremodocian（514Ma）	493～517Ma
Albertan	517～548Ma	Albertan（522Ma）	517～535Ma
Caerfaian	548～570Ma	Caerfaian（545Ma）	535～550Ma
		Tommotian（565Ma）	550～570Ma

注：这些组成了“全球碳酸盐岩油气田分布图”的系列地图。另外，还有用于区分碳酸盐岩油气田数据库中不同油气田的时间段的定义。1993年，在最初用于“全球主题”制图项目的时间尺度中，二叠—三叠纪界线定在245Ma前。而1999年在“全球碳酸盐岩油气田分布图”中为地图命名时，二叠—三叠纪界线定在250Ma前。另外，超层序和古地理图的名字也是最能代表该时间段的地质阶段。因此，在已经命名的时间段或地图中，包括了邻近的上覆或者下伏的一些地层。

（7）每一幅古地理图要完成以下几项：①板块位置和方向的质量控制检查，按要求进行修改；②如果适用的话，加入未作图的其他地区的地层；③挨个盆地调研每个地质年代的全球的文献资料，积累并记录下局部地区的、区域的、盆地的和大陆边缘的关键地层、沉积环境解释和古地理；④将升级和细化的古地理图投到Scotese底图中并重新绘图；⑤利用所有地图的信息绘制得到一幅综合图。

（8）与Robertson研究所（现称Fugro Robertson有限公司）签订合同，完成其中某些时间切片和古地理图。

最终，共计完成了29幅升级的全球尺度的古地理图（图3中以中宾夕法尼亚纪全球古地理图为例）。人们认识到，每个地图包含了多个地层段，在局部地区，其古地理图不能反映出所有存在的变化情况。这些地图的主要目的是提供全球的、二级超层序尺度的古地理分布情况，而每一幅图都是为了描绘每一个二级超层序时间段内最大海泛时碳酸盐岩体系的代表性古地理，因为这也代表了碳酸盐产率最高时期的环境。随着地质协会更多地调研了局部地区、区域和盆地，期望能进一步改进和修正这些地图。另外，人们还认识到，绘制5～20Ma尺度上的一般古地理图是肯定不能捕捉和准确描绘0.1Ma尺度内古地理的快速变化的，本意也不是进行这么短时间尺度上全球规模的古地理环境重建。而对于显生宇碳酸盐岩分布趋势图，这些升级版的古地理图可作为总结性的数据成果。在由美孚公司资助的野外研究得到的地图中没有新的或者原创性的数据。相反的是，这些成果图都是综合了已有的数据和解释得到的。Ford和Golonka（2003）以及Golonka等（2003）发表的文献中包含了某些地图中的某些部分。

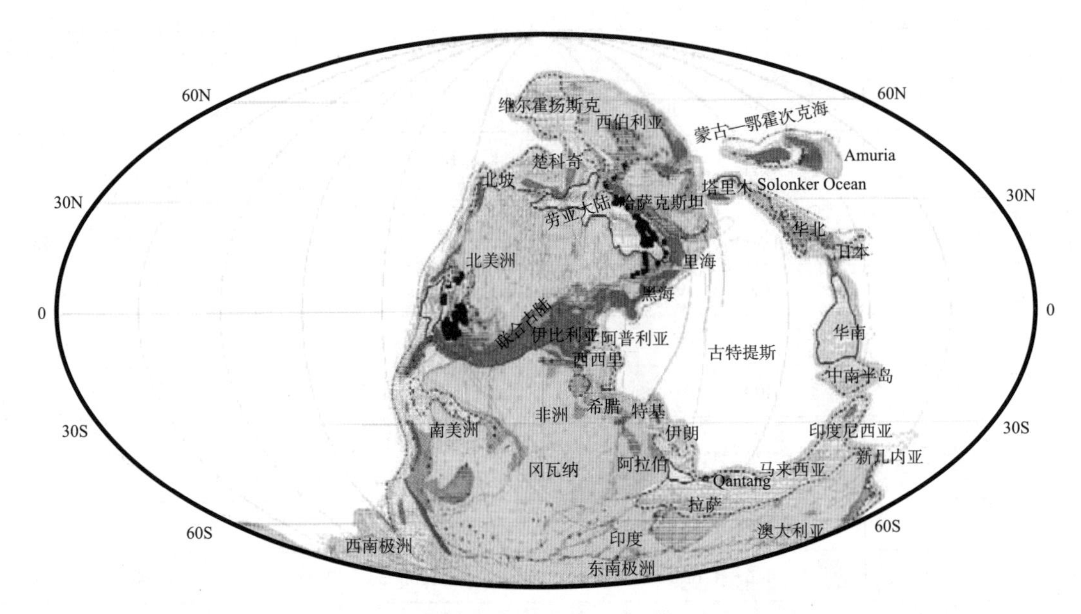

图3　莫斯科期（Moscovian）—卡西莫夫期（宾夕法尼亚纪或晚白垩世，302Ma）古地理图

最初的古地理图来自Scotese，仅含有深海盆地、浅海陆棚、陆地和山脉。而“美孚全球主题项目”在这些基本图件中提供了显著的细节，增加了11种构造元素（符号）、22个不同的沉积环境（颜色）、18种沉积模式（符号）和19种岩性（黑白花纹）。归结成四种沉积环境：大陆侵蚀、大陆沉积、边缘海和海洋；总结出六种岩性：硅质碎屑、碳酸盐岩、蒸发岩、混积体系，火山岩和有机质富集区

5. 碳酸盐时间类比图的制作

本项目的主要目的之一就是依据经验绘制已知显生宇碳酸盐岩台地和碳酸盐岩油气田（储层）及其在一系列的全球规模古地理底图中正确的时间和空间分布。最初的期望是这些地图可以为一些概念的发展提供基础，而这些概念可以用来预测碳酸盐岩体系和碳酸盐岩储层的特性。为此，编纂了一套全球范围的显生宇碳酸盐岩油气田的数据库，这些碳酸盐岩油气田资料合并在升级版的古地理图中，以用于CATT图。

全球范围的显生宇碳酸盐岩油气田数据库的准备过程如下：

（1）通过Petroconsultants S.A./IHS能源有限公司进入到内部私有的或者商业购买的数据库。

（2）从数据来源中提取制图需要的碳酸盐岩油气田信息，主要包括：①油气田名称；②地点，国家，州（省），现今x、y坐标；③盆地名称；④地质年代；⑤储层名称和主要岩性；⑥各种油气田规模和储层物性参数等。

（3）最初的信息提取得到14000多个条目，对提取出的油气田进行质量控制检测以确保油田名称、年代、盆地和储层岩性是碳酸盐岩。第一轮数据筛选后，需要制图的油气田数量减少到8570个；第二轮数据品质控制是在作图期，第二轮筛选后最终用于按地质年代得出频率直方图的显生宇碳酸盐岩油气田有8369个，29幅图中油气田的总数为8325。

（4）对于每一个还没有纳入到数据库中的油气田，将其分配到所应归属的地质阶段，然后将每一个油气田分到特定的古地理图。

（5）依据其所对应的古地理图，将数据库划分成多个单独的文件。

本项目中用到的碳酸盐岩油气田数据库中的数据来自1999年或者更早。29幅古地理图中共标记出8325个油气田。油气田样本剔除的其他原因包括：①重复样本；②现今坐标位置错误；③古地轴变化计算错误导致的古坐标错误；④储层岩性为碎屑岩（但是通过了第一轮筛选）；⑤地图选错或地质年代分错；⑥俄罗斯油气田的数据稀少，很多油气田因为缺乏确定的地层和岩性信息而被剔除。尽管尽了最大努力来确保数据库中油气田的筛选和数据品质检查，但是要想对每一个油气田的所有数据进行核查是不可能的，因此，不排除数据库中仍然有错误的条目和（或）遗漏之处存在的可能性。

数据库完成时，得到了两个总结性的图表：①现今的全球碳酸盐岩油气田分布图（图4）；②不同

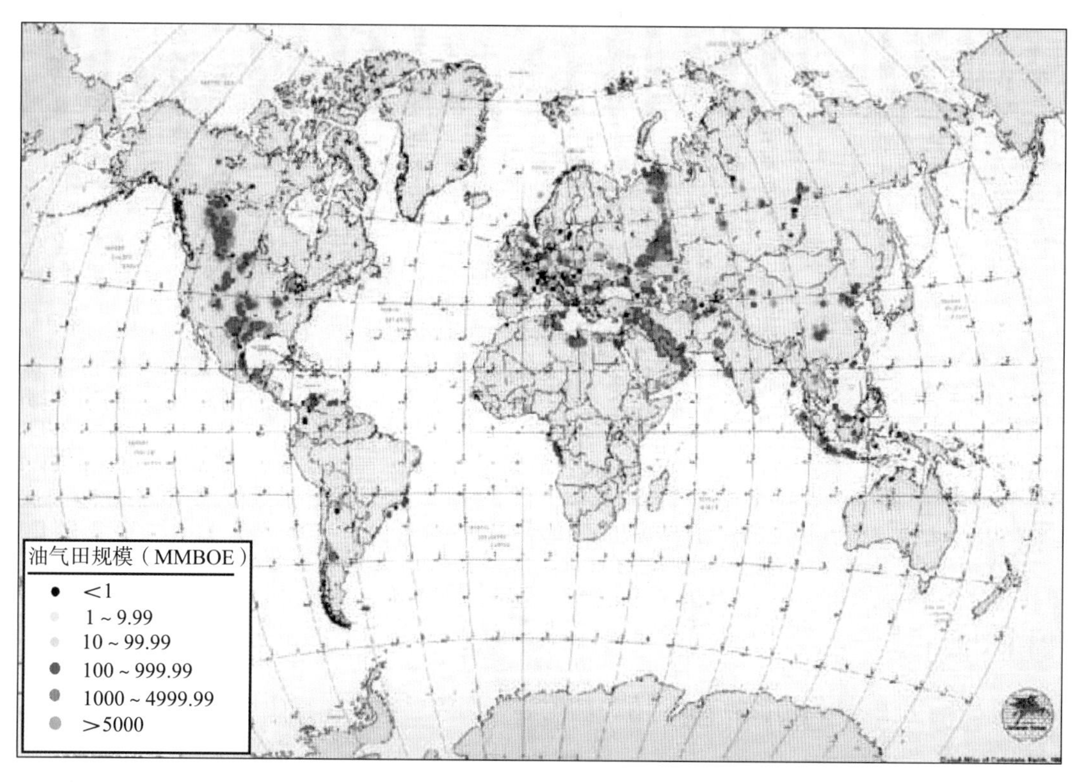

图4　显生宇碳酸盐岩油气田现今位置的世界地图

每个点的大小和颜色代表了该油气田的储量（MMBOE=百万桶油当量）。在本图中可以很容易地辨别出很多著名的富油气盆地，其中有大型的和（或）大量的碳酸盐岩油气田（储层）。这些盆地有：中东的阿拉伯盆地，俄罗斯的伏尔加—乌拉尔盆地和蒂曼—伯朝拉盆地，利比亚的苏尔特盆地，中国的渤海湾盆地和四川盆地，加拿大西部的艾伯塔盆地，美国的克拉通盆地，墨西哥的沿海盆地，委内瑞拉的马拉开波盆地，阿根廷的内乌肯盆地以及东南亚的小型复杂构造新近系盆地。基于此图，可明显看出碳酸盐岩油气田和储层集中聚集在某些盆地中，而不是均一或者随机散布在全世界

年代时期油气田丰度分布柱状图（图5）。请注意，对于储层参数，比如储量和岩石性质，并未获得授权将其列入油气田数据库中。图4的数据来自本项目早期搜集的私有数据。这两幅图表组合起来揭示了碳酸盐岩油气田分布的时空趋势，并证明了碳酸盐岩油气田既不是均一地也不是随机地在时间和空间中分布。相反地，这些图表表明，碳酸盐岩油气田和储层的分布是有因可循的。这个结论是开发预测模型的原理和基础。基于以上论述，碳酸盐岩油气田数据库和这两幅图表代表了现存数据的整合数据库。

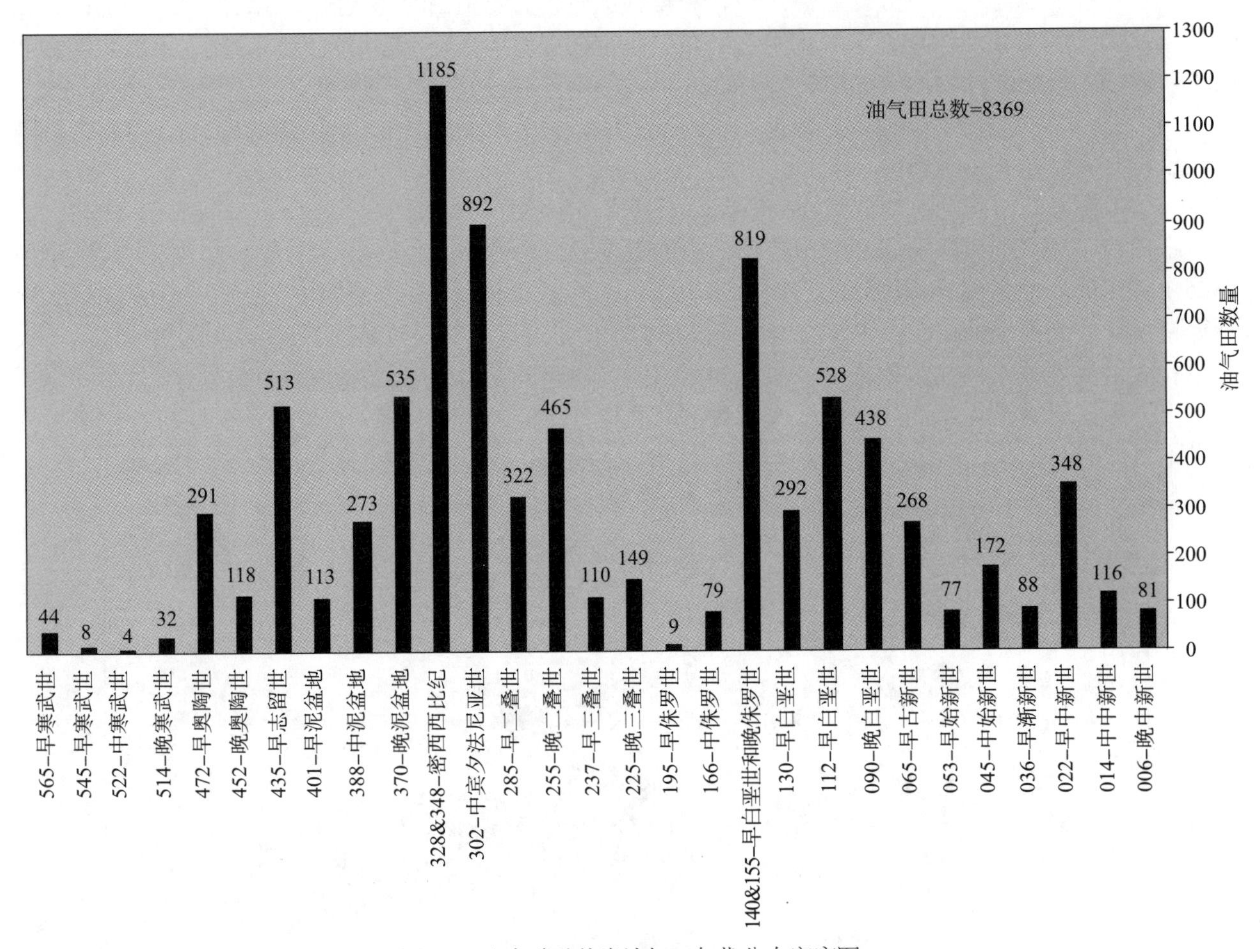

图5　显生宇碳酸盐岩油气田年代分布密度图

柱状图的原始数据来自碳酸盐岩油气田数据库。每个直方柱子的x轴上都有其地质年代的标记（Ma时间和地质年代名称），柱子上部有油气田数量。图中可以看出，碳酸盐岩油气田在地质历史时期并不是均匀分布的，其主要高峰期在早奥陶世、志留纪、晚泥盆世、石炭纪、晚二叠世、晚侏罗世、中—晚白垩世和中新世，而碳酸盐岩油气田数量最少的地质年代有寒武纪、早泥盆世、三叠纪—早侏罗世和古近纪。但是需要注意的一点是，该图并不表明这些碳酸盐岩油气田不发育的地质年代也不发育碳酸盐岩台地。事实上，CATT地图中勾勒出了这些地质年代发育的碳酸盐岩台地。基于这些现象，提出两个科学问题：①为什么寒武纪、早泥盆世、晚三叠世、早侏罗世和古近纪的碳酸盐岩台地不能产油气或不能形成更多的碳酸盐岩油气田（油气藏）；②会不会遗漏了一些重要的勘探目标

在碳酸盐岩油气田数据库编纂结束之后，利用油气田资料和显生宙古地理底图制作了CATT图册。每张图的制作方法如下：

（1）使用现代全球板块构造地图，把每个时间切片数据文件中的每个油气田分配到特定的构造板块或板块碎片。采用了Scotese的板块重建工作中对每个板块或板块碎片的命名规范。

（2）利用Scotese板块重建旋转项目（PALEOMAP项目中的Plate Tracker和Point Tracker）的早期版本结果，将各碳酸盐岩油气田现今的经纬度位置旋转到其沉积期的古地理位置。其古经纬度的值分别记录在数据库文件中。

（3）在古地理底图中，利用旋转得到的古纬度和古经度的值，每个碳酸盐岩油气田都用一个黑点表示。

（4）对旋转后的油气田及其古地理位置再次进行质量检查：①油气田的古地理位置正确，不再修改；②油气田的古地理位置明显不对，比如，投影到了极地、大洋中脊处或者山脉顶部，就要重新进行旋转计算，争取纠正错误；③假如某油气田投影到地图上后落在了克拉通内部碎屑岩沉积区，就会重新调查该油气田的地质情况，假如发现这是一个砂岩储层的油气田，就会将其从数据库中剔除。

（5）等到所有碳酸盐岩油气田的点都投影到了古地理图上，再经过对已知的碳酸盐岩台地描绘轮廓和强调细节等步骤，该古地理图就算最终完成了。不管其中有没有发现油气田，所有的碳酸盐岩台地都从图上勾勒出。

因此，对于给定的某一时间段，完成后的CATT图中包含了升级版古地理底图、其对应时间切片内碳酸盐岩油气田（储层）的位置、该时间切片内重点突出的并且带注释的与油气田是否存在无关的碳酸盐岩台地分布图（图6）。

最终，在每一个时间段和古地理基础上，这一套地图尽量覆盖了本项目中识别出的所有的碳酸盐岩台地、沉积体系和储层。随着下一步调研工作的进行和新油气田的发现，这些古地理图还可以进一步改进和修正。

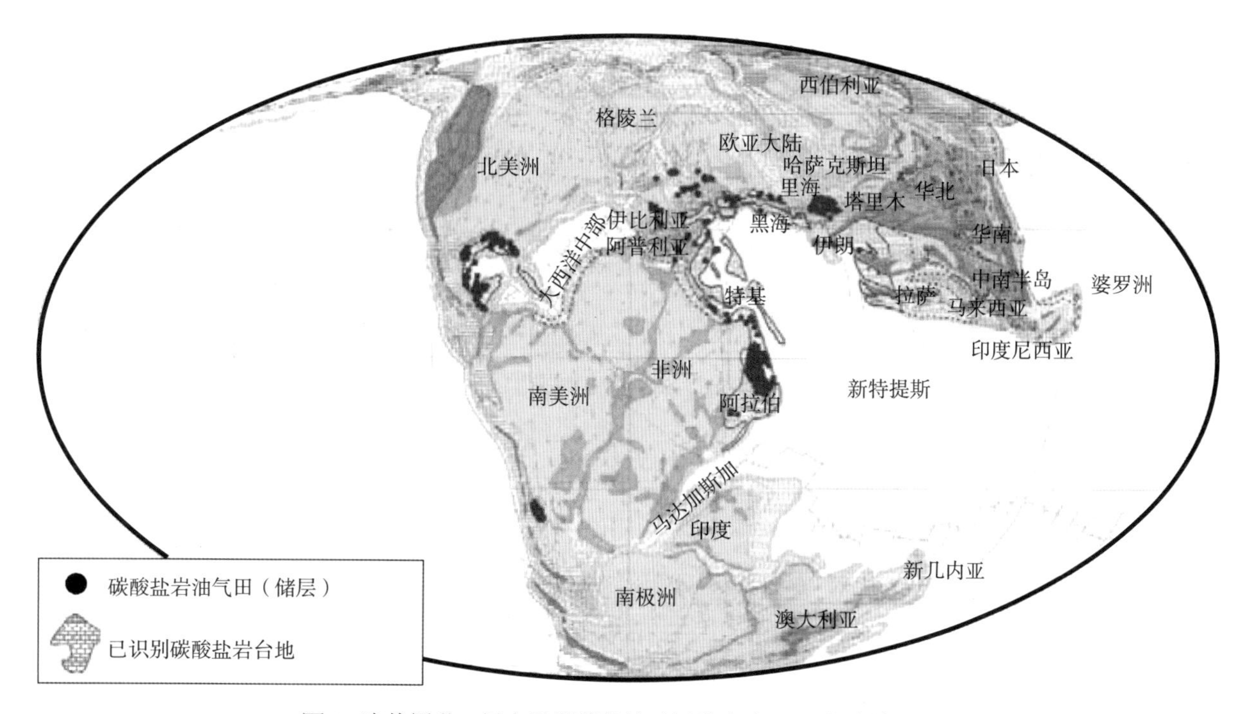

图6 晚侏罗世—早白垩世碳酸盐时间类比（CATT）古地理图

牛津期（Oxfordian，155Ma）和提塘期（Tithonian）—贝里阿斯期（Berriasian，140Ma）。该地质期间全球有四个碳酸盐岩油气田聚集区：①位于古赤道的中东的阿拉伯盆地，在新特提斯西缘—“超级海洋”泛大洋；②墨西哥湾的沿海盆地，位于美国和墨西哥新形成的海湾中，北纬15°—25°，毗邻大西洋中部；③土库曼斯坦的Kopeh Dagh盆地，北纬32°—35°，受到新特提斯洋北缘伊朗陆块的遮挡；④阿根廷南部内乌肯盆地，沿着泛大洋东南缘，南纬33°—35°。其他单独分布的或者少数聚集的油气田零散分布在新特提斯洋西北缘的复杂构造带。新特提斯洋的其他碳酸盐岩台地也在图中标出。要注意的是，有些碳酸盐岩台地发育区没有发育油气田

6. 成果总结

此次CATT项目最终获得了两项关键成果：①显生宇碳酸盐岩分布趋势图；②全球碳酸盐岩分布图，其中包含了全球显生宇碳酸盐岩油气田（储层）数据库和29幅CATT图。这两项成果联合组成了综合性的碳酸盐岩数据库。尽管此次项目没有产生新的数据，但是利用一种假设理论将现存数据搜集并

综合进了这些新成果中，将这些成果称为碳酸盐岩综合数据图集。

7. 非定量性古海洋图的开发

为了增强成果的多样性和应用性，并在古地理图与碳酸盐岩油气田分布图叠加的基础上更进一步，将海洋学的特征与这些图综合在一起，产生了三个新的系列图。在碳酸盐时间类比方程中，古海洋学作为地球过程的一部分，并且现今的和古地理时期的海洋学过程都很明显是碳酸盐岩沉积体系的位置、规模和生命力的关键控制因素（James，1978；Hallock和Schlager，1986；Scott，1988；Handford和Loucks，1993；Wood，1995；Kuznetsov，1996；Flügel和Kiessling，2002；Kiessling等，2003）。为了开发定量的参数化建模算法，以用于确定局部地区—全球规模的古气候和古海洋学，很多学者和研究机构做了大量工作（Parrish，1982；Parrish和Curtis，1982）。但是，“碳酸盐时间类比”项目在为29幅古地理图形成全面、系统的定量参数模型过程中，没有将此作为工作目标；而是使用一种非定量的、类比的、概念性的方法，形成29幅全球规模的古海洋学特征描述。

这种非定量性类比方法的基础是Earle（2001）和Mehler等（2002）所做的现代海洋学现象及其相关的全球规模的图件。该研究项目中分析的海洋学现象包括：

（1）全球气候带（Mehler等，2002）；
（2）全球盛行风模式（Earle，2001）；
（3）全球飓风轨迹（Mehler等，2002）；
（4）全球洋流及循环（Mehler等，2002）；
（5）全球海洋表面水温（Earle，2001；Mehler等，2002）；
（6）全球海洋垂向温度变化曲线（Earle，2001）；
（7）全球海潮幅度变化（Mehler等，2002）。

以上资料中，全球海洋表面水温、全球海潮幅度变化和全球飓风轨迹等均用于本项目的29幅古地理图中。

8. 全球古海洋表面水温CATT图

通常认为，现今海洋表面洋流的全球循环模式是由盛行风的方向和盐度梯度联合决定的（Mehler等，2002；Flügel和Kiessling，2002）。通常，北半球在赤道到北纬40°区间内开放的海洋环流是顺时针的，而在南半球赤道到南纬40°范围内则为逆时针。这是因为，赤道南北两侧为东风带，而在南北纬30°—40°之间则为西风带，在不小于60°的高纬度带为东风带；这一全球海洋循环模式的主要结果就是它决定了海洋表面水温的空间分布和表面几何。

中纬度的海水通常是凉水，甚至是冷水，它们自西向东流，直到遇上西边的大陆架和（或）海岸；假如洋流在纬度30°范围附近，陆架海岸可能会使向东流动的洋流反射到赤道；如果向东流动的洋流在更高的纬度（遇到海岸），该海岸可能会将洋流反射到极地区。在大陆西岸被反射向赤道方向的海水一般温度较低或很低，因此由于凉水的作用，在大陆西岸赤道南北两侧，其水温等值线分布会更密集一些。而向北和向南流动的洋流汇聚到赤道附近时，它们会转而向西流动。由于赤道带接受到的太阳照射能量最大（Mehler等，2002），在海水从东向西流动时，其海洋表面水温也会升高。由于上述循环和升温过程，海洋表面海水的等温线会呈向西开口的楔形。因此，在赤道地区的大洋西岸和大陆东侧常常水温最高，温水等值线南北向范围更宽。

人们认为现今的开放海循环模式和海洋表面水温变化趋势应该与过去的洋—盆和大陆板块重建结果相似。对此理论需要利用严格的定量参数进行古海洋学模拟来验证，这超出了本文的工作量范围。为了研究的继续进行，将该关于海洋表面海水温度的概念用于所有的29张古地理图中（图7），同时将地质历史时期的全球温室期和冰期气候及具体时间记录到古地理图中（图1）。在温室期，海洋表面海水温度特征为高纬度水温较高，而冰期，较高水温仅限于大概南北纬15°—25°。但是这些地图不能代替严格的定量参数化模型，其目的仅为提供一个思路和定性的理念，大概了解一下显生宙海洋表面水温。该目的与对比分析和预测概念模型共同发挥作用。据估计，将来这些地图都会被定量参数化模拟的海洋学所替代。

对于现代洋流及其循环模式，人们认识到在复杂构造区存在大量密集的小型陆块及地块碎片，它们被深水海道隔开，并与一个或多个大陆板块的水下陆架相邻；例如东南亚地区，洋流沿着大陆和地块碎片，或在其之间流动，形成了非常复杂的循环模式。尽管古板块重建方法可以表现出局部或区域上复杂陆块和地块碎片的方向，目前还没有人尝试着在图中展示的复杂构造区解释海洋表面水温在复杂洋流循环中的局部变化或异常。

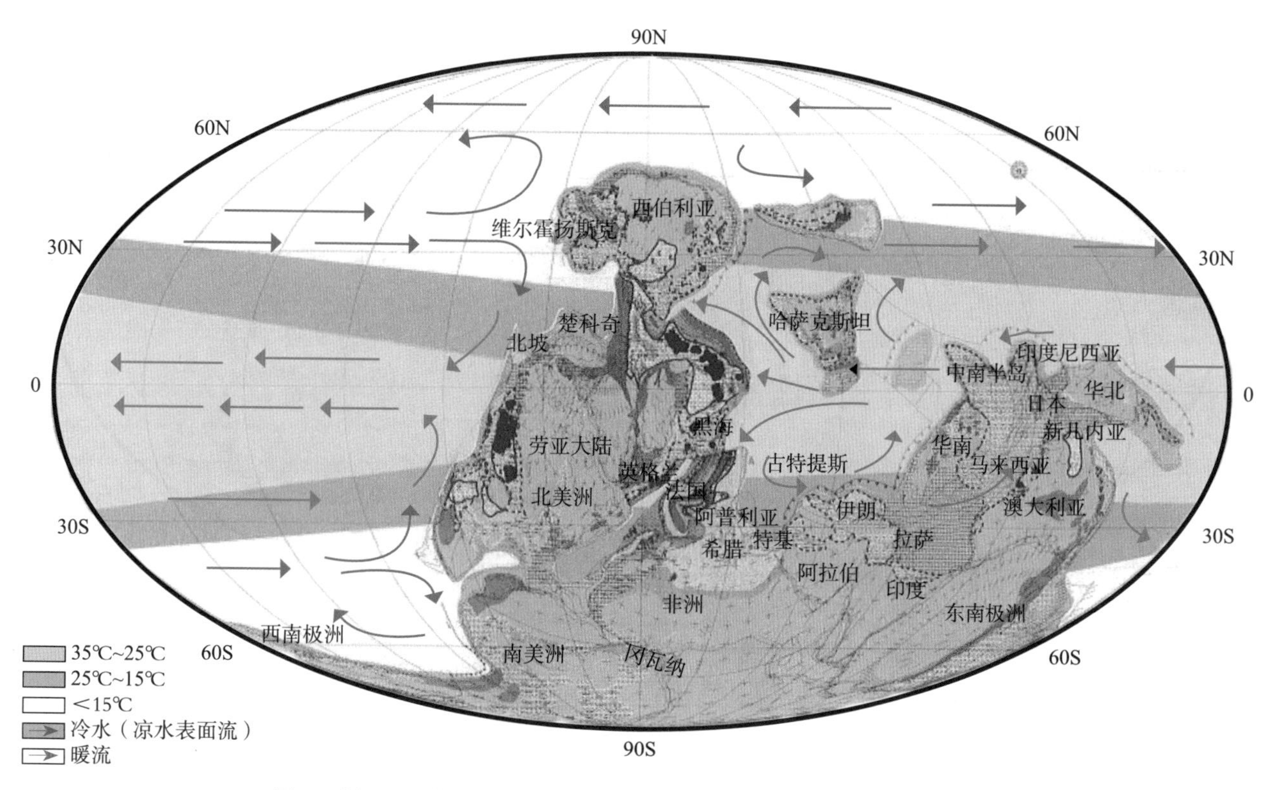

图7　晚泥盆世弗拉期（Frasnian，370Ma）古海洋表面水温解释结果图

图中对海水表面温度进行非定量的类比描述，并叠加了一般性的全球洋流模式；解释得到的全球海洋表面水温用不同颜色表示；关于多边形楔状体代表的表面水温等温线的形状解释结果的详细讨论见正文

9. 全球古潮汐变化范围的CATT图

Mehler等（2002）曾发表了记录现代潮汐变化的全球地图。全球潮汐及潮流是非常复杂的海洋学现象，受众多因素影响，包括月球引力、洋流循环模式、大陆位置、方向和海岸线几何形态等。因此，对潮汐规模进行定量化的参数模拟计算是一项复杂技术，其复杂程度随着输入变量不确定性的增大而增大。由于随着地质年代接近早寒武世，古板块位置和方向的不确定性很强，因此，潮汐范围的参数模型具有很强的不确定性。然而，Mehler等（2002）的地图直观地展示了现代潮汐范围的一级的、非定量化的、可观察到的模式。

结合海洋表面水流流动模式和潮汐范围，观察到较大规模潮汐的出现有如下三个明显的条件：

（1）表面水流冲击或横穿陆架海岸线（如加拿大和英联邦的西海岸）。

（2）海水流受挤压力流过陆块之间的狭长浅水地带（如非洲与马达加斯加岛之间）。

（3）表面水流沿浅水陆架流动，受力进入滨海地带“死胡同”型的河口湾（如芬迪湾和北美东海岸“墨西哥湾流”）。

另外，在构造复杂位置以及大陆和大陆块数量多且紧挨着的位置，潮汐范围可能也会很复杂且变化多端。这些观察结果提供理论和概念的基础，以利于对29张古地理图中古潮汐范围进行直观的定量化解释（图8）。在缺乏严格参数模型的情况下，就海洋表面水温地图来说，这些解释结果可用于提供对古潮汐的初步推测和（或）指导，并可为预测理论的发展提供启发性图件。希望随着研究的深入和更多定量分析的进行可以对这些古地理图进行改进和修正。

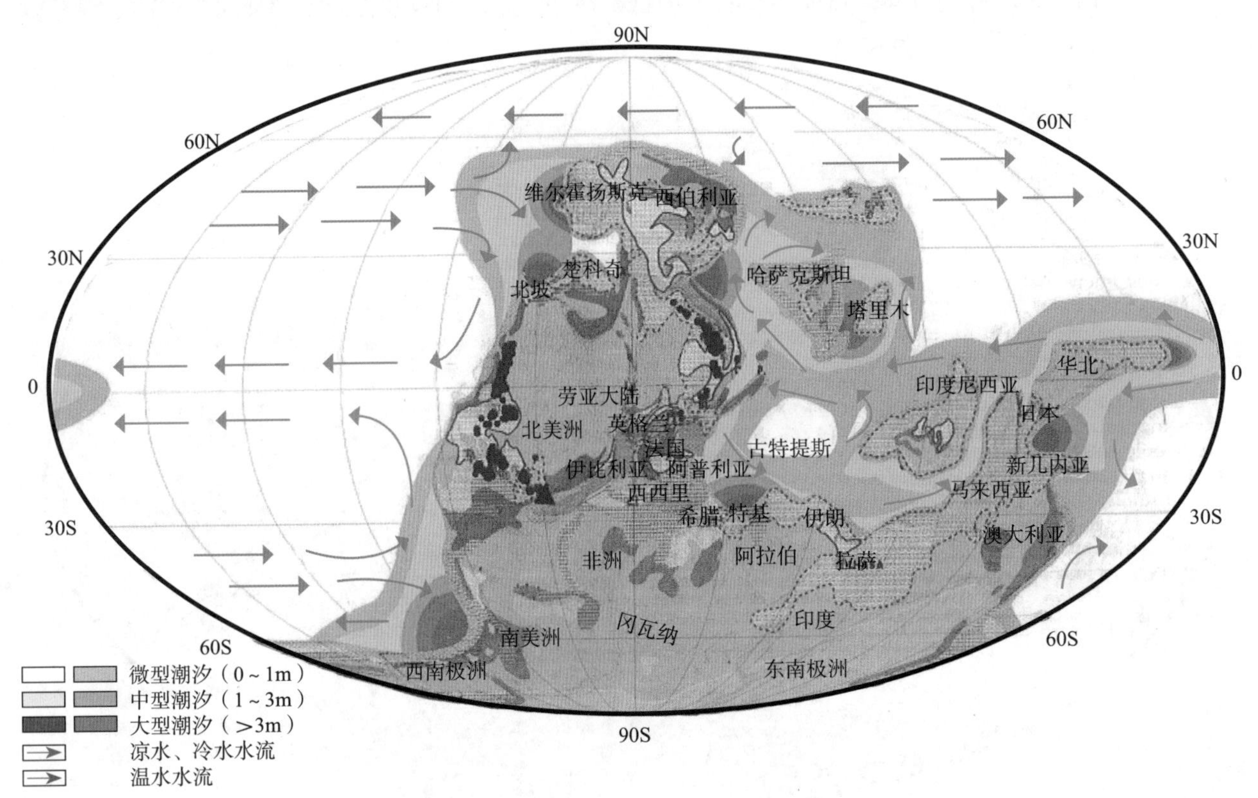

图8　密西西比纪（328Ma）古潮汐解释结果图

这是对古潮汐幅度解释结果的非定量的类比描述，并叠加全球海洋循环模式概况

10. 全球古气候CATT图

Parrish（1982）以及Parrish和Curtis（1982）在20世纪80年代早期对全球规模的古气候进行了定量模拟，其主要目的在于预测有利于海岸上涌流动的条件，并预测烃源岩沉积的有利区域。Golonka等（1994）与美孚公司和阿灵顿的得克萨斯大学联合合作进一步对全球古气候进行模拟。经过这些努力，终于发表了一系列29张显生宙时间切片图（Golonka等，1994）。

古气候图（图9）展示了最初模拟气候的区域，还包括：①大气压高（低）气候单元；②风向量的计算结果；③大气湿度高地区预测结果（图中蓝色区域）；④海岸上涌地区预测结果（Golonka等，1994）。图中还包括了Mehler等（2002）通过与现代风暴轨迹类比而解释得到的古飓风风暴轨迹。

11. 古海洋学和古气候图总结

这三套古海洋学（古海洋表面水温、古潮汐和古气候）图是"全球碳酸盐岩油气田图集"2000年后版本的附录。绘制这些图的目的是把原始的CATT图用于解释碳酸盐岩台地和油气田的形成和特征的时空要素，并有助于层内时间切片和层间时间切片的对比分析研究。这些图都是非定量的，它们仅代表一种尝试，通过类比的方式将现代物理观察结果、原理和（或）一些概念应用于显生宙古地理图中。通过"碳酸盐时间类比"的一些特性可看出，对于很多地质特征，现代现象并非解决古代问题的钥匙。不过，这些图可看作是理论上的尝试，以检验现代环境中观测到和理解的海洋学的一些物理过程和气候变化，可以应用于显生宙古地理重建及定量成图。在对29张显生宙古地理图均缺乏严格定量化参数模拟的时间和支撑的情况下，将这些类比性的图件作为古海洋学条件的概念性的解释和总结的数据库。

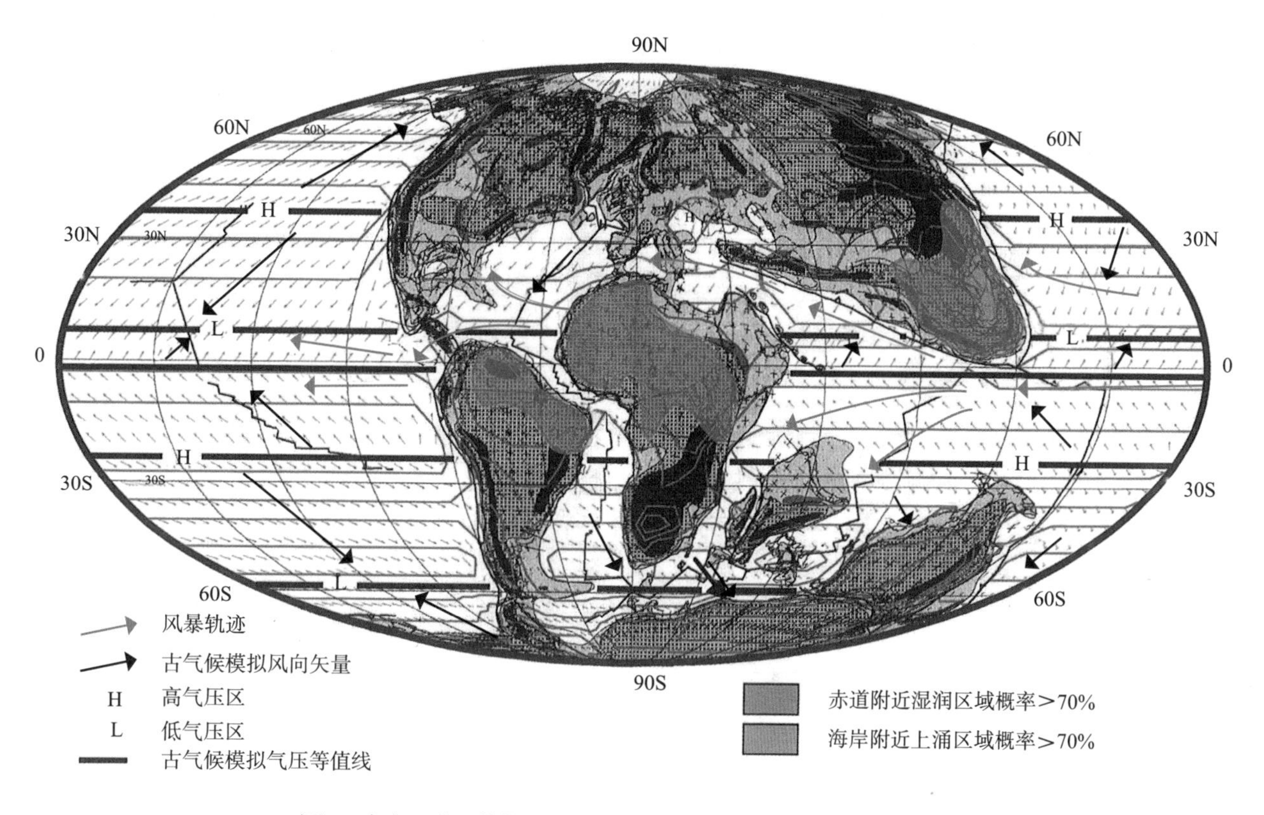

图9　晚白垩世土伦期（90Ma）古气候模拟图（Golonka等，1994）

该图最初创建于20世纪90年代古气候重建的计算机建模，根据参数模拟计算出大气属性和气候现象概率，非定量性地确定了飓风或大型海洋风暴遗迹，并加入到地图中作为该研究项目的类比解释。古风暴遗迹解释分析见文中讨论

12. CATT猜想和关键CATT要素及产品的应用：前言

迄今，已经利用该猜想、方法及其衍生出的关键要素和产品开发了各种应用。以下五种应用已经发表：

（1）时间敏感模式和时间切片碳酸盐岩主题；

（2）CATT图和时间切片主题综合；

（3）时间切片内部和时间切片之间的对比分析；

（4）碳酸盐岩油气田类比选择方法；

（5）碳酸盐岩体系和储层的预测性概念。

完全相信还可以开发出新的应用，研究这些猜想和方法的目标之一就是传递一种具有足够灵活性和广泛性的整体设计概念及其相关产品，其中可以把思想与材料有机结合并应用于确定新的研究方向或解决当前面临的油气藏问题。接下来的内容将分别描述这些应用的理念和方法，此处将列出每一种应用的一个典型实例。

13. 时间敏感模式和时间切片碳酸盐岩主题

CATT猜想主张对于任何一个给定的地质时间点或时间段（定义为一个时间切片），碳酸盐岩周边状态和各种地球作用过程综合作用定义了每一个地质时间切片内地层、层序、序列和碳酸盐岩油气藏的一套独特特征或沉积特点。通过对各盆地和各大陆之间年代相当体系的分析和描述，发现体系之间的相似性与不同之处，证明该猜想是经得起检验的。而此处对于“独特”的定义，也允许时间切片内“沉积特征”存在稍许不同。

准备了9个地质时间阶段的时间切片碳酸盐岩主题（表3），这些主题均以时间为基础，包括文字和图件。本文中并未概括论述这些主题，而只是讨论了各主题的结构和风格。表3中每个碳酸盐岩主题的时间段内地质年代跨度均存在差异，有些情况下跨度很大（最短的Guadalupian统跨度达9Ma，而Sauk统跨度超过60Ma）。

表3　时间敏感模式或时间切片主题的地质时间段定义

建立主题的地质年代段	Sloss（1963）体系命名	时间段内所含CATT图	CATT图的年代
新近—古近纪	Tejas	Messinian Serravallian Aquitanian Rupelian Lutetian Ypresian	6Ma 14Ma 22Ma 36Ma 45Ma 53Ma
古近纪—早白垩世	Zuni Ⅲ和Zuni Ⅱ	Danian Turonian Albian Barremian	65Ma 90Ma 112Ma 130Ma
早白垩世—中侏罗世	Zuni Ⅰ	Berriasian和Oxfordian Bajocian—Bathonian	140Ma和155Ma 166Ma
早侏罗世—三叠纪	Absaroka上段	Pliensbachian—Toarcian Norian Scythian—Carnian	195Ma 225Ma 237Ma
晚二叠世	Absaroka Ⅱ下段顶部	Guadalupian	255Ma
早二叠世—宾夕法尼亚纪	Absaroka Ⅰ和Ⅱ下段	Asselian Moscovian—Kasimovian	285Ma 302Ma
密西西比纪	Kaskaskia Ⅱ	Mississippian	348Ma
晚泥盆世—中奥陶世晚期	Kaskaskia Ⅰ和Tippecanoe	Frasnian Emsian Lochkovian Landoverian Caradocian	370Ma 388Ma 401Ma 435Ma 452Ma
中奥陶世—早寒武世	Sauk	Arenigian—Llandeilian Croixian Albertan Caerfaian Tommotian	472Ma 514Ma 522Ma 545Ma 565Ma

注：它们在全球碳酸盐岩油气田图集中被收录为一个综合版块。

把时间切片碳酸盐岩主题总结成一个标准模式，以便于时间切片内和时间切片间的对比分析。对于每一个时间切片主题，其关键特征要素主要包括：

1）构造和地层结构

（1）全球构造活动；

（2）层序结构；

（3）关键构造和地层主题。

2）碳酸盐岩主题

（1）全球气候；

（2）以年代为基础的主题；

（3）油气藏种类和成岩作用；

（4）台地发育地理特征和碳酸盐岩油气田分布；

（5）关键碳酸盐岩主题。

每个时间切片内部都包含了该时期碳酸盐岩油气藏的特征。尽管描述具有概述性，却抓住重点、关键特征和贯穿全球的主题。有些特定的实例可能具有局部的和个体化的特征，而大规模的主题中并不能包含所有这些特征；这些情况下，要对重要的局部特征进行调查，例如成岩作用或异常的环境因素，以解释全球主题与局部变量之间的差异。另外，认识到每个主题的特征并不是很详尽，并未把该时间段内所有已知内容包括进来。目的不是概括整个显生宙的地质历史，而是提供一些重点内容。该主题的框架结构是灵活可变的，以在需要时增加更多信息。

通过对显生宇碳酸盐岩分布趋势图（图1）、古地理图观察结果和文献及案例研究结果（图10）的数据进行卷积处理，开发了一种以时间为基础的主题。把各个以时间为基础的碳酸盐岩油气藏主题结合起来，形成了一系列的表述和重点，可以抓住地层格架、油气藏层系、沉积相、颗粒类型、岩性、矿物学、孔隙类型和压裂增产等关键特征。使用以时间为基础的主题的目的是在获取台地、油气田或油气藏的具体数据之前，确定可以得到的一个碳酸盐岩体系的特征。

14. 整合的以CATT图为基础的油气田产品的开发

另外一个应用就是根据Sloss（1963）的一级和二级层序对显生宇9个油气田图版进行重组。这9个图版的名字分别是：上Tejas，下Tejas，上Zuni，下Zuni，上Absaroka，下Absaroka，Kaskaskia，Tippecanoe，和Sauk。在野外考察和学校里都能用到这些图版，以确定大规模（全球、盆地和区域）的背景，方便细节研究和局部尺度地质的集中讨论。

15. 时间切片内的对比分析

尽管CATT猜想主要设计目的是开发针对任一地质年代或时间切片的整体主题，但是该猜想的框架也能为同时代的碳酸盐岩体系提供系统对比研究的方法。地球作用过程和碳酸盐沉积过程的定量合并可以产生一个主题，通过重写该主题，对任一碳酸盐岩体系或多个体系，其地球作用过程和碳酸盐沉积过程被逐章地刻画和对比。利用这种体系方法，可以增强对同时代的碳酸盐岩体系之间有时存在比较大的对比差异的理解。例如晚侏罗世沉积了很多重要的碳酸盐岩体系，后来形成重要的油气藏。该时期两个关键的油气藏体系有美国墨西哥湾的Smackover组和沙特阿拉伯阿拉伯盆地的Arab组。

这两个体系提供了一组对比性分析的实例。众所周知两者的油气田规模和油气藏品质迥然不同。例如，据估计路易斯安那州和阿肯色州的Smackover油气田原地石油资源量大概为几十至几百百万桶；而沙特阿拉伯Arab组的部分油气藏含有原地石油聚集约几百亿桶。另外，单井日产量也证明Smackover组碳酸盐岩的油气藏质量也明显差于Arab组。Smackover组油气田一般单井日产量约为几十至几百桶，而Arab组则一般可达到几万桶。利用对比分析的方法，可以了解这些差异存在的缘由。

分析过程的第一步是组装时间切片CATT图和显生宇碳酸盐岩分布趋势图（图1），并从整体的时间切片主题入手（图10）。综合步骤的目的是构建一个表格，列出各地球作用过程和碳酸盐沉积过程，记录和对比表中各体系内过程的观察结果和解释结论，并增补文献和个人知识中的观察结果和解释结论。以晚侏罗世为例，主要的对比性地图包括了古海洋学图和古气候图（图11）。表4为Smackover组油气田与Arab组特征对比的最终结果。

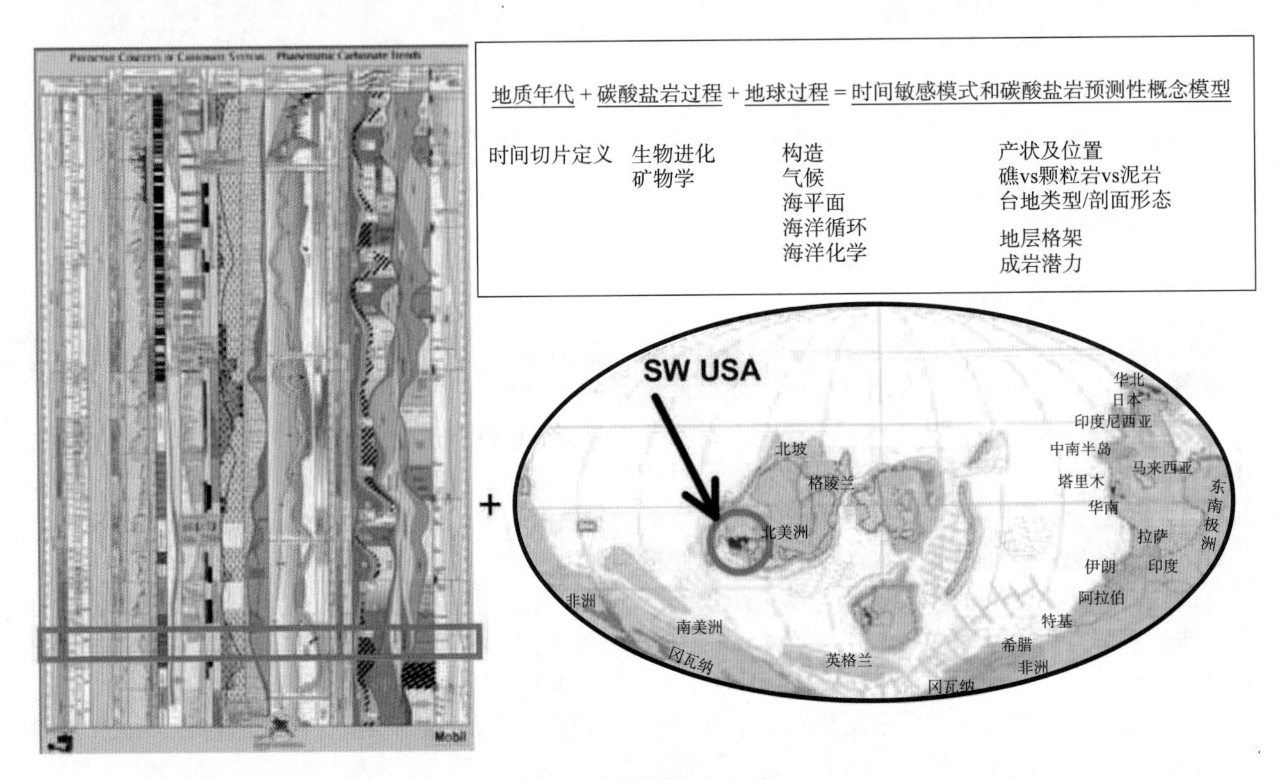

图10　早奥陶世时间切片

该图通过运用CATT公式并引用显生宇碳酸盐岩分布趋势图及相关年代古地理图得到，根据得克萨斯州西部二叠盆地Ellenburger组油气藏所在多个油气田的特征建立的。这些种类的碳酸盐岩油气藏的主要特征包括：①储层为Sauk顶部不整合之下紧挨着的地层，其形成于长期海平面下降过程中，在中奥陶世（Sauk期）陆内不整合上大陆水道达到最大值；②油气田内的储层一般为米级环潮坪旋回，泥质为主；③储层为薄层，层内环潮坪相，非均质性强，颗粒类型包括内碎屑、球粒、微小骨骼碎片以及少量鲕粒；④碳酸盐岩建隆规模小（1m以浅到几十米），主要由叠层石、凝块石以及（或）微生物岩组成；⑤储层品质中等，并且通常只在地层发生白云石化时形成储层；早白垩世和寒武纪沉积的石灰岩通常没有很好的原始孔隙度和渗透率；⑥德州西部Ellenburger组多个油气藏由溶洞相关相（例如顶部坍塌角砾岩、裂纹角砾岩等）组成，其储层品质与这些相的白云石化作用有关；⑦一般下奥陶统Sauk巨层序的油气藏受裂缝作用渗透率提高，这是因为显生宙早期的岩层沉积后常常经历过一期或多期的构造运动。这种对碳酸盐岩油气藏的描述建立在时间切片的基础上，并且完成了所有其他时间段的描述

列出Smackover组与Arab组各特征的体系性对比（表4）为了解侏罗纪碳酸盐岩体系内油气藏性能关键差异提供了依据。首先，在油气藏相与孔隙类型方面有两个关键差异：Arab组以颗粒灰岩相为主，方解石含量高，原始粒间孔保存好，早期海相胶结物含量少或没有，局部解释出含有高镁方解石，少量产出白云石（Wilson，1985；Saner和Abdulghani，1995；Alsharhan和Whittle，1995；Saner和Sahin，1999）；而Smackover组不同，含有由互层的颗粒灰岩与富泥质相和混合型矿物（由文石转变来的白云石和方解石）组成的原地微生物或有孔虫类建造，孔隙类型包括铸模孔和白云石晶间孔（Baria等，1982；Feazel，1985；Druckman和Moore，1985；Humphrey等，1986；Petta和Rapp，1990；Chimene，1991；Heydari和Moore，1994；Kopaska-Merkel等，1994；Bliefnick和Kaldi，1996；Heydari，2000）。一般情况下，粒间孔隙体系（中—高孔隙度、高渗透率）比铸模孔体系（高孔隙度、低渗透率）储层物性好。

表4　上侏罗统沙特阿拉伯Arab组和美国墨西哥湾Smackover组碳酸盐岩油气藏特征对比

特征	沙特阿拉伯	墨西哥湾
沉积期构造环境	被动大陆边缘	被动大陆边缘
构造史	被动—碰撞边缘	被动大陆边缘
大洋循环	开放型	局限型
全球气候	温室型	温室型
古纬度	赤道附近	25°N
区域气温	常年炎热	季节性变化
区域气候	潮湿为主	半干旱（白云岩和蒸发岩）
相对湿度	低	非常低
风	陆上；西—东	海上；东北—西南
风力	低（赤道无风带）	中等?
海洋温度	非常高（平均35℃）	稍偏低（平均30℃）
潮汐水位	巨大	大型
风暴	大量	极少
整体海洋能量	高	低
主要储层相	颗粒灰岩	颗粒灰岩/白云质泥岩
礁	层孔虫/珊瑚骨架岩	微生物丘
沉积矿物	方解石	文石
海相胶结物	极少/没有	早期/大量
早期成岩作用	胶结作用少、白云石化弱	溶蚀作用强、白云石化强烈
主要孔隙类型	原生孔	铸模孔/白云石孔
裂缝	有（前陆期）	可能有（被动大陆边缘期）

注：用于对比的各项特征来自CATT公式内所包含的变量。与这两套油气藏体系相关的数据和解释都来自显生宇碳酸盐岩分布趋势图（图1）、全球地图（图12）、文献中案例研究、个人经验交流中的观察结果和参考文献。

尽管Smackover组与Arab组之间相对产率的不同可以由孔隙体系的不同来解释，然而在储层相、矿物学和孔隙体系几何方面差异的成因仍需探究。例如，为什么Smackover组储层含有泥岩和局部微生物丘薄互层（Baria等，1982）夹在颗粒岩中；而大多数Arab组的储层相岩性以骨架颗粒灰岩为主，细粒成分非常少见？为什么Smackover组储集岩中含有混合的方解石、文石和白云石等矿物，而Arab组几乎全是方解石，储层中白云石含量较少？为什么Smackover组储层中含有铸模孔和白云石晶间孔，而Arab组储层中以保存下来的原始粒间孔为主？这些图件和显生宇碳酸盐岩分布趋势图结合之前建立的碳酸盐岩原理可以为解释这些问题提供一些看法和关键思路。接下来就是对该分析过程的一个简要概括。

分析解释储层相和孔隙类型的关键不同点有两项基本的因素：①整体海洋能量；②全球气候及局部特殊变化。晚侏罗世联合古陆继续张裂，出现大陆漂移分离、全球一级海平面上涨和全球温室效应。泛大洋和新特提斯洋融合到一起在赤道附近形成了一个超级大洋。中大西洋与墨西哥湾

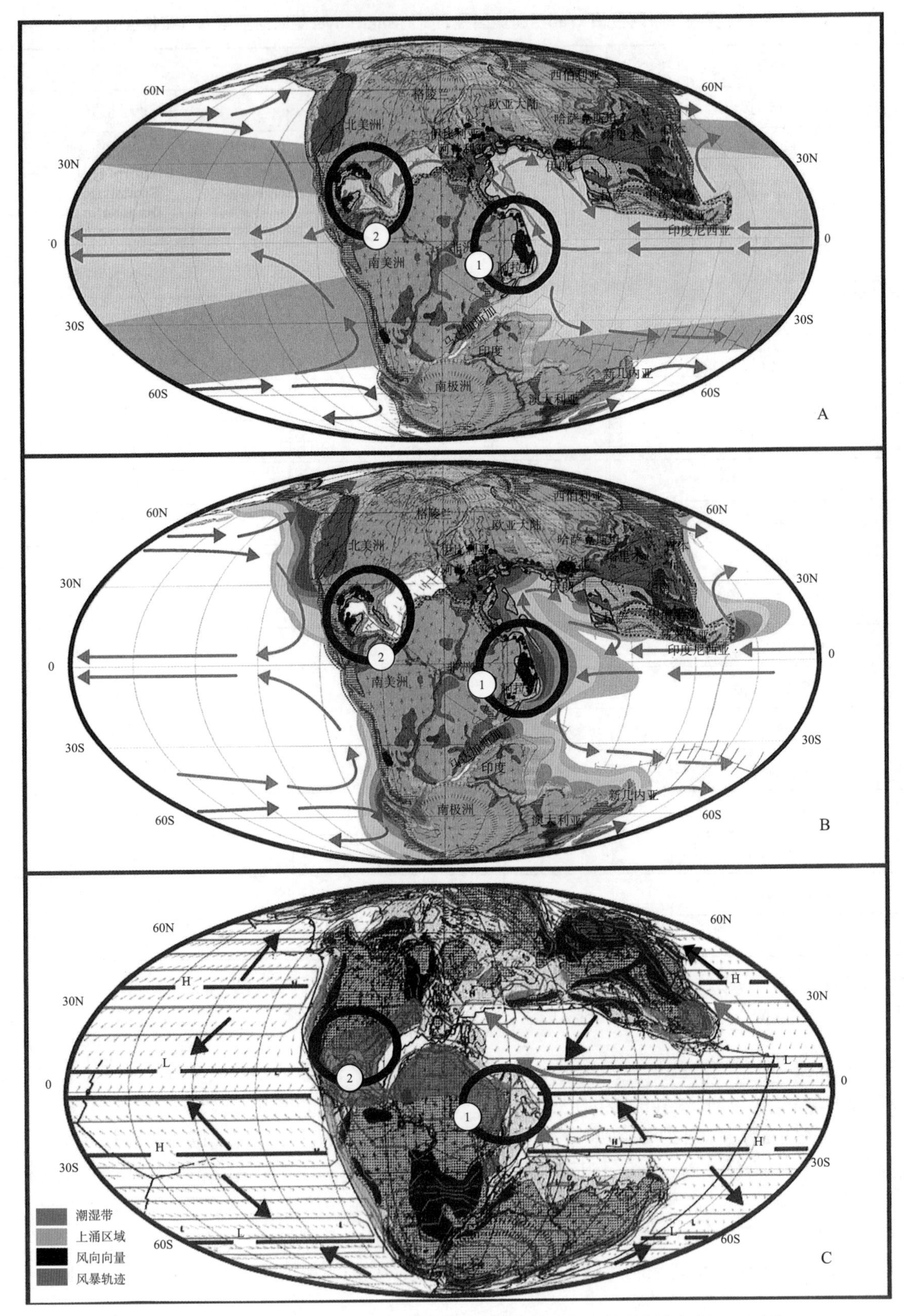

图11　用于上侏罗统碳酸盐岩油气藏体系对比分析的古海洋学和古气温CATT图

图中标出了沙特阿拉伯Arab组（圈1）和美国墨西哥湾Smackover组（圈2）。A—古海洋学图与古海洋表面水温解释结果、古水流方向解释结果；B—古海洋学图及古潮汐水平解释结果、古水流方向解释结果；C—古气候图及潮湿带、上涌区域、风向向量和风暴轨迹解释结果

均为新形成的洋盆。根据显生宇碳酸盐岩分布趋势图，可以推测出碳酸盐岩体系的两个关键特征：①颗粒类型大多是骨架的，含有一些骨架生物，少量或没有鲕粒，所以储集岩主要为骨架颗粒灰岩。②非生物矿物组分主要为方解石，而文石质鲕粒和海相胶结物少见。与这两条推测不同的现象则需要另作解释。

Smackover组碳酸盐岩形成于墨西哥湾的被动大陆边缘环境。当时，海湾地区是一个相对较小的大洋水体，其循环也仅限于海湾内的小型涡流。将赤道地区的温暖海水带到海湾来的洋流可能形成于新特提斯洋西北部，并流经中大西洋（图11A）。最可能的是，海湾内的潮水水位较低，而且由于年轻的中大西洋范围很小，其产生飓风影响到海湾北部海底沉积的可能性极小（图11B、C）。总的来说，以上条件表明，晚侏罗世墨西哥湾整体海洋能量低。因此，缓坡型剖面环境下沉积的Smackover组储层相包括了低能、浅水环境（潮坪泥、微生物泥丘），其中积聚了大量淤泥，且在井资料中发现Smackover组鲕粒滩的记录（Baria、Stoudt、Harris和Crevello，1982）。

与之不同，晚侏罗世阿拉伯盆地横跨赤道。根据图件信息，盆地内循环的大洋表面水水温为整个显生宙所有大洋表面水温的最高纪录（图11A）。该解释结果来自于赤道水从拉丁美洲的西海岸流到阿拉伯板块东海岸的全部距离。如前所述，大洋表面水温与赤道位置旅行时间直接相关。全球板块重建结果显示在晚侏罗世，南美洲西海岸与阿拉伯板块东海岸之间的赤道位置没有陆块。因此，晚侏罗世大洋表面水在赤道位置的旅行距离超过了24000km，当它们到达阿拉伯盆地时，已经达到极高的温度。

另外，研究发现阿拉伯板块东缘的潮差很大，因为前人研究发现，由于晚侏罗世全球板块布局特征，洋流循环涡流的规模很大且作用力强（图11B）。最后推测出晚侏罗世在新特提斯洋西岸可能存在大量高能飓风，也会影响到阿拉伯盆地沉积特征（图11C）。结合上述三种现象可得出结论Arab组碳酸盐岩体系内海水能量整体偏高，该结论可以解释为什么其碳酸盐岩储集岩基本上全部都是颗粒碳酸盐岩。因此，通过对不同碳酸盐岩大区整体海水能量的直接分析，发现墨西哥湾海水能量低而阿拉伯盆地能量极高，可以为理解其不同储层相的发育提供依据。

晚侏罗世全球气候整体为温室气候；不过，对比Smackover组与Arab组沉积矿物发育的环境，局部地区之间肯定也会有明显差异。古地理图（图11）显示阿拉伯盆地位于赤道附近、泛大洋—新特提斯超大洋西缘。研究发现其所处环境为常年湿热、开放洋流循环，有助于形成方解石。与之相反，古地理图显示墨西哥湾北部纬度约为25°N，虽然温度也很高，但却是半干旱—干旱气候，洋流循环受限，更易于沉积文石和蒸发矿物，有利于同沉积期及早成岩期的白云石化。鉴于晚侏罗世阿拉伯盆地的气候条件更利于稳定方解石的形成及原生孔隙体系的保存，而同时期墨西哥湾的气候条件好像更易形成亚稳定的文石与蒸发类矿物及白云石化作用的进行，该研究表明在整体全球温室效应的大背景下局部气候的差异（极热且持续潮湿和温热且半干旱）也可成为同时期沉积体系间形成不同碳酸盐矿物的驱动力。这种矿物组成的不同会严重影响到成岩作用和孔隙演化，因此影响到储层品质。

这种时间切片内的对比分析是解释同时期不同碳酸盐岩体系间区域差异和关键不同点的一种手段，其中应用到全球尺度的观点，利用了之前建立形成且整理好的地球作用过程与碳酸盐沉积过程基本原理的优势，这些原理控制了碳酸盐岩体系的发育与特征。对这些差异的合理解释可形成对碳酸盐岩体系更深入的了解，这些深刻见解可成为预测性概念的基础。

16. 时间切片间的对比分析

与一个时间切片内不同碳酸盐岩体系的对比分析一样，CATT猜想还可作为一个盆地或多个盆地内不同时间切片间碳酸盐岩体系的对比分析方法，并形成一些观点，可以解释各体系间的不同和（或）相似处。例如，此处对比了阿拉伯盆地内上侏罗统与上二叠统—下三叠统碳酸盐岩体系的不同（表5，图12）。

表5　上侏罗统Arab组和上二叠统Khuff组碳酸盐岩油气藏特征对比

特征	阿拉伯（下侏罗统）	阿拉伯（下二叠统）
沉积期构造环境	被动大陆边缘	被动大陆边缘
构造史	被动—碰撞边缘	被动—碰撞边缘
大洋循环	开放型	严重局限型
全球气候	温室型	向冰室型过渡
古纬度	赤道附近	25°—30°S；沙漠带
区域气温	常年炎热	季节性变化；沙漠风格的变化
区域气候	潮湿为主	干旱
风	陆上；从西向东	海上；东北向西南
风力	低（赤道无风带）	中等？
海洋温度	很高（平均35℃）	温暖（平均25～30℃）
潮汐水位	巨大	小型
风暴	大量	极少
整体海洋能量	高	低
主要储层相	颗粒灰岩	颗粒灰岩和泥质岩
礁/生物丘	层孔虫/珊瑚骨架岩	凝块岩/叠层石微生物丘
沉积矿物	方解石	文石和白云石
海相胶结物	极少/没有	早期/大量
早期成岩作用	胶结作用少、白云石化弱	溶蚀作用强、白云石化强烈
主要孔隙类型	原生孔	铸模孔和孔洞/白云石晶间孔
裂缝	有（前陆期）	有，也有断裂（前陆期）

注：与同时代碳酸盐岩油气藏对比分析方法相同，此处对比的属性均来自CATT公式内所含变量。这两套油气藏体系的数据和解释结果来自显生宇碳酸盐岩分布趋势图（图1）、全球地图（图12）、文献中案例研究、个人经验交流中的观察结果和参考文献。

通过对阿拉伯盆地内上侏罗统与上二叠统—下三叠统碳酸盐岩体系的系统对比分析，结果揭示其关键差异主要存在于储层相的岩性不同（表5）。此次对比中用到了Al-Jallal（1995）发表的Khuff组关键特征。上一节中已经解释了上侏罗统储层的主要特征，而上二叠统的特征可通过本文及古海洋学和古气候图（图12）了解。

研究表明上侏罗统与上二叠统碳酸盐岩体系差异最重要的控制因素是各时间阶段阿拉伯盆地不同的构造板块位置。在晚侏罗世，Kimmerian陆块与南亚大陆相连，古特提斯洋完全闭合，新特提斯洋与泛大洋合并形成一个巨大的超大洋。超大洋内循环的整体热能、潮汐能和风暴能量都很高，这些能量被传递到赤道位置潮湿气候的阿拉伯盆地，且海洋化学性质利于方解石矿物成分的形成。

不同的是，在晚二叠世，Kimmerian陆块虽然在早二叠世时漂移离开阿拉伯板块，但其距离仍然很近。板块布局揭示了古特提斯洋的扩张过程，且新特提斯洋呈现出既小又狭窄的初始形态。而且，当时阿拉伯盆地大概处于南纬25°附近的沙漠带。研究表明Kimmerian大陆的一些碎片严重地减弱了或者

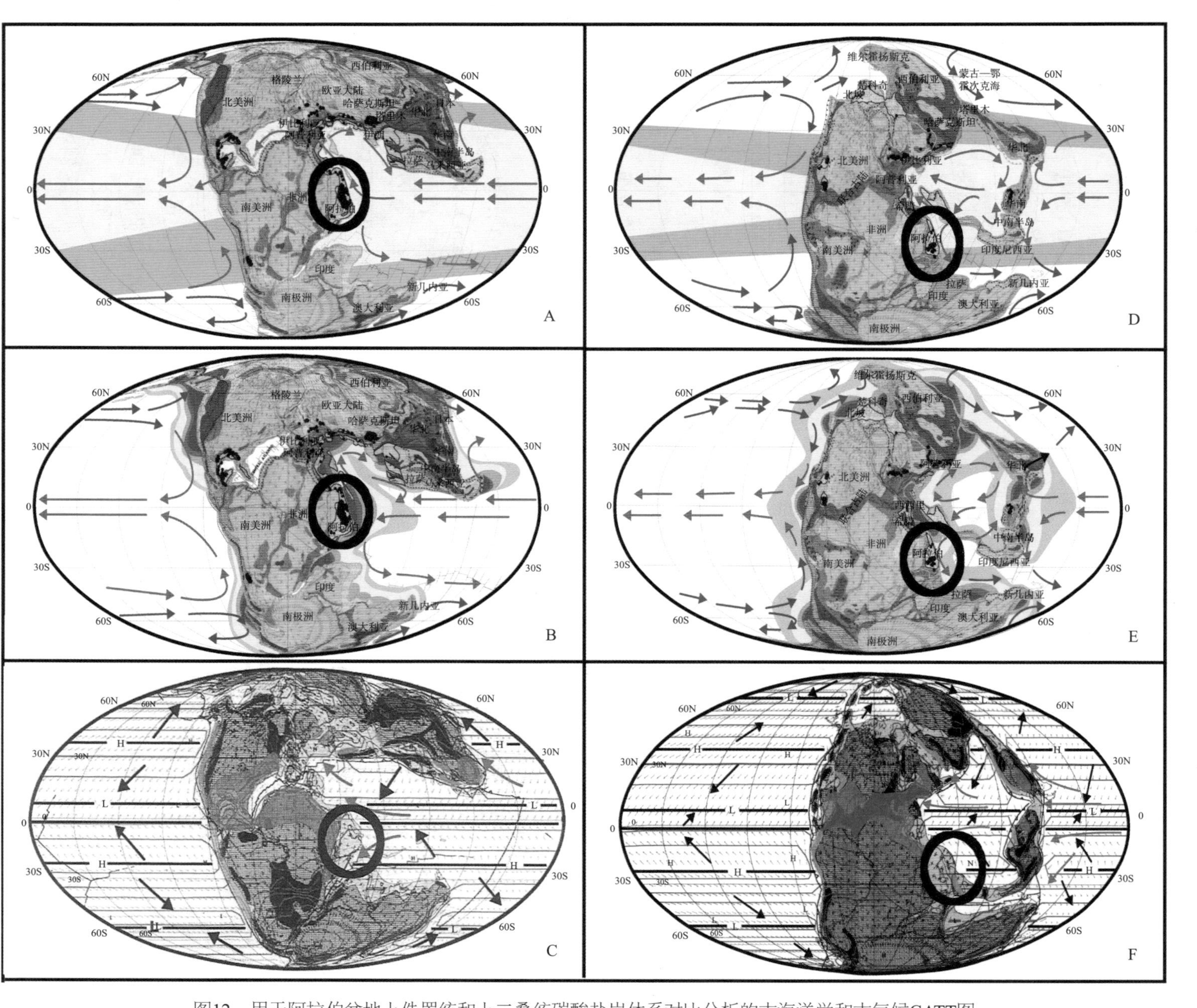

图12　用于阿拉伯盆地上侏罗统和上二叠统碳酸盐岩体系对比分析的古海洋学和古气候CATT图

含晚侏罗世（A）和晚二叠世（D）的古海洋表面水温图，晚侏罗世（B）和晚二叠世（E）的古潮汐范围图，晚侏罗世（C）和晚二叠世（F）的古气候和风暴轨迹图。内插的黑色圆圈代表了阿拉伯盆地的位置

甚至是完全消除了泛大洋和古特提斯洋进入新特提斯洋之前的海浪、潮汐和风暴能量。综合以上沙漠带的纬度、干旱气候、局限海水循环和削弱的海水能量等因素，晚二叠世形成了文石质和白云石质矿物组分，以及泥岩、颗粒灰岩和微生物丘的复杂混合地层。

另外，晚二叠世—早三叠世沉积的碳酸盐岩体系缺乏骨架礁的原因是当时不存在造礁生物。继晚泥盆世的生物灭绝事件之后，直到晚三叠世和晚侏罗世，坚硬的抗浪骨架生物一直没有在生物礁的生态学中占有一席之位（图1）。

阿拉伯盆地内这两套碳酸盐岩体系还存在其他多处对比不同之处。其意义在于CATT猜想为开展体系对比分析工作提供一种方法和步骤，包括同一盆地或不同盆地内同时代的碳酸盐岩体系之间或不同时代的碳酸盐岩体系之间的对比分析。显然地，当对比不同盆地不同年代间的碳酸盐岩体系时，可以发现更多不同之处。下一节将讨论到此项内容，其观点可为选择合适的油田和油气藏类比提供概念及实践的基础，以建立地质模型并进行油气藏模拟。

17. 选择合适的碳酸盐岩油气田类比

根据油气藏模拟得出的油气田产能预测是一个油气田或油气藏生命周期内经济决策的基础。油气藏模拟的基础是局限的地质模型，其中包括了储层、相和岩石物性。通常情况下，在勘探或油气田开发过程中，例如在油气藏发现后的储量评估或衰竭后的生产计划中，地质建模者需要利用最少和（或）稀少的数据为新发现的或未完全开发的油气田建立模型。在这些情况下，为地质模型输入数据时要从相似或具类比性的油气田和油气藏中选择。猜想理论为甄选最合适的类比案例提供理论基础和方法论，以应用于建立地质模型和储层模拟。

在建立一个油气田或油气藏的地质模型过程中，非常重要的一点是要确保选择的类比性油气田或油气藏具有与模拟对象最具有代表性的相似特征。重要的特征包括储层、相和岩石物性分布。储层特征包括两方面：侧向连续性和垂向连通性。储层相反映了沉积环境和成岩环境的地质形态，它们共同作用形成独特的孔隙体系和岩石物性。建模者最关注的岩石物性包括孔隙度和渗透率。下面的案例涉及Tengiz油气田，有助于理解碳酸盐时间类比方法如何用于恰当的类比选择。

Tengiz油气田是位于滨里海盆地的一个大型孤立碳酸盐岩台地（Weber等，2003）。其台地相碳酸盐岩厚约3000m，沉积年代从中泥盆世到早宾夕法尼亚世（巴什基尔期，Bashkirian）。因此，可以说Tengiz台地是一个存活时间很长的台地，大约65Ma，因此记录了全球构造、气候、海平面、矿物学和生物学的显著变化（图1）。Tengiz台地形成于早泥盆世一次张裂事件之后，并在宾夕法尼亚纪碰撞初期导致的联合古陆发育时期消亡。下面提到的其储层特征综述据Collins等（2006）和Kenter等（2006）。

目前为止，Tengiz油气田最深的井打穿了法门阶（Famennian）上段，即泥盆系顶部。此处碳酸盐岩形成于全球温室气候期，由米级储层组成，侧向沉积相从台地边缘变化到台地内部，形成机制是低幅高频的温室期风格的海平面波动变化。其岩石主要由方解石组成，由于台地内部相泥质含量高、而颗粒含量高的沉积相中胶结严重，孔隙度较低。这些相的沉积晚于弗拉期—法门期的层孔虫和珊瑚等造礁生物绝灭事件。钻井资料表明法门阶台地边缘由滩相颗粒灰岩和微生物粘结岩组成。事实上，Tengiz油气田吸引人兴趣之处在于其储层段大部分是孤立台地相，尽管当时（晚泥盆世法门期—早宾夕法尼亚世巴什基尔期）造礁生物含量很少或不存在（图1）。尽管钻井没有穿透到法门阶之下的地层，但是泥盆纪生物绝灭之前肯定也有碳酸盐沉积。人们熟悉的中—晚泥盆世（弗拉期）类比案例可用于预测下伏层段特征。例如，根据西加拿大艾伯塔盆地和澳大利亚坎宁盆地的类比分析可以预测此处下伏地层特征为：①层孔虫为主的边缘礁相及泥质台内相；②礁镶边型孤立台地相地层；③可能存在白云石化储层。生物绝灭前富含层孔虫碳酸盐岩形成孤立建造的特性可能是Tengiz在生物绝灭后存在孤立台地的原因。

上覆密西西比系碳酸盐岩形成于全球气候转换期，即在宾夕法尼亚纪从温室气候向冰室气候转换时期。密西西比系下部（杜内阶（Tournaisian）和下维宪阶（Visean））沉积相与全球主调一致，包括了棘皮类动物丰富的骨架岩和大量富含有机质的泥岩。受转换期气候控制和中幅高频海平面变化影响，地层格架与泥盆系相比，储层侧向连续性和垂向连通性均较差。富含棘皮类动物的颗粒灰岩特征为显著同轴次生加大胶结，严重降低了孔隙度和渗透率。

上密西西比统（上维宪阶和谢尔普霍夫阶（Serpukhovian））由孔隙度较高的四级旋回组成（10～30m厚），层序边界为致密低孔相带。每个旋回的顶部以颗粒灰岩为主，底部为泥粒灰岩—颗粒灰岩。颗粒灰岩内孔隙以溶蚀改造的粒间孔为主，而泥粒灰岩以小基质溶孔和微孔为主。尽管孔隙类型不同，这两种相的孔隙度范围却是一样的。层序界面处的低孔相由泥岩、火山灰凝灰岩和胶结相球粒颗粒灰岩组成。上密西西比统各相带骨架种类多样化更强，包括集群珊瑚、腕足类和多种藻类组合。谢尔普霍夫阶的边缘沉积以微生物粘结岩相为主（Collins等，2006）。

Tengiz油气田最年轻的储层带沉积于早宾夕法尼亚世巴什基尔期。这些碳酸盐岩形成于真正的全球冰室气候条件下，受高频高幅旋回变化控制（几米到几十米厚）。保存完好的旋回中可见旋回顶部由水下暴露的颗粒灰岩组成，底部为骨架颗粒灰岩和泥粒灰岩。另外还有细粒富含藻类的颗粒灰岩和粗粒富含鲕粒的颗粒灰岩。巴什基尔阶各相内骨架种类多样化强于谢尔普霍夫阶。Chaetetes和其他海绵类形成的点礁和丘在台地内部局部或台地边缘可见。储集性能差别较大，鲕粒颗粒岩内孔隙类型为鲕粒铸模孔或溶蚀加大的粒间孔，或呈致密胶结相。藻类颗粒灰岩内溶蚀更弱而胶结作用更强；骨架泥粒灰岩特征与维宪阶—谢尔普霍夫阶相似。层序边界处相带一般为低孔，因为含有火山灰—凝灰岩和致密球粒泥岩。

以上为Tengiz油气田碳酸盐岩简要描述，以供建立类比分析的依据。通过运营公司TengizChevroil（TCO）（Weber等，2003）和合作公司（Collins等，2006；Kenter等，2006）进行的广泛的储层刻画工作，上述特征已被证实。而接下来的类比分析未必正确，尤其如果其现象尚未在Tengiz证实。但是，研究表明Tengiz的案例证明，CATT猜想、概念和方法可以为类比选择提供依据，即使在缺乏这类描述的情况下。

最初的问题在于：在上述Tengiz储层相和油气藏特征都未知的情况下，什么碳酸盐岩油气田和（或）油气藏可以作为Tengiz油气田很好的类比案例？一种方法是在逐个变量的基础上使用公式计算和对比可供选择与目标油气藏（油气田）进行类比的案例，先是地质年代，然后是地球作用过程（构造、气候、海平面、海水循环和海洋化学），最后是两项碳酸盐沉积过程（矿物学与生物学）。

本例中提出几个可用于Tengiz油气田类比的碳酸盐岩油气田（图13）并评价其适用性，包括Arun（Jordan和Abdullah，1992），Golden Lane（Viniegra和Castillo-Tejero，1970），Walker Creek（Chimene，1991；Bliefnick和Kaldi，1996），Reeves（Chuber和Pusey，1985；晚二叠世San Andres组与Means和Slaughter相似的油气田案例），Horseshoe环礁（Vest，1970，包括Kelly-Snyder、Cogdell和Salt Creek），Swan Hills（Hemphill等，1970）和Rainbow（Barrs等，1970）（图13）。

按上面所建议，在类比案例选择时要考虑的第一个变量是目标油气田与类比案例的地质年代相当。在图13所列出的各油气田中，Salt Creek（宾夕法尼亚纪）、Swan Hills和Rainbow（晚泥盆世）的地质年代与Tengiz部分相同。Arun（中新世）、Golden Lane（白垩纪）、Walker Creek（晚侏罗世）和Slaughter（二叠纪）与其地质年代不同。其他可对比特征可通过表格很好地说明（表6），该表格中可以一目了然地看出目标油气田与备选类比案例的相似之处和不同点。据表6可清楚地看出没有非常匹配Tengiz的类比案例，但是根据各特征对比，Horseshoe环礁、Swan Hills和Rainbow油气田从整体上看比较适合。

油气田类比与油气藏类比虽然是相关的论题，它们之间存在一处明显区别，尤其是对孤立碳酸盐岩台地。一个完整的长时间生长的孤立台地形成的油气田（例如Tengiz），一般含有多个储层带、储层分层和具有几何特征的储集体，其储集性能受地层、沉积和成岩过程控制，其最佳类比方案具有相似的储层带、储层分层和储集体分布特征。这些类比油气田更有可能与模拟对象具有相同地质年代特征。另一方面，一个油气田模型可能由一系列类比油气藏组成，包括层间连续性、层内连通性、孔隙类型和（或）颗粒类型。这样就允许在碳酸盐时间类比框架（图1）内选择类比时具有更强的灵活性。

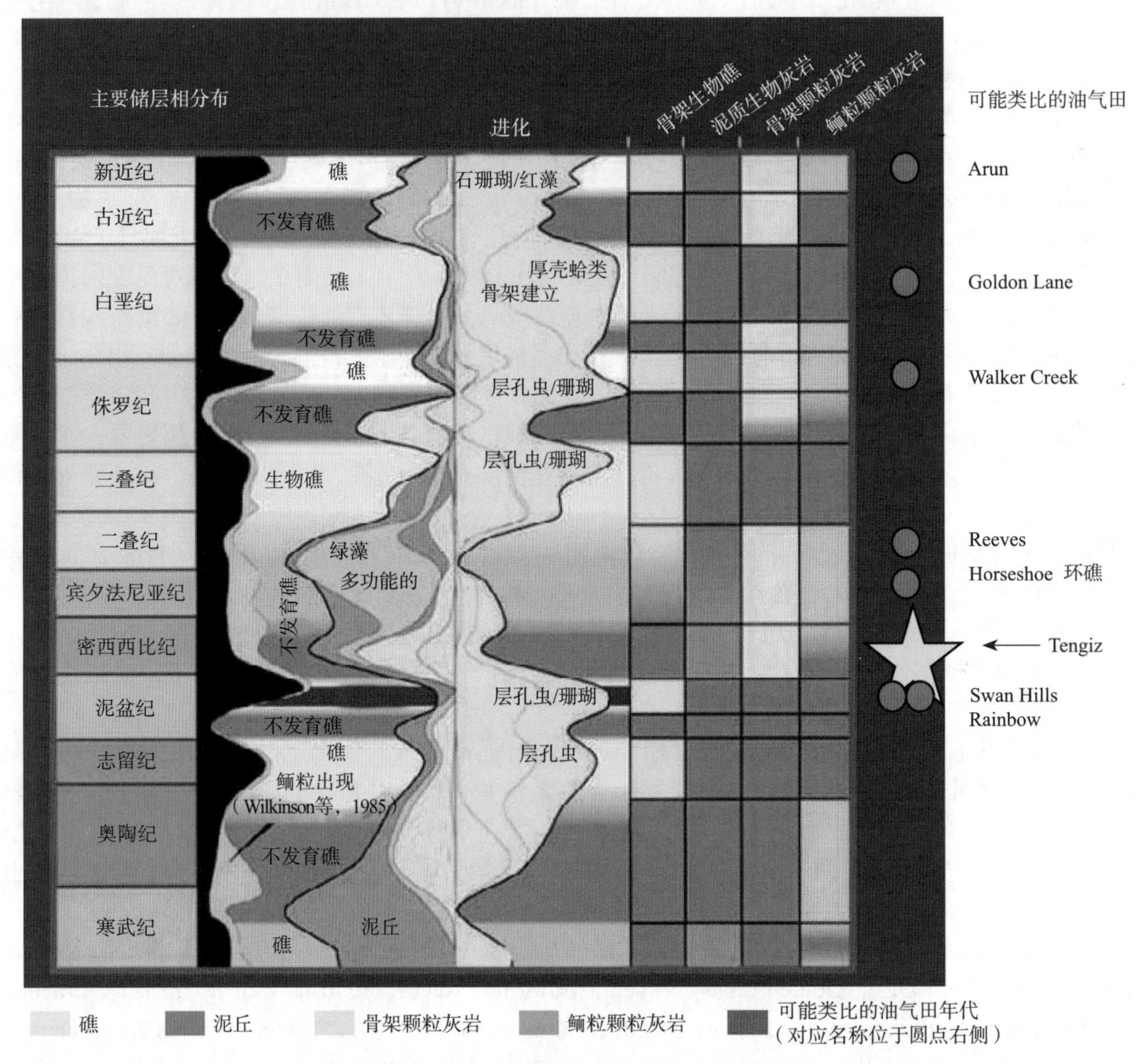

图13　包含显生宙、生物进化和碳酸盐岩油气藏类型的CATT表

可作为Tengiz油气田评价和选择类比的历史背景和观点。Tengiz孤立台地为一长时间存在的碳酸盐岩体系，其跨越的地质年代从中泥盆世到早宾夕法尼亚纪。作为同时代类比，晚泥盆世Rainbow和Swan Hills体系与Tengiz储层下段时代相同，而中宾夕法尼亚纪Horseshoe环礁与Tengiz顶部Bashkirian储层段相比年代稍晚一些

总之，在缺乏第一手资料的情况下，类比案例可以为地质建模时的数据录入提供有价值的依据。然而，结果的准确性受录入数据的控制，如果该结果来自一个不恰当的类比，那么结果肯定也不是令人满意的。

表6　哈萨克斯坦Tengiz超大碳酸盐岩油气田和七个可能适用的类比油气田储层特征综合对比分析表

类比特征	Tengiz油气田	Arun油气田	Golden Lane油气田	Walker Creek油气田	Reeves油气田	Horseshoe环礁	Swan Hills和Rainbow油气田
地质年代	泥盆纪—石炭纪	中新世	中白垩世	晚侏罗世	晚二叠世	中宾夕法尼亚世	晚泥盆世
现今位置	哈萨克斯坦北里海	印度尼西亚	墨西哥GOM	美国阿肯色州	美国得克萨斯州西部	美国得克萨斯州西部	加拿大艾伯塔
台地类型	开放大洋孤立台地	开放大洋孤立台地	与陆架相邻孤立台地	缓坡	缓坡—镶边陆架	盆内孤立台地	盆内孤立台地
构造史	被动—碰撞	被动—碰撞	被动	被动	被动—碰撞	被动—碰撞	被动—碰撞
全球气候	温室—冰室	向冰室过渡	温室	温室	过渡	冰室	温室
海平面	低—高位	高位	低位	低位	低位	高位	低位
海洋循环	开放	开放	局限	局限	局限	局限	开放
海洋化学/矿物学	方解石—文石	文石	方解石	混合	文石	文石	方解石
造礁/丘生物	层孔虫/珊瑚	石珊瑚	厚壳蛤泥丘	微生物	海绵/藻类	枝叶藻泥丘	层孔虫/珊瑚
储层分层特征	连续（泥盆纪）到不连续（宾夕法尼亚纪）	不连续	连续	连续	混合	不连续	连续
垂向连续性	好—差	差	好	好	混合	差	好
储层相	骨架/鲕粒颗粒灰岩和破裂粘结岩	骨架颗粒灰岩/泥岩珊瑚粘结岩	厚壳蛤粘结岩/骨架颗粒灰岩	鲕粒颗粒灰岩	鲕粒/球粒颗粒灰岩白云质泥岩	鲕粒颗粒灰岩枝叶藻泥丘	骨架颗粒灰岩和粘结岩
储集岩矿物	方解石	文石/方解石	方解石	白云石	白云石	方解石	方解石/白云石
主要孔隙类型	铸模孔、超大溶孔	铸模孔、超大溶孔、微孔	超大溶孔、溶洞	铸模孔、晶间孔	晶间孔	铸模孔	铸模孔、超大溶孔、晶间孔
裂缝	大量	中等	中等	很少	中等	中等	大量

注：第一栏列出了对比所用的类比参数，后面几栏为每个可能适用的油气田数据和解释结果。每个油气田类比的特征条目都来自前人发表的文献和案例分析。用于类比选择的图解对比分析如图13，该图解可以补充表格的对比。

18. 预测性概念的开发

在不能获取关于所有地质体系和（或）油气藏的所有数据的情况下，地质调查的一个主要目标就是研究一个或多个沉积体系，综合分析所有获取的数据和观察结果，然后对缺乏数据的沉积体系的特征建立预测。在过去的一百多年时间里，研究碳酸盐岩的地质学家们为碳酸盐岩体系和油气藏建立起大量的预测概念，而石油工业的工作者们也将这些概念应用到重要的勘探、资源评价和成功开采中。有趣的是，大多数预测概念局限于单一变量的观念。例如，在已知沉积剖面类型的情况下可以预测沉积相：缓坡、镶边大陆架或孤立台地（Ahr，1973；Wilson，1975；Read，1985）。Handford和Loucks（1973）通过引入层序地层学的概念对该概念进行了升级。另外一个例子是通过成岩作用过程对孔隙类型的预测（Choquette和Pray，1970；Morse和Mackenzie，1990）。

几乎很少遇到包括了多项变量的预测概念。一个多项变量概念的实例中，全球气候特征可能与海洋化学和生物颗粒发育均有关。在温室气候期，碳酸盐岩体系产生非生物颗粒，其主要成分为方解石质；冰室气候期，碳酸盐岩体系产生的非生物颗粒主要是文石质的（Schlager，2005）。因此，该结论与成岩作用概念共同作用可用于预测孔隙体系几何特征。各文献中众所周知的一个简单例子是：在冰室气候期沉积的鲕粒一般为文石质，若经历大气淡水成岩作用，亚稳定状态的文石质鲕粒就会溶解掉。总之，该过程可最终形成鲕粒铸模孔颗粒灰岩。铸模孔颗粒灰岩一般为高孔隙度的岩石，可为烃类储层提供优质储集空间。

尽管现在人们在碳酸盐岩体系中用到很多高品质的预测概念，本次研究提出的碳酸盐时间类比猜想可作为框架并为建立多变量预测概念提供概念基础，但是目前没有这类概念。之前陈述的相关结论提到，碳酸盐岩台地、油气田和油气藏在时空中随机分布（图4，图5），这为建立预测性概念的应用提供了基础。通过引用CATT公式、显生宇碳酸盐岩分布趋势图、碳酸盐岩油气田数据库和全球地图，可以建立实用的预测性概念，其既包括单一变量概念，也包括多项变量概念。为了说明建立预测性模型的方法学，接下来的讨论包括了预测储层特征和孔隙几何特征。

储层分层包括两个方面：侧向连续性和垂向连通性。这两个方面从根本上受体系内地层结构和沉积剖面控制。在相对海平面变化史上，地层结构与体系内沉积史有关（图14）。关于沉积格架前人做了大量研究工作（Haq等，1988；Goldhammer等，1990；Tucker和Wright，1990；Vail等，1991；Sarg等，1999）证明全球气候是四级和五级沉积旋回的主要驱动力，全球气候还与构造结合控制三级沉积旋回发育。

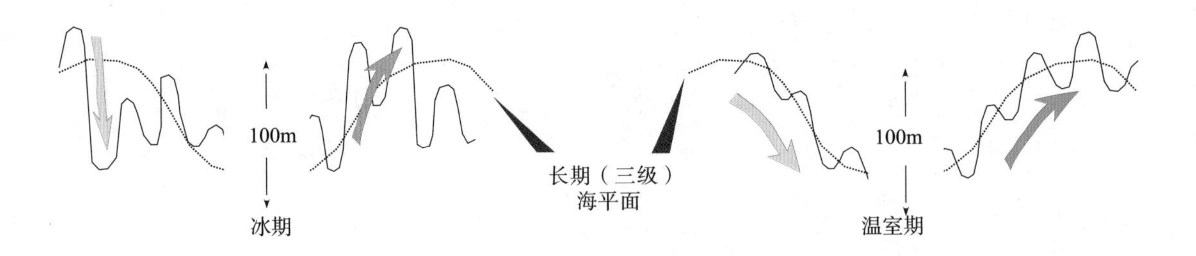

图14　三级和四级海平面波动和振幅变化及其与冰期和温室期气候关系概图

在全球冰期，冰川前进和后退是控制百米尺度海平面变化和四级高频高幅沉积旋回的主要机制；四级高幅信号作用强于三级海平面变化，因此也控制了体系内层序格架。相反，在全球温室期，冰体变化很小，所以四级高频高幅海平面变化作用被掩盖；而较长期的三级海平面变化是控制一个沉积序列中沉积特征的主要因素，它既与构造沉降速率有关，也与水体变化的其他机制（大陆水体变化和海洋水温带动水体变化）有关。为了便于讨论，术语冰期旋回指全球冰期气候下形成的沉积体系，温室期旋回指全球温室期气候下形成的沉积体系需要定义温室期与冰期旋回并建立海平面变化频率和振幅的机制，关键原因是这些事实和理论为理解相对海平面变化过程中任一沉积剖面上沉积环境运移的相对速度（速率和方向）提供基础。定量化向前的模拟即是基于该理论。基于层序地层学原理，在已知沉积剖面和沉积环境运移速度的情况下，可以直接预测地层格架，从而直接引导储层分层特征的预测。

为了说明该论点，此处分析了一个孤立台地内储层分层的四个变量：温室期与冰期气候，镶边礁与镶边颗粒滩（图15）。全球冰期气候时，地层特征受四级高幅高频率海平面变化控制。假如一个孤立台地边缘滩坝顶部上覆水深仅为10～20m，而四级层序的海平面变化幅度范围超过100m，那么该滩坝顶部以10万年的变化频率反复暴露和淹没。在这些条件下，沉积环境被迫以较高速率迁移，形成复杂相镶嵌和并置结构。这样会在台地内部形成严重的相的侧向非均质性，因此储层分层的侧向连续性差。另外，滩坝顶相和组成地层的旋回垂向上被大量暴露面和泛滥面分隔开，暴露面上存在相关地面沉积和成岩改造，泛滥面附近为深水沉积，形成于浅水碳酸盐工厂重新形成之前的时间延迟时。如果孤立台地形成于造礁骨架生物仍然存在的地质历史时期（图1），那么边缘礁骨架岩侧向和垂向均被分隔开（图15）。

同样的思路可以应用于缺乏造礁生物时期形成的台地沉积，高能台地边缘相为鲕粒和骨架颗粒灰岩滩。对于第一种情况，据解释台地内部相的分布比较复杂，导致侧向储层非均质性强、连续性差；而且，旋回垂向连通性差。该结论适用于边缘颗粒灰岩储集体（图15）。

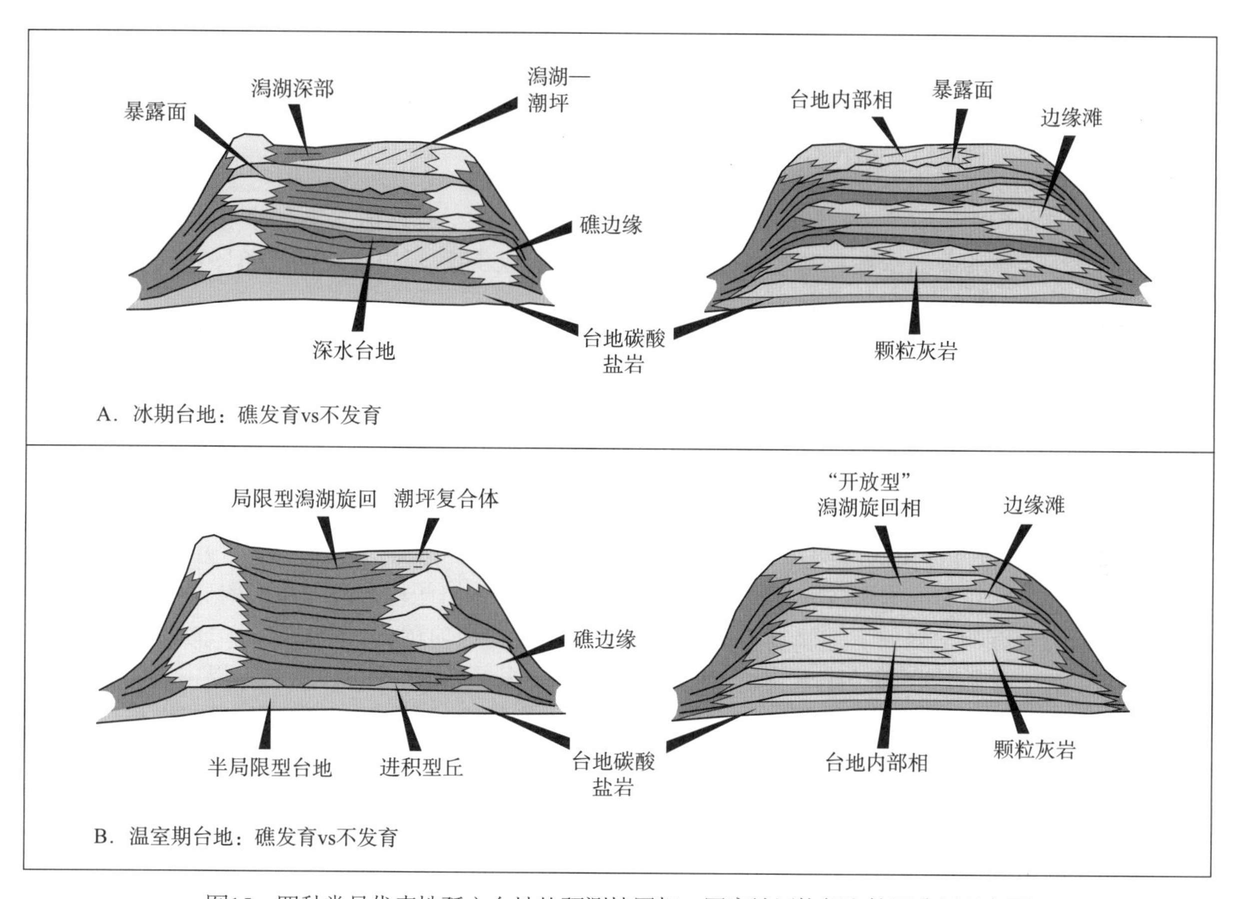

图15　四种常见代表性孤立台地的预测储层相、层序地层格架和储层分层示意图

一般的台地沉积初期有两种边缘类型：骨架岩或粘结岩礁边缘和颗粒灰岩滩边缘。孤立台地一般不会在地形起伏显著且缺乏粘结岩边缘处发育。此处对发育颗粒灰岩滩边缘的台地的刻画可能与现实不尽相符，将其纳入的目的是利于观点的阐述。A展示了受冰期气候控制的海平面变化导致的相带、格架和分层情况，而B展示了受温室期气候控制的同类特征。关于这四种情况的相似和不同之处见文中讨论。这种分析方法是利用CATT猜想和方法建立预测性概念的一个实例，它以全球气候条件为基础，对孤立碳酸盐岩台地的地层格架和储层分层等特征进行预测。利用CATT公式的组分可以建立很多种预测性概念，这仅是其中一种。另外，这种预测性概念既可以是单一变量，也可以是多重变量

这两种情况解释了全球温室期气候与冰期气候显著不同导致的储层分层特征的不同（图15）。在全球温室气候期，四级海平面变化幅度尺度为数米至数十米，长期三级尺度为数十米至大约100米。因此，孤立台地滩坝顶部沉积相对比较稳定，沉积环境没有受控快速或远距离运移，因为海平面变化不如冰期变化强烈。这些条件导致沉积相分布更均一且（或）有序。因此，相之间侧向连续性好，且滩顶层侧向连续。另外，由于滩顶没有频繁经历反复暴露和淹没，不管是台地内部还是台地边缘的沉积旋回都趋向于叠置，这样导致的结果是储层分层特征为垂向连通性好。在成礁期，边缘颗粒灰岩滩体呈现类似特征并垂向叠置（图15）。

这四个例子可作为建立一系列或一组单一变量至多重变量预测性概念的起点。单一变量预测性概念的实例结合运用可得出以下结论：

（1）冰期气候引起高幅度高频率的海平面变化，导致储层分层严重复杂化：侧向连续性差且垂向连通性差。

（2）温室期气候引起低幅度低频率的海平面变化，导致储层分层简单化：侧向连续性好且垂向连通性好。

多重变量预测性概念的建立需要综合考虑储层分层特征的预测结果，这些预测结果来自显生宇碳酸盐岩分布趋势图（图1）中气候驱动控制下的事实和观测结果以及CATT公式。以下为一系列预测性概念，通过加入变量、事实和观点等增加了复杂度。

（1）冰期气候与海洋化学关系密切，倾向于形成文石质非生物颗粒（图1；Mackenzie和Morse，1992；Schlager，2005）。因此，冰期沉积的碳酸盐岩相应该会形成含有鲕粒岩的地层，且其鲕粒原始矿物组分为文石质。

（2）组成冰期台地的沉积旋回或储层分层垂向上被暴露面分隔开，且含有文石质鲕粒边缘滩相，据预测其极可能发育次生溶蚀鲕粒铸模孔孔隙体系，铸模孔形成于滩坝顶部暴露时期。

（3）据显生宇碳酸盐岩分布趋势图（图1），显生宙全球冰期气候出现在两个阶段：宾夕法尼亚纪和新近纪。在这些时期，非生物矿物组分主要为文石。宾夕法尼亚纪大型造礁骨架生物并不多见，而新近纪石珊瑚为高产的造礁生物。因此，此处提出了具年代特征的预测性模型。据估计宾夕法尼亚系碳酸盐岩储层应该具有复杂的储层分层（侧向不连续，垂向连通性差），且含有鲕粒铸模孔颗粒灰岩储层相，局部含溶蚀孔的枝叶藻泥丘；而新近纪（中新统）孤立台地储层同样具有复杂分层，但它们既有礁相也有以鲕粒为骨架的颗粒灰岩滩边缘相，同样具有次生溶蚀孔。

（4）宾夕法尼亚纪全球冰期气候与古生代联合古陆超大陆的发育和组合密切相关（图1；Veevers，1990）。因此，可以推理得出的预测性概念为宾夕法尼亚系孤立台地碳酸盐岩储层极可能具有复杂储层分层、次生溶蚀改造孔隙和为形成联合古陆超大陆所需要的整体挤压构造环境造成的显著裂缝作用。

这一系列关于碳酸盐岩储层逐步复杂的变量或多重变量的四项预测，全球冰期气候变量是其中第一个，提供了关于碳酸盐时间类比方法建立的预测性概念的类型和格式。尽管前人提出过基于全球气候的预测性概念，此次研究旨在说明该方法和公式可以为体系性建立涵盖范围广的预测性概念提供框架思路和概念基础。现在就可以想到，利用该公式中单一变量和（或）不同组合方式可得出或建立有各种格式和系列的预测性概念。

二、结论及结束语

碳酸盐时间类比研究项目努力的主要目标就是提出一个经得起检验的猜想，并建立一种具有坚实概念基础的方法，可用于体系性评价、对比和预测碳酸盐岩体系和油气藏的特征。该猜想和方法如下所示：

地质年代+碳酸盐沉积过程+地球作用过程=时间切片主题和预测性概念

除了该方法，该项目的主要成果还有各种全球尺度成果，包括显生宇碳酸盐岩分布趋势图（图1）、碳酸盐岩油气田数据库、岩相古地理图系列、时间主题或特定年代风格的总结分析，以及显生宇油气田图版。我们认为该方法是一个具有广泛应用价值的大尺度观念，其不是替代前人工作、数据、观点、概念、解释和（或）综合分析，而是通过设计该方法可以充分利用前人关于碳酸盐岩体系和油气藏的工作，并在其基础上继续发展研究。

结合显生宇碳酸盐岩分布趋势图与全球古地理图可以制作四维时空框架以进行系统地编纂、组织、存取和整合从事该行业时遇到的数据、思想、概念、原理和实例等。一般工业和学术的地质学家的工作年限可达到50年甚至更多，在这些年间，每个地质学家都会经历并完成很多项目，参加很多会议、论坛和商讨会，并持续地阅读文献。一生中会接触大量信息，通常其中一些信息，也可能是许多信息被个人遗忘，因为其缺乏思想组织结构。或许该CATT猜想、方法及其成果可作为该思想组织结构。显生宇碳酸盐岩分布趋势图可提供时间内容，而全球地图可提供空间格架。一个观点是：该时空框架涵盖了全球整个显生宙的沉积岩。一般一个人用一生的时间也不能把该框架填满。但是从长期来看，全世界地质工作者的目标就是完成整个知识框架。

不管一个人是否认为应该完成该显生宙全球框架，CATT方法影响到整个全球框架内所有材料，并有助于得出以下三个结果：①进行体系化对比性分析以对碳酸盐岩体系整体上有更深和更新的理解；②建立更准确的预测性概念和模型；③针对碳酸盐岩油气藏做出更好的经济决策。

该方法的预测是建立在地质时间控制碳酸盐岩体系的特征（组构或特点），或作为关键变量的基础上。利用该以时间为基础的方法有利于在一个时间切片内综合分析碳酸盐岩特征。而且，该方法为同一时间切片内不同碳酸盐岩体系间的系统化对比分析提供坚实基础，另外重要的一点是也为不同时间切片间碳酸盐岩体系的系统化对比分析提供基础。通过这种分析加深了对碳酸盐岩体系特征的理解，并有助于提高对这些特征的预测水平。

通过对碳酸盐岩体系和油气藏的系统化和严格的对比分析，利用猜想和方法成果，提出了建立碳酸盐岩体系和油气藏的更准确的预测性概念。这些预测性概念可以是单一变量，建立在CATT公式中一个元素的基础上；也可以是多项变量，建立在公式中多个元素结合的基础上。该方法的设计是灵活的，足以满足使用者的项目或应用所需。建立预测性概念的猜想和方法的目的是从前人关于碳酸盐岩沉积体系所做工作中得到所有或尽可能多的信息而不受其约束。

最后，在碳酸盐时间类比猜想应用范围内，使用该猜想可提供一种方法，有助于地质建模和储层模拟中输入数据时鉴定和选择更好的类比油气田案例。选择合适的油气田对比是一项艰难的工作，因为通常情况下油气藏模拟所要评价的油气田往往缺乏用于计算产能的关键数据。然而，如果已知所要评价的油气田或油气藏的地质年代和盆地名称（已知现今位置），该猜想可提供合理的概念解释和全球成果以鉴定和选择合适的同时代的类比。这种选择类比的方法可促进更好的经济决策。

希望CATT猜想和方法及其衍生成果可以对未来工作起到促进作用，例如在全球和区域尺度细化现今板块重组特征，应用定量化参数气候模拟结果验证非定量化古海洋学图等。本文中提出了几种应用类型，另外还有更多种类的应用是人们已经开发出来的或者可以将来开发出来的。

致谢

感谢美孚研究中心对碳酸盐时间类比项目研究给予的支持，该项目首先于1991年晚期由位于美孚（达拉斯）研究实验室的作者提出，并得到很多美孚碳酸盐岩研究组同事的支持。他们分别是：Aus Al-Tawil、Julia Caldaro-Baird、Jan Golonka、Mike Pope、Jim Weber、Bill Zempolich和地质技术员Dave Guido；感谢Julia Turner和Roxanne Clary提供的帮助，从Petroconsultants S.A./IHS油气田数据库搜集碳酸盐岩油气田数据。

感谢Petroconsultants S.A./HIS授权发表碳酸盐岩油气田数据库，并保留一切版权。本列表中所含碳酸盐岩油气田数据仅包括1999年及之前的数据。

1992年成立了美孚全球地质小组，主要目标是将全球领先的古地理图引入本公司。该美孚全球主题小组与碳酸盐岩小组合作，并负责确定时间切片的地质年代和准备新的古地理图。全球主题项目成员包括：Jeff Brown、Wayne Cross、Mary Edrich、Dave Ford、Ulrich Franz、George Gail、Jan Golonka、Carla Lacerda、Bob Pauken、Richard Teiss和Bill Werner.

1995年美孚碳酸盐岩研究小组开展了关于建立碳酸盐岩体系预测性模型的工作，并于1999年完成该研究，随后2000年埃克森—美孚公司合并。

尤其要特别感谢Aus Al-Tawil和Jan Golonka，他们利用古地磁旋转的项目制作了CATT图。该项目的按时成功完成离不开他们的努力。还要特别感谢Laura Parnell，为古海洋学图制作了电子版草图，作为原始CATT图的补充，并在准备油气田图版中给予帮助；另外还帮助将全球碳酸盐岩油气田图集中的文字和图片转化成Microsoft PowerPoint格式。

感谢埃克森美孚内部审稿人James H.Anderson、Sean Guidry、Gareth Jones和Lisa Roehl对稿件做出的明显改进；感谢外审人员Jeff Lukasik、Robert Goldstein和Taury Smith提供的重要审稿意见和建议。我们采纳了Goldstein关于将CATT成果特征整理为一个整体的总结性碳酸盐岩数据库的建议，因为本项目中没有形成新的数据。另外非常感谢埃克森美孚管理组对笔者发表这些研究成果的支持和批准。

参考文献

Abreu, V.S., and Anderson, J.B., 1998, Glacial eustasy during the Cenozoic: Sequence stratigraphic implications: American Association of Petroleum Geologists, Bulletin, v. 82, p. 1385−1400.

Ahr, W.M., 1973, The carbonate ramp: an alternative to the shelf model: Gulf Coast Association of Geological Societies, Transactions, v. 23, p. 221−225.

Al−Jallal, I.A., 1995, The Khuff Formation: its regional reservoir potential in Saudi Arabia and other Gulf countries; depositional and stratigraphic approach, *in* Al−Husseini, M.I., ed., Middle East Petroleum Geosciences: GEO'94, Gulf PetroLink, Bahrain, v. 1, p. 103−119.

Alsharhan, A.S., and Whittle, G.L., 1995, Carbonate−evaporite sequences of the Late Jurassic, southern and southwestern Arabian Gulf: American Association of Petroleum Geologists, Bulletin, v. 79, p. 1608−1630.

Barla, L.R., Sroudt, D.L., Harris, P.M., and Crevello, P.D., 1982, Upper Jurassic reefs of Smackover Formation, United States Gulf Coast: American Association of Petroleum Geologists. Bulletin, v. 66, p. 1449−1482.

Barrs, D.L, Copland, A.B., and Ritchie, W.D., 1970, Geology of Middle Devonian Reefs, Rainbow Area, Alberta, Canada, *in* Halbouty, M.T., ed., Geology of Giant Petroleum Fields: American Association of Petroleum Geologists, Memoir 14, p. 19−49.

Bliefnick, D.M., and Kaldi, J.G., 1996, Pore geometry: control on reservoir properties, Walker Creek Field, Columbia and Lafayette Counties, Arkansas: American Association of Petroleum Geologists, Bulletin, v. 80, p. 1027−1044.

Bosence, D., 2005, A genetic classification of carbonate platforms based on their basinal and tectonic settings in the Cenozoic: Sedimentary Geology, v. 175, p. 49−72.

Burke, W.H., Denison, R.E., Hetherington, E.A., Koepnick, R.B., Nelson, H.F., and Otto, J.B., 1982, Variation of seawater $^{87}Sr/^{86}Sr$ throughout Phanerozoic time: Geology, v. 10, p. 516−519.

Cande, S.C., and Kent, D.V., 1992, A new geomagnetic polarity time−scale for the late Cretaceous and Cenozoic: Journal of Geophysical Research, v. 97, p. 13,917−13,951.

Chimene, C.A., 1991, Walker Creek Field—USA Gulf of Mexico Basin, Arkansas, *in* Foster, N.H., and Beaumont, E.A., eds., Stratigraphic Traps II: American Association of Petroleum Geologists, Treatise of Petroleum Geology—Atlas of Oil and Gas Fields, p. 55−116.

Choquette, P.W., and Pray, L.C., 1970, Geologic nomenclature and classification of porosity in sedimentary carbonates: American Association of Petroleum Geologists, Bulletin, v. 54, p. 207−250.

Chuber, S., and Pusey, W.C., 1985, Productive Permian carbonate cycles, San Andres Formation, Reeves Field, West Texas, *in* Roehl, P.O., and Choquette, P.W., eds., Carbonate Petroleum Reservoirs: New York, Springer−Verlag, p. 289−308.

Collins, J.F., Kenter, J.A.M., Harris, P.M., Kuanysheva, G., Fischer, D.J., and Steffen, K.L., 2006, Facies and reservoir–quality variations in the late Visean to Bashkirian outer platform, rim, and flank of the Tengiz buildup, Precaspian Basin, Kazakhstan, *in* Harris, P.M., and Weber, L.J., eds., Giant Hydrocarbon Reservoirs of the World: From Rocks to Reservoir Modeling: American Association of Petroleum Geologists, Memoir 88, p. 1–41.

Davies, P.J., Symonds, P.A., Feary, D.A., and Pigram, C.J., 1989, The evolution of the carbonate platforms of northeast Australia, *in* Crevello, P.D., Wilson, J.L., Sarg, J.F., and Read, J.F., eds., Controls on Carbonate Platform and Basin Development: SEPM, Special Publication 44, p. 233–258.

Dorobek, S.L., 1995, Synorogenic carbonate platforms and reefs in foreland basin: controls on stratigraphic evolution and platform/reef morphology, *in* Dorobek, S.L., and Ross, G.M., eds., Stratigraphic Evolution of Foreland Basins: SEPM, Special Publication 52, p. 127–147.

Drummond, C.N., and Wilkinson, B.H., 1993, Carbonate cycle stacking patterns and hierarchies of orbitally forced eustatic sea–level change: Journal of Sedimentary Petrology, v. 63, p. 369–377.

Druckman, Y., and Moore, C.H., 1985, Late subsurface secondary porosity in the Jurassic grainstone reservoir, Smackover Formation, Mt. Vernon Field, Southern Arkansas, *in* Roehl, P.O., and Choquette, P.W., eds., Carbonate Petroleum Reservoirs: New York, Springer–Verlag, p. 369–383.

Earle, S.A., 2001, Atlas of the Ocean: Washington, D.C., National Geographic Society, 192 p.

Feazel, C.T., 1985, Diagenesis of Jurassic grainstone reservoirs in the Smackover Formation, Chatom Field, Alabama, *in* Roehl, P.O., and Choquette, P.W., eds., Carbonate Petroleum Reservoirs: New York, Springer–Verlag, p. 357–367.

Flugel, E., and Kiessling, W., 2002, A new look at ancient reefs, in Kiessling, W., Flügel, E., and Golonka, J., eds., Phanerozoic Reef Patterns: SEPM, Special Publication 72, p. 3–10.

Ford, D., and Golonka, J., 2003, Phanerozoic paleogeography, paleoenvironment, and lithofacies maps of the circum–Atlantic margins: Marine and Petroleum Geology, v. 20, p. 249–285.

Goldhammer, R.K., Dunn, P.A., and Hardie, L.A., 1987, High frequency glacio–eustatic sea level oscillations with Milankovitch characteristics recorded in Middle Triassic platform carbonates in Northern Italy: American Journal of Science, v. 287, p. 853–892.

Goldhammer, R.K., Dunn, P.A., and Hardie, L.A., 1990, Depositional cycles, composite sea–level changes, cycle staking patterns, and the hierarchy of stratigraphic forcing: examples from Alpine Triassic platform carbonates: Geological Society of America, Bulletin, v. 102, p. 535–562.

Golonka, J., Ross, M.I., and Scotese, C.R., 1994, Phanerozoic paleogeographic and paleoclimatic modeling maps, *in* Embry, A.F., Beauchamp, B., and Glass, D.J., eds., Pangea; Global Environments and Resources: Canadian Society of Petroleum Geologists, Memoir 17, p. 1–47.

Golonka, J., Ford, D., and Bednarczyk, J., 1997, Sauk and Tippecanoe (Cambrian–Silurian) paleoenvironments and Lithofacies (abstract); and Kaskaskia (Devonian–Mississippian) paleoenvironments and lithofacies (abstract); and Absaroka (Pennsylvanian–Triassic) paleo–environments and lithofacies (abstract); and Zuni (Jurassic–Cretaceous) paleoenvironments and Lithofacies (abstract), *in* Canadian Society of Petroleum Geologists–SEPM Joint Convention, Calgary, Programs with Abstracts, June 1–6, 1997, B. Beauchamp, ed., p. 109–111.

Golonka, J., and Kiessling, W., 2002, Phanerozoic time scale and definition of time slices, *in* Kiessling, W., Flügel, E., and Golonka, J., eds., Phanerozoic Reef Patterns: SEPM, Special Publication 72, p. 11–20.

Golonka, J., Bocharova, N.Y., Ford, D., Edrich, M.E., Bednarczyk, J., and Wildharber, J., 2003, Paleogeographic reconstructions and basins development of the Arctic: Marine and Petroleum Geology, v. 20, p. 211–248.

Greenlee, S.M., and Lehmann, P.J., 1993, Stratigraphic framework of productive carbonate buildups, *in* Loucks, R.G.. and Sarg, J.F., eds., Carbonate Sequence Stratigraphy: Recent Developments and Applications: American Association of Petroleum Geologists, Memoir 57, p. 43–62.

Hallock, P., and Schlager, W., 1986, Nutrient excess and the demise of coral reefs and carbonate platforms: Palaios, v. 1, p. 389–398.

Handford, C.R., and Loucks, R.G., 1993, Carbonate depositional sequences and systems tracts—responses of carbonate platforms to relative sea–level changes, *in* Loucks, R.G., and Sarg, J.F., eds., Carbonate Sequence Stratigraphy: American Association of Petroleum Geologists, Memoir 57, p. 3–42.

Harland, W.B., Armstrong, R.L., Cox, A.V., Craig, L.E., Smith, A.G., and Smith, D.G., 1990, A Geologic Time Scale 1989:

Cambridge, U.K., Cambridge University Press, 263 p.

Haq, B.U., Hardenbol, J., and Vail, P.R., 1987, Chronology of fluctuating sea levels since the Triassic: Science, v. 235, p. 1156–1166.

Haq, B.U., Hardenbol, J., and Vail, P.R., 1988, Mesozoic and Cenozoic chronostratigraphy and cycles of sea level change, *in* Wilgus, C.K., Posamentier, H., VanWagoner, J.C., Ross, C.A., and Kendall, C.G.St.C., eds., Sea Level Changes: An Integrated Approach: SEPM, Special Publication 42, p. 71–108.

Hemphill, C.R., Smith, R.I., and Szabo, F., 1970, Geology of Beaverhill Lake Reefs, Swan Hills Area, Alberta, *in* Halbouty, M.T., ed., Geology of Giant Petroleum Fields:, American Association of Petroleum Geologists, Memoir 14, p. 50–90.

Heydari, E., 2000, Porosity loss, fluid flow, and mass transfer in limestone reservoirs: application to the Upper Jurassic Smackover Formation, Mississippi: American Association of Petroleum Geologists, Bulletin, v. 84, p. 100–118.

Heydari, E., and Moore, C.H., 1994, Paleoceanographic and paleoclimatic controls on ooid mineralogy of the Smackover Formation, Mississippi Salt Basin: implications for Late Jurassic seawater composition: Journal of Sedimentary Research, v. A64, p. 101–114.

Humphrey, J.D., Ransom, K.L., and Matthews, R.K., 1986, Early meteoric diagenetic control of Upper Smackover Production, Oaks Field, Louisiana: American Association of Petroleum Geologists, Bulletin, v. 70, p. 70–85.

Jablonski, D., 1999, The future of the fossil record: Science, v. 284, p. 2114–2116.

James, N.P., 1978, Facies Models 10. Reefs: Geoscience Canada, v. 5, p. 16–26.

James, N.P., 1983, Reef environment (Chapter 8), *in* Scholle, P.A., Bebout, D.G., and Moore, C.L., eds., Carbonate Depositional Environments: American Association of Petroleum Geologists, Memoir 33, p. 345–462.

James, N.P., and Choquette, P.W., 1990a, Limestones—the sea–floor diagenetic environment, *in* McIlreath, I.A., and Morrow, D.W., eds., Geoscience Canada, Reprint Series 4, p. 13–34.

James, N.P., and Choquette, P.W., 1990b, Limestones—the meteoric diagenetic environment, *in* McIlreath, I.A., and Morrow, D.W., eds., Geoscience Canada, Reprint Series 4, p. 35–74.

Jordan, C.F., and Abdullah, M., 1992, Arun Field—Indonesia, North Sumatra Basin, Sumatra, *in* Foster, N.H., and Beaumont, E.A., eds., Stratigraphic Traps III: American Association of Petroleum Geologists, Treatise of Petroleum Geology and Atlas of Oil and Gas Fields, p. 1–39.

Kenter, J.A.M., Harris, P.M., Weber, L.J., Collins, J.F., Kuanysheva, G., and Fischer, D.J., 2006, Late Visean to Bashkirian platform cyclicity in the central Tengiz buildup, Precaspian Basin, Kazakhstan: Depositional evolution and reservoir development, *in* Harris, P.M., and Weber, L.J., eds., Giant Hydrocarbon Reservoirs of the World: From Rocks to Reservoir Modeling: American Association of Petroleum Geologists, Memoir 88, p. 45–70.

Kiessling, W., Flügel, E., and Golonka, J., 1999, Paleo reef maps: Evaluation of a comprehensive database on Phanerozoic reefs: American Association of Petroleum Geologists, Bulletin, v. 83, p. 1552–1587.

Kiessling, W., Flügel, E., and Golonka, J., eds., 2002, Phanerozoic Reef Patterns: SEPM, Special Publication 72, 775 p.

Kiessling, W., Flügel, E., and Golonka, J., 2003, Patterns of Phanerozoic carbonate platform sedimentation: Lethaia, v. 36, p. 195–226.

Koepnick, R.B., Burke, W.H., Denison, R.E., Hetherington, E.A., Nelson, H.F., Otto, J.B., and Waite, L.E., 1985, Construction of the seawater $^{87}Sr/^{86}Sr$ curve for the Cenozoic and Cretaceous: supporting data: Chemical Geology, v. 58, p. 55–81.

Kopaska–Merkel, D.C., Mann, S.D., and Schmoker, J.W., 1994, Controls on reservoir development in a shelf carbonate: Upper Jurassic Smackover Formation of Alabama: American Association of Petroleum Geologists, Bulletin, v. 78, p. 938–959.

Kuznetsov, V.G., 1996, Evolution and cyclicity of reef formation in Russia and adjacent countries: Lithology and Mineral Resources, v. 31, no. 2, p. 101–111.

Martin, R.E., 1996, Cyclic and secular variation in microfossil biomineralization and preservation: clues to calcium carbonate saturation and nutrient levels of Phanerozoic oceans (abstract), *in* Mutti, M., Simo, T., Wiessert, H., and Baker, P., eds., Carbonates and Global Climate Change, abstracts, SEPM/IAS Research Conference, Wildhaus, Switzerland, June 22–27, 1996.

Martindale, W., and Boreen, T.D., 1997, Temperature–stratified Mississippian carbonates as hydrocarbon reservoirs—examples from the foothills of the Canadian Rockies, *in* James, N.P., and Clarke, J.A.D, eds., Cool–Water Carbonates: SEPM, Special Publication 56, p. 391–410.

Mackenzie, F.T., and Morse, J.W., 1992, Sedimentary carbonates through Phanerozoic time: Geochimica et Cosmochimica Acta,

v. 56, p. 3281−3295.

Mahoney, J.J., and Coffin, M.F., eds., 1997, Large Igneous Provinces; Continental, Oceanic, and Planetary Flood Volcanism: Washington, D.C., American Geophysical Union, Geophysical Monograph 100, 438 p.

Mehler, C. (project editor), et al., 2002, Family Reference Atlas of the World: Washington, D.C., National Geographic Society, 352 p.

Morse, J.W., and Mackenzie, F.T., 1990, Geochemistry of Sedimentary Carbonates: Amsterdam, Elsevier, Developments in Sedimentology 48, 707 p.

Mountain, G., 1991, Oligocene−Upper Miocene high resolution seismic stratigraphy and the mid−Atlantic transect, *in* Lamont−Doherty Geological Observatory Industrial Associates Symposium: New Developments in Sequence Stratigraphy and Sea Level Change, September 12−13, 1991.

Ogg, J.G., 1995, Magnetic polarity time scale of the Phanerozoic, *in* Ahrens, T.J., ed., Global Earth Physics: A Handbook of Physical Constants: Washington, D.C., American Geophysical Union, p. 240−270.

Parrish, J.T., 1982, Upwelling and petroleum source beds with reference to Paleozoic: American Association of Petroleum Geologists, Bulletin, v. 66, p. 750−774.

Parrish, J.T., and Curtis, R.C., 1982, Atmospheric circulation, upwelling and organic−rich rocks in the Mesozoic and Cenozoic Eras: Palaeogeography, Palaeoclimatology, Palaeoecology, v. 40, p. 31−66.

Petta, T.J., and Rapp, S.D., 1990, Appleton Field—USA Gulf of Mexico Basin, Alabama, *in* Beaumont, E.A., and Foster, N.H, eds., Structural Traps IV, Tectonic and Nontectonic Fold Traps: American Association of Petroleum Geologists, Treatise of Petroleum Geology—Atlas of Oil and Gas Fields, p. 299−318.

Pomar, L.W.C., 2001, Types of carbonate platforms—a genetic approach: Basin Research, v. 13, p. 313−334.

Rampino, M.R., and Stothers, R.B., 1988, Flood basalt volcanism during the past 250 million years: Science, v. 241, p. 663−668.

Read, J.F., 1982, Carbonate platforms of passive (extensional) continental margins: types, characteristics, and evolution: Tectonophysics, v. 81, p. 195−212.

Read, J.F., 1985, Carbonate platform facies models: American Association of Petroleum Geologists, Bulletin, v. 69, p. 1−21.

Read, J.F., 1995, Overview of carbonate platform sequences, cycle stratigraphy and reservoirs in greenhouse and icehouse worlds, *in* Read, J.F., Kerans, C., and Weber, L.J., eds., Milankovitch Sea Level Changes, Cycles and Reservoirs on Carbonate Platforms in Greenhouse and Ice−House Worlds: SEPM, Short Course 35, p. 1−102.

Read, J.F., 1998, Phanerozoic carbonate ramps from greenhouse, transitional, and ice−house worlds: clues from field and modeling studies, *in* Wright, V.P., and Burchette, T.P., eds., Carbonate Ramps: Geological Society of London, Special Publication 149, p. 107−135.

Renne, P.R., and Basu, A.R., 1991, Rapid eruption of the Siberian Traps flood basalts at the Permo−Triassic boundary, Science, v. 253, p. 176−179.

Ross, C.A., and Ross, J.R.P., 1988, Late Paleozoic transgressive−regressive deposition, *in* Wilgus, C.K., Posamentier, H., Van Wagoner, J.C., Ross, C.A., and Kendall, C.G.St.C., eds., Sea Level Changes: An Integrated Approach: SEPM, Special Publication 42, p. 227−247.

Ross, C.A., and Ross, J.R.P., 1994, Permian sequence stratigraphy and fossil zonation, *in* Embry, A.F., Beauchamp, B., and Glass, D.J., eds., Pangea: Global Environments and Resources: Canadian Society of Petroleum Geologists, Memoir 17, p. 219−231.

Saner, S., and Abdulghani, W.M., 1995, Lithostratigraphy and depositional environments of the Upper Jurassic Arab−C carbonate and associated evaporites in Abqaiq Field, Eastern Saudi Arabia: American Association of Petroleum Geologists, Bulletin, v. 79, p. 394−409.

Saner, S., and Sahin, A., 1999, Lithological and zonal porosity−permeability distributions in the Arab−D reservoir, Uthmaniyah Field, Saudi Arabia: American Association of Petroleum Geologists, Bulletin, v. 83, p. 230−243.

Sarg, J.F., 1988, Carbonate sequence stratigraphy, *in* Wilgus, C.K., Hastings, B.S., Kendall, C.G.S.C., Posamentier, H.W., Ross, C.A., and Van Wagoner, J.C., eds., Sea Level Changes: An Integrated Approach: SEPM, Special Publication 42, p. 155−182.

Sarg, J.F., Markello, J.R., and Weber, L.J., 1999, The second−order cycle, carbonate−platform growth, and reservoir, source, and trap prediction, *in* Harris, P.M., Simo, J.A., and Saller, A.H, eds., Advances in Carbonate Sequence Stratigraphy: Applications to Reservoirs, Outcrops, and Models: SEPM, Special Publication 63, p. 1−24.

Schlager, W., 2005, Carbonate Sedimentology and Sequence Stratigraphy: SEPM, Concepts in Sedimentology and Paleontology no. 8, 200 p.

Scott, R.W., 1988, Evolution of Late Jurassic and Early Cretaceous reef biotas: Palaios, v. 3, p. 184–193.

Sloss, L.L., 1963, Sequences in the cratonic interior of North America: Geological Society of America, Bulletin, v. 74, p. 93–114.

Sloss, L.L., ed., 1988, Tectonic evaluation of the craton in Phanerozoic time: Geological Society of America, The Geology of North America, vol. D–2, Sedimentary Cover—North American Craton, p. 25–51.

Tucker, M.E., and Wright, V.P., 1990, Carbonate Sedimentology: Oxford, U.K., Blackwell, 496 p.

Vail, P.R., Audemard, F., Bowman, S.A., Eisner, P.N., and Perez–Cruz, C., 1991, The stratigraphic signatures of tectonics, eustasy, and sedimentology— an overview, *in* Einsele, G., Ricken, W., and Seilacher, A., eds., Cycles and Events in Stratigraphy: Berlin, Springer–Verlag, p. 617–659.

Veevers, J.J., 1990, Tectonic–climatic supercycles in the billion–year plate tectonic eon: Permian Pangean icehouse alternates with Cretaceous dispersed–continents greenhouse: Sedimentary Geology, v. 68, p. 1–16.

Vest, E.L., 1970, Oil fields of Pennsylvanian–Permian Horseshoe Atoll, West Texas, *in* Halbouty, M.T., ed., Geology of Giant Petroleum Fields: American Association of Petroleum Geologists, Memoir 14, p. 185–203.

Viniegra, F., and Castillo–Tejero, C., 1970, Golden Lane Fields, Veracruz, Mexico, *in* Halbouty, M.T., ed., Geology of Giant Petroleum Fields: American Association of Petroleum Geologists, Memoir 14, p. 309–325.

Waite, L.E., Markello, J.R., Zempolich, W.G., Koepnick, R.B., Sarg, J.F., Weber, L.J., and Edrich, M.E., 1994, Stratigraphic hierarchy: Part III. First– and second–order depositional sequences: A framework for stratigraphic analyses: Internal Memorandum No. 64 (MM 941202–1), Mobil Exploration and Technology Company, Dallas, Texas, 49 p.

Weber, L.J., Francis, B.P., Harris, P.M., and Clark, M., 2003, Stratigraphy, lithofacies, and reservoir distribution, Tengiz field, Kazakhstan, *in* Ahr, W.M., Harris, P.M., Morgan, W.A., and Somerville, I.D., eds., Permo–Carboniferous Carbonate Platforms and Reefs: SEPM, Special Publication 78 and American Association of Petroleum Geologists, Memoir 83, p. 351–394.

Wilkinson, B.H., Owen, R.M., and Carroll, A.R., 1985, Submarine hydrothermal weather, global eustasy, and carbonate polymorphism in Phanerozoic marine oolites: Journal of Sedimentary Petrology, v. 55, p. 171–183.

Wilson, A.O., 1985, Depositional and diagenetic facies in the Jurassic Arab–C and –D reservoirs, Qatif field, Saudi Arabia, *in* Roehl, P.O., and Choquette, P.W., eds., Carbonate Petroleum Reservoirs: New York, Springer–Verlag, p. 319–340.

Wilson, J.L., 1974, Characteristics of carbonate–platform margins: American Association of Petroleum Geologists, Bulletin, v. 58, p. 810–824.

Wilson, J.L., 1975, Carbonate Facies in Geologic History: New York, Springer–Verlag, 471 p.

Wilson, J.T., 1966, Did the Atlantic close and then reopen?: Nature, v. 207, p. 676–681.

Wilson, J.T., 1988, Convection tectonics: some possible effects upon the Earth's surface of flow from the deep mantle: Canadian Journal of Earth Sciencex, v. 25, p. 1199–1208.

Wood, R., 1995, The changing biology of reef–building: Palaios, v. 10, p. 517–529.

Wright, V.P., and Robinson, D., 1988, Early Carboniferous flood plain deposits from South Wales: A case study of the controls on paleosol development: Geological Society of London, Journal, v. 145, no. 5, p. 847–857.

Wright, V.P., 1992, Speculations on the controls on cyclic peritidal carbonates: ice–house versus greenhouse eustatic controls: Sedimentary Geology, v. 76, p. 1–5.

浅埋藏期文石选择性溶蚀作用及其碳酸盐岩沉积学应用

V.Paui Wright　Lesley Cherns

（卡迪夫大学地球、海洋和行星科学学院）

摘要： 埋藏极浅的同沉积文石溶蚀作用发生在溶跃面之上，是影响碳酸盐沉积并改变碳酸盐沉积物成分的主要过程。这种溶蚀作用可以在多种环境下改变沉积物组成，在微相分析时认清这种浅埋作用导致的早期选择性过滤作用至关重要。这些效应还会改变生物化石的营养结构，从而限制了对营养水平和其他控制因素的鉴别能力。来自大范围的页岩（泥灰岩）—石灰岩韵律层中成岩石灰岩的研究证据支持该溶蚀模式，但是仍未解决早期文石的来源问题；外来的文石泥是其中一种可能的来源，但是另外一种可能就是原地生长的文石质动物群，尤其是在方解石海阶段。之后的碳酸盐沉积模式如果要建立现实的模型需要补充文石溶蚀作用，但是遗憾的是对周围环境分布和文石溶蚀程度的了解还非常不完善。早期文石流失的另外一个重要结果即改变了碳酸盐沉积物的成岩潜力，大大降低次生孔隙发育潜力，这比其受大气淡水或埋藏过程的影响早得多。

成岩早期文石的有效的同沉积溶蚀作用是一项重要的影响碳酸盐矿物沉积的过程，它发生在溶跃面（海洋中碳酸盐溶解程度迅速增加的深度）之上，甚至水深非常浅的环境中。已经有越来越多的事实证明了该理论。记录到这些影响作用的地区包括现代热带台地（Walter和Burton，1990；Ku等，1999），一系列古代热带浅水台地到缓坡中—外带环境中（Cherns和Wright，2000；Sanders，2001；Wright等，2003），以及现代（James等，2005）和古代（Kyser等，1998；Nelson和James，2000；Knoerich和Mutti，2006）冷水系统内。文石流失发生在深水环境中，但与沉积物的欠饱和作用有关，而不是与水柱有关，第四纪沉积物中记载了该现象（Brachert和Dullo，2000；Schwarz和Rendle-Buhring，2005）。Melim等（2002）讨论了相对浅埋海洋流体对溶蚀作用和模拟大气淡水成岩作用的重要性。

本文的目的是对前人总结的观点（Wright和Cherns，2004）进行扩充和更新，并从碳酸盐岩沉积学各方面出发，探索早期文石溶蚀作用效应的应用，同时注重对认识碳酸盐堆积的更好方法的需求。如果说过于强调某些问题是我们的责任，其原因是对志留系和侏罗系沉积序列内化石埋藏窗的认识（Cherns和Wright，2000；Wright等，2003），以及一些未发表的案例导致对海相骨架无脊椎动物化石记录的完整性产生质疑，包括在底层范围内；这些群落形成化石的潜力直接控制了石灰岩的形成。所以说有一个狡猾的窃贼在选择性地改变着沉积记录，其改变方式才刚刚被发现；其应用意义很广泛，且要求对碳酸盐岩沉积学的很多基本原理进行重新认识。在对碳酸盐岩体系进行重建时需要适应其一定程度的不确定性，并理解由于破坏性过程几乎没有留下直接证据而可能存在的一些重要局限性。

一、早期文石溶蚀作用

即使在非常浅埋期，同沉积埋藏可能在只有几厘米时就有效，在浅水热带海洋的溶跃面之上，且没有欠饱和大气淡水的加入，文石就可以溶蚀。碳酸盐沉积群落对Walter和Burton（1990）和Ku等

（1999）所建议的应用反应较慢，他们提出一些现代台地内部每年生产的碳酸盐大约有50%通过溶蚀作用流失掉了。James等（2005）估算澳大利亚南部大陆架上生产的碳酸盐40%～90%从没有进入地质记录，因为它们在早期文石溶蚀期间流失掉了。他们的结论来源于该地区全新世大陆架碳酸盐沉积物与新生界石灰岩的对比（James等，2005）。埋藏学细节分析结果（Cherns和Wright，2000；Sanders，2001，2003；Wright等，2003），也支持早期文石流失的案例。通过时间平均组合与原始文石质软体动物硅化生命组合的对比分析，Cherns和Wright（2000）估算到，瑞典哥得兰岛志留纪底栖动物群中的文石质软体动物组分在早期溶蚀作用中至少衰减了100倍。这些过程一定会改变化石记录，Bush和Bambach（2004）的近期研究即论证了这一点，他们估算埋藏过程导致古生代海相动物群多样性减少约29%，该过程受原始矿物成分控制。

假如以上的文石流失估算具有更广泛的代表性，据预测这对碳酸盐岩沉积体系具有重要影响作用，并影响沉积物堆积速率、剖面形态、沉积物出入平衡、成岩潜力和孔隙演化。

Sanders（2003）对引起早期文石溶蚀作用的各过程进行了很好的总结。与含氧沉积物中文石有关的形成欠饱和状态的主要过程包括了含氧环境中有机质氧化作用和有机质厌氧分解作用（H_2S的氧化）的副产品的氧化作用。在厌氧带，硫酸盐还原作用和厌氧甲烷氧化作用也利于文石溶蚀作用的进行。影响溶蚀作用特征的因素包括文石颗粒的组成成分（尤其是其有机组分）、沉积物颗粒粒径、有机质组分、氧气、铁质和黏土类、潜穴动物扰动程度以及沉积速率（影响到颗粒在埋藏作用活跃区域的停留时间）。周围海水中文石的饱和状态是另外一个变量，但是早期、浅水中文石溶蚀作用不仅限于方解石海，其很大程度上取决于沉积纵向剖面上最浅范围内的过程（Sanders，2003）。

由于受多种因素影响，文石溶蚀作用在空间上变化很大。低能环境中的有机质聚集尤其利于文石溶蚀作用，因为有机质为微生物氧化作用及相关过程提供驱动力。筛滤过的碳酸盐砂屑貌似更稳定，因此文石的保存受深度和能量影响有不同梯度。例如在威尔士南部下侏罗统沉积序列中，Wright等（2003）注意到缓坡内部颗粒灰岩含有丰富的开放的和堵塞的铸模孔，它们形成于原始文石质软体动物中，而同时代的泥质中缓坡—外缓坡相内之前的软体动物中的文石几乎全部在非常早期的浅埋过程中流失了。Sanders和Krainer（2005）对此给出了详细的分析，介绍了二叠系台地内部环境中与相带变化有关的早期文石溶蚀作用。

原始文石质化石在浅水区的差异保存受另外一种埋藏效应的影响：泥晶套。在很多石灰岩中原始文石质的颗粒几乎都不可避免地形成了泥晶套；这些泥晶套能保存下来证明它们当时不是文石质的。泥晶套在非常浅水环境下的生物碎屑中非常常见，其保存介壳的外形；这可能是原始文石质颗粒更易在浅水碳酸盐岩中发现的另一个原因。Betzler等（1997）强调了泥晶套缺失可以作为解释冷水碳酸盐岩中原始文石质介壳证据丢失的一个理由。

那么文石溶蚀后释放的碳酸盐去了哪里呢？研究结果表明（Munnecke和Samtleben，1996；Munnecke等，1997；Munnecke和Westphal，2004），页岩（泥灰岩）—石灰岩韵律层中常见的成岩层理是文石重新分配的结果。Melim等（2003）说明了上新生界碳酸盐岩中海水中的成岩作用也能使文石质颗粒中的碳酸盐重新分配到低镁方解石胶结物中；而Knoerich和Mutti（2006）说明地中海中部渐新世—中新世杂原子碳酸盐也有这种现象。还有什么其他效应等待去发现呢，可能甚至有些早期海水中的白云石也与文石溶蚀作用释放出的碳酸盐离子有关（Hendry等，2000）。

高镁方解石并没有流失（Munnecke和Westphal，2005），其相对溶解度取决于镁含量（Burton和Walter，1987）。例如在澳大利亚南部新生界冷水碳酸盐岩中，高镁方解石在海水孔隙流体中稳定后变成低镁方解石（Kyser等，1998；James等，2005）。

二、古环境及古生态分析

微相分析是古代碳酸盐岩研究中沉积环境解释的主要工具，主要是基于环境指标的鉴别（Flugel，2004）。随着各种埋藏过程的进行，沉积物组分的选择性变化也会加深，而很多（甚至大多数？）微相应该被看作是“微埋藏相”（Brachert等，1996；Dullo，1990；Perry，2000；Wright和Burgess，2005）。然而，早期文石溶蚀作用的影响却很少被考虑到。简而言之，薄片中缺失一种原始成分为文石的颗粒类型，例如对深度敏感的绒枝藻类是受环境或埋藏作用影响。在石灰岩中寻找文石质组分存在过的微细证据是有必要的（Sanders，2003；Sanders和Krainer，2005）。如果只看到众多微相组分的表面价值是轻率的，需要比过去更详细地审查微相的特征。

养分的可用性是对碳酸盐岩体系的一个重要影响（Mutti和Bernoulli，2003；Pomar等，2004；Wilson和Vecsei，2005；Wood，1993）。Lukasik等（2000）以及Lukasik和James（2005）统计文献中记载的渐新世—中新世澳大利亚Murray盆地一个连续营养统内的动物学和沉积学特征，是将碳酸盐产率与营养来源联系起来的一个重要实例。研究证明对营养来源的影响进行评价可能是一种重要的解释手段，有利于对古代碳酸盐岩的认识；而对于文石溶蚀作用可以如此显著地影响动物组成时所使用的分类方案是否仍然可靠，例如营养结构和多样性的分类方案，仍需进一步进行研究（Cherns和Wright，2000；Wright等，2003）。在使用该类分类方案时，一定要考虑到在营养学结构和多样性中总结出来的趋势和变化是否真的是营养方面的变化引起的，还是埋藏学的效应。例如，Lukasik和James（2003）注意到含潜底动物的富营养相到含底上动物的贫营养相的转变。这种从以潜底动物为主到以底上动物为主的转变是一种常见的文石溶蚀作用引起的埋藏学效应（Cherns和Wright，2000；Wright等，2003），表明学者们在应用动物群落分类方案时需要注意某些动物群（或植物群）可能在同沉积期被选择性地溶蚀流失了。

三、碳酸盐质泥岩的来源

和现在一样，过去的碳酸盐泥的成因也是多样的。在聚集此类泥质的环境中可能存在几种物源（图1），但有一种是主要的。很多较深水缓坡环境具有特征性的页岩（泥灰岩）—石灰岩韵律层。Munnecke及其同事的大量研究结果（Munnecke和Samtleben，1996；Munnecke等，1997；Munnecke和

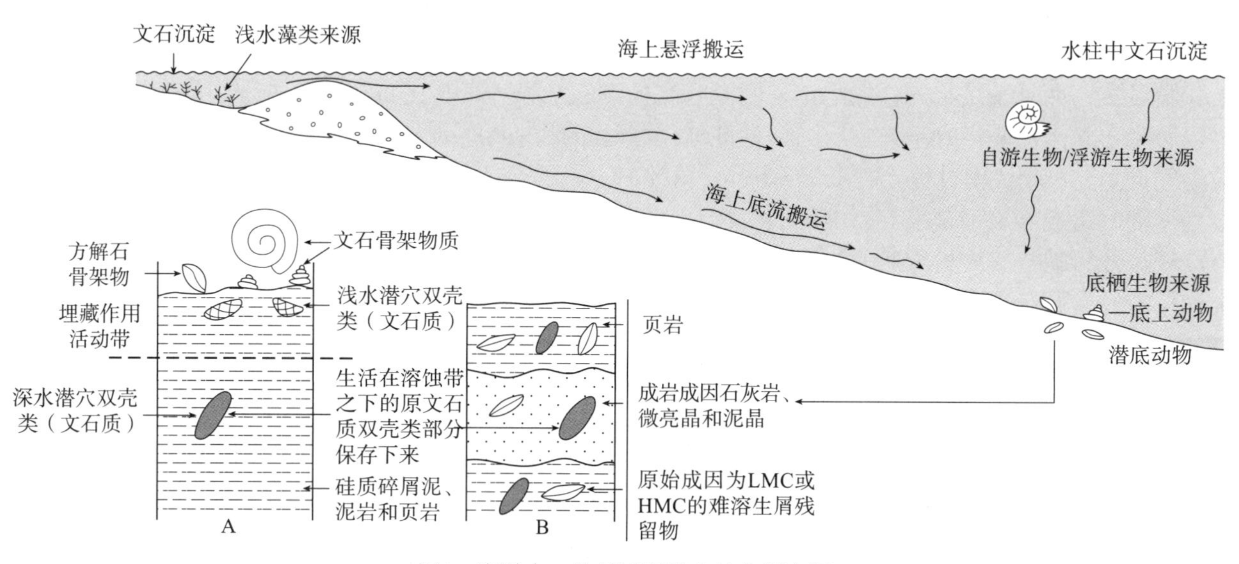

图1　海洋中—外缓坡环境中的文石来源

在方解石海时期（显生宙大部分时期），文石的非生物沉淀来源（也可能有绿藻来源）的贡献率降低，而底栖和自游动物形成的骨架文石是一个可能的重要来源，但之前对其重要性认识不足。A—文石质底栖动物（底上动物和潜底动物）由腹足类和浅水潜穴双壳类组成，能够提供大量碳酸盐。在多种海洋环境中，如威尔士南部的下侏罗统（Wright等，2003），其证据为页岩（泥灰岩）—石灰岩韵律层。B—方解石质动物群代表原始生物群落中的难溶残留部分。在此类序列中，文石质深水潜穴双壳类一般只有铸模被保存下来，表明沉积物中文石溶蚀在比这些双瓣类聚居的深度稍浅，它们的铸模能够保存下来是因为其生活的深度在生物扰动作用破坏铸模的主要深度之下，这些铸模形成于浅水潜穴生物和底上软体动物溶蚀之后

Westphal，2004）证明此类层系中多数石灰岩的成因是文石溶蚀作用，并沉淀结晶为结核状或层状泥晶方解石或微亮晶方解石。这说明，不是所有的较深水碳酸盐泥的原始组分均为文石且在后期成岩作用过程中被复原，而是在地层记录的成岩序列中存在大量证据显示了这些过程的重要性。假如真的如Munnecke及其同事所述（Munnecke和Westphal，2005），古代页岩（泥灰岩）—石灰岩韵律层中此类泥级碳酸盐颗粒，包括微亮晶颗粒，在一个封闭性的成岩系统内简单地组成替代最初文石泥沉积的物质，那么也没有必要进一步思考关于碳酸盐沉积和沉积物出入平衡的概念性理解了。仍然承认此类原始文石泥多数来自浅海台地，仅有少量来源于水柱中沉淀。然而，其他学者们也承认，在方解石海时期不可能有这种情况，因为据现在所能了解的知识说明方解石海时期水柱中根本不能结晶出文石，尽管文石海时期文石的析出沉淀是非常普遍的过程（Dix等，2005）。

现今很多台地内部的文石泥可能主要是来自文石质生物的大量死亡（Gischler和Zingeler，2002；Yates和Robbins，1998），而对于方解石海时期沉淀的页岩（泥灰岩）—石灰岩韵律互层组合中的石灰岩更可能来源于浅海藻类。但是，也有其他一些复杂情况。首先，在方解石海中，此类藻的贡献可能会比文石海时期产量降低（Ries，2005，2006；Stanley和Hardie，1998，1999）。其次，多数古代沉积序列中，钙质绿藻的遗迹并不常见；例如英国南部侏罗纪方解石海时期页岩（泥灰岩）—石灰岩韵律层在海相沉积中广泛分布，但是钙质绿藻在浅水相中明显稀少（Elliott，1982）。Dodd和Nelson（1998）对古生界沉积序列中缺乏钙质绿藻进行了评论，基于此推测晚新生代以及更早时代的绿藻在文石生产中的重要性是不可靠的。当然，在微相分析中，钙质绿藻也是非常重要的深度指标之一且易于溶蚀，需要思考它们是否在过去不太常见，或钙化较弱，或未能保存。

在页岩（泥灰岩）—石灰岩韵律层中另一个潜在的成岩碳酸盐来源是底栖软体动物文石（也可能是其他文石质底栖动物，例如某些苔藓虫类；James等，2005）。Wheeley等（2008）计算出双壳类文石可以为成岩层理的形成提供非常充足的碳酸盐来源，这起码是远洋碳酸盐输入来源的重要分支。在某些页岩（泥灰岩）—石灰岩韵律层中，成岩碳酸盐呈薄层的性质可能证明它们不是底栖来源（Munnecke和Westphal，2005）。除了底栖生物之外，骨架文石还有其他来源。很多自游软体动物也是文石质的，而且在过去，鹦鹉螺和菊石类头足动物也能作为文石来源，例如翼足目和掘足纲。在很多产出菊石的中—外缓坡沉积序列中，许多文石类化石惊人的稀少，不仅是底栖动物，例如潜底的双壳类和腹足类，而且头足类同样如此，它们没有交代过的介壳，表明文石在埋藏过程中被溶蚀的时间较早。埋藏学对于沉积学家来说，与同位素地球化学分析或时间序列分析同样重要，而且早期溶蚀作用被明确认为是一个关键过程已有多年（Jeans，1980）。

一种确定成岩层理是来自原地底栖生物产物还是来自异生文石（泥或文石质自游生物等）的检验方法就是分析缺少一种骨架底栖生物的沉积序列，例如指示缺氧底水环境的黑色页岩沉积；如果在此类沉积中成岩石灰岩较少，那么这就支持了文石质底栖生物作为碳酸盐一个重要来源的结论。

四、产率与模拟

某些环境中的一些碳酸盐在早期即溶蚀流走，以至于其对保留下来的沉积物完全没有贡献，那么研究它们是否真的重要？这是不是仅仅是古生物学家或古生态学家们的纯学术问题？研究这个问题很重要，原因很多，其中之一是现今碳酸盐岩沉积体系的正演模拟十分热门，在很多模型中用到的碳酸盐产率参数是基于非常短时间段内的测量，而不是净沉积速率。如果早期溶蚀作用的影响像人们说的那么重要，那么模拟过程应该将其考虑在内，否则模型会缺少一个关键组成部分。遗憾的是迄今关于溶蚀作用速率及其空间分布的定量化实际上一无所知。

台地演化正演模型中一个很重要的要素是深度—生产力剖面。Pomar（2001a）重点描述了不同深度—生产力剖面的重要性以及它们对台地几何形态的影响。经典的以热带光养生物为主的剖面在浅水区具有很高的生产力，而在深度降低到透光带以下后，生产力迅速下降（Bosscher和Schlager，1993），但该结论并非适用于所有古代碳酸盐岩沉积体系（Aurell等，1998；Brandano和Corda，2002；Pomar，

2001b；Wright和Faulkner，1990）。多数模型中包含一个随着深度增加产率下降的函数关系。浅水区非常高的生产力是强烈加积生长作用的一个原因，这会导致陡峭台地边缘的形成。如果要产生缓坡型剖面，可能需要浅水—海洋地区具有与较陡一侧程度不同的生产力和（或）足够的沉积物从浅水运移到海洋中；这样会形成一个不那么偏向浅水型的深度—生产力剖面（Aurell等，1998；Read，1998；Wright和Faulkner，1990）。在生产力主要受光养作用控制的地区，因为光照程度的降低，生产力随着深度增加而下降是很容易理解的，但是这是否同样适用于以异养为主的系统中呢？在某些环境，例如中—外缓坡中，生产力的下降是否反映了文石溶蚀作用导致的堆积速率降低？这并不是说文石溶蚀作用仅限于海洋环境中，而是因为在尝试模拟较深水环境的沉积动力过程中，可能忽视了一个关键的过程（图2）。是否较深水的微光带和无光带或许受钙质形态控制的事实（图2）直接反映了埋藏变化倾向？

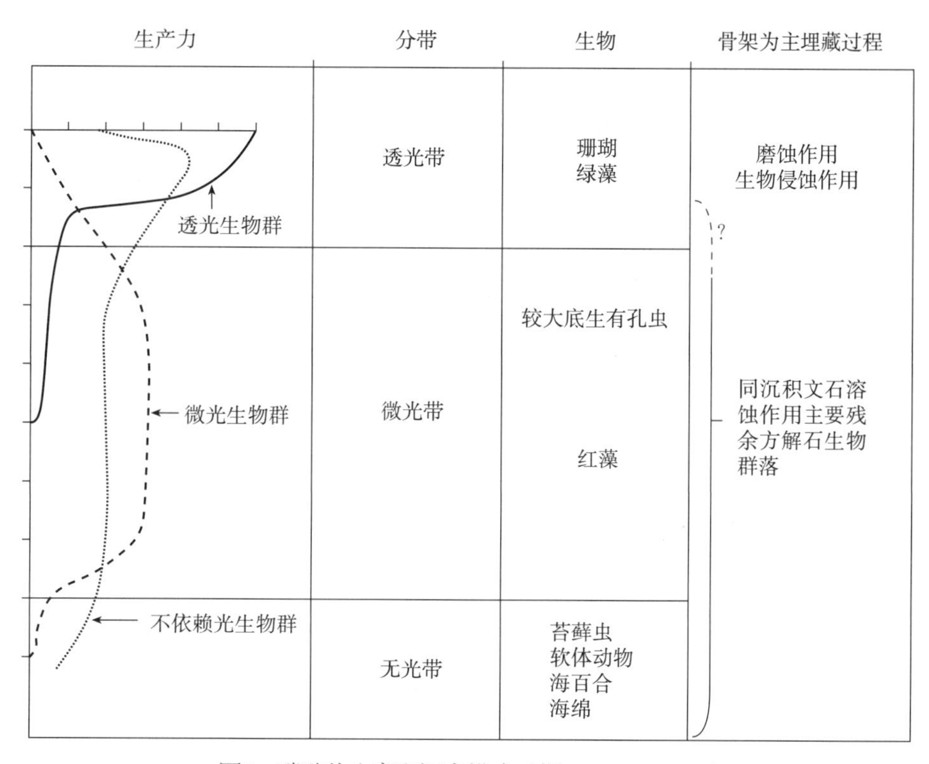

图2 碳酸盐生产和深度模式（据Pomar，2001a）

生产方解石的生物在深水低能地区占明显优势可能反映了早期文石溶蚀作用，James等（2005）的数据支持该论点

可以调制模型用来模拟剖面序列的几何形态和相组分（Aurell等，1998）。假如这些模型中不能模拟文石组分在浅水或较深水环境中受早期溶蚀作用流失，那么这种模型是存在缺陷的。Sanders（2004）首次尝试测试同沉积溶蚀作用在台地生长中的重要性。

现在已累计大量关于页岩（泥灰岩）—石灰岩韵律层成岩机理的实例研究，结果表明现在观察到的碳酸盐质泥岩实际上是成岩形成的泥晶或微亮晶质。在研究沉积过程及出入平衡时，如果沉积的泥质转变成了成岩的泥晶或微亮晶，就不会存在疑问。但是，如果原始泥质本身是骨架的文石，那么就不能将海洋泥岩体积作为任意来源异地泥级沉积物的指标了。沉积形成的含有文石质底栖生物的泥粒灰岩或粒泥灰岩可以形成具有泥晶或微亮晶的成岩泥岩。这样的泥岩是成岩作用形成的，而不是原始沉积的，其中含有原始方解石质骨架生物群落的难溶残留物，而文石质组分已被重新组合成为成岩的基质。骨架文石（尤其是软体动物类）在浅埋藏期大量流失，其证据越来越多。地层记录中广泛分布的泥级碳酸盐主要来源于文石的早期溶蚀和方解石泥晶与微亮晶的沉淀作用。

或许可以相对简化地模拟这些系统：如果其成岩系统是封闭的，成岩碳酸盐的体积就可以明确指示原地和异地碳酸盐来源的输入总量。针对页岩（泥灰岩）—石灰岩韵律层序的情况，Munnecke及其同事们（Munnecke等，2001；Munnecke和Westphal，2004，2005）提出一个封闭的成岩系统，尽管他们也承认这样过度简化了（Munnecke和Westphal，2005）。地化研究结果（Ku等，1999）使人们相信沉积剖面上部含氧生物扰动发育段是文石溶蚀作用最为发育的位置，该位置孔隙水循环作用显著（Sanders，2003）。封闭的系统几乎是不可能的，因此碳酸盐肯定会被溶蚀进水体中。计算此体系中的物质平衡是项难题，而如果不能解决该问题，也不可能实现碳酸盐岩沉积体系的准确正演。

正确认识和定量分析文石溶蚀量不仅在低能中—外缓坡环境中是一难题。Ku等（1999）表明至今这些过程也会影响极浅水台地内部环境，而Sanders和Krainer（2005）也提出二叠系这一实例。跨越碳酸盐岩台地顶部的剖面沉积速率变化很大（Schlager，2003；Demicco和Hardie，2002；Yang等，2004）。此类沉积体系大体上代表了相的组合（Wright和Burgess，2005），其中每个栖息地组分都有其各自的复杂沉积物出入平衡机制，但目前人们对其了解甚少（Sanders，2003）。可以将碳酸盐沉积物与土壤进行对比（Wright和Cherns，2004；图3），其来源包括原地和异地输入，流失途径包括碳酸盐输出、侵蚀作用、生物侵蚀作用、文石溶蚀作用、同沉积期矿物变化和移位等。并非每种沉积物中都经历上述所有过程，但是或许需要用更有效的方法观察碳酸盐沉积物；需要不再简单地根据能量等级和颗粒类型解释沉积物组分，而是致力于建立一个或多个沉积物产生、改造并最终埋藏到一定深度，之后很少发生结构和成分变化的过程和过程域。石灰岩或者白云岩中可识别出一个共生层序，经对比具有科学的精确性，可能识别出埋藏后10个事件以及碳酸盐可能经历的温度、深度和流体体系，常见简要解释中的碳酸盐沉积位置包括台地内部、滩或点礁。既然可以轻松地根据微相解释沉积环境，为什么识别新生代两大主要台内环境（海草草原和红树林海岸）中的石灰岩却如此困难呢（Beavington-Penney等，2006；Wright和Azeredo，2006）？此处需要说明，溶蚀作用可能是将文石排出浅海台内环境的一种主要过程，其对碳酸盐堆积的影响程度不同，空间分布复杂。即使针对浅水台内沉积环境模拟所进行的较新研究（Burgess和Wright，2003）也不能将单个沉积环境中的出入平衡问题考虑在内。

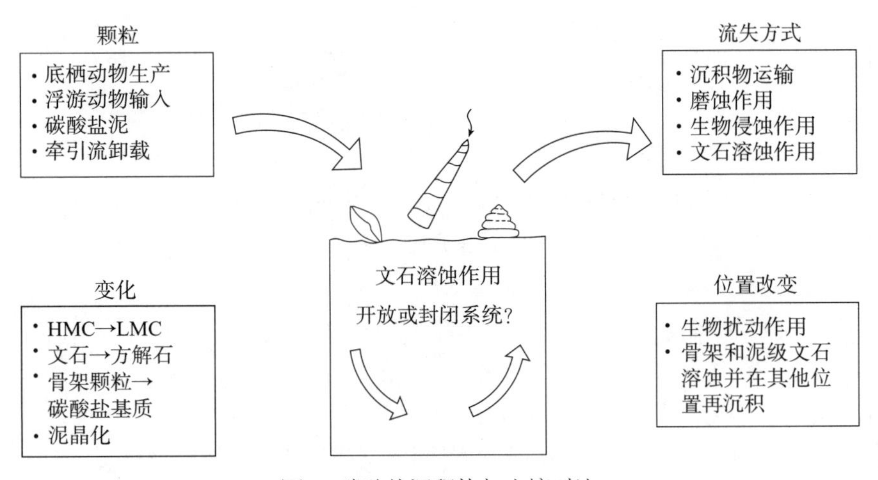

图3　碳酸盐沉积物与土壤对比

土壤特征是四种主要过程组合相互作用的结果，包括：颗粒、流失方式、变化和位置改变；而近地表层位内碳酸盐沉积物同样可以定义为四组过程的结果。仍需解决的问题是文石溶蚀作用在封闭或开放系统内发生的程度。对于封闭系统，主要结果是文石质颗粒（例如双壳类）被转化为基质级别的碳酸盐；对于开放系统，很多溶蚀后的文石，不管什么来源的，可能都从系统内流失了。位置的改变（从一个地方运移到另一地方）是一些土壤中的一项重要过程（例如黏土淋溶作用—淀积作用），但是也是通过文石溶蚀作用、扩散作用和在沉积物中以方解石形式的再沉积作用而实现的

长期碳酸盐堆积速率的估算结果比根据短期估计结果计算得到的值偏低（Schlager，1999）。这些差距反映了尺度问题，而通过研究短期时间段变化可以避免这些问题，例如Strasser和Samankassou（2003）探讨的晚侏罗世—早白垩世和全新世浅水沉积，然而这些作者们计算的全新世堆积速率比前人计算的少4～5倍，尽管Strasser和Samankasou没有考虑文石溶蚀作用可能存在的贡献因素，但它可能也起到了一定的作用。

五、成岩潜力

碳酸盐沉积物的成岩潜力主要受原始组分控制。对于由成岩潜力相对稳定的低镁方解石组成的碳酸盐岩，可能会极少发生成岩变化，直到埋深加大到发生压溶作用；白垩是这样一种石灰岩，其原始成岩潜力降低导致浅埋藏期成岩变化相对极少。次生孔隙发育的潜力也受沉积物组分的强烈影响。白云石化作用与埋藏溶蚀作用可在稳定方解石质甚至在已经白云石化的岩石中形成新的次生孔隙。而文石溶蚀作用在未发生白云石化的石灰岩中是形成次生孔隙的关键过程。在文石颗粒所占比例较高的沉积物中形成铸模孔的可能性更大，而这些铸模孔后期可能会被胶结物充填。对于原始文石含量较少的碳酸盐沉积物，则不能产生由文石溶蚀作用形成的铸模孔。例如，通过对比古生界与更年轻的石灰岩，或对比热带碳酸盐岩与冷水碳酸盐岩（图4A、B；Tucker和Wright，1990）可以明显发现其中关系（James和Bone，1989）。软体动物是最主要的一类文石质动物，以前人们认为它们在早—中古生代生物群落中较不重要（Sepkoski，1984）；通过对该时期石灰岩的粗略观察就可以发现该特征。由于骨架质文石含量的降低，一些学者（Dodd和Nelson，1998）提出新生界冷水碳酸盐岩比现代热带碳酸盐岩更适合作为古生界石灰岩成岩作用研究的类比对象。然而，冷水碳酸盐岩的孔隙发育潜力可能比之前认为的更高（James等，2005）。

如图4A、B所示，传统观点认为古生界热带石灰岩与较新时代的石灰岩不同（据Tucker和Wright，1990，修改）。岩石稳定途径和次生孔隙发育潜力均与现代和中—下古生界碳酸盐岩存在很大不同。溶蚀作用释放出的文石可为大气水或埋藏成岩作用过程中的胶结作用提供物质来源，而且不稳定文石的存在是成岩作用的重要驱动力之一。图4C展示了根据Wright等（2003）推测的威尔士南部下侏罗统碳酸盐岩的稳定化过程。

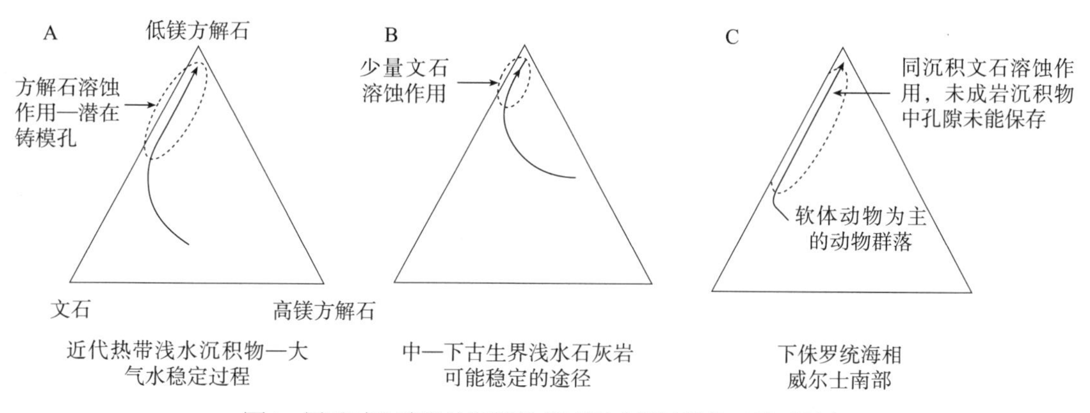

图4 用于对比碳酸盐沉积物的不同成岩过程的三端元图表

A—近代热带浅海沉积物成岩（稳定）过程，文石溶蚀作用能够在沉积物中形成次生孔隙。B—中—下古生界浅水碳酸盐岩过程猜想结果，文石质骨架颗粒相对重要性低而且任一种鲕粒原始成分均为方解石。A和B据Tucker和Wright，1990。C—此处提出的早侏罗世外缓坡沉积物变化趋势基于Wright等（2003）的数据。该序列中原始高镁方解石颗粒稀少，动物群落原始成分以文石质腹足类和潜底双壳类为主，其文石在浅埋期流失，而且铸模孔未能保存

既然极浅埋藏期的文石溶蚀作用过程如此重要，不是应该看到一些证据，包括铸模孔以及页岩（泥灰岩）—石灰岩韵律层中的孔隙吗？答案是在未固结成岩的沉积物中发生了溶蚀作用后仍会受到生物扰动作用以及晚期压实作用的影响。假如沉积物固化时间很早，形成了硬地面构造，那么其铸模孔才能保存下来（James等，2005；Palmer等，1988）。很多硬地面构造的形成与局部的文石溶蚀作用和方解石沉淀作用有关。不过，超大孔隙也有可能会是早期文石溶蚀作用和充填作用的证据（Knoerich和Mutti，2006）。

从文献中可以看出，具有铸模孔的储层似乎在古生代之后的沉积序列中更多见，该结论具有指导意义；同时也要认识到由于白垩系含厚壳蛤类储层和新近纪珊瑚礁的大量存在，其分析结果可能改变该结论。直观上，古生代文石溶蚀后形成铸模孔隙的储层相对稀少，只有古生代晚期的枝叶藻以及含*Paleoaplysina*的储层。该结论支持传统观点，但同时也提出一个问题，因为该实例已经证明文石质软体动物可能含量丰富，即使在志留系浅水环境中（Cherns和Wright，2000）。为什么古生代软体动物形成的铸模孔隙储层好像大量减少呢？其原因可能是这种形式显著减少的缘故。

六、总结

需要总结关于碳酸盐沉积的动态概念，一些浅水和深水环境中的溶跃面或文石补偿深度面（ACD）之上，可能是文石溶蚀流失的主要位置（Wright和Cherns，2004）。在页岩（泥灰岩）—石灰岩韵律层中的成岩石灰岩观察结果也支持该观点，而文石前身的来源问题仍存在争议：是全部来自外来的文石泥，还是至少有一些，或者大多数是来自原地动物骨骼的残留呢？同沉积溶蚀作用可能在很多种环境条件下改变沉积物组分，为此需要使用新的方法来透彻地研究沉积物的埋藏学特征。对碳酸盐岩体系的模拟需要透彻理解溶蚀作用的分布和发育程度，以及该成岩体系的“开放程度”。瘤状结核和成岩层理可以作为早期胶结作用发生的指示特征，那么还有什么其他特征也可以归因于碳酸盐大量释放到溶液中的过程呢？文石溶蚀作用不仅在很多沉积物中改变了颗粒数量和颗粒大小，还能降低这些沉积物中成岩作用和次生孔隙发育的潜力。

致谢

这篇评论是基于Wright和Cherns（2004）的文章编写的，原文发表在为纪念已故的尊敬的Fransesc Calvet而编著的专辑中。感谢James Wheeley在文石溶蚀作用和埋藏学方面进行的启发性的交流讨论。感谢各审稿人提出的建设性评论，包括Tina Hughes、Peir Pufahl和一个匿名审稿人；感谢编辑邀请我们发表这些观点。谨以本文献给卡迪夫地质生物学协会。

参考文献

Aurell, M., Badenas, B., Bosence, D.W.J., and Waltham, D.A., 1998, Carbonate production and offshore transport on a Late Jurassic carbonate ramp (Kimmeridgian, Iberian Basin, NE Spain): evidence from outcrops and computer modelling, *in* Wright, V.P., and Burchette, T.P., eds., Carbonate Ramps: Geological Society of London, Special Publication 149, p. 237−161.

Beavington−Penney, S.J., Wright, V.P., and Racey, A., 2006, The Middle Eocene Seeb Formation of Oman: an investigation of acyclicity, stratigraphic completeness, and accumulation rates in shallow marine carbonate settings: Journal of Sedimentary Research, v. 76, p. 1137−1161.

Betzler, C., Brachert, T.C., and Nebelsick, J., 1997, The warm−temperate carbonate province. A review of facies, zonations and delimitations: Courier Forschungsinstitut Senckenberg, v. 201, p. 83−99.

Bosscher, H., and Schlager, W., 1993, Accumulation rates of carbonate platforms: Journal of Geology, v. 101, p. 345−355.

Brachert, T.C., Betzler, C., Braga, J.C., and Martin, J.M., 1996, Record of climatic change in neritic carbonates: turnover in biogenic associations and depositional modes (Late Miocene, southern Spain): Geologishe Rundschau, v. 85, p. 327−337.

Brachert, T.C., and Dullo, W−C., 2000, Shallow burial diagenesis of skeletal carbonates: selective loss of aragonite shell material

(Miocene to Recent, Queensland Plateau and Queensland trough, NE Australia)—implications for shallow cool−water carbonates: Sedimentary Geology, v. 136, p. 169−187.

Brandano, M., and Corda, L., 2002, Nutrients, sea level and tectonics: constraints for the facies architecture of a Miocene carbonate ramp in central Italy: Terra Nova, v. 14, p. 257−262.

Burgess, P.M., and Wright, V.P., 2003, Numerical forward modelling of carbonate platform dynamics: an evaluation of complexity and completeness in carbonate strata: Journal of Sedimentary Research, v. 73, p. 637−652.

Burton, E.A., and Walter, L.M., 1987, Relative precipitation rates of aragonite and Mg calcite from sea water: temperature or carbonate ion control?: Geology, v. 15, p. 111−114.

Bush, A.M., and Bambach, R.K., 2004, Did alpha diversity increase during the Phanerozoic? Lifting the veils of taphonomic, latitudinal and environmental biases: Journal of Geology, v. 112, p. 625−642.

Cherns, L., and Wright, V.P., 2000, Missing molluscs as evidence of largescale, early aragonite dissolution in a Silurian sea: Geology, v. 28, p. 791−794.

Demicco, R.V., and Hardie, L.A., 2002, The "carbonate factory" revisited: a reexamination of sediment production functions used to model deposition on carbonate platforms: Journal of Sedimentary research, v. 72, p. 849−857.

Dix, G.R., James, N.P., Kyser, T.K., Bone, Y., and Collins, L., 2005, Genesis and dispersal of carbonate mud relative to late Quaternary sea−level change along a distally steepened carbonate ramp (Northwestern Shelf, Western Australia): Journal of Sedimentary Research, v. 75, p. 665−678.

Dodd, J.R., and Nelson, C.S., 1998, Diagenetic comparisons between nontropical Cenozoic limestones of New Zealand and tropical Mississippian limestones from Indiana, USA: is the non−tropical model better than the tropical model?: Sedimentary Geology, v. 121, p. 1−21.

Dullo, W.−C., 1990, Facies, fossil record and age of Pleistocene reefs from the Red Sea (Saudi Arabia): Facies, v. 22, p. 1−46.

Elliott, G.F., 1982, Calcareous algae and Middle Jurassic facies of southern England: Geological Magazine, v. 119, p. 309−313.

Flügel, E., 2004, Microfacies of Carbonate Rocks; Analysis, Interpretation and Application: Berlin, Springer, 976 p.

Gischler, E., and Zingeler, D., 2002, The origin of carbonate mud in isolated carbonate platforms of Belize, Central America: International Journal of Earth Sciences, v. 91, p. 1054−1070.

Hendry, J.P., Wilkinson, M., Fallick, A.E., and Trewin, N.H., 2000, Disseminated 'jigsaw piece' dolomite in Upper Jurassic shelf sandstones, Central North Sea: an example of cement growth during bioturbation: Sedimentology, v. 47, p. 631−644.

James, N.P., and Bone, Y., 1989, Petrogenesis of Cenozoic, temperate water calcarenites, South Australia: a model for meteoric/shallow water calcite sediments: Journal of Sedimentary Petrology, v. 59, p. 191−203.

James, N.P., Bone, Y., and Kyser, T.K., 2005, Where has all the aragonite gone? Mineralogy of Holocene neritic cool−water carbonates, southern Australia: Journal of Sedimentary Research, v. 75, p. 454−463.

Jeans, C.V., 1980, Early submarine lithification in the Red Chalk and Lower Cahlk of eastern England: a bacterial control model and its implications: Yorkshire Geological Society, Proceedings, v. 43, p. 81−157.

Knoerich, A.C., and Mutti, M., 2006, Missing aragonitic biota and the diagenetic evolution of heterozoan carbonates: a case study from the Oligo−Miocene of the central Mediterranean: Journal of Sedimentary Research, v. 76, p. 871−888.

Ku, T.C.W., Walter, L.M., Coleman, M.L., Blake, R.I, and Martini, A.M., 1999, Coupling between sulphur cycling and syndepositional carbonate dissolution: evidence from oxygen and sulphur isotope composition of pore water sulphate, South Florida Platform, USA: Geochimica et Cosmochimica Acta, v. 63, p. 2529−2546.

Kyser, K.T., James, N.P., and Bone, Y., 1998, Alteration of Cenozoic coolwater carbonates to low−Mg calcite in marine waters, Gambier Embayment, South Australia: Journal of Sedimentary Research, v. 68, p. 947−955.

Lukasik, J.J., and James, N.P., 2003, Deepening−upwards subtidal cycles, Murray Basin, South Australia: Journal of Sedimentary Research, v. 73, p. 653−671.

Lukasik, J.J., and James, N.P, 2005, Carbonate sedimentation, climate change and stratigraphic completeness on a Miocene cool−water eperic ramp, Murray Basin, South Australia, *in* Pedley, H.M., and Carannante, G., eds., Cool−Water Carbonates: Depositional Systems and Palaeoenvironmental Controls: Geological Society of London, Special Publication 255, p. 217−244.

Lukasik, J.J., James, N.P., McGowran, B., and Bone, Y., 2000, An epeiric ramp: low energy, cool−water carbonate facies in a Tertiary inland sea, Murray Basin, South Australia: Sedimentology, v. 47, p. 851−881.

Melim, L.A., Westphal, H., Swart, P.K., Eberli, G., and Munnecke, A., 2002, Questioning carbonate diagenetic paradigms: evidence from the Neogene of the Bahamas: Marine Geology, v. 185, p. 2753.

Munnecke, A., and Samtleben, C., 1996, The formation of micritic limestones and the development of limestone–marl alternations in the Silurian of Gotland, Sweden: Facies, v. 34, p. 159–176.

Munnecke, A., and Westphal, H., 2004, Shallow–water aragonite recorded in bundles of limestone–marl alternations—the Upper Jurassic of SW Germany: Sedimentary Geology, v. 164, p. 191–202.

Munnecke, A., and Westphal, H., 2005, Variations in primary aragonite, calcite, and clay in fine–grained calcareous rhythmites of Cambrian to Jurassic age—an environmental archive?: Facies, v. 51, p. 592–607.

Munnecke, A., Westphal, H., Elrick, M., and Reijmer, J.J.G., 2001, The mineralogical composition of precursor sediments of calcareous rhythmites: a new approach: International Journal of Earth Sciences, v. 90, p. 795–812.

Munnecke, A., Westphal, H., Reijmer, J.J.G., and Samtleben, C., 1997, Microspar development during early marine burial diagenesis: a comparison of Pliocene carbonates from the Bahamas with Silurian limestones from Gotland (Sweden): Sedimentology, v. 44, p. 977–990.

Muttl, M., and Bernoulli, D., 2003, Early marine lithification and hardground development on a Miocene ramp (Mailella, Italy): key surfaces to track changes in trophic resources in nontropical carbonate settings: Journal of Sedimentary research, v. 73, p. 296–308.

Nelson, C.S., and James, N.P., 2000, Marine cements in mid–Tertiary coolwater shelf limestones of New Zealand and southern Australia: Sedimentology, v. 47, p. 609–629.

Palmer, T.J., Hudson, J.D., and Wilson, M.A., 1988, Palaeoecological evidence for early aragonite dissolution in ancient calcite seas: Nature, v. 335, p. 809–810.

Perry, C.T., 2000, Factors controlling sediment preservation on a north Jamaican fringing reef: a process–based approach to microfacies analysis: Journal Sedimentary Research, v. 70, p. 633–648.

Pomar, L., 2001a, Types of carbonate platforms: a genetic approach: Basin Research, v. 13, p. 313–324.

Pomar, L., 2001b, Ecological control on sediment accommodation: evolution from a carbonate ramp to rimmed shelf, Upper Miocene, Balearic Islands: Palaeogeography, Palaeoclimatology, Palaeoecology, v. 175, p. 249–272.

Pomar, L., Brandano, M., and Westphal, H., 2004, Environmental factors influencing skeletal grain sediment associations: a critical review of Miocene examples from the western Mediterranean: Sedimentology, v. 51, p. 627–651.

Read, J.F., 1998, Phanerozoic carbonate ramps from greenhouse, transitional and ice–house worlds: clues from field and modelling studies, *in* Wright, V.P., and Burchette, T.P., eds., Carbonate Ramps: Geological Society of London, Special Publication 149, p. 107–135.

Ries, J.B., 2005, Aragonite production in calcite seas: effects of seawater Mg/Ca ratio on the calcification and growth of the calcareous alga *Penicillus capitatus*: Paleobiology, v. 31, p. 445–438.

Ries, J.B., 2006, Aragonitic algae in calcite seas: effect of seawater Mg/Ca on algal sediment production: Journal of Sedimentary Research, v. 76, p. 515–523.

Sanders, D., 2001, Burrow–mediated carbonate dissolution in rudist biostromes (Aurisina, Italy): implications for taphonomy in tropical, shallow subtidal carbonate environments: Palaeogeography, Palaeoclimatology, Palaeoecology, v. 168, p. 41–76.

Sanders, D., 2003, Syndepositional dissolution of calcium carbonate in neritic carbonate environments: geological recognition, processes, potential significance: Journal of African Earth Sciences, v. 36, p. 99–134.

Sanders, D., 2004, Potential significance of syndepositional carbonate dissolution for platform banktop aggradation and sediment texture: a graphic modelling approach: Austrian Journal of Earth Sciences, v. 95/96, p. 71–79.

Sanders, D., and Krainer, K., 2005, Taphonomy of Early Permian benthic assemblages (Carnic Alps, Austria): carbonate dissolution versus biogenic carbonate precipitation: Facies, v. 51, p. 522–540.

Schlager, W., 1999, Scaling of sedimentation rates and drowning of reefs and carbonate platforms: Geology, v. 27, p. 183–186.

Schlager, W., 2003, Benthic carbonate factories of the Phanerozoic: International Journal of Earth Sciences, v. 92, p. 445–464.

Schwarz, J., and Rendle–Buhring, R., 2005, Controls on modern carbonate preservation in the southern Florida Straits: Sedimentary Geology, v. 175, p. 153–167.

Sepkoski, J.J., Jr., 1984, A kinetic model of Phanerozoic taxonomic diversity. III. Post–Paleozoic families and mass extinctions: Paleobiology, v. 10, p. 246–267.

Stanley, S.M., and Hardie, L.A., 1998, Secular oscillations in the carbonate mineralogy of reef–building and sediment–producing organisms driven by tectonically forced shifts in seawater chemistry: Palaeogeography, Palaeoclimatology, Palaeoecology, v. 144, p. 3–19.

Stanley, S.M., and Hardie, L.A., 1999, Hypercalcification: paleontology links plate tectonics and geochemistry to sedimentology: GSA Today, v. 9, no. 2, p. 2–7.

Strasser, A., and Samankassou, E., 2003, Carbonate sedimentation rates today and in the past: Holocene of Florida Bay, Bahamas vs. Upper Jurassic and Lower Cretaceous of the Jura Mountains (Switzerland and France): Geologica Croatica, v. 56, p. 1–18.

Tucker, M.E., and Wright, V.P., 1990, Carbonate Sedimentology: Oxford, U.K., Blackwell, 491 p.

Walter, L.M., and Burton, E.A., 1990, Dissolution of platform carbonate sediments in marine pore fluids: American Journal of Science, v. 290, p. 601–643.

Wheeley, J.R., Cherns, L., and Wright, V.P., 2005, Missing molluscs: prolific providers of carbonate cement? (abstract): Palaeontological Association, Annual Conference, Oxford, U.K., 2005; Palaeontological Association Newsletter, v. 60, p. 59.

Wheeley, J.R., Cherns, L., and Wright, V.P., 2008, Provenance of microcrystalline carbonate cement in limestone–marl alternations (LMA): aragonite mud, or molluscs: Geological Society of London, Journal, v. 164, p, 395–403.

Wilson, M.E.J., and Vecsei, A., 2005, The apparent paradox of abundant foramol facies in low latitudes: their environmental significance and effect on platform development: Earth–Science Reviews, v. 69, p. 133–168.

Wood, R., 1993, Nutrients, predation and the history of reef building: Palaios, v. 8, p. 26–543.

Wright, V.P., and Azeredo, A.C., 2006, How relevant is the role of macrophyte vegetation in controlling peritidal carbonate facies? Clues from the Upper Jurassic of Portugal: Sedimentary Geology, v. 186, p. 147–156.

Wright, V.P., and Burgess, P.M., 2005, The carbonate factory continuum, facies mosaics and microfacies: an appraisal of some of the key concepts underpinning carbonate sedimentology: Facies, v. 51, p. 17–23.

Wright, V.P., and Cherns, L., 2004, Are there "black holes" in carbonate deposystems? Fransesc Calvet Memorial Volume: Geologica Acta, v. 2, p. 285–290.

Wright, V.P., Cherns, L., and Hodges, P., 2003, Missing molluscs: field testing taphonomic loss in the Mesozoic through early large–scale aragonite dissolution: Geology, v. 31, p. 211–214.

Wright, V.P., and Faulkner, T.J., 1990, Sediment dynamics of early Carboniferous ramps: a proposal: Geological Journal, v. 25, p. 139–144.

Yang, W., Mazzullo, S.J., and Teal, C.S., 2004, Sediments, facies tracts, and variations in sedimentation rates of Holocene platform carbonate sediments and associated deposits, northern Belize—implications for "representative" sedimentation rates: Journal of Sedimentary Research, v. 74, p. 498–512.

Yates, K.K., and Robbins, L.L., 1998, Production of carbonate sediments by a unicellular green alga: American Mineralogist, v. 83, p. 1503–1509

碳酸盐岩台地演化的构造控制

构造、沉积对同裂谷期碳酸盐岩台地沉积的控制作用

Steven L. Dorobek

（得克萨斯A & M大学地质与地球物理系）

摘要： 不同规模的构造变形都会影响裂谷活动期碳酸盐岩台地的发育位置、规模、形态和内部地层结构。裂谷体系中典型的构造—地貌单元以正断层和斜向滑动断层为边界。这些以断层为界的构造单元为浅水碳酸盐岩台地的形成提供了基础。因此，大地构造长期活动、构造单元表面改造过程与在其周围或顶部形成的碳酸盐沉积的相互作用，决定了同裂谷期碳酸盐台地的地层特征。

孤立碳酸盐岩台地是活动裂谷中最典型的类型，它们发育在以断层为界的同裂谷期高地上。陡峭的断崖和倾斜—平顶的沉积面控制了浅水碳酸盐可能沉积的位置。断层生长、空间分布和连接（相互作用方式）的规律，对于理解同裂谷期碳酸盐岩台地内部地层样式是很重要的。下盘高点通常是碳酸盐岩台地发育的位置，尽管古风向、碎屑物供给也会影响沉积相展布、台地形态和地层演化。台地生长阶段，活动断层位移以及与之相关的基底顶面变形，控制了台地边缘的位置和沉积相展布。同裂谷期孤立台地中楔形生长地层样式是半地堑构造单元的典型特征，在露头和地下都有很好的实例。以断层为边界的大型地垒下盘挠曲抬升，在同裂谷期地垒高点上建造的孤立台地地层中也有记录。同裂谷期热沉降可能会影响碳酸盐沉积在整个裂谷系中的分布，以及每个台地的生长速度。

在裂谷盆地体系中，同裂谷期碳酸盐岩台地可以形成重要的油气储层。此外，它们还提供了了解裂谷系构造演化和沉积史的关键记录。

伸展应力拉伸岩石圈，导致脆性上地壳发生张性断裂，下地壳发生脆性断裂或塑性流动，并且塑性地幔岩石圈变薄，在这些地区形成裂谷。岩石圈在拉伸过程中的力学特征受几个因素控制，包括：构造应力的强度、方向和动力学演化，前裂谷期—裂谷期地壳和岩石圈的厚度、岩石圈的热状态，岩石圈在三维空间的变化，以及岩石圈中先存薄弱带的位置和方向。纵向上岩石圈的变形并非一致，伸展作用必定改变了岩石圈的厚度，这也与裂谷的定义吻合（Burke，1977；Olsen和Morgan，1995）。因此，近地表的轻微拉张作用（并不涉及整个岩石圈）形成的局部正断层和小型地堑（例如一些小型薄皮拉分盆地）通常并不被看作是裂谷，即使浅层地壳拉张区变形与岩石圈尺度的裂谷系所产生的地层序列类似。岩石圈尺度的拉张作用和薄皮拉张作用的差异非常重要，因为两种类型的沉降机制不同，不管是区域上（例如盆地级）还是局部的（例如单个断裂周围）。许多前期研究已经关注了活动裂谷期的沉积和地层模式，虽然大多数是针对碎屑岩沉积体系的（Leeder和Gawthorpe，1987；Frostick和Reid，1989；Gawthorpe等，1997；Bosence，1998；Gawthorpe和Leeder，2000；Gupta和Cowie，2000；Contreras和Scholz，2001）。盆地演化的裂谷阶段同样可以形成碳酸盐岩台地沉积，它们记录了裂谷带中的差异沉降（抬升）。本文回顾了同裂谷期碳酸盐岩台地研究，并尝试综合断层活动及与之相关的地表变形、碳酸盐岩台地对同裂谷期变形的响应等新认识，以期了解这类台地的地层和沉积模式。本文关注了所有尺度的同裂谷期构造形变，虽然重点仍是局部断裂控制的差异沉降与抬升，它们对发育在以断裂为边界的断块之上的同裂谷期碳酸盐岩台地有强烈的控制作用。碳酸盐岩台地演化的区域性构造控制因素（应变分区、同裂谷期区域性沉降和伸展梯度）以及同裂谷期碳酸盐岩台地和碎屑岩沉积体系的相互作用在文中均有涉及。

首先回顾一下拉张盆地的构造模式。关注的重点是不同伸展模式下形成的构造沉降的空间和时间

尺度，以便研究裂谷期伸展背景下构造可容空间的变化。通过分析单个断层活动，来认识局部断层活动控制的差异性沉降（抬升）如何影响可容空间变化。关注的重点也转变为碳酸盐岩台地及其对构造活动的响应。伸展盐构造之上发育的台地不在本文讨论之列，因为这类构造并未涉及基底断裂系统。也就是说，当盖层中的盐层滑动形成张性构造时，其下部地壳并未发生拉张。但这类台地会呈现与大陆裂谷背景下同裂谷期台地相似的生长地层模式，所以本文所阐述的模型也部分适用于这类台地的地层解释。

一、伸展背景：构造特征及含义

对活动裂谷带张性应变如何分区以及不同波长变形的影响等问题的理解，提供了认识这种背景下碳酸盐岩沉积体系发育位置及演化的视角。在活动裂谷系中，构造变形强烈地影响着浅水碳酸盐岩沉积体系。这里没有考虑陆内裂谷的一些影响因素（例如简单剪切与纯剪切拉张模式的差异作用、浅层脆性形变与深层塑性形变的差异作用），因为它们在盆地演化的后裂谷阶段更重要，而在同裂谷期反而没有明显的影响。无论如何，对经历了长期或多期裂谷活动的裂谷系而言，可能在同裂谷期产生长波长热沉降，这会影响浅水碳酸盐岩台地体系发育的位置。

可以根据岩石圈拉张量将拉张盆地分类（图1；Falvey，1974；Kinsman，1975；Salveson，1978；Allen和Allen，1990）。当陆内产生裂谷，但裂谷活动结束前只有有限的岩石圈拉伸（不超过10%）时，形成分布宽广相对较浅的陆内坳陷盆地。坳陷盆地以缓慢长期沉降为特征（每千年不足数厘米）。这些特征反映了：①拉张作用造成的沉降幅度非常小；②在早期废弃大陆裂谷之下新的热异常出现，当热异常消失时导致热沉降的复活；③板内应力造成废弃陆内裂谷的再次活动；④极小规模的拉伸就可能导致岩石圈地幔部分的相变。在多数陆内坳陷盆地中，几乎观察不到基底断裂的位移，岩石圈变形表现为以这类典型半圆形盆地中部为中心的广阔的长波长沉降或坳陷。

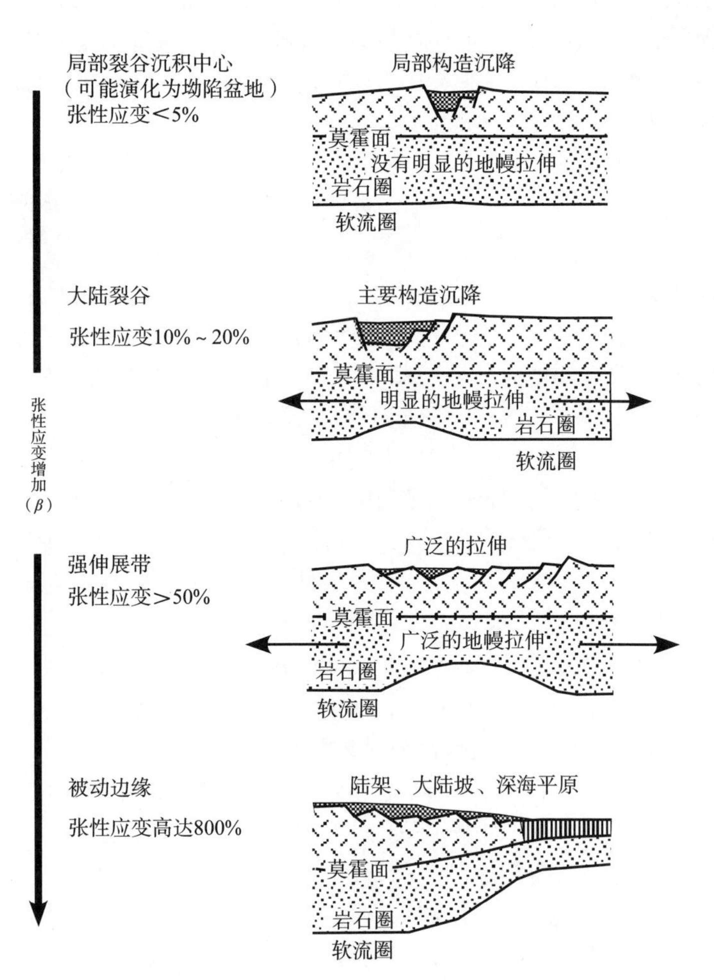

图1 大陆岩石圈内的裂谷系（据Olsen和Morgan，1995，修改）

张性应变从上至下增强，没有详细展示岩石圈内张性应变的三维分布

陆内裂谷盆地反映了大陆岩石圈更大规模的拉伸（10%～80%拉伸量）。陆内裂谷盆地位于大陆板块内部，或是被动大陆（会聚大陆）边缘内侧（Sengör，1995）。陆内裂谷盆地的构造演化通常与沿大陆边缘的构造事件有关，尽管两个地区变形的相互因果联系尚不清楚。被动大陆边缘常常向陆内方向过渡为被基底高地分隔的多个裂谷沉积中心。这些陆内裂谷沉积中心之下的断裂系统与被动边缘楔下伏的断裂呈高角度接触，并控制了陆内裂谷盆地中碳酸盐岩的沉积趋势（一直到后裂谷阶段）。

如果大陆岩石圈的拉伸量不到其原始厚度的20%，典型的扩张脊在新洋壳形成的位置发育。于是，扩张轴两侧的大陆边缘演化为逐渐漂离洋中脊的对称的被动大陆边缘。海底扩张的开始通常标志着被动大陆边缘发育的裂谷—漂移过渡阶段（Falvey，1974；Klitgord等，1988；Withjack等，1998），这是因为一旦海底扩张开始，大陆岩石圈的拉张就终止了，新生拉张主要沿新的洋中扩张轴调节。大陆解体后对称的大陆边缘开始进入到漂移或后裂谷演化阶段，扩张脊两侧的被动大陆边缘通常经历小得多的构造变形，除了广泛的长波长热沉降。

后裂谷阶段标志着裂谷沉积中心演化的一个重要时期。尽管多数断裂变得稳定，但是位于活动洋中脊系统外围的断层依然活跃，并且保留了裂谷期形成的构造地貌，这可能会在后裂谷期很长时间内影响裂谷沉积中心内碳酸盐岩台地的演化。

大陆岩石圈内裂谷在拉伸过程中表现出不同的地貌形态。可以是：①一个明确的中央轴，它是拉伸应力最强的部位；②广泛分散的应力，没有明显轴向的裂谷系；③一系列被基底高地分隔的裂谷轴，在整个拉张区应变呈现复杂的分区。大陆裂谷可能包含一个自板块边缘沿不同方向延伸的相连接的裂谷系，它们将板块分隔。此外，裂谷带还可能远离板块边缘，孤立于板块内部。裂谷到板块边缘的距离和它们之间的地形，决定了拉伸带是否以及何时被海水淹没。形成于板块内部的裂谷盆地在其作为沉积中心的地质历史时期，保持了陆相沉积环境。

裂谷系伸展阶段形成的多样化地形特征是以下因素的综合反映：①裂谷作用前地貌；②拉张过程中，剥蚀和沉积的相互作用持续地改变地表形态；③每个裂谷系的应变三维分布都是独特的。

前裂谷期地貌可能是一个准平面，例如横穿红海和亚丁湾地区渐新世—中新世前裂谷期的地貌（Bosworth和McClay，2001）。那里前裂谷期地形高差很小，区域的地形变化几乎完全是由裂谷作用造成的。但是当造山带经历了伸展塌陷，前裂谷期地貌就变得非常复杂（Molnar和LyonCaen，1988）。这种情况下，裂谷作用发生前已经存在显著的地形变化，拉张构造又叠加在前期地貌之上。地表的地质过程也可能使地形复杂化（例如沿半地堑上盘倾向坡的河流下切）或是通过沉积作用填平补齐早期的地形。同裂谷期碳酸盐岩沉积体系是对侵蚀作用、沉积作用和构造变形导致的先前地貌的响应。

三维张性应变可以分布在单个裂谷轴（例如苏伊士湾和红海裂谷系）或是更复杂的分区，后一类裂谷系以抬升的基底断块条带与台地（以断裂为边界）和沉积中心相间为特征（例如南中国海古近—新近纪裂谷盆地、加拿大东北部大西洋被动大陆边缘之下的中生代裂谷盆地）。在复杂裂谷体系中不同断块之间拉伸方向和拉伸量也有不同。

一些裂谷系以相对狭窄（50～150km）的突变过渡带（拉伸和未拉伸岩石圈之间）为特征。构造链（也称为上倾限制的同裂谷断裂）向陆地方向发现有未变形的岩石圈，而向裂谷中心岩石圈拉伸量逐渐增大。在更广阔的区域也可以有拉伸作用，在一些裂谷系和被动陆缘之下，是宽度超过500km的大陆岩石圈伸展带。

陆内裂谷演化过程中，预测何时开始在同裂谷期地貌上形成浅水环境是困难的。例如苏伊士湾和红海裂谷系，中新世碳酸盐岩体系形成于前裂谷期前寒武系基底之上。这主要是因为中东和非洲东北部前裂谷期地形平缓的原因。而在南中国海，中新世碳酸盐岩体系在裂谷演化的不同时期发育，主要取决于局部裂谷活动时间、前裂谷期区域地貌、在复杂裂谷网络中的位置以及与主要陆缘碎屑注入点的距离（Dorobek，1995）。南中国海众多沉积中心内，在碳酸盐岩台地规模形成以前就已经有同裂谷期地层发育。因此在一些南中国海实例中，同裂谷期碳酸盐岩台地不整合发育在断裂分隔的早期同裂谷期海相地层之上。

这些复杂性突出了裂谷的独特性。大尺度的构造模型通常用于大陆裂谷和被动大陆边缘（McKenzie，1978；Wernicke，1985；Lister等，1986），但不足以充分解释裂谷区的实际地形和水深。认识到浅海碳酸盐岩台地相可以在裂谷演化的任何时期提供区域（局部）的基准面标志是重要的（Omar和Steckler，1995）。

（一）伸展梯度和转换带

平面图上，横贯裂谷系或年轻被动大陆边缘的基底断块具有以下几个特征（图2）：①朝裂谷轴或陆—洋边界方向表现为狭窄、陡峭的阶梯状构造（沉积剖面）；②区域上具有宽缓的沉积坡度；③具有许多复杂的被抬升的陆壳断块（以断裂为界）分隔的局部沉积中心。拉张背景下狭窄、陡峭和阶梯状的构造地貌，可能发育在拉张方向与裂谷构造单元走向高角度斜交的地区，或是应变率最大的地区。在拉伸方向与裂谷构造走向几乎垂直或是应变率较小的地区，则形成宽阔的裂谷带，它们具有构造和等深梯度平缓的特点。在随着时间推移拉张方向发生变化的地区，或是早期基底断块强烈地影响裂谷构造发育的地区，则具有更为复杂的构造地貌特征。

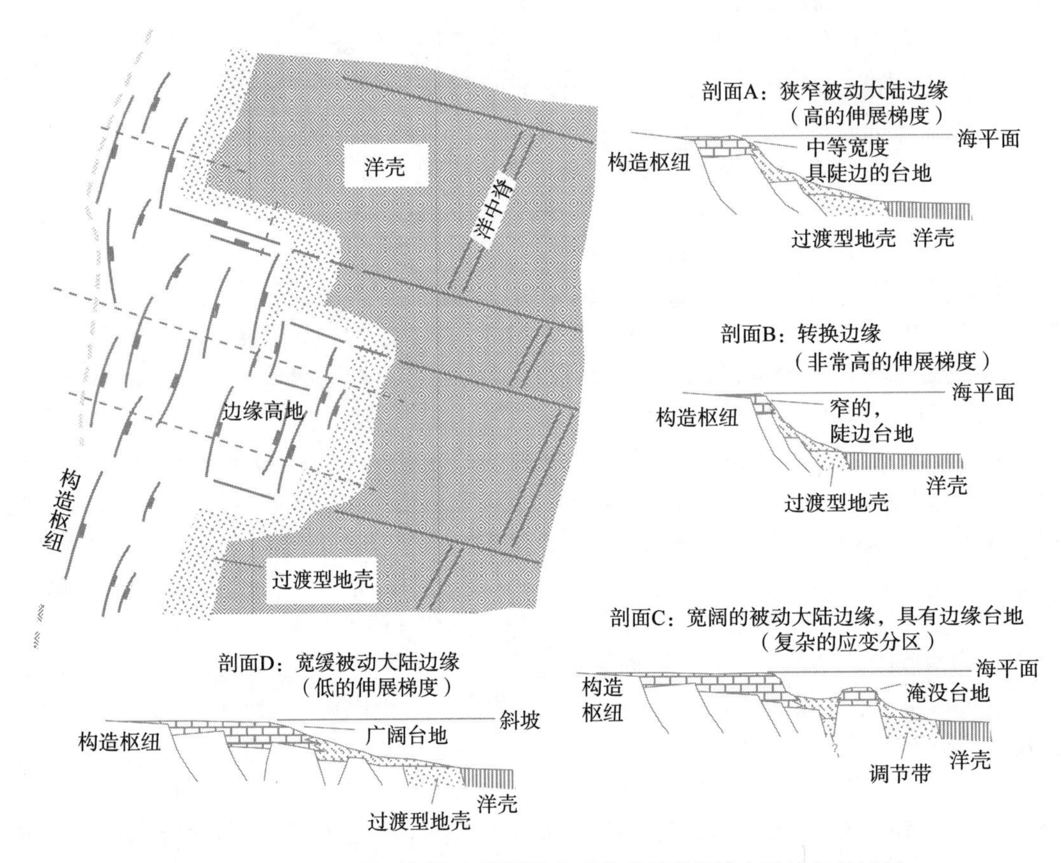

图2　被动大陆边缘构造样式和伸展梯度及其对碳酸盐岩台地演化的控制

注意梯度（见文中讨论）和张性应变分区如何影响同裂谷期基底地貌、长期沉降率与沉降模式和长期沉积梯度，所有这些又影响了被动大陆边缘沿不同段发育的碳酸盐岩台地的位置和生长历史。尽管并非所有的陆内裂谷都可以演化到被动大陆边缘阶段，但是任何裂谷系中伸展梯度的空间变化都影响了盆地演化的同裂谷与后裂谷阶段基底高地（以断层为边界）上生长的碳酸盐岩台地的分布和生长历史

伸展梯度描述了大陆岩石圈在水平方向的拉张长度。伸展梯度可以表述为β/km，其中β指裂谷带岩石圈减薄量分数的倒数。例如$\beta=2$表示大陆岩石圈在拉张作用下减薄到其原始厚度的一半（Rihm和Henke，1998）。Rihm和Henke（1998）指出，被动陆缘的宽度（自上倾构造链到陆—洋边界）以及与之相关的伸展梯度，是一个关于被动陆缘区域应力的拉伸方向的函数。在拉伸方向几乎垂直于区域应力的地区，伸展梯度普遍为较小的数量级（0.01～0.02），被动陆缘之下的陆壳拉张规模更大。

具有高伸展梯度的裂谷段和被动陆缘（例如β/km为0.1～0.2）通常沿狭窄的转换段分布。在断裂系统走向近平行于区域（例如盆地级）拉伸方向的部位形成转换段，所以，转换段以走滑和扭张风格的变形为主。转换段的实例有红海的埃及和苏丹段、非洲南部厄加勒斯大陆架和阿根廷南部海域福克兰群岛（阿根廷称为马尔维纳斯群岛，译者注）的共轭转换边缘（Rabinowitz和LaBreque，1979；Ben-Avraham等，1997）以及法属圭亚那（德梅拉拉高原地区）和非洲几内亚近海的共轭被动陆缘

（Gouyet等，1994；Rosendahl和Groschel，2000）。转换段的碳酸盐岩台地具有陡峭的侧边。

伸展梯度影响拉张盆地同裂谷阶段和后裂谷阶段的沉降模式和地表形态。伸展梯度非常高的地区（例如沿转换边缘段的地区），在同裂谷期和后裂谷期的沉降率向海方向快速增加。如果转换边缘段处于相对的沉积饥饿环境，那么裂谷活动早期形成的陡峭沉积坡度会在边缘演化史中保留很长时间。沉积物供给充分地区，在断块上形成裙状沉积。大尺度重力驱动的断裂，会导致进积沉积楔中低角度层内滑脱多次发育（例如多哥—加纳大西洋被动陆缘）。然而，同裂谷期高的伸展梯度在大陆边缘后裂谷期演化的很长一段时间内，都明显控制了斜坡的倾斜度，即便在沉积物供给充分的地区也是这样。

在伸展梯度高的地区，同裂谷期碳酸盐岩台地可能局限于狭窄的区域；伸展梯度低的地区，裂谷体系中在大量以断裂为界的高地上发育同裂谷期孤立碳酸盐岩台地，这些台地可能在同裂谷阶段后期—后裂谷阶段早期组合成更大规模的复合台地。伸展梯度呈复杂分区的地带，碳酸盐岩台地的分布和规模充满变数。

（二）伸展背景下同裂谷期沉降

伸展背景下沉降差异可以用波长（例如局部断层控制的沉降和长波长盆地尺度模式）和伸展盆地构造演化阶段（例如同裂谷阶段和后裂谷阶段）来描述。本文论述了所有尺度的同裂谷阶段沉降差异。

1. 断层控制的同裂谷期差异沉降

多数同裂谷期地层研究集中于发生在裂谷系独立基底断块或是生长褶皱周围的差异沉降。断层控制的沉降与断层生长以及断层移动造成的层面变形有关。断层移动既可以在地震发生期产生（增量同震位移）也可在静止期产生；可以是半连续的（蠕动断层）也可以是准周期的（同震位移），或是脉冲式的（在地质历史中区域拉张强度逐渐减弱）。最终沿断层的位移量累计会导致断层带两侧差异性沉降（抬升）。构造导致的层面变形剖面可以是阶梯状、弯曲状或缓坡状，或是类地堑（半地堑）。

2. 同裂谷期长波长差异沉降

在裂谷期，微弱的、波长较长模式下的沉降和抬升叠加在断层控制的局部差异沉降之上。虽然已经有了一些相关的研究，但只是调查了裂谷盆地中长波长（＞100km）的同裂谷期沉降模式。

理论模型表明，如果裂谷作用是一个长期的，而非原来McKenzie（1978）纯剪应力模型所认为的瞬时过程，那么长波长热沉降发生，因为岩石圈伸展过程中形成的热异常在裂谷阶段被部分消除（Jarvis和McKenzie，1980；Cochran，1983）。实际情况中，如果裂谷是一个长期过程，在裂谷阶段应该发生一定量的热沉降，而后裂谷期热沉降规模变小。无论如何，构造沉降总量（同裂谷期+后裂谷期）应该是相同的，因为它是岩石圈总伸展量的函数。

（三）伸展背景下地壳结构的演化

正断层是地壳裂谷中主要的构造元素，尽管许多正断层的斜向滑动更为典型。沿着位于主要正断层之间，或是区域上正断层改变走向的位置的调节带，可能形成局部走滑变形或是变短。扭张作用样式可能决定了拉伸方向是朝着区域正断层走向倾斜，还是朝着已有的陆壳薄弱带倾斜（Withjack和Amison，1986）。如果在较长的时间尺度上拉伸方向发生改变，那么老的张性断层会被抛弃，并被新的张性断层横切或是作为调节新伸展走向的转换带。

在许多拉张盆地中，特别是深埋的裂谷盆地中，难以确定变形的时间。活动断层与同裂谷期地层之间的交叉关系限定了变形开始和持续的时间。裂谷作用持续的时间可长可短，可以是连续的或是幕式的，阶段性的拉张事件将构造平静期分隔开（例如古近—新近系东非裂谷，Morley等，1999a，1999b；越南海岸Nam Con Son盆地，Matthews等，1997）。许多盆地的裂谷作用可能持续上千万年，但实际上幕式拉张的时间（断裂系统发生活动位移）要短的多。裂谷盆地变形史中，所有这些空间上和时间上的变化，造成构造和地层分析额外的复杂性。

以断层为界的伸展单元，例如全地堑、半地堑和地垒，是裂谷系统中最基础的构造地貌单元，而又以半地堑最为常见。所有的构造单元在后期被次生同向或反向正断层破坏。在断裂活动期或活动后，以断层为界的断块的差异沉降和表层地貌主要受边界断层位移、地表抬升作用、次生断裂是否切割主要构造单元以及同裂谷期断块顶部是否发生剥蚀或沉积作用所控制。

调节带（也被称为转换带、中转区、转换斜坡或断块边界）将以断层为边界的沉积中心和基底高地分开。调节带常被用来描述位于正断层范围之间的变形带，穿过调节带，主要断层倾向改变极性或倾斜方向（Lambiase和Bosworth，1995）。与此相对，转换带被用来描述相邻正断层（即便断层倾向相同）之间的变形带，在转换带，断层位移或网状拉张从一个断裂系统传递到下一个断裂系统（Larsen，1988；Peacock和Sanderson，1991）。裂谷活动期，调节带和转换带具有中等海拔高度，低于地垒高地和半地堑下盘脊，但是高于相邻的全地堑和半地堑沉积中心。同裂谷阶段，转换带处断层的位移有两种传递方式：①在与相邻正断层硬连接的单个断层或一组断层上斜向滑动，表面变形表现为单一的断崖或是一系列以断层为界的阶梯；②断层间高度分散的剪切，其顶部变形表现为具有渐进表面梯度的斜坡。

1. 同裂谷期断层生长、连接和相互作用，以及相关的地表变形

如果想要理解碳酸盐岩沉积体系对构造变形的响应，那么了解裂谷期断层如何生长以及它们如何与相邻断层相互作用是非常重要的。然而，仅有少数几个活动断层在足够长的地震周期内观察到了能够测量的连续移动。在多数古代裂谷系中，断层生长的记录，只有通过对活动断层和生长地层（或是在断层活动期沿断层周围形成的地层）相互关系的综合分析才能捕捉到。即使有很好的三维地震数据，同裂谷期碳酸盐岩相绝对年龄的精度很少低于1Ma。因此，将米级旋回地层关系归结为海平面波动或同裂谷期变形始终是有问题的，除非生长地层模式在三维空间能够被识别和解释，并且年代地层关系对其有很好的约束。

基于露头的古代活动断层网络研究、区域地震剖面分析、规模化的类比模型和理论思考为理解陆壳裂谷内断裂系统的活动历史作出了重大贡献（Bosworth，1985；Watterson，1986；McClay和Ellis，1987a，1987b；Vendeville等，1987；Ellis和McClay，1988；Walsh和Watterson，1987，1988，1989；Vendeville和Cobbold，1988；McClay，1990a，1990b，1995a；Schlische，1991；Morley，1995；Lambiase和Bosworth，1995；McClay和White，1995；Gupta和Cowie，2000；Ackermann等，2001）。对于单一的孤立正断层，最大位移位于断层中点附近，而在断层末端，位移迅速减小为零（Rippon，1985；Watterson，1986；Barnett等，1987；Walsh和Watterson，1989）。随着断层长度的增加，位移增量和累计位移量都在增加（Walsh和Watterson，1988；Scholz和Cowie，1990；Marrett和Allmendinger，1991）。这些规律似乎适用于孤立的、千米级的或是更小尺度的正断层（Watterson，1986；Barnett等，1987；Walsh和Watterson，1987，1988，1989；Dawers等，1993；Schlische等，1996）。

在同裂谷阶段早期，正断层可能发育为短的、不连接的断块，散布在裂谷带（图3）。断层最初发育的位置和走向受早期的基底结构、伸展方向和大陆岩石圈热机制属性控制。当拉伸作用发生时，小段的断层向各个方向延伸，但是在发生沉积和侵蚀作用的地表，变形具有复杂的表现形式（Schlische和Anders，1996；Contreras等，1997；Gawthorpe等，1997；Ravnås和Bondevik，1997；Gawthorpe和Leeder，2000；Gupta和Cowie，2000；Contreras和Scholz，2001）。

孤立的、向地表延伸的隐伏正断层，导致在未断裂岩石单元或上覆沉积层中形成初始的单斜弯曲（图4；Gawthorpe等，1997）。这些正断层位移持续增大，导致单斜逐步变陡，直到断层最终突破地表，形成暴露的断崖。此后，上盘旋转会造成早期在断层边界沉积的地层倾角变小，甚至发生倒转。沿走向方向，地表变形发生类似的变化。当生长断层的位移量不断累计并最终突破地表时，早期在地表沿隐伏正断层侧端形成的斜坡可能演化为断崖。一旦断层突破地表，断层中点是上盘最大沉降和下盘最大抬升的位置。

在相邻正断层因横向扩展而相互作用的位置，地表变形变得更加复杂。在这些断层的生长史中，

在一些位置上孤立的正断层可能与相邻断层发生硬连接或软连接（Larsen，1988；Davison，1996）。断块向彼此的方向延伸并连接成为一个更长的贯穿断层带，这称为硬连接。与此相对，软连接以相邻断层之间在变形带内广泛分布的张性应变为特征，没有形成贯穿的断层。软连接也可以是断层形成硬连接的前期表现。与软连接相关的地表变形表现为转换斜坡，它们具有轻微倾斜的坡度，在近平行但不连接的同向正断层（断层的末端重叠）之间发育。与硬连接相关的地表变形通常表现为主要伸展断层之间的梯田或阶梯状地貌。

由于早期形成的正断层朝着彼此相对的方向发展，所以平面上看的话，它们之间的转换带会变得越来越窄，而当断层末端接近时，转换带会轻微抬升。一旦断层端部连接在一起，原抬升的转换带就成为新的复合上盘的一部分，并且迅速下陷，因为在断层衔接的位置断距迅速增加。因此，转换带地貌发生戏剧性的变化：从开始断块相距较远时低缓的斜坡，到断裂向彼此方向延展时的活跃抬升，再到断裂发生硬连接时的快速沉降。

断层位移的演化序列以及与之相关的地表变形，还取决于断层间隔、断层倾角和断层末端的重叠量。不同的模式被提出，用来说明连接的半地堑沉积中心中生长地层受这些因素影响（Anders和Schlische，1994；Schlische和Anders，1996）。

断层网络和同裂谷期地层也展示了反映裂谷带张性应力逐渐分区的区域模式。在裂谷阶段早期，最初突破地表的正断层是孤立的、不连接和广泛分布的，并切割地表形成低起伏的断崖（Anders和Schlische，1994；Lambiase和Bosworth，1995；Bosence，1998；Gawthorpe和Leeder，2000）。在裂谷阶段最早期，每个具有足够位移量的断块都可以形成孤立的半地堑盆地，最老的地层单元被限定在每个次级盆地的中央，并且向盆地边缘方向变薄。在持续的拉张作用下，那些沿着走向并与相邻断层对齐的断层开始快速延伸，这是因为早期的孤立正断层生长并与相邻断层连接在一起的缘故（图3）。当断层网络完全发育以后，这些断层会优先承受大部分张应力，与此同时，更多的孤立小断层停止发展。关于同裂谷期碳酸盐岩台地对正断层相互作用导致的地表变形的响应尚无详细的文献记载。在多数裂谷系中，这并不是一个重要的问题，因为碳酸盐岩体系在同裂谷阶段后期才发育，这时多数主要断裂系统已经连接，而且相邻断层间的相互作用已经不再是一个重要的考虑因素了。无论如何，断层末

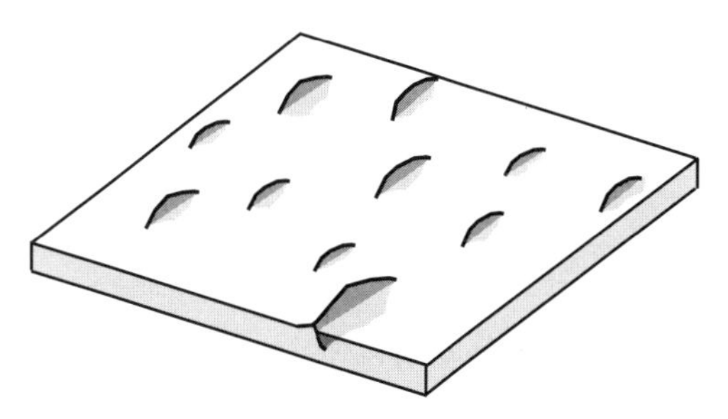

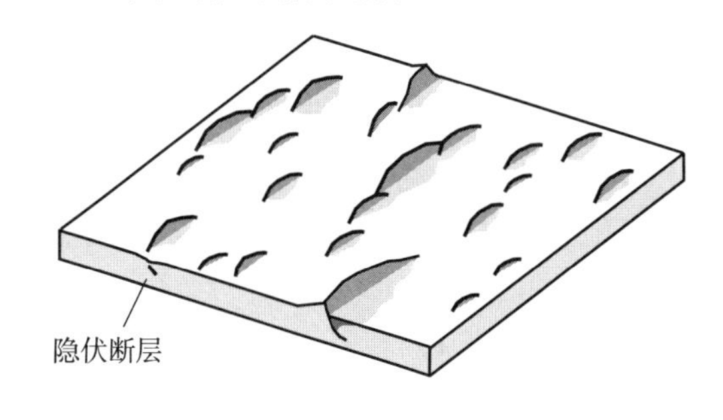

图3　裂谷系中断层的生长与连接（据Cowie等，2000，修改）

裂谷带中断裂逐渐连接及沉积中心演化模型。裂谷阶段早期，孤立不连接的正断层广泛分布。随着持续的拉伸，断裂开始相互连接，并伴随上盘沉积中心的扩大。区域连接的断裂系统在裂谷阶段晚期发育。较小的孤立断层逐渐停止发展，因为伸展作用的调节主要沿着更大的连接的断裂系统进行

端附近以及相邻断层之间重叠部分的地表变形，在同裂谷期碳酸盐岩台地中小尺度地层模式的调研中应始终将其考虑进去。

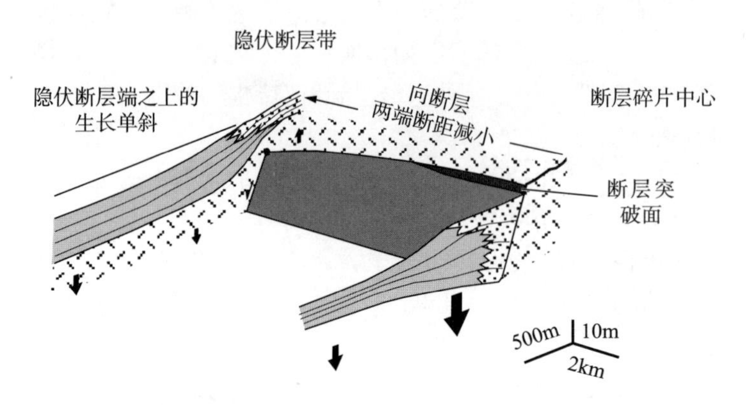

图4　向地表靠近并最终突破地表的隐伏断层生长，及与之相关的地层生长

2. 正断层长期滑动速率和增量

了解裂谷系中断层的位移或滑动速率是重要的，因为断层位移造成地面变形从而改变可容空间，并影响断层带的相分布。对于非地震成因的蠕动断层，地表变形逐步形成，细微的生长地层模式反映了缓慢稳定的变形过程。然而对活动的非地震成因张性断层带的直接观察非常少，也没有关于蠕动非地震成因断层带同裂谷期地层的实例报道。虽然本文没有涉及，但是漂浮在张性盐构造之上的碳酸盐岩台地可能表现为与抗震断层相关的地层模式。

但是对于地震活动断层而言，滑动增量造成地表变形增加，会直接改变断层带周围的可容空间。详细的大地测量表明正断层的同震位移增量从数毫米到超过10m，尽管从滑动前上盘测得其位移最大量通常是数十厘米到几米（Jankhof，1945；Whitten，1957；Richter，1958；Myers和Hamilton，1964；Stein和Barrientos，1985；Leeder，1995；Cowie和Roberts，2001）。如前所述，位移增量最大的点位于正断层的中点附近，向两端逐渐变小。这样对同裂谷期生长地层影响最为强烈的位置位于断层中点附近。

多次滑动事件可以导致显著的断层位移和差异沉降。在活动裂谷区，地震活动周期大约是10～1000年。然而多数用来测量多次滑动的活动正断层，并未进行足够长的地震周期的观察。通过对相关地层（面）的测量，估算了新近纪正断层的平均垂向滑动速率——从数厘米/年到几米/年（Nicol等，1996；Contreras等，1997；McLeod等，2000；Cowie和Roberts，2001；Morewood和Roberts，2002）。

3. 地震周期中孤立正断层周围的地表变形

沿正断层的位移增量也导致断层带周围地表变形，碳酸盐岩沉积体系必定会对这些地表变形有所响应，并最终控制同裂谷期碳酸盐岩台地的地层样式。

观测证据表明，地表变形在同震期和间震期均可发生。正断层的同震滑动伴随着上盘沉降和下盘抬升，下盘抬升量占总断距的5%～20%（Jackson和McKenzie，1983；King等，1988；Stein等，1988；Roberts和Yielding，1994）。更陡的断层倾角似乎产生更大的下盘抬升。理论上，垂直断层的下盘抬升量和上盘沉降量一样。假设同震滑动具有纯粹的弹性响应，那么地表在断层两侧分别以上盘滚动背斜和下盘向斜为特征（图5）。同震变形之后，上盘和下盘都将经历间震变形以消减滑动期间产生的弹性应力场，从而恢复岩石圈平衡。这将导致震间或震后反弹，直到岩石圈局部平衡重新建立。

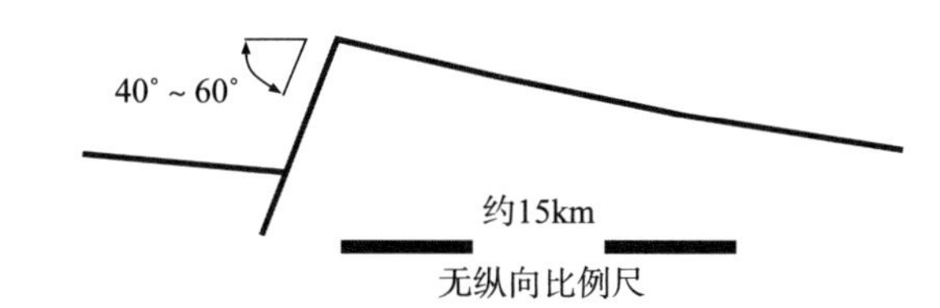

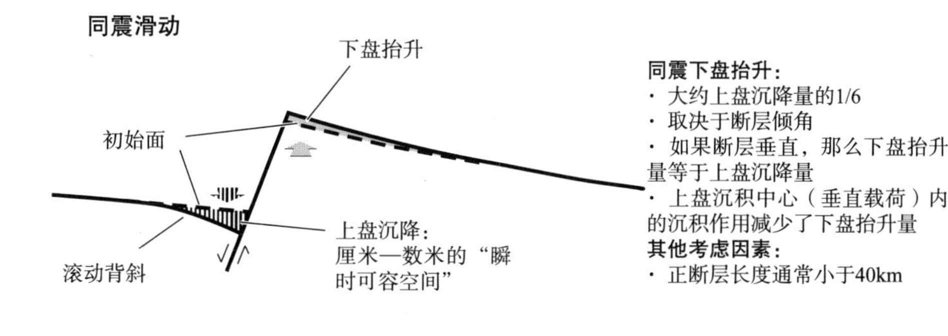

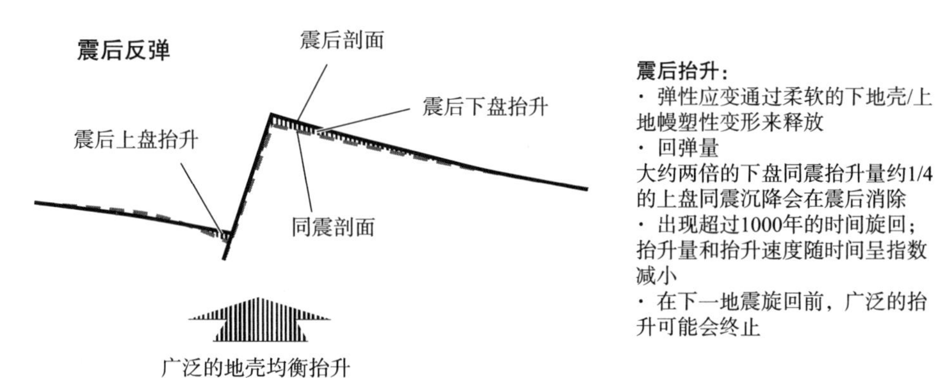

图5 单个地震旋回中孤立正断层周围的地表变形（剖面图）

下盘抬升量大约是上盘位移的15%～20%。长波长（约15km）地表变形表现为上盘滚动背斜和广阔的下盘向斜。在震后阶段后期，由于下盘负荷卸载导致均衡抬升。这种挠曲抬升以断层为中心。值得注意的是，在距离断层15km处的地表变形是如何呈现的，且随着远离断层，地表变形是如何减弱的

已经观测到一些正断层同震滑动后的震间反弹。震间反弹造成以断层线为中心的大范围隆升。震间反弹可能增加或者减少30%～100%同震滑动所产生的下盘抬升或上盘沉降。理论上讲，对活动正断层的大地测量以及典型地震活动周期的认识，表明在同震滑动后的1000年里，震间反弹的发生呈指数倍减少。多数情况下，在下一个地震周期前，静态平衡的恢复已经基本完成（Wallace，1984；King等，1988；Roberts和Yielding，1994）。

与大型孤立正断层同震滑动相关的地表变形二维构造模型可叙述如下：①地震沿正断层发生，同震滑动即刻引起上盘沉降和下盘抬升，同震位移最大的位置位于正断层的中点附近，上盘和下盘长波长（数十千米）褶皱是同震地表变形最好的阐述；②正断层周围的岩石在间震期发生反弹，直接导致下盘抬升量的增加以及上盘沉降量的减小（相对于变形前测量的相对水平基线而言）。下盘向斜的波长和振幅随着时间的推移逐渐增加，尽管测得的反弹所引起的地表梯度变化大约与测得超过数十千米水平距离的结果一致。与此相反，上盘表面变形区域平缓。随着回弹作用，向断面方向的梯度逐渐降低。

上盘和下盘在三维空间的变形更为复杂，这取决于滑动沿断层的分布、同震期相邻断层间的相互作用以及地震中可能的块体破坏。现代活动断层的卫星观测，例如合成孔径雷达干涉观测技

术（InSAR），提供了同震期和间震期地表变形的高分辨率特征，尽管这些观察严格的说是针对现今地面构造的。下一步研究重点应该放在正断层活动史中碳酸盐岩地层模式和相演化的三维表征上。

4. 断块旋转

从走向方向的断面来看，半地堑断块表现出沿水平轴向的旋转，因此沿断块边界正断层产生位移积累（Jackson和McKenzie，1983；Gibbs，1984；Leeder和Gawthorpe，1987）。前裂谷期地层或是不整合面，通常被看作是记录旋转量的古水平标志层。苏伊士湾南部，半地堑断块中的前裂谷期地层从裂谷发生（约25Ma）到Nukhul沉积期末（约21Ma）最多旋转了20°，平均每百万年的旋转量为5°（Winn等，2001）。更多详细的同裂谷期地层分析表明苏伊士湾断块的旋转率随时间变化而改变（Bosworth等，1998）。

苏伊士湾断块旋转量（率）的估算，为地层模型提供了合理的约束，但是对其他同裂谷期碳酸盐岩台地而言，实际的旋转过程取决于断层的微地形（例如倾角、长度、平坦或是弯曲、可能的滑脱层深度）、次生同向或反向断层是否切割上盘以及拉伸率。

（四）伸展背景下区域地貌演化和差异沉降模式的其他控制因素

从裂谷期到后裂谷期的整个伸展过程中，地壳的拉张造成显著的地貌变化。当然也有其他的因素影响地貌演化和差异性沉降。

1. 前裂谷期地貌

尽管在任何伸展背景下都难以指出前裂谷期地貌的特征，但是它可能会显著地影响同裂谷期和后裂谷期的地貌。现代裂谷中，即便是在演化的最初阶段，前裂谷期地貌都可以被同裂谷期隆升、剥蚀和差异沉降明显地改变。古代裂谷中，同裂谷期变形期造成的剥蚀作用、后裂谷期长期的长波长热沉降以及同裂谷与后裂谷期地层埋藏都会使前裂谷期地貌变得模糊。在深埋的裂谷和被动陆缘，对基底岩性和前裂谷期地质史也了解甚少。如果对伸展区的前裂谷期地质史有一定的了解，就有可能推断出前裂谷期的地貌。

在多数克拉通内部，前裂谷期地貌应该是平缓且具有较低平均海拔的，因为裂谷作用之前很长时间的大陆剥蚀在区域上形成准平原的表面。这些准平原在裂谷形成之前或是裂谷形成早期阶段，可能经历广泛的穹状隆升（＞1000km波长）。另一种极端的情况是造山带或大陆高原在造山碰撞中经历了拉伸（Artyushkov，1973；Dewey，1988；England和Houseman，1989）。碰撞造山带具有更高的平均海拔和波长短、起伏高的不规则地貌。在造山带或是大陆高原，裂谷产生的构造地形叠加在不规则的前裂谷期地形之上，产生非常复杂的区域地貌。

前裂谷期地貌特征对碳酸盐岩台地发育来说可能是重要的，因为它影响了海水初次淹没裂谷沉积中心和被断裂围限的基底高点的时间。在裂谷作用的最初期，低海拔（接近海平面）的准平原可能被大范围淹没。这种背景下，局部同裂谷期地貌很大程度上反映了断块旋转、局部下盘和区域上裂谷肩的抬升以及均衡调整，但它们并没有受到前裂谷期地貌的显著影响。局部断层控制的地形也叠加在更广泛的长波长热隆起之上。

初始海泛不可能贯穿位于高海拔造山带的裂谷带，除非岩石圈高度拉张。互相连通的裂谷沉积中心网络能够建立一个水道，通过它沟通裂谷带和邻近大洋盆地。这种情况下，同裂谷期碳酸盐岩台地会记录裂谷演化中不断进积的海泛，并且可能成为记录了造山带消亡中均衡补偿的重要标志层。

2. 裂谷肩隆升

许多现代高应变陆内裂谷的地形剖面具有以下两个特征：①轴向地形受断层强烈控制；②裂谷肩地形起伏显著，远离轴线的方向逐渐变小。同裂谷期轴向基底地形通常是崎岖不平的，但可能被同裂谷期和后裂谷期的剥蚀作用和沉积充填过程夷平。裂谷肩抬升可能是对称的，在裂谷轴两侧具有大致相等的海拔；或是不对称的，一侧高一侧低。这些差异可能反映了前裂谷期的地貌或是岩石圈的伸展活动（Wernicke，1985；Bosence，1998）。

在一些裂谷和年轻的被动大陆边缘，裂谷肩隆升的高度可以超过3km（苏伊士湾，Steckler和Omar，1994；莱茵地堑，Ziegler，1992b，1996；安哥拉—纳米比亚—南非被动陆缘，Brown等，2000），而一些裂谷和被动大陆边缘则鲜有证据表明在其演化的任何阶段裂谷肩有明显的隆升（Ziegler，1990；McHargue等，1992）。在苏伊士湾，裂谷肩地形变化从北部数米到其余部分大约2～3km，形成了向北倾伏的基底面（Schütz，1994）。如果苏伊士湾的裂谷作用已经结束，可以预料剥蚀和后裂谷期热沉降会导致系统北部裂谷肩较其他部分更早被海水淹没。

二、伸展背景下的碳酸盐岩台地

沉积（碎屑岩）学家和地层学家很早就认识到构造变形对拉张盆地沉积作用的影响。Leeder和Gawthorpe（1987）、Frostick和Reid（1989）、Surlyk（1990）、Gawthorpe和Leeder（2000）提出了广义的裂谷盆地构造—沉积模型。这些模型描述了同裂谷期碳酸盐岩沉积的概况。近期对红海、苏伊士湾和亚丁湾中新世同裂谷期碳酸盐岩台地的研究，揭示了台地地层演化的许多细节（Burchette，1988；James等，1988；Bosence，1998；Cross等，1998；Perrin等，1998；Purser等，1998）。但是红海—亚丁湾地区不能代表所有的裂谷盆地。很少有工作涉及拉张盆地转换阶段（同裂谷期—后裂谷期）的碳酸盐岩台地演化，可能很难确定一个碳酸盐岩台地是形成于裂谷活动期，还是形成于同裂谷阶段形成的以断裂为边界的残余高点上。在这两种情况中，仍然是同裂谷期地貌控制了最早的碳酸盐沉积，因此了解裂谷系在裂谷作用阶段的构造演化是非常重要的。

本节以已有的拉张盆地构造—地层模型为基础，提出了涉及伸展背景下碳酸盐岩台地沉积其他方面的模型。其他因素包括迎风面（背风面）对沉积相演化的影响、裂谷地貌对沉积作用和台地形态的影响、调节带侧向相变、不同类型构造高点上碳酸盐岩台地的演化、断层传播与连接对台地地层的影响，以及各种不确定是否与裂谷相关的环境因素，例如营养供给、上升流、古气候和碎屑岩沉积体系与蒸发岩沉积体系的相互作用。

露头实例和成像良好的地震数据被用来约束本文所论述的构造—沉积模型。本文所述的基于构造理论的台地演化模型的概况，尽管有观察证据的支持，但仍需详细研究的验证。本节从对同裂谷期碳酸盐岩台地生长地层研究方法的一般性评论开始，以对同裂谷期碳酸盐岩台地体系构造—沉积模型的描述结束。

（一）构造（海平面波动）对地层演化的控制以及同裂谷期碳酸盐岩台地生长地层关系

构造活动区，断层控制的沉降或长波长差异沉降与海平面波动的相互作用造成可容空间的增加或减少。高频海平面变化（以ka—Ma为周期）对断层位移形成的可容空间的短期变化有显著影响。海平面波动的平均速率为每千年几厘米到10m，与断层位移产生的可容空间变化速率相似。与此相反，长期海平面变化（＞1Ma）与长波长同裂谷期构造沉降会发生更显著的相互作用。这是因为，不管哪种机制引起的可容空间变化，其速率和经历的时间都比同震位移和冰期海平面波动所造成的可容空间变化率和时间更慢、更长。在许多同裂谷期碳酸盐岩台地中，将影响可容空间变化的海平面波动和构造因素分离是困难的，除非有精确的年代控制和三维地层关系模型。然而，同裂谷期碳酸盐岩台地特定的大尺度地层模式只能由断层控制的差异构造沉降来解释。这些地层模式包括：①断层带内台内相地层与非台内地层平行或形成分支；②孤立台地内地层有倾角，并且由于断块沿水平轴的旋转而增加；③台地边缘和斜坡相直接叠置在断裂上或被同裂谷期断裂切割；④与同裂谷期构造沉降（盆地级）有关的区域上超或进积模式（图6）。

上盘迎着风向

风向

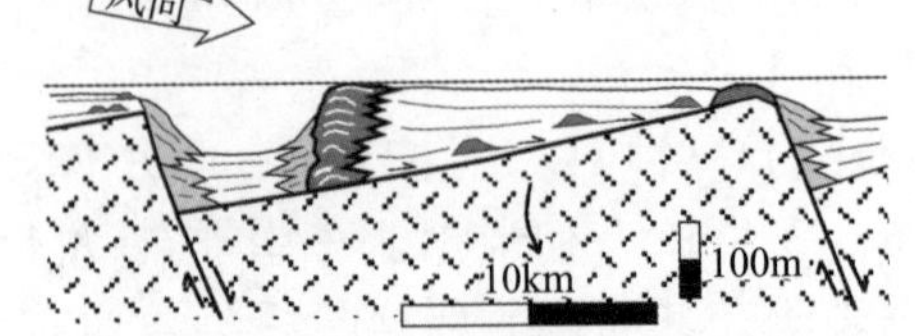

风向

· 不断增大的地层倾角和台内向上盘倾向坡的上超说明断块发生旋转
· 加积的上盘礁说明碳酸盐沉积与增加的可容空间保持一致

· 后退的礁边缘说明可容空间的增加速率>沉积物堆积速率
· 台内相向上盘倾向坡的上超+增加的倾角说明断块发生旋转

下盘高点迎着风向

风向

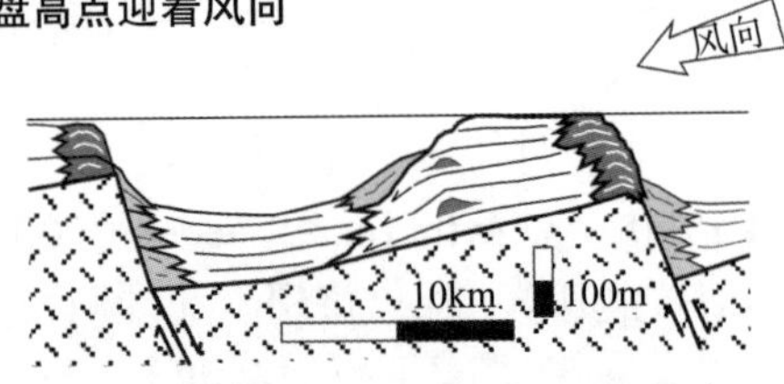

同沉积地层旋转

风向

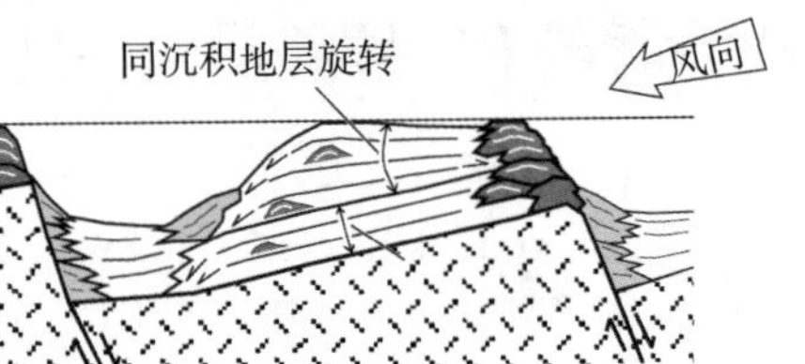

· 上盘倾向坡堆积速率>下盘高点堆积速率，加积生长
· 向下逐渐增加的倾角=同沉积翘倾
· 改造的背风面边缘反映了连续的翘倾、上盘更大的可容空间以及沉积中心的欠补偿环境

· 近平行的台内地层间的间隔，说明仅有轻微旋转
· 旋转地层间的间隔说明了断块同沉积期旋转

地垒模型

背风面边缘，较缓的坡度

台内地层明显呈大范围的“凹陷”，这种特征向上消失

迎风面边缘，较陡的坡度

风向

背风面上盘沉积中心快速充填

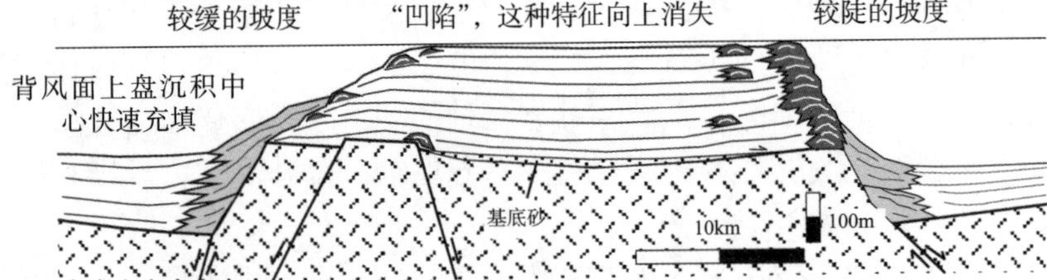

–台内地层明显的“凹陷”结构，记录了生长过程中下盘的逐渐抬升；
–主要的边界断层间隔必须超过30km才能识别下盘抬升；
–正向/反向断层可能会影响基底初始以及生长过程中的地形；
–在主要边界断层的上盘，可形成旋转的斜坡沉积

生长地层模式控制因素

沉积及其他控制因素：
· 堆积速率
· 浪基面 & 透光带深度
· 具有造礁生物?
· 碳酸盐岩沉积前地貌
· 与碎屑岩相/蒸发岩相的相互关系
· 风化过程 & 风化时间
· 风向
· 差异压实，差异胶结

构造控制因素：
· 断层形态
　陡峭的，平的或……
　低角度正断层，铲形
· 断层间隔
· 断层长度
· 与相邻断层的相互作用
· 移动过程
　连续的? 幕式的?
· 次生的同相/反相断层?

图6　典型的同裂谷期孤立半地堑和地堑台地生长地层模式

内部沉积相展布还受每个断块与风相对方向的影响。古风向是同裂谷期孤立台地沉积相展布的主要控制因素。这里所展示的生长地层模式仅代表了少数可能的端元，认识到这一点很重要。事实上，同裂谷期台地的生长地层可以包含这些模型及其他反映每个断块独特的活动历史，以及与其他异旋回（沉积物）控制因素相互作用的模式（气候、硅质碎屑沉积物通量、古风向、局部上升流和生物组成等）。反映盆地级的同裂谷期构造沉降差异的生长地层模式见图7

在局部，希望同裂谷期碳酸盐岩台地生长地层能够反映对活动断层的沉积响应，包括以下几个方面：①间震断层的逐渐移动可能导致沉积相和地层叠置样式在横向上和纵向上的改变，它们至少部分地反映了高频海平面波动的影响，但是整体的生长地层模式（例如向下倾角增加、发散地层和断层削截地层）应该与幕式移动断层形成的相似；②具有多幕次同震位移发育史的断层带形成横向上和纵向上的沉积相突变，以及复杂的地层叠置样式，特别是在位移增量为米级或更高级别的地区；③脉冲式和逐渐减弱的断层移动应该形成类似的突变到渐变的相过渡和地层关系。

（二）拉张盆地中台地形成的时间

裂谷系中，同裂谷期地貌初次被海水淹没的时间对碳酸盐岩台地开始生长至关重要。如果海侵发生在同裂谷期，碳酸盐岩台地内的生长地层将是断层移动、断层生长与连接、断块旋转和内部变形的关键指示符。同裂谷期地貌残余的形态、长期沉降和海平面波动史（大概1～10Ma）决定了裂谷网络中的哪个构造单元被淹没于透光带内。

伸展背景下，碳酸盐岩台地形成的确切时机在空间上和时间上有很大不同。同裂谷阶段的早期到中期，大多数陆内裂谷盆地以陆源沉积体系为特征，包括典型的冲积相、河流三角洲相和湖相沉积（Leeder，1995）。通常在同裂谷阶段晚期—后裂谷阶段早期过渡到海相环境，这时拉伸量已经发展到部分裂谷网络已经充分消退，内部相连的断陷沉积中心与相邻的洋盆相连，海侵开始。初始海侵开始的确切时间和位置取决于：

（1）裂谷是否活动。裂谷活动开始于区域热隆起和广阔的穹隆构造（地形）发育。早期河流的排水网络从热穹隆顶部呈放射状散开，早期裂谷演化为被动陆缘之后，这些排水模式可能会持续一段时间（Cox，1989；Frostick和Reid，1989；Frostick和Steel，1993）。在大多数热隆起之后伴随有拉张作用的裂谷盆地中，同裂谷期地层可能主要为非海相类型，因为这些盆地通常没有被海水淹没，直到同裂谷阶段晚期—后裂谷阶段早期。相比之下，被动裂谷相关的盆地，同裂谷阶段早期以伴随轻微岩浆活动的区域性沉降为特征，在裂谷早期阶段普遍缺乏广泛的穹状隆起。早期的区域沉降有利于海泛更早发生，可能使被动裂谷的碳酸盐沉积早于活动裂谷。

（2）裂谷形成的应力是纯剪切、简单剪切还是混合剪切。如果一个裂谷系形成于纯剪切伸展（McKenzie，1980），那么裂谷系的两侧应该在大致同一时间被海水淹没。如果其形成与简单剪切伸展有关（Wernicke，1985），那么下盘应该首先被淹没。如果伸展作用以更复杂的方式发生，在岩石圈的不同层面具有不同的拉伸量，那么同裂谷阶段和后裂谷阶段早期浅海碳酸盐岩台地的分布可能提供拉伸应力分区的重要信息。

（3）拉伸量（β）。海侵更可能出现在拉张盆地构造历史的早期，如果β值比较高的话，会覆盖更大的范围。在许多演化为被动陆缘的大陆裂谷中，更外侧的沉积中心和以断层为界的高点通常先被淹没。原因很简单，它们位于伸展程度更高的岩石圈上，有更高的β值。这样，最早形成的同裂谷期台地通常位于离海岸最远的位置。然而，前裂谷期地貌局部发生改变（伸展模式、同裂谷期侵蚀作用），影响了局部构造单元初始海泛的确切时间。

（4）前裂谷期地貌。前裂谷期地形较低的广阔地区，可能在盆地演化的同裂谷阶段早期迅速被海水淹没。与此相反，地形较高的地区，可能在同裂谷阶段晚期，甚至是后裂谷阶段都不会被淹没，除非岩石圈伸展量很高。

（5）裂谷与洋盆的靠近程度。如果裂谷系靠近已经存在的洋盆，那么海侵可能更早发生。一些内陆裂谷盆地可能从来不会变成海洋，即使基底低于海平面。相反，如果裂谷系在已经存在的洋盆附近发育，那么即便是少量的拉伸也可能导致海侵。

（6）盆地演化的同裂谷阶段—后裂谷阶段早期海平面波动史。地史中，海平面上升或长期处于高位，伸展盆地更易发生海侵。例如晚奥陶世和晚白垩世海平面高位期形成的裂谷盆地（Sloss，1963，1984；Vail等，1977；Haq等，1987），可能比那些在中奥陶世或晚二叠世主要低水位期形成的裂谷盆地更早被淹没。

（三）同裂谷期碳酸盐岩台地模型

Leeder和Gawthorpe（1987）、Bosence（1998，2005）提出了同裂谷期碳酸盐岩台地的基本构造—地层模型。这些模型把半地堑作为裂谷盆地中主要的构造地貌单元（Rosendahl，1987；Bosworth等，1998）。这些模型的变种，解释了差异沉降、上盘（下盘）抬升、侵蚀作用和断层生长与连接阶段盆地尺度的沉降（Collier和Gawthorpe，1993；Anders和Schlische，1994；Lambiase和Bosworth，1995；Gawthorpe和Leeder，2000；Contreras和Scholz，2001；Cowie等，2006）。在苏伊士湾和红海北部中新世碳酸盐岩台地比较研究中，Purser等（1998）和Plaziat等（1998）展示了局部构造与同裂谷期碳酸盐沉积之间更为复杂的关系。

但是半地堑模式并没有充分描述同裂谷期可以发育的各种构造形迹及与之相关的碳酸盐岩台地。本文还研究了同裂谷期碳酸盐岩体系与古风向、碎屑物注入、断层位移、断层传播和同裂谷期台地生长地层与形态等因素之间的相互作用。

1. 构造对拉张盆地中同裂谷期碳酸盐岩台地规模、形态和生长史的控制

同裂谷期碳酸盐岩台地形成于裂谷阶段产生的复杂地形之上。伸展背景下大多数同裂谷期台地开始于同裂谷阶段晚期，尽管其确切时间取决于下述的诸多因素。

2. 变形对同裂谷期碳酸盐岩台地生长的一般影响

同裂谷期变形在许多方面影响碳酸盐岩台地的生长。从区域上看，同裂谷期变形影响台地形态和在裂谷中的发育位置（图6）；从局部看，同裂谷期变形影响沉积相发育、相带位置和单个台地内部生长地层样式，以及同时代的碎屑岩和碳酸盐岩混合程度（图6—图12）。

同裂谷期孤立台地与同裂谷期变形产生的构造地貌一致。陆内伸展背景下，先形成非海相盆地，初始海侵首先出现在构造低点（例如地势低的地堑和半地堑沉积中心）。浅海碳酸盐岩可能会在这些低点开始沉积，但是由于海侵逐步发展，碳酸盐沉积可能会是短暂的。

随着海水的上涨，被断层围限的构造高点逐渐被淹没，成为浅水碳酸盐沉积的场所。平面图上这些高点的形状控制了台地最初的规模。倾斜的半地堑形成典型的椭圆形或月牙形孤立台地，因为这是最初被海水淹没时的（高点）普遍表面形态。下盘中点顶部，陡峭的台地边缘横向上过渡为缓坡（正断层翼部或中转斜坡转换带）。沿着上盘倾向坡，这种斜坡剖面更为典型。风向和波浪也影响沉积相以及最终的台地形态。

地垒上孤立台地的平面规模明显受张性边界断裂的控制。地垒上形成的孤立台地在其演化的多数时间内具有陡边，除非以碎屑岩相为主的厚层连续沉积充填了邻近的沉积中心，并使碳酸盐岩台地边缘能够进积到充填的沉积中心。

1）同裂谷期碳酸盐岩台地形态

几乎所有的同裂谷期碳酸盐岩台地都是建造在同裂谷期形成的断块地貌上的孤立台地（图6—图11）。边界断层累计位移在断块和邻近的断陷沉积中心之间产生足够的高差（＞100m），所以在低位体系域没有浅水碳酸盐沉积。同裂谷期碎屑沉积在断陷盆地同样是受到抑制的，或与碳酸盐沉积共存。

尽管罕见，但是其他形态的碳酸盐岩台地（建造）在同裂谷期依然存在。包括：

（1）塔礁和丘。小型塔礁和丘在上盘倾向坡可以发育，反映局部建造具有高的加积速率，试图跟上同裂谷期沉降的节奏（图12）。在越南海岸Nam Con Son盆地一些新近纪次级盆地的上盘沉积中心可以发现这类例子。

（2）同裂谷期上盘倾向坡上的边缘斜坡和薄层台地序列。同裂谷期断块高点被初始海侵淹没后（并且碎屑物注入量有限），形成薄层缓坡沉积序列（图7）。在这些薄层中，碳酸盐岩与来自前裂谷期上盘基底的碎屑岩形成复杂的互层。同裂谷期斜坡沉积的上倾界线通常反映了海进期海平面与上盘倾

向坡相交的位置。这些上超的退积缓坡序列通常厚度小于100m，表明这是一个短暂的过程，很快被陆源碎屑注入或相对海平面上升所终止，或是随着断块逐渐被海水淹没而演化为孤立台地。

（3）火山基底上的小型孤立台地和塔礁。在一些裂谷系中，水下休眠火山可能为碳酸盐岩台地提供了合适的基底（图7）。在南中国海大陆和海洋板块边界附近（中国的东沙岛和菲律宾的巴拉望岛海马滩）或是洋壳局部火山高点处有许多这类实例。尽管难以确定海底火山在盆地构造史中发生的确切时间，但是局部火山口连续喷发能够形成足够达到透光带的海底地貌，同裂谷期在透光带内能够开始形成碳酸盐岩台地（生物礁）。

同裂谷期台地

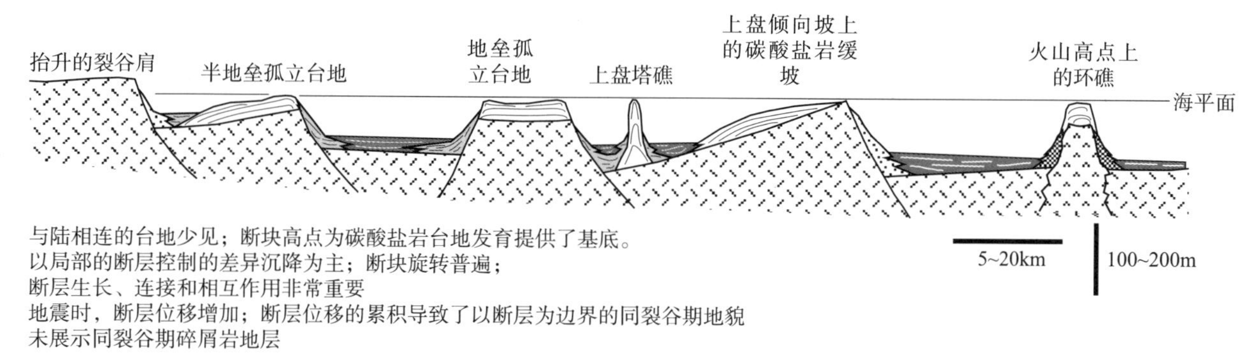

同裂谷阶段晚期—后裂谷阶段早期台地

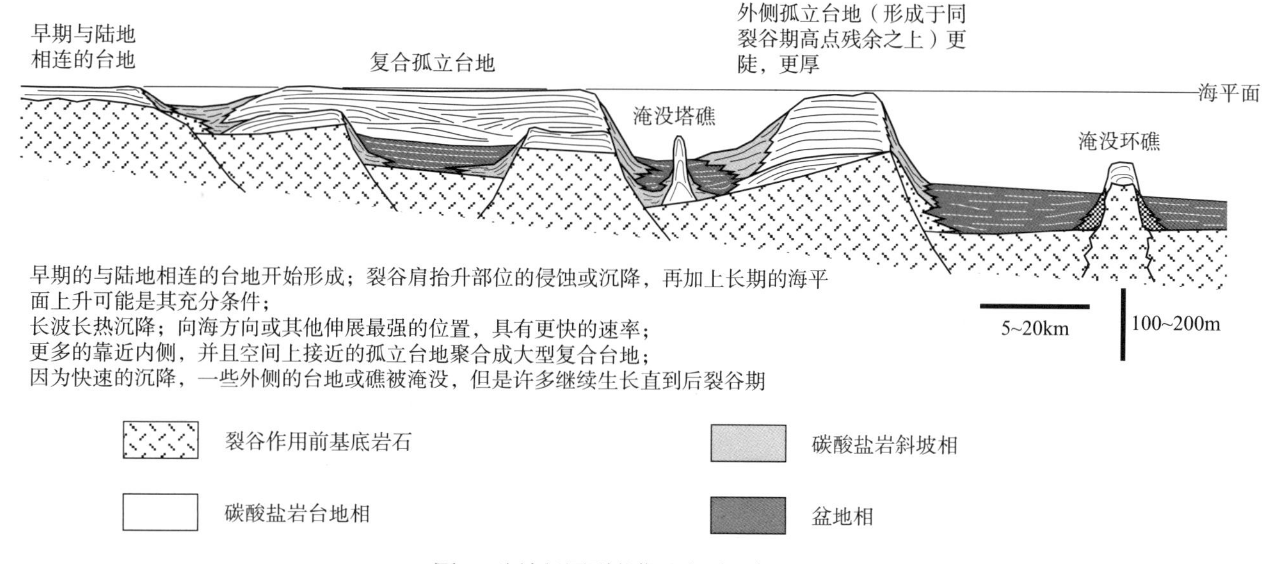

图7　盆地级同裂谷期生长地层概念模型

区域上，靠近最大拉伸部位的同裂谷期孤立台地较厚，而靠近盆地边缘的则较薄。台地厚度反映了盆地演化同裂谷阶段的长波长差异沉降，在拉伸程度更高的地区更早发生海侵（更早形成台地建造）。这种区域沉降模式和台地差异性生长能够持续发展到拉张盆地演化的后裂谷阶段。岩石记录中，很少有实例展示这些类型的地层模式，尽管南中国海新生代台地和红海、苏伊士湾中新世台地的厚度趋势表明长波长差异沉降是决定同裂谷阶段—后裂谷阶段早期台地厚度差异的一个重要因素

浅水碳酸盐岩台地（建造）在全地堑沉积中心中也是罕见的，可能是因为：①全地堑比半地堑沉降更为充分，所以在裂谷系初始海侵的时候很快淹没在透光带之下；②全地堑的边界断层，更可能是从上倾地区向全地堑沉积中心输送河流相、三角洲相或深水相碎屑沉积物的通道，这样就抑制了浅水碳酸盐的沉积。

裂谷系中，广阔的与陆地相连的碳酸盐岩台地也是少见的。很可能是因为裂谷肩隆升形成的地形高，有效阻止了沿海海侵以及沿裂谷肩的碳酸盐岩台地建造。裂谷肩隆升的向海方向、被断层分区的同裂谷期地形，必定被侵蚀或被沉积物充填，以便使宽阔类似陆棚的基底能从裂谷肩延伸很远的距离（图7）。不能形成宽阔的与陆地相连的台地，是因为在同裂谷阶段沿裂谷系边缘不存在一个宽广、平坦的沉积面。这类台地直到后裂谷阶段热沉降开始才会形成。即使在裂谷作用开始前已经存在这类台地，伸展变形也会将这些大型台地割裂为由小型断裂控制的孤立台地。

一旦同裂谷期台地形成，持续的同裂谷期变形可能控制了孤立台地的规模和形态，并阻止较小的台地合并为大型复合台地。同裂谷期断层网络同样能将台地分隔为更小规模的台地（建造），尽管这种情况较台地合并少见。孤立台地合并为更大规模台地的趋势，可能反映了同裂谷阶段后期（当多数同裂谷期台地发育时）断层位移量的逐步减小（图7）。

2）同裂谷变形期孤立构造上碳酸盐岩相带的位置

了解盆地演化同裂谷阶段可能的由断层控制的表面变形，有助于预测同裂谷期碳酸盐岩台地的相模式。正断层突破地表通常形成倾斜数十度的陡坎，这些陡坎足够陡峭，能阻止浅水碳酸盐沉积物的堆积。然而造礁生物和微生物群落能够沿着断层边缘（包括陡坎的表面）形成生物格架建造。只有在透光带的部分断崖区形成生物礁骨架建造，而非叶绿素生物层可以在水下陡坎的任何暴露部分形成包壳（例如红海中新世孤立台地陡峭断崖和沉积斜坡上的叠层石，Purser和Bosence，1998）。一般情况下，在正断层陡坎形成的局部生物礁或微生物包壳体积较小，但是沿断层陡坎的地形起伏和沉积梯度足够大，能限制浅水碳酸盐沉积以及台地边缘和斜坡的进积。

同裂谷期海水没有完全淹没断块，海面与断块表面相交。这种情况下，碳酸盐岩台地的展布更受限制。相带分布受海侵前断块侵蚀古地貌的控制，而非断裂控制地貌。

影响盆地基底高点（部分或全部被淹没）上形成的同裂谷期碳酸盐岩台地相展布和地层演化的其他因素还包括：

（1）波浪对海水淹没的基底地貌的作用。在迎风面，新出现的下盘高点可能会削减波浪能量，从而在下盘倾向坡形成低能区（图6—图11）。低能碳酸盐岩或混积斜坡在背风面斜坡或部分淹没的高点发育（图6）。

（2）以断层为界的基底断块顶部的沉积梯度。以断层为界的基底断块顶部的沉积梯度，影响了同裂谷期台地最初的宽度、相带的位置和横向分布范围。由于同裂谷期高地顶部的沉积梯度逐渐增加，所以台地宽度通常减小并且横向上的相过渡更突然。

（3）主要断块边界断层间次级断层的分布和密度。次级断层能在断块内部形成构造地貌，或是补偿碳酸盐岩台地内部地层。这些次级同向或反向断层可能与主要的断块边界断层近平行或高角度相交。如果断层在海泛之前活动，那么它们形成的地貌能影响早期相演化和地层结构。断层形成的地形对沉积相演化的影响，取决于初始海侵时断层表面累计的总表面位移（只要这种地形在初始海侵时没有被侵蚀成斜面）。碳酸盐岩台地生长时，沿次生断层形成的地形也影响相演化，尽管位移增量和伴生的地表变形不足以重建主要的相带。

（4）邻近沉积中心的沉积速率和充填量。与同裂谷期碳酸盐岩台地毗邻的沉积中心，会被来自台地的碳酸盐碎屑或碎屑岩沉积物充填。陆缘碎屑可以来自下盘局部高点（裂谷肩高点）或是与裂谷带有一定距离的内陆。碎屑沉积物大量供给的地区，台地及相邻沉积中心之间的地形起伏被迅速削减。于是，台地边缘能从基底高点向相邻的被部分充填的沉积中心进积。即使沉积中心内沉积物堆积速率相对较高，同裂谷期台地边缘断裂网络持续地移动，可能使沿断崖的地形起伏与沉积梯度不断变化，从而限制台缘和斜坡相的进积。所以，从基底高点向沉积中心进积距离很远的台地是少见的。南中国海一些中新世孤立台地边缘在同裂谷阶段晚期能够进积生长，这是因为断层位移速率逐渐减小，同时沉积中心逐渐被附近大陆地区侵蚀物充填。断层位移量逐渐减小和盆地充填的联合作用，使得一些碳酸盐岩台地能够向沉积中心进积。

3）同裂谷期台地生长地层模式

同裂谷期台地生长地层模式多样，反映了碳酸盐岩沉积体系对断块表面梯度和差异沉降变化的响应（图6—图12）。解释这些生长地层时需要注意的因素包括：①台地生长过程中基底是否被完全淹没；②描述台地断层网络的独特的空间分布和活动史；③同裂谷期沉降长波长模式的差异，可能改变局部断层控制的沉降模式；④台地生长期风和海洋环流模式；⑤与断层控制的差异沉降相互作用的高频海平面波动的幅度和周期；⑥同裂谷期碳酸盐岩台地不同相带的生长潜力；⑦台地生长期被输送到相邻沉积中心的碎屑沉积物体积、粒度以及搬运方式。作为碳酸盐岩台地生长基底的半地堑和地垒是以断层为界的高地的典型代表，它们对同裂谷期变形的响应不同。对半地堑而言，同裂谷期变形加剧，导致上盘旋转，使上盘倾向坡的表面梯度在同震事件中能够马上发生变化。在半地堑构造单元中，许多同震移动造成上盘倾向坡的逐步旋转。旋转上盘上的沉积作用，导致在半地堑沉积中心内形成了以同裂谷期生长地层为特征的地层模式（图6、图8和图9）。

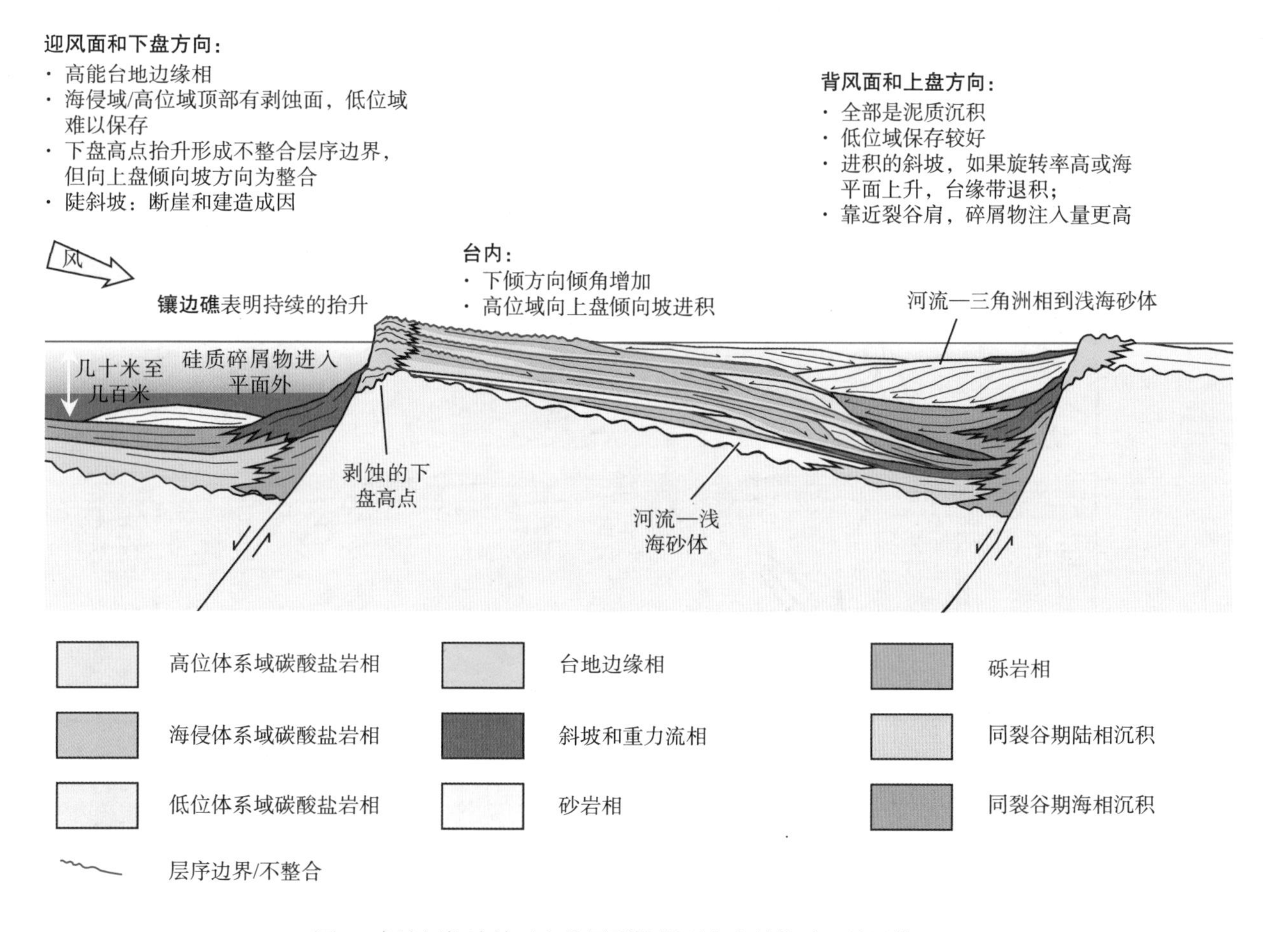

图8　半地堑构造单元上的同裂谷期孤立台地构造—地层模型

注意平缓的楔形生长地层单元和叠置的体系域（假定的）。半地堑同裂谷期台地实际的相模式和生长地层关系取决于古风向（图6）、同裂谷变形期的海平面波动、碳酸盐岩体系中不同相带的相互作用、碳酸盐工厂的性质（是否有造架生物、台内沉积物以泥晶为主还是以颗粒为主、成岩作用等）以及碎屑沉积物供给。该图说明了能指示上盘断块在伸展活动期发生旋转的几个关键地层关系（非排他性的）：台内地层倾角向下逐渐增加，向下盘顶点方向地层缺失更多及不整合面可能合并，台内楔形地层单元，向下盘高点的上超和上盘倾向坡非常低角度的下超

除了半地堑中的上盘旋转，断崖附近下盘内部变形以及每次移动后的均衡调整导致下盘顶部发生持续的抬升（Stein和Barrientos，1985；King等，1988；Stein等，1988）。每个地震旋回中增加的下盘抬升量可以看作是一个从边界断层开始逐渐减弱的长波长（>20km）隆升。在下盘顶部，垂直抬升的尺度为数厘米到数米。增加的抬升量对同裂谷期碳酸盐岩台地沉积几乎是没有影响的，除非是在正断层附近（例如10～20km水平距离）。在一个地震旋回中产生的抬升增量和地表梯度随着远离断层而逐渐减弱。然而，在许多地震周期中，可以在下盘顶部形成显著的抬升。

至于地垒，不太可能发生断块旋转，但会沿着正断层一侧发生下盘隆升，正如半地堑中那样（图6、图10和图11）。地垒的宽度可能决定了在台地生长地层能否识别出下盘抬升。地垒的宽度至少在30km以上，其上发育的同裂谷期孤立台地中的生长地层模式才能够被识别。这是因为下盘抬升的波长为15～20km（Stein和Barrientos，1985；Cisne，1986；King等，1988；Stein等，1988）。对于相距小于25km的地垒，两侧的下盘抬升可能会互相干扰，从而导致地垒翼部更不明显的下盘抬升。宽度超过30km且以反向倾角正断层为界的基底地垒，沿翼部抬升，这样断层附近的地垒边缘表现为抬升，而地垒中心则表现为下凹（图10，图11）。下盘顶部的抬升增量应该为几厘米到几米，但是多个地震周期抬升增量的累计可超过数百米。

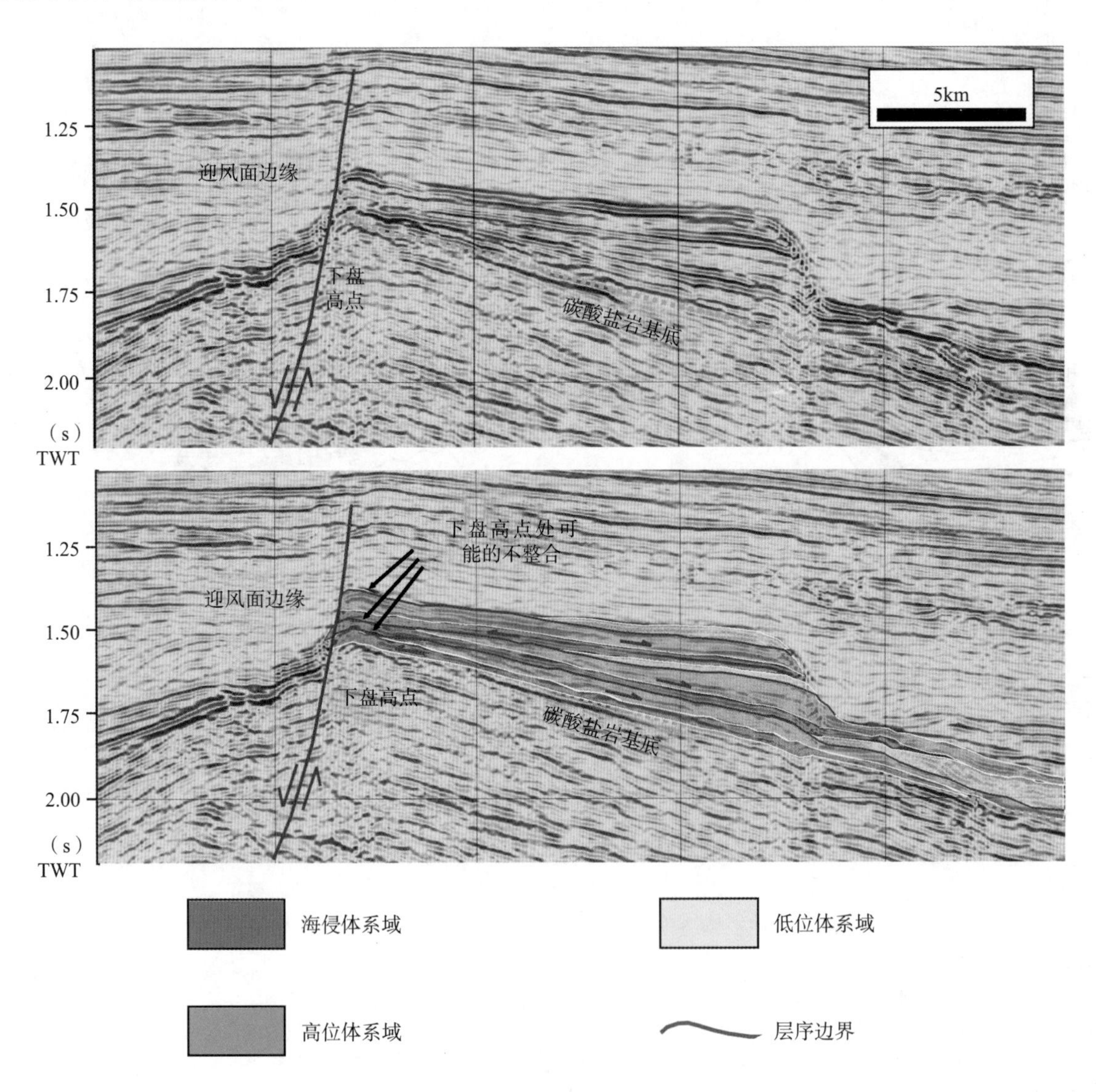

图9　越南沿海半地堑高地上建造的中新世孤立台地在同裂谷期的生长地层

剖面中地层几何形态的解释是确定层序地层关系的基础，地震数据由TGS-NOPEC提供

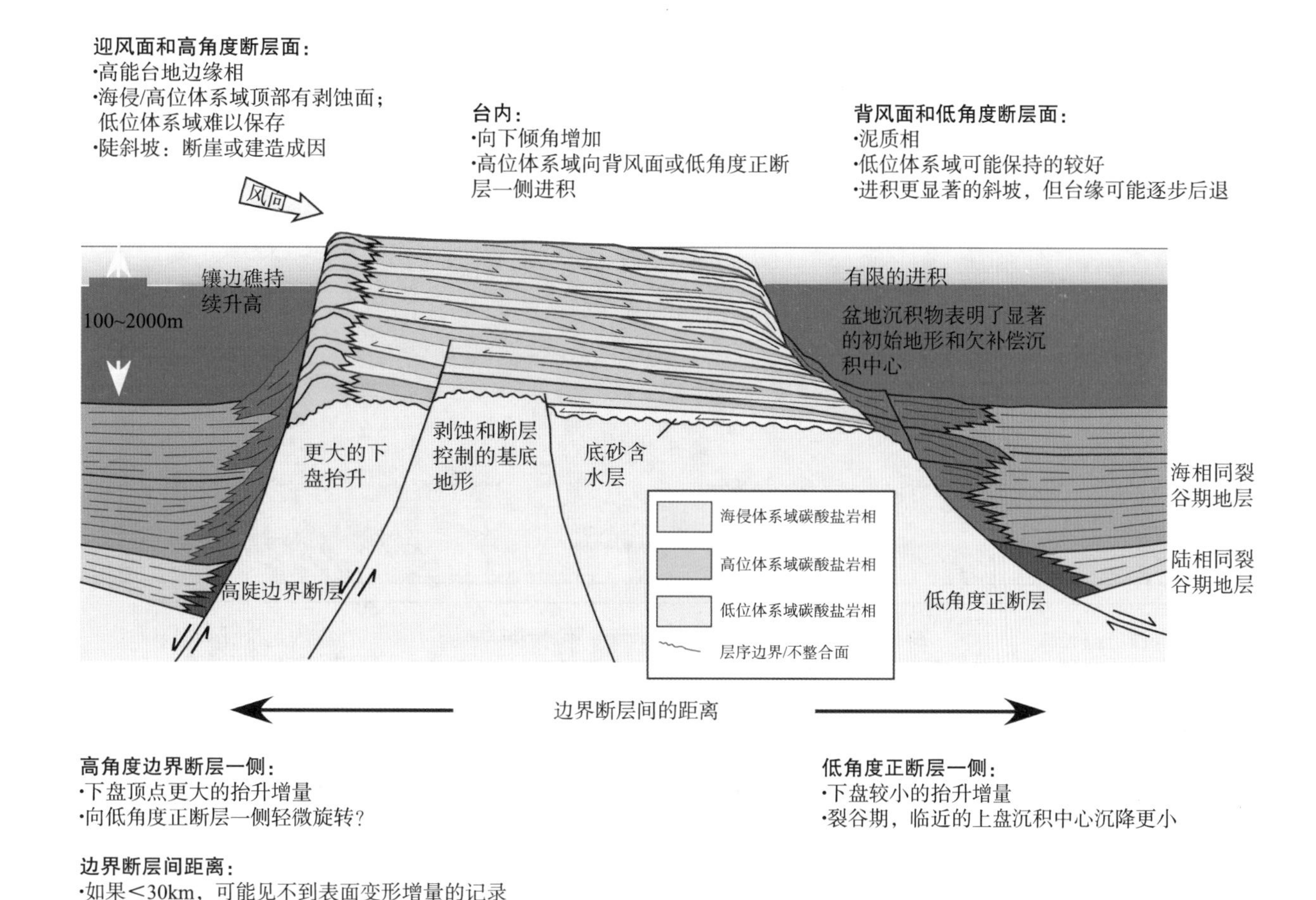

图10　同裂谷期地垒高地上发育的孤立台地的构造—地层模型

注意迎风面—背风面台地顶部和两侧斜坡的相差异。内部生长地层模式受控于地形、地垒边界断层间距离。边界断层的间距至少大于30km，才能识别台地明显的隆起边缘和广阔的台内下凹。地垒内次生同向（反向）断层也可能会影响生长地层模式。尽管图中没有详细展示，但同裂谷期地垒台地的低位体系域沿背风面边缘发育最好

基底地垒边界正断层的累计位移量控制了台地内部地层几何形态，这揭示了台地边缘相与台内相叠置发展。台地边缘加积的特性可能只能在区域地震剖面上识别，因为从台缘到台内的地层倾角非常小，甚至在大的山区暴露面上也难以识别。如果次生同向或反向断层割裂地垒内部，那么同裂谷期地垒台地内部生长地层模式会更复杂。岩石记录中，能够记录与下盘抬升相关的生长地层模式，且具有合适的规模和厚度的同裂谷期地垒台地也许非常少。越南沿海一个新近纪的实例表明这是一个可行的同裂谷期台地生长地层模式（图11）。

因此，寿命较长的同裂谷期台地宽度至少大于30km，同裂谷期生长地层从位于正断层边界的台缘向台内倾斜。向下倾角应该增加，因为多个断层滑动事件影响的累加效应。位移增加事件在同裂谷阶段早期可能更频繁，影响也更大。地垒台地年轻的地层逐渐变平，因为位移影响的累加效应逐渐减弱，或是因为盆地过渡到后裂谷期演化阶段，伸展率逐渐下降。如果裂谷活动是偶发的，具有几个构造活动和静止的周期，每个周期持续数百万年，那么内部地层就具有非常复杂的模式，并且反映了裂谷活动脉冲式的特征。

由于上盘倾向坡的旋转，在一些半地堑沉积中心形成的小型塔礁（建造）表现出偏离上盘边界断层的特征（图12）。加积生长塔礁的曲率说明伸展期随着上盘断块的旋转，它们能够与可容空间的增长保持一致。

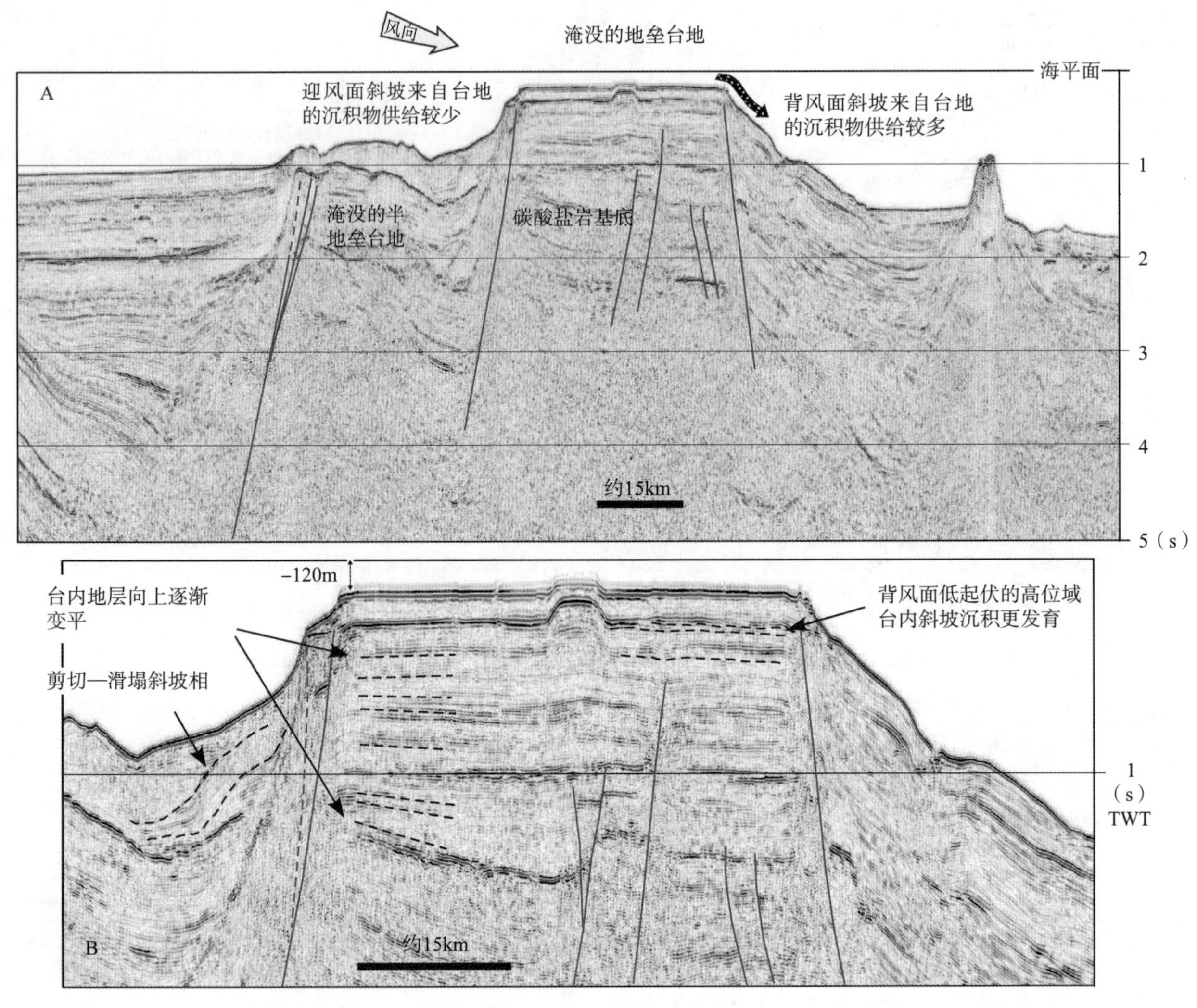

图11　中新世—现代越南沿海同裂谷期地垒碳酸盐岩孤立台地实例

A—区域地震剖面展示了几个在以断层为界的高地上发育的碳酸盐岩台地。标注了主要的断裂，许多小断距断层没有标注。左侧的孤立台地形成于半地堑单元之上，并淹没消亡，而此时，右侧地垒上的孤立台地持续生长。注意迎风面—背风面的沉积相和地层差异，迎风面斜坡沉积物相对匮乏，背风面斜坡沉积物供给更多。B—地垒孤立台地内部地层几何形态特写。注意台地两侧的主要边界断层几乎切割到现今海底，这表明了近期的伸展变形活动。台内地层向上逐渐变平。尽管差异压实能够解释明显的台内下凹，但主要还是因为裂谷期下盘顶点的持续抬升。在台地背风面台内相更年轻的地层中，低起伏和低角度斜坡非常明显。这些可能是台地背风面优先保存的高位体系域沉积。地震资料由TGS-NOPEC提供

4）其他可能影响地层生长模式的构造因素

解释同裂谷期碳酸盐岩孤立台地生长地层模式时，还必须要考虑其他构造因素。例如，高角度倾斜和地壳尺度断裂会导致最大量的同震滑动和震间反弹，因为即便是少量的拉伸，也会导致显著的沿断层卸载。与此相反，在上地壳层浅部变平的低角度正断层则在一个地震旋回等量拉伸中表现出较小的差异隆升（沉降），因为下盘卸载量和上盘旋转量要少的多。

同震滑动增量和相应的间震反弹幅度，随着构造活动与间歇的推移而改变。因为正断层生长并与邻近断层连接，或是因为拉伸应力沿贯穿裂谷带的少量较大断裂优先发育。在活动裂谷系中，因为晚期伸展作用沿少量较大断层发生，同震滑动增量随着地震活动间隔的减小而增大。换句话说，伸展作用在数量较少但规模较大的地震活动期，沿数量较少但规模较大的断裂发生。

转换带或调节带代表了同裂谷期碳酸盐沉积的特殊环境。转换带通常是陆缘碎屑沉积进入裂谷系

的入口，所以浅水碳酸盐沉积较为罕见。但是，如果它们不是碎屑物入口，并且具有适当的水深，在转换带可形成碳酸盐岩台地。碳酸盐岩缓坡可能继承中转斜坡的构造地貌，并且可能与相邻下盘上的台地较陡一侧相连。然而，如果转换带被大量断层割裂，狭窄陡峭的或阶梯状台地边缘可能会将相邻下盘高点上的台地连接起来。转换带和调节带碳酸盐岩台地的边缘受这些连接断层位移的强烈控制。

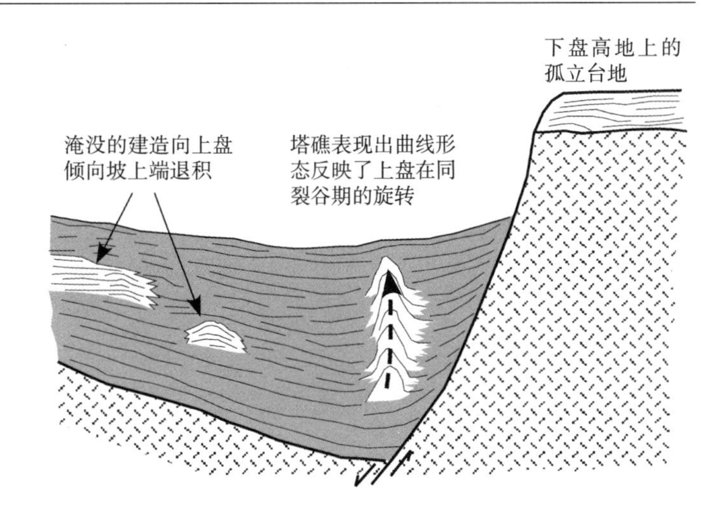

图12　同裂谷期旋转的上盘倾向坡塔礁及退积建造示意图

上盘断块上靠近断层边界发育的高度加积的塔礁，在剖面上可能表现为弯曲的形态，这反映了上盘倾向坡旋转过程中的加积作用

（四）同裂谷期碳酸盐岩台地的基本构造—地层模型

本节中提出的广义构造—地层模型，尝试综合大多数因素对同裂谷期碳酸盐岩台地地层演化的影响。这些模型可以有很多变化，但是本文的模型强调了同裂谷期变形对台地生长的影响（图6—图11）。准确解释同裂谷期碳酸盐岩台地生长地层模式，还需要独立的海平面波动高分辨率数据。

通常，同裂谷期碳酸盐岩台地地层始于覆盖在基底侵蚀不整合面之上的初始海侵序列，它包含碎屑岩和碎屑岩—碳酸盐岩混积相。基底断块上形成的不整合面，构成了台地生长的基底。基底碎屑岩相来自本地上盘，向上过渡到进积的碳酸盐为主的沉积，这是因为残余的基底地形被海水淹没，年轻的同裂谷期地层上超在其之上。基底砂岩为油气向上覆碳酸盐岩储层运移提供了重要通道。

发育在半地堑高地之上的同裂谷期孤立台地，形成了记录上盘旋转的特征地层模式，即向半地堑下盘顶部的重复上超和向上盘倾向坡的发散（Cross等，1998）。如果上盘倾向坡逐渐被淹没，或是断块倾斜导致持续的下盘抬升，那么地层上超点会沿着下盘倾向坡爬升（图6、图8和图9）。更复杂的地层上超模式源自海平面波动与构造倾斜的相互作用。与碎屑岩体系在整个上盘沉积中心形成厚层沉积相反，同裂谷期孤立台地碳酸盐岩地层向上盘倾向坡下部加厚，而向倾向坡远端靠近边界断层的位置迅速变薄。这是因为上盘沉积中心的水深相对浅水硫酸盐沉积来讲过深，浅水碳酸盐工厂被限制在上盘倾向坡的透光带部分（图9）。此外，不管是台地碳酸盐沉积物还是深海沉积物显然不足以充填邻近的沉积中心，所以台地边缘没有发生大范围的进积。

同裂谷期碳酸盐岩地层还受古风向的强烈影响。迎风面、背风面影响半地堑台地的相带展布和生长地层模式，这取决于海平面与半地堑表面相互作用的位置以及波浪是否向着下盘顶部或上盘倾向坡（图6）。迎风面台地边缘比台内具有更高的沉积速率，所以面对盛行风的上盘倾向坡以加积—退积的台地边缘为主。

同裂谷期地垒上发育的碳酸盐岩台地具有生长地层模式，相带分布也不同于半地堑孤立台地（图10，图11）。地垒边界断层相向倾斜不会导致地垒断块发生旋转，除非断层在伸展期不同的时间段活动（或许在1Ma或更长的级别），即为了使生长地层能够记录整个地垒交替旋转的时间级别，一个边界断层的活动时间必须是1Ma或更多，而另一个则保持稳定状态。这种地垒断块边界断层活动史在大多数伸展体系中是非常罕见的。但是，地垒下盘高地的差异抬升是可能的，如果边界断层的倾斜角度不同。更陡的断层倾角可能表现出更大规模的下盘抬升，而平缓的断层倾角则不会导致显著的抬升。两个边界断层的联合位移量能够引起地垒的差异隆升（沉降）（图10，图11）。

地垒的宽度对于识别内部生长地层模式也是重要的。狭窄地垒之上的同裂谷期孤立台地具有小型的内部生长地层模式。如果地垒宽度超过30km，那么被视为断层带附近变形导致的下盘累积抬升，应该是抬升并向台内倾斜的台地边缘相带。如果相对的边界断层同时活动，那么同裂谷期台地内部地层应为广阔的下凹形态。沿两侧断层的台缘带地层向台内倾斜，同裂谷期下盘抬升的影响在年轻地层中逐渐减弱，因为随时间推移，边界断层的断距逐渐减小（图10，图11）。

如果在半地堑或地垒中发育次生同向反向断层，那么这些生长地层模式会变得更复杂（图10，图11）。次生断裂形成的时间可以与主要边界断层大致相同，也可以晚很多，如基底孤立台地完全发育之后。次生断裂可能没有深切到地壳深层，它们可能与同裂谷期变形无关。例如，次生断层可能沿着孤立台地的陡面边缘发育，因为沿台缘和斜坡部位发生重力破坏作用。这些次生断层可能与基底断层无关，或关系很小。

边界断层位移增量和累积量也能以别的方式影响沉积相和地层样式。地震事件能够引发沿台地边缘和斜坡的重力破坏和块体运动。下盘断崖底部的斜坡脚沉积逐渐向下降盘进积并向边界断层旋转，因为在同裂谷阶段上盘沉积中心逐渐沉降。长时期的同裂谷变形在台地边缘底部形成叠置的碎屑堆裙，它们具有复杂的内部地层模式（图6—图11）。构造稳定期，断层活动很弱，斜坡和台地边缘相可能向上盘沉积中心发生不同规模的进积。进积更可能沿断崖和台地边缘地形起伏相对较低的位置发生，或是沿邻近的沉积中心几乎被填满的位置发生。几乎被填满的上盘沉积中心，减少了让台地斜坡能够发生进积的碳酸盐沉积（来自台地）的数量（Harris，1991）。

至于同裂谷期台地内层序地层关系，半地堑中，下盘高点以不整合面为界的海侵—早高位体系域为主，上盘倾向坡中晚高位体系域—低位体系域更普遍（图8）。地垒具有类似的特征，尽管低位体系域在台地内部并不发育（而是在背风面斜坡首先发育）（图10）。断崖由于太陡而不能形成碳酸盐沉积物堆积，除了薄层沉积物被包壳生物黏贴在断崖上。

（五）同裂谷期不整合面

实际应用中，通常将第一条脆性断裂切割上地壳解释为盆地演化进入同裂谷阶段。局部差异沉降率和基底断块沿近水平轴向的旋转在这一阶段非常快，对同裂谷期不整合面的扩展有极强的控制作用。旋转断块顶部不整合面的区域扩展，记录了海平面波动、断块旋转、与断层位移相关的弯曲调整、下盘高地侵蚀和上盘沉积中心沉积物堆积的综合效应。

对于半地堑下盘高地上的加积孤立台地而言，边界断层地貌与位移增量和累积量强烈地影响着同裂谷期不整合面的横向分布范围（图8，图9）。如果在变形过程中海平面不发生改变，随着每一次边界断层位移增加，台地逐渐暴露，在下盘顶部形成最大的抬升（图8，图9）。最终，下盘高点地层缺失量最大。

当然，海相裂谷盆地中海平面波动也影响同裂谷期不整合面的发育。在冰期，即当高频冰期海平面变化（例如米兰科维奇旋回）幅度超过100m，变化率大约为10m/ka，海平面波动对不整合面发育的影响更大（Read，1995）。于是，冰期海平面下降幅度会超过构造活动在加积台地顶部形成的可容空间的增加幅度，形成地表暴露。与此相反，在温室期，高频海平面变化不会超过20m，变化率大约是1m/ka（Read，1995）。因此，温室期海平面波动的速率与现代裂谷系中正断层平均短期位移率有可比性（Leeder和Gawthorpe，1987；Leeder，1995）。断层控制的可容空间增量可能与海平面下降一致，或超过后者。因此同裂谷期碳酸盐岩台地在温室期的暴露面可能在下盘顶部受限。

（六）与同裂谷期碎屑岩沉积体系的相互作用

同裂谷期碳酸盐岩台地与同时代的碎屑岩沉积体系以复杂的方式相互作用，而后者取决于裂谷沉积中心碎屑物供给量、来源以及搬运系统。碎屑沉积物源区包括局部断崖、下盘高地、区域裂谷肩抬升和注入裂谷系的内陆河流网络。断崖并非裂谷沉积中心主要沉积物来源，尽管逐渐的侵蚀可以在斜坡脚形成裙状或楔状沉积（为碳酸盐沉积提供了基底）。直到下盘高地被碳酸盐岩地层覆盖前，它们都是重要的物源区。在裂谷阶段，裂谷肩抬升并不是重要的物源区，除非河流系统流经这些高地并注入到裂谷系中，这种情况在主要的调节带可以发生。同样，陆内河流系统也必须以某种方式被捕获并流入裂谷轴部。

一般情况下，碎屑沉积体系对更靠近裂谷肩的沉积中心内的碳酸盐岩台地体系影响最为深远（图13）。碎屑沉积物不断填充裂谷沉积中心，帮助碳酸盐岩台地进积到沉积中心内部。随后，形成复杂的碎屑岩—碳酸盐岩混积相。最终，进积的碎屑岩沉积体系完全覆盖了碳酸盐岩沉积体系。盆地充填过程可能会不断重复，因为单个沉积中心充填满以后就会向远海方向推进。这样，距裂谷肩较近的台地通常较薄且生命周期较短，因为它们很快就被进积的碎屑岩地层覆盖。与此相反，远离海岸的台地更厚，并且生命周期更长，因为可能需要数百万年来充填上倾端沉积中心和区域的可容空间。

三、小结

希望这次回顾可以解释同裂谷期碳酸盐岩台地及其地层序列的复杂性和意义。对同裂谷期碳酸盐岩台地进行准确的地层分析，需要细致的同期断裂系统和区域构造史解释。碳酸盐岩台地同样为裂谷带基准面变化史重建提供了关键性标准层。

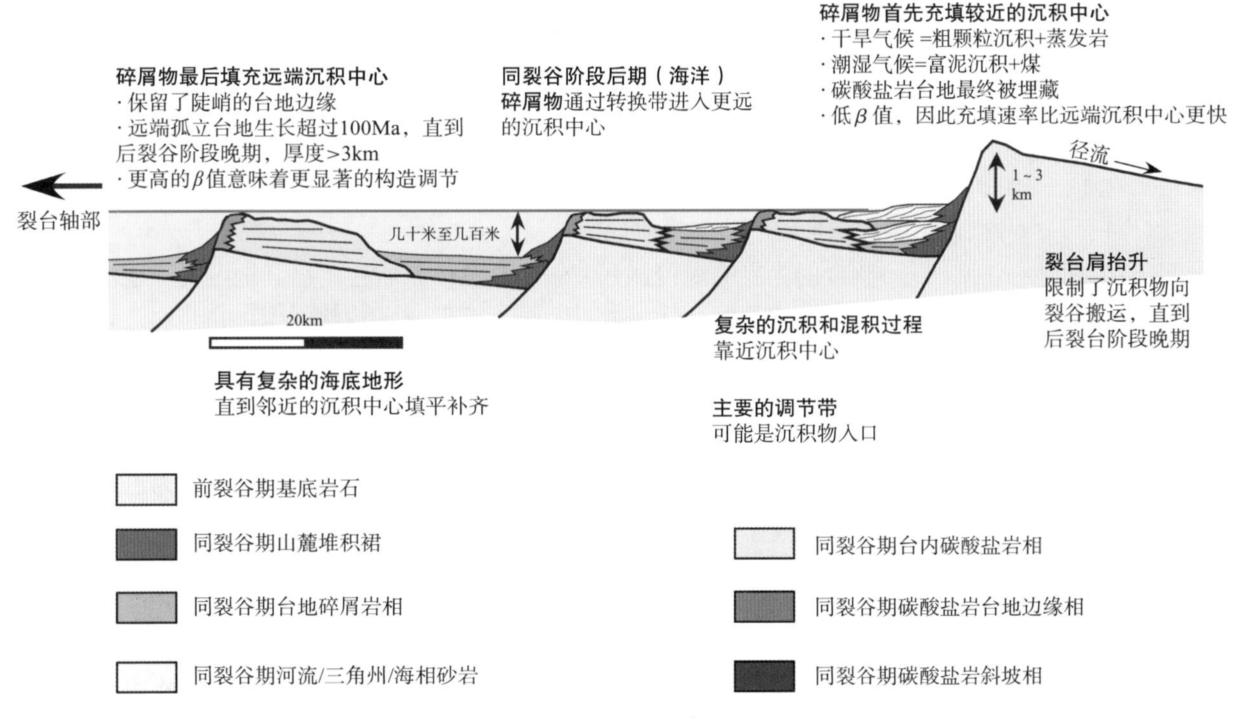

图13 同裂谷期碳酸盐岩—碎屑岩沉积体系沉积相关系（从裂谷中心向远端）剖面示意图

裂谷肩的抬升可能限制了碎屑物向沉积中心的注入，直到它们被剥蚀。沿主要调节带或转换带的碎屑物注入，可能影响靠近裂谷肩的碳酸盐岩体系。上倾端沉积中心首先被充填，而更多靠近轴部的沉积中心直到盆地演化的晚期阶段才有碎屑物大量沉积。这样，上倾端台地表现出复杂的互层沉积模式，而靠近核部的台地生长周期长，并且可能不与粗粒碎屑岩发生相互作用（直到其演化的晚期）

关于同裂谷期碳酸盐岩台地的一些重要结论包括：

（1）同裂谷期碳酸盐岩台地通常形成于裂谷阶段后期，即显著的断裂拼合已经完成之后，裂谷系的伸展量已经足够大，以至于裂谷与相邻的洋盆相连并被海水淹没，而以断层为边界的沉积中心通常是欠补偿的。局部欠补偿沉积中心捕获碎屑沉积物，使得相邻的高地上能够发育碳酸盐岩台地。

（2）同裂谷期碳酸盐岩台地通常首先在拉伸量较大并且发生构造沉降的裂谷系中发育。在与洋盆毗邻的裂谷系中，这些高伸展应力区通常是首先被海水淹没。由此可以预料，在伸展量最大的地区能够发现最古老、厚度最大、生命周期最长的同裂谷期碳酸盐岩台地。碎屑沉积在进积到更大拉伸强度、沉降更多的地区之前，必须先充填靠近上倾方向的沉积中心。这使得在强拉伸作用区碳酸盐岩台地生长能够不受碎屑沉积的影响。

（3）同裂谷期碳酸盐沉积通常在断裂围限的地貌单元上形成孤立台地建造。同裂谷阶段后期，孤立台地能够合并成较大的复合台地，特别是在原始地垒（半地堑）空间上比较接近或有大量碎屑沉积物充填沉积中心的地区，因为它们促使台地斜坡进积并与相邻的台地合并。塔礁可能会在火山高地上或上盘沉积中心内形成。裂谷系中，与陆地相连的碳酸盐岩台地少见，可能是因为裂谷翼部隆升形成了陡峭的沉积坡度，从而阻止与陆地相连的台地的形成，直到后裂谷阶段。

（4）形成于半地堑高地上的同裂谷期碳酸盐岩台地典型的生长地层模式包括：向下增加的地层倾角、更大的不整合的发育、下盘顶点附近的地表成岩作用、向下盘顶点的复杂上超模式以及沉积过程中台地边缘和斜坡被断裂削截。没有断块旋转或下盘抬升，就无法建立这里所描述的生长地层模式，但是确定海平面波动对碳酸盐岩地层的影响通常是困难的。识别同震地表变形增量是重要的，因为它发生的时间尺度与冰期波动类似。这进一步强调了同裂谷期碳酸盐岩台地地层模式分析需要3D数据和高分辨率的年代约束。

（5）地垒上发育的同裂谷期碳酸盐岩台地生长地层模式取决于地垒主边界断层的间距和布局。如果地垒高地的宽度超过30km并且边界断层陡峭，增加的下盘抬升导致地层以台地边缘隆升和台内下凹为特征。这种生长地层模式向上变得微弱。地垒较窄（<20km）或是边界断层倾角平缓并且在浅地壳层变平的地区，下盘抬升微弱，台地内部生长地层模式不明显。

（6）对发育在转换带上的同裂谷期台地段的生长地层模式了解甚少。只是通过少量可靠的观察建立了概念模型。类比模型和转换带三维地震资料的详细解释表明，碳酸盐岩台地可能具有台地—盆地过渡的特征，与转换带斜坡—梯田地貌的特征类似。

至于层序地层关系，以不整合面为界的海侵体系域—早高位体系域在下盘高地占主导地位，晚高位体系域—低位体系域在上盘倾向坡更普遍。断崖太过陡峭不能形成碳酸盐沉积，除非通过包壳生物粘结在断崖上。

古风向也是控制同裂谷期碳酸盐岩台地地层演化的重要因素。一般情况下，在迎着古风向的地势上发育高能相带。大量源自台地的沉积物被输送到背风面斜坡。沿裂谷边缘，碎屑沉积与碳酸盐沉积的相互作用更为常见，因为这一地区较低的伸展量意味着同裂谷沉降较弱，充填过程更为迅速。一旦上倾端沉积中心被充填，碎屑岩相就向裂谷轴方向进积，然后不断与更外侧的碳酸盐岩台地相互作用。

致谢

主要的研究工作是作者在得克萨斯农业与机械大学2000—2001学年里完成的。埃克森美孚上游研究公司资助了研究工作并提供了很好的工作环境。无论任何时候，都要感谢在EMURC的同事们，当然最应感谢的是Jim Markello和Randy Ewasko，他们自始至终全力支持这项研究工作。TGS-NOPEC提供了越南海岸同裂谷期孤立台地的地震剖面。感谢Maersk油气公司资助出版费用。感谢Kate Giles和Finn Surlyk提出建设性的评审意见，以改进初稿。还要感谢本文的编辑Jeff Lukasik和Toni Simo，他们在本稿件准备过程中表现出耐心细致和礼貌得体的优良品质。

参考文献

Ackermann, R.V., Schlische, R.W., and Withjack, M.O., 2001, The geometric and statistical evolution of normal fault systems: an experimental study of the effects of mechanical layer thickness on scaling laws: Journal of Structural Geology, v. 23, p. 1803-1819.

Allen, P.A., and Allen, J.R., 1990, Basin Analysis: Principles and Applications: Oxford, U.K., Blackwell Science, 451 p.

Alvarez, F., Virieux, J., and LePichon, X., 1984, Thermal consequences of lithosphere extension over continental margins: the initial stretching phase: Royal Astronomical Society, Geophysical Journal, v. 78, p. 389-411.

Anders, M.H., and Schlische, R.W., 1994, Overlapping faults, intrabasin highs, and the growth of normal faults: Journal of Geology, v. 102, p. 165–180.

Barnett, J.A.M., Mortimer, J., Rippon, J.H., Walsh, J.J., and Watterson, J., 1987, Displacement geometry in the volume containing a single normal fault: American Association of Petroleum Geologists, Bulletin, v. 71, p. 925–937.

Ben–Avraham, Z., Hartnady, C.J.H., and Kitchin, K.A., 1997, Structure and tectonics of the Agulhas–Falkland fracture zone: Tectonophysics, v. 282, p. 83–98.

Bosence, D., 1998, Stratigraphic and sedimentological models of rift basins, *in* Purser, B.H., and Bosence, D.W.J., eds., Sedimentation and Tectonics of Rift Basins: Red Sea–Gulf of Aden: London, Chapman & Hall, p. 9–25.

Bosworth, W., 1985, Geometry of propagating continental rifts: Nature, v. 316, p. 625–627.

Bosworth, W., and McClay, K., 2001, Structural and stratigraphic evolution of the Gulf of Suez Rift, Egypt: A synthesis: Mémoires du Muséum National d'histoire Naturelle, Peri–Tethys Memoir 6: Peri–Tethyan Rift/Wrench Basins and Passive Margins, v. 186, p. 567–606.

Braun, J., and Beaumont, C., 1989, A physical explanation of the relationship between flank uplifts and the breakup unconformity at rifted continental margins: Geology, v. 17, p. 760–764.

Burke, K., 1977, Aulacogens and continental breakup: Annual Review of Earth and Planetary Sciences, v. 5, p. 371–396.

Chen, W.P., and Molnar, P., 1983, Focal depths of intracontinental and intraplate earthquakes and their implications for the thermal and mechanical properties of the lithosphere: Journal of Geophysical Research, v. 88, p. 183–4214.

Cochran, J.R., 1983, Effects of finite rifting times on the development of sedimentary basins: Earth and Planetary Science Letters, v. 66, p. 289–302.

Contreras, J., and Scholz, C., 2001, Evolution of stratigraphic sequences in multisegmented continental rift basins: Comparison of computer models with the basins of the East African rift system: American Association of Petroleum Geologists, Bulletin, v. 85, p. 1565–1581.

Contreras, J., Scholz, C.H., and King, G.C.P., 1997, A model of rift basin evolution constrained by first–order stratigraphic observations: Journal of Geophysical Research, v. 102, p. 7673–7690.

Cowie, P.A., Attal, M., Tucker, G.E., Whittaker, A.C., Naylor, M., Ganas, A., and Roberts, G.P., 2006, Investigating the surface process response to fault interaction and linkage using a numerical modelling approach: Basin Research, v. 18, p. 231–266.

Cowie, P.A., Gupta, S., and Dawers, N.H., 2000, Implications of fault array evolution for synrift depocentre development: insights from a numerical fault growth model: Basin Research, v. 12, p. 241–261.

Cowie, P.A., and Roberts, G.P., 2001, Constraining slip rates and spacings for active normal faults: Journal of Structural Geology, v. 23, p. 1901–1915.

Cowie, P.A., and Scholz, C.H., 1992a, Displacement–length scaling relationship for faults: Data synthesis and discussion: Journal of Structural Geology, v. 14, p. 1149–1156.

Cross, N.E., Purser, B.H., and Bosence, D.W.J., 1998, The tectono–sedimentary evolution of a rift margin carbonate platform: Abu Shaar, Gulf of Suez, Egypt, *in* Purser, B.H., and Bosence, D.W.J., eds., Sedimentation and Tectonics of Rift Basins: Red Sea–Gulf of Aden: London, Chapman & Hall, p. 271–295.

Davison, I., 1994, Linked fault systems; extensional, strike–slip and contractional, *in* Hancock, P.L., ed., Continental Deformation: Oxford, U.K., Pergamon Press, p. 121–142.

Dawers, N.H., Anders, M.H., and Scholz, C.H., 1993, Fault length and displacement: scaling laws: Geology, v. 21, p. 1107–1110.

Dorobek, S.L., 1995, Tectonic controls on carbonate platform evolution: Selected examples from the South China Sea region, *in* Ross, G.M., ed., University of British Columbia, 1995 Alberta Basement Transects Workshop, Lithoprobe Report #47, Lithoprobe Secretariat, p. 165–180.

Ellis, P.G., and McClay, K.R., 1988, Listric extensional fault systems—results of analogue model experiments: Basin Research, v. 1, p. 55–70.

Falvey, D.A., 1974, the development of continental margins in plate tectonic theory: Australian Petroleum Exploration Association, Journal, v. 14, p. 95–106.

Frostick, L.E., and Reid, I., 1989, Is structure the main control of river drainage and sedimentation in rifts?: Journal of African Earth Sciences, v. 8, p. 165–182.

Gawthorpe, R.L., and Leeder, M.R., 2000, Tectono–sedimentary evolution of active extensional basins: Basin Research, v. 12, p. 195–218.

Gawthorpe, R.L., Sharp, I., Underhill, J.R., and Gupta, S., 1997, Linked sequence stratigraphic and structural evolution of propagating normal faults: Geology, v. 25, p. 795−798.

Gillespie, P.A., Walsh, J.J., and Watterson, J., 1992, Limitations of dimension and displacement data from single faults and the conse quences for data analysis and interpretation: Journal of Structural Geology, v. 14, p. 1157−1172.

Gouyet, S., Unternehr, P., and Mascle, A., 1994, The French Guyana margin and the Demerara Plateau: Geological history and petroleum plays, *in* Mascle, A., ed., Hydrocarbon and Petroleum Geology of France: European Association of Petroleum Geoscientists, Special Publication 4, p. 411−422.

Gupta, S., and Cowie, P., 2000, Processes and controls in the stratigraphic development of extensional basins: Basin Research, v. 12, p. 185−194.

Harris, M.T., 1991, Modeling carbonate progradation geometry and sediment accumulation rates: a comparison of "MARGIN" results with outcrop data, *in* Franseen, E.K., Watney, W.L., Kendall, C.G.St.C., and Ross, W.C., eds., Sedimentary Modeling; Computer Simulations and Methods for Improved Parameter Definition: Kansas Geological Survey, Bulletin 233, p. 509−517.

Jackson, J.A., 1987, Active normal faulting and crustal extension, *in* Coward, M.P., Dewey, J.F., and Hancock, P.L., eds., Continental Extensional Tectonics: Geological Society of London, Special Publication 28, p. 3−18.

Jackson, J.A., and McKenzie, D.P., 1983, Rates of active deformation in the Aegean Sea and surrounding areas: Basin Research, v. 1, p. 121−128.

Jackson, J.A., and White, N.J., 1989, Normal faulting in the upper continental crust: observations from regions of active extension: Journal of Structural Geology, v. 11, p. 15−36.

Jankhof, K., 1945, Changes in ground level produced by the earthquakes of April 14 to 18, 1928 in southern Bulgaria, *in* Treblements de Terre en Bulgarie, Nos. 29−31: Institut Méterologique entral de Bulgaria, Sofia, p. 131−136.

Jarvis, G.T., 1984, An extensional model of graben subsidence—the first stage of basin evolution: Sedimentary Geology, v. 40, p. 13−31.

Jarvis, G.T., and McKenzie, D.P., 1980, Sedimentary basin formation with finite extension rates: Earth and Planetary Science Letters, v. 48, p. 42−52.

King, G.C.P., Stein, R.S., and Rundle, J.B., 1988, The growth of geological structures by repeated earthquakes, 1. Conceptual framework: Journal of Geophysical Research, v. 93, p. 13,307−13,318.

Kinsman, D.J.J., 1975, Rift valley basins and sedimentary history of trailing continental margins, *in* Fischer, A.G., and Judson, S., eds., Petroleum and Global Tectonics: Princeton, New Jersey, Princeton University Press, p. 83−126.

Klitgord, K.D., Hutchinson, D.R., and Schouten, H., 1988, U.S. Atlantic continental margin : structural and tectonic framework, *in* Sheridan, R.E., and Grow, J.A., eds., The Geology of North America, v. I−2, The Atlantic Continental Margin, U.S.: Geological Society of America, p. 19−56.

Kusznir, N.J., Marsden, G., and Egan, S.S., 1991, A flexural−cantilever simple−shear/pure−shear model of continental lithosphere extension: applications to the Jeanne d'Arc Basin, Grand Banks and Viking Graben, North Sea, *in* Roberts, A.M., Yielding, G., and Freeman, B., eds., The Geometry of Normal Faults: Geological Society of America, Special Publication 56, p. 41−60.

Lambiase, J.J., and Bosworth, W., 1995, Structural controls on sedimentation in continental rifts, *in* Lambiase, J.J., ed., Hydrocarbon Habitat in Rift Basins: Geological Society of America, Special Publication 80, p. 117−144.

Larsen, P.−H., 1988, Relay structures in a Lower Permian basementinvolved extension system, East Greenland: Journal of Structural Geology, v. 10, p. 3−8.

Leeder, M.R., 1995, Continental rifts and proto−oceanic rift troughs, *in* Busby, C.J., and Ingersoll, R.V., eds., Tectonics of Sedimentary Basins: Oxford, U.K., Blackwell Science, p. 119−148.

Leeder, M.R., and Gawthorpe, R.L., 1987, Sedimentary models for extensional tilt−block/half−graben basins: Geological Society of London, Special Publication 28, p. 139−152.

Lister, G.S., and Davis, G.A., 1989, The origin of metamorphic core complexes: Journal of Structural Geology, v. 11, p. 65−94.

Lister, G.S., Etheridge, M.A., and Symonds, P.A., 1986, Detachment faulting and evolution of passive continental margins: Geology, v. 14, p. 246−250.

Marrett, R., and Allmendinger, R.W., 1991, Estimates of strain due to brittle faulting: sampling of fault populations: Journal of Structural Geology, v. 13, p. 735−738.

Matthews, S.J., Fraser, A.J., Lowe, S., Todd, S.P., and Peel, F.J., 1997, Structure, stratigraphy and petroleum geology of the

SE Nam Con Son Basin, offshore Vietnam, *in* Fraser, A.J., Matthews, S.J., and Murphy, R.W., eds., Petroleum Geology of Southeast Asia: Geological Society of America, Special Publication 126, p. 89–106.
McClay, K.R., 1990a, Deformation mechanics in analogue models of extensional fault systems, *in* Knipe, R.J., and Rutter, E.H., eds., Deformation Mechanisms, Rheology and Tectonics: Geological Society of America, Special Publication 54, p. 445–453.
McClay, K.R., 1990b, Physical models of structural styles during extension, *in* Tankard, A.J., and Balkwill, H., eds., Tectonics and Stratigraphy of the North Atlantic Margins: American Association of Petroleum Geologists, Memoir 46, p. 341–344.
McClay, K.R., 1995a, 2D and 3D analogue modelling of extensional fault structures: templates for seismic interpretation: Petroleum Geoscience, v. 1, p. 163–178.
McClay, K.R., and Ellis, 1987a, Analogue models of extensional fault geometries, *in* Coward, M.P., Dewey, J.F., and Hancock, P.L., eds., Continental Extensional Tectonics: Geological Society of America, Special Publication 28, p. 109–125.
McClay, K.R., and Ellis, 1987b, Geometries of extensional fault systems developed in model experiments: Geology, v. 15, p. 341–344.
McClay, K.R., and White, M.J., 1995, Analogue modelling of orthogonal and oblique rifting: Marine and Petroleum Geology, v. 12, p. 137–151.
McKenzie, D.P., 1978, Some remarks on the development of sedimentary basins: Earth and Planetary Science Letters, v. 40, p. 25–32.
McLeod, A.E., Dawers, N.H., and Underhill, J.R., 2000, The propagation and linkage of normal faults: Insights from the Strathspey–Brent–Statfjord fault array, northern North Sea: Basin Research, v. 12, p. 263–284.
Molnar, P., and Lyon–Caen, H., 1988, Some simple physical aspects of the support, structure and evolution of mountain belts: Geological Society of America, Special Paper 218, p. 179–207.
Montadert, L., Roberts, D.G., de Chapral, O., and Guennoc, P., 1979, Rifting and subsidence of the northern continental margin of the Bay of Biscay: Initial Reports of the Deep Sea Drilling Project, v. 48, p. 1025–1060.
Morewood, N.C., and Roberts, G.P., 2002, Surface observations of active normal fault propagation: implications for growth: Geological Society of America, Journal, v. 159, p. 263–272.
Morley, C.K., 1995, Developments in the structural geology of rifts over the last decade and their impact on hydrocarbon exploration, *in* Lambiase, J.J., ed., Hydrocarbon Habitat in Rift Basins: Geological Society of America, Special Publication 80, p. 1–32.
Morley, C.K., 1999a, Influence of preexisting fabrics on rift structure, *in* Morley, C.K., ed., Geoscience of Rift Systems—Evolution of East Africa: American Association of Petroleum Geologists, Studies in Geology, no. 44, p. 151–160.
Morley, C.K., 1999b, ed., Comparison of hydrocarbon prospectivity in rift systems, *in* Geoscience of Rift Systems—Evolution of East Africa: American Association of Petroleum Geologists, Studies in Geology, No. 44, p. 233–242.
Myers, W.B., and Hamilton, W., 1964, Deformation accompanying the Hegben Lake earthquake of August 17, 1959: U.S. Geological Survey, Professional Paper 435, p. 55–98.
Nicol, A., Watterson, J.J., Walsh, J., and Childs, C., 1996, The shapes, major axis orientations and displacement patterns of fault surfaces: Journal of Structural Geology, v. 18, p. 235–248.
Olsen, K.H., and Morgan, P., 1995, Introduction: Progress in understanding continental rifts, *in* Olsen, K.H., ed., Continental Rifts: Evolution, Structure, Tectonics: Amsterdam, Elsevier, Developments in Geotectonics 25, p. 3–26.
Omar, G.I., and Steckler, M.S., 1995, Fission track evidence on the initial rifting of the Red Sea: two pulses, no propagation: Science, v. 270, p. 1341–1344.
Peacock, D.C.P., and Sanderson, D.J., 1991, Displacements, segment linkage and relay ramps in normal fault zones: Journal of Structural Geology, v. 13, p. 721–733.
Rabinowitz, P.D., and LaBrecque, J., 1979, The Mesozoic South Atlantic Ocean and evolution of its continental margin: Journal of Geophysical Research, v. 84, p. 5973–6002.
Ravnas, R., and Bondevik, K., 1997, Architecture and controls on Bathonian–Kimmeridgian shallow–marine synrift wedges of the Osegberg–Brage area, northern North Sea: Basin Research, v. 9, p. 197–228.
Richter, C.F., 1958, Elementary Seismology: San Francisco, W.H. Freeman, 768 p.
Rihm, R., and Henke, C.H., 1998, Geophysical studies on early tectonic controls on Red Sea rifting, opening and segmentation, *in* Purser, B.H., and Bosence, D.W.J., eds., Sedimentation and Tectonics of Rift Basins: Red Sea–Gulf of Aden: London, Chapman & Hall, p. 29–49.

Rippon, J., 1985, Contoured patterns of the throw and hade of normal faults in the Coal Measures (Westphalian) of north−east Derbyshire: Yorkshire Geological Society, Proceedings, v. 45, p. 147−161.

Roberts, A., and Yielding, G., 1994, Continental extensional tectonics, *in* Hancock, P.L., ed., Continental Deformation: Oxford, U.K., Pergamon Press, p. 223−250.

Roberts, A.M., Yielding, G., Kusznir, N.J., Walker, I., and Dorn−Lopez, D., 1993, Mesozoic extension in the North Sea: constraints from flexural backstripping, forward modelling and fault populations, *in* Parker, J.R., ed., Petroleum Geology of Northwest Europe: 4th Conference: The Geological Society of London, Proceedings, p. 1123−1136.

Rosendahl, B.R., and Groschel, B.H., 2000, Architecture of the continental margin in the Gulf of Guinea as revealed by reprocessed deepimaging seismic, *in* Mohriak, W.U., and Talwani, M., eds., Atlantic Rifts and Continental Margins: American Geophysical Union, Geophysical Monograph 115, p. 85−103.

Royden, L., and Keen, C.E., 1980, Rifting processes and thermal evolution of the continental margin of eastern Canada determined from subsidence curves: Earth and Planetary Science Letters, v. 51, p. 343−361.

Salveson, J.O., 1978, Variations in the geology of rift basins: A tectonic model (abstract): Rio Grande Symposium, Santa Fe, NM: Los Alamos National Laboratory, 7487C, Proceedings, p. 82−86.

Schlische, R.W., 1991, Half−graben basin filling models: New constraints on continental extensional basin development: Basin Research, v. 3, p. 123−141.

Schlische, R.W., and Anders, M.H., 1996, Stratigraphic effects and tectonic implication of the growth of normal faults and extensional basins, *in* Beratan, K.K., ed., Reconstructing the History of Basin and Range Extension Using Sedimentology and Stratigraphy: Geological Society of America, Special Paper 303, p. 183−203.

Schlische, R.W., Withjack, M.O., and Eisenstadt, G., 2002, An experimental study of the secondary deformation produced by oblique−slip normal faulting: American Association of Petroleum Geologists, Bulletin, v. 86, p. 885−906.

Schlische, R.W., Young, S.S., Ackermann, R.V., and Gupta, A., 1996, Geometry and scaling relations of a population of very small riftrelated normal faults: Geology, v. 24, p. 683−686.

Scholz, C.H., and Contreras, J.C., 1998, Mechanics of continental rift architecture: Geology, v. 26, p. 967−970.

Scholz, C.H., and Cowie, P.A., 1990, Determination of total geologic strain from faulting: Nature, v. 346, p. 837−839.

Sengor, A.M.C., 1995, Sedimentation and tectonics of fossil rifts, *in* Busby, C.J., and Ingersoll, R.V., eds., Tectonics of Sedimentary Basins: Oxford, U.K., Blackwell Science, p. 53−117.

Sonder, L.J., England, P.C., Wernicke, B.P., and Christiansen, R.L., 1987, A physical model for Cenozoic extension of western North America, *in* Coward, M.P., Dewey, J.F., and Hancock, P.L., eds., Continental Extensional Tectonics: Geological Society of London, Special Publication 28, p. 187−202.

Stein, R.S., and Barrientos, S.E., 1985, Planar high−angled faulting in the Basin and Range: geodetic analysis of the 1983 Borah Peak, Idaho earthquake: Journal of Geophysical Research, v. 90, p. 11,355−11,366.

Stein, R.S., King, G.C.P., and Rundle, J.B., 1988, The growth of geological structures by repeated earthquakes, 2. Field examples of continental dip−slip faults: Journal of Geophysical Research, v. 93, p.

Surlyk, F., 1990, Timing, style and sedimentary evolution of Late Paleozoic−Mesozoic extensional basins of East Greenland, *in* Hardman, R.F.P., and Brooks, J., eds., Tectonic Events Responsible for Britain's Oil and Gas Reserves: Geological Society of London, Special Publication 55, p. 107−125.

Vendeville, B., and Cobbold, P.R., 1988, How normal faulting and sedimentation interact to produce listric fault profiles and stratigraphic wedges: Journal of Structural Geology, v. 10, p. 649−659.

Vendeville, B., Cobbold, P.R., Davy, P., Brun, J.P. and Choukroune, P., 1987, Physical models of extensional tectonics at various scales, *in* Coward, M.P., Dewey, J.F., and Hancock, P.L., eds., Continental Extensional Tectonics: Geological Society of America, Special Publication 28, p. 95−107.

Walsh, J.J., and Watterson, J., 1987, Distribution of cumulative displacement and of seismic slip on a single normal fault surface: Journal of Structural Geology, v. 9, p. 1039−1046.

Walsh, J.J., and Watterson, J., 1988, Analysis of the relationship between displacements and dimensions of faults: Journal of Structural Geology, v. 10, p. 239−247.

Walsh, J.J., and Watterson, J., 1989, Displacement gradients on fault surfaces: Journal of Structural Geology, v. 11, p. 307−316.

Watterson, J., 1986, Fault dimensions, displacements and growth: Pure and Applied Geophysics, v. 124, p. 365−373.

Wernicke, B., 1985, Uniform sense, normal simple shear of the continental lithosphere: Canadian Journal of Earth Sciences,

v. 22, p. 108–125.

Whitten, C.A., 1957, Geodetic measurements in the Dixie Valley area: Seismological Society of America, Bulletin, v. 47, p. 321–325.

Winn, R.D., Jr., Crevello, P.D., and Bosworth, W., 2001, Lower Miocene Nukhul Formation, Gebel el Zeit, Egypt: Model for structural control on early synrift strata and reservoirs, Gulf of Suez: American Association of Petroleum Geologists, Bulletin, v. 85, p. 1871–1890.

Withjack, M.O., and Jamison, W.R., 1986, Deformation produced by oblique rifting: Tectonophysics, v. 126, p. 99–124.

Withjack, M.O., Schlische, R.W., and Olsen, P.E., 1998, Diachronous rifting, drifting, and inversion on the passive margin of central eastern North America: An analog for other passive margins: American Association of Petroleum Geologists, Bulletin, v. 82, p. 817–835

裂谷盆地碳酸盐岩体系的构造—沉积模式

Nigel E. Cross[1]　Dan W.J.Bosence[2]
（1. 拉希德石油公司；2. 伦敦大学皇家霍洛威学院地质系）

摘要：通过苏伊士湾裂谷盆地西南边缘中新统台地碳酸盐岩详细的露头研究，结合对其他地区类似碳酸盐岩体系的调研，建立了新的海相裂谷盆地碳酸盐岩体系构造—沉积模式。本文描述了裂谷盆地不同伸展背景下发育的同构造期台地与后构造期台地。同构造期台地是指裂谷盆地中断层活动期形成的碳酸盐岩台地系统；后构造期台地是指张性断裂活动期之后，在先存断裂成因的裂谷地貌之上形成的碳酸盐岩台地系统。同时也定义了位于转换带的碳酸盐岩体系，它们揭示了构造活动期与构造稳定期对台地演化的影响。这些台地类型重现了在地层旋回中形成的可识别的构造—沉积特征。

同构造期断层下盘边缘台地的发育通常伴随着构造活动的改造作用，表现出与相对海平面下降相关的特征，例如暴露和取决于古气候条件的大气水成岩作用。此外，断层活动还削截了在构造稳定期因进积作用而穿过断层线的台地沉积。上盘倾向坡的结构复杂，是因为受到上盘沉降和断层下盘边缘抬升的共同影响。断块旋转支点下倾，倾向于形成以海泛面为边界的沉积层序，表现为退积结构；断块旋转支点上倾，则形成相对海平面下降驱动的强制性海退层序。由于裂谷边缘地区邻近的断层下盘高点再次活动，碎屑物注入成为控制构造活动期上盘倾向坡地层结构更重要的因素。

后构造期台地发育在构造相对稳定期的断块抬升高点。这类位置是有利于碳酸盐沉积的浅水环境，因为它们通常远离重要的碎屑物搬运通道。断层下盘台地边缘的几何形态多变，因为它们继承了断裂边缘的地貌特征。地形起伏较缓的断层下盘边缘形成衔接断块边缘断层带的进积台地；地形起伏较陡的断块形成规模较小的加积台地，台地边缘与断块断崖位置重合。上盘倾向坡台地边缘通常具有进积的形态，并且表现出从碳酸盐岩缓坡向镶边陆架演化的特征。向裂谷边缘倾斜的旋转断块或是远离裂谷边缘碎屑物的盆内断块更易于碳酸盐岩台地的发育。

碎屑物注入较少的地区，转换带台地发育。它们具有断崖型台缘（硬连接）或是较为平缓的进积台地边缘（软连接）。这类台地通常横向发展，延伸到与裂谷平行的断层下盘边缘，从而形成复杂的台地边缘形态。

尽管这些背景下碳酸盐岩台地油气储层的形成受构造、沉积和成岩作用等多种因素控制，但是本文所描述的三维模式提供了一个可用于断块碳酸盐岩台地油气勘探生产类比分析的模型。

活动台地（同构造期）和稳定台地（后构造期）模式可用于不同尺度的分析，从单个台地到大尺度的以构造活动期与构造稳定期交替为特征的裂谷盆地碳酸盐岩体系均适用。

碳酸盐岩台地通常发育在被动大陆边缘，它们代表了部分目前已知的最庞大、分布最广的沉积单元（Jansa，1981；Read，1982；Gamboa等，1985）。碳酸盐岩在油气产出中占有举足轻重的地位（例如中东地区特提斯碳酸盐岩层系；Alsharan和Nairn，1997），并且一直是油气储量的主要来源。因此，针对裂谷大陆边缘碳酸盐岩台地的研究是非常重要的，因为它们代表了后期被动陆缘碳酸盐岩台地发育的基础。断块碳酸盐岩台地本身就是重要的油气储层（Erlich等，1990；Erlich等，1993；Grötsh和Mercadier，1999；Fournier等，2005）。被动大陆边缘体系的性质决定了与裂谷相关的碳酸盐岩台地出露较少，或是地震上成像较差，这是因为它们埋藏在被动大陆边缘层系之下。

尽管伸展背景下碳酸盐岩台地的发育很早就被关注，但是关于台地沉积层序和沉积相的分布与演化方面的详细信息一直较少。很多情况下，缺乏细致的描述就意味着难以真正区分同构造期碳酸盐岩体系与在早期断陷地貌上发现的后构造期碳酸盐岩体系。这里用断块碳酸盐岩台地这一术语（Bosence，2005）来描述其几何形态和相分布受下伏张性断块控制的碳酸盐岩台地或碳酸盐岩建造。

迄今为止，关于断块碳酸盐岩台地的描述主要集中在以下几个地区：英国北部狄南统（Dinantian；Gawthorpe，1986，1987；Gutteridge，1987；Grayson和Oldham，1987；Gawthorpe等，1989；Fraser和Gawthorpe，1990；Ebdon等，1990；Collier，1991）、爱尔兰狄南统（Somerville等，1992；Strongen等，1995；Pickard等，1994）、特提斯省侏罗系（Bernoulli和Jenkyns，1974；Bosellini等，1981；Winterer和Bosellini，1981；Santantonio，1994；Ruiz-Ortiz等，2004）、西班牙北部白垩系（Reitner，1986；Vera等，1988；Garcia-Mondejar，1990；Rosales等，1994）、东南亚古近—新近系（Weerd和Armin，1992；Wilson和Bosence，1996；Wilson，2000；Wilson等，2000）以及苏伊士湾和红海裂谷盆地中新统（Burchette，1988；James等，1988；Cross等，1998；Purser等，1998）。

构造活动对断块碳酸盐岩台地的控制作用已经有过论证，地质时期可从寒武纪（Bechstedt和Boni，1989）到现今（苏伊士湾，Burchette，1988；Robert和Murray，1988；东南亚，Wilson等，2000）。人们通常认为，现今世界范围内许多主要的碳酸盐岩体系发育在裂谷盆地基底或独立的断块之上（巴哈马、伯利兹、大堡礁；Enos等，1979；Sheriden等，1988；Mullins和Lynts，1977；Mullins，1983；Davies等，1989）。

断块碳酸盐岩台地的规模变化较大，从独立的断层下盘形成的台地建造（与同沉积断裂相关，例如巴伦支海陆架二叠系，Gérard和Buhrig，1990）到更大规模的，有时甚至是合并的碳酸盐岩台地（面积达数百平方千米，如南中国海，Fulthorpe和Schlanger，1989）。大量已发表的文献强调了其在油气工业中的重要性（Weerd和Armin，1992；Montgomery，1996；Mayall等，1997；Grötsch和Mercadier，1999）。

Leeder和Gawthorpe（1987）首先描述了张性断块（半地堑）的三维构造—沉积相模式。他们建立的沿岸（陆架）盆地碳酸盐岩相模式（模式D）描述了低纬度地区碎屑物注入少的活动裂谷盆地中碳酸盐岩沉积相的展布特征。这一模式被视作拉张盆地碳酸盐岩沉积相研究的基础模式。Bsence（1998）将其进一步发展，用来说明前裂谷期、同裂谷期和后裂谷期的情况。Santantonio（1994）讨论的深水背景下裂谷盆地碳酸盐岩台地构造—沉积模式是前者的补充。近期对发育在不同构造背景下碳酸盐岩台地的评述（Bosence，2005），将断块碳酸盐岩台地看作是一种特殊类型的台地。本文将苏伊士湾裂谷盆地三维露头数据与已发表的与裂谷有关的碳酸盐岩台地实例相结合，以期建立相应的模式来解释这些背景下地层发育的多样性。这些定性的三维模式旨在帮助断块碳酸盐岩台地的沉积相预测。在断层活动期形成的构造—沉积学特征重复出现，证实其与碳酸盐岩地层演化有关，这也就导致了同构造期台地和后构造期台地的差异。同构造期台地是指裂谷盆地中断层活动期形成的碳酸盐岩沉积体系；后构造期台地是指张性断裂活动期之后，发育于断裂造成的早期裂谷地貌之上的碳酸盐岩沉积体系。同时也对转换带上发育的碳酸盐岩体系作了介绍。

需要强调的是，本文所论述的模式是针对裂谷盆地浅海环境（尤其是在低纬度近热带气候环境中形成的碳酸盐岩台地）而建立的。人们忽略了温带气候下裂谷系中形成的碳酸盐岩台地，可能是因为裂谷系中碎屑物供给较多而碳酸盐生长速率较低的缘故。本文后面论述了裂谷盆地中碳酸盐岩台地演化的主要控制因素。

一、苏伊士湾裂谷盆地概况

苏伊士湾裂谷盆地同裂谷期地层（上渐新统—中中新统）的抬升暴露，为构造—沉积学关系研究提供了很好的条件（图1；Garfunkel和Bartov，1977；Patton等，1994；Steckler等，1988）。在许多实例中，裂谷层序中沉积体的几何形态被完好保存下来（Purser等，1998；Cross等，1998；Young等，2000）。

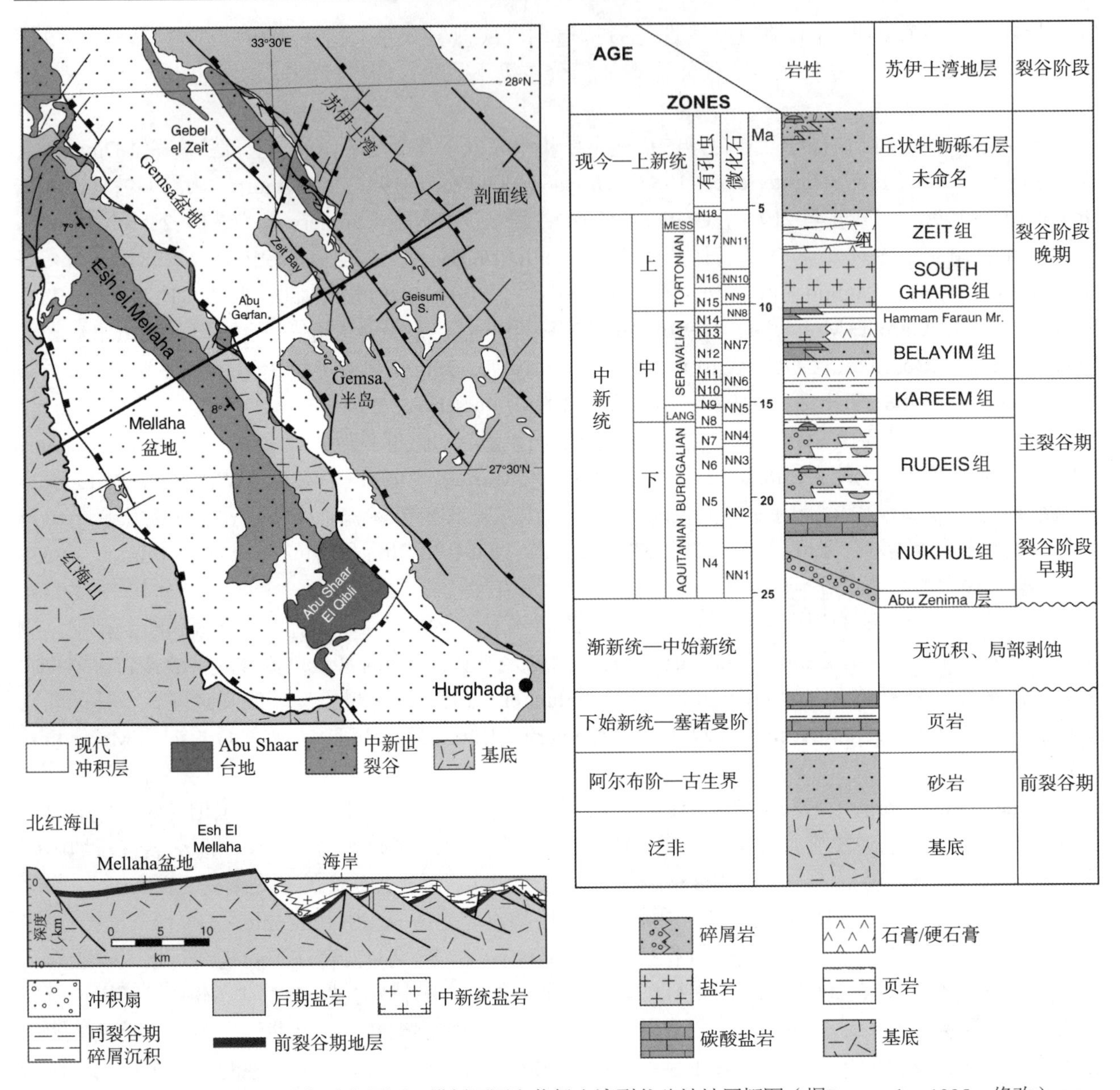

图1 Esh el Mellaha断块构造位置图、横剖面图和苏伊士湾裂谷盆地地层概图（据Bosworth，1995，修改）

Abu Shaar台地可能是Serravalian Belayim组的一部分（Bosworth等，1998）

构造上，苏伊士湾裂谷以北西—南东走向张性断裂为特征，这些断裂还是旋转断块的边界（图1；Colletta等，1988；Bosworth，1995）。在裂谷西南部，这些断块被阿基坦阶（Aquitanian）—兰盖阶（Langhian）裂谷层系覆盖，主要由海相—滨海相组成，其中包含了断块碳酸盐岩台地（James等，1988；Burchette，1988；Evans，1988；Richardson和Arthur，1988；Bosworth等，1998；Purser等，1998；Cross等，1998）。沿苏伊士湾裂谷边缘，陆源碎屑与碳酸盐沉积的相互影响非常明显。在主裂谷期，即断层活动和沉降最大的时期，陆源碎屑沉积占主导地位（例如Rudeis组）。一旦有效的搬运体系形成，裂谷边缘地形起伏产生碎屑物注入，这反映了构造的强烈控制作用（Gupta等，1999；Sharp等，2000a；Sharp等，2000b；Young等，2000）。碳酸盐沉积存在于裂谷活动早期，但是时间短暂，而且空间分布局限（Gawthorpe等，1990；Gupta等，1999；Winn等，2001）。在苏伊士湾裂谷活动后期（塞拉瓦莱期，Serravallian），断裂驱动的沉降变慢（特别是裂谷边缘地带），而裂谷轴线方向反而变快。这时，断块（例如Esh el Mellaha）活动减弱，从而为碳酸盐岩台地（例如Abu Shaar台地）的发育提供了理想的浅海基底。在裂谷盆地演化后期这一稳定时期，类似Abu Shaar这样的碳酸盐岩台地的存在是短暂的，但是它们提供了同沉积构造作用的确凿证据。生物礁及与之相关的相带在现代碳酸盐岩沉积体系中依然占有重要地位。位于Abu Shaar台地以北40km的Gebel Zeit断块，是一个部分暴露的旋转断块，其岩性构成受断块所在位置影响，主要由碳酸盐岩和碎屑岩组成（Burchette，1988；Roberts和Murray，1988）。在苏伊士湾裂谷构造活动中心地带，在Zeit–Shadwan断块抬升的基底上，也有小型碳酸盐岩台地发育（Roberts和Murray，1988；Jackson等，1988）。

二、Esh el Mellaha断块和Abu Shaar台地

Esh el Mellaha是沿苏伊士湾裂谷西南边缘抬升的大型旋转断块的断层下盘边缘（图1，图2）。断块北东向的陡坡，代表了一个向东北方向Gemsa半地堑下倾（60°）的退却断层线崖。这一断块边缘断层的位移为4～6km（Bosworth，1995）。Esh el Mellaha断块以小于5°的倾角向西南方向倾斜，并逐渐过渡到Esh el Mellaha半地堑。其西南边界是代表裂谷边界断裂和裂谷肩的红海山。裂谷边界断裂的位移大约为3km（Bosworth，1995）。往东南方向，Esh el Mellaha断块断距减小，Abu Shaar台地中中新统（碳酸盐岩和碎屑岩）超覆其上（图2，图3）。沿Esh el Mellaha断块的东北边缘，在断层线崖上有几个北东—南西向到南北向的凸起，表明该断块与裂谷方向平行的趋势被局部发育的横断层复杂化了（图1）。Esh el Mellaha断块东南方向边界是一个横断层，其延伸至红海山边界断裂（图1）。

Abu Shaar台地是一个出露良好的碳酸盐岩台地（混积台地），位于Esh el Mellaha断块的断层断层下盘和上盘倾向坡。碳酸盐岩岩相为细粒白云岩（James等，1988）。Abu Shaar地区，下伏断块是前寒武系火成岩和变质岩基底。沿Esh el Mellaha断块断层上盘倾向坡走向，数千米的露头剖面表明前裂谷期地层已经被剥蚀至中中新统（图1）。露头资料表明，Abu Shaar台地被一系列垂直于裂谷轴向的旱谷切割，这些旱谷提供了横切台地的剖面。在Abu Shaar台地的东北边界，一条主要的旱谷（Wadi Bali'h）提供了一条部分横切断块上盘倾向坡的剖面。在剖面上，台地地层呈北东向超覆在断块之上。Abu Shaar台地沉积相和层序的解释受益于它是一个被动发育的台地，它形成时期（中新世）的地层和形态得到了很好的保存。Burchette（1988）、James等（1988）和Cross等（1998）已有著作详细论述Abu Shaar台地的沉积学和层序地层学解释，这里强调台地的三维形态、沉积相以及构造—沉积关系的对比。Abu Shaar可能是世界上出露最好的断块碳酸盐岩台地的代表（图2）。

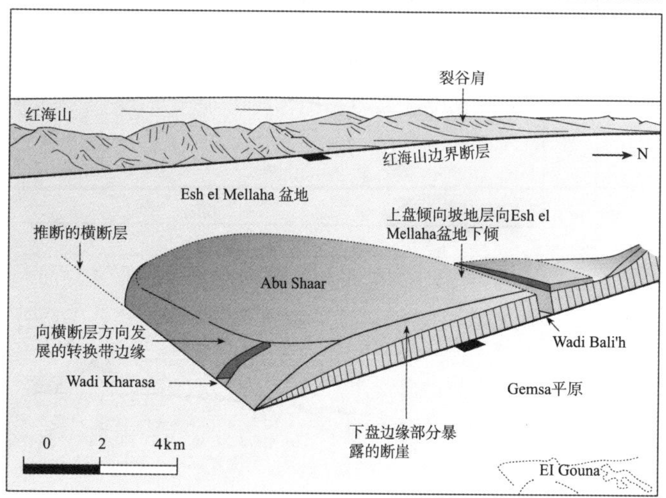

图2　Oblique卫星照片（来自谷歌地球™，自西—西北方向）和Esh el Mellaha断块概图

说明了Abu Shaar台地的构造—沉积关系

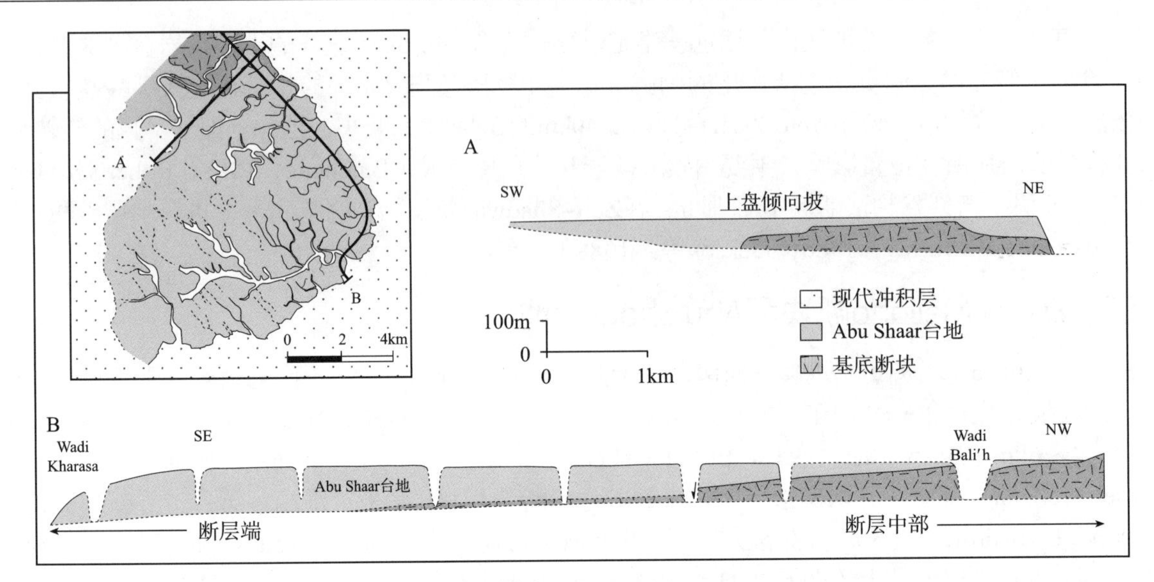

图3 Abu Shaar台地剖面图（A—倾向方向，B—走向方向）

展示了台地完整的几何形态及与下伏断块的关系

（一）地层与沉积特征

James等（1988）将Abu Shaar台地的地层划分为3个非正式单元（Kharasa段、Esh el Mellaha段和Bali'h段），大体上包含了Burchette（1988）所说的3个层序。Cross等（1998）则将其划分为9个沉积层序（DS1—DS9；图4）。DS1—DS3对应于Burchette所指的层序1和James等所说的Kharasa段，DS4—DS6对应于层序2和Esh el Mellaha段，DS7—DS9对应于层序3和Bali'h段。想要了解三种地层划分方案的详细对比，可以参考Cross（1998）的文章。从更大的尺度上看，Abu Shaar台地最初上超在裂谷盆地基底之上，然后又表现为礁—环潮坪碳酸盐岩的退积序列。同时，自断块上盘倾向坡向西南方向，碎屑沉积进积作用变强（图4）。Abu Shaar台地的地层和沉积学特征可以从以下三个方面来理解。

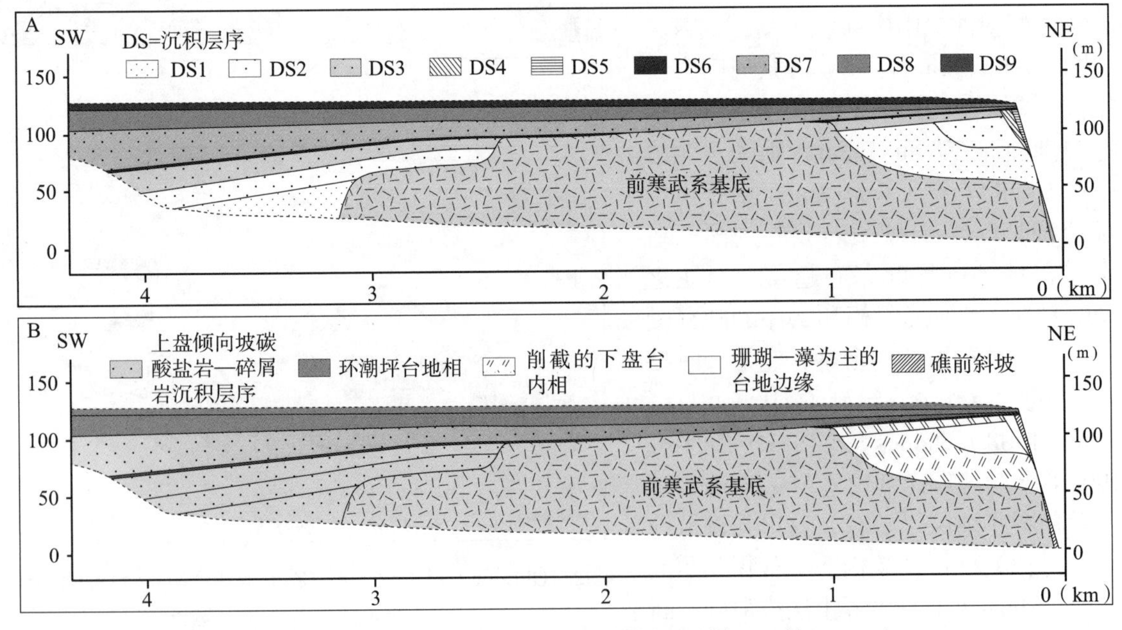

图4 Abu Shaar台地北东—南西走向横剖面（据Cross等，1998）

揭示了自Esh el Mellaha断块断层下盘（东北方向）至上盘倾向坡（西南方向）沉积层序（A）和沉积相（B）的分布特征

1. 断层下盘边缘

从下盘东北边缘至Abu Shaar台地方向，以相对薄层（0～100m）的碳酸盐岩沉积序列为特征（图4）。东北部斜坡为开阔海相的高能珊瑚礁及礁前角砾岩，向西南方向过渡为低能的台内微晶灰岩相（图4，图5）。近水平的台地顶部地层自东北向西南方向超覆在断块断层下盘之上，从西南向东北有薄层的河流—海滩砾岩条带分布。

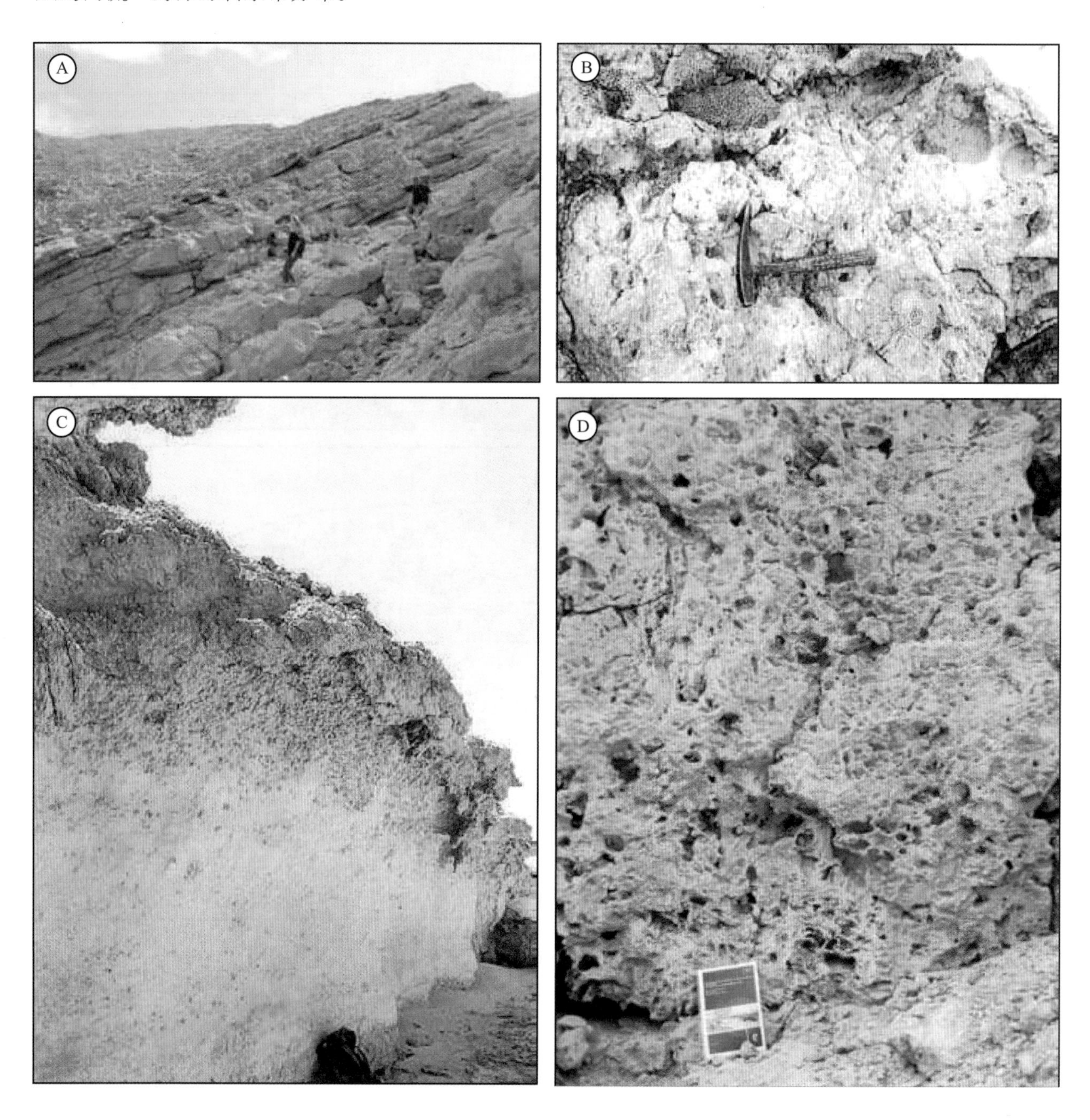

图5 Abu Shaar断层下盘台地和转换带台地部分沉积相类型

A、B—礁前斜坡沉积，含粗粒颗粒灰岩和再沉积的珊瑚藻灰岩（DS5）；C—代表了藻粒泥晶灰岩—砾屑灰岩向上变粗的准层序（DS2；地质包为比例尺）；D—原地生长的珊瑚格架灰岩，可见发育完好的滨珊瑚和巢珊瑚（DS2；A4大小的野外指南为比例尺）

DS1的底代表了前裂谷期—同裂谷期台地与下伏断块之间的不整合（图3、图4和图6）；DS2的底是一个倾斜的侵蚀面，穿过Wadi剖面沿着断层下盘台地边缘可以追踪；DS3的底以很小的角度（西南向1°～2°）向台地中部倾斜，代表了断块小规模的旋转。DS1—DS3（James等所指的Kharasa段，1988）以台地—台内加积沉积为主，被位于DS4和DS5（Esh el Mellaha段，James等，1988；层序2，Burchette，1998）台缘礁底部的倾斜的侵蚀面削截，或是被自身的断层下盘边缘断层带所削截（图4）。DS4和DS5位于抬升的断层下盘台地边缘近斜坡位置，被解释为台缘崩塌后生物礁建造修复阶段的产物（图6）。其上被台地生物层建造覆盖，最厚可达3m（图4）。

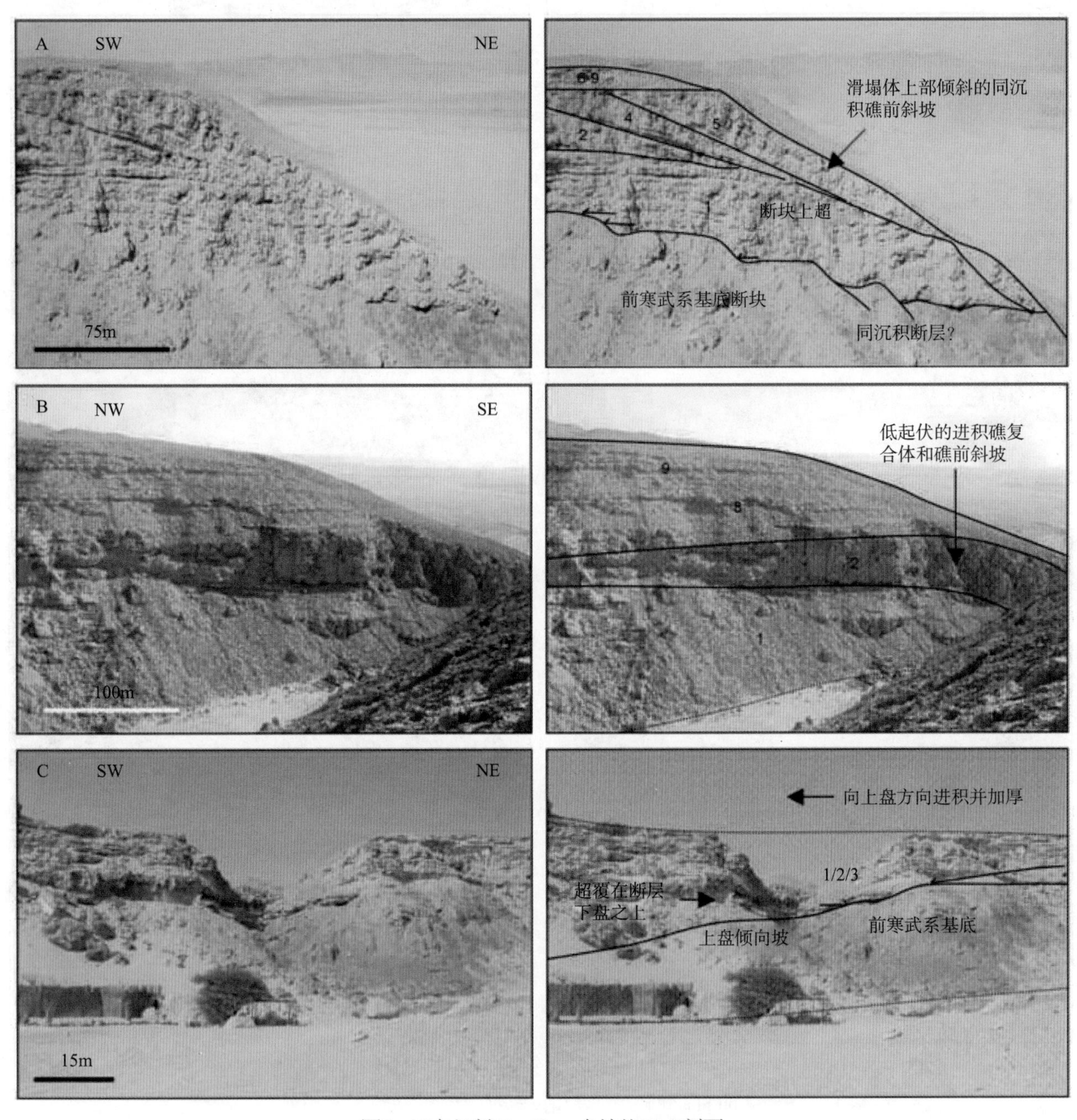

图6　三条切割Abu Shaar台地的Wadi剖面

突出了构造沉积环境的对比。A—断层下盘Wadi Bali'h东南的台地边缘剖面揭示了上超在下伏断块之上的楔形台地、滑塌痕迹和高地势起伏边缘；B—Wadi Kharasa出露的转换带边缘，揭示了这一背景下台地地层较厚、发育结构平缓的进积台地边缘的特征；C—台地内部Wadi Bali'h剖面表明上盘倾向坡地区发育加积—进积的碳酸盐岩—碎屑岩混积沉积序列。剖面上的数字为Cross等（1998）所指的沉积层序

Abu Shaar台地断层下盘部位的上部地层（DS7—DS9）由各种潮间带沉积物组成，包括叠层石、低分异度的珊瑚生物层、泥晶灰岩以及由细的球粒灰岩和低分异度骨架颗粒灰岩组成的席状砂体（图7）。

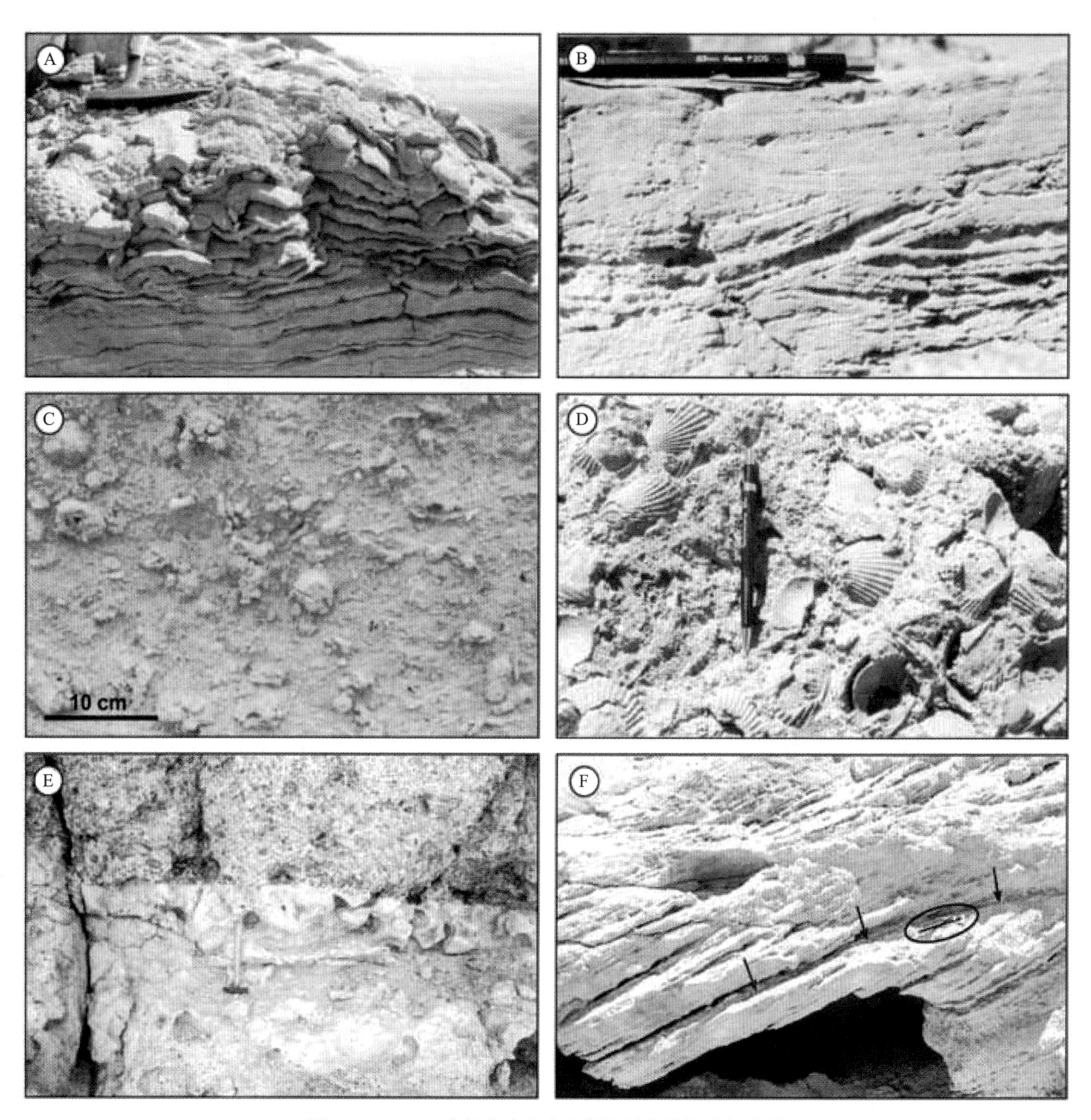

图7　Abu Shaar台地台内和上盘倾向坡部分沉积相类型

A—叠层石；B—环潮坪沉积地层（DS8），含槽状交错层理的鲕粒—球粒灰岩，同时期上盘倾向坡发育碳酸盐岩—碎屑岩混积台地相；C—富含藻类（红藻）的长石砂岩（DS2）；D—富含海扇蛤属的长石砂岩（DS3）；E—珊瑚藻叠层石与上覆河流相砾岩之间的侵蚀面；F—交错层理长石砂岩揭示了潮汐作用诱发的交错层（箭头，笔为比例尺）

2. 转换带边缘

Esh el Mellaha断块的东南方，断距显著减小，张性断层通过一条北东—南西走向横断层与红海山边界断层连接（图2；Bosworth，1995）。由于没有出露地表，所以很难确定台地边界横断层的断距，根据二维地震资料可以估算大约是几百米（Bill Bosworth）。Wadi剖面与Wadi Kharasa地区断层下盘台地边缘沉积可以对比，Wadi Kharasa地区有一条出露良好的朝向东南的台缘带（图6B）。在断块台地的这一位置，碳酸盐沉积明显较断层下盘边缘要厚（超过120m），表现为进积的几何形态，但较断层下盘的倾斜角度更平缓，并且珊瑚藻粘结灰岩相更发育（图5，图6）。

在Wadi Kharasa地区，DS1暴露有限，并被DS2底部的侵蚀面削截。DS2由进积的生物礁单元组成，最厚达50m。与断层下盘不同，DS2在台地边缘部位没有见到削截的痕迹，而是向东和东南方向延伸至发育良好的进积礁前角砾斜坡（图6B）。还没有确凿的证据证明DS3与DS4和DS5的礁（斜坡边缘）有相互联系。DS6中的礁生物层与断层下盘边缘类似，而DS7，DS8和DS9的厚度要比断层下盘对应的层位厚很多（最厚可达40m）。

3．上盘倾向坡边缘

Abu Shaar台地的上盘倾向坡只有Wadi Bali'h地区出露良好，由120m厚的碳酸盐岩—碎屑岩混积物组成，表现为低位退积趋势，与断层下盘的特征类似（图4）。台地向东北方向超覆在倾斜断块表面之上，总体上表现为进积的形态（图6C）。抬升的基底露头阻隔了断层下盘和上盘倾向坡之间的联系，这说明台地上超在断块之上。

下部地层（DS1—DS3）主要由互相叠置的碎屑岩和碳酸盐岩组成，交错层理发育的薄层长石砂岩非常普遍，并与更为丰富的碳酸盐沉积互层。长石砂岩由细砂岩和粗砂岩互层组成，并在东南方向的均匀斜坡上形成前积层（图7）。长石砂岩解释为被平行于裂谷轴向沿着走向的潮流改造过的潮汐席状砂体的产物，它们与更细的长石砂岩互层，呈现向上变粗的旋回，单个旋回的厚度可达4m。在DS3顶部，碳酸盐岩成为主要沉积物类型，有数个横向分布较广的珊瑚藻生物层发育，最厚达3m（图7）。

DS6盖在台地下部层序之上，是一个形成于高地的生物层，可在整个台地内追踪。潮下富砂的泥晶灰岩覆盖在这一标准层之上（DS7），从东北方的断层下盘边缘到西南方的上盘倾向坡都表现为厚层块状沉积（图4）。这一层序内局部有东北向的大型交错层理发育。其上的DS8潮间带沉积，表现出相同的厚度变化，说明水平的DS6生物层沉积后，构造活动导致断块旋转，可容空间发生变化。

（二）Abu Shaar台地演化的控制作用

海相裂谷盆地地层演化特征在文献中已有详细的论述（Ravnås和Steel，1998；Gawthorpe和Leeder，2000）。这些讨论主要针对裂谷盆地演化过程中的碎屑岩体系，尽管其中许多控制因素与相对应的碳酸盐岩体系也相关。裂谷盆地地层结构主要受与构造活动和海平面变化导致的可容空间变化相关的沉积物供给（碎屑物注入和碳酸盐生产）的控制。碳酸盐岩地层特征受气候因素影响强烈，并可能受局部因素控制，例如营养物质供给和水循环条件。下面的章节强调了影响Abu Shaar台地演化的控制作用，以及影响裂谷盆地中碳酸盐岩体系演化的主要因素。

构造作用、全球海平面变化和沉积物供给共同控制了裂谷盆地中碳酸盐岩台地演化所需的可容空间。

1．构造作用

构造作用引起的盆地沉降导致了可容空间变化，但更普遍的是单个断层的局部活动。正断层的垂向活动造成同震上盘沉降和断层下盘抬升（Jackson和McKenzie，1983；Stein和Barrientos，1985），进而导致断块发生旋转。现代活动拉张盆地的数据表明，与断层相关的沉降是阵发性的，就像地震一样，其落差最大可达5m（Leeder，1995）。在过去的数千年里，希腊Patras湾断层的滑动速率是2～5m/ka（Chronis等，1991）；美国犹他州断层的滑动速率为2～5m/ka（Machette等，1991）；希腊Pisia断层的滑动速率是0.5m/ka（Roberts等，1993；Machette等，1991）。断层下盘紧邻张性断层的抬升量是位移总量的10%～15%（Jackson和McKenzie，1983）。

构造作用在Abu Shaar台地演化过程中起着重要作用。在早期构造活动形成的古地貌上稳定发育的台地层序，可以帮助将构造活动对可容空间的控制作用与后构造期的影响区分开。

（1）同沉积期断块旋转形成倾斜的上盘倾向坡，并且其旋转轴向（支点）逐渐下倾，这就形成了楔形的可容空间以及在断层下盘向上盘倾向坡盆地分布的扇形地层（图4，图8）。在Abu Shaar台地倾向坡可以识别出这些倾斜的地层、构造层序以及层序边界（DS3、DS7和DS8）。这些特征在相对应的过渡带台地边缘地层中是不存在的。Abu Shaar台地地层向西南方向的倾角是非常小的，通常不超过2°，但是通过密集的剖面测量和全景剖面还是能够识别的，而且在千米级别的尺度上，能够造成厚度的明显变化。

（2）断块旋转还导致其边界性质在空间上发生变化。断层下盘抬升，受到大气水成岩作用影响而导致断层下盘台地层序剥蚀。在倾向坡层序中，这些层面与同时代的海泛面是相互联系的（例如Abu Shaar台地DS7的底；图8）。但是在转换带则没有确切证实的这类界面。这种等时界面在空间上的差异性与区域上相对海平面变化产生的层面形成鲜明对比，后者具有相似的特征并贯穿整个台地和台地边缘（Pomar，1991）。

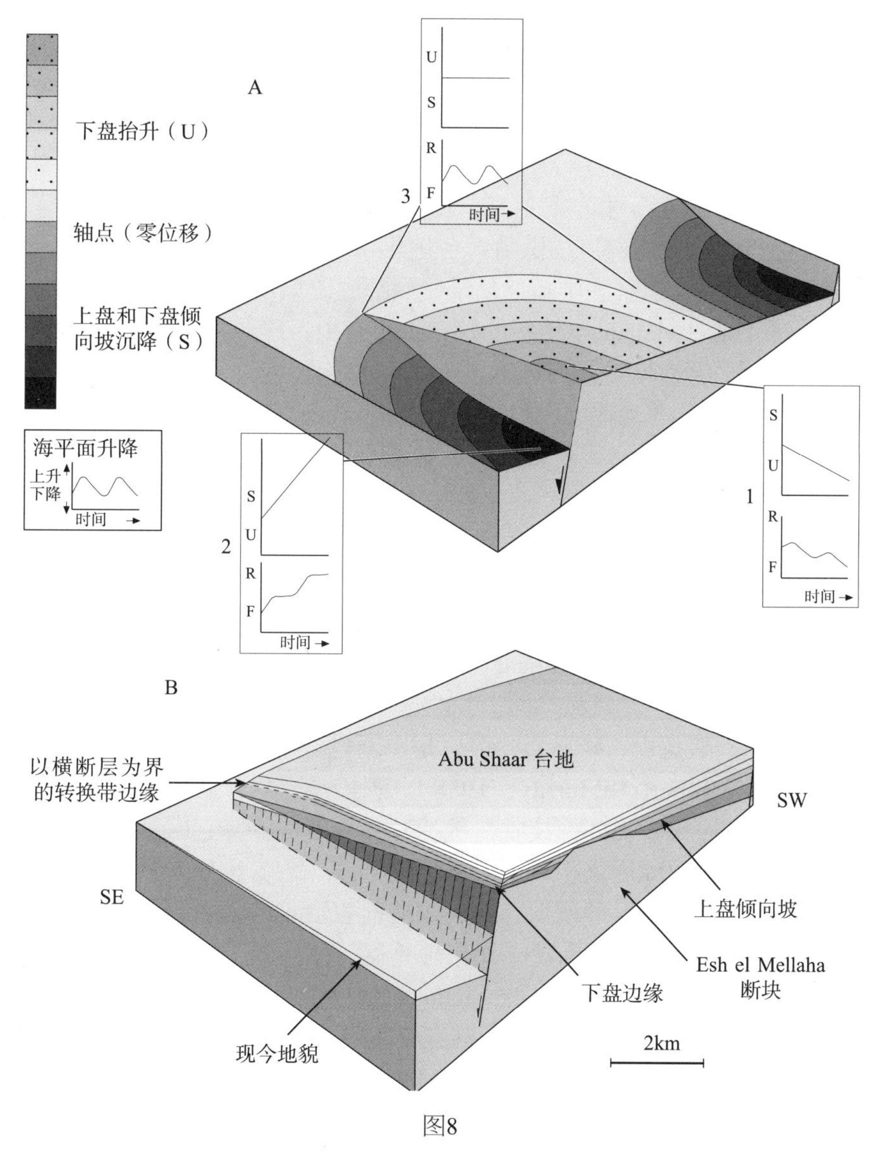

图8

A—张性断块构造活动导致的可容空间变化。位置1—3中的上图说明了抬升区（U）和沉降区（S）可容空间的大概变化（据Gawthorpe等，1994，修改）；下图利用断距与三级海平面波动旋回的叠置，说明实际的可容空间变化。B—Esh el Mellaha断块断层下盘可容空间的变化，台地层序几何形态是其证明

（3）台地演化阶段形成的断层移动可能导致断层下盘地层的削蚀。Abu Shaar台地沿台缘带DS1和DS2台地沉积的暴露，证实了沿断层下盘台地边缘发生了断层移动。个别情况下，沿断层下盘台地边缘局部的崩塌断崖并不能说明这就是构造活动边缘，因为这种情况同样可以发生在沉积作用形成的陡峭边缘（James和Ginsburg，1979）。

2. *海平面变化*

Ravnås和Steel（1998）提供了海平面变化率和断层位移的对比关系，指出除冰期外，构造驱动的可容空间变化要远大于相对海平面波动所造成的。在Abu Shaar台地，同一断块内断层下盘边缘和上盘倾向坡剥蚀面（例如DS2底）的关系说明了这种对可容空间的局部控制作用。因为Abu Shaar台地的生长可能发生在后裂谷期（塞拉瓦莱期），这时断裂造成的沉降已经显著减弱，所以在台地地层中见到较多区域海平面波动影响的记录是不奇怪的。

3. *碳酸盐生产和碎屑物供给*

裂谷盆地形态的影响，特别是同沉积构造活动对碎屑岩沉积体系复杂的控制作用，在文献中多有记载（Leeder和Gawthorpe，1987；Dart等，1994；Gawthorpe和Hurst，1993；Gawthorpe等，1994；Ravnås和Steel，1998；Young等，2000，2003；Sharp等，2000a，2000b；Gawthorpe和Leeder，2000）。Ravnås和Steel（1998）系统总结了影响沉积物供给的因素，包括气候、内陆规模及邻近程度（例如盆地内高地与裂谷边缘物源区的差异）和前裂谷期基底特征。

在Abu Shaar台地上盘倾向坡，碎屑物供给对台地相带和几何形态的控制尤为重要。此外，Esh el Mellaha断块位于裂谷边缘部位，这样在中新世易于受到陆源碎屑物的影响。注入Abu Shaar台地的碎屑物主要是来自裂谷边缘和Esh el Mellaha半地堑的轴向，也有少量碎屑物来自断块本身。

碳酸盐的生产速率是裂谷盆地中控制碳酸盐岩体系的关键因素。现代浅水碳酸盐岩台地边缘最大的生长速率与前述的正断层平均移动速率（1～4m/ka；Bosence和Waltham，1990；Bosence等1998）是接近的。然而，台地内碳酸盐生产速率变化很大，边缘礁是生长速度最快的。在不同地质历史时期，由于形成碳酸盐的生物的演化，碳酸盐生产速率也是有变化的（Wright和Burchette，1996）。

因为断层下盘Abu Shaar台地碳酸盐生产靠近海平面，所以台地生长只能发生在构造稳定期，即可容空间变化反映了碳酸盐生产和相对海平面上升之间的平衡。相对海平面上升可能受控于盆地沉降和（或）海面升降。断裂活动期，断层下盘抬升导致相对海平面下降，并最终导致台地边缘暴露剥蚀，更剧烈的断裂活动引起台缘带崩塌。在Abu Shaar台地上盘倾向坡，断块旋转形成的可容空间被碳酸盐岩和碎屑岩充填，充填速率能够赶上相对海平面上升的速率，总体上形成了加积的序列。

Abu Shaar台地地层中碳酸盐岩与碎屑岩共存，是中新世干旱气候环境的反映。现代苏伊士湾边缘也存在极为相似的相类型（Roberts和Murray，1988）。碳酸盐岩与碎屑岩相带如此接近，可能是干旱环境下季节性碎屑物注入的原因。另外，裂谷盆地抬升作用形成的隆起区紧邻主要的沉积中心，相对短的搬运距离导致主要形成粗粒碎屑沉积，这对水体清洁度、营养物质含量都有负面影响，并最终影响能形成碳酸盐的生物的生长。潮湿环境下，断块碳酸盐岩台地的发育更可能受稳定注入的细粒碎屑沉积物的影响，特别是靠近裂谷边缘的断块。东南亚地区许多古近—新近纪断块碳酸盐岩台地已有论述，它们多形成于潮湿气候环境（Fulthorpe和Schlanger，1989），这些碳酸盐岩台地多位于相对独立的断块之上，碎屑物质注入的影响是微乎其微的，甚至根本就没有影响。

前裂谷期Esh el Mellaha断块基底的性质同样对Abu Shaar台地演化有重要的控制作用。台地碳酸盐岩上超在前寒武系结晶基底之上，一直到河流—滨岸沉积边缘，其延伸距离相对较短（10～20m）。尽管源自基底的砾岩和断层下盘的上超层说明在Abu Shaar台地生长过程中，基底发生过暴露，但从体积上看，粗粒的冲积扇沉积并不是台地地层中重要的组成部分。坚硬结晶基底的侵蚀作用较弱，这样的话，在碳酸盐岩沿断层下盘高点周围开始生长之前，形成一个相对清水的环境。在结晶程度不高的断块基底上形成的碳酸盐岩台地，则可能会形成含有更多碎屑岩的地层。

4. 水循环

风驱动的或是潮汐造成的水体循环从某种程度上导致大多数浅海碳酸盐岩体系横向上的相变化（Harris和Kowalik，1994）。在Abu Shaar台地很难了解沉积相沿走向方向的变化，因为沿断层下盘边缘地层被削截，并且台地内部的露头是有限的。在台地上盘倾向坡，含交错层理的长石砂岩证明曾经有平行于裂谷构造的潮流存在。在这种背景下，轴向流体可能会被下伏半地堑地形中的浅水海湾加强（Leeder和Gawthorpe，1987；Gawthorpe和Leeder，2000）。

在现代苏伊士湾，区域风（夏马风）受地形影响而转向，并在朝向盆地的山坡被昼夜温差逐渐加强，形成东南向的持续强风（8～15m/s）和波浪（Roberts和Murray，1988）。Roberts和Murray（1988）描述了这种盛行海流对北西—南东走向的Ashrafi台地的影响。这是一个位于苏伊士湾南部的现代同构造期断块碳酸盐岩台地，与Abu Shaar台地不同的是，这个同构造期下盘台地位于苏伊士湾裂谷的相对中心部位，所以它不受裂谷边缘碎屑物注入的影响。Ashrafi台地迎风面边缘以礁为主，背风面边缘则为条带状碳酸盐岩沙滩。这个台地也被北西—南东向（平行裂谷方向）的潮道切割。

三、构造—沉积模式

中中新统Abu Shaar台地三维露头和已发表文献中类似裂谷相关台地的对比，揭示了台地的几何形态和沉积相展布特征，它们是本文所论述的台地构造—沉积模式的基础。这些模式又分为同构造期和后构造期两类。同构造期台地是指裂谷盆地中断裂活动期形成的碳酸盐岩沉积体系，后构造期台地是指张性断裂活动期之后，发育于断裂造成的早期裂谷地貌之上的碳酸盐岩沉积体系。同时也讨论了位于转换带的碳酸盐岩台地。

（一）同构造期台地

1. 断层下盘边缘

伸展断裂活动期，伴随着断块沿水平轴向的旋转，发生断层下盘抬升上盘沉降（Jackson和McKenzie，1983；Stein和Barrientos，1985）。抬升和沉降、断层相关的削截以及台地边缘垮塌，这种相对短暂的事件导致了断层下盘边缘地层的典型特征（图9）。

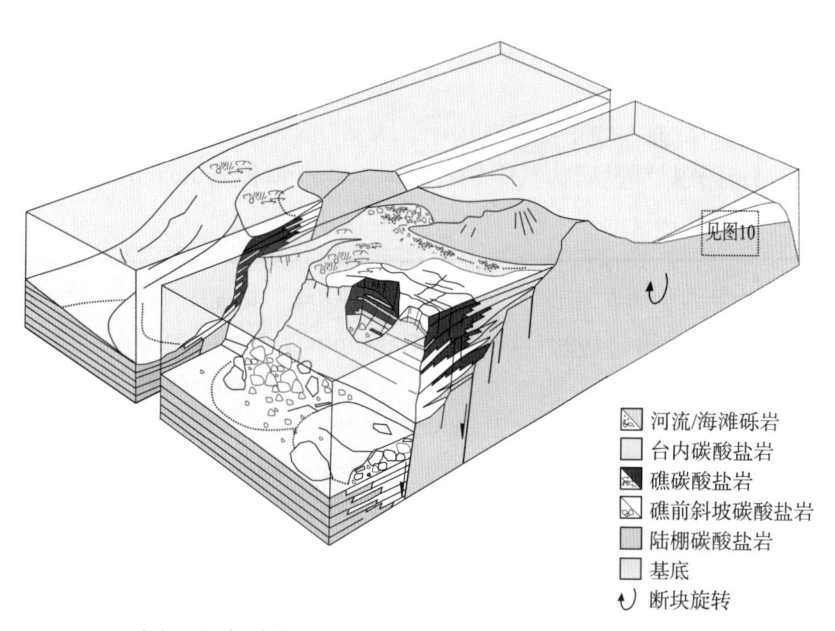

图9 同构造期断层下盘碳酸盐岩台地构造—沉积模式

揭示了断层下盘抬升和相对海平面下降（例如岩溶作用）的影响，早期进积边缘随断距的增大而被截切。碳酸盐岩台地边缘沿走向的变化受断层位移量的控制

强烈旋转的断块（例如形成于裂谷后期的断块），倾向于形成相对狭窄的可供碳酸盐岩台地生长的基底，如果在断层下盘抬升期断块出露，则会使这种特征更加明显（图9）。后一种情况下，在断层下盘断崖会很快形成狭窄的边缘台地（例如现代苏伊士湾裂谷Gebel Zeit）。断层下盘地形起伏程度受几个因素控制：断距、相邻的倾向坡盆地水深、断块岩性和剥蚀率。断层性质也有控制作用——分段（阶状）断层区域地形起伏程度较低，而孤立断块边缘断层则形成陡峭的断块边缘。断层下盘抬升部位的沉积表述包括所有与相对海平面下降相关的台缘带的特征，特别是陆上剥蚀作用和大气水成岩作用（Leeder和Gawthorpe，1987）。这些特征是陆棚区碳酸盐追赶海平面生长的特殊证据，尽管大气水成岩作用强度取决于当时的气候条件（Sun和Esteban，1994）。潮湿气候条件下，会形成土壤、岩溶面和洞穴系统，并伴有河流沉积；干旱气候条件下，则形成钙结层和根结核，或是风成沉积中的蒸发岩（Tucker和Wright，1990）。

断层下盘边缘抬升幅度在空间上也是变化的，这取决于断块和边界断层的局部几何形态。Gawthorpe等（1994）曾预测I型层序边界在断层段中部最易形成，在这里抬升幅度是最大的，而且多数台地边缘加积生长追赶海平面，所以相对海平面轻微的下降都能导致I型层序边界的形成（图8）。

在Abu Shaar台地边缘，沉积层序的剥蚀削截是相对海平面下降的唯一证据。James等（1998）将方解石形成归因于断层下盘暴露大气水成岩作用，然而后来Clegg等（1998）证实这是热液成因的，与断块边界断层带热液活动有关。Clegg等（1998）描述了沿断层下盘边界Kharasa和Esh el Mellaha组内各类洞穴堆积物和蒸发岩残余，这些沉积物与台地生长过程中断层下盘的抬升有关。

Rosales等（1994）描述了西班牙北部Castro Urdiales断层下盘台地阿尔布阶（Albian）中与台地暴露相关的不整合面和岩溶作用。这被看作是断块旋转导致断层下盘处于低水位的结果。相关的低位体系域沉积包括充填古岩溶、深切谷的沉积物。Pickard等（1994）研究了都柏林盆地狄南阶Balbriggan台地断层下盘上的下切作用和砾石沉积物（Smuggler's Cave组），这被解释为断层下盘抬升的响应。澳大利亚坎宁盆地弗拉期—法门期（晚泥盆世）礁复合体内的古岩溶面，同样与断块旋转和断层下盘抬升有关（Chow等，2004）。在南苏拉威西Tonasa台地，Wilson和Bosence（1996）利用邻近的倾向坡盆地中出现的位于台地顶部改造过的洞穴沉积物来说明断层下盘的抬升事件。

断层下盘碳酸盐岩边界的位置邻近断层带，这意味着容易形成台地边缘坍塌。在构造活动期，可以是地震活动触发陡峭的台地边缘发生崩塌，或是台地边缘进积造成坍塌，从而沿台地边缘形成水下断崖（图9）。这类事件能影响下伏断块基底，从而导致基底与过于陡峭的台地边缘的分离。再次沉积的碳酸盐岩包含改造过的基底碎屑岩，它们沿断层下盘断崖分布，这被看作与构造活动事件有关（Wilson和Bosence，1996）。然而在稳定构造环境中，大量同时代断崖堆积物进入到邻近盆地中的现象也十分普遍，这在古代和现代碳酸盐岩体系中均有发现（Mullins和Neumann，1979；James和Ginsburg，1979）。

断层下盘台地边缘削截是断块碳酸盐台地断层活动的直接证据。断层活动最主要的残留证据是位于断层下盘的台地被切割，在台内沉积之上形成新的台地边缘（Read，1982；图9）。尽管在英格兰北部（利用井和地震资料；Ebdon等，1990；Fraser和Gawthorpe，1990）和爱尔兰（利用井和露头资料；Pickard等，1994）狄南阶中解释出类似的台缘，但Abu Shaar台地Kharasa组（DS1—DS3）可能是断层下盘边缘削截的最好实例（James等，1988；Burchette，1988；Cross等，1998）。

断层下盘碳酸盐岩台地边缘对断层活动的响应，取决于断层活动的强度、移动量以及台地边缘断层带的几何形态。在断距较小的地方，小尺度的同沉积断层使断层下盘地层向盆地方向增厚。在Abu Shaar台地的局部可以观察到这种现象（图6A），在这些地方小型断层切割DS1的底及下伏断块。小断层的断距也能导致下倾的台地边缘，当断层落差通过数个断块边界断层来反映时，这种现象尤为普遍（图9）。Bosellini等（1981）指出，意大利北部下侏罗统，Trento和Friuli断层下盘边缘向盆地方向加厚，并包含一系列下倾的断层。Hurst和Surlyk（1984）也在格林兰岛北部志留系中识别出典型的阶梯状台地台缘。美国Captian台地上二叠统台缘带中也解释出同沉积断裂（Kosa等，2003；Kosa和Hunt，

2006），作者描述了台地边缘外带5～6km范围内大量陡直的张性断裂及相关裂缝体系。这一条带沿着平行于边缘的方向延伸33km，断距最大可达30m。台地中，多数断层向上倾斜，并可见到明显的岩溶发育特征。同沉积断层和节理在现代苏伊士湾裂谷盆地更新世生物礁中也有记录（Strasser等，1992；Strasser和Strohmenger，1997）。裂缝平行于主要的断层走向，向上消失在更新的生物礁地层中，沿裂缝见有成岩改造作用（例如Ras Mohammad，Sinai）。

2. 上盘倾向坡边缘

上盘倾向坡碳酸盐岩台地的发育主要受控于它们在裂谷边缘的相对位置。例如Abu Shaar台地，邻近裂谷边缘，易于形成碳酸盐岩—碎屑岩混积层序（图10B）；而在孤立断块上形成的台地，远离裂谷边缘，则易于形成以碳酸盐岩为主的层序（Rosale等，1994；图10A）。前裂谷期基底或盆地基底的特性导致了这种广义模式的复杂性。尽管断块从裂谷边缘分离，远离主要物源区，陆缘碎屑注入量很少，但是断层下盘地貌高部位碎屑岩母岩的剥蚀仍旧影响了靠近盆地中心部位的断块碳酸盐岩台地的地层特征（Ravnås和Steel，1998）。

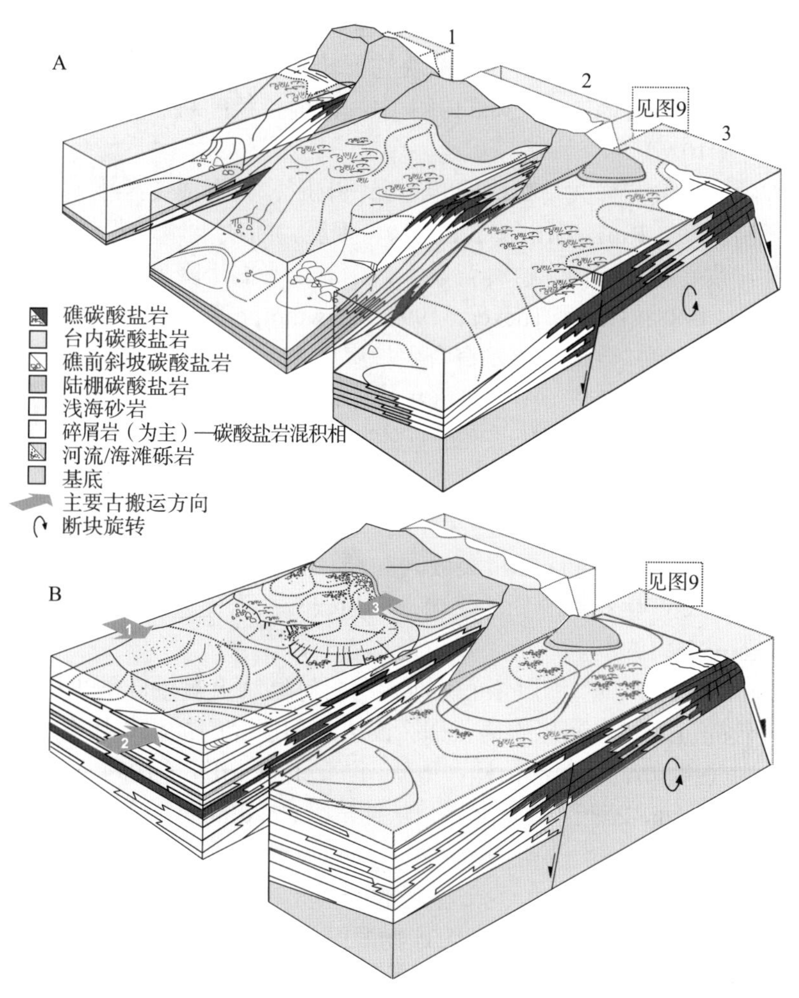

图10　构造活动期上盘倾向坡台地边缘构造—沉积模式

A—远离裂谷边缘的倾向坡台地，断块旋转控制了台地几何形态和沉积相展布。台地结构复杂，因为受断层下盘抬升导致的上盘倾向坡逐渐变深和同时期海平面下降联合控制。这类台地在相对海平面上升地区表现为平缓的几何形态、退积叠置样式和以海泛面为沉积层序的边界（2）。如果断块旋转幅度大，台缘带可能持续后退最终沿抬升高地周围形成狭窄的裙边（1）。反向断层也能局部抬升倾向坡地层（3）。B—断块旋转对靠近裂谷边缘混积台地的影响。碎屑物来源包括：断层下盘高地活化、沿断块上盘轴向的沉积物供给（1）、裂谷边缘（2）和相邻的断层下盘局部高地（3）

断裂活动期，由于断块的旋转，倾向坡经历了相对海平面上升；而在邻近的断层下盘翘倾区，相对海平面下降。下倾的上盘沉降区和上倾的断层下盘抬升区之间是过渡带，即为断块旋转的轴向（Leeder和Gawthorpe，1987；Ravnås和Steel，1998）。

从裂谷边缘分离的上盘倾向坡碳酸盐岩台地（发育在活动的旋转断块之上）的规模和几何形态，主要受控于断块宽度、断距规模、沉积体系与断块旋转轴的位置关系、碳酸盐产率和碎屑物注入量。断块边界断层每次活动形成的位移，造成上盘倾向坡发生轻微的倾斜。在地貌高部位浅水碳酸盐具有高的产率，这意味着倾向坡台地会补偿沉降和倾斜形成的可容空间，通常形成加积的地层叠置样式以追赶相对海平面上升。当碳酸盐产率超过相对海平面上升速度时，形成进积层序（图10A）。在这种背景下，每次断层活动对地形的影响是细微的。然而，连续的断层活动形成的断层移动，导致其相邻的上盘倾向坡盆地中碳酸盐岩台地地层的持续加厚。层序边界在下倾部位表现为具上超形态的海泛面，而在上倾部位海平面下降，发生侵蚀作用。倾向坡台地持续的倾斜和水体加深，可能加强了碳酸盐岩缓坡向镶边陆架演化的趋势（图10A；Bott和Johnson，1967；Leeder和Gawthorpe，1987）。

在沉降分异明显时期，上盘倾向坡发生明显旋转，位于旋转轴下倾方向的台地则形成退积的地层叠置样式，这是碳酸盐生产速率小于相对海平面上升速率的沉积响应（图10）。断裂驱动的高速沉降导致了台地淹没（Schlager，1981），但是仅仅是断块的旋转不足以造成整个台地的死亡，因为毗邻的断层下盘被抬升。在上盘倾向坡台地快速沉降的例子中，台地持续向断层下盘海岸线方向退却，导致狭窄散射状台地的发育（图10A）。

上盘倾向坡台地的退积叠置样式是断块旋转的沉积响应，其形成要早于台地淹没，这在一些特提斯洋发育的台地中已有记载（Ruiz-Ortiz等，2004）。相反，断块上倾端发育的上盘倾向坡沉积体系，可能经历了抬升，并导致暴露和侵蚀。这种背景下，相对海平面下降期间，强制性海退造成沉积相带向盆地方向迁移（Plint，1988；Hunt和Tucker，1992；Gawthorpe等，1997；Gawthorpe等，2000）。

断块旋转形成陡峭的边缘，台地顶部发育有生长扇（growth fan）。在Abu Shaar台地DS7、DS8和DS9层序中这种特征表现得非常清楚（图3）。沉积层序以海泛面为边界，横向上可与断层下盘同时代的侵蚀面对比。相对海平面下降、裂谷边缘和邻近的断层下盘高地侵蚀作用导致Abu Shaar台地中陆缘碎屑沉积大量存在。明显的地形变化和长石砂岩砂体局部侵蚀特征，是相对海平面下降期强制性海退造成的结果。

上盘倾向坡地区常被小型反向断层和次级同向断层切割，从而导致沉降和水体深度的突然变化。上盘倾向坡的断层活动产生小型的局部隆起，成为碳酸盐岩建造发育的基础（图10；Burchette和Wright，1992；Watchorn等，1998）。

Burchette和Wright（1992）论述了同沉积断层是如何限制上盘倾向坡地区碳酸盐岩缓坡的进积的。如果这些断裂导致的沉降差异明显的话，那么镶边陆架边缘的加积作用会以一种与断层下盘边缘所类似的方式快速生长（图10A）。在都柏林盆地狄南阶，Pickard等（1994）阐述了Balbriggan断块北部反向断层是如何造成Drogheda地区优先沉降，从而导致Chadian阶上盘倾向坡台地碳酸盐沉积异常加厚的原因。

上盘倾向坡边缘（邻近裂谷边缘）一个显著的特点是有陆缘碎屑物的影响（图10B）。邻近的断块断层下盘高地和裂谷边缘的抬升，导致腹地物源区的再生。陆缘碎屑来自抬升区，倾向坡的沉降为同构造期沉积物的聚集提供了可容空间。这种特征在Abu Shaar台地DS7层序中表现得非常清楚（DS7是一个同构造沉积层序）。在DS7层序，断层下盘地层中潟湖相泥晶灰岩横向上过渡到变厚的上盘倾向坡粗粒长石砂岩，砂岩中南东走向交错层理表明它们来自裂谷边缘（图4）。上盘倾向坡边缘中的碎屑岩是相对海平面变化和碎屑物供给相互作用的结果（Ravnås和Steel，1998）。当上盘倾向坡高沉降速率导致的相对海平面上升速率超过碎屑物供给速率时，台地进入以碳酸盐为主的沉积时期。与此相反，当沉降速率比较低，导致相对海平面上升速率不大于碎屑物供给速率时，则形成富含碎屑岩的碳酸盐岩台地。Abu Shaar台地上盘倾向坡地层中碎屑岩源自裂谷西南边缘Esh el Mellaha断块断层下盘高地。

断块旋转期间，如果相邻的断层下盘内陆区再次抬升剥蚀，碎屑物注入可能会导致碳酸盐岩台地死亡。当碎屑物供给速率超过可容空间增长速率时，最可能发生这种情况。这类台地以后构造期碳酸盐沉积与同构造期碎屑沉积互层为特征，记录了构造活动期与稳定期的交替。Bosence等（1996）描述的亚丁湾北部中新统就是一个这样的例子。这一实例的研究区位于一个小盆地中，裂谷边界断层陡峭，旋转幅度较小，断层上盘和下盘差异较小。断层活动导致裂谷边缘抬升剥蚀，碎屑物供给增加，形成进积的冲积扇和扇三角洲。随后，沉降及海平面上升使得在碎屑岩沉积单元之上形成了碳酸盐沉积。苏伊士湾裂谷盆地东部边缘下中新统也存在海侵碳酸盐岩沉积在扇三角洲碎屑岩之上的类似情况（Gawthorpe等，1990；Young等，2000）。

（二）后构造期台地

1. 断层下盘边缘

后构造期台地边缘的几何形态受控于下伏断块的古地貌特征，所以其特征是变化的。在陡峭的断层下盘断崖之上形成的楔形台地，封盖了早期断层，并且向海方向变厚（图11）。而长期暴露的陡坡，特别是裂谷晚期的断块，形成顶部相对平坦的板状台地（图11）。

断层下盘台地的规模受几个相互关联的因素控制，包括：断块规模、旋转量以及断层下盘—上盘过渡带的地形变化。大的断块旋转幅度较小，裂谷期形成的古地貌被侵蚀作用改造，形成广阔的浅水区。已经证实，随着断层下盘边缘的演化和断裂活动形成的古地貌逐渐被进积作用埋藏，起初披覆在断层下盘一侧的台地演化为覆盖整个地块的碳酸盐岩台地（Pickard等，1994）或是碳酸盐岩—碎屑岩混积台地（例如Abu Shaar台地）。

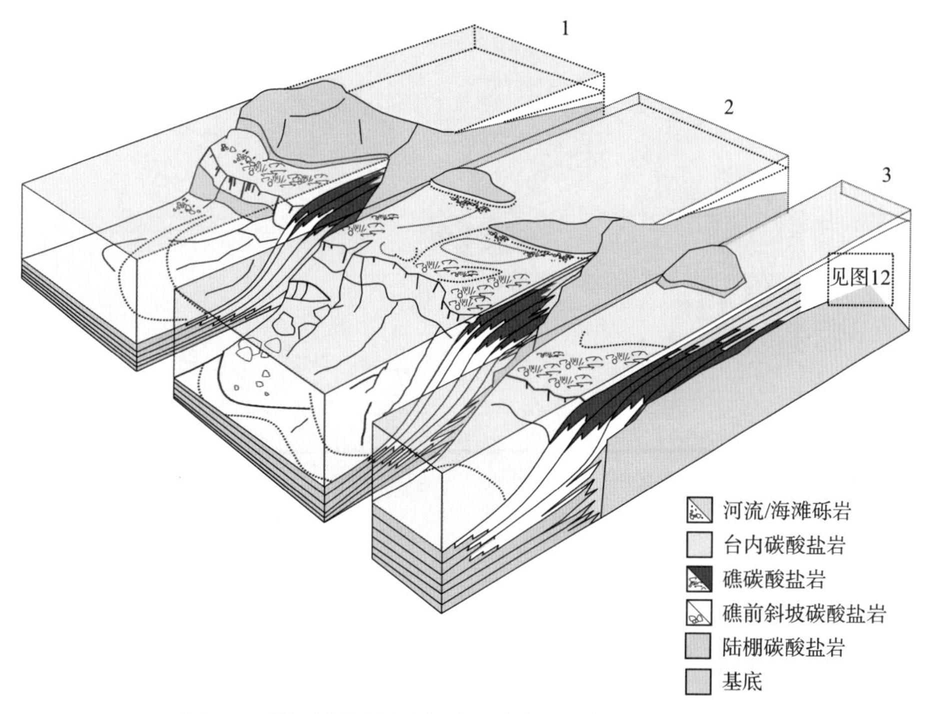

图11　后构造期断层下盘碳酸盐岩台地构造—沉积模式

展示了穿过地形平缓的断块边界断层带的加积—进积型台地边缘。该模式适用于沿断距较小的断层带或是加积沉积物（冲积扇和海底扇）桥接的断层带这类区域发育的碳酸盐岩台地。若断层下盘地形起伏较高，则形成加积的台地边缘（1）；沿倾斜的断层下盘高地形成窄的楔形台地（2）；在长期暴露剥蚀的断层下盘顶部形成板状台地（3）

后构造期的断层下盘边缘，可以识别出两种类型。一是沿陡峭断层下盘断崖（其相邻的半地堑代表了相对深水环境）的台地边缘被局限在断层下盘山脊（高地）处。这种情况下，当台缘位置与断块边缘断崖位置一致时，形成强烈加积的台缘带（Read，1982，1985；Rosales等，1994）。另一种情况是当断层下盘边缘处于地形起伏平缓的区域时，台地并不局限于断层下盘山脊（高地）处，而是可以穿过断层下盘向下盘—上盘过渡带进积（图11）。当上盘盆地被沉积物充填并且水深较浅时，利于断块—盆地搭桥结构的形成，这种环境利于第二类台地的形成（图11）。只有当断块边界断层带保持稳定并且盆地被充填形成浅水环境时，才可能发生断层下盘台地进积到上盘的情况。这一模式也被用于Abu Shaar台地的解释，断层下盘活动形成的砾石冲击扇减小了断块边缘的地形起伏，在其上形成碳酸盐岩台地进积结构（James等，1988；Burchette，1988；Cross等，1998）。Fraser和Gawthorpe（1990）在英国石炭系也解释出这类台地边缘，地震资料揭示具有类似的接触关系。

2. 上盘倾向坡边缘

该模式建立自构造稳定期上盘倾向坡形成的碳酸盐岩—碎屑岩混积台地（图12）。下伏断块的极性以及台地在裂谷盆地中的位置决定了这类台地的特征。这些因素导致了两种截然不同的台地模式，一种是依附裂谷边缘断层断块的模式，例如Esh el Mellaha断块；另一种是孤立断块的模式（例如南中国海，Fulthorpe和Schlanger，1989）。

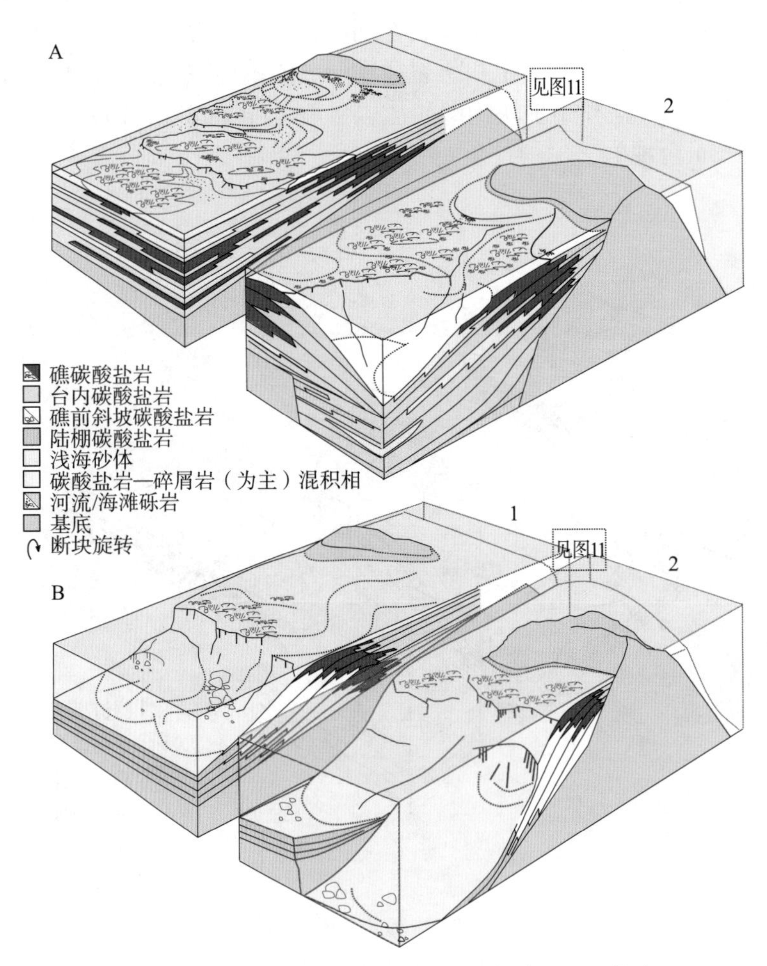

图12 后构造期倾向坡碳酸盐岩台地构造—沉积模式

A—靠近裂谷边缘的断块之上发育碳酸盐岩—碎屑岩混积台地，如果碳酸盐岩和碎屑岩沉积速率高，则形成加积的结构（1）；随着断块旋转，在相对较深水环境形成陆架边缘（2）。B—远离裂谷边缘的断块之上发育的台地以碳酸盐岩为主，这类台地与转换带台地类似：具有平缓的几何结构，但可能加积生长形成更为陡峭的结构（1）；如果下伏断块旋转明显，则形成狭窄的边缘台地（2）

1）依附型台地边缘

上盘倾向坡台地边缘容易受到陆缘碎屑注入的影响，碎屑物来自裂谷肩或半地堑的轴向（图12A）。向裂谷边缘倾斜的断块（例如Esh el Mellaha断块），更易于发育混积台地，这与向弯曲边缘倾斜的断块截然相反，后者碎屑物注入量减小了，并且斜坡是朝盆地方向倾斜的，所以更易形成碳酸盐岩沉积体系。

Abu Shaar台地DS7层序沉积期，Esh el Mellaha半地堑注入的碎屑沉积物充填了大部分可容空间，因而在台地生长期总体保持了浅水环境。这种情形下没有典型的台缘和斜坡带发育，而是形成了与碳酸盐岩缓坡类似的地层形态。主要以加积的方式生长，并且邻近斜坡的碳酸盐岩与远端碎屑岩呈互层。碳酸盐岩为主的沉积，以横向广泛分布的生物层（例如DS6）和十米级别的环潮坪向上变浅旋回为特征。

至于两类台地向陆方向的拓展规模，受下伏断块旋转和侵蚀古地貌控制。台内碳酸盐岩上超在具有高地形差的断层下盘岛屿之上，并且分布局限；而地形差不明显的断块之上则被分布广泛的浅水碳酸盐沉积覆盖，而且上盘倾向坡碳酸盐岩可以与断层下盘边缘的合并在一起，从而形成一个大型的后构造期台地。后构造期台地原始地层结构主要是充填并上超在已有的古地貌之上。

2）孤立型台地边缘

远离裂谷边缘的断块以碳酸盐沉积为特征（图12B），因为它们远离能够产生大量碎屑物的抬升区。这类台地地层中碎屑物含量是有限的，因为其来源仅限于断层下盘局部高地的侵蚀（Ravnås和Steel，1998）。在构造稳定期，该环境中发育的台地的几何形态反映了断块低角度构造活动特征。这种环境下，断块的极性不如在边缘依附型台地中重要，毕竟台地的生长受其他因素控制（例如水循环模式）。最初，上盘倾向坡边缘地层上超并充填古地貌残余，随后以低角度进积结构为特征，这反映了台地形成于低缓的斜坡之上（Leeder和Gawthorpe，1987；Burchette和Wright，1992），台缘带表现为由沉积型台缘向更为陡峭的过路型台缘转变的趋势（Leeder和Gawthorpe，1987）。Gawthorpe（1986，1987）描述了Bowland盆地狄南阶上盘倾向坡碳酸盐岩缓坡向镶边陆架的演化，他同时强调在盆地演化的高级阶段，毗邻的断层下盘和上盘倾向坡台地表现为对称的结构（如果不考虑原始基底形态的话）。尽管两种类型碳酸盐岩台地的整体几何形态有相似之处，但是其内部地层结构、层序边界和沉积相展布有很大不同。上盘倾向坡台地建造于相对独立的断块之上，它们在东南亚古近—新近系中广泛分布（Fulthorpe和Schlanger，1989）。

3. 转换带边缘

裂谷盆地沉积相展布和层序几何形态与下伏三维构造特征有清晰的响应关系（Gawthorpe和Leeder，2000）。已经发表的断块碳酸盐岩体系实例通常只考虑了断块半地堑的二维剖面（Rosales等，1994），这主要是因露头数量较少、实例分析主要利用地震剖面的缘故。Abu Shaar台地东南部尾端转换带边缘—碳酸盐岩台地剖面出露很好。

转换带是裂谷盆地中重要的横向或斜向构造单元，它构成断块和断块之间位移的过渡（Rosendahl等，1986；Rosendahl，1987；Morley等，1990）。它们可以是多种尺度的，从与沿着裂谷系长轴方向发生的盆地极性转换相伴生的转换带（Moustafa，1976；Colletta等，1988；Patton等，1994）到局部的独立断块间的转换带。Gawthorpe和Hurst（1993）特别强调了盆内转换带地形变化是如何控制裂谷盆地中排水和沉积物搬运的。通常来说，转换带是半地堑碎屑物的入口，因此不利于碳酸盐岩台地发育。但是，正如这些作者所描述的，在碎屑物注入量少的转换带地区，碳酸盐岩台地易于形成低角度的缓坡结构（图13）。

与断层下盘台缘带一样，转换带碳酸盐岩台地边缘的原始几何结构反映了下伏断块的地貌特征。简单的说，在局部转换带可以形成被垂直裂谷（斜交裂谷）的横断层所限定的软连接的转换斜坡或是硬连接带。在软连接带实例中，转换带断块边界断层位移的减少总是伴随着沿断层下盘断崖地形高差的逐渐减小，并逐渐减小到零断距点或是断层顶点。硬连接区域，主要断块边界断层的位移被横断层转移，从而导致更陡峭的地形变化。事实上，两种连接类型在裂谷盆地中均存在，随着断裂系统的演化，还可以向相对的方向演化。

最初，平缓的盆内转换带倾向于形成低角度进积的台缘带，这些可以发育为垂直于裂谷走向的断层下盘边缘台地（图13）。如果由于相对海平面上升，可容空间得以保留下来，那么转换带台地会逐渐变陡，并最终演化为与断层下盘边缘类似的具有陡峭边界的陆架（Read，1982，1985；Wright和Faulkner，1990；Barnaby和Read，1990）。通过相对海平面上升期台地的不断加积生长，或是浅水区碳酸盐高的生产速率均可实现这一过程，并且这一过程还有可能被小型转换断层的落差所扩大，尽管目前还没有这方面的文献。在活动的裂谷盆地，沿着断块边界断层的持续拉伸作用导致断裂扩大穿过转换带，并以低幅度的挠曲为特征。这种背景下，随着时间的推移，转换带边缘可能会形成断裂型台缘（Hurst和Surlyk，1983；Surlyk和Hurst，1984）。

Bosworth等（1998）描述了一个与一系列硬连接有关的碳酸盐岩—碎屑岩混积体系，它位于苏伊士湾裂谷西南边缘Gebel Naqara（Safaga以南16km）地区。在这一地区，裂谷走向方向断块被数个垂直于裂谷轴向的断层切割，数个中中新世生物礁及礁前斜坡露头随着断块旋转断层下盘抬升而出露，与Abu Shaar台地具有类似的几何形态和沉积相变化。台地碳酸盐岩同样在横断层上升盘发育（图13）。中新世，平行裂谷方向与垂直裂谷方向的横断层组合产生了一个构造活动的海湾，在其边缘形成了一系列生物礁建造。横断层还起到沉积物输送通道的作用，将裂谷边缘碎屑物搬运到邻近的位于生物礁前面的半地堑中。这里，沉积物注入发生在裂谷平行断层与横断层交会处，这样在断块高点形成过路型台缘带。

在裂谷盆地中转换带被看作是重要的碎屑物注入部位，Wilson等（2000）和Cassabianca等（2002）指出它们还控制着浅水碳酸盐岩在邻近上盘盆地中的再沉积，特别是当它们与相对分离的断块碳酸盐岩台地有关联时。

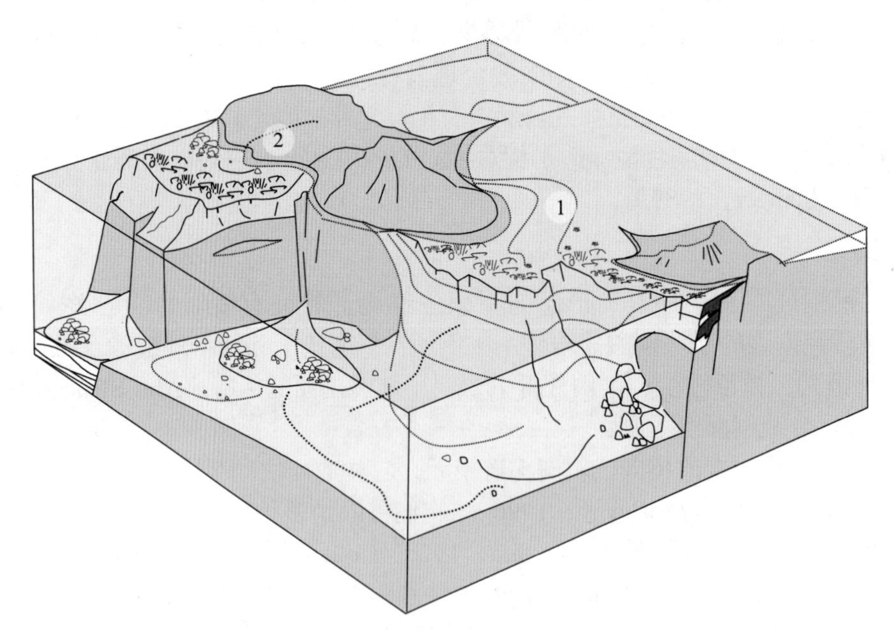

图13　转换带碳酸盐岩台地构造—沉积模式

这类台地具有复杂的几何形态，这与其下部结构有关。区域1转换带台地边缘进积特征反映了两个断块之间为软连接的特点，浅水环境高的碳酸盐产率或是持续的断层活动使得这一边缘经历了从平缓的缓坡型边缘到陡坡型边缘的演化过程，因此使得介于中间的转换斜坡变得更陡峭。区域2揭示了与陡峭的高地形起伏的硬连接横断层相关的加积型台地边缘（沉积相见图9—图12）

四、储层意义及实例

裂谷盆地碳酸盐岩台地所展示的几何形态和沉积相分布变化，对地下储层预测有重要的应用价值。旋转断块抬升脊部发育的碳酸盐岩台地是令人关注的勘探目标。它们的构造—沉积背景决定了它们是有利油气储层的特性。

潮湿气候环境下，与断层下盘抬升有关的大气水成岩作用会显著提高同构造期断层下盘台地碳酸盐岩储层的品质。沿活动断层带的热液活动也可能增加孔隙度。这与后构造期断层下盘台地有显著不同，后者发育于构造稳定期，没有发生暴露，所以次生孔隙并不发育。断层下盘台地边缘的削截特征对于有效台缘储层预测有重要意义。贯穿断层带的以加积方式生长的台地边缘带以礁滩体为主，它比削截的台地边缘具有更完整的形态。前一种台地中，位于上盘（紧邻断层下盘台地边缘）的再沉积碳酸盐岩可能形成比残余断层下盘边缘发育更好的储层。

与同构造期断层下盘台地相关的小级别断裂、裂缝和节理是影响储层非均质性的潜在因素。它们不仅自身增加了储层孔隙，还是储层改造流体的通道。

在上盘倾向坡层序中，台地以碎屑岩和碳酸盐岩相互变化为特征，所以沉积相预测是有疑问的。但是沉积相分布主要受距离裂谷边缘远近和碎屑物注入量的控制，其他因素还包括上盘倾向坡可容空间或水体深度。从以碳酸盐沉积为主的地区，到紧邻裂谷边缘有大量碎屑物注入的浅水区，形成横向上广泛分布的混积地层，其储层是变化的，在盆地相页岩（孤立断块、沉积饥饿区）中则无储层。

相对海平面变化和碎屑物注入（碳酸盐产率）联合作用的地层叠置样式控制了储层特征。后构造期，上盘倾向坡台地在浅水混积体系中形成横向广泛分布的层状储层。在沉积作用不能跟上断块旋转产生的可容空间的区域，同构造期台地退积形成局限分布的储层，并迅速过渡为倾向坡泥页岩。

已经发表的有油气产出的断块台地主要分布在东南亚地区，这些台地的形成与南中国海早期裂谷作用有关。其中对珠江口盆地流花台地（Erlich等，1990；Ehrlich等，1993）和巴拉望岛（菲律宾西部）Malampaya台地（Grötsch和Mercadier，1999；Fournier等，2005）的描述最为详细。这两个实例均为与裂谷边缘分离的台地并且彼此不同，它们代表了本文中所论述的同构造期和后构造期两种类型台地。无论如何，把两个台地进行详细比较的做法是无益的，因为两个台地分析的基础数据不同——流花台地的分析基于1986—1987年的二维资料（Erlich等，1993），而Malampaya台地的分析基于更高分辨率的三维资料和大量钻井（Fournier等，2005）。Malampaya台地发育在一个东倾的断块之上，断块西界为一北东—南西走向张性断裂。它平面上呈梯形，剖面上呈楔状（5km长，1～2km宽）。这一台地以小型北东—南西向地堑、同沉积掀斜、不整合面和上超面为特征。总体而言，西部（断层下盘）边缘包含浅水高能相、台内和上盘倾向坡；到东部包含了不同的碳酸盐岩沉积相类型，表明了水体加深和变浅的过程。图9和图10A所描述的模式非常相似，可用于这类台地的储层预测。与此相反，流花台地要大的多，呈椭圆形（100km×（20～30）km），剖面上呈不明显的楔形。流花台地位于断块基底之上，其陡峭的西南边缘（迎风面）为生物礁建造或是高能浅水碳酸盐沉积（有一些小的张性断裂），内部为分布广泛的低缓的斜坡台地（有一些北东向进积特征）（Erlich等，1993）。尚未有同构造期的几何形态和特征被记录下来，反而是表现出典型的后构造期地貌与可容空间变化特征（图11，图12B）。

五、结论

（1）多个因素控制了裂谷盆地中碳酸盐岩体系的发育。地层特征主要受与构造活动和海平面变化引起的可容空间变化有联系的沉积物供给（碳酸盐产率和碎屑物供给）控制。碳酸盐岩地层受气候因素影响强烈，此外还有一些局部因素的影响，例如营养物质供给和水循环条件。

（2）海相裂谷盆地中断块碳酸盐岩台地可分为两类：同构造期台地和后构造期台地。前一类地层中留下构造活动的印记；后一类被动地改造前期的裂谷地貌和可容空间。转换带发育的台地呈现复杂的几何形态，这与构造活动期与稳定期相互交替有关。

（3）苏伊士湾裂谷三维露头剖面结合已发表的实例，揭示了断块碳酸盐岩台地的形态和地层在三维空间的变化；不同构造—沉积背景（断层下盘、上盘倾向坡和过渡带）反映出台地几何形态和沉积相展布的变化。

（4）同构造期台地断层下盘边缘具有以下特征：断层下盘层序被断裂削截；层序边界切割浅水台地边缘，且有陆上暴露的证据；在主要盆地边界断层处形成狭窄的台缘带，而在阶梯状断层处则形成更宽的台缘带。

（5）同构造期台地的上盘倾向坡具有楔形地层结构，远离断层下盘方向为扇形地层结构。这些台地的结构可能是复杂的，因为与上盘沉降有关的下倾端淹没事件、退积和断层下盘抬升导致的同时期上倾端相对海平面上升共同影响了台地演化。在紧邻裂谷边缘的台地上，倾向坡碳酸盐岩地层与源自裂谷边缘的碎屑岩地层互层，而碎屑物的供给受断层活动影响。

（6）后构造期台地断层下盘边缘的可容空间受前期断块旋转幅度以及随后的剥蚀程度控制。这些台地具有底部上超的特点，并且可以演化为分布广泛的平顶台地。在早期构造活动较弱，或冲积扇（扇三角洲）连接早期断层活动带的地区，发育的台地可以穿过断块边界断层进积到邻近的上盘盆地中。

（7）后构造期台地上盘倾向坡地层以填平补齐早期断裂活动形成的古地貌为特征。它们更可能演化为边缘平行的层序，因此没有表现出断块旋转的影响。沉积相变化取决于与物源区（例如裂谷边缘）的邻近程度，在孤立断块上，以碳酸盐沉积为主。

（8）转换带碳酸盐岩台地边缘的变化取决于它们形成于软连接带还是硬连接带。在软连接带，台地表现出典型的由缓坡向镶边陆架的转变；在硬连接带，台地特征与断层下盘边缘类似，但是更倾向于形成垂直于裂谷盆地轴向的台地。转换带形成的碳酸盐岩台地建造并不普遍，因为这一区域被看作是碎屑物注入邻近盆地的主要场所。

（9）本文所描述的与裂谷盆地相关的碳酸盐岩体系三维相模式，对分析钻井资料较少的实例或地震资料解释是有帮助的。

（10）尽管对与裂谷盆地相关的碳酸盐岩台地油气储层和勘探目标已经有所了解，但是预测流体特征是涉及到构造、地层和成岩作用的复杂过程。本文中所描述的三维模式使这些控制因素能够应用于此类油藏的勘探生产中。

致谢

本文内容主要来自NEC在伦敦大学皇家霍洛威学院的博士研究工作（1992—1996），EC SCIENCE grant“REDSED”、英国石油公司和伦敦大学奖学金资助了本项研究，在此表示感谢。感谢Bill Bosworth（Apache），Trevor Burchette（英国石油公司），和Bruce Purser（巴黎大学）的鼓励和对此工作建设性的意见。感谢Blything（斯伦贝谢）对绘图工作的支持，同时感谢审稿人Ian Sharpe和Mario Coniglio，以及编辑Jeff Lukasik和Toni Simo，感谢他们为本文最终版提出的建议和意见。

参考文献

Alsharan, R.J., and Nairn, J.F., 1997, Sedimentary Basins and Petroleum Geology of the Middle East: Amsterdam, Elsevier, 843 p.

Barnaby, R.J., and Read, J.F., 1990, Carbonate ramp to rimmed shelf evolution: Lower to Middle Cambrian continental margin, Virginia Appalachians: Geological Society of America, Bulletin, v. 102, p. 391−404.

Bechstadt, T., and Boni, M., 1989, Tectonic control of the formation of a carbonate platform: the Cambrian of southwest Sardinia, *in* Crevello, P.D., Wilson, J.L., Sarg, J.F., and Read, J.F., eds., Controls on Carbonate Platform and Basin Development: SEPM, Special Publication 44, p. 107−122.

Bernoulli, D., and Jenkyns, H.C., 1974, Alpine, Mediterranean, and Central Atlantic Mesozoic facies in relation to the early evolution of the Tethys, *in* Dott, R.H., and Shaver, R.H., eds., Modern and Ancient Geosynclinal Sedimentation: SEPM,

Special Publication 19, p. 129–160.

Bosellini, A., Masetti, D., and Sarti, M., 1981, A Jurassic "Tongue of the Ocean" infilled with oolitic sands: the Belluno trough, Venetian Alps, Italy: Marine Geology, v. 44, p. 59–95.

Bosence, D.W.J., 1998, Stratigraphic and sedimentological models of rift basins, *in* Purser, B.H., and Bosence, D.W.J., eds., Sedimentation and Tectonics of Rift Basins: Red Sea–Gulf of Aden: London, Chapman & Hall, p. 9–25.

Bosence, D.W.J., 2005, A genetic classification of carbonate platforms based on their basinal and tectonic setting in the Cenozoic: Sedimentary Geology, v. 175, p. 49–72.

Bosence, D.W.J., Cross, N.E., and Hardy, S., 1998, Architecture and depositional sequences of Tertiary fault–block carbonate platforms: an analysis from outcrop and computer modelling: Marine and Petroleum Geology, v. 15, p. 203–221.

Bosence, D.W.J., Nichols, G., Al–Subbary, M., Al–Thour, A–K., and Reeder, M., 1996, Syn–rift continental–marine depositional sequences, Tertiary, Gulf of Aden, Yemen: Journal of Sedimentary Research. v. 66, p. 766–777.

Bosence, D.W.J., and Waltham, D.A., 1990, Computer modelling and interval architecture of carbonate platforms: Geology, v. 18, p. 26–30.

Bosworth, W., 1995, A high strain rift model for the southern Gulf of Suez, Egypt, *in* Lambiase, J.J., ed., Hydrocarbon Habitat in Rift Basins: Geological Society of London, Special Publication 80, p. 75–102.

Bosworth, W., Crevello, P., Winn, R.D., Jr., and Steinmetz, J., 1998,

Structure, sedimentation, and basin dynamics during rifting of the Gulf of Suez and north–western Red Sea, *in* Purser, B.H., and Bosence, D.W.J., eds., Sedimentation and Tectonics of Rift Basins: Red Sea–Gulf of Aden: London, Chapman & Hall, p. 77–96.

Bott, M.H.P., and Johnson, G.A.L., 1967, The controlling mechanism of Carboniferous cyclic sedimentation: Geological Society of London, Quarterly Journal, v. 122, p. 421–441.

Burchette, T.P., 1988, Tectonic control on carbonate facies distribution and sequence development, Miocene, Gulf of Suez: Sedimentary Geology, v. 59, p. 179–204.

Burchette, T.P., and Wright, V.P., 1992, Carbonate ramp depositional systems: Sedimentary Geology, v. 79, p. 3–57.

Cassabianca, D., Bosence, D., and Beckett, D., 2002, Reservoir potential of Cretaceous platform–margin breccias: Central Italian Apennines: Journal of Petroleum Geology, v. 25, p. 179–202.

Chow, N., George, A.D., and Trinajstic, K.M., 2004, Tectonic control on development of a Frasnian–Famennian (Late Devonian) palaeokarst surface, Canning Basin reef complexes, northwestern Australia: Australian Journal of Earth Sciences, v. 51, p. 911–917.

Chronis, G., Piper, D.J.W., and Anagnostou, C., 1991, Late Quaternary evolution of the Gulf of Patras, Greece: Tectonism, deltaic sedimentation and sea–level change: Marine Geology, v. 97, 191–209.

Clegg, N., Harwood, G., and Kendall, C., 1998, The dolomitisation and post– dolomite diagenesis of Miocene platform carbonates: Abu Shaar, Gulf of Suez, Egypt, *in* Purser, B.H., and Bosence, D.W.J., eds., Sedimentation and Tectonics of Rift Basins: Red Sea–Gulf of Aden: London, Chapman & Hall, p. 390–405.

Colletta, B., Le Quellec, P., Letouzy, J., and I., Moretti, 1988, Longitudinal evolution of the Suez rift structure (Egypt): Tectonophysics, v. 153, p. 221–233.

Collier, R.E.Ll., 1991, The Lower Carboniferous Stainmore Basin, N. England: extensional basin tectonics and sedimentation: Geological Society of London, Journal, v. 148, p. 379–390.

Cross, N.E., 1996, Sedimentology and sequence stratigraphy of a Miocene fault–block carbonate platform, Gulf of Suez, Egypt: unpublished Ph.D. thesis, University of London, 268 p.

Cross, N.E., Bosence, D.W.J., and Purser, B.H., 1998, The tectono–sedimentary evolution of a rift margin carbonate platform: Abu Shaar, Gulf of Suez, Egypt, *in* Purser, B.H., and Bosence, D.W.J., eds., Sedimentation and Tectonics of Rift Basins: Red Sea–Gulf of Aden: London, Chapman & Hall, p. 271–295.

Dart, C., Collier, R.E.Ll., Gawthorpe, R.L., Keller, J.V.A., and Nichols, G., 1994, Sequence stratigraphy of (?)Pliocene–Quaternary syn–rift Gilbert–type fan deltas, northern Peleponesos, Greece: Marine and Petroleum Geology, v. 11, p. 545–560.

Davies P.J., Symonds, P.A., Feary, D.A., and Pigram, C.J., 1989, The evolution of the carbonate platforms of northeast Australia, *in* Crevello, P.D., Wilson, J.L., Sarg, J.F., and Read, J.F., eds., Controls on Carbonate Platform and Basin Development: SEPM, Special Publication 44, p. 234–258.

Ebdon, C.C., Fraser, A.J., Higgins, A.C., Mitchener, B.C., and Strank, A.R.E., 1990, The Dinantian stratigraphy of the East Midlands: a seismostratigraphic approach: Geological Society of London, Journal, v. 147, p. 519–536.

Enos, P., Koch, W.J., and James, N.P., 1979, The geophysical anatomy of the southern Belize continental margin and adjacent basins, *in* James, N.P., and Ginsburg, R.N., eds., The Seaward Margin of Belize Barrier and Atoll Reefs: International Association of Sedimentologists, Special Publication 3, p. 15–23.

Erlich, R.N., Barrett, S.F., and Guo, B.J., 1990, Seismic and geological characteristics of drowning events on carbonate platforms: American Association of Petroleum Geologists, Bulletin, v. 74, p. 1523–1537.

Erlich, R.N., Longo, A.P., and Hyare, S., 1993, Response of platform margins to drowning: evidence of environmental collapse, *in* Loucks, R.G., and Sarg, J.F., eds., Carbonate Sequence Stratigraphy: Recent Developments and Applications: American Association of Petroleum Geologists, Memoir 57, p. 241–266.

Evans, A.L., 1988, Neogene tectonic and stratigraphic events in the Gulf of Suez: Insights into synrift unroofing and uplift history: American Association Petroleum of Geologists, Bulletin, v. 74, p. 1386–1400.

Fournier, F., Borgomano, J., and Montaggioni, L.F., 2005, Development patterns and controlling factors of Tertiary carbonate build–ups: new insights from high–resolution 3–D seismic and well data from the Malampaya gas field (Offshore Palawan, Philippines): Sedimentary Geology, v. 174, p. 189–215.

Fraser, A.J., and Gawthorpe, R.L., 1990, Tectono–stratigraphic development and hydrocarbon habitat of the Carboniferous in northern England, *in* Hardman, R.F.P., and Brooks, J., eds., Tectonic Events Responsible for Britain's Oil and Gas Reserves: Geological Society of London, Special Publication 55, p. 49–86.

Fulthorpe, C.S., and Schlanger, S.O., 1989, Paleo–oceanographic and tectonic settings of early Miocene reefs and associated carbonates of offshore south–east Asia: American Association of Petroleum Geologists, Bulletin, v. 73, p. 729–756.

Gamboa, L.A., Truchan, M., and Stoffa, P.L., 1985, Middle Jurassic and Upper Jurassic depositional environments at outer shelf and slope of Baltimore Canyon Trough: American Association of Petroleum Geologists, Bulletin, v. 69, p. 610–621.

Garcia–Mondejar, J., 1990, The Aptian–Albian carbonate episode of the Basque–Cantabrian Basin (northern Spain): general characteristics, controls and evolution, *in* Tucker, M.E., Wilson, J.L., Crevello, P.D., Sarg, J.F., and Read, J.F., eds., Carbonate Platforms: Facies Sequences and Evolution: International Association of Sedimentologists, Special Publication 9, p. 257–290.

Garfunkel, Z., and Bartov, Y., 1977, The tectonics of the Suez rift: Geological Survey of Israel, Bulletin, v. 71, p. 1–44.

Gawthorpe, R.L., 1986, Sedimentation during carbonate ramp–to–slope evolution in a tectonically active area: Bowland Basin (Dinantian), northern England: Sedimentology, v. 33, p. 185–206.

Gawthorpe, R.L., 1987, Tectono–sedimentary evolution of the Bowland Basin, N. England, during the Dinantian: Geological Society of London, Journal, v. 144, p. 59–71.

Gawthorpe, R.L., Fraser, A.J., and Collier, R.E.Ll., 1994, Sequence stratigraphy in active extensional basins: implications for the interpretation of ancient basin fills: Marine and Petroleum Geology, v. 11, p. 642–658.

Gawthorpe, R.L., Gutteridge, P., and Leeder, M.R., 1989, Late Devonian and Dinantian basin evolution in northern England and North Wales, *in* Arthurton, R.S., Gutteridge, P., and Nolan, S.C., eds., The Role of Tectonics in Devonian and Carboniferous Sedimentation in the British Isles: Yorkshire Geological Society, Special Occasional Publication 6, p. 1–23.

Gawthorpe, R.L., Hall, M., Sharp, I.R., and Dreyer, T., 2000, Tectonically enhanced forced regressions: examples from growth folds in extensional and compressional settings, the Miocene of the Suez rift and the Eocene of the Pyrenees, *in* Hunt, D., and Gawthorpe, R.L., eds., Sedimentary Responses to Forced Regressions: Geological Society of London, Special Publication 172, p. 177–191.

Gawthorpe, R.L., and Hurst, J.M., 1993, Transfer zones in extensional basins: their structural style and influence on drainage development and stratigraphy: Geological Society of London, Journal, v. 150, p. 1137–1152.

Gawthorpe, R.L., Hurst, J.M., and Sladen, C.P., 1990, Evolution of Miocene footwall–derived, coarse–grained deltas, Gulf of Suez, Egypt: Implications for exploration: American Association of Petroleum Geologists, Bulletin, v. 74, p. 1077–1086.

Gawthorpe, R.L., and Leeder, M.R., 2000, Tectono–sedimentary evolution of active extensional basins: Basin Research, v. 12, p. 195–218.

Gawthorpe, R.L., Sharp, I.R., Underhill, J.R., and Gupta, S., 1997, Linked sequence stratigraphic and structural evolution of propagating normal faults: Geology, v. 25, p. 795–798.

Gérard, J., and Buhrig, C., 1990, Seismic facies of the Permian section of the Barents shelf: analysis and interpretation: Marine and Petroleum Geology, v. 7, p. 234–252.

Grayson, R.F., and Oldham, L., 1987, A new structural framework for the Northern British Dinantian as a basis for oil, gas and mineral exploration, *in* Miller, J., Adams, A.E., and Wright, V.P., eds., European Dinantian Environments: Chichester, U.K.,

John Wiley, p. 33–59.

Gkötsch, J., and Mercadier, C., 1999, Integrated 3–D reservoir modelling based on 3–D seismic: the Tertiary Malampaya and Camargo buildups, offshore Palawan, Philippines: American Association of Petroleum Geologists, Bulletin, v. 83, p. 1703–1728.

Gupta, S., Underhill, J.R., Sharp, I.R., Gawthorpe, R.L., 1999, Role of fault interactions in controlling synrift sediment dispersal patterns: Miocene Abu Alaqa Group, Suez Rift, Egypt: Basin Research, v. 11, p. 167–189.

Gutteridge, P., 1987, Dinantian sedimentation and the basement structure of the Derbyshire Dome: Geological Journal, v. 22, p. 25–41.

Harris, P.M., and Kowalik, W.S., 1994, Satellite Images of Carbonate Depositional Settings: American Association of Petroleum Geologists, Methods in Exploration Series, 10, 147 p.

Hunt, D., and Tucker, M.E., 1992, Stranded parasequences and the forced regressive wedge systems tract: deposition during base–level fall: Sedimentary Geology, v. 81, p. 1–9.

Hurst, J.M., and Surlyk, F., 1983, Initiation, evolution and destruction of an early Paleozoic carbonate shelf, eastern North Greenland: Journal of Geology, v. 44, p. 97–117.

Hurst, J.M., and Surlyk, F., 1984, Tectonic controls of Silurian carbonateshelf margin morphology and facies, North Greenland: American Association of Petroleum Geologists, Bulletin, v. 68, p. 1–17.

Jackson, J.A., and McKenzie, D., 1983, The geometrical evolution of normal fault systems: Journal of Structural Geology, v. 5, p. 471–482.

Jackson, J.A., White, N.J., Garfunkel, Z., and Anderson, H, 1988, Relations between normal–fault geometry, tilting and vertical motions in extensional terrains: an example from the southern Gulf of Suez: Journal of Structural Geology, v. 10, p. 155–170.

James, N.P., Coniglio, M., Aissaoui, D.M., and Purser, B.H., 1988, Facies and geological history of an exposed Miocene rift margin carbonate platform: Gulf of Suez, Egypt: American Association of Petroleum Geologists, Bulletin, v. 72, p. 555–572.

James, N.P., and Ginsburg, R.N., 1979, The Seaward Margin of the Belize Barrier and Atoll Reefs: International Association of Sedimentologists, Special Publication 3, 191 p.

Jansa, L., 1981, Mesozoic carbonate platforms and banks of the eastern North America margin: Marine Geology, v. 44, p. 97–117.

Kosa, E., and Hunt, D., 2006, Heterogeneity in fill and properties of karstmodified syndepositional faults and fractures: Upper Permian Capitan Platform, New Mexico, U.S.A.: Journal of Sedimentary Research, v. 76, p. 131–151.

Kosa, E., Hunt, D., Fitchen, W.M., Bockel–Rebelle, M.–O., and Roberts, G., 2003, The heterogeneity of paleocavern systems developed along syndepositional faults, Upper Permian Capitan platform, New Mexico, USA, *in* Ahr, W.M., Harris, P.M., Morgan, W.A., and Somerville, I.D., eds., Permo–Carboniferous Carbonate Platforms and Reefs: SEPM, Special Publication 78, and American Association of Petroleum Geologists, Memoir 83, p. 291–322.

Leeder, M.R., 1995, Continental and proto–oceanic troughs, *in* Busby, C.J., and Ingersoll, R.V., eds., Tectonics of Sedimentary Basins: U.S.A., Blackwell Science Inc., p. 119–148.

Leeder, M., and Gawthorpe, R.I., 1987, Sedimentary models for extensional tilt–block/half–graben basins, *in* Coward, M.P., Dewey, J.F., and Hancock, P.L., eds., Continental Extensional Tectonics: Geological Society of London, Special Publication 28, p. 139–152.

Machette, M.N., Persounis, S.F., and Nelson, A.R., 1991, The Wasatch Fault Zone Utah, segmentation and history of Holocene earthquakes: Journal of Structural Geology, v. 13, p. 137–149.

Mayall, M.J., Bent, A., and Roberts, D.M., 1997, Miocene carbonate build–ups offshore Socialist Republic of Vietnam, *in* Fraser A.J., Mathews, S.J., and Murphy, R.W., eds., Petroleum Geology of Southeast Asia: Geological Society of London, Special Publication 126, p. 117–120.

Montgomery, S.L., 1996, Cotton Valley lime pinnacle reef play; Branton Field: American Association of Petroleum Geologists, Bulletin, v. 80, p. 617–629.

Morley, C.K., Nelson, R.A., Patton, T.L., and Munn, S.G., 1990, Transfer zones in the East African rift system and their relevance to hydrocarbon exploration in rifts: American Association of Petroleum Geologists, Bulletin, v. 74, p. 1234–1253.

Moustafa, A.R., 1976, Block faulting in the Gulf of Suez: 5th Egyptian General Petroleum Organisation Exploration Seminar, 19 p.

Mullins, H.T., 1983, Structural controls on contemporary carbonate continental margins: Bahamas, Belize, Australia, *in* Cook, H.E., Hine, A.C., and Mullins, H.T. eds., Platform Margin and Deep–Water Carbonates: SEPM, Short Course 12, p. 2.1–2.52.

Mullins, H.T., and Lynts, G.W., 1977, Stratigraphy and structure of the Northeast providence Channel, Bahamas: American

Association of Petroleum Geologists, Bulletin, v. 60, p. 1073−1053.

Mullins, H.T., and Neumann, A.C., 1979, Deep carbonate bank margin structure and sedimentation in the northern Bahamas, *in* Doyle, L.J., and Pilkey, O.H., eds., Geology of Continental Slopes: SEPM, Special Publication 27, p. 165−192.

Patton, T.L., Moustafa, A.R., Nelson, R.A., and Ardine, S.A., 1994, Tectonic evolution and structural setting of the Suez Rift, *in* Landon, S.M., ed., Interior Rift Basins: American Association of Petroleum Geologists, Memoir 59, p. 7−55.

Pickard, N.A.H., Rees, J.G., Strogen, P., Sommerville, I.D., and Jones, G.Ll., 1994, Controls on the evolution and demise of Lower Carboniferous carbonate platforms, northern margin of the Dublin Basin, Ireland: Geological Journal, v. 29, p. 93−117.

Plint, A.G., 1988, Sharp−based shoreface sequences and ‘offshore bars’ in the Cardium Formation of Alberta: their relationships to relative sea−level, *in* Wilgus, C.K., Hastings, B.S., Kendall, C.G.St.C., Posamentier, H.W., Ross, C.A., and Van Wagoner J.C., eds., Sea−Level Changes: An Integrated Approach: SEPM, Special Publication 42, p. 357−370.

Pomar, L., 1991, Reef geometries, erosion surfaces and high−frequency sea−level changes: Upper Miocene Reef Complex, Mallorca, Spain: Sedimentology, v. 38, p. 243−269.

Purser, B.H., Barrier, P., Montenat, C., Orszag−Sperber, F., Ott d'Estevou, P., Plaziat, J.−C., and Philobbos, E., 1998, Carbonate and siliciclastic sedimentation in an active tectonic setting: Miocene of the northwestern Red Sea rift Egypt, *in* Purser, B.H., and Bosence, D.W.J. eds., Sedimentation and Tectonics of Rift Basins: Red Sea−Gulf of Aden: London, Chapman & Hall, p. 239−270.

Ravnas, R., and Steel., R.J., 1998, Architecture of marine rift basin successions: American Association of Petroleum Geologists, Bulletin, v. 82, p. 110−146.

Read, J.F., 1982, Carbonate platforms of passive (extensional) continental margins: types, characteristics and evolution: Tectonophysics, v. 81, p. 195−212.

Read, J.F., 1985, Carbonate platform facies models: American Association of Petroleum Geologists, Bulletin, v. 69, p. 1−21.

Reitner, J., 1986, A comparative study of the diagenesis in diapir influenced reef atolls and a fault−block reef platform in the late Albian of the Vasco−Cantabrian basin, *in* Schroeder, J.H., and Purser, B.H., eds., Reef Diagenesis: Berlin, Springer−Verlag, p. 189−209.

Richardson, M., and Arthur, M.A., 1988, The Gulf of Suez−northern Red Sea Neogene rift: a quantitative basin analysis: Marine and Petroleum Geology, v. 5, p. 247−270.

Roberts, G.P., Gawthorpe, R.L., and Stewart, I., 1993, Surface faulting in active normal fault zones: examples from the Gulf of Corinth fault system: Zeitschift für Geomorphologie, N.F., Supplement v. 94, p. 303−328.

Roberts, H.H., and Murray, S.P., 1988, Developing carbonate platforms: Southern Gulf of Suez, Northern Red Sea: Marine Geology, v. 59, p. 165−185.

Rosales, I., Fernández−Mendiola, P.A., and García−Mondéjar, J., 1994, Carbonate depositional sequence development on active fault−blocks: the Albian in the Castro Urdiales area, northern Spain: Sedimentology, v. 41, p. 861−882.

Rosendahl, B.R., 1987, Architecture of continental rifts with special reference to East Africa: Annual Review of Earth and Planetary Sciences, v. 15, p. 445−503.

Rosendahl, B.R., Reynolds, D.J., Lorber, P.M., Burgess, C.F., McGill, J., Scott, D., Lambiase, J.J., and Derkson, S.J., 1986, Structural expression of rifting: lessons from Lake Tanganyika, Africa, *in* Frostick, L.E., Renaut, R.W., and Reid, I., eds., Sedimentation in African Rifts: Geological Society of London, Special Publication 25, p. 29−44.

Ruiz−Ortiz, P.A., Bosence, D.W.J., Rey, J., Nieto, L.M., Castro, J.M., and Molina, J.M., 2004, Tectonic control of facies architecture, sequence stratigraphy and drowning of a Liassic carbonate platform (Betic Cordillera, southern Spain): Basin Research, v. 16, p. 331−372.

Santantonio, M., 1994, Pelagic carbonate platforms in the geologic record: their classification, and sedimentary and paleotectonic evolution: American Association of Petroleum Geologists, Bulletin, v. 78, p. 122−141.

Schlager, W., 1981, The paradox of drowned reefs and carbonate platforms: Geological Society of America, Bulletin, v. 92, p. 197−211.

Sharp, I.R., Gawthorpe R.L., Armstrong B., and Underhill, J.R., 2000a, Propagation history and passive rotation of mesoscale normal faults: implications for syn−rift stratigraphic development: Basin Research, v. 12, p. 285−296.

Sharp, I.R., Gawthorpe R.L., Underhill J.R., and Gupta, S., 2000b, Faultpropagation folding in extensional settings: Examples of structural style and synrift sedimentary response from the Suez rift, Sinai, Egypt: Geological Society of America, Bulletin, v. 112, p. 1877−1899.

Sheriden, R.E., Crosby, J.T., Bryon, G.M., and Stoffa, P.L., 1988, Stratigraphy and structure of the southern Blake plateau, northern Florida Straits and northern Bahamashy Platform from recent multichannel seismic reflection data: American Association of Petroleum Geologists, Bulletin, v. 65, p. 2571−2591.

Somerville, I.D., Pickard, N.A.H., Strogen, P., and Jones, G.Ll., 1992, Early to mid−Visean shallow water platform build−ups, north Co. Dublin, Ireland: Geological Journal, v. 27, p. 151−172.

Steckler, M.S., Berthelot, F., Lyberis, N., and Le Pichon, X., 1988, Subsidence in the Gulf of Suez: implications for rifting and plate kinematics: Tectonophysics, v. 153, p. 249−270.

Stein, R.S., and Barrientos, S.E., 1985, Planar high−angle faulting in the Basin and Range: Geodetic analysis of the 1983 Borah Peak, Idaho, Earthquake: Journal of Geophysical Research, v. 90, p. 11,355−11,366.

Strasser, A., and Strohmenger, C., 1997, Early diagenesis in Pleistocene coral reefs, southern Sinai, Egypt: response to tectonics, sealevel and climate: Sedimentology, v. 44, p. 537−558.

Strasser, A., Strohmenger, C., Davaud, E., and Bach, A., 1992, Sequential evolution and diagenesis of Pleistocene coral reefs (South Sinai, Egypt): Sedimentary Geology, v. 78, p. 59−79.

Strogen, P., Sommerville, I.D., Pickard, N.A.H., and Jones, G.Ll., 1995, Lower Carboniferous (Dinantian) boreholes from west Co. Meath, Ireland: Geological Journal, v. 25, p. 103−137.

Sun, S.Q., and Esteban, M., 1994, Paleoclimatic controls on sedimentation, diagenesis and reservoir quality: lessons from Miocene carbonates: American Association of Petroleum Geologists, Bulletin, v. 78. p. 519−543.

Surlyk, F., and Hurst, J., 1984, The evolution of the early Paleozoic deepwater basin of North Greenland: Geological Society of America, Bulletin, v. 95, p. 131−154

Tucker, M.E., and Wright, V.P., 1990, Carbonate Sedimentology: Oxford, U.K., Blackwell Scientific Publications, 482 p.

Van de Weerd, A.A., and Armin, R.A. 1992, Origin and evolution of the Tertiary hydrocarbon bearing basins in Kalimantan (Borneo), Indonesia: American Association of Petroleum Geologists, Bulletin, v. 76, p. 1778−1803.

Vera, J−A., Ruiz−Oritz, P.A., Garcia−Hernandez, M., and Molina, J.M., 1988, Palaeokarst and related pelagic sediments in the Jurassic of the Sub−betic zone, Southern Spain, in James, N.P., and Choquette, P.W., eds., Paleokarst: Berlin, Springer−Verlag, p. 364−383.

Watchorn, F., Nichols, G.J., and Bosence, D.W.J., 1998, Rift−related sedimentation and stratigraphy, southern Yemen (Gulf of Aden), *in* Purser, B.H., and Bosence, D.W.J., eds., Sedimentation and Tectonics of Rift Basins: Red Sea−Gulf of Aden: London, Chapman & Hall, p. 165−189.

Wilson, M.E., 2000, Tectonic and volcanic influences on the development and diachronous termination of a Tertiary tropical carbonate platform: Journal of Sedimentary Research, v. 70, p. 310−324.

Wilson, M.E., and Bosence, D.W.J., 1996, The Tertiary evolution of South Sulawesi: a record in re−deposited carbonates of the Tonasa Limestone Formation, *in* Hall, R., and Blundell, D., eds., Tectonic Evolution of Southeast Asia: Geological Society of London, Special Publication 106, p. 365−389.

Wilson, M.E., Bosence, D.W.J., and Limbong, A., 2000, Tertiary syntectonic carbonate platform development in Indonesia: Sedimentology, v. 47, p. 395−419.

Winn, R.D., Jr., Crevello, P.D., and Bosworth, W., 2001, Lower Miocene Nukhul Formation of Gebel el Zeit, Egypt: sedimentation and structural movement during early Gulf of Suez rifting: American Association of Petroleum Geologists, Bulletin, v. 85, p. 1871−1890.

Winterer, E.L., and Bosellini, A., 1981, Subsidence and sedimentation on Jurassic passive continental margin, Southern Alps, Italy: American Association of Petroleum Geologists, Bulletin, v. 65, p. 394−421.

Wright V.P., and Burchette, T.P., 1996, Shallow−water carbonate environments, *in* Reading, H.G., ed., Sedimentary Environments; Processes, Facies and Stratigraphy: Oxford, U.K., Blackwell, p. 325−394.

Wright, V.P., and Faulkner, T.J., 1990, Sediment dynamics of early Carboniferous ramps: a proposal: Geological Journal, v. 25, p. 139−144.

Young, M.J., Gawthorpe, R.L., and Sharp, I.R., 2000, Sedimentology and sequence stratigraphy of a transfer zone coarse−grained delta, Miocene Suez Rift, Egypt: Sedimentology, v. 47, p. 1081−1104.

Young, M.J., Gawthorpe, R.L., and Sharp, I.R., 2003, Normal fault growth and early syn−rift sedimentology and sequence stratigraphy: Thal Fault, Suez Rift, Egypt: Basin Research, v. 15, p. 479−502.

墨西哥东北部La Popa盆地盐丘对上白垩统（马斯特里赫特阶）多环境生物碳酸盐岩台地发育的控制作用

Katherine A.Giles[1]　Dominic C.Druke[2]　David W.Mercer[1]　Lela Hunnicutt-Mack[1]
（1. 美国新墨西哥州立大学构造研究所；2. 壳牌（美国）勘探开发公司）

摘要：在墨西哥东北部晚白垩世Hidalgoan前陆盆地末端，受被动隆升盐丘的控制，三个相对孤立的碳酸盐岩台地在海床上发育。每个台地的沉积相类型和建造都明显地受控于短期活动的单个盐丘周围局部环境和整个陆架长期区域性活动的联合控制。局部条件包括台地向风向和背风向的古地理条件、盐构造和盐沉积表面上可能的营养层上升；区域条件包括海平面升降、前陆盆地构造活动和硅质碎屑沉积的补充。马斯特里赫特阶碳酸盐岩台地相沿各盐丘不对称发育，可反映向风边缘与背风边缘古地理环境的差异及与盐丘萎缩相关联的不同古地理环境。南部（向风带）边界主要由陡缘的海绵、珊瑚和红藻生物礁组成，向邻近小盆地表现为小型礁前进积结构（＜1.5km），厚层碳酸盐岩碎屑流沉积包括盐丘诱发的碎屑流和普遍发育的盐丘活动破碎物。相比而言，北部（背风带）边界主要由有孔虫和红藻颗粒灰岩滩组成，向邻近小盆地表现为大型前积结构（3～4km），且缺乏碎屑流或盐丘活动破碎物沉积。所有盐丘上的碳酸盐沉积主要以砂屑为主，由不同类型的生物组合形成。这些与邻近区域在时代和古地理环境上差异较大。不同类型的生物组合与盐沉积表面甲烷渗出点形成的高营养带相对应。碳酸盐沉积形成的角度不整合—有沉积边界的碳酸盐岩—硅质碎屑这一旋回称之为盐丘活动层序。这一旋回反映了纯盐丘隆升速率局部多变特征和局部沉积速率变化。盐丘活动层序的数量和特征随不同盐丘和每个盐丘向风带和背风带边缘之间的变化而变化。在背风带边界，盐体活动层序数量更多，且碳酸盐沉积主要由颗粒灰岩滩构成；而在向风带边缘，盐体活动层序混合发育，碳酸盐沉积主要以礁前碎屑流和碎屑流沉积为主。孤立的碳酸盐岩台地在区域海相前陆盆地沉积体系中的三级三角洲硅质碎屑沉积层序海侵体系域中发育最好。晚白垩世—古近纪，La Popa前陆盆地发生盐丘缩短活动。形成了长波长（＞10km）北西—南东向展布的盐核拆离褶皱。挤压的盐丘产生更高和更广阔的地形起伏，这与高速率的盐丘活动密切相关，且被大范围厚层浅水（＜15m深）海绵、红藻生物礁和颗粒灰岩滩（距离盐丘可达4km）碳酸盐岩层序控制，同时代位于盐丘翼部的碳酸盐岩地层由薄层深水（＞30m深）粉砂质的红藻泥粒灰岩相构成，盐丘向外延伸不超过2km，反映了深水环境下较低的碳酸盐生产速率。

了解碳酸盐岩台地沉积相类型、分布及发育的内在控制要素是油气勘探开发策略的基本问题，在过去的几十年里一直被广泛地讨论（Crevello等，1989；James和Clarke，1997；Harris等，1999）。讨论的核心问题是在一系列影响碳酸盐沉积的可能性要素中相对起到特殊控制作用的要素，以及在鉴别岩石时如何分辨特殊要素的控制作用。大多数研究集中于讨论台地的沉积相类型和地层建造情况，而这些几乎没有要素约束或者受到一个或更多要素的严格约束。

本次研究中，研究和对比了三类同期发育在盐丘古构造高部位的孤立碳酸盐岩台地上的沉积相类型和地层结构。这些台地展示了一系列的特征，一些是单个台地独有的，而一些则是三个台地共有的特征。这些特征被认为是单个盐丘周围的短期局部条件和整个陆架上的长期区域条件综合作用的结果。局部条件包括向风—背风型台地古地理、与盐沉积表面上甲烷渗出相关的可能升高的营养带，以及盐体活动等条件；区域条件包括海平面变化、前陆盆地构造活动，以及硅质碎屑沉积物的补偿作用等。

无论是局部条件还是区域条件，没有一个唯一变量可以控制整个系统。但是，所有这些因素都有密切的因果关系。这些统一变量共同作用的结果是创造一种可预测方式，这种方式可应用于被动盐丘地貌上发育的任何时代的碳酸盐岩台地。

一、La Popa盆地碳酸盐岩台地的地质条件

墨西哥东部的La Popa盆地包括一些生长在盐丘上的孤立碳酸盐岩台地的异常暴露，它们被下白垩统—古近系发育的硅质碎屑流地层所包围。这个盆地是上白垩统—古近系Hidalgoan前陆盆地系统的一部分，这个盆地系统包括Parras和Sabinas盆地以及毗邻的Sierra Madre向南发育的东部褶皱带（图1；Decelles和Giles，1996；Soegaard等，1996；Ye，1997）。前陆盆地地层厚度总体上向西南方向的Sierra Madre东部褶皱带增加。La Popa盆地的Hidalgoan缩短始于晚白垩世（马斯特里赫特期）（Hon，2001；Weislogel，2001；Druke，2005）。它导致了前侏罗纪裂谷盆地的部分反转（Lawton等，2001）以及一系列北西—南东向展布的长波长（>10km）盐体拆离褶皱，这些褶皱使盆地里所有的地层都发生了暴露和变形（图2）。

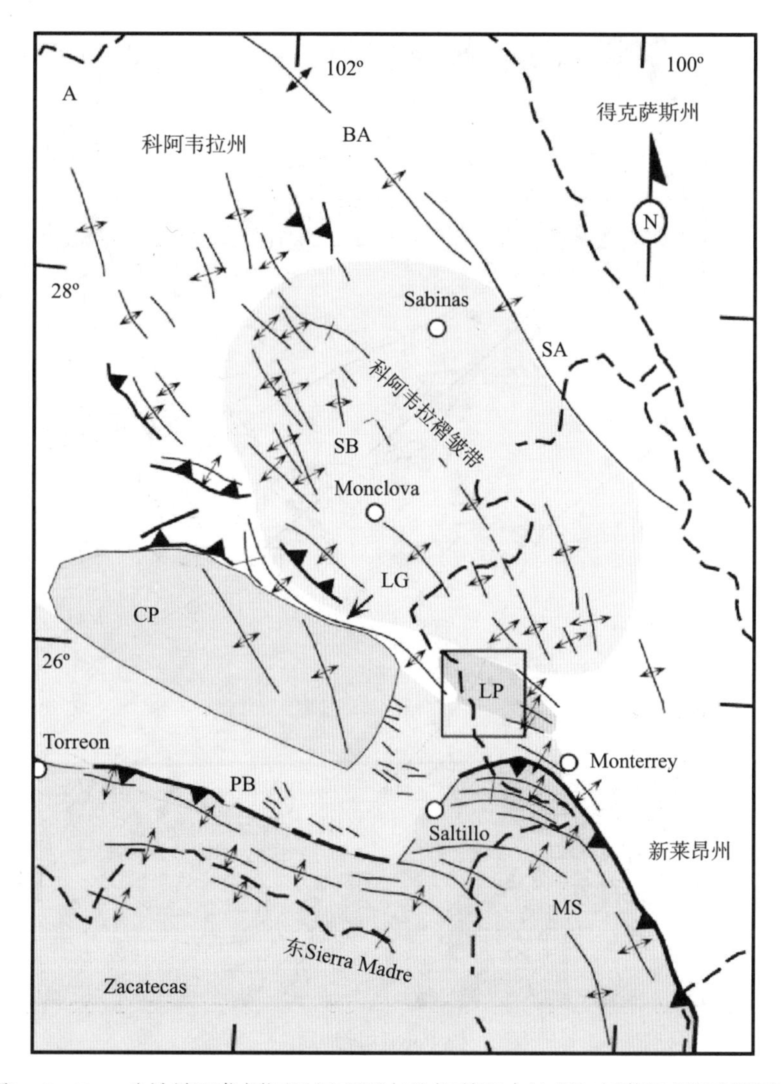

图1　La Popa盆地地理位置图及墨西哥东北部科阿韦拉州与新莱昂州地质要素图

主要Hidalgoan构造要素有：CP—科阿韦拉台地；MS—Monterrey凸起；东Sierra Madre褶皱带—Torreon与Monterrey之间的向东构造；科阿韦拉褶皱带—位于上白垩统—新近系Sabinas盆地。Hidalgoan前陆区域沉积盆地包括：LP—La Popa盆地；PB—Parras盆地；SB—Sabinas盆地

La Popa盆地的盐丘能保存主要依靠盐株上覆近圆形的膏岩盖层（EI Papalote和EI Gordo盐丘），其直径大约1.5～3km；或者被称为盐焊接的类似断层的构造（La Popa盐焊接）。La Popa盐焊接代表着早先25km宽的盐墙（图2；Giles和Lawton，1999），其盐体整体蒸发，导致了似断裂盐焊接构造的形成。还有一个盐丘（La Popa盐丘）发育在La Popa盐焊接西部末端，在这个部位盐体并未完全蒸发（图2）。底辟的盐体主要来源于上侏罗统Minas Viejas组（图3）并且包括火山侵入或喷出的200m左右大小的碎屑物质。Garrison和McMillan（1999）认为碎屑主要是火成岩，本次研究中解释为与裂谷相关的岩浆集块体，且主要与裂谷盆地蒸发岩同期沉积。火山碎屑代表着侵入到裂谷盆地中的裂谷熔岩。火山碎屑代表着裂谷熔岩侵出到盐盆地，成为盐层中的夹层。深成岩碎屑代表着裂谷熔岩侵入到裂谷盆地集块体中。深成岩和火山岩都是在盐体发生底辟时发生的，在盐体中随热作用变质成为绿片岩（Lawton等，2001）。底辟附近是向斜小盆地群，这些小盆地的形成与盐体萎缩相关也与Hidalgoan缩短密切相关（Rowan等，2003）。

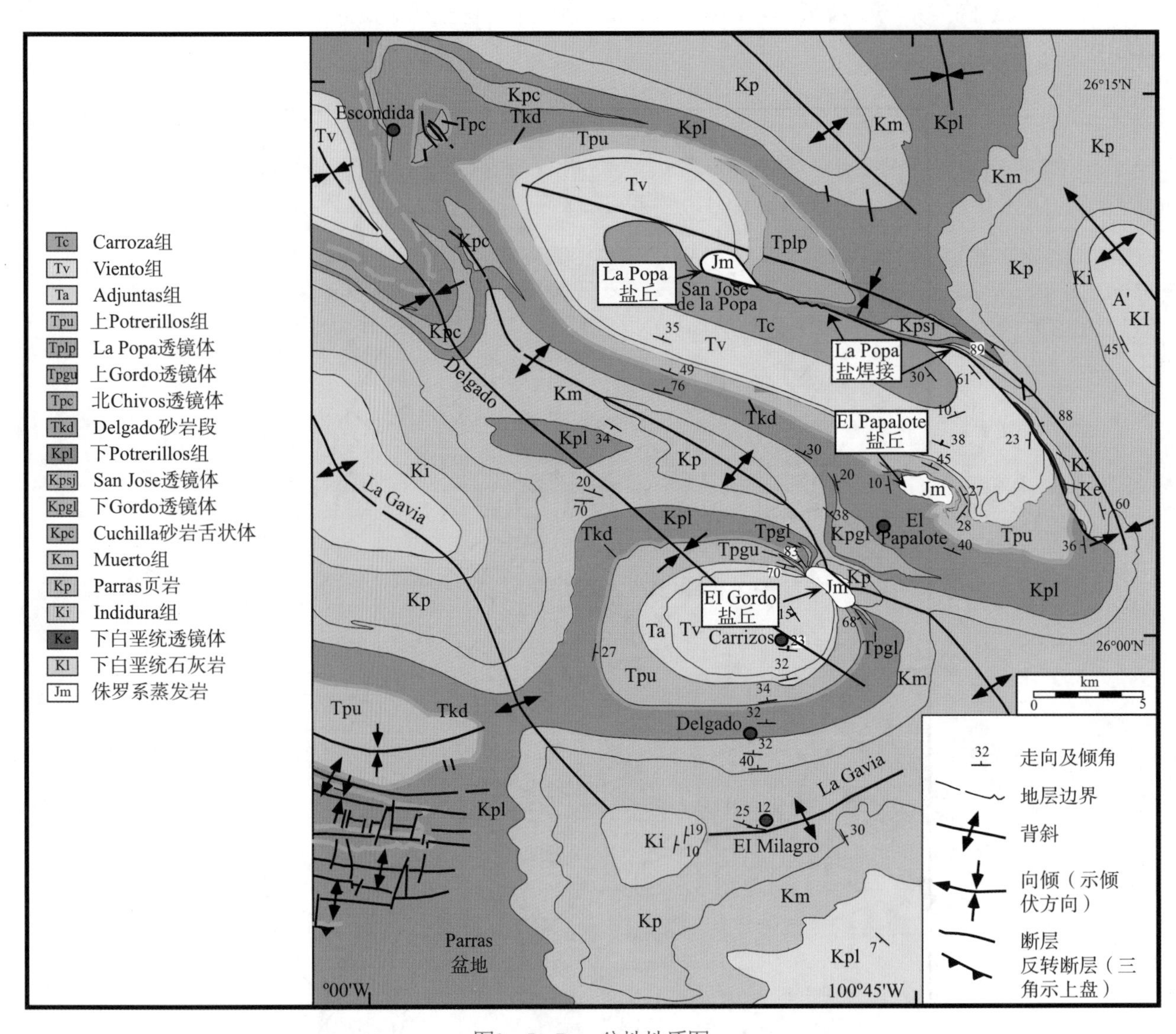

图2 La Popa盆地地质图

La Popa盆地所有暴露的层序单元都显示了与Hidalgoan缩短造成的盐体活动和变形有关的同沉积变形。这表明被动盐底辟活动是通过暴露地层单元的沉积产生的（例如下白垩统—中始新统），这些缩短过程在中始新世后结束（Hon，2001；Weislogel，2001；Druke，2005）。

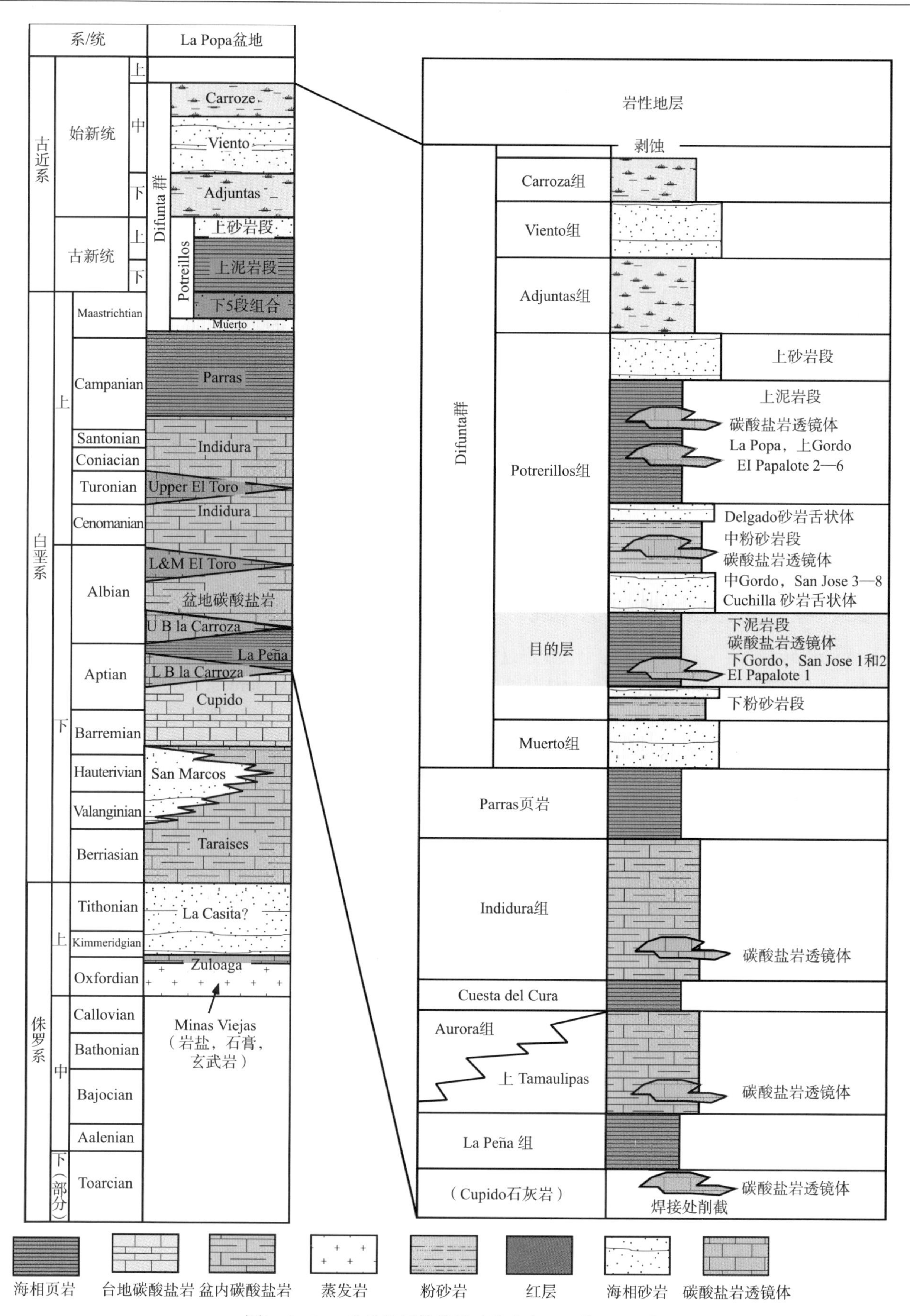

图3　La Popa盆地地层柱状图（修改自Giles等，2004）

Parras泥岩和上覆的Difunta群是主要的暴露地层单元，这些地层形成了Parras和La Popa盆地的沉积充填（图3）。地层主要是浅海细—粗粒硅质碎屑沉积，并且向上变迁为边缘海沉积和河流沉积。Difunta群在小盆地内约4500m厚，可以划分为5个组（Murray等，1962），自下而上分别是Muerto、Potrerillos、Adjuntas、Viento和Carroza组。通过沉积相展布和古流体数据分析，判断Muerto和Potrerillos组主要是海相三角洲沉积，并将沉积物向东南输送到La Popa盆地。与下伏的Muerto组相比，Potrerillos组包括更细粒和更远岸的沉积。Potrerillos组是透镜状碳酸盐岩建造，厚350m，被称为透镜体（McBride等，1974）。透镜体的发育在空间上限定在与盐底辟直接毗邻的地区（McBride等，1974；Laudon，1975，1984）。地层主要限定在前三角洲和远岸泥岩，这代表着沉积期区域硅质碎屑输入量很低（图3；Giles和Lawton，2002）。在Potrerillos组，碳酸盐岩透镜体仅仅发育在下泥岩段、中粉砂岩和上泥岩段（Laudon，1975；Mercer，2002；Druke，2005）。

本研究阐述了沉积相分布特征，并解释了控制三个盐底辟上发育在Potrerillos组下泥岩段马斯特里赫特期的透镜体成因（EI Gordo盐底辟、EI Papalote盐底辟和Popa盐焊接；图2，图3）。发育在EL Gordo盐底辟上的下泥岩透镜体体系被前人称为EL Papalote透镜体（Hunnicutt，1998；Giles和Lawton，2002），而发育在La Popa盐焊接上的分别被命名为San Jose-1和San Jose-2（McBride等，1974；Druke，2005）。同期透镜体体系的属性包括岩性地层和生物地层（McBride等，1974；Vega-Vera和Perrilliat，1990）。在EI Gordo盐丘和La Popa盐焊接，其他的马斯特里赫特期透镜体（中Gordo透镜体和SanJose-3—San Jose-8透镜体；Mercer，2002；Druke，2005）发育在Potrerillos组中泥岩段上，在文中不再提及。

二、碳酸盐岩台地和沉积环境

Potrerillos组下泥岩段内发育的上白垩统（马斯特里赫特阶）的碳酸盐岩透镜体沉积微相图和地层剖面显示出它们是由一系列被硅质楔状体分割的碳酸盐岩地层组成的（Mercer，2002；Druke，2005）。碳酸盐岩颗粒随着距离盐底辟越远越细并且披覆在远岸黑色泥岩之上。相反地，硅质碎屑向盐底辟变细，并最终通过上超和剥蚀尖灭。在硅质碎屑尖灭点，碳酸盐岩地层在露头上形成碳酸盐岩陡坡，在这个部位形成单个的碳酸盐岩透镜体。

总体而言，碳酸盐岩透镜状生物集块体在特征上是多生物群体所构造（James，1997），并伴随小型的photozoan元素，主要由红藻颗粒、底栖有孔虫、红藻类生物、海绵、双壳类和海胆类组成。厚壁双壳类（其他晚白垩世碳酸盐岩建造的浅水环境和礁中同样发育）是La Popa盆地相对稀少的透镜体组合。对于每一个透镜体，描述了主要的碳酸盐岩沉积相，并通过一系列剖面建立了每一个盐底辟的时空展布。

（一）下Gordo透镜体

EI Gordo盐底辟上发育的马斯特里赫特阶下泥岩段碳酸盐岩沉积相的类型和展布从南部边界向北部边界呈明显的不对称发育（图4，图5）。由于这个原因，将沉积相的描述划分为南部边界和北部边界。南部边界主要是由单一厚度（100m以上）连续发育的碳酸盐岩透镜体（下Gordo透镜体）构成，从盐底辟仅仅向外延伸1.5km，主要是礁粘结岩、礁前泥粒灰岩—砾屑灰岩以及混合的碎屑流单元（Mercer，2002）。对比而言，北部边缘的透镜体在盐底辟附近形成大约100m连续发育的陡坡，并且可以按照距离盐丘的距离划分为两个持续发育的边界，主要由红藻和有孔虫粒屑灰岩地层构成，每个地层大约20m厚，并被由泥岩、双壳和红藻泥粒灰岩构成的退积楔状体所分隔。北部边界透镜体延展到距离盐底辟4km以外并进入到周围的小盆地中。

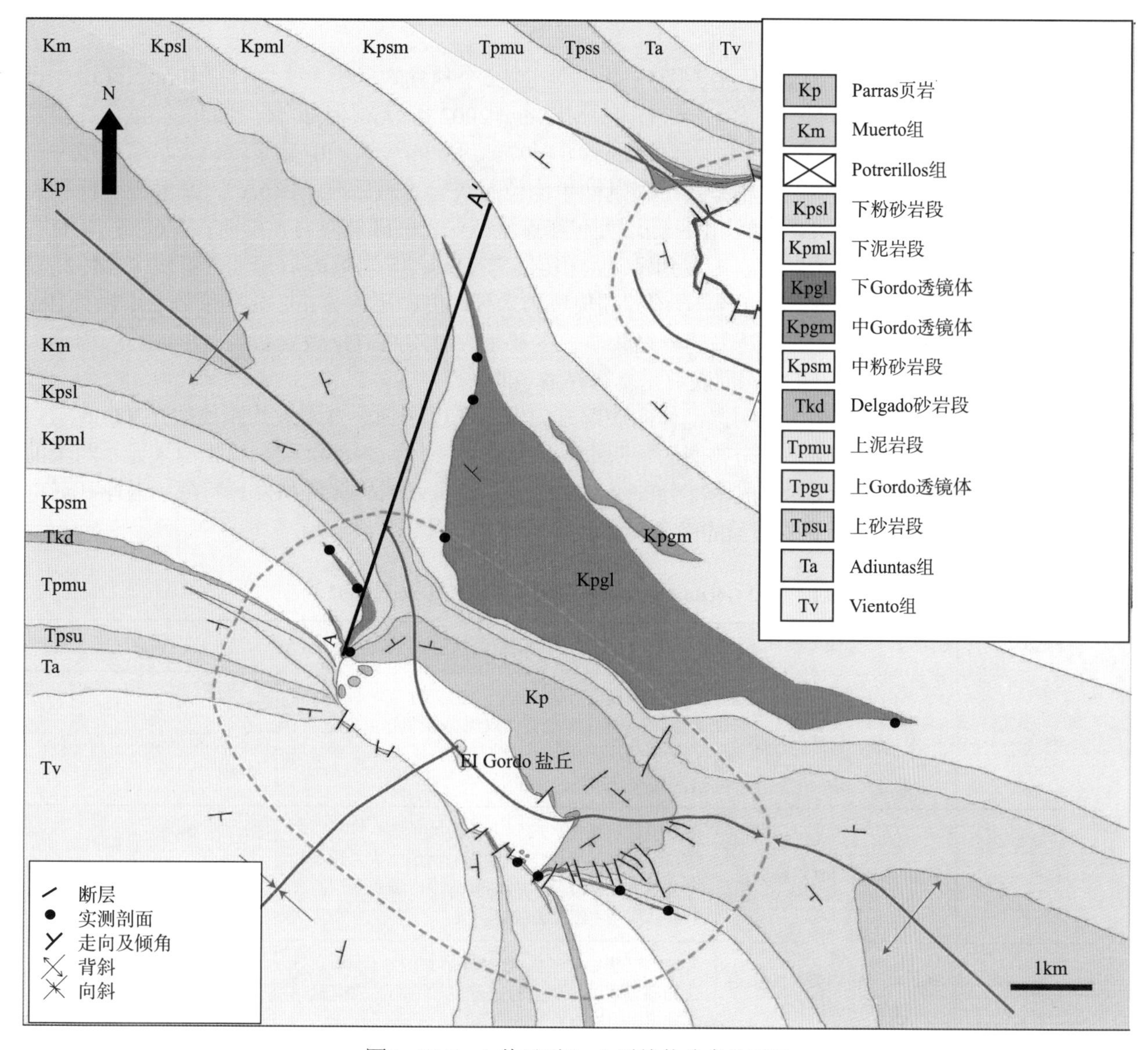

图4 El Gordo盐丘下Gordo透镜体分布地质图

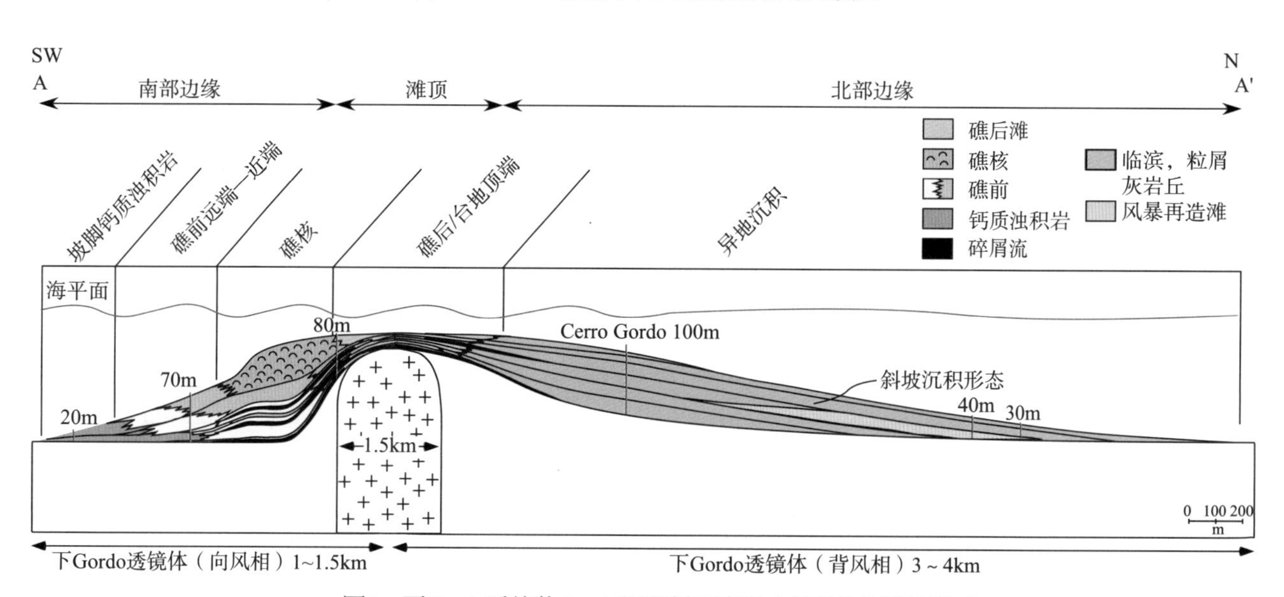

图5 下Gordo透镜体A—A′沉积剖面略图（剖面线位置见图3）

1. 南部边缘沉积相

南部边缘的碳酸盐岩透镜体沉积相（图5）可以划分为5个独立的岩相（主要特征和沉积环境如表1所示），每一个岩相和沉积环境解释的详细描述见Mercer（2002）。沉积相符合标准的浪控礁生长模式（James，1983），其生物共生组合形式也符合James（1997）建立的浅水、中等能量和冷水温环境—亚热带碳酸盐岩陆棚深度带模型。岩相是：①限制性生物粒泥灰岩（礁后滩；图6A），②海绵、珊瑚和红藻粘结岩（礁珊瑚；图6B）；③球状粒、珊瑚类和红藻泥粒灰岩—砾屑灰岩（礁前；图6C）；④有孔虫、海胆和红藻粒泥灰岩—粒屑灰岩（坡角钙质浊积岩；图6D）；⑤岩溶碎屑角砾—集块（礁体和底辟诱发的碎屑流中的碎屑物质；图6E）。岩溶碎屑集块为米级厚度，层状分布，并延展到底辟以外1km多的距离。集块体包括大量的底辟诱发的碎屑物质，主要是大量的底辟顶板岩石脱落形成的。周围沉积物中碎屑物质的出现指示了在沉积期底辟是暴露在地表的。

碳酸盐岩透镜体的几何形状表明透镜体向底辟方向楔形厚度增加，直到大约距离盐丘100m左右，透镜体厚度再一次变薄，传递了一个典型的、双重锥状形态堆积体。内部沉积相堆积模式显示两个前积的堆积（准层序组）被海泛面分成两部分。上准层序显示了良好的礁体沉积发育特征（最厚和最广泛）。透镜体的上表面被黑色页岩覆盖的最大海泛面所限定。

表1　下El Gordo透镜体向风岩相（修改自Mercer, 2002）

沉积相	岩相	描述	沉积环境
礁后	限制性生物粒泥灰岩	薄层—大规模层状结构，生物扰动构造，含有底栖有孔虫类、腹足类、双壳类、龙介虫类化石，石英质粉砂岩含碳酸盐泥基质。缺少红藻等常见正常海洋环境下的指示物	低能，受限—正常的海洋环境，正常浪基面之上的浅水环境
礁核	海绵、珊瑚、红藻粘结岩	大规模层状结构；成分由珊瑚状红藻（包壳、触角和红藻石）、原地较大珊瑚与海绵虫头、绿藻和有孔虫（1m以上）构成。包含少许碳酸盐泥。含有盐体活动引起的裂缝	中—高能正常海洋环境，位于风暴浪基面和正常浪基面之间的浅水环境
礁前	球状粒、珊瑚类、红藻泥粒灰岩—砾屑灰岩	大规模层状结构；成分由红藻触角与红藻石、球粒和珊瑚构成。见少量苔藓虫和海胆。含有盐体活动引起的裂缝	中—高能，正常海洋的潮下带（比礁核相深）
坡脚钙质浊积岩	有孔虫、海胆、红藻粒泥灰岩—粒屑灰岩	薄层—大规模层状结构，生物扰动构造，成分包括红藻、海胆和有孔虫。见少量绿藻、牡蛎类、苔藓虫、珊瑚和厚壳蛤类	低—中能（伴有少数高能沉积物），正常海洋环境，临近风暴浪基面的微深水环境
水下碎屑流	岩溶碎屑角砾—集块	大规模层状结构；含有高比例盐丘成因、变火成岩透镜状岩屑和生物碎屑。含有盐体活动引起的裂缝	碎屑流，低—中能，临近风暴浪基面的深水环境

2. 北部边缘沉积相

EI Gordo盐底辟北部边缘的碳酸盐岩沉积相被分割为三个独立的岩相，它们的特征和沉积环境见表2。大多是平面层状展布且分选好的红藻和有孔虫粒屑灰岩和泥粒灰岩。颗粒为主的沉积相在礁后的滨面体系中沉积，这些主要是通过礁后碎屑流的缺失、粗粒大小、分选度、碳酸盐岩泥质的缺乏以及斜坡几何形态到层状地层的变化判断的。主要的岩相是：①红藻、有孔虫泥粒灰岩和粒屑灰岩（滨面沙丘；图7A、B）；②石英粉砂、内碎屑和双壳泥粒灰岩—粒屑灰岩（风暴再造滩）；③岩溶碎屑和含化石的红藻粒屑灰岩（滨面/风暴再造盐丘诱发的碎屑流）。

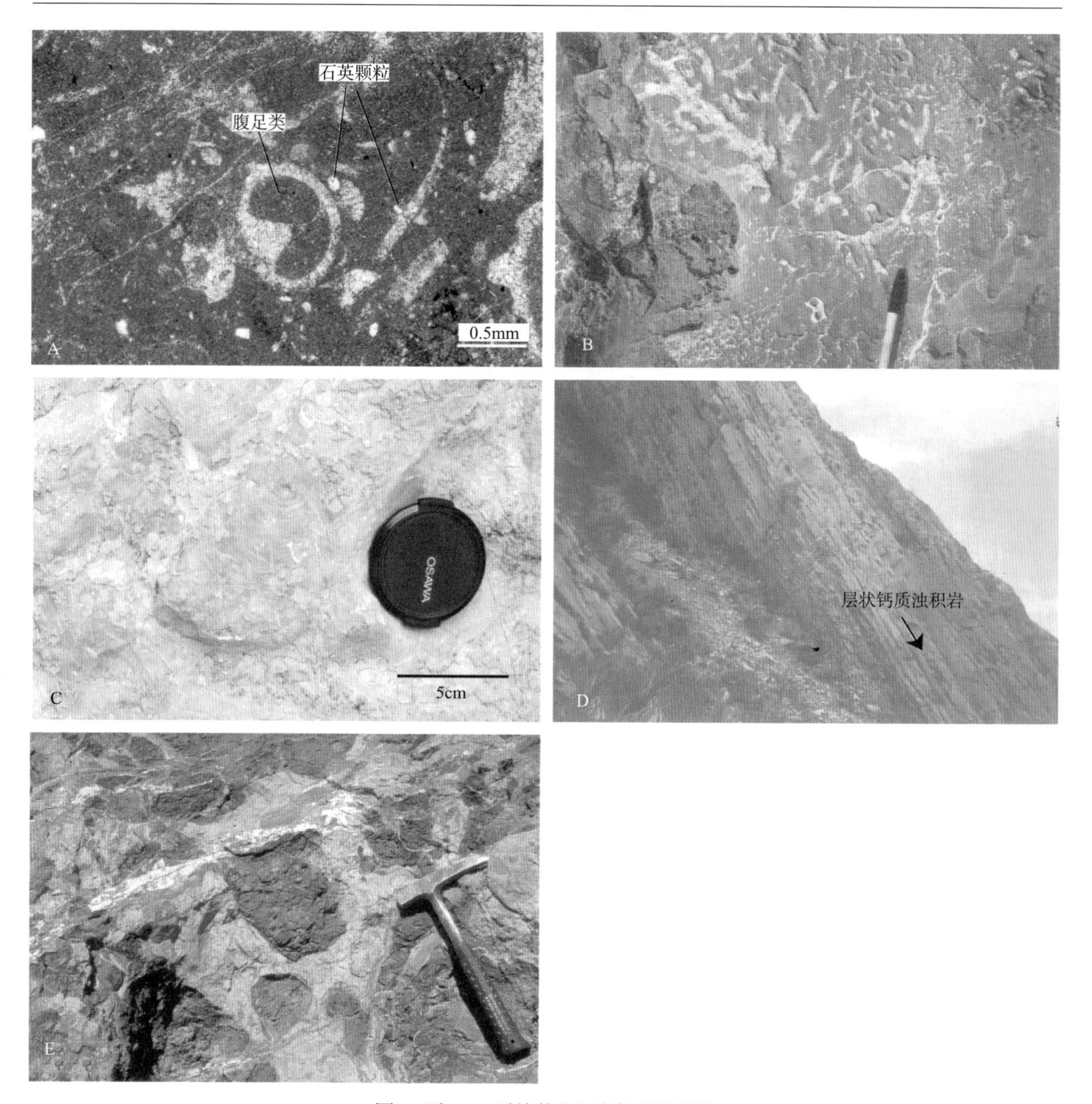

图6　下Gordo透镜体向风岩相显微照片

A—限制性生物粒泥灰岩/礁后滩薄片显微照片；B—海绵虫和礁核相红藻野外露头照片（笔帽长5cm）；C—球状粒、海绵、红藻泥粒灰岩—砾屑灰岩礁前岩屑野外露头照片（砾屑灰岩颗粒直径大约5cm）；D—有孔虫、海胆和红藻粒泥灰岩—粒屑灰岩/坡脚钙质浊积岩野外露头照片；E—水下碎屑流相变火成岩碎屑集块野外露头照片（地质锤长约31cm）

从露头上看，下Gordo透镜体被不稳定的沉积间隔层分割成为两个稳定的陡坡。退积的沉积间隔层随着与盐底辟距离的增加变厚。稳定的陡坡和退积的沉积间断主要是由红藻和有孔虫泥粒灰岩—粒屑灰岩构成，退积的沉积间隔层存在更薄的层状沉积，更多的碳酸盐泥混合石英粉砂以及更多的双壳生物碎屑，颗粒显示带有缝合线的颗粒边界的过压实结构。退积地层也可以发育在簸选作用弱的较深水体中（仅仅在发生大型风暴时），并且没有发生早期海相胶结。内部沉积微相堆积模式为两个近积准层序形成一个近积的准层序组。近积是自南而北进入毗邻的小盆地的。上准层序显示发育最好的是颗粒灰岩滩相（厚度最大且发育最广泛）。准层序组的顶界面被黑色页岩上部的最大海泛面所限定。

（二）San Jose透镜体

San Jose透镜体仅仅在La Popa盐焊接北部出露（图2，图8）。在San Jose透镜体沉积期间，La Popa盐焊接地区出现了盐体，并且形成了大约25km长、宽度不详的盐墙（Giles和Lawton，1999）。在盐体从盐墙中挥发过程中，根据穿过盐焊接的地层偏移分析，盐墙南部的岩石比北部下降了大约2.5km（Giles和Lauton，1999）。这一情况导致上白垩统岩石和古近系岩石并列穿过盐焊接（图8）。因此，在La Popa盐焊接南侧发育的San Jose透镜岩体估计在界面以下大约2.5km。北面的沉积相在类型上和几何形态上与现今EI Gordo盐底辟北缘的下Gordo透镜体非常相近（图7A），非常像在相近的条件下形成的。由于这个原因，将下Gordo和San Jose北部边缘沉积相一起放在表2中。San Jose透镜体中，两个被记载的其他类型沉积相没有在下Gordo透镜体北缘沉积相中被观察到：①红藻石骨架岩和砾屑灰岩沉积相（礁后红榴石砾石滩；图7C）；②海绵和红藻粘结灰岩（点礁的礁后；图7D）。

在盐底辟附近，San Jose透镜体构成了一个相对连续的陡坡相。根据距离盐底辟的距离，楔形退积层序将其划分为两个独立的陡坡相（San Jose透镜体1和透镜体2；图9）。退积的沉积间断层与现今EI Gordo过压实的红藻、有孔虫泥粒灰岩相似但是更厚、泥质更多。

表2　下Gordo和San Jose透镜体背风岩相（修改自Druke, 2005）

沉积相	岩相	描述	沉积环境
临滨粒屑灰岩丘	红藻、有孔虫泥粒灰岩和粒屑灰岩	见于倾斜形态的薄层—大规模发育的岩层中；构成大部分下Gordo和San Jose北部边缘相，位于距离盐丘近端—远端的位置；主要成分为包壳、针状红藻、有孔虫、腹足类碎片、海胆类、双壳类、绿藻、珊瑚以及苔藓虫	低位—高位临滨；正常海洋环境；来源于滩体的背风异地砂屑台地碎屑岩
风暴再造滩	石英碎屑、内碎屑、双壳类泥粒灰岩—粒屑灰岩	见于由泥层分开的薄层—中等结核状岩层中；主要成分为包含有孔虫、双壳类碎片、红藻碎片以及其他有孔虫的内碎屑；缺少盐丘成因的碎屑物	远滨；逐渐动荡的正常海洋环境；再造台地相
再造临滨盐丘成因岩屑	含化石变火成碎屑岩屑灰岩—集块岩	以临滨水下沙丘为特征，除了在变火成岩屑的大小和数量上有所增加；可见于具有裂缝和结核状层理的地层中（通常位于碳酸盐岩序列的底部）	低位—高位临滨；正常海洋环境；风暴再造侵蚀的盐丘成因碎屑岩
红藻石坪	红藻石砾屑灰岩	见于局部河谷低地和临近盐焊接的中等结核状层理中；主要成分由位于化石碎屑基质中的红藻石构成；该基质包括红藻、绿藻、双壳类碎片以及腹足类碎片	前滨；红藻石坪
点礁	海绵—红藻粘结灰岩	厚层至大规模发育的岩层，后期不连续，嵌入红藻和有孔虫粒屑灰岩中；主要成分包括具有包壳有孔虫夹层（粘结岩）的包壳红藻、完整的海绵以及碎片（滞留岩）、有孔虫、双壳类、绿藻碎片、珊瑚和苔藓虫	礁后、滩顶；正常海洋环境；点礁相

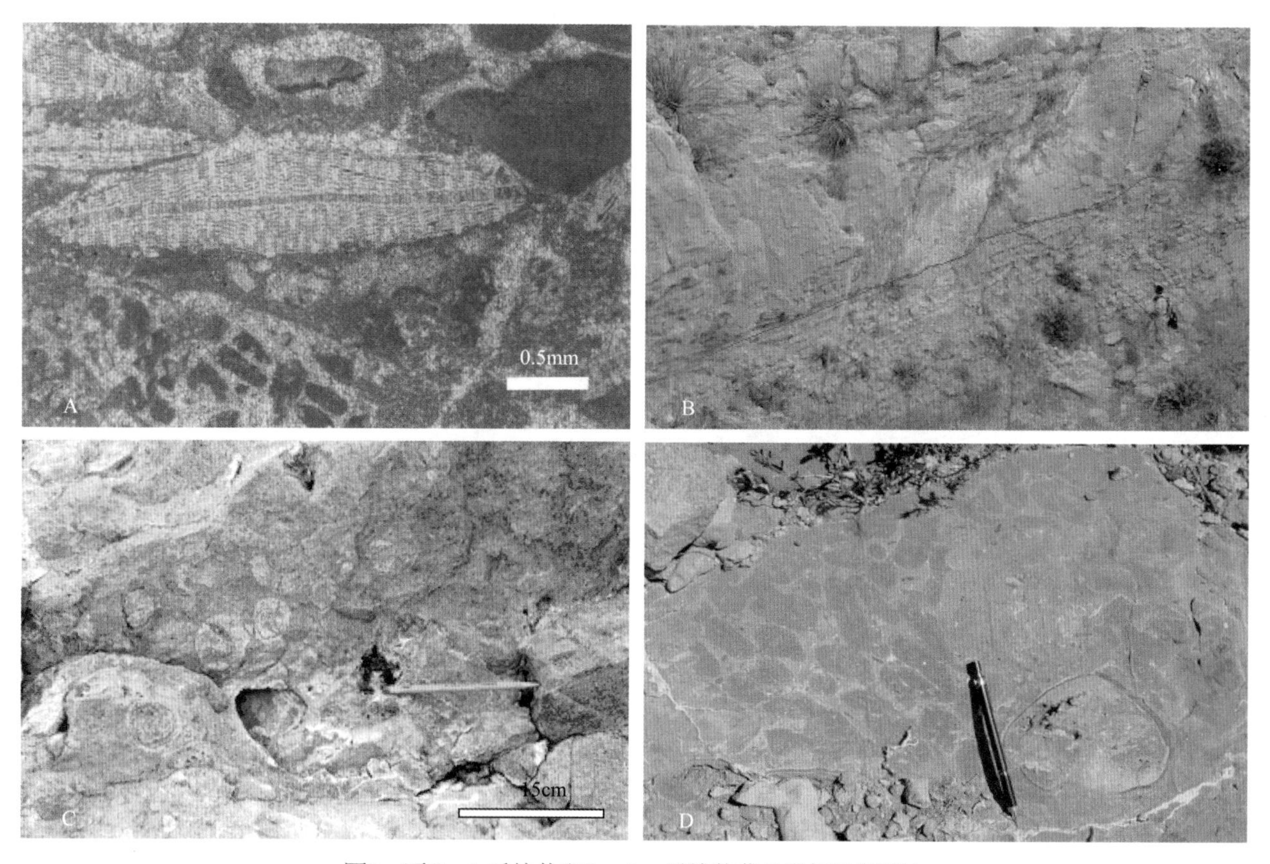

图7 下Gordo透镜体和San Jose透镜体背风岩相显微照片

A—有孔虫和红藻泥粒灰岩—粒屑灰岩薄片显微照片；B—有孔虫和红藻水下沙丘野外露头照片；C—红藻石砾屑灰岩/红藻石坪野外露头照片；D—海绵和红藻点礁野外露头照片（自动铅笔长约15cm）

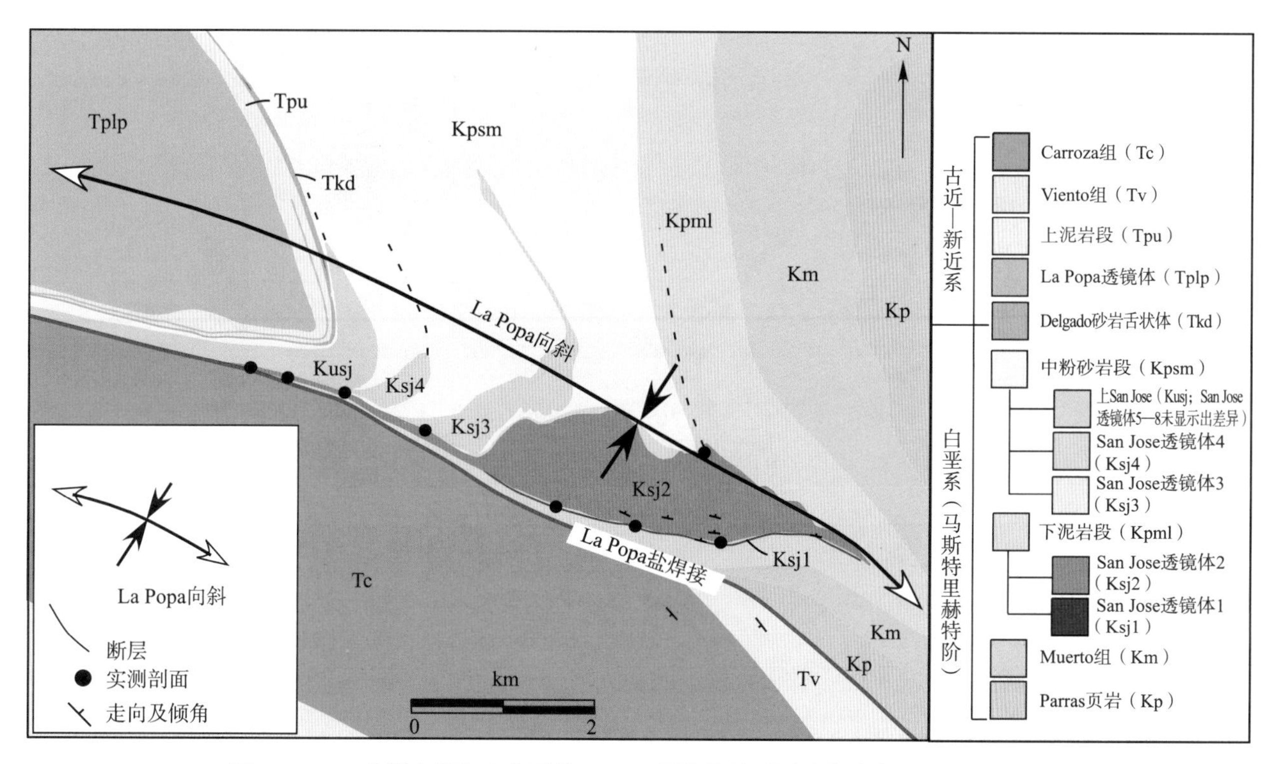

图8 La Popa盐缝合线和上白垩统San Jose透镜体地质图（修改自Druke，2005）

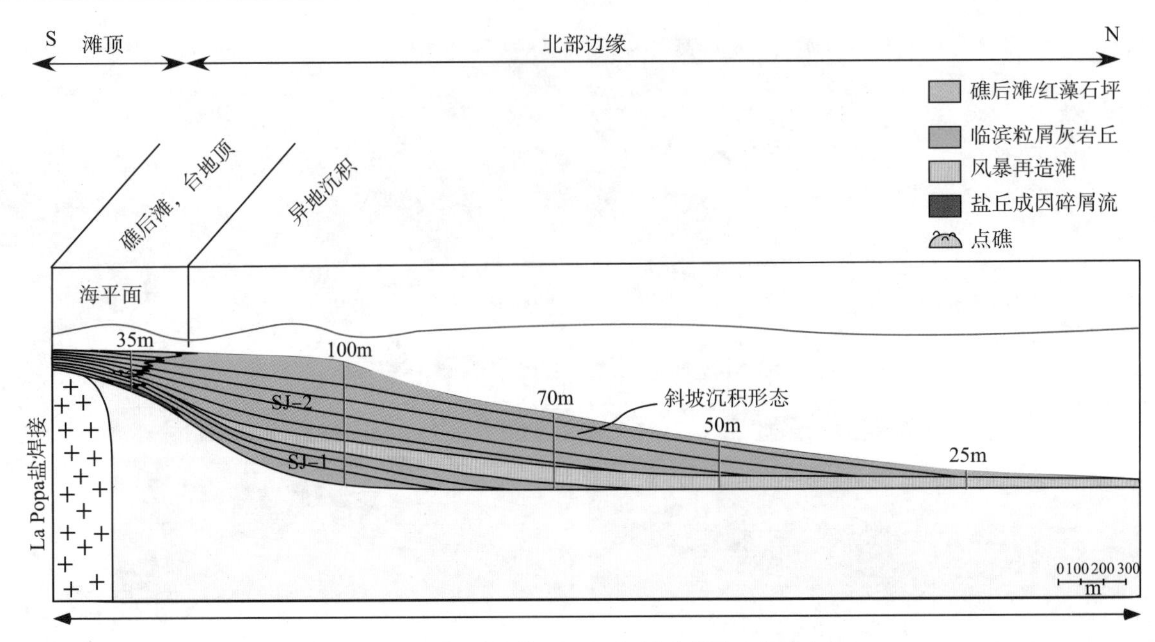

图9　San Jose透镜体1和2沉积剖面略图（背风向）

（三）EI Papalote透镜体1

EI Papalote盐底辟是一个圆柱形的岩株，它的尺寸和形态与EI Gordo盐底辟相似（图10）。仅有一个透镜体（透镜体1）发育在下泥岩段。在露头垂向上观察发现，透镜体1出现在将近2/3盐底辟附近的反转地层中（图10）。透镜体比较薄（＜12m），从1m到厚层红藻石泥粒灰岩沉积层序。在盐底辟周围具有较为稳定的厚度和沉积相类型（Hunnicutt，1998）。两种沉积相的特征和沉积环境见表3。由于透

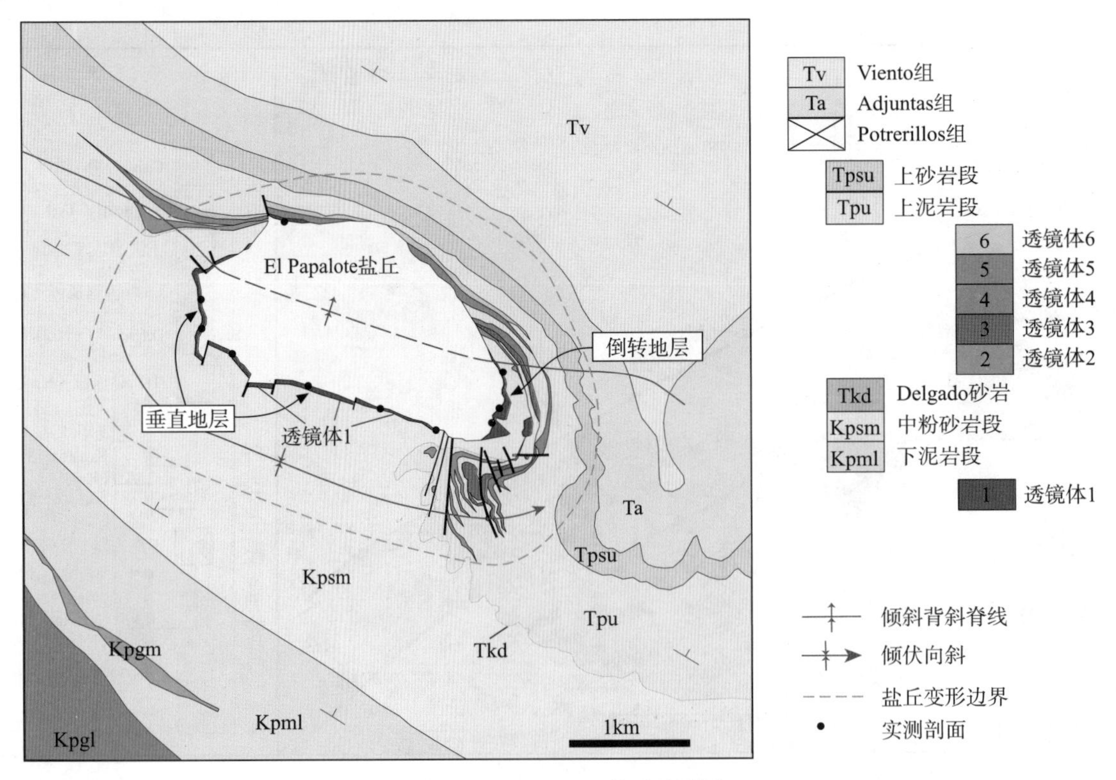

图10　El Papalote盐丘地质图

镜体在整个盐底辟周围变形为垂向地层，所有暴露的沉积相都位于盐底辟的近端，因此不可能研究到沉积尖灭相。总之，沉积相主要是由红珊瑚颗粒灰岩主导，与下Gordo透镜体和San Jose透镜体北部边缘相近。两个主要的岩相是：①红藻颗粒灰岩和小颗粒灰岩（下滨面水下沙丘；图11B）；②岩溶碎屑角砾岩—集块岩（造礁海绵与红藻粘结灰岩碎屑和盐底辟诱发的碎屑流碎屑沉积；图6E）。红藻颗粒灰岩沉积相内的透镜体主要由似球粒、底栖有孔虫以及包含少量生物碎屑的厚壳蛤、海绵、海胆类、苔藓虫和龙介虫管组成。EI Papalote盐底辟最浅水的沉积相主要是下滨面（包括小型丘状交错层理），指示了风暴流重建和颠选。下Gordo和San Jose透镜体的沉积相并没有显示文献中记载的不对称或环绕盐底辟的变化。

表3　El Papalote透镜体1岩相表（修改自Hunnicutt, 1998）

沉积相	岩相	描述	沉积环境
低位临滨滩	红藻砾屑灰岩—粒屑灰岩	厚层—大规模层状结构，由不连续的、受磨蚀的珊瑚状红藻颗粒构成；局部富含海胆、球状粒以及有孔虫；少见海绵、苔藓虫和龙介虫菌管；粒度指示洋流或波浪作用的存在	正常浪基面之下，不超过风暴浪基面
水下碎屑流	变火成碎屑角砾岩—集块岩	大规模层状结构；包含岩屑和生物碎屑的透镜体碎屑物，以高含量的盐丘成因变火成碎屑物为特征；含有盐体活动引起的裂缝	碎屑流，低—中能，受正常海洋环境制约

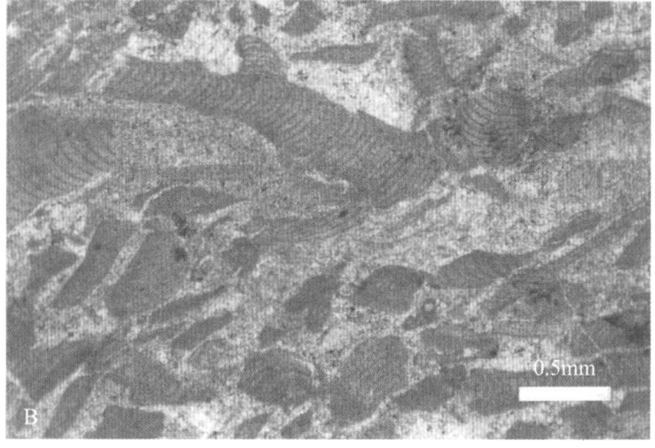

图11　位于El Papalote盐丘的透镜体1照片

A—El Papalote盐丘野外露头照片，显示围绕在盐丘周围的垂直状透镜体，背景远处是La Popa和San Jose透镜体；B—红藻泥粒灰岩—粒屑灰岩显微照片

三、关于沉积相类型和建造控制要素的讨论

将碳酸盐岩台地相类型和建造的控制要素划分为单个盐底辟的局部控制要素和在整个陆架区发育的区域控制要素。局部控制作用反映的是区域古地理环境（例如外陆架环境的向风—背风边缘）和盐构造活动中的多变性（例如小盆地下沉速率和沉积速率差异）。沉积作用对局部控制作用的响应主要体现在盐底辟之间以及盐底辟的一边与另外一边的多变性。区域控制作用对沉积样式的影响主要与海平面变化和盐体构造活动引起的升降变化相联系，主要是引起整个透镜体体系相对稳定的沉积响应。

（一）局部受古地理控制

La Popa盆地碳酸盐岩建造是与近等时被动盐底辟相关的孤立碳酸盐岩台地。建造是由盐底辟产生的地貌斜坡，它提供了一个局部阻挡陆源碎屑沉积的抬升沉积环境（Hunnicutt，1998；Mercer，2002；Druke，2005）。

在晚白垩世（马斯特里赫特期），三个盐底辟（EI Gordo、EI Papalote和La Popa盐墙）发育在陆棚—盆地沉积剖面大致相同的部位。马斯特里赫特期陆棚的倾向是北西—南东方向，与岸平行方向大致是北东—南西方向（图12）。陆棚上的沉积位置是由沉积环境趋势、上覆和下伏砂岩单元的水流指示趋势（Muerto组和Potrerillos组的Delgado砂岩段；图3）和Potrerillos组下泥岩段的解释共同决定的（Weislogel，2001；Hon，2001；Mercer，2002；Aschoff，2003；Aschoff和Gile，2005；Shipley，2004）。盐底辟坐落在盐丘之间的下滨面沉积到外陆棚黑色页岩和粉砂岩之间轻微的坡度变化带（Mercer，2002；Shipley，2004）。盐底辟形成了局部的陡坡，在这个部位EI Gordo和La Popa盐底辟的顶部发育于正常浪基面以上的浅水部位（图13）。EI Papalote盐丘的顶部较低，但是仍然高于风暴浪基面。

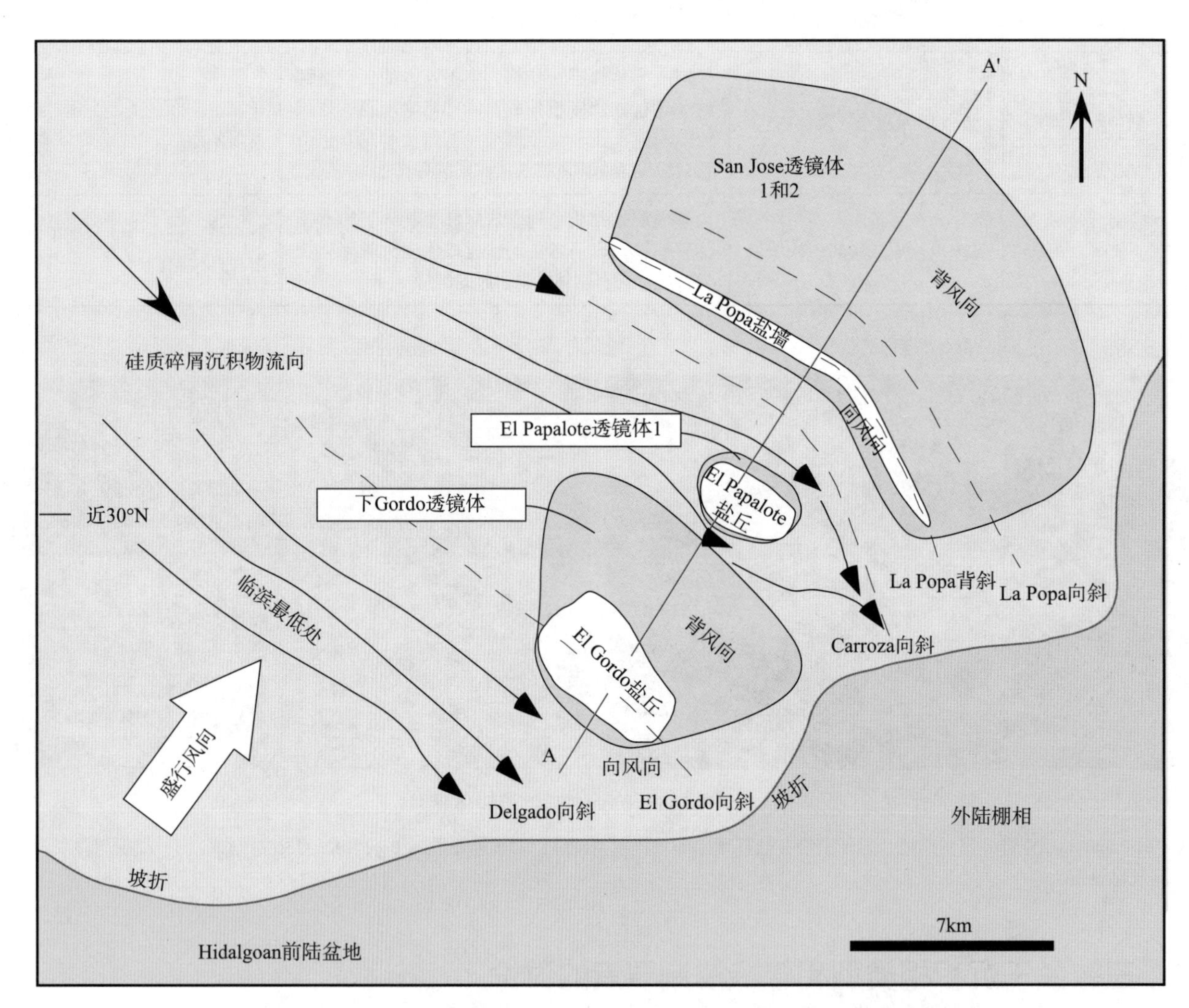

图12 马斯特里赫特期El Gordo、El Papalote和La Popa盐丘古地理图

下Gordo和San Jose透镜体体系显示出在碳酸盐岩分布和类型上显著的不对称性。南部边缘包括由沉积斜坡迅速变深到礁前的海绵—红藻粘结岩以及有孔虫、棘皮类、红藻粒灰岩、钙质浊积岩到黑色页岩。

南部边缘是陡边，碳酸盐岩形成“S”形几何形状，透镜体的厚度从盐底辟处几百米厚向两侧减薄。南部边缘碳酸盐岩沉积相从盐底辟向外延展1.5km。北部边缘沉积相包括棘皮动物、有孔虫和排成小尺寸（10m）斜坡的红藻粒屑灰岩，盐底辟北部边界和主岩体活动褶皱带北翼坡度均发生递减。北部边缘相对缓坡环境，碳酸盐岩同样形成“S”形几何形态，并且侧翼比南缘延展更远。透镜体最厚的部位主要是盐底辟外侧（1km），并向两侧变缓，至距盐底辟3～4km处终止。

EI Gordo盐底辟和La Popa盐墙发现明显的沉积相不对称和EI Papalote盐底辟的对称性可能是由于几个不同的局部因素作用的结果，包括与盐体萎缩相关的不同沉降，与基底相关的先成古地貌，或（和）波浪活动在向风—背风区的多变性。EI Gordo盐底辟和La Popa盐墙南部边缘面向主要的小盆地（图2、图12和图13，Delgado向斜和Carroza向斜），其中包括比北部小盆地明显变厚的Difunta群剖面。这暗示着南部边缘小盆地的沉降速率大于北部边缘的。小盆地沉降速率主要是被盐萎缩（盐丘下沉）和盐体缩短运动两个因素控制，可能强烈地控制沉积相（Rowan等，2003）。Lawton等（2001）根据基底磁力等值线判断La Popa盐焊接（盐墙）向南有一个基底倾斜（Eguiluz de Antunano，1994）和层序重构。这导致了先前北部边缘古地貌高点以及南部边缘陡坡的发育，这些都影响了碳酸盐岩沉积相的分布。

马斯特里赫特期，La Popa盆地主要发育在大约北纬30°附近（Roberts和Kirshbaum，1995）。它可能发育在东北季风和西风之间的温暖过渡带，并靠近标准热带碳酸盐沉积的北部边界。在马斯特里赫特期温室条件下，亚热带所在位置从西风带中分离出来东北季风，可能比现在冰室气候的位置更靠北。碳酸盐岩相南部边界和北部边界的分布图显示这个地区可能受到西风带的强烈影响，西风沿着平行于马斯特里赫特期陆棚走向的方向强烈吹过（图12，图13；Aschoff和Giles，2005）。风成浪的影响导致了强烈的向风—背风沉积相自南向北梯度发育（Druke，2005）。向风边界沉积相是典型的陡坡礁体建造，而背风向是小坡降的砂屑灰岩发育带，EI Gordo盐底辟与La Popa盐墙的沉积相关系前人有过报道（Halley等，1983；Druke，2005）。

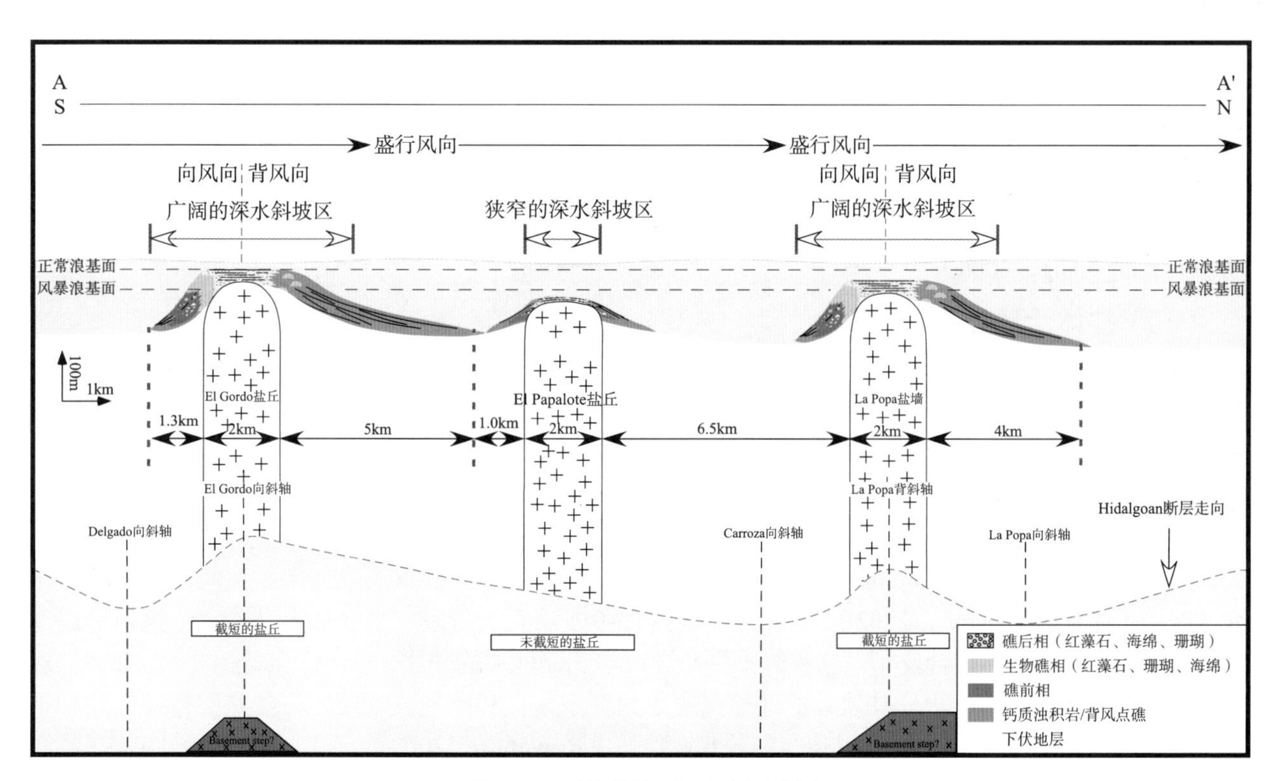

图13　三透镜体体系沉积剖面略图

示正常浪基面和风暴浪基面位置、Hidalgoan背斜和向斜

在晚白垩世温室气候带发育马斯特里赫特阶孤立碳酸盐岩建造（Read，1995）。因为这个地区主要是由盐底辟快速上升形成的多环境生物生长环境，而发育photozoan集群生物的温室建造碳酸盐岩模式

不适合这里（James，1997；Lehrmann和Goldhammer，1999）。这一阶段的时间、古纬度和古地理位置（亚热带—热带陆棚内盆地，墨西哥湾温水；James，1997），多环境生物生长是不常见的。在热带—亚热带温暖浅水区发育的伴随少量photozoan集群的多环境生物生长环境是典型的营养基准面上升到富氧条件的环境（Mutti和Hallock，2003）。富氧条件可以发育在几种不同的环境中，比如更冷的富氧水体上涌到陆架上（James，1997），在这个部位发育大量的大陆径流（Mutti和Hallock，2003）或规模较大的低温天然气渗出点（Suess等，1985）。

在La Popa盆地，优势风向是沿着平行岸线方向，下滨面—外陆棚沉积相坡折发育的部位（Shipely，2004），没有形成足够大的水深变化以形成上涌带。盐底辟南部，坡折带向东Sierra Madre前陆盆地方向迅速变深，在该部位形成足够深的水体从而发育上涌带（Ye，1997）。然而，用岸上优势风向解释向风—背风沉积相分布对于用南部上涌物源解释现今多生物集群相是不适用的。也就是说没有其他典型的上涌区域沉积相类型，比如磷灰岩、海绿石或放射虫燧石（O′Brien和Veeh，1983；Brasier，1995）。

与地表流体溢出相关的营养流能够增加河流三角洲进入封闭盆地的营养水平（Mutti和Hallock，2003），特别是湿润气候控制期间（Lukasik等，2000）。在封闭的La Popa盐盆Difunta群沉积期，硅质碎屑沉积物主要的分散机制是通过河流三角洲（McBride等，1974）。碳酸盐岩透镜体仅形成在外陆棚环境，这种情况仅出现在La Popa盆地没有发育三角洲且北墨西哥发育上倾尖灭的时期。当大型三角洲复合体发育时，比如在Muerto组或Delgado砂岩舌状体中发现的这种类型的三角洲，在盐底辟中没有发育碳酸盐岩透镜体（图3）。这显示了陆源物质的营养不是碳酸盐岩透镜体的控制因素。

对于温暖、浅水陆架区局部高营养水平的另一种解释是发育有局部的冷油气苗（Suess等，1985）。在现今的墨西哥湾地区冷油气苗是与陆架被动盐底辟相关的普遍特征，在这个部位，它们提供营养供给给不同的以双壳类和龙介虫为主的多生物建造（Roberts和Aharon，1994；Sassen等，2004）。推测在马斯特里赫特期，这些相似的过程导致了盐底辟上多马斯特里赫特环境生物碳酸盐岩建造的形成。在La Popa盆地，与底辟事件相关的烃源岩和烃类运移事件被识别出来（Hudson，2004），这也说明这一机理是合理的。然而，透镜体的胶结物和杂积物的初步碳同位素分析同与甲烷相关的析出特征并不相符（Ganging Jiang，2006）。

（二）盐体活动控制

La Popa盆地中底辟附近的地层被划分为与盐体活动相关的层序（Giles和Lawton，2002）。盐活动层序主要是在底辟界面附近或岩体喷发部位受到影响形成的连续完整发育的层序，在底辟附近为角度不整合接触关系而在远离盐体的部位变为整合接触（Giles和Lawton，2002）。盐体层序边界通过盐底辟附近的角度不整合很容易判断出来。盐体活动层序展示出内部地层上超和向底辟方向减薄的特征，显示盐体活动与沉积为同期发育。

盐体层序的形成是与盐底辟附近各种与沉积速率相关的被动盐底辟上升速率相关的局部环境变化所对应的（Giles和Lawton，2002）。在盐体活动过程中或随后的阶段，当盐体上升速率远远超过局部沉积速率时形成角度不整合。相对速率的不平衡导致了底辟地形的膨胀，产生了陡峭且不稳定的斜坡，斜坡最终坍塌掉。坡体的坍塌和块体的坡移产生了角度不整合和碎屑流地层，在盐底辟持续上升和邻近小盆地沉降过程中，由于披盖褶皱作用又变得陡峭（Rowan等，2003）。在La Popa盆地中，在盐底辟膨胀最大阶段，硅质碎屑流减少（净沉积速率减缓）期间碳酸盐岩透镜体沉积相发育在盐体的地貌斜坡区（图14，阶段1和阶段2）。沉积速率超过盐底辟上升速率导致周围邻近小盆地以上超形式沉积充填并且最后超覆在底辟上。小盆地的充填导致盐底辟的埋藏和盐底辟斜坡地貌的消失（图14，阶段3）。在持续盐体活动过程中，不整合的角度随着与沉降相关的披盖褶皱而增加。因此，不整合面在底辟附近以断层面的形式重新开始活动（图14，阶段3和阶段4）。

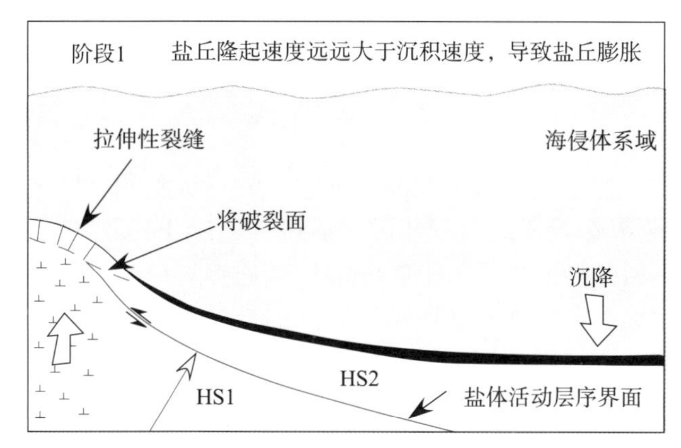

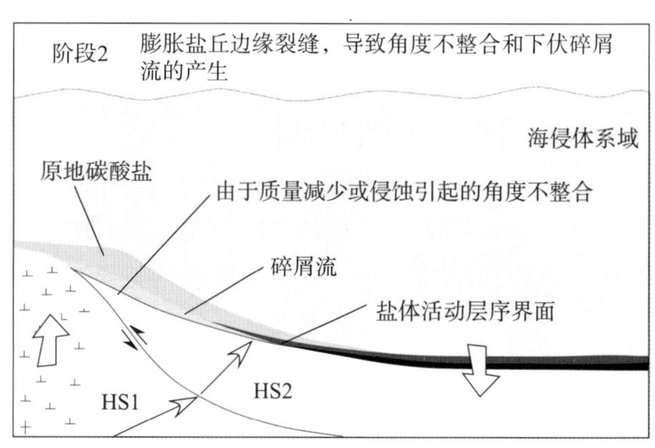

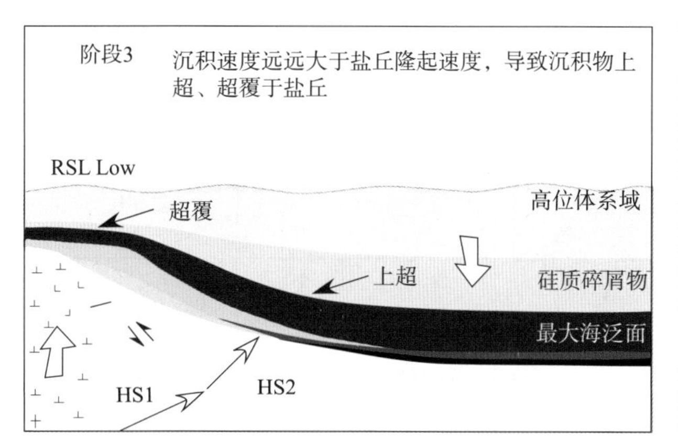

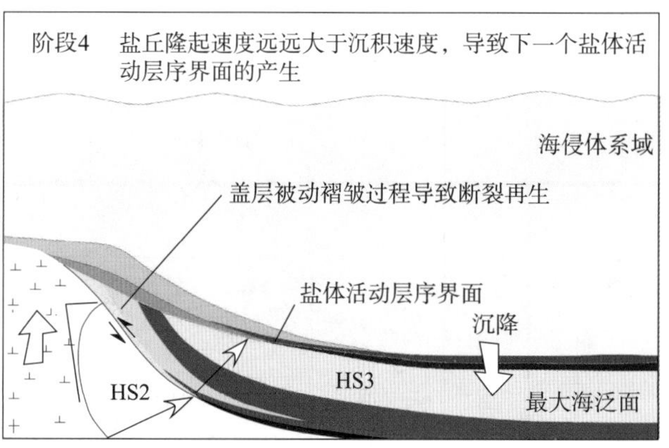

图14 盐体活动层序形成模式图（修改自Druke，2005）

HS—盐体活动层序

下泥岩段的全部盐体活动层序显示了盐底辟附近层序顶底界面近90°角度不整合的强烈变形。A型盐体活动层序的属性（Giles等，2004），在与盐底辟上升速率相关的区域性沉积速率变缓期间形成。每两个盐底辟之间以及每个盐底辟南部（向风向）和北部（背风向）边缘的盐体活动层序地层特征都是多变的。这些差异性影响着净底辟上升速率和净沉积速率的局部变化。

EI Gordo盐底辟和之前La Popa盐墙的盐体活动层序比EI Papalote盐底辟数量更多，也包括更厚的（同一个数量级）基底的碳酸盐岩建造沉积相。这显示着EI Gordo盐体和La Popa盐墙的硅质碎屑沉积速率比EI Papalote底辟的沉积速率低，和（或）底辟上升速率高于EI Gordo底辟和La Popa盐墙。EI Gordo盐底辟和La Popa盐墙出现在Hidalgoan褶皱的背斜轴部，褶皱形成于下泥岩段沉积期（Druke，2005）。EI Papalote盐底辟发育在Hidalgoan褶皱翼部位置。褶皱轴部发育的底辟比翼部发育的盐底辟缩短更多（Rowan等，2003）。EI Gordo和La Popa盐底辟的构造挤压导致这些盐底辟比诸如EI Papalote的盐底辟形成更高的盐体上升速率。陆架上的硅质碎屑已经优先沉积在地貌低部位（例如Delgado和Carroza向斜），导致了背斜上的少量沉积。这些要素能解释EI Gordo和La Popa盐底辟比盐底辟褶皱翼部（EI Papalote）的盐体活动层序特征更具多变性。

覆盖在基底的角度不整合或EI Gordo盐底辟南部（向风带）边缘的盐体活动层序边界之上的是厚层的碳酸盐岩碎屑流，包括盐体活动诱发的碎屑流产生的大量碎屑。厚层碎屑流向上过渡到大规模的海绵和红藻礁体沉积相（这些相体主要覆盖在黑色泥岩之上）。在EI Gordo盐底辟南部下泥岩段发育一个单一的盐体活动层序，它包括由礁体和碎屑流沉积相所主导的厚层碳酸盐岩透镜体。对比而言，在两个薄层碳酸盐岩透镜层序之间，盐体活动层序北部边界处发育硅质碎屑楔状体。北部碳酸盐岩透镜体的底部发育小型的、小颗粒的（砂—砾级）盐体诱发碎屑流，这说明两套盐体活动层序发育在北部

（背风带）边界。EI Papalote透镜体1主要由盐底辟顶部滑坡诱发的碎屑流沉积相所主导。透镜体相对较薄（<13m），距离盐底辟的延展范围小于1km，代表着一个盐体活动层序。

（三）海平面控制作用

Haq等（1998）制作的马斯特里赫特期海平面变化曲线与现今La Popa盆地解释的三级沉积层序地层趋势具有很好的对应关系（图15），这说明海平面强烈影响着区域硅质碎屑流进入到La Popa盆地的时间。这里显示的三级沉积层序地层格架代表着一系列已经发布的关于Difunta群硅质碎屑单元区域关系的详细研究成果。海平面变化影响着沉积物进入盆地的震荡和盐底辟附近局部的净沉积速率，从而导致被动上升盐底辟附近形成了盐体活动层序。碳酸盐岩透镜体沉积相仅仅发育在盐底辟附近，在陆架上的纯硅质碎屑沉积较少时形成了A型盐体活动层序发育的重要因素（沉积黑色页岩或泥岩）。陆架上较低的纯硅质碎屑沉积对应着现今解释的三级沉积层序的海侵体系域（TST）和海平面变化的主要上升期（图15）。

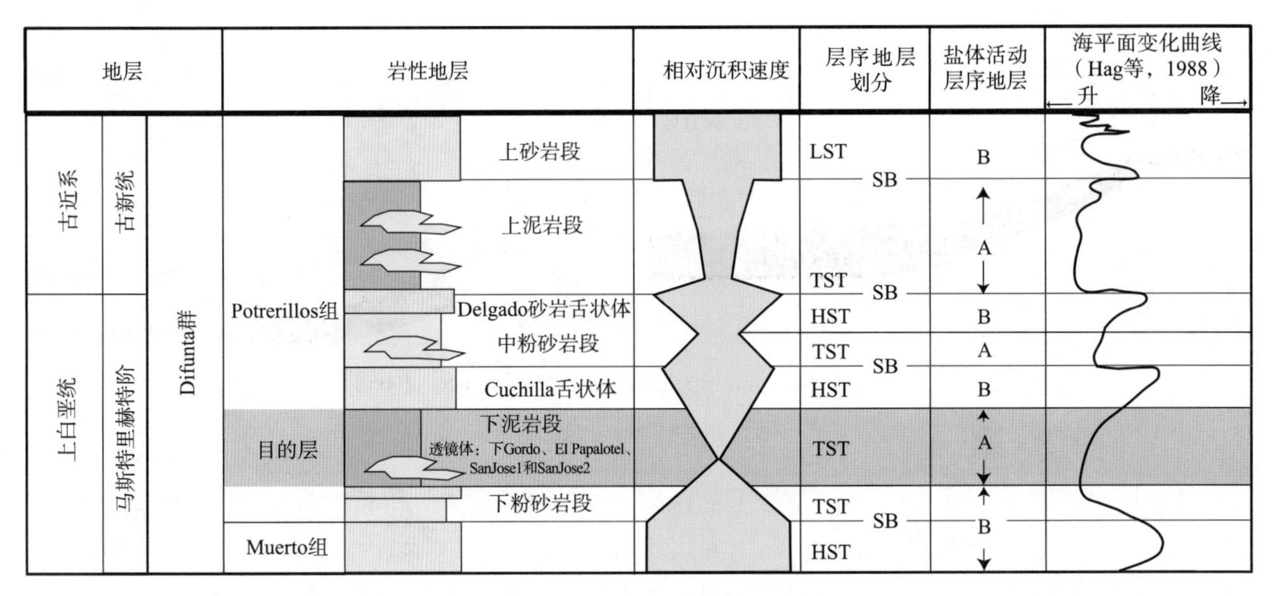

图15　La Popa盆地地层层序

用陆棚相对沉积速度、三级层序地层划分、盐体活动层序地层类型以及海平面升降趋势（Haq等，1988）进行解释

马斯特里赫特期以最大海平面下降为起始，这个下降导致了高位体系域（HST）晚期三级沉积层序发育期La Popa盆地Muerto组三角洲进积结构的形成（图12；Ye，1997；Hon，2001；Weislogel，2001；Soegaard等，2003）。Muerto硅质碎屑上超并最终完全掩埋了三个盐底辟，完全消除了盐底辟相关的地貌斜坡（Hon，2001；Weislogel，2001）。B型盐活动层序在这一时期发育在盐底辟周围，这类层序缺乏碳酸盐岩透镜体和碎屑流沉积相（Hon，2001）。下细砂岩段与其上覆盖的Potrerillos组下泥岩段形成了下一个三级沉积层序的海侵体系域（TST）（Ye，1994；Mercer，2002；Soegaard等，2003）。下泥岩段包括本次研究中描述的意义重大的碳酸盐岩透镜体建造。在硅质碎屑沉积少时期透镜体形成了，在这个部位，盐体膨胀产生地貌高差一直延展到清澈的浅水，有利于局部碳酸盐沉积的发生。Cuchilla砂岩舌状体（局部形成了中粉砂岩的基底）形成了这套层序的高位体系域（HST）（Ye，1994；Mercer，2002；Soegaard等，2003）。Cuchilla砂岩舌状体没有发育在三个盐底辟附近（图2），Haq等（1988）论证出海平面下降不足以控制Cuchilla砂岩进积到整个盆地或盆地范围内较高的沉降速率。下一套层序整体发育在中—细粒砂岩段。碳酸盐岩透镜体主要发育在海侵体系域内（Druke，2005），Delgado砂岩舌状体形成了沉积层序的高位体系域（Aschoff和Giles，2005；Shipley，2004）。近积的

Delgado砂岩三角洲不断增加的硅质碎屑输入上超并埋藏了三个盐底辟，使得碳酸盐沉积需要的坡度消失了（Aschoff和Giles，2005）。

四、区域构造运动控制作用

La Popa盆地位于Sierra Madre东部推覆褶皱带的前陆盆地系统内（图1），是与墨西哥西海岸Farallon板块消减相关的弧后前陆盆地或碰撞残余海盆地（Dickinson和Lawton，2001）。La Popa盆地的Hidalgoan缩短开始于早马斯特里赫特期（Druke，2005），是与构造和沉积负荷控制的前陆挠曲沉降或盆地级别盐体萎缩相关的快速沉降期相对应的（Hudson，2004）。与主要海平面上升相关的快速沉降减少了进入盆地的硅质碎屑沉积物，进而引起显著的底辟扩展和伴生发育在底辟地貌高点的碳酸盐岩建造。

Hidalgoan缩短在三个底辟上形成的盐底辟地貌斜坡并不相同（Rowan等，2004）。EI Gordo盐底辟和La Popa盐墙发育在Hidalgon背斜带的轴部。因为盐体比地层变形更容易，盐底辟缩短的更大，导致盐体上升更快，膨胀更多（图13）。这些盐底辟膨胀到浅水区（几十米水深），在这个部位浅水具多物种的碳酸盐岩建造发育。EI Papalote盐底辟发育在EI Gordo背斜带北翼。这些地区比背斜轴部缩短量小：EI Papalote盐底辟在向下挠曲翼部（例如更深的水体，40～70m）并且压缩不够明显，盐底辟没有发育其他两个底辟的地貌斜坡。

Rowan等（2004）认为缩短的盐底辟上升更高并且有更广阔的深水斜坡区（图13）。缩短的盐底辟（EI Gordo和La Popa）发育碳酸盐岩透镜体，这些透镜体发育在比没有缩短的盐底辟更浅的水体中，碳酸盐岩以缓坡沉积的形式延展距离较大（＜4km），超过了EI Papalote透镜体（＜1km）。因为EI Papalote盐底辟位于褶皱部位，故其发育在更深的水体中且经历更少的缩短距离。关于早先和年轻的硅质碎屑沉积分散体系的研究显示北东—南西向发育的沉积主要集中于向斜底部位并且远离盐底辟高部位（Weislogel，2001；Hon，2001；Aschoff，2005）。

五、结论

孤立的马斯特里赫特期复杂环境生物碳酸盐岩建造（透镜体）发育在La Popa盆地与底辟相关的地貌斜坡。EI Gordo和La Popa盐墙发育的碳酸盐岩建造包括浅水多生物礁体组合，显示了发育良好的向风—背风向沉积相关系并且延展到背风（礁后）粒屑灰岩相的进积结构。相反，EI Popalote的碳酸盐岩建造是更深水体、趋向泥级的多生物泥粒灰岩沉积相，显示了独一无二的岩相和盐底辟附近限制发育分布特征。

碳酸盐岩建造或透镜体现今仅仅发育在A型岩体活动层序底部，位于盐底辟附近发育的角度不整合上。盐体活动层序的发育与较硅质碎屑流沉积更高的底辟上升速率引起的变化同步。当盐底辟地貌膨胀且盐底辟上升速率远远超过沉积速率时形成碳酸盐岩。盐底辟膨胀仅仅发育在海侵体系域晚期的主海平面上升期—三级层序的高位体系域早期和主挠曲沉降与盐萎缩期。

不同的盐底辟相对上升速度与相对缩短构造的位置有关。在背斜带轴部具有更高的上升速率和更广泛的深水斜坡，在浅水区的盐底辟上，碳酸盐岩建造侧向发育范围更大，并且比没有缩短的盐底辟的碳酸盐岩发育更缓的沉积斜坡。

致谢

关于La Popa盆地上白垩统碳酸盐岩建造的研究成果得益于与Tim Lawton和Mark Rowan的交流和讨论，以及过去十年间新墨西哥州立大学、墨西哥国立自治大学和内华达大学拉斯维加斯分校的众多研究生和本科生。Eric Blanc和Brain Coffey见解深刻的修订极大地修正了手稿。感谢由美国化学协会组织的石油研究基金的资助者将AC8-33339基金颁发给Giles和Lawton，感谢美国石油地质家联合会对于Dominic Druke、David Mercer和Lela Hunnicutt的资助。感谢由新墨西哥州立大学构造研究所组织的La

Popa盆地联合工业联合会的资助。赞助者包括：Amerada Hess公司，Anadarko石油公司，BHP Billiton石油公司，BP美国生产公司，ChevronTexaco勘探生产公司，ConocoPhillips公司，Devon能源生产公司，ENI–S. P. A.，Agip Division，GEBA，ExxonMobil勘探公司，Kerr–McGee油气公司，Marathon石油公司，Maxus（美国）勘探公司，Nexen石油美国公司，Norsk Hydro ASA，Samson，壳牌海洋石油公司，Statoil，道达尔公司和加利福尼亚联合油气公司。

参考文献

Aschoff, J.L, 2003, Sedimentation patterns in a salt–diapir influenced foreland basin: Upper Cretaceous to Lower Tertiary Delgado Sandstone tongue, Potrerillos Formation, La Popa basin, Nuevo Leon, Mexico: Unpublished M.S. Thesis, New Mexico State University, Las Cruces, 259 p.

Aschoff, J.L., and Giles, K.A., 2005, Salt diapir–influenced, shallow marine sediment dispersal patterns: Insights from outcrop analogs: American Association of Petroleum Geologists, Bulletin, v. 89, p. 447–469.

Brasier, M.D., 1995, Fossil indicators of nutrient level. 1. Eutrophication and climate change, *in* Bosence, D.W.G., and Allison, P.A., eds., Marine Palaeoenvironmental Analysis from Fossils: Geological Society of London, Special Publication 83, p. 113–132.

Crevello, P.D., Wilson, J.L., Sarg, J.F., and Read, J.F., eds., 1989, Controls on Carbonate Platform and Basin Development: SEPM, Special Publication 44, 405 p.

DeCelles, P.G., and Giles, K.A., 1996, Foreland basin systems: Basin Research, v. 8, p. 105–123.

Dickinson, W.R., and Lawton, T.F., 2001, Carboniferous to Cretaceous assembly and fragmentation of Mexico: Geological Society of America, Bulletin, v. 113, p. 1142–1160.

Druke, D.C., 2005, Sedimentology and stratigraphy of the San Jose Lentil, La Popa basin, Mexico and implications for carbonate development in a tectonically influenced salt basin: Unpublished M.S. Thesis, New Mexico State University, Las Cruces, 132 p.

Eguiluzde Antunano, S., 1994, La formación Carbonera y sus implicaciones tectónicas, estados de Coahuila y Nuevo León: Sociedad Geológica Mexicana, Boletín, v. 50, p. 3–4.

Garrison, J.M., and McMillan, N.J., 1999, Evidence for Jurassic continental rift magmatism in northeast Mexico: allogenic meta–igneous blocks in El Papalote diapir, La popa basin, Nuevo Leon, Mexico, *in* Bartolini, C., Wilson, J.l., and Lawton, T.F., eds., Mesozoic Sedimentary and Tectonic History of North–Central Mexico: Geological Society of America, Special Paper 340, p. 319–332.

Giles, K.A., and Lawton, T.F., 1999, Attributes and evolution of an exhumed salt weld, La Popa Basin, northeastern Mexico: Geology, v. 27, p. 323–326.

Giles, K.A., and Lawton, 2002, Halokinetic sequence stratigraphy adjacent to the El Papalote diapir, northeastern Mexico: American Association of Petroleum Geologists, Bulletin, v. 86, p. 823–840.

Giles, K.A., Lawton, T.F., and Rowan, M.G., 2004, Summary of halokinetic sequence characteristics from outcrop studies of La Popa salt basin, northeastern Mexico, *in* Post, P.J., Olson, D.L., Lyons, K.T., Palmes, S.L., Harrison, P.F., and Rosen, N.C., eds., Salt–Sediment Interactions and Hydrocarbon Prospectivity: Concepts, Applications, and Case Studies for the 21st Century: SEPM, Gulf Coast Section, 24th Annual Bob F. Perkins Research Conference, Program and Abstracts, 16 p.

Halley, R.B., Harris, P.M., and Hine, A.C., 1983 Bank margin environment, *in* Scholle, P.A., Bebout, D.G., and Moore, C.H., eds., Carbonate Depositional Environments: American Association of Petroleum Geologists, Memoir 33, p. 464–506.

Haq, B.U., Hardenbol, J., and Vail, P.R., 1988, Mesozoic and Cenozoic chronostratigraphy and cycles of sea–level change, *in* Wilgus, C.K., Hastings, B.S., Ross, C.A., Posamentier, H.W., Van Wagoner, J.C., and Kendall, C.G.St.C., eds., Sea–Level Changes: An Integrated Approach: SEPM, Special Publication 42, p. 72–108.

Harris, P.M., Saller, A.H., and Simo, J.A.T., eds., 1999, Advances in Carbonate Sequence Stratigraphy: Application to Reservoirs, Outcrops, and Models: SEPM, Special Publication 63, 421 p.

Hon, K.D, 2001, Salt–influenced growth–stratal geometries and structure of the Muerto Formation adjacent to an ancient secondary salt weld, La Popa Basin, Nuevo Leon, Mexico: Unpublished Master's Thesis, New Mexico State University, Las Cruces, 97 p.

Hudson, S.M., 2004, Hydrocarbon occurrences within the La Popa basin: Potential source rocks, thermal maturation, and hydrocarbon migration along the La Popa salt weld, La Popa basin, NE Mexico, Unpublished M.S. Thesis, University of

Nevada, Las Vegas, 140 p.

Hunnicutt, L.A., 1998, Tectonostratigraphic interpretation of Upper Cretaceous to Lower Tertiary limestone lentils within the Potrerillos Formation surrounding El Papalote diapir, La Popa basin, Nuevo Leon, Mexico: Unpublished M.S. Thesis, New Mexico State University, Las Cruces, 181 p.

James, N.P., 1983, Reef environment, *in* Scholle, P.A., Bebout, D.G., and Moore, C.H., eds., Carbonate Depositional Environments: American Association of Petroleum Geologists, Memoir 33, p. 346–462.

James, N.P., 1997, The cool–water carbonate depositional realm, *in* James, N.P., and Clarke, A.D., eds., Cool–Water Carbonates: SEPM, Special Publication 56, p. 1–20.

James, N.P., and Clarke, J.A.D., eds., 1997, Cool–Water Carbonates: SEPM, Special Publication 56, 440 p.

Laudon, R.C., 1975, Stratigraphy and petrology of the Difunta Group, La Popa and eastern Parras basins, northeastern Mexico: Unpublished Ph.D. Dissertation, University of Texas, Austin, 294 p.

Laudon, R.C., 1984, Evaporite diapirs in the La Popa basin, Nuevo León, México: Geological Society of America, Bulletin, v. 95, p. 1219–1225.

Lawton, T.F., Vega, F.J., Giles, K.A., and Rosales–Dominguez, C., 2001, Stratigraphy and origin of the La Popa Basin, Nuevo León and Coahuila, Mexico, *in* Bartolini, C., Buffler, R.T., and Cantu–Chapa, A., eds., The Western Gulf of Mexico Basin: Tectonics, Sedimentary Basins, and Petroleum Systems: America Association of Petroleum Geologists, Memoir 75, p. 219–240.

Lehrmann, D.J., and Goldhammer, R.K., 1999, Secular variation in parasequence and facies stacking patterns of platform carbonates: A guide to application of stacking–patterns analysis in strata of diverse ages and settings, *in* Harris, P.M., Saller, A.H., and Simo, J.A.T., eds., Advances in Carbonate Sequence Stratigraphy: Application to Reservoirs, Outcrops, and Models: SEPM, Special Publication 63, p. 187–225.

Loera, D.M., and Giles, K.A., 2006, Attributes and history of the Cretaceous–Eocene La Popa salt weld derived from halokinetic sequence stratigraphy (abstract): American Association of Petroleum Geologists, 2006 Annual Convention, Abstracts Volume, p. 65.

Lukasik, J.J., James, N.P., McGowran, B., and Bone, Y., 2000, An epeiric ramp: low energy, cool–water carbonate facies in a Tertiary inland sea, Murray basin, South Australia: Sedimentology, v. 47, p. 851–881.

McBride, E.F., Weidie, A.L., and Wolleben, J.A., 1975, Deltaic and associated deposits of the Difunta Group (Late Cretaceous to Paleocene), Parras and La Popa Basins, northeastern Mexico, *in* Broussard, M.L.S., ed., Deltas: Houston Geological Society, p. 485–522.

McBride, E.F., Weidie, A.L., Wolleben, J.A., and Laudon, R.C., 1974, Stratigraphy and structure of the Parras and La Popa basins, northeastern Mexico: Geological Society of America, Bulletin, v. 84, p. 1603–1622.

Mercer, D.A., 2002, Analysis of the growth strata of the Upper Cretaceous to Lower Paleogene Potrerillos Formation adjacent to El Gordo salt diapir, La Popa Basin, Nuevo Leon, Mexico: Unpublished M.S. Thesis, New Mexico State University, Las Cruces, 229 p.

Murray, G.E., Weidie, A.E., Jr., Boyd, D.R., Forde, R.H., and Lewis, P.D., Jr., 1962, Formational subdivisions of the Difunta Group, Parras basin, Coahuila and Nuevo Leon, Mexico: American Association of Petroleum Geologists, Bulletin, v. 46, p. 374–383.

Mutti, M., and Hallock, P., 2003, Carbonate systems along nutrient and temperature gradients: some sedimentological and geochemical constraints: International Journal of Earth Science (Geologische Rundschau), v. 92, p. 465–475.

O'Brien, G.W., and Veeh, H.H., 1983, Are phosphorites reliable indicators of upwelling?, *in* Suess, E., and Thiede, J., eds., Coastal Upwelling; Its Sedimentary Record: New York, Plenum Press, p. 399–419.

Read, J.F., 1995, Overview of carbonate platform stratigraphy and reservoirs in greenhouse and ice–house worlds, *in* Read, J.F., Kerans, C., and Weber, L.J., eds., Milankovitch Sea Level Changes, Cycles and Reservoirs in Greenhouse and Icehouse Worlds: SEPM, Short Course Notes, no. 35, part 1, p. 1–102.

Roberts, H.H., and Aharon, P., 1994, Hydrocarbon–derived carbonate buildups of the northern Gulf of Mexico continental slope —A review of submersible investigations: Geo–Marine Letters, v. 14, p. 135–148.

Roberts, L.N.R., and Kirschbaum, M.A., 1995, Paleogeography of the Late Cretaceous of the Western Interior of middle North America—Coal distribution and sediment accumulation: U.S. Geological Survey, Professional Paper 1561, 115 p., 1 pl.

Rowan, M.G., Lawton, T.F., Giles, K.A., and Ratliff, R.A., 2003, Near–salt deformation in La Popa basin, Mexico, and the northern Gulf of Mexico: A general model for passive diapirism: American Association of Petroleum Geologists, Bulletin

v. 87, p. 733–756.

Sassen, R., Sweet, S.T., Defreitas, D.A., Eaker, N.L., Roberts, H.H., and Zhang, C., 2004, Brine vents on the Gulf of Mexico Slope: Hydrocarbons, carbonate–barite–Uranium mineralization, red beds, and life in an extreme environment, *in* Post, P.J., Olson, D.L., Lyons, K.T., Palmes, S.L., Harrison, P.F., and Rosen, N.C., eds. Salt–Sediment Interactions and Hydrocarbon Prospectivity: Concepts, Applications, and Case Studies for the 21st Century (abstract): SEPM, Gulf Coast Section, 24th Annual Bob F. Perkins Research Conference, Program and Abstracts, p. 21.

Shipley, K.W., 2004, Ejecta–bearing deposits at the Cretaceous–Tertiary boundary and their implications for timing of Hidalgoan (Laramide) folding, La Popa basin, Nuevo Leon, Mexico: Unpublished M.S. Thesis, New Mexico State University, Las Cruces, 146 p.

Soegaard, K., Ye, H., Daniels, A., and Halik, N., 1996, Late Cretaceous–early Tertiary evolution of foreland to Sevier–Laramide fold–thrust belt, northeast Mexico (abstract): Geological Society of America, Abstracts with Programs, v. 28, no. 7, p. A115.

Soegaard, K., Ye, H., Halik, N., Daniels, A.T., Arney, J.W., and Garrick, S., 2003, Stratigraphic evolution of the latest Cretaceous to early Tertiary Difunta Group foreland basin in northeast Mexico: Influence of salt withdrawal on tectonically induced subsidence by the Sierra Madre Oriental fold and thrust belt, *in* Blickwede, J., ed., Sequences, Stratigraphy, Sedimentology: Surface and Subsurface: Canadian Society of Petroleum Geologists, Memoir 15, p. 401–416.

Suess, E., Carson, B., Ritger, S.D., Moore, J.C., Jones, M.L., Kulm, L.D., and Cochrane, G.R., 1985, Biological communities at vent sites along the subduction zone off Oregon, *in* Jones, M.L., ed., The Hydrothermal Vents of the Eastern Pacific—An Overview: Biological Society of Washington, Bulletin no. 6, p. 475–484.

Vega–Vera, F.J., and Perrilliat, M.C., 1990, Molúscos del Maastrichtiano de la Sierra el Antrisco, estado de Nuevo León: Universidad Nacional Autónoma de México, Paleontología Mexicana, no. 55, 65 p.

Weidie, A.E., and Murray, G.E., 1967, Geology of Parras Basin and adjacent areas of northeastern Mexico: American Association of Petroleum Geologists, Bulletin, v. 51, p. 678–695.

Weislogel, A.L., 2001, The influence of diapirism and foreland evolution on the depositional system, stratigraphy, and petrology of the Maastrichtian Muerto Formation, La Popa Basin, Mexico: Unpublished M.S. Thesis, New Mexico State University, Las Cruces, 310 p.

Ye, H., 1997, Sequence stratigraphy of the Difunta Group in the Parras–La Popa foreland basin, and tectonic evolution of the Sierra Madre Oriental, NE Mexico: Unpublished Ph.D. Dissertation, University of Texas, Dallas, 197 p.

构造作用对美国中大陆北部石炭系碳酸盐岩储层形成与特征的控制

W. Lynn Watney　Evan K. Franseen　Alan P. Byrnes　Susan E. Nissen
（堪萨斯州地质调查局）

摘要：石炭系的碳酸盐岩陆架覆盖了整个美国中部，包括堪萨斯州，其中外陆架和陆架边缘断续地延伸到堪萨斯州南部和俄克拉何马州北部。区域背景导致横向上发育相对连续的碳酸盐和硅质碎屑相带沉积。区域上零星分布的井数据和地表暴露的露头可帮助解释克拉通的许多构造是简单的浅部披覆背斜和相关向斜，大体上反映了区域构造和沉积侵蚀非均质性的概况。模型假定了一个宽阔连续的陆架并把局部结构归为次要的或不存在的。然而，目前检验的来自中密西西比世陆架边缘、中宾夕法尼亚世中陆架和晚宾夕法尼亚世下陆架油田的地下数据、三维地震和岩石性质等表明，在堪萨斯局部或千米级的构造（例如断层、断裂和断裂线）分割陆架和陆架边缘区域，总体上是沿着显生宙活动的前寒武纪构造。断层的运动导致分裂表现为伴随明显的微小变化（一般在70m以内）的菱形结构断块（1～10 km以上）和斜坡（接近于0到2～3m/km以上）。石炭纪下降盘朝盆地一侧的断层多次形成线性陆架边缘、缓坡段和陆架剖面。结合地层叠置、岩石性质及构造要素表明构造发挥了持久的影响，除了偶尔发生的，并且影响沉积物的可容空间、沉积模式、古地形、风化强度、成岩作用和后期的流体运动（包括烃类的侵位）。稳定的中大陆碳酸盐岩陆架表明构造事件可能会产生深远影响并在克拉通内部引起构造变形。在这种环境中沉积学和地层学的研究有益于评价小断层以及与沉积和成岩作用相关的断层活化可能产生的影响，这对岩石性质和油藏开发具有重大意义。

石炭系的碳酸盐岩陆架覆盖了美国中部的广阔区域，包括堪萨斯州，其中外陆架和陆架边缘断续地延伸到堪萨斯州南部（Lane和De Keyser，1980；Witzke，1990；Witzke和Bunker，1996），这种区域背景导致了在堆叠的地层上沉积了广阔的、横向连续的碳酸盐岩和硅质碎屑岩相带。堪萨斯州以宽阔的盆地和穹隆为特征，占地数千平方千米，在显生宙伴随着显著的突发隆升和沉降事件（Newell等，1987）。

基于有效的井和露头数据，一个常见的假设是克拉通的许多构造是简单的浅覆背斜和相关的向斜，大体上反映了平缓的区域褶皱构造和沉积侵蚀非均质性。海平面、气候和其他沉积过程被认为是沉积相和地层结构的主要控制要素。虽然沉积环境和沉积相对岩石性质的影响已经在美国中大陆的密西西比系（Watney等，2001；Franseen，2006）和宾夕法尼亚系（Watney等，1995）中得到很好的研究，但是有一些涉及相分布、油区位置和岩石性质的模型不能很好地通过横向上广泛连续的相带和宽阔不间断的陆架上的地层叠置来解释。用构造、三维地震和烃类聚集来验证毗邻的沉积相和岩石性质是一个可行的假设。后续的研究表明在堪萨斯州局部构造（断层、断裂和断裂线）分割陆架和陆架边缘区域，并在整个显生宙被再活化，构造的再活化作用似乎影响沉积模式、古地形、风化强度、成岩作用和后来的流体运动。结构特征和岩石性质的相关性证明，在某些同沉积时期，再活化断层和构造活动可能是控制形成岩石性质的首要因素。岩石性质和断层的局部变化表明再活化断层与基底的结构要素有关。因此，基底的结构和结构要素可作为一个证明和预测某一区域分割作用、沉积相、地层模式和烃类运聚的模板。本文回顾了稳定碳酸盐岩陆架的构造背景，并分析了在一些石炭纪陆架—陆架边缘中构造所起的作用（图1，图2）。

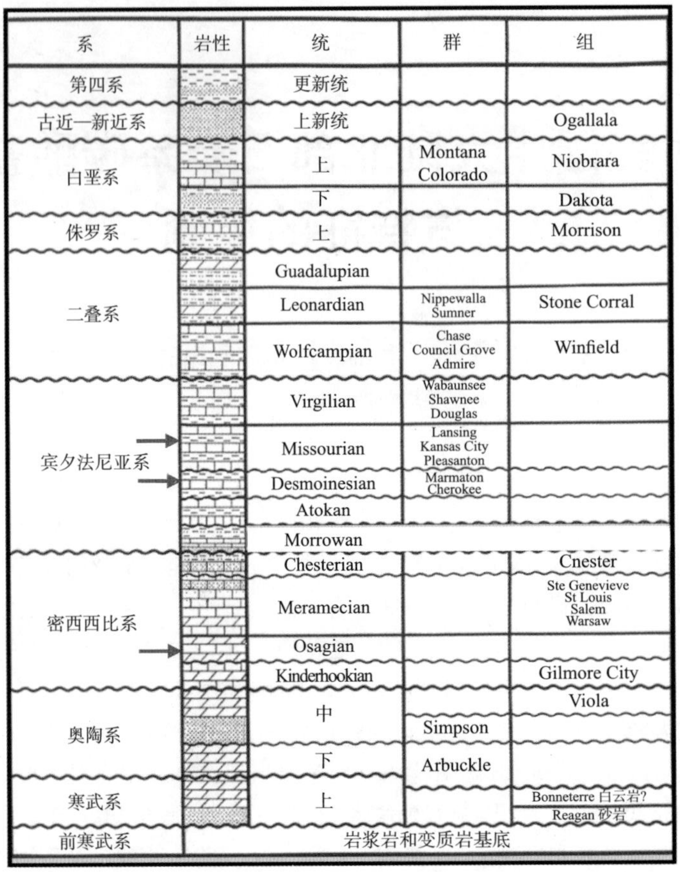

系	岩性	统	群	组
第四系		更新统		
古近—新近系		上新统		Ogallala
白垩系		上	Montana Colorado	Niobrara
		下		Dakota
侏罗系		上		Morrison
二叠系		Guadalupian		
		Leonardian	Nippewalla Sumner	Stone Corral
		Wolfcampian	Chase Council Grove Admire	Winfield
宾夕法尼亚系		Virgilian	Wabaunsee Shawnee Douglas	
		Missourian	Lansing Kansas City Pleasanton	
		Desmoinesian	Marmaton Cherokee	
		Atokan		
		Morrowan		
密西西比系		Chesterian		Cnester
		Meramecian		Ste Genevieve St Louis Salem Warsaw
		Osagian		
		Kinderhookian		Gilmore City
奥陶系		中	Simpson	Viola
		下	Arbuckle	
寒武系		上		Bonneterre 白云岩? Reagan 砂岩
前寒武系	岩浆岩和变质岩基底			

图1　堪萨斯地区地层柱状图（引自Zeller，1968；箭头示本次研究目的层位）

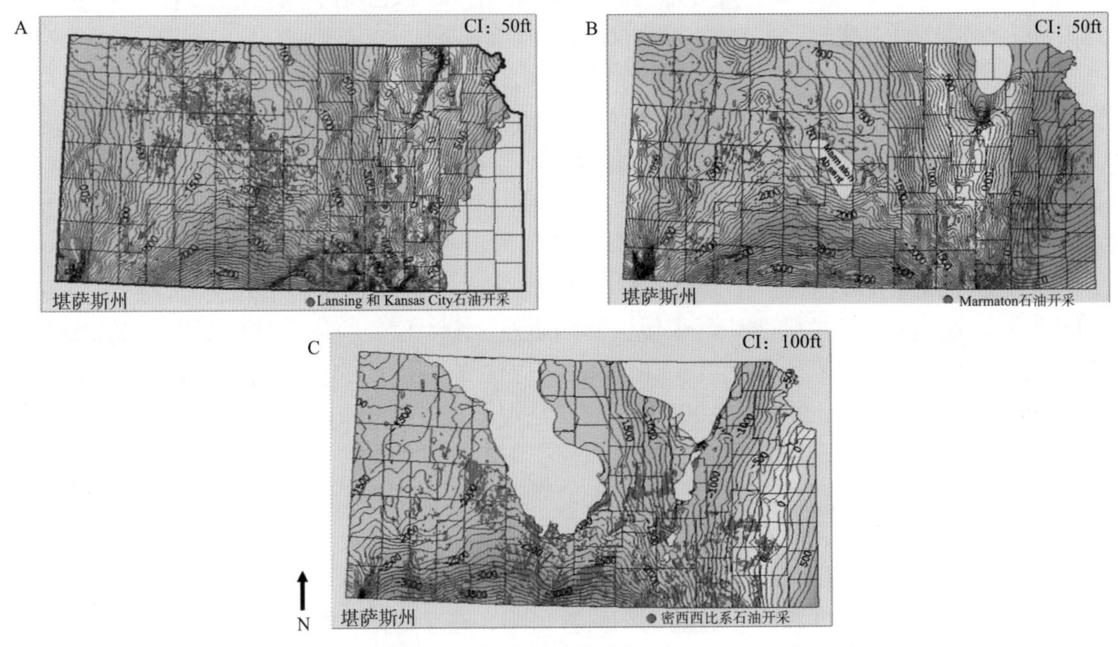

图2　地层平面构造图（修改自Gerlach，1988）

箭头示研究目标油田。A—上宾夕法尼亚统Lansing和Kansas City群（Victory油田）；B—中宾夕法尼亚统Marmaton群（Dickman油田）；C—密西西比系顶部（图中自东向西依次是Nichols、Glick、Donald和Spivey-Grabs油田）；横跨堪萨斯州距离约为644km，CI表示等值线间隔

一、区域断层、基底构造和断裂线

（一）前寒武系基底的地质和结构

通过钻井岩屑、野外露头、位势场和地震地球物理对中大陆前寒武系基底岩石的性质进行了研究。虽然前寒武系基底主要的结构要素和省已被很好地定义（Van Schmus等，1987；Gerhard，2004；Sims等，2005），但中大陆和堪萨斯州的基底构造已经被多方面地描述，从几条主断层（Cole，1976；图3）到许多断层（Berendsen和Blair，1996；Baars和Watney，1991）。这种解释由以下5个方面引起：①钻井很少打孔到基底；②基底构造数据的各种使用；③许多断层走向近乎垂直且单个井缺少水平断错；④假设地下岩层是连续的；⑤缺少连续出露的表面。最近三维地震影像可提供更加清楚的基底、显生宇、断层线和断层的照片。此外，基底构造的综合和降低的磁极异常图说明背斜、向斜和与基底组成和构造特征相关的磁力方面倾角矢量的线性突变之间的关系（Yarger，1983；Van Schmus等，1987；Kruger，1996；图3）。

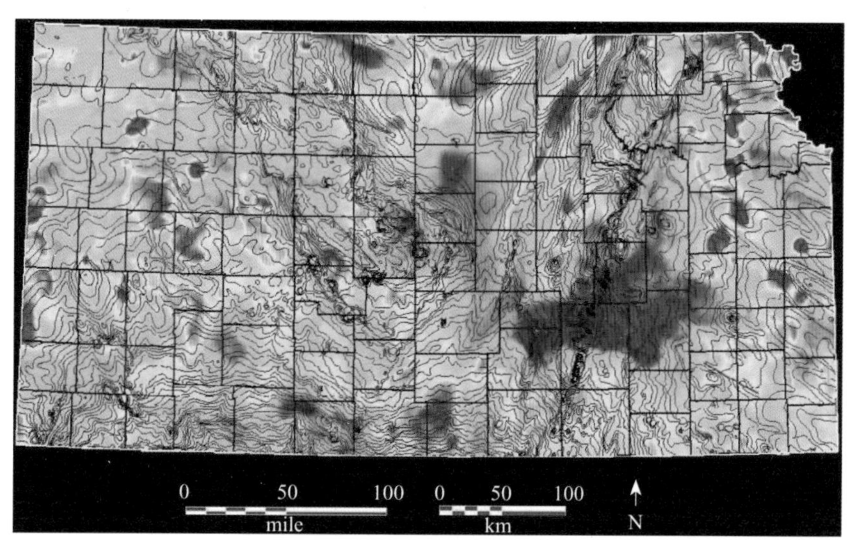

图3　堪萨斯州航磁图（据Cole，1976）

蓝色表示垂直照射下具有最低磁力值的区域，深色区域坡度较陡，等值线为前寒武系地表，红线表示基底断裂

（二）原始的落基山造山运动（ARM）和沃希托河构造作用及前寒武纪构造的再活化作用

前人对美国克拉通的研究表明变形构造与原始的落基山和沃希托河构造作用相关，认为是一个典型菱形格子状的西—北西和北—北东方向的断层（图4；Marshak等，2000），该断层走向与现今的落基山和美国中部方位一致（Dorobek，1995；Yang和Dorobek，1995；Brown，1978；Gerhard等，1982；Gerhard等，1987；Brown和Brown，1987；Berendsen等，1983；Baars和Watney，1991；Berendsen和Blair，1996；Watney等，1997；Gay，1999；Guo，1999；Gerhard，2004；Merriam，2005；Stevenson和Baars，1986；Thomas和Baars，1988；Stone，1999；Thomas，1983；Jacobi和Fountain，2002；Duchek等，2004；Kluth和Coney，1981；Baars等，1995；Yang和Dorobek，1995；Macfarlane和Wilson，2006）。

与隆起相关的几何形态可以解释由两套始于1.1～1.3Ga和0.7～0.9Ga由元古代张性断层反转形成的断层和褶皱，显生宙压性造山作用期间，与原始的落基山运动沃希托河构造作用和拉腊米构造运动有关的应力传播使得断层再活化（Marshak等，2000）。再活化断层的类型包括逆断层、倾斜断层、压扭

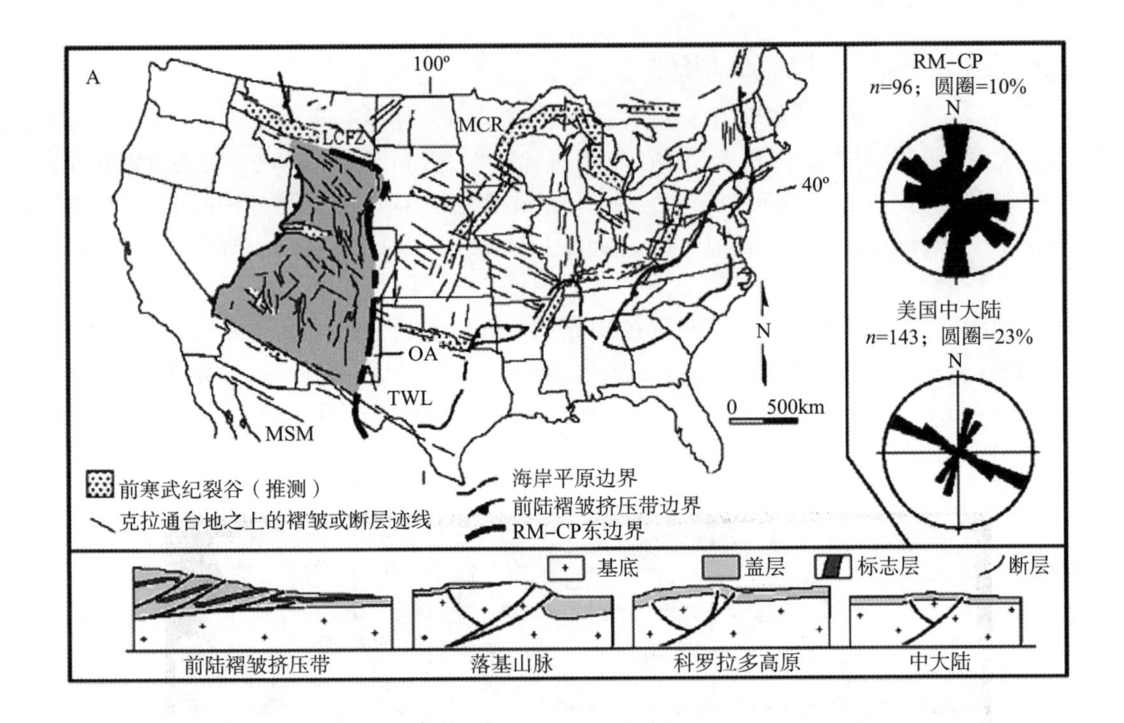

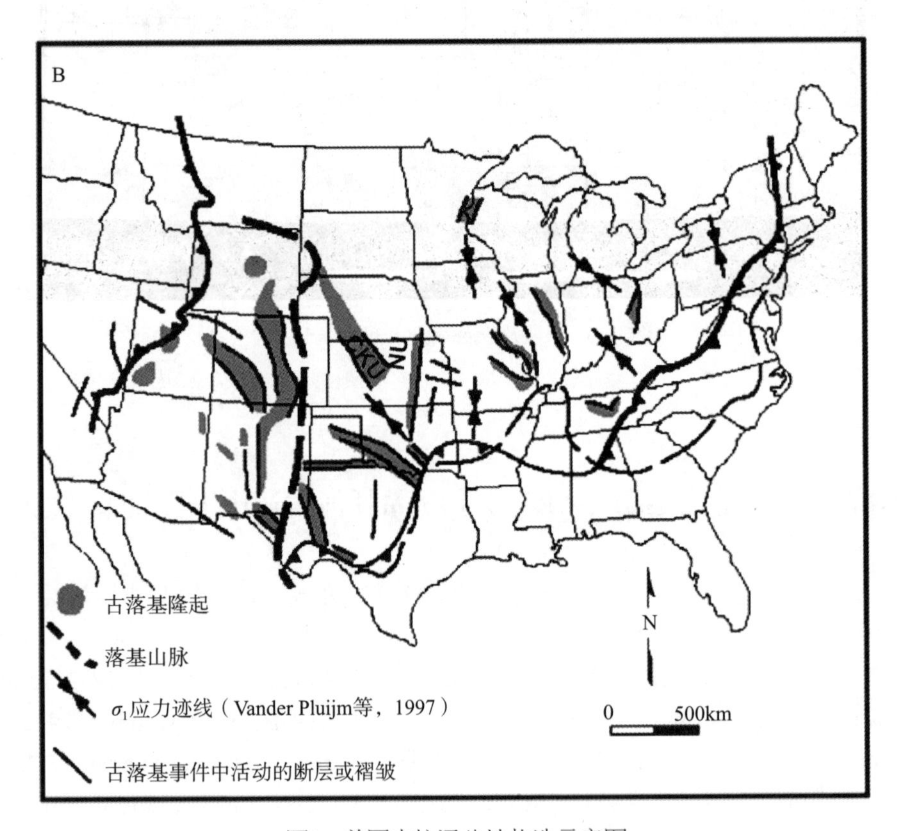

图4　美国克拉通盆地构造示意图

A—美国克拉通盆地断层和褶皱图引自Marshak等，2000，示中大陆裂谷（MCR）、形成中大陆南部的俄克拉何马坳拉槽（OA）以及形成中大陆西部的落基山脉—科罗拉多高原（RM-CP），玫瑰花图表明断层倾向以北西向和北东向为主；B—古落基断裂包括堪萨斯州西部的北西向中堪萨斯隆起（CKU）和堪萨斯州东部北北东向的Nemaha隆起（NU），应力迹线σ_1、北南至北西—南东的范围从沃希托河—马拉松造山裂缝带向内至中大陆延伸（引自Marshak等，2000；修改自Kluth和Coney, 1981；McBride和Nelson，1999）

断层和走滑断层（Marshak等，2000），一些向西走向的元古宙断层可看作是北西走向的同裂谷可容空间区与北东走向的中大陆裂谷系统（MRS）相交，至少包括堪萨斯—内布拉斯加边境的Nemaha隆起和另一个美国中北部MRS上部相交（Van Schmus和Hinze，1985；Hinze等，1997）。可容空间区被认为是数万千米MRS的走滑断层的水平断错。后来的裂谷作用与晚前寒武纪和古生代的再活化作用（包括相关的ARM和沃希托河变形），导致MRS的结构反转。以MRS东边为边界的北东向断层的运动导致Nemaha隆起的形成，而北西向相交断层，部分与前寒武纪可容空间区的再活化有关（Berendsen和Blair，1996；Berendsen等，1988；Baars和Watney，1991）。垂直的、高角度的反向断层约3000ft（914m）（反向始于原始的前寒武纪MRS断层），与Humboldt断裂系统同时出现在与ARM相关的堪萨斯Nemaha隆起变形期间（Berendsen和Blair，1996）。前寒武纪局部的侵蚀区远离前显生宙剖面近10km（Timmons等，2001）。这就增加了与基底构造相关的垂向运动级别判定的不确定性，特别是当裂谷盆地沉积充填被移除时。

ARM盆地的跨时代沉降与连续闭合的以中大陆南部为边界的沃希托河缝合相一致（图5；Marshak等，2000；Dickinson和Lawton，2003）。ARM和沃希托河造山运动开始于契斯特期（Chesterian）并延伸到整个雷纳德世（Leonardian；335—275Ma）。前陆盆地的向下挠曲和沃希托河造山带的两翼以大约35km/Ma的速度向西和西南转移（Dickinson和Lawton，2003）。转移使得应力轨迹横跨克拉通将从北西向南东走向演化，同样的情形也出现在由最适宜早期存在的断层再活化所产生的连续系统的应力释放（Thatcher，1995，2003）。除了向应力场方向的迁移，van der Pluijm等（1997）指出在显生宙时挤压构造应力会传播超过1000km到克拉通，他推断板内断层再活化主要依靠断层带应力较弱的方向，与板块活动结构和应力方向相关。McBride和Nelson（1999）指出伊利诺伊州盆地单斜层和不对称背斜超覆于深层高角度反转断层上，这说明远端中石炭世的变形与ARM构造作用有关。Watney等（1997）指出在堪萨斯一组形成于晚宾夕法尼亚世的活动性构造断块与基底断层再活化作用的应力轨迹变化相对应。Ohlmacher和Berendsen（2005）同样指出在堪萨斯中东部中生代—新生代压缩行距与雁列式的北东向走滑基底断层同步，这些断层归因于拉腊米造山运动，从而证明中生代—新生代先存断层的再活化是远距离构造作用的结果。

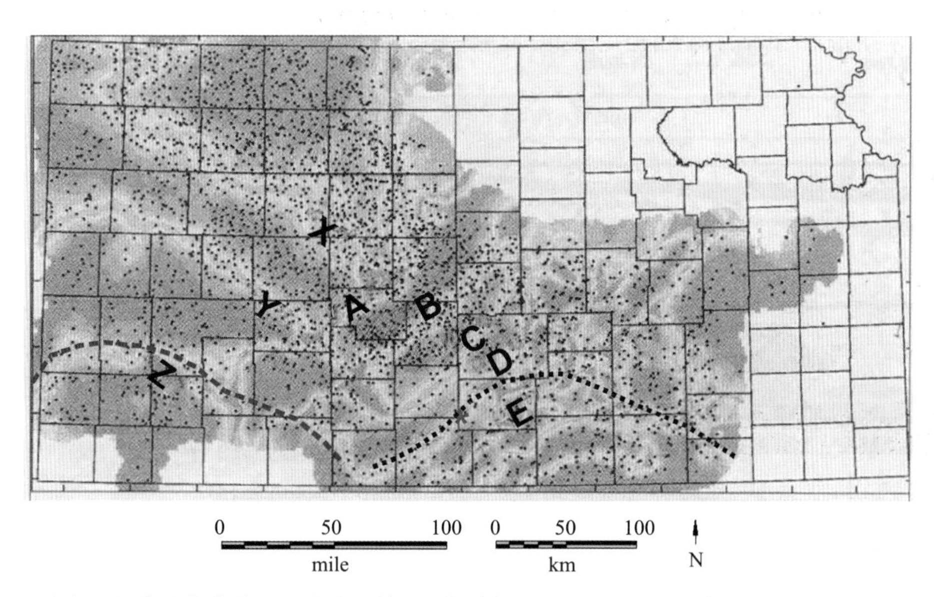

图5 六个上宾夕法尼亚统成因单元区划分析成果图（据Watney等，1995，1997）

表明对特定群中15个区域相同厚度值进行归类的最大可能性。图中超过3700个井位对研究进行约束，线性区带标注A、B、C、D、E和X、Y、Z；低可能性井位形成绿色条带区域，而高可能性井位形成近北西和北东向的红色菱形区域。沿堪萨斯陆架的南西向蓝色虚线表示晚宾夕法尼亚世碳酸盐岩缓坡的构造挠曲，堪萨斯州中南部的黑色虚线表示晚宾夕法尼亚世陆架的边缘；红色五角星表示线性区带D的大概位置，即指示密西西比纪和晚宾夕法尼亚世陆架边缘的大致位置

（三）断层和断层线（线性构造）

结合与石油产量研究收集的数据，对堪萨斯州古生界碳酸盐岩陆架和陆架边缘地层描述断层和断层再活化作用对沉积与地层模式、成岩作用和烃类充注的影响是非常重要的。六大油区作为本文的研究对象：早石炭世（Osagean）陆架和缓坡边缘（Spivey-Grabs、Glick、Donald和Nichols油田），晚石炭世早期（Desmoinesian）中陆架（Dickman油田）和晚石炭世（Missourian）浅陆架（Victory油田）（图2）。在油区范围内，断裂组和局部断层呈千米级的菱形格子状。这些区块的构造运动同沉积作用和早期成岩作用同时发生并对岩石性质和储层形成有重要影响，断裂组（节点）局部影响过去和现今储层的连通性和渗透率。

Watney等（1997）定义了北东和北西走向的断层，它们活跃于大于100000km²的沉积于晚宾夕法尼亚世的六个成因单元内（图5）。总的说来，每个成因单元向南部的Anadarko盆地增厚。然而，应用厚度相似的统计学分类，Watney等（1997）指出在反应幕式空间和瞬时可容空间改变的两个成因单元的垂向厚度变化主要是由盆地的构造差异沉降引起的。研究发现矩形区域具有相似的厚度变化（数十千米大小），由窄的、线性—曲折的走廊地带限定，在成因单元内厚度变化只有很小的相似度（图5）。

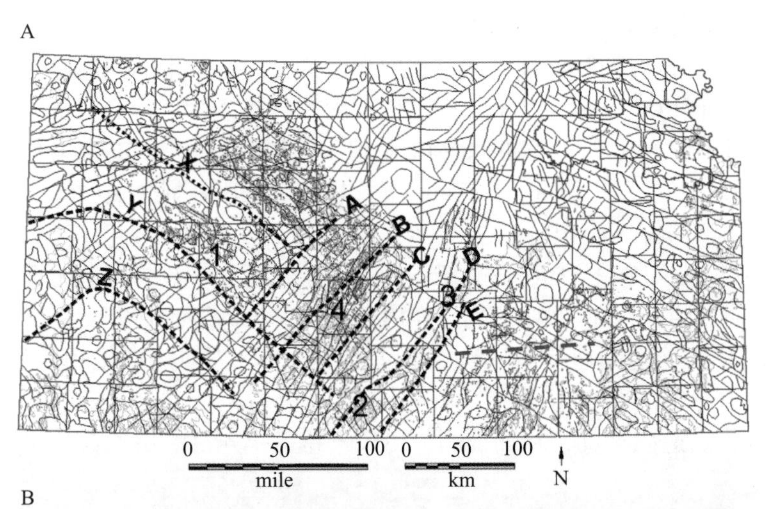

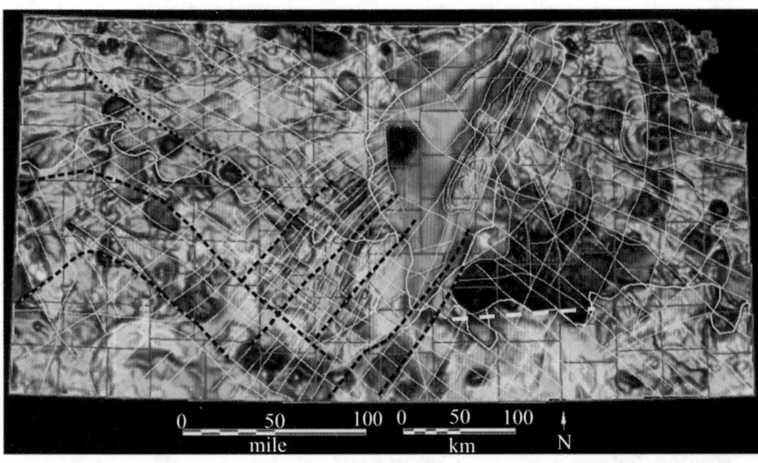

图6　航磁线性图

A—由航磁图（图3）与油田（紫色）、气田（浅绿色）、油气田（绿色）叠加而成，表明北东与北西向的巢状组合。由图中可以看出油气聚集呈线性规律：区域1位于线性构造X与Y之间，区域2位于线性构造D和E之间的油田聚集地区，区域3表明油气田沿着线性构造D分布，区域4 位于线性构造B和C之间的油气聚集地区；B—垂直色差地形图（Kruger，1996）叠合黑色虚线（图5）所示线性构造而成的航磁线性图，虚线（A图中蓝色、B图中黄色）代表位于堪萨斯州东南部的低电磁区域的南部边界，这个南部边界恰好与早石炭世和晚石炭世的陆架扩张东缘吻合（图17）

分割相似厚度变化的狭窄的走廊地带被定义为断层线，通常以显著的陆架结构变化为限定边界（图5）。一部分存在于碳酸盐岩陆架边缘的线性构造D（图5），最初发育于早石炭世，之后发育于晚石炭世。这种陆架边缘的位置似乎对应于一个与磁力数据和基底组成变化有关的主断层线（图5，图6）。陆架边缘的线性种类（与平行断层线相关），与最初发育于早石炭世、之后发育于晚石炭世的陆架边缘位置一致，同样与线性构造D有关的源于陆架边缘断层再活化作用的基底结构相对应。

其他的线性构造，例如A（图5），与区域较小的厚度变化和陆架岩相区分。沿这些线性构造分布的单斜褶皱平行于线性D。这种平行的阵列，线性构造的延伸长度（A至少2000km长），向北西水平断错近于120km，与基岩东北向的磁力线性构造（图6）相对应，同样也说明与线性构造A、B、C和E也是活跃于晚石炭世的构造链。更远点到西边，其他的线性构造勾勒了CKU的西边缘（X）、前寒武系边界的位置（Yarger，1983；Y）和Hugoton湾的中部（Anadarko盆地的延伸；Z）。线性构造的组合定义了独立的区块包括北部的A（一个台地）、A和D之间（一个缓坡）和南部的D（Anadarko盆地附近，一个幕式淹没的陆架边缘）。此外，构造在这个区域起到表明储层位置的作用，因为线性构造清楚地定义了独立区域油气的聚集（图6A）。

二、油田范围内对沉积和成岩作用的构造控制

研究早石炭世陆架边缘、晚石炭世早期的陆架中部、晚石炭世较浅陆架油田的地下井数据、三维地震和岩石的性质，表明区域的千米级的结构（例如断层、断裂和线性构造）分割堪萨斯州陆架和陆架边缘，主要是前寒武纪构造在显生宙的再活化作用。事例中关于地层叠置和岩石性质与构造要素的相关性论证表明结构是连续的（幕式的除外），且影响可容空间、沉积模式，古地形、风化强度、成岩作用和之后的流体运动（包括烃类位置）。

（一）早石炭世

本文中研究的下石炭统位于中央堪萨斯隆起轻微下凹两侧的南部和西南部（CKU；图2）。这个隆起代表横贯大陆的岛弧向东南方向的延伸（Goebel，1968；Lane和DeKeyser，1980），是众多大型北西、北东向构造之一，这些构造大多是平顶的，以向外延伸的单斜褶皱为边界，且与ARM构造运动有关（Marshall等，2000）。下石炭统以沉积在宽阔陆架和轻微倾斜下凹（南—西南）的缓坡上的浅海陆架和陆架边缘碳酸盐岩为主。下石炭统下伏于宾夕法尼亚系，先后年轻于西南方向的远离缺失密西西比系的CKU。研究区的下石炭统在早石炭世晚期的不整合面被差异侵蚀，导致了不整合面上的不同古地形（例如堪萨斯州Ness县的Schaben油田；Montgomery等，2000）。

本文研究的例子包括下石炭统Warsaw石灰岩和Osagean地层，该地层富含石英质石灰岩和白云岩。岩性以白云石集合体（例如棘皮动物、苔藓虫类、腹足类、有孔虫、腕足类、介形动物和单体珊瑚类）和硅质海绵为主。总体上，陆架岩性包括泥岩、颗粒灰岩、白云岩和燧石，但盆地主要以含泥灰质泥岩和页岩夹杂少量燧石结核为主（Selk，1968；Lane和DeKeyser，1980；Gutschick和Sandberg，1983）。在Osagean地层沉积时期，堪萨斯位于近南纬20°，处于热带—亚热带纬度带。下—中密西西比统以杂原子碳酸盐和骨针沉积物为主，缺少原生动物沉积，在中纬度中密西西比世早期浅海陆架和周围的环境很相似，以沉积主要来源于陆源的富营养不溶硅质为主（Franseen，2006）。Osagean的Cowley地层中，以丰富的燧石而有名，富集在堪萨斯州南部的Anadarko盆地边缘浅水陆架—陆架边缘（Watney等，2001）。沿着位于南堪萨斯州上石炭统之上的地下露头，Cowley地层中的燧石变得非常发育（通常被认为是与高度风化相关的微孔隙），在某种程度上，与局部发育的海绵建造共生。周期性在Osagean的一些地层中非常明显，可能与相对海平面的波动（有一部分包括冰川引起的海平面的波动）有关（Watney等，2001）。更多的沉积学信息见Franseen（2006）、Watney等（2001）、Montgomery等（1998）和Rogers等（1995）。

（二）早石炭世陆架边缘：Nichols、Glick、Donald和Spivey-Grabs油田

堪萨斯州的中南区下石炭统块状油藏发育于Cowley地层的上倾北部沉积边缘和地下露头，是一个沉积在南堪萨斯州陆架边缘的岩相（Watney等，2001），Cowley地层主要以富海绵骨针的白云质灰岩为主，包括来源于不溶解单骨针的海绵骨针的不同数量的底层燧石（Thomas，1982）。这个地区的早石炭世油田与北东和北西向线性构造Y和D平行排列（图7；Watney等，2001），这个块状储层包含多孔、强烈风化、发育自生碎屑角砾的多孔燧石（Rogers等，1995；Watney等，2001）。四个中—大型的油田（图8；Nichols、Glick、Donald和Spivey-Grabs油田）表明在油田地层中构造的重要性。三个油田以北部线性构造Y为界，另一个以D为界。四个油田被解释为以海绵骨针为主的局部建造为主，高达150ft（46m）厚，发育于陆架边缘和Cowley地层的上倾边缘（Montgomery等，1998），在Nichols油田，残余

燧石（低电阻率）的净厚度模式表明菱形网格厚的地区包围着沿北西和北东方向突然变薄的线性构造（图8A），该线性构造解释为断层。构造图和等厚图一样表现为两个主要的趋势，最大的燧石厚度以一组平行于北西和北东向的构造高点为界。

Glick油田早石炭世等厚图表明北西和北东向的厚度模式以Cowley地层上倾边缘的风化燧石为主（Montgomery等，1998；图8B）。块状储层是分层堆积的，Glick油田体现了横穿线性构造的块状分层堆积的差异保存。

Donald油田岩相图和构造图及相关的块状储层表明块状储层位于西南以油区东侧面的断层为边界的浸渍地堑。如果石灰岩和页岩存在于块状储层的任何一边，那么说明以断层为边界的块状储层得以保存下来（图8C）。

Spivey-Grabs油田表明以北东向为主的更厚的块状储层以构造和生产数据所解释的线性构造为界，特别是生产量被明显分割成局部的厚层块状储层（图8D；Watney等，2001）。Spivey-Grabs油田的构造断块保存该厚层块状储层，并和位于东南边缘的线性构造D的东北向地下露头共生（图7）。井位代表了多孔燧石的位置，其通常成群地聚集于断层边界菱形网格的北部角，这些区块的南部角很少有或没有多孔燧石。相反，这些地区的地层由以泥质为主的贫海绵骨针低孔隙度的灰泥石灰岩组成。

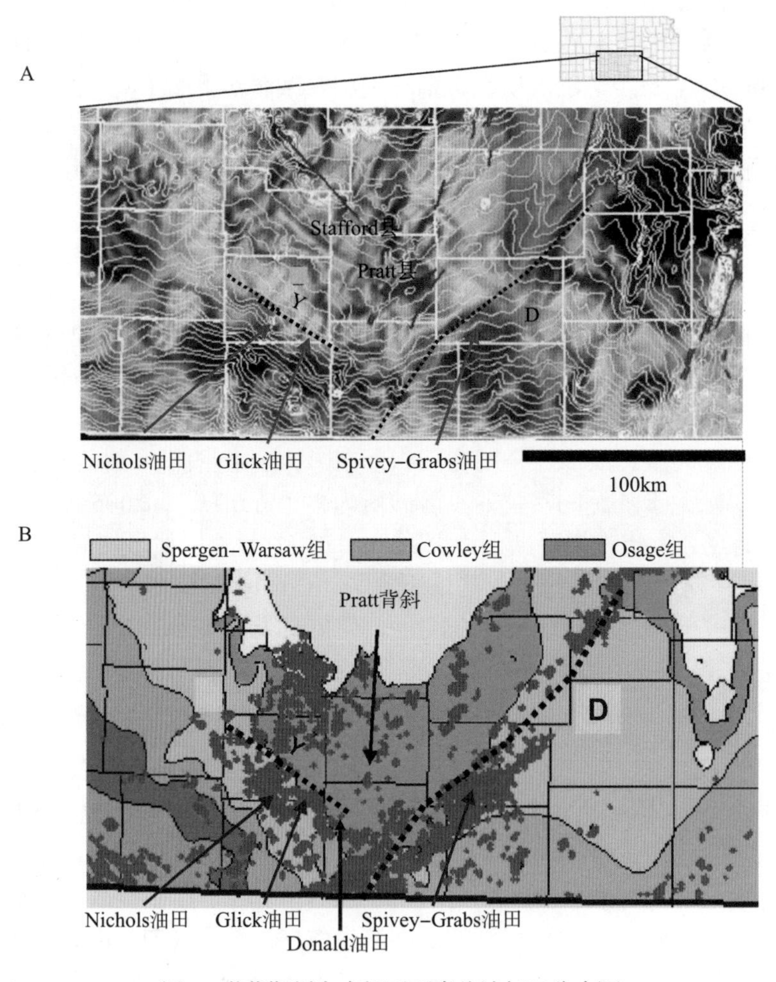

图7　堪萨斯州中南部下石炭统油气田分布图

A—堪萨斯州中南部Y、D线性构造和下石炭统油田分布航磁图。白线是前寒武系等值线（Cole，1976），红线是基底断层；B—宾夕法尼亚纪不整合之下下石炭统隐伏露头图，红色代表气田，以颜色区分下石炭统各隐伏露头（修改自Gerlach，1998），注意油气聚集与线性构造的相关性，文中出现油田名称用箭头标注

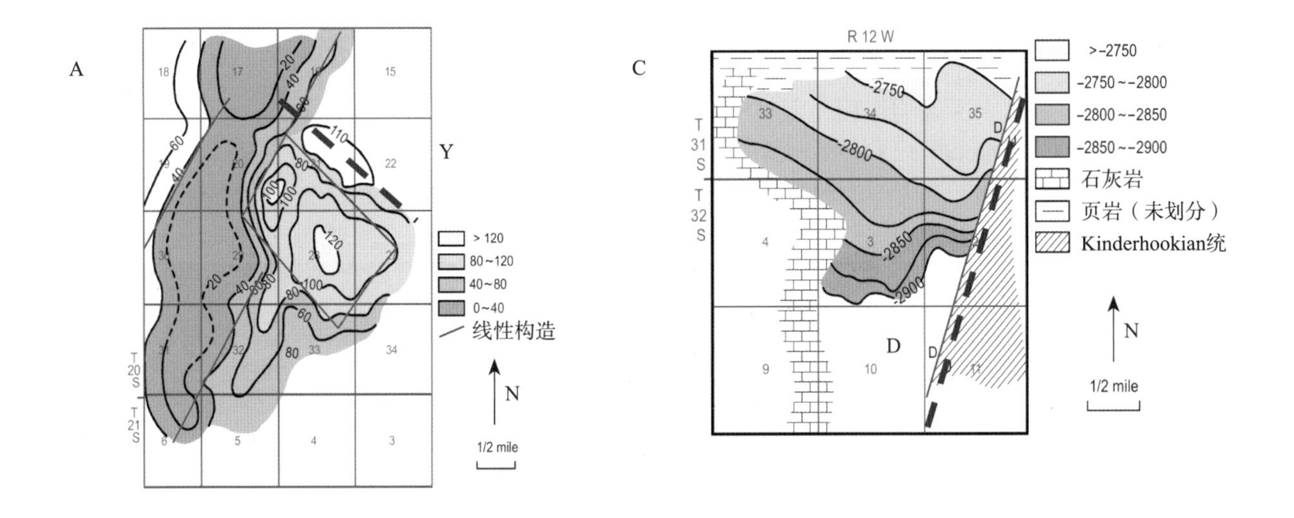

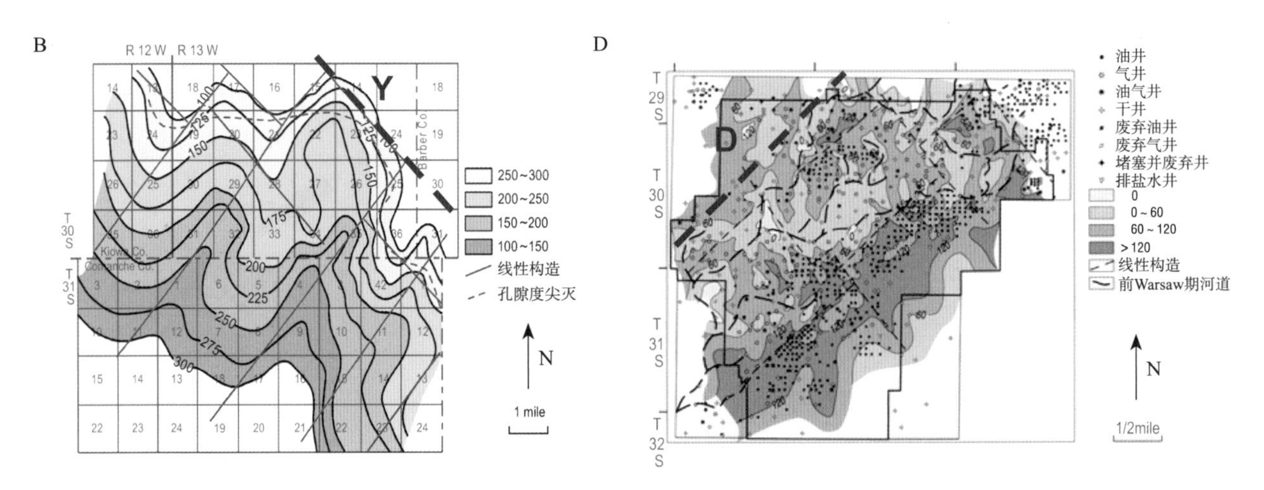

图8　等厚图和气田构造图

说明与粉红色的线所示基底线性构造的叠置关系，主要线性构造区域用蓝色虚线表示。A—Nichols油田低阻抗燧石砾岩等厚图（修改自Zajic，1956），显示临近线性构造Y；B—Glick油田燧石砾岩构造图（修改自Elster，1965），用蓝色虚线表示，与线性构造Y临近；C—Donald等厚图（修改自Euwer，1968），用蓝色虚线表示，与线性构造D临近；D—Spivey-Grabs油田等厚图（修改自Rokert W.Frensleg和J.C.Darmsteller，1965），用蓝色虚线表示，与线性构造D临近。各油田位置见图7

磁性和线性构造的吻合，以及与线性构造相关的沉积相和相模式的突变，指示了Osagean沉积期深层断层的再活化作用，其导致了菱形构造断块（几千米一侧）的形成（Watney等，2001）。

（三）晚石炭世

堪萨斯州上石炭统以热带温水的原生动物碳酸盐岩为主，包括中大陆陆架边缘地区丰富的叶状枝藻富集，广泛的、循环富集的生物碎屑和鲕状粒屑灰岩。冰室气候状态出现在早石炭世晚期（晚维宪期—契斯特期；Smith和Read，2000）并持续整个晚石炭世，导致高频率和高震级的海平面波动，形成由页岩和碳酸盐岩交替的四级（0.1～1Ma）沉积层序（Feldman等，2005；Watney等，1995）。

沉降作用和海平面位置的相互作用很大地影响横跨整个上中大陆陆架的沉积相和地层空间结构。气候和一般构造运动的控制作用同样被提及（Feldman等，2005；Olszewski和Patzkowsky，2003；Rankey，1997；Soreghan，1994）。

（四）晚石炭纪中大陆架：Dickman油田

Dickman油田（Ness县）位于中陆架（图2，图9），并说明再活化的基底断层在控制上石炭统鲕粒灰岩储层古地形形成中所起的作用。烃类的产量包括下石炭统上部的Spergen和Warsaw的石英质白云岩，上石炭统（Cherokee群）深切谷充填的砂岩局部不整合地超覆于下石炭统，一套薄的（＜10ft，3m）的上石炭统Fort Scott石灰岩中的鲕粒灰岩，位于下石炭统顶部大约100ft（30m）（图10）。

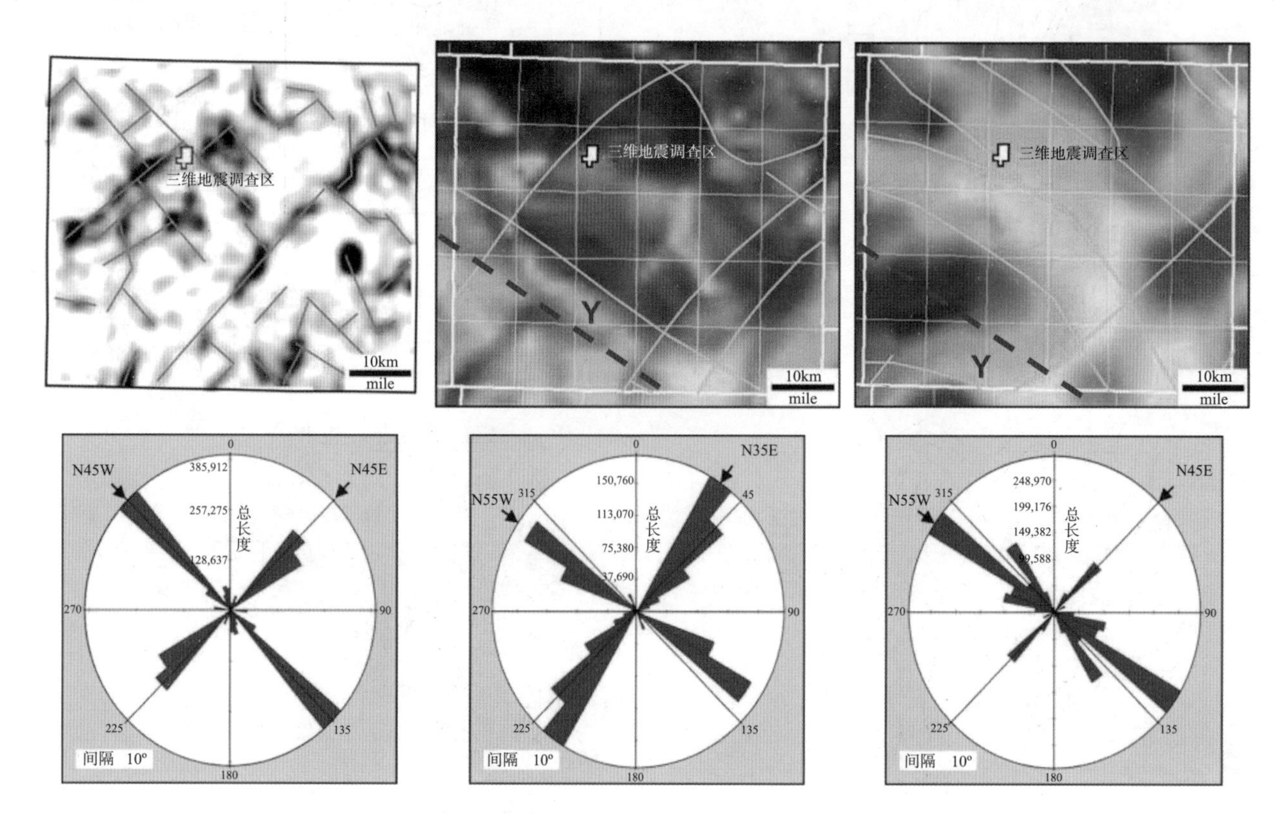

图9 下石炭统顶部倾角图、磁力图、布格重力图和玫瑰花图

倾角图越黑表示角度越大，玫瑰花图说明了堪萨斯Ness县区域构造倾向的线性构造总长度和方位；Dickman油田地震调查也位于Ness县东北部（图2），石炭纪活动的线性构造Y用蓝色虚线表示

Dickman油田位于一个12mile（19km）长的北东向空中探测地磁的线性构造的南端，位于近30km的线性构造Y北部（图9，图5）。沿着下石炭统以CKU为界的地下露头。地下露头和北西向广阔的（400mile/644km长）前寒武系基底岩层边界一致，这把中央平原省和西部的花岗岩—流纹岩省分开（Yarger，1983；Gerhard，2004）。识别Dickman油田的构造单元是借助2mile^2（5km^2）的三维地震（图11—图14）。

合成地震记录反映了地震层位与主要地层顶部的对应关系（图10）。海底深度构造图的层位是应用时间—构造图和井位资料计算的速度网格创立的。最深的层位表明一系列的三维地震图是推测的前寒武系基底表面，接着是更年轻的表层，包括密西西比系顶部、Fort Scott地层顶部和下二叠统Stone Corral地层顶部（Fort Scott地层之上2500ft；图11，图12）。主要的持久性特征包括临近北部的、北东向在地震测线西北边的断层，该断层以高的、上升盘的菱形网格区块为界（1.5mile × 0.7mile，2.4km × 1km），在前寒武系的顶部上倾构造断块到南部断层通常向南—东南倾斜100ft/mile（19m/km；图11A），下二叠统顶部Stone Corral地层减少到25ft/mile（4.8m/km；图12B）。在南边构造断块的终端，下石炭统顶部的一个深切谷被Cherokee群的砂岩部分充填，与前寒武系一个低的表面对应（图11A、B）。弯曲山谷的模式持续到上覆的地层，包括直接上覆的Fort Scott石灰岩地层（图12A）。

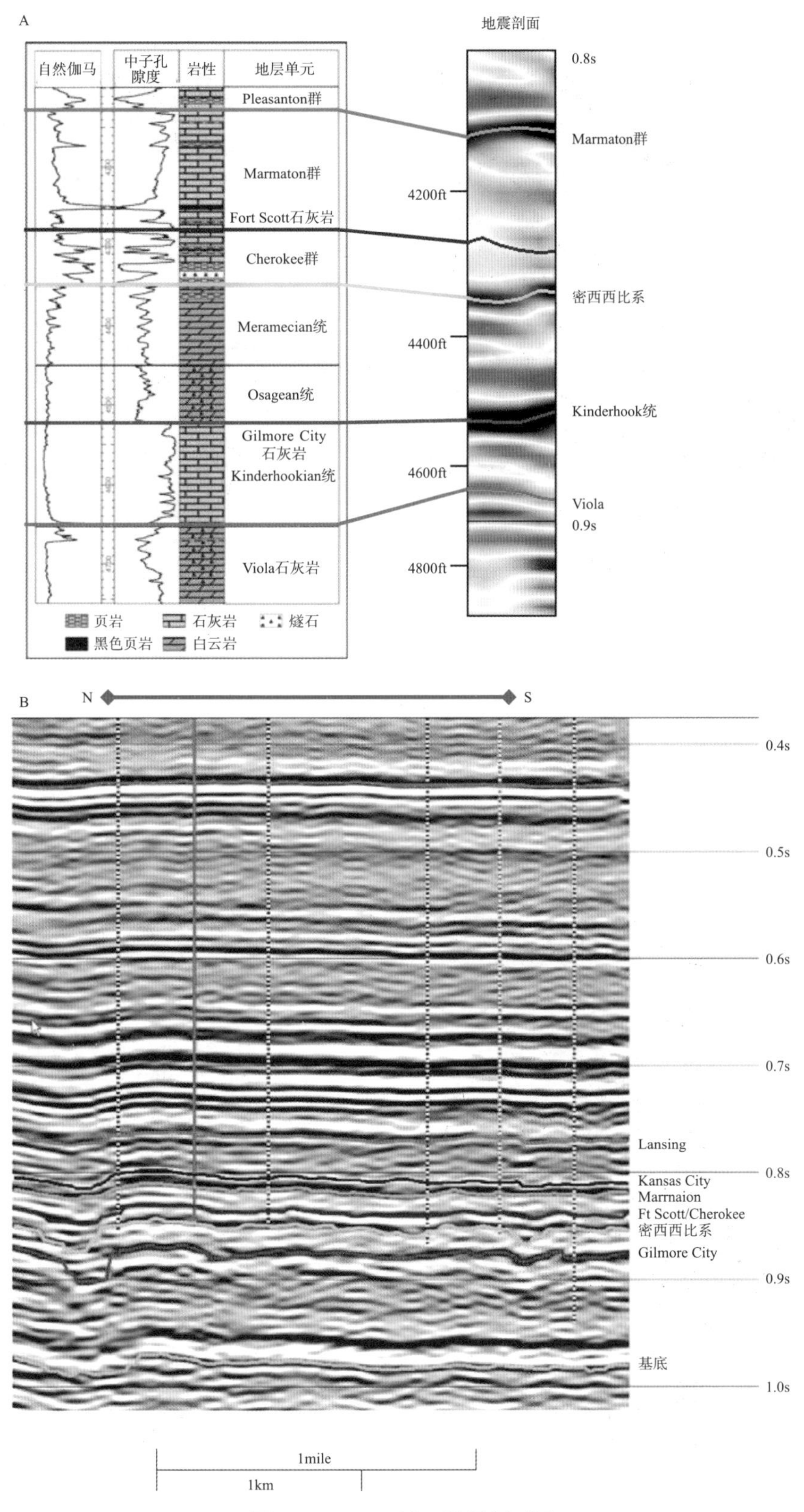

图10 Dickman油田地震剖面图

A—纵向地震剖面图，长约305m，是Dickman油田三维地震数据资料的一部分，显示Stiawalt #3井各组地层顶部、自然伽马曲线以及中子孔隙度曲线，Fort Scott石灰岩顶部是一个位于Cherokee群之上的小的正向地震反射（Nissen等，2004）；B—Dickman油田南北向地震剖面图，展示了文中所谈及的相关地层，Stiawalt #3井位于南部，用蓝色虚线表示，在地震剖面顶部用红线表示构造断块的伸展方向

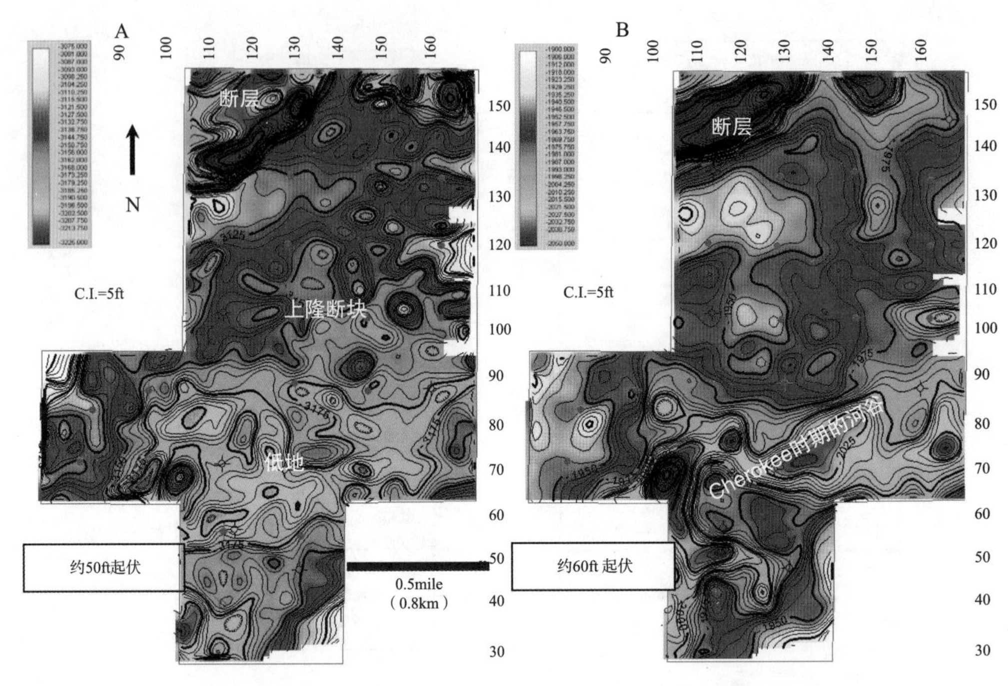

图11 Dickman油田前寒武系和下石炭统三维地震图

A—下石炭统顶部之下的前寒武系基底图，将5791m/s速度的三维地震时间域转换为深度域；B—下石炭统顶部界面三维地震图。两张图具有相同的等值线间隔（C.I.），都显示向上隆起的北东向断块，其北部以断裂为边界，南部以构造凹陷为边界，Cherokee时期形成的构造凹陷发育深切谷

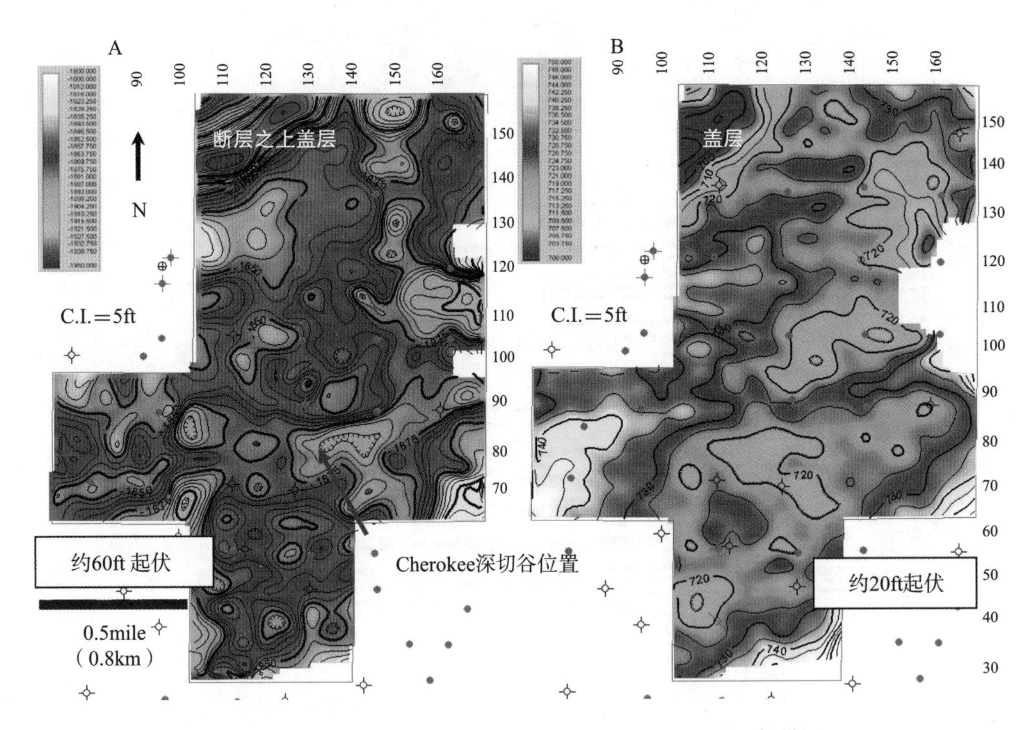

图12 Dickman油田Fort Scott石灰岩和Stone Corral组构造图

A—Fort Scott石灰岩顶部构造海拔图；B—下二叠统Stone Corral组顶部三维地震及井位构造图。两张图具有相同的等值线间隔（C.I.），Fort Scott石灰岩断块的几何形态、起伏特征与下伏地层的特征相像；位于Fort Scott石灰岩之上2500ft的Stone Corral组地形图显示断裂盖层和位于下伏构造断块的北东向隐伏鼻状构造；此外，图11所示构造高部位南侧的构造低部位显示出更低的地势起伏，这是因为浅层变形的减少

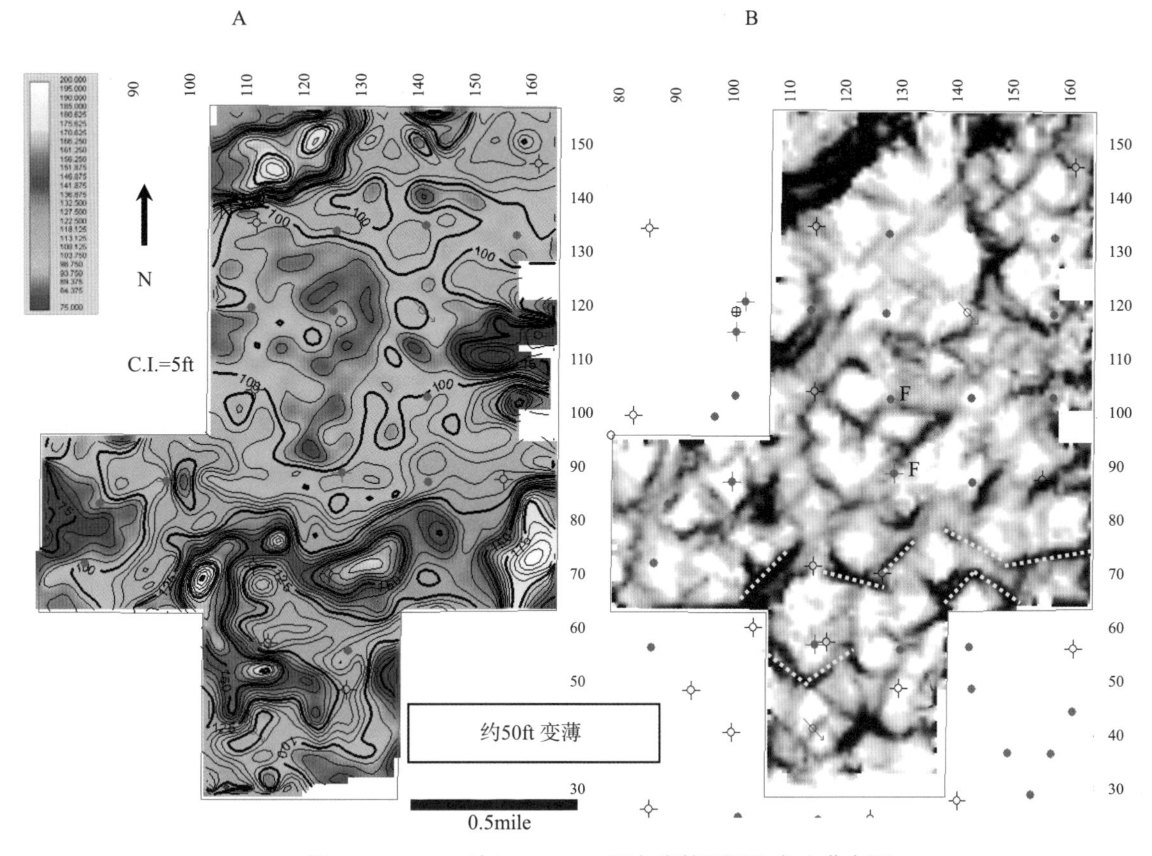

图13 Dickman油田Fort Scott石灰岩等厚图和负向曲率图

A—来源自三维地震数据的Fort Scott石灰岩—下石炭统等厚图，等值线间隔（C.I.）为1.5m。Cherokee深切谷和断层北部为厚值区，在构造高部位变薄，说明该区域为正向地势；B—Fort Scott石灰岩负向体积曲率图，岩心观察中将两口发育裂缝的井标记为F，与北西和北东向的曲率纹相对应，黄色虚线为位于深切谷的节理组

一些额外的观察包括：①下石炭统顶部—基底到北部边界断层的北部突然变薄，而下石炭统上部的等厚图显示到断层的北部变厚。这说明在早石炭世后期可能发生随着断层的逆转运动。②同样存在下石炭统上部上倾结构的变薄，棱角状的东南浸渍地堑至少穿过下二叠统Stone Corral地层。这种减薄，连同散热面的排水，表明上白垩统基岩的进一步表面变形。

Fort Scot石灰岩在Dickman油田的四口井中都是多孔的和有渗透性的，钻井岩屑和岩心描述表明这是一个鲕粒状的多孔石灰岩相。局部构造对局部浅水环境的形成和孔隙的发育起了重要作用。Fort Scott石灰岩—下石炭统的等厚图表明棱角状的上倾构造断块的减薄超过了50ft（15m），表明在Fort Scott沉积期一个地形高点的向南倾斜（图13A）。北部（向下到北部）北西向的断层和南部构造低侧翼的地形高点被很好地解释，表明持续的沉降差异（隆升）与优先或随后于Fort Scott石灰岩的构造运动相一致。

地震属性可以用来刻画三维地震资料中微小的构造特征和推断岩石性质。曲率属性可用来定义褶皱、微小的断导和断裂，并可以使用Chopra和Marfurt（2006）中的技术来计算三维地震数据体中的每个采样点。沿Fort Scott石灰岩地层从合成的最负曲率量中提取的数据表明，北西和北东向的、不连续且高曲率的褶皱在该表面具有平行区域构造的趋势（图9），可能反映节理及其他裂缝（图13B）。一个相似的节理系统在Dickman油田的下石炭统碳酸盐岩中是溶解增强的，并且部分页岩的充填划分了储层（Nissen等，2004）。两个取心井（图13B中以F为标志）在Fort Scott石灰岩中发育的丰富的断裂，与地震数据判断的褶皱很接近，因此认为褶皱反映定向的节理系统。位于南部部分成像区域（与深切谷位置对应）的呈稳定弧形的构造低点，包括一系列独立的小的节理组（图13B）。

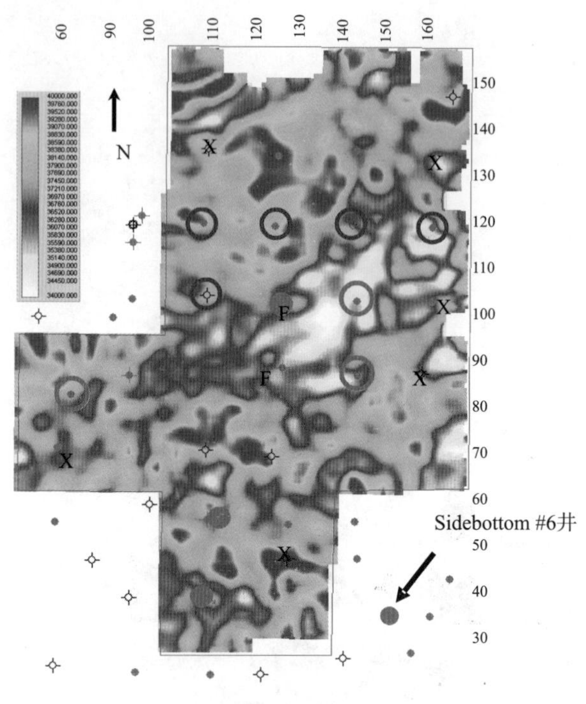

图14 Fort Scott石灰岩地震阻抗图

如果岩石基质的声波速度是连续的，那么这个地震属性可以用以解释孔隙度。阻抗图用不同颜色表示速度变量，在本例中，黄色表示疏松的低速岩石，蓝色表示致密的高速岩石。在图中用X标记致密粒泥灰岩，用红色圆圈标记低孔隙度和渗透率，用绿色圆圈标记高孔隙度、高渗透率和烃类，用实心绿圈标记高孔隙度和渗透率的鲕粒状、孔洞型碳酸盐岩，用黄色字母F标记裂缝。孔渗性较好的鲕粒状储层主要位于断块的南缘

应用基于模型的反演可以产生一个来自地震资料的波阻抗场。平均波阻抗提取于一个4ms的窗口（接近于Fort Scott石灰岩的沉积间隔）。这种属性解释了一些东南边缘的结构区的低速（黄色）区块（1mile×0.5mile，1.6km×0.8km），它们对应于高孔隙度或岩相变化的区域（图14）。借助于钻井岩屑和岩心的描述可以校准这些地震结果。样品资料确定：①更高的速率（蓝色/绿色）通常代表低孔隙度的岩石；②在鲕粒状和化石型岩相中更低的速率（红/黄）代表有很好到极的孔隙度。

应用了测井和岩屑描述的Fort Scott石灰岩地下图像更加精确地描述了鲕粒碳酸盐岩储层的性质。井位控制的Fort Scott石灰岩顶部构造图与等效的地震表面的结构很相似（图15A）。Fort Scott石灰岩顶部到上覆Pawnee石灰岩下段之间的伽马射线图，提示了一群弧形伽马射线的最大偏移（纯净的碳酸盐岩；图15B），对应于一部分低地震阻抗的区域（图14）。三口井的样品描述包括一个西—东向的穿过伽马射线低值区域的横切面，表明Fort Scott上段石灰岩为生物碎屑灰岩和球粒灰岩，并且有少量的鲕粒灰岩分布在伽马射线低值区的两侧（图16）。横剖面的中央井位于伽马射线低值区域内，该区为一个碳酸盐岩区，4.5ft（1.4m）厚，发育孔隙度更高的、鲕粒状和内结晶的孔洞型孔隙。

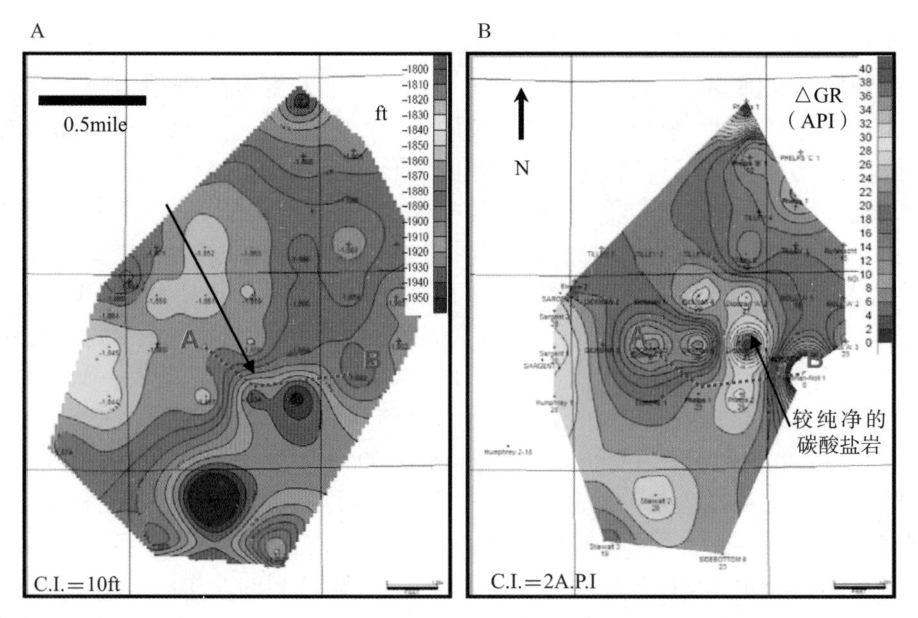

图15 A—Fort Scott石灰岩顶部构造等值线图，海拔为-594～-549m；B—上Fort Scott石灰岩与上覆Pawnee石灰岩下段之间伽马曲线等间距线图，数值越高表明碳酸盐岩越纯净，图中A—B线示图16剖面位置，等值线间隔用C.I.表示

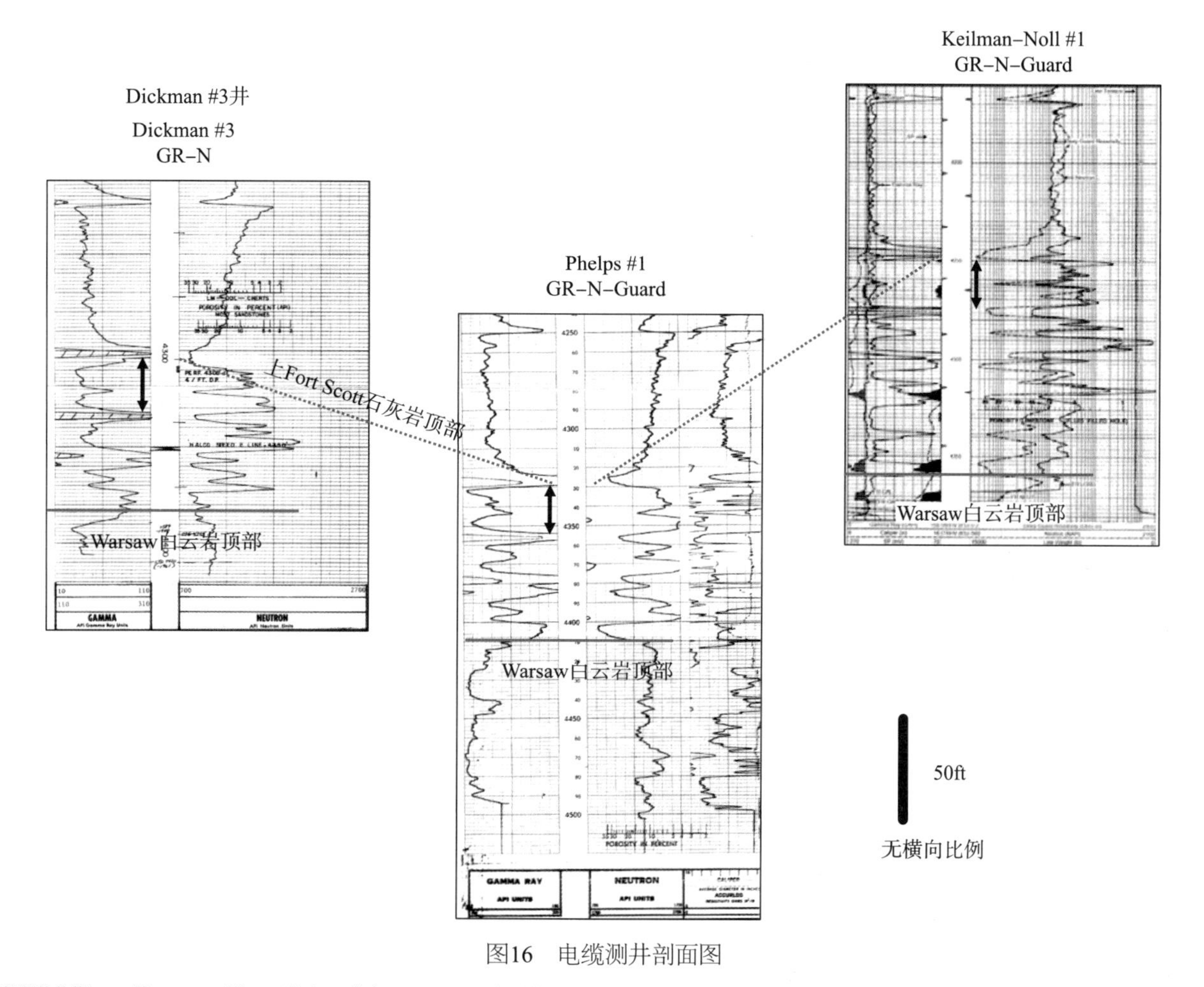

图16　电缆测井剖面图

说明堪萨斯Ness县Dickman油田西北部—东部Fort Scott石灰岩性质、上Fort Scott石灰岩底部性质。剖面长度约1.6km，无横向比例。测试数据：Dickman #3井，Fort Scott石灰岩4308～4311ft处射孔，与其他三井联产，累计产量468000bbl；Phelps#1井，没有完井或试井，测井计算含水饱和度为40%且水的总体积为0.02，表明有效的烃类消耗；Keilman-Noll #1井，在Fort Scott上部进行的钻杆测试说明地层致密

局部的弧形的鲕粒岩单元（低伽马射线值）聚集在构造断块的东南边缘，该构造断块的东部边缘由一个朵状的向北持续延伸但比较微小的构造凹陷所限定（图15）。从来自地震数据（图13A）的Fort Scott地层—下石炭统顶部等厚图也可以看出，在相同的区域具有轻微的变厚和相似的空间结构，这表明构造凹陷在上Fort Scott石灰岩沉积期同样是一个海底低地，这个时期沉积的石灰岩是纯净的多孔鲕粒粒状灰岩。

（五）晚石炭世较低陆架：Victory油田

最后一个构造再活化作用来自Victory油田（Haskell县），地下岩层分布图表明构造运动持续了差不多整个古生代，影响上宾夕法尼亚统一系列碳酸盐岩单元的沉积模式（图17）。Victory油田位于一个凸出的近3mile×5mile（5km×80km）大小的北西趋势的基底山脊，保存在一个18mile×12mile（29km×19km）大小、菱形、北西向和北东向区域的西部边缘（图17），该区域具有低的布格重力值和高的航磁强度。在Victory油田将上宾夕法尼亚统Dewey石灰岩和Kansas City群Swope石灰岩进行对比，为了证明古地形与构造再活化作用相关。这些碳酸盐岩地层均为四级层序成因单元（图18；Watney等，1995），且在Victory油田二者均产油，但是在区域分布上差异明显。

下二叠统Chase群顶部出现在1500ft（457m），位于上宾夕法尼亚统Lansing群之上，然而构造图上

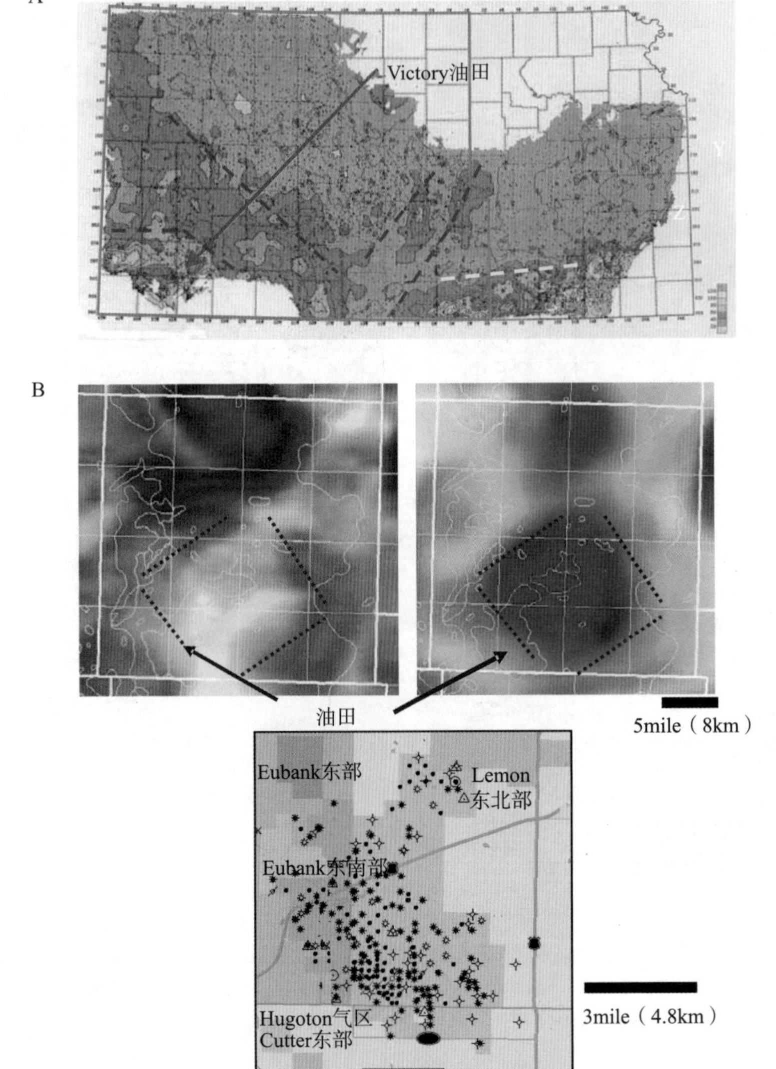

图17　A—上宾夕法尼亚统Swope石灰岩四级成因单元等厚图，Vioctory油田六个主要储层之一，横向穿越堪萨斯州的水平距离为643km，厚度变化为6～37m，自含有薄层生物碎屑粒屑灰岩的陆架上部向含有鲕粒状粒屑灰岩的南陆架下部由薄变厚，用蓝色虚线标明主要的线性构造区域，堪萨斯州东南部的黄色虚线指示显著的航磁低值区的南部边界（图6）；B—Haskell县的航磁图（左）和布格重力图（右），显示油气田轮廓线和北西向、北东向潜力油田西缘的Victory油田识别特征，线性构造带用蓝色虚线表示，显示出菱形的基底构造形态；C—Victory油田井位图

每个群组具有非常相似的结构和构造凸起，表明后期的构造运动或再出现的断层活化（图19）。Chase群—Lansing群的等厚图（图19C）表明当前构造高点上地层的不断减薄（直达100ft（30m）），且在形式上与构造更加匹配，这种匹配意味着强北西向的反复变形或差异压实（构造高点处压实强度较弱）。然而，在一个大的时间和空间尺度下，由于构造起伏和模式延展的持续存在，差异压实作用不大可能发生。

以前的研究表明Swope和Dewey石灰岩在岩性和厚度方面的区别是：①条件适合浅水区沉积物堆积；②三级、四级和五级层序基于相对海平面的波动（Watney等，1995；Watney等，1996）。Swope石灰岩（靠近Nuyaka Creek三级层序成因单元基底；图18）呈现了一个退积型陆架边缘叠加样式，表明海平面的上升和可容空间的减小。相反，在Dewey石灰岩同样发现三级层序成因单元，沉积于四级层序成因单元的进积作用和下超作用，从而表明陆架可容空间的丢失（Watney等，1995）。继续针对这些成因单元的研究（以Victory油田为例）表明再活化的构造元素也可以控制沉积模式。在Dewey石灰岩，其等厚线从海泛面到海泛面，通常厚度在Victory油田的构造高点区变薄（图20A）。同样地，多孔性粒状灰岩碳酸盐段（Watney等，1997）在高点的两翼变厚（图20B）。Dewey石灰岩的两幅图表明有限的沉积空间在构造高点就像现在描述的这样。

相反，现在的构造高点位于厚的Swope石灰岩和其多孔鲕粒粒状灰岩之上（Watney等，1997；图21A、B）。多孔粒状灰岩占大部分变厚的成因单元。足够的沉积可容空间使得在构造高点位置沉积的鲕粒灰岩超过了30ft（9m），与Dewey石灰岩形成对比。占主导地位的沉积趋势是北西向，符合当前的构造。

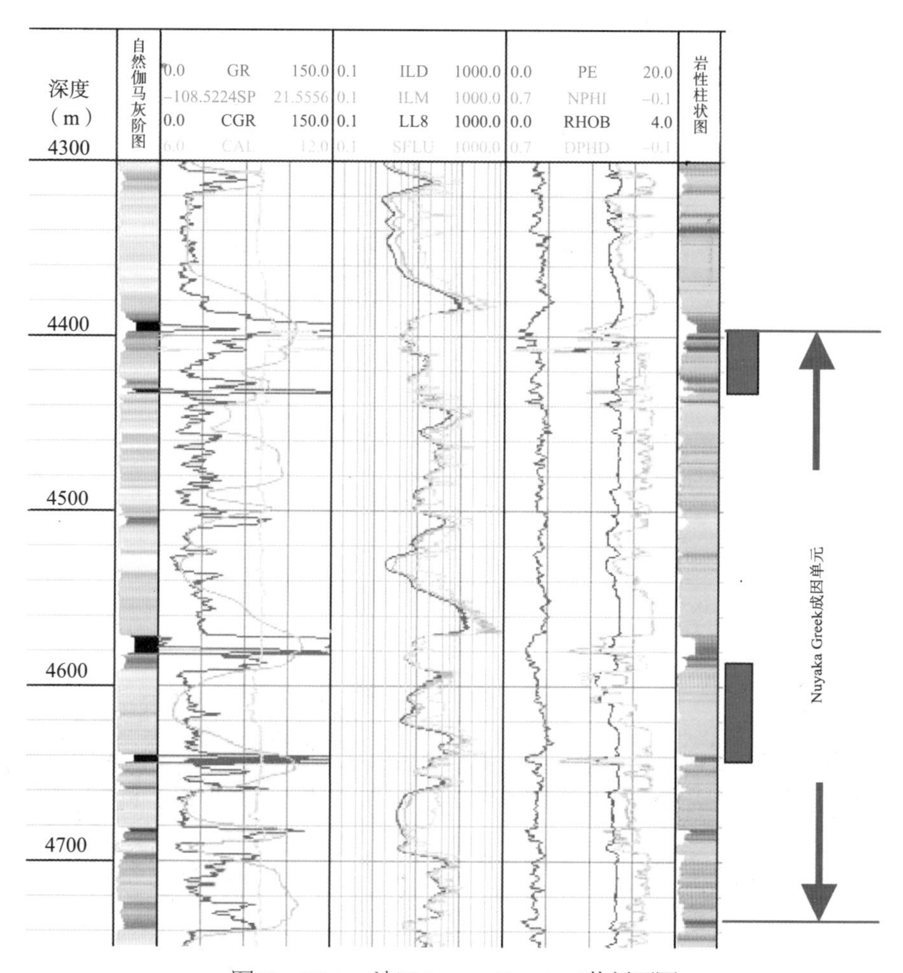

图18 Victory油田Amoco Cox A−4井剖面图

展示测井曲线、测井解释岩性和地层命名。测井曲线包括左侧的伽马曲线（GR）、中间的电阻率曲线（SFLU、ILM和ILD）、孔隙度曲线（NPHI、DPHI和RHOB）以及右侧的光电曲线（PE）。伽马曲线灰阶图在左侧，右侧为岩性柱状图（橄榄绿色=碳酸盐岩、蓝色=页岩、橘黄色=硅质碳酸盐岩），用红色矩形标识Dewey、Swope石灰岩四级成因单元，该成因单元代表Nuyaka Greek三级层序单元的中低和最高部分（蓝色箭头指示海泛边界）

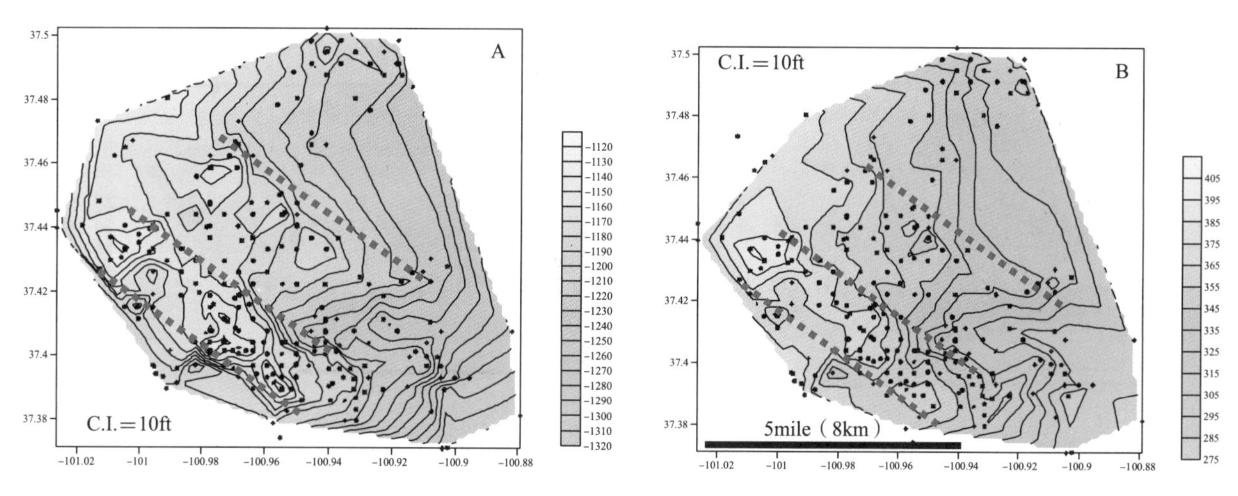

图19 Victory油田构造图和地层等厚图

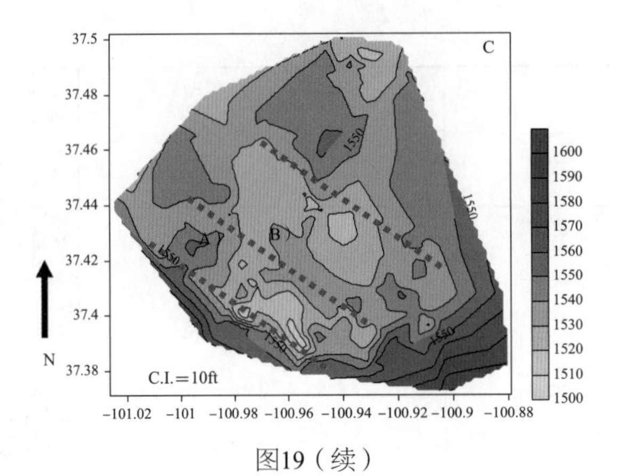

图19（续）

A—Victory油田Lansing群顶部构造图；B—Victory油田Chase群顶部构造图；C—Chase群顶部—Lansing群顶部地层等厚图。三个线性构造带标识在每幅图中以便比较，层厚450m的地层拥有较为相似的构造配置特征。两个层位间的等厚图表明构造高部位导致地层变薄，说明构造抬升的连贯性并可能由深层的构造所控制。图中采用经纬度坐标，C.I.表示等值线间隔

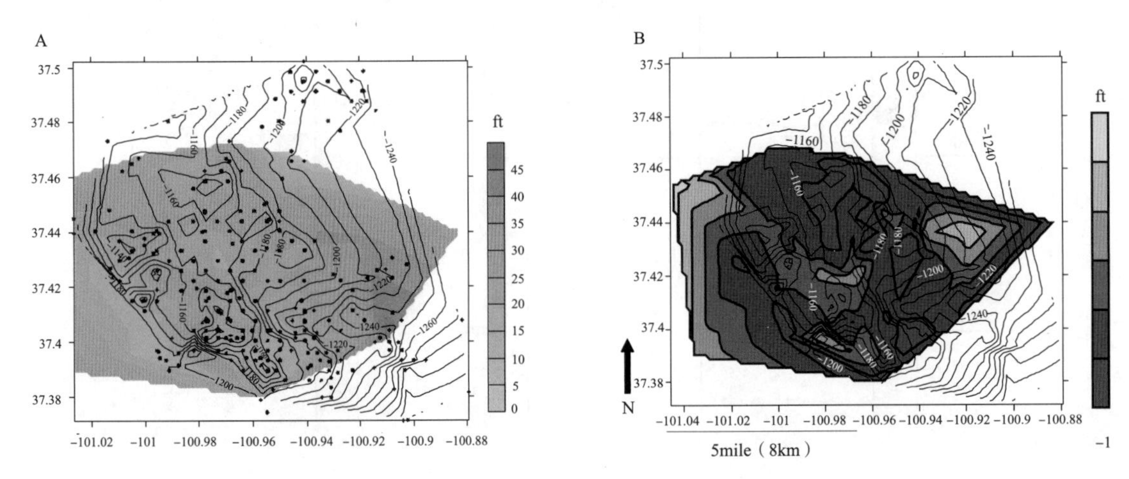

图20　Victory油田Lansing群顶部构造与石灰岩厚度叠合图

A—Lansing群顶部构造等值线图，颜色描述Victory油田Dewey石灰岩四级成因单元厚度值；B—Lansing群顶部构造等值线图，颜色描述Dewey石灰岩中有孔（孔隙度超过8%）碳酸盐粒屑灰岩厚度值。采用经纬度坐标，厚的有孔碳酸盐粒屑灰岩位于Dewey石灰岩的构造侧翼，说明海底高地有限的沉积物可容空间

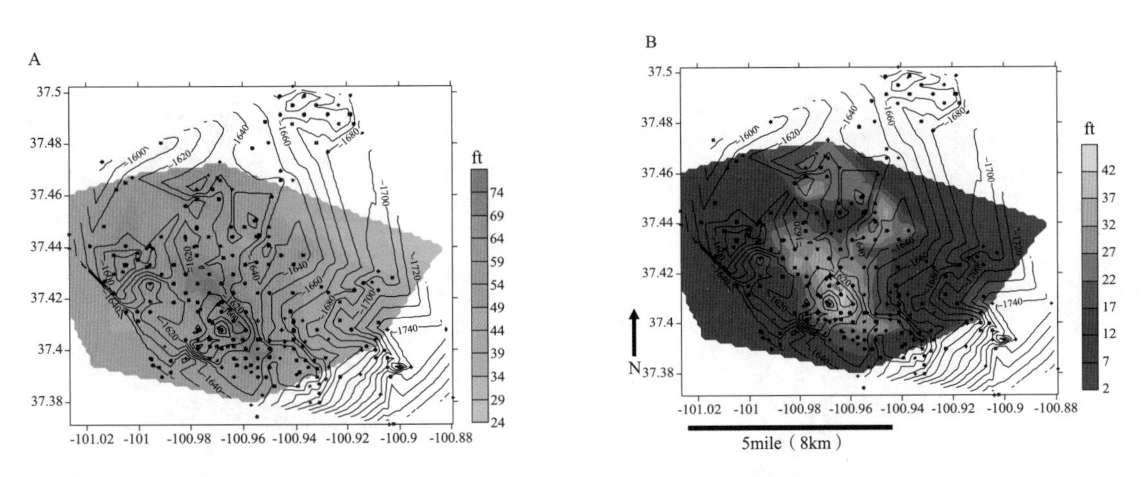

图21　Victory油田Swope群顶部构造与石灰岩厚度叠合图

A—Swope组顶部构造等值线图，颜色描述Victory油田Swope石灰岩四级成因单元厚度值；B— Swope组顶部构造等值线图，颜色描述Swope石灰岩有孔（孔隙度超过8%）碳酸盐粒屑灰岩厚度值。厚的有孔碳酸盐粒屑灰岩位于Swope石灰岩的构造侧翼，说明足够的沉积可容空间允许在海底高地之上进行沉积建造

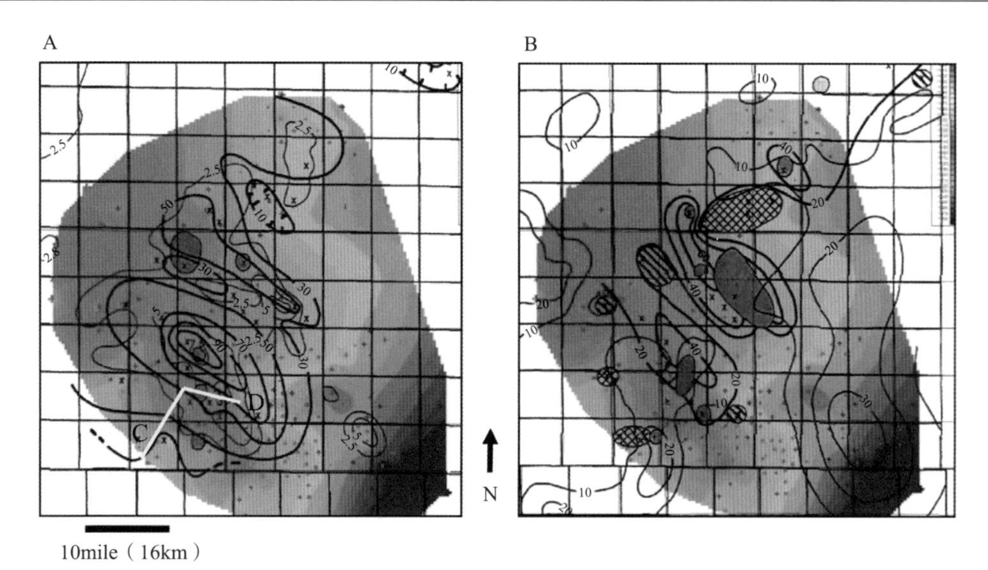

图22　A—Bethany Falls石灰岩叠合图；B—Dewey石灰岩叠合图。其中颜色表示Lansing群顶部海拔高度（绿色高值区约-1120ft；蓝色低值区约-1280ft）；麻点花纹表示产油气区；细线表示Bethany Falls（ϕ＞16%，图A）和Dewey（ϕ＞8%，图B）孔隙度等值线；粗线表示有效孔隙度百分率，Bethany Falls（图A）由钻井数据估算，Dewey（图B）由显微镜下观察而得（Watney等，1994）。鲕粒状Bethany Falls石灰岩中的有效孔隙度截取点为16%，而含有更多鲕粒和鲕间孔隙的Dewey石灰岩有效孔隙度截取点为8%。图B展示了Dewey石灰岩中鲕粒胶结良好的粒屑灰岩区域和不含鲕粒的粒屑灰岩区域。C—D为图23剖面图位置

Bethany Falls石灰岩和Dewey石灰岩的孔隙度等值线图、有效孔隙度百分率图（图22A、B）和剖面图（图23），进一步证明了古地形影响沉积和成岩作用。朵叶状地区鲕粒灰岩的有效孔隙度百分率图与孔隙度等值线图和Bethany Falls石灰岩非常相似，反之这与当今的构造高点密切相关（图23）。相反地，在Dewey石灰岩孔隙度等值线高值区对应于构造高点（由于沉积空间的减少）两翼的Dewey石灰岩建造，因此有效孔隙度保持在构造高点。虽然在构造高点厚度较小，但Dewey石灰岩仍然有较高的有效孔隙度百分率（图22B），包括主要连接鲕状的孔隙度，可能是随着构造高点逐渐增强的（例如强度和持续时间）成岩作用（Watney等，1995）有关。在图22中当前生产的区域概况表明对应某些地区的钻井岩屑和测井说明储层岩石后面的生产套管井产自其他区域，表明在这两个区域的重新完井。

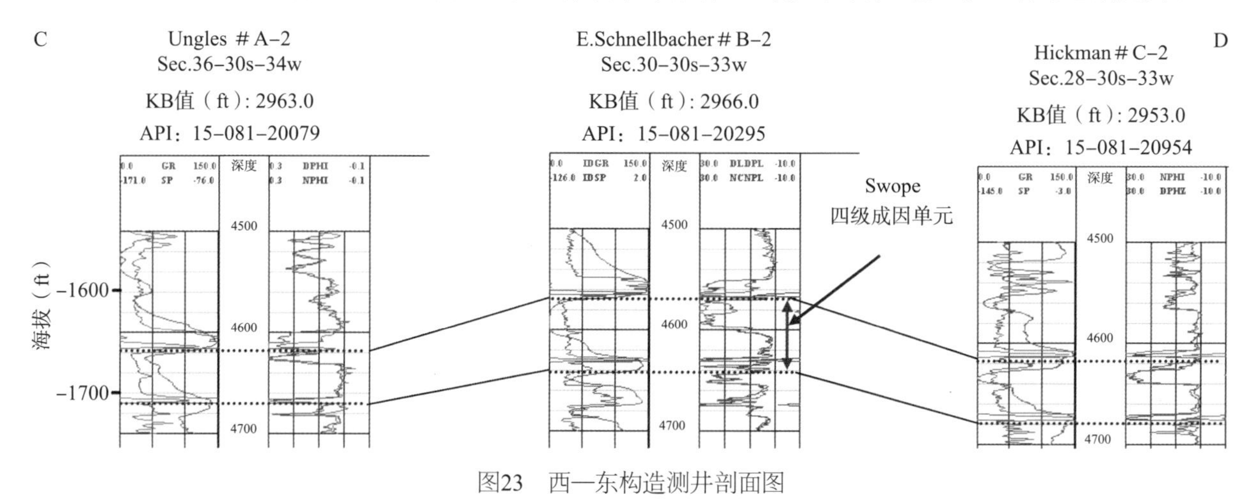

图23　西—东构造测井剖面图

展示了堪萨斯州Haskell县Victory油田南部构造高部位Swope石灰岩四级成因单元的多孔、低伽马值和鲕粒状岩相厚度。测井图的左栏包括伽马曲线（红色）和自然电位曲线（蓝色），右栏包括中子测井（红色）和中子测井（蓝色）。剖面线位置见图22，无横向比例尺，剖面的总长度为5.6km。连井剖面图进一步说明了油田构造高部位与有孔鲕粒灰岩产油带发育的紧密关系。在沉积时期已经存在和将要发育的构造高部位是产生构造再活化的原因

三、讨论

新构造运动的研究对于理解变形性质提供了有用的见解。例如通过利用GPS（全球定位系统）、InSAR（合成孔径雷达干涉测量技术）、地震和地质资料（McCaffery，2005；Hammond和Thatcher，2005；Thatcher，2003），发现以断块为边界的断层（通过分析连续四级层序限定的）与刚性地壳块在地层规模和模式上很相似。这些刚性地壳块，范围从几十千米至几百千米不等，在活跃变形区域被狭窄的断层带分割。新构造运动研究表明，在一个给定的应力轨迹下（在有限时间框架内操作），应变沿一小部分现有断层释放，这些断层具有合适的方位、强度且接近应力（Thatcher，2003）。此外，新构造研究中记录，应力传播到克拉通的距离大约为数百千米至数千千米，这与到位于古生代陆架中央堪萨斯区域主要造山带的距离（400～500km）相当。

基于在新构造研究中发现的相似性，可预测来自位于南部和西部造山活动主要地区的应力，是传播到克拉通并沿着先存断层释放的，使得在研究中以断块为单位进行记录。应力场的变化最终导致不同系列线性构造的活动和其他构造的静止。在这个过程中，基底断裂的再活化导致了古生代主要构造的横切，比如CKU，表明构造应力场的变化导致了构造改造（即使是微小的），甚至在不同的应力范围内形成更大的结构。

定义高分辨率时间框架的能力（四级和五级层序规模），对识别同沉积构造运动在当前新构造研究中的规模尤为重要。虽然在古代时间分辨率很低，但是对新构造研究的综合观察，有助于对微小构造的模式和时间尺度的识别和理解。微小构造对相分布、地层的几何形态和流体迁移很重要。

研究中提供的实例指出，再活化构造对于石炭纪储层的形成具有重要作用，其影响着相分布和地层几何形态。重要的是，即使跨越石炭纪，再活化断层也对储层的形成具有深远影响。示例地区发育高密度的北东向和北西向相交的线性构造。航测图上显示，线性构造位于堪萨斯中南部，且线性构造Y和D在Stafford县南部和Pratt县北部相交（图7A）。构造的再活化作用沿着一些线性构造分布，与堪萨斯（8个区）堆叠的油气高产区分布一致，该油气高产区跨越的地层间隔从寒武—奥陶系Arbuckle群到上宾夕法尼亚统Lansing群（Newell等，1987）。

除了在储层形成中发挥重要作用，构造再活化作用的时间和分布，对烃类的运移（尤其是在输导层和烃类充注之间提供垂直运移通道）也有重要影响。液体包裹体、烃源岩与储层中石油的相关性和向南大幅增加的气油比表明，晚古生代流体向北运移，从Anadarko盆地运移到堪萨斯陆架（Newell，1998）。深部断层在整个时期都是十分活跃的（包括拉腊米造山运动期），可能促进流体的长距离侧向运移并提供局部的垂向运移通道。通过对烃类聚集的区域分布和构造特征进行比较（图2、图6和图7），发现了构造特征、线性构造和油气田之间的紧密对应关系。

四、结论

本研究中区域和局部尺度的研究结果表明，石炭纪（密西西比纪和宾夕法尼亚纪）的陆架—陆架边缘碳酸盐岩环境，在整个地质时期被重复发生的某些同沉积期的构造运动和与基底构造元素再活化作用相关的断层所影响。源于挤压变形（沿克拉通边缘）的不断演变的应力场，造成了克拉通的系统性断裂，应力场集中沿选定的、优选方位的先存基底断裂和线性构造分布，影响了沉积模式、古地貌、风化强度、成岩作用和之后的流体运动（包括烃类侵位）。对于重复发生的断裂运动的影响，可以推断出如下几个结论：①密西西比纪和宾夕法尼亚纪的碳酸盐岩环境受到规模在一千米至数万千米的断块运动的影响；②变形与深层基底断层的再活化作用密切相关，潜在油区的地球物理资料可以证实这一点；③下降盘朝盆地一侧的区域断层控制线性陆架边缘的形成，并造成缓坡和陆架剖面的分割，在密西西比纪和宾夕法尼亚纪经常沿着选定的、可能较弱的断裂系统重复发生；④由于在倾角、走向和构造断块海拔高度方面的变化，可以预测横跨断块的，在岩性、厚度和地层结构方面截然不同的局部差异；⑤断块反转运动造成了区域上厚层的海绵针雏晶和鲕粒岩储层；⑥区域和局部的断块抬升造成了地貌高点的形成，在再度抬升期受到了更强烈的成岩作用、断裂作用和地下流体运移的影响；⑦海平面、气候、沉积环境和区域构造与局部的同期构造运动相互作用，形成了适应油藏发育的特定环境；⑧周期性构造活动造成了古地貌的集中沉积（在高点和侧翼的粒状碳酸盐岩，在低点的深切谷地层），一些地区的周期性构造活动为储集相的聚集提供了有利环境。

本研究的初步结果显示，要想从区域和局部规模上全面了解岩石性质，需要分析构造运动可能造成的影响，并对其他古环境变量的协同影响进行分析。在理解中大陆陆架碳酸盐岩方面这些分析可能比想象的更为重要。

研究中开发的工作模型表明：①真正的地层油气藏可能比推断的要少；②岩相带和地层的堆积可能并不是通常认为的侧向连续，由周期性和同沉积构造变形引起的可容空间的局部变化，在预测沉积模式中起着重要作用；③结合层序地层学、沉积过程、古环境和成岩分析对构造进行详细的分析，对改进沉积模式十分关键；④精细研究基底构造，识别关键断裂系统并确定活动时间，研究与油层开发、油气运移和含水层系分布相关的克拉通上主要构造断块的运动学，这三方面都需要进一步的研究。

致谢

感谢堪萨斯州Wichita市Grand Mesa Dperating提供Dickman油田的三维地震数据，特别感谢美国能源部支持GEMINI（合作项目号：DE-FC26-00BC15310）。感谢地震微技术公司提供的地震解释与绘图软件和Hampson-Russell有限责任公司提供的地震反演软件。GEMINI用来编译和分析地下井数据并创建本文图18。特别感谢Rick Sarg和Art Saller对本文提出的宝贵意见和建议及Pat Acker帮助绘图。

参考文献

Baars, D.L., Thomas, W.A., Drahovzal, J.A., and Gerhard, L.C., 1995, Preliminary investigations of basement tectonic fabric of the conterminous USA., *in* Ojakangas, R.W., Dickas, A.B., and Green, J.C., eds., Basement Tectonics 10, Proceedings Tenth International Conference on Basement Tectonics held in Duluth, Minnesota, USA, August 1992: Dordrecht, The Netherlands, Kluwer Academic Publishers, p. 149–158.

Baars, D.L., and Watney, W.L., 1991, Paleotectonic control of reservoir facies, *in* Franseen, E.K., Watney, W.L., Kendall, C.G.St. C., and Ross, W., eds, Sedimentary Modeling: Computer Simulations and Methods for Improved Parameter Definition: Kansas Geological Survey, Bulletin 223, p. 253–262.

Berendsen, P., and Blair, K.P., 1996, Structural configuration of the Precambrian basement, Kansas: Kansas Geological Survey, Map Series, no. 45–1, 4 pages, 1 sheet, scale 1:500,000.

Berendsen, P., Wilson, F.W., Yarger, H.L., and Steeples, D.W., 1983, New data on major basement fractures in the tectonic development of eastern Kansas: 3rd Basement Tectonics International Conference, Proceedings, p. 227–240.

Berendesen, P., Borcherding, R.M., Doveton, J., Gerhard, L., Newell, K.D., Steeples, D. and Watney, W.L., 1988, Texaco Poersch #1, Washington County, Kansas–preliminary geologic report of the pre–Phanerozoic rocks: Kansas Geological Survey, Open–File Report 88–22, 116 p.

Brown, D.L., 1978, Wrench–style deformation patterns associated with a meridional stress axis recognized in Paleozoic rocks in parts of Montana, South Dakota, and Wyoming, *in* Willison Basin Symposium: Montana Geological Society, Billings, Montana, Twenty–Fourth Annual Conference, p. 17–31.

Brown, D.L., and Brown, D.L., 1987, Wrench–style deformation and paleostructure influence on sedimentation in and around a cratonic basin, *in* Peterson, J.A., Kent, D.M., Anderson, S.B., Pilatzke, R.H., and Longman, M.W., eds., Williston Basin: Anatomy of a Cratonic Oil Province: Rocky Mountain Association of Geologists, 1987 Symposium, p. 57–70.

Chopra, S., and Marfurt, K., 2006, Seismic attributes—Promising aid for geological prediction: CSEG Recorder 2006 Special Edition, p. 111–121.

Cole, V.B., 1976, Configuration of the top of Precambrian rocks in Kansas: Kansas Geological Survey, Map Series, no. M–7, 1 sheet, scale 1:500,000

Dickinson, W.R., and Lawton, T.F., 2003, Sequential intercontinental suturing as the ultimate control for Pennsylvanian Ancestral Rocky Mountains deformation: Geology, v. 31, p. 609–612.

Dorobek, S.L., 1995, Synorogenic carbonate platforms and reefs in foreland basins: Controls on stratigraphic evolution and platform/reef morphology, *in* Dorobek, S.L., and Ross, G.M., Stratigraphic Evolution of Foreland Basins: SEPM, Special Publication 52, p. 127–147.

Duchek, A.B., McBride, J.H., Nelson, W.J., and Leetaru, H.E., 2004, The Cottage Grove fault system (Illinois Basin): Late Paleozoic transpression along a Precambrian crustal boundary: Geological Society of America, Bulletin, v. 116, p. 1465–1484.

Elster, T., 1965, Donald Field: Kansas Geological Society, Kansas Oil and Gas Fields, v. 4, p. 68–77.

Euwer, R.M., 1968, Glick field, Kiowa and Comanche counties, Kansas, *in* Beebe, B.W., and Curtis, B.F., eds., Natural Gases of North America, part 3, vol. 2: American Association of Petroleum Geologists, Memoir 9, p. 1576–1582.

Feldman, H.R., Franseen, E.K., Joeckel, R.M., and Heckel, P.H., 2005, Impact of longer–term modest climate shifts on architecture of highfrequency sequences (cyclothems), Pennsylvanian of Midcontinent U.S.A.: Journal of Sedimentary Research. v. 75, p. 350–368.

Franseen, E.K., 2006, Mississippian (Osagean) Shallow–water, mid–latitude siliceous sponge spicule and heterozoan carbonate facies: An example from Kansas with implications for regional controls and distribution of potential reservoir facies: Kansas Geological Survey, Bulletin 252, part 1, Current Research in Earth Sciences: 23 p.; available online at http://www.kgs.ku.edu/Current/2006/franseen/index.html.

Frensley, R.W. and J.C. Darmstetter, 1965, Spivey–Grabs field: Kansas Geological Society, Kansas Oil and Gas Fields, Kansas Geological Society, v. 4, p. 221–228.

Gay, S.P., Jr., 1999, Strike–slip, compressional thrust–fold nature of the Nemaha system in eastern Kansas and Oklahoma, *in* Merriam, D.F., ed., Transactions of the 1999 American Association of Petroleum Geologists Mid–Continent Section Meeting: Kansas Geological Survey, Open–File Report 99–28, p. 39–50.

Gerhard, L.C., 2004, A New Look at an Old Petroleum Province: Kansas Geological Survey, Current Research in Earth Sciences, Bulletin 250, part 1, 27 p. http://www.kgs.ku.edu/Current/2004/Gerhard/index.html

Gerhard, L.C., Anderson, S. B., and LeFever, J., 1987, Structural history of the Nesson anticline, North Dakota, in Peterson, J.A., Longman, M.W., Anderson, S.B., Pilatzke, R.H., and Kent, D.M., eds., Williston Basin—Anatomy of a Cratonic Oil Province: Rocky Mountain Association of Geologists, Denver, p. 337–353.

Gerhard, L.C., Anderson, S.B., LeFever, J.A., and Carlson, C.G., 1982, Geological development, origin, and energy mineral resources of Williston Basin, North Dakota: American Association of Petroleum Geologists, Bulletin, v. 66, p. 989–1020.

Gerlach, P.M., 1998, Statewide–production maps: Kansas Digital Petroleum Atlas, http://www.kgs.ku.edu/DPA/Plays/ProdMaps/miss_gas.html.

Goebel, E.D., 1968, Mississippian rocks of western Kansas: American Association of Petroleum Geologists, Bulletin, v. 52, p. 1732–1778.

Guo, G., 1999, An analysis of surface and subsurface lineaments in fractures for oil and gas exploration in the Mid–Continent region: Department of Energy, DOE/PC/91008–0223, 36 p.

Hammond, W.C., and Thatcher, W., 2005, Contemporary tectonic deformation of Basin and Range province, western United States: 10 years of observation with Global Positioning System: Journal of Geophysical Research, v. 109, B08403, 21 p.

Hinze, W.J., Allen, D.J., Braile, L.W., and Mariano, J., 1997, The Midcontinent Rift System: A major Proterozoic continental rift, *in* Ojakangas, R.W., Dickas, A.B., and Green, J.C., eds., Middle Proterozoic to Cambrian Rifting, Central North America: Geological Society of America, Special Paper 312, p. 7–35.

Jacobi, R.D., and Fountain, J.C., 2002, The character and reactivation history of the of the southern extension of the seismically active Clarendon–Linden Fault System, western New York State, *in* Fakundiny, R.H., Jacobi, R.D., and Lewis, C.F.M., eds., Neotectonics and Seismicity in the Eastern Great Lakes Basin: Tectonophysics, v. 353, p. 215–262.

Kluth, C.F., and Coney, P.J., 1981, Plate tectonics of the Ancestral Rocky Mountains: Geology, v. 9, p. 10–15.

Kruger, J.M., 1996, On–line gravity and magnetic maps of Kansas: Kansas Geological Survey, Open–File Report, no. 96–51, http://www.kgs.ku.edu/PRS/PotenFld/potential.html

Lane, H.R., and De Keyser, T.L., 1980, Paleogeography of the late Early Mississippian (Tournaisian 3) in the central and south–western United States, *in* Fouch, T.D., and Magathan, E.R., eds., Paleozoic Paleogeography of West–Central United States: SEPM, Rocky Mountain Section, p. 149–159.

Macfarlane, P.A., and Wilson, B.B., 2006, Enhancement of the bedrocksurface−elevation map beneath the Ogallala portion of the High Plains Aquifer, Western Kansas: Kansas Geological Survey, Technical Series, no. 20, 28 p., 2 plates.

Marshak, S., Karlstrom, K., and Timmons, J.M., 2000, Inversion of Proterozoic extensional faults: An explanation for the pattern of Laramide and Ancestral Rockies intracratonic deformation, United States: Geology, v. 28, p. 735−738.

McBride, J.H., and Nelson, W.J., 1999, Style and origin of mid−Carboniferous deformation in the Illinois Basin, USA: Ancestral Rockies deformation?: Tectonophysics, v. 305, p. 275−286.

McCaffrey, R., 2005, Block kinematics of the Pacific−North American plate boundary in the southwestern United States from inversion of GPS, seismological, and geologic data: Journal of Geophysical Research, v. 110, B07401, 27 p.

McCoy, J.R., 1978, Character of the Mississippian formation in southcentral Kansas: Kansas Geological Survey, Open−File Report 78−9, 10 p.

Merriam, D.F., 2005, Origin and development of plains−type folds in the Mid−Continent (United States) during the late Paleozoic: American Association of Petroleum Geologists, Bulletin, v. 89, p. 101−118.

Montgomery, S.L., Franseen, E.K., Bhattacharya, S., Gerlach, P., Byrnes, A.P., Guy, W., and Carr, T.R., 2000, Schaben Field, Kansas: Improving performance in a Mississippian shallow−shelf carbonate: American Association of Petroleum Geologists, Bulletin, v. 84, p. 1069−1086.

Montgomery, S.L., Mullarkey, J.C., Longman, M.W., Colleary, W.M., and Rogers, J.P., 1998, Mississippian “chat” reservoirs, South Kansas; lowresistivity pay in a complex chert reservoir: American Association of Petroleum Geologists, Bulletin, v. 82, p. 187−205.

Newell, K.D., 1998, Comparison of maturation data and fluid−inclusion homogenization temperatures to simple thermal models: Implications for thermal history and fluid flow in the Midcontinent: Kansas Geological Survey, Bulletin 240, part 2, Current Research in Earth Sciences, p. 13−27.

Newell, K.D., Watney, W.L., Chang, S.W.L., and Brownrigg, R.L., 1987, Stratigraphic and spatial distribution of oil and gas production in Kansas: Kansas Geological Survey, Subsurface Geology Series 9, 86 p.

Nissen, S.E., Marfurt, K.J., and Carr, T.R., 2004, Identifying Subtle Fracture Trends in the Mississippian Saline Aquifer Unit Using New 3−D Seismic Attributes: Kansas Geological Survey, Open File 2004−56, http://www.kgs.ku.edu/PRS/publication/2004/2004−56/index.html

Ohlmacher, G.C., and Berendsen, P., 2005, Kinematics, mechanics, and potential earthquake hazards for faults in Pottawatomie County, Kansas, USA: Tectonophysics, v. 396, p. 227−244.

Olszewski, T.D., and Patzkowsky, M.E., 2003, From cyclothems to sequences: The record of eustasy and climate on an icehouse epeiric platform (Pennsylvanian−Permian, North American Midcontinent): Journal of Sedimentary Research, v. 73, p. 15−30.

Rankey, E.C., 1997, Relations between relative changes in sea level and climate shifts: Pennsylvanian−Permian mixed carbonate−siliciclastic strata, western United States: Geological Society of America, Bulletin, v. 109, p. 1089−1100.

Rogers, J.P., Longman, M.W., and Lloyd, R.M. 1995, Spiculitic chert reservoir in Glick Field, south−central Kansas: The Mountain Geologist, v. 32, p. 1−22.

Sims, P.K., Saltus, R.W., and Anderson, E.D., 2005, Preliminary Precambrian basement structure map of the continental United States—An interpretation of geologic and aeromagnetic data: U.S. Geological Survey, Open−File Report 2005−1029, 31 p. (text) + plate. http://pubs.usgs.gov/of/2005/1029/pdf/OFR−1029.pdf.

Smith, L.B., Jr., and Rrad, J.F., 2000, Rapid onset of late Paleozoic glaciations on Gondwana: Evidence from Upper Mississippian strata of the Midcontinent, United States: Geology, v. 28, p. 279−282.

Soreghan, G.S., 1994, The impact of glacioclimatic change on Pennsylvanian cyclostratigraphy, *in* Embry, A.F., Beauchamp, B., and Glass, D.J., eds., Pangea; Global Environments and Resources: Canadian Society of Petroleum Geologists, Memoir 17, p. 523−543.

Stevenson, G.M., and Baars, D.L., 1986, The Paradox: A pull−apart basin of Pennsylvanian age, *in* Peterson, J.A., ed., Paleotectonics and Sedimentation in the Rocky Mountain Region: American Association of Petroleum Geologists, Memoir 41, p. 513−539.

Stone, D.S., 1999, Foreland basement−involved structures: Discussion: American Association of Petroleum Geologists, Bulletin, v. 83, p. 2006−2016.

Thatcher, W., 1995, Continuum versus microplate models of active continental deformation: Journal of Geophysical Research, v. 100, p. 3885−3894.

Thatcher, W., 2003, GPS constraints on the kinematics of continental deformation: International Geology Review, v. 45, p. 191−212.

Thomas, M.A., 1982, Petrology and diagenesis of the Lower Mississippian, Osagian Series, western Sedgwick basin, Kansas: Master's thesis, University of Missouri−Columbia, 87 p.

Thomas, W.A., 1983, Continental margins, orogenic belts, and intracratonic structures: Geology, v. 11, p. 270−272.

Thomas, W.A., and Baars, D.L., 1988, Synsedimentary tectonics: Geology, v. 16, p. 190−191.

Timmons, J.M., Karlstrom, K.E., Dehler, C.M., Geissman, J.W., Heizler, M.T., 2001, Proterozoic multistage (ca. 1.1 and 0.8 Ga) extension recorded in the Grand Canyon Supergroup and establishment of northwest−and north−trending tectonic grains in the southwestern United States: Geological Society of America, Bulletin, v. 113, no. 2, p. 163−181.

van der Pluijm, B.A., Craddock, J.P., Graham, B.R., and Harris, J.H., 1997, Paleostress in cratonic North America: implications for deformation of continental interiors: Science, v. 277, p. 794−796

Van Schmus, W.R., Bickford, M.E., and Zietz, I., 1987, Early and Middle Proterozoic provinces in the central United States, *in* Kroner, A., ed.,American Geophysical Union, Proterozoic Lithospheric Series, v. 17, p. 43−68.

Van Schmus, W.R., and Hinze, W.J., 1985, The midcontinent rift system. Annual Review of Earth and Planetary Sciences, v. 13, p. 345−383.

Watney, W.L., Baars, D., Carlson, R., Feldman, H., French, J., Franseen, E., Guy, B., Meham, T., Stevenson, G., Verma, A., Wong, J.C., and Youle, J., 1994, Depositional sequence analysis and sedimentologic modeling for improved prediction of Pennsylvanian reservoirs, final report: U.S. Department of Energy, Bartlesville, OK, Report, no. DOE/BC/14434−13, 589 pages, (NTIS no. DE95000116/HDM).

Watney, W.L., Davis, J.C., Olea, R. A., Harff, J., and Bohling, G.C., 1997, Modeling of sediment accommodation realms by regionalized classification: Geowissenschaften, v. 15, p. 28−33.

Watney, W.L., French, J.A., Doveton, J.H., Youle, J.C., and Guy, W.J., 1995, Cycle hierarchy and genetic stratigraphy of Middle and Upper Pennsylvanian strata in the upper Mid−Continent, *in* Hyne, N., ed., Sequence Stratigraphy in the Mid−Continent: Tulsa Geological Society, Special Publication 3, p. 141−192.

Watney, W.L., French, J.A., and Guy, W.J., 1996, Modeling of petroleum reservoirs in Pennsylvanian strata of the Midcontinent, USA, *in* Forester, A., and Merriam, D.F., eds., Spatial Modeling of Geologic Systems: New York, Plenum Press, p. 43−77.

Watney, W.L., Guy, W.J., and Byrnes, A.P., 2001, Characterization of the Mississippian Osage chat in south−central Kansas: American Association of Petroleum Geologists, Bulletin, v. 85, p. 85−114.

Witzke, B.J., 1990, Paleoclimatic constraints for Paleozoic paleolatitudes of Laurentia and Euramerica, *in* McKerrow, W.S., and Scotese, C.R., eds., Palaeozoic Palaeogeography and Biogeography: Geological Society of London, Memoir 12, p. 57−73.

Witzke, B.J., and Bunker, B.J., 1996, Relative sea−level changes during Middle Ordovician through Mississippian deposition in the Iowa area, North American craton, *in* Witzke, B.J., Ludvigson, G.A., and Day, J., eds., Paleozoic Sequence Stratigraphy: Views from the North American Craton: Geological Society of America, Special Paper 306, p. 307−330.

Yang, K.−M., and Dorobek, S.L., 1995, The Permian basin of West Texas and New Mexico: History of a "composite" foreland basin and its effects on stratigraphic development, *in* Dorobek, S.L., and Ross, G.M., eds., Stratigraphic Evolution of Foreland Basins: SEPM, Special Publication 52, p. 149−174.

Yarger, H.R., 1983, Regional interpretation of Kansas aeromagnetic data: Kansas Geological Survey, Geophysics Series, no. 1, 35 p.

Zajic, W.E., 1956, Nichols pool: Kansas Geological Society, Kansas Oil and Gas Pools, vol. 1 (South Central Kansas), p. 69−73.

Zeller, D.E., ed., 1968, The Stratigraphic Succession in Kansas: Kansas Geological Survey, Bulletin 189, 81 p.

美国爱达荷中东部和蒙大拿西南部上密西西比统鹿角前陆盆地碳酸盐岩和硅质碎屑岩：识别构造和海平面变化对沉积的控制作用

Liselle S. Batt[1]　Michael C. Pope[2]　Peter E. Isaacson[1]　Isabel Montañez[3]　Jason Abplanalp[1]

（1. 美国爱达荷大学地质科学系；2. 美国华盛顿州立大学地球与环境科学学院；
3. 美国加利福尼亚大学地质系）

摘要：基于美国爱达荷中东部和蒙大拿西南部17条野外剖面的精细描述进行的区域性地层分布研究，通过一条倾向剖面的解剖，很好地解释了鹿角前陆盆地边缘上密西西比统（契斯特阶）地层分布。契斯特阶为一个向东减薄的碳酸盐岩与硅质碎屑岩混积楔状体，向东形成一个斜坡。西斜坡区记录着连续沉积的契斯特阶，而中部和东部斜坡则存在明显的不整合。西部斜坡区主要发育潮下带的富泥碳酸盐沉积，但是在晚契斯特期与潮汐影响的硅质碎屑岩呈指状互层。中部斜坡区包含潮下带的深水硅质碎屑岩和向东及向西濒临浅水的碳酸盐沉积。东部斜坡区主要发育潮缘带的碳酸盐岩和浅水海相—河流相硅质碎屑沉积，但是在晚契斯特期，该区自北而南出现海进，导致部分斜坡被广海碳酸盐岩覆盖。新的牙形石生物地层表明契斯特阶是一个二级巨层序（10～12Ma），其中包括超过7个三级层序（S0～S7），每个持续1～5Ma。这些层序受同沉积构造的控制，可以划分为3个时间较长的复合层序（Ⅰ、Ⅱ和Ⅲ）。复合层序I沉积于构造活动控制沉积加载和卸载形成的斜坡分割；复合层序II形成于构造稳定期，主要受广泛海平面变化控制；复合层序III主要受到大雪沟槽局部沉降事件的控制。高频准层序（4～5级）在研究区普遍存在，但是仅仅在局部有相关性。厚层碳酸盐岩（早—中契斯特期）向碳酸盐岩与硅质碎屑岩混积（晚契斯特期）的转变，可能反映冈瓦纳冰川活动控制的中—高幅度、高频海平面变化。

前陆盆地碳酸盐岩和碎屑岩沉积序列形成复杂的横向关系，沉积记录存在差异，受到幕式构造沉降、海平面变化和盆地两侧沉积物供应来源（包括克拉通与推覆作用带来的外部物源和盆地内短期深海高部位的沉积）的共同控制（Dorobek等，1991a；Pope和Read，1997；Smith和Read，2001）。结合盆地级别地层年代与米级尺度相叠加模式可以鉴别区域构造和全球海平面控制之间的区别（Decelles和Giles，1996）。在爱达荷州中东部和蒙大拿西南部，上密西西比统碳酸盐岩和碳酸盐岩与硅质碎屑岩混合沉积的序列在平缓的斜坡中形成，随后填充鹿角前陆盆地（图1）。中石炭世沉积组合发生从全球温室向冰室气候转型（González，1990；Isbell等，2003a；Isbell等，2003b）。爱达荷州中东部契斯特阶米级旋回（准层序）显示在斜坡区相对海平面变化中冰川性海平面变化的频率和振幅（Butts，2005），这种直接冰川显示提供了冰川发育期的时间段（中维宪期—晚谢尔普霍夫期）。本研究的目的首先是使用新的牙形石生物地层研究西部、中央和东部斜坡中的契斯特阶，其次是了解区域构造和全球海平面对鹿角前陆盆地远端沉积的相对影响。

前人认为爱达荷州中东部契斯特阶（图2；表1）形成于鹿角前陆盆地远端向东变浅的同倾向碳酸盐岩斜坡（Rose，1976；Skipp等，1979a，1979b；Skipp和Hall，1980；Poole和Sandberg，1991）。大型生物化石（珊瑚；Sando等，1969）和小型生物化石（有孔虫；Mamet等，1971）生物地层能构建区域事件的年代，这些事件包括沉降的开始和盆地充填的时间。蒙大拿西南部上密西西比统上倾记录着斜坡克拉通边缘的浅水同沉积（表1；Rose，1976；Smith和Gilmour，1979；Peterson，1981；Sando等，1985；Wardlaw和Pecora，1985；Key，1986）。蒙大拿侧向复杂的沉积相造成了区域上复杂的地层命名，这给爱达荷出露较好的上密西西比统地层对比带来了困难，尤其是在可供使用的岩性地层对比技术很多但生物地层资料却很有限的情况下。蒙大拿西南部古地理重建显示现今地质深度的高低与晚密西西比世相反（Peterson，1981；Poole和Sandberg，1977，1991），但是这些区域反转的时间和机制与鹿角前陆盆地沉降密切相关，而它们与爱达荷中东部大多数碳酸盐岩沉积序列在时间上不具有相关性。高精度地层格架将爱达荷州的沉降和碳酸盐岩斜坡沉积同蒙大拿州的缓坡内盆地和潮缘带环境联系起来。认识控制爱达荷和蒙大拿地区侧向沉积相多变性的事件能够更准确地评估构造和海平面变化对前陆盆地沉积序列的控制作用。

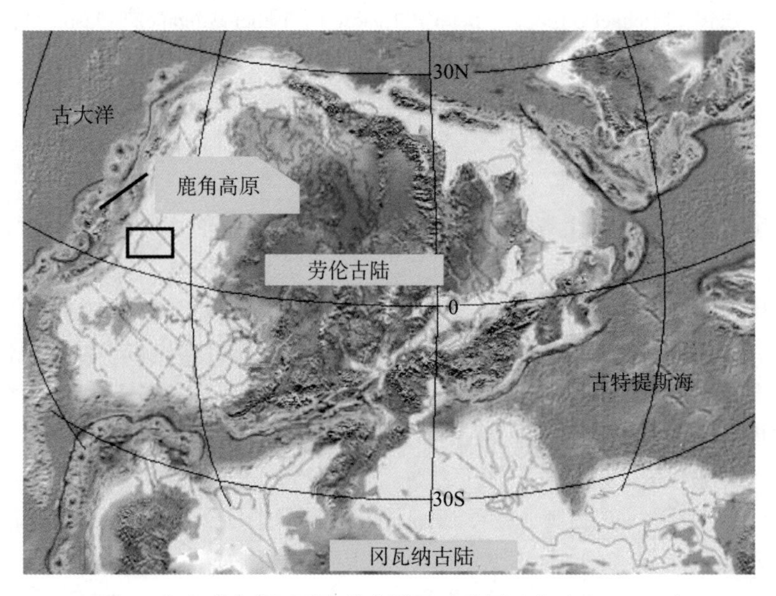

图1　北半球晚密西西比世古地理重建图（修改自Blakey）

示位于赤道的鹿角高原和克拉通边缘之间的研究区，其中浅色区域代表浅海沉积环境

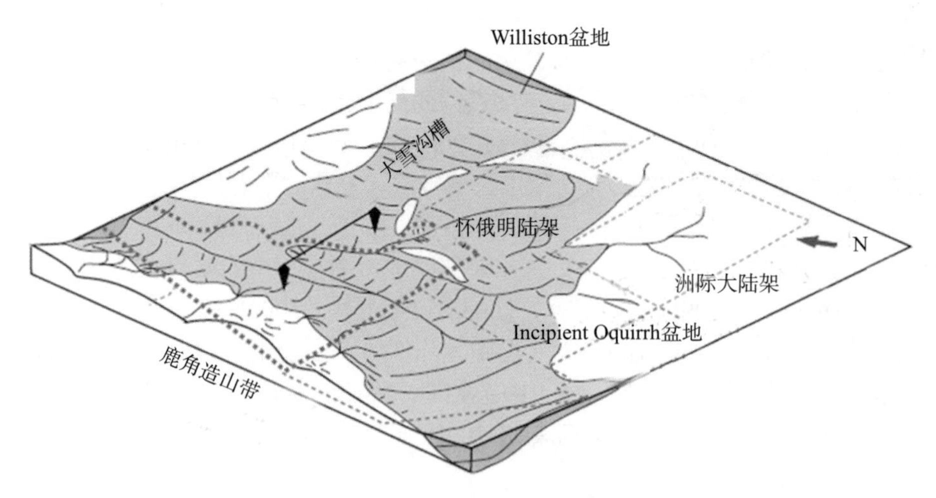

图2　劳伦古陆西缘区域地理图（修改自P. Rose）

黑线是图4和图8中的倾向剖面位置，灰色区域代表水下沉积环境，虚线表示现今州界

表1 爱达荷州中东部和蒙大拿州西南部契斯特阶岩性地层表

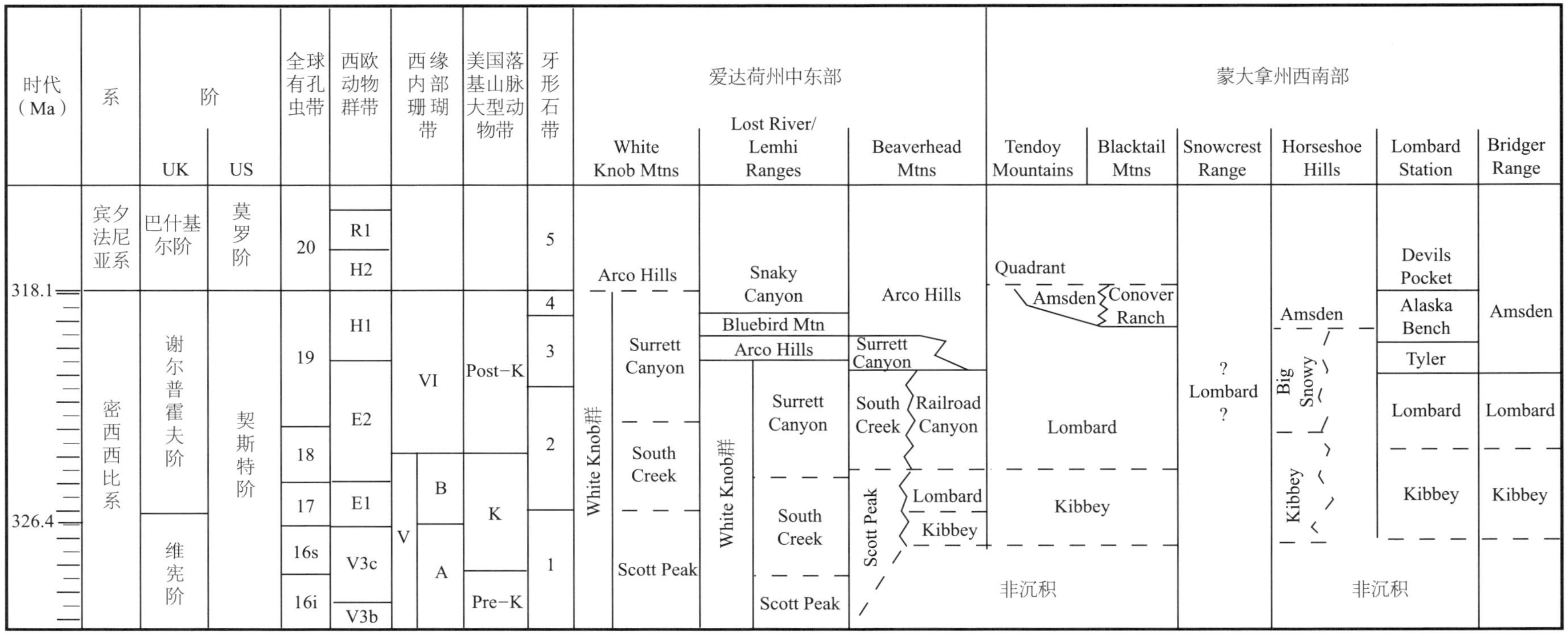

时代（Ma）	系	阶 UK	阶 US	全球有孔虫带	西欧动物群带	西缘内部珊瑚带	美国落基山脉大型动物带	牙形石带	爱达荷州中东部 White Knob Mtns	爱达荷州中东部 Lost River/Lemhi Ranges	爱达荷州中东部 Beaverhead Mtns	蒙大拿州西南部 Tendoy Mountains	蒙大拿州西南部 Blacktail Mtns	蒙大拿州西南部 Snowcrest Range	蒙大拿州西南部 Horseshoe Hills	蒙大拿州西南部 Lombard Station	蒙大拿州西南部 Bridger Range
	宾夕法尼亚系	巴什基尔阶	莫罗阶	20	R1			5	Arco Hills	Snaky Canyon	Arco Hills	Quadrant				Devils Pocket	
					H2												
318.1	密西西比系	谢尔普霍夫阶	契斯特阶	19	H1	VI	Post-K	4	Surrett Canyon（White Knob群）	Bluebird Mtn	Surrett Canyon	Amsden	Conover Ranch	? Lombard ?	Amsden	Alaska Bench	Amsden
								3		Arco Hills					Big Snowy	Tyler	
					E2			2	South Creek	Surrett Canyon（White Knob群）	South Creek / Railroad Canyon	Lombard	Lombard			Lombard	Lombard
				18						South Creek	Lombard						
				17	E1	V / B	K				Kibbey（Scott Peak）	Kibbey	Kibbey		Kibbey	Kibbey	Kibbey
326.4		维宪阶		16s	V3c	A		1	Scott Peak	Scott Peak		非沉积	非沉积		非沉积	非沉积	
				16i	V3b		Pre-K										

一、区域地质特征

从晚泥盆世开始伴随着鹿角造山带的活动，西劳伦古陆由被动大陆边缘向会聚大陆边缘转化，这一持续幕式活动发育在整个晚古生代（Speed和Sleep，1982；Poole和Sandberg，1991；Miller等，1992；Dickinson，2004；Isaacson等，2007）。最近的鹿角会聚带模型包括Klamath—Sierran岛弧西部弧后盆地向东的消减带（Burchfiel和Royden，1991；Dickinson，2004）。构造活动的直接和间接证据出现在从加拿大山脉向南到内华达州发育的弧形带（Poole和Sandberg，1977，Nilsenand和Stewart，1980；Dover，1980；Smith等，1993；Trexler等，1995）。消减的直接证据在爱德华州消失，但是在Pioneer山脉锆石定年显示其西部发育一个340～380Ma的岛弧（Link和Fanning，2004）。在爱德华州西部的鹿角推覆体被进一步推断出来源于密西西比系细砂质浊积体和扇砂砾体沉积（Skipp等，1979b；Dover，1980；Link等，1996；Link和Janecke，1999），主要形成于南北向不对称前陆盆地的近物源端（图2），向东变浅为克拉通（Poole和Sandberg，1977，1991；Skipp等，1979b；Dover，1980）。

鹿角盆地充填发育期为古赤道5°角，导致米拉米期（Meramecian）在爱达荷州中东部前陆盆地末端（图2）发育浅水和向西潮下带碳酸盐岩斜坡（Skipp等，1979b；Smith和Gilmour，1979；Dover，1980；Buoniconti等，2004）。米拉米—契斯特阶Scott Peak组朝下带碳酸盐岩形成毗邻于西南蒙大拿州的地形突变区（表1；Rose，1976；Dorobek等，1991a，1991b）。随后，在爱达荷州中东部契斯特阶South Creek组沉积与快速沉降和碳酸盐岩淹没事件同期发生，随后是Surrett Canyon组碳酸盐岩的超覆沉积（Galvin，1981），这套地层被上密西西比统Arco Hills组的碳酸盐岩和硅质碎屑岩混合沉积所覆盖（Skipp和Hall，1980）。在爱达荷州中东部契斯特阶斜坡沉积中早中期砂岩是十分稀少的，但是在晚契斯特期变得异常丰富。

在蒙大拿州，晚密西西比世的地形突变导致在Madison组顶部广泛发育不整合。Madison组顶部覆盖着受潮汐影响的碳酸盐岩和碎屑岩混合薄层沉积。蒙大拿东南部的契斯特阶地层单元见表1，包括Kibbey砂岩、Lombard石灰岩（Pecora，1984；Sando等，1985；Wardlaw和Pecora，1985）和Big Snowy组（Brewster，1984；Byrne，1985；Hildreth，1981；Guthrie，1984），其与中蒙大拿州东部为等时地层（Shepard，1993；Easton，1962）。大雪沟槽（Big Snowy Trough）是发育在蒙大拿西南部的东西走向沉积盆地，形成于晚密西西比世，与鹿角前陆盆地垂直（图2）。这个延展盆地是中蒙大拿沟槽向北的扩展部分，主要形成于新元古代裂谷期，在古生代作为一个幕式沉降沟槽保存（Peterson，1981）。大雪沟槽的沉降可能沿着元古宙再活化的正断层发生，该断层是与鹿角推覆体构造负载有关的水平应力的作用结果（Winston，1986；Dorobek等，1991a；Dorobek等，1991b）。

拉腊米和塞维尔地壳缩短及始新世扩展使得对鹿角前陆盆地原始宽度的评估更加复杂（Oldow等，1989）。可以推测新生代的扩展和中生代地壳缩短相近（Levy和Christie-Blick，1989）；因此，形成了基于区域构造关系进行构造重构评估密西西比系盆地的方法，可以粗略估计大陆架小于500km（Peterson，1981）。

二、方法

17条厚度范围从80～520m不等的契斯特阶野外露头被精细测量，形成东西走向大剖面（图3）。这条剖面从爱达荷州的Mackey南部到蒙大拿州Bozeman北部，总跨度为320km，从9座山区获得。本次研究测量的契斯特阶见表1，每个剖面的经纬度坐标见Batt（2006）。层状露头的描述包括薄层厚度、风化剖面、风化界面和新鲜界面颜色、颗粒类型、尺度、化石、沉积、构造以及层间接触特征。结合地层曲线进行样品收集，包括的样品有：①每个剖面的牙形石，每15m进行采样，总共

148个样本；②三个剖面的碳、氧同位素样品，每0.5m采样，总共640个样本，这部分内容在Batt（2006）和Batt等（2007）中进行过讨论；③从一个剖面中进行锶同位素采集，样品采自整个未硅化的腕足类样品，总共30个；④每个剖面的岩相样本。样品进行薄片制作并在透射光下进行详细岩石学分析。

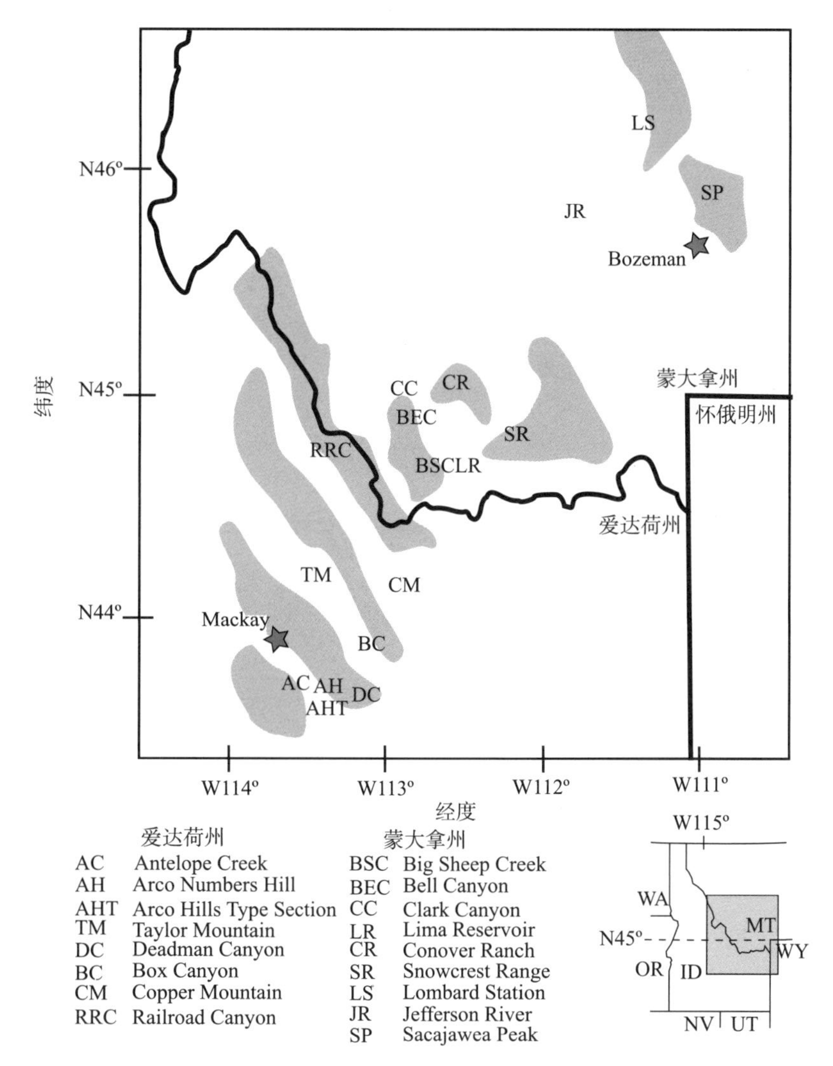

图3 从爱达荷州Mackay至蒙大拿州Bozeman北部的九大山区中的17个实测剖面位置

地层逐层描述和详细的剖面位置参见Batt（2006）

三、生物地层学

牙形石生物地层对比为爱达荷州中东部和蒙大拿州西南部的区域对比提供了基础（图4）。上密西西比统5个适用的牙形石带从爱达荷州中东部至其东部的蒙大拿州西南部连续地层沉积序列中获得（图4；Abplanalp，2006）。其中，两个带是新的，三个是根据美国中部大陆和西部扩展区的前期工作修改获得（Dunn，1966；Lane和Straka，1974；Sando等，1981；Basemann和Lane，1985）。1带是*Hindeodus cristula*和（或）*Vogelgnathus campbelli*第一次出现的位置，主要分布在上米拉米阶—下契斯特阶。这个新发现的带第一次是由Stamm（1985）在Scott Peak组观察到的，把它扩展到South

Creek组。2带是基于*Cavusgnathus naviculus*的第一次出现，与Mamet的有孔虫17、18和19带底部相对应。3带主要是基于*Adetognathus unicornis*的出现，与有孔虫19带中部相对应。3带范围是在落基山北部扩展的，这是由于Surrett Canyon和Arco Hills地层中*Rhachistognathus muricatus*的缺失。4带是基于*Adetognathus lautus*的第一次出现，是在Basemann和Lane（1985）发现的*R. muricatus*带进行的新的细分。地层与上Mamet19带相关联，出现在Surrett Canyon、Arco Hills和Bluebird Mountain组。5带是宾夕法尼亚纪有孔虫第一次出现的地方，界限为整个*R. primus*的发育范围（Abplanalp等，2006）。

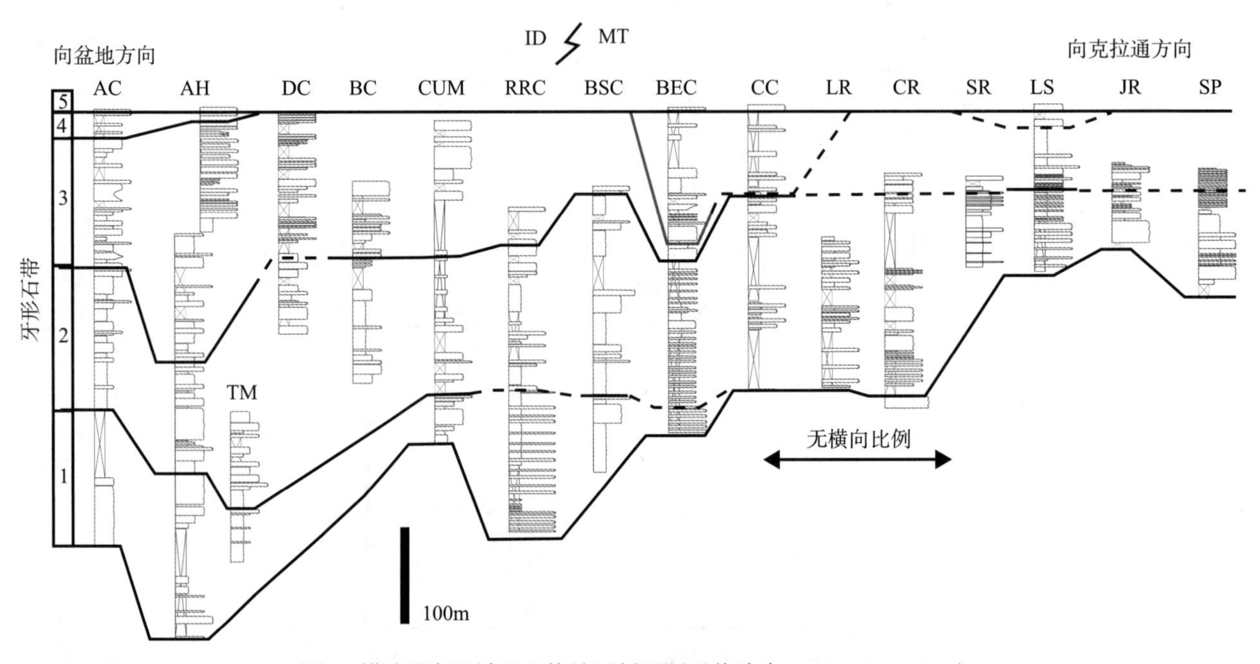

图4　横跨研究区域的生物地层剖面图（修改自Abplanalp，2006）

建立了地层对比基础，实线代表明显的生物标志层控制，虚线代表该处是结合低分辨率的生物标志层定年来确定的地层关系。基于岩性的地层柱状图参见图8

四、岩相和沉积环境

研究区中的契斯特阶沉积序列（330—318Ma；Gradstein等，2004）是一个由碳酸盐岩和碳酸盐岩与硅质岩混积的向东减薄的楔状沉积。契斯特阶底部在蒙大拿地区被Madison不整合控制，而在爱达荷地区与碳酸盐岩相关，在密西西比系—宾夕法尼亚系边界终止，这套地层在区域上展现出多变性特征，主要表现在从爱达荷地区整合的碳酸盐岩—硅质岩混积向蒙大拿西南部的无沉积、剥蚀或硅质沉积转换。

可以将在爱达荷地区中东部和蒙大拿西南部斜坡区沉积的契斯特阶划分为三个沉积分区，并分别定义为西部、中部和东部缓坡（图5）。西部斜坡出现在爱达荷地区中东部，主要由深水潮下带和潮间带水深的泥质骨架碳酸盐岩构成。中斜坡主要沿着爱达荷—蒙大拿边界展开，主要由潮下带粉砂屑灰岩构成。蒙大拿西南部大多数地区发育东斜坡，主要由潮缘带碳酸盐岩间互河流—海平面控制的硅质碎屑岩构成。在研究区观察到的14个岩相带的详细描述见表2，这些描述是解释水深和沉积环境的基础（图5）。

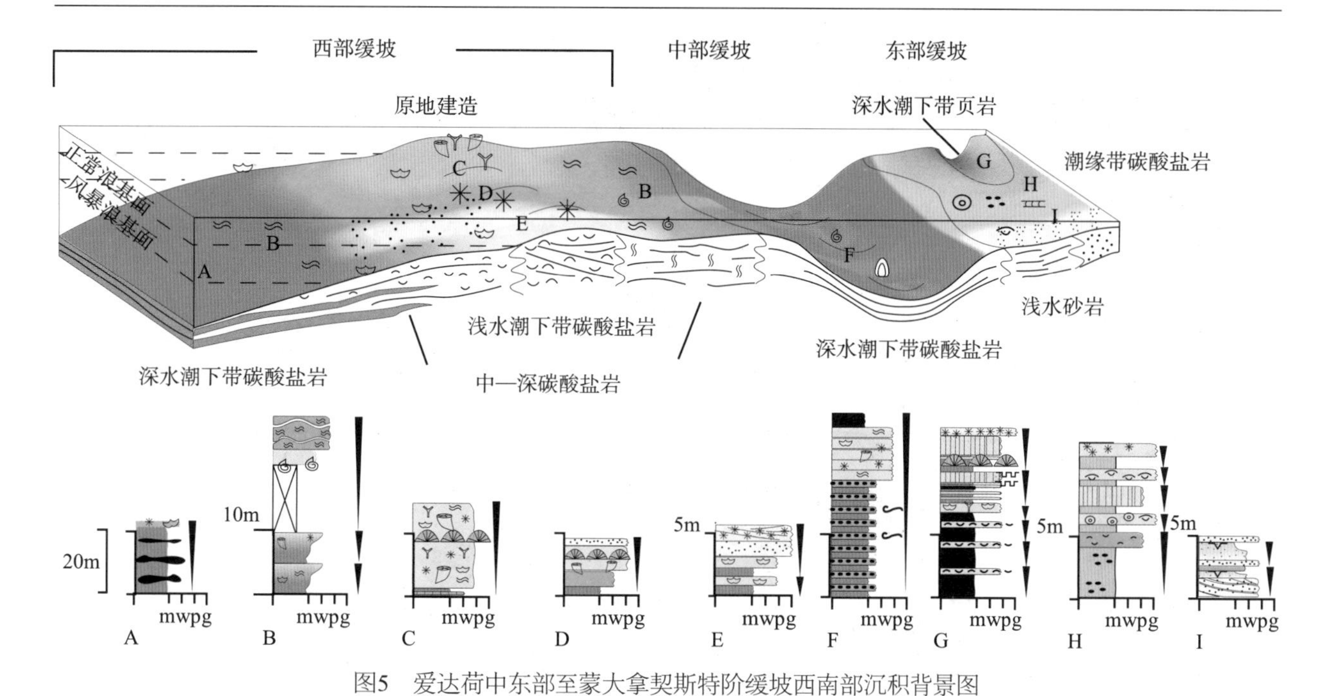

图5　爱达荷中东部至蒙大拿契斯特阶缓坡西南部沉积背景图

无横向比例，典型准层序A—I说明缓坡中各对应地点的沉积相。A—层状泥岩准层序；B—具生物扰动构造的粒泥灰岩准层序；C—骸晶碳酸盐岩准层序；D—骸晶碳酸盐岩准层序；E—粒屑灰岩—砂岩准层序；F—层状钙质粉砂岩准层序；G—页岩准层序；H—球粒状泥粒灰岩基准层序；I—细砂岩准层序。岩相颜色及图例见图8

（一）深水潮下带碳酸盐岩

层状泥岩（图6A）和薄层状粉砂石灰岩（图6B）岩相在露头上为厚层（10～50m）、灰黑色，总体不含化石，泥质或粉砂质碳酸盐岩间互燧石，燧石形成海退暗礁或部分覆盖的斜坡。最厚的沉积在西部和中部斜坡。这些沉积相的薄互层与纹层特征和骨骼碎片的缺失指示风暴浪基面以下沉积（Schlager，2005）。潮下深水沉积的其他证据是碳酸盐岩呈现暗灰色，显示低氧环境和有机质保存（Pederson和Calvert，1990），间互燧石层。在纹层粉砂质灰岩中发育瘤状结构（图6B），主要是与斜坡区不稳定和同沉积伸展构造相关的软沉积变形有关。

（二）深水潮下带泥岩

泥岩间隔出现在中东部斜坡（表2）。泥岩相呈黑色、黑灰色或绿色，易裂，含有少量贝壳类腕足动物（图6c），厚度范围为1～75m。一个更多化石泥岩出现的相带仅仅出现在蒙大拿Lombard Station的剖面，为厚度15～25m的暗灰色、富有机质的钙质泥岩夹带链接式腕足与骨架泥粒灰岩互层。无化石泥岩的黑色及纹层特征显示风暴浪基面以下的沉积和富有机质特征，缺乏生物扰动和贝壳类腕足动物（Butts，2005）显示水循环的局限性。化石泥岩相包括薄层、不规则骨架泥粒灰岩与珊瑚、苔藓和苔藓虫碎片，表明碳酸盐沉积过程中为中—浅水环境，这一带水动力条件由泥质沉积的局限海环境变化到开阔海环境。

（三）中等水深潮下带碳酸盐岩

骨架粒泥灰岩和生物扰动粒泥灰岩岩相出现在西部和中部斜坡（表2）。在骨架粒泥灰岩沉积相中，腕足类、独生珊瑚和海百合等开阔海动物群以完整未破碎的化石或不连续的骨骼碎片夹层中的化石碎片形式出现。未破碎与破碎化石、大量碳酸盐泥质杂基和中等灰色的出现都显示在正常浪基面和风暴浪基面之间的中等水深沉积（Schlager，2005）。生物扰动粒泥灰岩是偏灰黑色，包含更高生物扰动杂基中富含的大量砂级化石异化颗粒和局限海生物（腹足类和少量腕足类）。这些特征显示更加局限、静水且可能为高盐度的中等深度沉积环境。

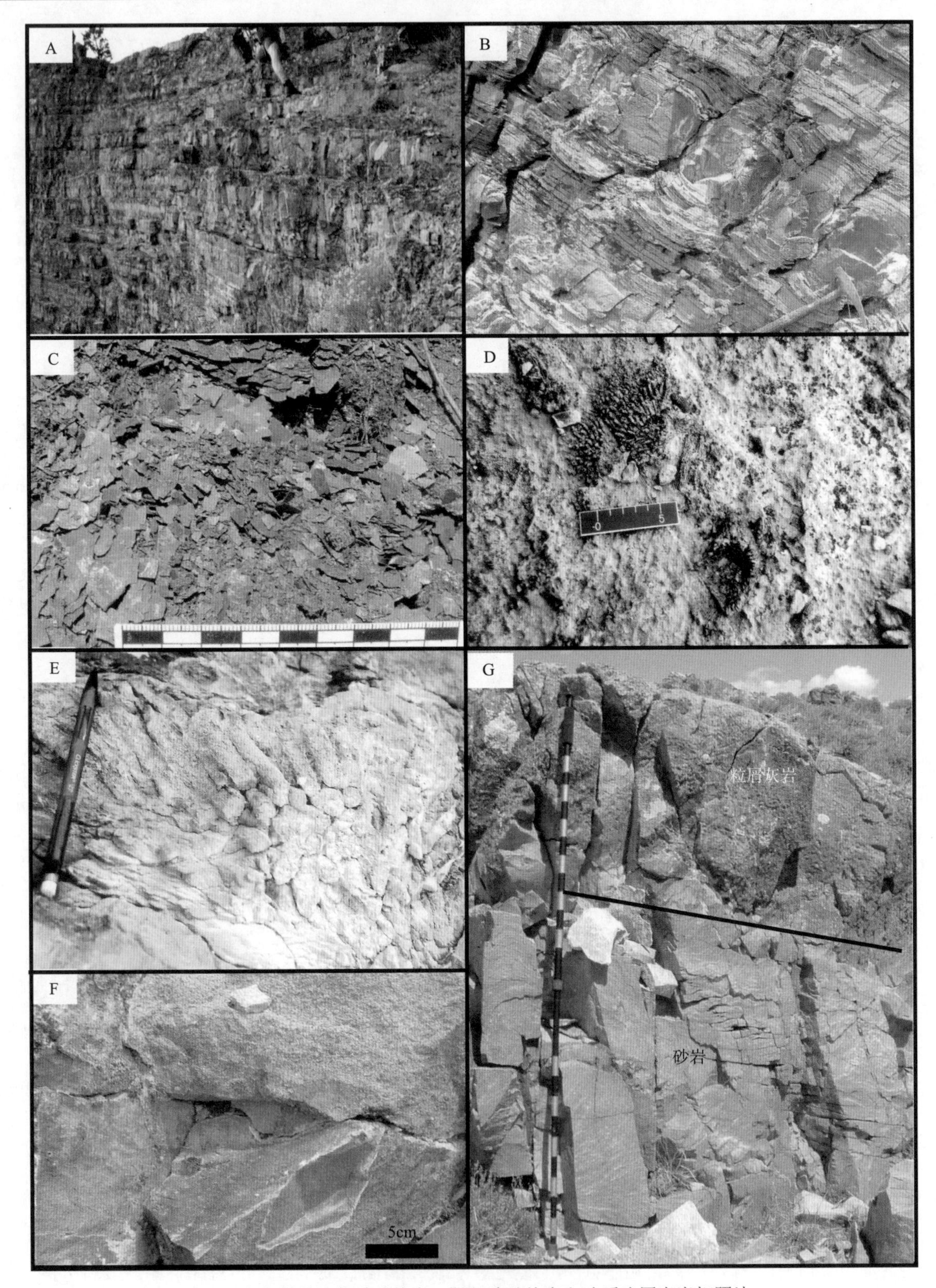

图6　契斯特阶海相碳酸盐岩、混积碳酸盐岩和硅质碎屑岩岩相照片

A—爱达荷Antelope Creek的South Creek组层状泥岩和层状燧石；B—爱达荷Railroad Canyon的Railroad Canyon组层状—薄层状钙质粉砂岩，注意单层的液化卷曲变形；C—蒙大拿Lombard Station的Lombard石灰岩含化石页岩；D—爱达荷Arco Hills的Surrett Canyon组板状多皱珊瑚化石群；E—爱达荷Antelope Creek的Surrett Canyon组集群状多皱珊瑚；F—爱达荷Arco Hills典型剖面Bluebird Mountain组细粒石英净砂岩向粒屑灰岩过渡；G—砂岩—粒屑灰岩接触关系，大比例尺

表2　爱达荷州中东部和蒙大拿州西南部上密西西比统—下宾夕法尼亚统岩相描述表

岩相	地层描述	沉积构造	化石或异化颗粒	沉积环境，水深	周期描述	出现位置
深水潮下带碳酸盐岩						
层状泥岩	层状泥岩，灰色，在隐性斜坡和崖边野外露头处形成10～50m厚的准层序。燧石以连续层状或不连续透镜状、结核状出现	含有20%～30%层状、透镜状、结核状燧石的薄层	极少腕足类，球形有孔虫	缓坡外，低于风暴浪基面，＞50m	层状泥岩准层序底部	西部缓坡
层状钙质粉砂岩	层状钙质粉砂岩，灰色，形成隐性斜坡和板状岩层	压缩或膨胀构造使水平层理变形	腕足类，双壳类	缓坡外，风暴浪基面附近，25～50m	层状钙质粉砂岩准层序底部	中部缓坡
深水潮下带砂岩						
页岩	页岩，黑色、绿色或红色，呈片状且可达75m厚，与细砂岩指状交互，形成隐性斜坡	水平层理和风化裂纹	腕足类	缓坡外或封闭的浅水潟湖，10～50m	取决于所处环境，层状钙质粉砂岩准层序顶部或页岩准层序底部	中东部缓坡
含化石页岩	含化石页岩，深灰色，形成含有有机碳和丰富海洋化石的薄板状物，形成隐性斜坡。偶尔出现薄层的骸晶粒泥灰岩或泥粒灰岩	包含薄层、深灰色—黑色有机碳的水平和波状层理	腕足类，苔藓动物类，独居多皱珊瑚，双壳类	半封闭海湾，中等深度，15～25m	页岩准层序底部	东部缓坡
中深潮下带碳酸盐岩						
骸晶粒泥灰岩	骸晶粒泥灰岩，灰色，中（0.5～2m厚）—厚（＞10m）层状		腕足类，苔藓动物类，珊瑚，有柄棘皮动物，腹足类	开阔海洋缓坡环境，正常浪基面之下，10～50m	大规模钙质粉砂岩准层序顶部，或骸晶碳酸盐岩准层序和生物扰动碳酸盐岩准层序底部	西部缓坡
生物扰动粒泥灰岩	生物扰动粒泥灰岩，灰色，中等厚度（0.5～2m厚），形成抗风化的岸礁或崖礁	生物扰动构造，钻孔构造	骨架碎屑充填潜穴，腕足类，苔藓动物类，珊瑚，极少有柄棘皮动物	半封闭缓坡，潟湖，正常浪基面之下，10～50m	生物扰动碳酸盐岩准层序顶部	中西部缓坡
浅水潮下带碳酸盐岩						
骸晶泥粒灰岩	薄—中厚层状（0.1～2m厚），形成抗风化的岸礁和崖礁		腕足类的碎片和整体，有柄棘皮动物，珊瑚，苔藓动物类	开阔海洋缓坡环境，正常浪基面之上，＜10m	骸晶碳酸盐岩准层序顶部	西部缓坡，少见东部缓坡
骸晶粒屑灰岩	薄—中厚层状（0.1～2m厚），形成抗风化的岸礁和崖礁	少见穿层水平层理	有柄棘皮动物，腕足类碎片，次圆状细粒石英砂岩	缓坡浅滩内部，正常浪基面之上，＜10m	粒屑灰岩—砂岩准层序底部或顶部	西部缓坡，少见东部缓坡

续表

岩相	地层描述	沉积构造	化石或异化颗粒	沉积环境，水深	周期描述	出现位置
潮缘带碳酸盐岩						
碳酸盐岩团块	红色或灰色，平均厚度＜5cm，颗粒或基质支撑，次磨圆细砾或中砾燧石，碳酸质泥岩岩屑，腕足类碎片，碳酸盐基质	底面冲刷或导致厚度不一的顶面冲刷	燧石岩屑，腕足类	潮道，也可能是深水海泛面，＜5m	层状钙质粉砂岩准层序顶部	中部缓坡
球粒状泥粒灰岩	黄棕色，薄层状（＜1m厚），形成后期连续的野外露头裂缝，或者形成隐性斜坡		类泥栖生物，少见有孔虫	潮下带，半封闭海洋环境，＜15m	球粒状泥粒灰岩准层序底部	西部缓坡，东部缓坡
介形石泥粒灰岩	黄棕色，薄层状（＜1m厚），形成后期连续的野外露头裂缝，或者形成隐性斜坡		介形动物，少见有孔虫	潮间带，半封闭海洋环境，＜15m		东部缓坡，一个样品出现在蒙大拿州Clark Canyon
似核形石泥粒灰岩	黄棕色，薄层状（＜1m厚），形成岸礁隐性斜坡		似核形石（直径2～4cm）	潮间带海洋环境，5～15m	球粒状泥粒灰岩顶部	东部缓坡，一个样品出现在蒙大拿州Sacajawea Peak
藻类泥岩	黄棕色，薄层状（＜10cm厚），形成后期连续的野外露头裂缝	隆起状叠层石	叠层石	潮间带海洋环境，5～15m	骸晶碳酸盐岩准层序底部	
浅水砂岩						
细砂岩	薄层状（＜1m厚）细粒石英砂岩，黄色或红色，钙质或与碳酸盐岩互层，形成隐性斜坡	成壤特征，与B型和C型土壤互层，沟槽穿层，纹状标志	植物印痕化石	河流—海湾，浅水，＜15m	由细砂岩准层序构成，与碳酸盐岩互层	中部缓坡，东部缓坡
关键界面						
海泛面	海泛面形成区域性的连续薄层地层间隔（＜10cm），以有机碳以及磷酸盐结核、黄铁矿、燧石形成集块为特征	结核状或层状燧石，黄铁矿	磷酸盐结核	深度取决于所处缓坡位置，通常＞50m	层序底面，包括大部分层序	西部、中部、东部缓坡
暴露面	暴露面是假整合，B型或C型层面，或形成不连续的不溶孔洞角砾岩充填的层面	喀斯特岩溶，B型和C型土层，成壤特征，底面侵蚀		地表	一些层序的底面	东部缓坡

（四）浅水潮下带碳酸盐岩

骨架泥粒灰岩和骨架粒屑灰岩岩相（表2）主要形成于西部斜坡，包括腕足类、海百合、珊瑚和苔藓碎片（图6D）。异化颗粒丰富多彩的骨骼结构和碎片特征显示了正常浪基面以上的泥粒骨架灰岩沉积（Schlager，2005）。泥粒骨架灰岩相中的低凸起上原位珊瑚和苔藓虫建造（平均10～50cm；图6E）的出现也证明了该沉积位于正常浪基面以上，在这个部位活动水流带动海床底部泥岩，有利于珊瑚和苔藓虫生长（Lasemi等，2003）。

骨架粒屑灰岩包括同轴胶结的海百合，带着大量（高达20%）次磨圆硅质颗粒。颗粒层在西斜坡区被限制在上契斯特阶，在该部位与细粒钙质砂岩互层形成粒屑灰岩—砂岩准层序（图6F、G）。骨架粒屑灰岩主要形成于潮汐带以下、水循环分散作用较好的波动环境，有利于粒状成岩作用（Harris等，1985）。露头之间宽阔的空间阻碍了对粒屑灰岩相形态的定量认识；它们可能呈层状向侧向延展（没有或很少地形起伏），或者形成相陆方向阻挡洋流的高能骨架滩坝。

（五）潮缘带碳酸盐岩

球粒状泥粒灰岩、介壳状泥粒灰岩、核形石状泥粒灰岩、藻泥石和碳酸盐岩砾石（表2）都发育在潮汐带。发育最好的部位是中部和东部斜坡。所有这些岩相包括薄且侧向不连续的地层，这套地层在研究区暴露较差（图7A）。藻泥石（图7B）和核形石状泥粒灰岩（图7C）仅仅在一个剖面暴露。藻席（叠层石）和包裹颗粒（核形石）主要形成于潮间带，在该区域藻类和碳酸盐岩砂被潮汐流运移（Tucker和Wright，1990）。这类沉积相出现在潮上带和潮间带。球粒状泥粒灰岩和介形石泥粒灰岩记录着浅海环境中的半局限环境。球粒状泥粒是钻穴生物的排泄物，它们和介壳类的出现可能记录着部分局限环境（Tucker和Wright，1990）。碳酸盐岩砾石以0～5m厚度出现，包括砂级和砾级碳酸盐岩碎屑和燧石（表2）。砾级尺寸的出现说明高能环境下的河床运移。这些碳酸盐岩砾石与石灰岩和土壤界面交互出现（图7E），反映边缘海环境复杂多样的沉积能量环境。海平面或潮汐通道可能在碳酸盐岩砾石岩相方面有比较好的类比性（Tucker和Wright，1990）。

（六）浅水砂岩

细粒砂岩岩相出现在斜坡区的各个部分（图7F）。在蒙大拿西南部早—中契斯特期上超于Madison不整合界面上。在爱达荷中东部，细砂通常只出现在上契斯特阶，在这个部位发育钙质胶结的硅质砂岩与骨架颗粒互层（图6G）。硅质砂岩和骨架颗粒的组合表明它们形成于正常浪基面和潮汐带基底之间。在爱达荷中东部斜坡的硅质碎屑岩仅仅局限地发育在早—中契斯特期，并在层状泥岩相内以薄且侧向扩展的盖层存在（图7H）。这里的硅质碎屑是细粒的，经常毗邻原位珊瑚和苔藓虫建造发育。这种硅质砂岩最可能位于中等深度沉积环境。上倾地层的缺失使原始沉积的确定更难。在蒙大拿剖面，细砂岩岩相包括土壤层、切线与平面交错层理（图7F）和波痕。在蒙大拿Bell Canyon，石松植物也出现在这个岩相带（图7G）。这些砂岩在西部斜坡区通过纹理可以识别，厚1～5m。

（七）重要界面

在东部斜坡区地表暴露是比较常见的，而在西部和中部斜坡区普遍缺失。明显的地表暴露界面是区域性的不整合，其在Madisonx组顶部形成喀斯特地貌。在中契斯特期，蒙大拿Jefferson河发育良好的喀斯特界面（图8中JR）。这里不整合贯穿至下伏地层1.5m，喀斯特洞穴被溶蚀垮塌角砾和泥质充填。在中契斯特期，位于东斜坡其他地区的古土壤十分丰富，但是它们局部不连续，在剖面之间很少可以对比。土壤界面通常是1～3cm的黑红色蜡质泥岩，经常包括碳酸盐岩团块。在中西部斜坡区，不整合发育较少。在西部斜坡区可以确定的地表暴露证据是厘米级别、砂质杂基中被碳酸盐岩充填根部洞穴的契斯特阶顶部界面。

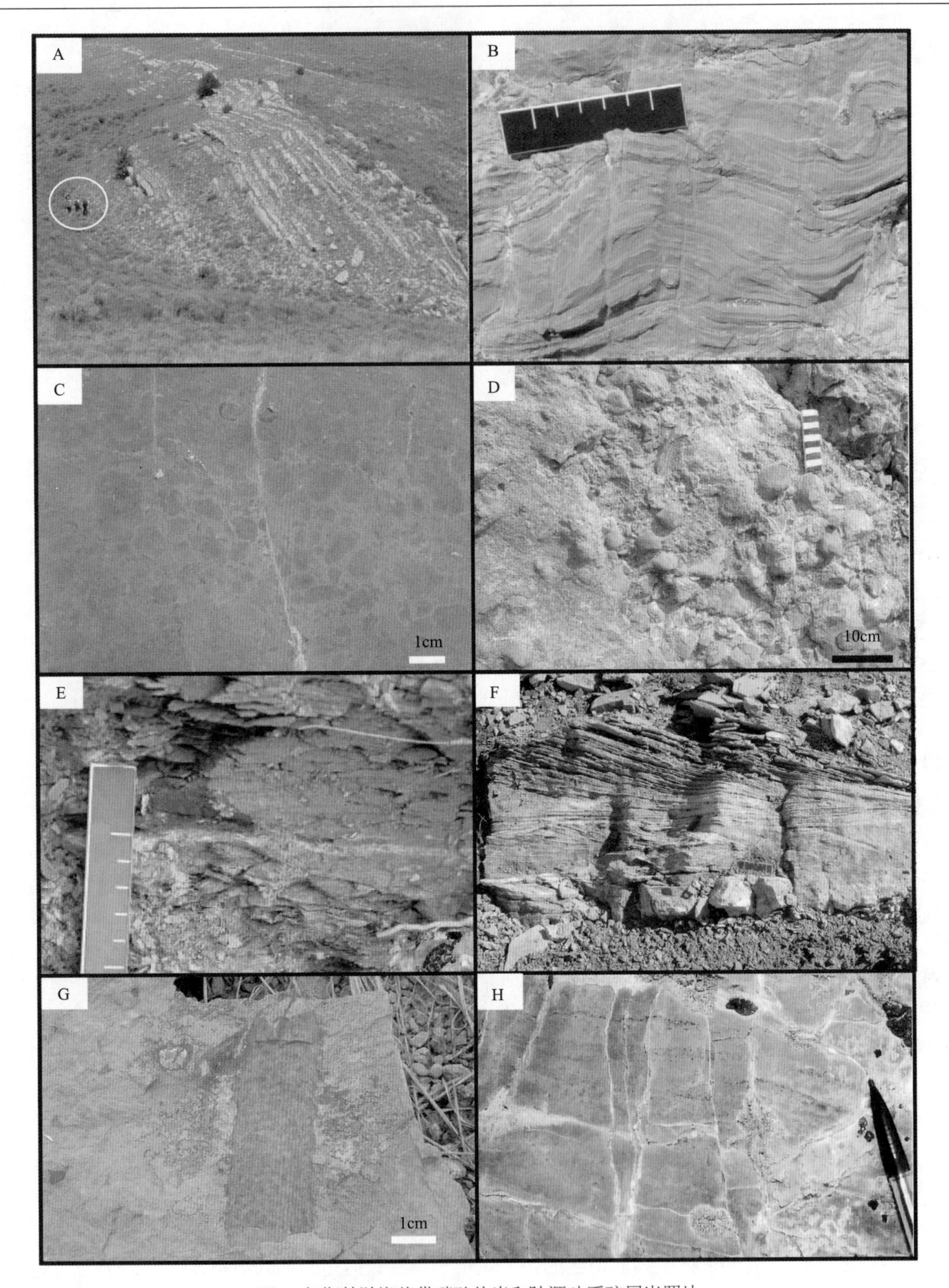

图7 契斯特阶潮缘带碳酸盐岩和陆源硅质碎屑岩照片

A—蒙大拿Clark Canyon储层Lombard石灰岩、薄层状、非暴露球状和富介形类生物泥粒灰岩，为西部缓坡典型潮缘带沉积物；B—蒙大拿Sacajawea Peak的Big Snowy组叠层石泥岩；C—蒙大拿Clark Canyon储层Lombard石灰岩、似核形石泥粒灰岩；D—蒙大拿Lombard Station的Lombard石灰岩、碳酸盐岩与卵状、粗砾状骸晶粒泥灰岩混合集块，以及骸晶泥岩-泥粒灰岩胶结燧石；E—蒙大拿Conover Ranch Conover Ranch组中粒粉砂岩之上的泥土层；F—蒙大拿Scajawea Peak的Kibbey砂岩层穿层钙质粉砂岩；G—蒙大拿Bell Canyon的Kibbey砂岩层植物化石；H—爱达荷Antelope Creek的Surrett Canyon组极细粒碳酸盐胶结砂岩

在爱达荷Antelope Creek每0.5m间隔进行了碳同位素的收集，在向上变浅的准层序中没有从底部到顶部δ[13]C下降的趋势（Batt等，2007）。如果与地表暴露相关的大气淡水影响了准层序顶部，那么这将会是预期的趋势（Allan和Mathews，1982；Rush和Chafetz，1990）。

海泛面局部发育在斜坡区的每个剖面上。浅水—深水或密集间互的有机质的变化特征，显示出在研究区内海泛面从局部到区域的对比。最大海泛面（MFZ；图8）可以进行区域界面的对比。它们构成复合地层的底部，在东斜坡区与沉积环境的大尺度变化相关。在东斜坡区，海泛面形成于从海进到深水相的变化，或者形成于有机质、珊瑚建造、硅质结核和氧化铁结核所标定的界面。海泛面内或下部的磷酸盐岩砾状沉积仅仅形成于中斜坡区。

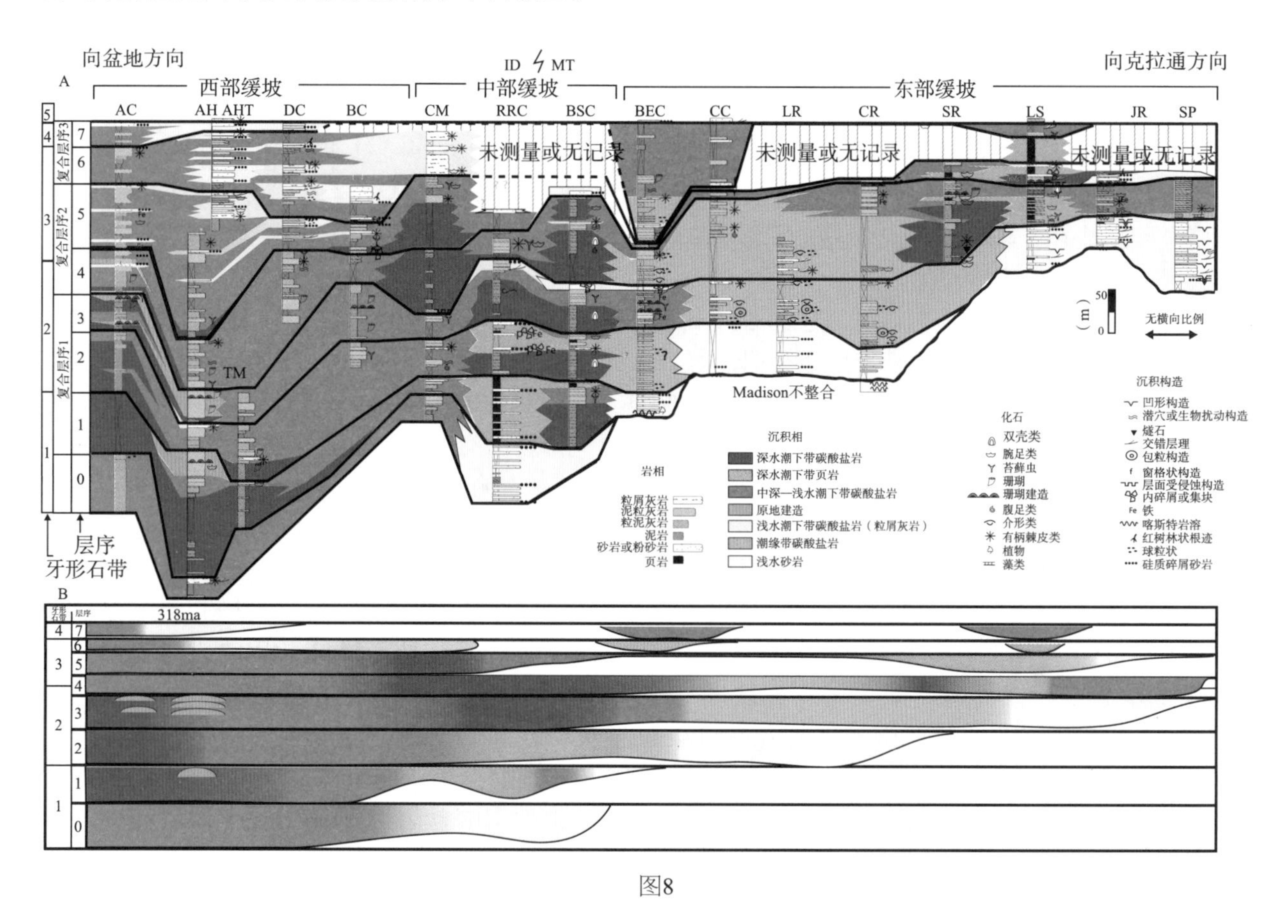

图8

A—爱达荷州中东部至蒙大拿州西南部契斯特阶地层区域剖面图。野外位置见图3，无横向比例尺；B—等时地层图，展示每个层序形成时期缓坡上的沉积物分布

五、契斯特阶沉积旋回

在爱达荷中东部和蒙大拿西南部的契斯特阶沉积序列的沉积期为10～12Ma，构成Kaskaskia二级海平面晚期旋回（Ross和Ross，1985，1987）。契斯特阶的岩相被分成一系列准层序、层序和复合层序，它们记录五级、四级、三级和二级相对海平面变化。本次研究中使用的旋回是根据Mitchum和Van Wagoner（1991），Weber等（1995），Kerans和Tinker（1997）和Sarg等（1999）的研究成果进行的修改。

（一）准层序

准层序代表垂向上岩相组合相关的最短沉积间断，它们被局部海泛面限制（图5）。准层序的层序表现随着沉积环境变化，但是大多数向上变粗的旋回至少20m厚。准层序可以形成于自旋回和它旋回事件，主要取决于它们在斜坡中所处的位置，因为露头间距离较远，它们之间仅表现为局部的可对比。准层序的发育时间是相近的，因为生物地层在区域上仅仅提供三级等时格架。此外，从西斜坡到东斜坡区，沉积速率和可容空间可能存在重大变化。采用相对概念考虑准层序的持续时间。在一些环境中，准层序和其他地区的准层序持续时间一致。在牙形石1带和2带（中—下契斯特阶），在西部和中部斜坡每一个三级层序包含1～6个准层序。上契斯特阶至少包含10个准层序。因此在每个三级层序内准层序的数量从中西部斜坡向东部斜坡增加，并且穿时。

契斯特阶准层序厚度从潮缘带不足5m到深水相超过20m。准层序的厚度、几何形态、侧向范围和岩性随斜坡沉积相带变化而变化。受水深变浅控制，代表性米级准层序包括层状泥质灰岩基、纹层状粉砂屑灰岩基、泥基、骨架粒泥灰岩基、生物扰动粒泥灰岩基间杂骨架粒屑灰岩—砂岩、球粒状泥粒灰岩基和细砂岩（图5）。

层状泥基准层序厚度在20～75m之间，它们经常出现在西部斜坡中—下契斯特阶（图5A）。这种准层序厚度通常不对称，间杂泥质灰岩和燧石，它们被一个或多个骨架泥粒灰岩—粒泥灰岩覆盖。这种准层序主要形成在开阔海和深水环境的风暴浪基面以下。骨架泥粒灰岩—粒泥灰岩准层序盖层显示从浅水到风暴浪基面的环境变化。

薄纹层粉砂灰岩基的准层序厚度在20～50m之间，它们在中斜坡区中—下契斯特阶出现。纹层状粉砂屑灰岩基准层序与层状泥基准层序相似，因为它们也是不对称的，多为薄纹层粉砂灰岩夹薄层骨架泥粒灰岩—粒泥灰岩盖层，局部含磷酸盐岩（图5F）。纹层状粉砂屑灰岩基准层序与层状泥基准层序的不同点在于它们是纹层的，很少或不含燧石，同时局部富含有机碳酸盐岩（图6B）。它们记录从风暴浪基面的纹层状粉砂屑灰岩到正常浪基面以上骨架泥粒灰岩的变浅沉积。

泥基准层序厚度为10～20m，具有富含有机质、易碎的黑色或绿色泥岩（图5G）。泥质单元包括原位productid和贝类腕足动物，在每个向上变浅的准层序里薄层碳酸盐岩丰度增加。中等层厚、不规则瘤状骨架粒泥灰岩—泥粒灰岩（＜1m）盖在泥基准层序之上。泥基准层序出现在中斜坡的下契斯特阶和东斜坡区的上契斯特阶。这些准层序中从泥质至碳酸盐岩的过渡显示浅水深度或记录着很小或没有水深变化的高盐度环境—开阔海环境。骨架碳酸盐岩准层序厚度范围从5～20m不等，伴随着薄层粉砂屑灰岩或骨架粒泥灰岩，向上变粗、变厚至大规模骨架泥粒灰岩盖层（图5C、D和图9A）。原位集群状多皱珊瑚和苔藓虫建造（＜1m厚）可能形成准层序盖层标志层，在侧向上两个剖面可以对比追踪（图6E）。骨架碳酸盐岩准层序出现在西斜坡中—上契斯特阶。骨架碳酸盐岩准层序显示在斜坡区大多部分具有从风暴浪基面到正常浪基面的变浅趋势。

生物扰动碳酸盐岩准层序5～10m厚（图5B），为中等层状结构，发育骨架泥粒灰岩和粒泥灰岩，容易形成生物扰动且向上团粒增加。这些准层序发育在中斜坡的下契斯特阶。增加的底栖生物活动和泥质特征显示从开阔海浅水潮下带条件到静水、更多局限海条件的转变（Tucker和Wright，1990）。

间互式的骨架粒屑灰岩—砂岩准层序为2～10m厚，通常呈双向的，为薄—中层（0.5～2m厚），在基底发育块状或板状交错层理骨架砾状灰岩，顶部为钙质胶结细粒石英砂屑（图5E）。沉积相也可能是反序列堆积，砂岩向上变为骨架粒屑灰岩（图6G，图9B）。棘皮碎片和少量腕足动物碎片构成了粒状灰岩。这些旋回中碳酸盐岩和硅质岩的接触关系可能是突变的或渐变的，板状交错层理十分常见。从西部到中部斜坡互层骨架粒屑灰岩—砂岩准层序主要发育在上契斯特阶。在正常浪基面以上的高能浅水开阔海环境发育碳酸盐岩和硅质碎屑岩混积，这种环境中细粒物质被淘洗。它们记录着与相对海平面或细粒硅质碎屑供给变化呼应的骨架沙滩和沙坝的侧向迁移。

图9　契斯特阶准层序和层序照片

A—爱达荷Antelope Creek的Surrett Canyon组中契斯特期厚层状准层序；B—爱达荷Arco Hills典型剖面Arco Hills组晚契斯特期薄层异粒岩相准层序

球粒状泥粒灰岩基准层序厚1～5m，在野外露头形成一系列退积（图5H，图7A）。准层序底部是交互球粒状或块状碳酸盐泥，后者通常很难暴露。向准层序顶部碳酸盐岩夹层减少，伴随着骨架粒状灰岩或核形石增加，在准层序顶部形成泥粒灰岩。在西斜坡下契斯特阶和东斜坡的中—上契斯特阶发育球粒状泥粒灰岩基准层序，它记录着从浅水潮下带向潮间带过渡的浅水半局限斜坡环境。

细粒砂岩准层序是退积的，并且通常在露头区形成覆盖的斜坡，在该部位包括薄层间互的细粒钙质胶结石英砂岩和砂质泥岩（图5I）。细粒砂岩准层序形成在东斜坡区的早—中契斯特期，在那里发育大量黑红色带有根状结构的古土壤（图7E）。底部砂岩可能发育板状层理或少量槽状交错层理（图7F）。向上细粒砂岩与碳酸盐岩互层发育。这些砂岩的沉积环境很难推断，一部分原因是暴露比较局限，主要是由于砂岩沉积水深范围较大，也可能是由于砂岩沉积和周边沉积较少有沉积构造或化石深度指示。在该部位，它们与完整形态化石互层，砂岩层可能是中等水深海相环境中的低位体系域沉积。在一些环境中，土壤、植物化石（图7G）和交错层理显示了包含潮道和海湾的海岸平原沉积和毗邻的洪泛平原或潮汐沼泽。

（二）三级层序

层序是由准层序叠加而成，主要以区域上相关联的海泛体系为界（图8A）。研究区的契斯特阶可以被细分为一个层序（S0）的上半部分（在该处仅在爱达荷地区下倾方向保存）和7个完整的层序（S1—S7；图8A）。S0最古老，S7最年轻。7个层序平均间隔是0～1.5Ma，是在契斯特阶沉积间隔为12Ma（330—318Ma）的基础上将其划分为7个层序的结果。它们的范围可能是1～5Ma；所以这些层序被认为是三级旋回（Weber等，1995）。契斯特阶与Van Wagoner（1991）定义的三级不整合限定的层序是等效的。在爱达荷地区中东部下倾剖面和周边暴露的不整合可以用于确定本次研究中的所有层序边界不整合，一些层序边界在下倾方向是整合界面。

层序0是不完整层序的上部，显示了牙形石带1的下半部分（图8）。该层序主要限定在爱达荷地区西斜坡的Bell峡谷西部。S0由薄至中厚互层的球粒状粒泥灰岩准层序组成，向东减薄为生物扰动泥粒灰岩准层序。浅水碳酸盐岩向东过渡为Railroad峡谷的互层状粉砂岩和泥岩。在远端上倾方向，S0上超在广泛分布的Madison组顶部不整合面上。

层序1沉积在牙形石带1的上半部分，记录着向西发育的更深水的碳酸盐沉积，硅质碎屑沉积仅仅发育在蒙大拿地区的Bell峡谷（图8）。爱达荷地区中东部S1层序基底是根据契斯特阶最深水沉积的出现定义的。在该部位块状钙质碎屑沉积相超覆在S0薄层状球粒状粒泥灰岩准层序之上。S1层序中最厚的沉积出现在西斜坡区，在该部位发育钙质碎屑沉积，局部发育燧石（South Creek层序），向上变浅为骨架碳酸盐岩准层序，顶部被原位多皱珊瑚覆盖。钙质碎屑准层序向东变薄，颗粒增多，且在爱达荷Copper山中部斜坡部位过渡为薄层骨架碳酸盐岩准层序。爱达荷Railway峡谷向北有多套泥基准层序出现，且向上泥质增多。向东发育厚度不对称的钙质碎屑准层序，其上被骨架粒泥灰岩覆盖，向东过渡为细粒砂岩准层序，向东和向北尖灭在Madison组之上。

层序2沉积在牙形石带2的下半部分，向西记录着均匀分布的碳酸盐沉积，向东发育硅质碎屑沉积（图8A、B）。斜坡区向西连续发育钙质碎屑沉积，但是在Arco Hills棘屑粒状灰岩覆盖在钙质碎屑之上。此外，在爱达荷Taylor山区首先出现富泥珊瑚层。在中斜坡区，多套更薄层碳酸盐岩准层序在爱达荷Copper山过渡为生物扰动碳酸盐岩准层序。在东部和北部中斜坡区，多套钙质碎屑准层序被薄层磷酸盐砾石或骨架泥粒灰岩覆盖。这种较深水准层序向东迅速过渡为在Bell峡谷较少暴露的球粒状泥粒灰岩。向北更远地区发育的细砂岩准层序，被蒙大拿Conover Ranch东部发育的Madison不整合削截。

研究区大多数地区的层序3记录牙形石带2中部（图8）。层序自西向东总体厚度一致。在西斜坡区，骨架碳酸盐岩持续发育，富泥碳酸盐岩堤岸在这个地区扩展。纹层钙质碎屑准层序集中发育在Railway峡谷和Big Sheep Creek，在Bell峡谷向东、向北过渡为带有珊瑚发育的多层薄层骨架碳酸盐岩。在东斜坡地区，从层序2开始，球粒状泥粒灰岩准层序沉积在砂岩准层序之上。沉积相在Conover Ranch东部过渡为硅质碎屑沉积，在该部位多套土壤与细粒钙质砂岩互层发育。

层序4记录着整个研究区发育的牙形石带2上部和牙形石带3底部碳酸盐沉积（图8A、B）。在西斜坡区，骨架灰岩在局部形成厚层、向上变粗的硅质基底准层序，且向东减薄，在爱达荷Box峡谷消失。在Railroad峡谷同期骨架碳酸盐岩两侧，较深水钙质碎屑准层序沉积在两个相对孤立的地区（Copper山地区和Big Sheep Creek地区）都有出现。球粒状泥粒灰岩准层序从Bell峡谷到Conover Ranch都有发育，向东、向北变为更多的开阔海钙质碎屑和泥基准层序沉积。在Lombard Station地区的泥基准层序中碳酸盐岩含量向上增加，在准层序顶部变为完全的碳酸盐岩。向东，泥质过渡为碳酸盐岩沉积相，其中包括骨架粒泥灰岩和叠层石泥质岩。

层序5出现在牙形石3带中，记录着在西斜坡重大的沉积厚度，与Copper山地区东部薄层或孤立沉积富集区相关联（图8）。S5底部的海泛面区域上可对比。在西斜坡区骨架碳酸盐岩准层序是富泥的且向上变粗。骨架粒泥灰岩和钙质砂岩向上逐渐增加。在Arco Hills和Deadman峡谷层序顶部发育互层的粒屑灰岩—砂岩准层序。在S5底部Copper山地区钙质碎屑岩持续沉积。在东斜坡部分地区，S5沉积局限为骨架泥粒灰岩薄楔状沉积。Conover Ranch东部，泥基准层序出现在底部海泛面以上，向上变浅为层序顶部的间互硅质碎屑和骨架颗粒灰岩。

层序6出现在牙形石3带顶部，记录着仅仅发育在西斜坡和Lombard Station的沉积（图8）。在斜坡西部大多数地区骨架碳酸盐岩准层序（15～20m）向东过渡为多套薄互层（5～10m）粒屑灰岩—砂岩旋回（图9B）。在Copper山地区，S6层序堆积的骨架泥粒灰岩和粒屑灰岩准层序缺乏硅质碎屑。在Bell峡谷和Clark峡谷记录着Copper山东部S6薄层碳酸盐沉积。相反，在Lombard Station S6地层中发育30m厚的泥岩。

层序7沉积在牙形石4带，包括向西发育的碳酸盐岩和硅质碎屑岩，而向东有部分露头完全为碳酸盐岩（图8）。西斜坡互层粒屑灰岩—砂岩向上过渡为Antelope Creek较少暴露的粒泥灰岩。在爱达荷地区Deadman峡谷较少有等时层序被测量，因为它们较少暴露或构造复杂。这套地层在蒙大拿地区的Bell峡谷、Clark峡谷和Lombard Station被详细描述。在Bell峡谷和Clark峡谷，薄层球粒状粒泥灰岩准层序序列向上过渡为较少暴露的骨架碳酸盐岩准层序。在该区域碳酸盐岩沉积序列较同时期斜坡区向东和向西沉积明显变厚。在Lombard Station，S7层序骨架碳酸盐岩出现在S6上部泥质序列，在密西西比系—宾夕法尼亚系边界向上变为丘状交错层理骨架粒泥灰岩（Wardlaw和Pecora，1985）。

（三）复合层序

复合层序组总体上是相互联系的三级层序，在区域沉积和层序堆积样式方面存在重要差别（Mitchum和Van Wagoner，1991）。在本次研究中，体系域没有被识别，这一术语根据Mitchum和Van Wagoner（1991）修改。在爱达荷地区中东部和蒙大拿地区西南部地区契斯特阶主要定义了3个复合层序（I、II和III；图8A），I最老，III最新。复合层序沉积间断非常多变，但是每一个少于10Ma。

复合层序I（S0—S3）主要形成于早—中契斯特期（图8A）。在爱达荷地区中东部基底边界为观察到的最大水深事件，与蒙大拿地区Madison不整合的上倾尖灭相关。复合层序I的顶部边界被定义在爱达荷地区中东部，特征为从厚层准层序向薄层准层序的过渡。在蒙大拿地区，上部边界为与下部层序相对的、潮缘带向陆的最大延展部位。复合层序I准层序样式在西部斜坡区表现为进积，在中斜坡区表现为加积，在东斜坡区表现为退积。在斜坡区复合层序I主要为碳酸盐沉积，在中斜坡和东斜坡地区为硅质碎屑岩向碳酸盐岩的过渡。

复合层序II（S4，S5）形成于中—晚契斯特期（图8A）。这种复合层序记录着斜坡沉积区7个重要的变化。在西部斜坡区，层序由带有富粒盖层的薄层准层序构成。在中斜坡区，内缓坡盆地范围更广，并且出现分带（图8、图10和图11）。在东部斜坡，碳酸盐岩岩相主要出现在复合层序I硅质碎屑岩岩相顶部。在复合层序II中，碳酸盐岩发育在整个斜坡区，潮缘带相对缺失，在东斜坡区由近岸向河流硅质碎屑的转换，显示了在该时期相对海平面在该部位最大。复合层序II的沉积厚度相对一致，且向西斜坡变厚。

复合层序III（S6，S7）形成于晚契斯特期（图8A）。复合层序的堆积样式总体上为进积，记录着向西斜坡区硅质碎屑的增加。西斜坡区连续沉积与中斜坡区的小型层序沉积、非沉积和剥蚀相对。在东斜坡露头区（除了Lombard Station），没有生物地层约束，浅水潮下带岩相中的牙形石组合显示了在密西西比系—宾夕法尼亚系边界的连续沉积。

六、讨论

契斯特期鹿角盆地的三个复合层序（I、II和III）具有独特的相分异和准层序叠加样式，记录着由区域构造、差异沉降和海平面变化造成的可容空间变化（图10）。复合层序I（S0—S3）包括中—下契斯特阶快速构造沉降阶段（330—322Ma）。该时期发生的构造沉降超覆于海平面变化，可能会以其他方式控制着层序的分布。复合层序II（S4，S5）以加积为主，记录着契斯特阶局部最大海泛事件期斜坡区的构造稳定，两个层序发育在中—晚契斯特期（322—320Ma）。复合层序III（S6，S7）以进积为主，记录着斜坡区可容空间的减少以及硅质碎屑的增加。复合层序III也记录着这个地区大幅度冰川—海平面升降变化的出现，这是过渡到晚古生代冰室气候冈瓦纳冰川作用的结果。

（一）硅质碎屑岩与碳酸盐岩的对比

在研究区碳酸盐岩和硅质碎屑岩等时发育但是空间上发育在不同区域。在东斜坡区硅质砂岩和潮间碳酸盐岩之间不存在或很少存在混杂（图8）。硅质碎屑岩和碳酸盐岩之间的相互作用可能影响产率并导致薄层碳酸盐岩的堆积（Budd和Harris，1990；Mount，1984）。三级层序厚度的变化在东斜坡临近硅质碎屑岩的潮缘带碳酸盐岩沉积区和西斜坡远离硅质物源地区存在明显不同。在中—下契斯特阶，碳酸盐岩地区均一的厚度和硅质碎屑岩的近乎缺失取决于斜坡区减少的硅质碎屑输入。高沉积速率通常产生进积砂体（Posamentier和Allen，1999）。在中—下契斯特阶，克拉通后部东斜坡区发育的硅质碎屑岩显示通过基准面变化控制的相对海平面变化对沉积的影响。本次研究中横向和垂向的分辨率不足以在三级层序内区分不同的沉积体系域，特别是在东斜坡区。因此，在高频（三级或五级）低位体系域或高位体系域评估东斜坡区与低级别基准面变化相呼应的硅质碎屑岩是否发育是不可能的。

在内斜坡盆地，泥岩和碳酸盐岩间互发育。泥质沉积发育较厚，与幕式构造负载对应的内斜坡盆地可容空间的增加和克拉通硅质碎屑的波动（均衡沉降）相关（Smith和Read，2001）。在三级层序顶部碳酸盐岩形成薄层，与变浅至浪基面且向盆地方向硅质碎屑的减少相关。

在西斜坡区，硅质碎屑砂岩和碳酸盐岩沉积在晚契斯特期。富石英细粒砂岩的层理和成熟度使得识别这种沉积样式成为可能。过滤机制持续发育是由于床载运移主导，而不是悬移运载（Schlager，2005）。碎屑输入的周期减少可能有利于碳酸盐岩的发育，因为可以为海相群落提供砂体的砂质基底和海底高地（Mount，1984）。晚契斯特期季节性气候在硅质碎屑进积特征的形成中扮演重要的角色。Appalachian盆地（Al-Tawil等，2003）和Illinois盆地（Smith和Read，1999）相关文献记载着在晚维宪期由于北美洲从次赤道区向赤道区旋转导致气候从干旱到半湿润条件的变化（Scotese，1997）。在晚密西西比世从干旱到半湿润的变化归因于与晚古生代冰川期相关的季节性降雨的影响（Cecil等，2004）。湿度的增加增强了剥蚀和向盆地的沉积搬运（Posamentier和Allen，1999）。在西斜坡区气候的影响超过了相对海平面变化对砂岩分布的控制作用。

在西斜坡地区上契斯特阶细砂岩的物源区没有确定，因为同沉积期剖面向东的同时期粗砂岩层缺失。海底水道内的沉积通道在露头上观测不到，或是碎屑从另一个方向向西斜坡输入（Mount，1984）。西部斜坡硅质碎屑可能的物源包括：①砂体沿着向南的洋流搬运，从艾伯塔陆架到北部进行再分配；②鹿角高地向西；③南爱达荷地区Lemhi—Beaverhead穹隆，在古生代呈幕式出现（Peterson，1981）；④跨洲穹隆东南方向（图2）。在中契斯特期鹿角高地向西可能没有硅质碎屑向斜坡供给，使得向西发育深水盆地（Link等，1996）。因此，砂岩可能来自研究区外的北部或南部物源区。

（二）复合层序 I：构造沉降

在早契斯特期，复合层序 I 形成于爱达荷中东部和蒙大拿西南部的幕式构造负载（图10，图11）。在S1—S3发育期，几套层序的关系支持构造控制。在复合层序I中在海平面升降驱动下形成的可容空间的增加在整个斜坡区不一致。在球粒状泥粒灰岩之上深水钙质碎屑沉积可能需要50m以上的水深变化，这与S1底部海泛事件有关（图8A）。S0的岩相显示在海平面变化之前同倾向斜坡已经沉积，因此，大规模的海平面变化驱动可能导致整个斜坡的淹没。向西斜坡和中斜坡的水流限制显示了构造负载导致的岩石圈向下挠曲。已有文献记载鹿角构造早期活动中差异沉降和挠曲可容空间的变化，造成Nevada和Utah层序的沉积相侧向变化相似（Giles和Dickinson，1995）。复合层序I受构造控制的其他证据是早契斯特期斜坡的分段性（图11A、B），包括S1沉积期沿着爱达荷和蒙大拿地区现今边界线内斜坡盆地发育的地层（图11B）。浅海生物扰动和骨架泥粒灰岩与粒泥灰岩向西把深水斜坡分开，这种早期盆地提供了超过50m厚的页岩和泥质岩（图8A）。有限出露的层序和Medicine Lodge复杂推覆带的出露显示了这个盆地的侧向延展和古地理特征。本次研究中侧向沉积相非均质性的突变显示了与同时期毗邻浅水环境对应的内斜坡狭窄沉积环境，并在早—中契斯特期沉积中心不断迁移。宾夕法尼亚纪Oquirrh盆地北部前锋区描述了这种特征（P.Rose，2003）。在整个复合层序I中，形成于内斜坡西部的浅水碳酸盐沉积代表着等深度沉积（图8A，图10）。研究区内有限的露头和随后的构造变形限制了控制内斜坡盆地形成与毗邻的等深度区形成的构造机制的定量解释。岩性节理和伸展断块都可能解释中斜坡区突变的侧向沉积相，这两个过程可能是岩石圈的区域构造负载作用的（Quinlan和Beaumont，1984；Flemings和Jordan，1990；Dorobek等，1991a，1991b）。在内斜坡盆地中，纹层状钙质碎屑岩相里面的液化卷曲变形构造为同沉积延伸提供了沉积证据。

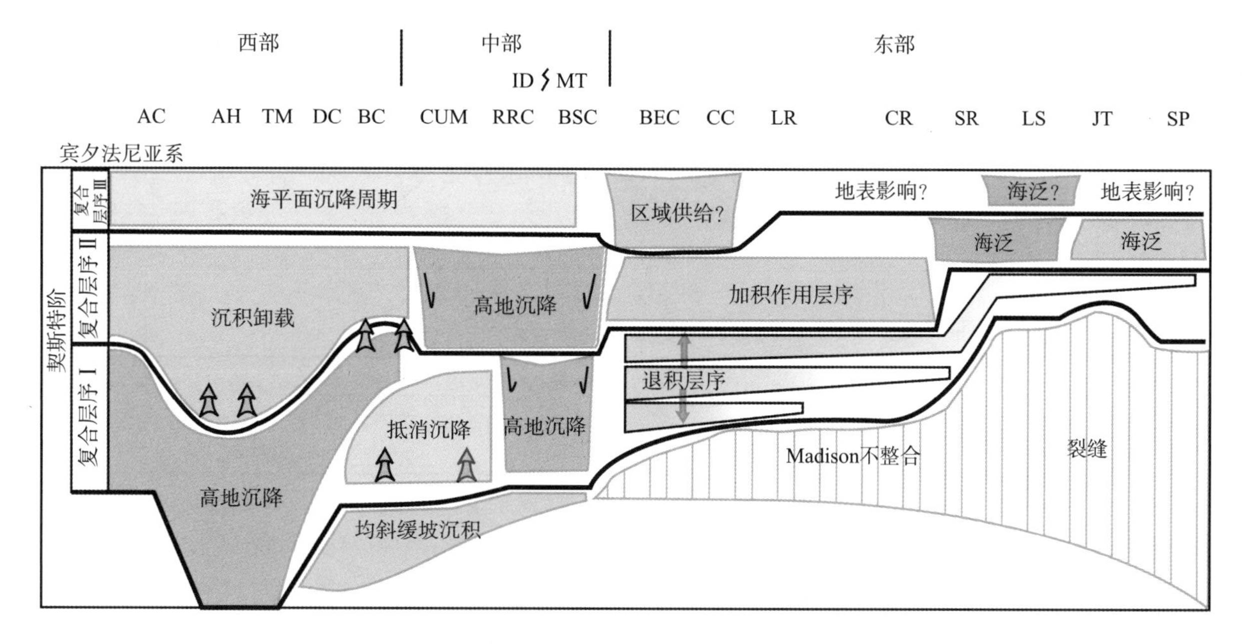

图10　契斯特期缓坡沉积物供给过程剖面图

复合层序Ⅰ期的构造卸载将缓坡分割为三个区域：西部、中部和东部缓坡。复合层序Ⅰ记录了西部的沉积卸载事件、中部坡内盆地扩张过程和东部海侵沉积事件；复合层序Ⅱ记录了广阔的深海高地上的泥质、碳酸盐质礁滩的沉积过程，这是一个在西部抵消构造沉降、在中部充填坡内盆地、在东部由大雪沟槽引发的海泛过程；复合层序Ⅲ记录了西部缓坡之上海平面变化形成的准层序、中部的潮缘带碳酸盐沉积和东部的深水潮下带碳酸盐沉积

在爱达荷州南部和犹他州北部下密西西比统及在爱达荷州中东部部分地区发育Scott Peak地层相关的浅水沉积相具有相近的沉积模式，即带有近海球粒状—骨架滩的前陆盆地斜坡区（Chen和Webster，1994）。如果如此，浅水滩体可能是由构造抬升或前陆盆地快速沉降造成的一个长期存在的地貌单元。

在区域Madison不整合以上，S1—S3岩相向东退积，提供了复合层序I中可容空间增加的其他证据（图8B，图10）。西欧、南中国海、Donets和美国中部大陆相关文献中都记录了维宪阶—谢尔普霍夫阶边界海侵的开始，这个边界在中谢尔普霍夫期达到顶峰（Izart等，2003）。研究区内可容空间孤立的、幕式的增加自晚维宪期开始，至少持续发育在整个层序3，这显示海平面以外的因素在可容空间变化中起到的重要作用。在东斜坡区退积沉积相与中斜坡加积准层序叠加相对应。纹层状钙质碎屑准层序为厚层、不对称且向上变浅的准层序，与东斜坡区变薄的浅水斜坡对应，这暗示着内斜坡盆地长期相对海平面上升保持可容空间不变，而在东斜坡可容空间增加。内斜坡盆地从初始到成熟主要出现在层序2内，并伴随着硅质碎屑泥岩顶部纹层状钙质碎屑岩的发育（图8A）。层序显示更深、更宽的盆地和硅质碎屑的减少。在东部斜坡河流沉积以上发育等时潮缘环境的沉积，可能形成在从泥岩向钙质碎屑沉积过渡的内斜坡区，显示为远离盆地的水流硅质碎屑沉积的上倾尖灭。在S1—S3持续发育的局部深水沉积显示可能是由于向西负载增加和地壳扩展引起的沉降。复合层序I中最大海平面的变化主要出现在层序3中，伴随着扩展内斜坡钙质碎屑沉积和东部斜坡区沉积相的最大退积。

通过西斜坡和东斜坡、中斜坡准层序的叠加样式对比，可以实现对中斜坡区沉降程度（与前陆盆地西部的构造负载相关）的定量评估。在西斜坡区，从厚层不对称钙质碎屑准层序到厚层状骨架碳酸盐岩准层序的过渡显示可容空间的整体减少。钙质碎屑准层序也发育在S1—S3西斜坡底部。前陆盆地的持续构造沉降引起蒙大拿地区退积层序的出现，但是在内斜坡盆地西部浅水斜坡高产碳酸盐工厂的建立和这个地区沉降速率的减少，使得在爱达荷中东部的碳酸盐岩堆积速率同步于S2和S3时期的构造沉降速率（图8A，图11C）。有利于碳酸盐岩发育的沉积环境条件是开阔海的环流和内斜坡盆地克拉通硅质碎屑的阻隔（Pigram等，1989）。因此，S1—S3层序西斜坡的首次淹没是与构造沉降相关的洪水事件，但是随后在该区域发生与沉降降低相对应的碳酸盐产率提高。在中斜坡区同时期扩展产生内斜坡盆地，而在东部斜坡区区域构造沉降连同海平面上升产生退积准层序。

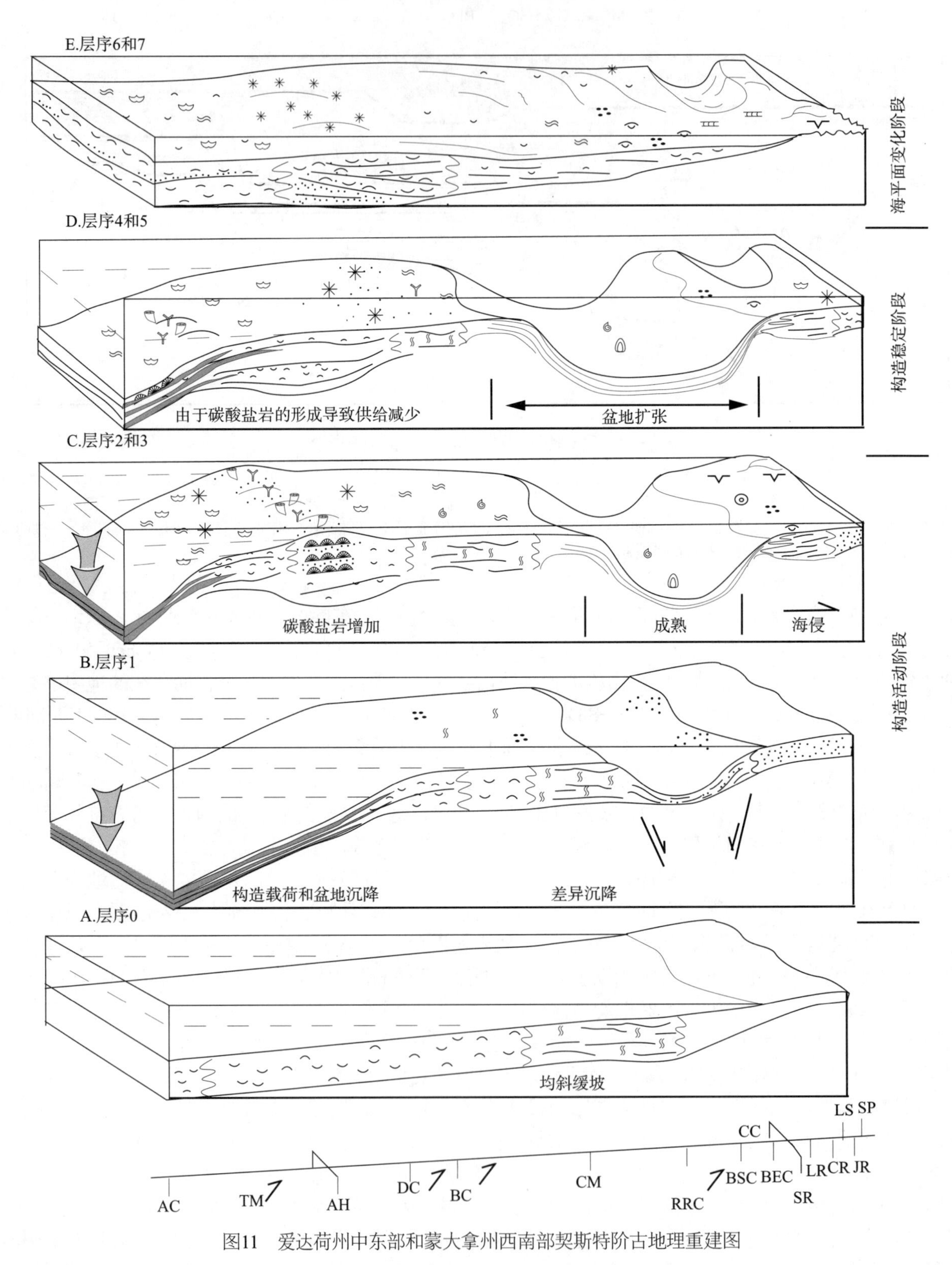

图11　爱达荷州中东部和蒙大拿州西南部契斯特阶古地理重建图

图例见图8。A—层序0，均斜缓坡背景；B—层序1，差异沉降和构造载荷引起的初始坡内盆地的形成；C—层序2和3，缓坡西部碳酸盐岩持续增加、中部成熟坡内盆地的形成和东部海侵事件；D—层序4和5，缓坡西部物源供给减少和东部坡内盆地的扩张和加深，可能反映大雪沟槽的周缘向北加深；E—层序6和7，大雪沟槽持续向北、向东加深条件下的均斜缓坡沉积背景

（三）复合层序Ⅱ：构造稳定及盆地充填

复合层序Ⅰ和Ⅱ的准层序和层序几何形态存在差异，当中有几个重要的变化，这显示了斜坡区控制沉积作用的变化。认为复合层序Ⅱ形成于区域构造停歇期和相对海平面上升间隔期。

在西斜坡区，构造活动的减弱显示复合层序Ⅰ—Ⅱ期间准层序特征的变化。在爱达荷Arco Hills复合层序Ⅰ的准层序厚度大，且为不对称堆积，代表着至少发生50m以内的海平面突然变化。对比而言，复合层序Ⅱ中的准层序是薄的，且发育更多异化颗粒，在每个层序内的钙质碎屑、粒泥灰岩和泥粒灰岩含量近乎相等（图5B、D）。这些准层序一致的组成和相厚度分布可能反映中—低幅度均一的相对海平面变化。

在复合层序Ⅱ中，中斜坡区内斜坡位置的变化提供了构造沉降减少的更多证据。这种变化出现在层序4的底部，在爱达荷州Copper山厚层、均一的骨架碳酸盐岩准层序之上形成了钙质碎屑准层序（图8A）。还不能确定内斜坡盆地的沉积中心是否发生侧向迁移或向外扩展（图11C、D）。复合层序Ⅰ—Ⅱ期间，中斜坡浅水沉积相从Copper山向西迁移到Box峡谷。这种深度的变化反映了与构造负载停歇相关的壳体松弛（Beaumont和Quinlan，1984；Flemings和Jordan，1990）。早密西西比期，在内华达州和犹他州的鹿角前陆盆地有报道过相似的层序（Giles和Dickinson，1995）。早密西西比期前隆向克拉通迁移是与构造沉降的幕式活动相关的。量化相迁移和沉降事件的关系在本次研究中是不可能的，因为在爱达荷州鹿角前陆盆地没有区域沉降记录，也因为在内陆架或前隆尺度的倾向剖面不能代表走向剖面的变化。

S5期间，在内斜坡前陆盆地所有的剩余可容空间都被充填了，浅水潮下带碳酸盐岩沉积相前积在先存深水盆地顶部（图8A，图11E）。在复合层序Ⅱ晚期，深度的转换重建了横跨蒙大拿西南部大部分区域和爱达荷中东部的同倾向斜坡的条件。

在东斜坡区，复合层序Ⅱ中海泛事件的出现可能显示区域构造或相对海平面的变化。在复合层序Ⅱ中，东斜坡西部的扩展潮缘碳酸盐岩向东过渡为泥基和骨架碳酸盐岩准层序，这套准层序沉积在复合层序Ⅰ的河流相硅质碎屑沉积之上。这种沉积关系显示向克拉通方向区域水体加深。在东斜坡海泛事件反映了构造样式从高到低不同程度的沉降变化。在复合层序Ⅰ中可以观察到先前断层控制的不同沉降，然后在方向上和压力强度上的变化可能减少先前断裂对岩石圈的挠曲，导致均匀的沉降而不是差异沉降（Dorobek等，1991a）。

在复合层序Ⅱ中海平面的上升可以解释东斜坡海泛事件。东西向大雪沟槽包括研究区东北部并且在契斯特期拓展到中蒙大拿地区。在这一时期可能与开阔海是连通的（Peterson，1981；Peterson和Smith，1981；Poole和Sandberg，1991）。在中契斯特期复合层序Ⅱ发育期，相对海平面的变化可能导致大雪沟槽周边向北和向南变深，同时也引起复合层序Ⅱ早期东斜坡的海泛。在复合层序Ⅱ顶部东斜坡浅水硅质沉积与西斜坡区浅水潮下带碳酸盐岩向盆地方向的进积一致。这种趋势显示层序4发育期最大相对海平面上升，随后中斜坡和西斜坡发生可容空间的区域性下降（图8，图11）。长期的海侵开始于维宪期—谢尔普霍夫期边界，在中谢尔普夫期达到顶峰，这些可以解释区域性观测结果（Ross和Ross，1987；Izart等，2003）。下谢尔普霍夫阶的海侵可能由于构造沉降而增强，因此只有海侵的后部分显著地影响鹿角盆地沉积的增强。

（四）复合层序Ⅲ：冰川—海平面变化

在本次研究中复合层序Ⅲ中层序的区域相关性由于暴露较少、构造复杂以及契斯特阶的剥蚀而复杂化。在西斜坡和东斜坡的局部地区，晚契斯特期的沉积受生物地层的良好限制，且基本为连续沉积。在晚契斯特期（中—晚谢尔普霍夫期；图10）沉积期，西斜坡碳酸盐岩和硅质碎屑岩互层发育，记录海平面幅度和频率的增强以及向冰室气候的过渡（图11；Butts，2005）。S6和S7（包括生物相显示大幅度（＞50m）海平面波动的准层序）代表冰室气候（Butts，2005）。准层序很薄（通常＜5m），异化颗粒发育，顶部覆盖着钙基碎屑和骨架粒屑灰岩或细砂（图5E）。没有识别出明显的区域上关联的不整合，但是正常浪基面之上准层序从浅向深变化，甚至有一些潮汐活动的证据。不整合证据的缺失可能反映西斜坡下倾方向的位置，也可能是短暂的地表暴露没有形成侵蚀不整合。西斜坡区准层序的频率对其估算构成了挑战。每个层序向上变浅的准层序的数量在斜坡部位具有多变性。例如在爱达荷Arco Hills，中—上契斯特阶准层序数目增加了三倍（图9A、B）。

基于层序地层学分析得到的海洋记录显示中石炭世晚维宪期的冰川作用（Wright和Vanstone，2001；Smith和Read，1999，2000）。直接冰川指示冰川期开始于早纳缪尔期（Namurian）（Veevers和Powell，1987；Isbell等，2003a，2003b）至中谢尔普霍夫期（González，1990）。全球海平面曲线指示出现在晚契斯特期的最大水淹事件，是中谢尔普霍夫期海平面持续下降的结果（Ross和Ross，1985，1987；Izart等，2003）。本次研究中对中—晚契斯特期的估计比直接的冰川指示要晚很多，美国Illinois盆地中海洋记录的估算时间延迟了很多（Smith和Read，1999，2000）。如先前的讨论，前陆盆地构造记录了中谢尔普霍夫期前鹿角盆地海平面变化的迹象。本次研究中在晚契斯特期也提供了对中石炭世冰川—海平面变化起始期最小年龄的估计。

复合层序Ⅲ记录着晚契斯特期同倾向斜坡的回返（图8A），这种同倾向斜坡进积到先前存在的内斜坡盆地。西斜坡硅质碎屑岩—碳酸盐岩混合准层序持续记录同倾向斜坡条件，向西为克拉通驱动的碎屑流。蒙大拿Lombard Station完整的层序剖面可能指示与复合层序Ⅲ中大雪沟槽沉降相关的研究区北部的淹没。

七、结论

爱达荷地区中东部和蒙大拿地区西南部契斯特阶（330—318Ma）碳酸盐岩和硅质碎屑岩形成了上密西西比统向东减薄的楔状体，主要是沉积在鹿角前陆盆地构造分割的斜坡。同沉积构造将斜坡分为三个部分（西部、中部和东部），每部分记录着独特的沉积和沉降史。通过生物层序地层学方法约束，契斯特阶详细的层序地层分析显示为一个完整的二级巨层序，由三个复合层序组成（Ⅰ、Ⅱ和Ⅲ）。每个复合层序由两个或更多三级层序组成。准层序（米级旋回）在岩石中普遍存在，但是仅仅局部可对比。复合层序记录着受前陆盆地构造驱动由沉降控制的斜坡区长期可容纳空间变化。在爱达荷地区中东部连续发育契斯特阶，但是在蒙大拿西南部存在一定的间断。

复合层序Ⅰ（S1—S3）记录着Madison不整合顶部契斯特阶斜坡的海侵，显示了构造控制的可容空间减少对沉积的控制作用。在西斜坡复合层序Ⅰ的底部是在前期骨架—泥粒灰岩之上发育的厚层块状泥岩，反映西斜坡构造负载对可容空间增加的重要影响。随后发生初始构造淹没，复合层序Ⅰ记录着西斜坡泥质富骨架碳酸盐岩滩的发育，其形成是由于构造沉降降低的速度是碳酸盐岩产率的两倍。中斜坡的内斜坡盆地是受伸展沉降控制的，记录着被浅水骨架碳酸盐岩沉降的脉动发育控制的深水碳酸盐岩和硅质碎屑沉积。在复合层序Ⅰ中，东斜坡保存着海侵潮缘碳酸盐岩向浅海和河流沉积过渡的记录。

复合层序Ⅱ（S4和S5）记录着西斜坡厚层碳酸盐岩准层序的持续沉积，此期间层序中细砂不断增加。在中斜坡区S4沉积期内斜坡盆地变宽，S5沉积期最后被浅水沉积充填。在S4和S5沉积期，开阔海水从北部向东斜坡流动（可能来自大雪冲沟），显示潮缘相减少和开阔海相增加。因此，复合层序Ⅱ记录着S4中区域性最高相对海平面，其可容空间的充填反映构造静止和同向斜坡的形成。

复合层序Ⅲ（S6和S7）在中斜坡暴露少，在西斜坡以硅质碎屑增加间互浅水、深水碳酸盐岩为标志，在东斜坡区大雪沟槽发育潮下带碳酸盐岩的连续沉积。西斜坡复合层序Ⅲ内厚层碳酸盐岩准层序向薄层碳酸盐岩和硅质碎屑岩混积准层序的过渡，反映晚契斯特期冈瓦纳冰川期起始阶段向高幅、高频海平面变化的转变。

致谢

本次研究受到自然科学基金EAR-0229369的支持。其他经费支持来自2005年美国研究生地质学科奖学金、爱达荷Carl Savage和A.H featherstone奖学金，以及爱达荷大学研究生教学资助计划。感谢每一个在该领域和实验室给我们帮助的人，包括：Bonny Archuleta，Renee Breedlove，Justin Murphy，Jennifer Clark和Alex Boughamer。感谢蒙大拿私人领地拥有人，他们给我们进入露头区的机会。这个稿件得益于Art Saller、Jeff Lukasik和Toni Simo的校正。

参考文献

Abplanalp, J.M., 2006, Late Mississippian (Chesterian) conodont biostratigraphy of east–central Idaho and southwest Montana: unpublished M.S. thesis, University of Idaho, Moscow, Idaho, 119 p.

Al–Tawil, A., Wynn, T.C., and Read, F., 2003, Sequence response of a distal–to–proximal foreland ramp to glacio–eustasy and tectonics: Mississippian, Applalachian basin, West Virginia–Virginia, U.S.A, *in* Ahr, W.M., Harris, P.M., Morgan, W.A., and Somerville, I.D., eds., Permo–Carboniferous Carbonate Platforms and Reefs: SEPM, Special Publication 78, p. 11–34.

Basemann, J.F., and Lane, H.R., 1985, Taxonomy and evolution of the Genus *Rhachistognathus* Dunn (Conodonta; late Mississippian to early middle Pennsylvanian): Courier Forschungsinstitut Senckenberg, v. 74, p. 93–136.

Batt, L.S., 2006, Late Mississippian sequence and carbon isotope stratigraphy, east–central Idaho and southwest Montana: proxies for Gondwana glacio–eustasy: unpublished Ph.D. Dissertation, University of Idaho, Moscow, 451 p.

Batt, L.S., Montanez, I.P., Isaacson, P., Pope, M.C., Butts, S.H., and Abplanalp, J., 2007, Multi–carbonate component reconstruction of mid–Carboniferous (Chesterian) seawater ^{13}C: Palaeogeography Palaeoclimatology Palaeoecology, v. 256, p. 298–318.

Brewster, D.P., 1984, Stratigraphy, biostratigraphy, and depositional history of the Big Snowy and Amsden formations (Carboniferous) of southwestern Montana: unpublished M.S. Thesis, Indiana University, Bloomington, Indiana, 164 p.

Budd, D.A., and Harris, P.M., 1990, Carbonate–Siliciclastic Mixtures: SEPM, Reprint Series, no. 14, 272 p.

Buoniconti, M.R., Eberli, G.P., and Smith, L.B., Jr., 2004, Quantifying the relationship between foreland basin processes and their prograding carbonate fill: tectonostratigraphic co–evolution of the Antler foreland basin and Lower–Middle Mississippian carbonates, SW Montana and east–central Idaho (abstract): Geological Society of America, Abstracts with Programs, v. 36, p. 545.

Burchfiel, B.C., and Royden, L.H., 1991, Antler Orogeny: A Mediterranean–type orogeny: Geology, v. 19, p. 66–69.

Butts, S.H., 2005, Latest Chesterian (Carboniferous) initiation of Gondwanan glaciation recorded in facies stacking patterns and brachiopod paleocommunities of the Antler foreland basin, Idaho: Palaeogeography, Palaeoclimatology, Palaeoecology, v. 223, p. 275–289.

Byrne, D.J., 1985, Stratigraphy and depositional history of the Mississippian Big Snowy Formation in the Snowcrest Range, Beaverhead and Madison Counties, Montana: unpublished M.S. Thesis, Oregon State University, Corvallis, 417 p.

Cecil, C.B., Brezinski, D.K., and Dulong, F.T., 2004, The Paleozoic record of changes in global climate and sea level: Central Appalachian Basin: U.S. Geological Survey, Report C 1264, p. 77–135.

Chen, X., and Webster, G.D., 1994, Sedimentology, tectonic control and evolution of a Lower Mississippian carbonate ramp with offshore bank, central Wyoming to eastern Idaho and northeastern Utah, U.S.A., *in* Embry, A.F., Beauchamp, B., and Glass, D.J., eds., Pangea: Global Environments and Resources, Canadian Society of Petroleum Geologists, Memoir 17, p. 557–587.

Crawford, S.D., 1976, Stratigraphy and faunal aspects of Upper Mississippian formations, eastern Idaho: unpublished M.S. Thesis, University of Iowa, Iowa City, Iowa, 41 p.

DeCelles, P.G., and Giles, K.A., 1996, Foreland basin systems: Basin Research, v. 8, p. 105–123.

Dickinson, W.R., 2004, Evolution of the North American Cordillera: Annual Review of Earth and Planetary Sciences, v. 32, p. 13–45.

Dorobek, S.L., Reid, S.K., and Elrick, M., 1991a, Antler foreland stratigraphy of Montana and Idaho: the stratigraphic record of eustatic fluctuations and episodic tectonic events, *in* Cooper, J.D., and Stevens, C.H., eds., Paleozoic Paleogeography of the Western United States II: Los Angeles: SEPM, Pacific Section, Fieldtrip 67, p. 487–507.

Dorobek, S.L., Reid, S.K., Elrick, M., Bond, G.C., and Kominz, M.A., 1991b, Subsidence across the Antler foreland of Montana and Idaho: tectonic versus eustatic effects, *in* Franseen, E.K., Watney, W.L., Kendall, C.G.St.C., and Ross, W., eds., Sedimentary Modeling: Computer Simulations and Methods for Improved Parameter Definition: Kansas Geological Survey, Bulletin 233, p. 231–250.

Dover, J.H., 1980, Status of the Antler orogeny in central Idaho—clarifications and constraints from the Pioneer Mountains, *in* Fouch, T.D., and Magathan, E.R., eds., Paleozoic Paleogeography of West–Central United States: Denver, SEPM, West Central United States Paleogeography Symposium I, p. 371–385.

Dunn, D.L., 1966, New Pennsylvanian platform conodonts from southwestern United States: Journal of Paleontology, v. 40, p. 1294–1303.

Easton, W.H., 1962, Carboniferous formations and faunas of central Montana: U.S. Geological Survey, Professional Paper 348, 126 p.

Evans, R.D., 1989, Lithostratigraphy and depositional environments of the Upper Mississippian Scott Peak Formation, south–central Idaho: unpublished M.S. Thesis, University of Idaho, Moscow, 148 p.

Flemings, P.B., and Jordan, T.E., 1990, Stratigraphic modeling of foreland basins: Interpreting thrust deformation and lithosphere rheology: Geology, v. 18, p. 430–434.

Galvin, T.J., 1981, Stratigraphy, faunal assemblages and depositional environments of the Surrett Canyon Formation (Chesterian), Lost River Range, south–central Idaho: unpublished M.S. thesis, University of Idaho, Moscow, 116 p.

Giles, K.A., and Dickinson, W.R., 1995, The interplay of eustasy and lithospheric flexure in forming stratigraphic sequences in foreland settings: an example from the Antler foreland, Nevada and Utah, *in* Dorobek, S.L., and Ross, G.M., eds., Stratigraphic Evolution of Foreland Basins: SEPM, Special Publication 52, p. 187–211.

González, C.R., 1990, Development of the late Paleozoic glaciations of the South American Gondwana in western Argentina: Palaeogeography, Palaeoclimatology, Palaeoecology, v. 79, p. 275–287.

Gradstein, F.M., Ogg, J.G., Smith, A.G., Agterberg, F.P., Bleeker, W., Cooper, R.A., Davydov, V., Gibbard, P., Hinnov, L.A., House, M.R., Lourens, L., Luterbacher, H.P., McArthur, J., Melchin, M.J., Robb, L.J., Shergold, J., Villeneuve, M., Wardlaw, B.R., Ali, J., Brinkhuis, H., Hilgen, F.J., Hooker, J., Howarth, R.J., Knoll, A.H., Laskar, J., Monechi, S., Plumb, K.A., Powell, J., Raffi, I., Rohl, U., Sadler, P., Sanfilippo, A., Schmitz, B., Shackleton, N.J., Shields, G.A., Strauss, H., Van Dam, J., van Kolfschoten, T., Veizer, J., and Wilson, D., 2004, A Geologic Time Scale 2004: Cambridge, U.K., Cambridge University Press, 589 p.

Griffing, D.H., 1987, Petrography, stratigraphy, and depositional environments of the Arco Hills Formation (Chesterian) of east central Idaho: unpublished M.S. Thesis, University of Idaho, Moscow, 116 p.

Guthrie, G.E., 1984, Stratigraphy and depositional environment of the Upper Mississippian Big Snowy Group in the Bridger Range, southwest Montana: unpublished M.S. Thesis, Montana State University, Bozeman, Montana, 105 p.

Gutschick, R.C., Sandberg, C.A., and Sando, W.J., 1980, Mississippian shelf margin and carbonate platform from Montana to Nevada, *in* Fouch, T.D., and Magathan, E.R., eds., Paleozoic Paleogeography of the West–Central United States: Denver, SEPM, Rocky Mountain Section, West–Central United States Paleogeography 1, p. 111–128.

Harris, P.M., Kendall, C.G.St.C., and Lerche, I., 1985, Carbonate cementation—a brief review, *in* Schneidermann, N., and Harris, P.M., Carbonate Cements: SEPM, Special Publication 36, p. 79–95.

Hildreth, G.D., 1981, Stratigraphy of the Mississippian Big Snowy Formation of the Armstead anticline, Beaverhead County, Montana: Montana Geological Society, Field Conference, southwest Montana, p. 49–57.

Isaacson, P.E., Grader, G.W., Pope, M.E., Montanez, I.P., Butts, S.H., Batt, L.S., and Abplanalp, J.A., 2007, Devonian–Mississippian Antler foreland basin carbonates in Idaho: Significant subsidence and eustasy events: The Mountain Geologist, v. 44, no. 3, p. 1–21.

Isbell, J.L., Lenaker, P.A., Askin, R.A., Miller, M.F., and Babcock, L.E., 2003b, Reevaluation of the timing and extent of late Paleozoic glaciation in Gondwana: role of the Transantarctic mountains: Geology, v. 31, p. 977–980.

Isbell, J.L., Miller, M.F., Wolfe, K.L., and Lenaker, P.A., 2003a, Timing of the late Paleozoic glaciation in Gondwana: was glaciation responsible for the development of Northern Hemisphere cyclothems?, *in* Chan, M.A., and Archer, A.W., eds., Extreme Depositional Environments; Mega End Members in Geologic Time: Geological Society of America, Special Paper 370, p. 5–24.

Izart, A., Stephenson, R., Vai, G.B., Vachard, D., Le Nindre, Y., Vaslet, D., Fauvel, P., Suess, P., Kossovaya, O., Chen, Z., Maslo, A., and Stovba, S., 2003, Sequence stratigraphy and correlation of Late Carboniferous and Permian in the CIS, Europe, Tethyan area, North Africa, Arabia, China, Gondwanaland and the USA: Palaeogeography, Palaeoclimatology, Palaeoecology, v. 196, p. 59–84.

Kendall, C.G.St.C., and Schlager, W., 1981, Carbonates and relative changes in sea level: Marine Geology, v. 44, p. 181–212.

Kerans, C., and Tinker, S.W., 1997, Sequence Stratigraphy and Characterization of Carbonate Reservoirs: SEPM, Short Course 30, 130 p.

Key, C.F., 1986, Stratigraphy and depositional history of the Amsden and lower Quadrant formations, Snowcrest Range, Beaverhead and Madison Counties, Montana: unpublished M.S. Thesis, Oregon State University, Corvallis, 187 p.

Lane, H.R., and Straka, J.J., II, 1974, Late Mississippian and Early Pennsylvanian Conodonts, Arkansas and Oklahoma: Geological Society of America, Special Paper 152, 144 p.

Lasemi, Z., Norby, R.D., Utgaard, J.E., Ferry, W.R., Cuffey, R.J., and Dever, G.R., JR., 2003, Mississippian carbonate buildups and development of cool–water–like carbonate platforms in the Illinois Basin, Midcontinent, U.S.A., *in* Ahr, W.M., Harris, P.M., Morgan, W.A., and Somerville, I.D., eds., Permo–Carboniferous Carbonate Platforms and Reefs: SEPM, Special Publication 78, p. 69–95.

Levy, M., and Christie–Blick, N., 1989, Pre–Mesozoic palinspastic reconstruction of the eastern Great Basin (western United States): Science, v. 245, p. 1454–1462.

Link, P.K., and Fanning, C.M., 2004, Detrital zircon studies of the Pioneer Mountains correctly summarize geologic relations mapped by Betty Skipp and colleagues over the last 40 years, (abstract): Geological Society of America, Abstracts with Program, v. 36, p. 547.

Link, P.K., and Janecke, S.U., 1999, Geology of east–central Idaho: geologic road logs for the Big and Little Lost River, Lemhi, and Salmon River valleys, *in* Hughes, S.S., and Thackray, G.D., eds., Guidebook to the Geology of Eastern Idaho: Pocatello, Museum of Natural History, p. 295–334.

Link, P.K., Warren, I., Preacher, J.M., and Skipp, B., 1996, Stratigraphic analysis and interpretation of the Mississippian Copper Basin Group, McGowan Creek Formation, and White Knob Limestone, southcentral Idaho, *in* Longman, M.W., and Sonnenfeld, M.D., eds., Paleozoic Systems of the Rocky Mountain Region: Denver, Rocky Mountain Section, SEPM, p. 117–144.

Mamet, B.L., Skipp, B., Sando, W.J., and Mapel, W.J., 1971, Biostratigraphy of Upper Mississippian and associated Carboniferous rocks in southcentral Idaho: American Association of Petroleum Geologists, Bulletin, v. 55, p. 20–33.

Miller, E.L., Miller, M.M., Stevens, C.H., Wright, J.E., and Madrid, R., 1992, Late Paleozoic paleogeographic and tectonic evolution of the western US Cordillera, *in* Burchfiel, B.C., Lipman, P.W., and Zoback, M.L., eds., The Cordilleran Orogen: Boulder, Colorado, The Geological Society of America, The Geology of North America, v. G–3, Conterminous US, p. 57–97.

Mitchum, R.M., Jr., and Van Wagoner, J.C., 1991, High frequency sequences and their stacking patterns: sequence stratigraphic evidence of high–frequency eustatic cycles: Sedimentary Geology, v. 70, p. 131–160.

Mount, J.F., 1984, Mixing of siliciclastics and carbonate sediments in shallow shelf environments: Geology, v. 12, p. 432–435.

Nilsen, T.H., and Stewart, J.H., 1980, Penrose conference report: The Antler Orogeny, mid–Paleozoic tectonism in western North America: Geology, v. 8, p. 298–302.

Oldow, J.S., Bally, A.W., Ave Lallemant, H.G., and Leeman, W.P., 1989, Phanerozoic evolution of the North American Cordillera: United States and Canada, *in* Bally, A.W., and Palmer, A.R., eds., Geological Society of America, The Geology of North America, vol. A., The Geology of North America–An Overview, p. 139–232.

Pecora, W.C., 1984, Bedrock geology of the Blacktail Mountains, southwest Montana: unpublished M.S. thesis, Wesleyan University, Middletown, Connecticut, 203 p.

Pederson, T.F., and Calvert, S.E., 1990, Anoxia vs. productivity: what controls the formation of organic–carbon–rich sediments and sedimentary rocks?: American Association of Petroleum Geologists, Bulletin, v. 74, p. 454–466.

Peterson, J.A., 1981, General stratigraphy and regional paleostructure of the western Montana over thrust belt, *in* Tucker, T.E., Aram, R.B., Brinker, W.F., and Grabb, R.F., Jr., eds., Montana Geological Society 1981 Field Conference, Southwest Montana, p. 5–35.

Peterson, J.A., and Smith, D.L., 1986, Rocky Mountain paleogeography through geologic time, *in* Peterson, J.A., ed., Paleotectonics and Sedimentation in the Rocky Mountain region, United States: American Association of Petroleum Geologists, Memoir 41, p. 3–19.

Pigram, C.J., Davies, P.J., Feary, D.A., and Symonds, P.A., 1989, Tectonic controls on carbonate platform evolution in southern Papua New Guinea: passive margin to foreland basin: Geology, v. 17, p. 199–202.

Poole, F.G., and Sandberg, C.A., 1977, Mississippian paleogeography and tectonics of the western United States, *in* Stewart, J.H., ed., Paleozoic Paleogeography of the Western United States: SEPM, Pacific Section, Pacific Coast Paleogeography Symposium

I, p. 67–85.

Poole, F.G., and Sandberg, C.A., 1991, Mississippian paleogeography and conodont biostratigraphy of the western United States, *in* Cooper, J.D., and Stevens, C.H., eds., Paleozoic Paleogeography of the Western United States II: Fieldtrip Guidebook for Pacific Section SEPM, Fieldtrip 67, p. 107–136.

Pope, M.C., and Read, J.F., 1997, High–resolution surface and subsurface sequence stratigraphy of late Middle to Late Ordovician (Late Mohawkian–Cincinnatian) foreland basin rocks, Kentucky and Virginia: American Association of Petroleum Geologists, Bulletin, v. 81, p. 1866–1893.

Posamentier, H.W., and Allen, G.P., 1999, Fundamental concepts of sequence stratigraphy, *in* Siliciclastic Sequence Stratigraphy; Concepts and Applications: SEPM, Concepts in Sedimentology and Paleontology, no. 7, 191 p.

Quinlan, G.M., and Beaumont, C., 1984, Appalachian thrusting, lithospheric flexure, and the Paleozoic stratigraphy of the Eastern Interior of North America: Canadian Journal of Earth Sciences, v. 21, p. 973–996.

Rose, P.R., 1976, Mississippian carbonate shelf margins, western United States: U.S. Geological Survey, Journal of Research, v. 4, p. 449–466.

Ross, C.A., and Ross, J.R., 1985, Late Paleozoic depositional sequences are synchronous and worldwide: Geology, v. 13, p. 194–197.

Ross, C.A., and Ross, J.R.P., 1987, Late Paleozoic sea levels and depositional sequences, *in* Ross, C.A., and Haman, D., eds., Timing and Depositional History of Eustatic Sequence: Constraints on Seismic Stratigraphy: Cushman Foundation for Foraminiferal Research, Special Publication 24, p. 137–149.

Sando, W.J., Mamet, B.L., and Dutro, J.T., Jr., 1969, Carboniferous megafaunal and microfaunal zonation in the northern Cordillera of the United States: U.S. Geological Survey, Professional Paper 613–E, p. E1–E29.

Sando, W.J., Sandberg, C.A., and Gutschick, R.C., 1981, Stratigraphic and economic significance of Mississippian sequence at Georgetown Canyon, Idaho: American Association of Petroleum Geologists, Bulletin, v. 65, p. 1433–1443.

Sando, W.J., Sandberg, C.A., and Perry, W.J., Jr., 1985, Revision of Mississippian stratigraphy, northern Tendoy Mountains, Southwest Montana, *in* Sando, W.J., ed., Mississippian and Pennsylvanian Stratigraphy in Southwest Montana and Adjacent Idaho: U.S. Geological Survey, Bulletin 1656, p. A1–A10.

Sarg, J.F., Markello, J.R., and Weber, L.J., 1999, The second–order cycle, carbonate–platform growth, and reservoir, source, and trap prediction, *in* Harris, P.M., Saller, A.H., and Simo, J.A., eds., Advances in Carbonate Sequence Stratigraphy: Application to Reservoirs, Outcrops and Models: SEPM, Special Publication 63, p. 11–34.

Schlager, W., 2005, Carbonate Sedimentology and Sequence Stratigraphy: SEPM, Concepts in Sedimentology and Paleontology, no. 8, 200 p.

Scotese, C.R., 1997, Paleogeographic Atlas: Arlington, Texas, University of Texas at Arlington, Department of Geology, PALEOMAP Progress Report 90–0497, 37 p.

Shepard, W., 1993, Upper Mississippian biostratigraphy and lithostratigraphy of central Montana, *in* Hunter, L.D., ed., 1993 Field Conference Guidebook, Old Timers Rendezvous Edition: Energy and Mineral Resources of Central Montana: Montana Geological Society, p. 26–36.

Skipp, B., and Hall, W.E., 1980, Upper Paleozoic paleotectonics and paleogeography of Idaho, *in* Fouch, T.D., and Magathan, E.R., eds., Paleozoic Paleogeography of West–Central United States: Denver, SEPM, Rocky Mountain Section, Rocky Mountain Paleogeography Symposium I, p. 387–422.

Skipp, B., Hoggan, R.D., Schleicher, D.L., and Douglas, R.C., 1979a, Upper Paleozoic carbonate bank in east–central Idaho—Snaky Canyon, Bluebird Mountain, and Arco Hills Formations, and the paleotectonic significance: U.S. Geological Survey, Bulletin 1486, 78 p.

Skipp, B., Sando, W.J., and Hall, W.E., 1979b, The Mississippian and Pennsylvanian systems in the United States—Idaho: U.S. Geological Survey, Professional Paper 1110, p. AA1–AA42.

Smith, D.L., and Gilmour, E.H., 1979, The Mississippian and Pennsylvanian (Carboniferous) systems in the United States—Montana: U.S. Geological Survey, Professional Paper 1110, 32 p.

Smith, L.B., Jr., and Read, J.F., 1999, Application of high–resolution sequence stratigraphy to tidally influenced Upper Mississippian carbonates, Illinois Basin, *in* Harris, P.M., Saller, A.H., and Simo, J.A., eds., Advances in Carbonate Sequence Stratigraphy: Application to Reservoirs, Outcrops and Models: SEPM, Special Publication 63, p. 107–126.

Smith, L., and Read, J.F., 2000, Rapid onset of late Paleozoic glaciation on Gondwana: Evidence from Upper Mississippian strata of the Midcontinent, United States: Geology, v. 28, p. 279–282.

Smith, L.B., Jr., and Read, J.F., 2001, Discrimination of local and global effects on Upper Mississippian stratigraphy, Illinois Basin, USA: Journal of Sedimentary Research, v. 71, p. 985–1002.

Smith, M.T., Dickinson, W.R., and Gehrels, G.E., 1993, Contractional nature of Devonian–Mississippian Antler tectonism along the North American continental margin: Geology, v. 21, p. 21–24.

Speed, R.C., and Sleep, N.H., 1982, Antler orogeny and foreland basin: a model: Geological Society of America, Bulletin, v. 93, p. 815–828.

Stamm, R.G., 1985, Conodont biostratigraphy of the Scott Peak Formation (Upper Mississippian) of south–central Idaho: unpublished M.S. Thesis, University of Idaho, Moscow, Idaho, 105 p.

Trexler, J.H., Jr., Snyder, W., Schwarz, D., Kurka, M.T., and Crosbie, R., 1995, An overview of the Mississippian Chainman shale, *in* Hansed, M.W., Walker, J.P., and Trexler, J.H., Jr., eds., Mississippian Source Rocks in the Antler Basin of Nevada and Associated Structural and Stratigraphic Traps: Reno, Nevada Petroleum Society, 1995 Fieldtrip Guidebook, 165 p.

Tucker, M.E., and Wright, V.P., 1990, Carbonate Sedimentology: Oxford, U.K., Blackwell Science Ltd., 482 p.

Veevers, J.J., and Powell, C.M., 1987, Late Paleozoic glacial episodes in Gondwanaland reflected in transgressive–regressive depositional sequences in Euramerica: Geological Society of America, Bulletin, v. 98, p. 179–196.

Wardlaw, B.R., and Pecora, W.C., 1985, New Mississippian–Pennsylvanian stratigraphic units in Southwest Montana and adjacent Idaho, *in* Sando, W.J., ed., Mississippian and Pennsylvanian Stratigraphy in Southwest Montana and Adjacent Idaho: U.S. Geological Survey, Bulletin 1656, p. B1–B9.

Weber, L.J., Sarg, J.F., and Wright, F.M., 1995, Sequence stratigraphy and reservoir delineation of the Middle Pennsylvanian (Desmoinesian), Paradox basin and Aneth field, southwestern USA, *in* Read, J.F., Kerans, C., and Weber, L.J., eds., Milankovitch Sea–Level Changes, Cycles, and Reservoirs on Carbonate Platforms in Greenhouse and Icehouse Worlds: SEPM, Short Course Notes 35, 81 p.

Winston, D., 1986, Stratigraphic correlation and nomenclature of the middle Proterozoic Belt Supergroup, Montana, Idaho and Washington, *in* Roberts, S.M., ed., Belt Supergroup; A Guide to Proterozoic Rocks of Western Montana and Adjacent Areas: Montana Bureau of Mines and Geology, Special Publication 94, p. 69–84.

Wright, V.P., 1992, Speculations on the controls on cyclic peritidal carbonates: ice–house versus greenhouse eustatic controls: Sedimentary Geology, v. 76, p. 1–5.

Wright, V.P., and Vanstone, S.D., 2001, Onset of late Paleozoic glacioeustasy and the evolving climates of low latitude areas: a synthesis of current understanding: Geological Society of London, Journal, v. 158, p. 579–582.

构造作用对西班牙东南部白色海岸渐新统碳酸盐岩台盆区的控制

Michelle Stoklosa[1]　J.A.（Toni）Simo[2]

（1. 美国爱达荷州博伊西州立大学，地球科学学院；2. 埃克森美孚上游研究公司）

摘要：西班牙东南部白色海岸出露的渐新统浅水厚层碳酸盐岩沉积序列为研究台地、台地以外的地貌和相序排列（包括沉积趋势）的控制因素提供了条件。其中，白色海岸地区的渐新世台地逐渐超覆在地貌高点之上。它包含了4套高频层序，总体上表现为向上变深的趋势，且具有从底部的台地内地层沉积到顶部开阔海的珊瑚藻、泥丘的垂向旋回性变化特征。台地边缘具有较陡的坡度，可能为断裂边缘，其将台地相的粗颗粒和早期沉积的物质搬运到盆地之中。本文定义的5种相序组合（局限内陆棚、开阔海内陆棚、开阔海中陆棚、开阔海灰泥丘外陆棚和盆地）包含了多种生物组合（红藻、底栖有孔虫、苔藓虫和软体动物）。与特提斯区域的其他渐新统以珊瑚为主的特点形成鲜明对比。

渐新世台地和盆地相地层的沉积与巴伦西亚海槽的开裂同时出现，其前和其后的挤压收缩事件使该研究区域发生褶皱化。伴随着伸展构造背景的断层化作用和持续沉降作用控制着整个台地的地貌、向上变深的趋势和斜坡—盆地沉积楔状体形态。在该构造背景下，沉积了一套厚的地层序列，随后遭到淹没；同时也受全球海平面下降的影响。巴伦西亚海槽的开裂可能导致陆棚水体加深、变冷和富营养化，其控制了生物组合的多样化。这一特提斯台地的构造背景、生物组合及向上变深的沉积特征为研究东南亚新生代碳酸盐岩台地提供了较好的类比。

欧亚板块和非洲、阿拉伯板块以及各种微板块的碰撞形成了具复杂构造背景、受特提斯海大小控制的古近纪特提斯台地。正因为如此，这些台地形态各异，在具有较陡边缘的孤立台地和具有生长构造特征的低角度缓坡之间变化（Buxton和Pedley，1989；Esteban，1996）。它们包括多个相带，其组成和排列不仅能够反映台地的构造背景，而且能反映沉积早期基底和古海洋条件与海平面变化对台地暴露的影响（Fulthorpe和Schlanger，1989；Esteban，1996）。例如，一些解释认为新生代碳酸盐岩台地的结构受海平面波动的影响，海侵体系域受红藻和大型有孔虫相的控制，晚期的海侵体系域、高位体系域和早期的低位体系域受珊瑚礁相的控制（Esteban，1996；Franseen和Goldstein，1996）。但是，具红藻组合的碳酸盐岩同样与河口型环流环境相关，该区发育涌流、强风和高密度垂向混合流（Esteban，1996；Pedley，1998）。

从所有渐新世的特提斯碳酸盐岩台地分布情况看，仅意大利的东北部（Frost，1981；Nebelsick等，2005；Knoerich和Mutti，2006），希腊西北部的斯诺文尼亚北部（Nebelsick等，2005），马耳他（Buxton和Pedley，1989），德国的阿尔卑斯山脉（Nebelsick等，2005）和西班牙西南部（Stoklosa，2002）有零星的出露分布。

本文描述了西班牙东南部白色海岸出露的渐新统碳酸盐岩的沉积序列特征，并评价了控制其特征的影响因素。这些因素包括了构造活动导致的海平面升降在控制台地地形、沉积相带和斜坡沉积物中所起的作用，以及古海洋条件和气候在生产特殊生物带及沉积相类型中所起的作用。本研究中提出的描述和解释方法可为对比研究发育在复杂构造背景（多期的拉伸和挤压事件叠加，在时间和空间上控制台地地貌和水体深度）的其他台地作参考。这些研究也可为其他具相似相序组合的台地提供类比分析，如东南亚地区类似的台地（Fulthorpe和Schlanger，1989）。

一、地质背景和生物地层学

西班牙东南部的白色海岸地区位于Betic山脉外带（EZ）的东部（图1）。该带的中生界和新生界沉积岩受到盐底辟作用而出现褶皱、冲断和变形特征（De Ruig，1992）。外带代表了中、新生代伊比利亚南部的早期被动大陆边缘（Azema等，1979；Baena Perez和Jerez Mir，1982；Moseley，1990；De Ruig，1992）。中生代—古近纪的大部分时期内，外带的北部—北西部以潟湖和浅海沉积为主，而南部—东南部则是开阔海深水沉积。陆源物质来自于该区的西北方向（Geelet等，1992）。

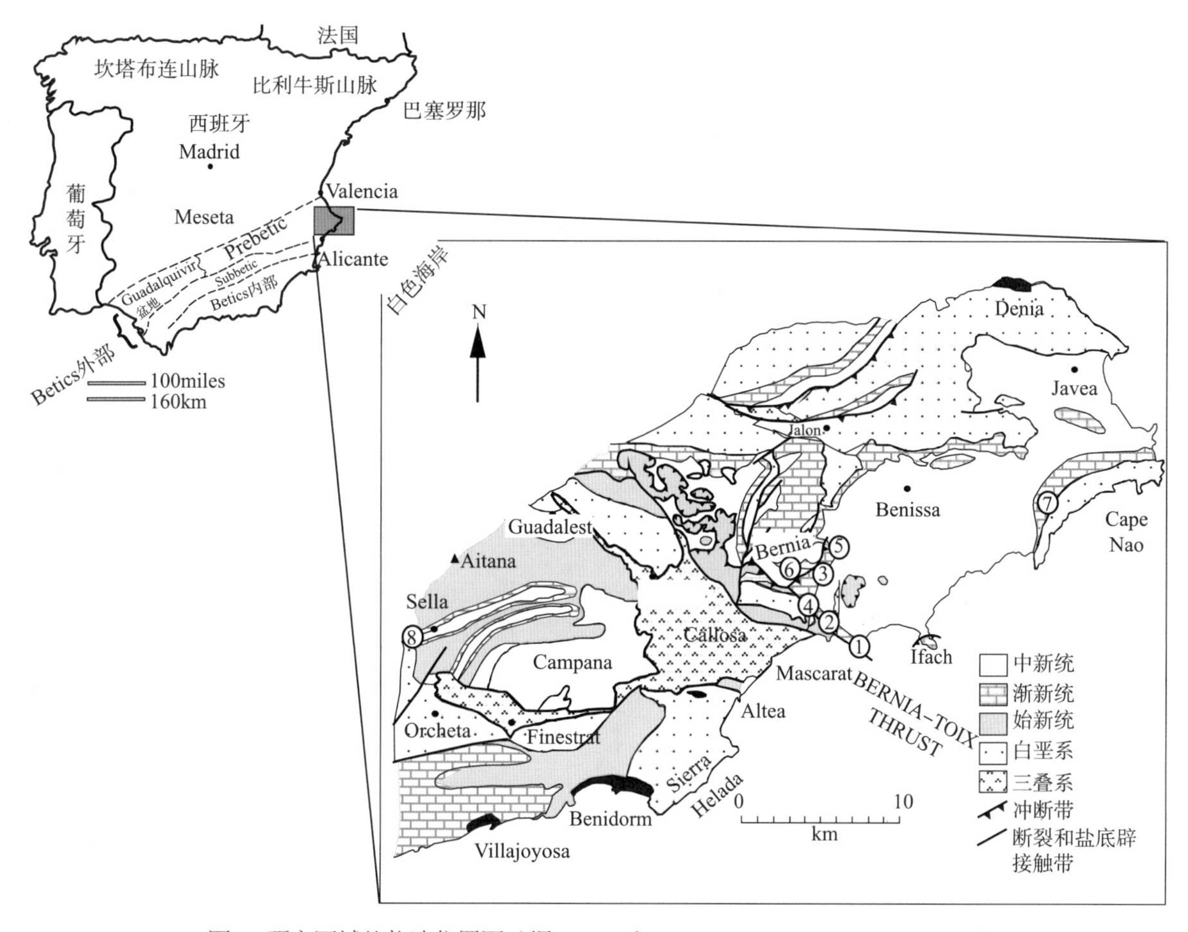

图1　研究区域的构造位置图（据Gamble和Moseley，1975；Moseley，1990）

插图表示白色海岸地区Betic山脉（中生代和古近纪伊比利亚的早期大陆边缘）外部的前褶皱带（早期的陆架）。右下角的大图表示白色海岸地区几个复杂构造带和测量剖面的位置。①Toix；②Pedrizas；③Estret；④Autopista；⑤Pinos；⑥Restaurant Bernia；⑦Cumbre del Sol；⑧Relleu

晚白垩纪—古近纪台地经历变形，随后裂解成被动大陆边缘，一般认为是伴随着比利牛斯山脉的形成，南北向挤压导致边缘隆起所致（García-Hernández等，1980；De Ruig，1992）。古新世—始新世沉积岩石组合由陆棚相含大量有孔虫和海藻的浅水碳酸盐岩和盆地相中伴有来源于台地浊积岩的远洋和半远洋灰泥组成。始新统和渐新统之间为一个较大的不整合面，渐新统逐渐地超覆在变形的始新统和白垩系岩石之上（Geel，1995）。渐新世—早中新世（阿基坦期）沉积受到裂谷相关的同沉积断层和巴伦西亚海湾出现的影响（De Ruig，1992；Geel，1995；Maillard和Mauffret，1999）。波尔多期（Burdigalian）—早托尔托纳期（Tortonian）白色海岸地区经历了由生长盆地边缘到前陆盆地的转化。浅水珊瑚藻灰岩地层超覆在深水浊积岩之上（McColgin，2002）。外带的前陆褶皱带冲断终止于晚托尔托纳期—墨西拿（Messinian）期，在那之后该区受到陆源沉积的控制（Megías等，1983；Pierson d'Autrey，1987；Ott d'Estevou等，1988；De Ruig，1992；Geel等，1992）。

白色海岸地区的地层对比与全球地质年代和早期建立起的区域性构造事件相一致，是基于陆棚和海盆区生物地层年龄限定建立的（图2）。浅海陆棚剖面底部的样品中含有晚始新世的大型底栖有孔虫，其中*Discocyclina*对应古新世和始新世，*Borelis*对应晚始新世（Caus和Serrai-Kiel，1992；Serra-Kiel）。浅海陆棚剖面的其余部位为早渐新世（吕珀尔期，Rupelian），这种解释主要基于*Lepidocyclina*的存在且比较繁盛，*Lepidocyclina*在地层记录中最早是在吕珀尔阶中出现的（生物带SB22A），*Asterigenina*在吕珀尔阶中同样也很常见（Serra-Kiel）。夏特期（Chattian）动物群仅在浅水陆棚剖面的最上部几米出现。盆地相剖面的底部也为晚始新世，以大量底栖有孔虫（*Spiroclypeus*、*Biplanispira*和*Pellatispira*）和零星分布的几种重要的浮游有孔虫（*Globigerinatheca*、*Hantkenina*、*Turborotalia*和*Catapsydrax*）为标志（Everts，1991）。用于界定上覆早渐新世盆地相地层的浮游有孔虫为*Chiloguembelina cubensis*、*Globigerina galarisi*、*Catapsydraz onicavus*、*Catapsydrax sp.*、*Globigerina tripartita*和*Globigerina eoceana*。

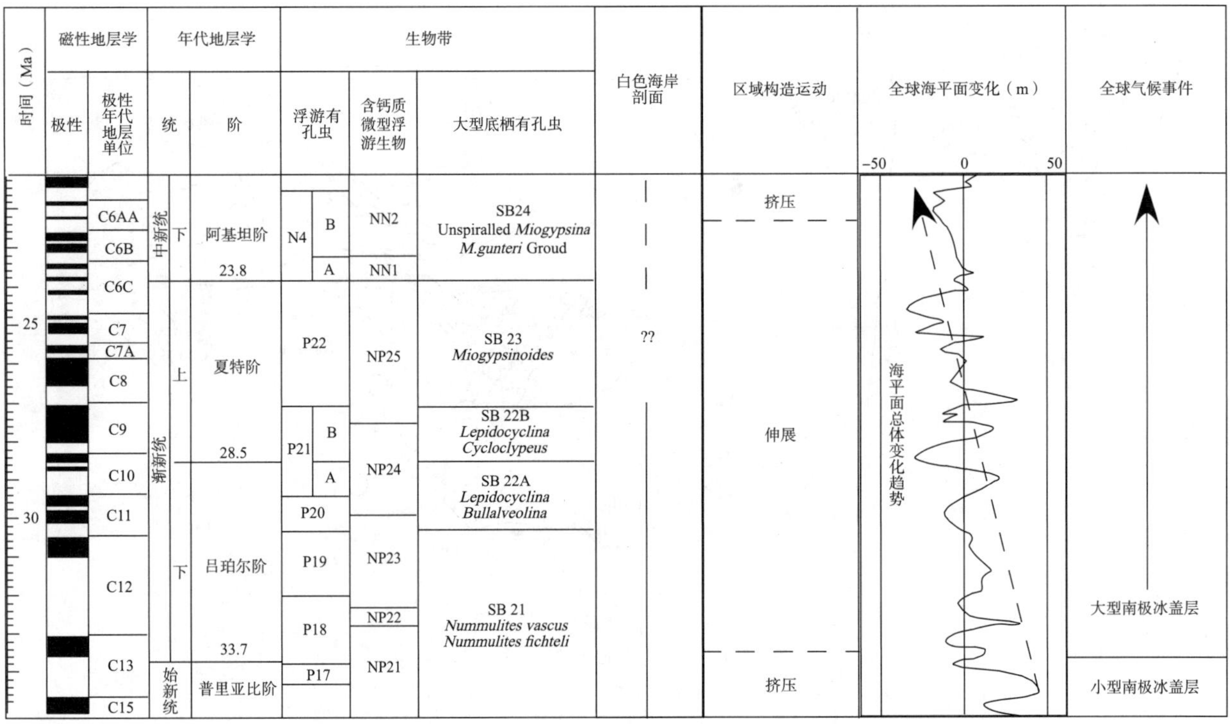

时间（Ma）	磁性地层学：极性年代地层单位	年代地层学：统	年代地层学：阶	生物带：浮游有孔虫	生物带：含钙质微型浮游生物	生物带：大型底栖有孔虫	白色海岸剖面	区域构造运动	全球气候事件
	C6AA	中新统 下	阿基坦阶	N4 B	NN2	SB24 Unspiralled *Miogypsina* *M.gunteri* Groud		挤压	
	C6B			N4 A	NN1				
			23.8						
25	C6C、C7、C7A、C8	渐新统 上	夏特阶	P22	NP25	SB 23 *Miogypsinoides*	??	伸展	
	C9			P21 B		SB 22B *Lepidocyclina* *Cycloclypeus*			
			28.5						
	C10			P21 A	NP24	SB 22A *Lepidocyclina* *Bullalveolina*			
30	C11	下	吕珀尔阶	P20					
	C12			P19	NP23	SB 21 *Nummulites vascus* *Nummulites fichteli*			大型南极冰盖层
				P18	NP22				
			33.7						
	C13	始新统	普里亚比阶	P17	NP21			挤压	小型南极冰盖层
	C15								

全球海平面变化（m）：-50　0　50；海平面总体变化趋势

图2　白色海岸地层剖面年代地层学、生物地层学、区域构造和全球气候结构位置

生物地层学和磁性地层学数据可参考Cande和Kent（1992，1995）、Berggren等（1995）和Hardenbol等（1998）。构造事件包括晚始新世—早渐新世伴随着比利牛斯山脉形成发生的挤压、伴随着巴伦西亚海槽开裂发生的伸展和伴随着伊比利亚南部向前陆盆地转化发生的挤压（De Ruig，1992）。全球海平面和气候事件可参考Miller等（2005）

二、相序组合

白色海岸地区碳酸盐岩序列中沉积相带划分的依据是基于岩石中常见的沉积结构、生物组合、颗粒类型、颗粒大小、分选作用、层理类型和沉积特征。基于从所有的研究剖面和105块薄片中收集到的635块有代表性的样品，对沉积相作出了详细的描述。利用植物化石群、动物化石群和其他沉积结构判别沉积环境，并与其他古近纪的沉积相模式进行对比（Frost，1981；Buxton和Pedley，1989；Carozzi，1989；Gccl，1995；Stoklosa，2002）。将垂向序列上极为相近且具有相似沉积环境的沉积相带划分为一个相序组合。每一个相序组合都根据其所在位置或者在理想碳酸盐岩台地模式中的相带给出一个解释性的名字（碳酸盐岩台地包括局限内陆棚、开阔海内陆棚、开阔海中陆棚、开阔海灰泥丘外陆棚和盆地）。表1中列出了这些相序组合的名称和特征。

表1　白色海岸渐新统的描述和解释

相序组合	相名称	结构	动物化石群特征	分选性	颗粒大小	环境解释
局限内陆棚	内碎屑砾岩	基质支撑的砾岩	粟孔虫，小型底栖有孔虫，苔藓虫，海胆纲动物	差—中等	细，中，粗，极粗，砾	局限高能浅海（仅几米），幕式暴露
	骨架粒泥灰岩	粒泥灰岩—富泥泥粒灰岩	粟孔虫，小型底栖有孔虫，苔藓虫，微孔珊瑚，海胆纲动物	差	细，中和砾石级别	半局限的浅海低能环境
	分选好的细粒颗粒灰岩	粒泥灰岩—颗粒灰岩	粟孔虫，小型底栖有孔虫，少量到中等的海胆纲动物，软体动物	好—中等	细粒到中等颗粒级别	局限浅海高能环境
开阔海内陆棚	粗粒骨架颗粒灰岩	粒泥灰岩，颗粒灰岩	货币虫，海胆纲动物	好—中等	中等颗粒，极粗到砾石级别	开阔海浅海高能环境
	细粒骨架颗粒灰岩	泥质含量较多的粒泥灰岩—颗粒灰岩	小型底栖有孔虫，红藻	好—中等	中，细粒，极细颗粒级别	开阔海浅海高能环境
开阔海中陆棚	含珊瑚藻和苔藓虫的砾状灰岩和粘结灰岩	含泥粘结灰岩和砾状灰岩	小型底栖有孔虫，含包壳底栖有孔虫，苔藓虫，微孔珊瑚，红藻，货币虫	差	中等，极粗到砾	开阔海浅海中—低能环境
	含苔藓虫和珊瑚的漂砾灰岩	漂砾灰岩—富泥砾状灰岩	小型底栖有孔虫，含包壳底栖有孔虫，苔藓虫，微孔珊瑚，红藻，货币虫	差	中等，粗到极粗	开阔海浅海中—低能环境
	含鳞环虫的富泥泥粒灰岩	泥粒灰岩—富泥泥粒灰岩	鳞环虫，海胆纲动物，红藻	差	砾，极粗	开阔海浅海中—低能环境
开阔海灰泥丘外陆棚	红藻层—大型底栖有孔虫粘结灰岩	粘结灰岩	红藻，铁镁铝榴石，货币虫，鳞环虫	差	粗，极粗到砾	开阔海浅海高能环境
	红藻—大型底栖有孔虫粘结灰岩—颗粒灰岩	砾级大小的砾状灰岩到颗粒灰岩	红藻，铁镁铝榴石，货币虫，鳞环虫	差	粗，极粗到砾	开阔海浅海高能环境
	粗粒红藻—骨架颗粒灰岩	粗粒颗粒灰岩和泥粒灰岩	红藻，货币虫，鳞环虫	中等	中等，粗，极粗	开阔海浅海高能环境
盆地	泥灰岩	黏土质泥岩	浮游有孔虫，偶有底栖有孔虫	N/A	细，极细，仅偶尔出现粗颗粒	开阔海深水低能环境
	浊积岩	颗粒灰岩	大型底栖有孔虫，红藻，海胆纲动物	好到中等	粗，极粗，中等	开阔海深水高能搬运环境
		碎屑支撑的砾岩	大型底栖有孔虫，红藻，珊瑚	差	砾，极粗，中等	
	块状碎屑沉积物	颗粒和基质支撑的砾岩	大型底栖有孔虫，红藻，海胆纲动物，珊瑚	差	极细，极粗，巨砾	开阔海近陆坡边缘的突发环境

（一）局限内陆棚相序组合

该相序组合包含的层段很厚（最厚可达150m），且发育在两个完整剖面的最底层部分（Toix和Pedrizas，图1）。这套相序组合包含了三种重复出现的相（表1）：内碎屑砾岩、骨架粒泥灰岩和分选好的细粒颗粒灰岩（图3），其中，内碎屑砾岩和分选好的细粒颗粒灰岩占到了80%。内碎屑砾岩由撕裂屑（rip-up clasts；主要为分选好的细粒颗粒灰岩）和骨架颗粒组成，其中一些颗粒的颜色为黑色。网格孔隙和晶间裂缝是内碎屑砾岩和分选好的细粒颗粒灰岩中常见的特征。粒泥灰岩和颗粒灰岩中的骨架颗粒以异化颗粒为主，其中粟孔虫很富集。

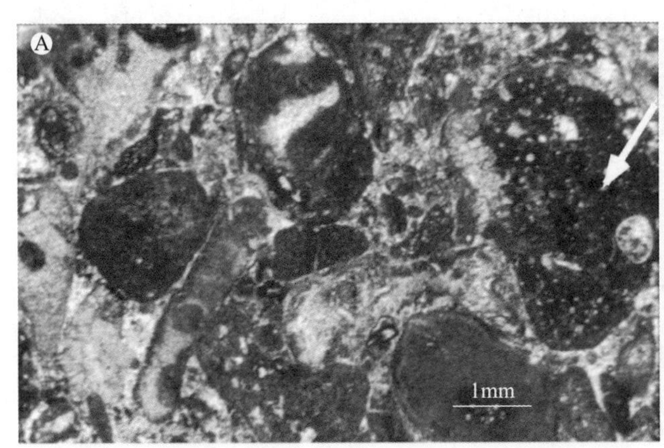

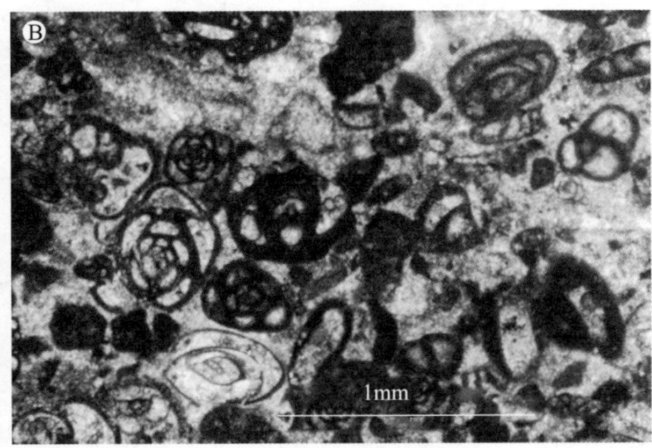

图3　局限海内陆棚相的微观照片

A—内碎屑砾石。碎屑颗粒较暗、较圆；一些具有微晶特征，一些是细粒骨架颗粒（箭头所指）。标尺为1mm。B—分选较好的细粒颗粒灰岩。照片中颗粒大小主要是中砂级，这种相类型受上部颗粒大小的限制。主要的骨架颗粒为粟孔虫。该样品分选中等，包含少量泥晶成分。标尺同样代表1mm

黑色颗粒在现代和古代碳酸盐岩中很常见，通常指示地面暴露特征（如钙质层，根迹和网格状结构），通常认为该颗粒可能形成于潮上带、潮间带和浅水潮下带（Strasser，1984；Tucker和Wright，1990）。不管是什么样特定的地球化学环境，还是其他有机物质及其附属矿物质的赋存方式导致该颗粒变黑，这些碎屑都很容易被保存在浅水、动荡的沉积环境中（Strasser，1984）。白色海岸地层中内碎屑砾岩中的黑色颗粒连同撕裂屑、晶间裂缝和窗格孔隙一起被保存，表明这种砾岩形成于浅海环境（水深约几米），并不时地经历了幕式暴露。

局限内陆棚岩相的重复出现代表了一个向上变浅的旋回。内碎屑砾岩形成于典型旋回的底部，如果存在骨架粒泥灰岩，一般认为形成于旋回中部，而分选好的细粒颗粒灰岩形成于旋回顶部。旋回的厚度为2～13m不等，平均厚度为7.5m。旋回的界面是一个削截面，由沉积在分选良好的细粒颗粒灰岩之上的沉积物堆积体内碎屑指示。

粟孔虫是这些岩石中较为常见的生物组成，能够生活在高盐度的水中（盐度为40‰～56‰）。它们的大量存在反映了当时为局限海沉积环境（Chaproniere，1975；Enos，1983；Buxton和Pedley，1989）。尽管海胆类生物被认为是狭盐性的、开阔海环境中的生物（Sprinkle和Kier，1987），但是地层中保存的海胆类化石通常是破碎的，大部分可能是经过搬运后形成。完整的海胆类化石样品仅能在粒泥灰岩中见到，而粒泥灰岩最可能沉积于海泛时，反映其受开阔海效应的影响。

（二）开阔海内陆棚相序组合

在任何地层剖面中，开阔海内陆棚相序组合的地层厚度一般小于50m。这种组合通常出现在上始新统—上吕珀尔阶之间，两套岩相组合组成了这套地层的沉积相（表1，图4），粗粒和细粒骨架颗粒灰岩交替出现在这套沉积组合中。两种岩性均以微晶为主，且含有红藻碎屑。在粗粒骨架颗粒灰岩中以大型底栖有孔虫为主，细粒骨架颗粒灰岩中以小型底栖有孔虫为主。

这些相带的交替变化代表向上变细、变浅的旋回。撕裂屑出现在每一个粗粒颗粒灰岩的底部，标志着旋回底部。旋回的厚度在3.5～17m之间，平均厚度为8.7m。

由于本套地层中生物以海胆纲、货币虫科、有孔虫和红藻为主，因此这种相序组合被解释为开阔海、浅海和内陆棚台地背景沉积（Chaproniere，1975；Wray，1977；Hallock和Glenn，1986；Sprinkle和Kier，1987）。分选较好且缺少泥晶成分反映了浅水高能的环境。岩石中并没有指示暴露的证据，但是内碎屑的出现标志着胶结作用先于再沉积作用。

图4 开阔海内陆棚相序组合中粗粒骨架泥粒灰岩—颗粒灰岩的微观照片

货币虫构成了该样品中的主要骨架组分，还可见到轮虫科的底栖有孔虫。标尺为1mm

（三）开阔海中陆棚相序组合

Pedrizas和Toix剖面中开阔海中陆棚的相序组合相应厚度在40～75m之间，对应于吕珀尔期。该组合序列中包含了3种岩相类型：含珊瑚藻和苔藓虫的砾状灰岩和粘结灰岩、含苔藓虫和珊瑚的漂砾灰岩和含鳞环虫的富泥泥粒灰岩（表1，图5）。相比内陆棚组合而言，这种组合的岩石类型中包含了更多的泥晶灰岩，旋回性相对较差，其中13m厚的漂砾灰岩和砾状灰岩交替变化。这些岩石中包含了在内陆棚和外陆棚相之间变化的楔形夹层。

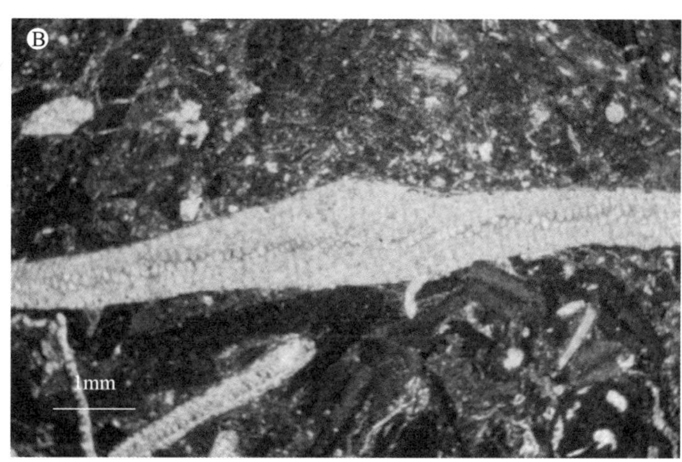

图5 开阔海中陆棚相序组合的照片

A—苔藓虫—珊瑚漂砾灰岩露头照片。该照片中可见造礁珊瑚（箭头所指）漂浮在细粒骨架粒泥灰岩基质中。圆圈指向照相机的镜头盖比例尺，直径为5cm。B—富泥泥粒灰岩中鳞环虫的微观照片。中心处的白色腔体有孔虫是鳞环虫。标尺为1mm

生物带（特别是发育大型底栖有孔虫和珊瑚藻）指示其为开阔海沉积环境。大型底栖有孔虫通常是狭盐性的、开阔海中的生物（Hallock和Glenn，1986）。丰富的直链藻（珊瑚藻的外壳）则表明是流通性好和正常盐度的海水（Johnson，1961；Wray，1977）。许多研究表明这种组合中出现的具有叶壳状、没有浓密分支的红藻指示了低能环境（Bosellini和Ginsburg，1971；Chaproniere，1975；Bosence，1983，1991）。指状珊瑚同样指示低能、受保护的环境（James，1979；Carozzi，1989）。

除了生物含量外，高含泥量、缺乏地表暴露特征、分选不好、厚层和弱旋回性都表明其为低能、深水环境。而与其他相序组合呈指状交错接触同样指示中陆棚。

（四）开阔海灰泥丘外陆棚相序组合

开阔海灰泥丘外陆棚相序组合出现在大部分测量剖面的顶部，也可能是浅海陆棚相序组合中分布最广的相带，其厚度在25～80m之间变化。这种相序组合包括三种相：红藻层—大型底栖有孔虫粘结灰岩、红藻—大型底栖有孔虫砾状灰岩—颗粒灰岩和粗粒红藻—骨架泥粒灰岩—颗粒灰岩（表1，图6）。这种厚层状（几米至十几米）、丘状的生物建隆和其他相组合存在明显区别。该组合旋回性极差；它由厚层的红藻—大型底栖有孔虫粘结灰岩和砾状灰岩（被红藻—骨架泥粒灰岩—颗粒灰岩覆盖）互层组成，厚度达15～20m。

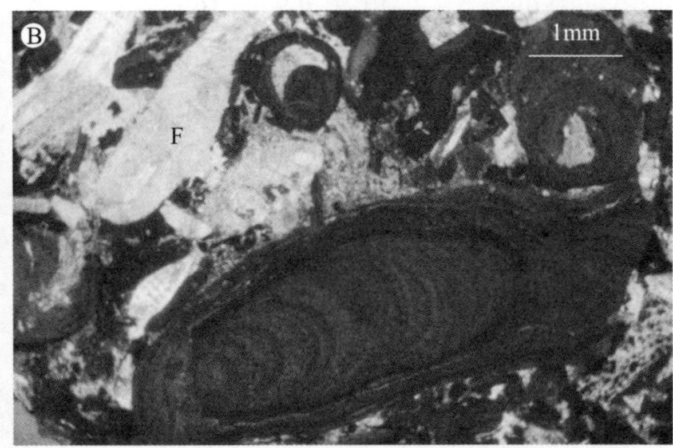

图6　开阔海灰泥丘外陆棚相序组合的照片

A—大量厚层状开阔海灰泥丘外陆棚相序组合的露头。厚层中以生物层砾状灰岩和粘结灰岩为主，退积区域以细粒粒泥灰岩与颗粒灰岩互层为主。B—红藻—大型底栖有孔虫砾状灰岩—颗粒灰岩的微观照片。色暗、圆度较好和长方形状都是包壳珊瑚藻的不同形态，而亮色部分则表示大型底栖有孔虫（F）和砾间胶结物。标尺为1mm

生物组分（红藻、货币虫和鳞环虫等）表明其处在开阔海环境（Johnson，1961；Wray，1977；Hallock和Glenn，1986）。灰泥和暴露特征的缺乏指示高能环境中沉积能量相对集中，但暴露现象并不常见。识别出的相序组合特征指示向海的内陆棚和外陆棚且接近陆棚边缘的环境。外陆棚环境指的是碳酸盐岩台地中接受波浪能较多的一部分，该区厚层生物建造较发育（James，1979；Buxton和Pedley，1989；Carozzi，1989）。

（五）盆地相序组合

盆地相序组合由泥灰岩、浊积岩和块状碎屑沉积物3种岩相构成（表1，图7），时代属于晚始新世—中新世。泥灰岩中有少量泥质，并包含浮游有孔虫；浊积岩主要由浅海陆棚物质组成，具冲刷面、槽模和正粒序等特征；块状碎屑沉积物包括以砾岩体形式堆积的大型石灰岩漂砾岩块体（直径数十米）和包卷泥灰岩块体。块状碎屑沉积物和浊积岩中碎屑的时代属于始新世—渐新世，但块状碎屑沉积物距离台地较近而浊积岩则为远端沉积。

在泥灰岩相中，非常细粒的结构以及浮游有孔虫的存在反映了低能、深水沉积环境（Wilson，1975；Buxton和Pedley，1989；Carozzi，1989；Geel，1995）。浊流代表了碎屑流在陆棚斜坡的再沉积。在该相序组合中，浊积岩和块状碎屑沉积物的富集表明了陆棚区的持续再沉积作用。

图7　盆地相的照片

A—盆地相序组合的露头照片。右边为年轻地层，泥灰岩软层构成了相序组合的大部分，而浊积岩是其中坚硬层。B—盆地相序组合中浊积层的局部照片，其中硬层为粗粒且具有冲刷面，向上变为泥灰岩软层。榔头为比例尺（圆圈处）

三、地层对比

横穿白色海岸地区的一些实测剖面的侧向关系及其横向对比见图8。浅水陆棚剖面的对比是利用航拍技术、不整合面和关键层的野外追踪、一些异化岩和化石的突然出现以及地层叠加样式相似性识别等方法开展的。而盆地区与陆棚区的剖面对比是利用广泛应用的年代地层对比方法，其主要基于生物地层和异化颗粒含量的变化趋势。该方法已经成功地应用到其他台地—盆地区的地层研究中（Everts等，1999）。

浅海陆棚区和盆地区的渐新统都是以两个主要对比界面为边界。渐新统沉积在白垩系或者始新统不整合之上，这些不整合在Toix、Cumbre del Sol、Restaurante Bernia和Relleu剖面中均有出现。在Cumbre del Sol和Restaurante Bernia剖面上白垩系和渐新统之间为角度不整合。而在Toix和Relleu剖面中，始新统和渐新统之间发育的一套砾岩标志着二者之间为侵蚀不整合。这些不整合面与比利牛斯山脉造山运动的挤压幕相关（De Ruig，1992；Geel，1995）。另外一个主要的对比界面是位于Toix、Autopista、Estret、Pinos和Cumbre delsol剖面中渐新统和中新统之间的不整合。这种侵蚀不整合面由一种常见的沉积在含海绿石砂岩上的砾岩堆积体组成。Relleu剖面中渐新统—中新统界面以从向上变细的重力流沉积为主转变为以碎屑流沉积为主的标志。Geel（1995）也在夏特阶剖面中解释出这种不整合，该期不整合大部分区域遭受了抬升和剥蚀。

图8中展示了一些主要的对比线。例如，在浅水剖面的离散层段中较常见的黑色碎屑和颗粒，在盆地相剖面中的再沉积层段中也较常见。而其他对比则包括在沉积地层序列中大型底栖有孔虫的突然出现，如货币虫属和大型鳞环虫。

浅海陆架地层序列在往南的地区相对更厚些，推测可能接近了近海陆棚边缘，厚达369m（图8），近似反映了早渐新世的古地貌。其中，最厚的层段覆盖在始新统之上，而最薄的层段则覆盖在白垩系基底之上。这些关系表明了构造对渐新统下部不整合面发育的控制作用，以及渐新统上超到一个断层限定的高点之上。斜坡和盆地剖面被一个盐底辟从浅海陆棚剖面中分隔开（三叠世的盐丘，图1）。尽管没有详细测量，陆架和盆地相剖面中存在一套厚层杂乱堆积的块状碎屑沉积物（夹杂有不同时代的大量台地区沉积的岩屑块体）和深海重力流沉积物（Villajoyosa区；图1，图8）。这种沉积序列发育在陆坡坡脚，反映出台地边缘很陡峭，可能发育有断层，并暴露过不同时代的岩石。其中，块状碎屑沉积物沉积序列向盆地方向变薄，远端逐渐演变为一个厚度达到175m的远端斜坡—盆地沉积序列（Relleu剖面，图1）。

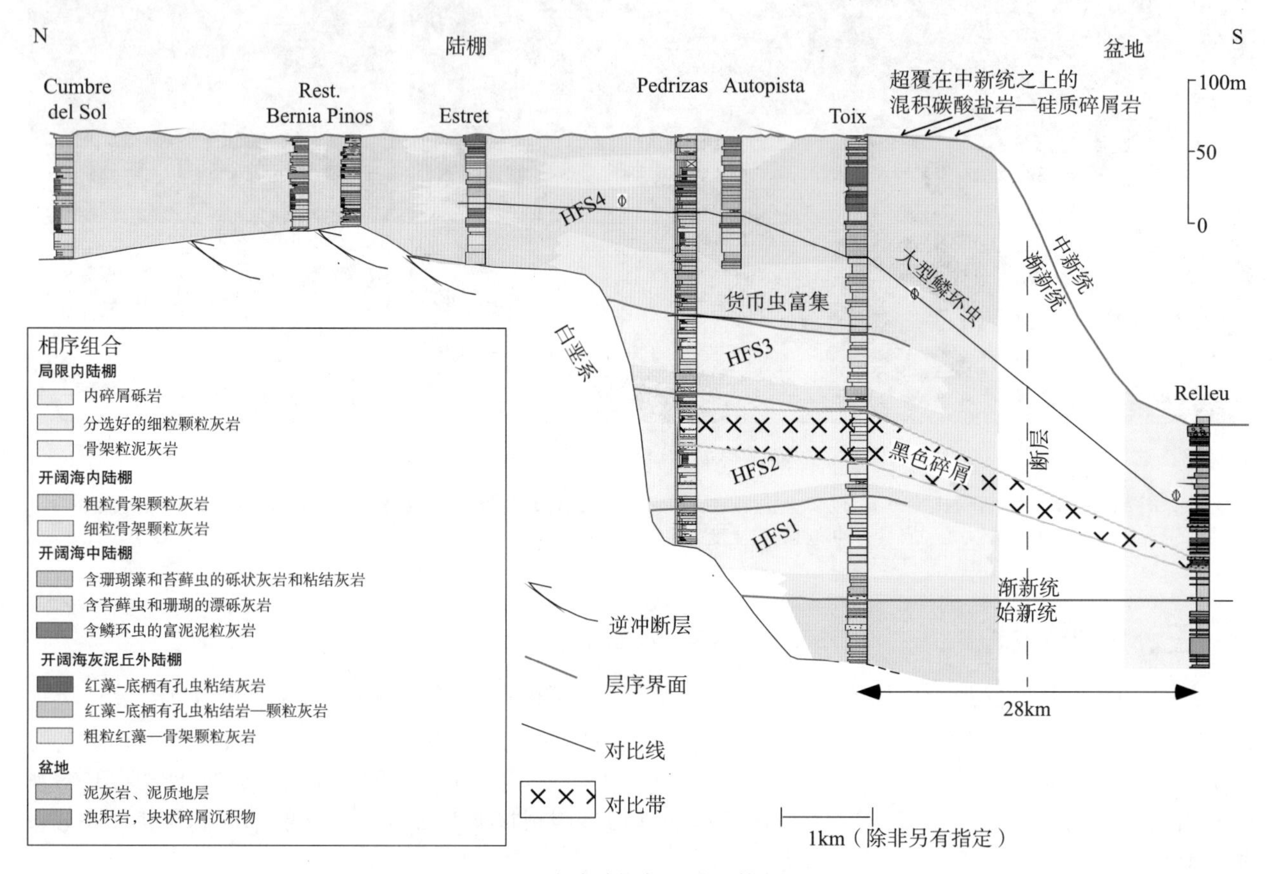

图8　白色海岸渐新统地层横剖面

展示主要的对比界面、相序组合及层序地层学框架。其中地层剖面的位置可在图1中找到。Cumbre del Sol和Relleu是比其他位置更远的剖面，它们之间的距离与比例尺并不相符。Cumbre del Sol和Restaurante Bernia之间的距离为15km，而Toix和Relleu之间的距离为28km。相类型由颜色标识，层序界面为红色，并标出了四种高频层序

四、层序地层学

上述描述的两个地区的区域不整合之间的层序序列被划分成了四种高频层序（HFS1—HFS4；图8，图9）。HFS1—HFS4，对应从最老到最新。每一个连续的高频层序超覆在沉积高点之上，而最年轻的台地似乎最容易形成化石。

HFS1—HFS3在其低位部分发育开阔海相，局限海相超覆于之上，这代表了局部海平面由初始的加深到随后向上变浅的过程（图9）。HFS1和HFS2的底部都是由一套薄层（厚度在8～14m之间）开阔海中陆棚相的相序组成，一大套局限内陆棚沉积物超覆其上（图8，图9）。HFS1和HFS2底部的开阔海中陆棚相表现出骨架砾状灰岩和漂砾灰岩交替变化的旋回性。在这两个层序中，这些旋回的厚度变化在5～10m之间。HFS1包含旋回暴露的证据较少，但HFS2的旋回中明显可见到一些撕裂屑。HFS1和HFS2中的局限内陆棚相及其上部地层的旋回性更清晰。这些旋回中依次出现粒泥灰岩、泥粒灰岩和分选好的细粒颗粒灰岩，反映的是水体先加深后向上变浅且伴有暴露的旋回变化特征。其中旋回的厚度在0.1～0.5m之间，平均厚度大约为7.5m。旋回底部通常为具黑色碎屑和发育有窗格孔碎屑的砾岩和角砾岩，表明其遭受暴露再沉积。

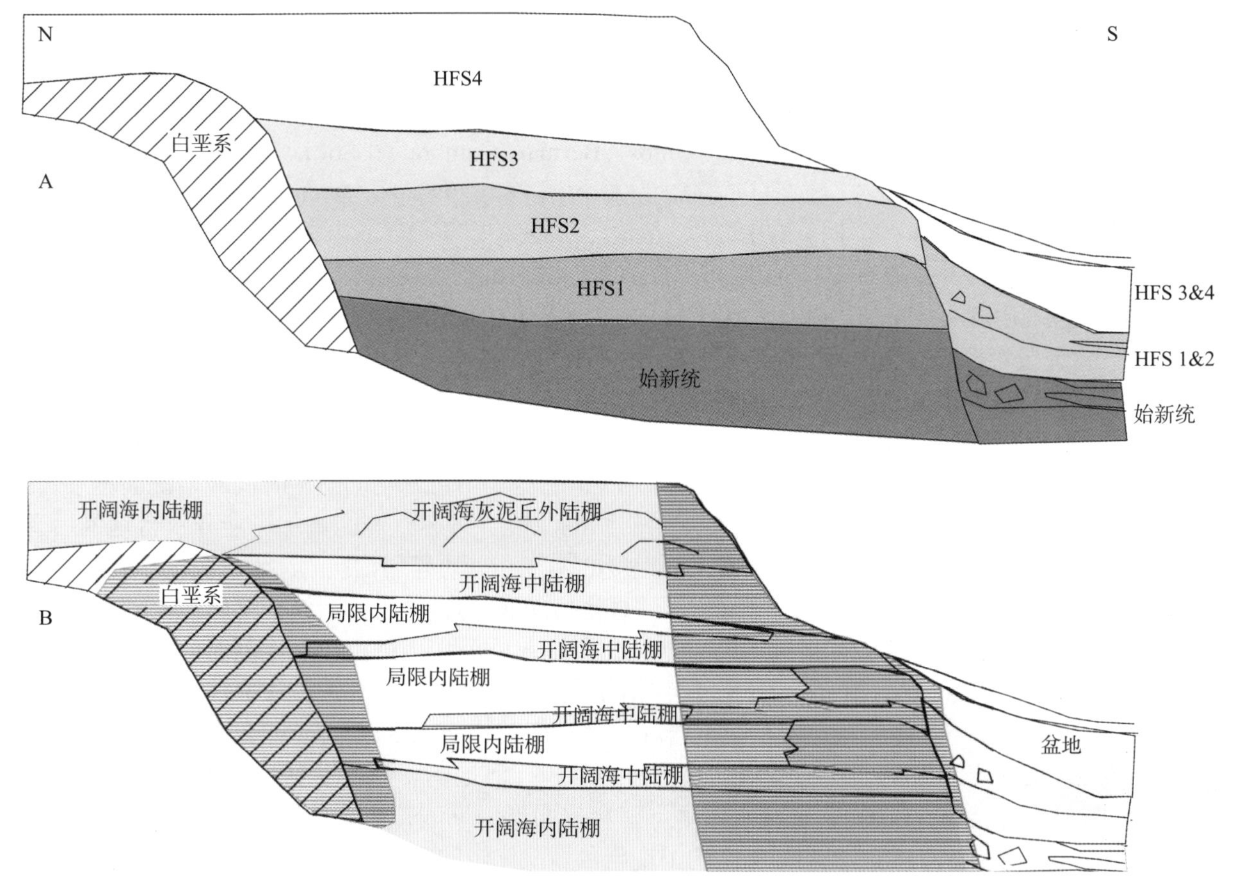

图9 对图8中横剖面作出的一种更简化的解释

横剖面在相同的方向上。A—解释的高频层序的位置，而解释的陆架边缘具有断控性，沿着斜坡和盆地方向具有滑动性和块体搬运特征。B—层序中出现的几种相序组合，表示它们随着时间变化发生加积和回剥现象。其中，灰色阴影区域表示的台地边缘不太精确，是通过推测得出，超覆在白垩系之上的渐新统仅在远离剖面的北面可见

HFS1和HFS2之间的界面为从局限内陆棚相向开阔海中陆棚相过渡的突变面。其中HFS1的旋回厚度表明它有向上变薄的趋势，从底部大约10m的旋回厚度变为顶部2～3m的旋回厚度。但是在HFS2中并没有发现明显的向上变厚的趋势。

在相距1.8km的Toix和Pedrizas剖面中，HFS1和HFS2非常相似（图8，图9）。HFS1仅仅在Toix剖面中发育有完整的旋回，且Toix剖面是更向盆地方向的浅海陆棚剖面，故很难评估其侧向变化。但是，HFS1的上部在每个剖面中都有出现，其中在Pedrizas剖面中发育更多的砾岩层，且相对Toix剖面其旋回厚度更薄。与Toix剖面中的HFS2相比，Pedrizas剖面中HFS2厚度厚了大约30%，按照地层比例厚度分析，Pedrizas剖面比Toix剖面包含了更少的开阔海相。

HFS2和HFS3之间的界面标志为一套可以追踪的内碎屑砾岩，这套砾岩削截了下部的局限相，并被开阔海相超覆于之上。HFS3底部（15～20m）是一套厚层开阔海中陆棚沉积，被一套含开阔海环境夹层的局限内陆棚沉积（35～40m）超覆，特别是在靠近推断边缘的剖面处（图8，图9）。Toix剖面中的HFS3包含了36%的开阔海相，而在Pedrizas剖面中仅含有16%；Toix剖面中的HFS3同样包括了少量的内碎屑砾岩相（5%），而Pedrizas中则包含了14%。HFS3中的旋回与HFS1和HFS2中的类似，但是它更厚（5～16m），并具少量的暴露面和窗格孔。

HFS4的底部对应的是骨架和异化颗粒组分的突变和全局相分布的突变。这种高频层序主要由开阔海中陆棚相、开阔海灰泥丘外陆棚相和内陆棚相相序组合构成（图8，图9）。在所有的测量剖面中都找到了开阔海相，表明了台地相的广泛分布。相对Toix和Pedrizas剖面推断的陆棚边缘而言，这种高频层

序较厚，达125～150m，其主要由一套大约60m的厚层开阔海中陆棚相和超覆于其上的一套更厚（大约90m）的开阔海灰泥丘外陆棚相构成。这两个剖面的对比显示出，相比Toix剖面（20%多的中陆棚相和近80%的灰泥丘外陆棚相），Pedrizas剖面包括了更多的中陆棚相（近50%的中陆棚相和50%的灰泥丘外陆棚相）。在更靠陆和靠北的剖面（Estret、Pinos、Bernia和Cumbre del Sol）中，HFS4相对更薄，仅50～70m。向北中陆棚相逐渐减少，而开阔海内陆棚相增多。这种高频层序的旋回性并不是在所有剖面中都有分布，且缺少暴露的证据。有出露的剖面中，旋回相对更厚（15～20m），岩相在颗粒—砾状灰岩和粘结灰岩之间变化。在HFS4沉积期间，台地中开阔海沉积区域较大，表明其受到强流的再改造沉积，缺少足够的可容空间充填沉积物。更厚的旋回则表明加积和可能的相回剥（图8，图9）。HFS4的沉积剖面特征及可能的控制因素明显不同于HFS1—HFS3，接下来要重点讨论。

总之，高频层序底部为一套厚的开阔海相，向上厚度增加时为局限相和开阔海相间互出现。HFS1和HFS2代表沉积物反复地充填可容空间的浅水局限条件；HFS3，特别是HFS4代表了更深水和更开阔海的沉积环境，在这些环境中可容空间未被充填满。该趋势表明可容空间随着时间的增加而增多，这可能弱化了高频海平面变化的影响，反而增加了旋回的厚度。可容空间的增加可能导致台地的后退，随后暴露、成阶梯状，最后在早中新世随着沉降速度的增加和硅质碎屑物质的注入而关闭。

台盆间的关系表明盆地中重要的块状碎屑沉积和浊流沉积与台地中始新统—渐新统不整合面是同时形成的（图8）。HFS1和HFS2与低速率的盆地沉积和泥灰质沉积相符。在盆地剖面中，河道浊积岩向上出现次数增加，其可能与HFS1和HFS2中丰富的暴露面和黑色碎屑有关，该事件表明台地受到了再改造。HFS3似乎与一套薄层泥灰岩和浊积岩沉积序列相关，而HFS4则对应一套厚层盆地剖面，该剖面以泥灰岩和浊积岩为特征，夹有少量的块状碎屑沉积。但是，渐新统—中新统界面以砾状浊积岩和块状碎屑沉积为标志。很明显，在高频层序不整合界面形成期间，块状碎屑沉积作用占主导地位。盆地沉积物中，可变年龄的碎屑表明断层崖的出现与台地演化中的断层运动相关。

五、台地发育控制因素的讨论

沿白色海岸出露的渐新统碳酸盐岩序列提供了研究碳酸盐岩台地中构造和古海洋与地貌、相序和生物分布相互影响的实例。这表明构造作用怎样叠加在海平面升降信号之上，以及怎样根据生物带的组成和分布从地中海古近系模型（Esteban，1996；Franseen和Goldstein，1996）和渐新统局部光合作用带（Frost，1981）中获得台地信息。

经详细研究表明，浅水碳酸盐岩台地中每种相序组合包含了一套独有的生物。内陆棚相的主要生物组成为小型底栖有孔虫、苔藓虫、海胆纲动物和软体动物。两种内陆棚相序组合表明开阔海环境和局限环境之间的变化存在于该相序中，且以粟孔虫为主要标志（在局限环境中占绝对优势，而在开阔海环境中则较少）。而中陆棚环境中以大型与小型底栖有孔虫、红藻、苔藓虫和指状珊瑚为主要特征。灰泥丘外陆棚相序组合则以红藻和大型底栖有孔虫占主要优势，含有少量的珊瑚。斜坡—盆地剖面的块状碎屑沉积物中含有大量的珊瑚，这种情况表明在HFS1和HFS2，也许是HFS3沉积时期，台地边缘（并不是现在所观察到的边缘）主要由珊瑚和红藻的组合组成。白色海岸地区沉积序列中缺乏典型的浮游生物组合，如绿藻、丰富的珊瑚和其他通常容易富集碳酸盐元素的浮游生物组合（鲕粒和早期海水胶结物）。但是，台地边缘似乎有更多的浮游生物组合，反映了渐新世的开阔海环境，这是通过对地中海其他地区的研究得出的（Frost，1981）。

但是，整个台地的生物组合不同于HFS4，可被划分为杂乱生物带（James，1997；Halfar等，2004）。其中的一种解释这种差异的假说是，在HFS4沉积期间，整个台地主要受到上升流和强水流的控制，向上杂乱生物带和高能相带增多。可能上升流增加了富营养化的水平，且与水深增加和水体变冷共同导致浮游有孔虫的减少。根据Halfar等（2004）的模型，HFS1和HFS2及其过渡杂乱生物—浮游生物组合，可能反映了中等营养条件下的温暖浅水沉积，而HFS3的杂乱生物组合，特别是HFS4，可能反映了中等营养条件下的寒冷深水沉积。地中海西部边缘可能受到营养物质增加的影响，形成一个富营养的深水边缘，富营养的形成可能与巴伦西亚海槽的开裂和上升流有关。

从局限相到开阔相暂时的台地演化和相之间交错沉积的缺乏表明沉积模型随着时间的变化而演化（图9，图10）。HFS1和HFS2表明局限内陆棚相和开阔海中陆棚相的指状交错接触。尽管台地边缘并没有得到保存，开阔相和局限相的出现标志着一个具有地形起伏的台地边缘（与Carozzi（1989）和Geel（1995）中描述的相似），该起伏边缘减少了陆棚中的水循环（图10）。基于盆地中的等时单元，台地边缘主要由红藻、珊瑚和大型底栖有孔虫组成。盆地剖面中的内陆棚及其边缘都受到了再改造和再沉积，表明在海平面下降时台地遭到了完全暴露，随后台地又在低位和海进期间遭到侵蚀和发生再沉积作用。所有的露头剖面表明，HFS1和HFS2更具旋回性，而在这些层序中相邻暴露面的保存情况，正好为解释该时期是一个受高频海平面变化影响的浅水镶边台地提供了证据（图10）。

HFS3和HFS4中的生物带反映了限制较少的水域，而其沉积相则表明了该环境为高能、开阔海环境，最终形成具有海水向盆地外扩张的趋势及宽阔、发育大量藻类生物层且没有大的高低起伏的地形。HFS3和HFS4的内陆棚相表明了细粒沉积的反复出现、向上变浅和整体能量的减少。而其沉积模型则表明其为一个受到强水流影响的淹没台地，它没有能够限制水流循环的边缘（图10）。

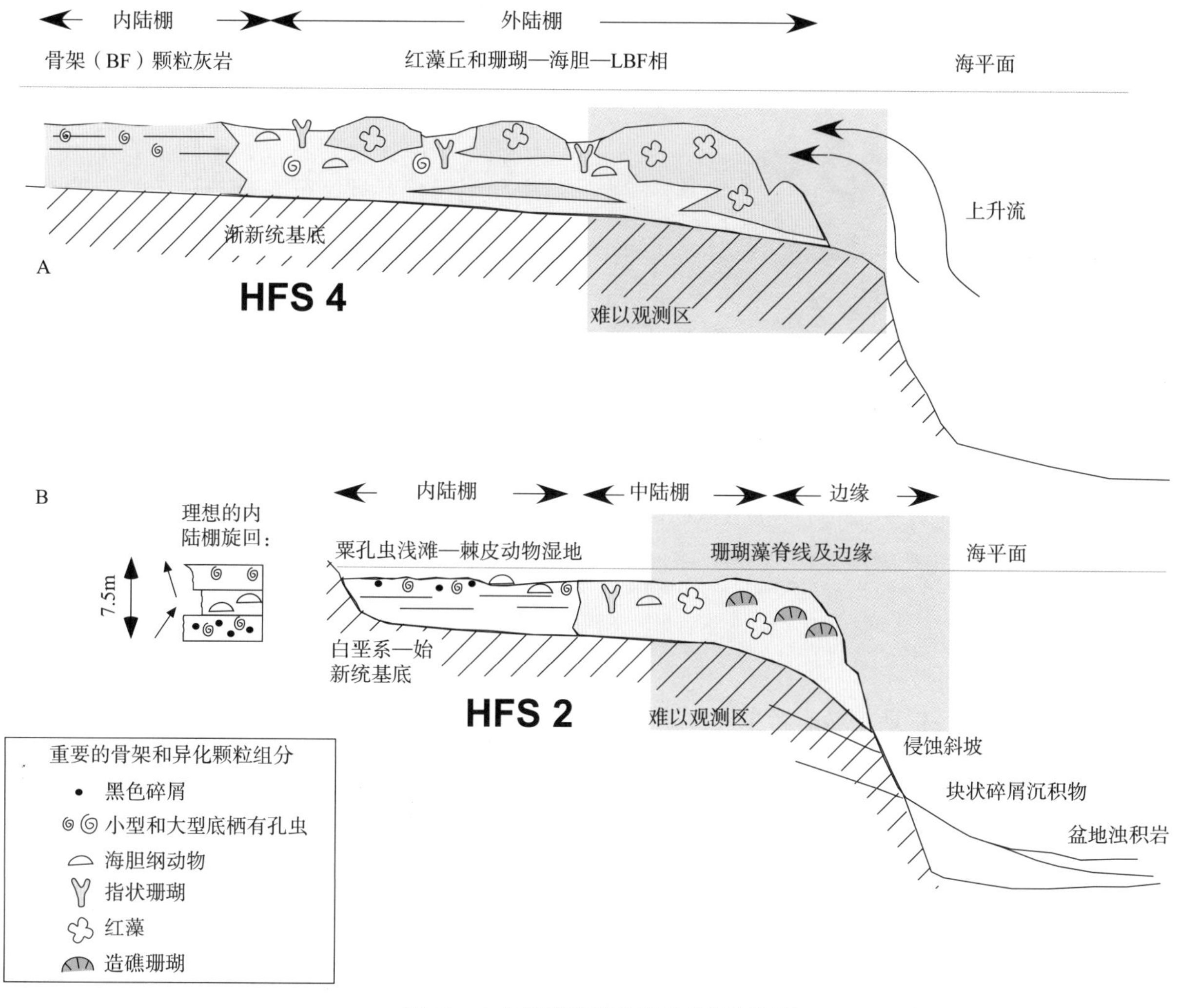

图10　白色海岸渐新统的两种沉积模型

A—HFS4的地貌和相序排列解释。该模型表示外陆棚中以红藻丘为主，但如果没有地形起伏，则限制了内陆棚的发育。整个台地受到上升流和高能波浪的冲刷。B—HFS1和HFS2（可能包括HFS3）的台地地貌和相序排列解释。模型中包括珊瑚藻脊线和限制内陆棚发育的地形起伏边缘。内陆棚可能经常暴露，表现向上变浅的旋回性，可参考模型中左面部分：内碎屑砾岩覆盖在骨架泥粒灰岩之上，顶部为细粒骨架颗粒灰岩。整个台地同样受到上升流和高能波浪的冲刷。灰色框架中表示A和B中难以在露头中直接观察到的区域

南极洲冰盖的发育导致在渐新世全球海平面大约下降30m（Miller等，2005）。白色海岸地区台地沉积序列表现为向上变深和退积的特征，代表了沉降的增加且伴随着台地持续的增长。台地沉降量增加可能导致台地顶部处于最大水深位置，提高水的冷却效果可能增加水中的富营养生物群。

区域构造背景似乎控制了台地的地形，甚至其构成部分。相较全球事件而言，区域构造背景产生的沉降量仅引起相对海平面的局部增加。由于温度减少、营养物质增多和边缘相退积，改变了台地边缘地形及盆地和局限环境中沉积物的特征，这种沉降可能导致杂乱生物组合占主导。

总体向上变深的序列被暴露面截断。其中暴露面并没有喀斯特特征，由于它们经常在后期海进过程中被再改造，在野外通常难以识别。最明显的暴露面覆盖在一套有向上变深趋势的岩相序列之上，退积台地序列在混积碳酸盐—硅质碎屑沉积物注入前埋藏。渐新统和中新统界面之间的时间跨度大概为2～4Ma。在晚夏特期（Miller等，2005），这种暴露应当是较低全球海平面和沉降量下降共同作用的结果，之后在阿基坦期由于逆冲岩席的挤压，台地发生大幅沉降。

东南亚新生代近海碳酸盐岩台地与本研究中白色海岸地区的台地有许多相似之处。例如，东爪哇盆地南望带的地震和露头数据分析表明渐新世—中新世退积台地由红藻、大型底栖有孔虫、珊瑚和海胆纲动物（Sharaf等，2005）组成，与本文研究中所描述的类似（图11）。爪哇陆上实例展示了一个沿着断块边缘生长，且具有陡坡边缘的台地，沉积物由陡坡输入到盆地中。该台地早期阶段表现出假水平层状反射特征，垂向上表示出一个退积和泥丘状台地特征。其与白色海岸的暴露面在地震上反映出的几何形态具有很强的相似性（图11）。退积的新生代碳酸盐岩台地在东南亚地区非常常见。这些沉积样式通常与沉降量的增加及全球海平面的上升有关，而由于受到淹没或者先遭受暴露、后期淹没而使得台地消亡（Bachtel等，2004；Vahrenkamp等，2004；Sharaf等，2005）。生物组分含量通常较相似，与复杂构造背景相似，它可能同样是控制台地地形的重要因素。这些暴露的渐新世台地应该作为研究东南亚新生代台地的一个好的类比区。

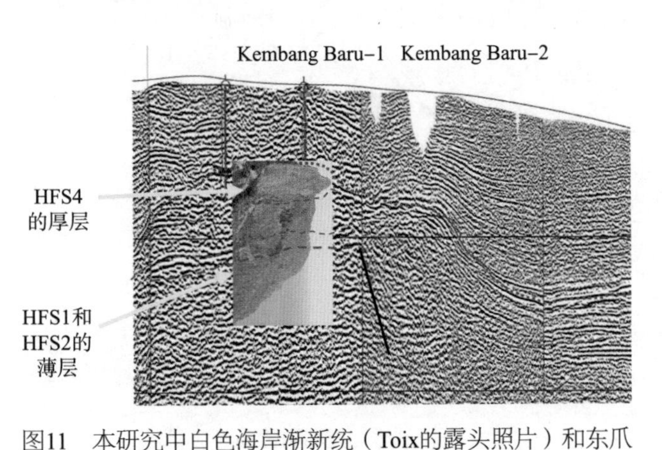

图11　本研究中白色海岸渐新统（Toix的露头照片）和东爪哇盆地南望带渐新统—中新统的地震数据的比较

在两者的序列中，红藻都是主要的骨架颗粒。假定在两者的实例中，序列的下部为薄层，而在序列的上部，出现厚层和退积层序

六、结论

（1）相对于其他特提斯海域的新生代台地，白色海岸地区渐新统的浅水碳酸盐岩序列是独一无二的。尽管在各种构造背景下，特提斯台地有不同的地形特征，但仍未找到一个与白色海岸台地相似的台地。白色海岸地区吕珀尔阶台地是一个具陡峭边缘的开阔陆棚，形成于挤压背景中，这表明随着时间推移，沉降量的增加和张性断裂的增强。

（2）在这套沉积序列中识别出了4套高频层序，表明它是一个总体向上变深、呈退积趋势的沉积序列。该区域中巴伦西亚海槽的开裂及沉降量的增加可解释这种现象。

（3）台地演化同样随着地貌和生物组合的变化而改变。台地可从具限定性的高缓坡边缘变化到具低缓坡边缘。台地生物组合也从层序底部光合作用带过渡到层序上部的杂乱生物群落带。这种变化与水体变深、变冷和富营养化相关。构造活动可能是控制白色海岸地区渐新统台地地形、相带和旋回性（甚至包括生物组合）的主要因素。

（4）该台地研究的重要性体现在多个方面。它有助于了解碳酸盐岩台地地形和相带连续演化的控制因素，理解这些控制因素又有助于研究和预测其他碳酸盐岩台地的特征（包括地形和孔隙度），特别适用于具有相同构造背景台地的研究。总体上，这项研究能作为研究东南亚地区其他新生代碳酸盐岩台地的对比分析实例。

致谢

感谢威斯康星大学麦迪逊分校地质与地球物理系提供的经费支持，并给予设施使用权限。其他经费支持来自美国石油地质学家协会（AAPG）研究补助金、ARCO领域研究资助、Vilas国外旅游奖和Van Hise奖学金。感谢Toni Barnolas提供的地图和在西班牙的帮助，感谢Carrie Gilliam提供的现场协助。感谢Conxita Taberner、Jeff Lukasik和一名匿名审稿人对本手稿提出的全面深刻的意见和建议。

参考文献

Azema, J., Foucault, A., Fourcade, E., García-Hernández, M., GonzalezDonoso, J.M., Linares, A., López-Garrido, A.C., Rivas, P., and Vera, J.A., 1979, Las Microfacies de Jurásico y Cretácio de las Zonas Externas de las Cordilleras Beticas: University of Granada, 83 p.

Bachtel, S., Kissling, R.D., Martono, D., Rahardjanto, S.P., Dunn, P.A., and Macdonald, B.A., 2004, Seismic stratigraphic evolution of the Miocene-Pliocene Segitiga Platform, East Natuna Sea, Indonesia: The origin, growth and demise of an isolated carbonate platform, *in* Eberli, G.P., Masaferro, J.L., and Sarg, J.F., eds., Seismic Imaging of Carbonate Reservoirs and Systems: American Association of Petroleum Geologists, Memoir 81, p. 309-328.

Baena Perez, J., and Jerez Mir, L., 1982, Síntesis para un Ensayo Paleogeográfico entre la Meseta y la Zona Bética (sensu stricto): Madrid, Instituto Geológico y Minero de España，256 p.

Berggren, W.A., Kent, D.V., Swisher, C.C., III, and Aubry, M.P., 1995, A revised Cenozoic geochronology and chronostratigraphy, *in* Berggren, W.A., Kent, D.V., Aubry, M.P., and Hardenbol, J., eds., Geochronology, Time Scales and Global Stratigraphic Correlation: SEPM, Special Publication 54, p. 129-212.

Bosellini, A., and Ginsburg, R.N., 1971, Form and internal structure of Recent algal nodules (rhodolites) from Bermuda: Journal of Geology, v. 79, p. 669-682.

Bosence, D.W.J., 1983, The coralline algae from the Miocene of Malta: Palaeontology, v. 26, p. 147-173.

Bosence, D.W.J., 1991, Chapter 5: Coralline Algae: Mineralization, taxonomy, and palaeoecology, *in* Riding, R., ed., Calcareous Algae and Stromatolites: Heidelberg, Springer, p. 98-113.

Buxton, M.W.N., and Pedley, H.M., 1989, Short Paper: A standardized model for Tethyan Tertiary carbonate ramps: Geological Society of London, Journal, v. 146, p. 746-748.

Cande, S.C., and Kent, D.V., 1992, A new geomagnetic polarity time scale for the Late Cretaceous and Cenozoic: Journal of Geophysical Research, v. 97, p. 13,917-13,951.

Cande, S.C., and Kent, D.V., 1995, Revised calibration of the geomagnetic polarity timescale for the Late Cretaceous and Cenozoic: Journal of Geophysical Research, v. 100, p. 6093-6095.

Carozzi, A.V., 1989, Carbonate Rock Depositional Models: A Microfacies Approach: Englewood Cliffs, New Jersey, Prentice Hall, 604 p.

Caus, E., and Serra-Kiel, J., 1992, Macroforaminífers: Estructura, Paleoecologia I Biostratigrafia: Servei Geològic de Catalunya, Publícacío, Monografies núm. 2, 211 p.

Chaproniere, G.H.C., 1975, Paleoecology of Oligo-Miocene larger Foraminiferida, Australia: Alcheringa, v. 1, p. 37-58.

De Ruig, M.J., 1992, Tectono-sedimentary Evolution of the Prebetic Fold Belt of Alicante (SE Spain): Amsterdam, Vrije Universiteit, 207 p.

Enos, P., 1983, Shelf environment, *in* Scholle, P.A., Bebout, D.G., and Moore, C.H., eds., Carbonate Depositional Environments: American Association of Petroleum Geologists, Memoir 33, p. 267-295.

Esteban, M., 1996, An overview of Miocene reefs from Mediterranean areas: General trends and facies models, *in* Franseen, E.K., Esteban, M., Ward, W.C., and Rouchy, J.M., eds., Models for Carbonate Stratigraphy from Miocene Reef Complexes of Mediterranean Regions: SEPM, Concepts in Sedimentology and Paleontology, no. 5, p. 3-53.

Everts, A.J.W., 1991, Interpreting compositional variations of calciturbidites in relation to platform-stratigraphy: an example from the Paleogene of SE Spain: Sedimentary Geology, v. 71, p. 231-242.

Everts, A.J.W., Schlager, W., and Reijmer, J.J.G., 1999, Carbonate platform–to–basin correlation by means of grain–composition logs: an example from the Vercors (Cretaceous, SE France): Sedimentology, v. 46,. 261–278.

Franseen, E.K., and Goldstein, R.H., 1996, Paleoslope, sea–level and climate controls on Upper Miocene platform evolution, Las Negras area, southeastern Spain, *in*, Franseen, E.K., Esteban, M., Ward, W.C., and Rouchy, J.M., eds., Models for Carbonate Stratigraphy from Miocene Reef Complexes of Mediterranean Regions: SEPM, Concepts in Sedimentology and Paleontology, no. 5, p. 159–176.

Frost, S.H., 1981, Oligocene reef coral biofacies of the Vicentin, northeast Italy, *in* Toomey, D.F., ed., European Fossil Reef Models: SEPM, Special Publication 30, p. 483–539.

Fulthorpe, C.S., and Schlanger, S.O., 1989, Paleo–oceanographic and tectonic settings of early Miocene reefs and associated carbonates of offshore Southeast Asia: American Association of Petroleum Geologists, Bulletin, v. 73, p. 729–756.

Gamble, H.J., and Moseley, F., 1975, Notes on the Pre–Betic geology of the Costa Blanca, SE Spain: London, Geologists' Association Handbook, 28 p. (unpublished).

García–Hernández, M., López–Garrido, A.C., Rivas, P., Sanzde Galdeano, C., and Vera, J.A., 1980, Mesozoic paleogeographic evolution of the External Zones of the Betic Cordillera: Geologie en Mijnbouw, v. 59, p. 155–168.

Geel, T., 1995, Oligocene to early Miocene tectono–sedimentary history of the Alicante region (SE Spain): implications for Western Mediterranean evolution: Basin Research, v. 7, p. 313–336.

Geel, T., Roep, T.B., Ten Kate, W., and Smit, J., 1992, Early–Middle Miocene stratigraphic turning points in the Alicante region (southeastern Spain): Sedimentary Geology, v. 75, p. 223–239.

Halfar, J., Godines–Orta, L., Mutti, M., Valdez–Holguín, J., and Borges, J.M., 2004, Nutrient and temperature controls on modern carbonate production: an example from the Gulf of California, Mexico: Geology, v. 32, p. 213–216.

Hallock, P., and Glenn, E.C., 1986, Larger foraminifera: a tool for paleoenvironmental analysis of Cenozoic carbonate depositional facies: Palaios, v. 1, p. 55–64.

Hardenbol, J., Thierry, J., Farley, M.B., De Graciansky, P., and Vail, P.R., 1998, Mesozoic and Cenozoic sequence chronostratigraphic framework of European basins, *in* De Graciansky, P., Hardenbol, J., Jacquin, T., and Vail, P.R., eds., Mesozoic and Cenozoic Sequence Stratigraphy of European Basins: SEPM, Special Publication 60, p. 3–13.

James, N.P., 1979, Reefs, *in* Walker, R.G., ed., Facies Models: Geological Association of Canada, Geoscience Canada Reprint Series 1, p. 121–133.

James, N.P., 1997, The cool–water carbonate depositional realm, *in* James, N.P., and Clarke, J.A.D., eds., Cool–Water Carbonates: SEPM, Special Publication 56, p. 1–20.

Johnson, J.H., 1961, Limestone–Building Algae and Algal Limestones: Boulder, Colorado, Johnson Publishing Company, 297 p.

Knoerich, A.C., and Mutti, M., 2006, Missing aragonitic biota and the diagenetic evolution of heterozoan carbonates: A case study from the Oligo–Miocene of the Central Mediterranean: Journal of Sedimentary Research, v. 76, p. 871–888.

Maillard, A., and Mauffret, A., 1999, Crustal structure and riftogenesis of the Valencia Trough (north–western Mediterranean Sea): Basin Research, v. 11, p. 357–379.

McColgin, K., 2002, The Development of a Mixed Carbonate and Siliciclastic Slope System in a Tectonically Active Setting, Southeastern Spain: Master's Thesis, University of Wisconsin–Madison, 194 p.

Megías, A.G., Leret, G., Martínez del Olmo, W., and Soler, R., 1983, La sedimentación Neógena en las Béticas: Análisis tectosedimentario: Mediterránea Serie de Estudios Geológicos, v. 1, p. 83–103.

Miller, K.G., Mountain, G.S., Katz, M.E., Sugarman, P.J., Cramer, B.S., Christie–Blick, N., Pekar, S.F., Kominz, M.A., Browning, J.V., and Wright, J.D., 2005, The Phanerozoic record of global sea–level change: Science, v. 310, p. 1293–1298.

Moseley, F., 1990, A Geological Field Guide to the Costa Blanca, Spain: London, The Geologists' Association, 79 p.

Nebelsick, J.H., Rasser, M.W., and Bassi, D., 2005, Facies dynamics in Eocene to Oligocene circumalpine carbonates: Facies, v. 51, p. 197–216.

Ottd'Estevou, P., Montenat, C., Ladure, F., and Pierson d'Autrey, L., 1988, Evolution tectonosédimentaire du prébétique oriental (Espagne) su Miocéne: Academie des Sciences (Paris), Comptes Rendes, v. 307 (II), p. 789–796.

Pedley, M., 1998, A review of sediment distributions and processes in Oligo–Miocene ramps of southern Italy and Malta (Mediterranean divide), *in* Wright, V.P., and Burchette, T.P., eds., Carbonate Ramps: Geological Society of London, Special Publication 149, p. 163–179.

Pierson d'Autrey, L., 1987, Sédimentation et structuration synsédimentaire dans le bassin Neogene d'Alcoy (Cordilléres bétiques externes orientales–Espagne): Ph.D. thesis, University of Paris XI–Orsay, Paris, 314 p.

Sharaf, E., Simo, J.A., Carroll, A.R., and Shields, M., 2005, Stratigraphic evolution of Oligocene–Miocene carbonates and siliciclastics, East Java basin, Indonesia: American Association of Petroleum Geologists, Bulletin, v. 89, p 799–819.

Sprinkle, J., and Kier, P.M., 1987, Chapter 18: Phylum Echinodermata, *in* Boardman, R.S., Cheetham, A.H., and Rowell, A.J., eds., Fossil Invertebrates: Cambridge, Massachusetts, Blackwell Scientific Publications, p. 550–611.

Stoklosa, M.L., 2002, Evaluation of Controls on Carbonate Platfrom Morphology, Facies, and Diagenetic Variability: An Oligocene Example from Southeast Spain: Ph.D. Thesis, University of Wisconsin–Madison, 284 p.

Strasser, A., 1984, Black–pebble occurrence and genesis in Holocene carbonate sediments (Florida Keys, Bahamas, and Tunisia): Journal of Sedimentary Petrology, v. 54, p. 1097–1109.

Tucker, M.E., and Wright, V.P., 1990, Carbonate Sedimentology: Oxford, U.K., Blackwell Scientific Publications, 482 p.

Vahrenkamp, V.C., David, F., Duijndam, P., Newall, M., and Crevello, P., 2004, Growth architecture, faulting and karstification of a Middle Miocene carbonate platform, Luconia Province Offshore Sarawak, Malaysia, *in* Eberli, G.P., Masaferro, J.L., and Sarg, J.F., eds., Seismic Imaging of Carbonate Reservoirs and Systems: American Association of Petroleum Geologists, Memoir 81, p. 329–350.

Wilson, J.L., 1975, Carbonate Facies in Geologic History: Berlin, Springer–Verlag, 471 p.

Wray, J.L., 1977, Calcareous Algae: Amsterdam, Elsevier, 185 p.

碳酸盐岩台地演化的环境控制

碳酸盐岩台地结构中的生态演化和流体动力学响应

Luis Pomar[1]　Christopher G.St.C.Kendall[2]
（1. 巴利阿里群岛大学；2. 南卡罗来纳州大学地质科学系）

摘要：碳酸盐岩台地的类型、非均质性及其结构均较复杂。每一个台地中的沉积序列都具有独特的特征，该特征为独特地质构造背景与物理、化学和生物条件在显生宙的独特表现。每一个沉积序列都具有独特的沉积剖面、相带分布和台地结构，以基本的加积单元顺序及其叠置样式展示出来。台地类型之间的关键差异通常是其生态群落之间差异作用的结果。其端元包括：①起伏较低的碳酸盐岩缓坡，该缓坡与陆架平衡剖面相匹配，或者由产自浅水、透光性好的沿下倾方向剥离的松散、细粒沉积物组成，或者由形成和聚集在沉积剖面较深水部位的沉积物组成（透光性差或无光线区域）；②开阔陆架台地中包含了大骨架多细胞生物，具有中等—显著的在陆架平衡剖面之上建造台地边缘的能力；③镶边台地中的生物组分能够堆积到海平面附近进而达到最大的生态可容空间；④许多古生代和一些中生代台地具有陡峭、大而厚的边缘斜坡特征。

碳酸盐岩台地的解释及其相带非均质性的预测涉及到相关几何形态数据的分析和整理。这些分析包含了从新到老沉积物聚集的迭代和连续回剥。这一重新组合用于确定碳酸盐岩层序、旋回、准层序和层系的成因特征以及它们随物理和生态可容空间产物变化的关系。这一重新组合涉及相关生物群落的演化、生态需求导致的变化、流体动力学背景、物理可容空间和生态可容空间（在特定流体动力条件下的碳酸盐岩建造能力）的变化。这种分析思路受限于古生物方面生态知识的多少，然而其优势在于它提出了新的问题，进而提供了更多实际解释并提高了岩相非均质性预测的精度。

本文主要提供了中生代与新生代碳酸盐岩台地及沉积相的非均质性分布范围和台地的内部与外部结构特征，证实了台地的变化特征与可容空间变化之间的联系（Jervey，1988；Vail等，1991；Posamentier和James，1993），而可容空间变化与全球海平面、总沉降量和碳酸盐岩产率特征的变化相关。其中，生物的建造能力主要受三种主要环境因素的控制（图1）：①生态系统的需求随着生物群落的演化而变化；②全球气温梯度和海洋与大气中的化学物质；③区域水动力背景、营养物质的利用率、盐度和基质。

碳酸盐岩沉积体系的这些控制因素与层序地层学原理直接相关，进而可应用于预测碳酸盐岩相的几何形态在垂向上和侧向上的展布范围。当前，层序地层学能成功地用于解释和预测硅质碎屑沉积层序中的相结构。其中，硅质碎屑沉积层序是可容空间和沉积物物源变化综合作用的产物。层序地层界面格架用于确定地层模式的位置和不同碎屑体系下的沉积相结构。因此，层序地层学原理通常用于解释局部沉积过程及其随着时间变化的沉积产物。

相较碎屑岩沉积体系而言，碳酸盐岩台地结构的划分相对更容易，其中的一个显著差异体现在由叠置的加积单元构成的地质体，其展布范围更广（Read，1982，1985）。例如，碳酸盐岩的几何形态在单斜缓坡和镶边陆架边缘斜坡之间变化，碳酸盐岩相分布范围更宽，几何非均质性更强。这种变化是碳酸盐岩台地中生态环境不断演化的直接响应。因此，尽管流体动力学定律并不随着时间变化，且在碳酸盐岩和碎屑岩中产生了强地层响应，但在碳酸盐岩中响应特征常常差异较明显。这表明碎屑岩沉积体系中的各种分析工作流程难以准确地应用到碳酸盐岩沉积体系中。这种结果通常与关键的生物、物理和化学因素有关，而这些因素可导致在更老的地质剖面中碳酸盐岩结构分布不太明显。

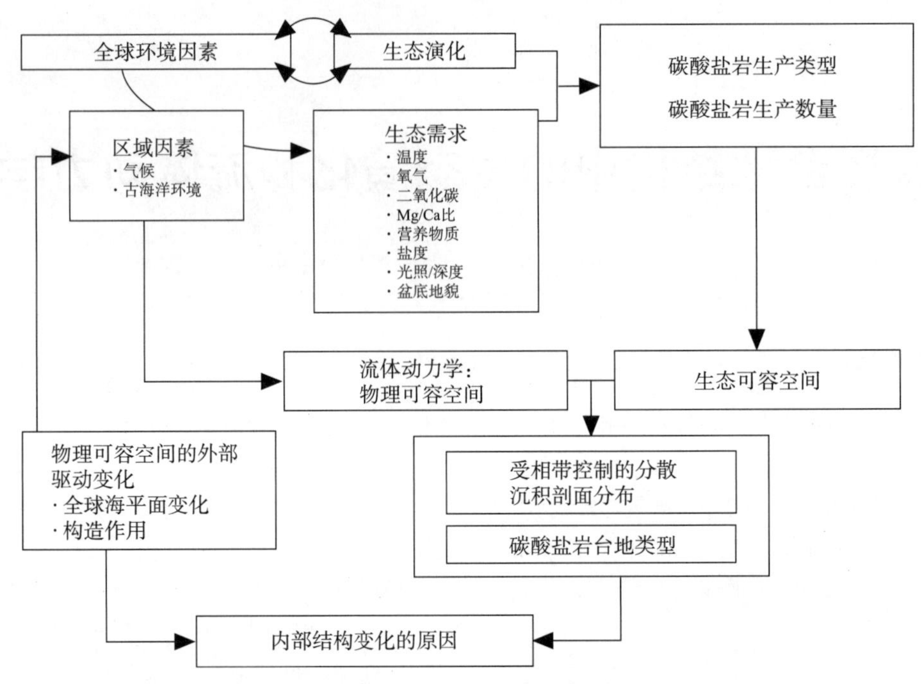

图1　碳酸盐岩台地中控制碳酸盐岩聚集的物理与生态关系流程图

碳酸盐的沉积主要受沉积物聚集基准面的影响。而我们关心的主题是，在碳酸盐岩沉积体系中，沉积物聚集的基准面虽然受到流体动力学的影响，但是生态因素也是主要控制因素之一（Pomar，2001a，2001b）。Jervey（1988）给出的可容空间的原始定义为“可供沉积物聚集的空间”，本文中将可容空间划分成物理可容空间和生态可容空间。

一、物理可容空间：碎屑岩沉积体系中的基准面

“物理可容空间”用于描述可供沉积物充填的空间，其中该充填空间由局部水动力特征主导背景下的碎屑岩相系统构成。这个定义是Swift和Thorne（1991）提出的“陆架平衡剖面”概念的外延。这来源于对海相系统滨岸环境的认识，其发生沉积时通常暴露在最大波浪面之上，形成了一个向海方向变化的基准面。滨岸环境通常是岩性向盆中变化的输导层，并在盆地水动力体系的作用下重新分配（图2）。这些沉积物继续加积直至风浪流能扰动和到达的下陆架深度。这种幕式加积过程逐渐堆积整个沉积剖面。向盆地内部方向，颗粒变小，这反映沉积物质的输入、重新分配和聚集之间的平衡（Johnson，1919；Reineck和Singh，1980；Allen，1982；Swift等，1991），为此，Swift和Thorne（1991）定义了“陆架平衡剖面”。这个剖面表示一个动态平衡的概念面，与Dietz（1963）提出的“海相平衡剖面”相似。为此，他识别出浪基面并不是一个突变的面，而是一个具约束“海相平衡剖面”的一般性的波动带（空间范围概念）。这与Rich（1951）提出的带的概念相符，该带与风暴时期波浪所扰动的底部范围内的最大深度一致。

进一步论证后，建议把Jervey（1988）提出的可容空间划分为物理可容空间和生态可容空间。前者（物理可容空间）完全受到与碎屑岩相系统相关的局部水动力条件的控制。在这种情况下，可容空间包含的是海底和Swift和Thorne（1991）提出的“陆架平衡剖面”之间的空间。基准面是指与陆架平衡剖面接近的沉积物聚集面，常常容易与海平面相混淆。

在某些情况下，如三角洲环境，沉积物得到充分供给时，基准面可以有效地等同于海平面。相反，如果沉积物供给减少，这个沉积物供给和水动力能之间的动态平衡面（陆架平衡剖面）将相对变深（三角洲退积）。

在地质时间尺度的沉积界面上，沉积物的输入速率及特征与沉积物的搬运速率之间保持动态平衡（图2）。沉积物持续加积达到平衡剖面的位置，当后续间歇性的风暴和潮汐流中充足的水动力不断地冲

刷陆架下部和滨外时，沉积物的净沉积速率减小。这使得沉积物向海方向沉积的转换，形成了一个由重力过程主导的斜坡（Swift和Thorne，1991）。陆架平衡剖面表示沉积物聚集的基准面，同时定义了碎屑岩相系统中沉积陆架和斜坡上产生的物理可容空间（图2，图3A）。海平面升降、总海底沉降及水动力条件的变化都可导致可容空间发生一些变化。

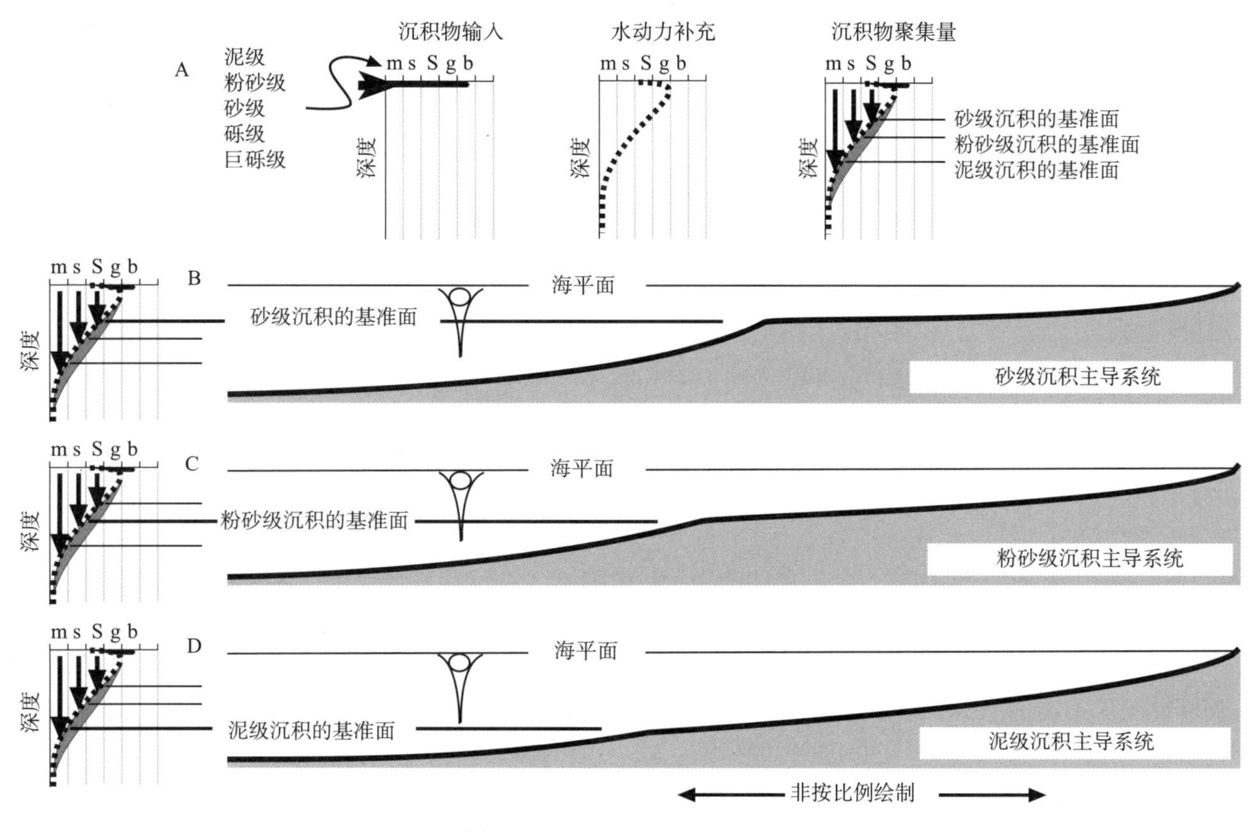

图2 陆架平衡剖面（据Swift和Thorne，1991）

表示在沉积物输入和流体流动效果之间的平衡。A—沉积物输入：滨岸沉积物颗粒在泥级和砾级之间变化。水动力能：水根据沉积物颗粒大小搬运沉积物的能力（为了简化，这里主要指波浪能），可写成最大颗粒搬运直径的表达式。砾石包含细砾、中砾和粗砾3个级别，但是不包括大卵石。沉积物聚集：在陆架上，当有波浪运动和间歇性风暴与潮汐流时，沉积物沿陆架下部和滨外搬运，随着水深的增加，向海方向粒度减小，底水压力减弱。结构梯度及相差异源于这些大尺度的扩散机制，该机制依赖于幕式搬运特征，这是沉积物沉积轨迹向海方向由重力主导形成斜坡所致。B—D—受到砂质、粉砂质和泥质沉积物主导的陆架—盆地剖面沉积背景

二、碳酸盐岩沉积体系中的生态可容空间

在碳酸盐岩沉积体系中，沉积物聚集空间的潜在控制因素比碎屑岩沉积体系中的更加复杂。Pomar（2001a，2001b）定义了生态可容空间，它是指除了受到水动力条件的影响，碳酸盐岩可容空间还受到生物在与碎屑岩沉积体系中相关的水动力门限值之上生产和聚集沉积物能力的影响。

在碳酸盐岩沉积体系中，由颗粒组分及沉积结构的多样性确定岩相的类型。这是多种碳酸盐岩生产过程和引起碳酸盐岩在盆地内重新分布的机制的综合作用的结果。这种生产（沉积物质的输入）依赖于碳酸盐岩沉积背景下颗粒的类型、大小和沉积效率，这些反过来依赖于区域内生产碳酸盐的生物带的繁盛程度（盆底的自然地理条件）、盆内条件（营养物质、温度、水能、水的透光度、盐度、含氧量、Ca^{2+}和CO_2的浓度、Mg/Ca比和含碱度等）和包括生态需求（基质、竞争取代等）在内的生物演化。然而，沉积物的分散程度取决于不同类型沉积物的物理特征与生产地点周围的水动力能之间的相互作用和通过粘结、捕获、障积、格架建造（Ginsburg和Lowenstam，1958）和早期胶结过程对沉积物进行的改造。其中

物理特征包括颗粒大小和由颗粒内孔隙度（骨架内孔隙度）决定的体积密度。因此，在水动力陆架平衡剖面的上下范围内，每类不同的生物体系具有独特的建造能力（生态可容空间）；（图3）。

绝大多数碳酸盐岩（生物骨架型）建造主要依赖于有机质的生产（与自养生物和混养生物直接相关，与异养生物间接相关），与此同时，其在沉积剖面上也存在明显差异（图3B—G）。陆坡型碳酸盐岩台地边缘的发育与水深存在明显的相关性，其中高建造产率对应于浅水沉积背景（Wilson，1975；Kendall和Schlager，1981；Schlager，1981，1992；Bosscher和Schlager，1992；Pomar，2001a，2001b）。相反，缓坡型碳酸盐岩台地边缘的形成，是由随深度变化的建造产率的差异减小（Koerschner和Read，1989；Wright和Faulkner，1990；Burchette和Wright，1992）和（或）强的滨外搬运（Aurell等，1995；Aurell等，1998；Bádenas等，2003；Wright和Burgess，2005），以及建造陡坡型台地边缘的骨架生物的减少（Beavington-Penney等，2005）共同造成的，其中碳酸盐岩建造产率随深度的增加而增加（Brandano等，2001；Brandano和Corda，2002；Pomar，2001a，2001b；Pomar等，2004）。

更详细的针对台地边缘—斜坡沉积剖面、骨架组分分布和相关的结构分析确保了成因过程的识别。这些反过来与碳酸盐岩沉积体系中生态可容空间的差异相关。

无论是在透光带还是在无光带的深水部分，粗粒型碳酸盐岩建造产率具有优势的碳酸盐岩沉积体系，形成低角度缓坡（图3B）。与沉积剖面相似的是，尽管具有不同的岩相带，浅水带中以泥级沉积物为主的碳酸盐岩沉积体系具有一个最小的容量去充填浅水陆架可容空间。由于受到风暴侵蚀和悬浮细粒物质的影响，沉积物很容易沿陆架下部流出（图2）。休止角非常低，使得以泥级颗粒为主的沉积剖面是一个单斜缓坡（图3C）。这时，粗粒组分通常聚集在海岸或者滨岸沉积的浅水环境中，反映了波浪产生的摩擦力主导带中的水动力势能和能量耗散过程。在这两种情况下，细微的地形凸起导致在特定水深下沉积物聚集的增加。

当松散颗粒的产率主导了浅水波浪扰动带时，与陆源系统匹配的物理可容空间占主要优势（图3D）。骨架组分可能聚集在陆架平衡剖面之上，但其都向摩擦力主导带中迁移（图4A）。斜坡的坡度角与沉积物组构（休止角）和风暴流的密度、频率（再造过程）有关。正如新近纪台地中有许多红藻一样，透光带深部可能产生许多砾石级别的生物碎屑。这些粗粒生物碎屑通常在原地聚集，仅在异常风暴期或者海流作用下呈幕式搬运。在这些情况下，沉积物主要聚集在陆架下部，在某些特殊的水深下，沉积物聚集速率的增加可能形成一个斜坡，从而产生一个远端变陡的缓坡沉积剖面（图3D）。

陆架平衡剖面之上中等建造能力的显著标志是能见到以软泥基底为主的开阔陆架，在某些中生代台地中，包括厚壳蛤、珊瑚和层孔虫（图3E）。如果这些大的生物建造骨架位于台地边缘的高地上，那么沿着外陆架边缘可能会存在水动力的障碍，这些带内通常会出现水动力能的耗散（图4B）。由于水动力势能的存在，细—粗砂都可能从浅水台地内部被搬运到沉积斜坡上。因此，这些砾级建造骨架多数位于台地的顶部。

在水动力陆架平衡剖面之上由现代礁镶边台地内大量的大型珊瑚和包壳藻建造了一个固定的、具有抗浪骨架的海平面以上的格架，这证明了该位置处建造能力的提高（图3F）。镶边使得沿着陆架边缘形成抗浪障碍并限制了礁后流体的循环（图4C）。在受到开阔海波浪保护的潟湖区，沉积物聚集的基准面比开阔海区域更浅。

在多数古生代台地和部分中生代台地中，碳酸盐岩建造与深度相关（图3G）。许多台地具有陡峭、巨厚的边缘斜坡，其保持一定的沉积厚度和沉积坡度。这些碳酸盐岩结构的起源（包括微生物粘结岩、胶结物和自生泥晶灰岩）难以确定，但可以解释为其在光合作用下的独特产物。在该体系下，斜坡沉积的不足主要表明台地顶部沉积物输出速率较低。如果这些依靠光照的粘结岩建造工厂聚集在缓坡内具有局部地形起伏的海底（与胶结作用或者外来岩块紧密相连的基岩海底），则可能形成灰泥丘。

因此，正如已经得到证实一样，碳酸盐岩沉积体系中沉积物聚集的基准面受到水动力条件的控制，但可能受到生态因素的影响更多。因此，碳酸盐岩沉积体系中可容空间（潜在的沉积物聚集空间）包括两个相互关联的条件：物理可容空间（水动力条件）和生态可容空间（碳酸盐岩的建造能力）（Pomer，2001a，2001b）。

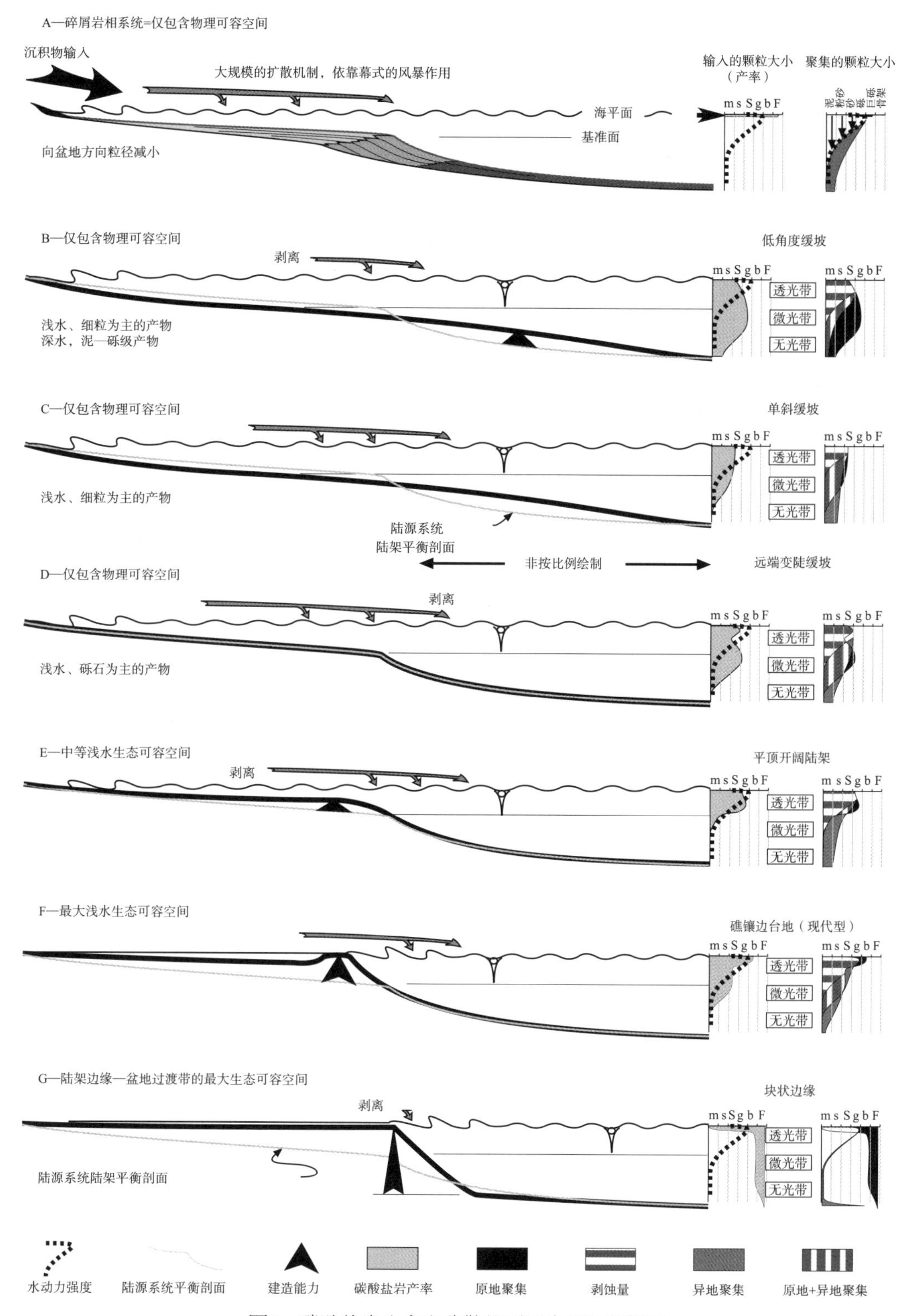

图3　碳酸盐岩生产和分散的不同类型沉积剖面

沉积物的分散和聚集依赖于有效密度、碎屑物质颗粒大小、生产位置和水动力能之间的相互作用。浅水带中产生的大量细粒碳酸盐岩碎屑从台地顶部流出建造成一个斜坡（异地聚集）。但是，搬运的沉积物比浪基面之上侵蚀能量建造的沉积礁要粗（原地聚集）。在更深部低能带中生产的碳酸盐沉积物大部分都是保持原地聚集，或者混合了来自浅水背景中的沉积物（原地+异地聚集）。其形成了一个沉积起伏，直至水动力强度足以能够带动颗粒开始搬运并向外聚集时。搬运沉积物的水能量大小用所搬运颗粒最大直径的大小表示（图2）。需要特别强调的是，碳酸盐岩骨架内孔隙度根据总颗粒密度的变化而变化，因此颗粒结构分异（相对硅质碎屑岩）可能是有效颗粒密度变化的结果。陆源系统平衡剖面可参考岩相系统中的理论平衡剖面（图2）。建造能力：碳酸盐岩沉积体系在陆源系统平衡剖面之上聚集沉积物的能力。碳酸盐岩产率：碳酸盐沉积物生产聚集有效颗粒大小的能力

三、碳酸盐岩台地结构的影响因素及沉积相分布

相对海平面的高频变化（准旋回和旋回）决定了基本层序单元（准层序和基本层序）的建造特征和台地结构的叠置模式，进而导致物理可容空间的变化。但是，受到生态可容空间的影响，碳酸盐岩层序和内部相结构差异明显。由高频海平面旋回变化产生的非均质性，在以浅水、透光和结构主导的生物带为主的镶边陆架边缘中达到最大化，在无光带和微光带的低角度缓坡带中为最小。

除了受到生态可容空间和相对海平面的影响，还有其他过程对台地结构和沉积相非均质性分布的复杂性产生影响。通常情况下，几类不同的生物群落或者碳酸盐岩工厂可共同存在或者随着时间改变，反映了碳酸盐生物群落中每种类型生物繁盛需要的条件（盆底自然地理、基底、营养物、温度、水能、水的透明度、盐度、含氧量、Ca^{2+}和CO_2的浓度、Mg/Ca比和石膏等）变化的结果。这些变化可能与海平面变化相关，或者无关，或者两者之间本质就是相互独立的。

此外，与硅质碎屑岩相系统相似，碳酸盐岩可容空间可能随着相对海平面（向盆地或者向陆地方向迁移）的变化而变化（可能增加或者减少），这可能发生广泛的海侵或者水淹等情况。在现代礁镶边台地，潟湖对海平面变化产生一个非线性响应：在海平面上升期，可容空间增加；在海平面下降期，可容空间减少。在低角度缓坡上可容空间对海平面变化有一个线性响应（发生相带迁移）（Calvet和Tucker，1988；Calvet等，1990）。因此，相比建造碳酸盐岩的生物群落对海平面产生的影响，海洋条件或者气候条件的变化可能对地层模式和沉积相结构产生的影响更大。

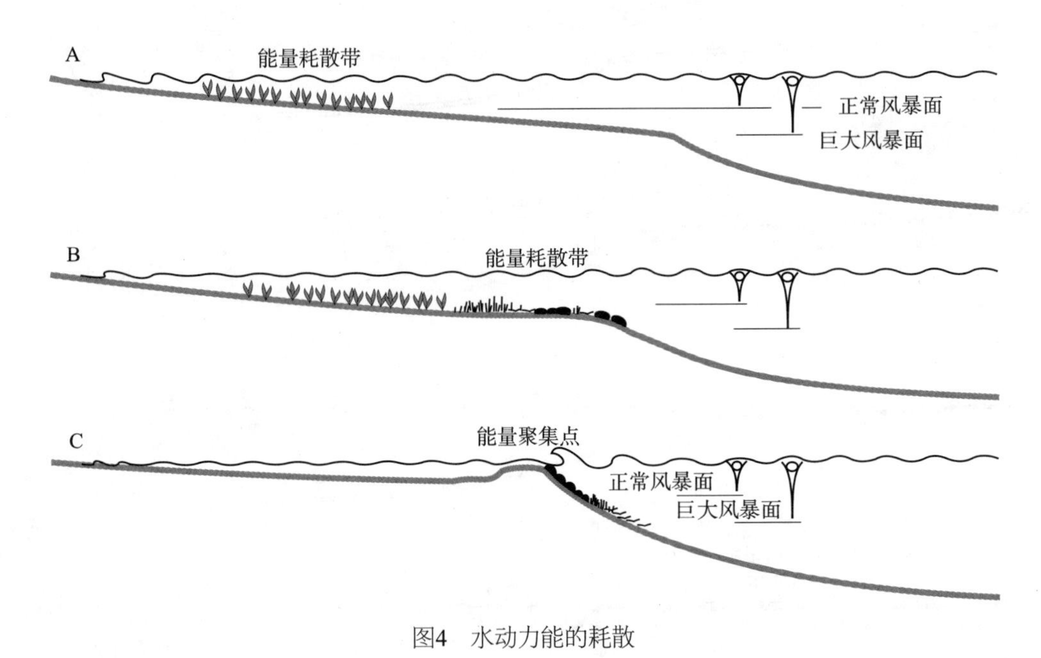

图4　水动力能的耗散

四、碳酸盐岩台地的类型

本文的引言部分解释了控制碎屑物质沉积的在水动力门限值之上生产和聚集沉积物的能力，是如何影响碳酸盐岩可容空间的。因此，随着生物演化的生态需求，现有可容空间规模的变化反映出生态可容空间的变化（Pomar，2001a，2001b）。这在下文中可得到证实。表1中系统地描述了不同物理和生态可容空间影响下的各类碳酸盐岩台地特征。因为与碳酸盐岩产率特征解释相关的不确定性随着古生物群落的增加而增加，所以所选实例局限于中—新生界岩石。检索的实例开始于碳酸盐岩台地，主要受到物理可容空间的控制，生态可容空间的控制较少或者不控制（图3A—D）。在其他实例中同样可以由生态可容空间逐渐占主导地位（图3E、F）。

表1　碳酸盐岩台地类型

可容空间类型（1）	发育位置	时代	主要沉积物来源	碳酸盐沉积物生产				台地类型	台地顶部剥离	构造背景	海平面阶段（2）
				透光带	中光度带	微光带	无光带				
仅包含物理可容空间（A）	意大利南部Matera	上新世—更新世	源于波浪侵蚀作用的岩屑	海草附生物	无	砾岩（红藻、苔藓虫等）	无	远岸进积楔状体	来自滨岸带	构造沉降	高频（未很好地测定）
仅包含物理可容空间（B）	意大利中部亚平宁山脉Latium–Abruzzi台地	中中新世	微光带、无光带松散颗粒	骨架颗粒灰岩—泥粒灰岩	泥粒灰岩—红藻粒状灰岩—漂砾岩	红藻砾状灰岩—漂砾岩	大量苔藓虫漂砾岩	低角度缓坡	不丰富	构造沉降	二级，勉强可分辨三级（H）
仅包含物理可容空间（C）	伊比利亚东北部	晚侏罗世钦莫利期	浅水灰泥、颗粒	灰泥，鲕粒	微生物珊瑚宝塔礁	无	无意义	低角度缓坡	主要来自于内缓坡	构造沉降	200ka，100ka
仅包含物理可容空间（C）	摩洛哥大阿特拉斯山	中侏罗世托阿尔期—阿林期	浅水灰泥、颗粒	灰泥，鲕粒	微生物珊瑚宝塔礁	?	无意义	低角度缓坡	主要来自于内缓坡	构造沉降	四级、五级旋回（H）
仅包含物理可容空间（D）	西班牙梅诺卡岛	晚中新世	浅水、深水松散颗粒	海草附生生物，骨架泥粒灰岩	低	红藻砾状灰岩/漂砾岩	无意义	远端变陡缓坡	主要来自于内缓坡	构造稳定	0.5～1Ma，三级（AD）
中等生态可容空间（E）	西班牙中比利牛斯山南部	晚白垩世	大型多细胞生物骨架	富含有孔虫的颗粒灰岩—泥粒灰岩	马尾蛤柱状灰岩	珊瑚—厚壳蛤混合灰岩	无?	平顶台地	不重要（细粒沉积物除外）	热沉降	米兰科维奇几十千年?
仅包含物理可容空间（D）	西班牙中比利牛斯山南部	晚白垩世	原生动物为主的松散颗粒	有孔虫为主的颗粒灰岩	?	?	无	远岸菱形体	主要来自于浅水台地顶部	热沉降	米兰科维奇几十千年?
中等生态可容空间（E）	土耳其南部Mut盆地	中中新世	浅水和中等水深的松散颗粒	海草附生生物，骨架泥粒灰岩—粒泥灰岩	含红藻、大型底栖有孔虫和珊瑚藻的粒状灰岩—粘结岩	含红藻、大型底栖有孔虫和珊瑚藻的粒状灰岩—粘结岩	不丰富	平顶台地		构造沉降	几十千年？五级（AD）
最大浅水生态可容空间（F）	西班牙Mallorca	晚中新世	浅水骨架灰岩和潟湖上的松散颗粒	珊瑚骨架灰岩	红藻	红藻	无	浅水礁镶边台地	主要来自于潟湖	构造稳定	几千年，六级（AD）、七级（H）
向深部延伸的生态可容空间（D）	西班牙西比利牛斯山	中白垩世	降至100m的斜坡—延伸的粘结岩	*Oorbitolinid*泥粒灰岩—颗粒灰岩，珊瑚—厚壳蛤泥粒灰岩	厚壳蛤—*Bacinella*粘结岩、粒泥灰岩、泥粒灰岩、漂砾岩	自生泥晶—珊瑚—海绵粘结岩和胶结物	? 自生泥晶—珊瑚—海绵粘结岩	斜坡控制的台地	极少	构造沉降	边缘并不清楚
向深部延伸的生态可容空间（D）	南阿尔卑斯山Dolomites山脉	三叠纪	降至800m的斜坡—延伸的粘结岩	Lofer韵律层（浸没台地）	大量微生物自生泥晶粘结岩和胶结物	大量微生物自生泥晶粘结岩和胶结物	大量微生物自生泥晶粘结岩和胶结物	斜坡控制的台地	极少	构造沉降	台地顶部见米兰科维奇旋回，边缘并不清楚

注：（1）可容空间类型见图3；

（2）最短期（高频）海平面变化涉及基本加积单元的形成，新生代三级海平面旋回基于Abreu和Haddad（1998）建立的氧同位素曲线，与Haq等（1987）建立的三级海平面旋回的等级不同。表中AD代表Abreu和Haddad建立的旋回级别，H代表Haq等建立的旋回级别。

（一）碎屑岩沉积体系—仅考虑物理可容空间

这个沉积物充填的实例（图3A）中，di Gravina钙质碎屑灰岩与物理可容空间或者碎屑岩体系中的基准面相关。正如下文所总结的，水动力基准面独立控制了基本加积单元（基本层序和准层序）的结构。在南意大利马泰拉附近的露头中可见到上上新统—下更新统的di Gravina钙质碎屑灰岩。因此，一个出露完好的从滨线到滨外的滨岸过渡带，出现了粗粒碎屑系统。

该地区位于一个小地垒内，该地垒位于意大利南部阿普利亚前陆区（Apulian foreland）Murge的南—西南边缘，在中上新世—中更新世发生区域沉降（Iannone和Pieri，1982）。生物碎屑—灰质碎屑岩混合沉积体形成了di Gravina钙质碎屑灰岩。在阿普利亚前陆区的海侵淹没期，在晚上新世—早更新世一个岛屿边缘沉积了di Gravina钙质碎屑灰岩。在阿普利亚前陆区的中—晚更新世隆起阶段，深切谷两侧出露了岩层的走向和倾向。

从海底峡谷的照片拼接图中获取的细节被用来绘制层状模式、相结构和边界面。这确立了基本的加积单元，确保这些解释与相对海平面的高频变化相关（Pomar和Tropeano，2001）。这些高频变化控制了加积单元的形成类型（准层序或者简单层序）。基本的加积单元叠置形成的海侵体系域厚度达到了50m。除了构造沉降之外，海底地貌也控制了基本加积单元的叠置模式和海侵体系域总厚度。控制海岸线轨迹沿沉积倾角下移的内在联系，与Helland-Hansen和Martinsen（1996）描述的相符。

发育di Gravina钙质碎屑灰岩的基本加积单元沿着古海岸线走向平行方向呈棱形分布。在近源背景下，这些岩石主要为砾状，向盆地方向逐渐变成砂质（图5）。顶积层由代表滩沉积的向海方向平缓倾斜的岩层（从成层性较差向成层性较好变化）组成，并向盆地方向过渡为代表滨岸沉积的分选中等的中—细砾沉积。前积层由向盆地方向倾斜的大砾石和钙质碎屑灰岩组成，且具有复杂的S形反转结构（图5）。底积层由近水平的细粒沉积物和生物扰动钙质碎屑灰岩组成，代表了透光带的深水部分形成的滨外沉积（Pomar和Tropeano，2001）。

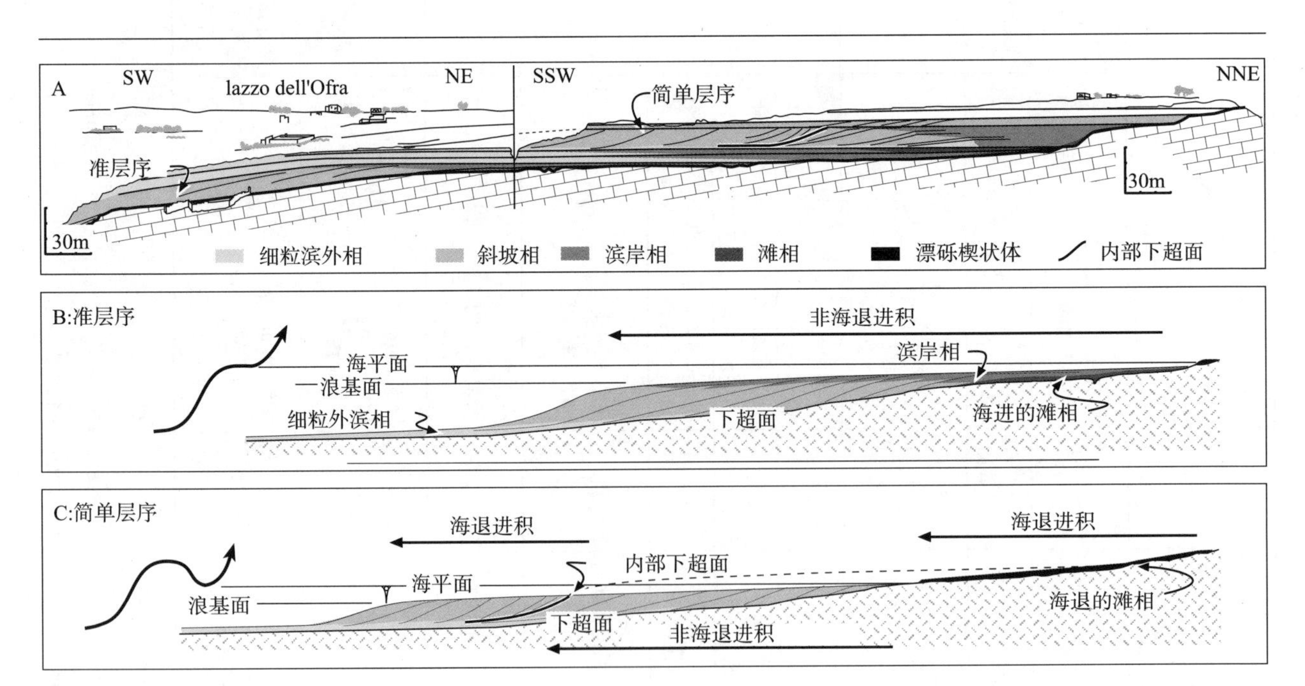

图5　A—河流—峡谷岩壁剖面，展示了加积单元及其内部相结构的叠置模式。其中两种类型的加积单元内均发育di Gravina钙质碎屑砂岩。B—包含菱形单元体的准层序，受到海泛面的约束。它们由3种相带组成：近水平的滨岸相顶积层（内带）覆盖在进积斜坡相（前积层）的中带之上，中带呈指状接触并向盆地方向下超在细粒滨外相沉积物（外带）之上。C—简单层序与准层序较为相似，同样包括3个相带，但其由两个体系域组成。准层序中发育海侵的滞后沉积和进积高位体系域，但顶积层为截断形态

根据层序模式、相结构、边界面和推测的高频海平面变化的关系定义了准层序和简单层序（Pomar和Tropeano，2001）。准层序包含3个相带，其在垂向上和侧向上呈连续的楔形体（图5A、B）。最上部向滨岸方向超覆在进积斜坡相之上的是顶积层，相反，斜坡相呈指状下超在细粒滨外相沉积物之上。在相对海平面保持不变的阶段，这些沉积物向海方向保持进积。上部边界是在相对海平面上升过程中形成的海泛面（Pomar和Tropeano，2001）。

简单层序受到不整合面的约束，包括向盆地方向退积的两种叠置体系域（图5A、C）。进积的高位体系域与早期描述的准层序基本一致，除了上部有被剥蚀掉的斜交层理和滨岸相顶积层之外。强制海退体系域出现在高位体系域的盆地方向（Hunt和Tucker，1992，1995），其超覆在内部下超面（向海归并到主要下超面中）之上。在相对海平面变化的高频旋回过程中形成了简单层序（图5C）。在海退过程中强制海退体系域发生进积。但是，它并没有石灰岩陆上暴露的直接证据。在相对海平面下降阶段，内部下超面之上斜交层倾角的增加和颗粒大小的急剧变化反映了向海方向搬运的沉积物的增加。这是由浪基面下降和伴生的高位体系域中先前的滨岸相和斜坡相沉积物的剥蚀导致的。

该实例为更好地理解沿陆架发育的砂体和砾石的搬运机制提供了基础。这些沉积物形成了加长的石灰岩条状带，与椭圆形的海岸线相平行。其保持向上变粗的层序和向海方向加积的特征（图3A）。

这个实例解释了受物理过程主导的系统中陆架平衡剖面的沉积特征，受波浪和底流扰动的碎屑物质沿着滨线被搬运到盆地中沉积（Pomar和Tropeano，2001）。陆架表面向盆地方向逐渐拉平，其中颗粒变小反映沉积物输入、再分布和聚集之间的平衡过程（Johnson，1919；Reineck和Singh，1980；Allen，1982；Swift等，1991），Swift和Thorne（1991）由此定义了“陆架平衡剖面”。沉积剖面之间的差异及斜坡倾角的不同与沉积物颗粒大小相关。以粗粒为主，仅包含少量细粒的沉积体系中的基本加积单元有一个相对较平且较浅的陆架面和一个较为陡峭的斜坡（图2B）。相反，以细粒为主的基本加积单元中斜坡相对更深和平缓（图2C、D）。

此外，该实例还解释了物理可容空间（海平面波动）的高频变化怎样控制基本加积单元的内部结构。基本加积单元的叠置模式同样反映了总体沉降驱动下可容空间的变化。

（二）低角度缓坡

低角度缓坡的实例（图3B、C）包括向深部增加的碳酸盐岩产率及其相关的意大利Briozoi e Litotamni钙质碎屑灰岩、风暴主导的再沉积过程及其相关的伊比利亚西北部的特提斯斜坡和摩洛哥大阿特拉斯山的Amellago断面。这些低角度缓坡的形态多数情况下由物理可容空间决定，也可能是松散沉积物颗粒沿沉积下倾方向聚集速率发生轻微变化的结果。尽管具有相似的沉积剖面，但它们之间沉积相的差异仍反映了碳酸盐生产（聚集）过程中沿下倾方向的差异性。

1. 无光带碳酸盐岩产率的提高

在阿基坦阶上段—兰盖阶下段Briozoie Litotamni钙质碎屑灰岩中，碳酸盐岩产率随着深度的增加而增加（Brandano，2001，2003；Brandano和Corda，2002；Brandano等，2001；Pomar等，2004）。这个40～100m厚的石灰岩体以不整合的形式覆盖在钙质碎屑灰岩之上，局部可能覆盖在意大利中部亚平宁山脉中的Latium-Abruzzi台地的古近系石灰岩之上（Accordi等，1967；Bergomi和Damiani，1976；Barbera等，1978；Damiani等，1992）。这些低角度缓坡形成于晚渐新世—兰盖期跨时代的海侵时期（Carannante等，1988），这可能是构造沉降的结果。这种构造事件是亚平宁山脉冲断褶皱带向东—北东方向迁移的结果，也可能与新近纪亚平宁山脉俯冲带向东卷起有关。

内缓坡岩相（图6A、B）包含的balanid漂砾岩向盆地方向分选变差，富泥质的骨架泥粒灰岩—漂砾岩与富含大量分枝状红藻的砾状灰岩—漂砾岩互层（Brandano，2003）。其沿斜坡向下过渡为成层性较差且发育近水平层理的红藻障积岩、红藻石砾状灰岩和含红藻、软体动物和大型有孔虫的泥粒灰岩（中缓坡岩相）。小珊瑚建造零散地分布在这些岩相周围，而珊瑚通常都被红藻和伴生的牡蛎所包围。其缺乏波浪相关的构造，富含红藻和大型底栖有孔虫（包括*Heterostegina*、*Operculina*、*Elphidium*

和*Amphistegina*）。这为浪基面下位于微光带的中缓坡的发育提供了沉积背景（Brandano，2003；Pomar等，2004）。向海方向成层性较差且无结构的外缓坡岩相由两个部分组成：①粗粒海胆—有孔虫泥粒灰岩和双壳类—苔藓虫漂砾岩；②细—中粒海胆—浮游有孔虫泥粒灰岩。盆地背景下，向海方向为含硅质海绵骨针、海胆碎片和浮游有孔虫的生物灰岩与泥灰岩的交替变化。在无光带外缓坡碳酸盐岩中以杂乱骨架组分占优势和轻质骨架组分的缺乏为特征（Brandano，2003）。

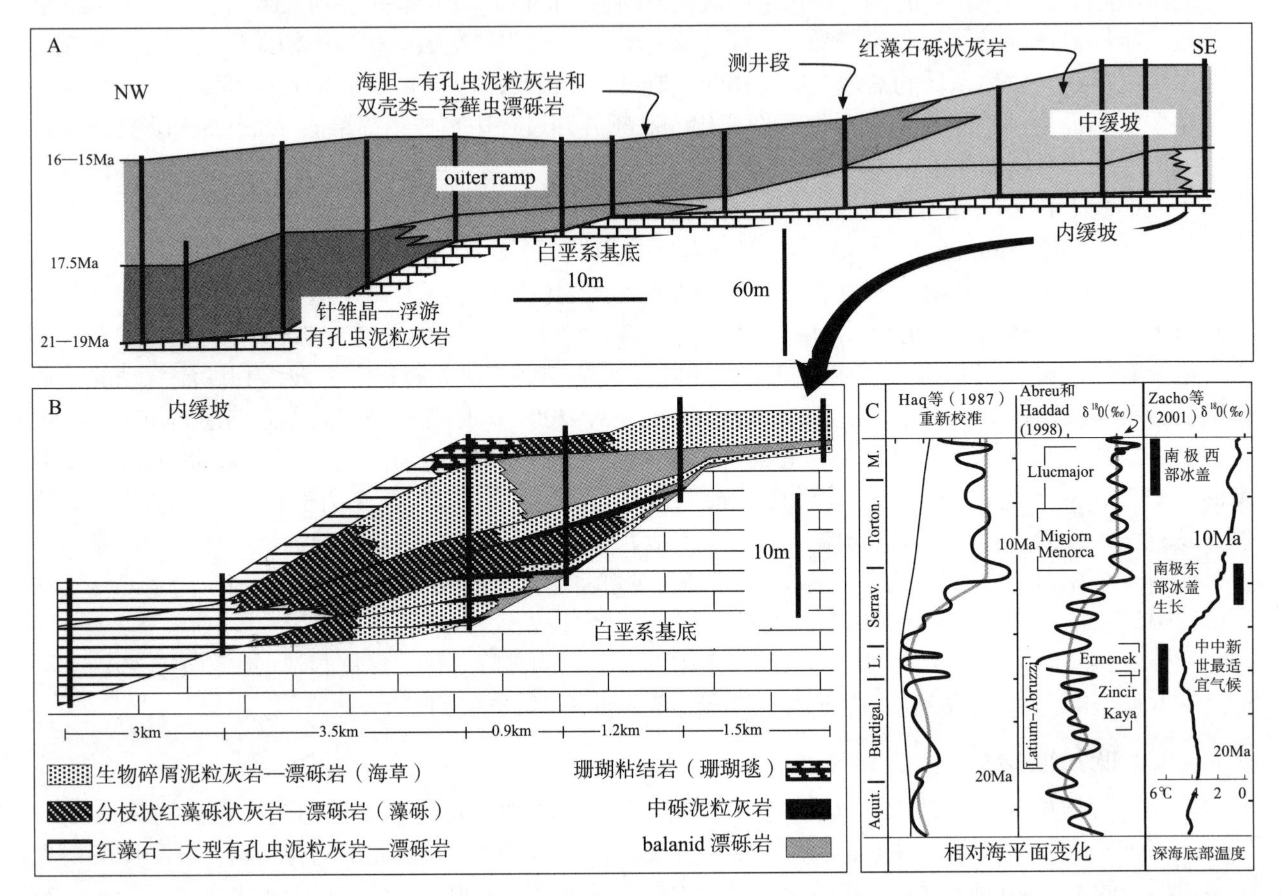

图6 A—意大利中中新世Latium-Abruzzi台地（据Brandano，2001）。B—意大利中中新世Latium-Abruzzi台地的内—中缓坡相结构（据Brandano，2003，修改）。C—全球海平面变化曲线（据Haq等，1987）。Abreu和Haddad（1998）建立的复合平滑的短期氧同位素记录可作为海平面变化的标志。本文中也分析了其他中新世碳酸盐岩台地。基于从超过40个DSDP和ODP钻探点所取的深海底栖有孔虫中获得的数据，Zachos等（2011）建立了全球深海氧同位素曲线，为深海温度演化及高纬度海洋表面温度的平均时间记录提供约束

在中新世台地内，相对浅水内缓坡上较小的碳酸盐岩产率而言，深水无光带中的碳酸盐岩产率有大幅度的提高（图3B）。该差异产生了一个低角度缓坡剖面。由杂乱沉积物组成的无光带外缓坡的产率超过了微光带中碳酸盐岩的总产率（bryomol：Carannante等，1988：and molechfor：Nelson等，1988）。中缓坡上主要为红藻沉积，然而在透光带内缓坡上沉积物体积是最少的（Brandano和Corda，2002）。这为颗粒大小随着深度增加而减小的陆源系统提供了一个很好的实例。这是，随着深度变化粒径的增大与碳酸盐岩组分产率的不同密切相关。在这个实例中，深部砾级沉积物的产率与低水动力能带导致中缓坡和外缓坡岩相的结构以漂砾岩为主。此外，在扰动的、浅水岩相中经常出现来自于海草障积和遮蔽作用（防止细粒沉积物的簸选）的泥粒灰岩—漂砾岩结构。

尽管海平面变化非常重要，该碳酸盐岩缓坡的地层结构并未完全反映海平面旋回的影响（图6C）。然而，在中中新世时，冰川海平面下降非常明显。到晚波尔多期，南极东部地区的冰盖已经形成，南

极西部地区的冰盖则正在形成（Abreu和Anderson，1998）。Latium-Abruzzi缓坡沉积大概持续了5Ma。在中缓坡和外缓坡部分，整个缓坡成层性较差且无结构。这里最显著的岩相特征仅仅反映了海平面变化的三级旋回（图6A）。仅内缓坡岩相内的层理和岩相排列反映了基准面上的旋回变化。约17.5Ma的外缓坡相带中的进积作用和逐步回剥作用被认为是杂乱带碳酸盐岩产率增加的响应，该产率增加与营养物质利用率的增加相关（Brandano和Corda，2002）。

2. 下缓坡的再沉积过程（图3C）

在晚侏罗世，伊比利亚西北部发育大量的低角度碳酸盐岩缓坡（图7A）。它们沿着倾向方向的宽度超过了200km且面向东特提斯海（Bádenas和Aurell，2001a，2001b；Aurell等，2003；Bádenas等，2005）。与断裂相关的沉降的局部阶段对特提斯缓坡的形成产生影响，其发育在热带气候条件下向风的位置且明显受到来自西部的冬季风暴和东南部的夏季飓风的影响（Price等，1995）。

在钦莫利期（Kimmeridgian），北部的内缓坡岩相包括发育交错层理的鲕粒灰岩、石英含量变化的砂岩和发育扰动构造的骨架泥粒灰岩。通常认为这些沉积物聚集在浅水背景下，且受到风暴作用的再次改造。偶尔可见到风暴流成因的一些低角度板状交错层理（如水下沙丘和巨型波痕）。在南部，尽管仍然存在发育交错层理的鲕粒灰岩，但内缓坡岩相大部分由球粒—鲕粒灰岩和泥粒灰岩组成且骨架组分和内碎屑组分含量变化较大。中缓坡岩相包括砂质泥灰岩和骨架砂质灰岩，其与被认为是风暴岩沉积物的石英砂质砾石互层（Bádenas和Aurel，2001a）。中缓坡背景下同样包括由珊瑚、chaetetid海绵、solenoporacean藻和微生物壳组成的补丁礁建造。与中缓坡相关的骨架灰岩和鲕粒灰岩和成层状较好的泥岩向盆地方向变成风暴层泥岩。外缓坡岩相由成层状泥灰岩和泥岩—泥灰岩韵律层组成，包括分散的菊石和底栖化石（腕足类、双壳类、海百合类、龙介虫和底栖有孔虫）。

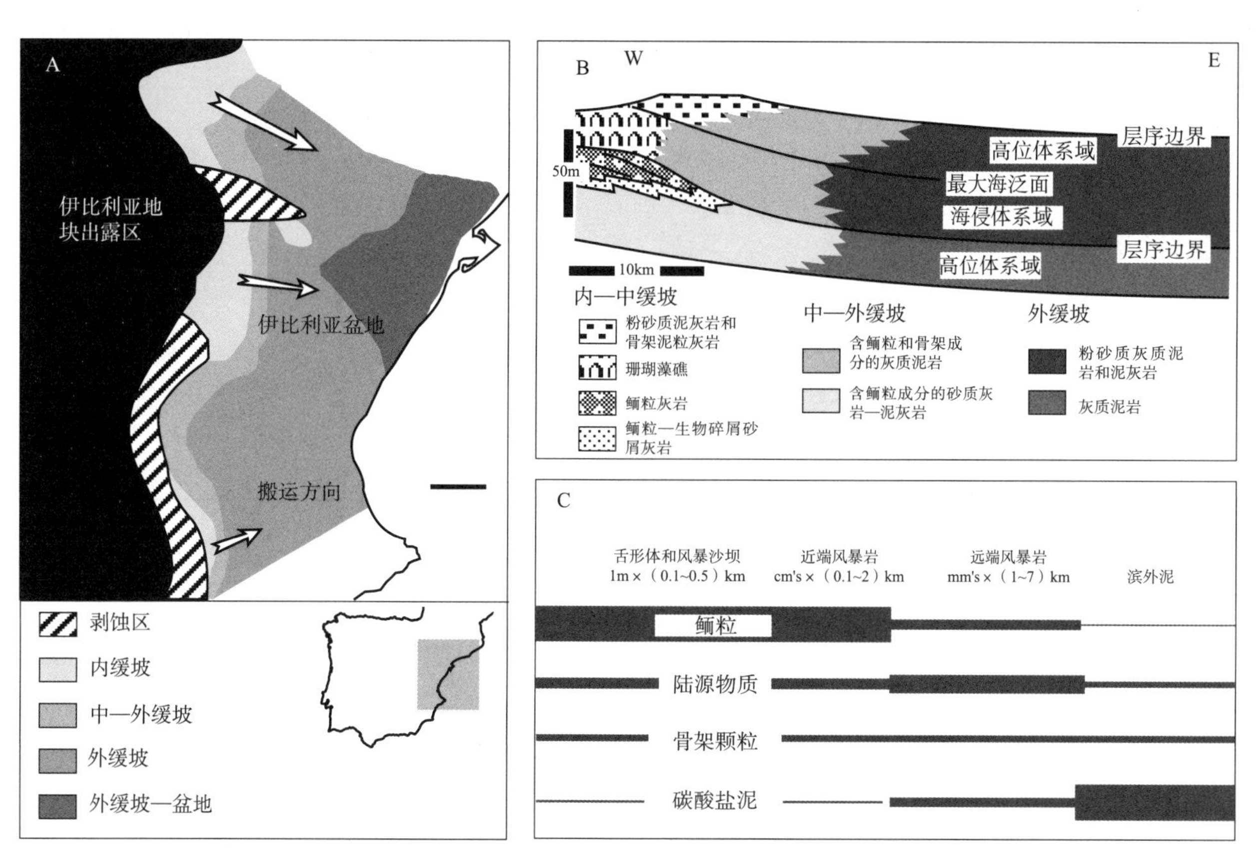

图7 A—伊比利亚盆地晚钦莫利期缓坡的相分布（据Badenas等，2005）。B—浅水内缓坡—外缓坡背景下表示沉积相结构的横剖面（据Bádenas等，2003）。C—层序2海侵体系域的风暴沉积中颗粒所占的相对比例（据Bádenas和Aurell，2001b）

该特提斯缓坡中所有的相序组合表明其主要受再沉积过程主导（图7B、C）。在冬季风暴和夏季飓风发育时期，浅水骨架颗粒、鲕粒和球粒沿下缓坡被剥离（Bádenas和Aurell，2001a）。正演模拟证实了下缓坡的搬运过程（Aurell等，1995；Aurell等，1998）。真实缓坡的地层重构和计算机生成的模型具有很好的匹配度。它们共同决定了地层厚度、大尺度的地层形态、加积与进积的次数、层序边界的位置、海泛面和体系域。计算机模拟结果同样表明：尽管灰泥的原始比例难以通过岩石分析得到，但该沉积物所占的比例（大概在30%～50%之间）仍可通过浅水区的侵蚀和再沉积得到。然而，富泥质相中一些颗石藻的出现支撑了存在一些浮游碳酸盐岩建造的观点。在中缓坡和外缓坡岩相之间与碳同位素变化相关的相分析和层状模式对比，可以向下倾方向的搬运过程提供进一步的证据（Bádenas等，2005）。

相结构分析表明牛津阶顶部—提塘阶下段经常出现与区域性变化相关的3种三级沉积层序（Aurell和Bádenas，2004）。浅水相（内缓坡和中缓坡）包括了伊比利亚盆地西缘区域，在晚钦莫利期，该区具高级沉积层序特征，大概有几百千年的周期。从这些高频层序中，可估算相对海平面的波动幅度大概在5～10m之间（Aurell和Bádenas，2004）。在中缓坡和外缓坡岩相内，向上变深和变浅的高频旋回都受到限制，其被认为可反映来自内缓坡的碳酸盐岩总量（Bádenas等，2003）。外缓坡灰泥岩相中层厚的变化和层状平面特征确保能够识别出晚钦莫利期三级沉积层序下的海侵和高位体系域内的大量层系和组系（Bádenas等，2003）。层组反映了碳酸盐岩产率的变化，近岸带反映了周期性小于20ka的海平面旋回。而组系则反映了至少100ka的频率旋回带。相比高位体系域内的薄组系，海侵体系域晚期的厚组系表明在浅水内缓坡可容空间最大增长阶段沉积物输出量的提高（Bádenas等，2003）。此外，许多层系呈现一个向上变薄的趋势，表明在高频海平面上升时期外缓坡背景下碳酸盐岩聚集量的持续减少。

托阿尔期（Toarcian）—阿林期（Aalenian），在摩洛哥大阿特拉斯山，Amellago剖面的缓坡发育的一个地震尺度、1000m厚、37km长的准连续性露头中同样记录了相似的特征（Pierre等，2005，2006；Pierre，2006）。因此，应采用照片拼接技术得出的沉积记录和地层之间的精确成因关系，其与丰富的生物地层数据密切相关。总体上，在中—外缓坡岩相中细粒沉积物最为显著。

上述实例表明，大部分沉积物产生在浅水背景下，富泥级大小的碳酸盐岩颗粒向下倾方向的有效搬运产生了低角度的沉积剖面。

（三）远端变陡缓坡

新近纪和全新世远端变陡缓坡（图3D）的形态在陆架边缘脊上具有较高的沉积物生产和聚集速率。该速率控制了沉积剖面的形成及主要破折带的位置。发育此类物理可容空间的一个实例是西班牙巴利阿里群岛梅诺卡岛托尔托纳阶下部的沉积物（Pomar，2001a；Pomar等，2002，2004）。这些松散沉积物颗粒的聚集速率沿沉积下倾方向发生轻微的变化，可能导致远端变陡缓坡的特征变化。

梅诺卡岛较好的暴露区实例形成了一个出露在海岸上的远端变陡的碳酸盐岩缓坡。可沿着完整的倾向剖面重构沉积剖面和沉积相结构，这种趋势可从滨岸带延伸到盆地内部。岩层的几何形态，相带发育的相对位置、沉积构造和古水深值的估计都可从生物带中得到证据解释。

下托尔托纳阶的沉积物形成一个具有进积、高能和远端变陡缓坡特征的低频三级沉积层序的高位体系域，局部构造活动不强烈。在这种碳酸盐岩缓坡背景下，硅质碎屑盆地边缘的砾岩和砂岩（扇三角洲和多砾石的海滩沉积物）向盆地方向进入到成层性较好的近水平层理中，进而转变为向盆地方向倾斜的内缓坡碳酸盐岩相。它们由分选极差，沉积构造较少，包含有孔虫目生物、灰质碎屑岩相和软体动物的白云质泥粒灰岩组成，其被认为是浅水透光带海草甸聚集的产物（Pomar等，2002）。向下倾方向，该层与发育中—粗粒交错层理的颗粒灰岩成指状接触，颗粒成分主要由红藻、海胆、苔藓和软体动物碎片组成，也混合了少量大型、小型底栖有孔虫和红藻石碎片。这些颗粒灰岩单元为中等尺度的二维水栖生物丘集合，其通常形成幕式、单向的位于浪基面下的等深流，深度大于海草所在位置

（Pomar，2001a；Pomar等，2002）。向下倾方向，中缓坡慢慢进入角度在15°~20°的斜交层上，由富含红藻颗粒灰岩和粒泥灰岩基质的红藻石砾状灰岩—漂砾岩组成，与红藻颗粒—粒泥灰岩互层。变陡的斜坡表明沉积速率的增加，这是微光带下砾级大小骨架组分原地聚集和浅水透光带与中等光带下细粒沉积物异地聚集的结果。在斜坡的下部，红藻石斜交层与砾状灰岩层、漂砾岩—颗粒灰岩层和粒泥灰岩层呈指状互层。其具递变层理特征、交错层理特征或块状特征，且被解释为块状搬运的碎屑流和浊流沉积。由于原地依赖光能生组分（红藻）的缺失，使得该区域位于透光带下限之下。向下倾方向，常可见纹层状细粒粒泥灰岩—泥粒灰岩和富含浮游有孔虫与小型底栖有孔虫（外缓坡）的颗粒灰岩。在局部区域，它们与1~2m厚的呈透镜状、粗粒、发育交错纹层、富红藻的颗粒灰岩单元互层。这些颗粒灰岩单元通常被认为是位于斜坡脚的三维水下沙丘（图8）。这些沉积物通常由受等深流簸选的台地沉积和斜坡沉积构成。

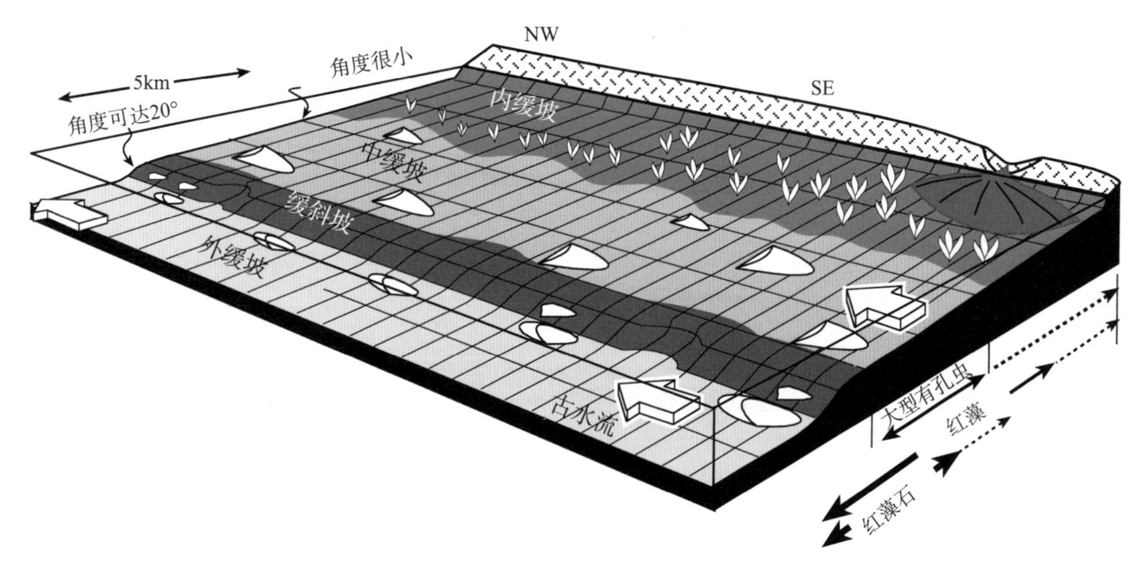

图8　西班牙梅诺卡岛晚中新世远端变陡缓坡（据Pomar等，2002，修改）

尽管在中新世全球海平面变化对缓坡地层结构的形成非常重要，巴利阿里群岛构造平缓期对应的沉积相对简单。中缓坡和内缓坡岩相叠置形成一个加积岩相序列，向盆地和陆地两个方向扩张，产生了一个顶部宽阔的台地发育区。滨岸线附近的岩相相继超覆在基底之上，而在缓坡—斜坡上岩相呈进积接触。在内缓坡和中缓坡形成的由成层性较差过渡为成层性较好的层系边界面，以岩石颗粒大小变化为标志，但在层组界面处发育突变面且穿过该界面岩相发生变化，这标志着滨岸线的后退。同样地，在没有明显层界面和层组界面发育的条件下，骨架组分的轻微变化以及红藻碎片和红藻石的增加，为海平面旋回影响中缓坡岩相发育提供了证据。

但是，前积的缓坡—斜坡岩相记录着高频海平面旋回。这反映了红藻石颗粒灰岩与红藻石砾状灰岩—漂砾岩的交替变化。源于内缓坡的颗粒灰岩段内沉积物组分的增加，与浪基面下降（海平面下降导致）时期沉积物剥离量的增加有关。

本实例说明沉积物的生产和聚集位置控制了沉积剖面的形成及斜坡上坡折带的位置。松散的有孔虫沉积物的生产受到浅水透光带的控制，红藻沉积物由相对占优势的更深部的微光带控制。在海平面上升阶段基准面海拔导致内缓坡和中缓坡岩相的加积，这是与滨岸线退积伴生的，且微光带工厂（红藻）向陆方向扩张到中缓坡上（图9）。这增加了用于生产碳酸盐的红藻面积，形成了红藻石斜坡层（砾状灰岩—漂砾岩）。在海平面下降时期，基准面下降导致了侵蚀作用的加强，从内缓坡和中缓坡向盆地方向变成了颗粒沉积物占主导的沉积区。这导致了颗粒灰岩—红藻石漂砾岩斜坡层的进积。

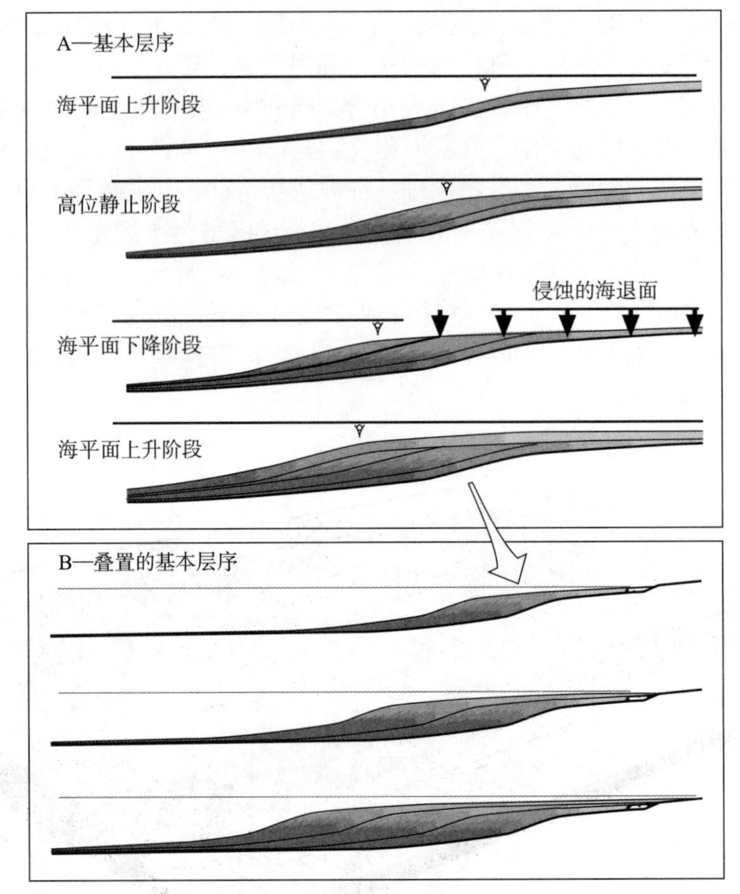

图9　与海平面变化相关的远端变陡缓坡托尔托纳阶下段的结构演化

A—基本层序；B—海平面相对静止期，由于被高频旋回中断，基本层序叠置形成前积结构

（四）平顶开阔陆架：中等浅水生态可容空间

以下实例包括西班牙中比利牛斯山脉南部晚白垩世厚壳蛤建造和土耳其Mut盆地早—中中新世的孤立滩与平顶碳酸盐岩陆架。这些地质体的特征反映了其发育大型骨架软体多细胞潜穴生物组分。这些有机体具备抵抗中等波浪大小的能力，在陆架平衡剖面之上对沉积物聚集的贡献较大。这些大型骨架生物产生的水动力障积作用对台地外边界的高度影响很大，由此产生一个平顶台地。除此之外，台地边缘水动力能的耗散影响台地内沉积物的结构特征，与许多古近纪台地一样，其结构特征可能受到海草障积作用的影响（图4）。最后，从台地剥离的沉积物的优势颗粒大小决定了台地斜坡前缘的休止角。

1. 晚白垩世的厚壳蛤建造

晚白垩世碳酸盐岩台地在西班牙中比利牛斯山南部Sant Corneli背斜的北部侧翼出露。因此，圣通期（Santonian）台地的总厚约350m，沉积序列主要聚集在受到强烈构造沉降影响的比利牛斯山脉带南部（Pomar等，2005）。在中生代，比利牛斯山脉带南部属于伊比利亚板块北部边缘部分。直到晚圣通期—早新生代盆地发生反转之前，这里发育广阔的碳酸盐岩台地沉积层序（Deramond等，1993；Berástegui等，1990；Berástegui等，1993；García-Senz，2002）。沿沉积走向和倾向方向沉积相结构的详细图件标志着有极好的暴露条件。与可成图面上的相变化对比表明基本加积单元差异明显。岩相的内部结构排列及其与海平面旋回的推断关系（Pomar等，2005），可确保该背景下的碳酸盐岩台地有两种不同的分类，分别是厚壳蛤建造和砂屑灰岩楔状体（图10）。两者均包含了简单层序和准层序（Van Wagoner等，1990；Vail等，1991；Mitchum和Van Wagoner，1991）。

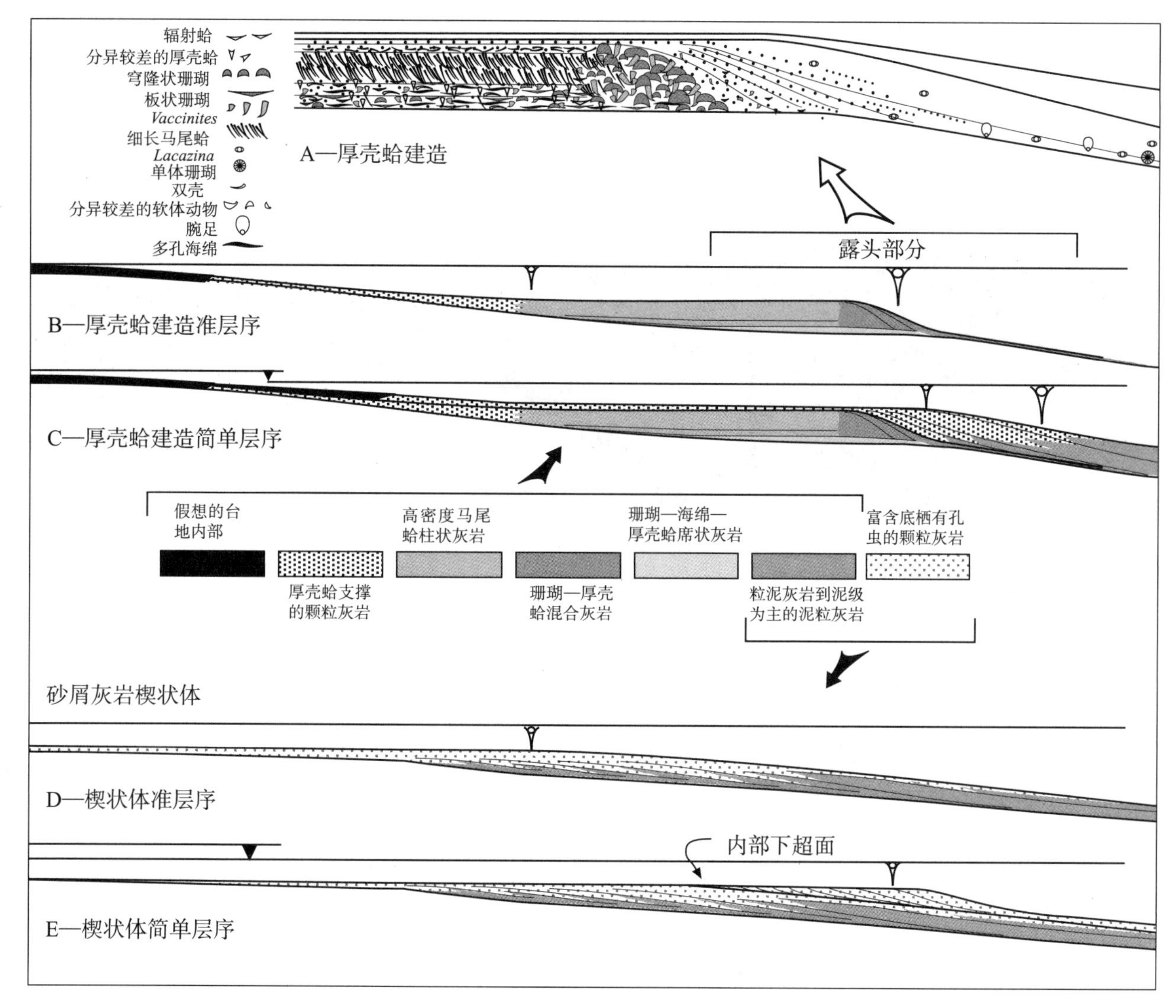

图10　两种不同类型的碳酸盐岩陆架：厚壳蛤建造和砂屑灰岩楔状体（据Pomar等，2005）

A—采用具岩石组构特征的化石组合带定义厚壳蛤建造的岩相。它们主要由大型潜穴多细胞生物沉积占主导。B—C—根据岩相组合和推断的高频海平面波动定义厚壳蛤建造的准层序和简单层序。相带解释有助于重构台地中部和内部的发育情况。D—E—砂屑灰岩楔状体以有孔虫（原生动物）作为重要组分的颗粒灰岩为主。因此，准层序和简单层序的划分以岩相的叠置模式和推断的海平面变化情况为主要依据

1）厚壳蛤建造准层序

厚壳蛤建造准层序包括底部的珊瑚—海绵—厚壳蛤席状灰岩单元和上部位于台地边缘的珊瑚—厚壳蛤混合灰岩单元（图10A、B），向陆的后缘方向广泛发育高密度马尾蛤柱状灰岩岩体。其与Insalaco（1998）命名的生长组构术语“席状灰岩”、“混合灰岩”和“柱状灰岩”相对应。珊瑚—厚壳蛤混合灰岩边缘向盆地方向尖灭在发育以泥级为主的泥粒灰岩—粒泥灰岩的低角度缓坡上。它们在局部与小的、分散的珊瑚—厚壳蛤丘状群落互层。

周期性的沉积相排列以及基质中的骨架和结构变化，是进行厚壳蛤建造准层序成因解释的关键。珊瑚和厚壳蛤建造开始在盆底生长，形成了广泛发育在风暴浪基面之下位于透光带底部的席状灰岩生物岩石层。这可作为分枝状红藻与含钙球、浮游有孔虫和介形虫的细粒粒泥灰岩基质出现的指示标志。随后，形成了珊瑚—厚壳蛤混合灰岩，且向海边缘广泛发育细长的马尾蛤柱状灰岩（图10B）。该边缘在频繁—间歇式风暴潮时提供了保护，常见的向陆方向倾斜的马尾蛤指示了该边

缘（Gili和LaBarbera，1998）。但是，如果在一些建造中常见含马尾蛤碎片的漂砾岩层，那么表明马尾蛤草甸遭到偶然风暴的严重破坏。这证明了该沉积位于瞬时风暴浪基面之上、正常浪基面之下的解释。在一套加积层序中，上界面是一个上覆细粒盆地相的海侵面，这标志着相对海平面的后期上升过程（图11）。

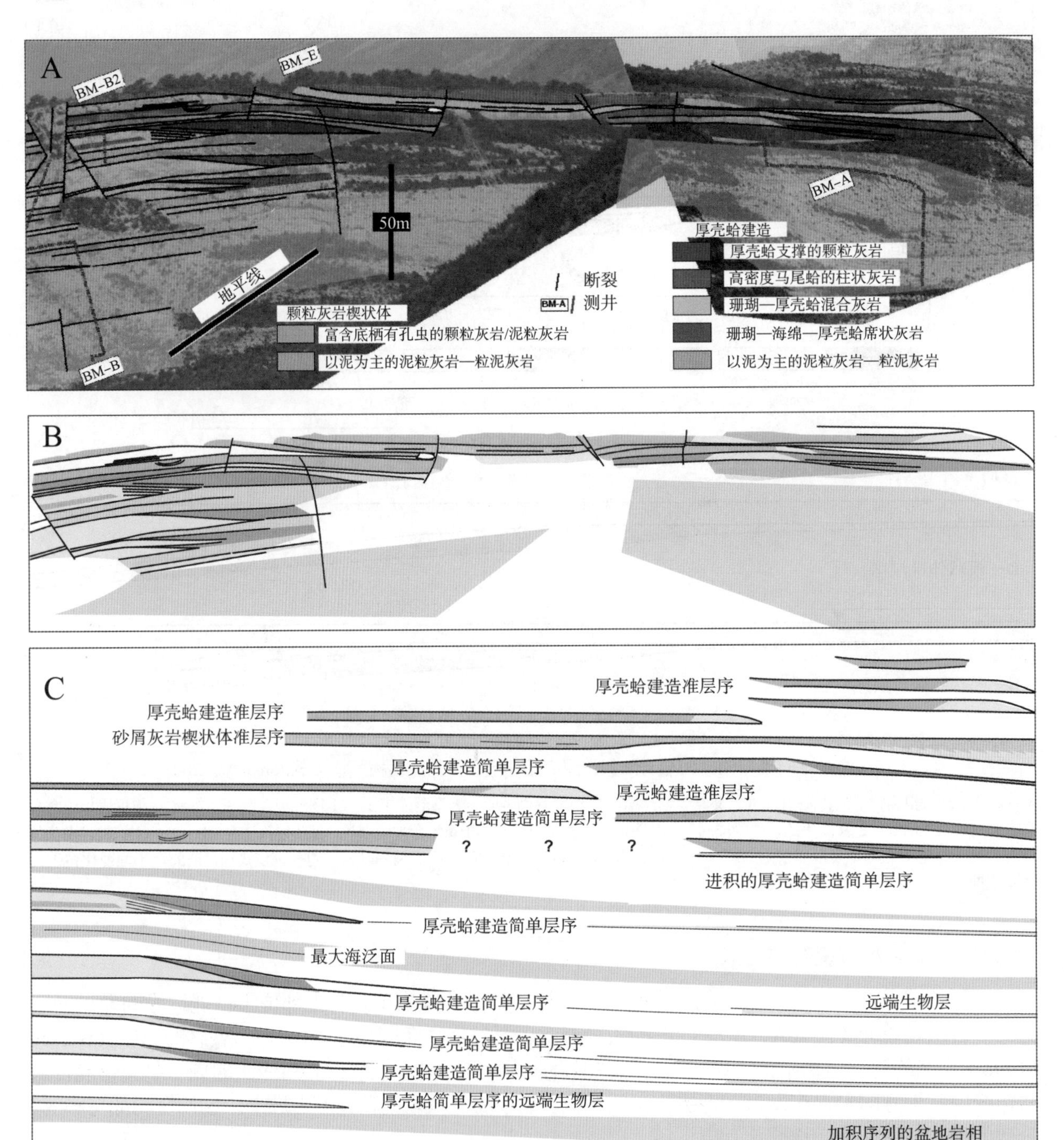

图11 A—Sant Corneli背斜北部侧翼Montagut冲沟中的西部岩相照片的拼接，表示简单层序和准层序的叠置。照片进行了40°倾斜逆时针拼接（据Pomar等，2005）。B—A中所示的加积单元。C—B中加积单元的细化，通过保持厚度与相带位置和校正变形与断层作用进行复构。其中，底部砂屑灰岩部分省略

2）厚壳蛤建造简单层序

一些厚壳蛤建造由厚壳蛤支撑的颗粒灰岩和粒泥灰岩层组成，并有连续分布的绿藻和离散分布的局部位于活动部位的厚壳蛤和珊瑚。这些颗粒灰岩层覆盖在厚壳蛤建造顶部的侵蚀面之上，局部被细长马尾蛤截断，向盆地方向延伸在台地边缘形成裙边状（apron-like）斜坡沉积（图10A、C）。这些颗粒灰岩聚集在正常浪基面的活动带：颗粒灰岩层中丰富的圆状厚壳蛤和珊瑚生物碎屑代表高水动力条件，而连续出现的绿藻标志着浅水透光条件。海平面下降表示水动力能和沉积物输入所需的光线穿透的增加（图10C）。这些颗粒灰岩可能代表陆架中部相带上具有丰富的大型和小型底栖有孔虫，可能在海平面呈现脉冲式下降期间向盆地方向迁移。Sant Corneli背斜上未出露内台地岩相。因此，厚壳蛤建造准层序表示高位体系域下的颗粒灰岩单元超覆在海侵体系域之上。

因此，这些厚壳蛤建造可看作是中等生态可容空间顶拉平的结果，为底部大量潜穴多细胞生物（珊瑚和大型厚壳蛤*Vaccinites*）提供了生存空间，这些生物能够建造起抗风暴浪骨架边缘。在破坏以有孔虫为主的中陆架颗粒灰岩带之前，该抗浪骨架边缘通过消减部分风暴能保护宽阔的细长马尾蛤草甸（图4B）。

2. 厚壳蛤建造和砂屑灰岩楔状体的交替变化

尽管Sant Corneli背斜北部侧翼中圣通阶上部碳酸盐岩台地中沉积相序列的韵律性不够强，仍可观察到厚壳蛤建造（图3E）和砂屑灰岩楔状体（图3A）的交替变化（图11，图12）。

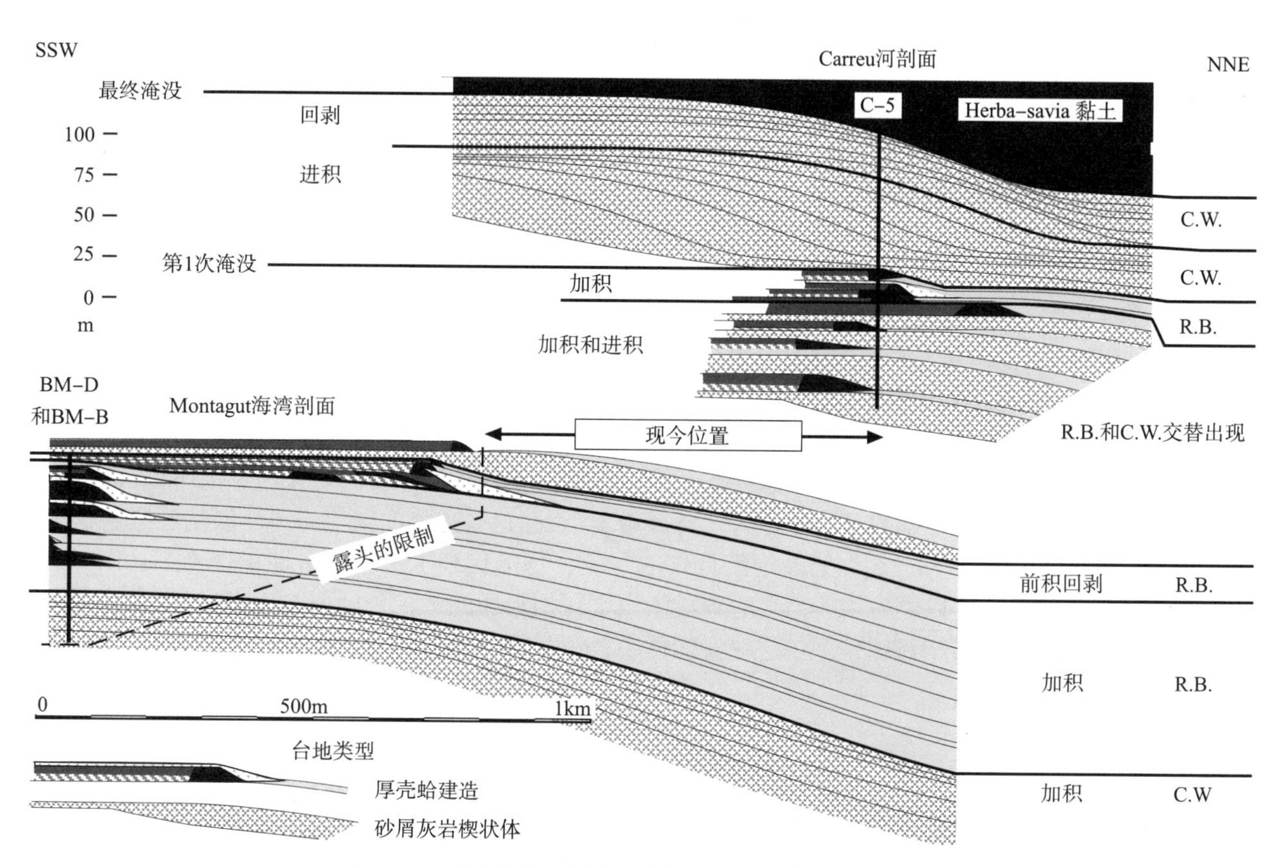

图12　研究的碳酸盐岩台地序列沿沉积倾向的结构重构

Montagut冲沟剖面中（图12），由露头照片拼接重构岩相及边界线，避免并校正断层诱导的重复校正及厚度变化。两个测井剖面（BM-D和BM-B）用于估计加积台地厚度的变化。Carreu河台地结构（沿沉积走向出露）由一套基本加积单元（加积和进积）进行重构以适应具测井曲线的Carreu-5剖面内部相结构。Carreu河和Montagut冲沟剖面的相对位置即为现今位置。根据台地类型（R.B.为厚壳蛤建造；C.W.为砂屑灰岩楔状体）及其叠置模式定义台地组合。内部相结构的排列仅包括了厚壳蛤建造而不包括砂屑灰岩楔状体（据Pomar等，2005，修改）

1）砂屑灰岩楔状体：准层序和基本层序

砂屑灰岩楔状体（图3A）沿着剖面倾向呈S形且平行等高线拉长的楔状体轮廓，是仅在物理可容空间作用下的产物（图10D、E）。在台地顶部，该楔状体包含了大约2～5mm厚的粗粒颗粒灰岩，向盆地方向变成了一套向上变粗变厚的厚达20m的沉积序列。该段由富含底栖有孔虫的颗粒灰岩和颗粒主导的粒泥灰岩的混积组成。因此，由盆外向盆内，以细粒、泥级为主的泥粒灰岩和以石英砂、石英粉砂和黏土岩为主的粒泥灰岩呈指状交错接触（图10D）。在部分楔状体中，上部颗粒灰岩主导的岩体呈高角度（高达20°）斜交层进积，下超在内部下超面之上，向盆地方向变为更细粒的颗粒灰岩，往更远处过渡为泥级为主的泥粒灰岩（图10E）。

颗粒灰岩和粒泥灰岩段的特征组分以底栖有孔虫、海胆类、分枝状红藻和介形虫为主。其中，粟孔虫是最常见的有孔虫，局部可出现零散分布的小型厚壳蛤和小型珊瑚群落。而厚壳蛤、珊瑚、双壳类、腹足类和苔藓虫碎片较为常见。在盆地底部，泥粒灰岩和粒泥灰岩段常富黏土，海绵骨针、钙球、介形虫、腕足类、浮游有孔虫、*Lacazina*等大型底栖有孔虫和单体珊瑚等也广泛分布。砂屑灰岩楔状体与远岸进积的棱形体有关（Pomar等，2005），它们仅受到物理可容空间的控制（图3E）。

以岩层叠置模式、相结构、边界面和相对高频海平面变化的推断关系为基础，圣通阶砂屑灰岩楔状体中的准层序和简单层序（图10D、E）差异明显（Pomar等，2005）。基本层序的关键识别特征在于缺乏顶积层和存在内部下超面。准层序指在相对海平面保持不变的情况下位于风暴浪基面之下的非海退进积层序。简单层序指受到内部下超界面约束的两种体系域的组合（图10E）。内部下超面是一个突变界面，以粒径突然增加为标志，而没有侵蚀的直接证据。高位体系域中，下部岩体中顶积层的侵蚀截断可增加大量沉积物供给，这是浪基面下降可容空间减小的结果。

2）台地类型的交替变化

台地类型的交替变化为分析碳酸盐岩台地结构增加了难度。在Sant Corneli背斜的圣通阶上段台地序列中，尽管没有很好的韵律性，但砂屑灰岩楔状体和厚壳蛤建造交替变化（图12）。在一套加积的砂屑灰岩楔状体之下，出现了一套先加积后进积的厚壳蛤建造。这套厚壳蛤建造（图11）进积在前积结构之上，叠置在一套其加积和进积模式（Carreu河剖面参考图12）的厚层砂屑灰岩楔状体和厚壳蛤建造交替变化之上，一组加积的厚壳蛤建造超覆在之上。一套65m厚的砂屑灰岩楔状体进积在厚壳蛤建造的顶部，超覆在三级海侵面上，一组砂屑灰岩楔状体超覆在其上，深水Herba-savina黏土最终超覆在该楔状体之上。

台地中骨架组分的这些变化反映出生产碳酸盐的主要生物类型变化并不受可容空间变化的影响。厚壳蛤建造以大型多细胞生物（珊瑚和厚壳蛤）为主，提高了台地边缘使其从未达到海平面高度，且发育由细长马尾蛤组成的宽阔的草甸（作为其背风带）。后面这些生物的繁盛与风暴浪基面紧密相关，由厚壳蛤支撑的颗粒灰岩和粒泥灰岩及连续分布的绿藻，可能代表了一个中台地相带（图10B、C）。与原生生物相对富有的在以颗粒生产为主的碳酸盐岩工厂中形成的黄棕色砂屑灰岩楔状体相对比，厚壳蛤和珊瑚的次级生物带相对较少。在这些楔状体中，沉积物聚集在陆架平衡剖面之上，聚集量主要受水动力可容空间的影响。

生产碳酸盐的生物群的主要类型的变化，是营养资源、温度和其他控制碳酸盐岩矿物稳定性因素的变化所致。砂屑灰岩楔状体表示钙质底栖有孔虫和松散颗粒主导的碳酸盐岩的生产，而厚壳蛤建造碳酸盐岩生产受到大型滤食性厚壳蛤（文石和钙质壳）、含文石珊瑚（含文石绿藻）的影响。因此，这存在一个明显的超钙化生物组织骨架组分的转变（Stanley和Hardie，1998，1999）。具丰富的珊瑚和文石质绿藻的厚壳蛤建造可能代表了文石质的短期运动幕（Sandberg，1983），而砂屑灰岩楔状体可能代表文石质的长期运动幕。

3. 中中新世平顶开阔陆架

在早—中中新世，土耳其中南部Mut盆地中孤立的开阔滩和顶部较平的碳酸盐岩陆架（图3A）进积在一个具复杂古地貌和全盆平缓沉降的背景上（Bassant，1999；Bassant等，2004，2005；Janson，

2002）。出露较好的露头区意味着三维相结构和边界面能够被详细记录，可建立其与相对海平面旋回性之间的联系。Bassant等（2004，2005）证实了南土耳其中新世碳酸盐岩台地的特征受到大约100～150m厚的一个400ka的旋回周期（高级层序）和大约18～30m厚的一个100ka年的旋回周期（中级层序）产生的冰川型海平面变化波动的影响。但其并不能确定低级层序的形成时间。

海侵时期，在Mut盆地北缘发育一个横跨1～4km厚度达100～120m的孤立碳酸盐岩台地（图13A），但当沉积物聚集速率低于海平面快速上升的速率时，这些台地最终被淹没。沉积层序（特指4～5级层序的产物）由连续的加积和进积序列组成（Bassant，1999；Bassant等，2005），这些层序没有镶边且顶部较平。松散颗粒沉积体由大量经波浪和潮汐向下斜坡方向搬运呈分散状态的大量沉积物形成。有孔虫泥粒灰岩—粒泥灰岩—颗粒灰岩（台地内部）向盆地方向过渡为含大型底栖有孔虫的粟孔虫颗粒灰岩—泥粒灰岩（浅水开阔台地）。随后，这些斜坡层上的货币虫—有孔虫颗粒灰岩—双盖虫泥粒灰岩和一些浮游有孔虫（台地和斜坡上），变成浮游有孔虫微晶泥粒灰岩—货币虫泥晶灰岩（Bassant，1999；Bassant等，2004；Bassant等，2005）。

在台地顶部和斜坡处，常见到珊瑚藻（包含黏土和泥质）粘结岩和以细粒成分（泥级为主）为主的珊瑚藻漂砾岩。在台地顶部的局部区域还可发现微生物珊瑚藻粘结岩（图13A）。与很多现代实例中的珊瑚礁不同，珊瑚藻在海平面之上从未生长足够的支撑抗浪骨架的建造。相反，它们建造了离散的与红藻和微生物壳体相关的固定生物岩丘。这些离散的生物岩丘控制了波浪能所影响的深度，并反过来对穿过平顶台地顶部的基准面位置产生较大的影响。珊瑚藻之间的陆相页岩圈闭表明浊积水体有一个相对较低的水动力能。

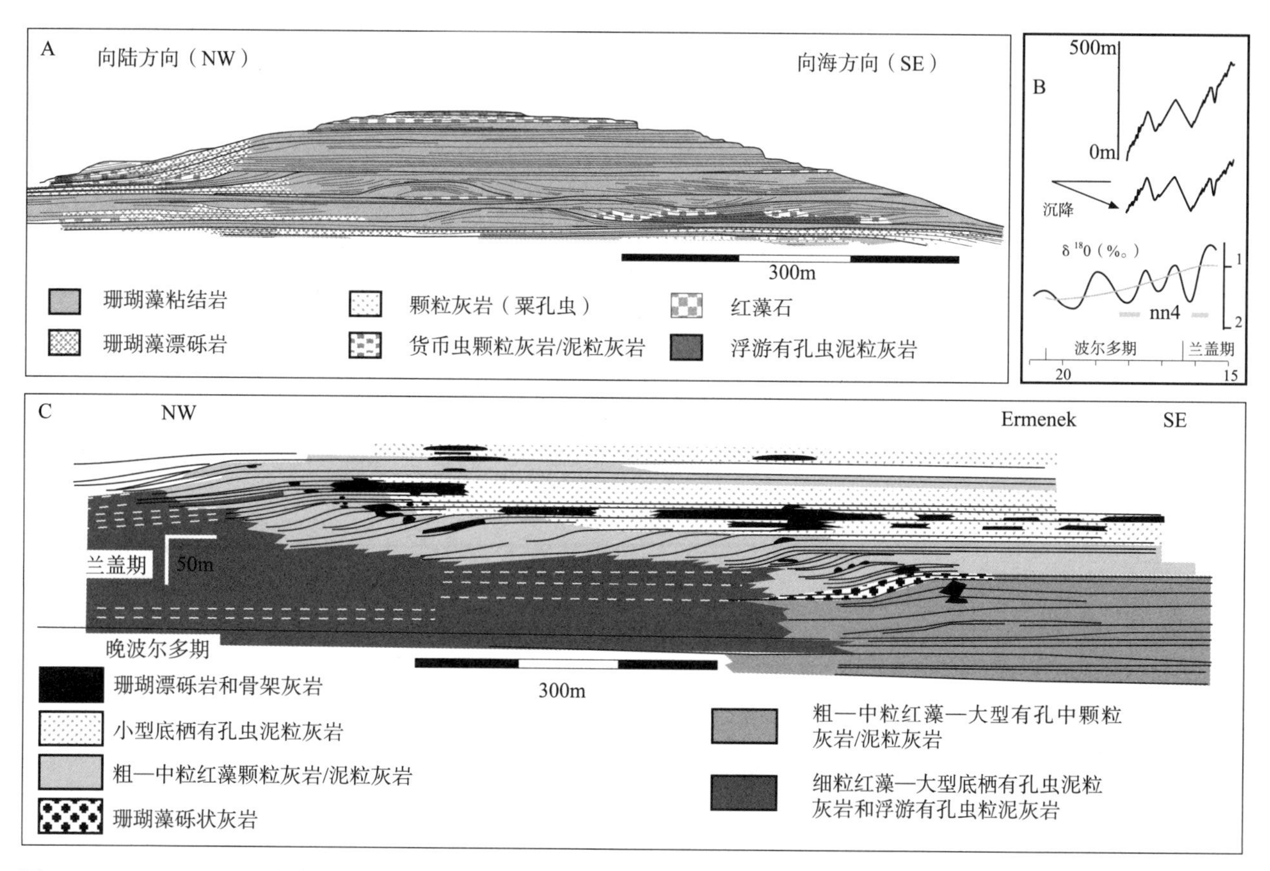

图13 A—Zincir Kaya孤立台地上的层状模式和相结构（据Bassant，1999，修改）。B—从南土耳其不同台地的三维露头控制中推测出的可容空间变化，对于A中可容空间变化沉降系数的校正和氧同位素变化曲线（据Abreu和Haddad，1988；Bassant，1999，修改）。C—基于对测井剖面和照片拼接进行相制图形成的Bijou峡谷进积平顶台地边缘的相结构（据Janson，2002，修改）

在Mut盆地西面陡峭的前中新世基底之上，Ermenek台地中发育一个宽度达20km的台地沉积序列。因此，晚波尔多期—塞拉瓦莱期碳酸盐岩台地可沿着多条峡谷从滨岸线追踪到台地边缘（Janson，2002）。可容空间增加和减少的幅度与相对海平面4～5级高频层序相关，其解释了等厚沉积体和呈“S”形的斜坡沉积体的交替变化（图13C）。

加积的波尔多阶中的骨架组分主要包含棘皮动物碎屑、牡蛎与其他双壳类、大型底栖有孔虫（*Heterostegina*）、苔藓虫和红藻。在该段的顶部很少出现珊瑚。在早兰盖期，小型孤立珊瑚藻建造开始加积，随后进积形成角度很陡的斜坡层，进而形成平顶台地滩，处在周围凹陷之上15～35m。这些台地中主要包含粗—中粒红藻颗粒灰岩和泥粒灰岩，并且有大型底栖有孔虫和软体动物，局部还有小型珊瑚建造。Janson（2002）利用水深测量法估算得出台地顶部5～20m。台内凹陷较浅，被含浮游有孔虫、小型底栖有孔虫、棘皮动物和双壳类的粒泥灰岩—微晶泥粒灰岩充填。

主要骨架组分的变化与后期加积—进积过程中的变化几乎是同时的（图13C）。台地边缘的斜坡层以红藻泥粒灰岩为主，台地顶部的岩相大部分由小型有孔虫泥粒灰岩组成，且珊瑚建造的数量在增加。台地顶部发育大量小型珊瑚补丁礁，但是在斜坡上只有几米的高度（Janson，2002）。其主要由被红藻包围的分枝状和球状珊瑚组成。在局部地区，大量的包壳红藻、大型底栖有孔虫和小型珊瑚丘能发育在斜坡脚和盆地外围。在兰盖期末，进积的平顶台地滩侵入形成单个较大的平顶台地（Janson，2002）。

（五）现代礁镶边台地：浅水生态可容空间的高点

在陆架平衡剖面水动力能之上，现代环境下的礁镶边台地具有最高的生态建造能力（图3F）。大量的珊瑚和包壳藻在海平面之上建造了一个固定的具抗浪骨架的结构。这可作为沿着陆架边缘的波浪能量壁垒，通常限制了礁后区域内水体的循环，因此，在礁后发育了一个低能的潟湖区域（图3F，图4C）。在潟湖区，沉积物聚集的基准面相对礁核和礁前更浅，后者暴露在开阔海的侵蚀波浪能之上。Mallorca地区的Llucmajor礁是这种类型的一个典型实例，该礁以高生态可容空间内的高频非均质性沉积层序为特征。

1. 马略卡岛（Mallorca）的Llucmajor台地

地中海西部马略卡岛海崖的晚托尔托纳期—早墨西拿期Llucmajor碳酸盐岩台地成连续和完整的暴露。这些暴露在悬崖上的剖面可确保利用照片拼接技术对层状模式、相结构和边界面进行详细制图。它们为该区碳酸盐岩建造的基本加积单元提供了一个记录较全的数据库，且高频旋回叠置模式分级聚集在某一构造稳定的区域，该悬崖剖面还可用于判别碳酸盐岩产率、海平面变化和内部相结构之间的成因联系（Pomar，1991，1993；Pomar和Ward，1994，1995，1999；Pomar等，1996）。

Llucmajor碳酸盐岩台地中基本的加积单元或结构单元呈现“S”形（Pomar，1991；Pomar和Ward，1994）。每一个“S”形构造都由一组成因上相对一致的受不整合面或者与其相关的受整合面约束的地层岩相序列组成。在上倾和向陆方向，“S”形单元表示一个向盆地方向呈“S”形的礁核相带的水平潟湖岩层，随后向海方向进入一个斜坡层的礁前斜坡沉积带和近水平的盆地岩相带（图14A）。“S”形结构叠置形成更大规模的S形层系、层系组和巨型层系的加积单元，这反映了海平面旋回的分级变化（图14B、C、D）。这些旋回的幅度分别小于15m、20～30m、60～70m和100m，可通过礁脊线的幅度（图14）和礁脊的连续进积位置计算得到（Pomar，1991）。这些海平面波动起源于冰川型海平面升降。巨型层系的旋回性与Abreu和Haddad（1998）提出的复合平滑短期氧同位素曲线之间具有很好的匹配性（图15），表明两者都可作为海平面变化的一个标志。

所有的加积单元都表示高频沉积层序，其具有相似的地层形态、边界面和相结构。相的相对体积以及在加积单元内和穿过侵蚀面的相分布可反映可容空间与碳酸盐岩生产之间的相互依赖。碳酸盐岩生产和沉积的数量直接与受海平面波动驱动的可容空间变化相关（图14，图16）。

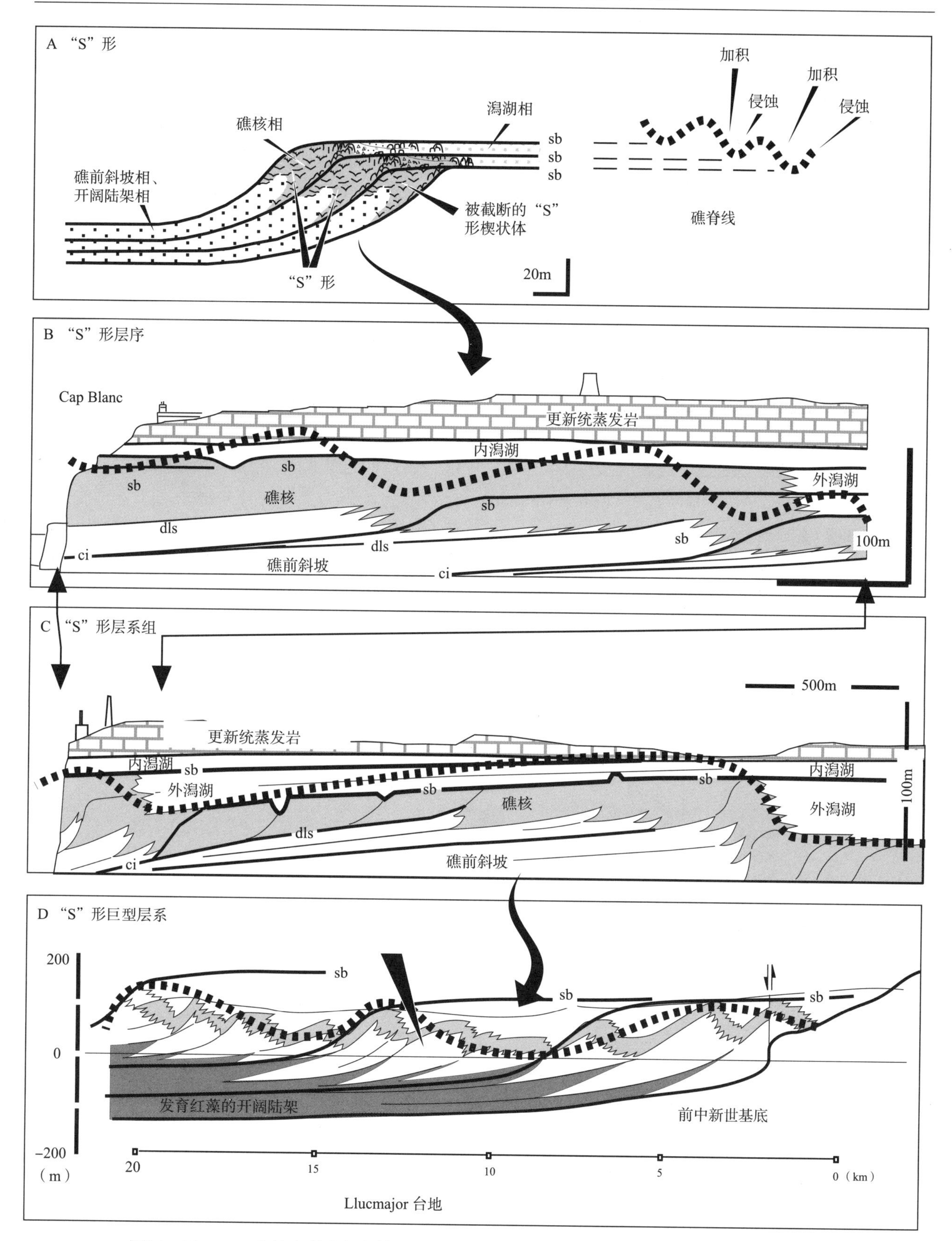

图14 Llucmajor台地中基本加积单元的四阶分级叠置模式（据Pomar和Ward，1994，修改）

礁脊线可作为海平面变化的精确标志。其为海平面波动和沉积物随着时间聚集的函数，并追踪记录了礁脊的连续加积位置。sb：层序界面；dls：下超面；ci：凝缩段

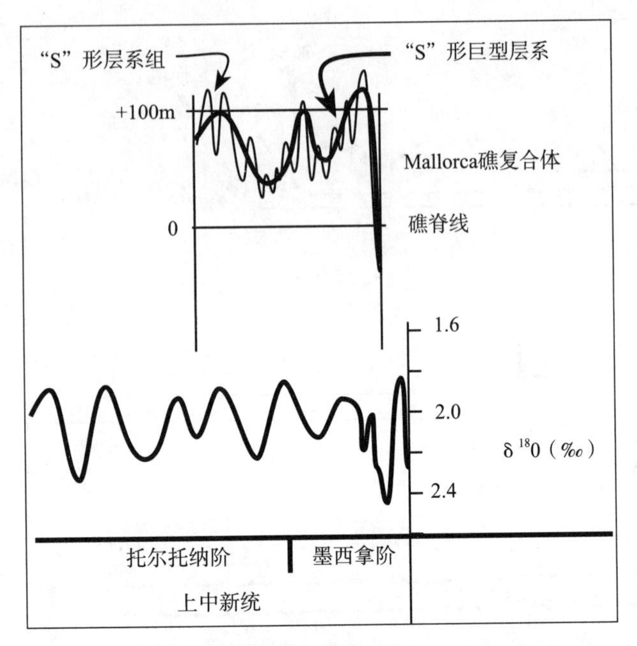

图15　马略卡岛礁复合体的礁脊线与Abreu和Haddad（1998）记录的复合平滑短期氧同位素曲线

二者的对比可作为海平面变化的标志。礁脊曲线是根据在图14C、D的横剖面中识别出的"S"形层系和组系的重构得出

在海平面上升期间，礁体垂向加积，潟湖沉积界面与海的最高点相对应，并且伴随最大量的沉积物质流出，造成礁前岩屑加积（图16）。这种加积体系域在空间分布上是最重要的，与其他模型的海侵体系域存在差别（Vail等，1977；Van Wagoner等，1988，1990；Sarg，1988），向盆地方向缺乏凝缩段和回剥层序（图14，图16）。高位体系域由以下几个部分组成：①向盆地方向进积的薄层礁核相；②向盆外呈楔状体延伸的礁前斜坡相；③开阔陆架相。这些都表明台地顶部存在少量沉积物的流出，潟湖岩层通常情况下缺失（即使有沉积，通常也在后期的海平面下降期间遭到剥蚀）。在海平面下降阶段，强制海退或者退积体系域具有一条向海方向的斜坡沉积轨迹线，由薄的进积和向下退积的礁核相组成，下超在开阔陆架相（早期的体系域）之上，而不包括重要的礁前斜坡相。潟湖相缺失，而开阔陆架相密集分布。与高位体系域一样，低位体系域同样由薄的进积礁核相和向盆地方向的楔状礁前斜坡沉积组成。

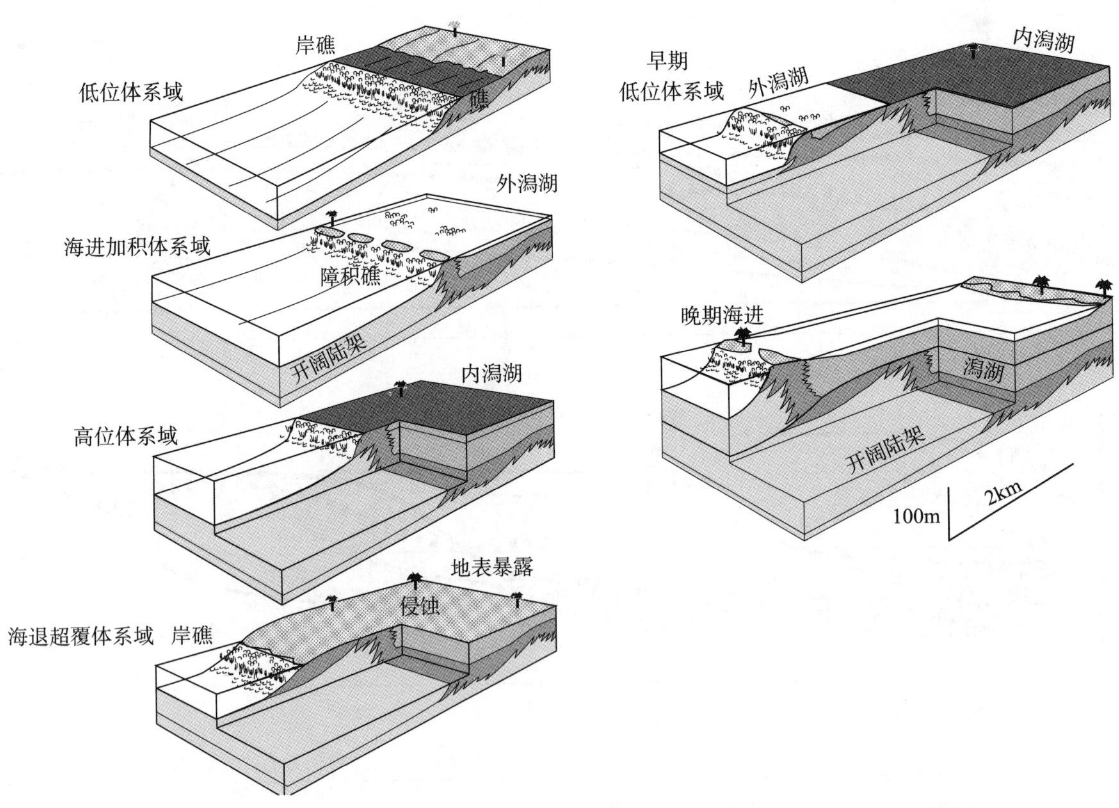

图16　由"S"形层系组成的体系域的叠置轨迹（据Pomar和Ward，1994，修改）

由"S"形层系形成的"S"形层系组可沿着Llucmajor台地南部的暴露海崖分布。在整个进积台地上的大部分沉积体对应于海平面上升的海侵加积体系域。高位体系域、海退超覆体系域和低位体系域由薄的礁相（向盆地方向变为凝缩段）组成

盆底的深度控制了碳酸盐岩的产率。潟湖的分布范围取决于早期海底地貌形态和相对海平面的变化（图16，图17）。最大的潟湖分布范围出现在障积礁后面，在海平面上升阶段发育在一个轻度倾斜面上，而在相对更陡的斜面上发育的潟湖范围很窄（Palma盆地，图17）。但是，礁前斜坡相沉积物的体积直接与现存潟湖的分布范围相关。在海平面下降期间，所有区域以发育岸礁（背风面没有或很少有潟湖存在证据）为主。珊瑚礁向下或者向盆地内迁移是可容空间减少的结果。

在海平面处于低位时，浅水盆地背景下的碳酸盐岩生产在一大片区域内都很重要（图17）。仅富含红藻的粗粒沉积物沉积在浅水开阔陆架环境，细粒物质受到波浪作用的簸选并被搬运到深水开阔台地中。在这种背景下，富含红藻的生物层与浅水陆架低位体系域下的礁前斜坡相呈指状接触。当海平面上升时，大部分沉积物在更浅陆架上生产，在礁后发育宽阔的潟湖区域，由于盆底太陡光线渗透能力不够而导致红藻沉积不发育。最大的进积速率出现在相对平缓的区域，这不仅是由于可容空间相对较少，还由于碳酸盐岩产率较大。

关于这点，Llucmajor台地（图14D）底部存在的红藻单元表示沉积在微光带浅水盆地背景下的低位体系域混合体和高频海平面旋回变化导致的低位单元的结构扰动（砾状灰岩—漂砾灰岩）。“S”形层系、层系组和巨型层系反映了高频海平面旋回在透光带工厂引起的变化（图14，图17）。

晚中新世台地的实例证明了这种进积类型的台地相结构的非均质性受控于在缺乏压实和沉降作用的情况下可容空间和碳酸盐岩产率的高频变化。碳酸盐岩产率并不是与可容空间变化不相关的因素。事实上，相对海平面和盆底沉积剖面的变化都与产率的变化相关。增大的生态可容空间使得浅水碳酸盐岩工厂对微小的海平面变化都特别敏感。这种敏感性使得该台地能够记录下仅仅几个千年周期的6级海平面波动变化（图14，图15）。

受礁前和开阔陆架区域海平面变化的旋回性和海底深度的综合影响，产生了两种随着海平面变化而发生交替变化的碳酸盐岩工厂：海平面上升期和高位期透光带中的绿藻工厂和海平面低位期微光带中的红藻工厂。

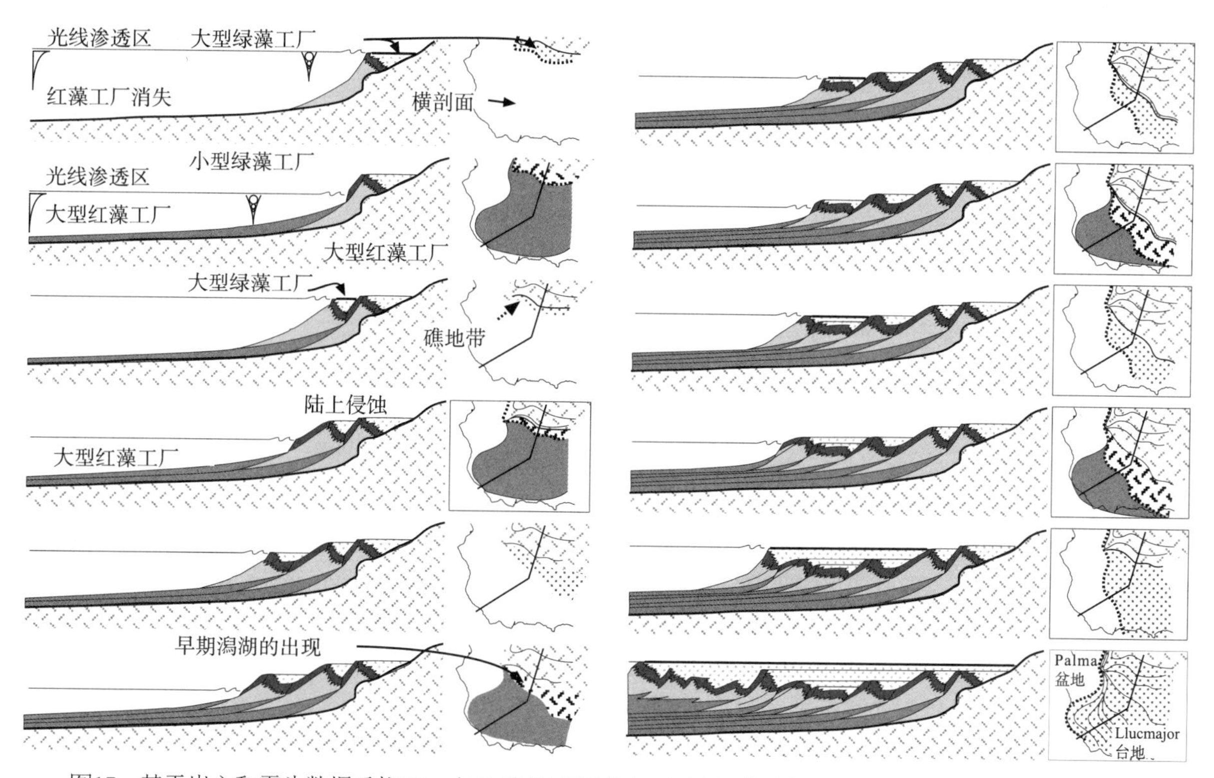

图17　基于岩心和露头数据重构20km长的礁体进积到南—西南部的过程（据Pomar和Ward，1995，修改）

这种相对快速的进积作用认为是两种碳酸盐岩工厂在相对平缓的区域内随海平面波动交替变化的结果，持续时间近2Ma

2. 巨大的台地边缘：向深部延伸的生态可容纳空间

许多古生代和新生代的一些台地发育陡峭而又巨大的厚层边缘斜坡，其保持了恒定的厚度和沉积倾角（图3G）。这些加积的台地边缘往往发育难以解释的沉积结构，但其具有一些共同的变化趋势，并且与其他大多数碳酸盐岩台地有所不同。这些台地富含微生物粘结岩和自生泥晶灰岩，且含有异养生物骨架，这表明其具有一个不依赖光照的、包壳或镶边的碳酸盐岩工厂。借助异养生物，且与底栖微生物和多细胞生物群落（可能包括海绵）的地面或地下降解有关的钙化作用，可能是这些生物灰岩的最可能成因（Monty，1995；Neuweiler等，1999）。斜坡脚少见岩屑沉积表明台地顶部沉积物的剥离速率较低。斜坡处向深部延伸的有机矿物粘结岩通常形成在含氧量低的饥饿盆地中，尤其是那些后生动物多样性和密度较低的盆地。这些台地边缘的另一个常见特征是大量发育水下胶结，关于其成因仍然不大清楚。这些碳酸盐岩的沉积背景主要包括晚阿普特期（Aptian）东比利牛斯省Basque-Cantabrian盆地阿尔布阶下段碳酸盐岩台地序列和南阿尔卑斯山三叠系碳酸盐岩建造。

3. 早阿尔布期的Gorbea台地

Gorbea台地层序发育在东比利牛斯省Basque-Cantabrian盆地，形成于晚阿普特期—早阿尔布期。它从一个混合碳酸盐岩—硅质碎屑斜坡演化为碳酸盐岩斜坡，最后变成一个镶边台地。镶边台地的层序由前积变为加积（Gómez-Pérez等，1999）。Gorbea台地的西北缘发育一个南北向延伸的面向Orozko盆地的陡峭边缘。台地的现今形态与白垩纪类似，因为没有明显的沉积后断层或大的构造变形影响古台地边缘。Gorbea台地层序加积阶段，沉积作用与加速沉降保持一致，没有额外的沉积物被搬运流失。不含抗浪生物骨架的抬升边缘将台地平台区和斜坡及大量的上部层系分离开来，从而保持了恒定的厚度以及高达35°的沉积倾角（图18）。坡脚部位，上凹的斜坡沉积逐渐变为更薄的层且与泥灰质灰岩互层（Gómez-Pérez等，1999）。

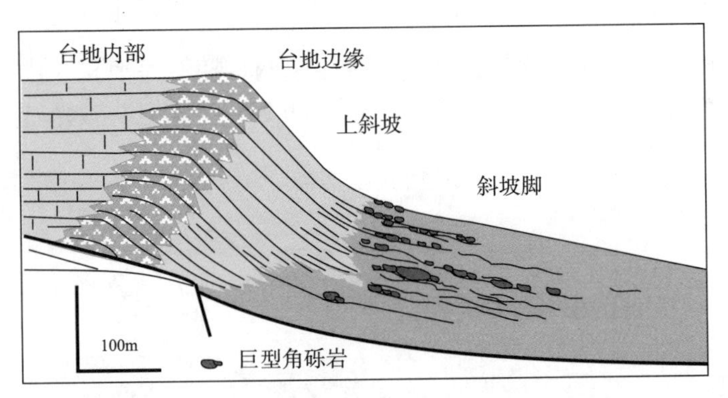

图18 基于区域观测和测井剖面得到的在早阿尔布期加积阶段Gorbea镶边台地序列的横剖面（据Gómez-Pérez等，1999）

台地内部岩相主要包括*Orbitolinid*泥粒灰岩、粒状灰岩、珊瑚—厚壳蛤和牡蛎状*Chondrodonta*粒泥灰岩、*Bacinella*粘结岩和粟孔虫粒泥灰岩—泥粒灰岩。向盆地方向，逐渐变为灰质灰岩、泥灰质灰岩、骨架泥粒灰岩和粒状灰岩（横向上逐渐变为珊瑚—粒泥灰岩陆架高地）。台地边缘岩相是巨大的生物层，包含有粘结岩、粒泥灰岩、泥粒灰岩和漂砾岩，局部为富动物群落（厚壳蛤、*Bacinella*、*Chondrodonta*、罕见的珊瑚、双壳类、腕足类、骨骼碎片）的颗粒灰岩和砾状灰岩，化石和纹理表明透光的开阔海条件，处于中—低能量条件下。斜坡上部为倾角达35°的大块斜坡沉积，由厚壳蛤、藻类、*Chondrodonta*骨架粘结岩和漂砾岩组成，与台地边缘组成类似。向下变为中等坡度的大块珊瑚粘结岩，具有骨架颗粒灰岩和泥粒灰岩透镜体。向下倾方向更远处，这些大块斜坡沉积变成钙质海绵（chaetetid）粒泥灰岩和粘结岩，局部为数米到十米规模的珊瑚—厚壳蛤生物丘。沉积深度从20m下降到120m（Gómez-Pérez等，1999）。这些生物丘由斜坡部位自生泥晶灰岩沉淀、一定程度的骨架重建和早期胶结形成（Gómez-Pérez等，1999）。这都表明台地系统内的沉积物流失处于很低的速率水平。

斜坡下部，大规模的层系逐渐变为分米级层系并最终尖灭，并且在坡脚处相变为泥灰岩和泥灰质灰岩，也包括一些台地边缘崩塌巨型角砾岩。沉积倾角从12°下降到1°～2°。此处，岩相由薄层细粒生物碎屑灰岩和泥灰质灰岩组成，局部夹有分选明显的骨架漂砾岩和泥粒灰岩，以及杂基支撑的角砾岩和滑塌岩。深水相由泥质灰岩和泥灰岩组成。具交错层理的颗粒灰岩和泥粒灰岩表明当时坡脚处的活动。这一台地内的高级沉积层序说明相对海平面的旋回性变化与构造活动有关。这都是海平面升降的标志。

4. 南阿尔卑斯山三叠系白云岩实例

三叠纪是古生代生物灭绝结束后生物群再适应的一段时期。三叠纪成群分布的碳酸盐台地在特提斯湾西北部的南阿尔卑斯山发育。这些伸展盆地受走滑构造控制（Doglioni，1987）。

1）斜坡控制台地

在南阿尔卑斯山特提斯湾，虽然随时间变化不同边缘有所差异，大多数台地受自生泥晶粘结岩（隐晶质球粒灰岩和微灰岩晶，大多成叠层和凝块状）控制，生物骨架（管壳石、骨架蓝藻和海绵）的贡献较小，早期水下胶结贡献较大。正如Russo（1997）建立的模式一样，这些台地可以被视为微生物泥丘（Bosence和Bridges，1995）。大多微晶灰岩具有加积和生物控制特征。Brandner等（1991）认为生产碳酸盐的生物群（生长较慢的粘结和障积生物集群）在潮下带和前坡中上部兴盛。其并不是在台地斜坡边缘或顶部发育的。斜坡下部富含巨型角砾碎屑和滑塌岩，并伴生有大量的胶结物，表明自生泥晶灰泥是在上—中斜坡背景下的产物。它们早期被岩化且常发生崩塌。所有这些台地的坡脚部位和盆地内浅水沉积物再沉积的量都很低（Brandner等，1991；Russo等，1998）。

晚卡尼期（Carnian），礁建造多样化后，碳酸盐岩台地的样式开始发生变化。珊瑚和海绵控制了某些台地的发育，其他台地的发育受龙介虫—微生物胶结控制。由台地边缘粘结岩形成的狭长地带可能是限制粘结生物在台地斜坡外边缘兴盛的原因。频繁出现的颗粒灰岩与砾状灰岩，大量的海百合、有孔虫、管壳石、双壳类、腕足动物、豆荚和龙介虫碎片，以及与暗色、富含有机质的泥晶灰岩互层的粗—细粒浊积岩（Climaco等，1997；Gianolla等，2003），都表明台地沉积物流失量的增大，就中三叠统台地而言，已经变为缺氧盆地。

2）浅水台地顶部

Lofer旋回中（Fisher，1964）描述了上三叠统台地顶部的岩相特征，单个旋回包含一个低位的潮间间隔，其记录了台地顶部的洪泛面；还包含一个上部的潮下间隔，其记录了台地的水下深度。顶部的削截与之后台地顶部的出现有关，这表明台地边缘的基准面受浅水边界控制，因此，轻微的海平面升降就会导致台地顶部的暴露和剥蚀，进而记录下米兰科维奇旋回，尽管Enos和Samankassou（1998）指出，并不是所有的上三叠统旋回都有明显的向上变深的趋势。

在三叠系台地的斜坡部位，随着深度不断增大且逐渐不受光照的影响，海平面高频旋回对碳酸盐岩产率的影响降到最低，除了受沉降作用影响可容空间增大的地区。然而，这种周期性的影响被更好地记录在台地顶部，因为该处的边缘更接近海平面。

五、讨论

认识到碳酸盐岩台地类型的多样性以及诸多控制因素，为了更准确地刻画碳酸盐岩台地，本文提出了一个新的方案。这一方案可能会提高对沉积体形态及共生相非均质性的预测可信度。

该方案认为每一套碳酸盐岩都是独一无二的，并具有独特的形成过程。每一套碳酸盐岩的层序结构都受到显生宙特定的物理、化学和生物准则的控制。为了弄清所研究岩石是如何形成的，解释人员提出了独具一格的沉积模式。这些模式将会解释形成碳酸盐岩沉积物所需的空间，以及当地生物得以兴盛的环境。为此，这些模式还需要考虑沉积区域的生态及物理化学条件。

这里所概括的原理并不是新的。它与Nils Steno（1669）用来描述Tuscany地区岩石成层特征来源的原理相匹配。Steno所用的地层学原理使他能够直接系统地聚焦在形成这些结构的地质过程上，这也正是引起他注意的地方。他首先建立了岩石及其结构的形成顺序，然后综合了对造成岩石具有这些特征的物理过程的认识。

今天，我们利用了同样的综合分析方法，尽管这一方法机制的具体细节在我们写过或读过的文章中很少提及。当人们解释某一模型时，往往会直接跳过其细节问题，想当然地认为读者应该了解这些。我们的观点是：对于初涉该领域的人而言，要想了解某一套碳酸盐岩的形成机理，应该按沉积顺序将沉积物铭记在心。接下来，对其进行重建使之与所研究的岩石结构相匹配。

我们的分析与Steno的分析的不同之处在于，我们收集到的数据量和准则更多，且收集量在不断增加。先前的模型是为了综合不同观点然后建立对沉积岩的解释方案。鉴于这些模型并没有违背自然规律，我们也有所借鉴使用。为了解释独有的沉积层序问题，甚至对其做了修改，当然是批判谨慎地去做这些工作的。很多初涉该领域的研究人员除了借鉴文献中的模式去展开工作之外别无选择。由于缺乏经验，他们不愿意经常变换现有的模式。然而，如果这些模式与实际的露头不符时，他们要不对其修改，要不就不再使用。我们坚信：如果对重复的过程模拟缺乏批判性思考，那么地层解释工作是不可能进行的。

（一）退积型碳酸盐岩台地结构：建议性分析策略

提出的碳酸盐岩分析策略仍是研究碳酸盐岩的启发性准则，是为了与同仁及学生们共同交流信息。这一策略建议包括建立以下内容：

（1）沉积剖面的地质背景：盆地范围内（边缘、陆架、外陆架、斜坡、盆地）、板块构造背景和沉积时代。

（2）区域沉积背景：广泛分布的地层次序界面的识别与描述、盖层模式特征和相关岩相的特征。

一旦确定了碳酸盐岩台地的基本地层发育背景，就可建立更具体的成因分析：

（1）包络面范围内及穿越包络面的岩相关系。

（2）沉积物组成及其相互关系：物理—化学及生物组分、结构特征、原地与异地聚集样式。

（3）沉积背景下的过程。

（4）这些过程如何随时间推移而变化。

（5）碳酸盐岩深海沉积位置的推测依据：几何组合关系、相组成及特征。其中后者包括结构（与水动力水平有关）；与深度有关的物质组成，比如藻类（与光的透射度有关）；是发育于深盆区还是边缘的高部位（与层序和准层序或建造块体的沉积几何特征有关）。

这里将地层剖面划分为层序、旋回、准层序和（或）层。

进一步细分的地层剖面描述如下：

（1）岩石学特征；

（2）颗粒类型及大小；

（3）生物群落；

（4）沉积构造（包括单相水流构造、双向水流构造、浪成构造、生物构造、遗迹相）；

（5）接触关系：渐变、突变等。

利用沃尔索相律，叠置的岩相及相组合应该与沉积背景的概念模式联系起来。更进一步讲，如果叠置体为以下几类，那么其沉积相及相序组合就应该确定下来：①进积（近端地层上覆于远端地层）；②退积（远端地层上覆于近端地层）；③加积。

本文单独考虑了古生态因素的影响，尽管受缺乏古老生物群落需要的生态条件信息的局限，上面所提方法具有一定缺陷。如果分析了新近系碳酸盐岩，那么这些局限就是很显然的了。然而，如果考虑到经常灭绝的生物形成的古老碳酸盐岩，那么就会增加不确定性。如果用这去解释古生代生物群落，这种不确定性可能会相当明显。正因如此，没有讨论地质剖面中这一部分的碳酸盐岩，以避免引起争论；也没有分析冰期与温室期气候条件相互转换对一些碳酸盐岩剖面周期性特征的影响，因为这超出了本文讨论的范围。

为了得到相对最为合理的结果，这里所提出的分析策略遵从了经典的步骤。它为解释中更好地评价不确定性提供了一个方法。它把注意力放在提出问题上，正如下文一样，这些问题与地质剖面解释和更好的地质约束数据有关。这些问题的提出使得岩相的几何分布能够得到更为真实的解释和预测。

在上面部分，展示了成因分析如何使我们能够对复杂联系下的影响因素有一个更好的认识，这些因素控制了碳酸盐岩非均质性的结构和分布，成因分析方法帮助更好地认识并弄清明显的悖论。现在考虑了与碳酸盐岩台地解释有关的潜在问题。主要包括：对下斜坡碳酸盐沉积控制因素的认识，与生态可容空间有关的碳酸盐岩系统的变化，“全新统碳酸盐岩记录是过去的钥匙”这一认识存在的问题，通过基本加积单元叠置模式确定的台地顶部近水面暴露的控制因素和以不整合为边界的加积单元的差异性原因。

（二）理解下斜坡的碳酸盐沉积

解决这一问题的关键是弄清颗粒粒度及结构的下倾特征。尽管随着水深增加，水动力降低，通常粒度随之逐渐变小，可是所研究的新近纪台地，实际情况与所期望的完全不同。有些实例中，颗粒粒度沿下倾方向逐渐增大，并且沉积物的分选性很差。无论深水还是浅水环境下形成的岩石，在结构和组成上都具有一致性。因此，通常认为剖面上部未分选的泥粒灰岩层是浅水沉积的产物。加之对陆架位置海草甸遮挡和障积作用的认识，此处将对沉积环境的预测由高能波浪环境修改为浪基面以下环境。相反，砾级砾状灰岩和漂砾岩单元通常形成在深水区，尽管在一些实例中都受到了水流的再改造作用。此外，晚中新世Menorca斜坡发育具交错层理的粒状灰岩，其主要由浅水骨架成分组成。与岸边及浅水区形成的沉积不同，它们形成于浪基面以下。穿过中斜坡、斜坡及斜坡脚的单相水流形成与其相关的交错层理构造。如果不分析沉积物组成、结构、层理模式以及Balearic群岛附近的现代条件，就会得到一个完全颠倒的解释。

现代礁镶边台地顶部一旦被淹没就会发生沉积物的剥离。更新世通常发生在海平面高位体系域时期，此时基底控制的台地顶部被淹没，并且碳酸盐岩工厂的产率增大。Caribbean台地就是一个很好的例子（Glaser和Droxler, 1991; Schlager等, 1994）。然而，对于晚中新世Mallorca礁镶边台地而言，记录显示，大多数剥离作用发生在海平面上升时期，此时，海泛形成了大规模潟湖，其在高位域时期缩减并在海平面下降时期关闭。在此，不得不对高位体系域时期碳酸盐岩台地剥离作用占主要地位的广泛认识进行修改，因为当海平面处于其他位置时，碳酸盐岩工厂也会剥离沉积物或者向斜坡部位增填沉积物。

我们的观点是：受物理可容空间控制的碳酸盐岩体系在海平面下降或者低位体系域时期剥离了大部分沉积物。比如在早托尔托纳期Menorca斜坡实例中，当海平面下降降低了基准面时，砂级沉积物以不断增大的速率从台地被剥离出去，并且海草附生生物向盆地方向迁移，使得斜坡处发生进积。相反，晚中新世Mallorca礁复合体是微光带工厂的一个实例，当低位体系域时光线能够到达礁前地区的海底，导致红藻的产率急剧升高。后一实例中，粗粒沉积仍为原地沉积，然而细粒沉积物被搬运到远离斜坡的部位。海平面再次上升时，潟湖区浅水透光带的绿藻生产占主导地位。

当考虑到骨架碳酸盐岩的搬运问题时，比如计算休止角（Kenter，1990）或者预测与波浪或者水流有关的沉积搬运过程，就非常有必要考虑骨架颗粒的体积密度（有效密度），它通常由于骨架内孔隙的存在而变小。Aigner（1982）测试了始新世有孔虫中的孔隙度，结果显示其范围为1%～54%。最近的*Amphisorus*有孔虫测试结果高达72%。利用这些测试结果，他将货币虫的体积密度估计值定为1.28g/cm^3，将*Amphisorus*的体积密度值定为0.305g/cm^3。类似地，Jorry（2004）和Jorry等（2006）通过对始新世货币虫进行孔隙度测试发现其值要比Aigner（1982）测试值高，达到46%～63%，体积密度估计值为1.48～2.61g/cm^3。根据这些数据，Jorry（2004）和Jorry等（2006）得出结论：当剪切速度达到3.3cm/s时，体积密度（有效密度）为1.7g/cm^{3}的大型（直径超过2cm）货币虫就可能被搬运起来。这可能解释了与其相关的牵引流构造的少见以及识别这类沉积的困难性，因为这样低的速度对应很小的休止角。Ginsburg（2005）指出脱落的石炭纪海百合骨架的孔隙度变化范围大概是29%～69%。这使得它们的比重与只有其十分之一大小的石英颗粒相当（Savarese等，1996）。水流速度达到16cm/s时，就可以携带这种高孔隙的骨架颗粒。

此外，并不是所有的碳酸盐岩台地都会从顶部剥离沉积物。例如，对那些边缘部位具有有机质粘结岩的碳酸盐岩建造而言，从其顶部剥离的沉积物数量是非常有限的。早阿尔布期Gorbea台地和南阿尔卑斯山Dolomites山脉三叠系的实例都具有此特征。顶部剥离的少见可能与海水含氧量低有关，低含氧量利于细菌和海绵的生长，但不利于其他耗氧量高的多细胞生物生长。这是三叠纪为全球低氧期的证据（Berner，1999；Berner等，2000；Falkowski等，2005；Huey和Ward，2005）。同时出现以黏土为主的斜坡和未发生剥离的台地，这证实了环境的影响而不能说明生物演化趋势。

（三）碳酸盐岩工厂的交替变化

由碳酸盐岩工厂交替变化形成的碳酸盐岩台地序列是另一个重要的问题。本文提到的晚白垩世例子中，碳酸盐岩工厂的交替变化（厚壳蛤建造和砂屑灰岩楔状体）不受海平面变化的影响。相反，其是由古海洋地理条件的变化引起的，而它会影响生产碳酸盐的生物群落。晚中新世Mallorca礁复合体内，碳酸盐岩工厂的交替变化与海平面变化是同时的。由于海平面上升时期台地顶部被淹没，绿藻（透光带工厂）的产率会提高；当海平面下降处于低位体系域出现潟湖区时，碳酸盐岩工厂就会关闭。低位体系域时期，一旦阳光照射到盆地底部，那么红藻占主导的礁前微光带工厂就会开启；当海平面上升、盆地底部变暗时，该工厂就会关闭。

这里所要说的是，相对于海平面升降而言，古海洋地理条件的变化对台地结构变化可能会产生更为显著的影响。晚中新世Balearic群岛台地恰巧说明了这一影响，可容空间的增大（使得早托尔托纳期—早墨西拿期礁镶边台地进积到早托尔托纳期远端变陡缓坡）并不是由于相对海平面的上升引起的。相反，它是由生态可容空间的变化引起的，而物理可容空间没有明显变化。斜坡沉积的基准面受浪基面和等深流控制，然而，礁—潟湖体系却受海平面位置控制。生物礁的存在形成了水动力障壁，从而影响了沉积物在近海平面处聚积时的基准面。

（四）全新世均变说

沉积物组成、结构及层理模式之间相互关系的成因分析突出强调了弱化全新世均变说应用的必要性。这对已经普遍被接受的根据Bahamian相关系确定的有关概念尤为正确，他认为相关系对应于物理条件的变化。因此，可以证实侏罗纪珊瑚及微生物在中部斜坡形成了丘形建造。这与晚白垩纪形成的珊瑚形成鲜明的对比，其完全是在风暴浪基面以下生长的，尽管形成了一个边缘沉积，但是无法向海平面方向形成一个固定的框架。早—中中新世从斜坡脚到台地顶部发育了生物层和丘形沉积。直到晚中新世珊瑚才开始在浅水波浪搅动带兴盛起来，并向上直到海平面建立了固定的框架。珊瑚从不透光带到透光带的这种变化与共生黄藻的多样性变化时期一致，同时也与中新世气候适宜期后的全球变冷同期（Pochon等，2006）。此外，这一变化也表明珊瑚营养需求的改变（变为贫营养状态）。这与由红藻占优势向珊瑚礁占优势的转变一致，可能与全球生产率的降低有关（Halfar和Mutti，2005）。同样与晚中新世从抑制文石形成到促使文石形成的转变相匹配，这使得珊瑚得以在浅水环境下兴盛以及鲕粒灰岩得以在浅水环境下形成。此外，这也提出一个问题，那就是气候因素对骨架组成的控制作用。中中新世温和型红藻和有孔虫沉积组合在地中海地区占主要地位。然而当时的气候比晚中新世要温暖些，适合热带型绿藻沉积组合的形成。这就提出了这样一个问题：珊瑚需求条件的所有变化是否是由生物演化引起的？或者，这是否反映了黄藻的演化？或者这是由于海洋环境的变化引起的？或者，这些影响因素是否具有相关联系呢？所有的这些疑问说明先前的解释中并没有意识到这些问题而现在的解释却会使一个人提出新的问题，并且为了获得更多信息而进行进一步研究。

（五）台地顶部的陆上暴露面

高频海平面下降阶段台地顶部陆上暴露面存在的可能性可以通过成因分析加以约束。现代礁镶边台地可以形成直到海平面（对应最大生态可容空间）的结构骨架。这使得非常浅的礁后区得以发育，虽然海平面的小幅下降都可以导致台地顶部（礁及先期形成的潟湖区）完全暴露。通过对南阿尔卑斯山上三叠统Lofer韵律层的回剥，可以将这种情况用于相反的序列中。此处，浅水潮下带及潮间带下部被上部潮下带的一次事件覆盖。这就是在陆上环境下的顶部夷平。这种周期沉积物与海泛有关，伴随着台地顶部的浸没及再次出露。通常被解释为受高频、低幅度的海平面周期变化驱使。类似地，Latemàr建造中的中侏罗统韵律层需要在一个较浅的基准面条件下才能沉积，并且是海平面被动升降幅度达到米级时的产物（Preto等，2001）。在两个实例中，持续的沉降使得可容空间得以增大，而这对浅水周期性碳酸盐岩厚层连续沉积层序的形成是必要的。这些结构的形成需要台地边缘浅水控制的基准面条件。因此，海平面的微小下降会导致台地顶部的暴露和剥蚀。相反，最小生态可容空间下颗粒为主的斜坡，暴露在基准面下部，在斜坡中部更有可能形成向盆地方向的沉积物迁移。这限制了潮间带或者浅水潮下带岩相陆上暴露的可能性。早期成岩的可能性，当与海平面下降时的幅度和速度联系起来时，可以通过更好的分析得以解决，沉积物可能由文石为主变为方解石为主。

（六）基本加积单元的叠置模式

构造沉降（较低级别的海平面旋回）缓慢地改变可容空间，因此，物理可容空间的的增大或减小可以反映在基本加积单元的叠置模式变化上。相对海平面稳定时期（构造稳定、微弱的沉降和海平面相对静止），加积单元为向前叠置形态。相反，相对海平面上升时期（构造沉降和/或海平面上升），基本沉积单元加积甚至后退。这取决于沉积物生产和聚集速率的差异以及物理可容空间的增大。晚托尔托纳期Menorca斜坡就属于这种情况。由于沉积单元具有向前叠置形态，因而现在很难看出海平面变化引起的脉冲式前积过程。在比利牛斯山脉的白垩系中，这一现象在加积沉积中比在进积沉积中更为明显。

本文分析的实例强调了考虑生态可容空间对台地结构影响的必要性。希望本文中的实例能够帮助其他研究人员识别高频、低幅度海平面变化增加时期，生态可容空间的影响是如何增大的（表1）。

（七）加积单元中的不整合界限

现代礁镶边台地（图3F）中，海平面的微小下降形成一个以不整合为界限的单层加积单元。就沉积过程而言，这符合基本的沉积层序的定义。尽管这不是由以物理界面为界的体系域组成的，但是其内部的次级条带能够作为标识区分不同海平面时期沉积单元加积的标志。对应的，准层序是由海泛面限定的基本沉积单元，而与其在地层加积单元中的级别无关。然而，随着生态可容空间的减小，形成一个可识别的物理界面所需要的海平面升降变化幅度会相应增大。这可以在亚平宁（图3B）中出露的中中新世低角度斜坡沉积中看到。即便是识别三级旋回的影响也变得非常困难。

中等生态可容空间下的平顶台地实例（图3E）中，台地内部相带通常在海平面下降时期暴露在近地面位置，但是这些台地的外部相带通常与水下剥蚀面有关。结果是，台地顶部岩相向陆或向盆的迁移证实了海平面的升降变化。

从颗粒为主的平顶台地到远端变陡缓坡（图3D），台地顶部岩相只能保存在物理可容空间内具有净沉积的部位。这一实例中，层序边界主要为台地顶部岩相之上的水下剥蚀面。其与后期的海泛面合并在一起，并向盆地方向变为相对应的整合。

在受浅水沉积物生产以及随后向盆地方向剥离影响的低角度缓坡中（图3C），陆上剥蚀面在内斜坡上发育。相应的水下剥蚀面及向盆地方向的整合面可以通过粒径、骨架组成及层厚的微小变化组合加以识别。这些都可以通过向盆及向陆的沉积相带的迁移加以解释。然而，岩相的这些微小变化在受深水碳酸盐岩生产控制的缓坡地带仍然模糊不清。

六、一般方法性的结论

本文推荐的方法，尤其是将物理可容空间和生态可容空间分开研究以及回剥分析方法的应用，明显提高了碳酸盐岩台地解释的复杂程度。然而，如果能够加强对碳酸盐岩台地非均质性的理解，那么这种分析方法就能够帮助拓宽认识。有人可能会说，这种方法会使研究人员毫无拘束，我们明显不认同这一观点，如果细读了本文中所有的模式，那么该分析方法会促使研究人员充分利用每一个数据以得到一个最为合理且不确定性最少的模式。这些模式需要整合岩石中的剥蚀记录，也要考虑由于生态需求变化导致的生物群落的演化。这也要求对野外露头（包括对水动力背景的认识）、物理可容空间及本文提出的生态可容空间等多方面信息进行整合。这样做使得所提出的模式具有很好的实用性，因为其基于或者将会基于可靠的科学观察和原理作为依据。

因此，可以认为台地结构的多样性以及叠置模式的复杂性是生态可容空间、生产碳酸盐的生物带以及物理可容空间多种因素相互作用的结果。本文中台地的描述证实了该方法在解释控制台地结构及非均质性的关键因素方面的成功应用。从另一方面讲，本文所提出的分析方法能够提高非均质性的预测水平。它结合了不常使用的与过程—产物关系有关的均变论。它也为提高与预测相关的不确定性评价提供了一个线索，以使其可以应用到陆上解释中。当然，它为解释人员提出了新的问题，并促使他们寻找新的答案。

最后，本文认为来自显生宙不同时期的生物群落可能产出类似的碳酸盐产物，这表明这些碳酸盐沉积物是以类似的方式聚集形成的。尽管如此，在显生宙的同一时期确实发育了不同类型的台地。本文认为这些差异是由不同生态可容空间里形成的碳酸盐岩造成的。本文中也提到海洋地理条件的变化对地层模式及相结构的影响要大于海平面变化对其的影响，尤其是在海洋地理条件影响生产碳酸盐的生物群落的地区。

致谢

非常感谢Michele Morsilli给出的点评与建议。尤其感谢Jeff Lukasik、Toni Simo、Wolfgang Schlager和Heiko Hillgartner，他们阅读了本文的原稿，并在内容和格式上给出了一些非常有用的建议。如果没有他们的付出，本文不过是一篇泛泛之作。感谢西班牙DGI n° BTE2001−0372−C02和DGI n° CGL200500537/BTE项目提供的经费支持。

参考文献

Abreu, V.S., and Anderson, J.B., 1998, Glacial eustasy during the Cenozoic:sequence stratigraphic implications: American Association of Petroleum Geologists, Bulletin, v. 82, p. 1385−1400.

Abreu, V.S., and Haddad, G.A., 1998, Glacioeustatic fluctuations: the mechanism liking stable isotope events and sequence stratigraphy from the Early Oligocene to Middle Miocene, *in* De Graciansky, P.C.,Hardenbol, J., Jacquin, T., and Vail, P.R., eds., Mesozoic and Cenozoic Sequence Stratigraphy of European Basins, SEPM, Special Publication 60, p. 245−259.

Accordi, B., Devoto, G., La Monica, G.B., Praturlon, A., Sirna, G., and Zalaffi, M., 1967, Il Neogene nell'Appennino laziale−abruzzese.Commitee on Mediterranean Neogene Stratigraphy,（1969）, Proc. IV Session, Bologna: Giornale di Geologia, v. 35, p. 235−268.

Aigner, T., 1982, Event−stratification in nummulite accumulations and in shell beds from the Eocene of Egypt, *in* Einsele, G., and Seilacher, A., eds., Cyclic and Event Stratification: New York, Springer−Verlag, p. 248−262.

Allen, J.R.L., 1982, A model of storm sedimentation in shallow waters, *in* Sedimentary Structures; Their Character and Physical Basis: Amsterdam,Elsevier, Development in Sedimentology, 30B, p. 487−506.

Aurell, M., and Bádenas, B., 2004, Facies and depositional sequences evolution controlled by high−frequency sea−level changes in a shallow−water carbonate ramp（Late Kimmeridgian, NE Spain: Geological Magazine, v. 141, p. 717−733.

Aurell, M., Bádenas, B., Bosence, D.W.J., and Waltham, D.A., 1998, Carbonate production and offshore transport on a Late Jurassic carbonate ramp（Kimmeridgian, Iberian basin, NE Spain）: evidence from outcrops and computer modelling, *in* Wright, V.P., and Burchette, T.P., eds., Carbonate Ramps: Geological Society of London, Special Publication 149, p. 137−161.

Aurell, M., Bosence, D.W.J., and Waltham, D.A., 1995, Carbonate ramp depositional systems from a late Jurassic epeiric platform（Iberian basin, Spain）: a combined computer modelling and outcrop analysis: Sedimentology, v. 42, p. 75−94.

Aurell, M., Robles, S., Bádenas, B., Quesada, S., Rosales, I., Meléndez, G., and García−Ramos, J.C., 2003, Transgressive/regressive cycles and Jurassic paleogeography of Northeast Iberia: Sedimentary Geology, v. 162, p. 239−271.

Bádenas, B., and Aurell, M., 2001a, Kimmeridgian paleogeography and basin evolution of northeastern Iberia: Palaeogeography, Palaeoclimatology, Palaeoecology, v. 168, p. 291−310.

Bádenas, B., and Aurell, M., 2001b, Proximal−distal facies relationship and sedimentary processes in a storm−dominated carbonate ramp (Kimmeridgian, northwest of the Iberian Ranges, Spain) : Sedimentary Geology, v. 139, p. 319−340.

Bádenas, B., Aurell, M., and Gröcke, D.R., 2005, Facies analysis and correlation of high−order sequences in middle−outer ramp successions: variations in exported carbonate on basin−wide $^{13}C_{carb}$ (Kimmeridgian, NE Spain) : Sedimentology, v. 52, p. 1253−1275.

Bádenas, B., Aurell, M., Rodríguez−Tovar, F.J., and Pardo−Igúzquiza, E., 2003, Sequence stratigraphy and bedding rhythms of an outer ramp limestone succession (Late Kimmeridgian, Northeast Spain) : Sedimentary Geology, v. 161, p. 153−174.

Barbera, C., Simone, L., and Carannante, G., 1978, Depositi circalittorali di piattaforma aperta nel Miocene Campano, Analisi sedimentologica e paleoecologica: Società Geologica Italiana, Bollettino, v. 97, p. 821−834.

Bassant, P., 1999, The high−resolution stratigraphic architecture and evolution of the Burdigalian carbonate−siliciclastic sedimentary systems of the Mut Basin, Turkey: GeoFocus, v. 3, Université de Fribourg, Institut de Géologie et Paléontologie (Switzerland) , 277 p.

Bassant, P., Van Buchem, F.S.P., Strasser, A., and Gorur, N., 2005, The stratigraphic architecture and evolution of the Burdigalian carbonate−siliciclastic sedimentary systems of the Mut Basin, Turkey: Sedimentary Geology, v. 173, p. 187−232.

Bassant, P., Van Buchem, F.S.P., Strasser, A., and Lomando, T., 2004, A comparison of two early Miocene carbonate margins: the Zhujiang carbonate platform (subsurface, South China) and the Pirinc platform (outcrop, Southern Turkey) , *in* Grammer, M., and Harris, P.M., eds., Integration of Outcrop and Modern Analogs in Reservoir Modeling: American Association of Petroleum Geologists, Memoir 80, p. 153−170.

Beavington−Penney, S.J., Wright, V.P., and Racey, A., 2005, Sediment production and dispersal on foraminifera−dominated early Tertiary ramps: the Eocene El Garia Formation, Tunisia: Sedimentology, v. 52, p. 537−569.

Berástegui, X., Losantos, M., and Muñoz, J.A., 1990, Structure and sedimentary evolution of the Organyà basin (Central South Pyrenean Unit, Spain) during the lower Cretaceous: Societé Géologique de France, Bulletin, v. 8, p. 251−264.

Berástegui, X., Losantos, M., Muñoz, J.A., and Puigdefabregas, C., 1993, Tall geològic del Pirineu Central 1/200.000, Institut Cartogràfic de Catalunya, Barcelona.

Bergomi, G., and Damiani, A.V., 1976, Diagenesi precoce nei depositi Serravalliano−Tortoniani del Lazio e considerazioni sulla evoluzione strutturale del Bacino di sedimentazione miocenico: Servizio Geologico d'Italia, Bollettino, v. 97, p. 35−66.

Berner, R.A., 1999, Atmospheric oxygen over Phanerozoic time: National Academy of Sciences, U.S.A., Proceedings, v. 96, p. 10955−10957.

Berner, R.A., Petsch, S.T., Lake, J.A., Beerling, D.J., Popp, B.N., Lane, R.S., Laws, E.A., Westley, M.B., Cassar, N., Woodward, F.I., and Quick, W.P., 2000, Isotope fractionation and atmospheric oxygen: implications for Phanerozoic O_2: Science, v. 287, p. 1630−1633.

Bosence, D.W.J., and Bridges, P.H., 1995, A review of the origin and evolution of carbonate mud−mounds, *in* Monty, C.L.V., Bosence, D.W.J., Bridges, P.H., and Pratt, B.R., eds., Carbonate Mud−Mounds; Their Origin and Evolution: International Association of Sedimentologists, Special Publication 23, p. 3−9.

Bosscher, H., and Schlager, W., 1992, Computer simulations of reef growth: Sedimentology, v. 39, p. 503−512.

Brandano, M., 2001, Risposta fisica delle aree di piattaforma carbonatica agli eventi più significativi del Miocene nell'Appennino centrale: Ph.D. Thesis, Universitá di Roma "La Sapienza" , 180 p.

Brandano, M., 2003, Tropical/subtropical inner ramp facies in Lower Miocene "Calcari a Briozoi e Litotamni" of the Monte Lungo area (Cassino Plain, Central Apennines, Italy) : Società Geologica Italiana, Bollettino, v. 122, p. 85−98.

Brandano, M., Civitelli, G., and Corda, L., 2001, A foramol type carbonate ramp in tropical−subtropical setting: the link between tectonics and nutrients (abstract) : American Association of Petroleum Geologists, Annual Meeting, p. A 24.

Brandano, M., and Corda, L., 2002, Nutrients, sea level and tectonics: constraints for the facies architecture of a Miocene carbonate ramp in central Italy: Terra Nova, v. 14, p. 257−262.

Brandner, R., Flügel, E., and Senowbari−Daryan, B., 1991, Microfacies of carbonate slope boulders: indicator of the source area (Middle Triassic: Mahlknecht Cliff, Western Dolomites) : Facies, v. 25, p. 279−296.

Burchette, T.P., and Wright, V.P., 1992, Carbonate ramp depositional systems: Sedimentary Geology, v. 79, p. 3−57.

Calvet, F., and Tucker, M.E., 1988, Outer ramp carbonate cycles in the Upper Muschelkalk, Catalan Basin, NE Spain:

Sedimentary Geology, v. 57, p. 185–198.

Calvet, F., Tucker, M.E., and Henton, J.M., 1990, Middle Triassic carbonate ramp systems in the Catalan Basin, northeast Spain: facies, systems tracts, sequences and controls, *in* Tucker, M.E., Wilson, J.L., Crevello, P.D., Sarg, J.R., and Read, J.F., eds., Carbonate Platforms: Facies, Sequences and Evolution: International Association of Sedimentologists, Special Publication 9, p. 79–108.

Carannante, G., Esteban, M., Milliman, J.D., and Simone, L., 1988, Carbonate lithofacies as paleolatitude indicators: problems and limitations: Sedimentary Geology, v. 60, p. 333–346.

Ciaranfi, N., Ghisetti, F., Guida, M., Iaccarino, G., Lambiase, S., Pieri, P., Rapisardi, L., Ricchetti, G., Torre, M., Tortorici, L., and Vezzani, L., 1983, Carta Neotettonica dell'Italia meridionale, Progetto Finalizzato Geodinamica, Carta Neotettonica dell'Italia meridionale, Pubblicazione 515 del Progetto Finalizzato Geodinamica del Consiglio Nazionale delle Ricerche, 62 p.

Climaco, A., Boni, M., Iannace, A., and Zamparelli, V., 1997, Platform margins, microbial/serpulids bioconstructions and slope–to–basin sediments in the Upper Triassic of the 'Verbicaro Unit'（Lucania and Calabria, Southern Italy）: Facies v. 36, p. 37–56.

Damiani, A.V., Chiocchini, M., Colacicchi, R., Mariotti, G., Parotto, M., Passeri, L., and Praturlon, A., 1992, Elementi litostratigrafici per una sintesi delle facies carbonatiche meso–cenozoiche dell'Appennino centrale, *in* Studi preliminari all'acquisizione dati del profilo CROP（CROsta Profonda）, 11 Civitavecchia–Vasto", Tozzi M., Cavinato G.P., Parotto M., eds., Studi Geologici Camerti, vol. spec. 1991/92, p. 187–213.

Deramond, J., Souquet, P., Fondecave–Wallez, M.–J., and Specht, M., 1993, Relationship between thrust tectonics and sequence stratigraphy surfaces in foredeeps: model and examples from the Pyrenees（Cretaceous–Eocene, France, Spain）, *in* Williams, G.D., and Dobb, A., eds., Tectonics and Seismic Sequence Stratigraphy, Geological Society of London, Special Publication 71, p. 193–219.

Dietz, R.S., 1963, Wave–base, marine profile of equilibrium, and wavebuilt terraces: A critical appraisal: Geological Society of America, Bulletin, v. 74, p. 971–990.

Doglioni, C., 1987, Tectonics of the Dolomites（Southern Alps, Northern Italy）: Journal of Structural Geology, v. 9, p. 181–193.

Doglioni, C., Gueguen, E., Harabaglia, P., and Mongelli, F., 1999, On the origin of west–directed subduction zones and applications to the western Mediterranean, *in* Durand, B., Jolivet, L., Horvath, F., and Seranne, M., eds., The Mediterranean Basins: Tertiary Extension within the Alpine Orogen: Geological Society of London, Special Publication 156, p. 541–561.

Doglioni, C., Mongelli, F., and Pieri, P., 1994, The Puglia uplift（SEItaly）: an anomaly in the foreland of the Apenninic subduction due to buckling of a thick continental lithosphere: Tectonics, v. 13, p. 1309–1321.

Doglioni, C., Tropeano, M., Mongelli, F., and Pieri, P., 1996, Middle–Late Pleistocene uplift of Puglia: an "anomaly" in the Apenninic foreland: Società Geologica Italiana, Memorie, v. 51, p. 101–117.

Enos, P., and Samankassou, E., 1998, Lofer cyclothems revisited（Late Triassic, Northern Alps, Austria）: Facies, v. 38, p. 207–228.

Falkowski, P.G., Katz, M.E., Milligan, A.J., Fennel, K., Cramer, B.S., Aubry, M.P., Berner, R.A., Novacek, M.J., and Zapol, W.M., 2005, The rise of oxygen over the past 205 million years and the evolution of large placental mammals: Science, v. 309, p. 2202–2204.

Fischer, A.G., 1964, The Lofer cyclothems of the Alpine Triassic, *in* Merriam, D.F., ed., Symposium on Cyclic Sedimentation: Kansas Geological Survey, Bulletin 169, p. 107–149.

Garcia–Senz, J., 2002., Cuencas extensivas del Cretácico inferior en los Pirineos centrales, formación y subsiguiente inversión: Ph.D. Thesis, University of Barcelona, 310 p.

Gianolla, P, De Zanche, V, and Roghi, G, 2003, An Upper Tuvalian（Triassic）platform–basin system in the Julian Alps: the start–up of the Dolomia Principale（Southern Alps, Italy）: Facies, v. 49, p. 19–23.

Gili, E., and La Barbera, M., 1998, Hydrodynamic behaviour of hippuritid rudist shells: ecological consequences: Géobios, v. 22, p. 137–145.

Ginsburg, R., 2005, Disobedient sediments can feedback on their transportation, deposition and geomorphology: Sedimentary Geology, v. 175, p. 9–18.

Ginsburg, R.N., and Lowenstam, H.A., 1958, The influence of marine bottom communities on the depositional environments of sediments: Journal of Geology, v. 66, p. 310–318.

Glaser, K.S., and Droxler, A.W., 1991, High production and highstand shedding from deeply submerged carbonate banks, northern Nicaragua Rise: Journal of Sedimentary Petrology, v. 61, p. 128–142.

Gómez–Pérez, I., Fernández–Mendiola, P.A., and García–Mondéjar, J., 1999, Depositional architecture of a rimmed carbonate platform（Albian, Gorbea, western Pyrenees）: Sedimentology, v. 46, p. 337–356.

Halfar, J., and Mutti, M., 2005, Global dominance of coralline red-algal facies: A response to Miocene oceanographic events: Geology, v. 33, p. 481-484.

Haq, B.U., Hardenbol, J., and Vail, P.R., 1987, Chronology of fluctuating sea levels since the Triassic: Science, v. 235, p. 1156-1167.

Helland-Hansen, W., and Martinsen, O.J., 1996, Shoreline trajectories and sequences: descriptions of variable depositional-dip scenarios: Journal of Sedimentary Research, v. 66, p. 670-688.

Huey, R.B., and Ward, P.D., 2005, Hypoxia, global warming, and terrestrial Late Permian extinctions: Science, v. 308, p. 398-401

Hunt, D., and Tucker, M.E., 1992, Stranded parasequences and the forced regressive wedge systems tract: deposition during base-level fall: Sedimentary Geology, v. 81, p. 1-9.

Hunt, D., and Tucker, M.E., 1995, Stranded parasequences and the forced regressive wedge systems tract: deposition during base-level fall—reply: Sedimentary Geology, v. 95, p. 147-160.

Iannone, A., and Pieri, P., 1982, Caratteri neotettonici delle Murge: Geologia Applicata e Idrogeologia, v. 18, p. 147-159.

Insalaco, E., 1998, The descriptive nomenclature and classification of growth fabrics in fossil scleractinian reefs: Sedimentary Geology, v. 118, p. 159-186.

Janson, X., 2002, Architecture and seismic expression of Miocene carbonate barrier-lagoon systems（Ermenek platform, Turkey and Zhujiang platform, South China Sea）: Ph.D. Thesis, University of Miami, Comparative Sedimentology Laboratory, 240 p.

Jervey, M.T., 1988, Quantitative geological modeling of siliciclastic rock sequences and their seismic expression, *in* Wilgus, C.K., Hasting, B.S., Kendall, C.G.St.C., Posamentier, H.W., Ross, C.A., and Van Wagoner, J.C., eds., Sea-Level Changes: An Integrated Approach: SEPM, Special Publication 42, p. 47-69.

Johnson, D.W., 1919, Shore Processes and Shoreline Development, First Edition: New York, Wiley, 584 p.

Jorry, S., 2004, The Eocene Nummulite Carbonates（Central Tunisia and NE Libya）: Sedimentology, Depositional Environments, and Application to Oil Reservoirs: Ph.D. Thesis, Université de Genève: Terre and Environment, v. 48, p. 206.

Jorry, S.J., Hasler, C.A., and Davaud, E., 2006, Hydrodynamic behaviour of Nummulites: implications for depositional models: Facies, v. 52, p. 221-235.

Kendall, C.G.St.C., and Schlager, W., 1981, Carbonates and relative changes in sea level: Marine Geology, v. 44, p. 181-212.

Kenter, J.A.M., 1990, Carbonate platform flanks: slope angle and sediment fabric: Sedimentology, v. 37, p. 777-794.

Koerschner, W.F., III., and Read, J.F., 1989, Field and modelling of Cambrian cycles, Virginia Appalachians: Journal of Sedimentary Petrology, v. 59, p. 654-687.

Lukasik, J., and James, N.P., 2006, Carbonate sedimentation, climate change, and stratigraphic completeness on a Miocene cool-water epeiric ramp, Murray Basin, South Australia, *in* Pedley, H.M., and Carannante, G., eds., Cool-Water Carbonates: Depositional Systems and Palaeoenvironmental Controls: Geological Society of London, Special Publication 255, p. 217-244.

Lukasik, J.J., James, N.P., McGowran, B., and Bone, Y., 2000, An epeiric ramp: low-energy, cool-water carbonate facies in a Tertiary inland sea, Murray Basin, South Australia: Sedimentology, v. 47, p. 851-881.

Mitchum, R.M., and Van Wagoner, J.C., 1991, High-frequency sequences and their stacking patterns: sequence stratigraphic evidence of high-frequency eustatic cycles: Sedimentary Geology, v. 70, p. 131-160.

Monty, C.L.V., 1995, The rise and nature of carbonate mud-mounds: an introductory actualistic approach, *in* Monty, C.L.V., Bosence, D.W.J., Bridges, P.H., and Pratt, B.R., eds., Carbonate Mud-Mounds; Their Origin and Evolution: International Association of Sedimentologists, Special Publication 23, p. 11-48.

Nelson, C.S., Keane, S.L., and Head, P.S., 1988, Non-tropical carbonate deposits on the modern New Zealand shelf: Sedimentary Geology, v. 60, p. 71-94.

Neuweiler, F., Gautret, P., Thiel, V., Lange, R., Michaelis, W., and Reitner, J., 1999, Petrology of Lower Cretaceous carbonate mud mounds（Albian, N. Spain）: insights into organomineralic deposits of the geological record: Sedimentology, v. 46, p. 837-859.

Pierre, A., 2006, Un analogue de terrain pour les rampes oolitiques anciennes. Un affleurement continu à l'échele de la sismique（falaises jurassiques d'Amellago, Haut Atlas, Maroc）: Ph.D. Thesis, Université de Bourgogne, 232 p.

Pierre, A., Durlet, C., and Chelai, E.H., 2005, Spatial and temporal distribution of facies in a Jurassic oolitic ramp（Amellago transect, High Atlas of Morocco）: 24th Internation Association of Sedimentologists, Meeting of Sedimentology, Muscat, p. 124.

Pierre, A, Durlet, C, and Razin, P, 2006, A seismic to reservoir oolitic ramp model（example from the Lias-Dogger transition, High Atlas, Morocco）: Architecture of Carbonate Systems Through Time: Reference Models for the Mesozoic and Tertiary of Southern Europe, North Africa and the Middle East: American Association of Petroleum Geologists, European Region Conference, Mallorca, Spain.

Pochon, X., Montoya–Burgos, J.I., Stadelmann, B., and Pawlowski, J., 2006, Molecular phylogeny, evolutionary rates, and divergence timing of the symbiotic dinoflagellate genus *Symbiodinium*: Molecular Phylogenetics and Evolution, v. 38, p. 20–30.

Pomar, L., 1991, Reef geometries, erosion surfaces and high–frequency sea–level changes, upper Miocene reef complex, Mallorca, Spain: Sedimentology, v. 38, p. 243–270.

Pomar, L., 1993, High–resolution sequence stratigraphy in prograding carbonates: application to seismic interpretation, *in* Loucks, B., and Sarg, J.F., eds., Carbonate Sequence Stratigraphy: Recent Developments and Applications: American Association of Petroleum Geologists, Memoir 57, p. 389–407.

Pomar, L., 2001a, Ecological control of sedimentary accommodation: evolution from a carbonate ramp to rimmed shelf, Upper Miocene, Balearic Islands: Palaeogeography, Palaeoclimatology, Palaeoecology, v. 175, p. 249–272.

Pomar, L., 2001b, Types of carbonate platforms, a genetic approach: Basin Research, v. 13, p. 313–334.

Pomar, L., Brandano, M., and Westphal, H., 2004, Environmental factors influencing skeletal–grain sediment associations: a critical review of Miocene examples from the Western–Mediterranean: Sedimentology, v. 51, p. 627–651.

Pomar, L., Gili, E., Obrador, A., and Ward, W.C., 2005, Facies architecture and high–resolution sequence stratigraphy of an upper Cretaceous platform margin succession, Southern Central Pyrenees, Spain: Sedimentary Geology, v. 175, p. 339–365.

Pomar, L., Obrador, A., and Westphal, H., 2002, Sub–wavebase crossbedded grainstones on a distally steepened carbonate ramp, upper Miocene, Menorca, Spain: Sedimentology, v. 49, p. 139–169.

Pomar, L., and Tropeano, M., 2001, The "Calcarenite di Gravina" Fm. in Matera (Southern Italy) : new insights for large–scale cross–bedded sandbodies encased in offshore deposits: American Association of Petroleum Geologists, Bulletin, v. 84, p. 661–689.

Pomar, L., and Ward, W.C., 1994, Response of a Miocene carbonate platform to high–frequency eustasy: Geology, v. 22, p. 131–134.

Pomar, L., and Ward, W.C., 1995, Sea–level changes, carbonate production and platform architecture: the Llucmajor Platform, Mallorca, Spain, *in* Haq, B.U., ed., Sequence Stratigraphy and Depositional Response to Eustatic, Tectonic and Climatic Forcing: Dordrecht, The Netherlands, Kluwer Academic Press, p. 87–112.

Pomar, L., and Ward, W.C., 1999, Reservoir–scale heterogeneity in depositional packages and diagenetic patterns on a reef–rimmed platform, Upper Miocene, Mallorca, Spain: American Association of Petroleum Geologists, Bulletin, v. 83, p. 1759–1773.

Pomar, L., Ward, W.C., and Green, D.G., 1996, Upper Miocene reef complex of the Llucmajor area, Mallorca, Spain, *in* Franseen, E., Esteban, M., Ward, W.C., and Rouchy, J.M., eds., Models for Carbonate Stratigraphy from Miocene Reef Complexes of the Mediterranean regions: SEPM, Concepts in Sedimentology and Paleontology, no. 5, p. 191–225.

Posamentier, H.W., and James, D.P., 1993, An overview of sequencestratigraphic concepts: uses and abuses, *in* Posamentier, H.W., Summerhayes, C.P., Haq, B.U., and Allen, G.P., eds., Sequence Stratigraphy and Facies Associations: International Association of Sedimentologists, Special Publication 18, p. 3–18.

Preto, N., Hinnov, L.A., Hardie, L.A., and De Zanche, V., 2001, Middle Triassic orbital signature recorded in the shallow–marine Latemàr carbonate buildup (Dolomites, Italy) : Geology, v. 29, p. 1123–1126.

Price, G.C., Sellwood, B.W., and Valdes, P.J., 1995, Sedimentological evaluation of general circulation model simulations for the "greenhouse" Earth: Cretaceous and Jurassic case studies: Sedimentary Geology, v. 100, p. 159–180.

Read, J.F., 1982, Carbonate platforms of passive (extensional) continental margins: types, characteristics and evolution: Tectonophysics, v. 81, p. 195–212.

Read, J.F, 1985, Carbonate platform facies models: American Association of Petroleum Geologists, Bulletin, v. 69, p. 1–21.

Reineck, H.E., and Singh, I.B., 1980, Depositional Sedimentary Environments: Berlin, Springer–Verlag, 549 p.

Rich, J.L., 1951, Three critical environments of deposition and criteria for recognition of rocks deposited in each of them: Geological Society of America, Bulletin, v. 62, p. 1–20.

Russo, F., Mastandrea, A., and Neri, C., 1998, Evoluzione degli organismi costruttori nelle piataforme Triassiche delle Dolomiti (Italia) : Società Geologica Italiana, Memorie, p. 479–488.

Russo, F., Neri, C., Mastandrea, A., and Baracca, A., 1997, The mud mound nature of the Cassian platform margins of the Dolomites. A case history: the Cipit boulders from Punta Grohmann (Sasso Piatto Massif, Northern Italy) : Facies, v. 36, p. 25–36.

Sandberg, P.A., 1983, An oscillating trend in Phanerozoic nonskeletal carbonate mineralogy: Nature, v. 305, p. 19–22.

Sarg, J.F., 1988, Carbonate sequence stratigraphy, *in* Wilgus, C.K., Hastings, B.S., and Kendall, C.G.St.C., eds., Sea–level

Changes: An Integrated Approach: SEPM, Special Publication 42, p. 155–182.

Savarese, M., Dodd, J.R., and Lane, N.G., 1996, Taphonomic and sedimentological implications of crinoid intraskeletal porosity: Lethaia, v. 29, p. 141–156.

Schlager, W., 1981, The paradox of drowned reefs and carbonate platforms: Geological Society of America, Bulletin, v. 92, p. 197–211.

Schlager, W., 1992, Sedimentology and Sequence Stratigraphy of Reefs and Carbonate Platforms: American Association of Petroleum Geologists, Continuing Education Course Note Series, no. 34, 71 p.

Schlager, W., Reijmer, J.J.G., and Droxler, A., 1994, Highstand shedding of carbonate platforms: Journal of Sedimentary Research, v. A64, p. 270–281.

Stanley, S.M., and Hardie, L.A., 1998, Secular oscillations in the carbonate mineralogy of reef–building and sediment–producing organisms driven by tectonically forced shifts in seawater chemistry: Palaeogeography, Palaeoclimatology, Palaeoecology, v. 144, p. 3–19.

Stanley, S.M., and Hardie, L.A., 1999, Hypercalcification: paleontology links plate tectonics and geochemistry to sedimentology: GSA Today, v. 9, no. 2, p. 2–7.

Steno, N.（alias Nils Steno, Niels Stensen, and Nicolai Stenonis）, 1669, De Solido Intra Solidium Naturaliter Contento Dissertationis Prodromus: Florence, Italy, Library of Grand Duke Ferdinand II, –V. iv, 131 p. English version: Stensen, Niels 1671, The prodromus to a dissertation concerning solids naturally contained within solids: London, J. Winter, 112 p.

Swift, D.J.P., Phillips, S., and Thorne, J.A., 1991, Sedimentation on continental margins, VI: lithofacies and depositional systems, *in* Swift, D.J.P., Oertel, G.F., Tillman, R.W., and Thorne, J.A., eds., Shelf Sand and Sandstone Bodies: International Association of Sedimentologists, Special Publication 14, p. 89–152.

Swift, D.J.P., and Thorne, J.A., 1991, Sedimentation on continental margins, I: a general model for shelf sedimentation, *in* Swift, D.J.P., Oertel, G.F., Tillman, R.W., and Thorne, J.A., eds., Shelf Sand and Sandstone Bodies: International Association of Sedimentologists, Special Publication 14, p. 3–31.

Vail, P.R., Audemard, F., Bowman, S.A., Eisner, P.N., and Perez–Cruz, C., 1991, The stratigraphic signatures of tectonics, eustasy and sedimentology—an overview, *in* Einsele, G., Ricken, W., and Seilacher, A., eds., Cycles and Events in Stratigraphy: Berlin, Springer–Verlag, p. 617–659.

Vail, P.R., Mitchum, Jr., R.M., Todd, R.G., Widmier, J.M., Thompson, S., III, Sangree, J.B., Bubb, J.N., and Hatlelid, W.G., 1977, Seismic stratigraphy and global changes of sea level, *in* Payton, C.E., ed., Seismic Stratigraphy—Applications to Hydrocarbon Exploration: American Association of Petroleum Geologists, Memoir 26, p. 49–212.

Van Wagoner, J.C., Mitchum, R.M., Jr., Campion, K.M., and Rahmanian, V.D., 1990, Siliciclastic Sequence Stratigraphy in Well Logs, Cores and Outcrops: American Association of Petroleum Geologists, Methods in Exploration Series no. 7, p. 1–55.

Van Wagoner, J.C., Posamentier, H.W., Mitchum, R.M., Jr., R.M., Vail, P.R., Sarg, J.F., Loutit, T.T., and Hardenbol, J., 1988, An overview of the fundamentals of sequence stratigraphy and key definitions, *in* Wilgus, C.K., Hastings, B.S., Kendall, C.G.St. C., Posamentier, H.W., Ross, C.A., and Van Wagoner, J.C., eds., Sea–Level Changes: An Integrated Approach: SEPM, Special Publication 42, p. 39–45.

Wilson, J.L., 1975, Carbonate Facies in Geologic History: New York, Springer–Verlag, 470 p.

Wright, V.P., and Burgess, P.M., 2005, The carbonate factory continuum, facies mosaics and microfacies: an appraisal of some of the key concepts underpinning carbonate sedimentology: Facies, v. 51, p. 17–23.

Wright, V.P., and Faulkner, T.J., 1990, Sediment dynamics of Early Carboniferous ramps: a proposal: Geological Journal, v. 25, p. 139–144.

Zachos, J., Pagani, M., Sloan, L., Thomas, E., and Billups, K., 2001, Trends, rhythms, and aberrations in global climate 65 Ma to present: Science, v. 292, p. 686–693.

意大利Dolomites山三叠系Latemàr建造旋回叠加样式的侧向变化

Arndt Peterhänsel[1] Sven O. EgenHoff[2]
（1. 剑桥大学地球科学学院；2. 科罗拉多州立大学地学院）

摘要： 意大利Dolomites山中三叠统Latemàr建造中的碳酸盐岩旋回序列揭示了台地内部地层旋回数量在侧向上的显著变化。礁后数百米宽的帐篷构造带中60m范围内海泛面出现次数增加了25%，这代表了孤立的Latemàr建造的最大海拔高度。该海拔范围内高频低幅的海平面波动导致了受空间限定的海平面间歇性暴露和海泛面的边界部位向上变浅的小尺度旋回的发育。一般认为淹没和暴露的交互有利于帐篷构造的形成。聚集在蝶状的巨大的多边形帐篷构造中的沉积物进一步加快了小尺度旋回向上变浅的速度。相反，潟湖深部保留了大量未受高频低幅海平面波动影响的沉积物，该区海泛面消失且具有多套旋回组合。由此推断帐篷构造一般局限发育在受低幅海平面扰动的地形高部位，在这里存在低幅海平面变化记录。在整个地质历史记录中浅水碳酸盐岩建造的旋回叠加样式侧向变化很常见，这些部位一般在台地内部存在古地形的变化。

近年来，碳酸盐岩岩相的空间特征在小尺度旋回中和相关边界面上的有序分布获得了大量关注，具有重要的储层构型、层序地层学和旋回地层学解释意义（Raspini，2001；Della Porta等，2002；Goldhammer等，1993；Sonnenfeld和Cross，1993；Strasser等，2005；Borkhataria等，2006）。这些旋回及其沉积相的侧向分布范围高达几百千米，其中不但发育许多深海—半深海的钙质旋回（Maurer和Schlager，2003），而且处于浅水碳酸盐岩台地环境（Grotzinger，1986；Read，1995；Lehrmann和Goldhammer，1999；Strasser等，2000）。向上变浅的米级旋回具有间冰期的特征，与低幅海平面变化相对应（Wright，1992；Read，1995；Satterley，1996）。但是，仅仅有少量的研究表明这种区域上沉积相空间分布范围广泛的露头区，受到层面物质体系的控制（Sonnenfeld和Cross，1993；Adams和Grotzinger，1996；Lukasik等，2000）。这些研究并不依赖于沉积相插值和综合剖面研究，更多的是基于出露地层进行研究。Egenhoff等（1999）在意大利Dolomites山的下—中三叠统Latemàr台地中应用了这种技术。在这个小到10km^{2}的碳酸盐岩建造的潟湖相序列中，他们证明了沉积相构型的复杂度受控于古礁丘的细微变化。很明显，大部分旋回在碳酸盐岩建造内部具侧向连续性。但是，野外实地观测表明旋回叠加样式侧向上变化大，特别是在以帐篷构造为主的台地边缘附近。旋回边界的侧向变化受控于可容纳空间变化的级别（Grotzinger，1986；Read等，1986；Adams和Grotzinger，1996），而这种变化可能与沉积物搬运的自旋回（Pratt和James，1986；Goldhammer等，1990；Satterley，1996）或者高频海平面变化相关（Goldhammer等，1990）。

本文试图识别孤立Latemàr建造中碳酸盐岩台地的旋回叠加样式在侧向上的变化范围（图1），并解释它们的影响因素。考虑到Latemàr建造附近地层可作为米兰科维奇带中一种潜在的旋回地层测量标尺，这里提出的观测模式强调该建造中旋回地层模式的复杂性。

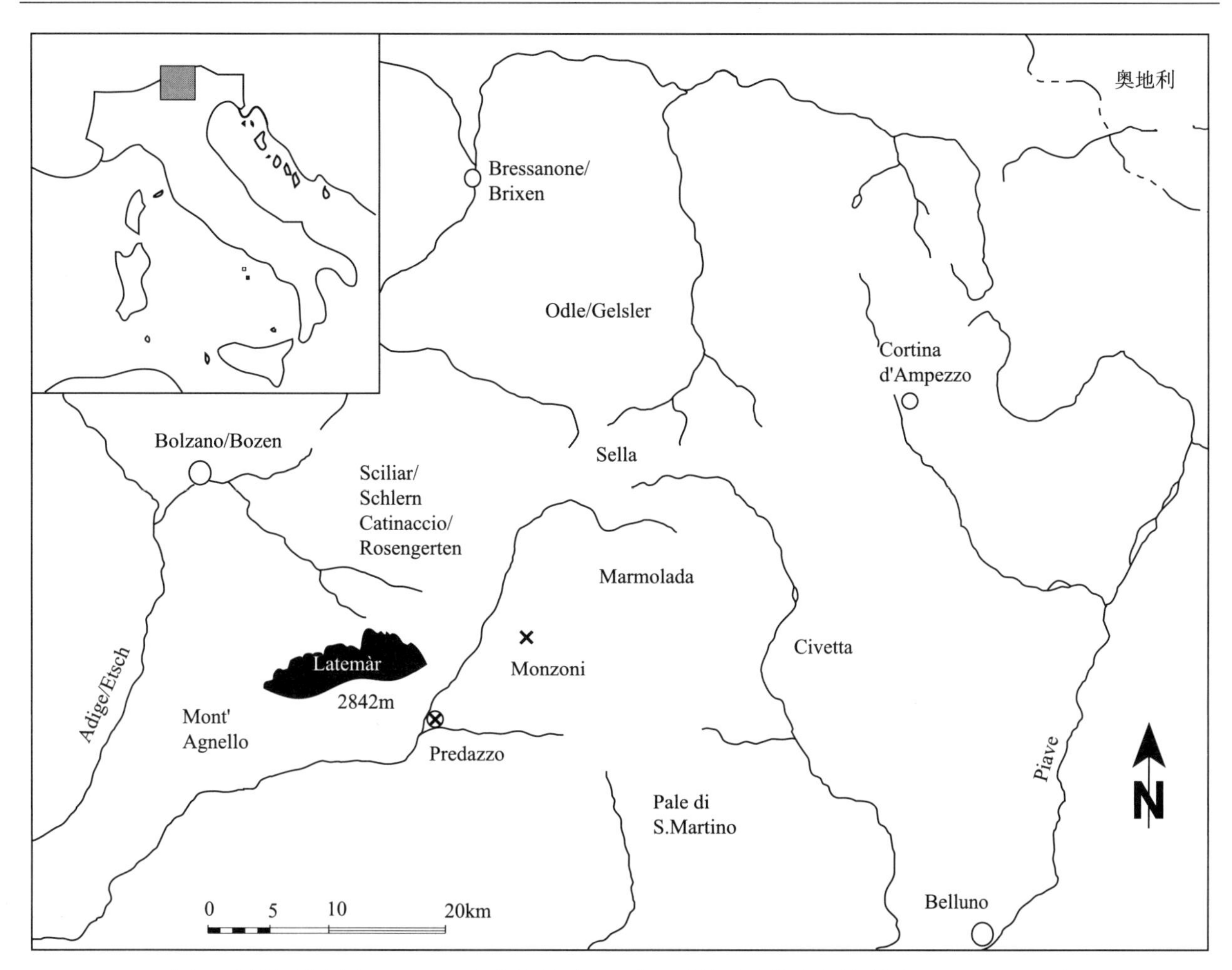

图1　研究区位置和Dolomites山中其他重要的中三叠统碳酸盐岩台地（据Bosellini，1991）

南Tyrol区域采用德文和意大利文命名。Monzoni和Predazzo表示拉丁阶（Ladinian）的岩浆发育中心

一、地质背景

在中三叠世，Dolomites山位于特提斯洋西北部边缘的热带区域，形成了以Contrin组为主的碳酸盐岩台地的大陆架部分（图2；Masetti和Neri，1980；Rüffer和Zühlke，1995）。晚安尼西期（Anisian；早—中三叠统；Castellarin等，1988）的构造运动导致在构造高点演化的具浅海台地的缓坡（Gaetani等，1981）的分解。持续的沉降导致加积建造的形成及其介于深海和部分无氧盆地之中，如Latemàr建造的Schlern组（Buchenstein组或者Livinallongo组；Bosellini和Rossi，1974）。Latemàr建造的潟湖内部以极细古礁丘为特征，受到单个向上变浅旋回侧向相变化的控制（Egenhoff等，1999）。位于礁后的帐篷构造带形成了Latemàr台地的地形高点，其周围为潮缘带潟湖，其周长在250～500m宽范围内，以丰富的帐篷构造为特征，相比同时代的深部潟湖构造（相对较少的帐篷构造或者没有帐篷构造）而言，帐篷构造无论是在垂向上，还是侧向上都更富有。其中，Latemàr建造内部沉积相的解释参考表1。

在晚拉丁期，发生在Dolomites山中部的岩浆侵入构造事件终止了最后的进积相，Latemàr建造及其相邻的Rosengarten中最年轻的沉积物记录了这一事件（Viel，1979；Bosellini，1984；Brack和Rieber，1993，Maurer，2000）。随着火山物质和火山碎屑物质覆盖许多台地的顶部，碳酸盐岩生产停滞，部分围着盆地周缘分布（图2；Bosellini和Rossi，1974）。

表1　不同学者对Latemàr建造内部相解释的比较

类型＼学者	Goldhammer等（1987，1990，1993）	Preto等（2001）	Zühlke等（2003）	Blendinger（2004）	Egenhoff等（1999，本文）
旋回类型	包含成岩帽的沉积旋回	向上变浅的相旋回	向上变浅的可容纳空间旋回	顶部受到热液流体压实的沉积旋回	受最大海泛面约束的向上变浅的旋回
沉积环境	浅水潮下带沉积	深水潮下带—地表带	浅水潮下带—潮上带	在风暴浪基面附近透光带中的潮下带沉积	浅水潮下带—潮上带沉积
旋回的垂向和侧向完整性	所有旋回中，单个潮下带有各种不同的厚度，被薄的白云化壳所包围（帐篷构造）；并没有研究单个旋回在侧向上的变化	通过沉积相排序的方法识别垂向相的变化	大部分旋回具有侧向连续性，“千层饼”状的台地内有物质流动的踪迹	参考Egenhoff等（1999）	每个相中不一定发育所有的旋回；旋回的厚度和相在侧向上有变化（部分被尖灭）
微相分布	底部旋回单元：生物扰动的浅水潮下带（透光带内）内的骨架—碎屑泥粒灰岩—颗粒灰岩具有向上变粗的趋势；偶尔有风暴产生分级次的风暴层	旋回中可见到4个水下环境：①具丰富的各种各样化石的潮下带泥粒灰岩；②局限潮下带中缺生物带或者少生物带的细粒粒泥灰岩；③弱化纹层状的潮上带沉积；④钙质层土壤中包含具渗流豆粒和新月形胶结物的黄色白云石	旋回中包含的潮下带相超覆在潮间带—潮上带的漂砾岩、砾状灰岩、粘结灰岩和障积岩之上；潮上带的沉积物中包含有白云石帽	潮下带沉积相具有向上变粗的趋势；参考Gaetani等（1981）；和Goldhammer等（1980）	潮缘带含球粒和团块状的窗格状粒泥灰岩—泥粒灰岩超覆在浅水潮下带由粗枝藻支撑的含球粒粒泥灰岩—泥粒灰岩之上。偶尔可发现类似核形石的东西；帐篷构造周围一般发育粗粒风暴沉积
成岩压实	顶部旋回单元：潮下带中具有渗流带胶结物、溶孔和钙质层组构的薄层黄色白云石帽。帐篷构造指示潮下带长期暴露，代表至少经历了两个旋回	旋回顶部的钙质层和新月形胶结物指示旋回演化晚期阶段的早期成岩压实作用	潮间带和潮上带的帐篷构造、潮上带的沉积物和潮间带—潮上带的白云石帽代表成岩压实作用	旋回的顶部包括：潮下带薄白云石帽受到热液浸染后形成的石笋胶结物、潮下带帐篷构造和造成碳酸盐岩变红的热液	潮缘带（白云石帽和帐篷构造）和潮上带（钙结层化和岩溶作用）条件下，旋回上部可能发生多次叠置的成岩作用。在潮缘带一般发生白云石化，帐篷构造中发生板状裂隙和胶结作用，含铁物质发生风成搬运或者溶解形成红色沉积物，钙质结核形成放大组分

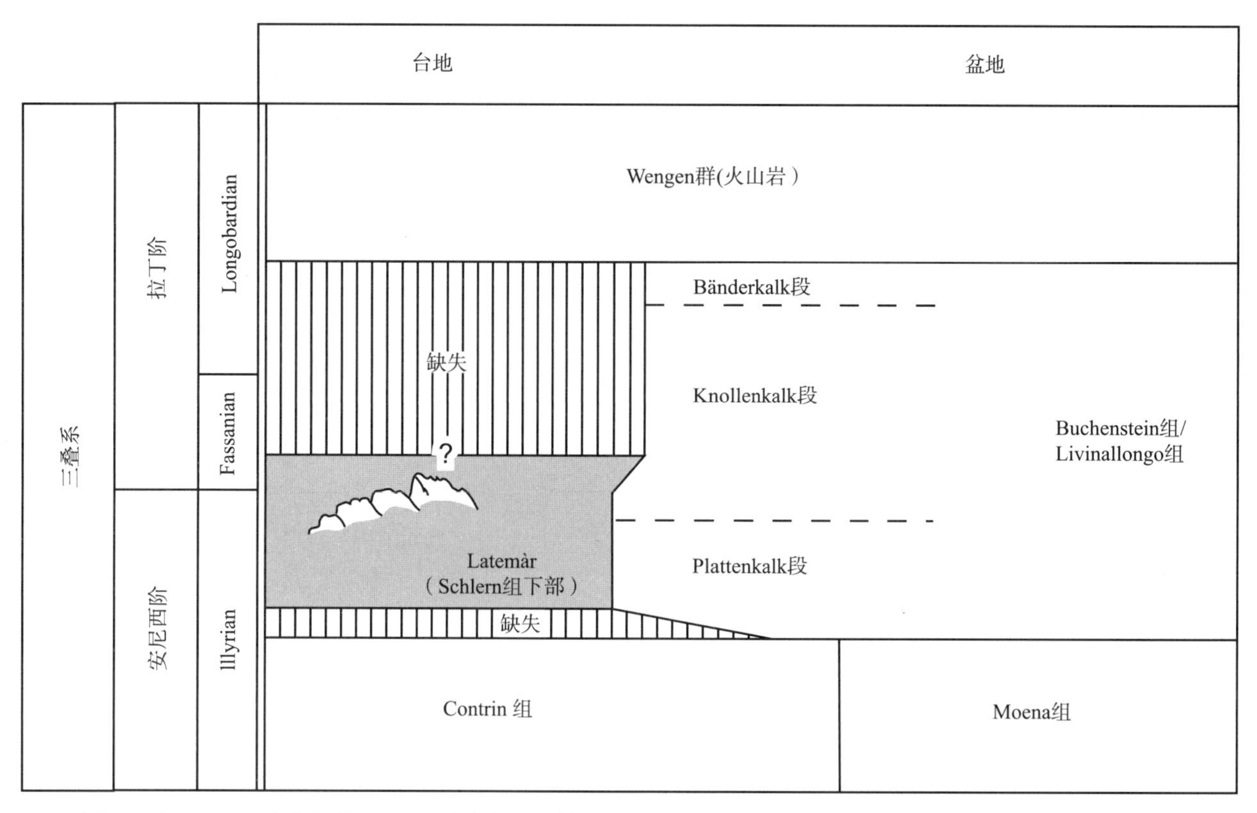

图2　西Dolomites山中部的Latemàr建造序列及其毗邻单元的地层关系（据Maurer，1999；Mundil等，2003）

二、Latemàr建造的争论

Latemàr建造是研究较为详细彻底的碳酸盐岩台地之一。米兰科维奇带的偏心率（Milankovitch-band eccentricity）和叠置岁差韵律（superimposed precession rhythms）被认为是解释720m厚潟湖内部建造的地层模式的控制机制（Hardie等，1986；Goldhammer等，1987，1990；Goldhammer和Harris，1989；Hardie等，1991；Hinnov和Goldhammer，1991；Goldhammer等，1993）。超过600个“基本的Latemàr建造岁差旋回”受到海泛面的限制，通常采用米级尺度作为标准，关于其异旋回起源的更多深入研究可参考Preto等（2001）、Zühlke等（2003）和Zühlke（2004）的文章。这些学者采用时间序列分析和Fischer图解为Latemàr建造潟湖序列的异旋回模型提供支撑。对这些岩石而言，轨道力和5个旋回沉积（旋回集）已经广泛地被沉积学界所接受，Latemàr建造的研究已经作为第一个研究实例在教科书中被引用（Tucker和Wright，1990；Reading，1996）。但这种解释已经受到挑战，或者说，自从首次提出之后，不同的学者作出了不同的改进：台盆演化中详细的生物地层校正结合来自于火山碎屑带的锆石放射性测年表明，Latemàr建造旋回的平均持续时间小于8ka（Brack等，1996；Mundil等，1996），或者小于3ka（Mundil等，2003），或者小于2ka（Emmerich等，2005），而不是20ka（Goldhammer等，1987，1990，1993）。这表明其部分受到亚米兰科维奇周期的控制（Zühlke等，2003），可能与古海洋与大气淡水之间的快速变化有关。他们把这些归因于一组包含4～5个Latemàr旋回之间的岁差力，相对Goldhammer等（1987，1990，1993）提出的5个旋回集的短效应离心力解释。Kent等（2004）基于岩石地层学、生物地层学和磁性地层学之间的关系，提出了数量级为千年尺度的潮汐幅度变化解释方法，相对米兰科维奇带的解释方法，该方法解释比以米级尺度为基础的Latemàr建造旋回更快。而且，Kent等（2004）同样认为每10m出现一个地表暴露面是明显的巧合，最突出的频谱峰值集中在10m左右。这种关联性表明这些旋回事件的岁差力受厚层沉积事件的控制。两种层序组成了与长离心力（时间达400ka）相关的基本相单元（LCF—MTF—UCF—UTF；图3；Egenhoff等，1999），这意味着Latemàr建造的旋回序列总持续时间达800ka（Kent等，2004）。尽管最近对旋回持续时间的各种解释仍存在分歧，但似乎各种观点都强烈地支撑反对米级尺度的单个Latemàr建造旋回仅受纯轨道力的控制。

Blendinger（2004）质疑海平面变化和海平面升降是Latemàr建造中地层旋回的控制因素，并提供了一种可选择的间歇性热液影响与正常海洋环境相互交替的解释方法。基于旋回多样性和横穿碳酸盐岩建造的年轻火山岩岩脉之间的关系，假定流体中具有与受岩浆影响的正常海水相似的组分，正常海水受到从底部岩浆窗中上升到海底的热流周期性的强烈影响。这些流体具有层状的成岩作用特征，包括帐篷构造、生长的含氰基细菌垫和早期白云石化。但Latemàr建造的相分布模式与Blendinger（2004）提出的热液模型有冲突，其中的稳定同位素数据可疑（Preto等，2005；Peterhänsel和Egenhoff，2005）。

三、方法和观测

在追踪潟湖的海泛面时（Roger，1998；Rankey等，1999）Egenhoff等（1999）发现，单个台地边缘米级旋回上的相变（属于亚米兰科维奇海平面扰动），可以反映古沉积界面下的生物礁（Rogers，1998；Rankey等，1999，Egenhoff等，1999）。台地边缘的帐篷构造被认为是代表古地形高点周围的潮缘带潟湖环境。帐篷构造带由帐篷状地层间歇性出现构成。与Egenhoff等（1999）主要研究横向相变化在Latemàr建造旋回米级尺度的侧向连续性相反的是，本研究着重于将地层在横向上划分成几个较小尺度的旋回。一个大概60m厚的剖面形成了帐篷构造相对较少的上旋回相的底部（UCF，图3；Egenhoff等，1999），它由旋回数目的侧向增加表征得到。它用于描述这些旋回，并分析导致它们形成的环境。它们之间的地层表示剖面下部的60m范围、其被用于时间序列分析（Hinnov和Goldhammer，1991；Preto等，2001）。这个剖面被认为是包含最长的未受改动的旋回层序（潮下基线和地表暴露面），在Schlern组中进行了单点测量（Hinnov和Goldhammer，1991）。

测量段的地层在地层学上面可以被很好地约束：其顶面为一个独特凝灰层（Mundil等，2003），形成时间为241.5Ma，且还被不同的连续标志层控制，其中标志层有显著的风化现象或者陆上暴露特征。它们在野外很容易识别，能从建隆的构造断块中识别出来且被认为与横向断层或者是与山麓碎石覆盖有关。标志层上下最少10层碳酸盐岩可以被追踪和对比（图3—图5中的标志层N）。这段地层为上部具有旋回性特征地层的底部，且包括了在地层旋回性完整的情况下能反映台地横向连续性的地层。

在这段60m地层的上部包含6个2～3m厚的地层带，表现为一个米级旋回拆分成2～6cm至分米级的几个旋回，如32～34m，39～41m，43～46m。在测量剖面的下部，具有不连续的小级别旋回的帐篷构造是相当少见的，例如在17m处。与大量帐篷构造相关的小旋回属于礁后帐篷构造带，但明显的是，它们也局限在这60m地层中的特定的阶段，因此这也暗示了侧向旋回数量变化的一种时空限制。

小尺度的旋回由向上变浅的相组合组成，以海泛面为界。这些旋回的底部通常由含有不同数量dasycladalean藻的粒泥灰岩—泥粒灰岩组成，当粒级增大将变成球状团块粒泥灰岩和泥粒灰岩，并依次被类似核形石的泥粒灰岩—粒状灰岩覆盖。如果旋回充分发育，在其顶部会形成一个白云岩帽。越向上泥质含量越低的这套相组合的特征为：在整个台地内部都可以侧向追踪的米级旋回和不连续的厘米—分米级的旋回，且后者与帐篷构造伴生。很多薄的旋回能在帐篷构造带中被追踪到。通过对Cimón Latemàr建造中60m范围内地层的详细研究可识别出105个向上变浅的旋回，而在Cima del Forcellone建造中识别出79个旋回，减少了大约25%。

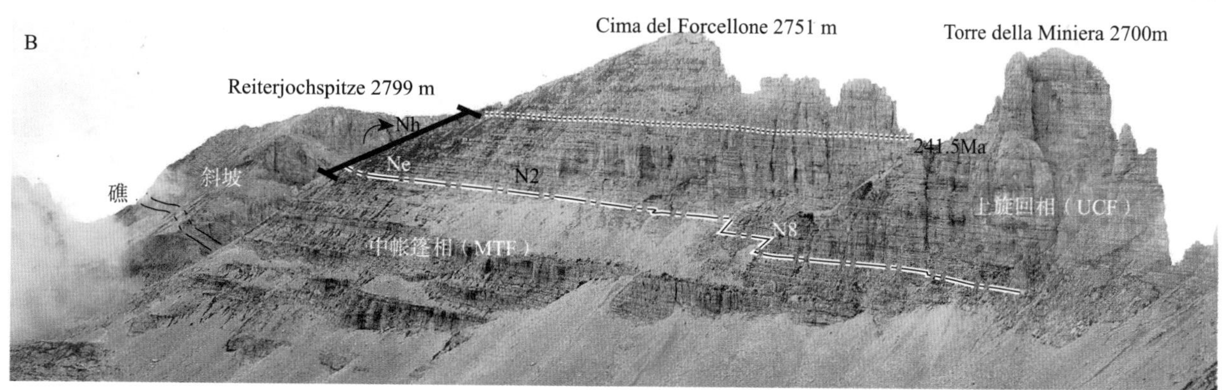

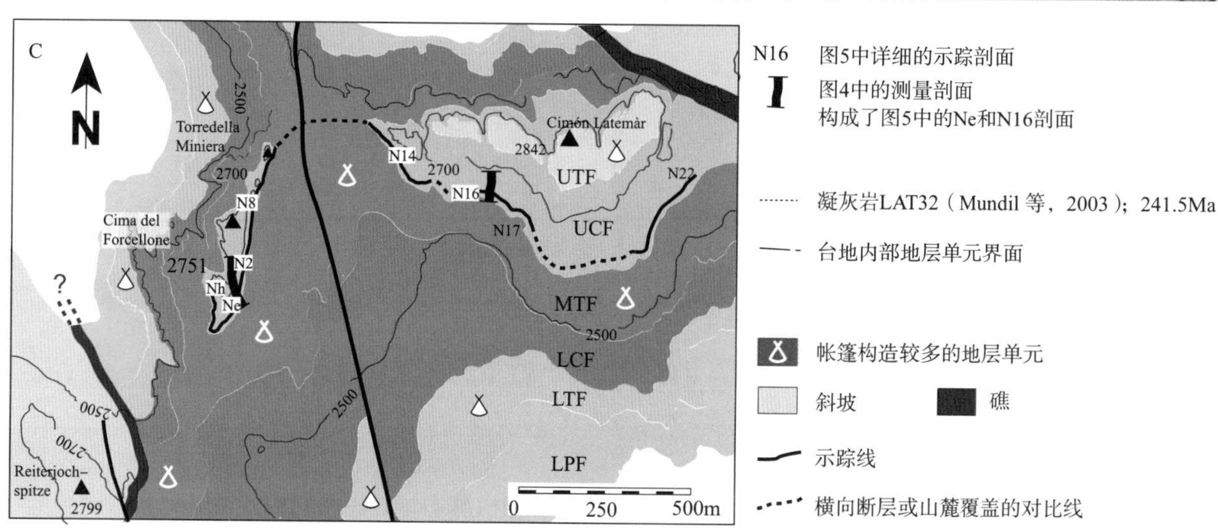

图3　追溯和对比的层段位置如图4，连接Cimón Latemàr（A）和Cima del Forcellone（B）。地层单元与Egenhoff等（1999）的描述是一致的。这个剖面顶部为一层明显凝灰岩（Mundil等，2003；年龄为241.Ma）。Nh、Ne、N2、N8、N14、N16、N17和N22这些段的位置组成一个弯曲的横截面（图5）。C中显示一个断距约35m的断层将Forcellone和Latemàr两个建造块体分离

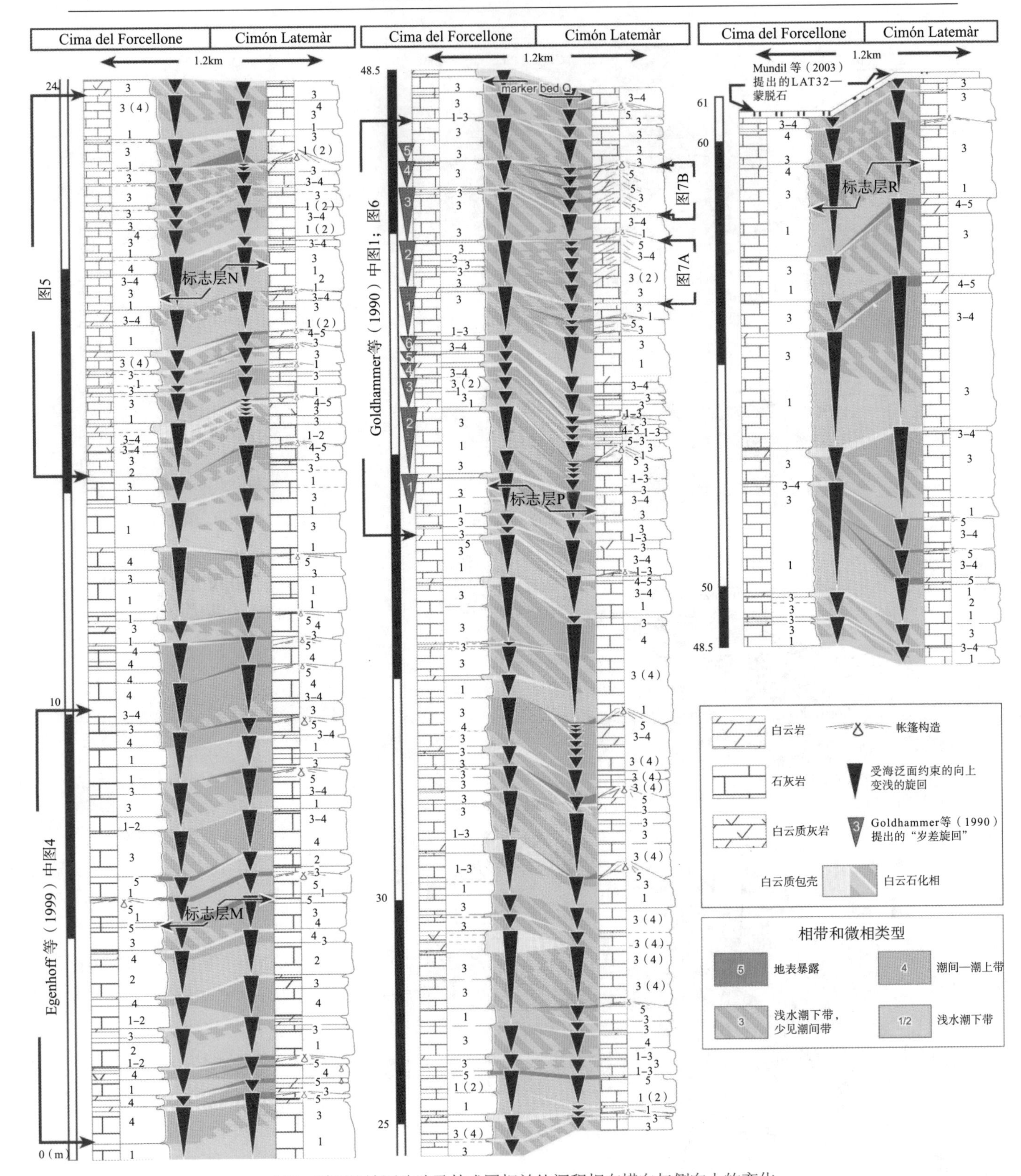

图4　详细的地层追踪及其成因相关的沉积相在横向与侧向上的变化

这是通过详细的地层追踪和对比建立起的Cima del Forcellone和Cimón Latemàr的等时剖面，包括图5中在15～24m之间的Ne和N16段。图3中展示了实测剖面的位置。黑三角代表的旋回叠加样式基于垂向上相的变化。Goldhammer等（1990）在同一个地方测量的两套“旋回集”表示在图6中38～47m的地方。这段地层包括了与帐篷构造有关的不连续小尺度旋回（图7），其与上面的那套“旋回集”位置相当

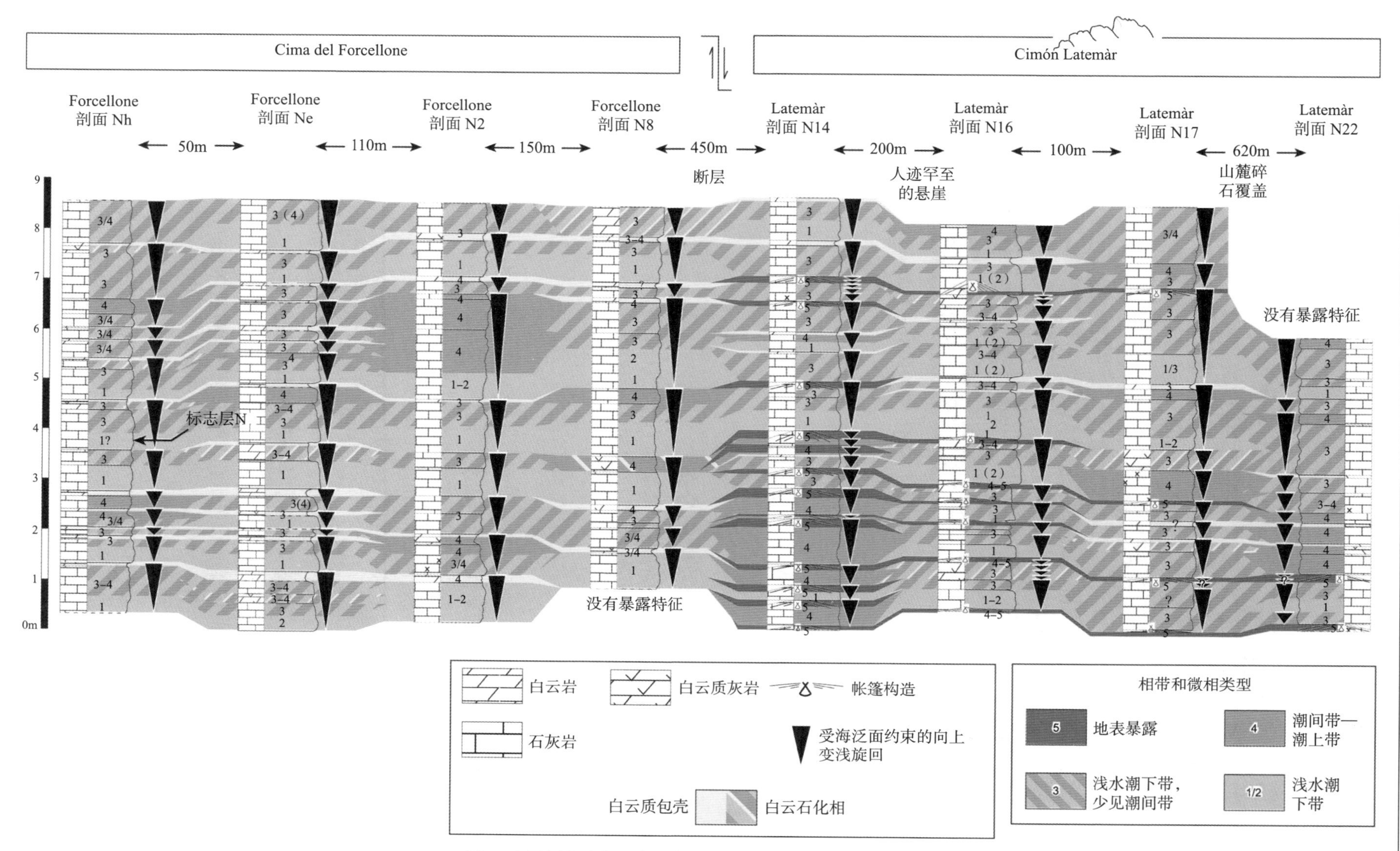

图5　上旋回相底部的相和旋回叠置样式的侧向变化（图3）

Ne和N16段位于剖面15～24m的地方（图4）。这张剖面代表了一个连接西部Cimadel Forcellone和北部Cimón Latemàr建造构造块体的弯曲横剖面，它们被一条断距35m的断层分开。除了图3中显示的部分，所有的地层都可以被追踪。左边的4个Forcellone剖面代表了外部的潟湖，而右侧的4个Latemàr建造剖面接近或者位于帐篷构造带中。黑三角代表了以海泛面为界的向上变浅的旋回。由于旋回的融合和分裂，旋回数量在测量的剖面中是变化的；在富含有大量帐篷构造的剖面中其侧向变化是最大的。Nh、Ne、N2、N8、N14、N16、N17和N22段的位置见图3

图6　Cima del Forcellone剖面的一部分（图4中38.5～47.5m）

图片朝向北方，背景为Rosengarten/Catinaccio山。图中的层段包括两个“四级旋回”或者是Goldhammer等（1990）认为的“旋回集”（图1）。图中的数字和虚线代表的是“五级岁差旋回”。图中上部的旋回2和旋回4与Cimón Latemàr建造中含帐篷构造的地层相对，其包含了几个小尺度的旋回（图7）

四、讨论

（一）不连续小尺度旋回的起源及侧向分布

尽管仍然没有对米级尺度的基本Latermàr建造旋回的外部驱动力达成一致，对于其所受外力的观点还是具有一致性。为此需要考虑不连续的厘米—分米级尺度旋回，也需要考虑在异旋回和自旋回下的驱动力。

1. 自旋回

碳酸盐沉积中，旋回叠加样式的侧向变化受到侧向沉积搬运的影响，Ginsburg（1971）和Burgess等（2001）的理论方法中提倡将滨岸线和岛屿进积作用作为可能的旋回产生机制。Pratt和James（1986）与Satterley（1996）提供了支撑这些解释的露头数据。在Latemàr建造中，在小尺度旋回中通常被看作是自旋回作用标志的明显的进积几何形态和侧向加积是不存在的，这与只受自旋回控制的观点相悖。小尺度旋回主要集中在帐篷构造带中，而不是随机的分布在Latemàr建造内部的其他地方。这或许进一步反对了纯内部驱动力的观点。但是，向上到达500m宽的帐篷构造带时的沉积物再分配，例如风暴中，可能会导致相的变浅，由于被抬升该区域尤其可以作为一个合适的沉积区：侧向上分布范围广的帐篷构造带，直径上可达几米，突起有几分米（图7），可以轻易地聚集潟湖衍生沉积物，并且其只有很小的可能性被再次搬运。在巨型多边形中也发现了菊石化石丰度的增加，其中菊石对于生物地层分析很重要。小尺度旋回中发现的风暴沉积意味着风暴沉积物或者其保存同帐篷构造的形成是有因果联系的。相反地，在Latemàr建造沉积序列中，存在不包含小尺度旋回的帐篷构造（图4），而且风暴沉积层也在Latemàr建造的米级旋回不具帐篷构造的部分中被发现。这些现象是对小尺度旋回的风暴成因观点的反对。另外，碳酸盐岩颗粒向上加积变粗和小尺度旋回中泥晶灰岩含量降低的现象，对于单一风暴沉积事件的观点提出了疑问。但是，在一些小尺度旋回中，底部的粒泥灰岩—粒泥灰岩与上覆的颗粒灰岩呈突变接触，这反映了高能量环境下的局部侵蚀。

图7　Cimón Latemàr建造上部旋回中的帐篷构造

包括了几个小尺度旋回。这些层侧向上逐渐变成一个基本的Latemàr建造向上变浅旋回。图7A的地层对应Forcellone剖面中43.5～45m，图7B对应47～47.5m。数字代表了Goldhammer等（1990）提出的“五级岁差旋回”（图4，图6）。测量尺的长度为1.6m

2. 异旋回

旋回叠加样式的侧向改变可能与相对低振幅的高频海平面变化有关，这仅仅在地形高点被记录。这种高的区域通常代表整个台地或是孤立建造不受海平面变化的影响。但是，如果地形起伏超过了海平面变化的振幅，建造内部的旋回也会改变。那么，水深的波动仍无法影响到部分更深的潟湖区域。在Latemàr建造中，高频、低幅海平面波动叠加可能仅仅影响升高的帐篷构造带，降低的可容空间导致此区带内侧向不连续旋回的形成（图8A、B3、C3、D3）。潟湖中较深的地方仍未受影响，因此没有间接的暴露特征和（或）异旋回造成的海泛沉积特征（参考Goldhammer等提出的潮下带滞留沉积）。

根据上述讨论，Latemàr建造帐篷构造带中的小尺度旋回可能是在外部驱动条件下形成的。向帐篷构造带的沉积物再分配加快了向上变浅的速度。

本质上，具有帐篷构造带的碳酸盐岩建造的古地形和其碟形沉积构造是小尺度旋回主要存在于帐篷构造带内的最重要原因。

（二）不连续小尺度旋回的垂向分布

小尺度旋回形成了非常多的与帐篷构造有关的不连续面（Goldhammer等，1990；Hillgärtner，1998），并且通过对Latemàr建造的礁后剖面进行测量，发现它们间歇性出现在整个剖面的中间和上部（图4）。尽管帐篷构造的形成可能一直受到潟湖沉积再分布的影响和促进，但是对于自旋回还有进一步的证据：在这些层段中，随着帐篷构造叠置出现的增多，米级的基本Latemàr建造旋回往往要比平均的旋回更薄，表明了一段时间内总体可容空间的减少（Goldhammer等，1990）。

可容空间的长期变化可能主要影响垂向序列，而这可以看作暂时影响小尺度旋回的形成（Lehrmann和Goldhammer，1999）。随着总体可容空间的改变，不同的相以及旋回叠加样式都应该出现在Latemàr建造的沉积序列中。图8表明不同可容空间（B1—B3）对旋回叠加样式（C1—C3）以及Latemàr建造台地相（A、D1—D3）分布的影响。如果有较低级别较高振幅的海平面波动，那么小尺度旋回上地层的垂向变化和可容空间的长期改变就可以得到解释（Vail等，1977；Haq等，1987）。这种解释主要遵循Goldhammer等（1987，1990，1993）建立起的垂向旋回叠加样式而不遵循不同的规模以及帐篷构造形成时重要的响应。对于长期的可容空间，还必须考虑到将沉降速率可能的变化作为一种控制因素（图8B）。附近的Predazzo和Monzoni岩浆中心（图1）一直控制着区域性沉降和可容空间，产生了深断裂和穹隆（Doglioni，1988）。Emmerich等（2005）模拟了位于潟湖相沉积序列中部与上部旋回之间的在330～450m/Ma之间波动的Latemàr碳酸盐岩建造的沉降变化。局部地区沉降的改变意味着假定的长周期的可容空间的改变不仅仅是由于海平面的升降。因此在Latemàr建造潟湖沉积序列中长周

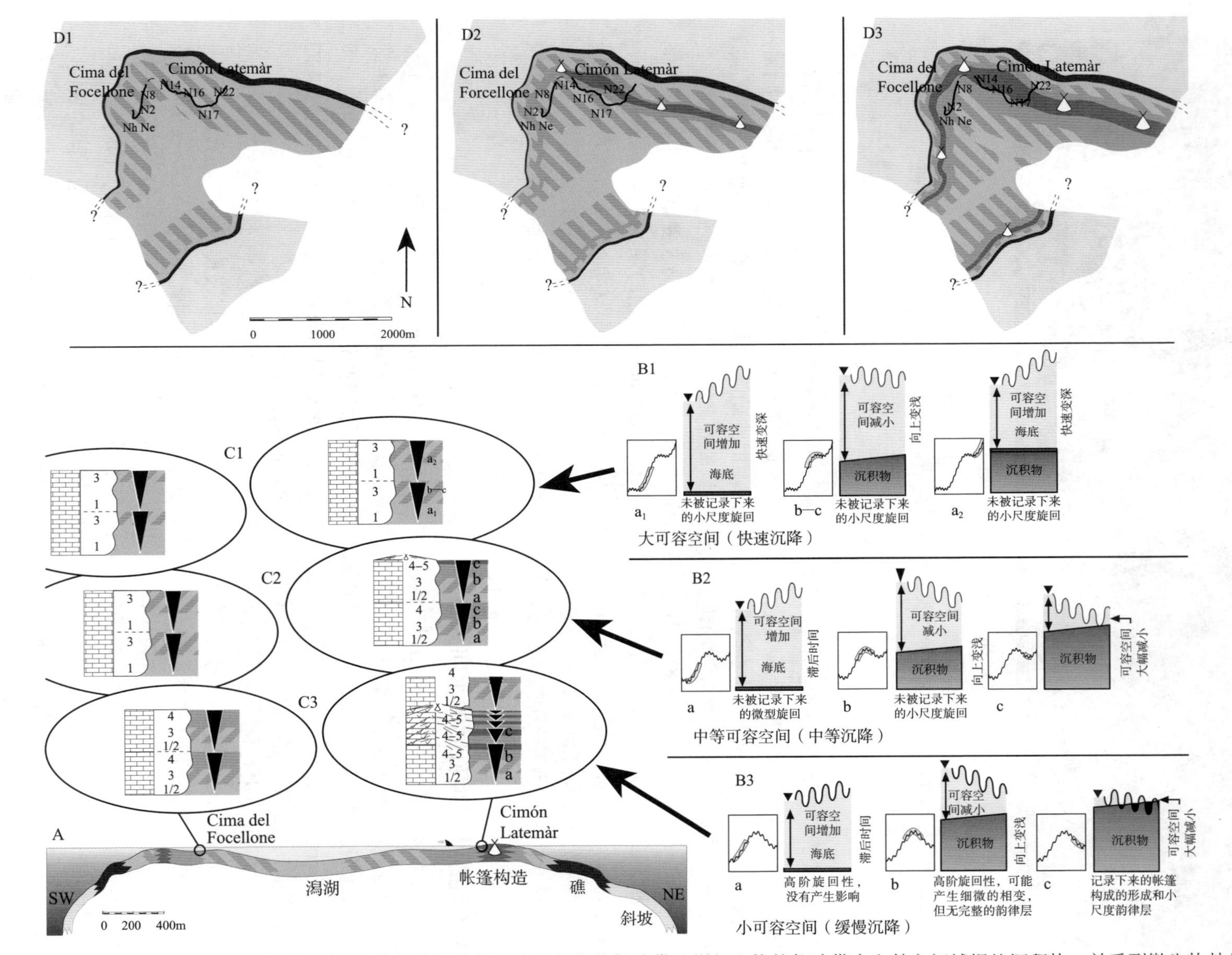

图8 A—礁后的古地形归因于碳酸盐岩的高固定量、可能与小尺度旋回有关的帐篷构造带的增长和帐篷构造带中和其之间捕捉的沉积物，并受到微生物粘结和胶结作用的影响。在建造的北部和东北部，不对称的古地形起伏产生了更宽广的帐篷构造带（Egenhoff等，1999）。B1—B3—不同高度的可容空间，其与叠加后的二级海平面振荡有关。C1—C3—旋回叠加样式的沉降。D1—D3—Latemàr建造台地上的相分布。Latemàr建造潟湖沉积序列中长周期可容空间的改变可能是由低级别的海平面振荡与沉降变化共同造成的。B1、D1—高可容空间导致台地内部米级基本Latemàr建造旋回的连续沉积，缺乏小尺度旋回。B2、D2—在可容空间适中的情况下，薄的帐篷构造形成于北部和东北部的狭窄礁后带。B3、D3—在低级别的海平面下降期，较低可容空间促进了台地高部位高频低幅旋回的形成。形成的厘米—分米级别的旋回与帐篷构造有关并且仅局限于帐篷构造带中。图4中见可追踪的层段（Nh、Ne、N2、N8、N14、N16、N17和N22）

期的可容空间的改变是由低级别的海平面振荡和沉降变化共同引起的推断是合理的。在高可容空间期，高频低幅的海平面振荡不会体现在台地记录中。相反地，在台地内部能够发现米级尺度的基本Latemàr建造旋回（图8中C1）。值得注意的是，由于高可容空间的收敛以及一个新的旋回的开始，快速的沉降减少了海退时间的间隔（图8中B1），因此，潜在地缩短了小尺度旋回的形成时间。适中的可容空间导致了在北和东北方向狭窄的礁后带上形成薄的帐篷构造（图8中B2、C2、D2）。这种分布与Latemàr建造中的不对称古地形起伏有关（Egenhoff等，1999）。在低可容空间期，会形成厘米—分米级的旋回，这时高频低幅海平面变化会影响到帐篷构造带（图8A、B3、C3、D3）。总可容空间的进一步降低会将小尺度旋回的适合条件窗口（Goldhammer等，1990）以及帐篷构造的形成转移到更深的区域，因此拓宽了帐篷构造带的范围，在地形低的地方也可出现，而在地形高的区域会面临更长的暴露。

（三）帐篷构造，旋回样式，滞留沉积

可容空间随时间而变化，同时在侧向上也与古地形起伏有关。在Latemàr建造中，礁后地层以帐篷构造向潟湖方向侧向渐变为特征，直到帐篷构造消失，表明了古地形的起伏（Egenhoff等，1999；图8）。因此，Goldhammer等（1987，1990，1993）认为，尽管在台地的高部位没有记录，但与帐篷构造有关的地表滞留沉积应该存在于潟湖的更深部位，那里提供了足够的可容空间。台地低部位的旋回数量应该大于高部位的旋回数量，并且当进行地层追踪时，从较低的外部潟湖（Cima del Forcellone）进入抬高的帐篷构造带，米级的基本Latemàr建造旋回应该尖灭。与观察相反，由于在帐篷构造带内一个米级旋回拆分为几个厘米—分米级的旋回，旋回的数量会朝着帐篷构造带的方向增加（图5、图8）。因此，相对于台地的其他地方，更频繁的海平面变化被记录在帐篷构造带中，更频繁的海平面变化也意味着有更多的海泛面。许多小尺度旋回比起同时期潟湖中较深部位的米级旋回有更高的级次。因此推断，帐篷构造的叠置不与地表滞留沉积对应，Goldhammer等（1987，1990，1993）和Zühlke等（2003）设想这应该代表的是不止一个基本Latemàr建造旋回。按照他们的假设，估计出的旋回数量明显比位于帐篷构造带的实测剖面中的旋回偏多并且相对的时间也被过度估计。但是，在整个台地暴露过程中，一些旋回并未保存在地层记录中，导致缺失了部分层位（Egenhoff等，1999）。

相反地，帐篷构造带中厘米—分米级旋回的可记录性表明Latemàr建造的帐篷构造与相对短的脉冲式海平面波动有关。较深的潟湖沉积物的再分配可能增强沉积作用的几个短暂阶段，这导致小尺度的旋回以海泛面为界。这涉及多阶段的沉积过程和同沉积成岩作用，其中包括普遍的胶结作用。帐篷构造一旦形成，会和小尺度的旋回构成一种共生关系：厘米—分米级的旋回仅仅存在于帐篷构造带地层记录中并且相关的高频海平面波动增强了形成帐篷构造的一些成岩作用的轮流交替。

五、结论

具旋回性的Latemàr建造台地内部以米级的古地形起伏为特征，礁后中部区域内的帐篷构造带代表了地形的高处。具帐篷构造的地层在空间上分布较局限，只在某些特定的层段中出现。旋回分散区域内会出现不连续的海泛面，并且由于旋回的散开，旋回的数量会在这些帐篷构造带的区域附近增多。同整个沉积序列相比，对一个相对缺乏帐篷构造的层段做侧向追踪，发现旋回上部的相（图3中UCF）揭示旋回数量存在一个25%的变化幅度。低幅海平面波动很可能导致帐篷构造带内旋回数量的增加。这些振动仅仅影响了古地形向上抬升的帐篷构造带，而由于沉积相组合没有出现间歇性的暴露或者是海泛面，潟湖中较深的部位仍然未受影响。帐篷构造发育区方向的沉积物再分配可能造成相带的变浅，例如在风暴过程中，这是因为这些碟状的巨型多边形可作为一个适当的沉积区。侧向上旋回数量的增加以及帐篷构造的出现都是Latemàr建造台地顶部微弱的古地形起伏的标志。

考虑到旋回数量的增加与帐篷构造的关系和沉积序列中发育帐篷构造的层段中的旋回数量的变化（在中帐篷相（MTF）和上帐篷相（UTF）中，应该超过Latemàr建造台地中缺乏帐篷构造层段中旋回数量的变化，即在下旋回相和上旋回相中，变化量大于之前记录的25%）。旋回叠加样式的垂向变化可

能是长周期可容空间变化的响应，而与帐篷构造伴生的小尺度旋回形成于总体的海退过程中。长周期的可容空间可能是由低级别的海平面升降与局部沉降共同控制的。

帐篷构造不包括地表滞留沉积，但是与地形上更低的潟湖相比，反而会形成在具有低幅海平面波动的区域内，较深的潟湖部分不受影响。推断间歇暴露和沉降之间的相互交替会促进Latemàr建造台地内帐篷构造的形成。

小尺度旋回叠加样式的侧向变化几乎是碳酸盐建造内部的一种常见特征，遍布于整个岩石记录中：在这些台地中，古地形起伏将低幅向上变浅旋回与古地形抬升相区分开。该周期性变化的环境可能导致帐篷构造的形成。

致谢

此项研究由欧洲共同体计划“改善人类潜能”居里夫人奖学金支持，合同号为HPMF CT-2002-01912。感谢Thilo Bechstädt和Rainer Zühlke在我们硕士期间，向我们介绍了Latemàr建造，感谢Jürgen Grötsch和Volker Vahrenkamp建议我们将问题关注点放在台地地层上。感谢André Strasser，Brian Pratt，Guy Spence，Adrian Immenhauser，Wolfgang Blendinger，Dan Lehrmann，Tony Dickson，Isabel Montañez，David Osleger和Ali Jaffri对早期草案进行讨论并提出宝贵的建议。Dan Bosence和Mark Harris对稿件提出了有价值的评论。这是剑桥大学地球科学贡献8867。

参考文献

Adams, R.W., and Grotzinger, J.P., 1996, Lateral continuity of facies and parasequences in Middle Cambrian platform carbonates, Carrara Formation, southeastern California, U.S.A.: Journal of Sedimentary Research, v. 66, p. 1079−1090.

Blendinger, W., 2004, Sea level changes versus hydrothermal diagenesis: origin of Triassic carbonate platform cycles in the Dolomites, Italy: Sedimentary Geology, v. 169, p. 21−28.

Borkhataria, R., Aigner, T., and Pipping, K., 2006, An unusual, muddy, epeiric carbonate reservoir: The Lower Muschelkalk（Middle Triassic）of the Netherlands: American Association of Petroleum Geologists, Bulletin, v. 90, p. 61−89.

Bosellini, A., 1984, Progradation geometries of carbonate platforms: examples from the Triassic of the Dolomites, northern Italy: Sedimentology, v. 31, p. 1−24.

Bosellini, A., 1991, Geology of the Dolomites—an introduction: Dolomieu Conference on Carbonate Platforms and Dolomitization: Sankt Ulrich/Ortisei, Tourist Office Grödental/Val Gardena, 43 p.

Bosellini, A., and Rossi, D., 1974, Triassic carbonate buildups of the Dolomites, Northern Italy, *in* Laporte, L., ed., Reefs in Time and Space: Society of Economic Paleontologists and Mineralogists, Special Publication 18, p. 209−233.

Brack, P., Mundil, R., Oberli, F., Meier, M., and Rieber, H., 1996, Biostratigraphic and radiometric age data question the Milankovitch characteristics of the Latemar cycles（Southern Alps, Italy）: Geology, v. 24, p. 371−375.

Brack, P., and Rieber, H., 1993, Towards a better definition of the Anisian/Ladinian boundary: New biostratigraphic data and correlations of boundary sections from the Southern Alps: Eclogae Geologicae Helvetiae, v. 86, p. 415−527.

Burgess, P.M., Wright, V.P., and Emery, D., 2001, Numerical forward modelling of peritidal carbonate parasequence development: implications for outcrop interpretation: Basin Research, v. 13, p. 1−16.

Castellarin, A., Lucchini, F., Rossi, P.L., Selli, L., and Simboli, G., 1988, The Middle Triassic magmatic−tectonic arc development in the Southern Alps: Tectonophysics, v. 146, p. 79−89.

Della Porta, G., Kenter, J.A.M., Immenhauser, A., and Bahamonde, J.R., 2002, Lithofacies character and architecture across a Pennsylvanian inner−platform transect（Sierra de Cuera, Asturias, Spain）: Journal of Sedimentary Research, v. 72, p. 898−916.

Doglioni, C., 1988, Examples of strike−slip tectonics on platform−basin margins: Tectonophysics, v. 156, p. 293−302.

Egenhoff, S., Peterhänsel, A., Bechstädt, T., Zühlke, R., and Grötsch, J., 1999, Facies architecture of an isolated carbonate platform: tracing the cycles of the Latemàr（Middle Triassic, northern Italy）: Sedimentology, v. 46, p. 893−912.

Emmerich, A., Glasmacher, U.A., Bauer, F., Bechstädt, T., and Zühlke, R., 2005, Meso−/Cenozoic basin and carbonate platform development in the SW−Dolomites unraveled by basin modelling and apatite FT analysis: Rosengarten and Latemar（Northern

Italy) : Sedimentary Geology, v. 175, p. 415−438.

Fischer, A.G., 1964, The Lofer cyclothems of the Alpine Triassic: Kansas Geological Survey, Bulletin 169, p. 107−149.

Gaetani, M., Fois, E., Jadoul, F., and Nicora, A., 1981, Nature and evolution of Middle Triassic carbonate buildups in the Dolomites (Italy) : Marine Geology, v. 44, p. 25−57.

Ginsburg, R.N., 1971, Landward movement of carbonate mud: new model for regressive cycles in carbonates (abstract) : American Association of Petroleum Geologists, Bulletin, v. 55, p. 340.

Goldhammer, R.K., and Harris, M.T., 1989, Eustatic controls on the stratigraphy and geometry of the Latemar buildup (Middle Triassic) , the Dolomites of northern Italy, *in* Crevello, P.D., Wilson, J.L., Sarg, J.F., and Read, J.F., eds., Controls on Carbonate Platform and Basin Development:, SEPM, Special Publication 44, p. 323−338.

Goldhammer, R.K., Dunn, P.A., and Hardie, L.A., 1987, High−frequency glacio−eustatic sea level oscillations with Milankovitch characteristics recorded in Middle Triassic platform carbonates in northern Italy: American Journal of Science, v. 287, p. 853−892.

Goldhammer, R.K., Dunn, P.A., and Hardie, L.A., 1990, Depositional cycles, composite sea−level changes, cycle stacking patterns, and the hierarchy of stratigraphic forcing: examples from Alpine Triassic platform carbonates: Geological Society of America, Bulletin, v. 102, p. 535−562.

Goldhammer, R.K., Harris, M.T., Dunn, P.A., and Hardie, L.A., 1993, Sequence stratigraphy and systems tract development of the Latemar Platform, Middle Triassic of the Dolomites (northern Italy) : outcrop calibration keyed by cycle stacking patterns, *in* Loucks, R.G.,and Sarg, J.F., eds., Carbonate Sequence Stratigraphy: Recent Developments and Applications: American Association of Petroleum Geologists, Memoir 57, p. 353−387.

Grotzinger, J.P., 1986, Cyclicity and paleoenvironmental dynamics, Rocknest platform, northwest Canada: Geological Society of America, Bulletin, v. 97, p. 1208−1231.

Haq, B.U., Hardenbol, J., and Vail, P.R., 1987, Chronology of fluctuating sea levels since the Triassic: Science, v. 235, p. 1156−1167.

Hardie, L.A., Bosellini, A., and Goldhammer, R.K., 1986, Repeated subaerial exposure of subtidal carbonate platforms, Triassic, northern Italy: Evidence for high−frequency sea level oscillations on a 10^4 year scale: Paleoceanography, v. 1, p. 447−457.

Hardie, L.A., Wilson, E.N., and Goldhammer, R.K., 1991, Cyclostratigraphy and dolomitization of the Middle Triassic Latemar buildup, the Dolo mites, northern Italy: Conference on Carbonate Platforms and Dolomitization: St. Ulrich/Gröden, Guidebook Excursion F, 56 p.

Hillgärtner, H., 1998, Discontinuity surfaces on a shallow−marine carbonate platform (Berriasian, Valanginian, France and Switzerland) : Journal of Sedimentary Research, v. 68, p. 1093−1108.

Hinnov, L.A., and Goldhammer, R.K., 1991, Spectral analysis of the Middle Triassic Latemar Limestone: Journal of Sedimentary Petrology, v. 61, p. 1173−1193.

Kent, D.V., Muttoni, G., and Brack, P., 2004, Magnetostratigraphic confirmation of a much faster tempo for sea−level change for the Middle Triassic Latemar platform carbonates: Earth and Planetary Science Letters, v. 228, p. 369−377.

Lehrmann, D.J., and Goldhammer, R.K., 1999, Secular variation in parasequence and facies stacking patterns of platform carbonates: a guide to application of stacking−patterns analysis in strata of diverse ages and settings, *in* Harris, P.M., Saller A.H., and Simo, J.A., eds., Advances in Carbonate Sequence Stratigraphy: Application to Reservoirs, Outcrops and Models: SEPM, Special Publication 63, p. 187−225.

Lukasik, J.J., James, N.P., McGowran, B., and Bone, Y., 2000, An epeiric ramp: low−energy, cool−water carbonate facies in a Tertiary inland sea, Murray Basin, South Australia: Sedimentology, v. 47, p. 851−881.

Masetti, D., and Neri, C., 1980, L'Anisico della Val di Fassa (Dolomiti occidentali) : sedimentologia e paleogeografia: Universitá di Ferrara, Annali, Nuova Serie, Sezione IX. Scienze Geologiche e Mineralogiche, v. 7, p. 1−19.

Maurer, F., 1999, Wachstumsanalyse einer mitteltriadischen Karbonatplattform in den westlichen Dolomiten (Südalpen) : Eclogae Geologicae Helvetiae, v. 92, p. 361−378.

Maurer, F., 2000, Growth mode of Middle Triassic carbonate platforms in the Western Dolomites (Southern Alps, Italy) : Sedimentary Geology, v. 134, p. 275−286.

Maurer, F., and Schlager, W., 2003, Lateral variations in sediment composition and bedding in Middle Triassic interplatform basins (Buchenstein Formation, southern Alps, Italy) : Sedimentology, v. 50, p. 1−22.

Mundil, R., Brack, P., Meier, M., Rieber, H., and Oberli, F., 1996, High resolution U−Pb dating of Middle Triassic volcaniclastics: Time scale calibration and verification of tuning parameters for carbonate sedimentation: Earth and Planetary Science Letters, v. 141, p. 137−151.

Mundil, R., Zühlke, R., Bechstädt, T., Peterhänsel, A., Egenhoff, S.O., Oberli, F., Meier, M., Brack, P., and Rieber, H., 2003, Cyclicities in Triassic platform carbonates: synchronizing radio−isotopic and orbital clocks: Terra Nova, v. 15, p. 81−87.

Peterhänsel, A., and Egenhoff, S.O., 2005, Sea level changes versus hydrothermal diagenesis: origin of Triassic carbonate platform cycles in the Dolomites, Italy: Discussion: Sedimentary Geology, v. 178, p. 145−149.

Pratt, B.R., and James, N.P., 1986, The St George Group (Lower Ordovician) of western Newfoundland: tidal flat island model for carbonate sedimentation in shallow epeiric seas: Sedimentology, v. 33, p. 313−343.

Preto, N., Hinnov, L.A., Hardie, L.A., and De Zanche, V., 2001, Middle Triassic orbital signature recorded in the shallow marine Latemar carbonate buildup (Dolomites, Italy) : Geology, v. 29, p. 1123−1126.

Preto, N., Hinnov, L.A., Hardie, L.A., and Harris, M.T., 2005, Sea level changes versus hydrothermal diagenesis: origin of Triassic carbonate platform cycles in the Dolomites, Italy—Discussion: Sedimentary Geology, v. 178, p. 135−139.

Rankey, E.C., Bachtel, S.L., and Kaufman, J., 1999, Controls on stratigraphic architecture of icehouse mixed carbonate−siliciclastic systems: a case study from the Holder Formation (Pennsylvanian, Virgilian) , Sacramento Mountains, New Mexico, *in* Harris, P.M., Saller A.H., and Simo, J.A., eds., Advances in Carbonate Sequence Stratigraphy: Application to Reservoirs, Outcrops and Models: SEPM, Special Publication 63, p. 127−150.

Raspini, A., 2001, Stacking pattern of cyclic carbonate platform strata: Lower Cretaceous of Southern Apennines, Italy: Geological Society of London, Journal, v. 158, p. 353−366.

Read, J.F., 1995, Overview of carbonate platform sequences, cycle stratigraphy and reservoirs in greenhouse and ice−house worlds, *in* Read, J.F., Kerans, C., Weber, L.J., Sarg, J.F., and Wright, F.M., eds., Milankovitch Sea Level Changes, Cycles and Reservoirs on Carbonate Platforms in Greenhouse and Icehouse Worlds: SEPM, Short Course Notes 35, p. 1−102.

Read, J.F., Grotzinger, J.P., Bova, J.A., and Koerschner, W.F., 1986, Models for generation of carbonate cycles: Geology, v. 14, p. 107−110.

Reading, H.G., 1996, Sedimentary Environments, Third Edition: London, Blackwell Science, 704 p.

Rogers, R.R., 1998, Sequence analysis of the Upper Cretaceous Two Medicine and Judith River formations, Montana: nonmarine response to the Claggett and Bearpaw marine cycles: Journal of Sedimentary Research, v. 68, p. 615−631.

Rüffer, T., and Zühlke, R., 1995, Sequence stratigraphy and sea−level changes in the Early to Middle Triassic of the Alps: a global comparison, *in* Haq, B.U., ed., Sequence Stratigraphy and Depositional Response to Eustatic, Tectonic and Climatic Forcing: Amsterdam, Kluwer, p. 161−207.

Sadler, P.M., Osleger, D.A., and Montañez, I.P., 1993, On the labeling, length, and objective basis of Fischer plots: Journal of Sedimentary Petrology, v. 63, p. 360−368.

Sandulli, R., and Raspini, A., 2004, Regional to global correlation of lower Cretaceous (Hauterivian−Barremian) shallow−water carbonates of the southern Apennines (Italy) and Dinarides (Montenegro) , southern Tethyan Margin: Sedimentary Geology, v. 165, p. 117−153.

Satterley, A.K., 1996, The interpretation of cyclic successions of the Middle and Upper Triassic of the Northern and Southern Alps: Earth− Science Reviews, v. 40, p. 181−207.

Sonnenfeld, M.D., and Cross, T.A., 1993, Volumetric partitioning and facies differentiation within the Permian Upper San Andres Formation of Last Chance Canyon, Guadalupe Mountains, New Mexico, *in* Loucks, R.G., and Sarg, J.F., eds., Carbonate Sequence Stratigraphy: Recent Developments and Applications: American Association of Petroleum Geologists, Memoir 57, p. 435−474.

Strasser, A., Aurell, M., Badenas, B., Melendez, G., and Tomas, S., 2005, From platform to basin to swell: orbital control on sedimentary sequences in the Oxfordian, Spain: Terra Nova, v. 17, p. 407−413.

Strasser, A., Hillgärtner, H., Hug, W., and Pittet, B., 2000, Third−order depositional sequences reflecting Milankovitch cyclicity: Terra Nova, v. 12, p. 303−311.

Tucker, M.E., and Wright, V.P., 1990, Carbonate Sedimentology: London, Blackwell Science, 496 p.

Vail, P.R., Mitchum, R.M., Jr., and Thomson, S., III, 1977, Seismic stratigraphy and global changes of sea level, Part 4: Global cycles of relative changes of sea level, *in* Payton, C.E., ed., Seismic Stratigraphy— Applications to Hydrocarbon Exploration: American Association of Petroleum Geologists, Memoir 26, p. 83−97.

Viel, G., 1979, Lithostratigrafia ladinica: una revisione. Riconstruzione paleogeografica e paleostrutturale dell' area dolomitica−cadorina (Alpi Meridionali) , I. e II. Parte: Rivista Italiana di Paleontologia, v. 85, p. 88−125 and p. 297−352.

Wright, V.P., 1992, Speculations on the controls on cyclic peritidal carbonates: icehouse versus greenhouse eustatic controls:

Sedimentary Geology, v. 76, p. 1–5.

Zühlke, R., 2004, Integrated cyclostratigraphy of a model Mesozoic carbonate platform—the Latemar (Middle Triassic, Italy), *in* D'Argenio, B., Fischer, A.G., Premoli Silva, I., Weissert, H., and Ferreri, V., eds., Cyclostratigraphy: Approaches and Case Histories: SEPM, Special Publication 81, p. 183–212.

Zühlke, R., Bechstädt, T., and Mundil, R., 2003, Sub-Milankovitch and Milankovitch forcing on a model Mesozoic carbonate platform—The Latemar (Middle Triassic, Italy): Terra Nova, v. 15, p. 69–80.

南澳大利亚圣文森特盆地Port Willunga组在早渐新世全球变化时的碳酸盐—生物硅质沉积

Noel P.James[1]　Yvonne Bone[2]

（1.女王大学地质科学与地质工程学院；2.阿德莱德大学地球和环境科学学院）

摘要：下渐新统Port Willunga组为一套冷水、海相、石英质和富含黏土的生物硅质和钙质沉积旋回，沿着南澳大利亚圣文森特盆地东侧沉积，古环境为近源海湾。两个古海湾中同时代的地层被解释为记录了1～3.5Ma的长时期海平面升降波动的沉积记录。冲刷面之上的海侵相由石英砂岩组成（水下海洋潮汐沙丘），其向上递变为含化石的漂砾岩和泥岩（临滨—浅水盆底环境），它们聚集于一个受保护的海湾中。高水位期的沉积物明显为米级尺度的旋回，其由含表栖动物苔藓虫、扇贝和海胆且富含黏土的漂砾岩组成。每个旋回向上化石变少而燧石增多。然而在其中一个海湾（Willunga海湾）内的旋回沉积物被解释为在牵引流及明亮的海底条件下发生的沉积聚集，在另外一个海湾（Noarlunga海湾）的沉积物被认为是在一个低能、亚透光条件下沉积聚集的。旋回性解释为记录系统内每次海平面波动导致的河流淡水影响的增加。通过将上始新统和下渐新统与下伏地层对比可以发现其沉积样式和地层充填均惊人的相似，均被解释为古海湾沉积。二者的差异是始新统的高位体系域沉积物色暗，富含有机质，发育生物硅质且生物多样性低；而色亮、富钙且生物多样性更高的渐新世高位体系域沉积物被解释为是由本地沉积所控制的。本地控制的一个重要意义是几个假定的不整合的继承发育，其不受全球海平面变化的控制而受侵蚀界面与河口沉积动力的控制。这种控制，特别是地球的气候、水动力能量和营养资源水平比海平面升降和南部海洋冷却更能决定沉积物的组成。类似的生物硅质碳酸盐岩沉积相是整个显生宙冷水沉积的循环特征。

现代冰期气候始于晚始新世并一直持续到早渐新世（Zachos等，2001；Ivany等，2003），致使南极洲逐步孤立且冰冷，导致全球海洋环流发生巨大的变化。这一过程似乎于37Ma前已经开始（中—晚始新世），在约33.5Ma时开始加速（始新—渐新世），在30Ma时达到冰期的极点，海平面开始下降（早—晚渐新世）。普遍认为早渐新世是最迅速、最强烈的冷却期，最终形成南极大陆冰川（Berggren和Prothero，1992）。

南澳大利亚位于南大洋北缘，该位置是浅海冷水碳酸盐沉积的重要时期（McGowran等，1997；Gallagher等，1999；James和Bone，2000）。圣文森特盆地的中—上始新统和下渐新统碳酸盐岩，由于它们是暴露的且临近大都市，其古生物学和生物地层学方面的研究非常活跃（Glaessner，1951；Lindsay，1967；Lindsay和McGowran，1986；McGowran，1987；McGowran和Beecroft，1986a，1986b），是记录急剧海洋变化导致浅海相沉积响应的一个关键点。因此，其对于了解南大洋的演化及全球海洋环流的演变非常关键。澳大利亚南部的始新统，在沉积学—古海洋学方面目前已经有了比较深入的认识（McGowran，1989，1990；McGowran等，1992；McGowran等，1997；James和Bone，2000），然而圣文森特盆地早渐新世从未有过类似观点的文献记载。本文的目的是描述和解释南大洋区这些地层并在不断变化的古气候和海洋学背景下了解它们。

一、环境

澳大利亚南部自中始新世起为冷水碳酸盐沉积（Lawry，1970；McGowran等，1997），且一直持续至今（Wass等，1970；Boreen等，1993；James等，1992，1994，1997，2001）。古近纪和新近纪早期的地层层序位于大部分大陆架之下，并充填了一系列的陆上盆地，然而由于中新世构造反转，目前岩石沿着海蚀崖和河谷散乱地暴露着。圣文森特盆地渐新统被研究得很详细，南澳大利亚中部的一个断陷目前主要由圣文森特海湾覆盖（图1）。在古近纪和新近纪早期盆地是朝向早期南大洋的一个大海湾（Lindsay和Allen，1995），大部分地区为地下沉积，出露比较典型的剖面是沿圣文森特海湾东岸位于阿德莱德南部的两条北东—南西向的半地堑（图1）。这些小裂谷盆地被称为Noarlunga海湾和Willunga海湾（Reynolds，1953；Copper，1979，1985）。Willunga海湾是14km宽的海岸线露头悬崖并在东北方向向内陆延伸约26km（图1）。由于新近纪构造活动，它是不对称的，因此，西南侧向下倾且以断层为边界。Noarlunga海湾入口处约10km宽，在同一方向向内陆延伸宽20km。盆地的北部为阿德莱德平原盆地和Golden Grove海湾（图1），面积较大，但所有的沉积物均埋藏于地下，主要采样记录表明均为软沉积物样品。

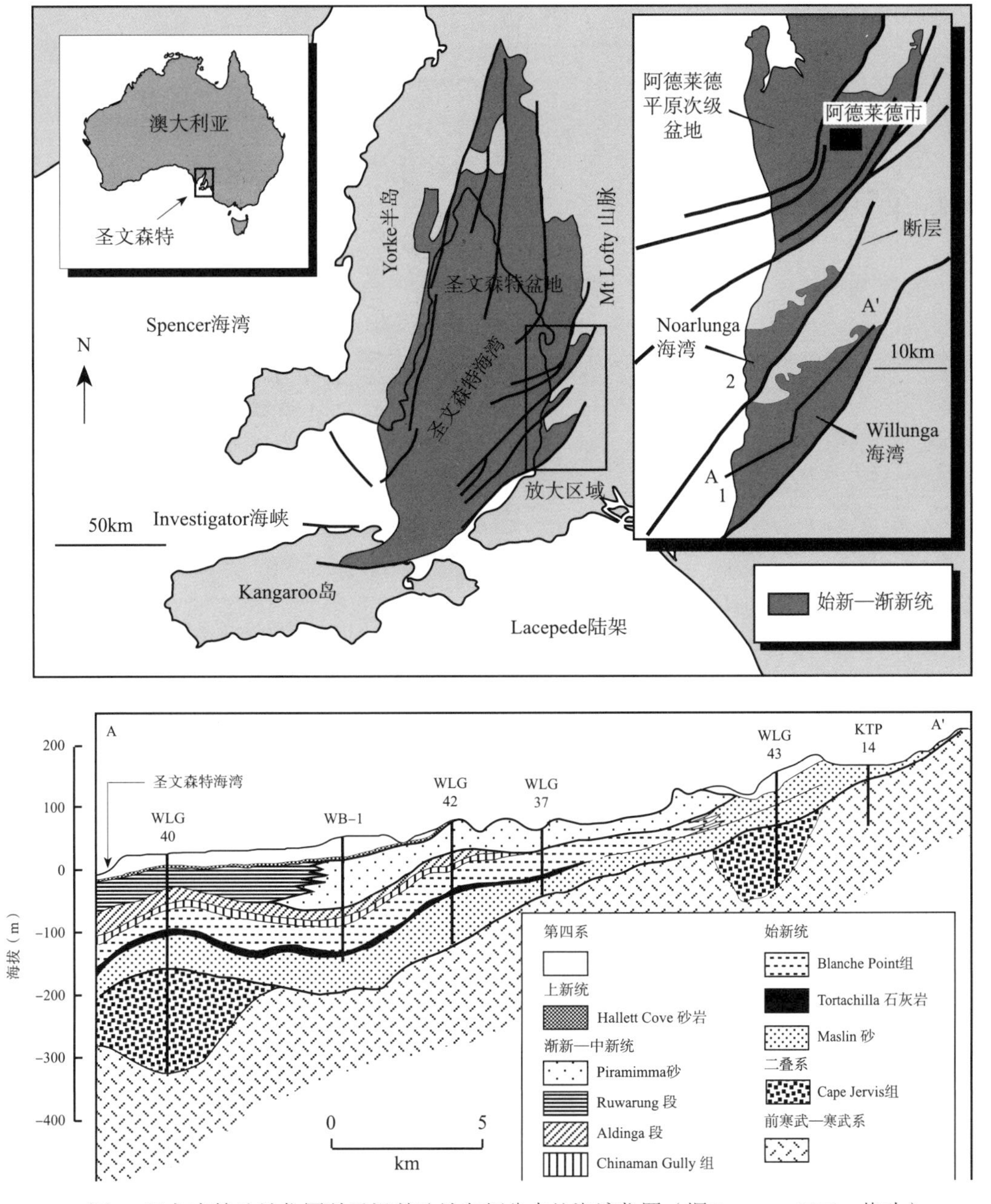

图1　圣文森特盆地位置以及沿着盆地东侧分布的海湾位置（据Cooper，1979，修改）

1—Port Willunga；2—Onkaparina海湾和海崖。A—A′为图中下部剖面的剖面线。岩心位置指定为WB、WLG和KTP，也用于图11的编制。实线为断层

在Noarlunga海湾和Willunga海湾西端的暴露形成了海蚀崖（图2，图3）。沉积物从未岩化的沉积物变为坚硬的沉积岩（图1）。虽然盆内露头稀少，但有足够的地下钻孔资料揭示区域地层单元的全貌（Cooper，1979；Fairbain，1998，2000）。露头（图3A）为两个剖面点中较厚的中始新统—中渐新统剖面的一部分（图2，图3）。除Willunga海湾南端的中中新统石灰岩出露外，上渐新统—中中新统整体被覆盖物遮挡。大部分古近纪沉积物形成的不整合被上新统砂岩（Hallett Cove组）或更新统砂岩和黏土覆盖。

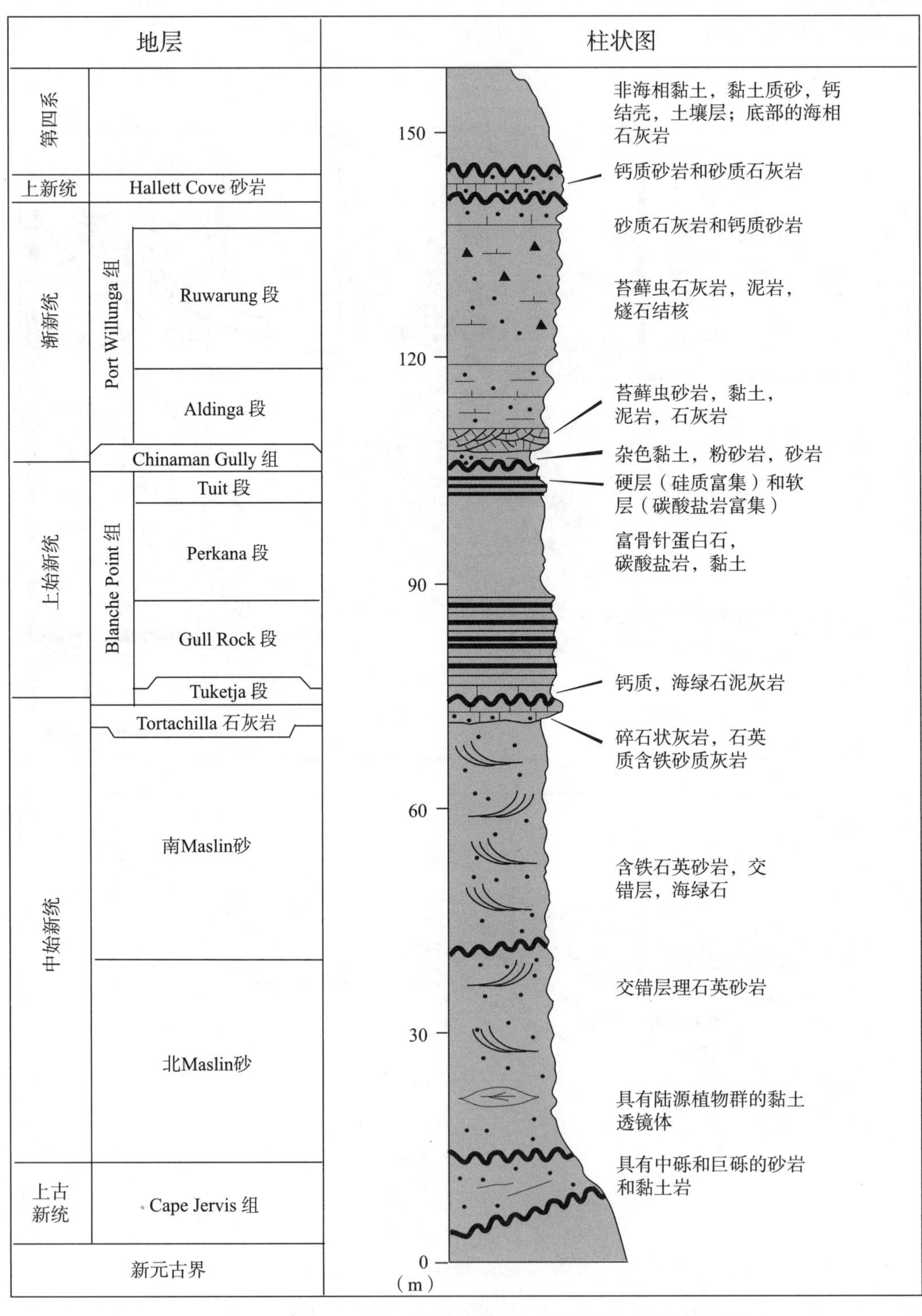

图2　Willunga和Noarlunga海湾沿着海蚀崖出露地层的综合柱状图

这些半地堑海湾的新生代初始沉积物为中始新统砂和砂岩（北Maslin砂岩和南Maslin砂岩）（Dyson，1998）。碳酸盐沉积开始于中始新世，含有丰富化石的石灰岩（Tortachilla石灰岩），被许多沉积间断面和硬灰岩层截断（James和Bone，2000），并被上始新统含化石的生物硅质泥灰岩和泥岩（Blanche Point组）不整合覆盖，它们一般均发生了硅化（Jones和Fitzgerald，1986；James和Bone，2000）。始新统连续沉积被侵蚀不整合截断，剥蚀到下伏的Blanche Point组。渐新统底部覆盖于不整合之上并充填于坳陷之中（Chinaman Gully组；图3B），岩性为海陆过渡相粉砂质泥岩与石英砂和包含木材碎片的内源砂岩（Lindsay和Alley，1995）。渐新统最上部的细粒沉积为海相沉积，被Port Willunga组（PWF）的海相砂、泥岩、泥灰岩、砂岩和石灰岩覆盖（图3A、B—F），此为本次的一个研究专题。这套地层细分为下部的Aldinga段和上部的Ruwarung段（图3D—F），Aldinga段由异粒砂岩、砂岩、泥岩和泥灰岩组成，Ruwarung段主要沉积石灰岩和泥灰岩，且发育明显的燧石结核和燧石层（Cooper，1979）。

图3 A—Port Willunga组（PWF）在Noarlunga海湾的Onkaparinga河口湾入口处的暴露（比例尺为左侧的人）；B—Willunga海湾Chinaman Gully组（CGF）顶部亮色的、多洞穴的、化石很少的粉砂质泥岩；C—Willunga海湾苔藓虫富集的成交错层的石英砂岩，倾斜层主体向左（西南）倾斜，而小尺度的交错纹层则向右（东）倾斜。D—Noarlunga海湾Aldinga段顶部化石稀少的棕色和暗灰色泥岩，比例尺的增量为10cm；E—Noarlunga海湾Ruwarung段具有无数苔藓虫的富泥漂砾岩；F— Ruwarung段中部旋回（箭头所示），向上具有明显的硅化特征，比例尺在中部，增量为10cm

海湾几何形态和总体沉积序列表明为海泛期的下切谷沉积（Eaitlin等，1994）。此外，从东部的陆相、河流相过渡到西部的海相和化石沉积意味着其沉积环境为海湾沉积体系（Dalrymple等，1992），这种相解释是由Dyson（1998）总结提出的。因此，在本文中所论述的两个海湾，被视为早渐新世充填了海相沉积物的山谷。本文中所使用的术语海湾是Pritchard（1967）所指的广义海湾，其包括盐度的差异，但铭记Dalrymple等（1992）提出的更具有地质含义的海湾定义。

了解这些海湾沉积的沉积学和古环境是很必要的，因为这套地层的沉积岩及其所含化石是揭开这部分大陆新生代历史的关键（Tate，1878；McGowran等，1992；McGowran等，1997）。近年来，该区的新生界已经与澳大利亚西部和维多利亚同时代的地层进行了对比校正（McGowran等，2004），这样就提供了一个更完整南大洋北部地区的海洋、生物、构造和气候演变等方面的模型。

尽管始新—渐新世沉积物和沉积岩的年代早已被确定（Glaessner，1951），然而后来证明这是一个棘手的问题，主要是因为有孔虫，特别是浅海有孔虫的样式是特有的。这个难题已经被McGowran等（1997）清楚地解释了。简而言之，多年来Willunga湾的始新—渐新统边界一直为Port Willunga组Aldinga段—Ruwarung段的分界面处（Lindsay，1967；Lindsay和McGowran，1986）。McGowran等（1992）认识到全球范围内所有地区的这一界面在生物地层学领域具有广泛而一致的变化，而在澳大利亚南部却基本没有生物的变化（McGowran和Beecroft，1986b）。因此，将始新—渐新统的边界下移到Chinaman Gully组的侵蚀底界，该调整也与微生物群落变化相符（Moss和McGowran，1993）。因此，目前暴露在海岸线剖面中的Chinaman Gully组和Port Willunga组被视为是下渐新统（吕珀尔阶）（McGowran等，2004），除了北Willunga海湾顶部的石灰岩，其在年代上似乎应该归属于晚渐新世（夏特阶，或局部Janjucian阶）（McGowran和Li，1997）。

二、研究方法

本区的地层剖面是做过测井记录和拍照的。剖面是容易观察的且大多是连续的，但对小断层、局部溶蚀和单个透镜体需要进行详细分析，特别是在Willunga海湾，本文共收集162个样品，并根据这些样品制备了132张薄片且将其染色（Dickson，1966），将8个样品进行扫描电子显微镜分析。使用将石英粉末柱作为内部标准的标准技术对16个样品进行了岩石学和X射线衍射分析（Tucker，1988）。所有样品进行了重复分析并使用盐酸将样品中的碳酸钙溶解掉，以鉴别确定黏土矿物和蛋白石—方石英。

三、沉积相

大部分早渐新世沉积序列（图3）是一系列以潜穴沉积缺失面为边界的米级地层单元，由含苔藓虫、扇贝、表栖动物海胆的漂砾岩和富黏土的基质组成。这套地层的特点是石英砂、海绿石和燧石的含量在增加。底部岩性主要为砂岩和泥岩，中部岩性主要为漂砾岩，而上部地层单元为生物碎屑灰岩。

（一）沉积物组成

细粒物质（图4）为钙质粉砂质黏土，其中多数聚合成中—粗砂级的球粒。10%～30%泥和极细的砂屑主要为棱角状的石英（小正长石）。黏土（图4B、D、F）占据基质的70%～90%，大多是蒙皂石、沸石和海绿石，也有少许的伊利石、高岭石和正长石。海绿石形成球粒，充填于格架孔和苔藓虫的虫房内。细粒碳酸盐岩主要为生物碎屑物质和颗石藻，硅质硅藻也存在，但数量很少。

石英砂分选中等—差，以中—粗粒为主。碳酸盐岩和所有粗粒沉积物完全为生物成因。化石主要是苔藓虫（图3E）、表栖动物海胆碎片和扇贝类。其他生物碎屑如锥螺科的腹足类（外壳和文石质的壳）、表栖动物和内生动物群双壳类、腕足类、龙介虫管虫迹和藤壶属均是本地丰富堆积形成的，砂级碳酸盐岩颗粒主要为残余的苔藓虫、底栖有孔虫壳、海胆碎片和珊瑚藻（枝节状）碎片。

硅质海绵骨针在局部形成多达50%的沉积物。虽然大多为普通晶体形式（图4B、C），仍有一些甲蛋白石样式，而其他被蛋白石—方石英微晶球体（图4E）或微石英取代。

（二）成岩作用

由于大多数沉积物和沉积岩均由黏土基质组成，胶结物发育不明显，甚至在扫描电镜上也看不到明显的胶结物。这种胶结物缺乏是沉积物质过软的明显特征。很少有明显的方解石胶结成岩作用，这意味着除了文石质的锥罗科、海绵骨针和内生动物群双壳类的外壳外很少有淡水成岩作用。沉积物一般仅经历了浅埋藏阶段（＜200m）。可以见到一些明显的缺失面，其中可以见到纤维状—球粒状的方解石胶结物，这意味着同沉积岩化作用（Nelson和James，2000）。

最突出的次生变化是硅化作用。它的典型特征是结核，通常开始于海生迹潜穴并向外扩散，其组成从钠钙柱高岭石变化到灰色燧石，但其全岩均具有硅化特征。在这些米级地层单元中燧石是较常见的，通常有许多海绵—骨针壳，其中许多表层覆盖有蛋白石—方石英微晶球体。在硅化基质中也较明显地存在蛋白石—方石英微晶球体。

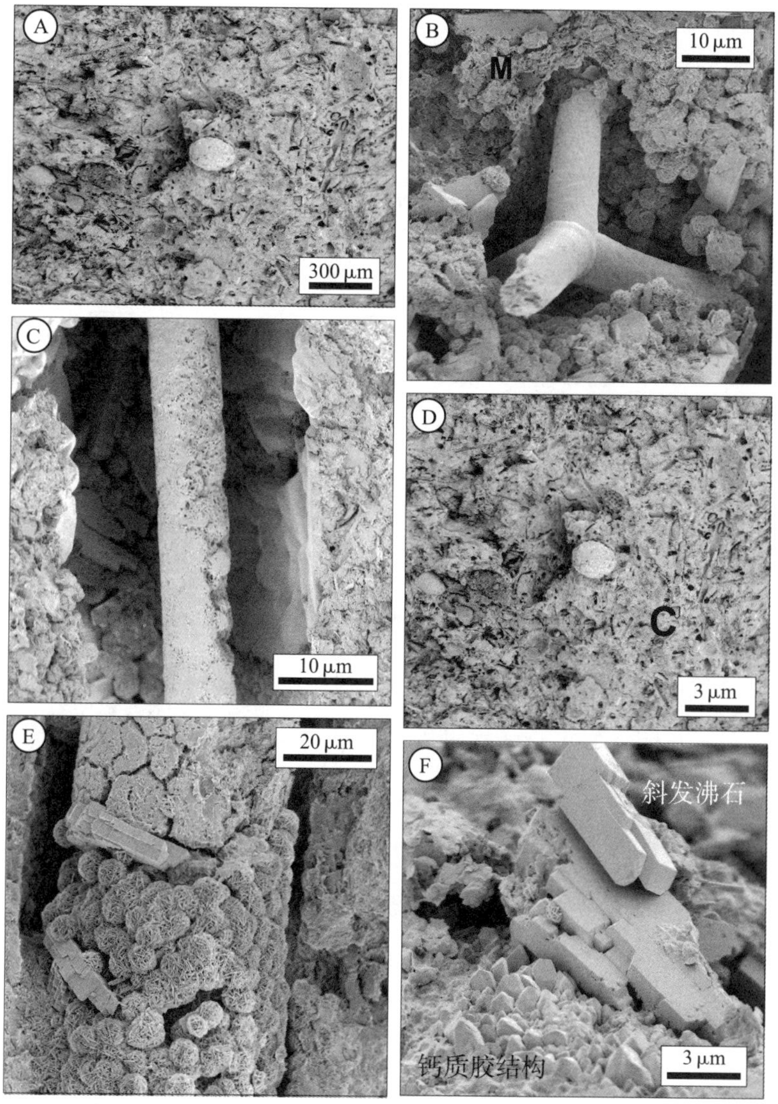

图4　沉积组分和成岩作用的扫描电子显微照片

A—具有无数骨针模的漂砾岩的细粒基质；B—被蛋白石-方石英微晶球体和小的碎屑蒙皂石（左上角M）环绕的被沉积物充填的三轴海绵—骨针模；C—海绵骨针模，其中骨针的轴管被蛋白石—方石英微晶球体充填；D—由蛋白石—方石英微晶球体和蒙皂石组成的漂砾岩基质；E—骨针的轴管中充填了交互生长的微晶球体和斜发沸石；F—漂砾岩基质中的斜发沸石和钙质胶结物

四、地层沉积学

两个海湾显示具有基本相同的地层沉积序列（图5），但具有较大的局部差异。在大尺度上岩性较简单，而在小尺度上岩性较复杂。

（一）底部石英砂和砂岩

Chinaman Gully组的陆源沉积物（图3）被上覆2～3m厚白色—铁染色的交错层理发育的石英砂和砂岩（图3C，图6）迅速覆盖。底部岩层由细—粗粒的富含弯形迹（图7A）、腕足动物和苔藓虫的砂岩组成（图7B）。地层单元中大部分为平面交错层理，交错角高达20°，在区域上是双向的，表明区域水流方向为北或南西。局部存在槽状交错层理，厚2～4cm，泥盖和泥盖上的薄层波纹显示水流方向为北或北北东（图3C）。大多数苔藓虫是铰接的分支和扁平强健的分支，且具有小孔。

在两个海湾中的砂岩含有*Linderina*，*Halkyardia*，和*Masslinella*等大型底栖有孔虫（Lindsay，1985）和珊瑚藻棒。苔藓虫还包括*Densipora*，其现今仅附着生长在海草叶上。

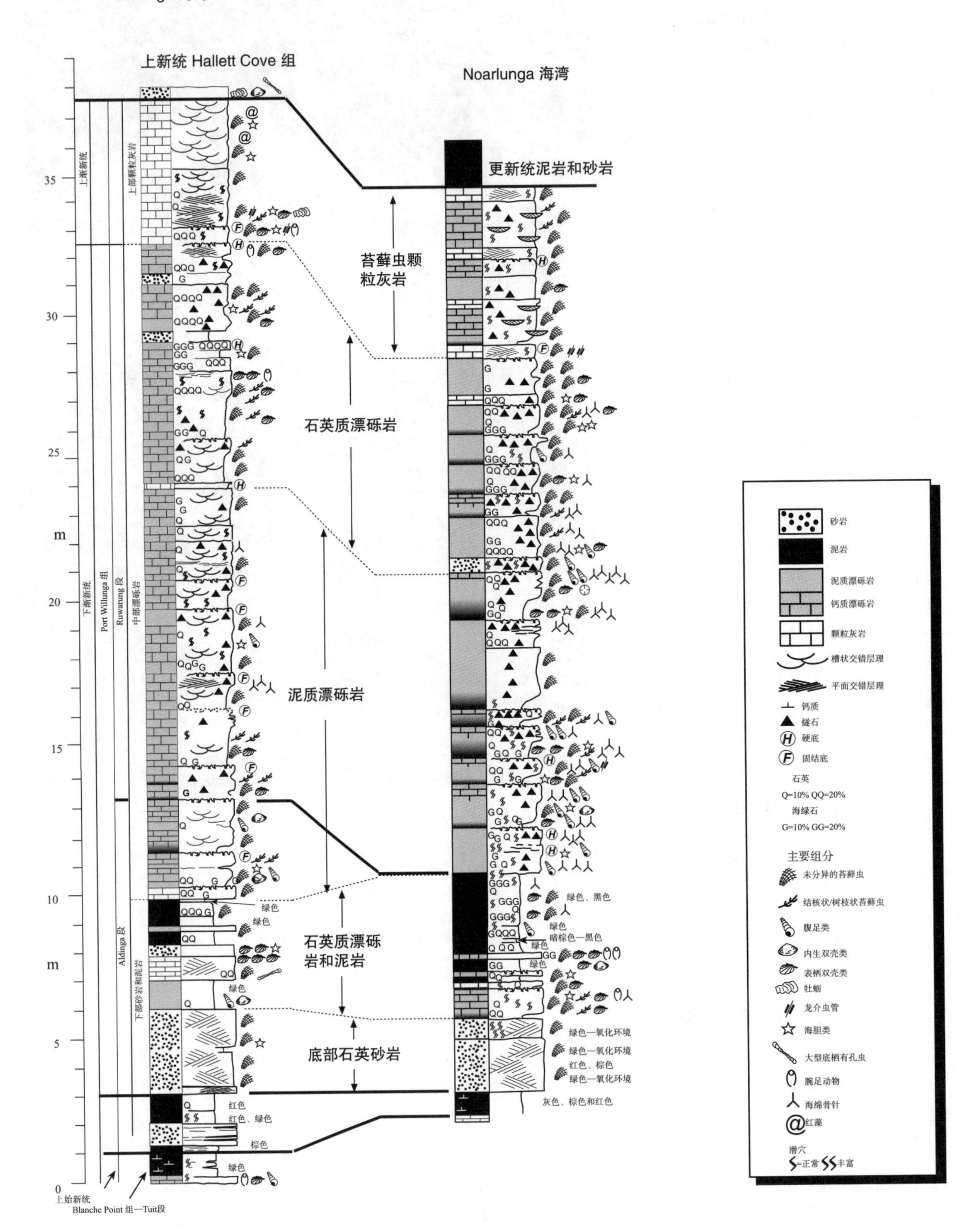

图5 Willunga和Noarlunga海湾沿海陆崖分布的Chinaman Gully组和Port Willunga组地层剖面

1. Willunga海湾

在Aldinga海滩，其上暴露的底床形态与古水流方向相反（图6），该砂岩显然是水下沙丘形成的，向上及局部横向演变为具有丰富海胆类生物碎片和海扇类的海生迹—潜穴砂岩。该石英砂岩也与含有大量碎屑的骨架颗粒灰岩互层。

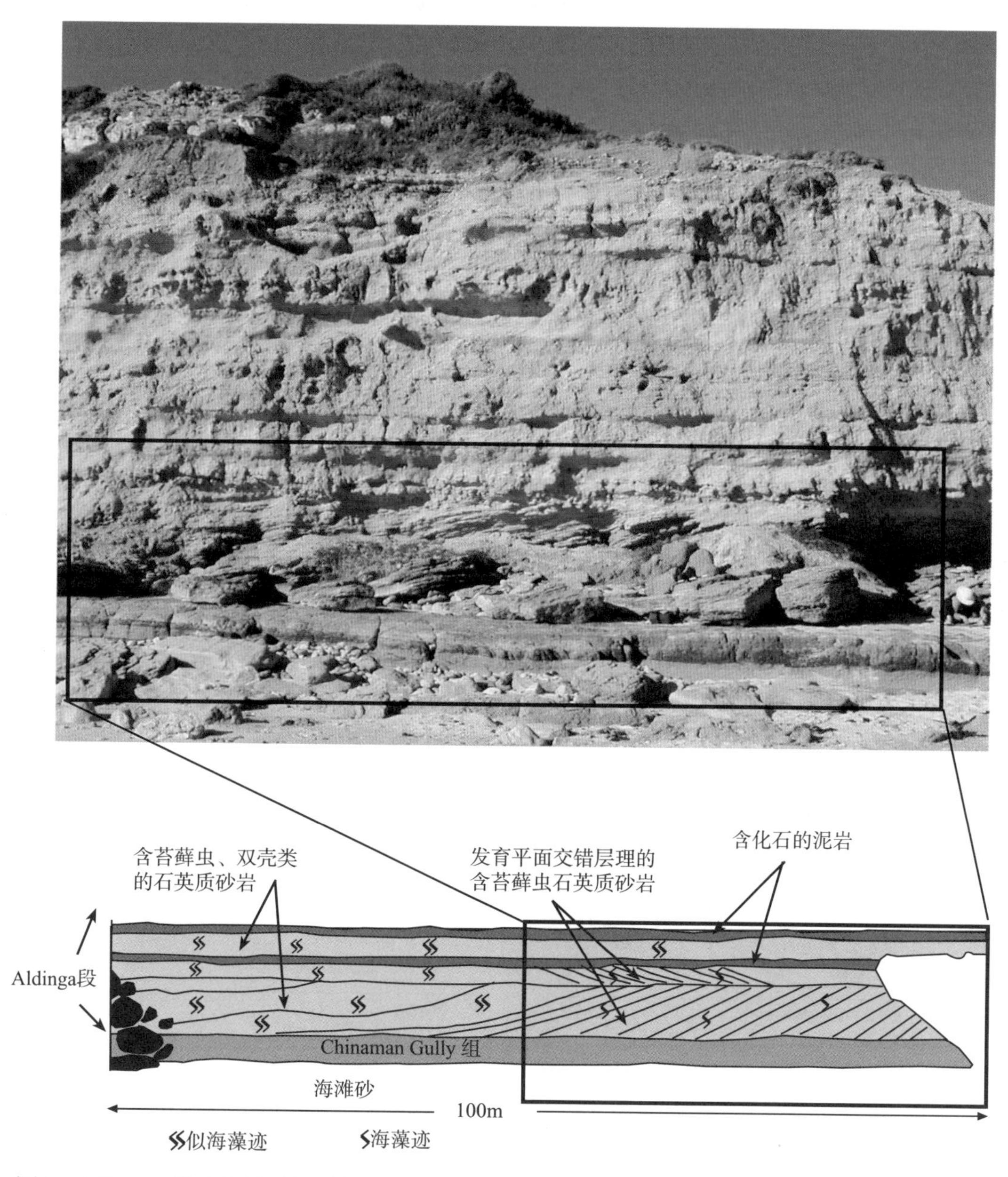

图6　Willunga海湾中海蚀崖剖面出露的Chinaman Gully组以及覆盖在Port Willunga组之上的Aldinga段

比例尺为右侧的人。Port Willunga组下部为明显的交错层状，而海蚀崖剖面大部分地层以含化石石英颗粒灰岩和漂砾岩或暗绿色的化石多变的黏土岩互层为主（图5）。露头底部的野外素描图展示了交错层理的双向性质及其与发育潜穴和生物化石的砂岩之间的关系

2. Noarlunga海湾

这里的砂岩更薄且化石比Willunga海湾更少。并且，这些沉积物的属性表明这两个海湾当时均为相对温暖、海相、亚热带（大型底栖有孔虫；Hallock和Glenn，1986）、透光（珊瑚；Wray，1977）和高能的潮汐环境（河床形态；Dalrymple，1992）。

（二）石英质漂砾岩和泥岩

两个海湾中富含黏土（图3D）的漂砾岩和泥岩上覆于潮汐砂岩之上，其富含石英质，且含有碎屑正长石、伊利石和多种多样的巨型化石。

绿色—灰色泥岩中含约10%细粒的角砾状石英砂岩（最高达40%），混合有伊利石、蒙皂石、自生沸石、斜发沸石、颗石藻和硅藻，偶见苔藓虫。扇贝类出现在只有一个瓣厚的层中但并没有择优取向（图7C）。最上部的泥岩中几乎不含生物，但含有脱钙的铁质印模。

漂砾岩富含表栖动物，如大型的及多样化的苔藓虫（图8A、B；例如*Celleporaria*属，各种有孔的和包壳的形式）、pectenid瓣鳃类、海胆刺和原地的大量腕足动物。大量的底栖动物群包含海胆棘和罕见的双壳类壳体。粒状底床是由弯形迹潜穴形成的，而泥层，特别是顶部的黏土层，是由海生迹潜穴形成的（图7E）。基质主要是由黏土（碎屑伊利石）、颗石藻、苔藓虫生物碎屑、少见的海绵骨针和藤壶碎片组成。这些沉积物中不含有大型底栖有孔虫。底床的底部石英富集，而底床上部海绿石富集，海绿石球粒局部次生变化为褐铁矿。

图7　Port Willunga组

A—Willunga海湾在底部槽状层理发育的砂岩中的弯形迹潜穴，硬币直径3cm；B—Willunga海湾在底部槽状层理发育的砂岩中的石英质苔藓虫颗粒灰岩；C—Onkaparinga河口湾扇贝双壳类零散地分布于泥岩层表面；D—Willunga海湾在富泥的漂砾岩中周期性发育的层理，右侧比例尺的增量为10cm；E—Noarlunga海湾在富泥漂砾岩中的海生迹潜穴；上部为硅化岩（SI），比例尺的增量为10cm；F—Willunga海湾黏土和漂砾岩互层的槽状交错层（箭头指向底部的沟槽），比例尺增量为10cm

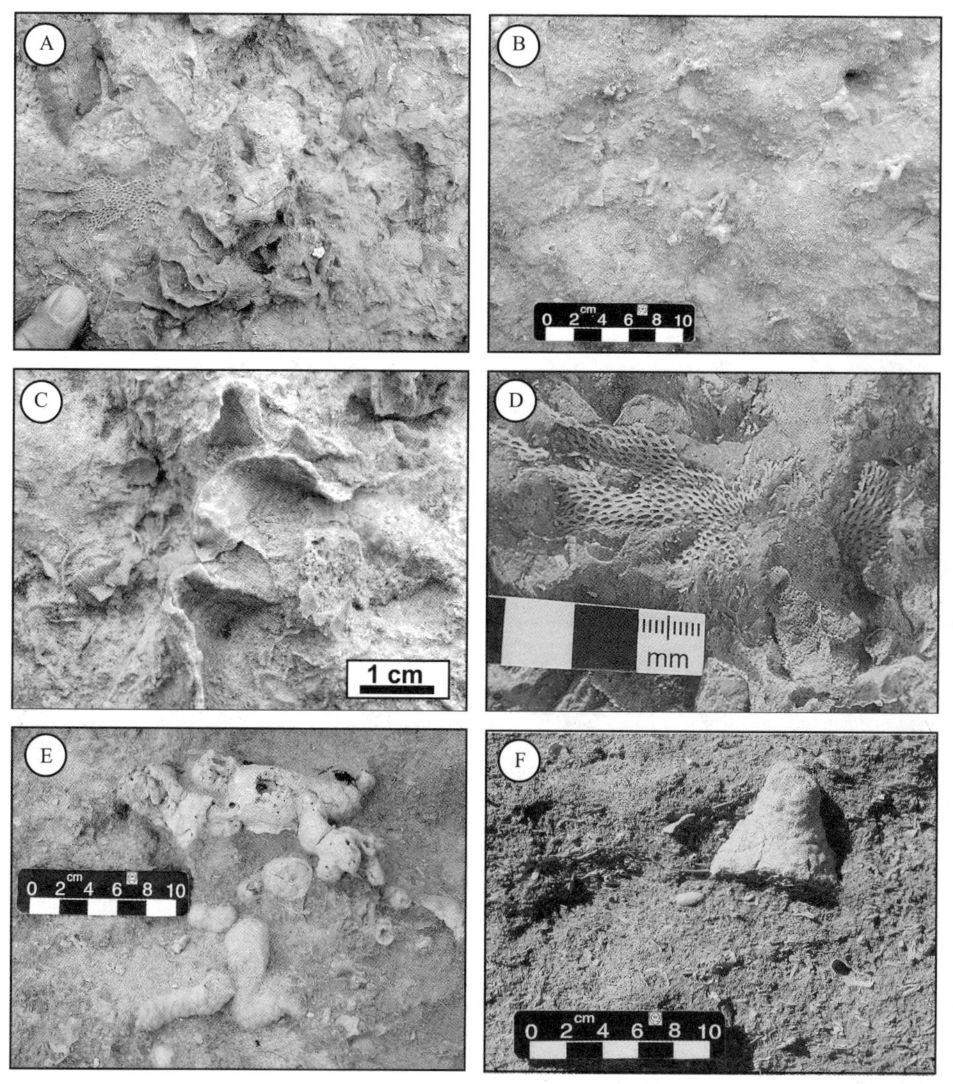

图8　中部的漂砾岩

A—Willunga海湾多种类型的苔藓虫，特别是穿孔的和叶片状的在富化石的漂砾岩中很富集，图中指甲为1.5cm宽；B—在化石倾斜的漂砾岩中的小的*Celleporaria*苔藓虫；C—Noarlunga海湾相带A中大的叶片状苔藓虫；D— Noarlunga海湾相带A中复合型、穿孔的和叶片状苔藓虫；E—Noarlunga海湾大的树枝状苔藓虫群落；F—Noarlunga海湾大的穹隆状的*Celleporaria*苔藓虫在颗粒状漂砾岩之上

1. Willunga海湾

基底岩性是分米级的底床生物碎屑灰岩、石英砂岩和局部富集且没有明显纵向组构的扇贝的海绿石黏土交互层。颗粒相中含有珊瑚藻。石英砂岩中含有黏土透镜体。

2. Noarlunga海湾

底部沉积物为米级的沉积旋回，由底粒状、含模糊不清交错层且化石丰富的漂砾岩组成，其向上递变为泥质、分散稀疏的漂砾岩。较低的部位包含一个叶状形式特别突出的富集苔藓虫的生物区。旋回的上部包含一个规模小但苔藓虫类型多样，且含有许多大型*Celleporaria*苔藓虫的生物区。

上部的石英质漂砾岩和泥岩相包含有丰富的海绿石和丰富的扇贝类的以潜穴黏土为主的沉积物。旋回中包含分米级的粒屑灰岩或砾岩，向上递变为厚度变大的潜穴黏土。

细粒沉积物的性质和底床流体的穴居优势意味着相对较低的能量。缺乏大型底栖有孔虫表明冷水沉积（Hallock和Glenn，1986），然而丰富的内生动物群和表栖大型生物区意味着具有丰富的营养资源

（Lukasik等，2000；Mutti和Hallock，2003）。珊瑚藻类的存在和缺失表明Willunga海湾为明亮的海底但Noarlunga海湾却不是。

（三）中部的漂砾岩

含有丰富化石的漂砾岩（图5、图7、图8和图9）形成了地层的主体，两个海湾的地层组成基本类似，但沉积充填样式显著不同。两条剖面均可分为下部黏土质漂砾岩和上部石英质漂砾岩（图5）。

图9　中部的漂砾岩

A—含有无数苔藓虫的黏土富集的漂砾岩，左图中的铅笔为2cm长；B—富含黏土的稀疏的漂砾岩，并夹杂有大块的燧石结核，锤子30cm长；C—Noarlunga海湾下部漂砾岩中的米级旋回（箭头所示）；D—图片C中地层的旋回上部，来自于上部的暗绿色海绿石石英质颗粒灰岩，向内挖掘进入稀疏的漂砾岩，可见海生迹潜穴，比例尺的增量为10cm；E—Willunga海湾下部的下渐新统漂砾岩与上部低角度具平面交错层的上渐新统颗粒灰岩的平面接触，比例尺杆的增量为10cm；F—Willunga海湾Aldinga礁向下进入低潮台地，展示了大范围的槽状交错层理的平面视域和上渐新统颗粒灰岩的水流方向

1. Willunga海湾

单个地层厚1～3m，是典型的旋回（图7D，图10）。奶油色的漂砾岩从含有丰富化石的、几乎全部为砾屑灰岩结构的岩层变化为倾斜的只有少数大化石的浮泥（图8A、B）。基质是急剧变化的，但最多可以有40%的黏土。一些漂砾岩仅含有微量黏土的细碎屑颗粒灰岩—泥粒灰岩基质。绿色黏土透

镜体和矿层厚10～50cm，且一般有许多层，表明水动力是变化的。这些黏土是底层沉积物的潜穴物质。另外，漂砾岩内也有厘米厚的骨架颗粒灰岩。有些地层的底部明显富集海绿石或石英。其他地区的地层中穿插着或覆盖着层次丰富的双壳类和密集的海胆刺形成的层。大多数沉积物内的潜穴为海生迹。

下部相带以周期性的富含黏土的漂砾岩为主。它们包含10%～20%的棱角状—圆状的细—中粒石英砂岩并在0.5～2m的尺度上重复（图7D）。相带A（图8A，图10）的旋回中存在部分低角度的槽状交错层理，岩性由粒状灰岩变为漂砾岩，这两者占地层单元的2/3。地层底形（图7F）为1.5～2m高、宽8～10m的槽形，具有较差的约束水流向南西方向的指示作用。沉积物中含有大量的扇贝类、表栖动物海胆刺和贝壳，伴生有叶状、直立的、铰接状和有孔的苔藓虫。相带B（图10）的旋回的上部，为受强烈生物扰动（海生迹）的稀疏漂砾岩，其中燧石明显取代潜穴。由于此相带沉积物中泥质含量逐渐增多（图8B），苔藓虫的含量逐渐减少，且叶状的苔藓虫数量下降，但强壮的树状（*celleporaria*）样式的苔藓虫增多（图8C）。海生迹潜穴从相带A的界面向下延伸到相带B内达30cm，潜穴中充满了上覆地层的粗生物碎屑灰岩。上部富含黏土的漂砾岩中含有大量燧石结核。这里的海绵骨针含量范围介于10%～40%之间，但通常在10%左右。

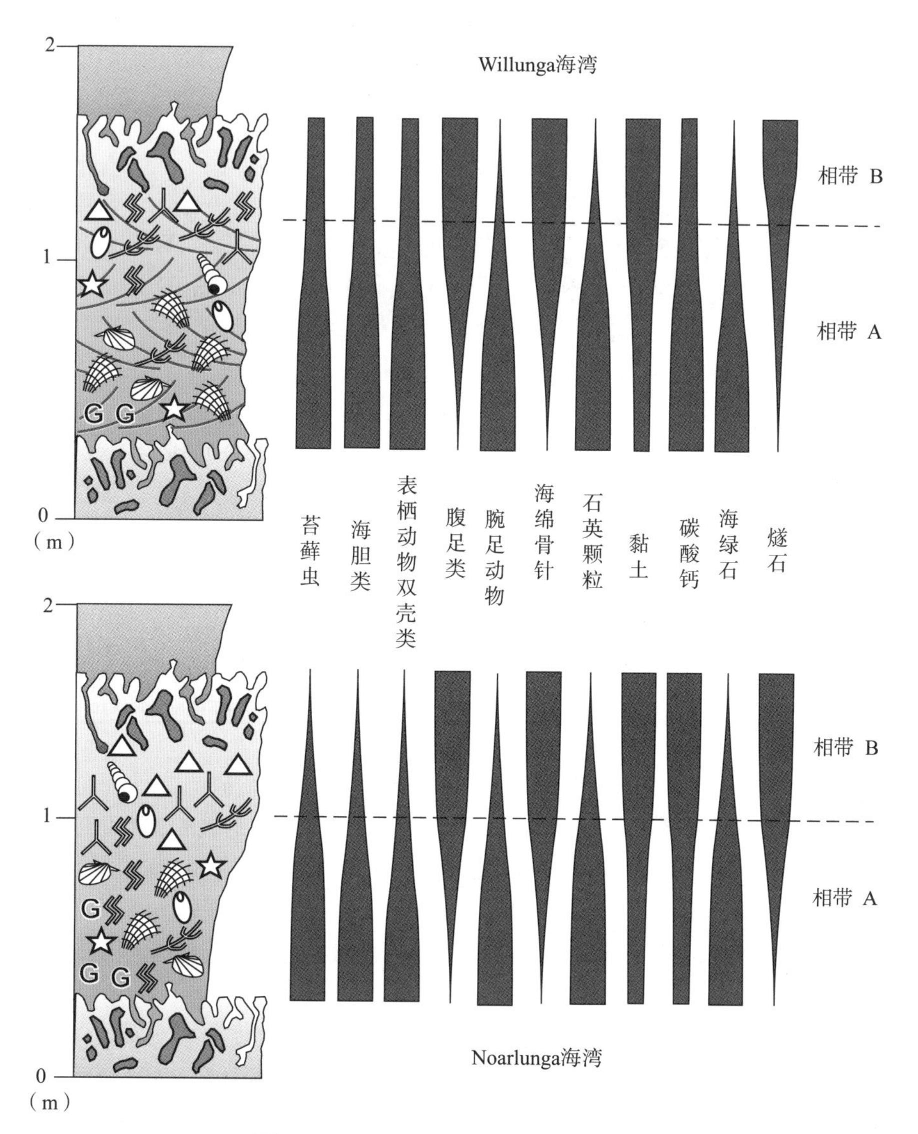

图10　Port Willunga组米级旋回的属性合成

相带A为含丰富化石的漂砾岩，相带B为稀疏的富含黏土的生物硅质漂砾岩此相带的上部由石英质漂砾岩构成，相带上部是多粒的，包含大于30%的细—中粒次棱角状—次圆状的石英砂岩，其中一些为钙质砂岩，且局部颗粒可达到中—粗粒级；泥质含量很少大于20%。与下部地层相比，很少有明显的海绵骨针沉积物（＜10%），但燧石结核很丰富。沉积没有明显的旋回；只有小型槽状交错层理，大多数沉积物是均质的或海生迹潜穴。不像富含黏土的漂砾岩的下部，大部分地层的接触关系是平的，没有钻地潜穴，但存在局部的层面受侵蚀的硬灰岩层。苔藓虫生物群特征与下部相带相似，除了抱形虫较小外，该生物群与叶状苔藓虫一起存在。在本套地层的顶部，苔藓虫（尤其是*Celleporaria*属；图8D）和腕足动物明显比下部富含黏土的漂砾岩更大、更多且多样化。

Willunga海湾中整套中部漂砾岩相中的介形虫与下伏始新统Tortchilla石灰岩中的是类似的。一般是破碎的，并且其中的一些分类单元今天仍生长在植物和藻类中。与下伏沉积物沉积时的海水对比，*Gumbetrilina*浮游有孔虫的出现指示着冷水沉积的意义。砂级颗粒主要为大量的表栖*Cibicides*属和珊瑚藻棒，其中含有许多小型底栖有孔虫。

总的来说这些富含黏土的石英质漂砾岩是在明亮海底与活跃穴居底栖动物存在的条件下沉积的，穴居动物的活动导致沉积结构局部消失。食悬浮生物的多产表栖动物表明具有高营养资源的氧水柱能够为丰富的浮游生物提供营养。槽状交错层理表明存在活跃的底流，考虑到环境背景，底流可能为海潮诱导的。分散的波纹表明存在间歇性的波浪改造作用。黏土夹层的存在证明泥质的间歇性会聚。层状的大化石也表明存在间歇风选作用（Kidwell，1991）。在漂砾沉积层上部丰富的细—中粒石英砂，意味着河流的影响在增加。

2. Noarlunga海湾

Noarlunga海湾沉积物也是厚0.5~3m的旋回（图9）。总的来说，底床与Willunga海湾类似，与潜穴遗漏失面接触，并且洞穴沉积物从上向地层单元下部延伸30~50cm（图9D）。二者的主要差异是：①如果存在交错层理，也是很少的；②不含珊瑚藻；③有更多的燧石结核，有的甚至为完全硅化层。整个旋回由两个无关联的相组成（图10）。相A（图9A）底部为钙质、海绿质生物浮石。它占据了旋回下部的2/3，颜色为浅黄色—绿色，并含有10%～30%不等的海绿石，尤其是在潜穴中。生物群明显为表栖动物；苔藓虫（特别是有小孔的和叶片状的（图8C、D）、胞孔状的，为中型树支状的分支群落），以及表栖海胆刺、部分大型的介壳（例如cidaroids）和海扇属，都是特别丰富的。其他化石有腕足类、锥螺科腹足类和azooxanthellate珊瑚。向上海绿石大量减少（局部为绿色黏土）。相B构成旋回的上部，是一种浅灰色—浅黄色泥灰岩。通常化石很少，只有比较明显的大化石钙化模。这些沉积物为生物扰动形成的，但海生迹却得以很好的保存。与下部相带相比硅化（图2F，图9B）更为普遍。指状海绵体化石出现在某些旋回顶部。这两个相带为端元，例如相B中的一些旋回，偶尔会出现苔藓动物、海胆和海扇属。厚旋回（＞1m）往往有较好的对称性，而薄旋回主要为相带A。

富含泥的漂砾岩组成中部浮石相的下部，含有小于30%的石英质粉砂。黏土基质围为40%～60%，局部层间隐约可见碳酸盐泥，明显是球粒状的（中—粗砂级）。多数是泥级的，也有分散的薄层苔藓虫颗粒灰岩，含有海胆生物碎片和小粟有孔虫。大多数层接触面为潜穴状，但有些是平面和侵蚀面，这意味着存在同沉积石化作用。沉积物中的骨针含量为20%～60%，而且主体为生物外壳，周围被蛋白石-CT微型晶体、自生沸石、蒙脱石黏土和碎屑伊利石混合物所包裹。硅化程度从局部的结核（例如白陶土）到完整的硅化层。通常生物结构保存比较完好。

石英漂砾岩构成上部浮石相的中部，含20%～60%的极细—细粒棱角状石英砂岩，棱角状石英砂岩局部为中—粗粒，含有不到20%的海绿石球粒、10%～30%的骨针和20%～40%的黏土基质。硅化程度与下部相似，但往往在层的上部比较集中。苔藓虫数量众多，但多样性小并且明显偏大，存在大的*Celleporaria*种属，该种属直径可达5cm（图18）。腕足类同样是大的。片状海绵存在但很少。除零星的锥螺科壳外，没有明显的底栖动物。基质中明显含有颗石藻及与下伏地层中相同的黏土。在这些沉积物中，微体生物群尚未开展详细的研究，但砂级的碳酸盐岩颗粒主要为苔藓动物和底栖有孔虫，不存在珊瑚藻。

除了更富泥及缺少物理沉积构造方面外，这些沉积物和沉积岩总体上与Willunga海湾的沉积物有许多相同的性质，这意味着它们形成于一个更安静的水体环境中。缺乏物理扰动可能是旋回存在差异较大的部分原因。缺乏珊瑚藻表明海底透光性较差，也反映水体更深或水体较为浑浊。丰富的骨针意味着海绵生物较为丰富，这也反映了水的深度和宁静的环境或丰富的营养和硅质源。

（四）上部苔藓虫颗粒灰岩

尽管两条剖面处于不同的位置，但两条剖面的顶部（上渐新统）均为厚度不到5m的石灰岩，只含有石英砂和海绿石，与下部漂砾岩相比，具有较高的苔藓虫多样性和发育较好的地层样式。苔藓虫生物群与下渐新统中的存在差异；有许多无定向的（然而下部地层中不存在），含有大量小孔的，直立、多叶片状的样式，所有这些都要比下部地层中的小得多。

1. Willunga海湾

剖面的顶部是发育交错层理的颗粒灰岩层，旋回性不明显，且没有燧石。有两套地层单元。下部地层单元底部为具有低角度底床形态的平面交错层（图9E），并含有明显的沉积再作用面和弯形迹潜穴。沉积物由具有牡蛎的苔藓虫砾屑灰岩、龙介蠕虫管和许多无定向的苔藓虫构成。上部为发育槽状交错层理的海胆—苔藓虫颗粒灰岩，其含有大量易碎的枝状苔藓虫碎片或具有明显*Celleporaria*属的苔藓虫砾屑灰岩。上部地层单元暴露于广泛发育的成岩潮坪中（Aldinga礁），是一个引人注目的发育槽状交错层理的颗粒灰岩—砾屑灰岩层（图9F），层组高不到0.5m，宽20m以内。古流向测量表明从东—北东向（40°～100°）和从西南偏西（230°～250°）方向的水流相反。弯形迹很丰富，伴随有大化石和大量不规则的小的支离破碎的红藻及众多大型海胆刺、破碎的海扇属、*Celleporaria*属、*Nudicella*属和其他有孔苔藓虫。粗砂本身就是磨损的苔藓虫—海胆状颗粒灰岩，其包含许多小型底栖有孔虫、丰富的珊瑚藻和局部的藤壶片。初始近平行的层状砂被解释为记录了短暂的临滨沉积之上的隐蔽不整合。发育大型双向槽状交错层理的砂可能反映其为潮控沉积。

2. Noarlunga海湾

最上部的沉积物包括颗粒灰岩和泥灰岩，并含有燧石。在下部其以发育低角度槽状交错层理的苔藓虫灰岩米级（2～3m）旋回的形式存在，上部为潜穴苔藓虫漂砾岩。

每个旋回的底部为颗粒灰岩，厚0.5m左右，上部为含有潜穴的或平的硬地层，地层中遍布潜穴弯形迹，生物颗粒几乎完全是苔藓虫，有一些底栖有孔虫和棘皮动物碎片。有些地层中含龙介集群和滚圆的包裹着龙介虫的苔藓虫壳。

上部的苔藓虫漂砾岩是非均质的，并且发育钻孔（海生迹），含有10%～20%的绿色黏土基质和10%左右的海绵骨针。在这些漂砾岩中含有发育槽状交错层理的苔藓虫砾屑灰岩透镜体，为10～20cm厚。在海生迹潜穴中的绿色黏土，表现为厘米级的纹层，每层10～20cm，与漂砾岩构成交互层。沉积物成层性较差，构成丘状起伏交错层（振幅30cm、波长2m）。基质是硅质含量变化的燧石结核。颗粒灰岩中存在大量的叶片状苔藓虫、有孔苔藓虫、细小的苔藓虫、铰接苔藓虫分支，以及一系列的结核状和树枝状*Celleporaria*属苔藓虫、无定形类苔藓虫（包括扇形*Celleporaria*属和地衣苔藓虫属）。还有许多海扇属（所有套海扇属和扇贝都不对称），丰富的牡蛎、牡蛎卵以及帽贝。腕足类是少见的，而且没有腹足类。有小的袋状海胆。

这些相和旋回与Willunga海湾Port Willunga组中段漂砾岩中的是类似的，但其具有更明显的旋回性和更多样化的生物。颗粒状的岩性与该剖面底部中的类似，但石英含量更少。总体上其与Willunga海湾中的一样，代表水体变浅的环境，但相比Willunga海湾，整体上为更深水环境。

五、由渐新世潮控河口湾泛滥形成的海湾

（一）模式

Chinaman Gully组（CGF）和Port Willunga组（PWF）一般被认为向陆方向横向演变为Pirramimma砂组（Cooper，1979；Fairbain，1998）。Pirramimma砂组为分选良好的石英砂岩，具有模糊的交错层理和木质碎片。

下部边界面为位于Chinaman Gully组之下的不整合（图11），意味着海平面在始新—渐新统的边界附近下降。在阿德莱德平原次级盆地中剥蚀掉多达50m的下伏地层（Lindsay，1981）。

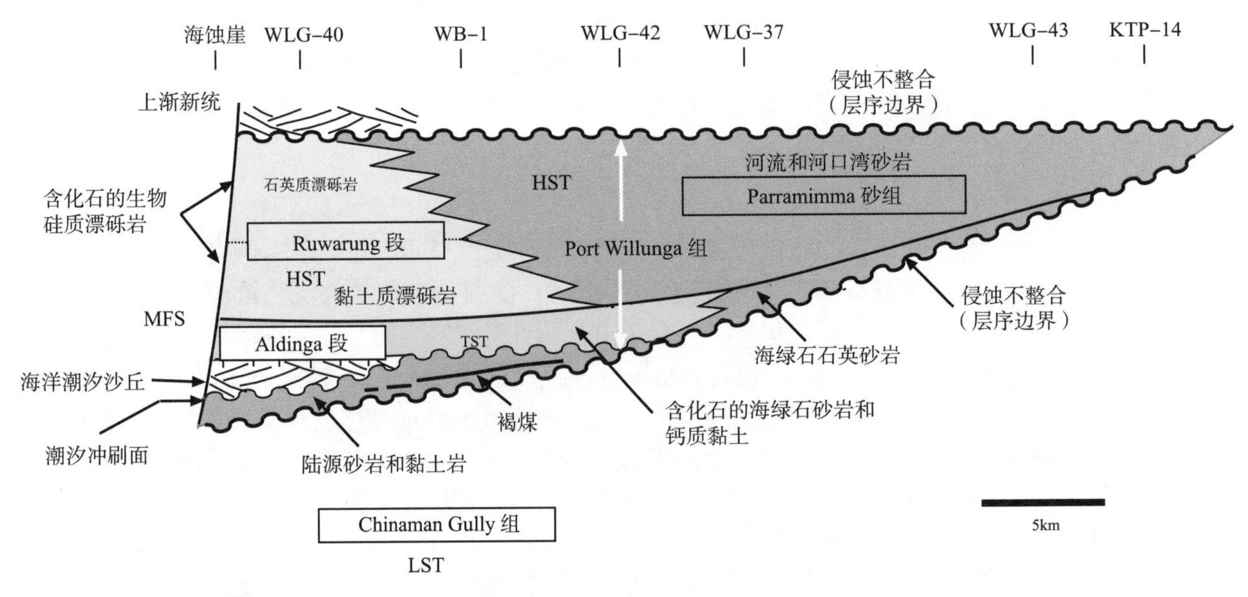

图11　沿着海湾坐标轴方向的一个概略剖面

展示了一个早渐新世海湾中解释好的沉积序列。HST为高位体系域，MFS为最大海泛面，TST为海侵体系域。用来构建剖面的井点有WLG、WB和KTP

Chinaman Gully组代表着陆源沉积，在两个盆地中均含有褐煤、碳质砂泥岩和陆源黏土，这意味着其为陆地沼泽环境。这种沉淀可能是由侵蚀基准面抬升造成的，因为上部的粉砂岩和泥岩均发育有强烈的钻孔潜穴且含有很少的海相化石。这一沉积序列被解释为淡水沼泽和沿岸沼泽，其被河口潟湖所超覆（Reinson，1992；Dalrymple，1992）。Aldinga段砂岩下方陡峭的侵蚀面为一个潮汐侵蚀冲刷面，其不同程度地侵蚀了下伏Chinaman Gully组中一内河口湾相。Aldinga段砂岩自身具有河口湾入口处海洋潮汐浅滩的所有属性（Dalrymple和Rhodes，1995），随着海平面继续上升，它逐渐进积，向上沉积更多海相沉积且石英质含量更少。其向上变为富含黏土的含化石海相沉积。二者之间目前还没有明确的波浪侵蚀界面，这意味着泥岩自身为相对安静的海洋环境沉积。相对突然地过渡到含化石的漂砾岩，意味着进积作用的开始，且沉积作用基本上与海平面变化相匹配。顶部沉积物石英砂的比例显著增加，意味着开放海洋环境下陆源影响的加重。

总的来说沉积序列具有大部分典型河口湾沉积的属性，特别是海侵层段（Reinson，1992；Dalrymple，1992；Reading和Collinson，1996）。该地层的部分对应于Zaitlin等（1994）所提的“1段”，即海泛下切谷的外侧部分。在碎屑岩体系退积或进积情况下上部沉积一般由开阔海高水位的泥岩沉积所覆盖。古近纪沉积序列未遵循高水位沉积为生物碎屑和碳酸盐沉积物的这种模式。

顶部沉积序列以一个平的侵蚀面和被解释为海滩沉积物的石灰岩为特征，该石灰岩被上覆的碳酸盐岩潮汐砂覆盖（上渐新统Janjucian地层单元）。

（二）层序地层

Willunga和Noarlunga次级盆地的Port Willunga组层序总体是相同的，但存在局部差异。鉴于本文的主题，Port Willunga组层序可以被解释为一个单一10～30m尺度的三级沉积层序（图11），在其中有不同尺度的米级高频旋回。

在此概念中F底部侵蚀不整合被解释为一个层序的边界（Posamentier等，1988），在这种情况下，基于水流的理解，它包括始新—渐新统的边界。CGF的连续沉积以及PWF中石英质和异粒硅质碎屑富集段代表海侵体系域早期具有淡水、温水和亚热带的特征，且最大海泛面位于一套冷水、凝缩的且富含化石的泥岩处（Myers和Milton，1996）。漂砾岩组成了大部分的PWF，其为在更冷水体中的高位体系域沉积，顶部碎屑石英砂含量的增加反映其向上变浅。上部层序边界的特点是相的显著变化及上渐新统上部碳酸盐岩地层单元中高能沉积物的存在。

两个次级盆地在层序地层方面的主要差别可能是由于局部构造造成的，使得Willunga层序持续保持浅水、高能的环境，而Noarlunga层序为静水或深水沉积环境。另外，相比Noarlunga沉积序列，Willunga层序可能代表更远端或河口湾外部的沉积，Noarlunga海湾被解释为薄的底部水下沙丘沉积且海泛面处存在更多泥，部分人支持这一认识。

（三）与始新统对比

两个海湾的关于PWF的文献允许我们重新审视圣文森特盆地东缘始新—渐新统沉积序列，我们的解释与前人相比多少有些不同。这是因为虽然Noarlunga海湾的PWF主要由黏土砾岩和燧石组成，但是不同于Willunga海湾钙质沉积物研究得更深入；但在许多方面，中—晚始新世这两个地区存在惊人的相似。这一点在以前未曾认识到，部分或主要是因为相对Willunga海湾，Noarlunga海湾很少引起人们的关注。因为Willunga海湾PWF碳酸盐岩的富集特征，使二者之间的相似性导致它们的瞬时差异未被认识到，本次研究强调了二者的差异而不是相似性（McGowran等，2004）。

当把二者进行对比时（图12），较强的相似性表现在：①每个海湾的旋回底部均为一个不整合；②每个海湾底部均发育陆源石英砂岩（北Maslin砂岩相当于Chinaman Gully组）；Maslin砂岩的海湾特征属性已被Dyson（1998）明确记载；③二者上覆地层均发育海相潮汐生物碎屑砂（南Maslin砂岩和Tortachilla石灰岩=下Aldinga段）；④二者在地层底部附近均发育有温水生命元素的生物化石（Tortachilla石灰岩=下Aldinga段）；⑤二者在底部浅水相之上均发育有一套富泥的海绿石地层单元（Blanche Point组的Tuketja段=上Aldinga段的黏土岩）；⑥二者都发育有富海绵骨针的上燧石—碳酸盐岩—黏土段（Blanche Point组（Gullrock、Perkana、Tuit段）相当于Ruwarung段）。

尽管如此二者也存在组成和沉积样式的差异。厚层Maslins砂岩可能是长期古近纪风化和随后古河流搬运的大量泥沙进入并沉积于海湾系统中的结果。与此相反，相对较薄的Chinaman Gully组下Aldinga砂岩和黏土代表一个较短的风化期，因此堆积的物质较少且可能可容空间也较小。对南Maslin砂岩底部接触面的解释与Dyson（1998）的解释一致，是一个潮汐冲刷侵蚀面，类似于Aldinga段底部。Tortachilla石灰岩代表浅滨海面和潮汐沉积，与上Aldinga段沉积物成因不同，上Aldinga段有许多硬灰岩层（James和Bone，2000），可能是由于中始新世许多小型的海平面升降波动（White，2004）或小型构造事件造成的（Li等，2003）。这种海平面波动不会出现在早渐新世。Tortachilla组的底部接触面不被视为一个沉积间断面而是一种去钙化现象（James和Bone，2000）。Tuketja海绿石质黏土岩的底部是复杂的，具有可能是Tortachilla组顶部的重要界面（James和Bone，2000），其可能是一个冲刷侵蚀面。无论如何，其不可能是一个与海平面升降或者构造时间相关的不整合，而只是代表海相侵蚀。这一解释排除了将此事件与全球海平面升降模型联系到一起的必要（Haq和Al-Qahtani，2005），这种联系总是令人不安的（McGowran等，1997）。在修订的解释中，最大海泛面的范围可能在海绿石黏土层内，而不是在McGowran等（1997）与James和Bone（2000）推测的Perkana段。最后，虽然生物硅质泥岩和泥灰岩占据着沉积序列的上半部分，但其多少有些差异，与渐新世沉积物相比，始新世沉积物色暗、富含有机质且生物多样性减少，处于贫氧条件。这可能是大规模海洋过渡带的一部分，一般假定（Moss和McGowran，1993；McGowran等，1997），从晚始新世具有缓流循环分层的澳大利亚—南极海湾到早渐新世具有流动性通风的南大洋—Tasman入口（Kennett和Exon，2004）。

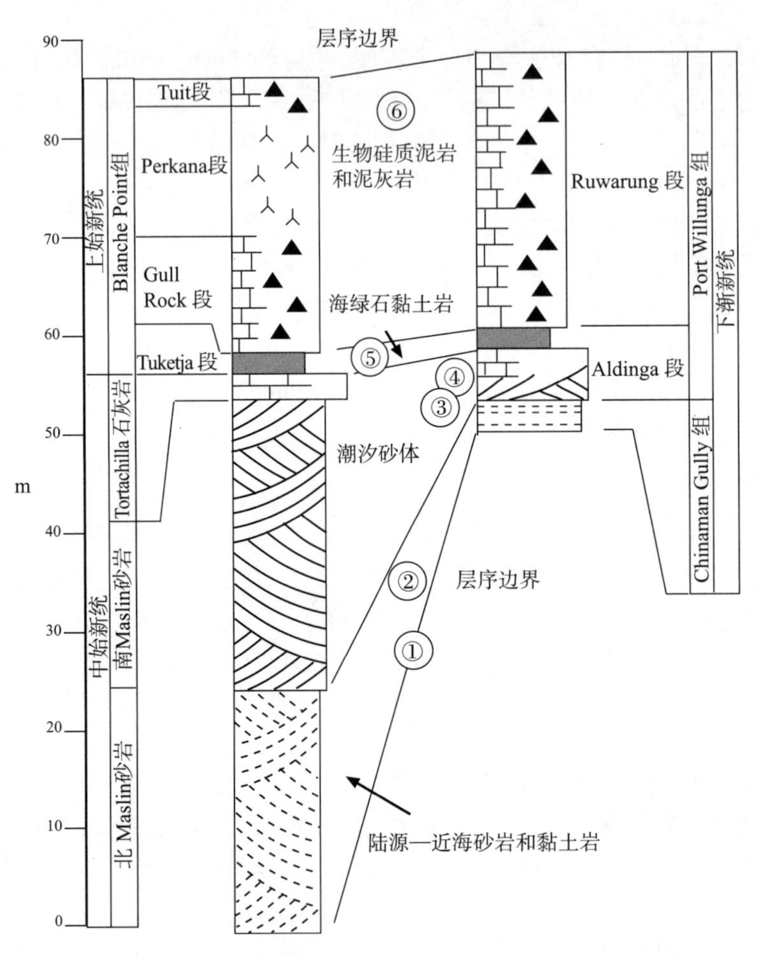

图12　沿着圣文森特盆地东侧的海湾中中—上始新统和下渐新统沉积序列的对比及解释

数字标记的层段和沉积单元在始新世和渐新世层序中比较类似

因此，始新统同样可以被视为一个独立的三级层序，该套地层岩性和组成的变化相对于整套地层由于构造、短期海平面波动和海洋环流的变化引起的地层变化而言是次级重要的，这意味着沿圣文森特盆地东侧的沉积序列为两个沉积层序，而不是四个（McGowran和Li，1997；McGowran等，2004）。两个层序的底部和顶部层序边界是通过海洋钻井平台获取的182航次深水岩心识别的（Li等，2003）。Tuketja段的底部边界是很难限制的，且Tuit段的底向海方向表现为缺失。此外，对于从中始新世—中渐新世持续8Ma的整套沉积序列的相似性要求存在一个下伏的长期活动的构造—沉积—古生物—海洋体系。在这种背景下McGowran等（2004）的观点是正确的：基于目前的理解，早渐新世是整个晚始新世沉积样式的最后一部分。

六、讨论

（一）介绍

研究发现中始新世—早渐新世两个海湾沿着圣文森特盆地东缘呈继承性发育，由具有类似属性的单一沉积相组成，这一认识有着重要的意义。首先，它使得两个同时代的渐新世河口体系能够进行比较。其次，它使得两个相互独立的沉积体系可以进行对比分析，从而揭示了全球变化中澳大利亚南缘演化的关键信息。

（二）早渐新世Port Willunga河口湾

1. 沉积体系

这两个早渐新世海湾是圣文森特盆地内一个更大的沉积体系的一部分。目前的理解是（Lindsay和Alley，1995；James和Bone，2000）盆地入口被袋鼠岛部分阻隔（Cooper和Lindsay，1978；Lindsay，1983；图1），盆地上及其周围有一系列的碳酸盐岩沙滩，这些沙滩多少能起到隔离盆地与新生南大洋的作用。盆地中心的沉积物具有开放海洋的特征（Lindsay和Alley，1995）。早渐新世陆地植被主要是以假山毛榉（南部山毛榉）为主的凉爽的温带雨林植物，发育广泛的沼泽（Benbow等，1995）。盆地北部的核心部位为煤层沉积及相关的河流相砂岩、湖相泥岩、海相泥质粉砂岩和海湾碳质粉砂岩（Lindsay和Alley，1995）。在南澳大利亚和维多利亚东部陆表海盆地的PWF为同时代的富泥浅海苔藓虫灰岩和粉砂屑灰岩，粉砂屑灰岩中局部富集燧石（James和Bone，1989；Li等，2000；Gallagher等，1999；Gallagher和Holdgate，2000）。澳大利亚南部尤克拉盆地西部和澳大利亚西部渐新统同样为一个广海、以苔藓虫为主的碳酸盐沉积，但硅质生物沉积物很少（James和Bone，1991，1994；Li等，1996）。

这两个海湾为洪泛海湾，表明海相沉积物充填原始的狭长海湾。海相沉积物中丰富的黏土成分主要通过悬浮输送到海湾和开放的海洋环境中。丰富的蒙脱石表明存在活跃的陆源化学风化，海侵发生在温暖的海洋水体中。在高位体系域时期海水是凉的，除了异常例外的有光线时，早渐新世南大洋整体为渐冰期。然而，沉积物以其旋回性和硅质岩富集为特征。

2. 半级旋回的成因和意义

Port Willunga组沉积物的米级旋回完全为潮下带沉积，没有地表暴露的证据。相似的旋回以米级尺度重复强烈暗示为冰川型海面升降形成的浅海沉积（Goldhammer等，1987，1989）。这种解释与早渐新世南极东部的大量冰川分布相一致（Zachos等，2001；Ivany等，2003）。在这些之中的第一个浅海“冰窖”形成的单一冰川型海平面变化，为新生代地质记录中的米级旋回。

尽管两个海湾存在沉积组成差异，但每个旋回具有相似的特征（图10）。其都是：①米级尺度；②被海生迹潜穴形成的硬壳或硬底所围限；③以苔藓虫、双壳贝类、海胆等表栖生物和底栖有孔虫富集为主；④向上具有由粗变细的旋回特征；⑤向上化石减少；⑥底部海绿石和石英很富集；⑦向上骨针和硅质岩逐渐富集。

Willunga和Noarlunga海湾的米级旋回对比（图10）表明二者处于不同的能量状态，Noarlunga海湾为低能量体系，没有混合其他不同环境的相带，使沉积聚集反映了沉积物微小的瞬时变化。潜穴发育的硬底作为旋回边界意味着可能是波浪冲刷导致沉降减少（James和Bone，1994），这是典型的冷水浅海碳酸盐岩环境的特征（James，1997）。

相带A指示河流相石英砂岩和黏土岩的输入，而丰富的海绿石意味着相对较低的堆积速率（Odin，1988）。多产的钙质大型生物群表明以表栖食悬浮物的生物为主，证实高温热带资源丰富，且存在一个繁盛的近地面浮游生物种群。然而，缺乏浮游有孔虫（McGowran等，1992；McGowran等，1997；McGowran和Li，1997）意味着环境压力，众多的硅藻和颗石藻表明营养很丰富（Haq，1998）。生物，特别是棘皮动物，进一步证实了正常开放的海洋条件（Jones和Desrochers，1992）。槽状交错层理，伴随着泥夹层和众多的珊瑚藻，指示Willunga海湾发生过潮汐流海底冲刷。相比之下，珊瑚的缺乏、砾岩中存在更多的黏土以及河床的缺乏，均表明Noarlunga海湾能量较低，存在更深的海底或更加浑浊和黑暗的水体。

相带B中的沉积物更偏泥，指示其环境能量较低且存在更多的陆源泥的注入。其缺乏石英砂岩且底栖生物群不太丰富。Noarlunga海湾的河床缺少支持着低水动力能这一观点。

在扫描电镜装置上鉴别出卵形藻和棒杆藻属两种硅藻。大多数卵形藻作为附生植物生活在浅海半咸水环境中，尤其是作为海草的附生植物（Eddsbagge，1968）；大部分棒杆藻也出现在沿着海岸的海洋半咸水环境中（Krammer和Lange Bertalot，1986—1991）。苔藓虫生物群的周期性出现反映了能量在每个旋回周期中是向上降低的，能量底部最高能的沉积物由直立苔藓虫的的小碎片组成（细胞状的、窗孔式的和叶状形式的），旋回中部以大的细胞状、叶片状苔藓虫样式为主，并且更直立，指示能量降低，除发育大的叶片状苔藓虫外，顶部的低能含泥沉积物中含有更少的苔藓虫，因此初步推测，苔藓虫的生物群落能够近似反映水体能量和泥质含量，这种相关关系与根据现代野外观察和岩石记录得出的认识是一致的（Nelson等，1998；Bone和James，1993）。片状苔藓虫不能很好地在高能环境中生活，但其能在特定的高能环境中生存下来，例如潮汐环境。细胞状苔藓虫在Willunga海湾的旋回上部特别普遍，主要保存在海水相中。这里的环境为泥岩—淤泥基底，与文献记录中描述的细胞状苔藓虫低能生态环境相一致（Lukasik等，2000）。这种关系也暗示着其为中—高的半自养环境（Hageman等，2003）。而且今天周边环境中生活的无数分指状中空生长样式的海绵（Hageman等，2003），进一步证实了海绵生物群落的繁盛。

在Noarlunga海湾相带B的环境不能满足多产的碳酸盐岩表栖生物的繁盛。相反生物群被限定为半内栖动物的锥螺科腹足类（非常类似于晚始新世）和更多的碳酸盐泥产物，玻璃海绵很丰富。环境限度相对较宽，锥螺科腹足类当今主要生活在正常海水盐度—比正常海水盐度稍低的环境中，通常水深在10～100m之间，且更适应15～20℃的有高营养流体注入的部位。大部分物种为固定的，并且为半内栖—内栖动物，生活在软的且有陆源碎屑的基底中（Allmon，1998）。Allmon和Knight（1993）与Allmon（1995）认为锥螺科化石也有类似的环境制约。而且许多锥螺科在海湾环境下随着盐度的增加而增加，但总体生物数量在减少（Wu和Richards，1981）。

每个旋回从高产的开阔海向上变为生物贫瘠的相带，表明许多生物容易受环境压力的影响（Holdgate和Schlager，1986；Brasier，1995），海侵体系域中近岸煤层的出现指示着潮湿环境并存在河川径流。在这种条件下最可能受到的影响是盐度的波动，Noarlunga海湾受到的影响明显更强。从那里流出的淡水似乎含有较高的悬浮载荷，这点被较多的黏土含量所证实并意味着更多的淡水总量。在这种解释中，Willunga海湾似乎淡水径流更少，因为自始至终它保留更多的海水。这一点被海绵生物群落进一步证明，在Noarlunga海湾海绵更发育。然而大多数海绵是海相的、广盐的生物，并且倾向于淡水环境（Rigby，1987）。另外一种观点是Noarlunga的环境为面积更广阔的河口湾，并且受淡水流出的影响。

旋回受冰川型海平面的驱动但其组成受局部因素控制，特别是气候的控制，因此被解释为当时的旋回水体向上更加淡化。在海平面上升期间，区域上为正常海水，但当海平面高位体系域和下降的河口湾循环时期将受淡水作用的影响较大。区域上可能变为半咸水的。然而这种条件在Noarlunga海湾有所扩大。在Willunga海湾旋回顶部无数苔藓虫的出现表明水体淡化在这里并不普遍。生物体不能忍受低盐度条件（Mckinney和Jackson，1989），活动潮汐流可能导致水柱充分的混合。

这样一种解释符合早始新世组合的沉积发生在缺氧条件下这种观点，而主要原因是淡水诱导的水体分层（McGowran和Beecroft，1986a；James和Bone，2000）。高营养水平和丰富的陆源有机质被输出到海洋底床，并进一步导致海底氧含量的降低。相比之下，早渐新世高位体系域时期，缺乏煤系沼泽（Holdgate和Clarke，2000）将会导致更少的有机质输入到此海湾，然而经过潮汐流的活动环流不仅更有利于海相生物的繁盛，而且促进水体的混合和营养的扩散。

3. *生物硅质沉积*

二氧化硅浓度是现代海洋硅质海绵养分的首要限制（Maldonado等，1999）。硅质海绵的增殖和这些沉积物中硅藻的丰度还仍然不清楚。目前公认的（Jones和Fitzgerald，1984，1986，1987）的硅化作用和BPF矿物学认为是火山灰早期蚀变的结果。提出玻屑在海水中极不稳定且容易蚀变，在水体中或海底底床正下方发生蒙皂石化、沸石化和蛋白石—方石英化。在火山灰呈间歇式下降和海底生物发生死亡分解期间，二氧化硅溶解度由于螯合配位而升高。目前沉积物中的玻屑或火山灰的缺乏意味着相当多的分解发生在水体中或发生在交付到沉积环境之前。因此，释放到海水中的二氧化硅帮助满足海绵生物繁殖发育的生命需求，而硅在沉积物蚀变过程中的释放导致早期的、间歇性的硅化。许多海绵骨针模暗示着骨针的溶解对硅化作用有贡献，但并不是很重要的影响。

这样的假设是很牵强的，并且站不住脚，对BPF的所有宏观和微观属性的描述同样可适用于PWF。这一时期维多利亚墨尔本西北部是一个遥远的小规模火山（Price等，2003），从而有了火山灰的潜在来源。不过，也有令人费解的矛盾：①丰富的燧石层中发育大化石，特别是锥螺科腹足类动物，如果火山灰存在会杀死底栖生物，它们本不应在那里发育；②在PWF中海绵骨针的增加和硅质岩发育强度之间存在明确的相关性；③在Willunga海湾的PWF目前没有出现贫氧条件必须在海底的现象；④层序下部没有燧石，即它是特定的相带，而如果火山在它原本不应该喷发的地方发生了喷发，除非有巨大的沉积速率差异且相带A快速堆积而相带B缓慢堆积。此外，如果火山灰为传输机制，那么在圣文森特盆地外的大部分早始新世和渐新世沉积物中燧石应该丰富，然而其仅仅在局部是这样（McGowran等，2004）。最后，生物硅质和燧石河口湾相至少在中—晚始新世沉积物中发育，向西约1500km跨入Eucla盆地（Gammon和James，2003；Clarke等，2003；Hou等，2006）。该火山灰与目前了解的都不一样，其为经风化作用而在局部提供陆源的二氧化硅来源似乎更为合理，可能类似于Gammon和James（2003）提出的认识。

在这一假设中淡水供应的二氧化硅（经径流和地下水渗流）为生物成因蛋白石提供硅，蛋白石在低氧条件下与地下高岭石发生反应形成斜发沸石和海绿石，反应过程中的循环硅再回到海水中。在这样一个模型中斜发沸石是最重要的，二氧化硅持续循环回到海水中有助于海绵生长。这种情况也在许多方面类似于英格兰南部始新世中期河口湾中海绿石富集的碎屑岩，在英格兰南部，海绵骨针和长石丰富，但现在这里存在石英质骨针假晶、周围被蛋白石—方石英微球晶体围绕的骨针模和斜发沸石（Huggett等，2005）。在这种情况下，火山灰的源明显减少，煤和古土壤的关系表明生物成因的二氧化硅、长石和黏土被陆源有机酸溶解。随后地下浅层碱度的增加（＜几百米深）被认为是由斜发沸石和蛋白石—方石英沉淀引发的。这些关系异乎寻常，但考虑到在澳大利亚南部的始新世和渐新世的沉积物中广泛发育的燧石、蛋白石—方石英和斜发沸石，以及与其有关的河口湾和煤，这三种相可能比迄今为止认识的更常见。不管怎样，不管过程如何，这些洪泛河口湾在晚始新世—早渐新世的8Ma间是有效的。

（三）晚始新世—早渐新世沉积

澳大利亚南部新生代沉积序列是由四个沉积阶段构成的（Quilty，1977；McGowran等，2004），此处的岩石描述将对应着第二个沉积阶段，晚始新世—早渐新世。这项研究表明，在圣文森特盆地内部的边缘沉积，第二阶段由两个以不整合为界的层序构成（Posamentier等，1988）。每一个层序记录了一个下切谷河口湾的洪泛，并将其转换为海洋内湾，但受规模很小但持续的淡水影响。在这种解释中Tuketja-Tuit和Aldinga海侵（McGowran，1989；McGowran等，1997）虽然与海平面上升有关，但不是冲刷作用面，并且与全球海平面事件不相关。这一结论是通过以下事实证明的：并没有令人信服的针对182航次岩心的说明（Li等，2003）。

在圣文森特盆地东部的古近系一直被视为南大洋地区一个理解新生代地史最好的、最重要的沉积序列（McGowran和Li，1997）。本研究发现，尽管主要海洋地理不断重新改造，对横跨始新—渐新统界线的盆缘古环境影响不大。海侵体系域的碎屑岩—碳酸盐岩和高位体系域的生物硅质岩—碳酸盐岩在始新世末期事件之前和之后都有出现。总体差异很小，正如长期以来的假定，与早渐新世南大洋环流的部分相关性使人更加振奋（Moss和McGowran，1993）。因此，虽然有生物灭绝和更替，如Prothero（1994）和Ivany等（2003）在其他地方得到的结论一样，沉积物中发育的生物群的主要变化发生在中—上始新统的界线处。

特别是（表1），中—晚始新世整个过程的沉积聚集发生在相对温暖的海洋水域。气候温暖、潮湿，伴生有煤沼和泥沼。海侵体系域相发育多样化的钙质生物，随着海平面上升和水体加深，钙质生物大幅减少。高位体系域相几乎完全为生物硅质岩，具有非常低的生物多样性。假定强分层水体之下为贫氧—缺氧环境，并具有陆源有机质的输出。沉积物显示了较少的周期性证据。

相反，在早渐新世沉积物开始聚集在暖水中（TST），但后来聚集在冷水中（HST）。海侵时期的气候很湿因此有助于煤沼发育。海侵体系域相发育多种钙质生物，除Noarlunga海湾外其余地区的海侵体系域生物与高位期的基本相同，在高位体系域时期旋回顶部的生物多样性较少意味着正常海水的良好循环。高位体系域相富集硅质生物组分。海底底床整体是富氧的，局部为贫氧。沉积物具有强旋回性。

这些差异不是很大，主要归因于气候变化和海洋冷却的相互作用。这些控制因素的协调作用引发强烈的始新世河口湾的水体分层和渐新世河口湾水体的充分混合。这些差异影响底栖生物群的样式，但不影响底栖生物群的组成及其沉积。这两个地区的营养注入量很高，这一点可以通过发育多种类型的珊瑚来反映。反过来，生物是特别敏感和微妙的。例如二氧化硅的存在、基底、淡水的注入以及潮汐动力条件都可以影响生物的生存。虽然南极冰川自中始新世开始出现（Birkenmajer等，2005），但大陆冰川在早渐新世的急剧增加可以通过在这些浅海沉积物中发育很好的旋回来证明。

七、冷水碳酸盐岩沉积体系的意义

整个显生宙发育持续的燧石—碳酸盐岩沉积组合（James和Bone，2000），其中碳酸盐岩中存在多种珊瑚并且为浅海环境形成，燧石在成因上起源于硅质碎屑（Pope和Steffen，2003；Beauchamp和Baud，2002）。然而许多这种沉积物明显与海洋上升流或极地环境有关，其他沉积物似乎远离或不受全球海洋的影响。本文的古沉积物归属为后一类。

跨过圣文森特盆地向西1500km的古近纪大陆架内部，上始新统—下渐新统冷水碳酸盐岩由粗细粒相间的硅质生物碎屑岩组成。（Clarke等，1996；Gammon等，2000；Clark等，2003；Hou等，2006）。当放置在一个更大的背景下，浅海钻井平台182航次的古近纪沉积物的浅水相岩心中不含燧石，而在更深的水中则含有，表明在斜坡—盆地的环境中少许的分层水域活跃着生物硅质沉积物（Feary等，2004）。因此，在这一时期，二氧化硅沉积物划分为深水相和滨线—河口湾相，清水碳酸盐岩相处于陆架之间。这支持二氧化硅为两种来源的观点，通过陆地和深水海洋而上涌，二者均随着海绵骨针和硅藻而矿化。

然而对古海湾层序进行的研究表明高位体系域为生物硅质。海侵体系域含有大量的底栖有孔虫，是层序中水体最温暖的部分，据推测如果海平面上升则反映了气候的改善并伴随南极冰体减少。令人意想不到的是在高位体系域中指示标志不足，在这里海洋环境也应该是较为温暖的，而组分指示了被局部照亮的海底，其被近正常盐度的水体覆盖且含有丰富的营养物质。水体在富氧和缺氧之间变化。

一个必然结论是，随着二氧化硅的增加，高位体系域环境是海洋—河口环境自身的产物。在这种情况下，长期的陆源风化和对河口湾二氧化硅限制的结果可能是因为河口水流运动的循环性，这将阻止硅和其他营养元素（N、P）逃离进入到开放的海洋。

在近岸环境中的碳酸盐岩地层历来被解释为来自于多泥的潮坪、沙滩和沙丘复合物（Scholle等，1983；James和Kendall，1992；Tucker和Wright，1990）。虽然这种沉积物可能占岩石记录的主导地位，这项研究表明其他的沉积环境也是可能的，至少在南澳大利亚古近系这段岩石记录中，在海洋的海湾中，与泛滥河口相关的冷水碳酸盐沉积是广泛存在的。其存在表明这种沉积环境并不是严格受限于碎屑岩沉积物。

河口沉积需要经海平面低位期的山谷河流侵蚀及随后的海平面上升和高位期的沉积（Zaitlin等，

1994）。在全球温水时期，当海平面波动较小且温水碳酸盐沉积广泛发育时，潮缘泥滩和海岸砂体广泛发育。然而在冰期，海平面大规模的振动下降形成极深的下切河谷，而温水碳酸盐岩被严格限制在近赤道环境发育，并且冷水碳酸盐岩发育更加普遍，在泛滥河口应该存在碳酸盐沉积。当然，需要说明的是，河流碎屑流没有那么大的抑制碳酸盐岩生产的能力，或者通过陆源沉积或淡水注入终止碳酸盐岩发育的能力。这种河口沉积可能是冰期冷水碳酸盐沉积物的特征。

表1　始新世与渐新世古海湾相性质对比

项目	中—晚始新世		早渐新世	
	TST	HST	TST	HST
海水	温暖	温暖	温暖	冷
海底	有氧的	弱氧—无氧的?	有氧的	有氧—弱氧的
旋回性	密集	差	差	好
气候	温暖潮湿	温暖潮湿	寒冷潮湿	寒冷潮湿
钙质生物群	丰富	受限制	丰富	丰富
硅质生物群	稀少	丰富	稀少	适中

八、总结与结论

（1）沿圣文森特盆地东侧下渐新统形成了一系列海湾，沉积环境被解释为泛滥河口。其中Noarlunga海湾和Willunga海湾在中—晚始新世和早渐新世的沉积序列具有相似性，表明这些河口湾为持续的沉积中心，与澳大利亚—南极湾存在类似的风格，澳大利亚—南极湾由温暖的环境演化为冷的新生南大洋。

（2）下渐新统Port Willunga组的沉积相由一系列石英砂、富黏土砂岩、泥岩及含丰富化石的角砾岩组成。生物构成主要为表栖苔藓虫、海扇属、海胆、底栖有孔虫和硅质海绵。丰富的生物组合表明总体为正常海水，从始至终均含有丰富的营养资源和较高的硅含量。

（3）Chinaman Gully组与Port Willunga组中的Aldinga段和Ruwarung段构成一个以不整合为边界的层序。Chinaman Gully组底部为陆源砂岩和泥岩，向上发育更多海相沉积物且被潮汐侵蚀面所削截，该侵蚀面被上部海洋潮汐砂体快速大幅覆盖，紧接着向上为开阔海石英质漂砾岩和黏土岩。这套海侵体系域的地层被厚层的高位体系域地层覆盖，该高位体系域地层由富含黏土的漂砾岩米级旋回组成，且石英砂在顶部明显富集，反映河流沉积的泥沙输入略有增加。

（4）早渐新世米级旋回反映了内源和异源控制的相互作用，具有相同的一般属性：①明显富集苔藓虫；②底部发育海绿石和石英砂岩；③含有的钙质化石数量向上减少；④含有的骨针和燧石比例向上增加。Willunga海湾的地层旋回中发育有槽状交错层理和珊瑚藻类，这意味着流体为活跃的牵引流且为明亮海底。相比之下，Noarlunga海湾的地层旋回中，有较少的底床形态，潜穴更发育，且含有更多的黏土和硅质岩，但没有珊瑚藻，这意味着有更多的陆源输入且为一个宁静、不太透光的海底。

（5）这两个海湾的始新世–渐新世沉积序列对比表明，二者之间的差异更多是由于局部气候和环流比海洋变化大造成的。南大洋的海洋演化在地质历史中的关键时期对相组成的影响很小，这意味着浅海生物群落已经在中始新世早期动物群的更替中被强烈地调节了。此外，一些沉积序列内推断的不整合不是由于全球海平面变化形成的，反而是系统内沉积力学的一部分。

（6）认识到横跨大部分澳大利亚南部边缘地区古近系的沉积序列对冷水碳酸盐岩记录的意义。在某些时候，这种既来自深部海洋又临近海岸线的沉积岩中有显著的燧石组成，而过渡相为多类碳酸盐岩。内相带为海绵生物硅质相和硅藻，认为其反映了气候湿润条件下的广泛风化作用，相当数量的二氧化硅和营养物质注入海控环境下的河口湾。

致谢

本项研究是由加拿大自然科学与工程研究委员会和澳大利亚研究委员会共同资助。感谢G.Braybrook、C.Kobernick和I.Malcolm在技术上的支持和A.Michels热情地帮忙确定硅藻。稿件在R.Dalrymple、D.Lehrmann、P.Pufahl和B.Saylor的修改下，质量获得大幅提高。

参考文献

Allmon, W.D., 1988, Ecology of Recent turritelline gastropods（Prosobranchia, Turitellidae）: current knowledge and paleontological implications: Palaios, v. 3, p. 259–284.

Allmon, W.D., and Knight, J.L., 1993, Paleontological significance of a turitelline gastropod–dominated layer in the Cretaceous of South Carolina: Journal of Paleontology, v. 67, p. 355–360.

Allmon, W.D., Spizuco, M.P., and Jones, D.S., 1995, Taphonomy and paleoenvironment of two turitellid gastropod–rich beds, Pliocene of Florida: Lethaia, v. 28, p. 75–84.

Beauchamp, B., and Baud, A., 2002, Growth and demise of Permian biogenic chert along northwest Pangea: evidence for end–Permian collapse of thermohaline circulation: Palaeogeography, Palaeoclimatology, Palaeoecology, v. 184, p. 37–63.

Benbow, M.C., Alley, N.F., Callen, R.A., and Greenwood, D.R., 1995, Geology and Palaeoclimate, *in* Drexel, J.F., and Preiss, W.V., eds., The Geology of South Australia, vol. 2, The Phanerozoic: Geological Survey of South Australia, Bulletin 54, p. 208–217.

Berggren, W.A., and Prothero, D.R., 1992, Eocene–Oligocene climatic and biotic evolution, *in* Prothero, D.R., and Berggren, W.A., eds., Eocene–Oligocene Climatic and Biotic Evolution: Princeton, New Jersey, Princeton University Press, p. 1–28.

Birkenmajer, K., Gazdzicki, A., Krajewski, K.P., Przbycin, A., Solecki, A., Tatur, A., and Yoon, H.I., 2005, First glaciers in west Antarctica: Polish Polar Research, v. 26, p. 3–12.

Bone, Y., and James, N.P., 1993, Bryozoans as carbonate sediment producers on the cool–water Lacepede Shelf, southern Australia: Sedimentary Geology, v. 86, p. 247–271.

Boreen, T., James, N.P., Heggie, D., and Wilson, C., 1993, Surficial coolwater carbonate sediments on the Otway continental margin, southeastern Australia: Marine Geology, v. 112, p. 35–56.

Brasier, M.D., 1995, Fossil indicators of nutrient levels. 2. Evolution and extinction in relation to oligotrophy, *in* Bosence, D.W.J., and Allison, P.A., eds., Marine Paleoenvironmental Analysis from Fossils: Geological Society of London, Special Publication 83, p. 133–150.

Clarke, J.D.A., Bone, Y., and James N.P., 1996, Cool–water carbonates in an Eocene tide–dominated paleoestuary, Norseman Formation, Western Australia: Sedimentary Geology, v. 10, p. 213–226.

Clarke, J.D.A., Gammon, P.R., Hou, B., and Gallagher, S.J., 2003, Middle to Upper Eocene stratigraphic nomenclature and deposition in the Eucla Basin: Australian Journal of Earth Sciences, v. 50, p. 231–248.

Cook, P.L., 1966, Some ‘sand fauna’ Polyzoa（Bryozoa）from eastern Africa and the northern Indian Ocean: Cahiers de Biologie Marine, v. 7, p. 207–223.

Cooper, B.J., 1979, Eocene to Miocene stratigraphy of the Willunga Embayment: Geological Survey of South Australia, Reports of Investigation, no. 50, 101 p.

Cooper, B.J., 1985, The Cainozoic St. Vincent Basin—tectonics, structure, stratigraphy, *in* Lindsay, J.M., ed., Stratigraphy, Palaeontology, Malacology; Papers in Honour of Dr. Nell Ludbrook: South Australia Department of Mines and Energy, Special Publication 5, p. 35–51.

Cooper, B.J., and Lindsay, J.M., 1978, Marine entrance to the Cenozoic St. Vincent Basin: Geological Survey of South Australia, Quarterly Notes, v. 67, p. 4–6.

Dalrymple, R.W., 1992, Tidal Depositional Systems, *in* Walker, R.G., and James, N.P., eds., Facies Models: St. John’s, Geological

Association of Canada, p. 195–218.

Dalrymple, R.W., and Rhodes, R.N., 1995, Estuarine dunes and bars, *in* Perillo, G.M.E., ed., Geomorphology and Sedimentology of Estuaries: Amsterdam, Elsevier, Developments in Sedimentology 53, p. 359–422.

Dalrymple, R.W., Zaitlin, B.A., and Boyd, R., 1992, Estuarine facies models: conceptual basis and stratigraphic implications: Journal of Sedimentary Petrology, v. 62, p. 1130–1146.

Dickson, J.A.D., 1966, Carbonate identification and genesis as revealed by staining: Journal of Sedimentary Petrology, v. 36, p. 491–505.

Dyson, I.A., 1998, Estuarine facies of the North Maslin Sand and South Maslin Sand, Maslin Beach: MESA Journal, v. 11, p. 42–46.

Eddsbagge, H., 1968, Some problems in the relationship between diatoms and seaweeds: Botanica Marina, v. 11, p. 64–67.

Fairbain, B., 1998, The Willunga Embayment—a stratigraphic revision: MESA Journal, v. 11, p. 35–41.

Fairbain, B., 2000, Cainozoic stratigraphy of the Noarlunga Embayment: MESA Journal, v. 18, p. 42–47.

Feary, D.A., Hine, A.C., James, N.P., and Malone, M.J., 2004, Leg 182 synthesis: exposed secrets of the Great Australian Bight, *in* Hine, A.C., Feary D.A., and Malone, M.J., eds., Proceedings of the Ocean Drilling Program, Scientific Results, v. 182, College Station, Texas, p. 1–30.

Gallagher, S.J., and Holdgate, G., 2000, The paleogeographic and paleoenvironmental evolution of a Paleogene mixed carbonate–siliciclastic cool–water succession in the Otway Basin, southeast Australia: Paleogeography, Paleoclimatology, Paleoecology, v. 156, p. 19–50.

Gallagher, S.J., Jonasson, K., and Holdgate, G.R., 1999, Foraminiferal biofacies and paleoenvironmental evolution of an Oligo–Miocene cool–water carbonate succession in the Otway basin, southeast Australia: Journal of Micropaleontology, v. 18, p. 143–168.

Gammon, P.R., and James, N.P., 2003, Paleoenvironmental controls on Upper Eocene biosiliceous neritic sediments, southern Australia: Journal of Sedimentary Research, v. 73, p. 957–972.

Gammon, P.R., James, N.P., Bone, Y., and Clarke, J.D.A., 2000, Sedimentology and lithostratigraphy of a late Eocene sponge–dominated sequence, southern Western Australia: Australian Journal of Earth Sciences, v. 47, p. 1067–1105.

Glaessner, M.F., 1951, Three foraminiferal zones in the Tertiary of Australia: Geological Magazine, v. 88, p. 273–283.

Goldhammer, R.K., Dunn, P.A., and Hardie, L.A., 1987, High frequency glacio–eustatic sea level oscillation with Milankovitch characteristics recorded in Middle Triassic platform carbonates in northern Italy: American Journal of Science, v. 287, p. 853–892.

Goldhammer, R.K., Dunn, P.A., and Hardie, L.A., 1989, Depositiona cycles, composite sea–level changes, cycle stacking patterns, and the hierarchy of stratigraphic forcing: examples from Alpine Triassic platform carbonates: Geological Society of America, Bulletin, v. 102, p. 535–562.

Hageman, S.J., Lukasik, J., McGowran, B., and Bone, Y., 2003, Paleoenvironmental significance of(Bryozoa) from Modern and Tertiary coolwater carbonates of Southern Australia: Palaios, v. 18, p. 510–527.

Hallock, P., and Glenn, E.C., 1986, Larger foraminifera: a tool for paleoenvironmental analysis of Cenozoic carbonate depositional facies: Palaios, v. 1, p. 55–64.

Hallock, P., and Schlager, W., 1986, Nutrient excess and the demise of coral reefs: Palaios, v. 1, p. 389–398.

Haq, B.U., 1998, Calcareous nannoplankton, *in* Haq, B.U., and Boersma, A., eds, Introduction to Marine Micropaleontology: Singapore, Elsevier, p. 79–108.

Haq, B.U., and Al–Qahtani, A.M., 2005, Phanerozoic cycles of sea–level change on the Arabian Platform: Geo Arabia, v. 10, p. 127–160.

Holdgate, G., and Clarke, J.D.A., 2000, A review of Tertiary brown coal deposits in Australia—their depositional factors and eustatic correlations: American Association of Petroleum Geologists, Bulletin, v. 84, p. 1129–1151.

Hou, B., Alley, N.F., Frakes, L.A., Stoian, L., and Cowley, W.M., 2006, Eocene stratigraphic succession in the Eucla Basin of South Australia and correlation to major regional sea–level events: Sedimentary Geology, v. 183, p. 297–319.

Huggett, J.M., Gale, A.S., and Wray, D.S., 2005, Diagenetic clinoptilolite and opal–CT from the middle Eocene Wittering Formation, Isle of White, U.K.: Journal of Sedimentary Research, v. 75, p. 585–595.

Ivany, L.C., Nesbitt, E.A., and Prothero, D.R., 2003, The marine Eocene– Oligocene transition: a synthesis, *in* Prothero, D.R., Ivany, L.C., and Nesbitt, E.A., eds., From Greenhouse to Icehouse; The Marine Eocene–Oligocene Transition: New York, Columbia University Press, p. 522–534.

James, N.P., 1997, The cool–water carbonate depositional realm, *in* James N.P., and Clarke, J.A.D., eds., Cool–Water

Carbonates: SEPM, Special. Publication 56, p. 1–22.

James, N.P., and Bone, Y., 1989, Petrogenesis of Cenozoic, temperate water calcarenites, South Australia: a model for meteoric/ shallow burial diagenesis of shallow water calcite sediments: Journal of Sedimentary Petrology, v. 59, p. 191–203.

James, N.P., and Bone, Y., 1991, Origin of a cool–water, Oligo–Miocene deep shelf limestone, Eucla Platform, Southern Australia: Sedimentology, v. 38, p. 323–341.

James, N.P., and Bone, Y., 1994, Paleoecology of cool–water, subtidal cycles in mid–Cenozoic limestones, Eucla platform, Southern Australia: Palaios, v. 9, p. 457–476.

James, N.P., and Bone, Y., 2000, Eocene cool–water carbonate and biosiliceous sedimentation dynamics, St. Vincent Basin, South Australia: Sedimentology, v. 47, p. 761–786.

James, N.P., and Kendall, A.C., 1992, Introduction to carbonate and evaporite facies models, *in* Walker, R.G., and James, N.P., eds., Facies Models: St. John's, Geological Association of Canada, p. 265–276.

James, N.P., Bone, Y., von der Borch, C.C., and Gostin, V.A., 1992, Modern carbonate and terrigenous clastic sediments on a cool water, high energy, mid–latitude shelf: Lacepede, Southern Australia: Sedimentology, v. 39, p. 877–903.

James, N.P., Boreen, T.D., Bone, Y., and Feary, D.A., 1994, Holocene carbonate sedimentation on the West Eucla Shelf, Great Australian Bight: a shaved shelf: Sedimentary Geology, v. 90, p. 161–177.

James, N.P., Bone, Y., Hageman S., Gostin, V.A., and Feary, D.A., 1997, Cool–water carbonate sedimentation during the Terminal Quaternary, high–amplitude, sea–level cycle: Lincoln Shelf, Southern Australia, *in* James N.P., and Clarke, J.A.D., eds., Cool–Water Carbonates: SEPM, Special Publication 56, p. 53–76.

James, N.P., Bone, Y., Collins, L.B., and Kyser, T.K., 2001, Surficial sediments of the Great Australian Bight: facies dynamics and oceanography on a vast cool–water carbonate shelf: Journal of Sedimentary Research, v. 71, p. 549–568.

Jones, B., and Desrochers, A., 1992, Shallow platform carbonates, *in* Walker, R.G., and James, N.P., eds., Facies Models: St. John's, Newfoundland, Geological Association of Canada, p. 277–302.

Jones, J.B., and Fitzgerald, M.J., 1984, Extensive volcanism associated with the separation of Australia and Antarctica: Science, v. 226, p. 346–348.

Jones, J.B., and Fitzgerald, M.J., 1986, Silica–rich layering at Blanche Point, South Australia: Australian Journal of earth Sciences, v. 33, p. 529–551.

Jones, J.B., and Fitzgerald, M.J., 1987, An unusual and characteristic sedimentary mineral suite associated with the evolution of passive margins: Sedimentary Geology, v. 52, p. 45–63.

Kennett, J.P., and Exon, N.F., 2004, Paleoceanographic evolution of the Tasmanian Seaway and its climatic implications, *in* Exon, N., Kennett, J., and Malone, M., eds., The Cenozoic Southern Ocean; Tectonics, Sedimentation, and Climate Change between Australia and Antarctica: American Geophysical Union, Geophysical Monograph 151, p. 345–367.

Kidwell, S.M., 1991, Chapter 5, The stratigraphy of shell concentrations, *in* Allison, P.A., and Briggs, D.E.G., eds., Taphonomy: New York, Plenum Press, p. 212–290.

Krammer, K., and Lange–Bertalot, H., 1986–1991, S wasserflora von Mitteleuropa, Bacillariophyceae.—2/1: Naviculaceae, 1–876; 2/2: Bacillariaceae, Epithmiaceae, Surirellaceae, 1–596; 2/3: Centrales, Fragilariaceae, Eunotiaceae, 1–576; 2/4: Achnanthaceae: Stuttgart, Springer–Verlag, p. 1–437.

Li, G., James, N.P., Bone, Y., and McGowran, B., 1996, Foraminiferal biostratigraphy and depositional environments of the Mid–Cenozoic Abrakurrie Limestone, Eucla Basin, Southern Australia: Australian Journal of Earth Sciences, v. 43, p. 437–450.

Li, Q., McGowran, B.N., and White, M.R., 2000, Sequences and biofacies packages in the mid–Cenozoic Gambier Limestone, South Australia: reappraisal of foraminiferal evidence: Australian Journal of Earth Sciences, v. 47, p. 955–970.

Li, Q., James, N.P., and McGowran, B., 2003, Middle and Late Eocene Great Australian Bight lithobiostratigraphy and stepwise evolution of the southern Australian continental margin: Australian Journal of Earth Sciences, v. 50, p. 113–128.

Lindsay, J.M., 1967, Foraminifera and stratigraphy of the type section of Port Willunga Beds, Aldinga Bay, South Australia: Royal Society of South Australia, Transactions, v. 91, p. 93–109.

Lindsay, J.M., 1981, Tertiary Stratigraphy and Foraminifera of the Adelaide City Area, St. Vincent Basin, South Australia: Unpublished M.Sc. thesis, The University of Adelaide, 781 p.

Lindsay, J.M., 1983, Late Eocene to Late Oligocene age of the Kingscote Limestone, Kangaroo Island, S.A, Royal Society of South Australia, Transactions, v. 107, p. 127–128.

Lindsay, J.M., 1985, Aspects of South Australian Tertiary foraminiferal biostratigraphy, with emphasis on studies of *Massilina* and *Subbotina*, *in* Lindsay, J.M., ed., Stratigraphy, Palaeontology, Malacology; Papers in Honour of Dr. Nell Ludbrook: South Australia Department of Mines and Energy, Special Publication 5, p. 187–232.

Lindsay, J.M., and Alley, N.F., 1995, St. Vincent Basin, *in* Drexel, J.F., and Preiss, W.V., eds., The Geology of South Australia: Geological Survey of South Australia, Bulletin 54, p. 163–177.

Lindsay, J.M., and McGowran, B., 1986, Eocene/Oligocene boundary, Adelaide region, South Australia, *in* Pomeral, C., and Premoli–Silva, I., eds., Terminal Eocene Events: New York, Elsevier, p. 165–173.

Lukasik, J.J., James, N.P., McGowran, B., and Bone, Y., 2000, An epeiric ramp: Low–energy, cool–water carbonate facies in a Tertiary inland sea, Murray Basin, South Australia: Sedimentology, v. 47, p. 851–882.

Lowry, D.C., 1970, Geology of the Western Australian part of the Eucla Basin: Geological Survey of Western Australia, Bulletin 122, 199 p.

Maldonado, M., Carmona, M.C., Uriz, M., and Cruzado, A., 1999, Decline in Mesozoic reef–building sponges explained by silicon limitation: Nature, v. 401, p. 785–788.

McGowran, B., 1987, Late Eocene perturbations: foraminiferal biofacies and evolutionary overturn, southern Australia: Paleoceanography, v. 2, p. 715–727.

McGowran, B., 1989, The later Eocene transgressions in southern Australia: Alcheringa, v. 13, p. 45–68.

McGowran, B., 1990, Fifty million years ago: American Scientist, v. 78, p. 30–39.

McGowran, B., and Beecroft, A., 1985, *Guembelitria* in the Early Tertiary of southern Australia and its paleoceanographic significance, *in* Lindsay, J.M. ed., Stratigraphy, Palaeontology, Malacology; Papers in Honour of Dr. Nell Ludbrook: South Australia Department of Mines and Energy, Special Publication 5, p. 247–262.

McGowran, B., and Beecroft, A., 1986a, Foraminiferal biofacies in a silica–rich neritic sediment, Late Eocene, South Australia: Paleogeography, Paleoclimatology, Paleoecology, v. 52, p. 321–345.

McGowran, B., and Beecroft, A., 1986b, Neritic southern extratropical foraminifera and the terminal Eocene Event: Paleogeography, Paleoclimatology, Paleoecology, v. 55, p. 23–34.

McGowran, B., and Li, Q., 1997, Stratigraphic Excursion to Maslin and Aldinga Bays: University of Adelaide, 41p.

McGowran, B., Moss, G., and Beecroft, A., 1992, Late Eocene and Early Oligocene in Southern Australia: Local neritic signals of global oceanic changes, *in* Prothero, D.R., and Berggren, W.A., eds., Eocene– Oligocene Climatic and Biotic Evolution: Princeton, New Jersey, Princeton University Press, p. 160–177.

McGowran, B., Li, Q., and Moss, G., 1997, The Cenozoic neritic record in southern Australia: the biogeohistorical framework, *in* James N.P., and Clarke, J.A.D., eds., Cool–Water Carbonates: SEPM, Special Publication 56, p. 185–204.

McGowran, B., Holdgate, G.R., Li, Q., and Gallagher, S.J., 2004, Cenozoic stratigraphic succession in southeastern Australia: Australian Journal of Earth Sciences, v. 51, p. 459–496.

McKinney, F.K., and Jackson, J.B.C., 1989, Bryozoan Evolution: Boston, Unwin Hyman, 238 p.

Moss, G.D., and McGowran, B., 1993, Foraminiferal turnover in neritic environments: the end–Eocene and mid–Oligocene events in southern Australia, *in* Jell, P.A., ed., Palaeontological Studies in Honour of Ken Campbell: Association of Australasian Paleontologists, Memoir 15, p. 407–416.

Mutti, M., and Hallock, P., 2003, Carbonate systems along nutrient and temperature gradients: some sedimentological and geochemical constraints: International Journal of Earth Sciences, v. 92, p. 465–475.

Myers, K.J., and Milton, N.J., 1996, Concepts and principles of sequence stratigraphy, *in* Emery, D., and Myers, K.J., eds., Sequence Stratigraphy: Oxford, U.K., Blackwell Scientific Publications, p. 11–44.

Nelson, C.S., and James, N.P., 2000, Marine cements in mid–Tertiary, coolwater, shelf limestone of New Zealand and Australia: Sedimentology, v. 47, p. 609–630.

Nelson, C.S., Hyden, F.M., Keane, S.L., Leask, W.L., and Gordon, D.P., 1988, Application of bryozoan zooarial growth–form studies in facies analysis of non–tropical carbonate deposits in New Zealand: Sedimentary Geology, v. 60, p. 301–322.

Odin, G.S., 1988, Green Marine Clays: Oolitic Ironstone Facies, Verdine Facies, Glaucony Facies and Celadonite–Bearing Facies —A Comparative Study: Amsterdam, Elsevier, Developments in Sedimentology, v. 45, 445 p.

Pope, M.C., and Steffen, J.B., 2003, Widespread, prolonged late Middle to Late Ordovician upwelling in North America: A proxy record of glaciation?, Geology, v. 31, p. 63–66.

Posamentier, H.W., Jervey, M.T., and Vail, P.R., 1988, Eustatic controls on clastic deposition; I, conceptual framework, *in* Wilgus, C.K., Hastings, B.S., Kendall, C.G.St.C., Posamentier, H.W., Ross C.A., and Van Wagoner, J.C., eds., Sea Level Changes: An

Integrated Approach: SEPM, Special Publication 42, p. 110–124.

Price, R.C., Nicholls, I.A., and Gray, C.M., 2003, Cenozoic igneous activity, *in* Birch, W.D., ed., Geology of Victoria: Geological Society of Australia, Special Publication 23, p. 361–375.

Pritchard, D.W., 1967, What is an estuary? Physical viewpoint, *in* Lauff, G.H., ed., Estuaries: American Association for the Advancement of Science, Publication 83, p. 3–5.

Prothero, D.R., 1994, The Eocene–Oligocene Transition; Paradise Lost: New York, Columbia University Press, 568 p.

Quilty, P.G., 1977, Cenozoic sedimentation cycles in Western Australia, Geology, v. 5, p. 336–340.

Reading, H.G., and Collinson, J.D., 1996, Clastic coasts, *in* Reading, H.G., ed., Sedimentary Environments; Processes, Facies and Stratigraphy: Oxford, U.K., Blackwell Scientific, p. 154–231.

Reinson, G.E., 1992, Transgressive barrier island and estuarine systems, *in* Walker, R.G., and James, N.P., eds., Facies Models: St. John's, Geologica Association of Canada, p. 179–194.

Reynolds, M.A., 1953, The Cainozoic succession of Maslins and Aldinga Bays, South Australia: Royal Society of South Australia, Transactions, v. 76, p. 114–140.

Rigby, J.K., 1987, Phylum Porifera, *in* Boardman, R.S., Cheetham, A.H., and Rowell, A.J., eds., Fossil Invertebrates: Oxford, U.K., Blackwell Scientific Publications, p. 116–139.

Scholle, P.A., Bebout, D.G., and Moore, C.H., 1983, Carbonate Depositional Environments: American Association of Petroleum Geologists, Memoir 33, 708 p.

Tate, R., 1878, Notes on the correlation of the coral–bearing strata of South Australia, with a list of the fossil corals occurring in the Colony: Philosophical Society of Adelaide, Transactions for 1877–78, p. 120–123.

Tucker, M.E., 1988, Techniques in Sedimentology: Palo Alto, CA, Blackwell Scientific Publications, 394 p.

Tucker, M.E., and Wright, V.P., 1990, Carbonate Sedimentology: Oxford, U.K., Blackwell Scientific Publications, 482 p.

Wass, R.E., Connelly, J.R., and Macintyre, J., 1970, Bryozoan carbonate sand continuous along southern Australia, Marine Geology, v. 9, p. 6373.

White, T.S., 2004, A chemostratigraphic and geochemical facies analysis of strata deposited in an Eocene Australo–Antarctic seaway: is a cyclicity evidence for glacioeustasy?, *in* Exon, N., Kennett, J., and Malone, M., eds., The Cenozoic Southern Ocean: Tectonics, Sedimentation, and Climate Change between Australia and Antarctica: American Geophysical Union, Geophysical Monograph 151, p. 153–172.

Wray, J.L., 1977, Calcareous Algae: Amsterdam, Elsevier Publishing Company, 185 p.

Wu, R.S.S., and Richards, J., 1981, Variations in benthic community structure in a sub–tropical estuary: Marine Biology, v. 64, p. 191–198.

Zachos, J.C., Pagani, M., Sloan, L., Thomas, E., and Billups, K., 2001, Trends, rhythms, and aberrations in global climate 65 Ma to present, Science, v. 292, p. 686–693.

Zaitlin, B.A., Dalrymple, R.W., and Boyd, R., 1994, The stratigraphic organization of incised–valley systems associated with relative sealevel changes, *in* Dalrymple, R.W., Boyd, R., and Zaitlin, B.A., eds., Incised–Valley Systems: Origin and Sedimentary Sequences: SEPM, Special Publication 51, p. 45–62.

在全球区域控制背景下古特提斯海周缘地区上土伦阶厚壳蛤生物灰岩沉积类型及岩相演化

Gabriele Carannante[1] Antonietta Cherchi[2] Roberto Graziano[1] Daniela Ruberti[3] Lucia Simone[1]

（1. 那波利费德星克二世大学地球科学学院；2. 卡利亚里大学地球科学学院；

3. 那波利第二大学环境科学学院）

摘要：撒丁岛（特提斯北部边缘）西北部Nurra地区、亚平宁山脉中南部和阿普利亚地区（中央特提斯域）上土伦阶（上白垩统）厚克蛤生物灰岩记录了中白垩世危机事件之后形成的碳酸盐岩台地的相关变化特征，这一事件影响了环特提斯域和世界其他地区。

由于双壳类在浅水环境中比较繁盛且在晚白垩世末期的碳酸盐工厂中占主导地位，厚壳蛤双壳类为本区主要的岩性单元，其形成、演化和死亡似乎都受复杂环境过程相互作用的控制。这种作用在全球范围内，极大地改变了早白垩世水圈—大气圈系统，并使古特提斯沉积体系改变其结构、内部建造和相类型。因此，在这里形成的广阔开放陆架最终发展演化成具有普遍碳酸盐固化模式的有孔虫工厂。

本文中，提出了地中海特提斯地区厚壳蛤碳酸盐岩台地显著的区域变化的证据。浅水相的结果分析表明，尽管许多地层具有相似性并具有常见的沉积学特征，然而在特提斯海边缘的北部和特提斯海岸中部存在一些显著的差异，并以此作为区域划分的主要古生态控制因素。这导致撒丁岛（特提斯北部边缘）和亚平宁—阿普利亚（中央特提斯域）地区分别发育红藻连续沉积和富含厚壳蛤的有孔虫相。这种晚白垩世碳酸盐岩沉积体系可以被视为与海洋领域环境条件的全球变化记录有密切一致性的地质产物。尽管如此，在不同的特提斯区域的相带划分差异主要依据纬度梯度，其被解释为主要受局部古海洋与古气候条件变化的驱动。

中白垩世急剧的环境变化影响着特提斯碳酸盐工厂（Masse, 1989; Schlager和Philip, 1990; Simo等，1993），此时浅水域被迫改变沉积物的生产模式、沉积样式及内部沉积建造。这些变化是由大气圈—水圈系统复杂的演化导致的，其演化是由地球动力学过程引发的（Masse，1989；Schlager和Philip，1990；Simo等，1993）。中白垩世（阿普特期—土伦期）地球动力学的异常活动，导致晚中生代初期持续的火山活动、海底扩张抬升及古地理和古海洋的变化。这些变化与相关地质事件是一致的：生物群落的周期变化（Masse，1989；Harries和Little，1999）、海洋缺氧事件（DAES；Arthur等，1990）、最大热作用导致的幕式温室作用和地球化学旋回的重大破坏（Veizer等，1999；Hansen和Wallmann，2003）。

值得一提的是，土伦期被认为是自白垩纪开始地球气候温度最高的时期（Clarke和Jenkyns，1999），也可以通过二氧化碳最大峰值的标记来证实（Hansen和Wallmann，2003）。已假定上述环境变化结束了晚阿尔布期—塞诺曼期富厚壳蛤类且以文石为主的绿藻动物工厂，变为早—中土伦期微生物模式，以适应超温室效应（Graziano等，2007）。整体上，强烈的中白垩世海相火山活动和相应的热液流体可能导致海洋的营养结构变化，从而发育了相关的初级产物和有利于异养生物、R模式暂时性的滤食性生物。早—中土伦期的一个主要事件（Frakes，1999），包括中白垩世的变化，代表了自晚土伦期不断发展的浅水工厂的重要时期，那时厚壳蛤类在自岩成因分类上起了重要的作用。在特提斯海，上土仑阶碳酸盐岩台地起初似乎是由不同古海洋地形和古气候过程的复杂相互作用控制的（Graziano等，2007）。

来自地中海周缘区域的上土伦阶—下坎潘阶（Campanian）浅水石灰岩记录了相关碳酸盐岩台地相对于下—中白垩统台地的重要变化（Philip，1982，1993；Gusic和Jelaska，1990；Gili，1993；Gili等，1995a，1995b，2003；Skelton等，1995；Carannante等，1995，1997，1999；Moro，1997；Steuber，2002；Skelton，2003a；Philip和Gari，2005）。上土伦阶碳酸盐岩沉积体系的演化伴随着局部淹没事件的整体海侵。相比之下，沉积体系的前积作用是晚坎潘期—马斯特里赫特期的特征（Carannante等，1999）。

本文的主要目的是描述地中海周缘上土伦阶碳酸盐岩沉积序列的沉积特征和古环境特征（图1）。它反映了水体明显的环境变化，推测是可能的相对于局部全球作用导致沉积系统中的主要变化。在先前的文章中，Carannante和Simone（1987）与Carannante等（1997，1999）阐明了撒丁岛（特提斯区域北部）和中—南亚平宁山脉—阿普利亚区（特提斯区域中部）露头沉积层序的演化趋势中相的相似性。但是作者在那里仍然发现了晚白垩世沉积体系主要特征中的关键性差异。

本文中地中海特提斯厚壳蛤类碳酸盐岩台地主要特征中的总体变化因素是通过区域观点来分析的，目的是得到演化的全球古环境格架中的局部可能控制因素。

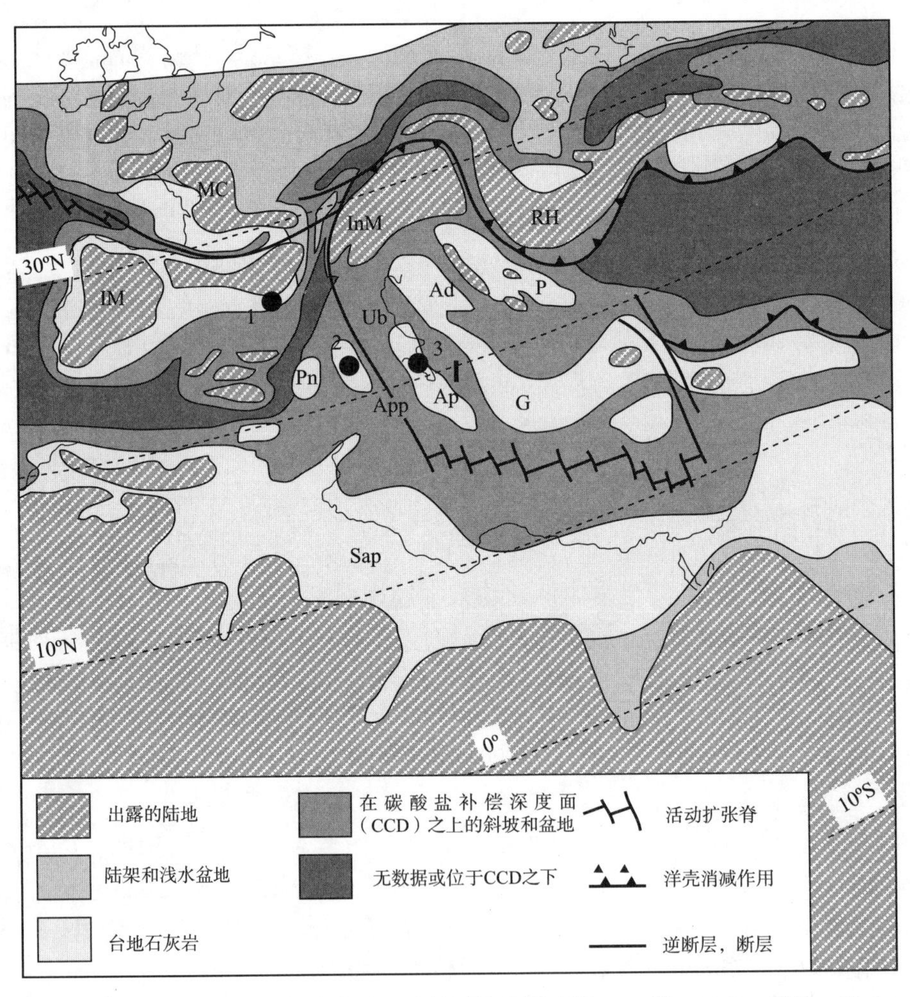

图1 特提斯西部晚塞诺曼期古地理和碳酸盐岩台地—盆地过渡位置（据Philip等，2000，修改；Skelton，2003b，修改）

1—Nurra碳酸盐岩台地（撒拉丁岛北西部）；2—亚平宁碳酸盐岩台地；3—阿普利亚碳酸盐岩台地。Ad—Adriatic-Dinaric台地；Ap—阿普利亚区台地；App—亚平宁台地；G—Gavrovo台地；I—Ionian盆地；IM—Iberian隆起；InM—Insubrian隆起；MC—隆起中央；P—Pelagonian台地；Pn—Panormide台地；RH—Rhodope；Sap—Saharian台地；Ub—Umbria-Marchean盆地

一、研究方法

前文是回顾与比较撒丁岛、阿普利亚和亚平宁山脉中南部（图1）。上白垩统浅水富厚壳蛤类碳酸盐岩岩相的生物地层学—古生物学、沉积学—化石生成学和成岩分析是基于光学显微镜下的薄片和现场观察的结合。相似的研究在相同时期的深水沉积中也已进行，目的是与浅水记录成因比对。使用扫描电子显微镜（SEM）进行分析是为了获得解释深海和半深海微生物类型及其成岩史数据。结果数据也被用来追踪浅水沉积物的散布模式和在相对海平面旋回中整体沉积体系的演化途径。

二、古特提斯周缘区域上土伦阶富厚壳蛤类碳酸盐岩台地

地中海周缘区域上土伦阶浅水石灰岩露头大部分以散布在碳酸盐岩陆架和多种环境中的厚壳蛤类为特征。撒丁岛西北部、亚平宁山脉中南部和意大利阿普利亚区的层序分析（Carannante和Simone，1987；Carannante等，1995，1997，1999；Stössel和Bernoulli，2000；Simone等，2003）以及其他地中海周边国家（西班牙，法国，克罗地亚，希腊，突尼斯）的文献资料（Accordi等，1986；Cestari和Sartorio，1995；Negra等，1995；Skelton等，1995；Moro，1997；Philip和Gari，2005；Pomar等，2005；Pomoni-Papaioannou和Photiades，2008；among others），记录了与先前沉积体相比明显的生物组合变化。

（一）沉积特征和早期成岩

在晚土伦期—早坎潘期特提斯周缘的碳酸盐岩台地，红藻和有孔虫组合代替了绿藻动物组合，然而无骨架颗粒趋于消失。沉积产物组合（绿藻和有孔虫与绿藻动物）的特征和机制的不同，以及源于生物剥蚀的丰富的骨架碎屑，导致了覆盖海底的席状松散生物碎屑沉积物的形成，且缺少连续的限制的坝（图2）。

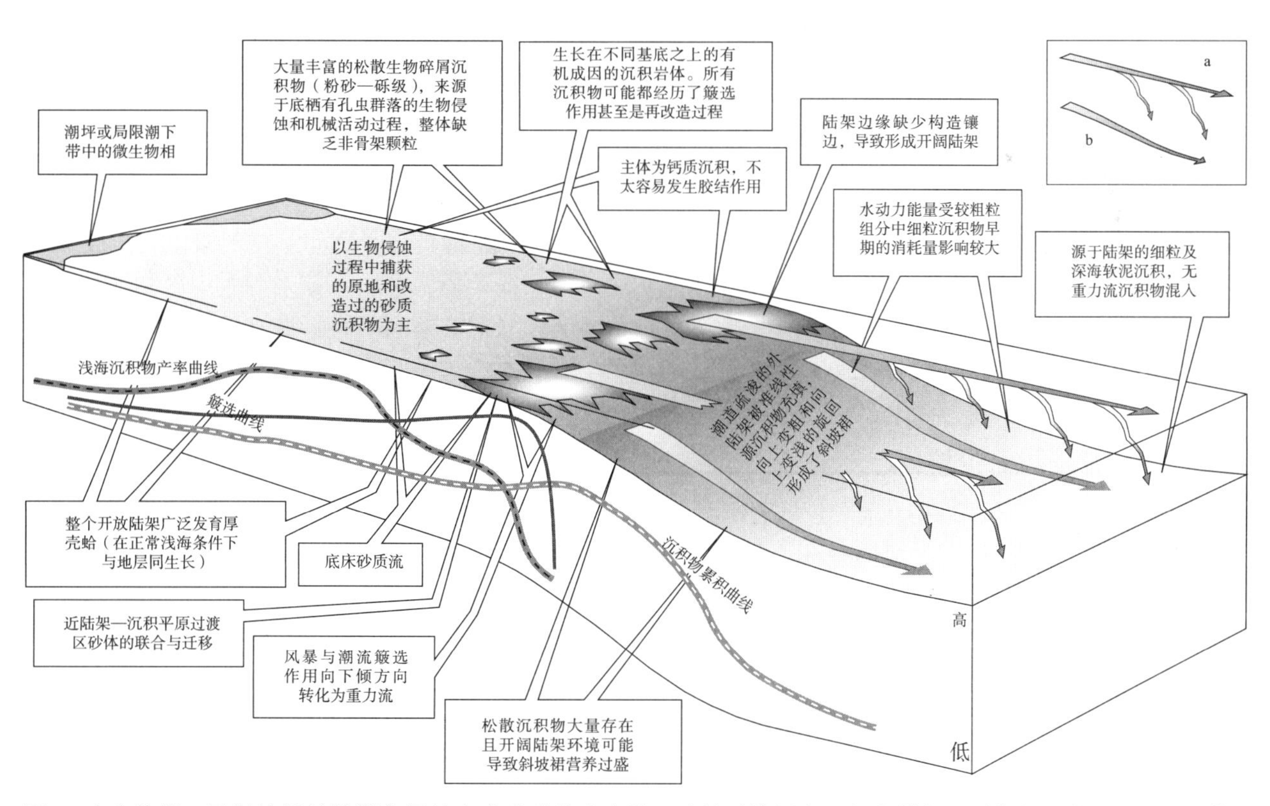

图2　晚土伦期—马斯特里赫特期富厚蛤壳类碳酸盐岩台地—盆地过渡区主要沉积特征的结构图（据Carannante等，1997，修改；Carannante等，1999，修改）

也显示了过渡带主要沉积过程的推测趋势。a—远岸物质和陆架来源的细粒物质（主要是密度梯流或者其他高密度流）；b—重力流（主要为砂质支撑的碎屑流）条件下粗生物碎屑物质（砂—砾级）的远岸运移

强烈的海流、风暴冲刷和筛选作用导致陆架边缘区域海底的变化，那里是厚壳蛤类在其原始生长部位很难保存的地方。在开阔陆架的边缘区，风暴事件和海流带走了生物剥蚀作用造成的细粒物，这些细粒物主要聚集在半深海沉积物中（Carannante等，1999；Simone等，2003）。被风暴和海流带动的细粒砂（主要是有孔虫和细厚壳蛤类碎屑）和泥同样也对陆架内部有贡献，其形成了幕式层。很多内部的和海流不畅的部位就以富含厚壳蛤类岩层与细粒有孔虫石灰岩互层为特点。厚壳蛤类经常在其生长区被发现，尽管大量的壳被含有细沉积物的水流改造作用改变位置。复杂的渠状凹陷网络局部以陆架内部和过渡带为特征（Carannante等，2003；Ruberti等，2006，2007）。在这些水流路径上的侧坝是厚壳蛤类繁殖或定居的地区。被改造的厚壳蛤类壳和厚壳蛤类碎屑造成了壳的二次集中，其在水流作用的影响下沉积在海槽轴部（Carannante等，2003；Ruberti等，2006，2007）。

在晚白垩世碳酸盐岩台地中，伴随着再分布现象的文石壳生物碎屑生产者的减少，建立了对沉积物早期成岩作用的重要控制。早期溶蚀特征在以方解石为主的壳中比较少见；粒内孔洞仅局部包含早期方解石胶结填充物（Ross，1991；Ross和Skelton，1993；Carannante等，1995）。由于它稳定的矿物特征，生物碎屑成分（细—粗砂）很少或者从不参与早期胶结过程，导致形成大量的松散生物碎屑沉积物，因此更强地影响沉积分布模式并对产生高分散率有贡献（Carannante等，1999；图2）。而且，几乎全部缺少文石授体的动植物导致邻区半深海沉积物中富含方解石，正如用SEM观察同时期半深海石灰岩的记录一样。后者缺乏原始针状文石的证据。更细的砂岩颗粒和那些粗的泥成分大部分是源于生物剥蚀的生物碎屑，主要就是厚壳蛤类的微小碎片（Carannante等，1999）。

（二）沉积体系

在松散基底中居住的不完整分布的晚土伦期底栖生物组合没有在陆架边缘建造真正意义上的礁。这使得开阔水域的水流可以在陆架上循环，并发挥对生物沉积的沉积排列的驱动控制，促成由簸选的细—粗粒骨架颗粒砂相互合并形成的席状分布岩层。有孔虫生物碎屑成分是由强烈的生物剥蚀和机械过程作用在成岩稳定的方解石质壳的生物体上产生的，其呈毯状分布在开阔陆架，并为陆架提供巨量松散的且大部分未胶结的泥—砂级生物碎屑，这些碎屑会被运移至更深的海域。

这个沉积模式（图2）与绿藻动物Bahamian型碳酸盐岩台地有显著区别。不像热带型台地，具有最高浅海沉积物生产率的陆架内部，并不是最大沉积堆积位置。事实上后者位于与远岸沉积物强烈脱落相对应的深层区域，该脱落是由于工厂的开阔地形。这种沉积物增减的特殊性是与绿藻动物热带型边缘陆架不同的主要沉积和地层特征之一。但是，它在开阔沉积区域的簸选作用或者再沉积作用过程中起到极其重要的作用。

（三）海侵—海退旋回

这里研究的上土伦阶碳酸盐岩台地表明晚土伦期—马斯特里赫特期海侵—海退旋回长期的演化以加积型或退积型碳酸盐岩台地为特征（Carannante等，1997，1999）。依据Carannante等（1999），特提斯碳酸盐工厂一般输出大量的骨架碎屑，主要是在可容空间减少的时期（高位期结束后—低位期）。相反，其在可容空间增加时期（快速海侵期）趋于后退并且有时被淹没。这些与绿藻动物热带型边缘陆架的表现有差别，且与有孔虫碳酸盐岩沉积体系的边缘陆架较为一致（图3；Brachert等，1996；Carannante等，1996）。有孔虫碳酸盐岩沉积体系一般表现为断坡状地貌；陆架区（净沉积物产出）向侧向变为深水区（净沉积物累积），尤其是在无陆坡边缘时（构造或者剥蚀造成的；图2）。这些沉积体系趋于进积（与硅质碎屑系统相似）（Carannante和Simone，1988；Carannante等，1999），主要是对应于：①相对海平面高位结束期—低位期较小的可容空间；②大量可以轻易过路外陆架到盆地的松散沉积物（图2，图3）。

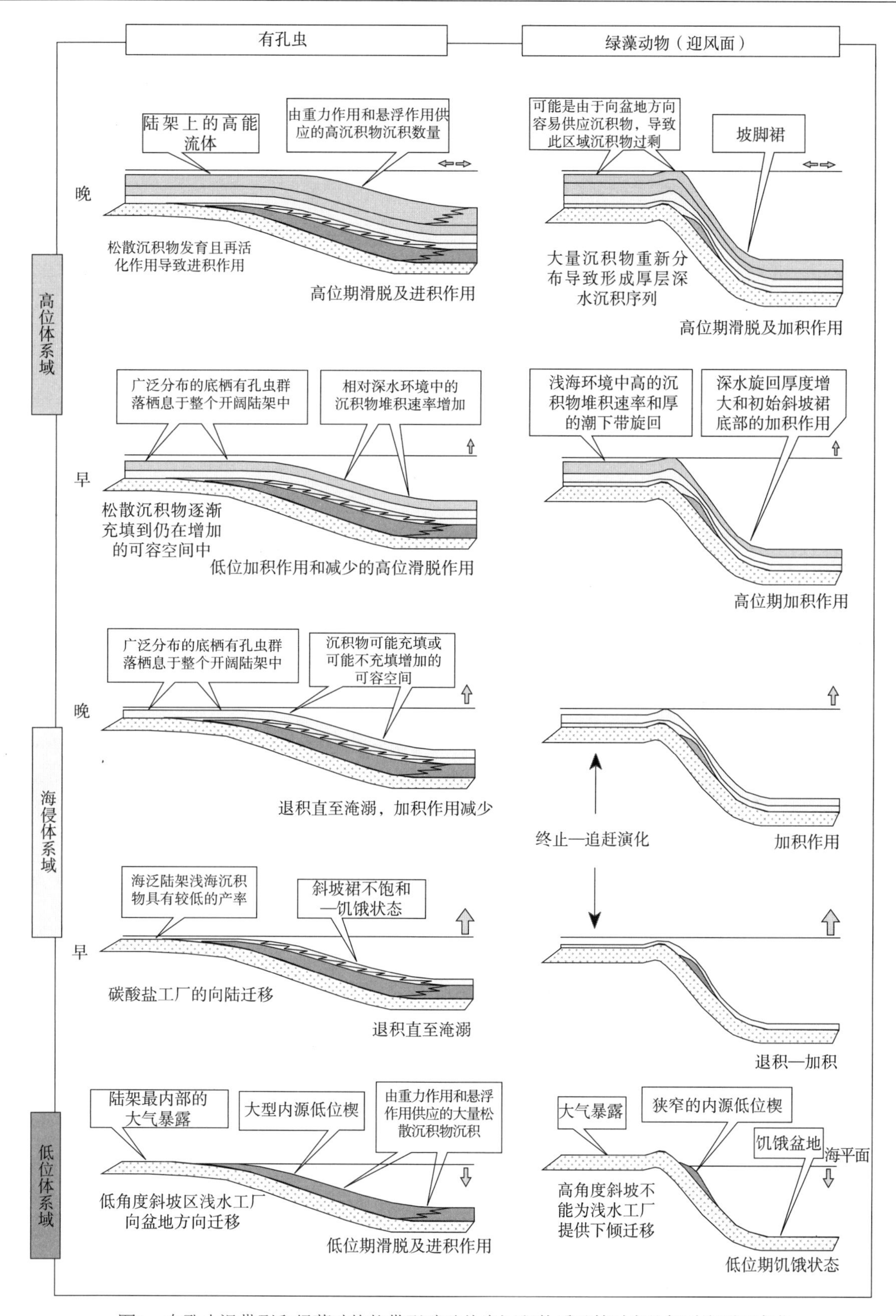

图3　有孔虫温带型和绿藻动物热带型碳酸盐岩沉积体系及其对应的相对海平面变化

这些系统被选作两个变化连续性终结点，以便阐明其中的不同。当在背风条件下比对有孔虫和绿藻动物系统时，有小的不同。在高位体系域和低位体系域时期，有孔虫系统的地层构造和沉积特征（沉积物类型及其散布模式）支撑台地的前积作用和坡脚裙加积作用。相反，在绿藻动物系统中坡脚裙仅出现在高位体系域时期

三、特提斯周缘晚白垩世碳酸盐岩沉积体系

尽管对沉积体系的研究表明，在地中海周缘很大范围内，演化趋势的组合和几何形态都有相似性，但在露头中还是发现了一些不同之处。这些不同暗示区域性或者局部的古海洋地形和古气候过程的复杂性，其在晚土伦期的特提斯时期起很大作用。

（一）撒丁岛西北部的白垩系层序

撒丁岛是欧洲前陆主体的一部分，自渐新世开始受到伸展构造（导致弧后盆地扩张）的影响。浅水Urgonian白垩系层序露头广泛分布在撒丁岛西北部（Nurra区域，图1）。其记录了非限制性沉积环境，该环境的海底可容纳松散的生物碎屑层（D'Argenio等，1985）。在中白垩世，构造导致的海退事件（Cherchi和Trémolières，1984；Cherchi，1985）导致了下白垩统基底的区域性暴露，并促使了断层控制的喀斯特网状结构的发育。在暴露的低地地势较低，来自华力西期基底风化作用产物的铝土矿沉积（Mameli等，2007）聚集在剥蚀严重的区域。不完整分布的塞诺曼阶和局部角砾化、富含轮藻的黑色石灰岩（Munieria石灰岩）变成后构造沉积物滞留在铝土矿和底层石灰岩之上。这些大陆的和过渡带的沉积物通过复杂又重复的剥蚀事件，记录了海侵时期。接着，全面的海相沉积导致了厚达140m的晚士仑期浅水富厚壳蛤类沉积物的形式。部分被改造过且以厚壳蛤类和苔藓虫为主是上部沉积序列的特征。在这些被搬运的沉积物中，偶见的浮游有孔虫和绿色海绿石颗粒表明更深水的沉积环境。在一些区域，更多的快速变深的沉积环境发生在圣通期，导致幕式局部淹没。由演化可局部证明，沉积序列向上变为半深海的暗色灰泥与黏土（Cherchi，1985；Cherchi和Schroeder，1987），并且有强烈的重力沉积过程的建造（Cherchi，1985）。基于邻近区域的不同厚度和垂向演化，猜测有一个复杂的古地貌—古构造的控制（Cherchi，1985）。渐新世—中新世熔结凝灰岩局部覆盖在白垩系钙质层序上。

1. 晚土伦期Nurra碳酸盐岩沉积体系

在北特提斯域边缘上土伦阶层序中，观察到了厚壳蛤类石灰岩沉积结构的演化特征（Carannante等，1995）。尽管有些侧向的变化，所有剖面呈现小于10m的生物碎屑泥粒灰岩和粒泥灰岩，并含有底栖有孔虫（包括非常厚且大的粟孔虫）、软体动物（厚壳蛤类）碎片、*chaetetids*、大量的绿藻（dasycladaceans），以及少量的珊瑚在无骨架颗粒分布有限的富球粒的泥质杂基中（图4A、B）。上覆的石灰岩由细—粗粒生物颗粒灰岩以及较少的泥粒灰岩组成，其中苔藓虫和珊瑚红藻向上变得越来越多，伴随有海胆类、软体动物（几乎全部是厚壳蛤类）碎屑和底栖有孔虫（图4C、D）。同时观测到绿藻、珊瑚、海刺毛类以及无骨骼颗粒的大量减少直至消失。厚壳蛤类在局部形成复杂的壳类聚集（Kidwell等，1986；Kidwell，1991；Kidwell和Holland，1991），但是这些厚壳蛤类聚集没有坚硬的骨架（Carannante等，1995），表明厚壳蛤类栖息在松软易动的沉积物中，具有同地层的生长模式。在红珊瑚藻中，孢石藻属是红藻砲络的常见组分以及骨架基质的主要组分。红藻石属在局部异常丰富，偶尔会形成红藻石砾屑灰岩—漂砾岩，其可能包含大量的苔藓虫、海胆类、底栖生物、浮游有孔虫和绿色颗粒在骨架基质中。Ross（1991），Ross和Skelton（1993），Carannante等人（1995）识别出了早期方解石胶结物。

在一些所研究的野外露头（Carannante等，1995）以及邻近区域钻井岩心中，上述骨架灰岩向上（局部横向）演化为半深海沉积。该半深海沉积物为上圣通阶—下坎潘阶灰色和黑色泥灰岩和黏土，富海绵骨针（图4F）、浮游有孔虫（其中有*Globotruncanaconcavata*、*Sigalia deflaensis*、*Heterohelixreussi*、*Hedbergelladelrioensis*（Cherchi和Schroeder，1987））以及颗石灰岩（其中有*Lucianhorabdus cayeuxi* Deflandre）。细粒和粗粒生物骨骼碎屑（图4E）局部有富浮游生物沉积的夹层。半深海沉积物沉积之后，粗粒的生物碎屑粒状灰岩沉积下来。其富含厚壳蛤类，并残留有生物蚀刻和磨损较差的颗粒。由于沉积物中出现有孔虫，这些沉积在年代上被归为晚坎潘期（Cherchi，1985；Carannante等，1999）。

在局部上，最上的含有厚层蛤类的圣通阶—坎潘阶石灰岩记录了持续的浅水环境。在石灰岩的最上部观测到了少量珊瑚、黑色碎屑、微溶蚀特点和结晶泥岩的出现。

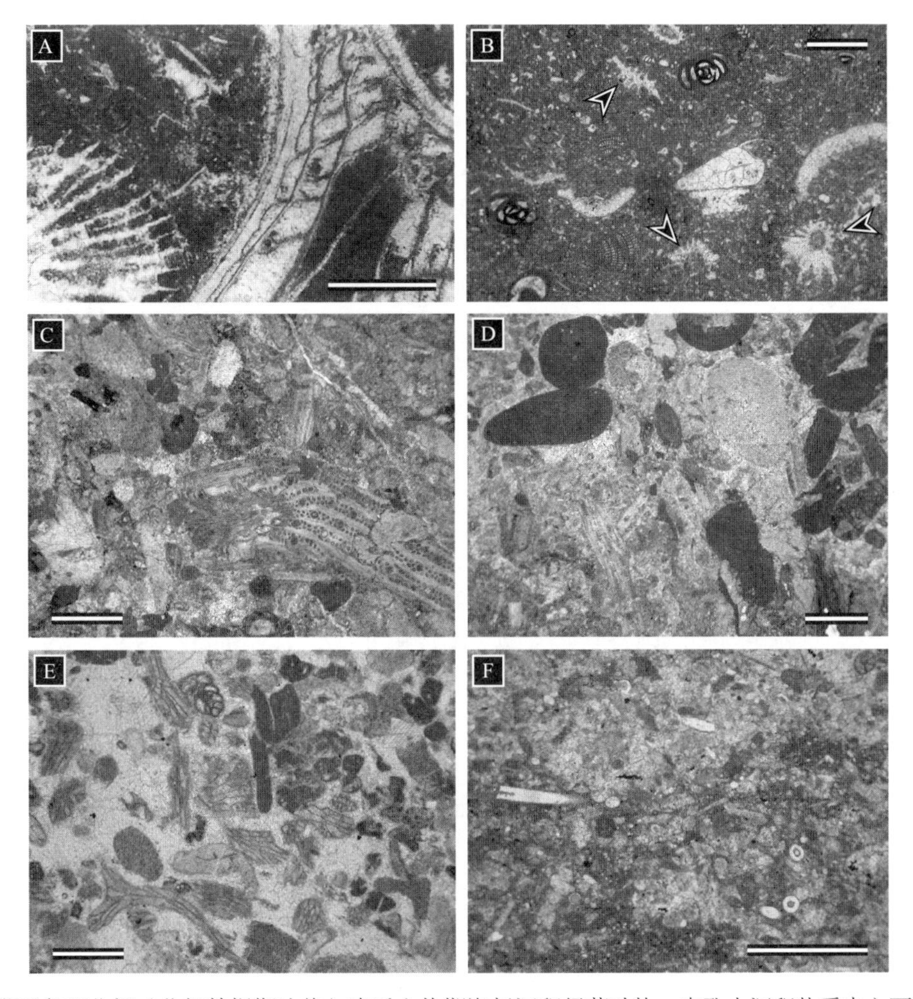

图4 撒丁岛西北部（北部特提斯边缘）晚后土伦期海侵沉积绿藻动物—有孔虫沉积体系中主要的岩相

A，B—康尼亚克阶（Coniacian）含厚壳蛤类沉积物的浅水绿藻动物岩相；C，D—圣通期含厚壳蛤类沉积物的有孔虫（红藻型）岩相；E，F—晚圣通期—早坎潘期（?）海泛期含厚壳蛤类的深水有孔虫岩相。A—在生物碎屑杂基和球粒状粒泥灰岩—泥粒灰岩中的厚壳蛤—珊瑚源砾岩；B—含绿藻（箭头所示）、大型小粟虫、双圆虫类以及腹足类的生物碎屑和球粒状粒泥灰岩；C，D—含苔藓虫、红藻、海胆类以及稀少的厚壳蛤类碎屑的粗生物碎屑粒状灰岩；E，F—C和D中经改造的颗粒。在粗粒颗粒灰岩中的海胆类碎片（E）以及富有机碳和穴状泥粒—颗粒灰岩中的大型海绵硅藻壳（F）周围有大型的衔接的胶结物。比例尺为1mm

2. 环境意义及沉积趋势

研究剖面证实早康尼亚克期为低能、浅水和内陆架环境，有机体栖息在光照良好的区域，厚层蛤类可以在局部生长。它们迅速向上方更开阔更深的环境中演化，通常具有更高的能量，栖息的有机体可以适应较低的光照强度（海洋微光带）。那里，红藻和苔藓虫在供给厚壳蛤类生长的沉积物中变得越来越重要。变深的趋势导致低产条件下，圣通阶含厚壳蛤类的碳酸盐岩建造被淹没。根据Henricksson和Malmgren（1997）的研究，半深海沉积覆盖中*Lucianhorabdus cayeuxi* Deflandre的出现意味着，陆架最远的区域或下坎潘阶最高处的远端斜坡为相对浅（不超过300m深）和冷（9～11℃）的环境。在上圣通阶—下坎潘阶富浮游生物泥灰岩和黏土沉积过程中，生物碎屑的间歇供应对于陆架边缘区的沉积也有一部分贡献，而后者似乎与陆源径流有一定联系，其主要是晚白垩世沿特提斯洋边缘频繁和丰富的陆源输入记录（Philip和Gari，2005）。只有在晚坎潘期，具有干净骨架砂的没有浮游夹层的浅水碳酸盐沉积物才沉积于淹没的区域。在露头中，直到最上部的圣通阶—下坎潘阶，石灰岩才表现出持续浅水环境，其组成与成岩特点意味着坎潘期干净水体与黑色水体的汇合（Carannante等，1995）。

总体上，撒丁岛石灰岩记录了碳酸盐岩台地在中白垩世与构造相关的复现时期（Cherchi和

Tremolieres，1984；Cherchi，1985）后恢复的过程，其相当于发生一次全球灾变事件的时间间隔（Jenkyns，1980；Graciansky等，1986；Vogt，1989；Arthur等，1990；Carannante等，1995；D'Argenio和Mindszenty，1995；Premoli Silva和Sliter，1999）。在这些沉积记录中，记录了对水体环境变换的响应。底栖有孔虫中厚壳粟孔虫的出现，反映出水中营养成分的增加，其中粟孔虫为基底泥质沉积，但同时也会出现在更为开阔高能的沉积物（Hallock，1985）中。中营养—富营养的水体环境以及水体温度的变化同样可以由喜光、贫营养的绿藻动物聚集到喜阴的红藻变化显示（Carannante等，1988；James，1997；Mutti和Hallock，2003；Halfar等，2004）。此外，机会型有孔虫如*heterohelicids*及*Hedbergella*表明半深海沉积以及含厚壳蛤类的陆架具有垂向上或局部的横向过渡（Cherchi，1985；Caranante等，1995）。类似的有孔虫同样出现在撒丁岛东部圣通阶深海沉积序列中（Dieni和Massari，1985）。根据Hallock等（1991）及Premoli Silva与Sliter（1999）的研究，这些机会型有孔虫同样意味着深水区域中营养—富营养水体环境的变化（Carannante等，1995，1997）。中营养—贫营养环境意味着上坎潘阶进积石灰岩（Carannante等，1999）以及出露在Capo Caccia剖面最上部的圣通阶—下坎潘阶顶部的浅水石灰岩的源区。

（二）亚平宁中南部及阿普利亚白垩系层序

在变形的亚平宁链及未变形的阿普利亚区域（阿德里亚—非洲前陆的一部分），浅水白垩系层序大量出露。上土伦阶浅水碳酸盐岩沉积序列不整合覆盖于复杂的中白垩统基底，是幕式淹没与近地表出露对比明显的证据，反映出早期阿尔卑斯构造运动（Carannante等，1994；Graziano，1994；D'Argenio和Mindszenty，1995；Vlahovic等，2005）。具有不同特点和持续时间的复杂地层裂缝是许多白垩系的特点。在亚平宁中南部的局部地区，部分阿尔布阶以及土伦阶的全部沉积记录缺失，而在其他地区发现塞诺曼阶浅水沉积由两个不整合限定，两者都具有古喀斯特和铝土矿的特点。而且，在现今几十千米外的地区，同样的碳酸盐岩台地没有长期暴露或是铝土矿的证据。在阿普利亚地区的浅水剖面，上塞诺曼阶缓倾的基底上部记录了一次长期暴露事件（Luperto Sinni和Reina，1996）。深部的喀斯特局部被铝土矿充填。而现今，在意大利南部的露头中，土伦阶的特点是细粒的石灰岩以及多样性极差的粟孔虫和圆盘虫的化石集合（Chiocchini等，1994）。此外，主要由微生物碳酸盐岩组成的蓝藻石，叠层石变得分布广泛，*Thaumatoporella*及*Aeolisaccus*最近被解释为蓝藻细菌（Cherchi和Schroeder，2005；Golubic等，2006），且在局部富集。局部出现的厚壳蛤类是仅有的含有*nerineids*和*acteonids*的大型生物。

晚土伦期，晚白垩世海侵蚀了喀斯特化的下层和相关的铝土矿盖层，以及受土伦阶限制的近海沉积，导致富厚壳蛤类的浅海沉积物的沉积。上土伦阶含厚壳蛤类石灰岩厚度变化从几米到几百米。

1. 亚平宁中南部及阿普利亚上土伦阶碳酸盐岩沉积体系

自晚土伦期起，不整合于铝土矿喀斯特地层的浅水沉积物或是近海及受限制的土伦阶岩相特征是隐藻层和钙质泥，其无生命或是具有较少的生物组分（Crescenti和Vighi，1964；Luperto Sinni和Borgomano，1989；Carannante等，1993）。介形虫，characeans，*Aeolisaccus kotori* Radoicic以及*Thaumathoporella*局部富集在泥质隐藻岩相中（图6A），在层序中具有含量向上变低的趋势。与之相反，厚壳蛤类及与之相关的骨骼沉积分布越来越广泛，并在圣通阶—马斯特里赫特阶达到顶峰（Cestari和Sirna，1987；Luperto Sinni和Borgomano，1989；Bosellini和Parente，1994）。

对于亚平宁中南部和阿普利亚富厚壳蛤类的浅水层序，文献中已有较多记录（Carbone和Sirna，1981；Laviano，1984；Luperto Sinni和Borgomano，1989；Carannante等，1993，1997，2000；Carborne，1993，Sanders，1996；Ruberti，1997；Simone等，2003）。尽管存在局部小规模的差异，主要的沉积和古生态特点记录了一次常见的地层趋势和沉积模式。厚壳蛤类代表着主要的、几乎所有的沉积物制造者（图5A，图6B、C、D），此外还有一小部分来自腹足类的贡献，主要是*nerineids*和*acteonids*（图5B，图6B）。局部出现少量的珊瑚。绿藻消失，而一些珊瑚红藻同苔藓虫和海胆类一起出现。这些分类群对于同时代重新描述边缘—斜坡层序的生物碎屑沉积十分重要（Ruberti，1993；

Graziano，1994），推断它们代表了陆架最上部的主要生物组分。自圣通期始，厚壳蛤类在陆架中的广泛分布就被记录下来。厚壳蛤类引起了多种多样岩体的出现，它们的生长和发展主要受水动力条件的控制（高能与低能条件的对比；Simone等，2003）。

以高能的与风暴和浪相关事件的频繁持续为特征的古环境，很大程度地控制了与厚壳蛤类相关的沉积体的结构和分布。形成的沉积体特征为粗粒的颗粒灰岩—砾屑灰岩相（图6C、D），其中只有很少的厚壳蛤类保留有它们的原始生活位置。包含的相关沉积物几乎全部是源于生物腐蚀的厚壳蛤类碎片（*hippuritids*和*radiolitids*）、很少的底栖有孔虫，以及非常少的珊瑚。

图5　在中特提斯域晚土伦期有孔虫底栖组合中有代表性的岩相

A—未破碎的厚壳蛤类在水力作用下壳（*radiolitids*）的集中。该岩相典型地围绕着厚壳蛤类生物来源核心区；B—在含厚壳蛤和腹足类的颗粒灰岩基质中的腹足类和深水源砾岩，改造的壳说明经历过砂粒支持的碎屑流的搬运（Shanmugan，2000）（阿普利亚Gargano Promontory的晚圣通期—早坎潘期），这些有机体说明生活在有孔虫开阔陆架特定地区上的底栖生物群营养代谢的作用

在更为内部和低能的区域，沉积物记录包含富厚壳蛤类岩层与细粒有孔虫石灰岩的交互层（Carannante等，1993，1998，2000；Cestari等，1992；Simone等，2003）。在上土伦阶—下圣通阶中观测到非常少的底栖有孔虫、*Aeolisaccus*，薄壳介形虫和*thaumatoporellaceans*。*Aeolisaccus*的细丝可能对形成薄层有贡献。在以富粉砂（泥）煤岩类型为主的层序中，小的具寡种属多样性的*radiolitids*占优势。在相关的沉积条件中，原始厚壳蛤类聚集的保存（通常会形成水平上连续的生物壳层），与源于生物腐蚀的细粒骨骼碎屑的原地保存有关。局部出现富有腹足类壳的巢。

这些上土伦阶—下坎潘阶层序由沉积周期的厚度增加记录了一次通常的海侵趋势（Ruberti，1997）。此外，潮周缘及浅潮下旋回逐渐变化到以潮下旋回为主记录了一次可容空间的增长，导致一次长时间的相对海平面增长（Ruberti，1997）。形成的米级沉积周期并没有任何出现的证据。由坚实的地表特点可以确认水下暴露表面。

尽管在亚平宁—阿普利亚浅水层序中只有很少的淹没期的证据，上土伦阶—下坎潘阶边缘—斜坡层序的一个主要特点就是在整个海侵趋势中浮游有孔虫中出现的浮游夹层（Graziano，1994；Carannante等，1999）。浮游有孔虫偶尔出现在一些亚平宁露头中。在阿普利亚碳酸盐岩层序中，斜坡相主要由一个间歇性供应的生物碎屑组成，该生物碎屑趋于减少并最终消失。在中（早？）坎潘期具有一个浮游沉积间断（Luperto Sinni和Borgomano，1989，1994；Graziano，1994）。

亚平宁中南部的晚坎潘期—马斯特里赫特期浅水沉积物记录稀少，但是在一些剖面上有记录（Cestari等，1992）。相反地，其在阿普利亚碳酸盐岩层序中有更为广泛的记录（Cestari和Sima，1987；Reina和Luperto Sinni，1993；Parente，1994）。总体上，其以几米厚的受限制的泥质石灰岩为代表。出现文石壳的厚壳蛤类（如*Sabinia*）、少量的珊瑚和其他原生文石质生物组分（腹足类）。溶蚀洞穴被泥晶充填，代表淡水成岩与沉积体中的水体转换有关。大量的富厚壳蛤类骨骼碎屑取代了同时代的斜坡充填（图6E、F），这代表着浅水有利于碳酸盐岩建造的兴盛。骨骼沉积物主要是由厚壳蛤类碎屑以及少量的海胆类、腹足类、底栖有孔虫和珊瑚碎片组成。

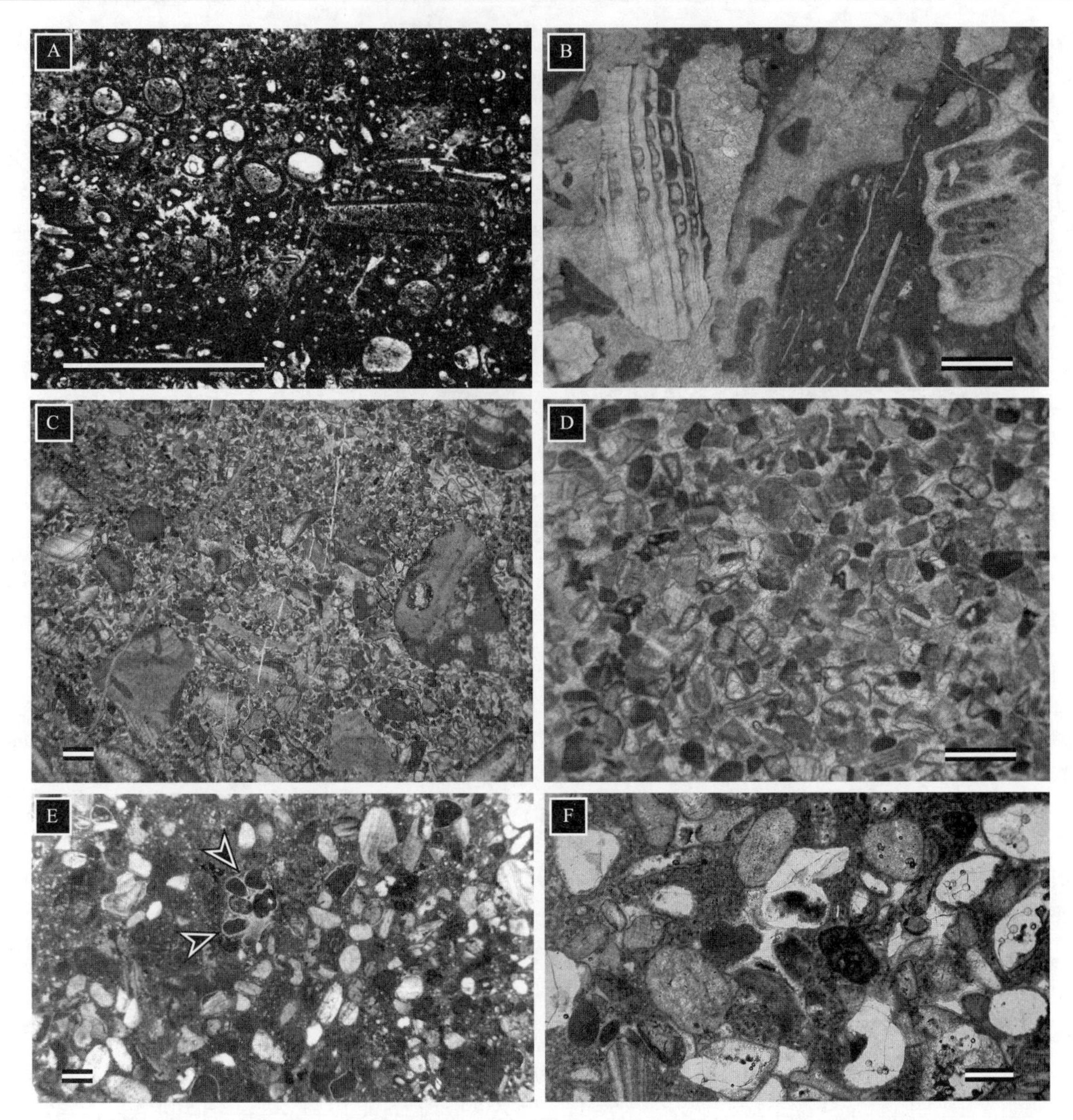

图6 中南亚平宁和阿普利亚（中特提斯域）上土伦阶海侵沉积富厚壳蛤类有孔虫沉积体系中的主要岩相

A，B—康尼亚克期富厚壳蛤类沉积物内陆架的浅水岩相；C，D—康尼亚克期—圣通期富厚壳蛤类沉积物的外陆架浅水岩相；E，F—康尼亚克期—圣通期坡坪处的上斜坡（E）和中斜坡（F）深水岩相。A—奇孔藻和*Aeolisaccus*泥粒灰岩；B—生物碎屑和球粒状粒泥灰岩杂基中的厚壳蛤类和腹足类漂砾岩；C—由磨圆好的厚壳蛤类碎屑组成的差分选的生物碎屑泥粒灰岩；D—由厚壳蛤类碎屑（部分颗粒泥晶化）组成的经过筛选的、分选好的、磨圆好的泥粒灰岩；E—细粒生物碎屑和泥级粒泥灰岩显示磨圆好的厚壳蛤类碎屑（箭头所指是由泥晶化厚壳蛤类砂岩组成的集块）；F—在泥质杂基中由磨圆好的厚壳蛤类碎片组成的粗生物碎屑泥粒灰岩（高铸模孔隙度）。比例尺为1mm

2. 环境意义及沉积趋势

总体上，亚平宁中南部和阿普利亚上土伦阶层序记录了一次发生于中白垩世之后构造驱使的地层模式的碳酸盐岩台地复杂体系的恢复（Carannante等，1994；D′Argenio和Mindszenty，1995）。中部特提斯碳酸盐岩沉积体系是在早—中土伦期超温室期间后发育的，其中在浅水体系中蓝藻和厚壳蛤类的贡献较大（Graziano，2007；Graziano等，2007）。由于缺乏显著的生物标志层，特提斯地区中部的碳酸盐岩层序在晚土伦期—圣通期很难识别。总体上，所研究的层序在基底间隔期间，具有持续的与微生物相关的碳酸盐岩沉积证据（推测可能为晚土伦期—早康尼亚克期）。发现*Thaumathoporellales*

和*Aeolisaccus*在局部可以在潮间—浅潮下带纹层岩中原地形成，或是在泥质占优势的潮下相中形成具有凝块石结构的分散颗粒。一些*Thaumathoporellales*，由于它们再生的特点，先前被认为是绿藻（De Castro，1990），最近在Cherchi和Schroeder（2005）的初稿中被重新解释为钙化的蓝藻。Golubic等（2006）证实了*Aeolisaccus kotori*的蓝藻特点，因为其与潮间—浅水潮下带shitonemaceans群落的一致性。此外，在相关的潮下相中食草的腹足类的出现（主要是*nerineids*和*acteonids*）以及小的河道的出现支持大的蓝藻礁出现的假设。层序向上发育潮下的富厚壳蛤类岩相。

晚土伦期中特提斯碳酸盐岩建造的恢复，只有很少来自于绿藻动物聚集组分的贡献。鉴于生物聚集在很大程度上以厚壳蛤类和底栖有孔虫占优势，故发育独特的有孔虫沉积体系。厚壳蛤类几乎占据了所有的浅水水体，产出了高达90%的粗粒骨骼碎屑，同样可以假定大部分的细粒也是其产出的。由于缺乏现代对应物，对于厚壳蛤类富集群体的古生态理解很困难。尽管有大量的化石，相关的石灰岩特点是只有中等不同样式的生物组分。在蓝藻最初的富集后，其指示持续较高的pCO_2（CO_2分压）、碱性和温度（Graziano，2007；Graziano等，2007），在上土伦阶—圣通阶的石灰岩中厚壳蛤类变得富集，其通常生长于单一种属或寡种属聚集中。尽管深海有孔虫记录了正常的海水环境，聚集的动植物种属依旧很少。基于上文，可以推断在晚石炭世已经改善的环境中压力条件仍然存在。因而，可以假定在晚土伦期—圣通期碳酸盐岩建造中厚壳蛤类比其他浅水分类群更具耐性。

上土伦阶—下坎潘阶层序整体上具有变深的趋势，且由沉积相的类型学（Carnnante等，1999）以及由潮缘—浅水潮下旋回到以潮下旋回为主的变化来共同记录（Ruberti，1997）。白垩系层序通常由不整合面终结。但是上坎潘阶—马斯特里赫特阶石灰岩不连续的露头表示一个非常浅的近海沉积背景（Reina和Luperto Sinni，1993）。此外，早期成岩特点记录了一次淡水与咸水的混合。斜坡区的海退趋势同样由大量的下坎潘阶—马斯特里赫特阶富厚壳蛤类骨骼碎屑记录，证实了在一个进积体系中持续离岸运输的重要性（Graziano，1994；Carannante等，1999）。

四、讨论

在晚土伦期，特提斯洋碳酸盐岩台地的恢复（Graziano等，2007）伴随着超温室效应（Clarke和Jenkyns，1999）。在这一时期，在浅水地带，随着大量与微生物作用有关的泥质沉积物的形成，碳酸盐岩沉积体系产生了较大的变化（图7）。

在OAE2之后，环境变差以及微生物的大量繁殖看起来与高pCO_2和海水盐度的增加有关（Graziano，2007），与之类似的观点曾被Immenhauser等（2005）、Graziano（2007）和Graziano等（2006）等在早Toarcian期和早阿普特期OAES的案例中提示。最近的微生物研究（Paerl，1999；Arp等，2003）和化石记录的沉积分析（Kempe，1990）证实了CO_2浓度的上升和酸碱性之间的根本联系，同时也证实蓝藻细菌在海水里面的扩散。这些生物活动和晚白垩世大洋的热演化和营养演化相匹配，表明它们之间存在因果关系。与接近塞诺曼期—土伦期（OAE2）的富厚壳蛤类生物（主要为双壳类）的碳酸盐工厂之间没有因果关系（Philip和Airaud-Crumiere，1991；Graziano等，2007）。

晚土伦期—康尼亚克期以绿藻动物为主的撒丁岛碳酸盐工厂的恢复，表明中等温室条件下存在短期的极端环境条件。随后在晚土伦期在浅水区域发育有孔虫沉积体系和红藻集合体。在康尼亚克期—圣通期以期相对冷的、中等—富营养的水团为主体，对Nurra碳酸盐岩沉积体系的陆架边缘和远端斜坡造成了侵蚀（Carannante等，1995，1997）。这一时期，小的缺氧海洋事件在特提斯洋区域内发生，这些区域主要被限制在伸入陆地的小部分区域和特提斯洋附近边缘地区（Bosellini等，1978；Jenkyns，1980）。在这一历史时期，OAE获得了典型的记录，这些记录来自于扩张大西洋相对浅的大陆边缘（Wagner等，2004），而不是在收缩的特提斯洋内。变质的水条件可能使Nurra碳酸盐岩建造的大部分区域因遭受海侵而消亡（Cherchi和Trémolières，1984；Cherchi，1985）。在中坎潘期，逐渐变好的水质条件可能是碳酸盐岩建造重新建立的原因，包括向邻近深海区域提供大量骨骼碎屑。

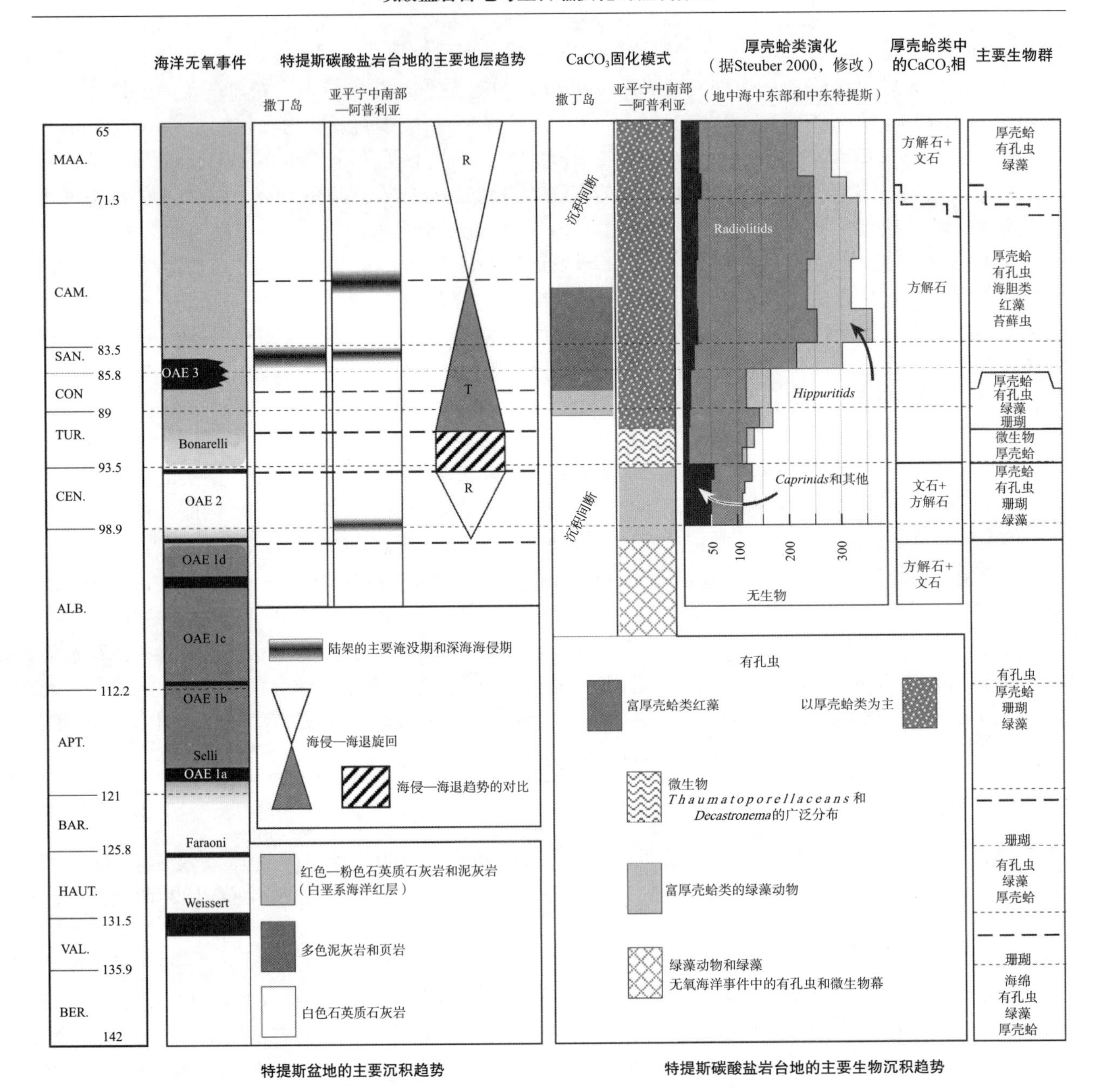

图7　特提斯域中—晚白垩世浅水—深水碳酸盐台地系统的综合演化（据Graziano等，2007，修改）

从以上描述可以看出，没有可靠证据表明几个限制因素影响了厚壳蛤类的生长，因为缺乏合理的现今解释。虽然软体动物集合体与快速变化的白垩纪环境应该存在明显的关系，但是很难详细地比较与软体类动物繁殖波动性有关的成岩类群和短期变化的环境参数。Graziano等（2007）发现软体类动物繁殖的增加和，沉积建造的生物群与晚白垩世长期降低的CO_2浓度和温度有关，这甚至可能是导致软体类动物减少的唯一因素，这一特点在早—中土伦期达到极致。此外，在晚白垩世镁钙比将近1.0，说明这种特征与镁钙比有关系。可能厚壳蛤类生物比其他浅水生物更能适应高CO_2浓度，这种高CO_2浓度与早—中土伦期的超温室效应有关。因为这一时期的厚壳蛤类缺乏多样性，而高CO_2浓度通常只适合微生物的生存（图7）。在这一时期，南地中海特提斯洋具有海洋水循环相对停滞、CO_2浓度高、温度为26～30°C和盐度大于35%的特点（Poulsen等，2001）。以上的这些特点限制了很多生物的生长，包括绿藻动物群落和有孔虫群落的生长，并可能造成了微生物细菌的大量繁殖（Kazmierczak等，1996；Hallock，2005）。绿藻类仅仅分布在土伦期浅水区域，这些区域的盐度局部有利于绿藻集合体的生长（Lees和Buller，1972；Lees，1975）。在晚土伦期—圣通期，在古地中海中部以厚壳蛤类主导的有孔虫碳酸盐岩建造开始恢复并逐渐发育，造成这种结果的可能是CO_2浓度和温度的略微降低，但是CO_2浓度、温度和盐度依旧呈现出异常高值。根据以上叙述，虽然缺乏井资料记录，位于台地上的幕式淹没的，相关特征还是被清晰呈现出来，这里主要呈现的是晚圣通期（CC17带）的阿普里亚台地区（Spalluto和Pieri，2008）。位于研究区中心的特提斯洋厚壳蛤类富集的碳酸盐岩建造具有相对高的生物骨骼碎屑建造率，其来源主要是通过生物侵蚀作用和滑塌作用，在土伦期—早坎潘期海侵期普遍分布的厚壳蛤类生物可以快速地补偿增加的沉积空间。持续的生物碎屑建造补偿了海侵造成的沉积空间，尽管这样，发生低速率加积和（或）退积与局部欠补偿依旧是邻近斜坡和盆地的主要特征。

普遍分布的不整合面标志着白垩系层序的结束。然而，不连续的上坎潘阶—马期特里赫特阶浅水石灰岩露头表明了一个浅水、近岸的沉积环境。此外，早期成岩作用特征表明淡水和咸水的交汇（Carannante等，1999；Simone等，2003）。

晚坎潘期—马斯特里赫特期的富厚壳蛤类骨骼碎屑展现了一个清晰的海退趋势，该趋势是由在一个完全进积系统中的明显的远岸搬运事件造成的（Graziano，1994；Carannante等，1997。）

五、总结和结论

Simo等（1993）认为，白垩系碳酸盐岩台地，与现在的台地以及一些有沉积间断的台地有着显著的不同。晚白垩世碳酸盐岩建造最明显的特征是以双壳类为主，并在浅水地带不断增加，其产生、发展和消亡在全球范围内对水圈—大气圈的环境改变起了深远的影响。这些变化对新的沉积体系有着控制作用，改变了其构成、内部结构和沉积相。纵观全球白垩系水圈系统中主要物理化学因子的变化对生物组成的主要影响，发现在晚白垩世早—中期，碳酸盐岩建造对其影响十分显著。在早—中土伦期，在全球范围内二氧化碳含量的增加引起了温室效应，导致环境异常（Graziano，2007；Graziano等，2007）。因此，浅水环境中的碳酸盐岩沉积体系经历了由微生物相关的沉积环境到泥质沉积的转变（和厚壳蛤类的变化）。根据这种解释，特提斯洋上土伦阶碳酸盐岩台地的恢复显著地改变了水圈—大气圈的环境。由于晚土伦期全球气候变冷，伴随着环境条件的改善（碱性、温度和局部盐度的降低），厚壳蛤类迅速增加，成为碳酸盐岩建造的主要沉积物。在晚康尼亚克期，由于不同维度的温度差异和北特提斯洋洋流的影响，带来了大量的营养物质，使得苔藓虫和红藻发育，使富含文石的绿藻动物岩相变化到红藻岩相和以方解石为主的岩相。营养物质充裕的地区，浮游生物（特别是有孔虫）在表层水中大量繁殖，构成了半深海沉积的主要特征（Simone和Carannante，1988）。虽然厚壳蛤类十分丰富，但没有构成特提斯洋中部主要的沉积物，不能作为微生物和软体动物存在的证据。有孔虫—红藻沉积模式造成了加积作用的减弱，并最终变化为海侵（Simone和Carannante，1988），这发生在圣通期Nurra碳酸盐岩台地的外围（Carannante等，1995）。相比之下，珊瑚红藻和苔藓类等次级沉积物仅仅分布在亚平宁—阿普利亚的开阔陆架（特提斯洋中心）。在这些区域的碳酸盐岩台地中非常罕见的有孔虫组合可能与普遍分布的厚壳蛤类有关。尽管环境有所改善，水温和盐度在土伦期并没有太大变化。在康尼亚克期—圣通期，微生物和软体动物在陆棚内部发育。由于生物的侵蚀作用，厚壳蛤类在细粒的生物骨架颗粒内繁盛。高速率的沉积物供给导致更加丰富的骨架砂岩的形成，这可能减缓了晚白垩世有孔虫开阔陆架被水淹没的趋势。构造位置也对厚壳蛤类的分布有着重要影响，分布在斜坡带上的厚壳蛤类会由于供养不足而溺水死亡。

在晚坎潘期—马斯特里赫特期，由于海侵作用，特提斯洋范围扩大，形成了富含厚壳蛤类的沉积物。在这里首次发现了造礁珊瑚、绿藻和厚壳蛤类所起的作用，虽然这个作用是比较局限的。海水的搬运会使大量生物骨架碎屑从开阔陆棚被带到更深的地区。由于地形特征具有继承性，并与其自身形成的机制有关（如同一沉积环境下的构造运动和海平面升降），因此在进积楔状沉积体的远端斜坡地区或深水扇发育。

总之，晚土伦期丰富的碳酸盐岩台地建造可以认为是记录下来的全球海洋地质环境变化的产物。这与海水在中—晚白垩世全球范围内的物理化学变化有关。然而，碳酸盐固化模式的分离物可以从特提斯的中北部被清楚地检测到，其可大致反映全球整体海洋环境和气候条件的区域性变化。

参考文献

Accordi, G., Carbone, F., and Sirna, G., 1982, Relationship among tectonic setting, substratum and benthonic communities in the Upper Cretaceous of north−eastern Matese (Molise, Italy): Geologica Romana, v. 21, p. 755−793.

Accordi, G., Carbone, F., and Sirna, G., 1986, Some affinities between the Ionian Islands and the Apulian Upper Cretaceous rudist facies: Società Geologica Italiana, Memorie, v. 32, p. 5−48.

Arp, G., Reimer, A., and Reitner, J., 2003, Microbialite formation in seawater of increased alkalinity, Satonda Crater Lake, Indonesia: Journal of Sedimentary Research, v. 73, p. 105−127.

Arthur, M.A., and Sageman, B.B., 1994, Marine black shales: depositional mechanisms and environments of ancient deposits: Annual Review of Earth and Planetary Sciences, v. 22, p. 499−551.

Arthur, M.A., Jenkyns, H.C., Brumsack, H.−J., and Schlanger, S.O., 1990, Stratigraphy, geochemistry and paleoceanography of organic carbonrich Cretaceous sequences, *in* Ginsburg, R.N., and Beaudoin, B., eds., Cretaceous Resources, Events and Rhythms: Dordrecht, The Netherlands, Kluwer, p. 75−119.

Borgomano, J., 2000, The Upper Cretaceous carbonates of the Gargano− Murge region, southern Italy: a model of platform−to−basin transition: American Association of Petroleum Geologists, Bulletin, v. 84, p. 1561−1588.

Bosellini, A., and Parente, M., 1994, The Apulia platform margin in the Salento Peninsula (southern Italy): Giornale di Geologia, v. 56, p. 167−177.

Bosellini, A., Broglio Loriga, C., and Busetto, C., 1978, I bacini cretacei del Trentino: Rivista Italiana di Paleontologia, v. 84, p. 897−946.

Bosellini, A., Neri, C., and Luciani, V., 1993, Guida ai carbonati cretaceo−eocenici di scarpata e di bacino del Gargano (Italia meridionale): Università di Ferrara, Annali (Nuova Serie), Sezione Scienze della Terra, v. 4, p. 1−81.

Brachert, T.C., Betzler, C., Braga, J.C., and Martin, J.M., 1996, Record of climatic change in neritic carbonates: turnover in biogenic associations and depositional modes (Late Miocene, southern Spain): Geologische Rundschau, v. 85, p. 327−337.

Carannante, G., and Simone, L., 1987, “Temperate” versus “tropical” Cretaceous carbonate platforms in Italy: Società Geologica Italiana, Rendiconti, v. 9, p. 153−156.

Carannante, G., and Simone, L., 1988, Foramol carbonate shelves as depositional site and source area: recent and ancient examples from the Mediterranean: American Association of Petroleum Geologists, Bulletin, v. 72, p. 993−994.

Carannante, G., Esteban, M., Milliman, J.D., and Simone, L., 1988, Carbonate lithofacies as paleolatitude indicators: problems and limitations: Sedimentary Geology, v. 60, p. 333−346.

Carannante, G., Ruberti, D., and Simone, L., 1993, Rudists and related sediments in Late Cretaceous open shelf settings. A case history from Matese Area (Central−Southern Apennines, Italy): Giornale di Geologia, v. 55, p. 21−36.

Carannante, G., D’Argenio, B., Mindszenty, A., Ruberti, D., and Simone, L., 1994, Cretaceous−Miocene shallow water carbonate sequences: Regional unconformities and facies patterns, *in* Carannante, G., and Tonielli, R., eds., International Association of Sedimentologists, 15th Regional Meeting, Ischia, Italy, Pre−Meeting Field Trip Guidebook, p. 27−60.

Carannante, G., Cherchi, A., and Simone, L., 1995, Chlorozoan versus foramol lithofacies in Upper Cretaceous rudist limestones: Palaeogeography, Palaeoclimatology, Palaeoecology, v. 119, p. 137−154.

Carannante, G., Severi, C., and Simone, L., 1996, Off−shelf carbonate transport along foramol (temperate type) open shelf margins: an example from the Miocene of the central−southern Apennines (Italy), *in* Bourrouilh−Le Jan, G., ed., Carbonates Intertropicaux: Société Géologique de France, Mèmoires, v. 169, p. 277−288.

Carannante, G., Graziano, R., Ruberti, D., and Simone, L., 1997, Upper Cretaceous temperate−type open shelves from northern (Sardinia) and southern (Apennines−Apulia) Mesozoic Tethyan Margins, *in* James, N.P., and Clarke, J.D.A., eds., Cool−Water Carbonates: SEPM, Special Publication 56, p. 309−325.

Carannante, G., Ruberti, D., and Sirna, G., 1998, Senonian rudist limestones in the Sorrento Peninsula sequences (Southern Italy):

Géobios, Memoire Speciale, v. 22, p. 47–68.

Carannante, G., Graziano, R., Pappone, G., Ruberti, D., and Simone, L., 1999, Depositional system and response to sea–level oscillations of the Senonian rudist–bearing carbonate shelves. Examples from Central Mediterranean areas: Facies, v. 40, p. 1–24.

Carannante, G., Ruberti D., and Sirna, M., 2000, Upper Cretaceous ramp limestones from the Sorrento Peninsula (southern Apennines, Italy): micro– and macrofossil associations and their significance in the depositional sequences: Sedimentary Geology, v. 132, p. 89–123.

Carannante, G., Ruberti, D., and Simone, L., 2003, Sedimentological and taphonomic characterization of low energy rudist–dominated Senonian carbonate shelves (Southern Apennines, Italy), *in* Gili, E., Negra, M.H., and Skelton, P.W., eds., North African Cretaceous Carbonate Platform Systems: NATO Sciences Series, Earth and Environmental Sciences, Kluwer Academic Press, v. 28, p. 189–201.

Carbone, F., 1993, Cretaceous depositional systems of the evolving Mesozoic carbonate platform of central Apennine thrust belt, Italy: Geologica Romana, v. 29, p. 31–53.

Carbone, F., and Sirna, G., 1981, Upper Cretaceous reef models from Rocca di Cave and adjacent areas in Latium, Central Italy, *in* Toomey, D.F., ed., European Fossil Reef Models: SEPM, Special Publication 30, p. 427–445.

Cestari, R., and Sirna, G., 1987, Rudist fauna in the Maastrichtian deposits of southern Salento (Southern Italy): Società Geologica Italiana, Memorie, v. 40, p. 133–147.

Cestari, R., and Sartorio, D., 1995, Rudists and facies of the Periadriatic Domain: Milano, AGIP Spa, 207 p.

Cestari, R., Reali, S., and Sirna, M., 1992, Biostratigraphical characteristics of the Turonian–? Maastrichtian pp. (Upper Cretaceous) deposits in the Simbruini–Ernici Mts. (Central Apennines, Italy): Geologica Romana, v. 28, p. 359–372.

Cherchi, A., ed., 1985, 19th European Micropaleontological Colloquium, Sardinia, October 1–10, 1985, 338 p.

Cherchi, A., and Schroeder, R., 1987, Biostratigraphie du Crétacé de la Nurra: Groupe Francaise du Crétacé, Excursion en Sardaigne, 24–29 May 1987, p. 26–60.

Cherchi, A., and Schroeder, R., 2005, Calcimicrobial oncoid coatings from the Pliensbachian Massone Member (Calcari Grigi Formation, Trento Platform, Italy), *in* Fugagnoli, A., and Bassi, D., eds., Giornata di Studi Paleontologici "Prof. C. Loriga Broglio" . Ferrara, June 18th, 2004: Università di Ferrara, Annali, Sezione Museologia Scientifica e Naturalistica, Special Volume, p. 45–49.

Cherchi, A., and Trèmolières, P., 1984, Nouvelle données sur l'évolution structurale au Mésozoique et au Cénozoique de la Sardaigne et leur implications géodynamiques dans le cadre méditerranéen: Académie des Sciences, (Paris), Comptes Rendus, v. 298, p. 889–894.

Chiocchini, M., Farinacci, A., Mancinelli, A., Molinari, V., and Potetti, M., 1994. Biostratigrafia a Foraminiferi, Dasicladali e Calpionelle delle successioni carbonatiche mesozoiche dell'Appennino centrale (Italia): Studi Geologici Camerti, Volume Speciale, "Biostratigrafia dell'Italia Centrale" , p. 9–129.

Clarke, L.J., and Jenkyns, H.C., 1999, New oxygen isotope evidence for long–term Cretaceous climatic change in the southern hemisphere: Geology, v. 27, p. 699–702.

Coccioni, R., Baudin, F., Cecca, F., Chiari, M., Galeotti, S., Gardin, S., and Salvini, G., 1998, Integrated stratigraphic, palaentological and geochemical analysis of the uppermost Hauterivian Faraoni Level in the Fiume Bosso section, Umbria–Marche Apennines, Italy: Cretaceous Research, v. 19, p. 1–23.

Crescenti, U., and Vighi, L., 1964, Caratteristiche, genesi e stratigrafia dei depositi bauxitici cretacici del Gargano e delle Murge: cenni sulle argille con pisoliti bauxitiche del Salento (Puglie): Società Geologia Italiana, Bollettino, v. 83, p. 285–338.

D'Argenio, B., and Mindszenty, A., 1995, Bauxites and related paleokarst: tectonic and climatic event markers at regional unconformities: Eclogae Geologicae Helvetiae, v. 88, p. 453–499.

D'Argenio, B., Simone L., and Carannante, G., 1985, Sedimentological evolution of Jurassic and Cretaceous carbonates, *in* Cherchi, A., ed., 19th European Micropaleontological Colloquium, Sardinia, October 1–10, 1985, p. 57–65.

De Castro, P., 1990, Thaumatoporelle: conoscenze attuali e approccio all'interpretazione: della Società Paleontologica Italiana, Bollettino, v. 29, p. 179–206.

de Graciansky, P.C., Deroo, G., Herbin, J.P., Jaquin, T., Magniez, F., Montadert, L., Ponsot, C., Schaaf, A., and Sigal, J., 1986, Ocean–wide stagnation episodes in the Late Cretaceous: Geologische Rundschau, v. 75, p. 17–41.

Dieni, I., and Massari, F., 1985, Mesozoic of eastern Sardinia, *in* Cherchi, A., ed., 19th European Micropaleontological

Colloquium, Sardinia, October 1–10, 1985, p. 66–78.

Erba, E., 2004, Calcareous nannofossils and Mesozoic oceanic anoxic events: Marine Micropaleontolgy, v. 52, p. 85–106.

Frakes, L.A., 1999, Estimating the global thermal state from Cretaceous sea surface and continental temperature data, *in* Barrera, E., and Johnson, C.C., eds., Evolution of the Cretaceous Ocean–Climate system: Geological Society of America, Special Paper 332, p. 49–57.

Gili, E., 1993, Facies and geometry of Les Collades de Basturs carbonate platform, Upper Cretaceous, South–central Pyrenèes, *in* Simo, J.A., Scott, R.W., and Masse, J.P., eds., Cretaceous Carbonate Platforms: American Association of Petroleum Geologists, Memoir 56, p. 343–352.

Gili, E., Masse, J.P., and Skelton, P.W., 1995a, Rudists as gregarious sediment–dwellers, not reef–builders, on Cretaceous carbonate platforms: Palaeogeography, Palaeoclimatology, Palaeoecology, v. 118, p. 245–267.

Gili, E., Skelton, P.W., Vicens, E., and Obrador, A., 1995b, Coral to rudists—an environmentally induced assemblage succession: Palaeogeography, Palaeoclimatology, Palaeoecology, v. 119, p. 127–136.

Gili, E., El Hédi Negra, M., and Skelton, P., eds., 2003, North African Cretaceous Carbonate Platforms Systems: Earth and Environmental Sciences, NATO Science Series 28, Kluwer, 252 p.

Golubic, S., Radoicic, R., and Lee, S.–J., 2006, *Decastronema kotori* gen. nov., comb. nov.: a mat–forming cyanobacterium on Cretaceous carbonate platforms and its modern counterpart: Carnets de Géologie/Notebooks on Geology, Brest, Article 2006/2, (CG2006_A02).

Graziano, R., 1994, Evoluzione cretacica del sistema "Plataforma carbonatica Apula/Bacino Est–Garganico" nel Promontorio del Gargano. Sedimentologia e stratigrafia sequenziale: Unpublished Ph.D. Thesis, University of Napoli "Federico II", 253 p.

Graziano, R., 2007, Cyanobacteria blooms and drowning unconformities of carbonate platforms: signs of Earth's endogenic, global control on the productivity of carbonate depositional systems; Examples from the Jurassic–Cretaceous of the mediterranean Tethys, *in* Herrle, J., Erba, E., and Weissert, H., eds., Understanding the l

Linkages of Geosphere and Biosphere Evolution During Cenozoic and Mesozoic Times: European Geosciences Union General Assembly, Vienna, Austria, 15–20 April 2007, Geophysical Research Abstract, v. 9, A09465.

Graziano, R., Buono, G., and Taddei Ruggiero, E., 2006, Lower Toarcian (Jurassic) brachiopod–rich carbonate facies of the Gran Sasso range (central Apennines, Italy): Società Paleontologica Italiana, Bollettino, v. 45, p. 61–74.

Graziano, R., Carannante, G., and Simone, L., 2007, The inception and evolution of the Late Cretaceous rudist bearing carbonate platforms in the Mediterranean Tethys: mirror of geodynamically induced biosphere–geosphere interactions, *in* Mutti, M., and Samankassou, E., eds., Paleo–Environmental Indicators in Carbonate Systems: European Geosciences Union General Assembly, Vienna, Austria, 15–20 April 2007: Geophysical Research Abstracts, v. 9, A08010.

Gusic, I., and Jelaska, V., 1990, Upper Cretaceous stratigraphy of the island of Brac within the geodynamic evolution of the Adriatic carbonate platform: Jugoslavenska Akademija Znanosti i Umjetnosti, Institut za Geoloska Istrazivanja, OOUR za Geologiju, 160 p.

Halfar, H., Godinez–Orta, L., Mutti, M., Valdez–Holguin, J.E., and Borges, J.M., 2004, Nutrients and temperature controls on modern carbonate production: an example from the Gulf of California, Mexico: Geology, v. 32, p. 213–216.

Hallock, P., 1985, Why are larger foraminifera large?: Paleobiology, v. 11, p. 195–208.

Hallock, P., 2005, Global change and modern coral reefs: New opportunities to understand shallow–water carbonate depositional processes: Sedimentary Geology, v. 175, p. 19–33.

Hallock, P., Premoli Silva, I., and Boersma, A., 1991, Similarities between planktonic and larger foraminiferal evolutionary trends through Paleogene paleoceanographic changes: Palaeogeography, Palaeoclimatology, Palaeoecology, v. 83, p. 49–64.

Hansen, K.W., and Wallmann, K., 2003, Cretaceous and Cenozoic evolution of seawater composition, atmospheric O_2 and CO_2: a model perspective: American Journal of Science, v. 303, p. 94–148.

Harries, P.J., and Little, C.T.S., 1999, The early Toarcian (Early Jurassic) and the Cenomanian–Turonian (Late Cretaceous) mass extinctions: similarities and contrasts: Palaeogeography, Palaeoclimatology, Palaeoecology, v. 154, p. 39–66.

Henriksson, A.S., and Malmgren, B.A., 1997, Biogeographic and ecologic patterns in calcareous nannoplankton in the Atlantic and Pacific Oceans during the terminal Cretaceous: Salamanca, Studia Geologica Salmanticensia, v. 33, p. 17–40.

Immenhauser, A., Hillgartner, H., and Van Bentum, E., 2005, Microbial–foraminiferal episodes in the Early Aptian of the southern Tethyan margin: ecological significance and possible relation to oceanic anoxic event 1a: Sedimentology, v. 52, p. 77–99.

James, N.P., 1997, The cool−water carbonate depositional realm, *in* James, N.P., and Clarke, J.A.D., eds., Cool−Water Carbonates: SEPM, Special Publication 56, p. 1−20.

Jenkyns, H.C., 1980, Cretaceous anoxic events: from continents to oceans: Geological Society of London, Journal, v. 137, p. 171−188.

Kazmierczak, J., Coleman, M.L., Gruszczynski, M., and Kempe, S., 1996, Cyanobacterial key to the genesis of micritic and peloidal limestones in ancient seas: Acta Paleontologica Polonica, v. 41, p. 319−338.

Kempe, S., 1990, Alkalinity: the link between anaerobic basins and shallow water carbonates?: Naturwissenschaften, v. 77, p. 426−427.

Kerr, A.C., 1998, Oceanic plateau formation: a cause of mass extinction and black shale deposition around the Cenomanian−Turonian boundary?: Geological Society of London, Journal, v. 155, p. 619−626.

Kidwell, S.M., 1991, The stratigraphy of shell concentration, *in* Allison, P.A., and Briggs, D.E.G., eds., Taphonomy: Releasing the Data Locked in the Fossil Record: New York, Plenum Press, Topics in Geobiology, 9, p. 211−290.

Kidwell, S.M., and Holland, S.M., 1991, Field description of coarse bioclastic fabrics: Palaios, v. 6, p. 426−434.

Kidwell, S.M., Fürsich, F.T., and Aigner, T., 1986, Conceptual framework for the analysis and classification of fossil concentrations: Palaios, v. 1, p. 228−238.

Larson, R.L., and Erba, E., 1999, Onset of the mid−Cretaceous greenhouse in the Barremian−Aptian: igneous events and the biological, sedimentary, and geochemical responses: Paleoceanography, v. 14, p. 663−678.

Laviano, A., 1984, Preliminary observations on the Upper Cretaceous coral−rudist facies of Ostuni (south−eastern Murge, Apulia): Rivista Italiana di Paleontologia e Stratigrafia, v. 90, p. 177−204.

Lees, A., 1975, Possible influence of salinity and temperature on modern shelf carbonate sedimentation: Marine Geology, v. 19, p. 159−198.

Lees, A., and Buller, A.T., 1972, Modern temperate−water and warmwater shelf carbonate sediments contrasted: Marine Geology, v. 13, p. 67−73.

Luperto Sinni, E., and Borgomano, J., 1989, Le Crétacé supérieur des Murges sud−orientales (Italie Méridionale): stratigraphie et evolution des paléoenvironnements: Rivista Italiana di Paleontologia e Stratigrafia, v. 95, p. 95−136.

Luperto Sinni, E., and Borgomano, J., 1994, Stratigrafia del Cretaceo superiore in facies di scarpata di Monte S. Angelo (Promontorio del Gargano, Italia meridionale): Società Geologica Italiana, Bollettino, v. 113, p. 355−382.

Luperto Sinni, E., and Reina, A., 1996, Nuovi dati stratigrafici sulla discontinuità mesocretacea delle Murge (Puglia, Italia meridonale): Società Geologica Italiana, Memorie, v. 51, p. 1179−1188.

Mameli, P., Mongelli, G., Oggiano, G., and Dinelli, E., 2007, Geological, geochemical and mineralogical features of some bauxite deposits from Nurra (Western Sardinia, Italy): insights on conditions of formation and parental affinity: International Journal of Earth Sciences, v. 96, p. 887−902.

Masse, J.P., 1989, Relations entre modifications biologiques et phénoménes géologiques sur les plates−formes carbonatées du domaine périméditerranéen au passage Bédulien−Gargasien: Géobios, Mémoire Spécial 11, p. 279−294.

Moro, A., 1997, Stratigraphy and paleoenvironments of rudists biostromes in the Upper Cretaceous (Turonian−upper Santonian) limestones of southern Istria, Croatia: Palaeogeography, Palaeoclimatology, Palaeoecology, v. 131, p. 113−131.

Mutti, M., and Hallock, P., 2003, Carbonate systems along nutrient and temperature gradients: a review of sedimentological and geochemical constraints: International Journal of Earth Sciences, v. 92, p. 465−475.

Negra, M.H., Purser, B.H., and M'rabet, A., 1995, Sedimentation, diagenesis and syntectonic erosion of Upper Cretaceous rudists mounds in central Tunisia, *in* Monty, C.L.V., Bosence, D.W.J., Bridges, P.H., and Pratt, B.R., eds., Carbonate Mud−Mounds; Their Origin and Evolution: International Association of Sedimentologists, Special Publication 23, p. 401−419.

Paerl, H.W., 1999, Physical−chemical constraints on cyanobacterial growth in the Oceans: Institute Océanographique, Monaco, Bulletin, Numero Spécial 19, p. 319−349.

Parente, M., 1994, A revised stratigraphy of the Upper Cretaceous to Oligocene units from southeast Salento (Apulia, southern Italy): Società Geologica Italiana, Bollettino, v. 33, p. 155−170.

Philip, J., 1982, Paleobiogeographie des Rudistes et geodinamique des marges mesogèennes au Crètacè supèrieur: Sociètè Geologique de France, Bulletin, v. 24, p. 995−1006.

Philip, J., 1993, Late Cretaceous carbonate−siliciclastic platforms of Provence, Southeastern France, *in* Simo, T., Scott, R.W., and Masse, J.P., eds., Cretaceous Carbonate Platforms: American Association of Petroleum Geologists, Memoir 56, p. 375−385.

Philip, J., and Airaud–Crumiere, C., 1991, The demise of rudist–bearing carbonate platforms at the Cenomanian–Turonian boundary: a global control: Coral Reefs, v. 10, p. 115–125.

Philip, J., and Gari, J., 2005, Late Cretaceous heterozoan carbonates: palaeoenvironmental setting, relationships with rudist carbonates (Provence, south–east France): Sedimentary Geology, v. 175, p. 315–337.

Philip, J., Floquet, M., Platel, J.P., Bergerat, F., Sandulescu, M., Baraboshkin, E., Amon, E.O., Guiraud, R., Vaslet, D., Le Nindre, Y., Ziegler, M., Poisson, A., and Bouaziz, S., 2000, Map 14—Late Cenomanian (94.7 to 93.5 Ma), *in* Dercourt, J., Gaetani, M., Vrielynck, B., Barrier, E., Biju Duval, B., Brunet, M.F., Cadet, J.P., Crasquin, S., and Sandulescu, M., eds., Atlas Peri–Tethys: Palaeogeographical Maps, CCGM/CGMW, Paris, p. 153–178.

Pomar, L., Gili, E., Obrador, A., and Ward, W., 2005, Facies architecture and high–resolution sequence stratigraphy of an Upper Cretaceous platform margin succession, southern central Pyrenees, Spain: Sedimentary Geology, v. 175, p. 339–365.

Pomoni–Papaioannou, F., and Photiades, A., 2008, Carbonate sedimentary diversification in a Cretaceous Pelagonian margin: Rhodiani area (west Macedonia, Greece): Società Geologica Italiana, Bollettino, in press.

Poulsen, C.J., Barron, E.J., Arthur, M.A., and Peterson, W.H., 2001, Response of the mid–Cretaceous global oceanic circulation to tectonic and CO_2 forcings: Palaeoceanography, v. 16, p. 576–592.

Premoli Silva, I., and Sliter, W.V., 1999, Cretaceous paleoceanography: evidence from planktonic foraminiferal evolution, *in* Barrera, E. and Johnson, C.C., eds., Evolution of the Cretaceous Ocean–Climate System: Geological Society of America, Special Paper 332, p. 301–328.

Reina, A., and Luperto Sinni, E., 1993, Depositi maastrichtiani di piattaforma carbonatica interna affioranti nell'area delle murge baresi (Puglia, Italia meridionale): Società Geologica Italiana, Bollettino, v. 112, p. 837–844.

Reynaud, S., Leclerq, N., Romaine–Lioud, S., Ferrier–Pages, C., Jaubert, J., and Gattuso, J.–P., 2003, Interacting effects of CO_2 partial pressure and temperature on photosynthesis and calcification in a scleractinian coral: Global Change Biology, v. 9, p. 1660–1668.

Ross, D.J., 1991, Botryoidal high–magnesium calcite marine cements from the Upper Cretaceous of the Mediterranean region: Journal of Sedimentary Petrology, v. 61, p. 349–353.

Ross, D.J., and Skelton, P.W., 1993, Rudist formations of the Cretaceous: a palaeoecological, sedimentological and stratigraphical review, *in* Wright, V.P., ed., Sedimentology Review, v. 1, p. 73–91, Oxford, U.K., Blackwell Scientific Publications.

Ruberti, D., 1993, Late Cretaceous carbonate shelf–to–slope facies in the central–western Matese (central Apennines, Italy): Giornale di Geologia, serie 3, v. 55, p. 117–129.

Ruberti, D., 1997, Facies analysis of an Upper Cretaceous high–energy rudist–dominated carbonate ramp (Matese Mountains, central–southern Italy): subtidal and peritidal cycles: Sedimentary Geology, v. 113, p. 81–110.

Ruberti, D., Carannante, G., Simone, L., and Toscano, F., 2006, Rudist lithosomes related to current pathways in Upper Cretaceous, temperate–type, inner shelves: a case study from the Cilento area, southern Italy, *in* Pedley, H.M., and Carannante, G., eds., Cool–Water Carbonates: Depositional Systems and Palaeoenvironmental Controls: Geological Society of London, Special Publication 255, p. 181–197.

Ruberti, D., Carannante, G., Simone, L., Sirna, G., and Sirna, M., 2007, Sedimentary processes and biofacies of Late Cretaceous carbonate low energy ramp systems (Southern Italy), *in* Scott, R.W., ed., Cretaceous Rudists and Carbonate Platforms: Environmental Feedback: SEPM, Special Publication 87, p. 57–70.

Sanders, D.G.K., 1996, Rudist biostromes on the margin of an isolated carbonate platform: the Upper Cretaceous of Montagna della Maiella, Italy: Eclogae Geologicae Helvetiae, v. 89, p. 845–871.

Schlager, W., and Philip, J., 1990, Cretaceous carbonate platforms, *in* Ginsburg, R.N., and Beaudoin, B., eds., Cretaceous Resources, Events and Rhythms: Dordrecht, The Netherlands, Kluwer, p. 173–195.

Shanmugan, G., 2000, 50 years of the turbidite paradigm (1950s–1990s): deep–water processes and facies models—a critical perspective: Marine and Petroleum Geology, v. 17, p. 285–342.

Simo, J.A., Scott, R.W., and Masse, J.P., 1993, Cretaceous carbonate platform: an overview, *in* Simo, J.A., Scott R.W., and Masse, J.P., eds., Cretaceous Carbonate Platforms: American Association of Petroleum Geologists, Memoir 56, p. 1–14.

Simone, L., and Carannante, G., 1988, The fate of foramol ("temperatetype") carbonate platforms: Sedimentary Geology, v. 60, p. 347–354.

Simone, L., Carannante, G., Ruberti, D., Sirna, M., Sirna, G., Laviano, A., and Tropeano, M., 2003, Development of rudist lithosomes in the Coniacian–Lower Campanian carbonate shelves of central–southern Italy: high energy vs low–energy settings: Palaeogeography, Palaeoclimatology, Palaeoecology, v. 200, p. 5−29.

Skelton, P., 2003a, Rudist evolution and extinction: a North African perspective, *in* Gili, E., Negra, E.H.M., and Skelton, P., eds., North African Cretaceous Carbonate Platform Systems: Earth and Environmental Sciences, NATO Science Series, v. 28, p. 215−227, Kluwer.

Skelton, P., ed., 2003b, The Cretaceous World: The Open University, Milton Keynes, and Cambridge University Press, Cambridge, U.K., 360 p.

Skelton, P., Gili, E., Vicens, E., and Obrador, A., 1995, The growth fabric of gregarious rudist elevator (hippuritids) in a Santonian carbonate platform in the southern Central Pyrenees: Palaeogeography, Palaeoclimatology, Palaeoecology, v. 119, p. 107−126.

Spalluto, L. and Pieri, P., in press, Rilevamento geologico delle unità carbonatiche mesozoiche e cenozoiche affioranti nel Gargano sudoccidentale: nuovo quadro stratigrafico e nuovi vincoli stratigrafici per l'evoluzione tettonica dell'area: Memorie Descrittive della Carta Geologica d'Italia, Roma.

Steuber, T., 2000, Skeletal growth rates of Upper Cretaceous rudist bivalves: implications for carbonate production and organism−environment feedbacks, *in* Insalaco, E., Skelton, P.W., and Palmer, T.J., eds., Carbonate Platform Systems; Components and Interactions: Geological Society of London, Special Publication 178, p. 21−31.

Steuber, T., 2002, Plate tectonic control on the evolution of Cretaceous platform carbonate production: Geology, v. 30, p. 259−262.

Stössel, I., and Bernoulli, D., 2000, Rudist lithosome development on the Maiella Carbonate Platform margin, *in* Insalaco, E., Skelton, P.W., and Palmer, T.J., eds., Carbonate Platform Systems; Components and Interactions: Geological Society of London, Special Publication 178, p. 177−190.

Van de Poel, H.M., and Schlager, W., 1994: Variations in Mesozoic− Cenozoic skeletal carbonate mineralogy: Geologie en Mijnbouw, v. 73, p. 31−51.

Veizer, J., Ala, D., Azmy, K., Bruckschen, P., Buhl, D., Bruhn, F., Carden, G.A.F., Diener, A., Ebneth, S., Godderis, Y., Jasper, T., Korte, C., Pawellek, F., Podlaha, O.G., and Strauss, H., 1999, $^{87}Sr/^{86}Sr$, $\delta^{13}C$, $\delta^{18}O$ evolution of Phanerozoic seawater: Chemical Geology, v. 161, p. 59−88.

Vlahovic, I., Tisljar, J., Velic, I., and Maticec, D., 2005, Evolution of the Adriatic carbonate platform: palaeogeography, main events and depositional dynamics: Palaeogeography, Palaeoclimatology, Palaeoecology, v. 220, p. 333−360.

Vogt, P.R., 1989, Volcanogenic upwelling of anoxic, nutrient rich water: possible factor in carbonate−bank/reef demise and benthic faunal extinction?: Geological Society of America, Bulletin, v. 101, p. 1225−1245.

Wagner, T., Sinninghe Damsté, J.S., Hofmann, P., and Beckmann, B., 2004, Euxinia and primary production in Late Cretaceous eastern equatorial Atlantic surface waters fostered orbitally driven formation of marine black shales: Paleoceanography, v. 19, PA3009, doi:10.1029/2003PA000898.

观察加拿大西北地区亚历山德拉斜坡区的礁系统（弗拉期）：营养梯度对泥盆纪生物礁发育的控制作用

Alex J. Macneil　Brian Jones
（艾伯塔大学地球和大气科学系）

摘要：一般认为泥盆纪生物礁系统为显生宙全球珊瑚礁最发育时期的代表。尽管如此，在生态和环境对此庞大系统沉积性质的控制方面几乎没有开展过研究，其仍然是一个谜。晚泥盆世（弗拉期）亚历山德拉的礁系统，暴露在加拿大的西北地区，是在位于劳亚大陆西缘的一个斜坡的基础上发展形成的。该系统包括两个礁复合体，在海平面下降17m以后，第二个礁复合体在第一个礁复合体之后向盆地方向发展形成，相对于第一个礁复合体和第二个礁复合体上部富集层孔虫（珊瑚）的礁相而言，在第二个礁复合体的下部礁相被层孔虫—微生物组合控制。微生物包括具有重要意义的肾形藻粘结岩和叠层石集合体，这些微生物在其他礁系统中没有被发现。可以得出的结论是层孔虫—微生物礁相的出现表明礁体环境发生从贫营养环境到中等营养环境的转变。养分富集机制与台地地形、海平面位置和海洋学系统相联系，表明碳酸盐岩斜坡在海平面下降（强制海退）和海平面低水位期可能特别容易营养化。营养梯度模型可以用来解释亚历山德拉礁系统中不同类型的礁相，表明营养资源是泥盆纪礁体建造体系组成的一个重要控制因素，同时泥盆纪生物礁和碳酸盐岩台地对于营养引起的淹没不太敏感。

泥盆纪生物礁系统及其相关的碳酸盐岩台地，尤其在吉维特期（Givetian）—弗拉期，代表着显生宙全球珊瑚礁发展的最重要阶段（Copper，1989.2002）。虽然许多研究已经记录了泥盆纪礁的总体化石组成（例如层孔虫、珊瑚、钙质微生物），详细研究的相对缺乏已经限制了对泥盆纪生物礁古生态学的理解（Moore，1988；Wood，1993；Kiessling等，1999）。因为生态环境控制着所有生产碳酸盐的群落的组成（Wood，1999），进而控制碳酸盐岩沉积相的类型，因此这方面基本信息的缺乏从根本上限制了对于泥盆系碳酸盐岩沉积体系主控因素的理解。特别是营养物质（例如氮、磷、铁），对碳酸盐岩沉积体系而言是一种重要的控制因素（Hallock，1987;Mutti和Hallock，2003），但其在泥盆纪礁系统发展中的作用，仅有很少一些文献进行了研究（Wood，1993; Eliuk，1998;Whalen等，2002），并且研究未涉及这些礁系统存在的相模式（Machel和Hunter，1994）。

晚泥盆世（弗拉期）的亚历山德拉礁系统位于西加拿大沉积盆地。从碳酸盐岩沉积体系和台地的演化被几个动态变量的相互作用控制的角度，本次研究探讨了台地形态、海平面变化和养分富集与礁系统发展演化之间的关系。相对下降的海平面造成了亚历山德拉礁系统中的礁向盆地方向跳跃发展（MacNeil和Jones，2006a），这被解释为该系统处于有利的养分富集组合机制中，这种机制引起礁系统的礁相从以后生动物为主到以后生动物—微生物为主的变化。养分富集的机制可能包括地面径流、地下水渗流和离岸营养水体的风暴扰动。季节性气候改变也可能引发了阶段性的养分富集。海平面的上升削弱了养分富集机制的协同作用，造成了养分耗竭以及礁相以后生动物为主的局面。

在亚历山德拉礁系统养分富集的层序地层背景展示了养分富集的一些重要机制，这些机制适用于碳酸盐岩斜坡区的强制海退和低位体系域，并且养分富集未必造成对礁体建造集合体和台地发展的破坏。这项研究还表明普遍认为的泥盆纪礁中的微生物碳酸盐岩无处不在的观点是错误的（Wood，

1998a）。本次研究提出了一种营养梯度模型，用来解释亚历山德拉礁系统中的对比相类型，将其作为一种新方法是为了了解泥盆纪礁相的变化，这对于如何评价礁系统具有重要的意义。特别是，营养梯度模型表明泥盆纪生物礁系统不仅限于贫养型（营养缺乏）环境，并且其台地对于营养导致的淹没并非高度敏感。层孔虫具备能够生长在不同类型基底之上的能力（Wood，1995；Kershaw，1998），这或许能够部分解释这些礁系统全球分布且这些优势生物礁形成宽阔、均斜台地（Wilson，1975）的原因，这些台地和由贫营养的珊瑚藻礁建造的碳酸盐岩台地表现出完全不同的宏观特征。

一、研究方法

属于亚历山德拉礁系统的地层（亚历山德拉组，厚约35m）位于加拿大西北地区的南部（图1A），沿着被Hay河切割的东北—西南向峡谷和西北—东南倾向的悬崖出露。Hay河沿线地层表明其横向变化不大，因为地层暴露趋势几乎是平行沉积走向的。与此相反，悬崖走向与地层沉积走向是斜交的，这就提供了一个几乎连续的穿过礁系统不同部位的剖面。82地层剖面（图1B）根据沿着悬崖边的47个剖面点、5个位于悬崖顶部的露头、一个采石场、沿着Hay河的3个剖面点，以及11个连续岩心样品的测量得出，该剖面为本次研究提供了数据库。MacNeil和Jones（2006a）对剖面点开展了详细的层序地层学研究。对大多数（>90%）实测剖面进行了原始样品（n=827）的采集，采样间隔约1m，为了宏观特征的研究对样品进行了切片和稀盐酸浸蚀。为了开展详细的岩石学研究，对露头（n=134）和岩心（160m）样品进行了大薄片（5cm × 7.5cm）制作。

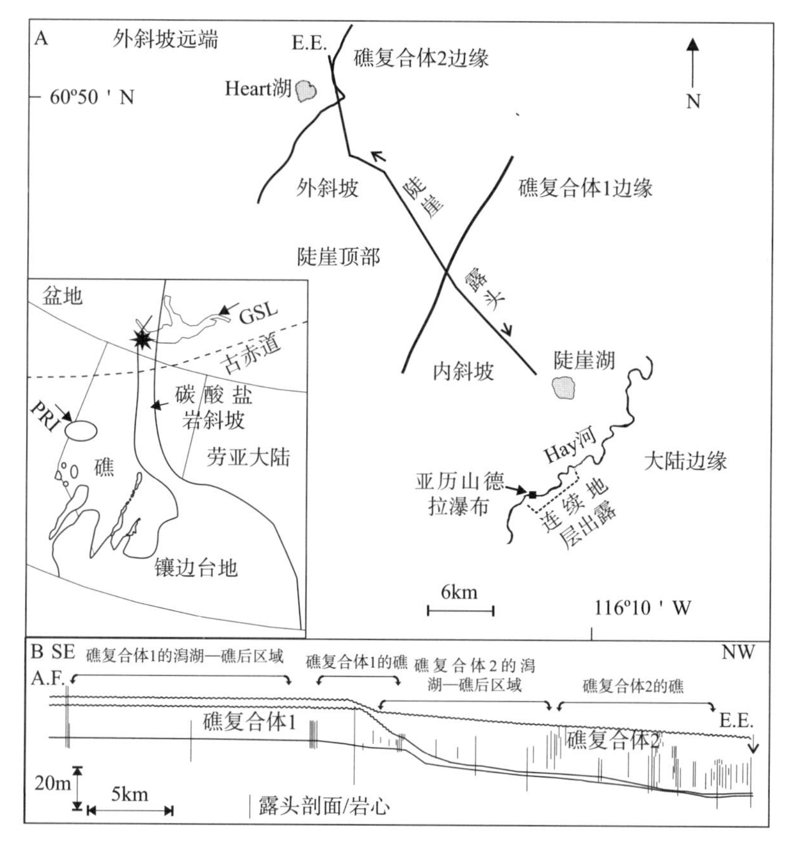

图1 区域背景

A—亚历山德拉礁系统西北地区南部研究区古地理概略图（据MacNeil和Jones，2006a，修改）。插图显示了晚泥盆世西加拿大研究区的古地理（星号所标注位置），与地缘政治边界重叠。古赤道的位置是从Scotese（2004）的研究中获得的。GSL—Great Slave湖，PRI—Peace河；B—过62条野外剖面和11个岩心采样位置点的亚历山德拉珊瑚礁系统的横剖面。为了清晰起见，20个空间位置紧邻的露头剖面没有绘制出来。AF—亚历山德拉瀑布；EE—Heart湖东北部悬崖末端

二、亚历山德拉礁系统的地质背景

亚历山德拉礁系统发育在中弗拉期（Klapper和Lane，1989；McLean和Klapper，1998）的一个陆缘斜坡上，该陆缘斜坡位于劳亚大陆西部边缘赤道附近（图1A；Kiessling等，1999；Scotese，2004）。陆缘位于北部和西部，向东延伸为大陆腹地。向南部，由于一系列海平面上升，加拿大西部被海水淹没（Johnson等，1985），形成了一个狭长的稳定陆内盆地，其中发育着宽的温水碳酸盐岩台地（Moore，1988; Whalen，1995）。

亚历山德拉礁系统之上覆盖的为混合碎屑岩—碳酸盐岩斜坡沉积，属于Escarpment组E段（图2A；Hadley和Jones，1990）。E段包括绿色页岩（在更深沉积环境下沉积成岩）、泥灰岩、几乎不含化石的石英质灰岩（形成于浅水环境）和石英粉砂岩（沉积环境水体最浅）（Hadley和Jones，1990）。MacNeil和Jones（2006a）测定亚历山德拉礁系统地区由以上沉积物形成的斜坡的坡度非常缓（<0.1°），并且根据斜坡上的一个台阶可以将斜坡大致分为内斜坡和外斜坡，将这一台阶称为斜坡台阶。而内缓坡和斜坡台阶完全下伏于亚历山德拉礁系统之下，外斜坡超出了亚历山德拉礁系统，可能延伸有数千千米。因此，大多数的亚历山德拉礁系统发育在浅海的石英粉砂岩和化石稀少的石英质灰岩之上，这些沉积物已经沉积于内斜坡—外斜坡近端地区，而泥灰岩、绿色页岩和深盆相页岩的沉积范围则超出了研究区。

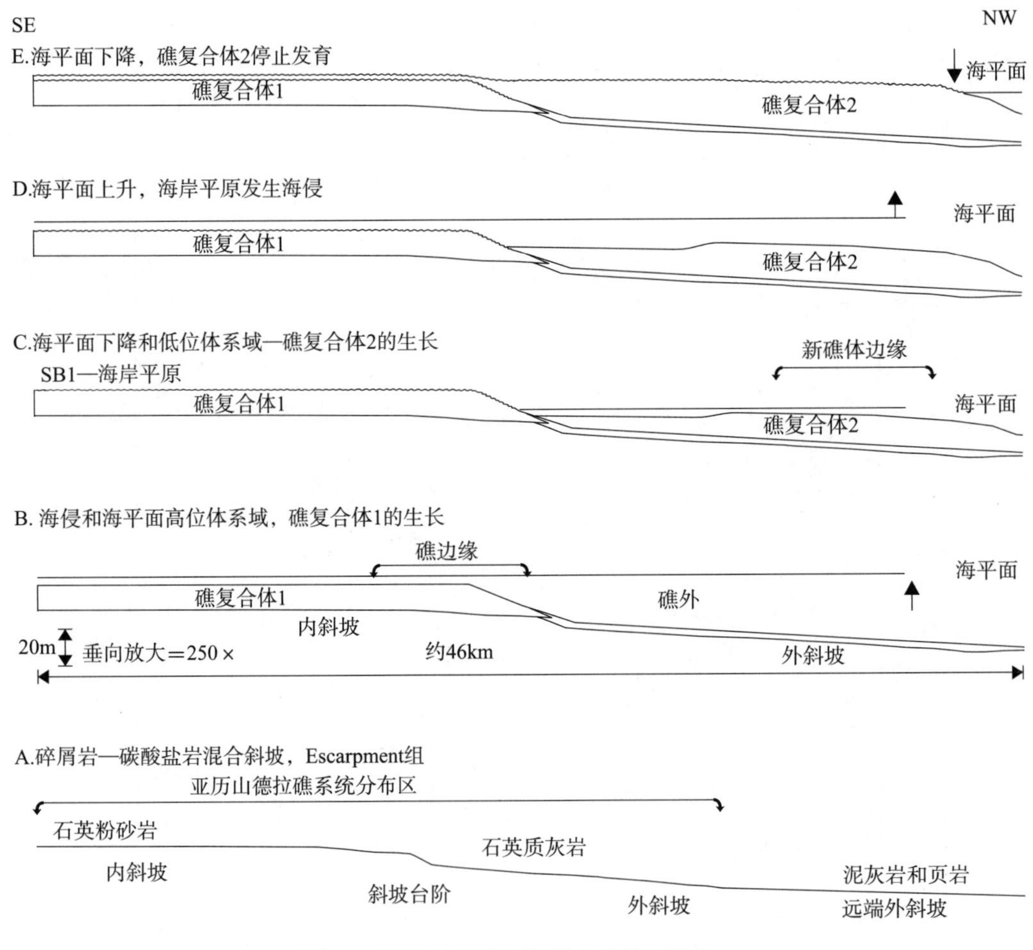

图2　亚历山德拉礁系统简化的地层演化

A—Escarpment组顶部由混合碎屑岩—碳酸盐相形成的斜坡及其分布特征。B—E—亚历山德拉礁系统演化。比例尺在B部分的下部，在海平面下降后，礁复合体2在礁复合体1的基础上向盆地方向发育，而层序边界1（SB1）发育在暴露的礁复合体1顶部（C部分）。最终演化为（E部分）由层序界面1分隔出来的2个单独沉积层序。第二个层序边界盖住了上部地层

亚历山德拉礁系统由2个以层孔虫为主的礁复合体组成（礁复合体1和礁复合体2），被层序边界及其相应的整合接触分割（图2B—E）。在这些沉积物中的牙形石带及海平面变化的幅度记录表明这些礁沉积于两个相对高频的四级海平面旋回期间（MacNeil和Jones，2006a），位于T—R旋回的上部（Johnson等，1985）。第二个礁复合体生长在外斜坡之上，位于礁复合体1的向盆地方向，在海平面下降17m后礁复合体1停止发育（图2C；MacNeil和Jones，2006a）。这次海平面下降似乎与Whalen等（2000）和Potma等（2002）在西加拿大沉积盆地的其他地区识别出的海平面下降具有一定的相关性（MacNeil和Jones，2006a），这表明海平面位置的波动为盆地尺度的。Mac Neil和Jones（2006a）认为在弗拉期全球变冷终止，其存在是通过生物多样性趋势和化石组合推断的（Stanley，1988；Copper，2002），并且稳定同位素的分析也表明了这点（Joachimski等，2004），其存在也可以解释海平面下降的幅度和随后的上升。由于海平面下降，斜坡平缓的坡度是礁复合体2发育的主要控制因素，因为它为礁复合体2在礁复合体1前面提供了广阔的浅海环境，这是有利于碳酸盐生产集合体的集群发育的（MacNeil和Jones，2006a）。礁复合体2的地层要比礁复合体1的相对复杂，因为礁复合体2是随着整个海平面的上升完整旋回和海平面的再次下降而发育起来的，此后由于其暴露地表而停止生长（图2D）。Twin Falls组的生物碎屑灰岩不整合覆盖于亚历山德拉礁系统之上。

三、亚历山德拉礁系统中礁相的层序地层格架

亚历山德拉礁系统中的礁相可以分为层孔虫优势相，层孔虫—珊瑚优势相和层孔虫—珊瑚—微生物优势相。这些礁相的时空分布被亚历山德拉礁系统的层序地层框架所划定（MacNeil和Jones，2006a）。

（一）礁复合体1

礁复合体1发育于内斜坡的海侵和高位体系域（图3A）时期，Escarpment组的E段之上。海侵体系域（MacNeil和Jones，2006a）由泥质碳酸盐沉积物组成，在外斜坡（礁外）上具有散乱的层孔虫和珊瑚，而在内斜坡上发育一个层孔虫—珊瑚生物层（约3.5m厚），那里的浅水环境有利于礁的发育。生物层由层状的、扁平状的、穹隆的层孔虫及单体与群体的四射珊瑚（*Macgeea*, *Phillipsastrea*, *Thamnophyllum*,*Disphyllum*, *Smithiphyllum*）和床板珊瑚（*Alveolites*, *Thamnopora*）主导（图3B、C）。

礁的主要发育阶段（约21m厚）起始于从海侵到高位体系域的转换时期。珊瑚礁的发展发生在内斜坡外部边缘，在斜坡台阶处的上部，为原地的以有孔虫为主的宽阔的堆积建造（图3A）。这些建造的一部分是以层孔虫补丁礁为主，其中充填以穗层孔虫属为主的漂砾岩和砾屑灰岩，而建造的其他部分以充填致密的穹隆状和扁平式层孔虫灰岩的厚层状的格架为特征（图3D—H）。床板珊瑚和四射珊瑚（例如费氏星珊瑚属、槽珊瑚属）目前位于礁前或前礁区，但是礁核（*Thamnopora*除外）缺乏群体珊瑚（MacNeil和Jones，2006a）。礁后沉积物包含小的以层孔虫为主的补丁礁、薄—中层的*Amphipora*粒泥灰岩和包含钙球与小型球状层孔虫的漂砾岩。

向盆地方向，礁复合体1逐渐过渡为薄层微倾斜的风化破碎的粒泥灰岩和漂砾岩层，其中含有很多球粒、腕足类和海百合。在外斜坡处深水区，单体珊瑚、群体珊瑚和层孔虫呈分散、孤立状态生长。局部发育低幅度的生物丘。外斜坡的大部分沉积物为褐色泥粒灰岩（碳酸盐岩泥）和角砾灰岩。

珊瑚礁沉积物中除了罕见的肾形藻标本（薄片中可见一些肾形藻碎片），在礁体的层孔虫层中有小的葛万藻凝块，层孔虫生物灰岩主要位于礁体外部，并在外斜坡沉积。在礁复合体1的礁相中没有发现微生物沉积物。钙质微生物很少，以至于不能在切片和抛光手标本中发现明显的凝块，并且其对礁体格架的发展没有贡献。相反，层孔虫—珊瑚（海侵体系域）和以层孔虫为主的沉积物（高位体系域）的共生组合，和在扁平的无规则层孔虫地层之下捕获的具有重要造礁意义的穗层孔虫属占优势的沉积物，对礁的发育起到重要作用（图3F）。正因为如此，在礁复合体1的礁建造集合体以后生动物为主（为简单起见，层孔虫和珊瑚被共同归为后生动物）。海平面下降导致礁复合体1停止生长（MacNeil和Jones，2006a）。

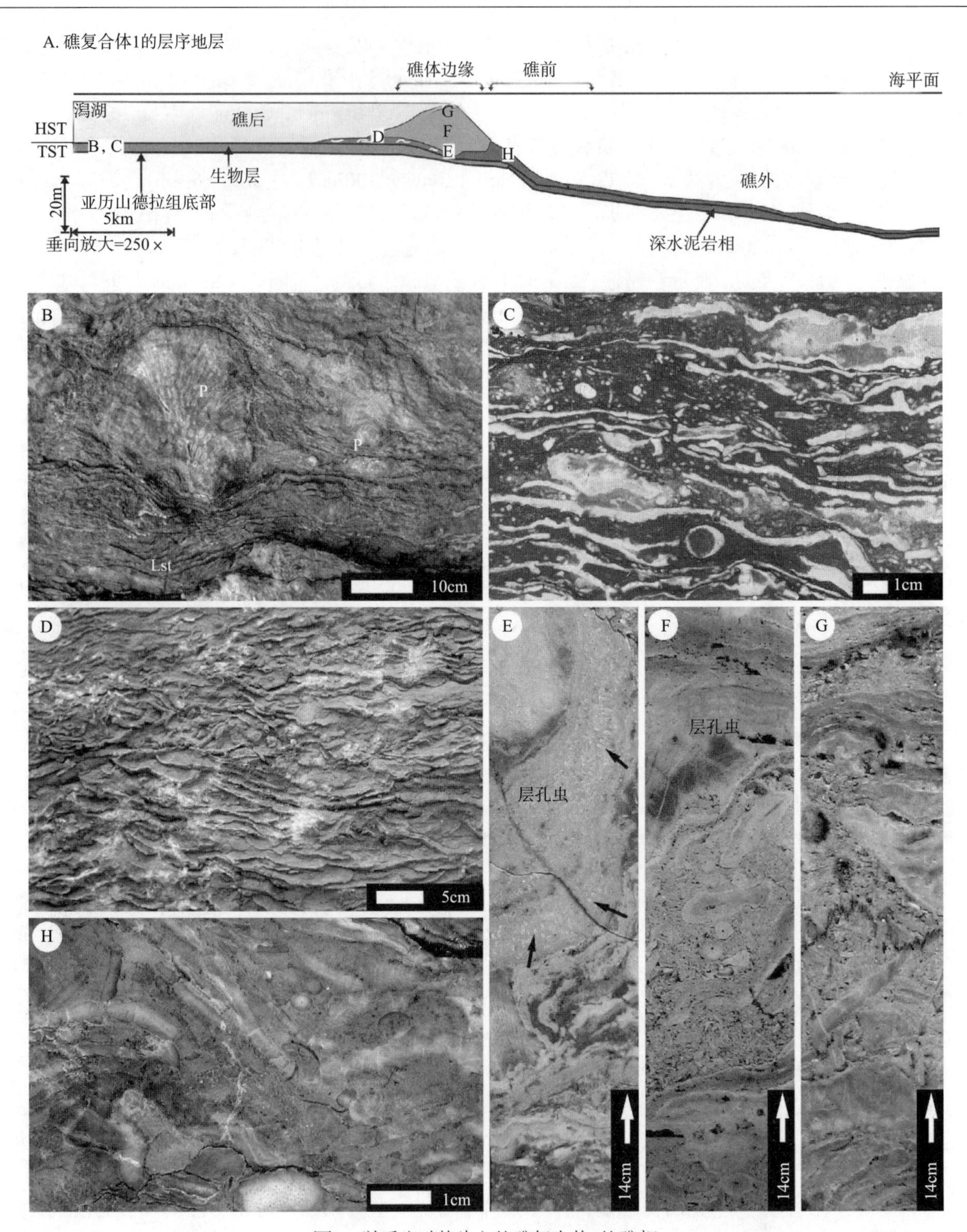

图3 以后生动物为主的礁复合体1的礁相

B，C—海侵体系域；D—H—高位体系域。A—礁复合体1的层序地层学特征和环境分带（据MacNeil和Jones，2006a，修改），TST—海侵体系域，HST—高位体系域。照片B—H的位置在图A中做了指示。B—内斜坡生物层里的层状层孔虫—珊瑚粘结灰岩相的露头照片，其中P—*Phillipsastrea*，Lst—层状有孔虫；C—在不同薄片之间伴生有暗色*Amphipora*泥砾灰岩的层孔虫粘结灰岩的切割和抛光；D—层状层孔虫粘结灰岩的露头照片，其中造礁生物空间被泥岩—泥砾岩充填；E—G—岩心照片，底部右下角为间隔长度；E—附带有倒塌状层孔虫的以层孔虫为主的礁相，箭头标注的为层孔虫内部的生物孔隙；F—以穗层孔虫属为主的漂砾岩—砾屑灰岩，并被板状层孔虫覆盖；G—混合有以穗层孔虫属为主的漂砾岩的层孔虫角砾岩，并被层状有孔虫覆盖；H—被切割和抛光的层状层孔虫粘结灰岩—漂砾岩且伴生有礁前的泥灰岩基质

（二）礁复合体2

随着海平面的下降礁复合体2开始发育，并且随后在海平面上升与下降的整个周期内逐步发展。它的发展演化包括：①初始发育和分异阶段，它发生在下降阶段体系域和低位体系域；②海泛阶段，它由海侵体系域和高位体系域组成；③变浅和终止阶段，它发生在第二次下降体系域阶段，此时相对海平面从最高点开始下降（MacNeil和Jones，2006a）。

1. 初始发育和分异阶段

海平面下降和礁复合体1的终止发育与外斜坡海水环境的变浅相一致。在下降阶段体系域期间（图4A），微生物—层孔虫生物层广泛发育（最大厚度达4m），其构成了礁复合体2的基底部分。叠层石覆盖在层孔虫生物层顶界面上（图4B、C），然而肾形藻粘结岩堆积在洞穴下部和生物格架之间（图4D）。由葛万藻和罗氏藻构成的层孔虫和珊瑚碎片包壳广泛发育，但没有太多的意义。叠层石存在于整个生物层发展阶段中，在生物层越向盆地方向，肾形藻粘结岩发育越普遍。

在生物层中段的顶部发育高5～7m、横向300～400m跨度的宽阔的生物丘（图4A）。薄层状的层孔虫，一般仅有2～3mm厚，被层状的和穹隆状的叠层石覆盖，叠层石通常约2cm厚，是生物丘的重要组成部分。内部建造生长在这些生物丘之上，在其稍微向盆地方向的位置发育着外部建造，这就限定了礁复合体演化的边缘并且标志着其环境分异的开始（图5A），其发生于相对海平面达到最低点时，即下降体系域逐渐变为低位体系域时（MacNeil和Jones，2006a）。内部和外部建造共同生长，广阔的礁前发育于外部建造前段，内部建造的向陆方向发育着礁后相和浅水潟湖（图5A）。在内部和外部建造之间为一个低的地区，被称为建造内低地，这里发育生物丘。微生物礁沉积物是生物丘的重要组成部分，并且在某些情况下生物丘以微生物礁沉积物为主，建造内低地、外部建造和礁前相在内部建造相中不是很重要。

内部建造（约8m厚）以层孔虫—珊瑚沉积为特点（图5B）。叠层石在层孔虫的上部，肾形藻粘结岩在一些部位是普遍发育的。在建造内低地的生物丘主要由层状的层孔虫所控制，且层状层孔虫向外和向上生长为板状复合体。在板状层孔虫内部孔隙间、在垂直交叉的板块层孔虫的隐窝内及板状层孔虫连接部位均堆积有大量的厚层（4cm）肾形藻粘结岩（图5C）。

外部建造（最大厚度14m）由层孔虫角砾岩和内碎屑粒泥灰岩—泥粒灰岩构成。放射层孔虫属的较大碎片（可达1m），相对其原始的生长位置，广泛地分布于所有可能方向，而原地的层孔虫和珊瑚是很少见的（图5D）。原地的放射层孔虫属广泛地分布于礁前，它们以碎片的方式在外部建造中出现，且伴生有以角砾内碎屑为主的沉积，其指示了外部建造是通过强烈风暴活动作用沉积的，这些风暴作用包括对造骨架生物的改造。礁体的发育机制（通过风暴摧毁蓬勃发育的礁前环境，并在向陆方向建立了一个角砾主导的脊状地形），通过大量的现代生物礁系统被大家所熟知（Longman，1981；Blanchon等，1997；Blanchon和Perry，2004）。

在外部建造里，叠层石覆盖着层孔虫碎片和肾形藻粘结岩是很普遍的（图5E—G）。在某些情况下，叠层石在肾形藻粘结灰岩的基础上向上发展，其局部甚至占格架的75%以上（图5E、G）。沉积物中的同沉积断裂（图5G）充填有内碎屑沉积物，支持肾形藻粘结岩形成硬岩块的解释。海相胶结物一般遍及外部建造。

礁前主要由原地堆积的厚层层孔虫灰岩控制（高达2.2m），层孔虫灰岩以板状、上凹板状、扩展圆锥形、层状和网状层分层生长样式分布（图6A、B）。群体珊瑚在礁前也是存在的，包括槽珊瑚属、弗氏星珊瑚属和通孔珊瑚属。层孔虫灰岩没有结合成一个坚硬的格架，而是以紧密包裹的单个实体形式存在。含有大的、反向的珊瑚头且由非常零散的层状层孔虫形成的漂砾岩和砾屑灰岩（图6C），证明周期性的风暴活动导致外部建造的形成。周期性的覆盖于礁前层孔虫（图6D，图7）上部的薄层（≤2m厚）绿色硅质泥岩，很可能是随着风暴的减弱而形成的悬浮沉积。在礁前沉积层序的下部肾形藻粘结灰岩和叠层石是普遍存在的，特别是在隐窝和在层孔虫与珊瑚之间（图6E、F）。礁前相再向上肾形藻组分明显减少。然而，只有接近了层序的顶部，叠层石的数量才开始减少。

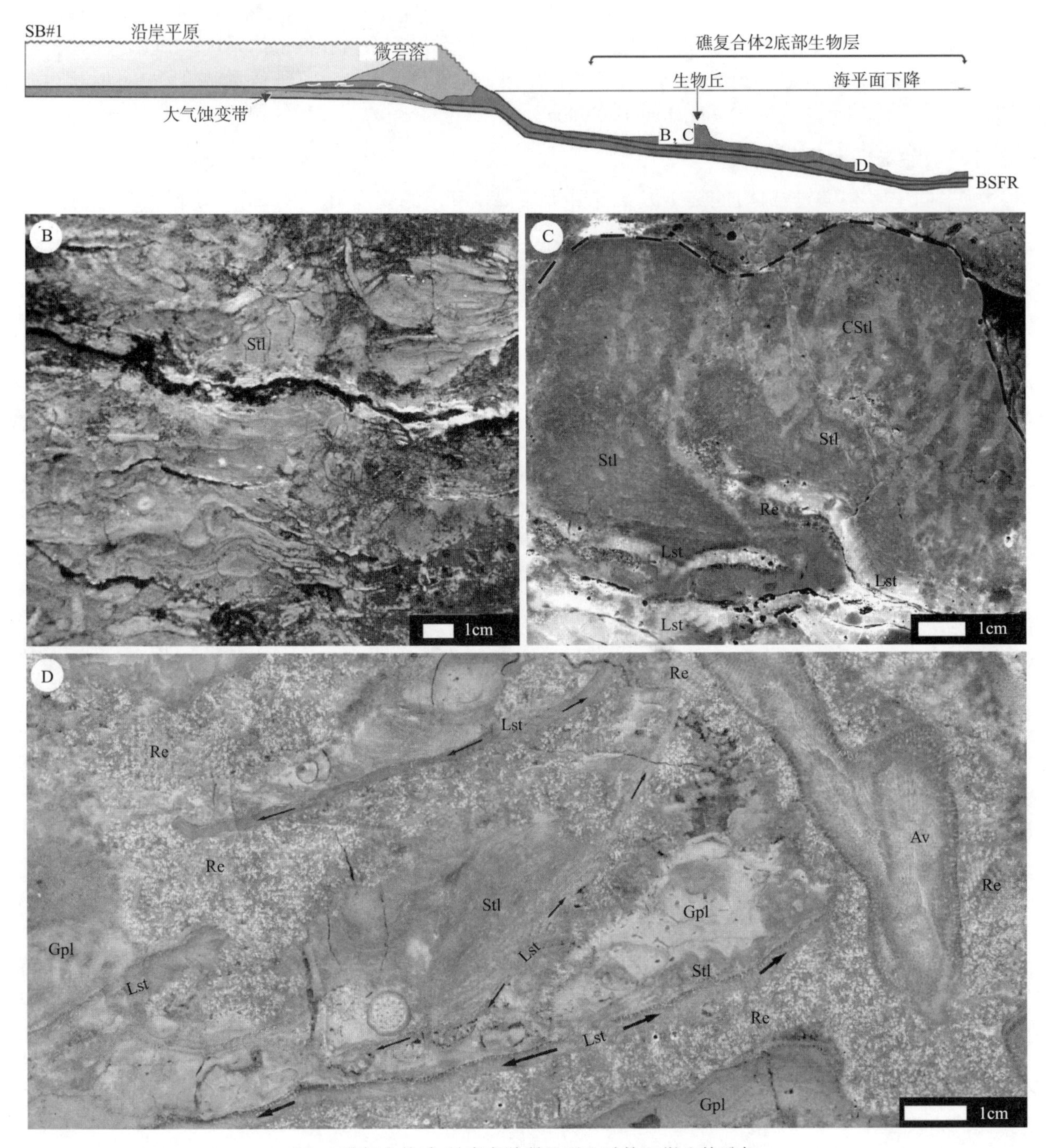

图4　礁复合体2初始发育阶段的后生动物—微生物礁相

A—礁复合体2初始阶段亚历山德拉礁系统的层序地层特征（据MacNeil和Jones，2006a，修改）。比例尺在图3A中，SB#1—层序界面1，BSFR—下降阶段体系域强制海退的底部界面。照片B—D位置如图A所示。B—底部生物层中伴生有通孔珊瑚碎片的层状层孔虫粘结灰岩的露头照片，标注了盖在层孔虫灰岩上的叠层石（Stl）。C—附带有小的肾形藻（Re）凝块的层状叠层石（Lst）的切割和抛光标本，肾形藻（Re）凝块被穹隆状叠层石（Stl）覆盖，向上变为柱状叠层石（CStl）。叠层石的顶端轮廓可见（黑色虚线）。D—薄层状层孔虫—珊瑚—肾形藻粘结灰岩的切割和抛光。槽珊瑚属（Av）的分支和细薄层层孔虫（Lst）被大量厚层肾形藻（Re）粘结成坚硬的骨架。肾形藻包壳把板状层孔虫及槽珊瑚的全部骨架包裹于其下，并且在这些骨架元素之间起到连接作用，控制着骨架。叠层石（Stl）盖在薄层状层孔虫顶部之上。示顶底的泥岩（Gpl）和方解石胶结物充填着残余孔隙空间

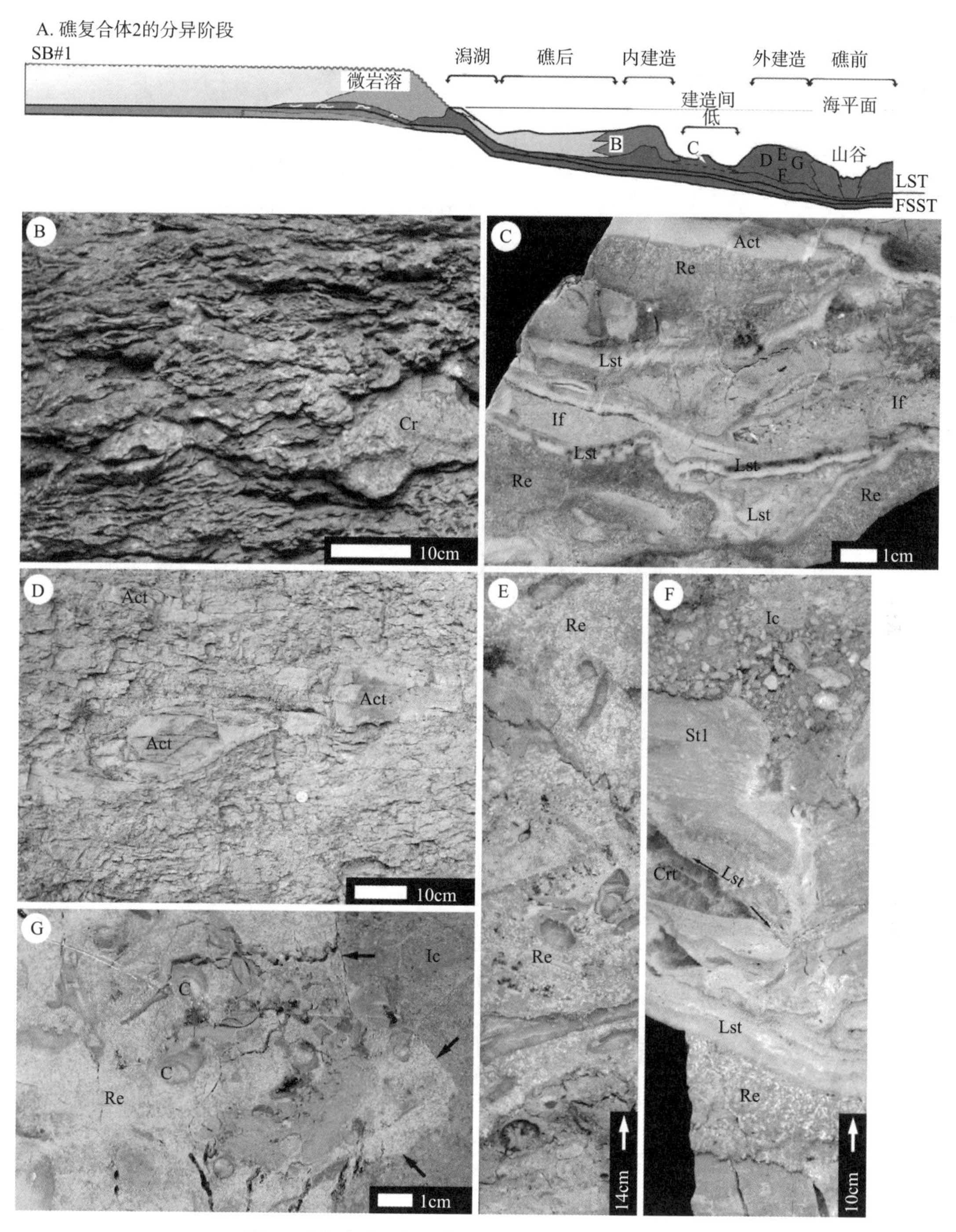

图5　礁复合体2分异阶段的后生动物—微生物礁相

A—礁复合体2分异阶段亚历山德拉礁系统的层序地层特征（低位体系域；据MacNeil和Jones，2006a，修改）。比例尺见图3A，SB#1—层序界面1，LST—低位体系域；FSST—下降阶段体系域。照片B—G位置如图A所示。B—内部建造中的薄层状层孔虫粘结灰岩的露头照片，存在部分包壳珊瑚（Cr）。C—带有厚层肾形藻（Re）包壳的合并薄层状层孔虫粘结灰岩板（Lst）的骨架切割和抛光片，出现有扁平的放射层孔虫（Act）。扁状复合体中的残余孔隙空间被泥岩和角砾岩所充填（If）。D—外部构造角砾沉积物的露头照片。大的、破碎的放射层孔虫（Act）分布在有零碎的珊瑚和层孔虫碎片的肾形藻粘结的内碎屑泥粒灰岩—砾屑灰岩中。E—外部建造中由肾形藻（Re）粘结的层状层孔虫漂砾岩的岩心照片。钻孔位置临近D部分展示的露头。F—外部建造中层状层孔虫—叠层石—肾形藻粘结岩的岩心照片，内碎屑（Ic）粒泥灰岩—泥粒灰岩覆盖在其上部。层状层孔虫之下的隐孔（Crt）被示顶底构造的泥和胶结物所充填。G—来自外部建造的被小的穹隆状叠层石覆盖的带有角状珊瑚（C）的肾形藻（Re）粘结岩的切割和抛光片。同沉积裂缝（其边缘为箭头所标示）被内碎屑（Ic）泥粒灰岩所充填，表明肾形藻在沉积区大量聚集成岩

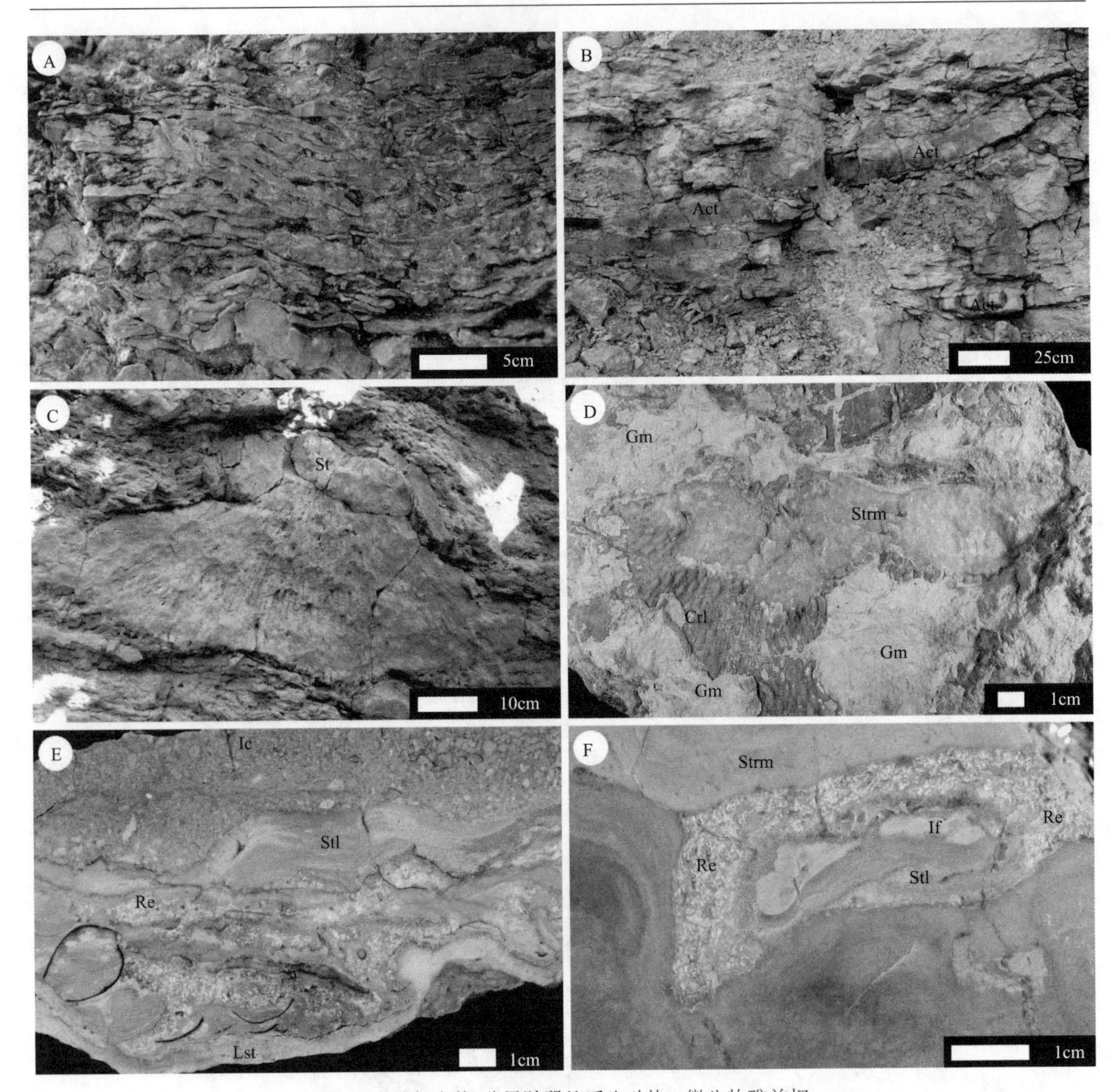

图6　在礁复合体2分异阶段的后生动物—微生物礁前相

A—强压实的层状层孔虫灰岩的露头照片。每个层孔虫都是一个单独的实体，其不能粘结成骨架岩。B—大量板状和上凹的放射层孔虫（Act）与更薄的板状层孔虫的露头照片。每个层孔虫都是一个单独的实体。C—伴生有头部倾倒的束状四射珊瑚的板状层孔虫砾屑灰岩的露头照片。倾倒的珊瑚顶部被层孔虫（St）形成外包壳。D—板状层孔虫（Strm）—珊瑚（Crl）相层的平面视图。绿色泥岩（Gm）的薄层沉积（部分被风化），覆盖于骨架的顶表面，并充填于物理压实的裂缝中（顶部中心位置箭头所示）。E—板状层孔虫（Lst）—肾形藻（Re）—叠层石（Stl）礁相的切割和抛光，含有大于50%微生物成因的骨架被内碎屑（Ic）泥粒灰岩所遮盖。F—层孔虫（Strm）灰岩的切割和抛光。由于肾形藻粘结岩（Re）的发育，部分生长洞穴呈线性分布。在被泥充填（If）之前，洞穴的底板之上发育了一套薄层叠层石。图中A、B和D部分修改自MacNeil和Jones（2006a）

由于数据有限，对深部的礁前和前礁环境的了解是很少的。一个谷将礁前进行了分割并通往前礁相（图5A），为此提供一些认识。似乎表明礁前相过渡为深水谷是以层孔虫—珊瑚生物丘的发育为标志的，并伴有叠层石和少量的肾形藻粘结岩。

2. *海泛阶段*

海泛礁复合体2的海平面上升速率的提高，标志着其已经演变为海侵体系域（图8A；MacNeil和

Jones，2006a）。礁复合体的一些区域能够保持生长，而其他地区发生了淹溺。随着转变为海侵体系域，叠层石在礁骨架中消失了，且所有的肾形藻组分也接近消失。仅仅在外部建造的局部地区存在肾形藻小凝块和相关的钙质微生物样式。然而这些成分是没有意义的，没有对礁格架的发育做出贡献。同样，葛万藻和罗氏藻在一些层孔虫和珊瑚外部结壳，但仅为造礁格架的次要成分。较深的礁前（图8B、C）大部分为分米级—米级的四射珊瑚，而外部建造则以薄层层孔虫为主。外部建造的最外部分以上，层孔虫凝结物形成致密的生物格架灰岩，局部被束状四射珊瑚的大灌丛（宽1～2m，高1m）所分割。在骨架岩和障积岩中没有发现微生物成分。在建造内低地和礁后等被淹溺或者几乎被淹溺的地区，沉积了暗色、薄层碳酸盐岩泥与附带软体动物和其他深水生物的粒泥灰岩（图8C; MacNeil和Jones，2006a）。从低位体系域转换为海侵体系域伴随着钙质微生物对格架发育的贡献的缺失，完全缺少环礁叠层石的发育，在这些没有发生淹溺的地方，格架的发育被层孔虫和珊瑚所控制。当在高位体系域时的海平面峰值位置时，沉积相没有显著变化且高位期泄水不很明显（MacNeil和Jones，2006）。正因为如此，礁复合体2的大部分区域仍然生产力不足。

3. 区域浅水和终止阶段

当海平面开始下降时（标志着第二次下降阶段体系域的开始；图8D），广泛的碳酸盐沉积物重新沉积于礁复合体2之上（MacNeil和Jones，2006）。下降阶段体系域以沉积由含双孔层孔虫和穗层孔虫的漂砾岩和砾屑灰岩（图8E）组成的进积型碳酸盐沉积物和发育层孔虫灰岩为主的补丁礁（图8F）和生物丘为特征，类似于礁复合体1的礁相特征。除了在前礁外部的位置，这些沉积物中珊瑚相对较少，在礁前外部的位置，层孔虫—珊瑚沉积物堆积聚集。在这些沉积物中微生物的成分不是很显著，生物丘和补丁礁骨架的建造没有任何微生物的贡献，并且不像低位体系域的外部建造，碎石状沉积物没有被肾形藻叠层石（图8E）包裹粘结着。礁复合体2的终止生长是由于地表暴露导致的（MacNeil和Jones，2006）。

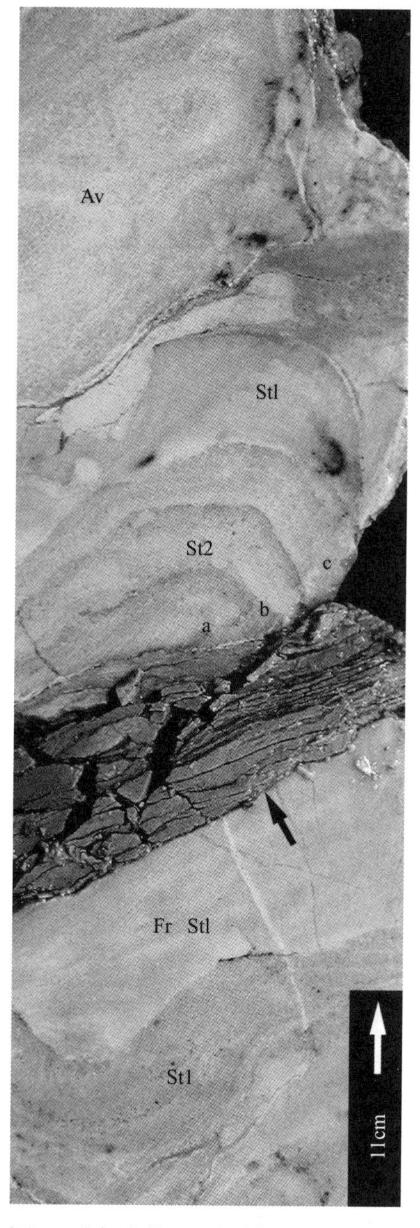

图7 礁复合体2的礁前相风暴沉积的岩心照片2cm厚的绿色泥岩覆盖在破碎的、倒置的层孔虫（St1）—叠层石（Fr Stl）组合之上。箭头标注了叠层石顶部尖锐的破碎边缘。三套厚层（a、b、c）层孔虫（St2）相继生长覆盖在绿色泥岩之上。叠层石（Stl）覆盖了第二层层孔虫，部分遮蔽了由槽珊瑚属（Av）形成的洞穴

四、在亚历山德拉礁系统中营养对于不同种类礁相的控制

在亚历山德拉礁系统中可对比的礁格架类型是比较明显的（图9A）。一般认为晚泥盆世海水化学性质明显有利于微生物群落的钙化（Riding，1992，Riding和Liang，2005），这些相的对比必须联系生态和环境对礁体建造组成的控制作用。事实上，在礁复合体1以及礁复合体2上部，肾形藻、葛万藻和罗氏藻的踪迹，表明物理化学条件是有利于亚历山德拉礁系统演化中微生物的钙化的。

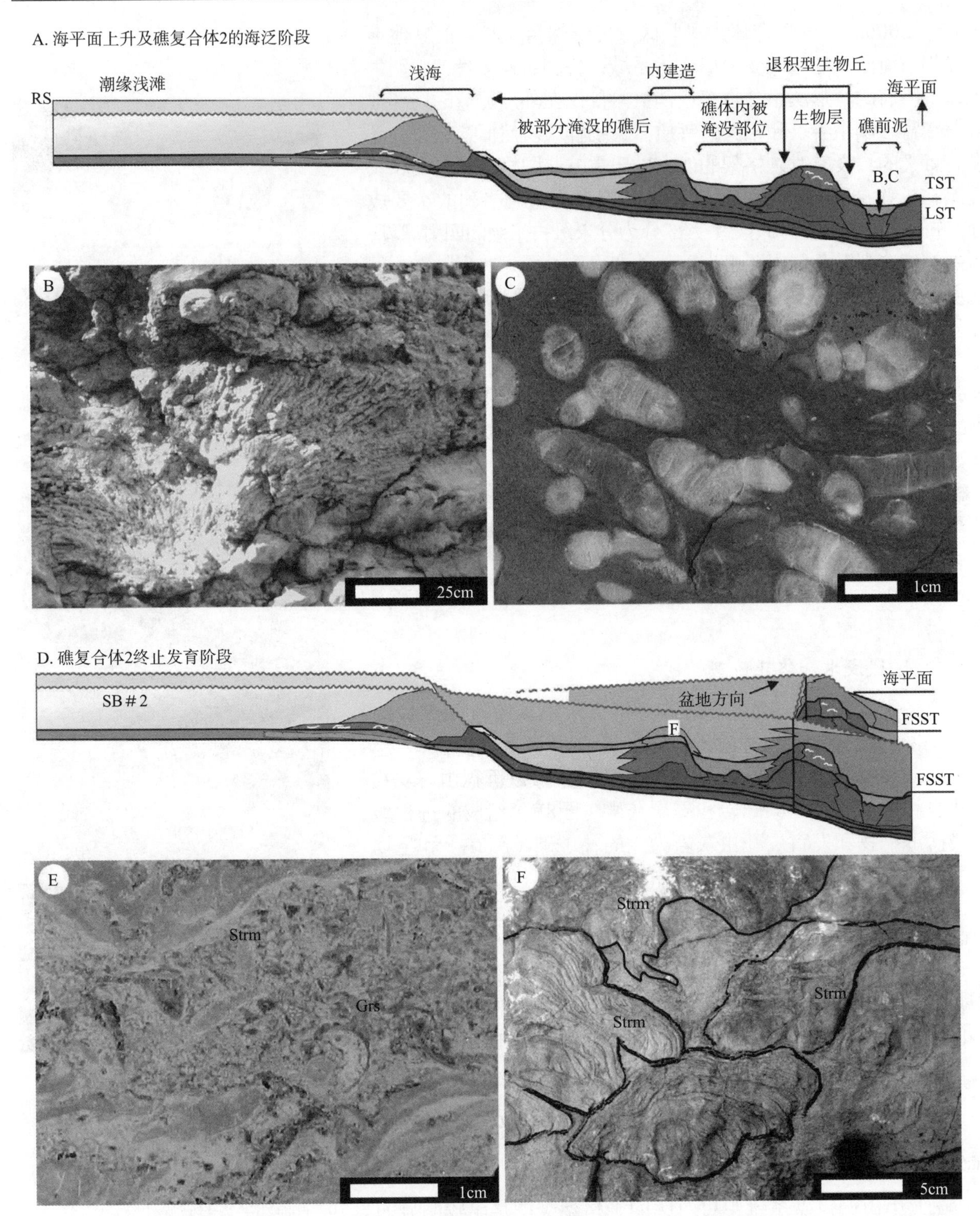

图8　礁复合体2海泛和终止发育阶段中以后生动物为主的礁相

A—礁复合体2海泛阶段（海侵体系域）的层序地层特征，越过礁复合体1顶部的海岸平原的洪泛面和礁复合体2，沉积相带具有显著的变化（据MacNeil和Jones，2006a，修改）。微生物礁相不再存在。比例尺见图3A。LST—低位体系域，TST—海侵体系域，RS—冲刷面。照片B和C的位置如图所示。B—礁前四射珊瑚灌丛的露头照片。C—四射珊瑚切割和抛光的样品照片。无微生物组分的暗色泥岩充填了珊瑚枝之间的区域。D—礁复合体2终止发育阶段的层序地层特征（据MacNeil和Jones，2006a，修改）。比例尺见图3A。FSST—下降阶段体系域，SB#2—层序边界2，E和F照片的位置如图A所示。E—补丁礁相中被不规则的薄层状层孔虫灰岩粘结的内碎屑—球粒灰岩的切割和抛光样品。没有微生物组分存在。F—穹隆状的一不规则的层孔虫补丁礁相的露头照片，类似于礁复合体1的礁相，没有微生物成分。单个层孔虫的轮廓通过其黑色边界来识别，层孔虫的洞穴为泥粒灰岩所充填

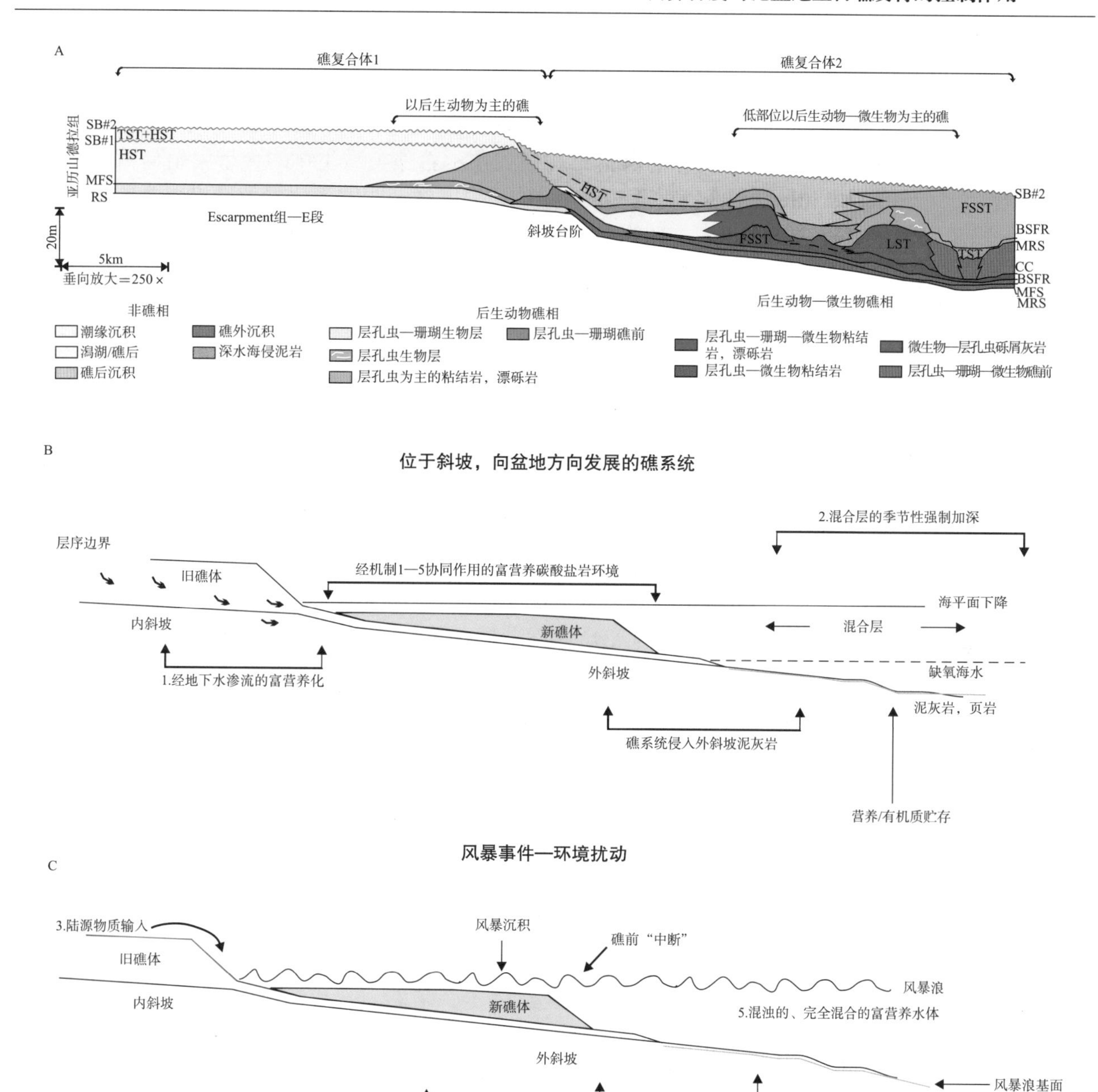

图9 亚历山德拉礁系统总结及碳酸盐岩斜坡的营养化模型

A—亚历山德拉礁系统中分别以后生动物为主和以后生动物—微生物为主的礁相的层序地层分布。后生动物—微生物礁相仅在礁复合体2的低部位存在。SB#1—层序界面1；SB#2—层序界面2；MFS—最大海泛面；RS—冲刷面；TST—海侵体系统；HST—高位体系域；LST—低位体系域；FSST—下降阶段体系域；BSFR—下降阶段体系域强制海退的底部界面。B,C—海平面下降及低位体系域期碳酸盐岩斜坡的营养化机制。标注了新的碳酸盐岩复合体的沉积位置，在这种情况下，一个礁体从旧的礁体中在层序边界分离出来，其边界为相对整合界面。1～5的五种营养机制的最佳组合在营养富集的海水中冲刷形成新的碳酸盐岩礁复合体。对不同类型碳酸盐岩的生产具有潜在的意义。没有提供比例尺，由于斜坡区的低沉积梯度，受影响区域可能覆盖数千平方千米。B—随着海平面的下降，向盆地方向跳跃发育的礁系统在远端外斜坡侵位并沉积。潜在的营养化机制包括：①地下水通过多孔的、新暴露的旧礁体沉积物发生的渗流导致的营养化；②季节性的混合层强制深化。C—风暴事件扰动导致礁复合体和后生动物的死亡率较高。与后生动物死亡率相伴生的是环境可能通过机制③、④、⑤被营养化。其中机制③为地面径流，机制④为外斜坡上赋存于泥灰岩和页岩中的营养存储的释放，机制⑤为富含营养的表层水体与深层水柱的营养混合。风暴后的碳酸盐岩复合体受营养化的水体作用后，随着后生动物的复苏发育，可能有较长的停留时间

从礁复合体1由后生动物控制礁骨架，转变到礁复合体2由后生动物和微生物联合控制礁骨架，归因于礁系统的周围环境的营养上升，这一上升有许多原因。第一，大多数类型的藻类和微生物对环境中可供的氮、磷、铁的生理需求，阻止了其生长（Lobban等，1985）。如果得不到所需的营养，这些生物将不能生存。第二，现代生物礁的群落结构模式预示着藻类微生物的大量繁殖与营养的增加是呈正相关的（Littler和Littler，1984）。第三，大量的研究已经证明营养化导致珊瑚藻类的转变，致使藻类—微生物大量繁殖，（Smith等，1981；D′Elia和Wiebe，1990；Hallock等，1993；Genin等，1995；Lapointe，1997，Miller等，1999；Costa等，2000；Lapointe等，2004；Hallock，2005；Paul等，2005）。礁相从由后生动物控制转变到由后生动物—微生物联合控制是与营养水平的提高相关的，这与藻类和微生物生理需求、礁体群落结构模式以及前人对现代礁相的许多研究结论都是一致的。营养源的增加也是引起侏罗纪珊瑚礁系统的礁相从以后生动物为主转变到以后生动物—微生物的原因（Dupraz和Strasser，2002），并且在第四纪礁相（Camoin等，1999）和现代礁相（Sprachta等，2001）的转变中已经得出类似结论。

排除生态和（或）环境对礁复合体2中的微生物组成的控制，例如适宜的栖息环境的存在（例如肾形藻的隐形空间，叠层石的硬底）、水体深度的差异、盐度水平或温度变化的范围和波动能量的程度变化等因素。包括如下原因：

（1）在相对可以比较的空间分布范围内两个礁复合体的所有体系域包含相同组成的栖息地（例如薄状层孔虫构成的硬底，其下为被遮蔽的洞穴）。但这些栖息地没有被微生物组分开发利用过。

（2）一定范围内的水深和沉积条件下，相当于礁复合体2的早期发展阶段在礁复合体1的发育过程中也存在，然而礁复合体2晚期阶段的微生物组分对礁系统其他阶段的生物格架的形成没有贡献。

（3）在任何体系域中环境条件不能阻碍层孔虫、珊瑚和腕足类的生长，表明温度和盐度均低于理想的正常海洋值范围。

（4）没有证据表明在亚历山德拉礁系统的任何部位存在大量的陆源注入，它常常伴随着盐度的降低，这对造礁的后生动物是不利的（Hallock和Schlager，1986）。

因此，营养水平升高是导致礁复合体2微生物格架组分处于低水平的唯一合理解释。在礁沉积物中缺乏藻纹层（因为来自浮游生物繁殖提供的大量软的非钙化有机物），这被推测为是养分富集所致，可能是净化海水的动物（例如腕足动物）、食草鱼或清污鱼所做的贡献，在浅海富氧环境，一般非矿化有机质保存能力较差。

五、碳酸盐岩斜坡的营养化

碳酸盐岩沉积体系是由动态变量的相互作用所控制，例如气候、台地形态、水深、温度和海平面的改变。在亚历山德拉礁系统中，礁复合体2的发育很大程度是被台地斜坡类型的几何形态所控制，随着海平面的稳定，在其后的下降过程中，它提供了一个适合碳酸盐群落产出的广泛分布的浅海环境（MacNeil和Jones，2006a）。海平面下降的幅度决定了新的珊瑚礁发育的位置，并且新的礁复合体有别于老的礁复合体1。然而，这种向盆地方向跳跃发育的礁系统类型，将无法在高陆地形，陡坡碳酸盐岩陆架或者孤立台地上发育，主要是由于台地几何形态的差异（Sarg，1988; Hunt和Tucker，1993）。

正如几个变量间的相互作用控制碳酸盐岩系统的沉积性质和台地的演化，推测认为这些相互作用对潜在营养化机制的形成也具有影响。碳酸盐岩斜坡部位的海平面下降导致如下结果：①其沉积体系向上侵位，使远端斜坡上发育潜在的宿主营养储层；②新的碳酸盐生产群落越来越易受到地面径流、沉积物的风力搬运和来自古老的暴露沉积物的地下水渗流的营养化的影响；③盆地内水体的减少（假设海平面下降为盆地尺度的或海平面恒定不变），当礁系统向盆地方向侵位时，增加了风暴流和混层季节性下切侵蚀的可能性，将影响深水水体的营养存储，并且这些营养富集的水在碳酸盐产出区域可能是平流运送（图9B、C）。如果盆地变得逐渐受限，则可能发生富营养化并变得逐渐受蒸发相控制（James和Kendall，1992）。相反，海平面上升和海侵使其中一些营养化机制消失，因为：①盆地中增加的水体稀释和扩大了水量，营养化的水体可能需要在更大的深度才能被隔离；②随着基准面的升高区域侵蚀减少；③风化面和土壤（营养物质的来源），它们可能并不成熟，并且在沿海地带遭受海侵侵蚀，导致其可能是穿时的（Catuneanu，2002；MacNeil和Jones，2006），这就限制了其在任何特定时代的营养多样性。因此，在碳酸盐岩斜坡区海侵的迁移变化可能不能被相同的营养程度所平衡。

礁复合体2与向盆跳跃的礁系统模型的相关性（图9B、C）揭示了它在初始发育和分异阶段的营养富集很可能是由组合因素造成的：①在礁组合1顶部的来自海岸平原的地表径流；②流经礁复合体1近期暴露的沉积物的地下水渗流；③近海海洋体系的风暴扰动；④季节性混合层的强制加深。在同一时期并不是所有机制都是活跃的，并且间断事件（风暴和地面径流）可能补充长远事件（地下水渗流）和季节性气候事件。因此，很可能是这些机制的协同作用，而不是一种专门的机制，促进了微生物对礁骨架发展的贡献。不同的机制也很可能提供不同类型的营养物质、浓度及养分差异，对于这些机制自身而言能够对藻类—微生物的大量繁殖起到重要控制作用（Kuffner和Paul，2001）。随着礁复合体1顶部海水的海泛，转入海侵体系域可能减少和切断营养物质供给（直接的地面径流被切断并减少地下水在礁复合体1中的渗流），气候变暖（假定一个短期降温事件与海平面下降相关；MacNeil和Jones，2006）和风暴事件可能变得没那么频繁，或者随着海平面的上升，不再影响深部的营养水体。随着沿海平原的海泛，土壤侵蚀可能对营养化有贡献，但是对促进微生物在礁骨架中的大量繁殖不能提供支持。

（一）地表径流

来自海岸平原的地表径流分布在礁复合体1的顶部（图9C），随着海平面的下降，可能已经为外斜坡（礁复合体2发育位置）提供了养分和有机物质。地表径流出现的一个证据是在礁复合体2底部风暴层的碳酸盐岩岩屑变黑，这种现象在在礁复合体1之上的海岸平原沉积物中也有发现（MacNeil和Jones，2006；MacNeil和Jones，2006b）。然而考虑到该地区气候表现出半干旱气候特点（Golonka等，1994;MacNeil和Jones，2006b），表明由地表径流造成的营养化很可能是偶发的和短命的。在礁复合体1的生长发育过程中可能也存在这种机制，它缺乏环礁体的微生物组分，表明对礁体自身而言这可能是一种微不足道的发育机制。

（二）地下水渗出

礁复合体2的地理位置使得它特别容易经过礁复合体1沉积物的暴露并从其附近的地下水渗流流动中获得养分（图9B）。当海平面下降到礁复合体1的边缘之下时，此时是这些沉积物的第一时刻，腐烂的有机物和捕获的营养物质可能是这些沉积物的重要来源，它们易受到地下水渗流和地下水位变化的影响。有大量文献记载，地下水渗流是现代碳酸盐岩台地的营养化机制（Marsh，1977；Johannes，1980；D'Elia等，1981；Lewis，1987; Cuet等，1988；Lapointe，1997），并且在某些情况下它的影响幅度明显大于地表径流（Johannes，1980;Lapointe，1997）。

由于层孔虫和珊瑚的广泛溶蚀，礁复合体1下部的不同水平位置发育孔洞孔隙度（图4A）。在海平面下降后在最接近它的位置的这层被MacNeil和Jones（2006a）解释为海平面下降期间或下降之后成岩作用混合带的结果，其分布在一个含水层中，这个含水层是在海平面下降期间和其后形成的。随着海平面下降含水层的发育是可预见的（Sarg，1988），并且这些含水层能有效地将富营养的地下水排入台地的周边。即使是半干旱气候，该营养化机制也不会受到沉淀层的限制，而地表径流却受到了限制，因为海平面（从而地下水位）不能低于礁复合体1的底部。

来自礁复合体1的地下水渗流可能以氨和硝酸盐的形式提供了大量的营养物质，这些氨和硝酸盐来自于被礁复合体1捕获的沉积物的有机质的腐烂和礁复合体1上部发育的瞬时沼泽（MacNeil和Jones，2006b），在沉积物中的固氮微生物也能够丰富渗透水中的氮含量，并且与此同时，MacNeil和Jones（2006b）记载了*Rivularia haematites*中的骨架叠层石，其为一种有效的固氮蓝藻，存在于礁复合体1顶部的沼泽沉积物中。

（三）近海海洋体系的风暴扰动

风暴是营养富集的一种潜在高影响的、可行的机制（图9C）。风暴导致的海水表层垂直混合，例如通常的营养贫乏的表层水与较深的富含营养的水体的混合，能够导致海水中藻类和微生物的一个短期（如1～3周）显著富集并快速繁殖（Holloway等，1985；Ostrander等，2000;Shiah等，2000;Subrahmanyam等，2002;Lin等，2003；Babin等，2004）。由于季节性风暴活动的影响，风暴引起的营养富集被夸大了，当风暴事件的重复出现加重了营养化富集的程度时（Holloway等，1985;Babin等，2004）。除了加深了表层混合外，风暴还可能扰动台地上和远离礁体位置的沉积物宿主的营养层，特别是当它们位于风暴浪基面以上时（图9C）。除了包含溶解态和分散态的有机质和氮，富含黏土的沉积物中可能含有大量的铁，其以不同状态存在（如还原态的，胶体的）并能够被微生物利用（Entsch，1983），显著地促进了微生物的大量繁殖。

在礁复合体2的低位体系域，由层孔虫碎片沉积物、倒塌且破碎的珊瑚角砾沉积物和内碎屑沉积物形成的外部建造证实了强风暴活动（飓风）的存在。在内部建造和礁前相的层孔虫和珊瑚碎片支持风暴影响低位体系域发育的解释，并且覆盖在礁前相层孔虫上的绿色黏土可能是风暴活动减弱时的悬浮沉积（MacNeil和Jones，2006a）。这些泥的最可能来源是位于礁复合体2向盆地方向斜坡带的深水绿色泥岩和页岩，它们在风暴浪的能量作用下处于悬浮状态（图9C）。这种沉积物为位于Escarpment组E段之下的深水沉积，随着亚历山德拉礁系统的发育其可能已经暴露或者仅薄层覆盖沉积。泥的河流输入影响较小，因为向陆地部分没有发现低位体系域，包括内部建造底部位的保护区，或者在礁复合体1顶部的沿海平原沉积物（MacNeil和Jones，2006b）。

近海海洋系统的风暴扰动可能会导致低位体系域的海水循环的富营养化，主要通过两种方式：①深处营养丰富的海水与表层海水的混合以及礁复合体周围水体的对流作用；②斜坡外部贮存于泥灰岩和绿色页岩中的营养水体的释放（图9C）。对于后者，斜坡的坡度平缓（＜0.1°）尤为重要，因为海平面下降17m左右可能会导致外斜坡外部较深的几千平方千米的页岩和泥灰岩分布于风暴浪基面之上，特别是当低位体系域受到异常强烈的风暴影响时（深于平均浪基面）。

风暴与其他机制的协同作用可能也是十分重要的。伴随风暴的大雨将会增加地表径流和地下水渗流量，从而提高通过这些机制输送的营养量。此外，大破坏对低位体系域的生物礁群落而言是一场灾难，这必然会导致层孔虫和珊瑚礁的死亡。新的层孔虫和珊瑚礁重新开始繁殖在大批死亡的礁系统上并发育形成新的骨架需要几周到几个月的时间。风暴期过后，后生动物的大量死亡，必然与不同来源的养分富集机制相关，微生物将在礁周围大量繁殖并繁茂发育（例如，肾形藻粘结岩在外部建造重新岩化形成的新砾石沉积物）。对于现代珊瑚礁，风暴过后转移到藻类和微生物发育的这种模式（几个星期至几个月），是由于珊瑚的死亡和新的珊瑚生长速度缓慢，而藻类和微生物的生长速率较快。（Stoddart，1969；Woodley等，1981；Ostrander等，2000；McManus和Polsenberg，2004）。

六、季节性混合层的强制深化

海水的对流，是位于内克拉通盆地和边缘海区域的碳酸盐岩斜坡的一种营养供给机制，其通过季节性的混合层的强制深化，使得营养物质变得更加丰富。随着成层性水体能量的减弱，水体可能变得特别敏感，在海平面处于低位时期这种情况比较常见，此时水深相对较浅，盆地逐渐变得局限。一个现代的例子是干旱、部分局限的亚喀巴湾，其水体为垂直分层，由于从红海的温水注入和盐度季节性变化都是极弱的（Reiss和Hottinger，1984;Genin等，1995）。因此，水的密度的垂直变化主要取决于温度，在冬季，当海面温度冷却到5°C左右时，混合层变深表层水下沉，富氧水体与相对富营养水体在透光层之下混合（Genin等，1995）。每年冬季亚喀巴湾这一过程将混合层深度加深到500～600m，并导致春季养分显著富集。这一机制的潜在影响在非正常的1991—1992年冬季显现出来，导致混合层深度加深至850m（Genin等，1995）左右。营养化导致在1992年3月营养丰富的海水水平传输到沿亚喀巴湾北部边缘分布的珊瑚礁中，造成藻类蓬勃发育，超过15cm的藻席垫覆盖在珊瑚礁之上，造成珊瑚大面积死亡（Genin等，1995）。

包含亚历山德拉珊瑚礁系统这一区域的这种类型的营养化机制虽然是推断的，但并不是不合理的，因此劳亚古大陆西缘内陆海与亚喀巴湾之间可以得出很多相似之处。首先，Whalen（1995）认为，类似于部分局限的亚喀巴湾，沿着劳亚大陆西边缘的构造障壁部分局限了其内陆海与开放海洋水体的循环，导致其与东部海洋相同位置的水体情况相反，在这里广大的碳酸盐岩台地得以发展。一种解释是海水流入盆地，以补偿蒸发造成的水位下降，可以限制密度不太大的海水接近海洋表面（因为深度的障碍）。其次，与亚喀巴湾的干旱气候相似，劳亚大陆位于赤道地区的0°—10°范围内，为热带半干旱气候（Golonka等，1994）。再次，类似于亚喀巴湾，劳亚盆地的结构为长、窄且深。Whalen（1995）认为，这样的结构不利于克拉通内盆地流体循环，这可能限制了水体分层的实力。较弱的分层能力是营养富集不可或缺的机制，导致表层海水仅冷却了几摄氏度，进而导致明显的垂直混合作用。

MacNeil和Jones（2006a）推断弗拉期间断的全球变冷（Stanley，1988；Copper，2002；Joachimski等，2004）造成了海平面的下降，导致礁复合体1终止生长，并且整个盆地的台地部分均发生了暴露，这可能搅动了这里的气候，导致季节性强制营养化机制被激活，这一机制在亚喀巴湾也起作用。这种机制在下降阶段体系域中可能特别重要，此时风暴事件似乎已经不那么重要。这种机制不需要表面层与数百米深度的海水发生混合。在内陆和边缘海营养跃层可以小于100m水深（Tyson和Pearson，1991;Wignall和Newton，2001）。Chow等（1995）认为在加拿大西部晚泥盆世贫氧—缺氧的营养富集的水体深度只有39米（图9B）。这种水体很容易处于季节性强制混合作用的范围内（风暴事件），尤其是当海平面的位置较低的时候。

七、讨论

泥盆纪的碳酸盐岩台地和礁系统已被广泛研究，但Kiessling等（1999）、Moore（1988）和Wood（1993）的研究一致认为，即使已经详细研究过一些特殊的礁系统（如澳大利亚坎宁盆地的Lennard陆架），但整体上泥盆纪的珊瑚礁系统几乎没有较完整的研究记录。泥盆纪礁体建造的古生态群落几乎还未被研究过，还仍是个迷（Moore，1988；Wood，1993；Kershaw，1998）。尽管泥盆纪生物礁及碳酸盐岩台地的全球意义十分重要，在古生态群落这方面，人们对它们的认识还主要以猜测为主（Mountjoy，1980）。

已被现存的相模式（Machel和Hunter，1994）所证实的一个主流的假定（Wood，1998a）为层孔虫—微生物礁相在前泥盆纪法门期的礁中是很常见的（Kershaw，1998；Wood，1999）。部分原因可能是由于在澳大利亚坎宁盆地该礁系统比较出名且被研究得非常深入，该盆地中许多种微生物碳酸盐岩已被文献所记录（Wray，1967；Playford等，1976; Playford，1980；George，1999；Wood，1998b，2000，2004;Chow和George，2004）。随着层序地层学的出现，人们也尝试建立特殊的微生物相与层序的相关性，试图用专门的体系域来建立相的标准化（George，1999）。例如Whalen等（2002）认识到西加拿大泥盆纪礁系统在晚泥盆世高位体系域时期以伴生肾形藻的层孔虫灰岩为特征。虽然这可能适用于艾伯塔省Ancient Wall和Miette礁系统的高位体系域，但将这个结论应用于跨过盆地的台地区是不正确的，因为证据显示亚历山德拉礁系统中的礁复合体1的高位体系域不发育肾形藻。事实上，一般认为泥盆纪礁相以伴生层孔虫—微生物为特征，但忽视了早期的观察结果，即泥盆纪生物礁中的微生物分布在地区之间是高度变化的（Wray，1967；Krebs，1974；Burchette，1981）。例如Krebs（1974）指出在德国泥盆纪生物礁复合体中很少发现肾形藻和相关的微生物（海藻）。同样，在西加拿大沉积盆地（Fischbuch，1968；Leavitt，1968；Noble，1970；Dolphin和Klovan，1970；Vopni和Lerbekmo，1972）对泥盆纪生物礁的各种研究还没有明确肾形藻及其相关的样式，及其与现存的肾形藻的区别。

一些泥盆纪生物礁中微生物成分的缺乏是通过与亚历山德拉礁系统明显的相带对比变化体现的（图9A）。肾形藻粘结岩和环礁叠层石在礁复合体2下部明显地发育聚集，向上逐渐消失，而在礁复合体1的任何部位未发现二者的存在。这与现代礁体的复杂生态相一致，这种变化可能不是随机的巧合结果。相反，其可能为不同的生态和环境变化如何控制碳酸盐岩系统提供了宝贵的分析价值。礁复合体2中的后生动物—微生物礁相解释以营养条件适中为前提条件，因此形成了一个新的营养梯度模型，解释了泥盆纪生物礁相生物成分的变化（图10）。在这一系统中使用礁相组成的变化来反映营养水平的波动，如果这种波动的潜在机制是全面的，其将会成为解释礁系统中横向和纵向相变化与了解局部气候变化、海平面变化和海洋系统环境变化的强有力工具（例如季节性、重要的风暴事件）。作为其中的一部分，其他因素的变化可能是营养机制变化的附带控制因素，如海水的盐度和温度的变化，也需要考虑。营养梯度模型支持Kiessling等（1999）的一级结论。即吉维特—弗拉斯期礁生活在高营养浓度的环境中。这是基于他们重建的大陆地图得出的结论，这一图件覆盖了超过70%礁体研究区域。

营养水平增加 ————→

	贫营养	营养适中	富营养
骨架相的生物组成	层孔虫为主的礁相 层孔虫—床板珊瑚礁相 层孔虫—床板珊瑚—四射珊瑚礁相	层孔虫—微生物[1]礁相 层孔虫—珊瑚[2]—微生物[1]礁相	伟齿蛤—微生物[3]相（替代礁相）

[1]肾形藻、*Shuguria*、*Izhella*、层孔虫
[2]床板珊瑚和四射珊瑚
[3]钙质微生物、层孔虫、凝块叠层石

图10　泥盆纪礁系统的营养梯度模型

泥盆纪礁群落能够在贫营养和中等营养环境中生活。只有在富营养环境中台地发生消亡，其标志为相带被伟齿蛤—微生物集合体取代（Eliuk，1998）

营养梯度模型中贫营养—富营养环境的宽度（Hallock，1987）是基于对不同的造礁成分的营养方式（例如光合自养、异养）和需要满足的营养需求的资源的考虑基础上形成的。类似于许多其他泥盆纪生物礁，亚历山德拉礁系统中的造礁生物包括床板珊瑚、层孔虫和四射珊瑚。这些化石后生动物的营养模式是有争议的，但普遍的共识是，层孔虫和床板珊瑚可能是混合营养体（Coates和Jackson，1987；Wood，1993，1995），并且层孔虫—床板珊瑚联合体被认为是指示贫营养环境（Hallock和Schlager，1986；Hallock，1987；Wood，1993，1995；Kershaw，1998；Whalen等，2002）。相反，四射珊瑚通常被解释为异养生物（Coates和Jackson，1987；Wood，1993，1995），但应该指出的是，这种解释倾向于孤立和伪群体形态（Coates和Jackson，1987）。四射珊瑚为异养生物，通常被用于指示营养环境适中（Wood，1993，1995）。

然而，四射珊瑚的许多文献记载是通过其发育在许多泥盆纪生物礁复合体的软基底的礁前和前礁环境来描述的。这些礁复合体由同时期浅水环境中以层孔虫（床板珊瑚）为主的礁相组成（Klovan，1964；Embry和Klovan，1972；Burchette，1981；MacNeil和Jones，2006a）。因此，四射珊瑚的出现不能作为一个体系域中营养条件适中的明确指标（Mallamo和Meldsetzer，1991），四射珊瑚可能特别适合在软基底贫营养环境中存在。此外，层孔虫—床板珊瑚—四射珊瑚混合共同体在泥盆纪生物礁中是常见的，这表明这些生物的生态位重叠。因此，一般观点认为，四射珊瑚代表适中营养环境，层孔虫和床板珊瑚代表贫营养环境，营养梯度模型视所有这三种生物已经适应了在贫营养和中等营养环境中生活（表1）。微生物组分的存在与否决定哪种条件的出现。例如，层孔虫—床板珊瑚—四射珊瑚共同体被营养梯度模型视为指示营养贫乏环境（Hallock和Schlager，1986；Hallock，1987；Wood，1993，1995）。同样，层孔虫—床板珊瑚—四射珊瑚共同体，无微生物组成，则代表贫营养条件（图10）。在营养贫乏环境中，营养梯度模型并不能排除不同类型后生动物之间的横向变化（例如，可以预期不同的礁体区域之间）和群体的演化。例如，在礁复合体1中以层孔虫—珊瑚为主的骨架垂向演化为以层孔

虫为主的骨架。

在礁复合体2中对礁骨架发展有贡献的微生物组成和沉积物包括肾形藻、*Shuguria*、*Izhella*和具有微球粒的叠层石，并表明在营养梯度模型中的营养条件适中（图10，表1）。在亚历山德拉礁系统中未发现丛生藻（一个种属可能例外），罗氏藻和葛万藻数量很少，但却广泛分布。广泛分布的罗氏藻和葛万藻可能表明微生物并不能指示营养水平的波动。当然，葛万藻在整个古生代都是非常出名的（Pratt，2001），葛万藻核形石分布于透光差、沉积速率低的较深水环境，一般分布于古生代的沉积物中（Peryt，1981;Riding，1983）。

表1　泥盆纪礁中发现的生物群的营养范围

	贫营养	营养适中	富营养
层孔虫	×	×	
床板珊瑚	×	×	
四射珊瑚	×	×	
肾形藻		×	×?
Shuguria		×	×?
Izhella		×	×?
葛万藻	×	×	×
罗氏藻	×?	×	×?
叠层石		×	×
伟齿蛤	×?	×	×

营养梯度模型表明，层孔虫、床板珊瑚和四射珊瑚能够生活在比传统上认识到的更广泛的营养水平的环境中，且比现代的造礁珊瑚生存的范围更广，现代造礁珊瑚一般仅限于贫营养环境中（Hallock和Schlager，1986；D'Elia和Wiebe，1990；Mutti和Hallock，2003）。层孔虫除了能生活在贫营养和中等营养环境外，作为单个的个体，许多层孔虫似乎也能在软基底之上繁殖和发育（图7；Wood，1995;Kershaw，1998）。这种情况存在于礁复合体2的初始发育和分异阶段，在这其中层孔虫没有集合形成骨架岩（MacNeil和Jones，2006）。相反，每个骨架作为一个独立的个体存在，一般与微生物粘结在一起。层孔虫的这种广泛的基底拓殖能力比现代的六射珊瑚强，其受限制分布于硬基底区域（Wood，1993），这可能部分解释为什么许多泥盆纪的生物礁类似于亚历山德拉礁系统，具有低断面的类似斜坡的形态，且广泛发育珊瑚礁（Wilson，1975；Mountjoy，1980；Walls和Burrowes，1985；Eliuk，1998；Kershaw，1998；Dasilva和Boulvain，2004）。这种类型的台地几何形态是非常不同于现代珊瑚礁的发育地形的，其具有狭窄的礁体发育区和陡峭的边缘斜坡（Wilson，1975；James和Ginsburg，1979；Enos和Moore，1983）。

营养梯度模型的一个广泛含义是，泥盆纪珊瑚礁及其台地对营养引起的淹溺不是高度敏感的（Kiessling等，1999）。当养分变得更充足时，以后生动物为主的贫营养礁体群落可以被后生动物—微生物群落取代（图10），营养水平升高不应造成珊瑚礁消亡或台地淹溺，除非在极端营养化条件下。这支持了Eliuk（1998）的理念：泥盆纪生物礁相被伟齿蛤—微生物复合体所替代（非礁相建造），反映了水体明显的富营养化。因此，其被看作是营养梯度模型的一个端元，表明营养导致台地的淹没。泥盆纪形成的珊瑚礁群落可以利用广泛的营养资源，这也是这些礁系统全球性发育的部分原因，包括其区域发育拓展的能力（Kiessling等，1999），这通常妨碍珊瑚礁的正常发展。

有预测指出由于广泛的营养来源导致泥盆纪的珊瑚礁面积广且对营养的适应比较有弹性，这一点在澳大利亚西北部的坎宁盆地的珊瑚礁系统中能够获得证据支持。因为显着的陆源输入是一个行之有效的营养化方式，粉砂岩—中砾岩定期跨过礁后在礁前环境中沉积（Read，1973；Playford等，1989；George，1999；Wood，2000），导致这些珊瑚礁系统明显的被营养化（Garrels和Mackenzie，1971；Hallock和Schlager，1986；Hallock，1987；Mutti和Hallock，2003；McManus和Polsenberg，2004）。考虑到泥盆纪坎宁盆地伸展环境下的构造活动，礁体中的水成岩墙与更深部位的裂缝和断层（DöHing等，1996）连接是可能的，营养随着地下流体的排气而上涌（Playford和Wallace，2001），因此，礁体是不可能发育在贫营养环境下的，这一认识与表征礁系统的碎屑—层孔虫—微生物碳酸盐岩相的体积是一致的（Wood，2000），考虑到礁系统非常接近受上升流影响的区域，Kiessling等（1999）也得出结论认为礁系统发育于营养适中的环境中。

八、结论

亚历山德拉礁系统展示了台地几何形态和海平面变化之间的相互作用，营养水平是泥盆纪礁发育的一个重要控制因素。营养梯度模型表明泥盆纪礁及相关台地是通过动态碳酸盐生产群落形成的，并且对解释泥盆纪礁相成因具有重要的应用价值。本次研究结论包括：

（1）任何地质年代中位于碳酸盐岩系统中的斜坡，随着海平面的下降和在随后的低位体系域过程中对营养越来越敏感。相反，斜坡在海侵体系域时期可能对营养不敏感。因为营养物质是碳酸盐沉积类型的一个基本控制因素，不同体系域时期碳酸盐岩斜坡中可能形成不同的沉积模式（例如photozoan、heterozoan组合）。

（2）层孔虫、床板珊瑚和四射珊瑚生存于贫营养和中营养环境中。泥盆纪礁骨架中层孔虫和钙质微生物的出现不是所有泥盆纪礁相的特点，并且它们的出现是很重要的，因为这些类型的沉积物表明这时期的环境中营养不受限制。碳酸盐岩—碎屑岩混合的坎宁盆地的礁系统必定被营养化（Kiessling等，1999；Wood，2000）。

（3）泥盆纪台地对营养导致的淹溺不是高度敏感的，因为随着营养水平提高群落组成的变化有利于碳酸盐持续的生产和堆积，环境和基底的广泛变化导致泥盆纪生物礁拓殖，这可能也是导致泥盆纪生物礁系统全球广泛分布的一个重要因素。这或许能够解释为什么这些台地普遍具有明显不同于现代镶边礁碳酸盐岩台地中广泛发育的生物礁格架的地层结构。

（4）使用营养梯度模型识别营养层次的波动，并解释造成这种波动的原因，是理解泥盆纪生物礁相变化和泥盆纪碳酸盐岩台地发生、发展和消亡的局部控制因素的关键步骤。

致谢

作者衷心感谢加拿大艾伯塔大学极地组织、印第安事务和北方发展部北方科学训练计划署、美国石油生产协会援助基金会（MacNeil）、加拿大自然科学和工程研究委员会（PGSB区块转让给MacNeil，A6090区块租借给Jones）、石油地质委员会主席CR Stelck、加拿大阿纳达科公司和加拿大自然资源有限公司对项目的经济支持。本次研究所开展的所有工作获得了西北地区极光研究学会的许可。衷心感谢与N.Darlow进行的很多关于当前生态学概念的深入讨论。衷心感谢W.Morgan和B.Witzke对本书初稿的建议。

参考文献

Babin, S.M., Carton, J.A., Dickey, T.D., and Wiggert, J.D., 2004, Satellite evidence of hurricane–induced phytoplankton blooms in an oceanic desert: Journal of Geophysical Research–Oceans, v. 109, C03043, doi:10.1029/2003JC001938.

Blanchon, P., and Perry, C.T., 2004, Taphonomic differentiation of *Acropora palmata* facies in cores from Campeche Bank Reefs,

Gulf of Mexico: Sedimentology, v. 51, p. 53–76.

Blanchon, P., Jones, B., and Kalbfleisch, W., 1997, Anatomy of a fringing reef around Grand Cayman: storm rubble, not coral framework: Journal of Sedimentary Research, v. 67, p. 1–16.

Burchette, T.P., 1981, European Devonian reefs: a review of current concepts and models, *in* Toomey, D.F., ed., European Reef Models: SEPM, Special Publication 30, p. 85–142.

Camoin, G.F., Geutret, P., Montagionni, L.F., and Cabioch, G., 1999, Nature and environmental significance of microbialites in Quaternary reefs: the Tahiti paradox: Sedimentary Geology, v. 126, p. 271–304.

Catuneanu, O., 2002, Sequence stratigraphy of clastic systems: concepts, merits, and pitfalls: Journal of African Earth Sciences, v. 35, p. 1–43.

Chow, N., and George, A.D., 2004, Tepee–shaped agglutinated microbialites: An example from a Famennian carbonate platform on the Lennard Shelf, northern Canning Basin, Western Australia: Sedimentology, v. 51, p. 253–265.

Chow, N., Wendte, J., and Stasiuk, L.D., 1995, Productivity versus preservation controls on two organic–rich carbonate facies in the Devonian of Alberta—sedimentological and organic petrological evidence: Bulletin of Canadian Petroleum Geology, v. 43, p. 433–460.

Coates, A.G., and Jackson, J.B.C., 1987, Clonal growth, algal symbiosis, and reef formation by corals: Paleobiology, v. 13, p. 363–378.

Copper, P., 1989, Enigmas in Phanerozoic reef development, *in* Jell, P.A., and Pickett, J.W., eds., Fossil Cnidaria 5: Association of Australasian Palaeontologists, Memoir, p. 371–385.

Copper, P., 2002, Reef development at the Frasnian/Famennian mass extinction boundary: Palaeogeography, Palaeoclimatology, Palaeoecology, v. 181, p. 27–65.

Costa, O.S., Leao, Z., Nimmo, M., and Attrill, M.J., 2000, Nutrification impacts on coral reefs from northern Bahia, Brazil: Hydrobiologia, v. 440, p. 307–315.

Cuet, P., Naim, O., Faure, G., and Conan, J.Y., 1988, Nutrient–rich groundwater impact on benthic communities of La Saline fringing reef (Reunion Island, Indian Ocean): preliminary results, *in* Choat, J.H., ed., 6th International Coral Reef Symposium, Australia, Proceedings, p. 207–212.

da Silva, A.C., and Boulvain, F., 2004, From palaeosols to carbonate mounds: facies and environments of the middle Frasnian platform in Belgium: Geological Quarterly, v. 48, p. 253–265.

D'elia, C.F., and Wiebe, W.J., 1990, Biogeochemical nutrient cycles in coral–reef ecosystems, *in* Dubinsky, Z., ed., Coral Reefs: Ecosystems of the World 25: Amsterdam, Elsevier, p. 49–74.

D'elia, C.F., Webb, K.L., and Porter, J.W., 1981, Nitrate–rich groundwater inputs to Discovery Bay, Jamaica: A significant source of N to local coral reefs?: Bulletin of Marine Science, v. 31, p. 903–910.

Dolphin, D.R., and Klovan, J.E., 1970, Stratigraphy and paleoecology of an Upper Devonian Carbonate Bank, Saskatchewan River Crossing, Alberta: Bulletin of Canadian Petroleum Geology, v. 18, p. 289–331.

Dőrling, S.L., Dentith, M.C., Groves, D.I., Playford, P.E., Vearncombe, J.R., Muhling, P., and Windrim, D., 1996, Heterogeneous brittle deformation in the Devonian carbonate rocks of the Pillara Range, Canning Basin: implications for the structural evolution of the Lennard Shelf: Australian Journal of Earth Sciences, v. 43, p. 15–29.

Dupraz, C., and Strasser, A., 2002, Nutritional modes in coral–microbialite reefs (Jurassic, Oxfordian, Switzerland): Evolution of trophic structure as a response to environmental change: Palaios, v. 17, p. 449–471.

Eliuk, L.S., 1998, Big bivalves, algae, and the nutrient poisoning of reefs: a tabulation with examples from the Devonian and Jurassic of Canada, *in* Johnston, P.A., and Haggart, J.W., eds., Bivalves: An Eon of Evolution— Paleobiological Studies Honoring Norman D. Newell: Calgary, University of Calgary Press, p. 157–184.

Embry, A.F., and Klovan, J.E., 1972, Absolute water depth limits of Late Devonian paleoecological zones: Geologische Rundschau, v. 61, p. 672–686.

Enos, P., and Moore, C.H., 1983, Fore–reef slope, *in* Scholle, P.A., Bebout, D.G., and Moore, C.H., eds., Carbonate Depositional Environments: American Association of Petroleum Geologists, Memoir 33, p. 507–537.

Entsch, B., Sim, R.G., and Hatcher, B.G., 1983, Indications from photosynthetic components that iron is a limiting nutrient in primary producers on coral reefs: Marine Biology, v. 73, p. 17–30.

Fischbuch, N.R., 1968, Stratigraphy, Devonian Swan Hills Reef Complexes of central Alberta: Bulletin of Canadian Petroleum Geology, v. 16, p. 444–556.

Garrels, R.M., and Mackenzie, F.T., 1971, Evolution of Sedimentary Rocks: New York, Norton and Company, 397 p.

Genin, A., Lazar, B., and Brenner, S., 1995, Vertical mixing and coral death in the Red−Sea following the eruption of Mount−Pinatubo: Nature, v. 377, p. 507−510.

George, A.D., 1999, Deep−water stromatolites, Canning Basin, Northwestern Australia: Palaios, v. 14, p. 493−505.

Golonka, J., Ross, M.I., and Scotese, C.R., 1994, Phanerozoic paleogeographic and paleoclimatic modeling maps, *in* Embry, A.F., Beauchamp, B., and Glass, D.J., eds., Pangea: Global Environments and Resources: Canadian Society of Petroleum Geologists, Memoir 17, p. 1−47.

Hadley, M.G., and Jones, B., 1990, Lithostratigraphy and nomenclature of Devonian strata in the Hay River area, Northwest Territories: Bulletin of Canadian Petroleum Geology, v. 38, p. 332−356.

Hallock, P., 1987, Fluctuations in the trophic resource continuum: A factor in global diversity cycles?: Paleooceanography, v. 2, p. 457−471.

Hallock, P., 2005, Global change and modern coral reefs: New opportunities to understand shallow−water carbonate depositional processes: Sedimentary Geology, v. 175, p. 19−33.

Hallock, P., and Schlager, W., 1986, Nutrient excess and the demise of coral reefs and carbonate platforms: Palaios, v. 1, p. 389−398.

Hallock, P., Mullerkarger, F.E., and Halas, J.C., 1993, Coral−reef decline: Research & Exploration, v. 9, p. 358−378.

Holloway, P.E., Humphries, S.E., Atkinson, M., and Imberger, J., 1985, Mechanisms for nitrogen supply to the Australian north west shelf: Australian Journal of Marine and Freshwater Research, v. 36, p. 753−764.

Hunt, D., and Tucker, M.E., 1993, Sequence stratigraphy of carbonate shelves with an example from the mid−Cretaceous (Urgonian) of southeast France, *in* Posamentier, H.W., Summerhayes, C.P., Haq, B.U., and Allen, G.P., eds., Sequence Stratigraphy and Facies Associations: International Association of Sedimentologists, Special Publication 18, p. 307−341.

James, N.P., and Ginsburg, R.N., 1979, The Seaward Margin of the Belize Barrier and Atoll Reefs: International Association of Sedimentologists, Special Publication 3, 191 p.

James, N.P., and Kendall, A.C., 1992, Introduction to carbonate and evaporite facies models, *in* Walker, R.G., and James, N.P., eds., Facies Models—Response to Sea Level Change: St. John's, Geological Association of Canada, p. 265−275.

Joachimski, M.M., Van Geldern, R., Breisig, S., Buggisch, W., and Day, J., 2004, Oxygen isotope evolution of biogenic calcite and apatite during the Middle and Late Devonian: International Journal of Earth Sciences, v. 93, p. 542−553.

Johannes, R.E., 1980, The ecological significance of the submarine discharge of groundwater: Marine Ecology Progress Series, v. 3, p. 365−373.

Johnson, J.G., Klapper, G., and Sandberg, C.A., 1985, Devonian eustatic fluctuations in Euramerica: Geological Society of America, Bulletin, v. 96, p. 567−587.

Kershaw, S., 1998, The applications of stromatoporoid palaeobiology in palaeoenvironmental analysis: Palaeontology, v. 41, p. 509−544.

Kiessling, W., Flügel, E., and Golonka, J., 1999, Paleoreef maps: Evaluation of a comprehensive database on Phanerozoic reefs: American Association of Petroleum Geologists, Bulletin, v. 83, p. 1552−1587.

Klapper, G., and Lane, H.R., 1989, Frasnian (Upper Devonian) conodont sequence at Luscar Mountain and Mount Haultain, Alberta Rocky Mountains, *in* McMillan, N.J., Embry, A.F., and Glass, D.J., eds., Devonian of the World: Canadian Society of Petroleum Geologists, Memoir 14, p. 469−478.

Klovan, J.E., 1964, Facies analysis of the Redwater Reef complex, Alberta, Canada: Bulletin of Canadian Petroleum Geology, v. 12, p. 1−100.

Krebs, W., 1974, Devonian carbonate complexes of central Europe, *in* Laporte, L.F., ed., Reefs in Time and Space: SEPM, Special Publication 18, p. 155−208.

Kuffner, I.B., and Paul, V.J., 2001, Effects of nitrate, phosphate and iron on the growth of macroalgae and benthic cyanobacteria from Cocos Lagoon, Guam: Marine Ecology Progress Series, v. 222, p. 63−72.

Lapointe, B.E., 1997, Nutrient thresholds for bottom−up control of macroalgal blooms on coral reefs in Jamaica and southeast Florida: Limnology and Oceanography, v. 42, p. 1119−1131.

Lapointe, B.E., Barile, P.J., Yentsch, C.S., Littler, M.M., Littler, D.S., and Kakuk, B., 2004, The relative importance of nutrient enrichment and herbivory on macroalgal communities near Norman's Pond Cay, Exumas Cays, Bahamas: a "natural" enrichment experiment: Journal of Experimental Marine Biology and Ecology, v. 298, p. 275−301.

Leavitt, E.M., 1968, Petrology, paleontology, Carson Creek North Reef Complex: Bulletin of Canadian Petroleum Geology, v. 16, p. 298–413.

Lewis, J.B., 1987, Measurements of groundwater seepage flux onto a coral reef: spatial and temporal variations: Limnology and Oceanography, v. 32, p. 1165–1169.

Lin, I., Liu, W.T., Wu, C.C., Wong, G.T.F., Hu, C.M., Chen, Z.Q., Liang, W.D., Yang, Y., and Liu, K.K., 2003, New evidence for enhanced ocean primary production triggered by tropical cyclone: Geophysical Research Letters, v. 30(13), 1718, doi:10.1029/2003GL017141, 2003.

Littler, M.M., and Littler, D.S., 1984, Models of tropical reef biogenesis: the contribution of algae: Progress in Phycological Research, v. 3, p. 323–364.

Lobban, C.S., Harrison, P.J., and Duncan, M.J., 1985, The Physiological Ecology of Seaweeds: Cambridge, U.K., Cambridge University Press, 237 p.

Longman, M.W., 1981, A process approach to recognizing facies of reef complexes, *in* Toomey, D.F., ed., European Fossil Reef Models: SEPM, Special Publication 30, p. 9–40.

Machel, H.G., and Hunter, I.G., 1994, Facies models for Middle to Late Devonian shallow–marine carbonates, with comparisons to modern reefs: a guide for facies analysis: Facies, v. 30, p. 155–176.

MacNeil, A.J., and Jones, B., 2006a, Sequence stratigraphy of a Late Devonian ramp–situated reef system in the Western Canada Sedimentary Basin: dynamic responses to sea–level change and regressive reef development: Sedimentology, v. 53, p. 321–359.

MacNeil, A.J., and Jones, B., 2006b, Palustrine deposits on a Late Devonian coastal plain—sedimentary attributes and implications for concepts of carbonate sequence stratigraphy: Journal of Sedimentary Research, v. 76, p. 292–309.

Mallamo, M.P., and Geldsetzer, H.H.J., 1991, The western margin of the Upper Devonian Fairholme reef complex, Banff–Kananaskis area, southwestern Alberta: Geological Survey of Canada, Current Research, Part B, Paper 91–1B, p. 59–69.

Marsh, J.A., 1977, Terrestrial inputs of nitrogen and phosphorus on fringing reefs of Guam, *in* Taylor, D.L., ed., 3rd International Coral Reef Symposium, Miami, Proceedings, p. 331–336.

McLean, R.A., and Klapper, G., 1998, Biostratigraphy of Frasnian (Upper Devonian) strata in western Canada, based on conodonts and rugose corals: Bulletin of Canadian Petroleum Geology, v. 46, p. 515–563.

McManus, J.W., and Polsenberg, J.F., 2004, Coral–algal phase shifts on coral reefs: ecological and environmental aspects: Progress in Oceanography, v. 60, p. 263–279.

Miller, M.W., Hay, M.E., Miller, S.L., Malone, D., Sotka, E.E., and Szmant, A.M., 1999, Effects of nutrients versus herbivores on reef algae: A new method for manipulating nutrients on coral reefs: Limnology and Oceanography, v. 44, p. 1847–1861.

Moore, P.F., 1988, Devonian reefs in Canada and some adjacent areas, *in* Geldsetzer, H.H.J., James, N.P., and Tebbutt, G.E., eds., Reefs— Canada and Adjacent Areas: Canadian Society of Petroleum Geologists, Memoir 13, p. 367–390.

Mountjoy, E.W., 1980, Some questions about the development of Upper Devonian buildups (reefs), western Canada: Bulletin of Canadian Petroleum Geology, v. 28, p. 315–344.

Mutti, M., and Hallock, P., 2003, Carbonate systems along nutrient and temperature gradients: some sedimentological and geochemical constraints: International Journal of Earth Sciences (Geologische Rundschau), v. 92, p. 465–475.

Noble, J.P.A., 1970, Biofacies analysis, Cairn Formation of Miette Reef Complex (Upper Devonian) Jasper National Park, Alberta: Bulletin of Canadian Petroleum Geology, v. 18, p. 493–543.

Ostrander, G.K., Meyer Amstrong, K., Knobbe, E.T., Gerace, D., and Scully, E.P., 2000, Rapid transition in the structure of a coral reef community: The effects of coral bleaching and physical disturbance: National Academy of Sciences (U.S.A.), Proceedings, v. 97, p. 5297–5302.

Paul, V.J., Thacker, R.W., Banks, K., and Golubic, S., 2005, Benthic cyanobacterial bloom impacts the reefs of South Florida (Broward County, U.S.A.): Coral Reefs, v. 24, p. 693–697.

Peryt, T.M., 1981, Phanerozoic oncoids—an overview: Facies, v. 4, p. 197–214.

Playford, P.E., 1980, Devonian Great Barrier–Reef of Canning Basin, Western–Australia: American Association of Petroleum Geologists, Bulletin, v. 64, p. 814–840.

Playford, P.E., and Wallace, M.W., 2001, Exhalative mineralization in Devonian reef complexes of the Canning Basin, Western Australia: Economic Geology, v. 96, p. 1595–1610.

Playford, P.E., Cockbain, A.E., Druce, E.C., and Wray, J.L., 1976, Devonian stromatolites from the Canning Basin, Western

Australia, *in* Walter, M.R., ed., Stromatolites: Amsterdam, Elsevier, p. 543−563.

Playford, P.E., Hurley, N.F., Kerans, C., and Middleton, M.F., 1989, Reefal platform development, Devonian of the Canning Basin, Western Australia, *in* Crevello, P.D., Wilson, J.L., Sarg, J.F., and Read, J.F., eds., Controls on Carbonate Platform and Basin Development: SEPM, Special Publication 44, p. 187−202.

Potma, K., Weissenberger, J.A.W., Wong, P.K., and Gilhooly, M.G., 2001, Toward a sequence stratigraphic framework for the Frasnian of the Western Canada Basin: Bulletin of Canadian Petroleum Geology, v. 50, p. 341−349.

Pratt, B.R., 2001, Calcification of cyanobacterial filaments: *Girvanella* and the origin of lower Paleozoic lime mud: Geology, v. 29, p. 763−766.

Read, J.F., 1973, Paleo−environments and paleogeography, Pillara Formation (Devonian), Western Australia: Bulletin of Canadian Petroleum Geology, v. 21, p. 344−394.

Reiss, Z., and Hottinger, L., 1984, The Gulf of Aqaba: Ecological Studies, v. 50: Berlin, Springer−Verlag, 354 p.

Riding, R., 1992, Temporal variation in calcification in marine cyanobacteria: Geological Society of London, Journal, v. 149, p. 979−989.

Riding, R., 1983, Cyanoliths (cyanoids): oncoids formed by calcified cyanophytes, *in* Peryt, T.M., ed., Coated Grains: Berlin, Springer− Verlag, p. 276−283.

Riding, R., and Liang, L.Y., 2005, Geobiology of microbial carbonates: metazoan and seawater saturation state influences on secular trends during the Phanerozoic: Palaeogeography, Palaeoclimatology, Palaeoecology, v. 219, p. 101−115.

Sarg, J.F., 1988, Carbonate sequence stratigraphy, *in* Wilgus, C.K., Hastings, B.S., Kendall, C.G.St.C., Posamentier, H.W., Ross, C.A., and Van Wagoner, J.C., eds., Sea−Level Changes: An Integrated Approach: SEPM, Special Publication 42, p. 155−182.

Scotese, C.R., 2004, A continental drift flipbook: Journal of Geology, v. 112, p. 729−741.

Shiah, F.K., Chung, S.W., Kao, S.J., Gong, G.C., and Liu, K.K., 2000, Biological and hydrographical responses to tropical cyclones (typhoons) in the continental shelf of the Taiwan Strait: Continental Shelf Research, v. 20, p. 2029−2044.

Smith, V.S., Kimmerer, W.J., Laws, E.A., Brock, R.E., and Walsh, T.W., 1981, Kaneohe Bay sewage diversion experiment: perspectives on ecosystem responses to nutritional perturbation: Pacific Science, v. 35, p. 279−402.

Sprachta, S., Camoin, G., Golubic, S., and Le Campion, T., 2001, Microbialites in a modern lagoonal environment: nature and distribution, Tikehau atoll (French Polynesia): Palaeogeography, Palaeoclimatology, Palaeoecology, v. 175, p. 103−124.

Stanley, S.M., 1988, Climatic cooling and mass extinction of Paleozoic reef communities: Palaios, v. 3, p. 228−232.

Stoddart, D.R., 1969, Ecology and morphology of recent coral reefs: Cambridge Philosophical Society, Biological Reviews, v. 44, p. 433−498.

Subrahmanyam, B., Rao, K.H., Rao, N.S., Murty, V.S.N., and Sharp, R.J., 2002, Influence of a tropical cyclone on Chlorophyll−a concentration in the Arabian Sea: Geophysical Research Letters, v. 29(22), 2065, doi:10.1029/2002GL015892, 2002.

Tyson, R.V., and Pearson, T.H., 1991, Modern and ancient continental shelf anoxia: an overview, *in* Tyson, R.V., and Pearson, T.H., eds., Modern and Ancient Continental Shelf Anoxia: Geological Society of London, Special Publication 58, p. 1−24.

Vopni, L.K., and Lerbekmo, J.F., 1972, The Horn Plateau Formation: A Middle Devonian Coral Reef, Northwest Territories, Canada: Bulletin of Canadian Petroleum Geology, v. 20, p. 498−548.

Walls, R.A., and Burrowes, G., 1985, The role of cementation in the diagenetic history of Devonian reefs, western Canada, *in* Schneidermann, N., and Harris, P.M., eds., Carbonate Cements: SEPM, Special Publication 36, p. 185−220.

Whalen, M.T., 1995, Barred basins—A model for eastern ocean−basin carbonate platforms: Geology, v. 23, p. 625−628.

Whalen, M.T., Eberli, G.P., Van Buchem, F.S.P., Mountjoy, E.W., and Homewood, P.W., 2000, Bypass margins, basin−restricted wedges, and platform−to−basin correlation, Upper Devonian, Canadian Rocky Mountains: Implications for sequence stratigraphy of carbonate platform systems: Journal of Sedimentary Research, v. 70, p. 913−936.

Whalen, M.T., Day, J., Eberli, G.P., and Homewood, P.W., 2002, Microbial carbonates as indicators of environmental change and biotic crises in carbonate systems: examples from the Late Devonian, Alberta basin, Canada: Palaeogeography, Palaeoclimatology, Palaeoecology, v. 181, p. 127−151.

Wignall, P.B., and Newton, R., 2001, Black shales on the basin margin: a model based on examples from the Upper Jurassic of the Boulonnais, northern France: Sedimentary Geology, v. 144, p. 335−356.

Wilson, J.L., 1975, Carbonate Facies in Geologic History: New York, Springer Verlag, 471 p.

Wood, R., 1993, Nutrients, predation and the history of reef−building: Palaios, v. 8, p. 526−543.

Wood, R., 1995, The changing biology of reef−building: Palaios, v. 10, p. 517−529.

Wood, R., 1998a, The ecological evolution of reefs: Annual Review of Ecology and Systematics, v. 29, p. 179–206.

Wood, R., 1998b, Novel reef fabrics from the Devonian Canning Basin, Western Australia: Sedimentary Geology, v. 121, p. 149–156.

Wood, R., 1999, Reef Evolution: Oxford, U.K., Oxford University Press, 414 p.

Wood, R., 2000, Palaeoecology of a Late Devonian back reef: Canning Basin, Western Australia: Palaeontology, v. 43, p. 671–703.

Wood, R., 2004, Palaeoecology of a post–extinction reef: Famennian (Late Devonian) of the Canning Basin, north–western Australia: Palaeontology, v. 47, p. 415–445.

Woodley, J.D., Chornesky, E.A., Clifford, P.A., Jackson, J.B.C., Kaufman, L.S., Knowlton, N., Lang, J.C., Pearson, M.P., Porter, J.W., Rooney, M.C., Rylaarsdam, K.W., Tunnicliffe, V.J., Wahle, C.M., Wulff, J.L., Curtis, A.S.G., Dallmeyer, M.D., Jupp, B.P., Koehl, M.A.R., Neigel, J., and Sides, E.M., 1981, Hurricane Allen's impact on Jamaican coral reefs: Science, v. 214, p. 749–755.

Wray, J.L., 1967, Upper Devonian calcareous algae from the Canning Basin, western Australia: Golden, Colorado, Colorado School of Mines, Professional Contributions 3, 76 p.

加拿大艾伯塔西部泥盆系碳酸盐岩台地发育和盆地充填过程的磁导率、生物地层学和层序地层学特征

Michael T.Whalen[1]　James E.（Jed）Day[2]
（1. 阿拉斯加大学地质与地球物理系；2. 伊利诺斯州立大学地理与地质系）

摘要： 本文应用高分辨率层序地层学、生物地层学和磁导率（MS）地层学研究加拿大艾伯塔西部地区中泥盆统上部和上泥盆统与地质事件的相关关系，并且深入开展磁导率地层学研究，因为考虑到其作为一种长远的相关关系工具和古气候或氧同位素代表性特征的潜在作用。Miette和Ancient Wall孤立台地附近的斜坡相和盆地沉积物的高分辨率MS数据资料对艾伯塔泥盆系碳酸盐岩台地发育和盆地充填的模式特征具有启示意义。采集MS数据，并与牙形石和腕足动物生物地层学数据、层序地层学结合，为5个重要的和15个更高频的MS偏移以及9个沉积层序的相对时间控制因素分析提供依据。艾伯塔西部晚吉维特期—早法门期发育9个三级沉积层序，其中7个沉积层序是由海平面事件引起的，它们与泥盆世海侵—海退（T—R）旋回中的IIa-2—IIe相符合。8个层序组成了Miette和Ancient Wall孤立台地的主要层序地层结构单元。基于主要层序地层层位确定海平面变化事件，包括暴露面和海泛面；根据生物年代学，使用牙形石与腕足类生物地层学相结合的方法进行校正。基于再沉积碳酸盐岩单元的形态学、矿物学和碎屑含量，识别层序边界并区分斜坡和盆地地区高位和低位沉积。研究结果显示斜坡相和盆地相磁导率特征在层序地层格架内呈系统性的变化。MS记录中的峰值与低位期或初始海侵期的事件重合。磁导率地层学特征在整个艾伯塔盆地一致，整体上看东部MS值略高。晚吉维特期—早弗拉期（跨越MN9带）MS特征整体偏低，但是在中—晚弗拉期（MN10—11带）呈现一处重大的MS双峰式升高。在晚弗拉期（MN12—13带）和早法门期MS值恢复到此前的较低水平。MS整体趋势是先降低后上升，指示了磁导率较高的陆源碎屑物质运输的变化。MS最高值与岩性变化直接相关，而岩性变化与Mount Hawk组细粒硅质碎屑汇入有关。整个艾伯塔盆地MS变化趋势整体连续，表明MS地层学适用于区域对比。

本文观察到的其他几处MS正偏移同样与碎屑输入的增加有关，同时期的氧同位素值下降或低值（古地温升高或高温）在劳亚古陆和冈瓦纳古陆均有报道，表明温度和风化速率升高导致碎屑物输入增多和MS值升高的古气候相关性。前人发表的氧同位素数据过于稀疏，不足以与我们的MS数据进行高分辨率对比分析，但本文提出的相似的规律证明之后的研究中可以将MS用于氧同位素或古气候指示器。摩洛哥高凝缩段的同期泥盆系岩石中的MS特征与本文数据结果具有相似的结构形态，更支持了MS地层学作为长期对比分析工具的可能性。

碳酸盐岩台地系统对构造运动、硅质碎屑沉积物注入、海平面变化和生物及气候事件尤其敏感。弗拉期（晚泥盆世早期）礁生态系统代表了古生代礁发育的最高峰，并以弗拉期—法门期（F—F）的生物大灭绝结束（上Kellwasser和下Kellwasser事件），该事件彻底改变了古生代礁和碳酸盐岩台地系统的组成（McLaren，1982；Stearn，1987；McGhee，1996；Copper，2002）。全世界面积分布最广泛的弗拉期礁系统位于加拿大西部的Laurussia大陆西缘（图1）。

本文记录了一直进行的孤立碳酸盐岩礁台地及相关盆地沉积物的高分辨率分析，研究对象为位于艾伯塔加拿大落基山脉的泥盆系露头剖面，并试图改进中—晚泥盆世区域的和全球事件记录的地层对比。为了更好地记录局部和全球海平面变化以及气候和生物事件的时间和影响作用，我们应用了一整套地层学方案，其中用到几种独立的方法以改进北美西部上泥盆统地层序列的对比。本文强调综合运用生物地层学、高分辨率旋回地层学和层序地层学以及磁导率（MS）地层学的必要性以实现对古生代

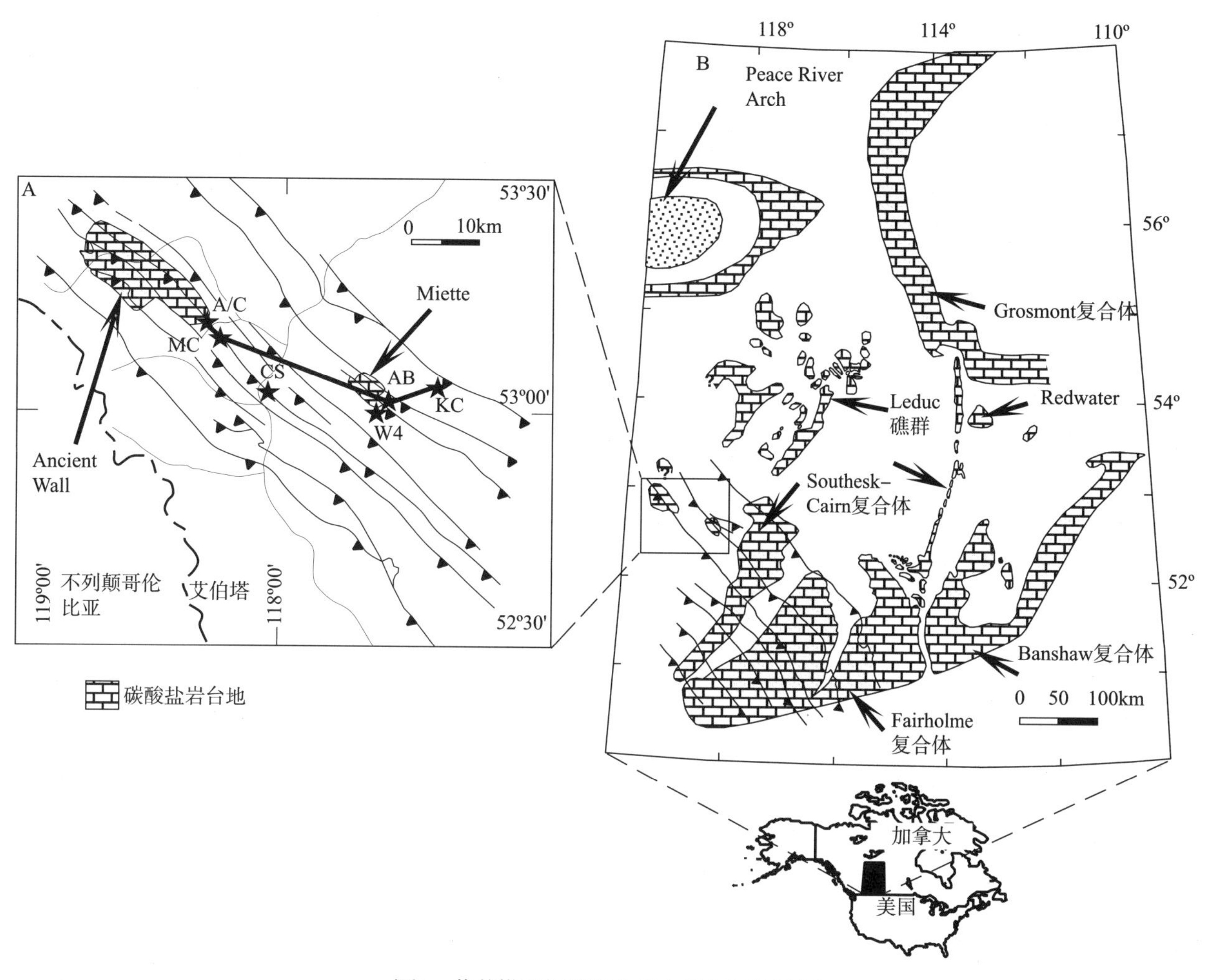

图1 艾伯塔西部碳酸盐岩台地区域构造图

A—艾伯塔西部逆掩冲断带Miette和Ancient Wall台地位置图（据Mountjoy，1995）。五星符号代表Ancient Wall和Miette台地东南缘一带实测地层剖面的位置（图3，图4）。剖面线（A/C—KC）见图9中详细解释。B—弗拉期岩相古地理构造位移恢复图（据Mountjoy，1980；Geldsetzer，1989；Switzer等，1994），标出了上泥盆统艾伯塔盆地内的孤立台地和与大陆相连的台地的位置。带刺突的斜线代表了Laramide逆冲带的东侧边界断层，位于断层线西侧的碳酸盐岩建隆在加拿大落基山脉一带出露。MC—Marmot Crack；A/C—Thornton Cr.；CS — Cold Sulphur Springs；AB，W4 — Poachers Cr.；KC — Klapper Cr.。地层剖面在台地边缘剖面中位置见图3和图4

碳酸盐岩台地系统的重建和改变的最重要阶段之一的深入理解。本项目中利用高分辨率数据库对晚泥盆世构造的、海平面的、气候的和生物事件的时间及其相关关系进行评价。

几个克拉通内部的F—F序列均记录到一个二级海侵—海退（T—R）旋回，表明一次构造—全球海平面显著变化的存在（Johnson等，1985，1996；House和Ziegler，1997）。冈瓦纳大陆泥盆纪最后一次冰川运动的触发（Isaacson和Diaz-Martinez，1995；Isaacson等，1999）表明了一期延长的古温室气候期即将结束，这可能与观察到的法门期全球海平面连续下降有关。Johnson等（1985，1996）提出的泥盆纪海平面变化曲线为最好的约束古生代海平面变化曲线之一，后人的研究基本上都支持该海平面变化解释的泥盆纪T—R旋回中定义的大多数三级海平面事件，而其他事件需要进一步调研。本文在前人对加拿大西部高分辨率层序地层学研究的基础上（van Buchem等，1996；Whalen等，2000a，2000b；Uyeno和Wendte，2005a；Wendte和Uyeno，2005），扩展了晚泥盆世海平面事件记录的数据库。

一、加拿大西部地质环境

本文中讨论到的岩石来自艾伯塔盆地内晚泥盆世Laurussia大陆西缘的两个孤立含礁台地及其附近

的盆地相层序中（图1，图2）。西加拿大当时纬度位于赤道附近南半球信风带，沿经向排列的西部陆缘分布（Witzke和Heckel，1988；Scotese和McKerrow，1990）。中—晚泥盆世（晚吉维特期—早弗拉期）海侵期，在艾伯塔盆地大面积分布的陆上不整合之上首先发育区域上广泛的碳酸盐岩缓坡沉积（图3，图4）。在晚泥盆世的弗拉期缓坡之上发育了一系列与大陆相连的和孤立的碳酸盐岩台地（图1—图4；Audrichuk，1961；Mountjoy，1980；Moore，1989）。在东部和南部，具有局限海洋学特征的广大地区为同时代蒸发岩沉积的区域（图1；Switzer等，1994）。研究认为细粒硅质碎屑沉积物（Woodbend页岩）由Ellesmerian褶皱带流出，沉积在东北部的加拿大北极圈群岛，在艾伯塔盆地台地周围与来自台地内部的碳酸盐岩混合在一起（图1；Oliver和Cowper，1963；Stoakes，1980；Switzer等，1994）。碳酸盐岩台地生长速度与一期延长的二级层序和缩短的三级海平面上升步调一致，并在弗拉期大多数时期超过了盆地沉积速率（Johnson等，1985，1996；Day等，1996；Day，1998；Whalen等，2000a，2000b）。F—F大灭绝事件导致了弗拉期绝大多数造架生物的死亡，并标志着西加拿大地区广泛发育的泥盆纪生物礁的结束（Mclaren，1982；Stearn，1987；Copper，2002）。不过，西加拿大（Eliuk，1984；Stearn等，1987；Copper，2002）和德国（Herbig和Weber，1996）地区的层孔虫补丁礁以及澳大利亚砍宁盆地的微生物礁继续生长到法门期。早法门期Sassenach组的碳酸盐—硅质碎屑混合沉积物充填艾伯塔盆地，随后大面积的Palliser台地在中—晚法门期发育，直到石炭系碳酸盐岩缓坡形成（Richards，1989；Stoakes，1992；Mountjoy和Savoy，1995；Caplan和Bustin，1998；Mountjoy和Becker，2000）。

艾伯塔西部和不列颠哥伦比亚省东部出露的泥盆系分布在中吉维特期—法门期，而在地下，东部地区地层分布在晚艾斐尔期（Eifelian）—法门期（图2）。不同层位的名称来源是基于盆地内和台地的岩性，并且对地下同时期的岩石使用了一套独立的命名系统（图2）。落基山脉内的主要台地碳酸盐岩层位包括Flume、Cairn、Southesk和Palliser组，而盆地内包括了Maligne、Perdrix、Mount Hawk和Sassenach组（图2）。

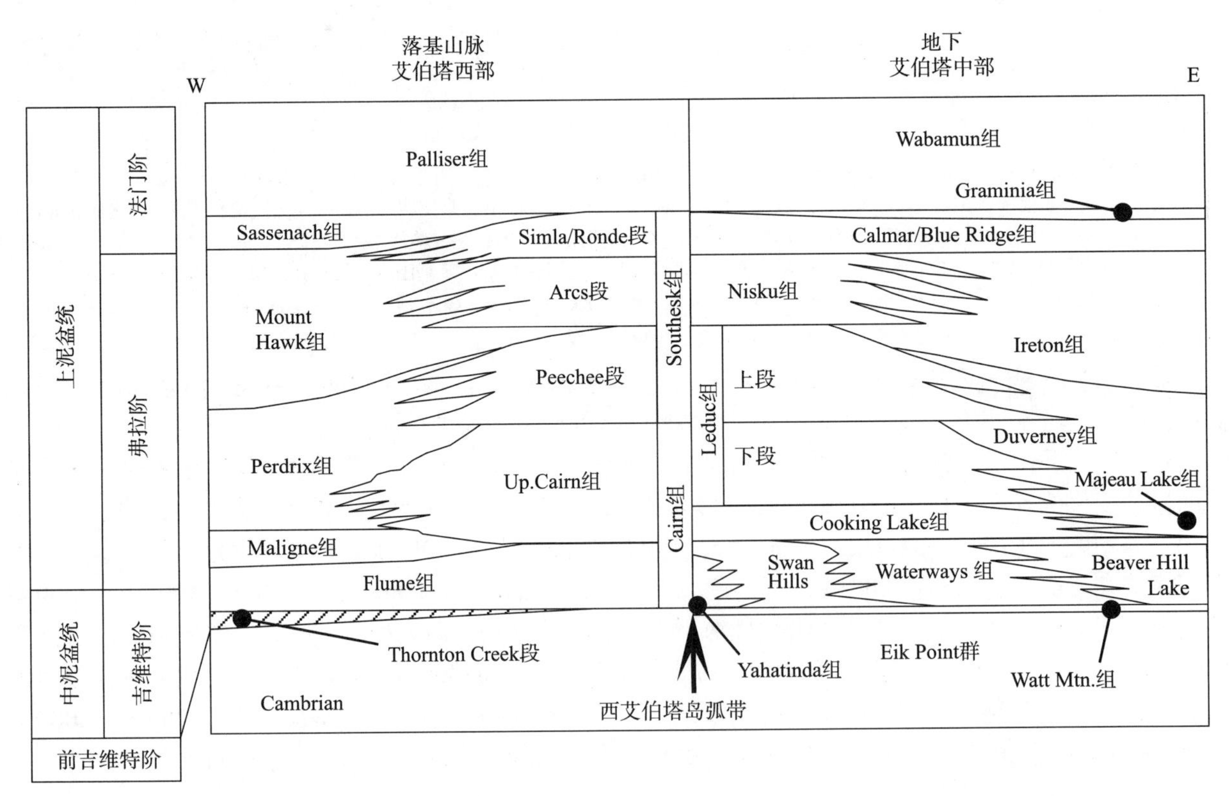

图2　落基山脉、西艾伯塔和中艾伯塔地区上泥盆统的不同命名（据Switzer等，1994）

注意台地相与盆地相地层使用不同命名方式。本次研究中的重点层位是落基山脉地区出露的盆地相地层单元

Miette和Ancient Wall台地位于艾伯塔盆地西部，厚约400～500m（图1、图3和图4）。Miette面积大约165km²，而Ancient Wall约1200km²（Geldsetzer，1989；Mountjoy，1989）。Redwater台地位于艾伯塔盆地东部（图1），厚约350m（包括Cooking Lake台地），面积约500km²（Klovan，1964；Wendte，1994；Chow等，1995）。这些台地中主要生物包括板条状、球根状、穹顶状的层孔虫、双孔层孔虫，以及床板珊瑚和四射珊瑚（Klovan，1964；Kobluk，1975；Wendte，1994）。部分台地边缘具有层孔虫生物丘镶边的特征，圈住一片典型礁后内部沉积，并形成潮下带和环潮坪的米级向上变浅的旋回（Klovan，1964；Mountjoy，1965；Mountjoy和Mackenzie，1974；Kobluk，1975，1994；Whalen等，2000a）。

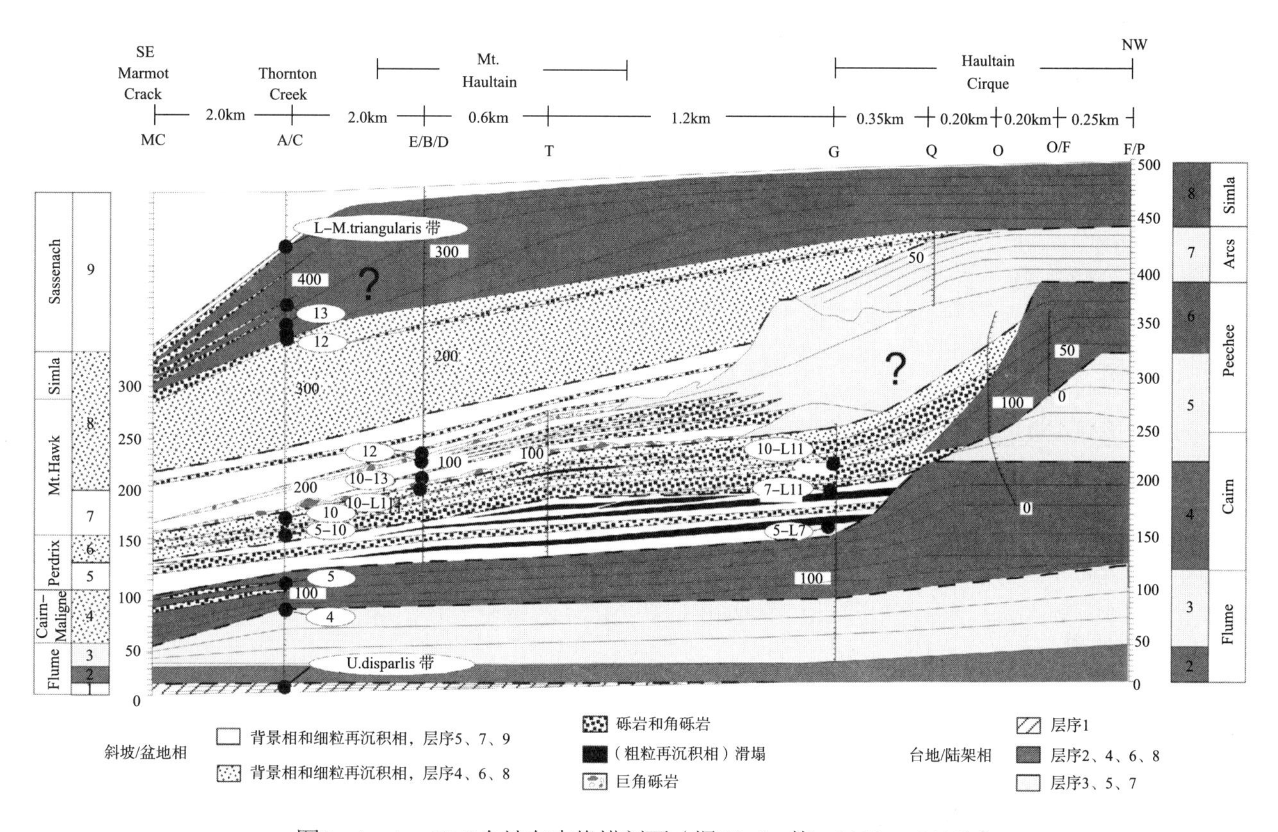

图3　Ancient Wall台地东南缘横剖面（据Whalen等，2000a，2000b）

展示岩性地层、层序地层划分与一般岩相特征。测量地层段的位置用数字和刻度线标出。牙形石样品位置和样品带在测量段附近用椭圆形标志标出（表1，表2）。台地层序用深灰色与浅灰色交替表示。斜坡和盆地层序用白色和点状交替表示。粗的黑色虚线代表层序界面。台地层序处细黑线代表准层序界面

二、方法

本次研究中使用了层序地层学的方法，与牙形石和腕足类生物地层学和磁导率（MS）地层学（Crick等，1997；Crick等，2001a；Ellwood等，1999，2000，2001）相结合，从而更有效地约束海平面、生物和其他地质事件的时间。牙形石和腕足动物生物地层学样品取自适合的区域，而MS采样间隔为0.5～1.0m。MS样品称重精确到0.001g，并在路易斯安那州立大学Brooks Ellwood实验室的KLY-3 Kappa搭桥磁导率测量仪中进行测量。每块样品进行三次测量，并取其平均值。此处发表的MS值为体积标准化的磁导率，单位为m³/kg。新的地层学数据和MS样品均来自本次研究中的几处出露（图1），包括Miette东部的一个近端剖面和Ancient Wall西南部的一个盆地相剖面。本次研究中的MS样品均采自之前研究的Ancient Wall和Miette东南缘的地层剖面（图1、图3和图4）。

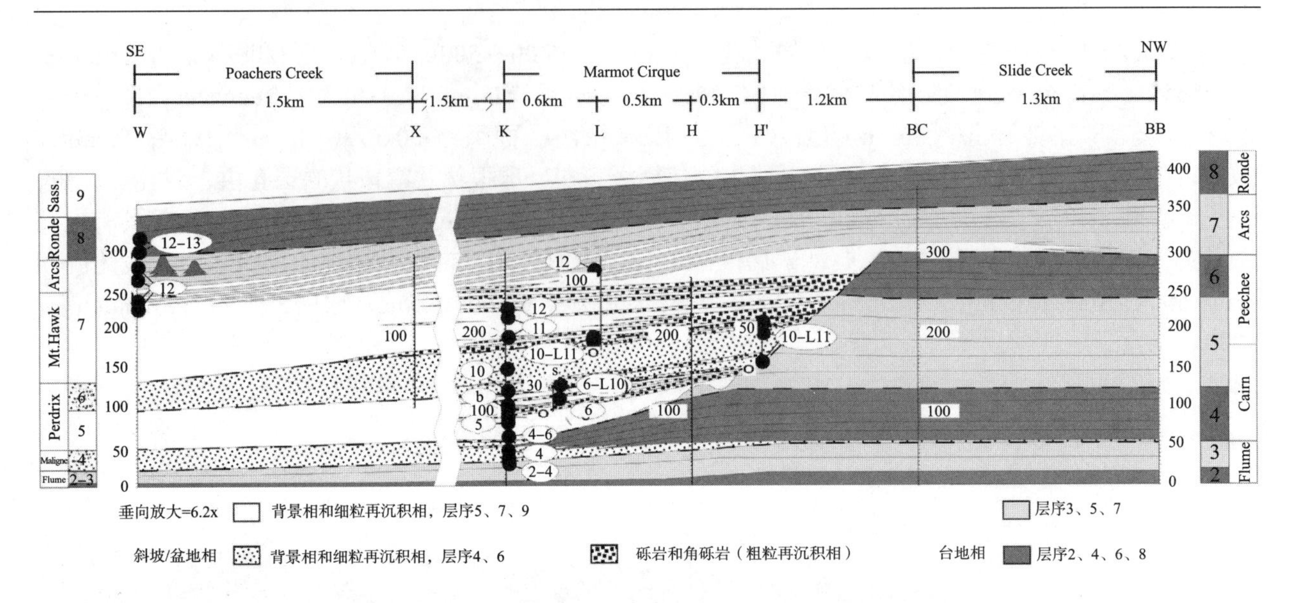

图4 Miette台地东南缘横剖面（据Whalen等，2000a，2000b）

展示岩性地层、层序地层划分与一般岩相特征。测量地层段的位置用数字和刻度线标出。牙形石样品位置和样品带在测量段旁边用椭圆形标志标出（表1，表2）。台地层序用深灰色与浅灰色交替表示，斜坡和盆地层序用白色和点状交替表示。黑色粗虚线代表层序界面。台地层序处细黑线代表准层序界面

（一）层序地层学、旋回地层学和生物地层学

一个二级层序海平面T—R旋回为晚泥盆世西加拿大碳酸盐岩台地发育的一项主控因素（Johnson等，1985，1996；McLean和Mountjoy，1994；van Buchem等，1996；Whalen等，2000b；Wendte等，1995a）。三级层序可能受全盆地范围相对海平面变化影响，与全世界其他同时期沉积序列对比利于对其海平面变化状态进行评价。在台地加积期盆地相层序受力与其分离，上超的盆地楔内部半远洋沉积相细粒碳酸盐成分和再沉积碳酸盐粗粒碎屑成分均出现变化（Whalen等，2000b；Whalen等，2000b）。

台地和盆地的三级层序由高频旋回组成（McLean和Mountjoy，1994；van Buchem等，1996；Whalen等，2000a，2000b）。深水旋回在数目上远超过台地相向上变浅旋回，可能受相对海平面变化与气候变化等较高频事件相互作用的控制，以及大陆风化作用的变化和台地发育风格变化的控制（Whalen等，2000a，2000b）。深水旋回的甄别通过下述磁导率事件的论证，可为细化区域对比研究提供精细地层分辨率方法，这是本次研究的创新点。

地质历史上事件的时间确定依赖于准确的年代地层学和生物地层学，由于缺少放射性测年数据资料，艾伯塔盆地内泥盆系大多数地层序列没有年代地层学数据。不过，通过应用图像对比分析和以牙形石为基础的Montagne Noire（MN）分带技术利于生物地层学分辨率的显著提高（Klapper，1989；Klapper和Lane，1989；Klapper等，1995；McLean和Klapper，1998；Whalen等，2000a）。

（二）磁导率地层学

Ellwood及其同事们在磁导率事件和旋回地层学（MSEC）方法的研究中处于领先地位（Crick等，1997，2001a，2002；Ellwood等，2000），其研究结果证明，随着沉积物中以碎屑物质为主的顺磁性和铁磁性矿物成分含量变化，其MS特征发生改变。MS与磁极性数据不同，它对低温热事件敏感性差，而极性可能会被重新磁化（Crick等，1997）。沉积岩中磁导率的早期研究侧重第四系黄土沉积，援引其气候变化用于解释磁导率变化（Heller和Liu，1984；Kukla等，1988；Beget等，1990；Verosub等，1993）。最近，磁导率研究则专注于在古生界黄土岩中将MS作为气候标志（Soreghan等，1997，2002；Tramp等，2004），用于古生界深海沉积物区域间及全球对比分析（Crick等，1997，2001a；Ellwood等，1999，2000），或将其作为与更新世冰川体积和气候变化有关的氧同位素变化的代表形式（Shackleton，

1999），以及全新世考古地点的古气候指示（Ellwood等，1997）。

硅质碎屑向海相盆地的输入速率受控于气候、构造抬升、陆壳岩石风化作用和相对海平面变化（Davies等，1977；Worsley和Davies，1979；Raymo等，1988）。在大规模构造运动期间，风化速率提高可能导致区域的甚至全球的细粒硅质碎屑沉积物向海相盆地的输入速率升高（Mackenzie和Pigott，1981；Wold和Hay，1990）。学者们提出海底扩张、全球海平面变化，与主要造山事件、大陆风化和气候变化之间存在联系（Mackenzie和Pigott，1981；Fischer，1983；Raymo等，1988；Edmond，1992；Raymo和Ruddiman，1992；Richter等，1992）。深海相泥质成分含量的变化可能受构造、海平面和气候变化联合控制。这些事件同时可能伴有深海沉积物磁导率的变化，因为磁性矿物的输入随着风化模式的变化而变化（Crick等，1997，2001a；Ellwood等，1999）。

因此海相岩石中MS特征的控制因素包括全球海平面变化、气候和成岩作用事件，因为它们可能会重新磁化岩石或改变MS特征（Burton等，1993；Katz等，1998；Schneider等，2004）。全球海平面变化导致浪基面波动，引起剥蚀作用和碎屑物向全球海洋注入的变化（Worsley和Davies，1979）。海平面变化中的一次海面下降运动会导致MS量级升高，这与陆块剥蚀面积增加带来的碎屑物来源增加有关；而海面升高导致MS呈现低值，因为碎屑物来源减少（Ellwood等，1999，2000）。全球气候变化导致降水量或冰川作用变化，伴随着剥蚀速率的改变，同样也能影响到海洋盆地相中碎屑物的输入。对深海岩石的MS特征中显著的区域间异常和旋回模式的识别导致了MSEC方法学的发展（Crick等，1997，2001a；Ellwood等，1999，2000）。因此，使用MSEC作为区域间或全球对比工具的基础猜想是如果浪基面变化或长期气候影响作用是全球性的，那么其深海相MS变化是相似的，即使其绝对级别受局部构造、气候或沉积作用的影响（Crick等，1997）。

因此记录硅质碎屑流入艾伯塔盆地历史的文件对MS数据的解释起到关键作用。晚吉维特期西艾伯塔盆地的硅质碎屑沉积物包括粉砂和细砂，部分来自西艾伯塔岛弧带地层暴露区，与碳酸盐岩缓坡相沉积物混合（Williams和Krause，2000；Day和Whalen，2005）。弗拉期的硅质碎屑沉积物由黏土和粉砂组成，这些黏土和粉砂来自于遥远的Ellesmerian褶皱带（Stoakes，1980；Stevenson等，2000），可能也有一部分是风从路易斯安那州另一侧吹来的。这些沉积物与台地来源的细粒碳酸盐物质混合，形成低角度由东向西进积的单斜坡地形，并逐渐充填艾伯塔盆地（Stoakes，1980）。在法门期Antler造山带隆升期，来源于西部的粗粒硅质碎屑沉积物被排出（Mountjoy和Savoy，1995；Stevenson等，2000）。

三、相带关系与沉积环境

本文中不涉及相带和沉积环境的详细描述与解释，相关内容请参考McLean和Mountjoy（1994），Whalen等（2000a，2000b），Wendte（1994）和Chow等（1995）。Miette和Ancient Wall台地区上泥盆统沉积相（图5）可划分为五个相带组合：①环潮坪台地相；②潮下带台地相；③台地边缘相；④礁前和斜坡相；⑤盆地相（Whalen等，2000a，2000b）。这些亚类间具有渐变性，且相邻相带之间常常具互层关系。

（一）环潮坪台地相组合

环潮坪相包括纹层状泥岩和粒泥灰岩、粉砂质或砂质似球粒粒泥灰岩、双孔层孔虫粒泥灰岩和泥粒灰岩、似球粒泥粒灰岩和颗粒灰岩，以及似核形石泥粒灰岩和砾状灰岩。这些相局部包含叠层石、窗格孔隙（图5H）和钟乳石胶结物（支持其环潮坪相解释结论）。这些相带内开阔海动物组分的稀缺表明了其为局限性环潮坪来源。

（二）潮下带台地相组合

深水—浅水潮下带台地相由生物碎屑泥岩和粒泥灰岩、生物碎屑和似球粒粒泥灰岩、泥粒灰岩和颗粒灰岩、生物扰动粒泥灰岩和泥粒灰岩、结核状粒泥灰岩和泥粒灰岩，以及双孔层孔虫漂砾岩和砾状灰岩组成。这些相带内生物群落多样，包括层孔虫、腕足类、海百合、独立的和群居的四射珊瑚（图5F）、床板珊瑚、双壳类和钙球等。局部颗粒部分或完全泥晶化。这些相带内骨架生物含量丰富且种类众多，而且生物掘孔与生物扰动范围较广，表明其开放海洋环境，且与环潮坪相明显不同。

图5 沉积相照片

A—斜坡相，Mount Hawk组E段，Ancient Wall台地边缘，低位体系域层序7。重点是韵律层理和粗粒沉积（抵抗型）与细粒沉积（不抵抗型）交替的岩性，这是斜坡相的标志。B—A图中浊流与碎屑流反粒序近照。不抵抗型（细粒）层段以背景相为主，包括悬浮作用形成的黏土级灰泥岩与海百合灰泥岩—泥晶灰岩，细粒浊流形成的生物—岩屑质泥灰岩—泥晶灰岩。抵抗型（粗粒）层段是浊流和碎屑流形成的粗粒生物—岩屑质漂砾岩和砾状灰岩。C—杂色潜穴生物碎屑灰泥岩—泥晶灰岩，形成于Mount Hawk组MC剖面潮下带台地相，Ancient Wall台地边缘，高位体系域层序7。D—斜坡与盆地相主体背景岩相，包括层状钙质页岩、黏土质泥岩—泥灰岩和海百合灰泥岩—泥晶灰岩，Perdrix组下段，剖面B，Ancient Wall台地边缘，低位体系域层序6。E—岩屑角砾岩，发育深灰色斜坡岩屑和少量生屑，Perdrix组中段，剖面K，Miette台地边缘，高位体系域层序6。F—珊瑚灰泥岩—泥晶灰岩，潮下带台地相，Mount Hawk组KC-2段，高位体系域层序7。G—穹顶状层孔虫骨架岩，台地边缘相，剖面MC，高位体系域层序3。H—叠层石，发育低幅度、水平连接的半球体，上覆为似球粒—生物碎屑泥晶灰岩，发育窗格结构，潮缘相，BB剖面，Cairn组，Miette台地，高位体系域层序5

（三）台地边缘相组合

台地边缘相由层孔虫骨架岩，穗层孔虫漂砾岩和砾状灰岩，生物碎屑、内碎屑和似球粒漂砾岩和砾状灰岩，以及生物碎屑、内碎屑和似球粒泥粒灰岩和颗粒灰岩。这些相带常常由板条状或球根状层孔虫（图5G）、穗层孔虫、双孔层孔虫、床板珊瑚与四射珊瑚、海百合、钙球、有孔虫类、团块和内碎屑组成。块状礁骨架岩（图5G）及其相关相带，通常为粗粒，分选中—差，指示正常浪基面以上的中—强搅动作用及较强湍流水流。

（四）礁前和斜坡相组合

礁前和斜坡相沉积来自原地动物组分悬浮（下述背景沉积物）或台地（斜坡）来源物质在各种重力流机制下的再沉积（再沉积碳酸盐岩）。再沉积相带包括巨角砾岩、岩屑角砾、核形石、生物碎屑和岩屑漂砾岩和砾状灰岩，粗粒和细粒的生物碎屑—岩屑浊积岩和垮塌（图5A、B、E；Whalen等，2000b，2002）。再沉积碳酸盐岩表现出颗粒粒径跨度很大，沉积结构指示浊流、碎屑流和垮塌沉积（Whalen等，2000b）。再沉积碳酸盐岩中的动物群和碎屑指示了台地环境，包括球根状、分枝状和厚板状层孔虫、双孔层孔虫、床板珊瑚、群居四射珊瑚、钙藻、小核形石、钙质微生物（例如肾形藻和葛万藻）、浅灰色次棱角状—次圆状不同结构的石灰岩、变红的或变黑的石灰岩，以及微晶化生物碎屑（Klovan，1964；Playford，1980；Machel和Hunter，1994；Whalen等，2000a，2000b，2002；Wood，2000b）。斜坡来源的动物和颗粒包括海百合、单体四射珊瑚、部分床板珊瑚、薄纹层状层孔虫、多种腕足类，以及深灰色板条状—次棱角状石灰岩碎屑（Klovan，1964；Playford，1980；Machel和Hunter，1994；Whalen等，2000a，2000b）。

沉积背景相带包括生物扰动的、结核状、生物碎屑和粉砂质生物碎屑粒泥灰岩和泥粒灰岩（图5C）、粉砂质泥灰岩和钙质粉砂岩（Whalen等，2000a，2000b）。这些相带内不含有牵引搬运作用或波浪和水流改造的痕迹，并且以半远洋相为主。这些相带内的生物扰动作用以及壳质生物表明其沉积环境为氧化环境，且位于局部含氧量最低带（OMZ）之上。背景沉积物局部表现出不同尺度柔软沉积物变形特征（Whalen等，2000b）。

（五）盆地相组合

盆地相包括泥质泥晶灰岩和粒泥灰岩、钙质页岩（泥灰岩）以及富有机质泥岩和页岩（图5D；Whalen等，2000a）。该相带组合特征为细粒、内部薄纹层结构和以半远洋为主的动物群落。泥质泥晶灰岩、粒泥灰岩和泥灰岩内含有原地动物群落（主要有海百合类、小嘴贝类、无洞贝类和石燕贝腕足类）以及远洋生物群（颗石藻和钙球类），均由悬浮作用沉淀下来。整体上细粒的结构和沉积结构缺乏表明波浪或水流能量低，表明这些岩相沉积自低能半远洋环境。

四、层序地层学及台地发育

Miette和Ancient Wall台地的高分辨率层序地层学分析结果表明其6个沉积层序记录了四期地貌演变（van Buchem等，1996；Whalen等，2000a，2000b）。第七层序中低位相带沉积于弗拉阶台地死亡之后（Mountjoy和Becker，2000；Whalen等，2000a，2000b）。之后的野外工作识别出两个新增层序。一段属于吉维特期（Day和Whalen，2005），另一段属于早弗拉期，在早期的文章中把它与第一层序混在了一起（van Buchem等，1996；Whalen等，2000a，2000b）。这样晚吉维特期—早法门期的三级层序就变成了9个（图3、图4和图6）。

Miette和Ancient Wall的层序划分的基础是其几何形态、地层叠置模式、沉积物组成以及主要台地和斜坡相层位的识别（van Buchem等，1996；Whalen等，2000a，2000b）。台地相层序边界的地层层位是地下暴露界面或重要的海泛面，其上覆于隐藏的暴露面或很难与浅水高位相区分开的低位碳酸盐岩之上（van Buchem等，1996；Whalen等，2000a，2000b）。

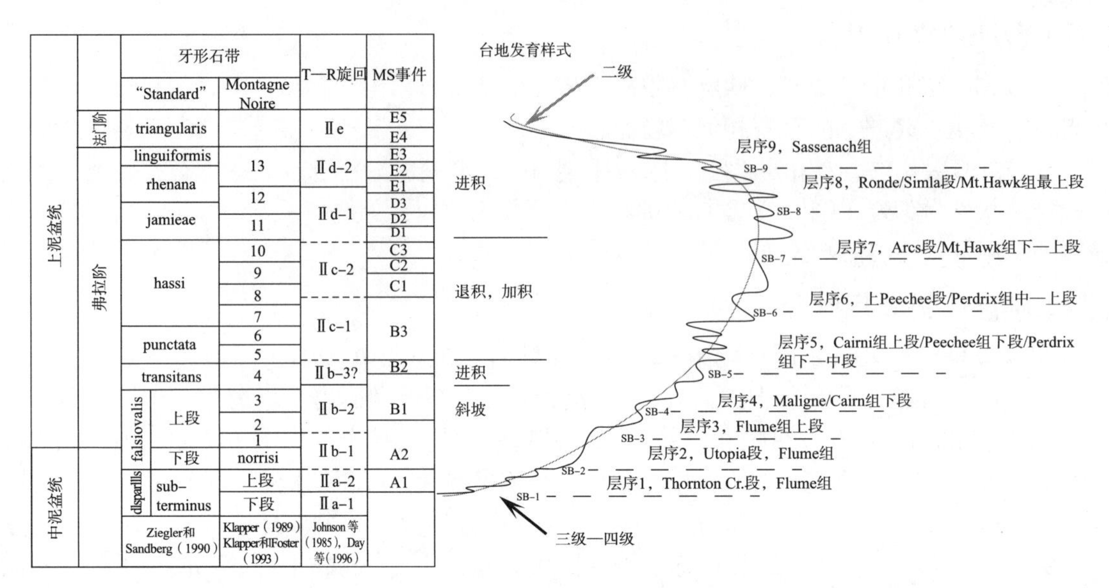

图6　西加拿大晚泥盆世牙形石生物地层、海侵—海退（T—R）旋回、MS事件与二级、三级和四级海平面变化、层序地层和岩相地层交会图

不同的台地形成模式也值得注意。Montagne Noir牙形石生物地层分带引自Klapper（1989）与Klapper和Foster（1993），标准分带引自Ziegler和Sandberg（1990）。泥盆纪T—R旋回引自Johnson等（1985,1996）。北美泥盆纪克拉通T—R旋回Ⅱa-2、Ⅱb-1和Ⅱb-2引自Day等（1996），T—R旋回Ⅱd的划分方案引自Day（1998）。提出的T—R旋回Ⅱb（Ⅱb1-3）划分方案引自Day和Whalen（2003）以及Day（2004）

Mountjoy（1965）与Mountjoy和Mackenzie（1974）首次注意到Miette和Ancient Wall碳酸盐岩建隆的连续继承性发育和长期海侵—海退趋势。Chow等（1995）记录了大体类似的Redwater台地的海侵—海退模式。Miette和Ancient Wall台地的特征是下部生物丘相（层序2—4）上部砂质环潮坪相（层序5—8）（Mountjoy，1965；Mountjoy和Mackenzie，1974；Whalen等，2000a）。第一层序（图3）记录了艾伯塔落基山脉西部的西艾伯塔岛弧最初的上超沉积，包括了碳酸盐岩—硅质碎屑岩混积相和一组局限性—正常海洋生物群落（Day和Whalen，2005）；接下来的三段层序（图3，图4）记录了镶边台地的建立和潮下带—环潮坪相带的潟湖充填过程；而最后四段层序代表了顶部相对较平的环潮坪台地相沉积（Whalen，2000a）。

Miette和Ancient Wall台地发育的四个阶段在岩性和台地几何形态以及盆地单元方面均存在差异（图3，图4；van Buchem等，1996；Whalen等，2000a，2000b），包括区域上广泛分布的加积型碳酸盐岩斜坡（层序1—3），一个进积型孤立台地（层序4），一个后退的加积型孤立台地（层序5、6），第二个似缓坡相（层序7、8）向盆地充填进积（van Buchem等，1996；Whalen等，2000a，2000b）。整个序列沉积于一次二级T—R旋回（图6），Johnson等（1985，1996）将其定义为泥盆系沉积阶段II，最终控制着台地—边缘发育模式（van Buchem等，1996；Whalen等，2000a，2000b）。单个层序代表了三级组合（图3、图4和图6），其几何形态受二级海平面变化和差异沉降控制，沉降速率取决于古地理位置与大陆边缘枢纽线的相对关系（Whalen等，2000b）。最大海退面与F—F大灭绝层位（上Kellwasser事件；Becker，1993）一致，位于同一二级层序内弗拉期海平面低位期和早法门期海侵结束时（图6；泥盆系T—R旋回IIe初期；Johnson等，1985，1996），并最终在之前的弗拉阶台地之上重新建立起碳酸盐沉积（Mountjoy和Becker，2000）。

五、西加拿大泥盆纪磁导率事件

基于四个相对连续的中上—上泥盆统剖面研究，其中三个剖面跨越F—F界面，获得其MS数据（图1、图3、图4和图7—9）。剖面A/C来自Ancient Wall台地东南边缘的盆地—斜坡沉积段（图1，图3），剖面AB/W4是Miette台地边缘东南部一对应相似位置（图1，图4）。与剖面MC相比，剖面A/C（图1，图3）位置更向盆地内部（东南方向）。剖面KC位于Nikanassin山脉、Miette台地东部，距离陆源区更近（图1）。F—F界面露头在剖面A/C、W4和KC中可见（图1、图3和图4）。

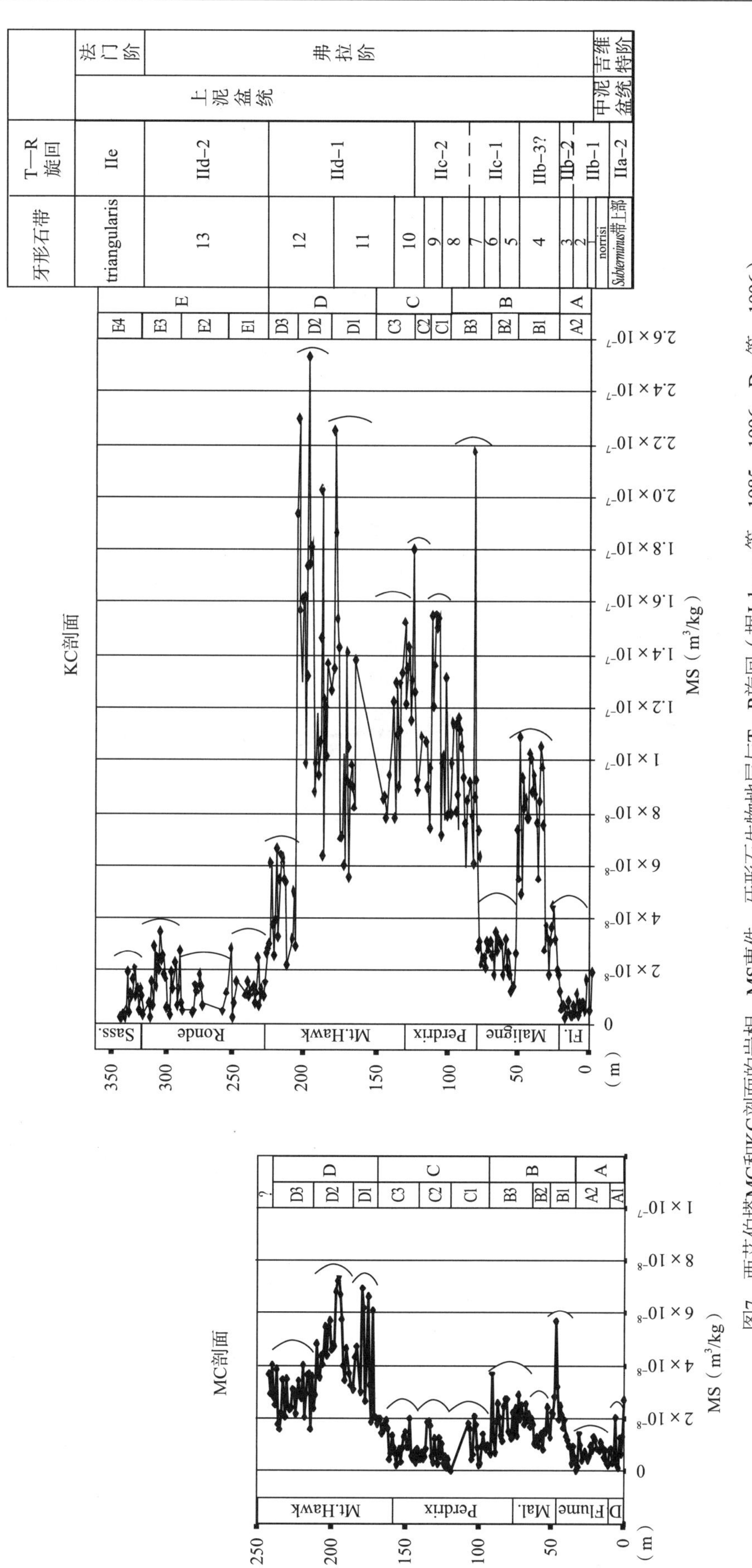

图7　西艾伯塔MC和KC剖面的岩相、MS事件、牙形石生物地层与T—R旋回（据Johnson等，1985，1996；Day等，1996）

MS事件的确认是基于磁化率信号的正偏移、负偏移或相对稳定MS信号特征。确定了15个高频和5个低频磁化率事件。所有的磁化率样品均采自建立的高分辨率生物地层格架，这为磁化率事件的对比提供了生物年代的约束

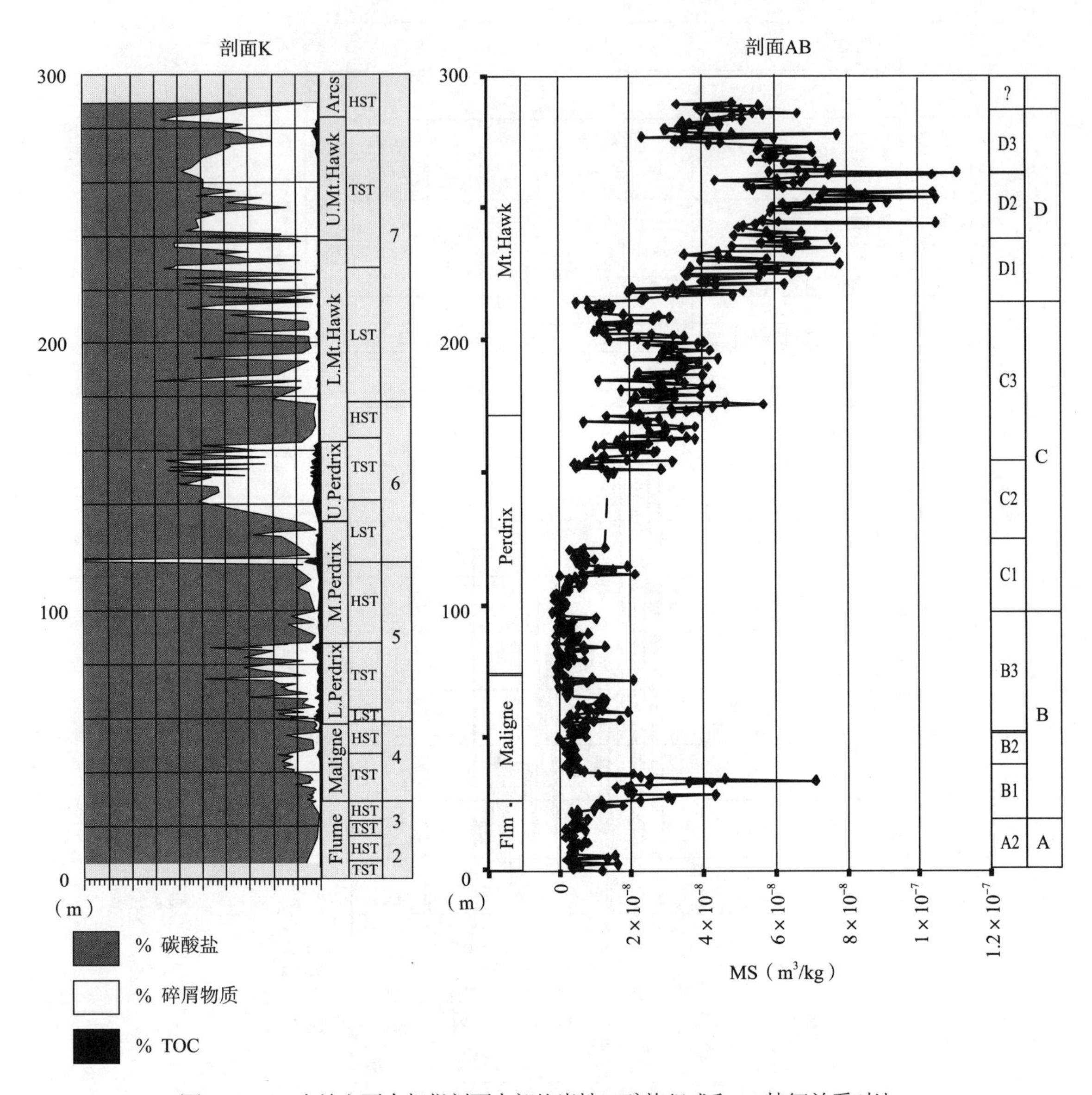

图8 Miette 台地上两个相似剖面内部的岩性、矿物组成和MS特征关系对比

剖面K和剖面AB（图3）位于Miette 台地东南缘地区临近的逆冲席上，其记录到一致的岩石地层学特征。左侧柱子（据Whalen等，2000b）说明了剖面K地层的岩性地层和层序地层特征、总碳酸盐百分含量（灰色阴影区）、碎屑物质百分含量（白色区）和总有机碳百分含量（TOC；纯黑色区）。数据来自气测法碳酸盐分析仪（方解石和碎屑物）和LECO碳含量分析仪（TOC）结果数据。右侧为剖面AB的MS数据。MS响应和碎屑来源矿物含量之间的关系值得注意，尤其是在Maligne、Perdrix和Mount Hawk组内

加拿大落基山脉斜坡相和盆地相沉积序列的MS记录中可见几个关键性事件，分别命名为A—E，其中可见到两个或更多较小规模的事件（图7—图9，按数字命名为A1、A2等）。磁导率事件表现为MS值的高频峰谷或长期稳定或者某种程度上变化的MS标志，具有偏高或偏低MS值趋势（图7—图9）。MS数据的趋势和突变值与碎屑物输入趋势直接相关（图8）。MS信号的级别也会沿远端—近端横截面方向增高（图7，图9），而MS峰值记录在西部处于$10^{-8}m^3/kg$范围内，在东部则超过$2\times10^{-7}m^3/kg$（图7，图9）。

一共识别出14个独立的MS事件，可以在出露良好的剖面间进行对比（图7，图9），每个事件的信号显示出不同级别，但变化趋势相似，利于它们的识别及剖面间对比。由于弗拉期持续时间大约6Ma（Tucker等，1998），这些事件可能是三级或四级旋回，与Crick等（2002）定义的磁导率区带相似。

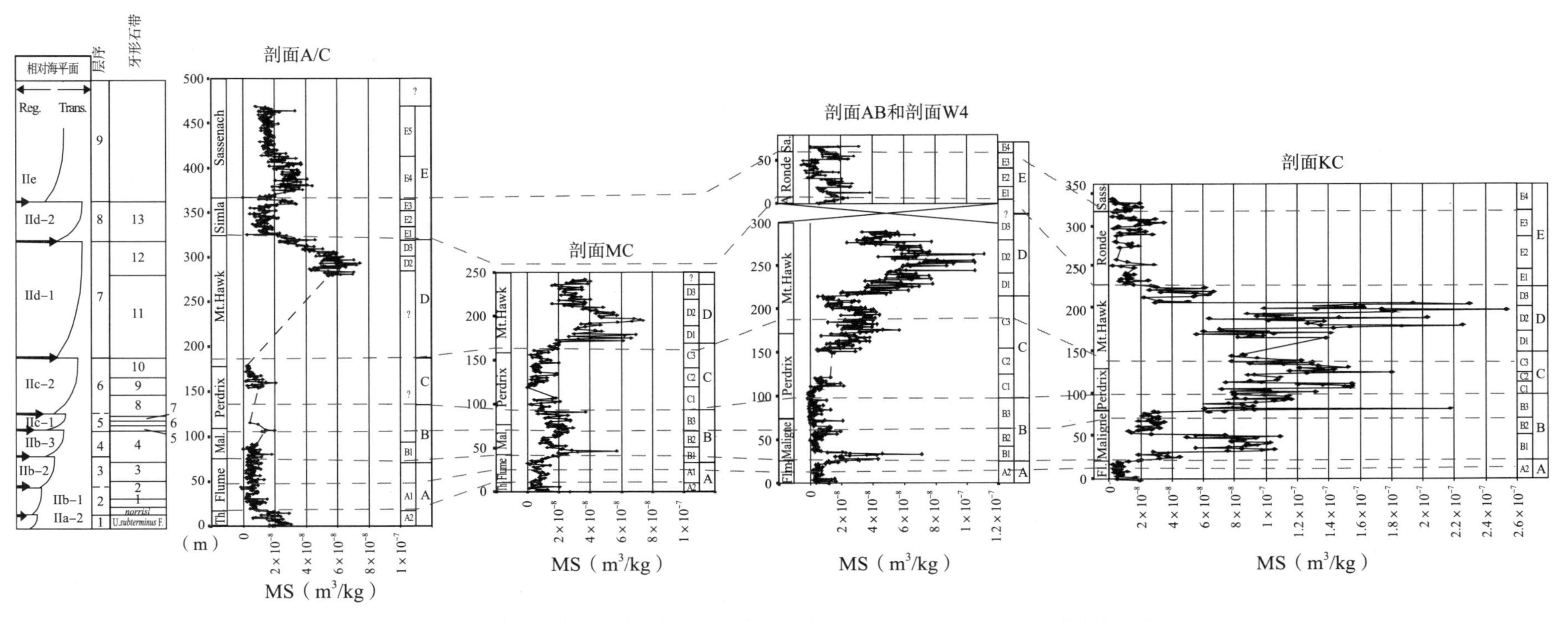

图9　跨越艾伯塔省西部艾伯塔盆地和落基山脉的联合剖面图（已标识出磁导率数据）

左侧列出了层序地层学分类，虚线代表层序边界。每个MS剖面含有以米为单位的厚度、地层单元、m³/kg为单位的MS数据，以及短期和长期的MS事件。Maligne组、Perdrix组和Mount Hawk组的重要MS偏移值得注意。另需注意最明显的正偏移值出现在低位体系域（LST）、海侵体系域（TST）或高位体系域（HST）晚期的沉积中。泥盆系T—R旋回引自Johnson等（1985，1996）。北美泥盆系克拉通T—R旋回IIa-2、IIb-1和IIb-2引自Day等（1996），而T—R旋回IId的划分引自Day（1998）。此处提出的T—R旋回IIb（IIb1—3）的细分引自Day 和 Whalen（2003）与Day（2004）。Sa.，Sass. — Sassenach组

重要的MS事件显示与主要层序地层界面或体系域一致。尤其是各个低位体系域（LST）和海侵体系域（TST）在MS记录中倾向于呈现峰值，可能与低位期沉积物输送和之后的海侵期性质较不稳定的矿物被再改造有关（图8）。高位体系域（HST）中台地加积作用和进积作用导致再沉积的粗粒和细粒碳酸盐颗粒含量增加，它们来自斜坡相和盆地相环境中的悬浮物质，并导致MS值或特征降低（图8）。在某些情况下MS值可能会在高位体系域晚期略有上升，这可能与最大海岸线进积作用有关。

吉维特阶沉积早期Flume组Thornton Creek段的上超作用的磁导率比Flume组上覆其余层段的磁导率值要高（MS事件A1，图3，图7，图9；Day和Whalen，2005）。层序2和3中MS主要呈低值，但有波动，可能受较高频的气候事件控制（图7—图9）。加积型为主的Flume碳酸盐岩缓坡沉积的最后阶段呈现MS值降低，可能与碳酸盐碎屑输入有关（图7—图9，MS事件A2）。在一个远端剖面中代表层序4开始的海泛事件的发生（Maligne组）与一次明显的MS突增重合，而在碳酸盐岩台地边缘的近端剖面中其幅度偏低（图7—图9，MS事件B1）。之后的层序4中台地进积作用导致MS值降低（Perdrix组底部，图7—图9）。层序5（Perdrix组下段）和层序6（Perdrix组上段—Mount Hawk组底部）呈现出与下部的Maligne组—Perdrix组下段序列相似的规律。海侵体系域的特征是MS值升高，而高位体系域内MS整体下降（图7—图9，MS事件B2、B3）。台地相层序5的顶面是地面暴露面，可见微喀斯特现象及红色古土壤层发育（Whalen等，2000b）。层序7（Mount Hawk下段，图7—图9，MS事件C3—C4）的基底记录到一次MS值突然增加，可能与细粒硅质碎屑涌入事件有关；这个MS升高与岩石颜色转变一致，岩石从Perdrix组上段的黑色或灰色结核状泥岩和钙质页岩变为Mount Hawk组棕灰色钙质页岩和泥岩。随着Arcs段（Southesk组）缓坡沉积在层序7高位体系域时期发生进积，MS值下降，这可能与碳酸盐输入增加有关。Arcs段顶部（对应地下Nisku）是很多文献中论证过的暴露面（Fejer和Narbonne，1992；Shields和Geldsetzer，1992；Whalen等，2000b；Potma等，2001），此处记录到的MS信号增加可能与相对海平面低位期有关（图7—图9）。该模式在层序8中重复出现，此处MS值在Ronde和Simla段（Southesk组）的顶底附近分别会有略微抬升，而在高位体系域的大部分阶段呈现较低值。这些地层单元顶部的暴露面均有文献记载（Whalen等，2000a），可能解释MS特征。MS值在层序9的增加与Sassenach组LST和TST相带沉积期间硅质碎屑大量注入的时间一致（图7，图9，MS事件E4和E5）。

（一）中—晚泥盆世海平面和磁导率事件的时间

此处列出了已有的（Uyeno，1987；Klapper和Lane，1989；Mclean和Klapper，1998；Johnston和Chatterton，2001）和新获取的牙形石数据（表1—表4），它们建立起晚吉维特期—早法门期Miette和Ancient Wall台地相和盆地相之间对比的框架，并限定了大多数引起艾伯塔落基山脉泥盆系沉积层序1—9和磁导率事件A—E（图7，图9）沉积的重要海平面变化的时间。一些新的数据（表2，表3）提供了首次以牙形石为基础的Miette台地早—晚法门期盆地相和进积型缓坡序列间的对比。

表1　Flume组和Perdrix组晚吉维特期—中弗拉期（晚泥盆世）牙形石动物群落

样品	A1-3F	AC-102	AC-103	AC-105	A7C	A6C	A2-106	A2-154.2	175.5
距底距离（m）	5.3	34.5	39	59.4	82.6	83.3	106	154.2	175.5
牙形石带/动物群	*subterm.*	?	*insita* F.	?	?	Z.4	Z.5	Z.5-10	Z.10
Icriodus subterminus	×						×	×	
indet.ramiform elements		×		×					
indet.coniform elements			×						
Pandorinellina insita			×						
Ozarkodina sp.					×				
Palmatolepis transitans						×			

续表

样品	A1−3F	AC−102	AC−103	AC−105	A7C	A6C	A2−106	A2−154.2	175.5
距底距离（m）	5.3	34.5	39	59.4	82.6	83.3	106	154.2	175.5
牙形石带/动物群	*subterm.*	?	*insita* F.	?	?	Z.4	Z.5	Z.5−10	Z.10
Mesotaxis asymmetrica						×			
Meso.johnsoni						×	×		
Polygnathus dubius						×			
P. sp.						×	×		×
Pa. sp.						×		×	
P. timanicus							×		
Pa. punctata								×	
Icriodus symmetricus								×	
Ozarkodina postera								×	
Pa plana									×
Pa. proversa									×
Ancyrodella curvata early form									×
Ancyrognathus coeni									×
地层单元			Flume组			Maligne	Lower	Perdrix	M−U P.F.
沉积层序	1	层序	2	层序	3	层序4	层序	5	层序6

注：样品取自艾伯塔省Jasper国家公园Thornton Pass处，位于Ancient Wall的剖面A1和A2；*T.* — *triangularis*带下部（早法门期），据Ziegler和Sandberg（1984）；12和13带—Klapper（1989）定义的弗拉期Montagne Noire（MN）的12和13带；*A.* —*Ancyrodella*；*An.* —*Anycrognathus*；*I.* —*Icriodus*；*Meso.* — *Mesotaxis*；*O.* —*Ozarkodina*；*Pa.*—*Palmatolepis*；*P.* — *Polygnathus*；*Pelek.*—*Pelekygnathus*。

Flume组位于盆地相Thornton Creek段之上（Day和Whalen，2005），其中不含海相牙形石动物群，因此不能在Ancient Wall和Miette的三个晚吉维特期—早法门期的Flume碳酸盐岩缓坡层序之间进行详细的两两相关对比。Flume组的相关对比是临时性的，其基础是盆地相Thornton Creek段（Day和Whalen，2005），Cold Sulphur Springs地区Miette与Ancient Wall之间的Maligne标准剖面中Flume组和Maligne组的牙形石层序（图1；Uyeno，1987），以及Ancient Wall的最新数据（图3，层序2和3；表1）。据从Flume组之上的早弗拉期—法门期序列中提取出的动物群落（图3，图6，层序4—9；Johnston和Chatterton，2001）表明，弗拉阶Montagne Noire 4带上部与下*crepida*带之间存在相关关系（图6；表1—表4）。

1. *层序1*

层序1的沉积在Flume组Thornton Creek段内部，即在Ancient Wall台地附近（图2，图3，剖面A/C和MC；Day和Whalen，2005）。在Thornton Creek段标准剖面中（图3，剖面A/C）层序1中含有牙形石*Icriodus subterminus*（表1，样品3F），以及*Eleutherokomma-Schizophoria*动物群的腕足类（Day和Whalen，2005）。在Flume组碳酸盐岩缓坡序列基底之下的*I.subterminus*与*Pandorinellina insita*动物群牙形石产状表明Thornton Creek段和MS事件A1之间（表1，样品AC−103）*norrisi*之前区带的相关关系。Uyeno（1987）从Flume碳酸盐岩缓坡相底部两米处提取到*P.insita*，其位置在Ancient Wall剖面东南部大约25km处（GSC样品12NBd和12NBe）。层序1中*I.subterminus*的产出位置位于*P.insita*的最低产出位置之下，表明*I.subterminus*动物群的位置在上部（图6）。*I.subterminus*动物群是一种浅水牙形石动物群，前人研究结果认为其与泥盆系牙形石分带组合中的*disparilis*带的全部或者一部分是等同的（Witzke等，1985；Klapper和Johnson，Johnson，1990；Rogers，1998；Day和Whalen，2005）。

表2　弗拉期（晚泥盆世）牙形石层序

样品号	K7	K10	K11	K20	K23	K24	K26	K29	K32	K32AC	K33	K36	K38	K40	K44	K45	K46	K47	K48	K50	K51	K52	K53	K57	K58
样品位置（m）	34.5	44.4	46.8	60.2	66.5	72.8	82.7	89	97.8	103.2	110.2	120.8	132.8	148.6	178.8	182.7	187.4	195.1	200.8	209.5	214.9	220.7	223.7	243.6	250
牙形石带	4	4	?	?	5	?	5	up5	6	6	?	10	10	10	?	?	11	11	?	?	11	?	12	?	?
Pandorinellina insita	×																								
"Scaphignathodus" homeomorph	×																								
Mehlina sp.	×														×										
Palmatolepis transitans		×							×																
Polygnathus dubius		×																							
Lcriodus sp.		×		×											×										×
Mesotaxis asymmetrica			×																						
P. webbi			×																						
I. subterminus			×										×				×								
Ancryodella africana				×																					
P. sp.				×	×	×	×	×	×	×	×	×	×	×	×			×							
P. uchtensis					×																				
Mesotaxis johnsoni					×		×																		
A. sp.					×		×																		
I. symmetricus						×				×	×		×												
Pelekygnathus sp.						×																			
P.efimovae?							×																		
Pa. punctata								×	×																
Ancyrodella gigas form 1								×																	
A. curvata early form								×			×														
Pa. spinata									×																
Ancyrognathus primus									×																
An.Ancryognathoideus										×															

续表

样品号	K7	K10	K11	K20	K23	K24	K26	K29	K32	K32AC	K33	K36	K38	K40	K44	K45	K46	K47	K48	K50	K51	K52	K53	K57	K58
样品位置（m）	34.5	44.4	46.8	60.2	66.5	72.8	82.7	89	97.8	103.2	110.2	120.8	132.8	148.6	178.8	182.7	187.4	195.1	200.8	209.5	214.9	220.7	223.7	243.6	250
牙形石带	4	4	?	?	5	?	5	up5	6	6	?	10	10	10	?	?	11	11	?	?	11	?	12	?	?
Pa. sp.											×	×	×				×								
Pa. plana												×	×	×											
Ozarkodina postera												×													
Palmatolepis orbicularis													×												
Pa. amplifacata													×												
Pa. mucronata													×												
Pa. aff. *Pa. proversa*													×												
Ancyrognathus barba													×												
Ancyrodella curvata late form													×												
Bellodella sp.															×										
P. sp. indet.																×				×		×			×
Pa. semichatovae																	×	×							
Pa. ljaschenokae																	×								
A. buckeyensis																	×								
Pa. aff. *P. winchelli*																					×				
P. samueli																							×		
P. aspelundi																							×		
P. unicornis?																							×		
Pa. winchelli?																								×	
地层单元		Maligne组					Perdrix组下段					Perdrix组中—上段			Mt.Hawk组—Arcs组下段										
沉积层序		层序4					层序5					层序6						层序7							

注：该层序位于艾伯塔省Jasper公园的Marmot Cirque（Miette台地—礁外盆地相剖面）中，为剖面K中的Maligne组、Perdrix组和Mount Hawk组。弗拉期牙形石带引自Klapper（1989），牙形石带缩写同表1。

晚吉维特期的水深加深事件是层序1的开始，与北美克拉通泥盆纪T—R旋回IIa-2（Day等，1996；Uyeno，1998），以及艾伯塔中部地下层序中晚吉维特期海侵（盆地相Beaverhill Lake群T—R旋回下部A段，Wendte等，1995b，1997；Uyeno和Wendte，2005a；Wendte和Uyeno，2005）时间一致。该时间同样也是艾伯塔盆地东北部以及西北地区南部Great Slave Lake地区南岸的Slave Point组Amco段沉积的开始（Uyeno和Norris，Day等，1996；Uyeno，1998）。Ancient Wall层序1地层（图3，图7）可能与Potma等（2001）提出的Beaverhill Lake群（BHL）层序1下部具有相关关系。

2. *层序2—3*

层序2的底部位于Ancient Wall台地的Thornton Creek段之上，与Flume组碳酸盐岩缓坡最低处时间一致（图3，图6）。层序2中含有三个浅水缓坡四级T—R旋回（准层序），其上覆为Utopia段顶部的一个重要暴露面（图3，图4）。McLean和Klapper（1998）曾将艾伯塔落基山脉Flume组碳酸盐岩缓坡相的基底描述为跨越*disparilis —norrisi*带的穿时地层段（其研究中没有引用证据支持其解释结果）。在我们的野外研究区最古老的Flume组碳酸盐岩可能不老于*norrisi*带（Johnson，1990；为更老的牙形石区带中的*asymmetricus*带底部）。在Ancient Wall层序2上部的Flume组距底39m处提取到*Pandorinellina insita*（表1，样品AC-103）。Uyeno（1987）也曾在Maligne组标准剖面的Flume组底部5m处提取到*P.insita*（GSC样品12NBd和12NBe）。在其研究中，Uyeno暂时地将整个Flume组与旧的弗拉期标准分带中的*Asymmetricus*带最底部相关联。其中*P.insita*最下部的出露位于*norrisi*带基底内部或附近。因此，引起艾伯塔落基山脉泥盆系沉积层序2开端的重要海水加深事件，非常可能与从泥盆纪T—R旋回IIb开始的海泛事件（图6；Johnson等，1985，1996），Day等（1996）记载的北美克拉通泥盆纪T—R旋回，艾伯塔中部地下三级T—R旋回上A段（Uyeno和Wendte，2005a；Wendte和Uyeno，2005）和BHL2基底（Potma等，2001）均有关。该事件还标志着艾伯塔东北部Waterways组沉积（Firebag和Peace Point段）的开始（Norris和Uyeno 1981，1982；Day等，1996；Uyeno和Wendte，2005a）。

作为层序3开端的海侵的时间目前还不能精准地确定，姑且将其与MN2带内一个位置放在一起（图6）。可能在艾伯塔剖面序列中Utopia段顶部的陆上暴露面与Swan Hills和Beaverhill Lake台地序列中Beaverhill Lake的T—R旋回C（例如C上段）内的R4不整合面是同期的，该不整合面位于地下，分布广泛。Wendte和Uyeno（2005）关联分析了这些序列中MN2带内的T—R旋回C中的R4不整合。该试验性的关联对比表明当时西加拿大地区碳酸盐岩台地广泛发育（图6）。剖面K中Maligne组下段的牙形石（图4，图6，表2）可用于约束MN4带内Flume组顶部（层序3上界）沉积的时间。因此，磁导率事件A2可能跨越*norrisi*带直到MN4带的下部（图6，图9）。Potma等（2001）提出的BHL3可能与此处的层序3相关，然而，他们识别出的该层以上的几个层序边界好像与我们认为的边界不同，而他们展示的生物地层学数据也不够充分，不足以准确地在他们所提出的其他层序和我们的层序地层格架之间建立相关关系。

3. *层序4*

层序4包括Maligne组和Cairn组下段（图3、图4和图6）。在Ancient Wall，Maligne组距底0.3m位置的动物群包括*Palmatolepis transitans*、*Mesotaxis asymmterica*、*M.Johnsoni*和*Polygnathus dubius*，利于在MN4带内进行对比（表1，样品A6C）。*Palmatolepis transitans*出现的最下部定义了MN4带的底部（Klapper，1989）。至此Miette中Maligne组的所有牙形石样品均证明层序4位于MN4带内，正如同态异物体*Scaphignathus*、*Pa.transitans*（表2，样品7、10）和*Ancryodella africana*（表2，样品20）所显示的一样。它们出现在MN5带中最底部样品的下面，而*M.Johnsoni*和*Pa.punctata*位于上覆的Perdrix组下段（表1，样品23—29）。

Uyeno（1987）从Maligne标准剖面中底部12.5m处提取到*Pandorinellina insita*（GSC样品12NBaa—12NBgg），还有*Ancyrodella africana*位于Maligne顶部（GSC样品12NBjj）。后者（*Ancyrodella africana*）首次出现在MN3带上半部，并持续到MN6带（Klapper，1989；样品15、19）。Klapper和Lane（1989）

报道了一类含有*Palmatolepis transitans*，*Mesotaxis asymmetrica*和*A.africana*的动物群落，它们位于Luscar山脉Flume组顶部、Perdrix组底部下方0.5m处，对应于MN4带中一个较高的位置。该样品实际上是取自Maligne组顶部。在Miette层序4的海侵体系域中观察到总有机碳（TOC）含量较高，表明有机质埋藏和（或）保存速率提高（van Buchem等，1996；Whalen等，2002）。其成因可能来自于层序4海侵时期OMZ带上部富营养的底部水，其位于Maligne下段礁前斜坡相似核形石段紧挨着的下部（Whalen等，2002）。层序4的TOC峰值与MS事件B1的峰值大概同期（图8）。

MN4带中层序4的加深（MS事件B1基底）与Beaverhill Lake二级T—R旋回G开端的水体加深事件是同时的（Uyeno和Wendte，2005a；Wendte和Uyeno，2005），在此将其非正式地命名为北美泥盆系T—R旋回IIb-3（图6；Day和Whalen，2003；Day，2004）。该海平面事件与*transitans*牙形石带（MN4带内部）的水体加深事件时间吻合，命名为T—R旋回IIb/c，其位于Laurussia大陆东部的晚泥盆世礁后复合体内（波兰Holy Cross山脉；Racki，1997；Racki和Balinski，1998；Racki等，2004）。在Iowa盆地早弗拉期陆缘海碳酸盐岩台地序列中也可识别出该事件，其中MN4带内同样存在水体加深事件，并与Iowa东部Lithograph City组Buffalo Heights段的基底和密苏里州中部Snyder Creek页岩New Bloomfield段上部的时间吻合（Day，1996，1997，1998，2004）。

4. *层序5和6*

Perdrix组下段牙形石动物群落与Miette的*Polygnathus uchtensis*、*Mesotaxis johnsoni*和*Palmatolepis punctata*（图3，图6；表2，样品K23、K26），以及Ancient Wall（表1，样品A2-106）表明Perdrix组下段与MN5带之间存在相关关系。Miette的上覆相带产出MN6带的牙形石（表2，样品K32和K32AC）。Klapper和Lane（1989）发表了中弗拉期位于剖面E/B/D（图4）和剖面KC（图1）的Perdrix组的牙形石序列，表明了其跨越的层位从MN5带—10带，由联合对比图证据支持（Klapper，1997）。Klapper和Lane（1989）认为艾伯塔弗拉阶4带的底部在Perdrix组中段，位于*Palmatolepis proversa*的首次出现位置，其产状的最低位置定义了MN9带的基底（Klapper，1989）。因此，Perdrix组下段上部（层序5的盆地相）的年代可能处于9带之前而在8带之后（图6）。

Perdrix组下段的黑色页岩和富含有机质的半远洋碳酸盐岩表明弗拉阶沉积中期有一次明显的水体加深事件，位于MN5带的基底或者附近（图6），与泥盆系T—R旋回IIc的基底时间一致（Johnson等，1985，1996）。层序5中Perdrix组下段与Redwater台地的Cooking Lake组中—上段可相关联，其产出的牙形石与MN5带相同，位于沉积旋回H（Beaverhill Lake组上段和Cooking Lake组下段；Uyeno和Wendte，2005a）之上。现有数据有限，所以不足以准确限定层序5和MS事件B3上段的年代范围。如上所述，MN9带的底部位于Perdrix组中部（层序6），而且从Perdrix组中—上段所取的所有样品至今均落在MN10带内（表1，样品A2-175；表2，样品K36、K38、K40）。在已有数据的基础上判断层序6中的重要海水加深事件（Perdrix组中—上段；图3，图4，图6—图9）的年代不晚于MN9带且不早于MN8带（Klapper和Lane，1989；Klapper 1997）。该结果试验性地将磁导率事件C1—C3下部列入弗拉阶中段的上部（图6，图7）。

5. *层序7*

研究区内层序7晚弗拉期沉积包括Mount Hawk组、Arcs段以及Southesk组Simla段下半部（图1—图4）。引起层序7沉积开始的重要海水加深事件发生在MN11带的底部（图6），涉及*semichatovae*海退过程，其基础是广泛分布的*Palmatolepis semichatovae*在该带的下部首次出现，并与泥盆纪T—R旋回IId的首次海退时间一致（Johnson等，1985，1996），同时的还有北美克拉通T—R旋回IId-1的海退事件（Day，1998）。层序7的沉积物产出的牙形石（表3，表4）为MN11—12带。环潮坪沉积上覆于层序7的上部（Arcs段和Simla段下部），其地质记录表明缓坡沉积出现在Mount Hawk组页岩快速盆地充填和Arcs进积型缓坡碳酸盐岩之后。磁导率事件C3上部和D1—D3均落在层序7范围内，跨越MN11—12带（图6—图9）。

表3　沉积层序7和8上部晚泥盆世（晚弗拉期）牙形石层序

样品号	W2−1	W2−2	W2−3	W2−4	W2−5	W2−6	W2−9	W2−11	W3−1	W3−2	W3−3	W3−4	W3−6F	W4−1	W4−4	W4−6	W4−7
牙形石带	?	12−13	?	12	12	?	?	?	12	?	12	12	?	12−13	?	12−13	?
Palmatolepis sp.	×				×	×			×								
Polygnathus sp.	×	×		×		×	×	×									
Pa.rhenana		×	×														
Pa.winchelli		×	×						×								
P.politus		×															
Ozarkodina postera		×							×								
P.imparilis			×			×			×		×	×					
P.unicornis			×														
P. sp.			×		×				×	×	×	×	×	×	×	×	
P.samueli				×					×		×	×					
O.dissimilis				×		×			×			×		×	×		
Ancyrodella ioides					×												
Mehlina sp.					×										×		
Ancyrognathus amana						×											
Pa.rhenana									×								
Pa.bogaardi? ,or *Pa. orlovi*?									×								
indet.ramiform elements										×							×
An.buckeyensis transitional with *An. iodes*											×						
地层单元	Arcs段，Southesk组															Ronde段	
沉积层序	层序7															层序8	

注：样品取自艾伯塔省Jasper公园Poachers Creek处W2、W3和W4剖面（W剖面组合）的Southesk组Arcs和Ronde段的上部（位于Miette剥离碳酸盐岩台地南部的进积型缓坡剖面）。弗拉期的牙形石分带引自Klapper（1989）。牙形石带缩写同表1。

表4 艾伯塔省Jasper公园Thornton Pass处剖面C（Ancient Wall礁外剖面）的晚泥盆世（晚弗拉期—早法门期）牙形石层序

采样间隔（m）	0.5	13	16	21.5	23	25.5	34	35	45.5	47	48.8	68.4
牙形石带	12带				13带						L−M triang	
Palmatolepis winchelli	×	×			×		×	×	×			
Polygnathus politus	×	×	×		×		×					
Mehlina sp.	×			×	×							
P.imparilis		×	×		×	×	×		×	×		
P.samueli		×	×									
Pa. sp.		×	×									×
Ancyrognathus aff.An.altus			×									
Pa.rhenana			×		×		×					
Pa.boogaardi				×	×		×		×			
P.lodiensis				×	×			×				
Pelekygnathus planus					×							
Ancyrodella ioides（homeomorph）					×		×					
A.nodossa					×							
P.brevicarina					×		×		×			
P. sp.						×						×
P.unicornis							×					
Pa. sp.−juveniles								×				
A.buckeyensis								×				
*P.*n.sp.R of Klapper and Lane								×				
*P.*sp.cf.*P.unicornis*									×			
*An.*cf.*An.asymmetricus*									×			
Icriodus alternatus									×	×		
I.Iowaensis									×			
Pa.triangularis											×	
P.brevilaminus											×	×
P.praecursor?											×	
I.alternatus											×	
I.iowaensis											×	
Pelek. sp.												×
地层单元	Mt.H	Simla段，Southesk组									Sassenach	
沉积层序	层序7				层序8						层序9	
晚泥盆世	弗拉期										法门期	

注：这是Sassenach组的典型剖面。弗拉期牙形石分带引自Klapper（1989），法门期牙形石分带引自Ziegler和Sandberg（1984）。牙形石带缩写同表1。Mt.H — Mount Hawk组。

6. *层序8*

层序8的沉积地质记录表明弗拉阶沉积末期存在一次海水加深事件，导致了Southesk组Ronde段和Simla段上部缓坡相的进积作用。这次海平面变深事件发生在MN13带底部或底部附近，可从Ancient Wall的Simla段上部中该带的牙形石动物群落记录中看出（图6；表4，样品34）。而在Miette，综合剖面W上部的晚弗拉期动物群赋存于*Polygnathus*生物相带内，而且迄今没有找到其MN13带的识别证据（表3）。磁导率事件E1—E3完全发生在MN13带内。层序8中记录到的海水变深事件与一次重大的全球海平面上升（北美克拉通泥盆纪T—R旋回IId-2）同时发生（Day，1998），同期发生的还有Kellwasser组下段的生物灭绝事件。

7. *层序9*

层序9的沉积包括Sassenach组（图3、图4和图6）。西艾伯塔地区弗拉阶台地顶部消亡事件在晚弗拉期—早法门期的低位期突然发生，而礁后的盆地环境仍然是潮下带环境。来自一组似核形石碎屑流地层的早法门期牙形石动物群落（Whalen等，2002），位于Sassenach组标准剖面底部上方1.8m处（表4，样品48.8），它们表明法门期初次海退和发生在消亡的法门阶老台地顶部和翼部的碳酸盐沉积重新开始发生在*Palmatolepis triangularis*带中—下部。磁导率事件E4和E5的早期记录来自于Sassenach组标准剖面采集的样品（图3，剖面A/C）。该剖面中Sassenach组跨越了*triangularis*带中—下部层位（表4）直到*Palmatolepis crepida*带下部，其根据是Raasch（1989；法门期DFM1带—DFM3带）的以腕足类为基础的关联对比分析，以及Johnston和Chatterton（2001）记录的牙形石动物群落，他们认为上覆的Palliser组的底部位于*P.crepida*带下部。因此磁导率事件E4完全处于*triangularis*带（未加区分的）内部，而E5的下部位于*triangularis*带上部，E5事件的上部位于*triangularis*带下部（图6）。

六、讨论

（一）层序边界，海泛面以及海侵体系域

晚吉维特期—早法门期所有层序序列均向上变浅，局部含有地面暴露的证据（Whalen等，2000b；Day和Whalen，2005）。这些暴露面中仅有一小部分可能代表了真实的浪基面下降。支持海平面下降到碳酸盐岩台地顶面之下的证据包括层序2、5、7和8顶部岩溶和（或）古土壤的发育（Whalen等，2000a，2000b）。大多数情况下低位期沉积在台地顶部未能保存下来，而且很多情况下低位期沉积由局限在盆地内部的台地上超楔状沉积组成（Whalen等，2000a，2000b）。台地顶部缺少低位期沉积表明层序边界和海泛面常常是同时形成的。这些暴露面上通常同时出现含斜坡相动物群的结核状泥灰岩位于台地边缘或泻湖相之上（Whalen等，2000a，2000b）。海侵面通常是剥蚀性的而且截切其下伏的台地相，因此上覆相带内局部含有从下伏台地相中蚀刻出的砾屑。

台地顶部的海侵体系域一般相对较薄，而且台地呈追赶式生长，台地边缘相在沉积物聚集数米后重新形成。Whalen等（2002）记述了海侵系统中微生物组分的作用。他们论证了海侵事件期间半自养类群的主导地位，并标明富营养化是一项重要的海侵过程。与层序边界和海侵面有关的营养来源可能有几种。低位期海岸线的进积作用可能会将更多的陆源物质带入盆地从而提高营养水平。近期在佛罗里达州西南部地区的研究工作记录到海侵碳酸盐泥中有机质含量达30%，它们来自现代微生物活动以及红树林和淡水泥炭的剥蚀作用（Wanless等，2005）。上涌作用是营养物质另一个可能的来源，尽管此处未出现其他典型的与上涌有关的岩相（Parrish，1982）。风积搬运作用是另一个重要的营养物质运输体系，其重要性我们才刚刚开始认识到（Ridgwell和Watson，2002；Soreghan和Soreghan，2002；Irino和Tada，2003；Werner等，2003；Ikehara等，2004）。低位期剥蚀作用一直被认为是很多风成粉砂和黏土的来源，并可能是深海沉积物中磁导率信号的驱动之一（Ellwood等，1999，2000）。位于西加拿大的该地区当时可能位于热带—亚热带信风带南半部，而同时期蒸发岩表明东部和南部为干旱条件（图1；Witzke和Heckel，1988；Scotese和McKerrow，1990；Switzer等，1994）。穿越古红色大陆的风力搬运可能非常重要。风力来源营养物质在海洋系统中的重要性直到最近才得到广泛关注，其在低位期的贡献作用和海侵早期的改

造作用或许可以解释在海侵系统中观察到的富营养化和MS信号值增加。

最初获得的MS数据表明艾伯塔全盆地内MS值一致稳定（图9）。特殊的MS事件可与层序地层格架直接关联，其中低位期、海侵早期和高位期晚期层位较易出现MS信号值升高，而海侵晚期和高位期早期则易出现较低或常量MS信号值（图8；Day和Whalen，2005）。

（二）MS信号值控制因素及大跨度对比潜力

使用MS对海相、湖相和黄土序列进行相关关联和古气候解释分析已广泛应用于第四纪和古近—新近纪沉积物中（Kukla等，1988；Beget等，1990；Verosub等，1993；Nowaczyk等，2002；McFadden等，2005），并已被用于从天文学上校正古近—新近系沉积序列（Shackleton等，1999），但是对于该技术在古代岩石中的应用却遭到批评，因为MS信号值在成岩作用过程中可能会发生改变。已有数名学者的研究证明MS信号值会在成岩黏土矿物形成过程（Katz等，1998）或含油气层位的流体运移过程中发生改变（Schneider等，2004）。此处发表的MS数据跨越至少五条逆冲席并超过30km。一旦构造复位处理后，该结果可以代表晚泥盆世大陆边缘更大跨度的地区。在近端—远端横截剖面上规律具有相似性，而且越靠近东部近端位置点MS信号呈现升高趋势，这支持我们认为我们看到的MS特征受到原始陆源注入主导作用影响的观点（图8）。这种一致性的规律是成岩作用的结果的可能性不大。基于艾伯塔盆地经历过多期次的成岩流体（Machel和Mountjoy，1987；Machel等，1996；Machel和Cavell，1999）导致白云石化作用和烃类运移，说明原始的MS特征不是会轻易地被此类成岩事件破坏的。

目前可用于对比的数据有限，不足以验证MS在大跨度对比中的可用性。前人发表过几项跨越F—F界线的MS特征的研究（Crick等，2001b，2002；Racki等，2002），但是很少有研究发表过覆盖整个弗拉阶和F—F层段的数据。在比利时上泥盆统碳酸盐岩台地的一项MS研究中，da Silva和Boulvain（2002）在hassi牙形石带识别出四个完整的和一个部分的MS事件（MN7—10带）。这可以与我们在同样的层位中识别出的四个MS事件相对比（图7—图9）。另外来自摩洛哥薄层凝缩段的每间隔5cm的取样数据可作为另一组对比（图10；Ellwood等，1999）。来自上泥盆统的平滑样条MS信号值呈现出的形状结构与西加拿大地区非常相似。我们研究的剖面厚度大得多，采样间隔为0.5～1.0m；然而，尽管岩相、采样间隔存在很大不同，并且两者距离非常遥远，其受生物地层学限制的主要MS事件却具有合理的相关关系（图10）。

假如MS特征受海平面和气候变化控制，那么可能它也是一种有用的古气候指征。正如Shackleton（1999）建议的，假如深海沉积物中MS信号是氧同位素的一种指标，那应该可以观察到^{18}O与MS信号之间的协变关系。近期发表的泥盆系牙形石磷灰石和腕足类方解石^{18}O数据（Joachimski等，2004；van Geldern等，2005）可用于与西加拿大地层中MS特征对比（图11）。MS曲线的形状结构揭示出数据集之间共同存在的几个峰值（图11）。Joachimski等（2004）的论证很有说服力，他们认为可很大程度上从温度的角度解释^{18}O数据，因为岩石中存在的动物群落并不能体现出明显的盐度变化（Day，1996）。年代最古老的氧同位素值偏移只出现在Ancient Wall地区以及更远处的西部沉积相中，因为海平面未能上超到东部吉维特阶顶部*norrisi*带之前的地区（图3、图9和图11）。吉维特阶沉积末期的^{18}O数据表明古地温大约为25℃，整个弗拉阶和法门阶底部整体升温约8℃（Joachimski等，2004）。几处相对短期的^{18}O值正偏移可解释为低纬度地区达到7℃的降温事件，辅助证明了该整体趋势（Joachimski等，2004）。这些降温事件中最突变的时刻与Kellwasser组上段和下段的灭绝事件事件一致（图11；Joachimski等，2004；van Geldern等，2006）。

在MN2和MN3带边界附近发现一处古温度小规模上升（^{18}O值负偏移），可能与Flume组的MN事件A-2有关。古气温数据中一个小光点（Joachimski等，2004）代表着下一个大型的正向MS事件（B-1），但是在van Geldern等（2006）的^{18}O数据中未能体现，因为其取样数不够（图11）。MN7带中记录到古气温的一次明显上升（^{18}O值负偏移）与Perdrix组MS事件C1时间一致（图11）。在MN11带上部和法门阶*triangularis*带下部之间的一系列相对快速的^{18}O值正（负）偏移可解释为古气温的变化（Joachimski等，2004），与MS事件相关性强（图11）。由于取样密度间隔太大，van Geldern等（2006）的^{18}O方解

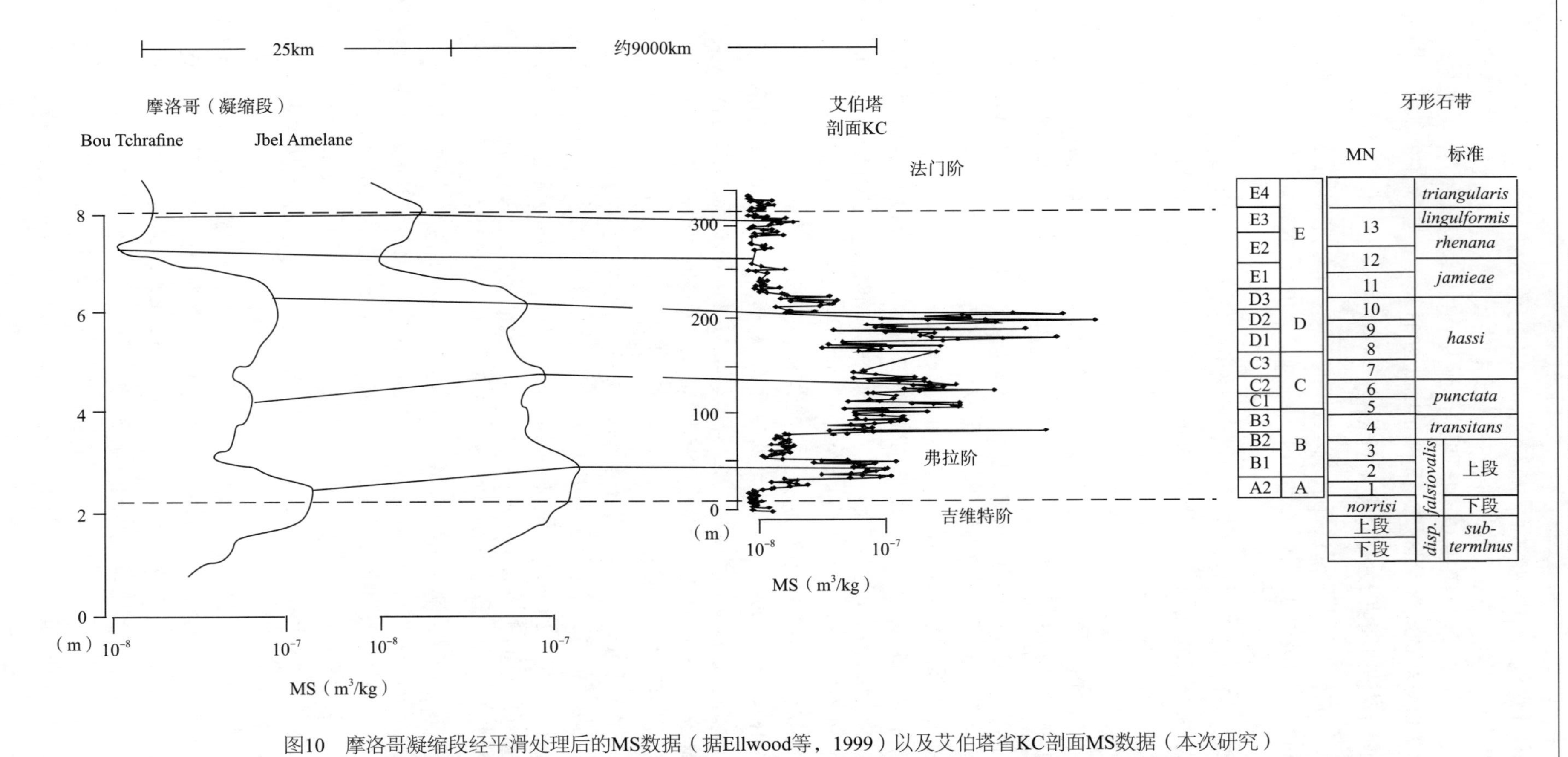

图10　摩洛哥凝缩段经平滑处理后的MS数据（据Ellwood等，1999）以及艾伯塔省KC剖面MS数据（本次研究）

注意不同地点间单个MS事件的级别不同，但是相距大约9000km的不同地点间的整体规律和主要MS偏移的时间表现出明显的一致性。MN（Montagne Noir）牙形石分带引自Klapper（1989）与Klapper 和 Foster（1993）；标准牙形石分带引自Ziegler 和 Sandberg（1990）

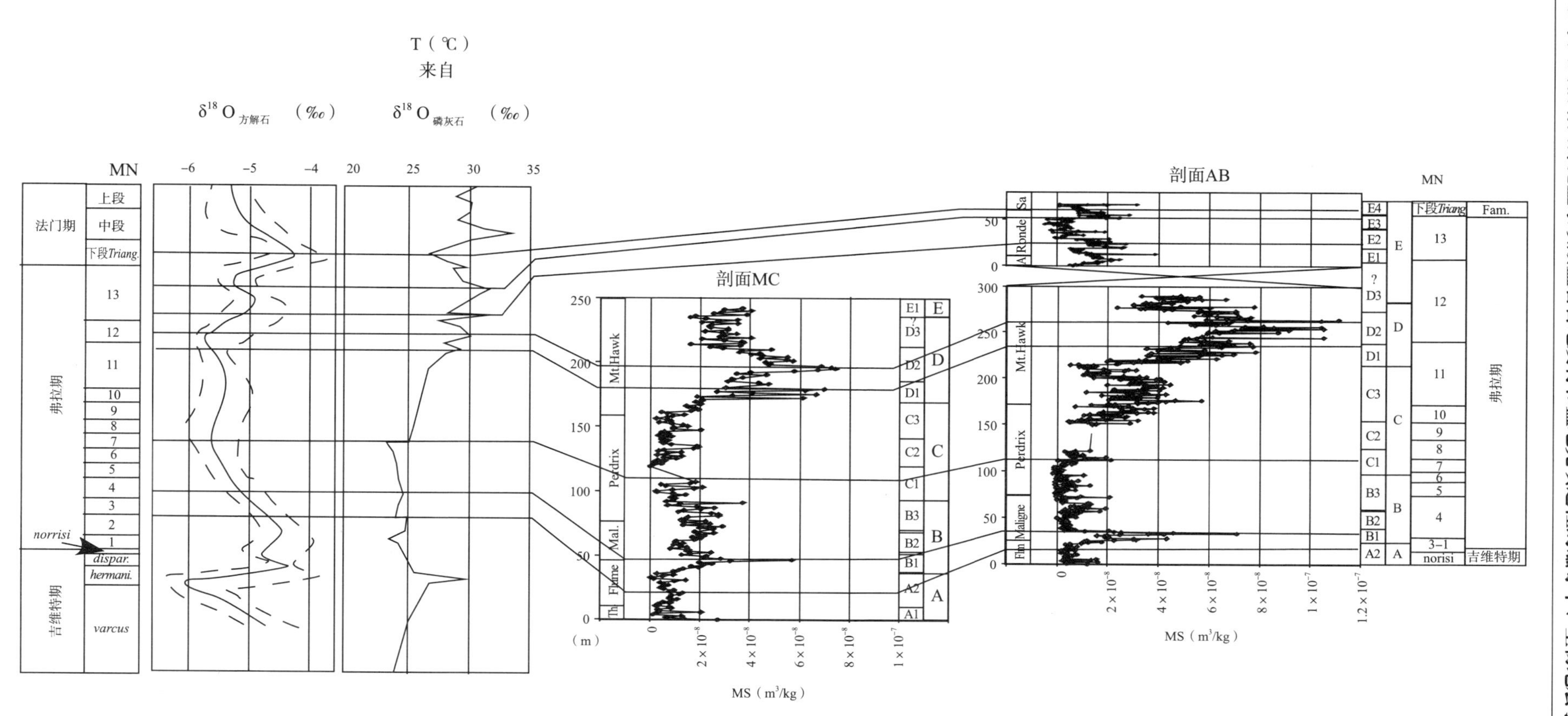

图11　艾伯塔省MC和KC剖面间MS事件对比

$\delta^{18}O$数据来自腕足类方解石（据van Geldern等，2006），以及牙形石磷灰石中$\delta^{18}O$计算出的低幅度海平面温度解释结果（据Joachimski等，2004，修改）。MS值正偏移常常与温度升高事件重合（$\delta^{18}O$负偏移），而MS信号负偏移常与古温度下降（$\delta^{18}O$正偏移）有关。通过高分辨率的MS采样识别出的几处偏移并未在相对较稀疏的氧同位素数据中出现。注意尽管数据中大体趋势是平行的，但是MS和温度变化的幅度并不总是相同，见正文中的详细讨论。MN（Montagne Noir）牙形石分带引自Klapper（1989）与Klapper 和 Foster（1993）

石数据中不能全部体现这些事件。这些升温事件及夹在其间的降温事件跨越MN11-12带边界分布在两侧（图11）。Mount Hawk组的MS事件D1和D2与两个升温事件时间一致，该降温事件与隔开两次MS事件中间的槽谷时间一致（图11）。在MN 13带内可见类似规律，有两个古气温峰值可能与Ronde段（Southesk组）MS事件E2和E3时间一致（图11）。期间夹的降温事件（$\delta^{18}O$正偏移）与Kellewasser组下段灭绝事件时间一致（Joachimski等，2004），并可能与事件E1和E2之间的MS波谷值时间一致（图11）。同样与F-F界面和Kellewasser组上段灭绝事件有关的还有一次古气温下降（Joachimski等，2004；van Geldern等，2006），并可能与事件E4中的MS低值时间一致（图11）。

目前为止发表过的$\delta^{18}O$数据比较稀疏，并且不是所有的MS值偏移均能找到对应的氧同位素偏移记录。另外，尽管MS与氧同位素值曲线整体形态相似，$\delta^{18}O$的偏移幅度与MS值偏移幅度并不总是一致。这说明$\delta^{18}O$与MS值之间存在更复杂的关系，二者都可能受局部陆源注入的影响（例如盐度变化或淡水输入对$\delta^{18}O$的影响，或者局部风化变化对MS值的影响）。为了检验MS数据是否可以作为氧同位素值的指示器，需要对氧同位素值进行更高分辨率采样分析。因此MS数据作为氧同位素值的指示器的可用性仍待讨论。然而，MS测量方法相对较快且价格不贵，而如果论证出MS可作为可靠的古气候指示器，则可以为古气候变化提供一个新的且相对简便的工具。

七、结论

艾伯塔西部地区吉维特阶上段—法门阶下段岩石沉积了九个层序，其间由地面暴露面和（或）海泛面分隔。每个层序记录了一次相对海平面上升和下降，而且九个层序中的七个对应Johnson等（1985）提出的T—R旋回IIa—IIe的相应部分，以及Day等（1996）和Day（1998）对其的细分类结果。此处发表了高分辨率磁导率和牙形石生物地层学数据以进一步约束海平面和生物事件的时间和规律。

西加拿大岛弧地区吉维特期初始海侵的记录可见于Ancient Wall台地Flume组Thornton Creek段（层序1：T—R旋回IIa-2）。该单元呈现出比上覆的Flume组其余位置的MS信号值略高（事件A1）。该沉积单元由三套记录了局限—正常海水环境的碳酸盐岩—硅质碎屑岩混合准层序组成（Day和Whalen，2005）。准层序1的局限环境包括了一个多样性低的*Athyris*动物群落，而层序2和3为更开放的海水环境，包括种类多样的腕足类动物群落，以*Eleutherokomma*、*Athyris*和*Schizophoria*为主（Day和Whalen，2005）。

第二次海平面上涨（T—R旋回IIb-1）位于*norrisi*带底部，导致了层序2的碳酸盐岩缓坡沉积，以Flume组为代表。Flume缓坡中暴露部分的证据见于Utopia段顶部（层序2顶部），之后为一次水深加深事件，见于Flume上段的其余层位（层序3：T—R旋回IIb-2？）。之后Flume缓坡在早弗拉期的一次大型水深加深事件中被淹没，该事件位于MN 4带内部，代表了进积型镶边台地生长的开始，见于Maligne组—Cairn组下段（层序4=T—R旋回IIb的上部=IIb-3 ？）。与下伏Flume组对比，Maligne组低位期和海侵早期再沉积相一般呈现MS值升高的特征（事件B-1），但该规律随着台地进积加剧和碳酸盐向盆地内注入量增加而逐渐减弱（图7—图9）。位于MN 5带/*punctata*带底部的中弗拉期水深加深事件影响深刻，导致了Perdrix组下段—Cairn组上段（层序5）的沉积，与T—R旋回IIc的首次海泛事件（MS事件B2底部）时间一致。该层序表现出变化性大的MS特征，整个Perdrix组下段磁化率整体上先降低再升高（MS事件B2和B3）。另外一次中弗拉期IIc内部水体加深事件位于Perdrix组中段—Southesk组Peechee段（层序6）沉积初期，它们处于MN 7？—10带。由于在一些剖面中出露情况较差，该层序（C1—C3下部）的MS特征有些不明显（图19），不过整体上在磁导率剖面上部呈现升高趋势。位于MN 11带底部或者附近的一次大型水体加深事件导致了T—R旋回IId（IId-1）的沉积，证据见于Perdrix组上段—Mount Hawk组/Southesk组Arcs段（层序7）。该盆地相层序表现出MS值在整个Mount Hawk组整体上呈上升趋势，并在以碳酸盐岩为主的Southesk组Arcs段进积越过斜坡相和盆地相，MS值降低（MS事件C3上部和D1-3）。接近弗拉阶沉积末期的Kellwasser组下段事件与一次大型水体加深事件同时发生，晚弗拉斯期大多数典型的Mount Hawk组腕足类动物群落在该事件之前灭绝了。该事件还与海洋表面古水温的一次显著下降有关（Joachimski等，2004；van Geldern等，2006），而且在事件E1和E2之间隔着一个MS值的波谷。在Ancient Wall剖面，Mount Hawk组上段—Simla段（层序8）沉积于MN 13（T—R旋回IId−2）带内。弗拉阶沉积末期介壳类动物的灭绝位于MN 13带靠近顶部，Simla段顶部的动物群危机也暗示了该现象。F—F界线和Kellwasser组上段事件同样与一次大规模的低幅度降温事件（Joachimski等，2004；van Geldern等，2006）以及事件E4底部附近的MS波谷值有关。上覆的法门阶Sassenach组早期沉积中记录到灭绝事件后的海泛面，含有幸存者以及灭绝后重生的介壳类动物群落。Sassenach组记录到一次硅质碎屑向盆地内汇入，因此记录到一次比下伏Ronde−Simla相带略高的MS值（MS事件E4和E5）。

此次研究证明MS地层学在相关对比研究，以及刻画具有一定程度全球海平面变化成因的海平面相对变化方面的可用性。要充分验证该理论还需要用到来自全球其他地区泥盆系的其他数据。艾伯塔盆地MS特征与摩洛哥凝缩相带之间的整体相关关系（图10）表明该方法具有用于长期对比的潜力，并能提供与生物地层学相似甚至更好的地层分辨率。本研究中还通过对比MS数据与腕足类方解石和牙形石磷灰石中现有的氧同位素数据分析了MS数据用于氧同位素指标的潜力（Joachimski等，2004；van Geldern等，2006）。MS数据的趋势看上去与^{18}O数据及其古温度解释结果相似且暂时一致；但是，这两套数据内部偏移的幅度并不总是相同。因此MS值用于作为氧同位素指标的可行性仍待讨论，不过其信号值确实看上去受到古气候改造作用；而且测量MS的速度较快且相对简单，这使得该项技术一旦证实可靠，就可成为接替性的重要方法。

致谢

本研究工作的想法主要来自与J.Wendte、T.Uyeno（加拿大地质调查局）和J.Over（纽约州立大学杰纳苏学院）的交流讨论。D.Stone（阿拉斯加大学）提供了古地磁和磁导率方向的专业观点。R.Missler和Z.Pearson（阿拉斯加大学）以及A.Norton（纽约州立大学杰纳苏学院）在路易斯安那州立大学B.Ellwood的磁力实验室进行了MS测量。如果没有Ellwood博士的帮助，本研究根本不可能实现。感谢A.Fuhrman、M.Kuhn、J.Morris（伊利诺斯州立大学）、J.Over、A.Norton（纽约州立大学杰纳苏学院）、P.Mayer（威斯康星大学麦迪逊分校）以及A.Krumhardt（阿拉斯加大学）在野外给予的帮助。感谢Mitch Harris和Robert Erlich为提高稿件质量提出的周密的评论和很好的建议。另外感谢美国化学协会（Whalen）管理下的石油研究基金的捐助者，国家地理学会勘探和研究基金（Day）也为本研究提供部分资金支持。感谢阿拉斯加州费尔班克斯大学地质与地球物理系帮助解决了稿件准备过程中的费用。如果没有加拿大公园管理局的合作，本研究不可能实现，感谢他们批准我们进入（加拿大艾伯塔）贾斯珀国家公园内部的一处露头剖面点并允许采样。

参考文献

Andrichuk, J.M., 1961, Stratigraphic evidence for tectonic and current control of Upper Devonian reef sedimentation, Dunhamel area, Alberta, Canada: American Association of Petroleum Geologists, Bulletin, v. 45, p. 612−632.

Becker, T., 1993, Anoxia, eustatic changes, and Upper Devonian to lowermost Carboniferous global ammonoid diversity: Systematics Association, Special Volume 47, p. 115−163.

Beget, J.E., Stone, D.B., and Hawkins, D.B., 1990, Paleoclimatic forcing of magnetic susceptibility variations in Alaskan loess during the late Quaternary: Geology, v. 18, p. 40−43.

Burton, E.A., Machel, H.G., and Qi, J., 1993, Thermodynamic constraints on anomalous magnetization in shallow and deep hydrocarbon seepage environments, *in* Aissaoui, D.M., McNeill, D.F., and Hurley, N.F., eds., Applications of Paleomagnetism to Sedimentary Geology: SEPM, Special Publication 49, p. 193−207.

Caplan, M.L., and Bustin, R.M., 1998, Sedimentology and sequence stratigraphy of Devonian−Carboniferous strata, southern Alberta: Bulletin of Canadian Petroleum Geology, v. 46, p. 487−514.

Chow, N., Wendte, J., and Stasiuk, L.D., 1995, Productivity versus preservation controls on two organic-rich carbonate facies in the Devonian of Alberta: sedimentological and organic petrological evidence: Bulletin of Canadian Petroleum Geology, v. 43, p. 433–460.

Copper, P., 2002, Reef development at the Frasnian Famennian mass extinction boundary: Palaeogeography, Palaeoclimatology, Palaeoecology, v. 181, p. 27–65.

Crick, R.E., Ellwood, B.B., Hassani, A.E., Feist, R., and Hladil, J., 1997, Magnetosusceptibility event and cyclostratigraphy of the Eifelian- Givetian GSSP and associated boundary sequences in north Africa and Europe: Episodes, v. 20, p. 175–267.

Crick, R.E., Elmwood, B.B., Hassani, A.E., Hladil, J., Hrouda, F., and Chlupac, I., 2001a, Magnetosusceptibility event and cyclostratigraphy (MSEC) of the Pridoli–Lochkovian GSSP (Klonk, Czech Republic) and coeval sequences in the Anti–Atlas Morocco: Palaeogeography, Palaeoclimatology, Palaeoecology, v. 167, p. 73–100.

Crick, R.E., Ellwood, B.B., Over, D.J., Feist, R., and Girard, C., 2001b, Magnetostratigraphic susceptibility of the Frasnian–Famennian boundary (Upper Devonian) in Southern Oklahoma and its relationship to the type area in Southern France: Oklahoma Geological Survey, Circular 105, p. 71–82.

Crick, R.E., Ellwood, B.B., Feist, R., Hassani, A.E., Schindler, E., Dreesen, R., Over, D.J., and Girard, C., 2002, Magnetostratigraphy susceptibility of the Frasnian/Famennian boundary: Paleogeography, Paleoclimatology, Palaeoecology v. 181, p. 67–90.

da Silva, A.C., and Boulvain, F., 2002, Sedimentology, magnetic susceptibility and isotopes of a Middle Frasnian Carbonate platform: Tailfer section, Belgium: Facies, v. 46, p. 89–102.

Davies, T.a., Hay, W.W., Southam, J.R., and Worsley, T.R., 1977, Estimates of Cenozoic oceanic sedimentation rates: Science, v. 197, p. 53–55.

Day, J., 1996, Faunal signatures of Middle–Upper Devonian depositional sequences and sea level fluctuations in the Iowa Basin: US mid–continent, *in* Witzke, B.J., Ludvigson, G.A., and Day, J., eds., Paleozoic Sequence Stratigraphy: Views from the North American Craton: Geological Society of America, Special Paper 306, p. 277–300.

Day, J., 1997, Phylogeny and biogeography of *Tecnocyrtina* (Brachiopoda—Spiriferinida) in the Devonian (Givetian–Frasnian) of North America, *in* Klapper, G., Talent, J., and Murphy, M.A., eds., Paleozoic Sequence Stratigraphy, Biostratigraphy and Biogeography: Studies in Honor of J. Granville (Jess) Johnson: Geological Society of America, Special Paper 321, p. 245–261.

Day, J., 1998, Distribution of latest Givetian–Frasnian Atrypida (Brachiopoda) in central and western North America: Acta Palaeontologica Polonica, v. 43, p. 205–240.

Day, J., 2004, Timing of late Givetian–early Frasnian (Middle and Late Devonian) sea level events and subtropical cratonic carbonate platform development, central North America (abstract): Geological Society of America, Abstracts with Programs, v. 36, no. 3, p. 39.

Day, J., and Whalen, M.T., 2003, Western Laurussian record of regional and global Middle–Late Devonian sea level changes and bioevents: Alberta Rocky Mountains (abstract): Geological Society of America, Abstracts with Programs, v. 34, p. 208.

Day, J., and Whalen, M.T., 2005, Thornton Creek Member (new) of the Flume Formation and the initial Middle Devonian Onlap of the West Alberta Arch: Canadian Rocky Mountains: Bulletins of American Paleontology 369, p. 123–149.

Day, J., Uyeno, T. C., Norris, A.W., Witzke, B.J., and Bunker, B.J., 1996, Middle–Upper Devonian relative sea–level histories of North American cratonic interior basins, *in* Witzke, B.J., Ludvigson, G. A., and Day, J., eds., Paleozoic Sequence Stratigraphy; Views from the North American Craton: Geological Society of America, Special Paper 306, p. 259–276.

Edmond, J.M., 1992, Himalayan tectonics, weathering processes, and the strontium isotope record in marine limestones: Science, v. 258, p. 1594–1597.

Eliuk, L.S., 1984, A hypothesis for the origin of hydrogen sulphide in Devonian Crossfield Member dolomite, Wabamun Formation, Alberta, Canada, *in* Eliuk, L.A. ed., Carbonates in Subsurface and Outcrop: Canadian Society of Petroleum Geologists, 1984 Core Conference, p. 245–289.

Ellwood, B.B., Crick, R.E., and Hassani, A.E., 1999, The magnetosusceptibility event and cyclostratigraphy (MSEC) method used in Geological correlation of Devonian rocks from Anti–Atlas Morocco: American Association of Petroleum Geologists, Bulletin, v. 83, p. 1119–1134.

Ellwood, B.B., Crick, R.E., Hassani, A.E., Benoist, S.L., and Young, R.H., 2000, Magnetosusceptibility event and cyclostratigraphy method applied to marine rocks: Detrital input versus carbonate productivity: Geology, v. 28, p. 1135–1138.

Ellwood, B.B, Crick, R.E, Garcia–Alcalde, J.L., Soto, F.M., Truyois–Massoni, M., Hassani, A.E., and Kovas, E.J., 2001, Global correlation using magnetic susceptibility data from Lower Devonian rocks: Geology, v. 29, p. 583–586.

Fejer, P.E., and Narbonne, G.M., 1992, Controls on Upper Devonian, meter–scale carbonate cyclicity, Icefall Brook, southeast British Columbia: Bulletin of Canadian Petroleum Geology, v. 40, p. 363–380.

Fischer, A.G., 1983, The two Phanerozoic subcycles, *in* Berggren, W., and Couvering, J., eds., Catastrophes in Earth History; The New Uniformitarianism: Princeton, New Jersey, Princeton University Press, p. 138–149.

Geldsetzer, H.H.J., 1989, Ancient Wall reef complex, Frasnian age, Alberta, *in* Geldsetzer, H.H.J., James, N.P., and Tebbutt, G.E., eds., Reefs, Canada and Adjacent Areas: Canadian Society of Petroleum Geologists, Memoir 13, p. 431–439.

George, A.D., 1999, Deep–water stromatolites, Canning Basin, northwestern Australia: Palaios, v. 14, p. 493–505.

George, A.D., Playford, P.E., Powell, C.M., and Tornatora, P.M., 1997, Lithofacies and sequence development of an Upper Devonian mixed carbonate–siliciclastic fore–reef slope, Canning Basin, western Australia: Sedimentology, v. 44, p. 843–887.

Heller, F., and Liu, T.S., 1984, Magnetism of Chinese loess deposits: Royal Astronomical Society, Geophysical Journal, v. 77, p. 125–141.

Herbig, H.G., and Weber, H.M., 1996, Facies and stromatoporoid biostromes in the Strunian (latest Devonian) of the Aachen region, Germany: Göttinger Arbeiten zur Geologie und Paläontologie, Sonderband, v. SB2, p. 359–364.

House, M.R., and Ziegler, W., 1997, On sea–level fluctuations in the Devonian: Courier Forschungsinstitut Senckenberg, v. 199, p. 146.

Ikehara, M., Kawamura, K., Ohkouchi, N., Murayama, M., Nakamura, T., and Taira, A., 2004, Variations of terrestrial input and marine productivity in the Southern Ocean (48°S) during the last two deglaciations: Paleoceanography, v. 15, p. 170–180.

Irino, T., and Tada, R., 2003, High–resolution reconstruction of variation in aeolian dust (Kosa) deposition at ODP Site 797, the Japan Sea, during the last 200 ka: Global and Planetary Change, v. 35, p. 143–156.

Isaacson, P.E., and Díaz–Martínez, E., 1995, Evidence for a middle and Late Paleozoic foreland basin and significant paleolatitudinal shift, central Andes, *in* Tankard, A.J., Suarez, R., and Welsink, H.J., eds., Petroleum Basins of South America: American Association of Petroleum Geologists, Memoir 62, p. 149–231.

Isaacson, P.E., Hladil, J., Shen, J., Kaldova, J., and Grader, G., 1999, Late Devonian (Famennian) glaciations in South America and marine offlap on other continent: Geologisches Bundesanstalt, Abhandlungen, v. 54, p. 239–257.

Joachimski, M.M., van Geldern, R., Breisig, S., Buggisch, W., and Day, J., 2004, Oxygen isotope evolution of biogenic calcite and apatite during the Middle and Late Devonian: International Journal of Earth Science, v. 93, p. 542–553.

Johnston, D.I., and Chatterton, B.D.E., 2001, Upper Devonian (Famennian) conodonts of the Palliser Formation and Wabamun Group, Alberta and British Columbia, Canada: Palaeontographica Canadiana, no. 19, p. 154.

Johnson, J.G., 1990, Lower and Middle Devonian brachiopod–dominated communities of Nevada, and their position in a biofacies–provincerealm model, with a section on revision of Middle Devonian conodont zones, by G. Klapper and J.G. Johnson: Journal of Paleontology, v. 64, p. 902–941.

Johnson, J.G., Klapper, G., and Sandberg, C.A., 1985, Devonian eustatic fluctuations in Euramerica: Geological Society of America, Bulletin, v. 96, p. 567–587.

Johnson, J.G., Sandberg, C.A., and Poole, F.G., 1991, Devonian lithofacies of western United States, *in* Cooper, J.D., and Stevens, C.H., eds., Paleozoic Paleogeography of the Western United States—II: SEPM, Pacific Section, Los Angeles, p. 83–106.

Johnson, J.G., Klapper, G., and Elrick, M., 1996, Devonian transgressive–regressive cycles and biostratigraphy, northern Antelope Range, Nevada, establishment of reference horizons for global cycles: Palaios, v. 11, p. 3–14.

Katz, B., Elmore, R.D., Cogoini, M., and Ferry, S., 1998, Widespread chemical remagnetization: orogenic fluids or burial diagenesis of clays?: Geology, v. 26, p. 603–606.

Klapper, G., 1989, The Montagne Noire Frasnian (Upper Devonian) Conodont succession, *in* McMillan, N.J., Embry, A.F., and Glass, D.J., eds., Devonian of the World: Canadian Society of Petroleum Geologists, Memoir 14, v. 3, p. 449–468.

Klapper, G., 1997, Graphic correlation of Frasnian (Upper Devonian) sequences in Montagne Noire, France and western Canada, *in* Klapper, G., Murphy, M.A., and Talent, J.A., eds., Paleozoic Sequence Stratigraphy, Biostratigraphy, and Biogeography: Studies in Honor of J. Granville (“Jess”) Johnson: Geological Society of America, Special Paper 321, p. 113–130.

Klapper, G., and Foster, C.T., Jr., 1993, Shape analysis of Frasnian species of the Late Devonian conodont genus *Palmatolepis*, Paleontological Society, Memoir 32 (Journal of Paleontology, v. 67, supplement to no. 4), p. 35.

Klapper, G., and Lane, H.R., 1989, Frasnian (Upper Devonian) conodont sequence at Luscar Mountain and Mount Haultain, Alberta Rockies, *in* McMillan, N.J., Embry, A.F., and Glass, D.J., eds., Devonian of the World: Canadian Society of Petroleum Geologists, Memoir 14, v. 3, p. 469−478.

Klapper, G., Kirchgasser, W.T., and Baesemann, J.F., 1995, Graphic correlation of a Frasnian (Upper Devonian) composite standard, *in* Mann, K.O., Lane, H.R., and Scholle, P.A., eds., Graphic Correlation: SEPM, Special Publication 53, p. 177−184.

Klovan, J.E., 1964, Facies analysis of the Redwater reef complex, Alberta, Canada: Bulletin of Canadian Petroleum Geology, v. 12, p. 1−100.

Kobluk, D.R., 1975, Stromatoporoid paleoecology of the southeast margin of the Miette carbonate complex, Jasper Park, Alberta: Bulletin of Canadian Petroleum Geology, v. 23, p. 224−277.

Kukla, G., Heller, F., Liu, X.M., Xu, T.C., Liu, T.S., and An, Z.S., 1988, Pleistocene climates in China dated by magnetic susceptibility: Geology, v. 16, p. 811−814.

Machel, H.G., and Cavell, P.A., 1999, Low−flux, tectonically−induced squeegee fluid flow ("hot flash") into the Rocky Mountain foreland basin: Bulletin of Canadian Petroleum Geology, v. 47, p. 510−533.

Machel, H.G., and Hunter, I.G., 1994, Facies models for Middle to Late Devonian shallow−marine carbonates, with comparisons to modern reefs: a guide for facies analysis: Facies, v. 30, p. 155−176.

Machel, H.G., and Mountjoy, E.W., 1987, General constraints on extensive pervasive dolomitization—and their application to the Devonian carbonates of western Canada: Bulletin of Canadian Petroleum Geology, v. 35, p. 143−158.

Machel, H.G., Cavell, P.A., and Patey, K.S., 1996, Isotopic evidence for carbonate cementation and recrystallization, and for tectonic expulsion of fluids into the Western Canada Sedimentary Basin: Geological Society of America, Bulletin, v. 108, p. 1108−1119.

Mackenzie, F.T., and Pigott, J.P., 1981, Tectonic controls of Phanerozoic sedimentary rock cycling: Geological Society of London, Journal, v. 138, p. 183−191.

McFadden, M.A., Patterson, W.P., Mullins, H.T., and Anderson, W.T., 2005, Multi−proxy approach to long− and short−term Holocene climate−change: evidence from eastern Lake Ontario: Journal of Paleolimnology, v. 33, p. 371−391.

McGhee, G.H., Jr., 1996, The Late Devonian Mass Extinction: the Frasnian/Famennian Crisis: New York, Columbia University Press, p. 303.

McLaren, D.J., 1982, Frasnian−Famennian extinction, *in* Silver, L.T., and Schultz, P.H., eds., Geological Implications of Large Asteroids and Comets on Earth: Geological Society of America, Special Paper 190, p. 477−484.

McLean, R.A., and Klapper, G., 1998, Biostratigraphy of Frasnian (Upper Devonian) strata in western Canada, based on conodonts and rugose corals: Bulletin of Canadian Petroleum Geology, v. 46, p. 515−563.

McLean, D.J., and Mountjoy, E.W., 1994, Allocyclic control on Late Devonian buildup development, southern Canadian Rocky Mountains: Journal of Sedimentary Research, v. B64, p. 326−341.

Moore, P.F., 1989, Devonian reefs in Canada and some adjacent areas, *in* Geldsetzer, H.H.J., James, N.P., and Tebbutt, G.E., eds., Reefs, Canada and Adjacent Areas: Canadian Society of Petroleum Geologists, Memoir 13, p. 367−389.

Mountjoy, E.W., 1965, Stratigraphy of the Devonian Miette reef complex and associated strata, eastern Jasper National Park, Alberta: Geological Survey of Canada, Bulletin 110, p. 132.

Mountjoy, E.W., 1980, Some questions about the development of Upper Devonian carbonate buildups (reefs) western Canada: Bulletin of Canadian Petroleum Geology, v. 28, p. 315−344.

Mountjoy, E.W., 1989, Miette Reef Complex (Frasnian), Jasper National Park, Alberta, *in* Geldsetzer, H.H.J., James, N.P., and Tebbutt, G.E., eds., Reefs, Canada and Adjacent Areas: Canadian Society of Petroleum Geologists, Memoir 13, p. 497−505.

Mountjoy, E.W., and Becker, S., 2000, Frasnian to Fammenian sea level changes and the Sassenach Formation, Jasper Basin, Alberta Rocky Mountains, *in* Homewood, P.W., and Eberli, G.P., eds., Genetic Stratigraphy on the Exploration and Production Scales—Case Studies from the Pennsylvanian of the Paradox Basin and the Upper Devonian of Alberta: Bulletin, Centre Recherche Elf Exploration− Production, Mémoire 24, p. 181−201.

Mountjoy, E.W., and Mackenzie, W.S., 1974, Stratigraphy of the southern part of the Devonian Ancient Wall complex, Jasper National Park, Alberta: Geological Survey of Canada, Paper 20−72, p. 121.

Mountjoy, E.W., and Savoy, L.E., 1995, Cratonic−margin and Antler−age foreland basin strata (Middle Devonian to Lower Carboniferous) of the southern Canadian Rocky Mountains and adjacent plains, *in* Dorobek, S.L., and Ross, G.M., eds., Stratigraphic Evolution of Forland Basins: SEPM, Special Publication 52, p. 211−226.

Norris, A.W., and Uyeno, T.T., 1981, Stratigraphy and paleontology of the lowermost Upper Devonian Slave Point Formation on Lake Claire and the lower Upper Devonian Waterways Formation on Birch River, northeastern Alberta: Geological Survey of Canada, Bulletin 334, p. 53.

Norris, A.W., and Uyeno, T.T., 1982, Biostratigraphy and paleontology of the Middle Upper Devonian boundary beds, Gypsum Cliffs area, northeastern Alberta: Geological Survey of Canada, Bulletin 313, p. 65.

Nowaczyk, N.R., Minyuk, P., Melles, M., Brigham−Grette, J., Glushkova, O., Nolan, M., Lozhkin, A.V., Stetsenko, T.V., Andersen, P.M., and Forman, S.L., 2002, Magnetostratigraphic results from impact crater Lake El'gygytgyn, northeastern Siberia; a 300 kyr long high−resolution terrestrial palaeoclimatic record from the Arctic: Geophysical Journal International, v. 150, p. 109−126.

Oliver, T.A., and Cowper, N.W., 1963, Depositional environments of the Ireton Formation, central Alberta: Bulletin of Canadian Petroleum Geology, v. 11, p. 183−202.

Parrish, J.T., 1982, Upwelling and petroleum source beds, with reference to the Paleozoic: American Association of Petroleum Geologists, Bulletin, v. 66, p. 750−774.

Playford, P.E., 1980, Devonian Great Barrier Reef of Canning Basin, western Australia: American Association of Petroleum Geologists, Bulletin, v. 64, p. 814−840.

Potma, K., Weissenberger, J.A.W., Wong, P.K., and Gilhooly, M.G., 2001, Toward a sequence stratigraphic framework for the Frasnian of the western Canada basin: Bulletin of Canadian Petroleum Geology, v. 49, p. 37−85.

Raasch, G.O., 1989, Famennian faunal zones in western Canada, *in* McMillan, N.J., Embry, A.F., and Glass, D.J, eds., Devonian of the World: Canadian Society of Petroleum Geologists, Memoir 14, v. 3, p. 619−631.

Racki, G., 1997, Devonian eustatic fluctuations in Poland: Courier Forschungsinstitut Senckenberg, 199, p. 1−12.

Racki, G., and Baliński, A., 1998, Late Frasnian Atrypida (Brachiopoda) from Poland and the Frasnian−Famennian biotic crisis: Acta Palaeontologica Polonica, v. 43, no. 2, p. 204−272.

Racki, G., Racka, M., Matyja, H., and Devleeschouwer, X., 2002, The Frasnian/Famennian boundary interval in the south Polish−Moravian shelf basins: integrated event−stratigraphical approach: Palaeogeography, Palaeoclimatology, Palaeoecology, v. 181, p. 251−298.

Racki, G., Piechota, A., Bond, D., and Wignall, P.B., 2004, Geochemical and ecological aspects of the lower Frasnian pyrite−ammonoid level of Kostomloty (Holy Cross Mountains, Poland): Geological Quarterly, v. 48, no. 3, p. 267−282.

Raymo, M.E., and Ruddiman, W.R., 1992, Tectonic forcing of late Cenozoic climate: Science, v. 359, p. 117−122.

Raymo, M.E., Ruddiman, W.R., and Froelich, P.N., 1988, Influence of late Cenozoic mountain building on ocean geochemical cycles: Geology, v. 16, p. 649−653.

Richards, B.C., 1989, Upper Kaskaskia Sequence: uppermost Devonian and Lower Carboniferous, Chapter 9, *in* Ricketts, B.D., ed., Western Canada Sedimentary Basin, a Case History: Canadian Society of Petroleum Geologists, p. 165−201.

Richter, F.M., Rowley, D.B., and DePaolo, D.J., 1992, Sr isotope evolution of seawater: the role of tectonics: Earth and Planetary Science Letters, v. 109, p. 11−23.

Ridgwell, A.J., and Watson, A.J., 2002, Feedback between aeolian dust, climate, and atmospheric CO_2 in glacial time: Paleoceanography, v. 17, p. 1059−1070.

Rogers, F. S., 1998, Conodont biostratigraphy of the Little Cedar and lower Coralville formations of the Cedar Valley Group (Middle Devonian) of Iowa and significance of a new species of *Polygnathus*: Journal of Paleontology, v. 72, p. 726−737.

Schneider, J., Bechstadt, T., and Machel, H.G., 2004, Covariance of C− and O−isotopes with magnetic susceptibility as a result of burial diagenesis of sandstones and carbonates: an example from the Lower Devonian La Vid Group, Cantabrian Zone, NW Spain: International Journal of Earth Science, v. 93, p. 990−1007.

Scotese, C.R., and McKerrow, W.S., 1990, Revised world maps and introduction, *in* McKerrow, W.S., and Scotese, C.R., eds., Palaeozoic Palaeogeography and Biogeography: Geological Society of London, Memoir 12, p. 1−21.

Shackleton, N.J., 1999, Will oxygen isotope stratigraphy survive the next millennium: Eos, v. 80, p. F505.

Shackleton, N.J., Crowhurst, S.J., Weedon, G.P., and Laskar, J., 1999, Astronomical calibration of Oligocene−Miocene time: Royal Society of London, Philosophical Transactions, A, v. 357, p. 1907−1929.

Shields, M.J., and Geldsetzer, H.H.J., 1992, The MacKenzie margin, Southesk−Cairn carbonate complex: Depositional history, stratal geometry and comparison with other Late Devonian platform−margins: Bulletin of Canadian Petroleum Geology, v. 40, p. 274−293.

Soreghan, G.S., Elmore, R.D., Katz, B., Cogoini, M., and Banerjee, S., 1997, Pedogenically enhanced magnetic susceptibility variations preserved in Paleozoic loessite: Geology, v. 25, p. 1003−1006.

Soreghan, G.S., Elmore, R.D., and Lewchuk, M.T., 2002, Sedimentologic− magnetic record of western Pangean climate in upper Paleozoic loessite (lower Cutler beds, Utah): Geological Society of America, Bulletin, v. 114, p. 1019−1035.

Soreghan, G.S., and Soreghan, M.J., 2002, Atmospheric dust and algal dominance in the late Paleozoic: a hypothesis: Journal of Sedimentary Research, v. 72, p. 457−461.

Stearn, C. W., 1987, Effect of the Frasnian−Famennian extinction event on the stromatoporoids: Geology, v. 15, p. 677−679.

Stearn, C.W., Halim−Dihardja, M. K., and Nishida, D.K., 1987, An oilproducing stromatoporoid patch reef in the Famennian (Devonian) Wabamun Formation, Normandville Field, Alberta: Palaios, v. 2, p. 560−570.

Stevenson, R.K., Whittaker, S., and Mountjoy, E.M., 2000, Geochemical and Nd isotopic evidence for sedimentary−source changes in the Devonian miogeocline of the southern Canadian Cordillera: Geological Society of America, Bulletin, v. 112, p. 531−539.

Stoakes, F.A., 1980, Nature and control of shale basin fill and its effect on reef growth and termination: Upper Devonian Duvernay and Ireton Formations of Alberta, Canada: Bulletin of Canadian Petroleum Geology, v. 28, p. 345−410.

Stoakes, F.A., 1992, Early Mississippian megasequences, *in* Wendte, J.C., Stoakes, F.A., and Campbell, C.V., eds., Devonian−Early Mississippian Carbonates of the Western Canada Sedimentary Basin: A Sequence Stratigraphic Framework: SEPM, Short Course 28, p. 241−249.

Switzer, S.B., Holland, W.G., Christie, G.S., Graf, G.C., Hedinger, A.S., McAuley, R.J., Wierzbicki, R.A., and Packard, J.J., 1994, Devonian Woodbend−Winterburn strata of the western Canada sedimentary basin, *in* Mossop, G., and Shetsen, I., eds., Geological Atlas of the Western Canada Sedimentary Basin: Canadian Society of Petroleum Geologists and Alberta Research Council, p. 165−202.

Tramp, K.L., Soreghan, G.S., and Elmore, D.R., 2004, Paleoclimatic inferences from paleopedology and magnetism of the Permian Maroon Formation loessite, Colorado, USA: Geological Society of America, Bulletin, v. 117, p. 671−686.

Tucker, R.D., Bradley, D.C., Ver Straeten, C.A., Harris, A.G., Ebert, J.R., and McCutcheon, S.R., 1998, New U−Pb zircon ages and the duration and division of Devonian time: Earth and Planetary Science Letters, v. 158, p. 175−186.

Uyeno, T.T., 1987, Report on conodonts from Cold Sulphur Spring (Stop 5), *in* Norris, A.W., and Pedder, A.E.H., eds., Devonian of Alberta Rocky Mountains between Banff and Jasper: International Union of Geological Sciences, Subcommission on Devonian Stratigraphy, Geological Survey of Canada, p. 62−63.

Uyeno, T.T., 1998, Conodont faunas: Geological Survey of Canada, Bulletin 522, Part II, p. 149−191.

Uyeno, T.T., and Wendte, J.C., 2005a, Conodont biostratigraphy and physical stratigraphy in two wells of the Beaverhill Lake Group, Upper Middle to Lower Upper Devonian, south−central Alberta, Canada: Bulletins of American Paleontology, 369, p. 123−149.

Uyeno, T.T., and Wendte, J.C., 2005b, Conodont biostratigraphy of the Beaverhill Lake strata, upper Middle to lower Upper Devonian, south−central Alberta (abstract): American Association of Petroleum Geologists, Annual Meeting, v. 14, p. A144.

van Buchem, F.S.P., Eberli, G.P., Whalen, M.T., Mountjoy, E.W., and Homewood, P., 1996, The basinal geochemical signature and platform margin geometries in the Upper Devonian mixed carbonate−siliciclastic system of western Canada: Société Géologique de France, Bulletin, v. 167, p. 685−699.

van Geldern, R., Joachimski, M.M., Day, J., Jansen, U., Alvarez, F., Yolkin, E.A., and Ma, X.−P., 2006, Carbon, oxygen, and strontium isotope records of Devonian brachiopod shell calcite: Palaeogeography, Palaeoclimatology, Palaeoecology, v. 240, p. 47−67.

Verosub, K.L., Fine, P., Singer, M.J., and TenPas, J., 1993, Pedogenesis and paleoclimate: interpretation of the magnetic susceptibility record of Chinese loess−paleosol sequences: Geology, v. 21, p. 1011−1014.

Wanless, H.R., Vlaswinkel, B., and Jackson, K.L., 2005, Transgressive recycling produces organic−rich carbonate muds (abstract): American Association of Petroleum Geologists, Abstracts with Programs, v. 14, p. A149.

Wendte, J.C., 1992, Platform evolution and its control on reef inception and localization, *in* Wendte, J.C., Stoakes, F.A., and Campbell, C.V., eds., Devonian−Early Mississippian Carbonates of the Western Canada Sedimentary Basin: A Sequence Stratigraphic Framework: SEPM, Short Course 28, p. 41−88.

Wendte, J.C., 1994, Cooking Lake platform evolution and its control on Late Devonian Leduc reef inception and localization, Redwater, Alberta: Bulletin of Canadian Petroleum Geology, v. 42, p. 499−528.

Wendte, J.C., and Uyeno, T.T., 2005, Sequence stratigraphy and evolution of Middle to Upper Devonian Beaverhill Lake strata, southcentral Alberta: Bulletin of Canadian Petroleum Geology, v. 53, p. 250−354.

Wendte, J.C., Stoakes, F.A., and Campbell, C.V., 1992, Devonian−Early Mississippian Carbonates of the Western Canada Sedimentary Basin: A Sequence Stratigraphic Framework: SEPM, Short Course 28, p. 255.

Wendte, J.C., Stoakes, F.A., Bosman, M., and Bernstein, L., 1995a, Genetic and stratigraphic significance of the Upper Devonian Frasnian Z Marker, west−central Alberta: Bulletin of Canadian Petroleum Geology, v. 43, p. 339−406.

Wendte, J.C., Uyeno, T.T., and Abrahamson, B., 1995b, Physical stratigraphy and conodont biostratigraphy of the Beaverhill Lake Group, Late Middle to Early Late Devonian, east−central Alberta, *in* Bell, J.S., Bird, T.D., Heller, T.L., and Greener, P.L., eds., Proceedings of the Oil and Gas Forum'95, Energy from Sediments: Geological Survey of Canada, Open File Report 3058, p. 141−144.

Wendte, J., Uyeno, T.T., and Abrahamson, B., 1997, Basin scale three dimensional sequence stratigraphy of the Beaverhill Lake Group, Late Middle to Early Late Devonian, central Alberta (abstract): Joint Convention of the Canadian Society of Petroleum Geologists and SEPM, Calgary, 1997, Program with Abstracts, p. 291.

Werner, M., Tegen, I., and Harrison, S. P., 2003, Dust−biosphere−atmosphere coupling on glacial−interglacial time scales: XVI INQUA congress; Shaping the Earth; a Quaternary Perspective, v. 16, p. 188.

Whalen, M.T., and Day, J.E., 2000, Initial Devonian onlap of the West Alberta Arch, Canadian Rocky Mountains: Implications for paleogeography and sea−level history of western Alberta (abstract): American Association of Petroleum Geologists, Annual Meeting, Abstracts, v. 9, p. A−156.

Whalen, M.T., Eberli, G.P., van Buchem, F.S.P., and Mountjoy, E.W., 2000a, Facies architecture of Upper Devonian carbonate platforms, Rocky Mountains, Canada, *in* Homewood, P.W., and Eberli, G.P., eds., Genetic Stratigraphy on the Exploration and Production Scales— Case Studies from the Pennsylvanian of the Paradox Basin and the Upper Devonian of Alberta: Bulletin, Centre Recherche Elf Exploration− Production, Mémoire 24, p. 139−178.

Whalen, M.T., Eberli, G.P., van Buchem, F.S.P., Mountjoy, E.W., and Homewood, P.W., 2000b, Bypass margins, basin−restricted wedges and platform−to−basin correlation, Upper Devonian, Canadian Rocky Mountains: implications for sequence stratigraphy of carbonate platform systems: Journal of Sedimentary Research, v. 70, p. 913−936.

Whalen, M.T., Day, J., Eberli, G.P., and Homewood, P.W., 2002, Microbial carbonates as indicators of environmental change and biotic crises in carbonate systems: examples from the Upper Devonian, Alberta Basin, Canada: Palaeogeography, Palaeoclimatology, Palaeoecology, v. 181, p. 127−151.

Williams, C.A., and Krause, F.F., 2000, Paleosol chronosequences and peritidal deposits of the Middle Devonian (Givetian) Yahatinda Formation, Wasootch Creek, Alberta, Canada: Bulletin of Canadian Petroleum Geology, v. 48, p. 1−18.

Witzke, B.J., and Heckel, P.H., 1988, Paleoclimatic indicators and inferred Devonian Paleolatitudes of Euramerica, *in* McMillan, N.J., Embry, A.F., and Glass, D.J., eds., Devonian of the World: Second International Symposium on the Devonian System: Canadian Society of Petroleum Geologists, Memoir 14, v. 1, p. 49−68.

Witzke, B.J., Bunker, B.J., and Klapper, G., 1985, Devonian stratigraphy in the Quad Cities area, eastern Iowa−northwestern Illinois, *in* Hammer, W.R.. Anderson, R.C., and Schroeder, D.A., eds., Devonian and Pennsylvanian Stratigraphy of the Quad−Cities Region Iowa−Illinois: SEPM, Great Lakes Section, 15th Annual Field Conference, Guidebook, p. 19−64.

Wold, C.N., and Hay, W.W., 1990, Estimating ancient sediment fluxes: American Journal of Science, v. 290, p. 1069−1089.

Wood, R., 2000a, Novel paleoecology of a postextinction reef: Famennian (Late Devonian) of the Canning basin, northwestern Australia: Geology, v. 28, p. 987−990.

Wood, R., 2000b, Paleoecology of a Late Devonian back reef: Canning Basin, western Australia: Palaeontology, v. 43, p. 671−703.

Wood, R., 2004, Paleoecology of a post−extinction reef: Famennian (Late Devonian) of the Canning basin, north−western Australia: Palaeontology, v. 47, p. 415−445.

Worsley, T.R., and Davies, T.A., 1979, Sea−level fluctuations and deep−sea sedimentation rates: Science, v. 203, p. 455−456.

Ziegler, W., and Sandberg, C.A., 1984, *Palmatolepis*−based revision of the upper part of the standard Late Devonian conodont zonation, *in* Clark, D.L., ed., Conodont Biofacies and Provincialism: Geological Society of America, Special Paper 196, p. 179−194.

Ziegler, W., and Sandberg, C.A., 1990, The Late Devonian standard conodont zonation: Courier Forschungs−Institut Senckenberg, v. 121, p. 1−115.

碳酸盐岩台地和生物礁的表征

全新统碳酸盐岩沉积体系遥感成像和比较地貌学研究

Eugene C.Rankey[1]　Paul M.（Mitch）Harris[2]

（1. 迈阿密大学罗森斯蒂尔学院；2. 雪佛龙能源技术公司）

摘要： 浅水碳酸盐岩体系包括礁滩到潮坪等一系列环境。尽管这些沉积体系的沉积学特征已经被研究多年，但新兴的遥感数据仍旧提供了独特的、前所未有的视角来展示全新统碳酸盐岩沉积体系的空间非均质性。本文的目的是描述遥感图像数据库的结构、内容和应用。

全球25个重点礁区涵盖了一系列的沉积体系。大部分地区的图像数据库包括三种精度的遥感数据：一种用于捕获区域背景（中等分辨率成像光谱仪（MODIS）数据，像素250m^2），另一种展示局部环境（地球资源卫星数据，像素约30m^2），第三种揭示研究区高分辨率细节（艾科诺斯或快鸟卫星数据，像素4m^{2}或2.5m^2）。这些数据用一种交互的、可缩放的格式呈现，并且还有每个地区公开发表文献的补充信息。

数据库的最终目的是向大众提供一套新的遥感图像，而不提供针对任何地区的详细解释，或是总结碳酸盐岩沉积体系的控制因素。这些图像有多种用途。例如，数据库中一些特定的例子已经作为一种学习工具在课堂上使用，定量分析加强了学生对碳酸盐岩体系空间复杂性的理解。此外，这些图像还为地质学家、油藏工程师和地球物理学家提供碳酸盐岩体系沉积模式和非均质性方面的信息。

碳酸盐岩相模式非均质性极强，变化范围跨度较大，可以从相内部的结构差异跨越到地质历史中台地间的地貌差异。尽管地层学家已经收集了丰富的有关碳酸盐岩层序垂向相模式的数据（例如从岩心到露头数据；Lehrmann和Goldhammer，1999），但是针对空间模式的研究却很少，这可能是因为观察古代层序的沉积面存在困难。总之，空间代表了碳酸盐岩沉积体系研究的终极领域。

鉴于这一挑战，全新统碳酸盐岩沉积体系提供了一个独特的机会来研究相模式随时间的变化，即现代沉积面。本文提供了包含数个全新统碳酸盐岩体系一系列地貌特征的图像数据库。图像数据库中的许多实例来自由Harris和Kowalik（1994）出版的纸质卫星图片。本文的目的是描述遥感图像数据库的结构、内容和应用。本文目标包括：①展示现代海岸和浅海碳酸盐岩体系的地貌模式；②为学习者提供动态和交互的环境来研究现代碳酸盐岩体系的不同方面；③提供各类非均质性的实例，这些实例可能出现在古代地质体或相似环境中；④展示这些图片及相关数据的潜在应用价值。

图像数据库对全新统碳酸盐岩系统提出了独一无二的观点，其中的大多数以前从未发表过。尽管如此，它还是包含若干的限制条件。第一，图像仅仅代表在某一时间点相模式的“瞬态图”，不能保证地质记录中的相与图片中的一致。例如位于巴哈马Joulters沙洲鲕粒滩复合体的大量取心表明鲕粒滩现今结构具有广阔的稳定沙坪，其是早期形成的沙坝和潮道系统被改造的产物（Harris，1979）。第二，该数据库包括了图片集，这些图片拍摄的是“机会窗口”，而不应该被认为是无所不包的，还有许多地区和体系的相关数据并不完整。尽管如此，许多典型地区（例如Joulters沙州鲕粒滩，Three Creeks潮坪，Glovers环礁，Lily鲕粒滩）仍然包含其中。第三，该数据库仅包括这些沉积体系地貌特征的照片，与发育过程并非明显相关（Rankey等，2006a）。对大多数地区而言，缺少详细的过程信息。第四，一些解释强烈依赖公开发表的文献，其中有些照片是GPS出现之前或者陆地卫星出现之前（1973）的。在这种情况下，这些较早的野外研究的误差可能会造成一些不同的解释。最后，这些图片代表全新世的沉积，会存在一些问题，那就是全新世的沉积是否能代表地质历史中的情况。因为地史上独特的地质和生物因素，全新世可能不是理解其他碳酸盐岩体系的关键，所以读者须谨慎使用。

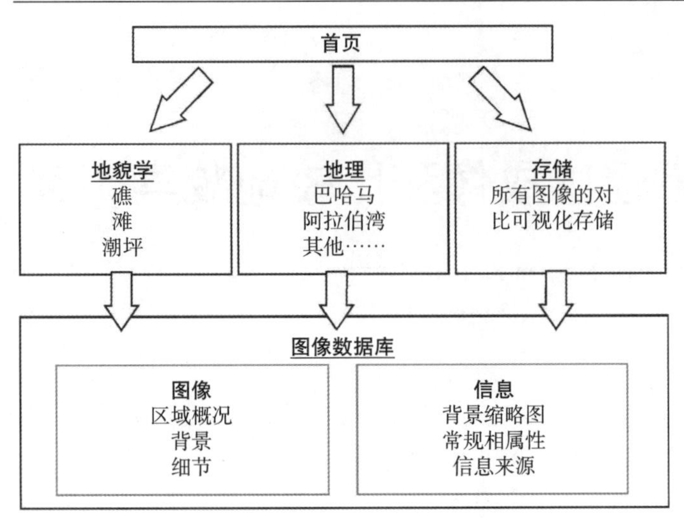

图1　数据库的一般组织结构

一、数据库—组织

基于网络的体系是分层次组织的。在数据库中，读者可以从地貌学、地理学和缩略图以可视化多角度浏览该图像数据库（图1）。每条途径连接到图像数据库中的特定位置。

对于每个位置，该数据库包括交互式遥感图像（“遥感概述”，图2）和关键沉积学或地质学特征的信息。在大多数情况下，遥感图像包括三种精度的数据：一种用于捕获区域背景（中等分辨率成像光谱仪（MODIS）数据，像素250m^2），另一种展示局部环境（地球资源卫星数据，像素约30m^2），第三种揭示研究区高分辨率细节（艾科诺斯或快鸟卫星数据，像素4m^2或2.5m^2）。这些图像都附带有沉积学或地貌学解释，从而提供高水平的论述。

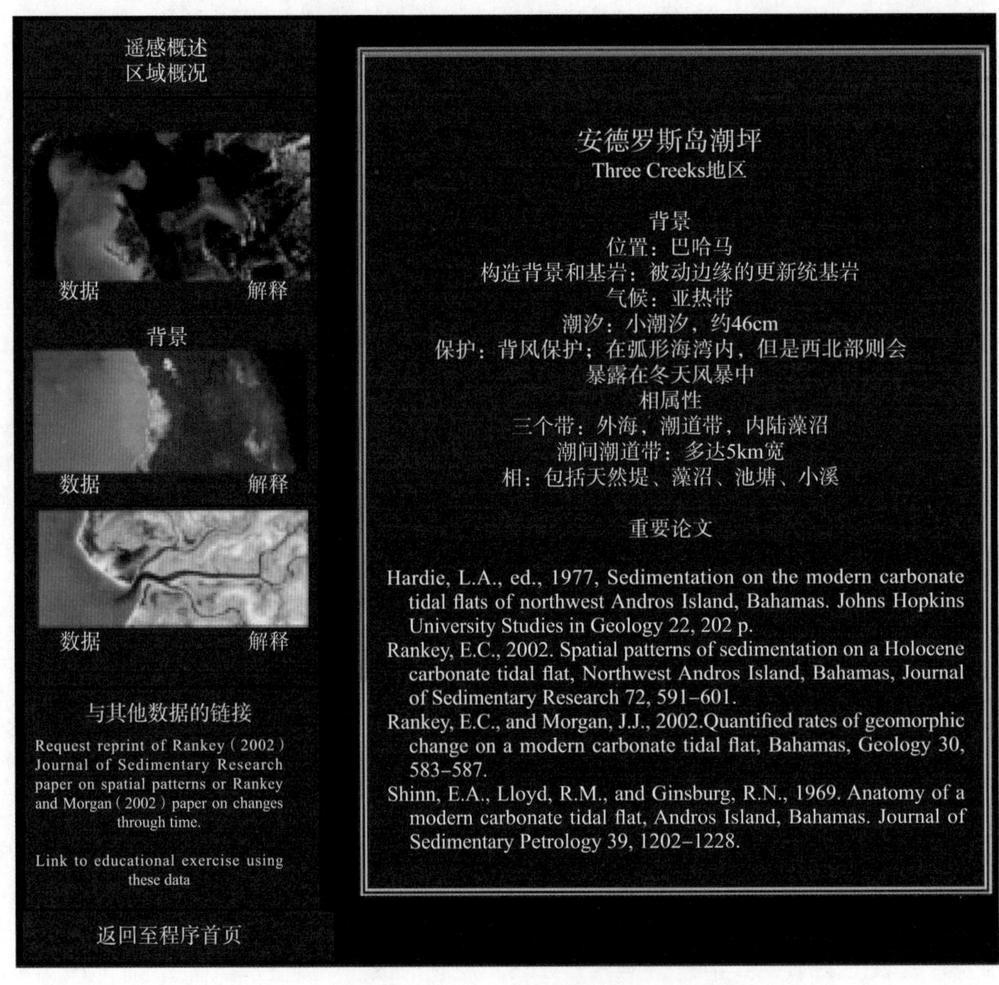

图2　一个实例页面（巴哈马安德罗斯岛西部潮坪）

左侧一栏包含链接到遥感图像和相关解释的链接；右侧一栏提供了该地区的信息，包括地质背景、相属性和一些相关文献资料另外，每个特定位置包含一段关于该地区的简短信息，包括背景介绍（如气候、潮汐、保护）、简化的相属性以及重要的信息来源。有些地区研究深入，在许多文献中已有记载，与此同时其他地区在文献中则仅有很少或几乎没有相关信息。每个网页中这部分的目的不是提供一份包含所有文献的文摘，而是强调与本区相关度最高或者以往最重要的文献。

二、数据库—遥感图像

该数据库包括许多全新统碳酸盐岩体系的图像（图3），也包括一个典型古代陆架边缘（Guadalupe山、新墨西哥州和得克萨斯州）的图像。全新统实例中，21个有中等分辨率成像光谱仪（MODIS）、陆地卫星和高分辨率的图像，4个地区只有陆地卫星数据。这些图像以预处理、可缩放格式提供，但并不包括原始的与地理位置有关的多光谱数据（这些数据的专有权和版权归DigitalGlobe或者GeoEye）。来自首页的链接提供了针对每种类型数据的简短总结，同时也为有兴趣深入研究的人提供了外部链接。

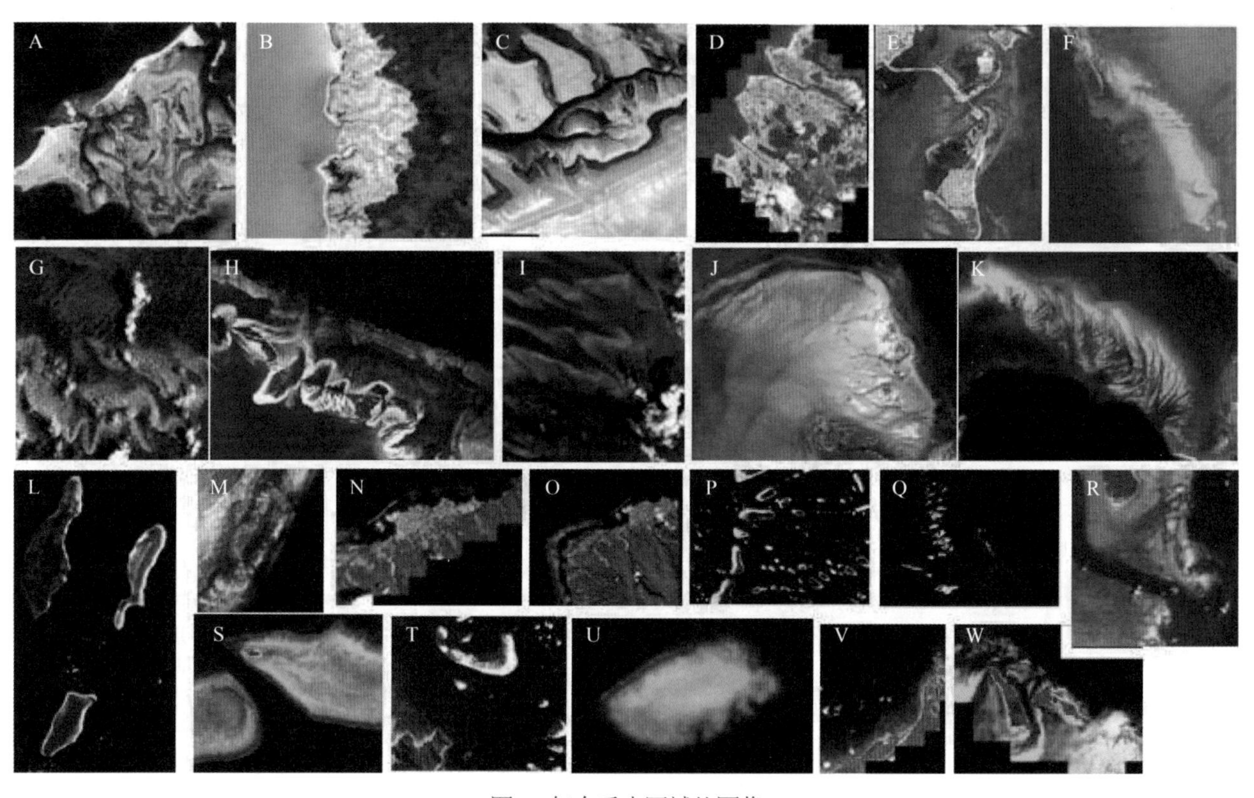

图3　每个重点区域的图像

图中长轴（*x*）=11km，除非有其他明确标注。A—阿联酋Al Sadiyat；B—巴哈马安德罗斯岛西部；C—阿联酋Khor al Bazam；D—巴哈马安德罗斯岛西南部；E—美国佛罗里达州迈阿密Bear Cut（*x*轴=7km）；F—巴哈马Cat Cay沙带（*x*轴=13km）；G—巴哈马Lily滩沙带；H—巴哈马Abaco岛西北部（*x*轴=20km）；I—巴哈马洋舌；J—巴哈马Joulters鲕粒滩（*x*轴=30km）；K—巴哈马Schooner Cays 鲕粒滩（*x*轴=80km）；L—伯利兹Turneffe、Lighthouse和Glovers环礁（*x*轴=55km）；M—美国佛罗里达州Carysfort礁（*x*轴=7km）；N、O—法属玻利尼西亚Tahiti礁；P—马尔代夫（*x*轴=30km）；Q—印度尼西亚Palua Seribu（*x*轴=50km）；R—伯利兹English Cay潮道（*x*轴=7km）；S—澳大利亚大堡礁Heron岛（*x*轴=8km）；T—澳大利亚大堡礁（*x*轴=50km）；U—马来西亚Sabah礁；V—马来西亚Sabah；W—巴哈马Lee Stocking岛。图片A、B、C、D、E、G、I、M、N、O、R、S、U、V和W版权归属GeoEye.com

三、体现图像模型价值的实例

如上所述，对于许多典型（以及不那么典型）的碳酸盐岩地貌体系，该图像数据库提供了新的和改进的视角。这种情况下，它提供了可在许多方面派上用场的信息。这部分主要通过描述两个实例来说明这些信息不但能被使用（它们可以自我佐证），而且能够说明使用它们的价值。

（一）教学

这个数据库的一个显著应用是将其作为一种教育工具使用，作为碳酸盐岩沉积学和地层学标准教材的补充。学生们通常被引导利用互动的、基于网络的学习工具，而经验表明这些基于遥感数据的模式也不例外。

但是这些工具奏效吗？为了解决这一问题，评估了在较高年级本科生沉积地质学课程中使用遥感数据的效率。一开始，将班级同学分成两组。一半学生完成一个实验模型，该模型使用巴哈马安德罗斯岛潮坪的陆地卫星和艾科诺斯遥感数据。该模型帮助学生们通过对两个不同地区的数据、地貌特征、不同类型植被和地表覆盖物的提问来进行研究。然后要求他们对比两个地区的潮坪模式，最后根据他们的观察来推断该体系的地质演化过程。鼓励学生对所观察到的现象给出合理的解释。

接着，整个班级，包括那些没有参加遥感模式学习的学生，接受关于潮坪的传统课程。然后，对所有学生提出一系列的问题，来评估他们的理解。

为了评价这个模式的效果，在对学生的评估中使用了定量化数据。学生对遥感数据效果的评价包括“这些数据澄清了我的理解……让地质过程呈现变得更容易”，“我们能够……利用我们的想象力来勾绘出地貌形成过程是如何正在发生的或者是如何已经发生的。我非常乐意参加这种教育方式的实验”。完成遥感数据模型的学生在问与答部分的表现明显优于对比组（p=0.90；n=15）。他们对地貌学和沉积学模式（图4）有更好的认知。这些结果清楚地说明积极参与到发现过程中的学生的学习和想象能力明显加强。

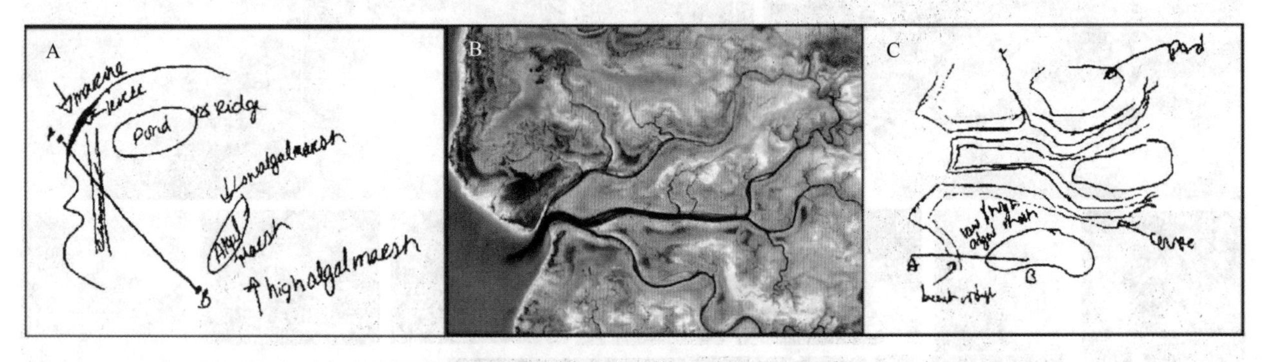

图4　基于遥感的学习模式对学习的影响

A—来自一名学习传统潮坪课程的学生；B—潮坪的实际分布模式；C—来自一名处理过交互遥感数据的学生。它们说明了这种模式加强了学生对不同相类型（高藻类沼泽、低藻类沼泽、天然堤、池塘）之间关系的理解

（二）储层描述、表征和建模

包含了相属性信息（包括空间展布模式）的地质建模具有最佳的约束条件。奇怪的是，在研究现代或者露头碳酸盐岩体系时，这类信息通常不是定量采集的。在油气储层研究中，最普遍的数据来源是垂向岩心和测井数据，这些数据的横向非均质性必须要加以考虑。普遍缺乏横向相展布的可视数据可能会妨碍对储层复杂性的认识。

对现代类似物的研究提供了一种方式，可以用来帮助改进对储层非均质的理解以及提供沉积相的规模、形状和模式等定量数据。该数据库为地质家和工程师提供了现代碳酸盐岩体系一系列地貌模式的总结。Rankey（2002）、Rankey等（2006b）和一个相关研究（Harris和Vlaswinkel）说明从全新统体系中收集的数据，可以用来更好地理解类似沉积体系的储层特征。

但是这些类似物能够用来建立更为真实的储层模型吗？碳酸盐岩储层多点统计（MPS）/相分布模式（FDM）（Levy等，2007a）是如何利用这些类似物的一个实例。为了探索全新统数据的应用，他们利用培训图像和FDM体建立了一个孤立台地模型，并用多点统计对各种颗粒灰岩和礁储层进行了模拟。

针对单个相类型和相组合建立了MPS训练图像，利用一个三维数据库输入参数范围。训练图像是一个储层三维概念模型，包含有相的范围和不同相地质体之间相互关系的信息（图5A）。这一概念模型可以用类比物的信息（诸如图像数据库）进行定性趋势和定量数据的约束。生成了不同相类型的沉积相图，储层地层模型是通过数字化一条反映随深度改变而变化的相比例垂向曲线来实现的。平面数据和垂向数据结合起来形成相概率体（图5B）。当相概率体与训练图像结合以后，就允许其控制相在MPS模型中的空间分布（图5C）。这些基于相的多点统计地球模型可以用来检测哪些输入参数对不确定性管理的流动行为影响最大（Levy等，2007b）。

四、结论

“三维地质模式首先建立在头脑中……”（Kerans和Tinker，1997）

许多地层学、水文学和石油地质学问题面临的一个根本挑战是建立相非均质性模型的合理范围。一系列的遥感图像提供了对全新统碳酸盐岩体系中各类非均质性的看法，它们也存在于古代类似体系中。

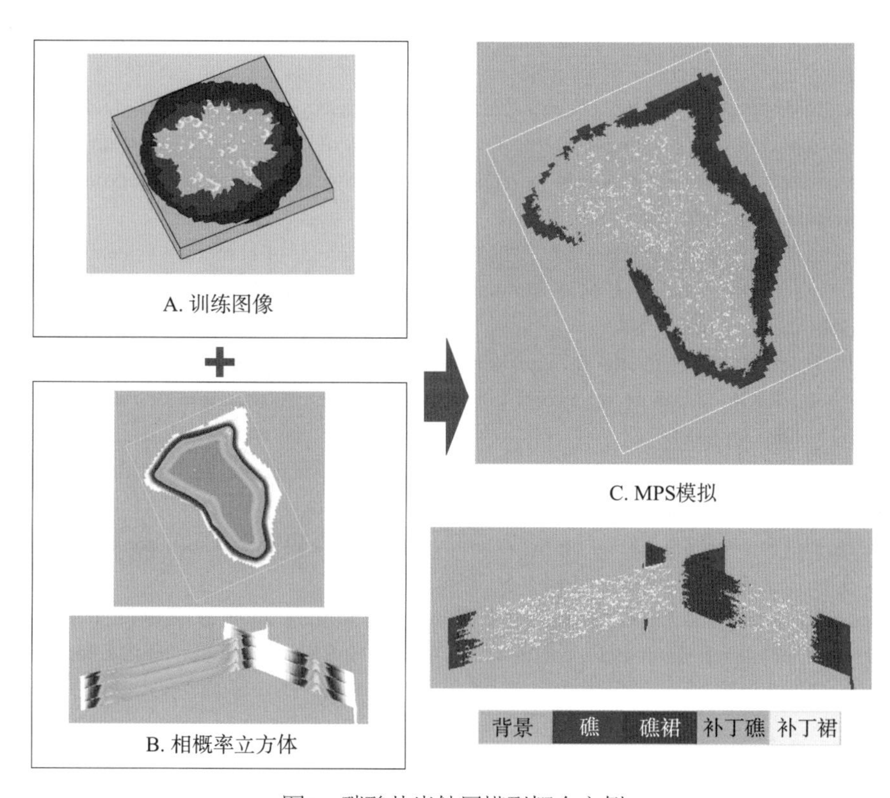

图5　碳酸盐岩储层模型概念实例

储层是一个具有礁镶边结构的孤立台地，沙裙紧邻礁后，台内有大量小型补丁礁。训练图像（A）是伯利兹的Glovers环礁（图3L）。当相概率立方体（B）与训练图像相结合时，就允许控制MPS模拟中的相空间分布。C展示了模型中相在平面图和剖面图中的分布

致谢

这一成果是多个集团联合资助的结果。最要感谢的是雪佛龙能源技术公司，感谢他们初期和持续的支持，以及允许公开发表这些成果。康菲公司、壳牌国际勘探和生产公司、先驱自然能源公司在本项目早期阶段提供了支持。本项目的数据大部分来自国家航空和空间管理局（通过科研数据购买计划）、大学空间研究管理局（给予号#EAR-0418815）、国家科学基金会和军事研究办公室（给予号#W911NF0510005）。此处展示的一些陆地卫星数据可以在全球陆地覆盖研究室（http://glcf.umiacs.umd.

edu/index.shtml）中免费获取，有些高分辨率数据由DigitalGlobe提供。迈阿密大学的东南热带地区高级遥感中心（CSTARS）和比较沉积实验室（CSL）提供了其他的支持。Alun Willians、Toni Simo、Jeff Lukasik和匿名审稿人给予了许多建议，改进了本稿的清晰度和表现形式。本文代表CSTARS稿件的第11个。

参考文献

Hardie, L.A., ed., 1977, Sedimentation on the modern carbonate tidal flats of northwest Andros Island, Bahamas: Johns Hopkins University, Studies in Geology 22, 202 p.

Harris, P.M., 1979, Facies Anatomy and Diagenesis of a Bahamian Ooid Shoal: Miami Beach, Florida, University of Miami, Comparative Sedimentology Laboratory, Sedimenta 7, 163 p.

Harris, P.M., and Kowalik, W.S., 1994, Satellite Images of Carbonate Depositional Settings: Examples of Reservoir– and Exploration–Scale Geologic Facies Variation: American Association of Petroleum Geologists, Methods in Exploration Series, no. 11, 147 p.

Kerans, C., and Tinker, S.W., 1997, Sequence Stratigraphy and Characterization of Carbonate Reservoirs: SEPM, Short Course Notes no. 40, 165 p.

Lehrmann, D.J., and Goldhammer, R.K., 1999, Secular variation in parasequence and facies stacking patterns of platform carbonates: a guide to application of stacking–patterns analysis in strata of diverse ages and settings, *in* Harris, P.M., Saller, A.H., and Simo, J.A., eds., Advances in Carbonate Sequence Stratigraphy; Application to Reservoirs, Outcrops, and Models: SEPM, Special Publication 63, p. 187–225.

Levy, M., Harris, P.M., Strebelle, S., and Rankey E.C., 2007a, Geomorphology of carbonate systems and reservoir modeling: carbonate training images, FDM cubes, and MPS simulations (abstract): American Association of Petroleum Geologists, Annual Convention, Abstracts Volume, p. 83.

Levy, M., Milliken, W., Harris, P.M., Strebelle, S., and Rankey, E.C., 2007b, Importance of facies–based earth models for understanding flow behavior in carbonate reservoirs (abstract): American Association of Petroleum Geologists, Annual Convention, Abstracts Volume, p. 83.

Rankey, E.C., 2002, Spatial patterns of sediment accumulation on a Holocene carbonate tidal flat, northwest Andros Island, Bahamas: Journal of Sedimentary Research, v. 72, p. 591–601.

Rankey, E.C., Riegl, B., and Steffen, K., 2006a, Form, function, and feedbacks in a tidally dominated ooid shoal, Bahamas: Sedimentology, v. 53, p. 1191–1210. doi: 10.1111/j.1365–3091.2006.00807.x

Rankey, E.C., Reeder, S.L., Watney, W.L., and Byrnes, A., 2006b, Spatial trend metrics of ooid shoal complexes, Bahamas: Implications for reservoir characterization and prediction: 26th Annual Gulf Coast Section, SEPM Foundation, Bob F. Perkins Research Conference. CD–ROM.

现代孤立碳酸盐岩台地：油气储层沉积相属性定量化模板

Paul M.（Mitch）Harris[1]　Brigitte Vlaswinkel[2]
（1. 雪佛龙能源技术公司；2. 迈阿密大学比较沉积学实验室）

摘要：地质模型对油气储层表征和建模至关重要，而沉积相是控制孔隙度和渗透率非均质性的主要参数。相属性（规模、形状、方位和展布）的定量化可以降低地质模型的不确定性，从而提高模型的实用性。本研究利用现代孤立碳酸盐岩台地的陆地卫星图像来评价台地的特征、相展布和相属性，并且评估这些参数之间的定量化关系。沉积相包括完全加积礁、部分加积礁、礁裙、浅水台内相、滩、半深水台内相、深水台内相、礁前、台地外部和陆地相。统计学分析表明碳酸盐岩台地相带的结构和组成之间存在联系，这种联系成为有用的预测工具。此外，礁相带的几个方面已经量化，包括台地规模、宽度和多样性、长度和多样性、长宽比。研究结果提供了一种可以更好地预测古代台地和储层中沉积相展布的手段。

长期以来，人们通过表层沉积相成图、钻井取心和地震剖面来研究现代碳酸盐岩台地。现代环境研究展示了单一时间上的侧向相序，并且提供相分布和测量的动态过程（例如风、潮汐、洋流等）的直接对比。这些研究得到的相图可以作为一种模板来说明古代沉积体系中相的非均质性。建立现代环境模板的价值在于，可以通过观察卫星图像获得相图来理解古代台地系统中相和储层的分布。

相空间模式是否足够好，能否用来预测台地特征，最重要的一点是能否建立台地大小（Wang，1998；Purdy和Winterer，2001）、形态（Stoddard，1965；Weins，1962）和相分布、丰度、维度、走向、形状之间的关系。如果这种关系确实存在，那么其是否与台地规模相关？这些关系的定量化和预测将有助于建立更真实的地质模型。这一研究尝试收集这些与台地大小、形态相关的相特征数据。本文的目标是获取台地大小、形状等相特征数据，并且探讨区域地貌与相规模的相关性和趋势，从而提供一个侧重于礁及其亚环境的现代孤立碳酸盐岩台地相模式的总结。

这项研究的关键结果是相属性定量化、地形关系的常规分析和若干礁相属性趋势。研究结果可应用于现代环境研究，例如Andréfouët等人（2003）利用高分辨率卫星照片的详细礁相成图。研究基于Stoddard（1965）、Purdy和Winterer（2001）以及Bachtel（2005）等的工作，重点关注相特征，这些相特征对于研究地下地层的地质工作者尤为重要，地质工作者通过解释测井和地震数据，建立孤立台地储层的地质模型。

来自陆地卫星5号和7号的19个孤立碳酸盐岩台地图像是本次研究分析的基础。陆地卫星数据是在7个光谱波段中获取的，像素大小为28.5m。本次只使用了波段1（蓝色）、波段2（绿色）、波段3（红色）和波段4（近红外区）。研究区（图1）和用于相解释的参考文献有：澳大利亚东北部的Heron岛和大堡礁的一个台地——被笼统命名为西北台地（Maxwell等，1964；Maiklem，1970；Harris和Kowalik，1994）；菲律宾的Bohol和Kalimantan台地；Sabah1台地，Sabah滨海和印度尼西亚北部边界附近的Pulau Bodgaya和Pulau Danawan台地（Kirk，1962；Wood等，1987；Wood，2001）；阿联酋的Bu Tini台地（Purser，

1973；Harris和Kowalik，1994）；伯利兹的Glovers和Lighthouse台地（Wantland和Pusey，1975；Harris和Kowalik，1994；Gischler和Lomando，1999；Gischler，2003；Purdy和Gischler，2005）；墨西哥的Alacran礁（Folk和Robles，1964）和Chinchorro滩（Jordan和Martin，1987；Harris和Kowalik，1994；Gischler和Lomando，1999）；南太平洋的Raraka、Kauehi和Fakarava环礁（Ranson，1958；Chevalier，1972；Montaggioni，1985；Andréfouët等，2001）；夏威夷的Pearl和Hermes环礁（Purdy和Gischler，2005）；密克罗尼西亚Marshall群岛的Arno环礁（Hiatt，1950；Wells，1952；Maragos，1994）和Bikini环礁（Tracey等，1948；Ladd等，1950；Emery等，1954；Wells，1954，1957；Maragos，1994）；英属西印度群岛的Caicos台地（Wanless和Dravis，1989；Harris和Kowalik，1994）。

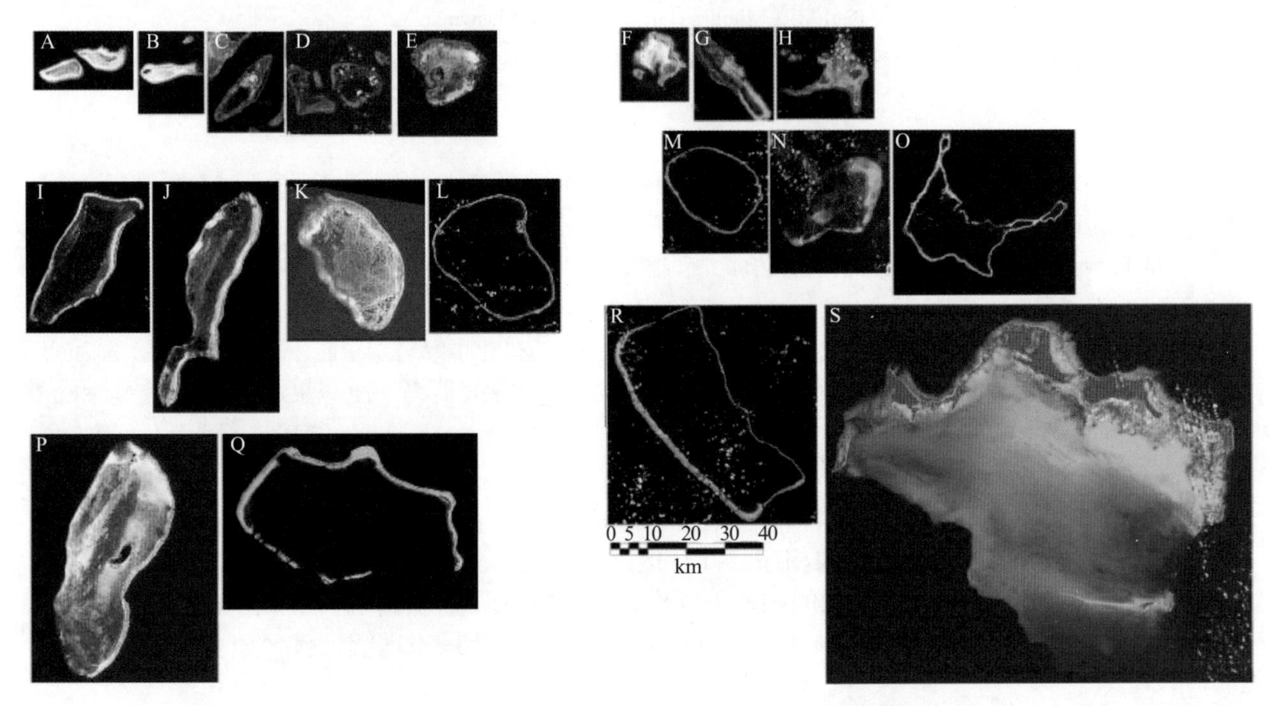

图1　本次研究分析的孤立碳酸盐岩台地陆地卫星图像

按大小分类。小型台地有：A—Heron岛及相邻的大堡礁的一个小台地；B—同样来自于大堡礁的西北台地；C—菲律宾Bolol台地；D—印度尼西亚Pulau Bodgaya台地；E—印度尼西亚Sabah1台地；F—阿联酋Bu Tini台地；G—菲律宾Kalimantan台地；H—印度尼西亚Pulau Danawan台地。中型台地有：I—伯利兹Glovers台地；J—伯利兹Lighthouse台地；K—墨西哥Alacran礁；L—南太平洋Kauehi环礁；M—南太平洋Raraka环礁；N—夏威夷Pearl和Hermes环礁；O—Marshall群岛Arno环礁。大型台地有：P—墨西哥Chinchorro滩；Q—Marshall群岛Bikini环礁；R—南太平洋Fakarava环礁；S—英属西印度群岛的Caicos台地

一、工作流程

下面将讨论作为分析本次研究的台地相特征的背景知识，包括：相分类、客观的可再现的相识别标准和图像处理技术。

（一）相分类

相可分为9个不同的类别：完全加积礁、部分加积礁、礁裙、礁发育或礁不发育的浅水台地、礁发育或礁不发育的半深水台地、礁前与台地外部、陆地（图2）、滩（图3）和礁发育或礁不发育的深水台地（图4）。

（二）客观的可再现的相识别标准

颜色、结构、形状以及与其他相有关的内容是客观的可再现标准，利用图像分析软件ERMapper，

可以识别、成图和手动数字化卫星照片上的这九种相。相图是主观的，因此需要谨慎地定义相边界并重复测试。成图技术首先在那些具有等深图和沉积相图的地区进行试验。为了成图，对一些实例中的亚相进行了归并，例如将礁脊、礁坪和紧邻的礁后归为完全加积礁，以便进一步缩小相边界拾取时的不确定性。

完全加积礁（主要是生物粘结灰岩）包括礁脊、礁坪和紧邻的礁后（图5）。将陆地卫星波段1、2、和3结合起来，完全加积礁呈现出均质、棕色特征。礁长轴走向平行于且位于或临近台地坡折。破碎浪常见于照片中，但是并非必要的判断标准。礁内可以观察到垂直于台地边缘的“条纹”。

部分加积礁（生物粘结灰岩和骨架颗粒灰岩）同样包括礁脊、礁坪和紧邻的礁后（图6）。与完全加积礁相比，当把陆地卫星波段1、2和3结合后部分加积礁表现出褐色具浅色补丁的非均质结构。长轴方向平行于台地坡折，但是礁的位置受台地坡折的限制；部分加积礁同样可以发育在台地内部。

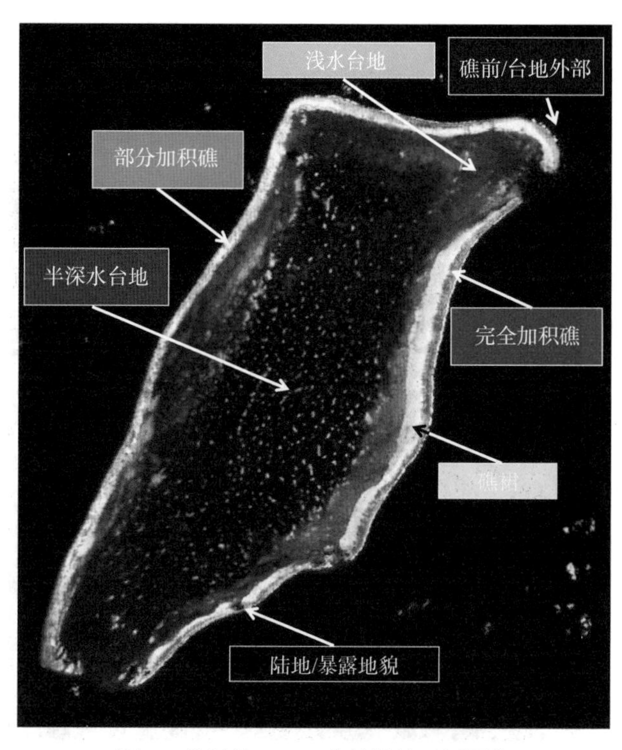

图2　伯利兹Glovers台地陆地卫星图像

本文中多数解释的相都高亮显示

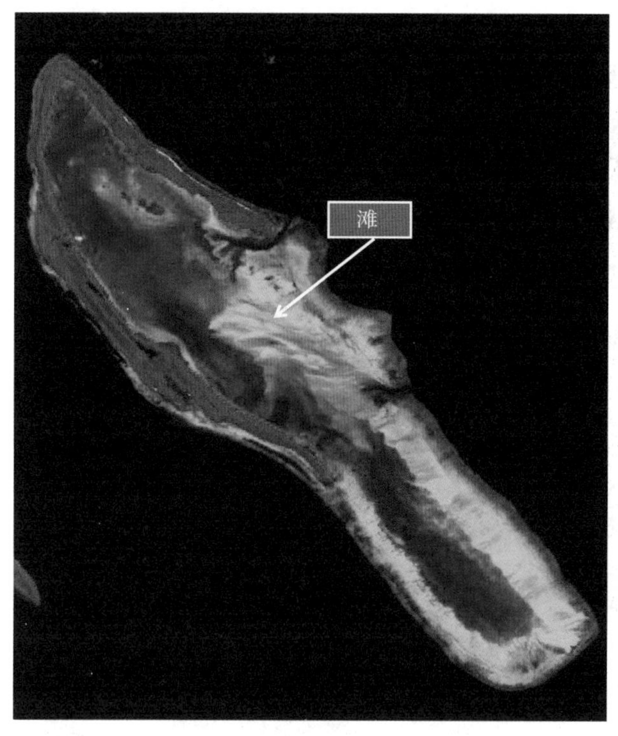

图3　菲律宾Kalimantan台地陆地卫星图像

滩相解释实例

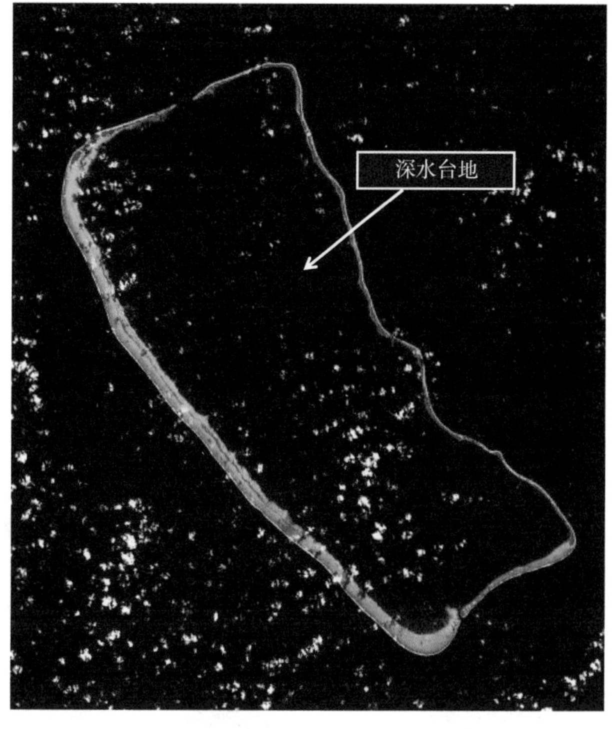

图4　南太平洋Fakarava环礁陆地卫星图像

深水台地相解释实例

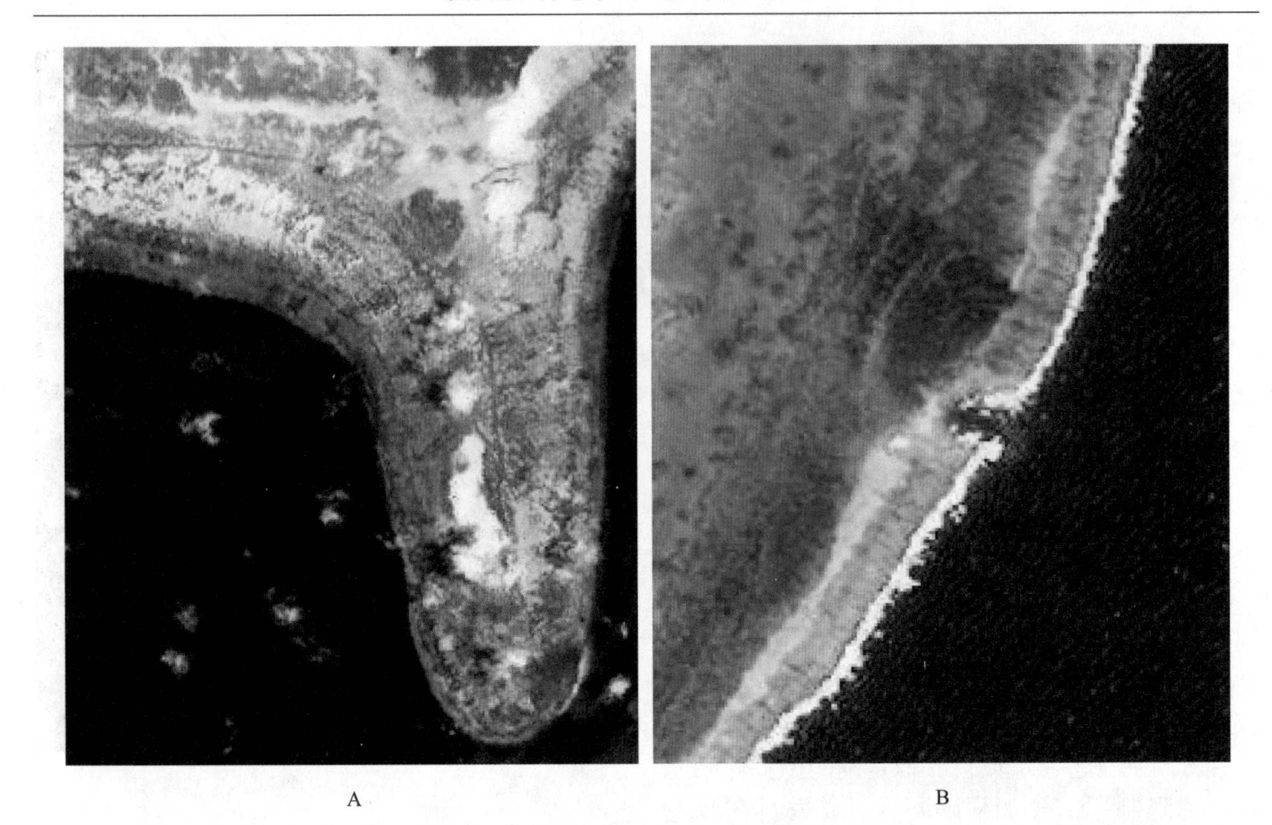

A B

图5 陆地卫星图像展示的完全加积礁相

A—印度尼西亚Pulau Danawan台地；B—墨西哥Chinchorro滩

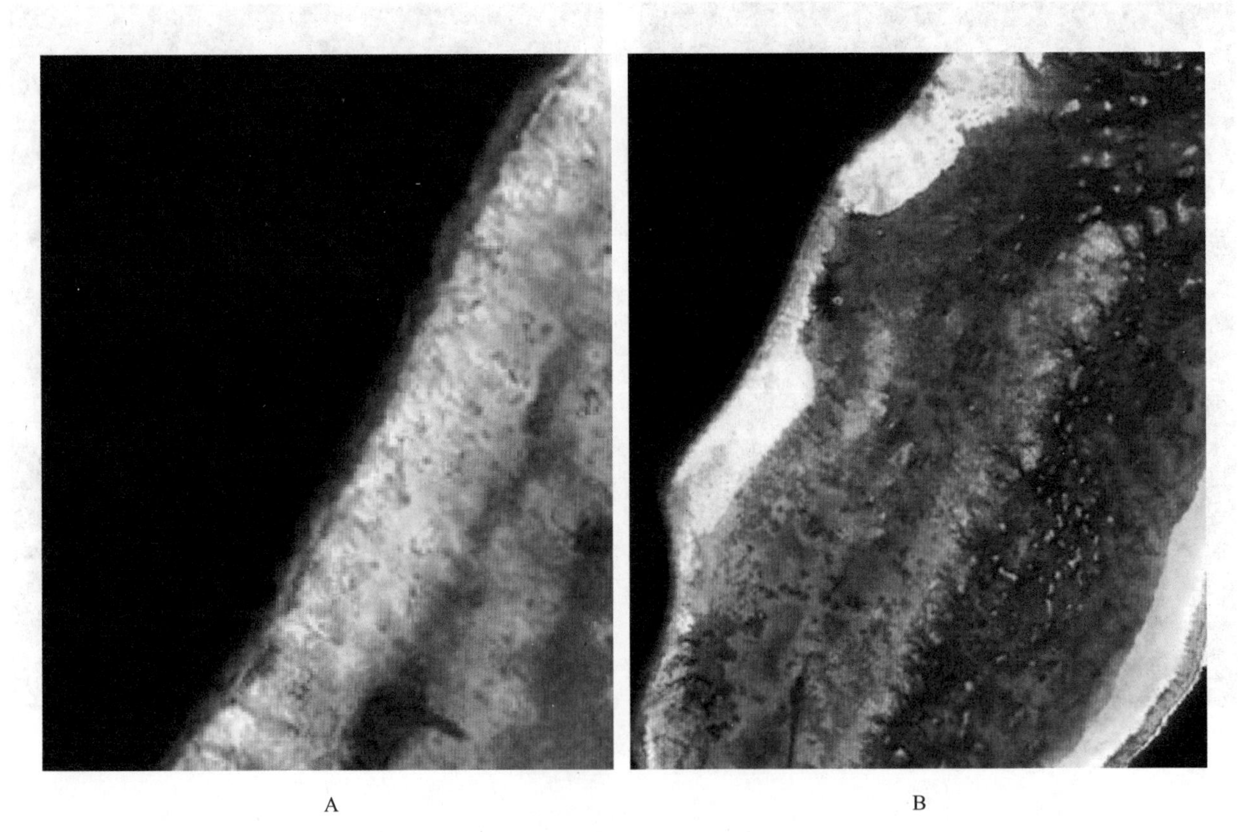

A B

图6 陆地卫星图像展示的部分加积礁相

A—墨西哥Chinchorro滩；B—伯利兹Lighthouse台地

礁裙是不含礁来源的砂或者骨架颗粒灰岩（图7）。将陆地卫星波段1、2和3结合后，礁裙表现出高反射、均匀白色特征。礁裙总是向着台地方向发生完全或部分加积，其长轴方向平行于礁体。颗粒灰岩滩是再改造的骨架或鲕粒砂，该砂可能是活动的也可能是局部稳定的（图8）。当将陆地卫星波段1、2和3图像结合起来看时，滩表现为高反射白色，底形通常可见。

浅水台地内部可能发育礁也可能不发育。浅水台地内部发育砂质—泥质基底，而且可能被海草覆盖。不发育礁的浅水台地内部通常是颗粒泥晶灰岩和泥晶颗粒灰岩，具有非均质性结构，当将陆地卫星波段1、2和3图像结合起来时，呈现出高反射绿松石色（图9），底形不发育。礁发育的地方，陆地卫星波段1、2和3表现为非均质、高反射结构青绿色—棕褐色区域（图10），主要是颗粒泥晶灰岩—粘结灰岩。棕褐色特征具有补丁结构，其可能会呈圆形、拉长形或者网状特征。浅水台地内部水深通常小于3m，这是基于水深数据已知区域的实例对比得出。

半深水台地内部礁可发育也可不发育，基底主要为泥质或者砂质。不发育礁的半深水台地内部（通常为泥晶颗粒灰岩和颗粒泥晶灰岩），在陆地卫星波段1、2和3图像中呈现出比浅水台地内部更深的均匀的深蓝色（图11）。不均匀的深蓝和棕褐混合色表示礁体发育，有可能发育颗粒泥晶灰岩—粘结灰岩（图12）。由于位于浅水台地内部，棕褐色特征具有斑状结构而且可能呈圆形、拉长形或者网状。半深水台地内部水深介于3～18m之间，这是以水深数据可获取的实例进行对比为基础的。

深水台地内部（潟湖），同样可能发育礁或者不发育礁，而且通常情况下发育泥质基底。可以预测深水台地内部为泥晶颗粒灰岩，在陆地卫星波段1、2和3中表现为均匀深蓝色（图13A）。绿色斑点（图13B）标识出孤立礁、颗粒泥晶灰岩和粘结灰岩的位置。深水台地内部通常水深超过18m，这是通过可获取水深数据的实例进行对比得到的结论。

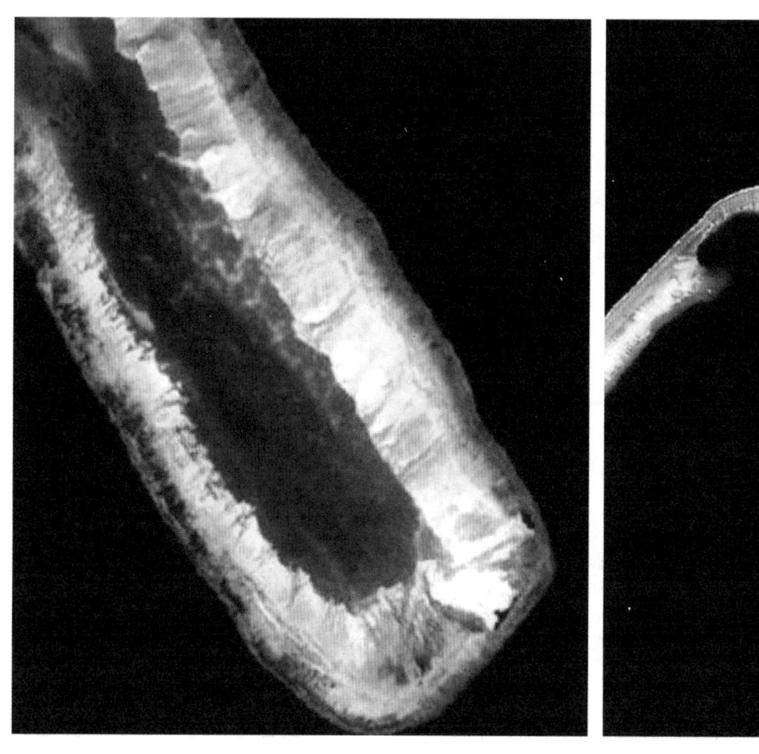

A

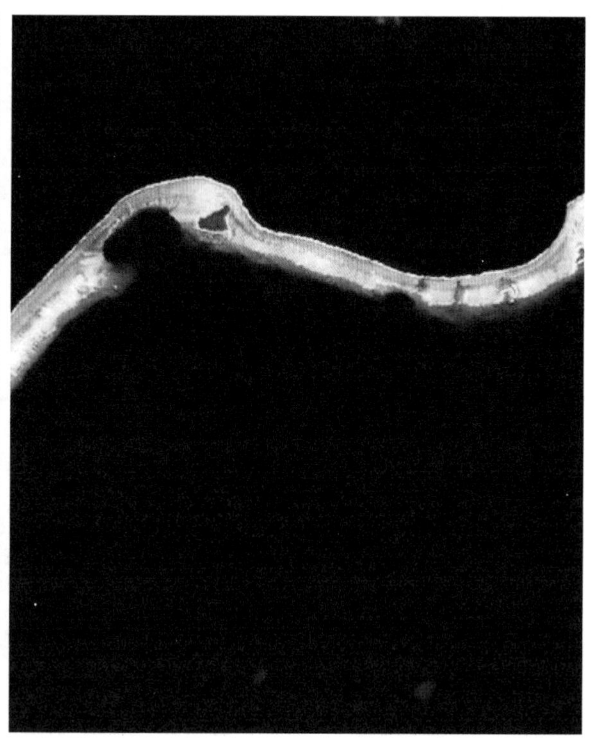

B

图7　陆地卫星图像展示的礁裙相

A—菲律宾Kalimantan台地；B—Marshall岛Bikini环礁

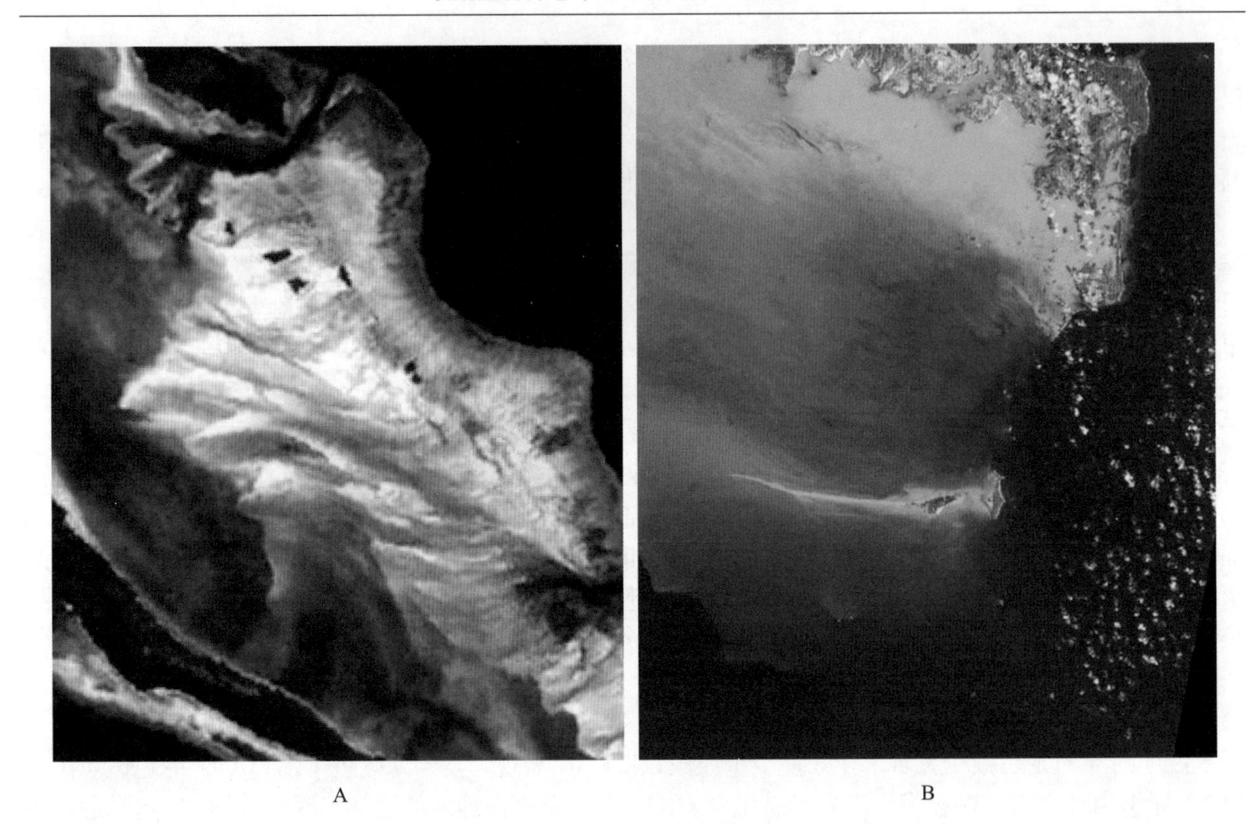

图8 陆地卫星图像展示的滩相

A—菲律宾Kalimantan台地；B—Caicos台地（Ambergris滩）

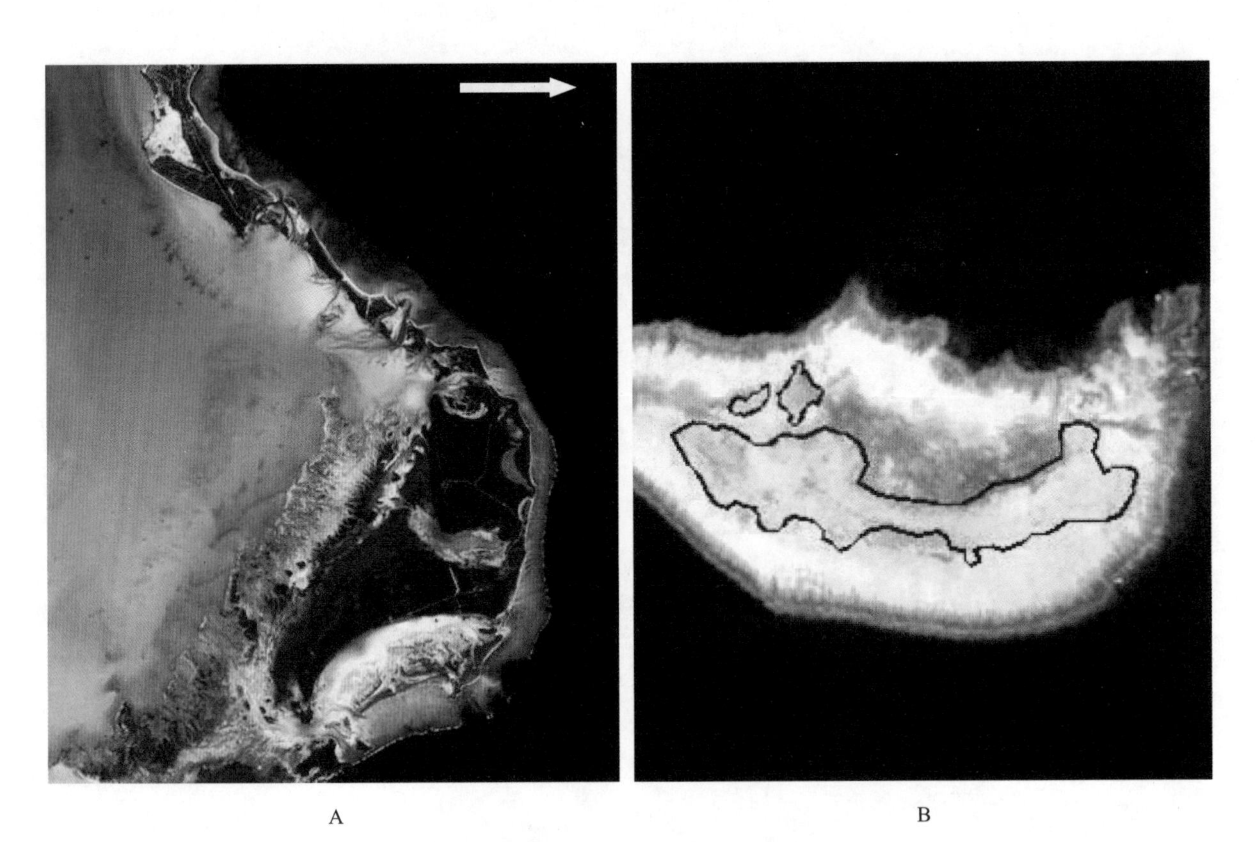

图9 陆地卫星图像展示的礁不发育的浅水台内相

A—Caicos台地；B—澳大利亚东北部的Heron岛（相已被勾绘出来）

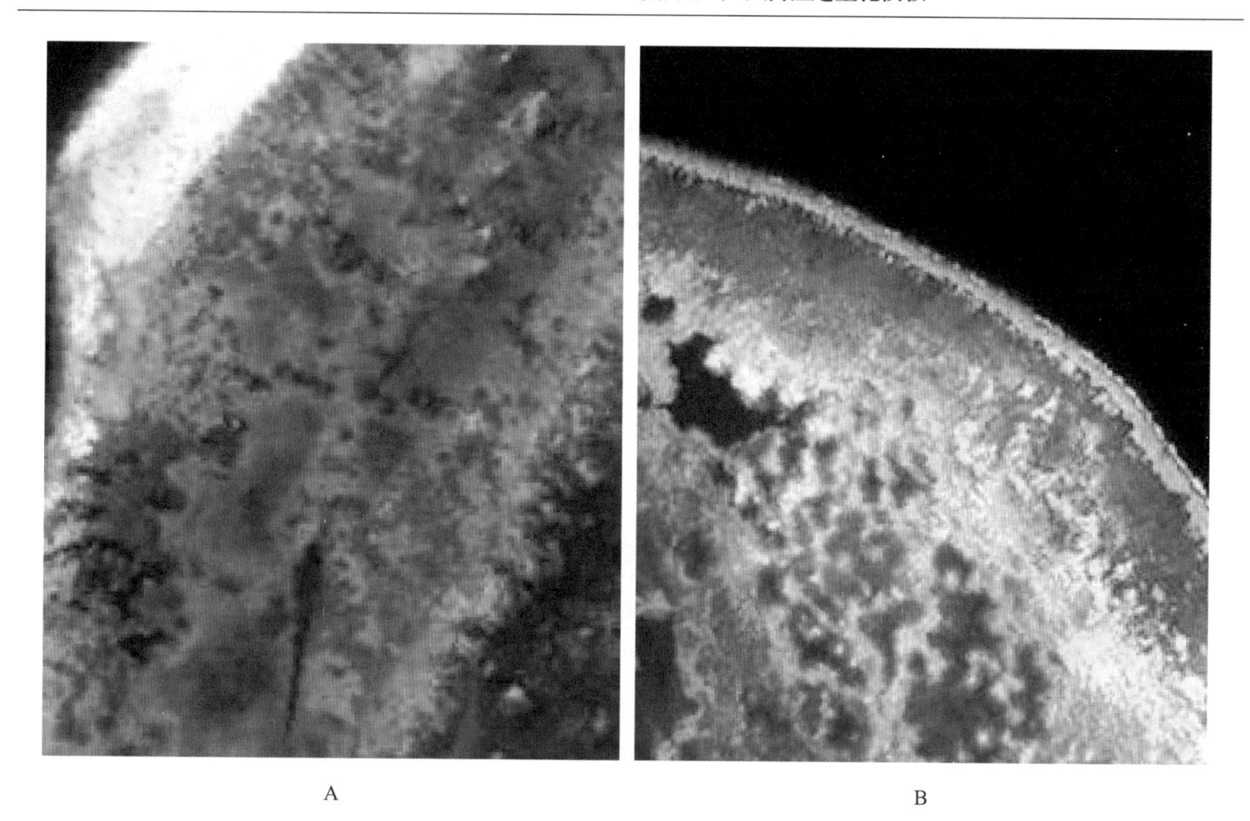

图10　陆地卫星图像展示的礁发育的浅水台内相

A—伯利兹Lighthouse台地；B—墨西哥Alacran礁

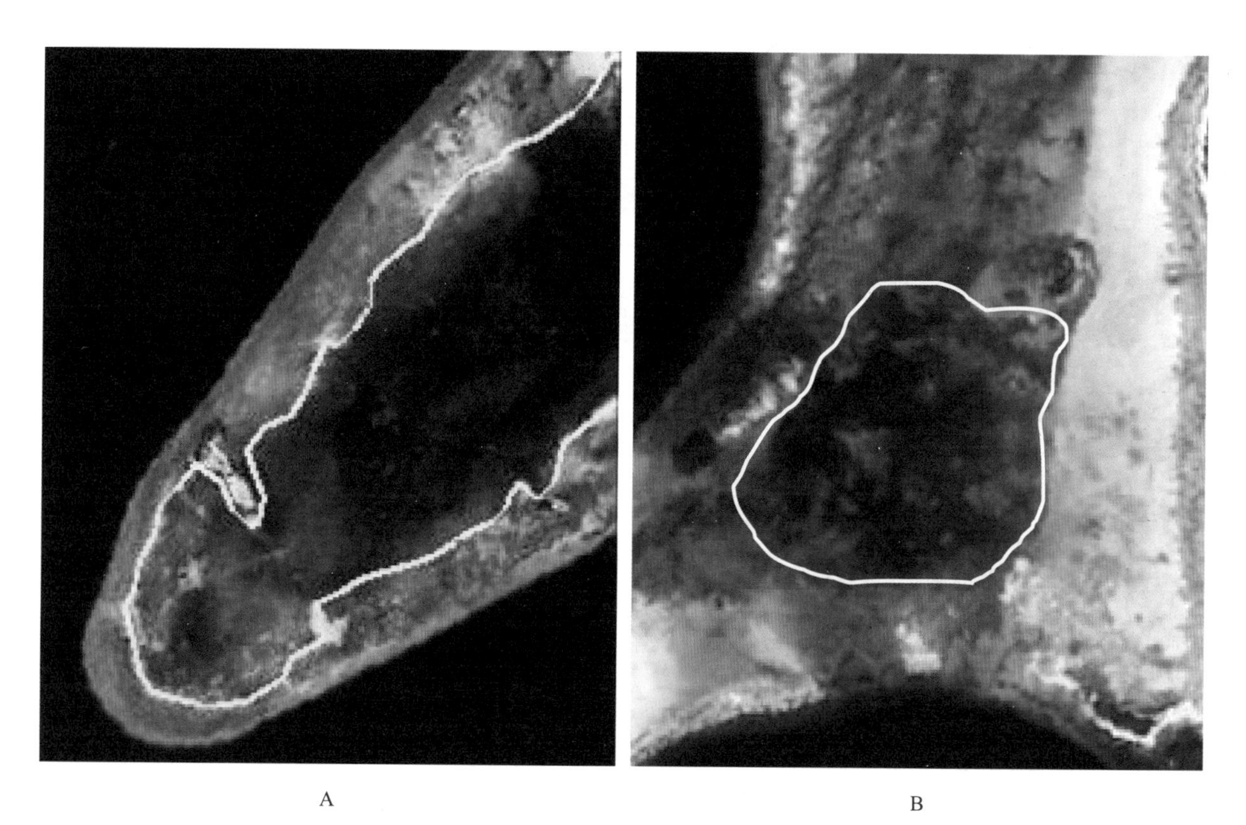

图11　陆地卫星图像展示的礁不发育的半深水台内相

A—菲律宾Bohol台地；B—伯利兹Lighthouse台地

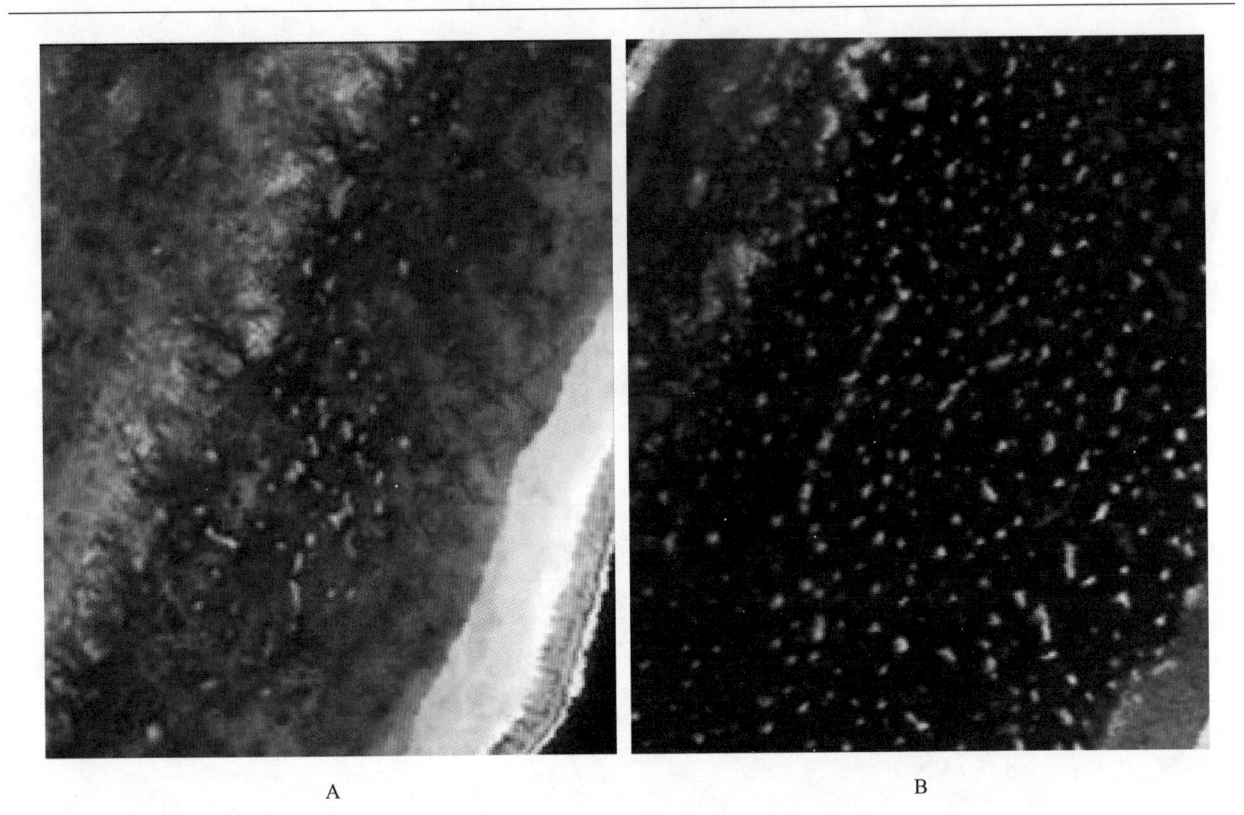

A　　B

图12　伯利兹Glovers台地的陆地卫星图像

展示了礁发育的半深水台地台内相

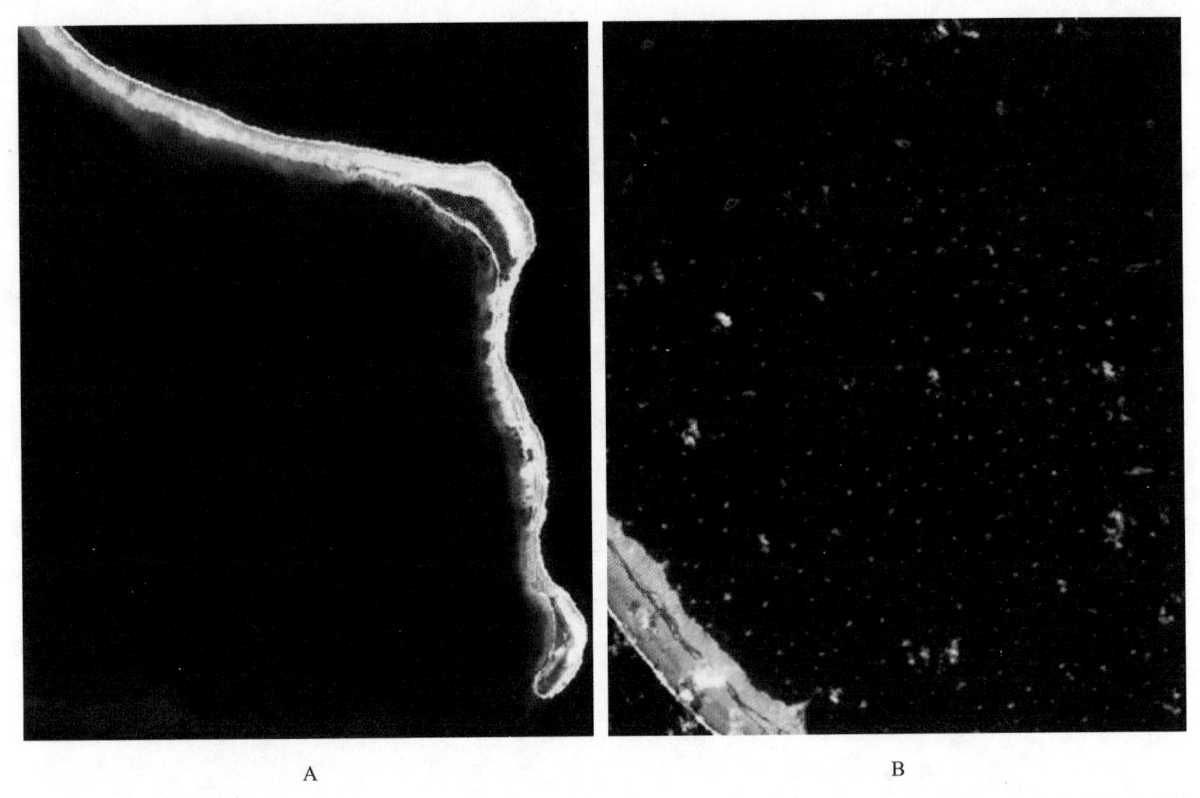

A　　B

图13　Marshall群岛的Bikini环礁（礁不发育的深水台地台内相；A）和南太平洋的Fakarava环礁（礁发育的深水台地台内相；B）的陆地卫星图像

礁前或者台地外部由粘结灰岩和骨架颗粒灰岩（泥晶颗粒灰岩）组成，含有沙脊和沟槽构造、局部发育的补丁礁、骨架砂岩或者岩石基底（图14A）。结合陆地卫星波段1、2和3图像，礁前或者台地外部为深蓝色，通常具有补丁结构。这种相总是发育在完全加积或部分加积礁的向海方向，也发育在陆棚坡折的向台地方向。

陆地或者暴露地带形成成岩印记，例如胶结或者溶蚀通常发育在全新世或更新世的滩脊和沙丘中，但在一些实例中，更新世或者更老年代的礁和礁裙也发生暴露。当陆地卫星波段1和2结合陆地卫星波段4之后，植被发育地区表现出红色（图14B）。

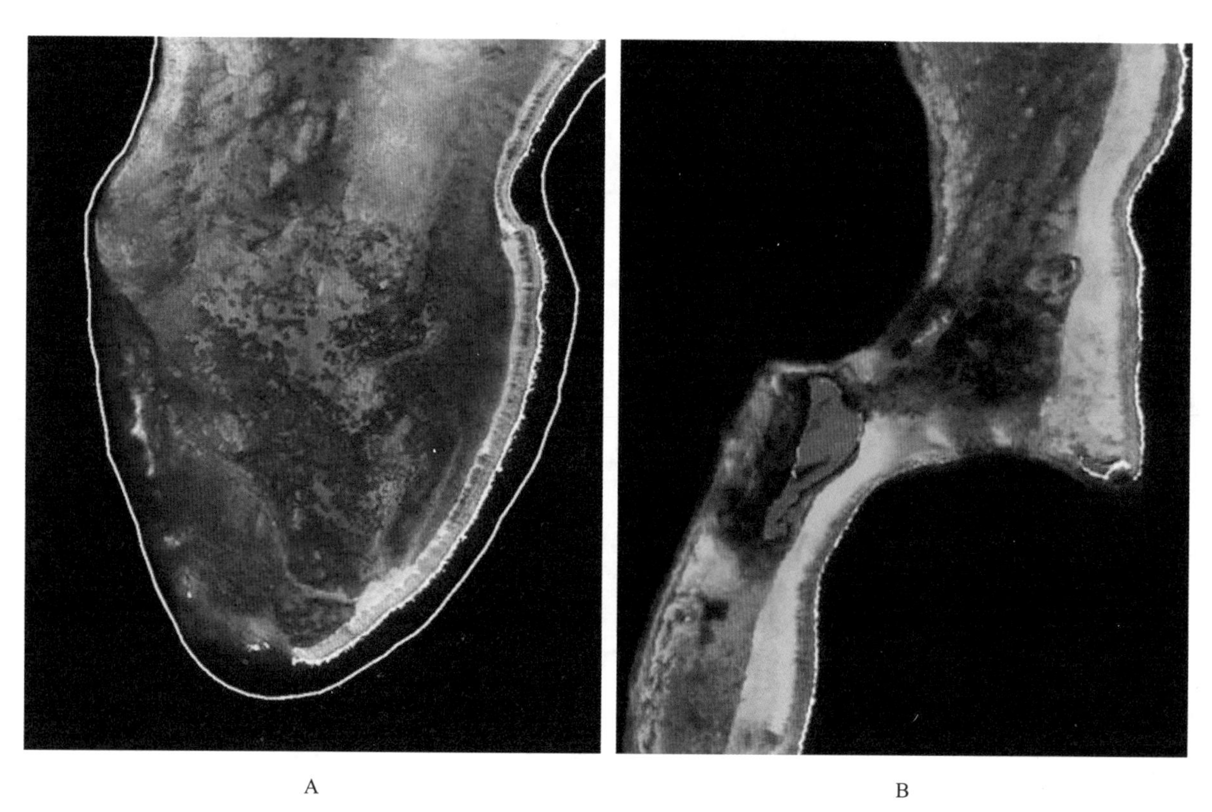

A　　　　B

图14　沿墨西哥Chinchorro滩迎风面边缘发育的礁前相（A）和伯利兹Lighthouse台地红色的陆地或者暴露地貌相（B）的陆地卫星图像

（三）图像处理

所有的图像增强分析和沉积相数字化是利用图像处理软件ERMapper来完成的。陆地卫星波段1、2、3（和陆地上的波段4）作为光栅文件录入，而且联合展示。其中一种算法，包括一些过滤和编辑转化限制（简单控制对比度和颜色）的算法，被用于实现高亮显示不同的相带这一目的。每个图像上的不同相需要一种略微的图像加强，而且这些算法并无记载。在进行了特定算法之后，加强了某种优势相，其重要特征能够被解释人员识别，然后进行人工数字化。数字化多边形作为矢量文件保存。

每个研究区的形状都作为外形文件导入ArcMap（ArcGis9的一个模块）。如果需要，多边形之间的重叠会被去除且多边形会被合并或校正。生成相图后，可以直接测量周长和面积等属性。图形文件被转化成光栅文件来计算每种多边形的中间线。每个多边形的长度、方位、宽度和宽度的变化（最小值、最大值、标准偏差）沿着其中间线每100m进行计算。所有的属性数据都导出到Excel。

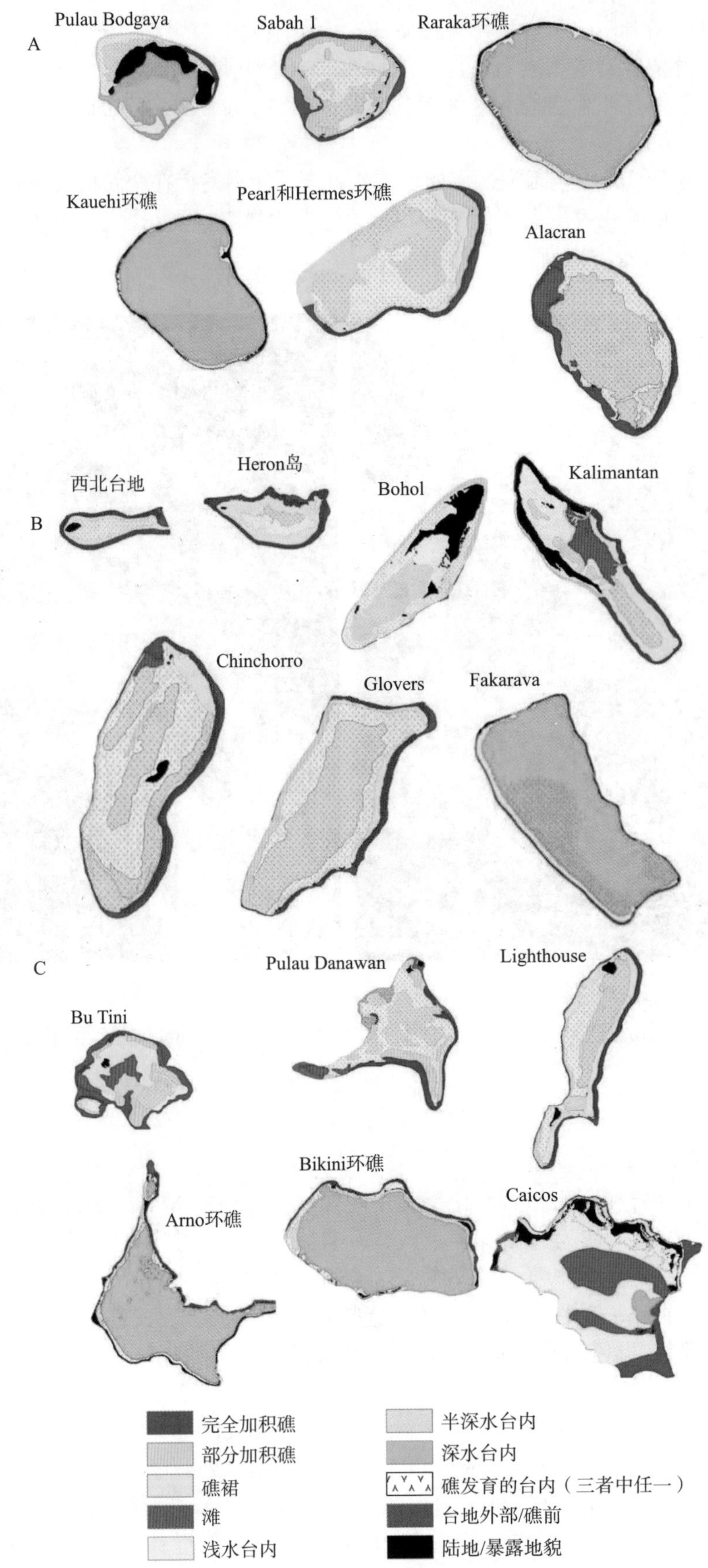

图15　根据工作流程将图1中的孤立台地进行解释的成果相图

相图不是基于易读性的目的进行缩放的；台地对比比例见图1

二、台地和相分析

按照上述的工作流程，对每个孤立碳酸盐岩台地都进行了相解释（图15A—C）。因为台地大小变化范围很大（图1），因此图15中的相图没有按照相应比例显示。相图是在现有文献和个人对研究区理解的基础上细致绘制的，而且这种"地面实况"被认为是可以用于台地相分析的。将Glovers台地、Kalimantan台地和Fakarava环礁的相图（图15B）与其各自的陆地卫星图像（图11、图1G和图1R）对比，可以看出这些相图的直观性。

这些台地是根据大小和形状进行分类的，然后进行统计分析，但是，这种分类某种程度上具有一定的随机间断，而且统计过程应该慎重考虑。台地被分为三个级别：小型、中型和大型（图1，表1）。台地同样也可以被分为圆形、拉长形和不规则形三类（图16）。因为本次研究的目的是分析不同大小和形状台地的相属性，而不是分析台地地貌本身，因此，台地大小和形状并没有与Wang（1998）、Purdy和Winterer（2001）或者其他学者所研究的那些台地进行比较。台地形状的分类是定性的，因为形状是很难进行归类的（Weins，1962；Stoddard，1965）。图16展示了形状分类，而且当利用Russ（1999）的形态因数（一种形状参数）对台地进行分类时会发生重叠。圆形台地表现出特别高的形态因数值，完美球形台地值为1，拉长形台地的形态因数值在中间位置的狭小范围内，不规则形台地通常具有较低的形态因数值。台地大小和Russ的形态因数交会图（图17）显示，拉长形和不规则形台地发生了重叠，但是圆形台地的点集易于分辨。图17同样显示出数据库的一些弊端，因为并不是每个可能的大小—形状复合体都能表现出来。

表1　台地大小（km^2）和台地中识别出来的相种类

类型	台地	面积（km^2）	相种类
小型台地	Heron Island	32	6
	Northwest	34	5
	Bohol	58	6
	Bodgaya	58	8
	Sabah 1	102	7
	Bu Tini	157	9
	Kalimantan	174	8
	Danawan	177	9
中型台地	Glovers	254	7
	Lighthouse	291	8
	Alacran	321	7
	Kauehi	343	6
	Raraka	401	7
	Pearl and Hermes	445	8
	Arno	447	9
大型台地	Chinchorro	604	8
	Bikini	726	9
	Fakarava	1259	7
	Caicos	6167	10

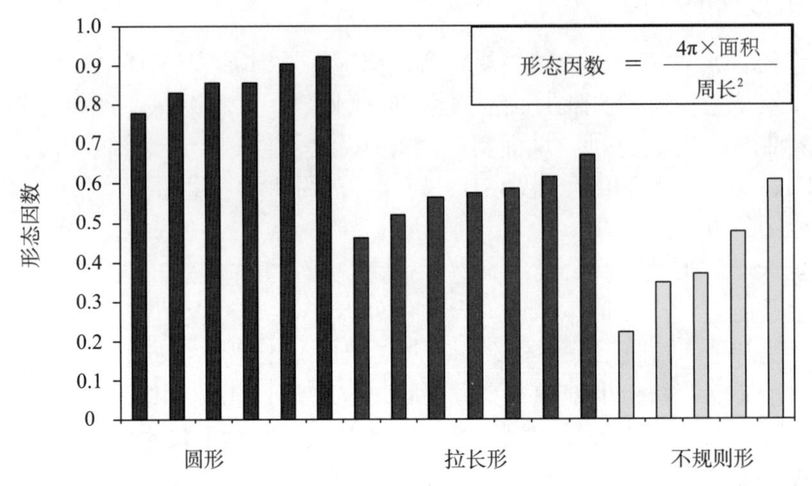

图16　图1中的孤立台地被划分成圆形、拉长形和不规则形三类（Russ，1999）

此为依据形态因数（一种形状参数）对台地形状进行分析，是为了强调分类

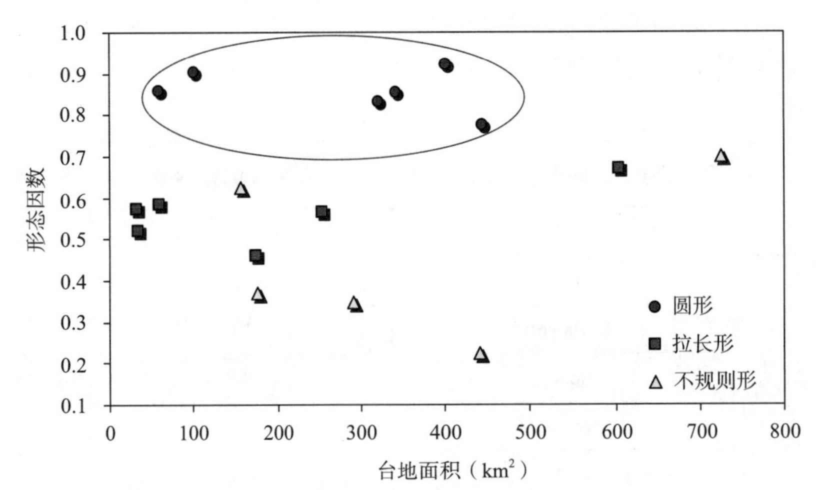

图17　台地大小（面积）和外形（形态因数）之间的关系

表明圆形台地数据比较集中，而拉长形和不规则形的台地则相互混杂

通过分析图15所展示的相图可以确定出每个台地的相特征：每个相多边形的周长和面积、每种相发育的数量和面积百分比中每种相的相对比例。另外，对礁伴生相（包括完全加积礁、部分加积礁、环礁和滩）的宽度、长度、弯曲度和长宽比都进行了计算。本研究对台地和相的分析结果以地形关系和相度量的形式进行展示。

（一）地形关系

地形关系与台地规模的关系分析，可以将所有台地数据结合起来展示地形。这种尺度的关系描述了油气藏大小的多样性，对评价研究区勘探的地质家而言，这很重要，对建立多模式地质模型和计算油藏体积的地质家也很重要。

台地上发育的相类型与台地大小无关，平均相类型个数介于6～8之间。从表1看出，小台地（例如Pulau Bodgaya台地，约$58km^2$）所发育的相的种类与大几十倍的台地（例如Chinchorro，约$604km^2$）的相的种类相当。

相的一个重要特征是规模（Rankey，2002），但是每种相的超越概率与面积交会图（图18）说明本研究中的任何相都没有固定的大小。在双对数交会图中，每种相的斜率不同，说明其大小分布情况不同。

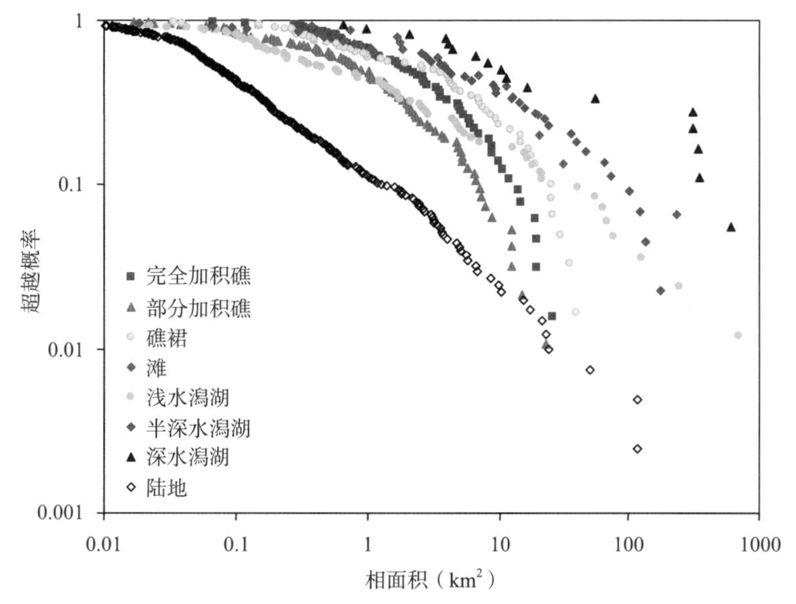

图18　超越概率与孤立台地每类确定相的面积之间的关系

坐标系中曲线的不同斜率代表了相分布的不同规模。对于任何特定的规模，超越概率等于相多边形的面积将超过其本身规模的可能性

台地顶部相分布通常不均匀，这一点在几个台地均有所反映（图1，图15）。这种关系早已被认识到，而且是由于位于主风向（或主潮流方向）的迎风面和背风面边缘造成的。礁通常在平均海平面迎风面边缘最为发育（完全加积礁），同时，背风面礁不甚发育（部分加积礁）。本次研究的数据定量刻画了沿迎风面边缘礁伴生相之间的关系。从中可以看出，完全加积礁宽度与其走向（风向）之间的关系。图19表明完全加积礁（礁脊、礁坪和紧邻的礁后）在垂直主风向的位置更宽阔。

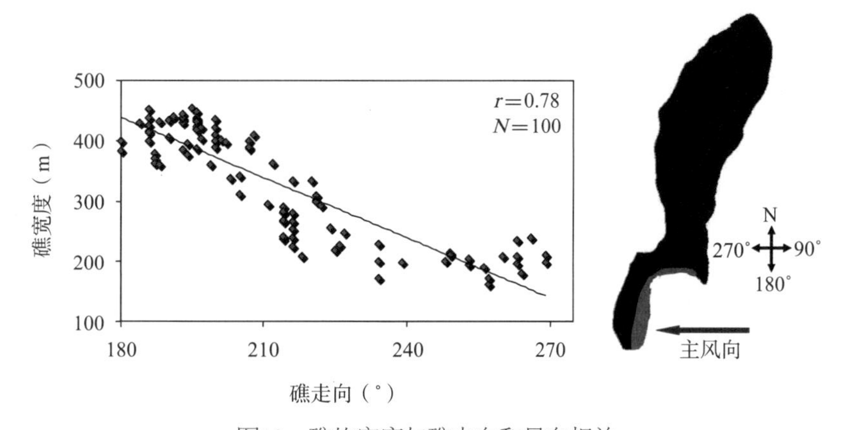

图19　礁的宽度与礁走向和风向相关

数据来自伯利兹Lighthouse台地边缘迎风面；图片显示了礁（红色）的走向与主风向之间的关系

台地内部相外形的定量化研究显示出多样性，反映了台地的整个外形。外形是一个复杂的属性，可以通过多种不同的方式进行测定（Mandelbrot，1983；O′Neill等，1988）；分形维数（D），是一种外形复杂度的测量方法，是由周长和面积之间的幂次律回归线的斜率（$D/2$）定义的（O′Neill等，1988；McGarigal和Marks，1995）。实际上，方法决定了多边形的相对“边缘”；简单外形如正方形（低周长面积比）的D为1，同时更复杂的多边形（高周长面积比）的D接近2。分析所有台地时，所有九种相都展现出周长和面积之间的幂次律关系（$R^2>0.86$）。但是，每种相的回归线的斜率略有不同，而且这是一种每种相外形复杂性的测量，也因此是一种独特的平均分形维数。图20展示了本次研究中所考虑的

所有相的外形分析，通常情况下两种礁相的外形最复杂（D>13）。另外，台地外形和台地内部相分形维数之间的对比（图21）表明，台地外形越规则（图21中左下方的黑色台地轮廓），所发育的相的外形就越规则。

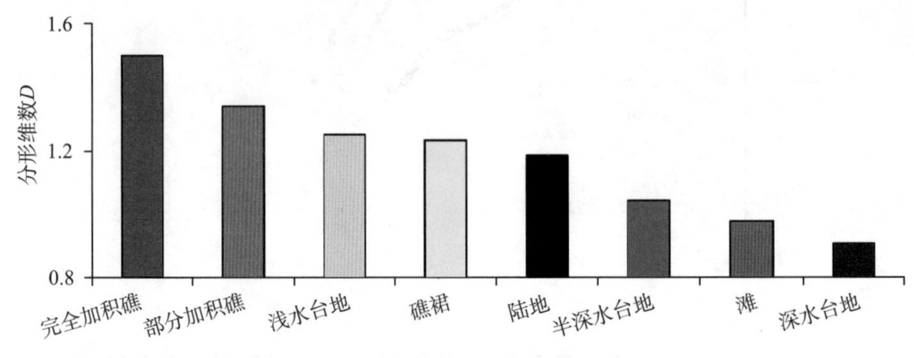

图20　本次研究中所有相的形态分析（分形维数D）

展示了礁伴生相倾向于更为复杂的外形。D用来衡量外形复杂性；分形维数（1.4）说明比D为1的相具有更复杂的外形

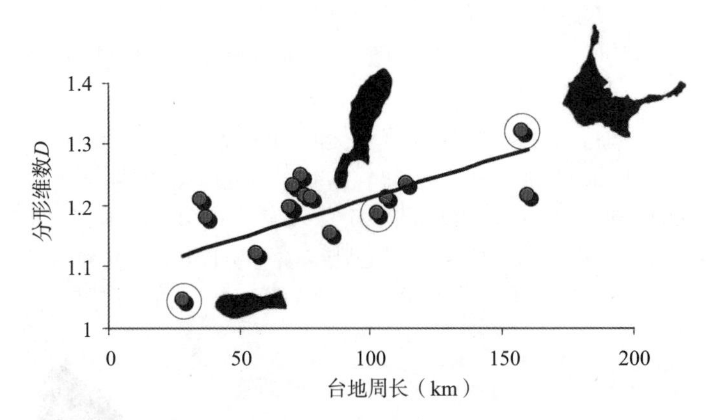

图21　相外形（分形维数D）随台地外形（周长）复杂而变得更复杂

描述多边形外形复杂度的高D值说明了更为复杂的相外形。三个台地黑色轮廓图分别对应三个圈出来的黑点

小型台地具有比大型台地更多的浅水台地相（潜在储层；图22）。小型台地大约有50%的面积由浅水台地相组成，而大型台地只有30%。浅水台地相的潜在储层是完全加积礁，特别是加积礁、礁裙、滩和浅水台地内部（发育或不发育礁）；被认为是非储层的深水台地相包含所有其他的相。成岩作用过程中的沉积后演化导致的储层质量变化不在本次储层类比中讨论，当然，小型台地必须要够大，才能保证油藏具有经济性。

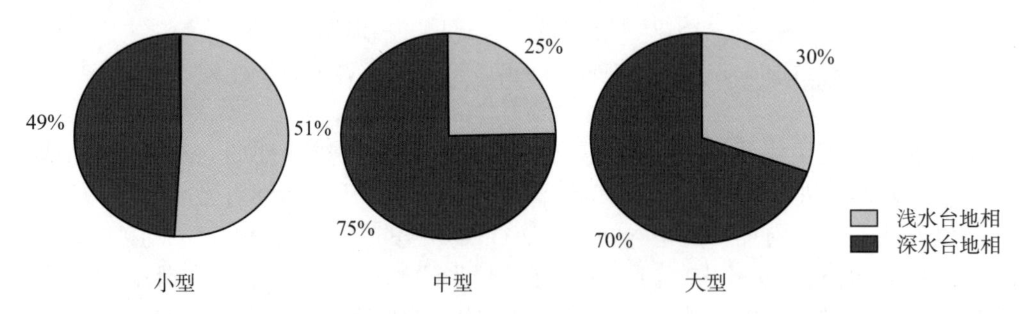

图22　数据库内的小型台地可能含有比大型台地更多的浅水台地相

浅水台地相相当于储层，深水台地相相当于非储层

（二）相度量

相度量总结和定量化研究了关键相属性的直径，例如长度、宽度和长宽比。之所以强调礁伴生相是因为其在许多孤立台地储层中都十分重要。表2和表3总结了关键相度量数据，将本研究中涉及的19个台地进行了大小和外形的分组。这种相对规模描述了相尺度的多样性，而且这对于地质家应用多模式进行地质建模以及获得定量化储层模型都十分重要。这一结果同样提供了能够与其他现代礁特征进行对比的数据。

表2　根据大小划分的小型（S）、中型（I）和大型（L）台地礁伴生相的属性数据

		相对丰度（%）			平均宽度（m）和标准偏差（m）			宽度范围（m）			平均长度（km）			长宽比			弯度		
相	岩石类型	S	I	L	S	I	L	S	I	L	S	I	L	S	I	L	S	I	L
完全加积礁	生物粘结灰岩 砾状灰岩	7	2	1	369 97	282 69	549 144	140~ 585	115~ 430	240~ 890	9.8	9.4	23.9	28	38	49	0.25	0.09	0.11
部分加积礁	生物粘结灰岩 砾状灰岩 颗粒灰岩	6	2	1	479 158	262 115	294 63	150~ 900	110~ 570	140~ 435	6.1	9.5	8	22	43	42	0.16	0.08	0.06
礁裙	砾状灰岩 颗粒灰岩	1 2	3	2	657 254	460 168	829 303	175~ 1265	150~ 825	180~ 1465	9.6	9.1	13.6	17	15	21	0.40	0.11	0.08

表3　根据形状划分的圆形（C）、加长形（E）和不规则形（I）台地礁伴生相的属性数据

		相对丰度（%）			平均宽度（m）和标准偏差（m）			宽度范围（m）			平均长度（km）			长宽比			弯度		
相	岩石类型	C	E	I	C	E	I	C	E	I	C	E	I	C	E	I	C	E	I
完全加积礁	生物粘结灰岩 砾状灰岩	2	6	3	241 69	387 114	389 90	80~ 425	150~ 625	170~ 590	13.7	16.5	9.7	66	41	24	0.15	0.21	0.11
部分加积礁	生物粘结灰岩 砾状灰岩 颗粒灰岩	4	1	3	361 203	196 42	377 105	110~ 1115	115~ 300	150~ 600	13.0	11.3	4.8	77	71	15	0.22	0.09	0.05
礁裙	砾状灰岩 颗粒灰岩	4	7	4	726 234	565 207	686 239	175~ 1135	130~ 965	185~ 1200	10.8	14.8	7.6	17	27	13	0.11	0.20	0.13

台地大小和礁带丰富程度相关，而礁（完全或部分加积）和礁裙相占台地的面积随台地规模的增大而减少（图23）。考虑到生物优先原则，较大的孤立台地比较小台地含有更少的礁相是合理的，这是由于有利于礁骨架建造生物生存的环境范围通常只限于台地外边缘的一个狭窄地带（＜1000m）。

完全加积礁随着长轴长度的增加而有所增宽（图24），尽管其正相关关系较差。部分加积礁沿其长轴是不连续的，因此其与礁宽度的关系不甚明确。不规则形或者拉长形台地礁相带的宽度和礁裙宽度之间表现出一种中等正相关关系（图25）。平均而言，礁裙是不规则形台地上礁宽度的两倍，而拉长形台地倾向于发育极窄的礁裙，无论其礁宽度多大。圆形台地的礁宽度和礁裙宽度之间没有展示出明显的特征。

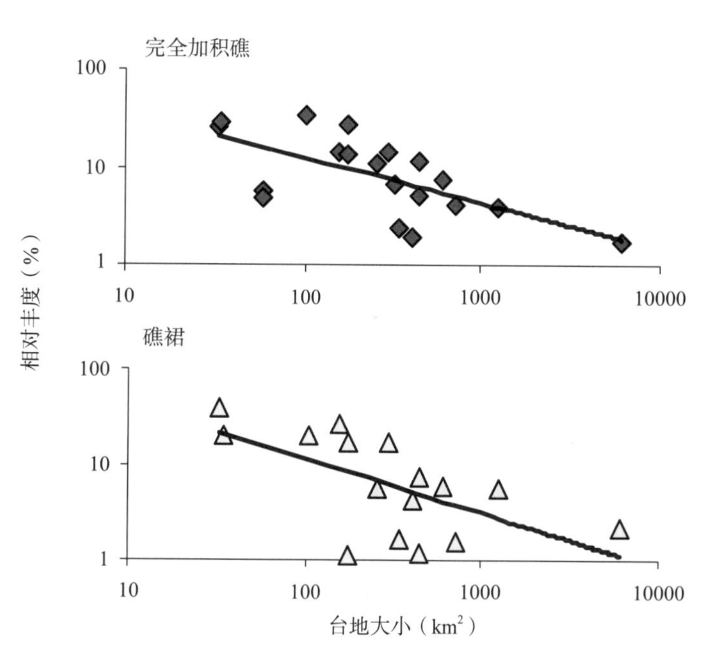

图23　随着台地面积增加，完全加积礁和礁裙相占台地面积的比例越来越小

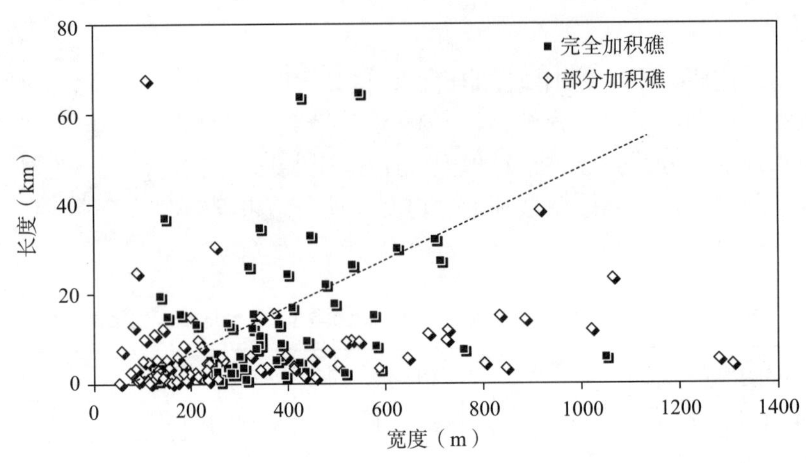

图24　完全加积礁通常随着长轴长度增加而变宽，然而不连续性部分加积礁的长度和宽度之间的关系则相对模糊

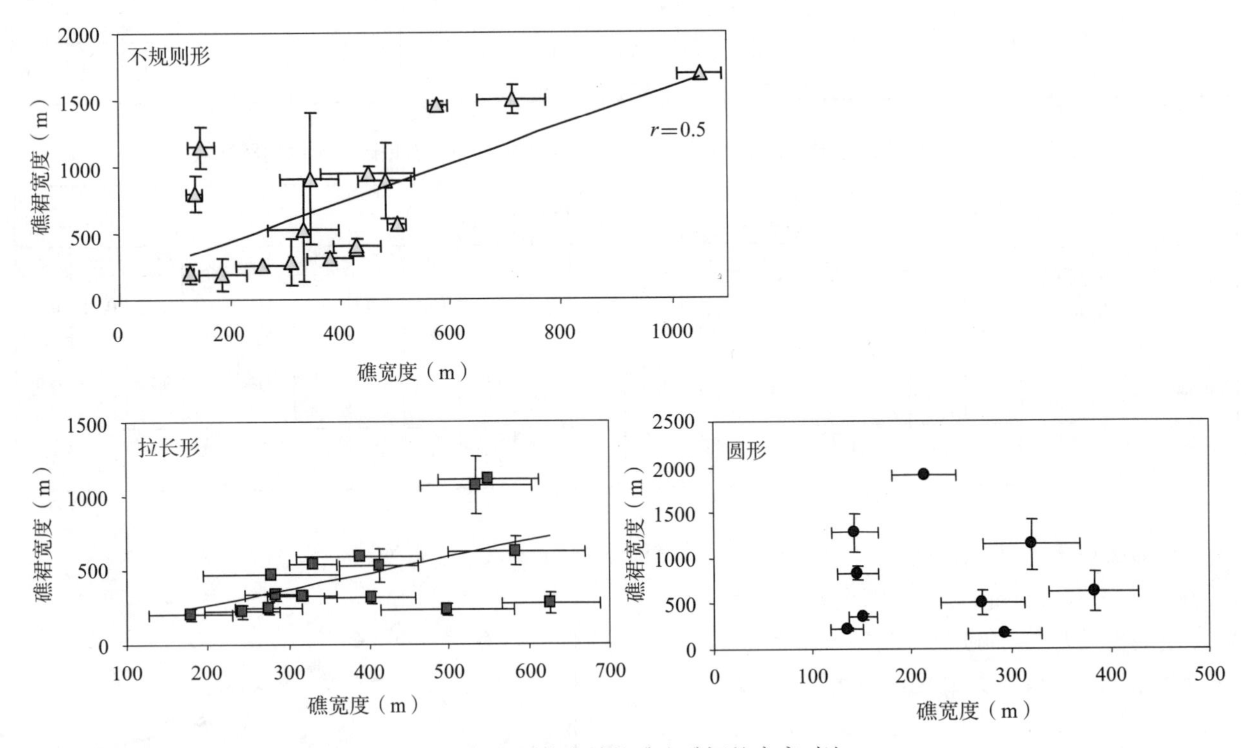

图25　不同形状台地的礁和礁裙的宽度对比

表明不规则形台地上的礁裙宽度是礁宽度的两倍，而拉长形台地之上，不管礁宽度多大，礁裙往往都较窄

礁的宽度随主要风向的改变而改变，例如伯利兹的Lighthouse礁（图19），当方向从平行风向（东西向）变化至垂直风向（南北向）时，礁的宽度从约200m变化至约400m。这种关系在台地背风面没有发现。通常情况下，迎风面的礁相比背风面的礁相变化更为明显。

礁宽度、礁裙宽度和礁长度因台地外形改变而发生变化（图26）。圆形台地发育的礁最窄（拉长形台地约230m，不规则形台地约400m），拉长形台地发育的礁裙最窄（圆形台地约480m，不规则形台地约800m），而不规则形台地发育的礁最不连续（圆形的约10km，加长形的14～16km）。每种形状台地上发育礁相的总长度与平均宽度比值显示，与其他类型的台地相比，不规则形台地具有比值最低和多样性（标准方差）最少的礁相（图27）。这说明，不规则形台地上发育的礁与其他类型台地上的礁相比，通常更短或者更宽。

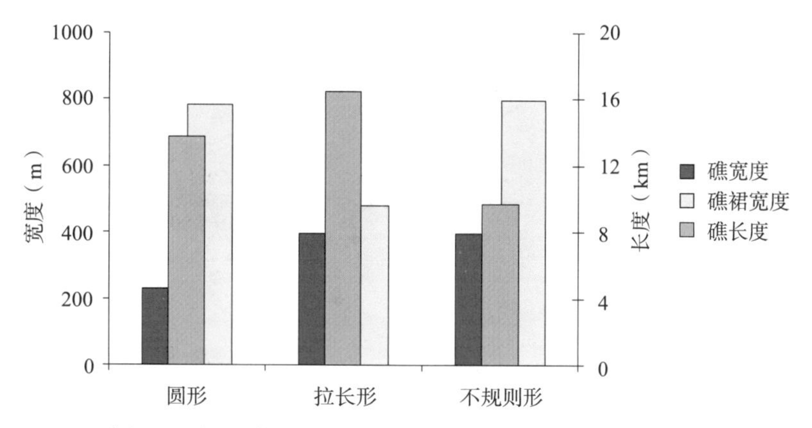

图26　不同形状台地中的礁宽度、礁裙宽度和礁长度对比

圆形台地发育的礁最窄，拉长形台地发育的礁裙最窄，而不规则形台地发育的礁则最不连续

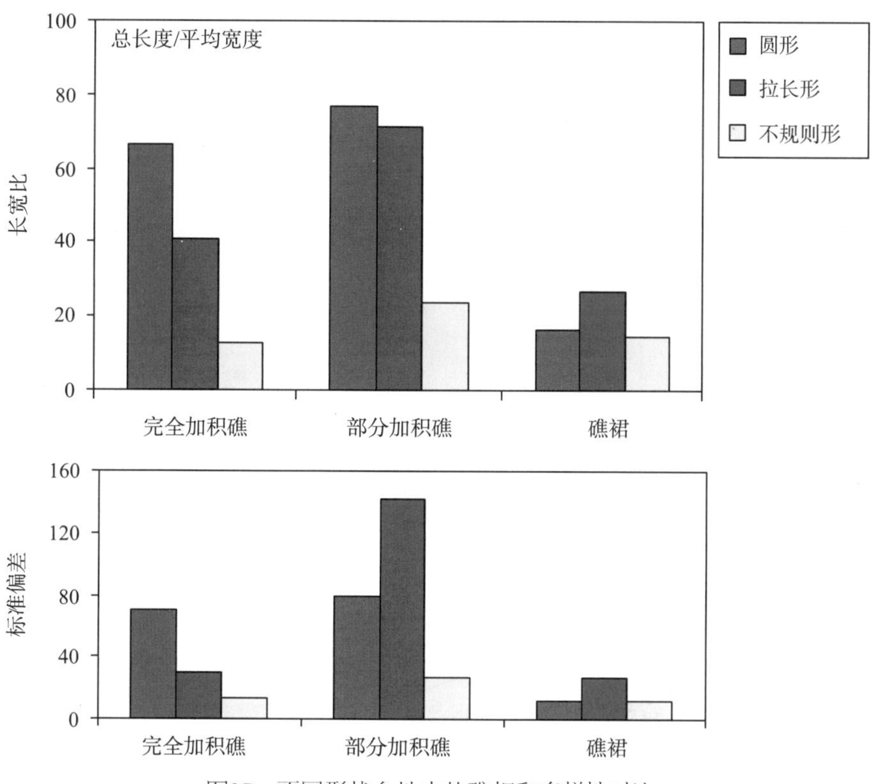

图27　不同形状台地中的礁相和多样性对比

不规则形台地的礁相（完全加积礁、部分加积礁和礁裙）的长宽比（总长度/平均宽度）和多样性（标准偏差）比圆形和拉长形台地要低

礁宽度、礁裙宽度和礁长度随着台地大小而发生变化，而且很可能估计其大小（图28）。一般情况下可以找到如下的大小属性：

（1）礁宽度（完全或者部分加积礁）；礁宽度大于400m的可能性为10%，礁宽度大于270m的可能性为50%，礁宽度大于145m的可能性为90%。

（2）礁裙宽度；礁裙宽度大于945m的可能性为10%，礁裙宽度大于395m的可能性为50%，礁群宽度大于90m的可能性为90%。

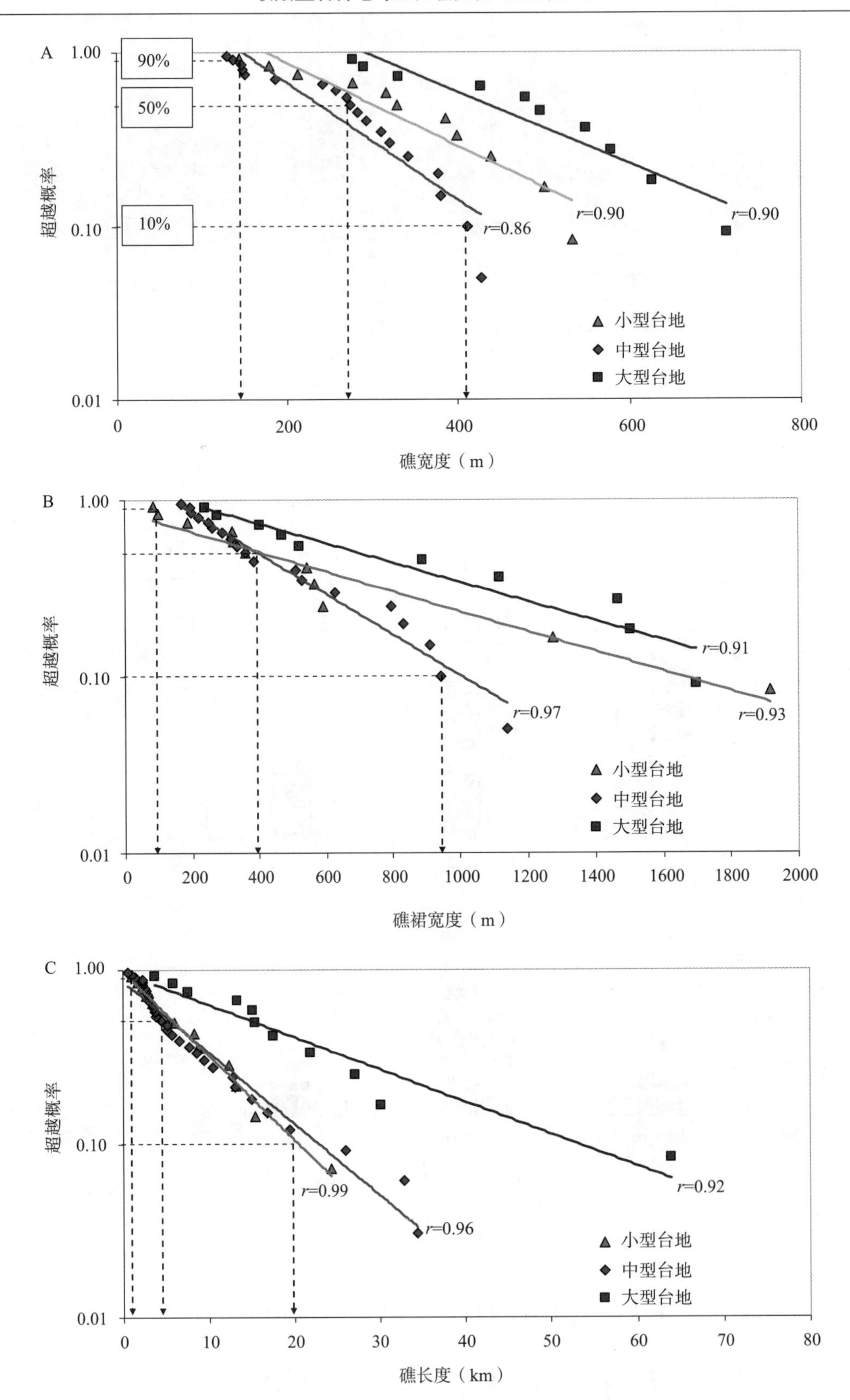

图28　不同大小台地内礁宽度、礁裙宽度和礁长度的超越概率

A—根据台地大小的礁宽度展示：10%可能性礁宽度>410m，50%可能性>270m，而90%可能性>145m；B—根据台地大小的礁裙宽度展示：10%可能性礁裙宽度>945m，50%可能性>395m，而90%可能性>90m；C—根据台地大小的礁长度展示：10%可能性礁长度>19.5km，50%可能性>4.5km，而90%可能性>1km

三、讨论与结论

本次研究的主要成果是定量化研究相特征、地形关系的定量分析和礁相属性的几种发展趋势。最重要的笼统地形关系是，发育的相的数量与台地大小无关，对任意一种相没有其特征尺寸，台地具有不对称的相分布，相的形状反映了台地形状。这种关系说明，每一种台地的研究，不管是大是小，都存在地形组成（相多样性）和外形（不对称性）的复杂性。当增加地质模型时，了解一种相体的形状变得非常重要，因为具有相似储层特征的相（如礁裙和滩）的形状可能会不同。其次，具有简单相外形的与具有复杂相外形的相比，前者更容易推测邻近可能发育的相。礁伴生相的属性数据记录了不同形状台地的大小、相对礁丰度、礁长度和宽度、礁裙宽度，以及礁方向。不同相的大小变化的范围信息是建立基于相的储层模型所必需的。

本次研究获得的经验和定量化的结论应该仔细斟酌，主要有以下几点原因：19个台地的数据库显然太小，不能得出一般性结果；仅仅包含了孤立台地而不包含其他的台地类型；没有涵盖所有的碳酸盐岩相类型；作为定量分析基础的相图来自于卫星照片，其仅代表了时间中的一个瞬间；相解释的基础中很少含有地面真实情况；相图是手工完成的，因而或多或少具有解释性；依据外形和大小进行的台地分类也是相对比较主观的。然而，我们感到该研究代表了在现存碳酸盐岩台地的碳酸盐岩相大小和外形定量化数据收集的重要一步。

本研究的主要焦点是分析现代沉积相的方式方法，对于综合井震数据建立孤立台地油藏地质模型和建立定量化储层模型的地质工作者而言，极具价值。现代分析可以作为一种重要的概念化相模式来刻画储层，同样其可以提供重要的相属性信息，用来作为建立储层模型的输入参数。例如，表1和2中的数据可以用来增加一个储层模型，该相模型的发育外形和大小更加贴近实际的相。为了更加真实地反映这一观点，图29展示了Malampaya油藏（Grotsch和Mercadier，1999；Fournier等，2005），该油藏是一个孤立碳酸盐岩台地，发育部分礁缘。该油藏中的井数据很少，而且大多数的相特征不能通过地震资料来识别。来自于现代相研究的经验性信息和定量化信息提高了像在Malampaya这种台地内确定亚环境的位置和大小的能力。图29中的孤立相图假定了完全加积礁边缘和礁裙沿着台地边缘的分布情况，同时也假定了一个部分加积礁带沿着另一边缘展布，还有一个浅水内台地。台地的这些重要部分与岩石类型特征和主要沉积孔隙预期范围直接相关，而且应该在任何基于相的储层建模中加以考虑。

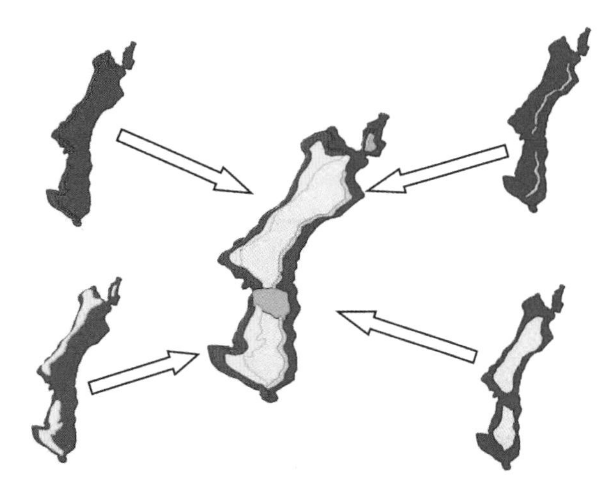

图29 Malampaya台地（一个发育部分礁缘的孤立台地油气藏）的简化地图（据Grotsch和Mercadier，1999）

本次研究中产生的礁相定量数据，可以作为储层建模的输入数据，以此来更好地获取储层关键相，例如，沿着台地一侧的完全加积礁缘（红色）和礁裙（黄色），沿着另一侧的部分加积礁（灰色）以及浅水台地内（浅蓝色）

致谢

Gene Rankey（迈阿密大学）在本次研究的所有相中起到至关重要的作用，她帮助挑选台地、确定工作流程和提供定量化参数研究的意见。Dave Stodola（雪佛龙）研发了一种常量分析法来将外形文件转化成光栅文件，这在研究相多边形时特别重要。SEPM研究者Steve Bachtel和Amy Ruf提供了特别完整的综述和大量的建议，这些大大提高了本文稿的质量。感谢雪佛龙能源技术公司提供支持和出版许可。

参考文献

Andréfouët, S., Claereboudt, M., Matsakis, P., Pagèt, J., and Dufour, P., 2001, Typology of atoll rims in Tuamotu Archipelago (French Polynesia) at landscape scale using SPOT HRV images: International Journal of Remote Sensing, v. 22, p. 987−1004.

Andréforët, S., Kramer, P., Torres−Pulliza, D., Joyce, K.E., Hochberg, E.J., Garza−Perez, R., Mumby, P.J., Riegl, B., Yamano, H., White, W.H., Zubia, M., Brock, J.C., Phinn, S.R., Naseer, A., Hatcher, B.G., and Muller−Karger, F.E., 2003, Multi−site evaluation of IKONOS data for classification of tropical coral reef environments: Remote Sensing of Environment, v. 88, p. 128−143.

Bachtel, S.L., 2005, Platform−scale facies distributions using Landsat data from isolated carbonate platforms: methods to constrain lateral facies continuity for geologic modeling (abstract): American Association of Petroleum Geologists, Annual Convention, June 19−22, Calgary, Alberta, Canada.

Chevalier, J.P., 1972, Observations sur les chenaux incompletes appeles Hoa dans les atolls des Tuamotu: Symposium on Corals and Coral Reefs, India, Proceedings, p. 477−488.

Emery, K.O., Tracey, J.I., Jr., and Ladd, H.S., 1954, Geology of Bikini and nearby atolls: U.S. Geological Survey, Professional Paper 260−A, 265 p.

Folk, R.L., and Robles, R.R., 1964, Carbonate sands of Isla Perez, Alacran Reef complex, Yucatan: Journal of Geology, v. 72, p. 255−292.

Fournier, F., Borgomano, J., and Montaggioni, L.F., 2005, Development patterns and controlling factors of Tertiary carbonate buildups: Insights from high−resolution 3D seismic and well data in the Malampaya gas field (Offshore Palawan, Philippines): Sedimentary Geology, v. 175, p. 189−215.

Gischler, E., 2003, Holocene lagoonal development in the isolated carbonate platforms off Belize: Sedimentary Geology, v. 159, p. 113−132.

Gischler, E., and Lomando, A.J., 1999, Recent sedimentary facies of isolated carbonate platforms, Belize−Yucatan system, Central America: Journal of Sedimentary Research, v. 69, p. 747−763.

Grötsch, J., and Mercadier, C., 1999, Integrated 3−D reservoir modeling based on 3−D seismic: the Tertiary Malampaya and Camago buildups, offshore Palawan, Philippines: American Association of Petroleum Geologists, Bulletin, v. 83, p. 1703−1728.

Harris, P.M., and Kowalik, W.S., eds., 1994, Satellite images of carbonate depositional settings: examples of reservoir− and exploration scale geologic facies variation: American Association of Petroleum Geologists, Methods in Exploration Series 11, 147 p.

Hiatt, R.W., 1950, Marine and zoology study of Arno Atoll, Marshall Islands: Atoll Research Bulletin, no. 4, p 1−13.

Jordan, E., and Martin, E., 1987, Chinchorro: morphology and composition of a Caribbean atoll: National Museum of Natural History, Atoll Research Bulletin 310, 20 p.

Kirk, H.J.C., 1962, The Geology and Mineral Resources of the Semporna Peninsula, North Borneo: Geological Survey Department, British Territories in Borneo, Government Printing Office, Kuching, Memoir 14.

Ladd, H.S., Tracey, J.I., Wells, J.W., and Emery, K.O., 1950, Organic growth and sedimentation on an atoll: Journal of Geology, v. 58, p. 410−425.

Maiklem, W.R., 1970, Carbonate sediments in the Capricorn reef complex, Great Barrier Reef, Australia: Journal of Sedimentary Petrology, v. 40, p. 55−80.

Mandelbrot, B., 1983, The Fractal Geometry of Nature: New York, W.H. Freeman, 468 p.

Maragos, J.E., 1994, Description of the reefs and corals for the 1988 protected area survey of the northern Marshall Islands: Atoll Research Bulletin, no. 419, p. 1−88.

Maxwell, W.G.H., Jell, J.S., and McKellar, R.G., 1964, Differentiation of carbonate sediments in the Heron island reef: Journal of Sedimentary Petrology, v. 34, p. 294−308.

McGarigal, K., and Marks, B.J., 1995, FRAGSTATS: spatial pattern analysis program for quantifying landscape structure: U.S. Department of Agriculture, Foreign Service General Technical Report PNW−351.

Montaggioni, L.F., 1985, Makatea Island, Tuamotu Archipelago: 5th International Coral Reef Congress, Tahiti, Proceedings, v. 1, p. 103−158.

O'Neill, R.V., Krummel, J.R., Gardner, R.H., Sugihara, G., Jackson, B., DeAngelis, D.L., Milne, B.T., Turner, M.G., Zygmunt, B., Christenson, S.W., Dale, V.H., and Graham, R.L., 1988, Indices of landscape pattern: Landscape Ecology, v. 1, p. 153−162.

Purdy, E.G., and Winterer, E., 2001, Origin of atoll lagoons: Geological Society of America, Bulletin, v. 113, p. 837−854.

Purdy, E.G., and Gischler, E., 2005, The transient nature of the empty bucket model of reef sedimentation: Sedimentary Geology, v. 175, p. 35−47.

Purser, B.H., ed., 1973, The Persian Gulf; Holocene Carbonate Sedimentation and Diagenesis in a Shallow Epicontinental Sea: New York, Springer−Verlag, 471 p.

Rankey, E.C., 2002, Spatial patterns of sedimentation on a Holocene carbonate tidal flat, Northwest Andros Island, Bahamas: Journal of Sedimentary Research, v. 72, p. 591−601.

Ranson, G., 1958, Coreaux et récifs coralliens; observations sur les îles coralliennes de l'archipel des Tuomoto (Océanie françise): Cahier du Pacifique, v. 1, p. 15−36.

Russ, J.C., 1999, The Image Processing Handbook, Third Edition: Boca Raton, Florida, CRC Press, 717 p.

Stoddard, D.R., 1965, The shape of atolls: Marine Geology, v. 3, p. 369−383.

Tracey, J.E., Jr., Ladd, H.S., and Hoffmeister, J.E., 1948, Reefs of Bikini, Marshall Islands: Geologic Society of America, Bulletin, v. 59, p. 861−878.

Wang, G., 1998, Tectonic and monsoonal controls on coral atolls in the South China Sea, *in* Camion, G.F., and Davies, P.J., eds., Reefs and Carbonate Platforms in the Pacific and Indian Oceans: International Association of Sedimentologists, Special Publication 25, p. 237−248.

Wanless, H.R., and Dravis, J.J., 1989, Carbonate environments and sequences of Caicos Platform: 28th International Geological Congress, Field Trip Guidebook T374, 75 p.

Wantland, K.F., and Pusey, W.C., 1975, Belize shelf—carbonate sediments, clastic sediments, and ecology: American Association of Petroleum Geologists, Studies in Geology 2, 599 p.

Wells, J.W., 1952, The coral reefs of Arno Atoll, Marshall Islands: Atoll Research Bulletin, no. 9, 14 p.

Wells, J.W., 1954, Recent corals of the Marshall Islands, Bikini and nearby atolls: U.S. Geological Survey, Professional Paper 260, Part 2, p. 385−486.

Wells, J.W., 1957, Coral reefs: Geological Society of America, Memoir 67, v. 1, p. 609−631.

Wiens, H.J., 1962, Atoll Environment and Ecology: New Haven, Yale University Press, 532 p.

Wood, E.M., 2001, Corals of the Semporna Islands Park, Sabah, Malaysia: A report for the Semporna Islands project, Marine Conservation Society.

Wood, E., George, J.D., George, J., and Wood, C., 1987, The coral reefs of the Danawan Islands (Sabah: Malaysia) and Pulau Sipadan: Malayan Nature Journal, v. 40, p. 311−324.

利用地层正演模拟分析碳酸盐岩孤立台地的层序结构和储层质量

Phil Bassant　Paul M.（Mitch）Harris
（雪佛龙能源技术公司）

摘要：Dionisos是一个地层正演模拟程序包，可以用来分析碳酸盐岩孤立台地的沉积相分布。本文研究了台地边缘和台内颗粒灰岩的分布情况，并将其作为无约束条件实例研究的灵感。在其中一个实验中，使用了线性的海平面上升速度，该速度是可变的，从而建立了一系列模型；在另一个实验中，加上了一个周期性海平面变化曲线，该旋回的振幅也是可变的，从而产生另一组模型。

当台地顶部水很浅，而且变化缓慢时，台地边缘颗粒灰岩相发育。当水体略深并且逐渐增加（水进）时，台内颗粒灰岩相发育。同一水体深度下，可能发育不同的相模式，这主要取决于水深是逐渐增加还是逐渐降低。其中的差异主要取决于局部沉积中心的持续性，而这又依赖于早期的环境（地层惯性）以及台地的圆度。实验中，水体较深时的台地比水体较浅时的台地更平整，这是其发育史所致。这两个因素都不会反映平均水深值，但是会反映水进的速度和方向。

研究了层序界面和最大海泛面的时间。在一些模型中，这些面很明显是穿时的，而且随着可容空间变化而变化。在温室期，可容空间变化造成的微环境变迁远比实际水深变化所造成的影响大，而且层序的时代与可容空间旋回的高点和低点的关系并不明显。相反，在冰期，水深变化直接受控于可容空间旋回，从而沉积旋回与可容空间旋回具有一致性。

一、概述

（一）地层正演模拟方案

地层的正演数字模拟是形成地层的沉积过程的计算机模拟。可利用的模拟数据包有很多，每种都有其特定的时间和空间尺度，也有其特定的地质背景。例如，CARBONATE3D（Warrlich等，2002）已经有效地应用于模拟三—四级时间和空间尺度下的碳酸盐岩台地和碳酸盐岩—碎屑岩混积陆棚。Nordlund（1996，1999）的模糊逻辑程序（最近被称为FUZZIM）利用常识规律将复杂的地质知识和认识综合到碳酸盐岩沉积体系的模拟中。SEDSIM程序包（Tetzlaff，1986）模型用颗粒—颗粒沉积搬运来模拟不同尺度下碎屑岩沉积体系中的相分布，而CARB3D+（Smart等，2005）用于对孤立的碳酸盐岩台地进行建模，另外还可对成岩作用对孔隙度、渗透率和台地矿物成分的影响进行建模。Granjeon（1997）的Dionisos程序当前正处在与法国石油研究院的合作研究阶段，本次研究利用了该程序。

Dionisos是扩散方向沉积学正反演的英文首字母缩写。它是基于扩散的多岩性三维模拟程序，适用于盆地—次盆地尺度（几十到几百千米）的建模，时间跨度大约数百万年。其优势在于提供了一个非常开放的结构，可以用于多种类型沉积体系的模拟（例如碎屑岩、碳酸盐岩、滑动过程、深水和生长断层），而且岩性之间的相互作用可以加以研究（例如碳酸盐岩的生长对于悬浮黏土的敏感度）。一个关键的局限是，它不能模拟单个具有一定统计规律的“目标”，例如补丁礁或者潮道；相反，往往会产生出一些平滑的相带或者区带。关于Dionisos程序的细节可参见Granjeon（1997）与Granjeon和Joseph（1999）。

（二）地层正演模拟应用

尽管地质学家给出的地层学概念通常是定性的，而且是基于很不完整的观察得到的，但却用这些概念来预测地下的储层、盖层和烃源岩分布。地层模拟这样的工具，允许人们定量生成含有地质原理的地层属性（例如相、岩性、孔隙度甚至渗透率）的数据体，对于定量化的地层预测和降低不确定性都具有十分重要的潜在价值。其应用范围包括：

（1）生成可替代的油气勘探和储层预测地质模型；

（2）对现有地质模型进行验证和改进；

（3）对地球科学家进行地质过程和地层学教育；

（4）储集体规模、几何外形和分布的定量化，并将其输入到地质单元模型；

（5）利用地下数据库的全真环境模拟来实现三维地球模型中的储层预测、烃类体积和流动模拟的目的。

Warrlich等（2002）开发了一种地质模型来模拟古近—新近纪的孤立台地结构。他们的模型预测认为不同的淹没机制（快速海平面上升造成淹没、产率下降产生淹没和短周期海平面旋回的高水位造成淹没）会产生不同的台地形状。Barnett等（2002）通过调查研究了在British Isles的晚维宪期碳酸盐岩台地观察到的两个互为竞争的、可以解释大型叠置模式的地质假说，证实了现存地质模型。高校地质科学家开展研究的一个实例是来自南卡罗来纳大学，该校在网络上发表了大量的地层学动画，解释了不同地质背景下地层的演化（http：//strata.geol.sc.edu；Kendall，2003）。

前三个应用通常是利用无条件或者是部分条件数据来进行模拟，这造成其很容易运行，即使运行时间很长，这是由于并不需要大量的模拟。定量化地质单元模拟包括从正演地层模型模拟中提取信息，用于某种统计学地质单元模拟过程的参数输入。这需要生成模型，模型既要具备概念又要具备正确的比例信息范围。对于石油工业而言，储集体尺寸和外形数据库早已成为引人关注的目标，但是，通常情况下，建立这样的数据库耗资巨大，而且很费时间，这主要是由于露头和地下的真三维定量化数据在公开文献中几乎是不可获取的。正演地层模拟可能是一种替代方法，而且（相对而言）是一种较为快捷地生成这种数据的方法，尽管也需要用油田实际数据进行校正。

通过生成三维地质单元模型来进行油藏管理和流程模拟，仍然不是一个常规流程，主要是由于通过多重运算来优化多维参数仍然需要时间。Lessenger和Lerche（1999）讨论了进行反演的应用和挑战，而Cross和Lessenger（1999）则记载了一个反演流程，说明了一个应用于美国San Juan盆地Mesa Verde群碎屑岩的实例。Bornholdt等（1999）将一个替代反演流程应用到西班牙马略卡的上中新统碳酸盐岩实例中。运行时间是关键，而且随着计算能力的提高和由优化编码带来的模拟程序更为高效，地层反演可能最终成为一个常规工具。

（三）研究背景

本次研究中主要关注前已述及的前两个应用：生成替代地质模型和验证已有模型。哈萨克斯坦西南部的石炭系Tengiz碳酸盐岩孤立台地的无条件数据模拟研究带来了启示。Weber等（2003）描述了Tengiz台地的地层结构，此次展示的模型则是基于该文献中的地层和相信息。Tengiz孤立台地跨度约20km，垂向起伏超过1.5km（Weber等，2003）。本次研究的层位是上维宪阶—巴什基尔阶，它位于台地顶部，是主力储集层段（图1）。该主力储层厚约500m，时间跨度为20～30Ma。Tengiz的相不同于古近—新近纪典型台地，缺乏生物建造边缘相。微生物建造发育，但是主要是在斜坡区，而不是在浅水台地或边缘区。Kenter等（2005）讨论了Tengiz斜坡和其他类似的微生物粘结灰岩斜坡。浅水台地顶部主要发育泥粒灰岩和颗粒灰岩滩，颗粒包括海百合、腕足动物、似球粒和底栖有孔虫。目的层段中发育两种不同的储层形式。第一种是高能颗粒灰岩边缘，伴生有台地中央的低能泥晶颗粒灰岩。第二种是台地中央高能颗粒灰岩，伴生有向边缘地区的更多的泥晶颗粒灰岩。颗粒灰岩的孔渗通常高于泥晶颗粒灰岩，出于本模型模拟的目的，颗粒灰岩被认为是台地顶部最好的储层。造成这种储层分布变化的确切原因尚不明确，是本次重点讨论的问题之一。

正演地层模拟并不是要精确模拟超大型油田，而是模拟具有类似的相、规模、厚度、沉积水深、坡度和持续时间的油田。实验关心以下几个问题：能否模拟像在Tengiz中观察到的储层分布的变化情况？能否获知为什么会发生这种变化？这种相分布在沉积旋回中如何变化，如何将其与海平面或者其他因素联系起来？能否利用概念模型来探究是否存在其他类型的相分布？Dionisos模型成功重建了Tengiz台地演变过程中不同时期的相分布，展示了这些随时间而变化的相是如何与可容空间旋回相联系的。进行模型分析可以看出台地整体地貌和储层净体积之间的关系，这种关系可用于油气勘探。

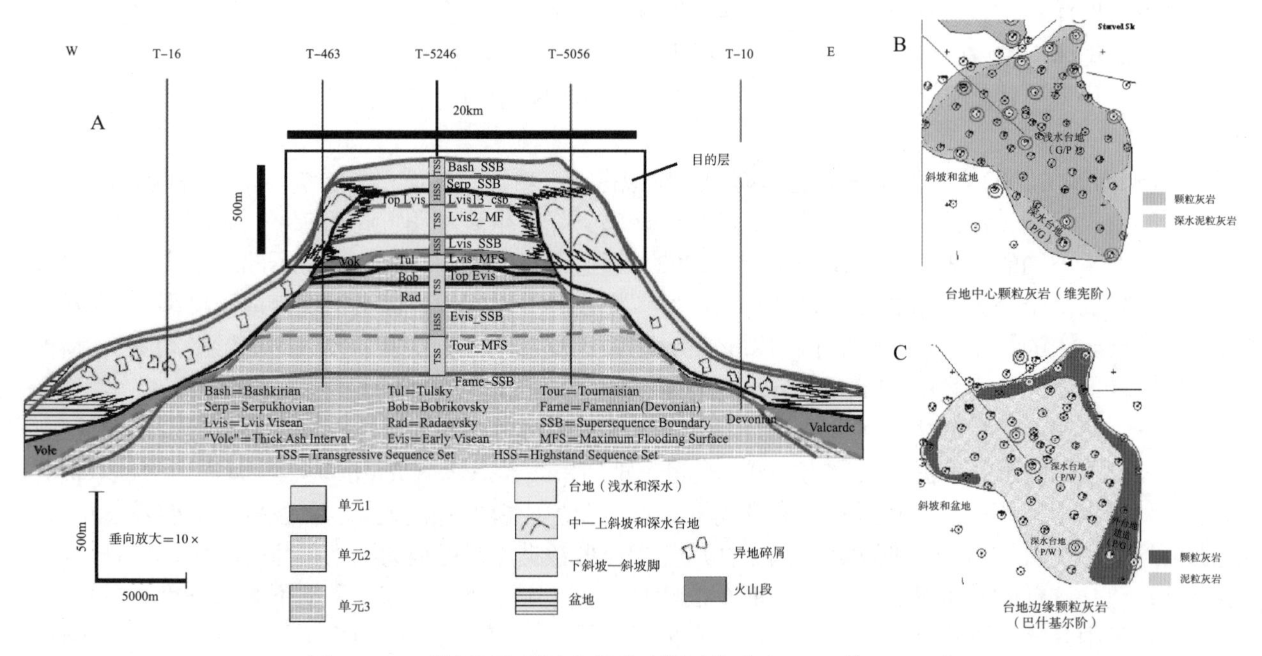

图1　Tengiz横剖面和颗粒灰岩分布图（修改自Weber等，2003）

A—强调了本次研究的目的层，即上维宪阶—巴什基尔阶，位于台地顶部的500m。注意其相分布与古近—新近纪台地存在显著差异：边缘不发育礁，而且斜坡上主要发育微生物粘结灰岩。台地顶部发育泥粒灰岩或颗粒灰岩。B，C—展示了两个典型的相分布：颗粒灰岩发育在台地中心，深水泥粒灰岩发育在顶部的外围边缘，颗粒灰岩边和泥粒灰岩跨过台地顶部发育在底部

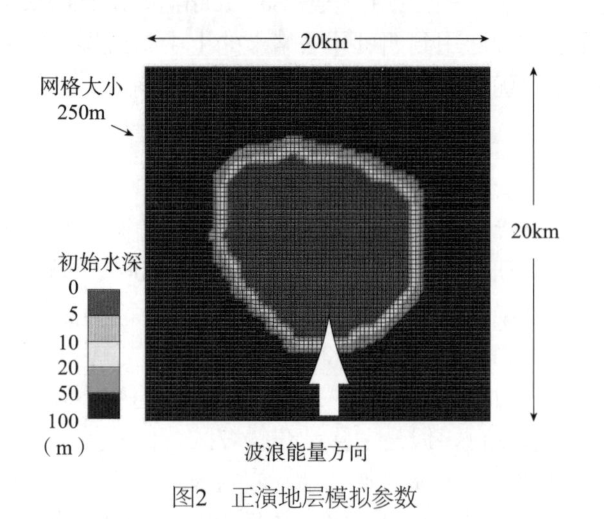

图2　正演地层模拟参数

模拟区面积为20km×20km，中间发育一个圆形隆起的台地，其直径约为15km。初始地形高差约为80m，台地位于海平面处

二、方法

制定了两种不同的正演地层模拟实验，产生一套模型，解决了上述提到的诸多问题。实验1研究了可容空间增加速率对地层结构的影响，而实验2被设计用来研究可容空间旋回幅度变化对线性水淹速率变化的影响。可容空间意味着可供沉积物充填的潜在空间数量，无论其是被充填还是不被充填。海平面升降和构造作用拟合成一条可容空间曲线，台地没有发生差异沉降。两个实验运行参数相同：相同的模型大小（20km×20km）、相同的初始地形（图2）、相同的波浪方向（从南面）、相同的时间步长

（0.5Ma）、相同的单元大小（250m）、相同的沉积产率和相同的沉积搬运规律。两个实验间唯一的不同是可容空间曲线的形式。平面上看，平顶地区的初始地形大致为圆形，起伏约为100m，其侧翼通常作为孤立台地发育的基础。可容空间旋回时间为4Ma，这是一个随机选择，大致取决于Weber等（2003）定义的组合旋回的持续时间。每个实验的总持续时间为20Ma。

模拟实验过程中产生了三种沉积物类型：颗粒灰岩、泥粒灰岩和粘结灰岩。模型中存在两种沉积生产速率的控制因素：水深和波浪能量。随着水深增加不同沉积物类型的生产速率如图3所示。颗粒灰岩生产速率最高的水深为1～10m，在水深30m处生产速率跌至0。泥粒灰岩在10m水深处的生产速率最高，在50m和5m水深处跌至为0。选择这种生产剖面来大致代表横跨大巴哈马滩的颗粒灰岩和泥粒灰岩的剖面。粘结灰岩生产剖面是以Kenter等（2005）的描述和解释为基础的。除了水深之外，能量同样控制了颗粒灰岩和泥粒灰岩的分布；颗粒灰岩只发育在波浪能量高（最大波浪能量的50%～100%）的区域，而泥粒灰岩则发育在波浪能量低—中等（最大波浪能量的0～50%）的区域。波浪能量沿着单一方向分布（图2），这从穿过浅水台地顶部的模拟反射可以看出来。颗粒灰岩和泥粒灰岩最大的沉积生产速率是30m/Ma，而粘结灰岩是10m/Ma。选择30m/Ma作为台地顶部沉积物充填最大的台地厚度600m，需要20Ma，这与目的层系的厚度和持续时间大致相对应（图1）。

Dionisos利用一种基于扩散的算法（Granjeon，1997；Granjeon等，1999）来模拟沉积物的搬运。这意味着搬运速率与地形坡度成正比。模拟了颗粒灰岩和泥粒灰岩沿着下坡方向少量的沉积搬运。没有对粘结灰岩进行搬运模拟，因为斜坡地形已经被充分地进行模拟过，本次研究的重点集中在台地顶部。

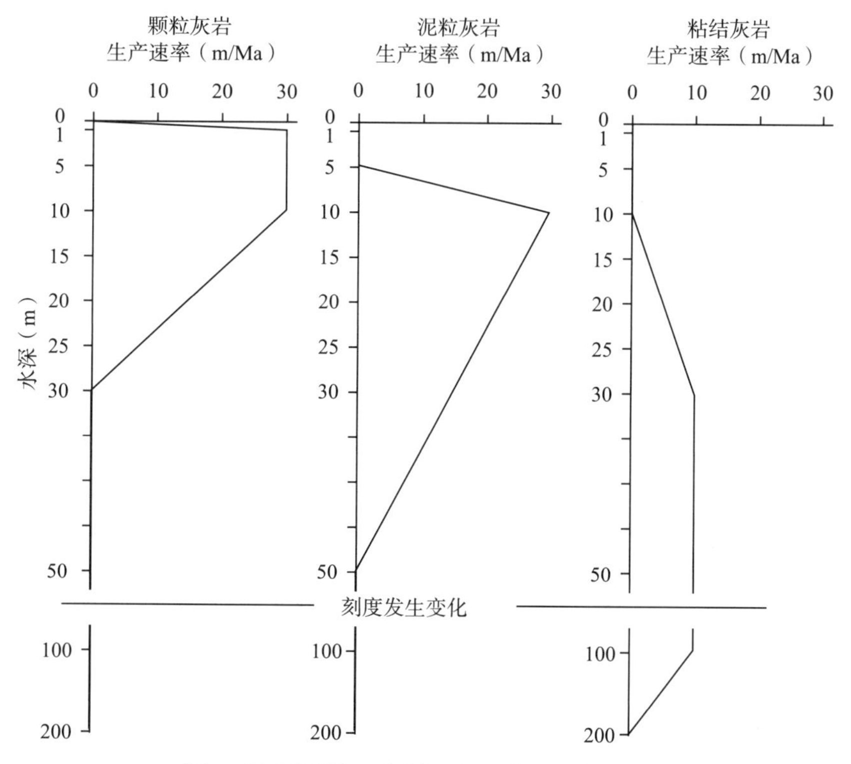

图3　随水深增加不同类型沉积物的生产速率

从1～10m，颗粒灰岩产率最大值为30m/Ma，线性下降至海平面的0，继续向下到水深30m时降至0。泥粒灰岩在0～5m的浅水中不沉积，在10m水深中上升至最大聚集速率30m/Ma，然后在50m深度时又下降至0。粘结灰岩在深水中的聚集速率比颗粒灰岩和泥粒灰岩都要慢，向下至100m的深度始终保持在10m/Ma的低速率。这些依赖于深度的聚集速率同样会受到波浪能量因素的影响（影响系数为0～1）。颗粒灰岩只发育在高能环境，而泥粒灰岩则发育在低能环境，尽管很少有波浪能量触及这样的深度（30～100m甚至更高）

如上所述，可容空间变化是两次实验中唯一变化的要素。在实验1中（图4中模型1.2—1.6），可容空间速率线性增长（不具周期性），从10m/Ma变化到30m/Ma（最大沉积产率的33%～100%）。在实验2（图4中模型2.1—2.8）中可容空间增加的线性速率稳定在20m/Ma，另外加上了振幅变化的可容空间旋回。在模型2.1—2.8中，该旋回的振幅在2m处开始降低，然后逐渐升高至40m。其形式为正弦曲线式（最简单的情况），这产生了额外可容空间速率（增加至±40m/Ma，为最大沉积产率的±133%）和线性速率（20m/Ma，为最大沉积产率的67%）。

周期性可容空间速率											
			0	7%	13%	20%	33%	50%	66%	133%	由于周期性产生的额外可容空间速率（最大沉积速率的百分比，%）
			0	2m	4m	6m	10m	15m	20m	40m	周期性可容空间变化的幅度
线性可容空间速率	33	10	1.2								
	50	15	1.3								
	67	20	1.4	2.1	2.2	2.3	2.5	2.6	2.7	2.8	实验2
	83	25	1.5								
	100	30	1.6								
	增加速率（最大沉积速率的百分比，%）	增加速率（m/Ma）	实验1								

图4　线性和周期性模型中的可容空间变化

纵轴是线性速率变化，用m/Ma和最大台地顶部沉积速率（30m/Ma）的百分比来表达，为模型1.2—1.6；横轴展示了周期性可容空间变化的幅度（用m/Ma和最大台地顶部沉积速率的百分比来表达）。模型2.1—2.8的可容空间旋回幅度不同，线性速率为20m/Ma

三、观察实验1（线性可容空间增加）

图5中切穿三维模型的彩色剖面展示了实验1（模型1.1—1.6）的模拟和沉积类型。高能浪控边缘位于每个模型的右侧。模型1.1—1.6展示了逐渐变快的可容空间增加速率，注意台地总体结构的变化。低速率（模型1.1—1.2）整体表现为进积几何结构，还有渐增的加积作用。中等速率（模型1.3—1.5）展示了加积和更厚层的聚集。高速率（模型1.6）展示了由于台地的快速淹没而形成的丘状几何外形。

颗粒灰岩内部（认为是比泥粒灰岩更好的储层）在模型之间（模型1.6除外）缺乏变化。在模型1.1—1.5中，颗粒灰岩为主的边缘发育在向风侧，而台地顶部则以泥粒灰岩为主，还发育呈补丁式分布的颗粒灰岩体（约为整个岩石体积的1/4）。人们往往认为台地上的颗粒灰岩含量随着水淹速率的增大而逐渐增加。为了验证这一认识，将模型以S网格的形式引入到Gocad中，然后利用体积和多变量统计分析工具进行分析。颗粒灰岩的净毛百分比和总体积（单位是km^3）如图6。水淹速率沿着向右的水平轴增加。净毛比是颗粒灰岩在台地顶部的体积百分比（假定颗粒灰岩为储层而泥粒灰岩不是储层）。这种情况常见于碳酸盐岩台地储层，但并不总是这种情况；一个例外就是Tengiz，其中颗粒灰岩和泥粒灰岩是台地顶部的主力储层相（Weber等，2003）。图6展示了净毛比和颗粒灰岩含量随着水淹速率的增加而增加。水淹速率变高的情况下，颗粒灰岩绝对体积随着模型总体积的增加而增加。净毛比的增加并不是无限制的；一旦水淹速率达到一个特定的门槛值，台地总体积迅速减小，颗粒灰岩的体积比例也快速降低，台地开始发生淹没。

尽管大多数的模拟（图5中模型1.1—1.5）具有相同的相空间分布（颗粒灰岩边缘、泥粒灰岩为主的台地内部和补丁状的颗粒灰岩体），模型1.6的台地淹没是个例外。在淹没过程中，会在一定时期内出现不同沉积剖面或空间相展布的序列。共识别出五个不同的沉积剖面（图7）。很可能还存在另外一些剖面，其或是这些已识别出来的剖面的变体，或是在尚未模拟情况下产生的。剖面a展示了一个具有上升边缘的颗粒灰岩边缘、水深略深的以泥粒灰岩为主的台地顶部和一个边缘部

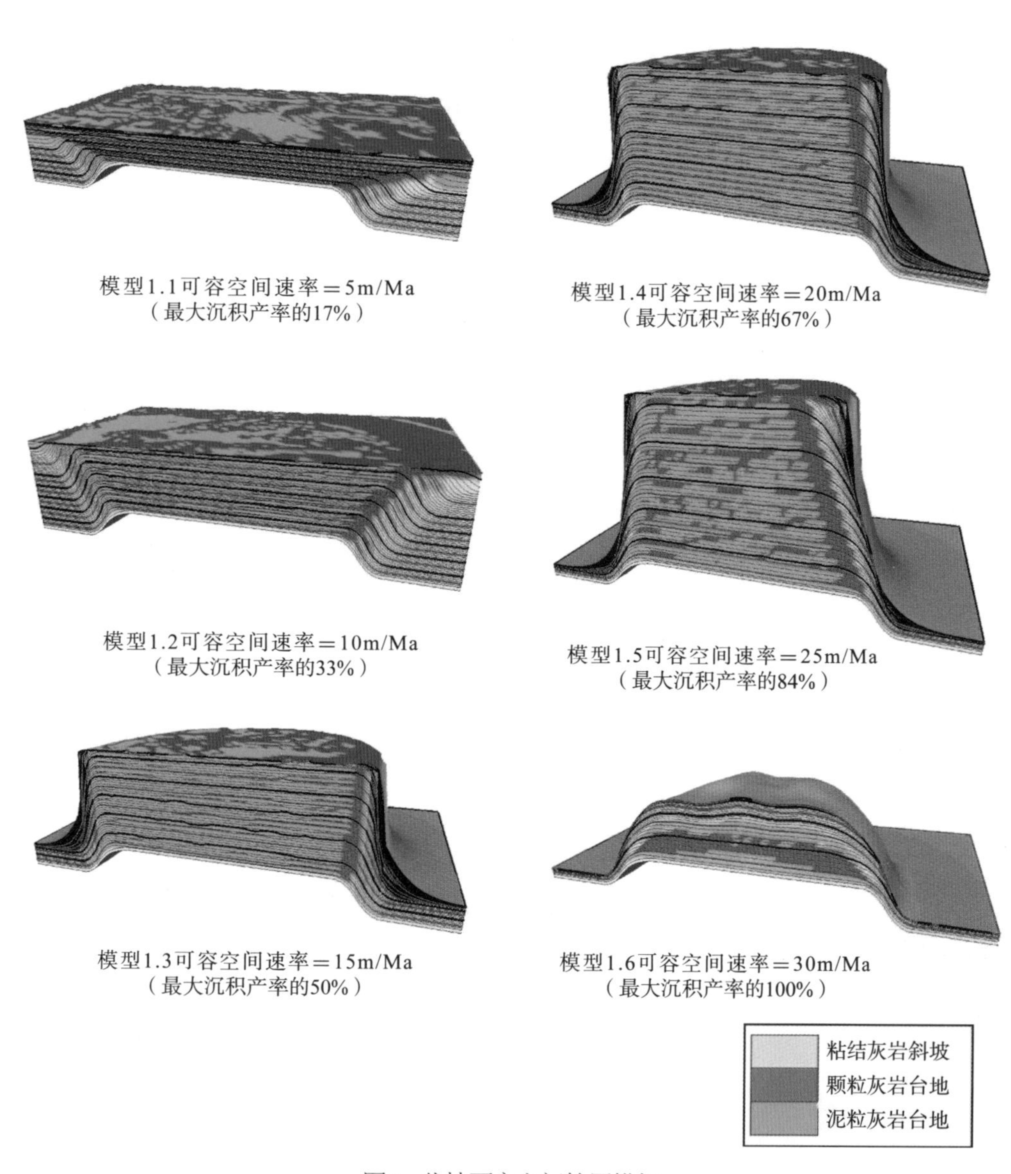

图5 线性可容空间储层模拟

模型1.1—1.6涵盖了一系列的线性可容空间速率，用m/Ma和最大沉积生产速率（30m/Ma）的百分比来表达。优势风向来自右方。注意从进积（模型1.1—1.2）到加积（模型1.3—1.5）再到快速的退积和淹没（模型1.6）过程中，台地整体外形是如何随着速率逐渐增加而发生变化的。大部分模型中（1.1—1.6）的相分布是非常相似的，在高能的波浪边缘发育颗粒灰岩镶边，台地内部则以泥粒灰岩为主。但是，颗粒灰岩在台地内部所占比例明显随着可容空间速率的增加而增加。这种分布的一个特例是模型1.6，其呈现出一系列垂直台地变化的相分布

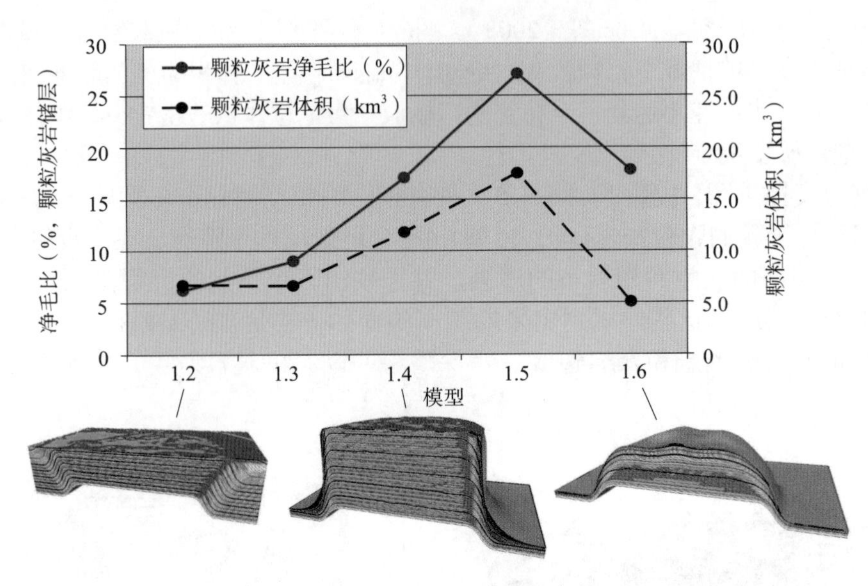

图6 线性可容空间净毛比变化

颗粒灰岩体积和比例变化展示在可容空间增加速率相对变大时期。随着可容空间速率的增加，颗粒灰岩体积从台地沉积总体积的大约7%增加到27%，直到一个门限值（模型1.5），超过这个门限台地就会快速淹没，颗粒灰岩体积就又会发生降低。总体积的增加可能归因于所产生的空间数量的增加，但是体积百分比的增加显示台地顶部的相比例发生了重大变化

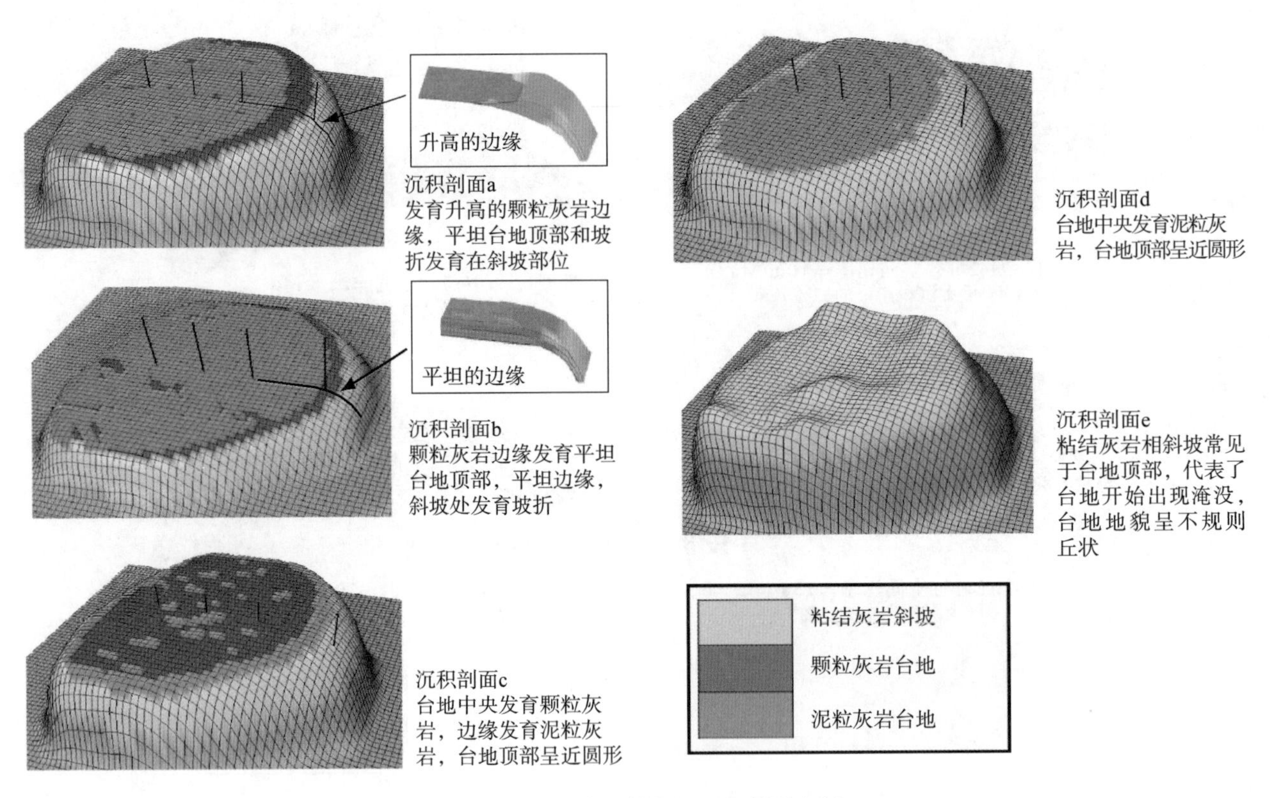

图7 线性可容空间模型沉积剖面实例

剖面a在台地向风侧发育升高的（2～5m水深）颗粒灰岩边缘，其平坦台地内部（4～8m水深）主要发育泥粒灰岩。台地地貌具有平顶和一个升高的边缘。剖面b同样也发育颗粒灰岩边缘，但是没有地形起伏，而台地内部（5～10m水深）主要发育泥粒灰岩，其中含有不同含量的颗粒灰岩。台地是平顶的。剖面c中台地中央主要发育颗粒灰岩（含有不同含量的泥粒灰岩），在水深较深的边缘发育泥粒灰岩。台地顶部的水深通常为5～12m，且台地顶部呈近圆形。剖面d中台地顶部主要发育泥粒灰岩（10～22m水深），且台地地形呈近圆形。剖面e中台地顶部（＞25m）发育更深水的微生物粘结灰岩相，呈圆形和不规则状地貌

位斜坡坡折。剖面b展示了一个类似的相展布，发育颗粒灰岩边缘和泥粒灰岩台地，但是，在这种情况下，边缘不发育隆起。坡折更为突然，但是与沉积剖面a相比，圆度略好。在剖面c中，相分布变化明显，台地中央发育颗粒灰岩。台地顶部此时具有圆形外貌，逐渐渐变为泥粒灰岩为主的边缘，并发育圆形坡折，之后过渡为粘结灰岩斜坡。沉积剖面d与c相似，相分布是以台地为中心的；但是，台地相是泥粒灰岩，且颗粒灰岩也很常见。剖面d中的台地圆度很高，台地顶部还可能发育一些起伏。剖面e是一个淹没台地，仅发育深水粘结灰岩，分布在台地顶部。其圆度很高而且起伏不平，局部发育突起或者丘。

这组沉积剖面（图7）可以与Bachtel（2005）的孤立台地分类方案相类比，该方案将孤立台地分为三类：填充的（完全加积）、填充不完全的（部分加积）和淹没台地。剖面a—b可能是填充的（完全加积）台地，其以发育平顶和较浅水深为特征；剖面c—d可能是填充不完全的（部分加积）台地，具有浅—中等水深且顶部呈近圆形；淹没台地等同于剖面e，其发育在较深水中，外形圆度较高且呈不规则状地貌。沉积剖面和水深之间的关系有时很复杂，将在以后详细讨论。

四、观察实验2（周期性可容空间增加）

实验2的结果（增加了周期性可容空间的幅度）如图8。模型2.1—2.8代表了渐增的可容空间旋回，其幅度叠置在线性水淹速率为20m/Ma的基础之上。实验2中所用的线性可容空间速率与第一个实验中的模型1.4相对应（图4），其是一个比较合理的平均值，具备生成较宽范围结果的潜力，不会发生快速淹没或者加积。

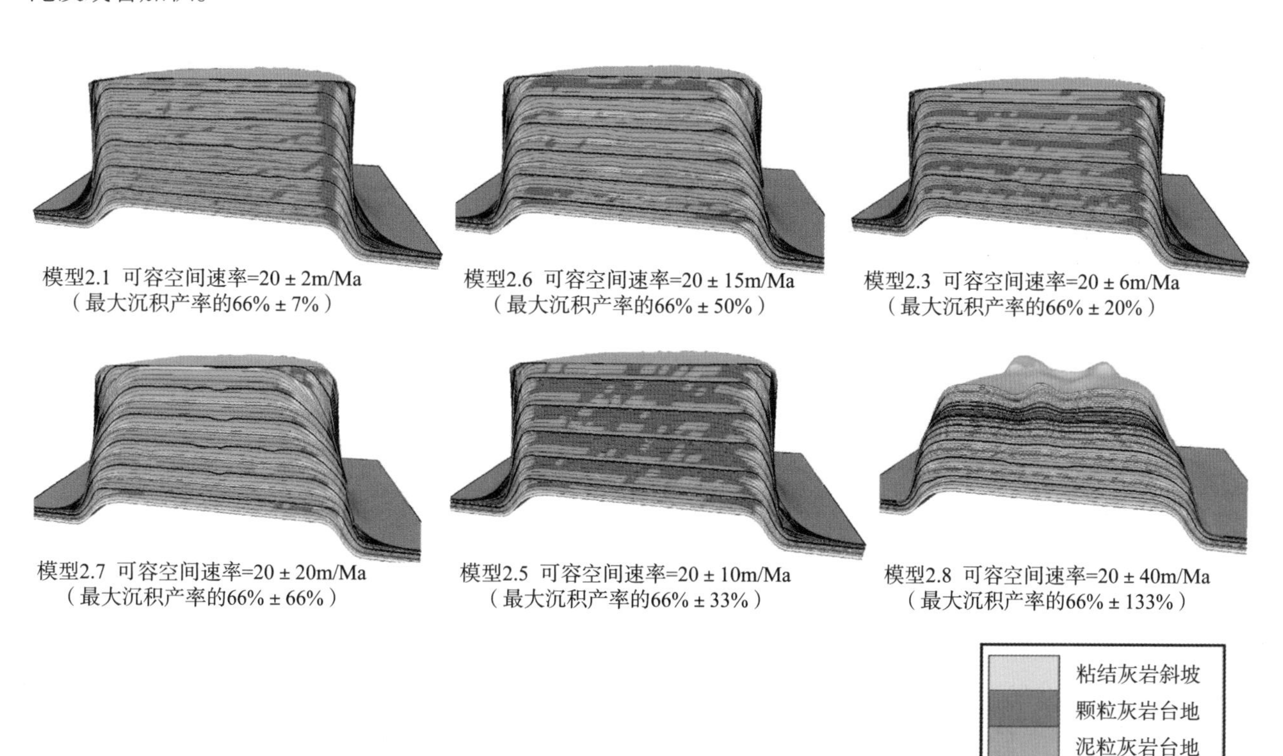

图8 周期性可容空间储层模拟

模型2.1—2.8涵盖一系列的可容空间幅度，叠加在线性可容空间速率20m/Ma之上。该速率（m/Ma）用和最大沉积生产速率（30m/Ma）的百分比来表达。绿色是粘结灰岩斜坡，淡蓝色是泥粒灰岩，紫红色是颗粒灰岩。主风向来自右面。随着可容空间幅度增加，从加积（模型2.1—2.6）到退积（模型2.7—2.8），台地整体外形逐渐发生变化。与线性可容空间增加模型（图5）相比，台地中的相分布随着幅度增加发生快速变化。同样，从模型2.1—2.5，台地内部颗粒灰岩比例随着旋回幅度而明显增加，之后开始降低。模型2.8向淹没状态快速演化

注意观察图8中的台地整体结构是如何变化的。随着旋回幅度增大，台地外形逐渐退化。在模型2.7中，这种现象非常明显；深水微生物粘结灰岩含量逐渐增加，可见于台地顶部。在模型2.8中，在以微生物粘结灰岩台地顶部为代表的许多旋回（沉积剖面e）发育期间，出现快速海进—淹没。尽管在许多旋回中，常常发育浅水台地相泥粒灰岩，但是每个进积旋回的水深持续增加。这种持续变深可解释为水淹速率逐渐增加。但是，这种情况下，长周期水淹速率是恒定的，短周期水淹速率是周期性变化的（Warrlich等，2002）。

实验1和实验2结果（图5，图8）之间的一个重要差异是台地内的相展布。线性可容空间实验呈现出来的沉积剖面差异性不明显，而周期性实验开始展现出随周期性振幅变化而增加的多样性。观察图8中的台地，可看到相比例是如何发生重大变迁的，随着旋回幅度增大，颗粒灰岩体在台地内部连续增加。这种情况在模型2.5中突然发生改变：后来的模型显示颗粒灰岩快速减少，同时在台地顶部出现了微生物粘结灰岩。由于在模型中添加了更多旋回，沉积模式明显背离在线性可容空间实验中所见到的单一相分布模式（沉积剖面b）。

随着旋回幅度增加到一个特定的幅度门限值，储层净毛比也增大（图9）。超过这个值，颗粒灰岩的体积和比例快速增加，这是由于高幅可容空间旋回造成台地顶部发生初始淹没或暴露所致。随着初始淹没的发生，台地相以微生物粘结灰岩或者泥粒灰岩为主。

台地内相分布模式随着可容空间旋回幅度增加而发生改变（图10）。可容空间旋回幅度较低（6m）时（图10中模型2.3），沉积剖面b占主导，就像实验1中的线性可容空间模型。但是也发育其他的沉积模式：图10中左侧的点展示了沉积模式（水平轴）是如何随着可容空间旋回逐层发生变化的。粗黑线代表了可容空间曲线上的最低点，粗红线代表了最高点。在快速水进之后，在模型2.3中得到沉积剖面c（台地中心颗粒灰岩）。在慢速水进时期，发育了沉积剖面a（上升的颗粒灰岩边缘）。

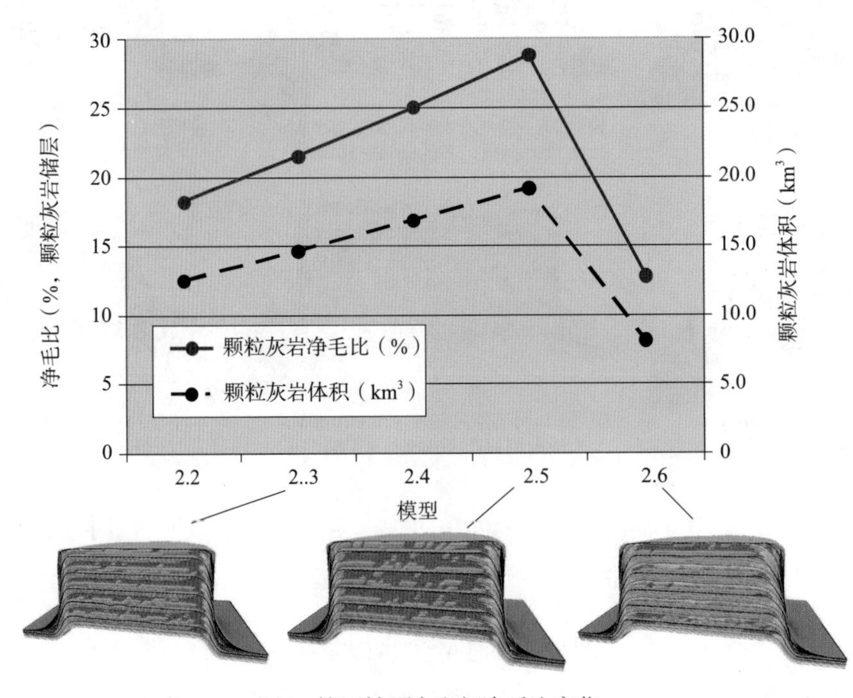

图9　旋回性可容空间净毛比变化

展示了颗粒灰岩体积和比例的变化与渐增的可容空间幅度之间的关系。随着可容空间速率增加，颗粒灰岩体积占整个台地沉积体积的比例从大约17%增加至29%，直到一个门限值（模型2.5），超过这个门限值，颗粒灰岩体积由于台地顶部水深增加而减小

中等幅度（10m）旋回（图10中模型2.5）所产生的结果与模型2.3中的沉积剖面b相似，但是与沉积剖面a和c差异明显。但是，随着剖面c（通常代表深水环境）比剖面a发育得更为普遍，开始出现一些不对称性特征。高幅度（20m）旋回（图10中模型2.7）中，沉积剖面d和e（分别为台地顶部的泥粒灰岩和微生物粘结灰岩）占主导地位。当可容空间速率达到40m/Ma的顶峰时，台地顶部很难产生足够的沉积物质，最大沉积产率是30m/Ma的颗粒灰岩和泥粒灰岩时则相对较好。代表最浅水环境的沉积剖面是b（实验1中的稳定状态），从未产生沉积模式a（升高的颗粒灰岩边缘）。

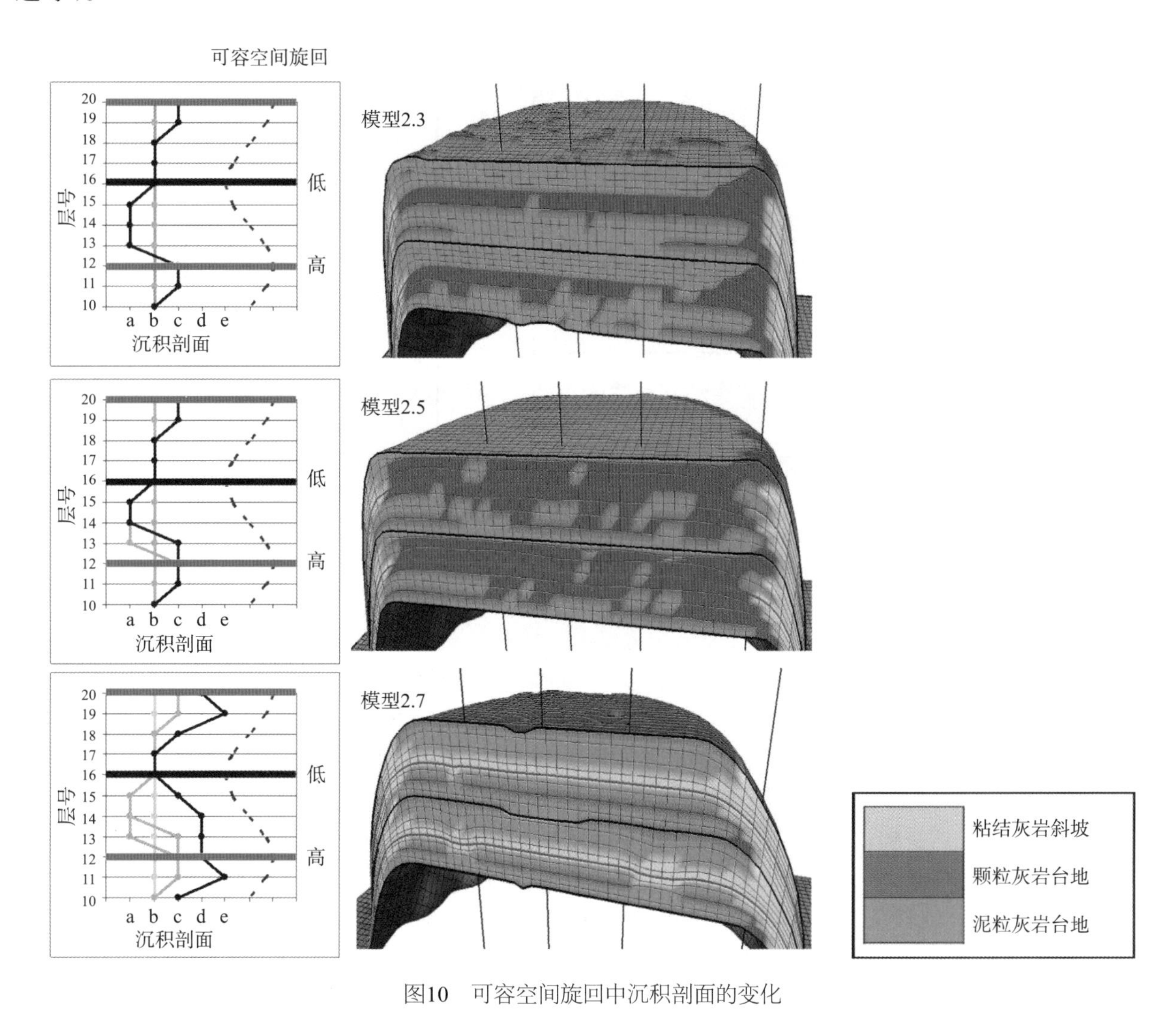

图10　可容空间旋回中沉积剖面的变化

模型2.3（顶部）发育低幅可容空间变化（温室环境），沉积剖面则在稳定剖面b（在左侧的点图中显示）周围发生变化。在可容空间缓慢增加时期（红线上升至黑线），发育了剖面a，而可容空间上升较快时期（黑线上升至红线）则发育剖面b和c。随着可容空间增加，沉积剖面在稳定剖面b周围的波动变得更加不对称，而且发育了水体更深的剖面（d和e）。在模型2.7（底部）中，只有可容空间旋回达到低点之后，才能发育稳定剖面b

五、解释和讨论

（一）沉积剖面和水深之间的关系

水深是模拟中产生何种沉积剖面的控制因素（图11）。模型1.6是快速线性可容空间增加而产生的快速水淹的模拟，而且是来自实验1中展示沉积剖面的、不是稳定剖面b的唯一一个模拟。模型1.6中的沉积剖面b—e是在更为深水的环境中发育的（图11A）。但是，观察模型2.3中沉积剖面的水深发现，这种深度关系更差（图11B）。沉积模式之间仅有小于1m的略微加深，说明水深对于发育的沉积剖面只起部分控制作用，其他的因素可能同样重要。

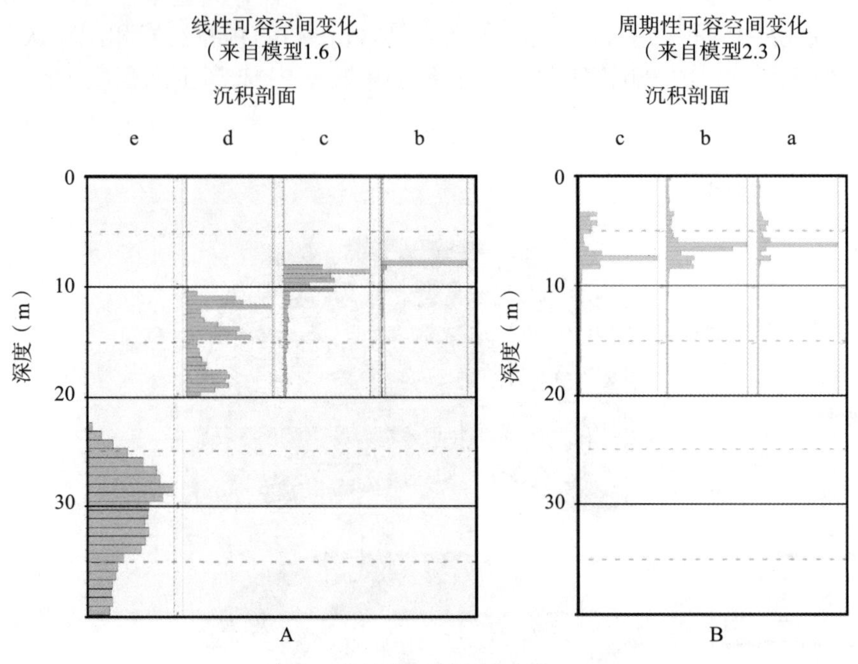

图11 沉积剖面随深度变化

A—直方图展示了模型1.6中沉积剖面（b—e）的水深变化，快速线性可容空间增加时，台地出现快速淹没，该直方图清晰地展示了深度对于所形成沉积剖面的控制作用。另外，该直方图随着深度增加的延展是对台地顶部圆度的一种衡量，延展度增加（剖面d和e）说明圆度更好。B—直方图展示了模型2.3中剖面（a—c）的水深变化。说明沉积剖面与水深之间联系较差，而且说明其他因素也可能在这些剖面的形成过程中起重要作用

通过模型2.6一个旋回（8个层）中单元的水深值与水深变化速率之间的交会图，分析了水深变化速率对于沉积剖面的影响（图12）。在这种形式的投点图中，一个旋回中的层形成一个环路，在水深减小至最浅时，该环路的顶部发育了沉积剖面a（镶边的颗粒灰岩边缘）。整个台地地貌具有平顶，发育略微高出的边缘，这是极浅水的直接结果，也是本次实验所选择的剖面（图3）。在水最浅的环境中，颗粒灰岩发育在迎波浪边缘的高能环境中，其吸收了所有的波浪能量并产生了障壁台地顶部（之上只能发育泥粒灰岩）。泥粒灰岩在水深小于5m时不会发育（沉积产物随深度变化的结果；图3），而颗粒灰岩将会填充至海平面，产生升高的边缘。深度对泥粒灰岩产出的影响与其对颗粒灰岩的影响相同，这种影响促使了模式a向模式b的转变。泥粒灰岩产出所需要的最小水深是5m，这是通过直接分析大巴哈马滩开阔台地的泥粒灰岩而获取的，其通常是沉积在5m或者更深的水体中，因此剖面a看起来更贴近实际。

随着水深变化速率在浅水中逐渐趋于零（图12），可以看到向沉积剖面b的过渡（不发育抬高边缘的颗粒灰岩边缘）。颗粒灰岩和泥粒灰岩的沉积产率与可容空间变化的外加速率基本相同。台地整体地形是平顶的，斜坡边缘处发育明显坡折。随着水深渐增，台地顶部的波浪能量增加，边缘处较少的波浪能量被吸收，台地上发育颗粒灰岩和沉积剖面c（颗粒灰岩中心台地）。台地中的产率较高，而且由于总体趋势是变深的，因此产率不受可容空间的限制。向台地边缘方向水深逐渐增加，台地沉积物被搬运至斜坡和盆地，台地地形呈略圆形。这种圆度进一步将波浪能量聚集在台地中央，加强了这一时期的台地中央相带。

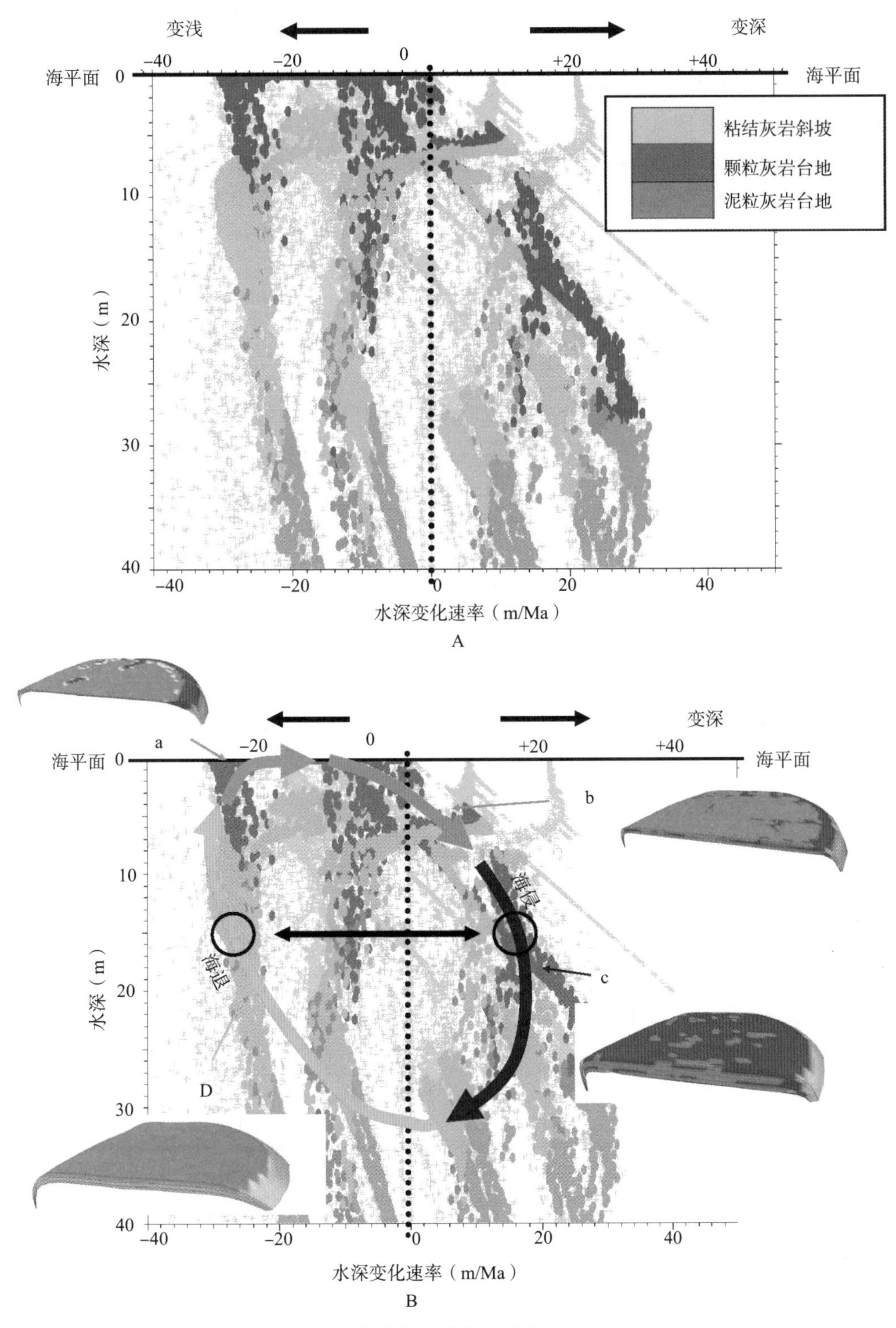

图12　水深变化速率与水体深度交会图

展示了模型2.6中一个旋回所有单元的未解释的（A）和解释的（B）交会图。A中的数据点根据相来确定颜色。因为每个界面都具有从台地顶部至斜坡的单元，因此，来自界面的一套数值沿纵轴分布。来自台地顶部极浅水的数据点是最有价值的。相邻层在这种空间中形成了一个环，这个环是非正态的并且偏离了纵轴。沉积剖面在旋回上随着位置的变化而改变，而这些在解释中（B）进行了展示。注意，由于该环形的存在，单独水深可能具有两种不同的沉积剖面，主要取决于拾取的水深变化速率是正值还是负值。剖面的演化在正文中已有论述

由于能量随深度而降低且水深对沉积速率的控制作用也减小（图2），因此，随着水深增加，颗粒灰岩含量逐渐降低（图12），台地顶部沉积以泥粒灰岩为主（沉积剖面d）。这是一种高圆度形式，局部发育一些起伏。随后即达到了可容空间旋回的最深点，台地开始逐渐变浅。但是，沉积剖面d继续占主导（即使台地深度在不断变化），在可容空间旋回的水进停歇期发育剖面c。

尽管沉积剖面类型取决于模型，可容空间旋回周围沉积剖面的不对称性常见于图8中的模型2.3、2.5和2.6与图10中的模型2.3、2.5和2.7。例如，随着可容空间增加，图10中的模型2.3发育沉积剖面b和c，而随着可容空间降低则发育模式a。正如所观察的那样，模型2.3中的水深变化很小（图11），但是，这足以改变台地上的波浪能量，并因此改变了相分布。在模型2.3中，虽然水深相同，但是由于可容空间变化的速率不同，发育三种不同的沉积剖面。与之类似，在模型2.6中，水深与模型2.3相似（都介于10～30m之间），水深增加时发育剖面c，水深降低时发育剖面d。

暂且不论程序编码的可能影响，还有一些地层学原因可用来解释这些观察结果。台地外形可能是控制相分布和相应沉积剖面的主要因素。外形明显控制了从剖面b向剖面c（台地边缘—中央颗粒灰岩）的转变，发育很平的顶部（完全充填可容空间），限制了高能颗粒灰岩仅发育在台地的最边缘。台地有些圆度但仍发育突然的落差（或者仅是水深加深），使波浪能量能够触及台地顶部，不会被长而平缓的向斜所分散，这就使得台地上发育了颗粒灰岩（剖面c）。剖面d比剖面c的外形明显更接近圆形，可能由于逐渐升高的斜坡而增加了波浪能量的分散，使能量保持在颗粒灰岩形成所需门槛值之下的海底。因此，浅水台地有效避免了波浪的影响。

相似水深情况下出现不同沉积样式的原因也可能是沉积搬运作用。可容空间增加时，颗粒灰岩高地可能在局部形成大量沉积物，并将其沿下斜坡输出形成外来颗粒灰岩层。当颗粒灰岩最终被淹没时，这些地方将不会沉积外来颗粒灰岩层，而一旦水深降到足够低，颗粒灰岩又会出现。

（二）在层序地层解释中的应用

可容空间旋回与层序地层学界面之间的联系是诸多讨论的焦点，而且目前仍然不甚明确（Haq等，1988），其部分原因是由于驱动因素中的“旋回”（相对海平面上升和下降）与所造成的在岩石中观察到的“旋回”（沉积旋回、层序等）之间的混淆与混乱。正演地层模型是一个概念工具，可以用来研究这种联系。图13展示了二端元模型中层序地层界面的时代。图13A中发育低幅旋回（模型2.3；“温室型”可容空间），图13B中则发育高幅旋回（模型2.7；“冰室型”可容空间）。图13A、B中的左侧图版展示了穿过台地的虚拟井剖面，在其右侧发育高能边缘。每口井中展示了沉积相和沉积水深，而在井中则以面的形式展示了可容空间旋回的高点（红实线）和低点（黑实线）的时间。另外，加入了层序地层学解释：层序界面（SB）是在最浅的相（颗粒灰岩）中和颗粒灰岩最顶部拾取的，而最大海泛面（MFS）则是在接近最深的相或者是在泥粒灰岩中拾取的，这也是许多地质家将会采取的解释方案。

图13A、B右侧图版展示了解释的SB和MFS相对于可容空间旋回的位置。SB和MFS在高幅实例（图13B）中的形成时间分别准确对应于可容空间最小值和最大值。可容空间速率高于沉积速率，从0变化到最大沉积速率133%。由于可容空间速率很高，其直接影响了台地上水深的变化：最大水深（MFS）发育在可容空间旋回的高点，而最小水深（SB）发育在可容空间旋回的低点。可容空间、水深和相是同相的，这是由可容空间所控制的。

然而，当研究低幅可容空间实例（图13A，温室环境）时，观察到许多明显的差异。首先，SB解释是穿时的；浅水环境发育在台地内部，以颗粒灰岩为主，向上充填至海平面。当台地变得更加局限后，台地内部的能量降低，只沉积了静水泥粒灰岩，而颗粒灰岩继续在边缘部位沉积。边缘部位颗粒灰岩顶部是SB的发育部位，也是台地内部颗粒灰岩的顶部。这展示了台地上水深和相的变化可能会改变基于这些参数的SB的拾取年龄。

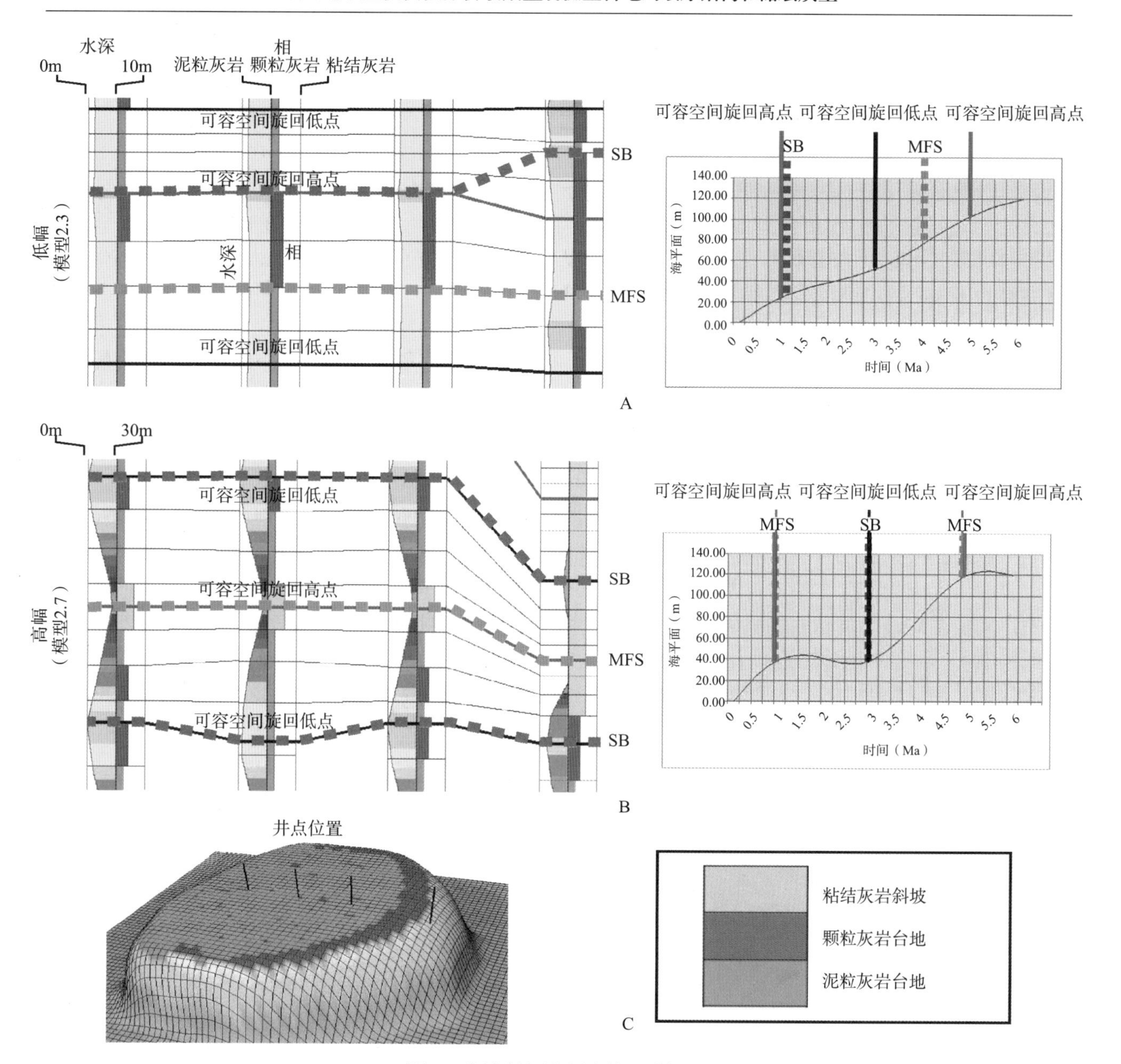

图13 沉积旋回的层序地层学解释

A、B中的左图展示了穿过台地的四口井连井剖面；四口井的位置在C中展示。解释了每口井的相和水深。可容空间旋回的高点（红实线）和低点（黑实线）作为对比界面加在上面，还有层序地层解释的层序边界（SB；黑色粗虚线）和最大海泛面（MFS；蓝色粗虚线）。这些解释的标准在文中有所讨论

第二个差异是图13A中SB和MFS相对于可容空间旋回的时代。注意MFS是如何定位在可容空间旋回上升边缘的可容空间低处与高处之间的。这是MFS所处的直观位置，因为这是可容空间增加速率最快的时期。在沉积速率大于可容空间速率的沉积体系中，预期可在这一点上可见到最大水深。

SB的位置更加难以解释，这是因为它位于可容空间旋回的最高点。由于上述对沉积和可容空间速率之间平衡的逻辑描述，SB应该发育在可容空间旋回的高点和低点之间：其位置看起来是不规则的。为了理解这一点，两种浅水台地沉积（颗粒灰岩和泥粒灰岩）的台地能量水平和基底水平都应加以考虑。颗粒灰岩的基底水平浅于泥粒灰岩（颗粒灰岩为0，对应于泥粒灰岩的5m）。这只是一种解释（图3），其基于对大巴哈马台地沉积分布的观察，也是基于对Tengiz沉积相的解释，此处，泥粒灰岩通常局限在较深水环境（Weber等，2003）。因此，只有当可容空间速率较高、台地顶部被淹没、能量降

低时，颗粒灰岩才沉积在台地顶部。台地上的颗粒灰岩之后向上充填至基准面（海平面），从而形成SB。在这种情况中，由于可容空间变化而造成的环境改变要比可容空间引起的水深变化所造成的环境改变更明显，这是由于最大沉积速率已经能够与可容空间（从最大沉积速率的47%变化至87%）相一致，且沉积类型（取决于环境）更为明显。

图13中的两种实例说明，层序地层界面相对于可容空间旋回的时间会随着可容空间旋回幅度而变化。对于本次研究所设定的模型而言，SB和MFS的位置随着可容空间旋回幅度的改变而改变。从可容空间旋回高点到低点，SB发生了180°的改变。它从完全与可容空间异相，变化到与可容空间同相。从最快速上升时期到可容空间最高点，MFS变化了90°。考虑到以下因素之后，就可以从概念上理解这种相对位置的改变：可容空间通过模型中两种机制中的一种来驱动层序地层界面的发展。或通过水深直接增大或者减小，或通过改变沉积环境，来影响相类型和分布。可容空间变化小的地方，环境影响可能最为明显；可容空间变化大而且远超过沉积速率的地方，水深的直接控制则尤为重要。两种控制机制都产生了SB和MFS，只是相对于可容空间的位置略有不同。这种观点在图14中进行了总结。

（三）颗粒灰岩在储层实例中分布情况的解释

本次研究中，Dionisos程序成功模拟了Weber等（2003）（图1）在Tengiz所观察到的两种颗粒灰岩的分布模式，也就是以台地为中心（沉积剖面c）和台地边缘的（沉积剖面a和b）颗粒灰岩带。这是一个重要成果，因为相分布不是可以明显预判的。不同相的沉积水深可以通过产率与水深关系曲线进行预先定义（图3），而沉积的能量情况则可以通过用户来定义（颗粒灰岩发育在高能中，泥粒灰岩发育在低能中），因此对于预先定义好的地形剖面而言，相分布是可以计算的。但是，用户并不控制海底的地形：这是通过模型中净沉积和沉积物剥蚀随时间的变化来确定的。因此，地形和沉积速率之间的关系是非线性的，且相分布不是预先编排好的而是该模拟的一个解决方案。

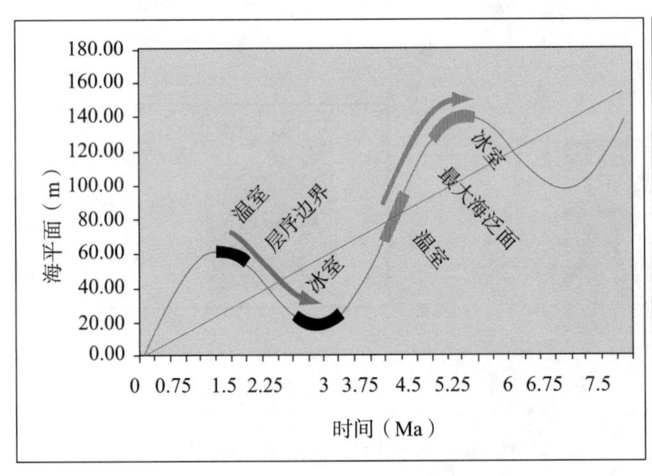

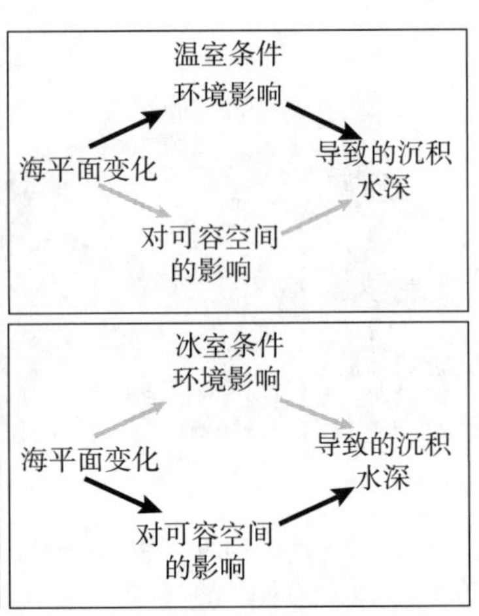

图14　层序地层解释和旋回幅度之间的联系

模型中从温室到冰室环境的转变，使得解释出的SB和MFS相对于可容空间旋回的位置发生迁移。在温室期，台地顶部的可容空间达到最高值时，发育SB；在冰期，SB发育在可容空间最低点。这是由于可容空间影响地层的两种不同方式。在温室期，可容空间变化小，而对台地顶部环境（能量环境）所造成的改变则最大；在冰期，由于可容空间（未被沉积所充填）变化造成的实际水深变化是最重要的因素，可容空间的变化直接控制SB和MFS的形成时间

从台地边缘到台地中央颗粒灰岩发生过渡的原因已经进行了讨论。台地边缘颗粒灰岩发育在水深较浅而且水深增加速率较慢的时期，而台地中央颗粒灰岩则是发育在水深较低—中等，但是水深增加速率较高的时期。一个明显的疑问在于这种来自于模拟的认识是否能够用于更好地理解类似Tengiz这种储层。晚维宪期（以Tengiz台地中心颗粒灰岩为代表）的可容空间上升速率比巴什基尔期（台地边缘颗粒灰岩发育）更快吗？晚维宪期的时间跨度约为14Ma（Gradstein等，2004），而Tengiz的上维宪阶

厚度约为220m（Weber等，2003）。这就决定了长周期可容空间速率增加的最低值为15m/Ma。与之相比，巴什基尔期的时间跨度约为10Ma（Gradstein等，2004），Tengiz台地上该地层的厚度为80～100m。这就决定了巴什基尔阶的长周期可容空间速率增加的最低值为8～10m/Ma，这明显低于维宪阶的计算值。尽管这些可容空间速率计算值很粗略，而且缺乏明显而充足的依据，但是，其却与一种不同的相展布解释方案很一致，而这种相展布与可容空间变化速率相关。

（四）叠置样式和台地淹没

正演地层模型模拟的叠置样式解释值得研究。模型1.2—1.5展示了台地中十分相似的叠置样式。但是，模型1.2具有进积特征，而模型1.5则是退积的。模型1.5将继续退积直到台地表面面积不足以满足浅水台地沉积物的聚集，那时将会发育与在模型1.6中所观察到的相类似的淹没层序。仅从台地中心观察垂向相演化的话，就会认为台地生产是“健康的”，能够与海平面变化相一致，直到突然发生淹没，人们会试图将其联系到一次灾难事件。但是，模型显示这只是由于台地加积速度不足以赶上海平面变化。Schlager（1981）认识到了使孤立台地发生淹没的机制，他指出“具有稳定斜坡的碳酸盐岩台地向上的发育生长需要侧翼大量沉积物质的持续沉积”

模拟说明，应该考虑两个重要的产率门限值。最大沉积速率决定台地顶部是否能够与可容空间速率同步，如果孤立台地要长期与可容空间变化率一致，则需要更高（并且持续增高）的沉积产率。突发且看似灾难性的水淹事件可能在井中发生，井中的下伏浅水台地沉积中没有出现明显的环境压力，尽管该灾难事件可能只不过是一次持续进行的沉积产率难题（以淹没的形式终结）。与此相反，在模型2.8中穿过台地中央的虚拟井（图8）展示了在旋回—旋回基础上所出现的逐渐加深的相。对其进行叠置模式分析后发现，这是一个逐渐加速的长周期海侵。但是，长周期可容空间速率这时是线性的，并且速率恒定（只有短周期速率是周期性的），而且渐增的水体加深是由于台地发生缓慢淹没，淹没的原因是相对于可容空间速率和短周期旋回速率而言，沉积生产速率相对较低。因此，两个实例的叠置样式分析可能会导致关于可容空间变化错误的结论。这并不是说叠置模式分析是多余的：显然可将其用于识别旋回、趋势和沉积旋回的组合叠置。但是，当用其研究成因过程时，需要慎之又慎。

（五）时间尺度和模拟的尺度依赖性

模拟的时间尺度、速率和几何规模是根据Weber等（2003）对Tengiz台地的观察来大致确定的。但是，这种模拟在某些方面是与规模无关的：只要持久性和厚度的相关参数具有相同的比例，速率将是相同的，不论其数值如何。相反，如果想要保持几何尺寸固定同时改变时间尺寸的话，则会改变速率。例如，如果模拟时间除以100，那么总运行时间就会从15Ma变化成150ka。为了保存空间尺寸（同样的沉积物堆积厚度但是时间较短），将会将最大的沉积速率从30m/Ma变化至3m/ka，这相当于缓慢的冰川上升（Miller等，2005），也相当于浅水热带海洋中碳酸盐的生产速率（Bosscher和Schlager，1992）。线性可容空间上升实验将是2m/ka，可容空间旋回的振幅高达40m（不变化）但是速率高达±4m/ka，同样类似于热带碳酸盐生产速率和缓慢的冰川海平面上升。

六、结论

本次研究中利用Dionisos模拟的沉积剖面，再现了在Tengiz和其他台地储层中观察到的相展布。台地边缘颗粒灰岩沉积（剖面a、b），相当于Bachtel（2005）提出的填充台地，其发育在水较浅而且水深变化缓慢的时期，而且与Weber等（2003）所描述的Tengiz中巴什基尔期的相分布十分相似。台地中心的颗粒灰岩和泥粒灰岩（剖面c、d），相当于Bachtel（2005）提出的未填充台地，其发育在浅—中等水深中，而且当时的水深逐渐增加，与晚维宪期的Tengiz相似。

模拟显示，相似的水深可能发育不同的沉积样式，因此，相展布不仅仅依赖于水深：水深的变化同样也是一个关键因素，水深增大时期所发育的相展布不同于水深降低时期的相展布。地层“惯性”可以在水深发育过程或者水深剖面中都有所影响。例如，即使平均水深相同，圆形台地的能量分布与平顶台地的能量分布可能存在明显差异，并且会造成不同的相展布。

相对于可容空间旋回而言，层序地层解释的时间并不固定，其随着可容空间旋回幅度而发生改变。当幅度较低时（温室期），可容空间的细微变化可能都会明显影响台地环境和能量分布，从而造成相分布的巨大差异。水深变化很小的旋回被保存下来，而且并不一定与可容空间旋回高点和低点一致。当幅度较高时（冰期），可容空间的较大变化会产生水深的较大变化，造成沉积不能保持一致，也会产生强烈的水深变化，与保存在地层中的可容空间旋回一致。

致谢

感谢雪佛龙能源技术公司支持本次研究，并允许其发表。同时要感谢Français du Pétrole研究院，提供了许多建设性和快捷的使用Dionisos软件的技术支持。感谢SEPM的审稿人Georg Warrlich和其他匿名审稿人提供了建设性的意见。

参考文献

Bachtel, S.L., 2005, Platform-scale facies distributions using LandSat data from isolated carbonate platforms: methods to constrain lateral facies continuity for geologic modeling (abstract): American Association of Petroleum Geologists, Annual Convention abstract, June 19-22, Calgary, Alberta, Canada.

Barnett. A.J., Burgess, P.M., and Wright, V.P., 2002, Icehouse world sealevel behavior and resulting stratal patterns in Late Visean (Mississippian) carbonate platforms: integration of numerical forward modeling and outcrop studies: Basin Research, v. 14, p. 417-438.

Bornholdt, S., Nordland, U., and Westphal, H., 1999, Inverse stratigraphic modeling using genetic algorithms, *in* Harbaugh, J.W., Watney, L., Rankey, E.C., Slingerland, R., Goldstein, R.H., and Franseen, E., eds., Numerical Experiments in Stratigraphy: Recent Advances in Stratigraphic and Sedimentologic Computer Simulations: SEPM, Special Publication 62, p. 85-90.

Bosscher, H., and Schlager, W., 1992, Accumulation rates of carbonate platforms: Journal of Geology, v. 101, p. 345-355.

Cross, T.A., and Lessenger, M.A., 1999, Construction and application of a stratigraphic inverse model, *in* Harbaugh, J.W., Watney, L., Rankey, E.C., Slingerland, R., Goldstein, R.H., and Franseen, E., eds., Numerical Experiments in Stratigraphy: Recent Advances in Stratigraphic and Sedimentologic Computer Simulations: SEPM, Special Publication 62, p. 69-83.

Gradstein F.M., Ogg, J.G., and Smith, A.G., 2004, A geologic time scale: International Commission on Stratigraphy (ICS): under www.stratigraphy.org; 2004.

Granjeon, D., and Joseph, P., 1999, Concepts and applications of a 3-D multiple lithology, diffusive model in stratigraphic modeling, *in* Harbaugh, J.W., Watney, L., Rankey, E.C., Slingerland, R., Goldstein, R.H., and Franseen, E., Numerical Experiments in Stratigraphy: Recent Advances in Stratigraphic and Sedimentologic Computer Simulations, SEPM, Special Publication 62, p. 197-210.

Granjeon, D., 1997, Modélisation stratigraphique déterministe, conception et applications d'un modèle diffusif 3D multilithologique: Mémoires de Géosciences Rennes, v. 78, 189 p.

Haq, B.U., Hardenbol, J., and Vail, P.R., 1988, Mesozoic and Cenozoic chronostratigraphy and cycles of sea-level change, *in* Wilgus, C.K., Hastings, B.S., Kendall, C.G.St.C., Posamentier, H.W., Ross, C.A., and Van Wagoner, J.C., eds., Sea Level Changes: an Integrated Approach, SEPM, Special Publication 42, p. 71-108.

Kendall, C.G., 2003, Stratigraphic animations published on the internet [*sic*] at: http://strata.geol.sc.edu.

Kenter, J.A.M., Harris P.M., and Della Porta, G., 2005, Steep microbial boundstone-dominated platform margins—Examples and Implications: Sedimentary Geology, v. 178, p. 5-30.

Lessenger, M.A., and Lerche, I. 1999, Inverse modeling, *in* Harbaugh, J.W., Watney, L., Rankey, E.C., Slingerland, R., Goldstein, R.H., and Franseen, E., Numerical Experiments in Stratigraphy: Recent Advances in Stratigraphic and Sedimentologic Computer Simulations, SEPM Special Publication 62, p. 29-34.

Miller,K.G., Kominz, M.A., Browning, J.V., Wright, J.D., Mountain, S.W., Katz, M.E., Sugarman, P.J., Cramer, B.S., Christie-Blick, N., and Pekar, S.F., 2005, The Phanerozoic record of global sea-level change: Science, v. 310, p. 1293-1298.

Nordlund, U., 1996, Formalizing geological knowledge—with an example of modelling stratigraphy using fuzzy logic: Journal of Sedimentary Research, v. 66, p. 689–698.

Nordlund, U., 1999, Stratigraphic modeling using common-sense rules, *in* Harbaugh, J.W., Watney, L., Rankey, E.C., Slingerland, R., Goldstein, R.H., and Franseen, E., Numerical Experiments in Stratigraphy: Recent Advances in Stratigraphic and Sedimentologic Computer Simulations: SEPM, Special Publication 62, p. 245–251.

Schlager, W., 1981, The paradox of drowned reefs and carbonate platforms: Geological Society of America, Bulletin, v. 92, p. 197–211.

Smart, P.L., Waltham, D., Felce, D., and Whitaker, F.F., 2005, CARB3D+: a new forward simulation model for sedimentary architecture and near-surface diagenesis in isolated carbonate platforms (abstract): American Association of Petroleum Geologists, International Meeting, Paris, abstracts.

Tetzlaff, D.M., 1986, Clastic simulation model of clastic sedimentary processes: American Association of Petroleum Geologists, Bulletin, v. 70, p. 655.

Warrlich, G.M.D., Waltham, D.A., and Bosence, D.W.J., 2002, Quantifying the sequence stratigraphy and drowning mechanism of atolls using a new 3-D forward stratigraphic modeling program (CARBONATE 3D): Basin Research, v. 13, p. 379–400.

Weber, L.J., Francis, B.P., Harris, P.M., and Clark, M., 2003, Stratigraphy, facies, and reservoir characterization—Tengiz Field, Kazakhstan, *in* Ahr, W.M., Harris, P.M., Morgan, W.A., and Somerville, I., eds., Permo-Carboniferous Carbonate Platforms and Reefs: Joint SEPM Special Publication 78—American Association of Petroleum Geologists, Memoir 83, p. 351–394.